Mathematische Grundlagen der Technischen Mechanik III

Materialmodelle in der Ingenieurmechnik

Beiträge zur
Theoretischen Mechanik

Mathematische Grundlagen der Technischen Mechanik I
Vektor- und Tensoralgebra
von R. Trostel

Mathematische Grundlagen der Technischen Mechanik II
Vektor- und Tensoranalysis
von R. Trostel

Mathematische Grundlagen der Technischen Mechanik III
Materialmodelle in der Ingenieurmechanik
von R. Trostel

Kontinuumsmechanik
von R. Trostel (in Vorbereitung)

vieweg

Rudolf Trostel

Mathematische Grundlagen der Technischen Mechanik III

Materialmodelle in der Ingenieurmechanik

Mit 102 Abbildungen

Prof. Dr.-Ing. em. Rudolf Trostel
Fachbereich 9 – Physikalische Ingenieurwissenschaft
2. Institut für Mechanik
Technische Universität Berlin
Jebenstraße 1
Berlin

Die Deutsche Bibliothek – CIP-Einheitsaufnahme

Ein Titeldatensatz für diese Publikation ist bei der Deutschen Bibliothek erhältlich.

ISBN 978-3-528-03912-7 ISBN 978-3-322-93842-8 (eBook)
DOI 10.1007/978-3-322-93842-8

Der Verlag Vieweg ist ein Unternehmen der Bertelsmann Fachinformation GmbH.

http://www.vieweg.de

Konzeption und Layout des Umschlags: Ulrike Weigel, www.CorporateDesignGroup.de

Gedruckt auf säurefreiem Papier

Vorwort

Das vorliegende Druckwerk ist als Fortsetzung der beiden, ebenfalls im Vieweg-Verlag herausgegebenen Bände "Mechanik I" u. "Mechanik II" anzusehen, deren Notationen hier beibehalten worden sind. Obwohl auf sog. "einfache Stoffe" und desweiteren auf nur vier elementare Stofftypen beschränkend, ist der formale Aufwand nicht unerheblich, jedoch nicht vermeidbar, wenn man dem Ingenieur eine Schrift aushändigen will, die über elementare Festigkeitslehre hinausgehen und Lösungsstrategien auch für zeitnahe Problemstellungen (etwa Faserverbund) anbieten soll.
Der auch unserem Institut auferlegte und mit extremem Personalschwund einhergegangene "Sparkurs" hat die Fertigstellung des Manuskriptes, an der sich nur noch meine beiden Mitarbeiter

Frau G. Schmidt

und

Herr Dipl.-Ing. Roland Parchem

beteiligen konnten, leider erheblich verzögert. Ihnen, die sich trotz anderweitiger Belastungen der Mühe der technischen Realisation unterzogen haben, gebührt mein aufrichtiger Dank.
Es soll an dieser Stelle aber auch (nochmals)

Frau I. Ottmers

und den Herren

Prof. Dr.-Ing. A. Kühhorn

Priv.-Doz. Dr.-Ing. C. Alexandru

Dr.-Ing. S.-P. Scholz

Dipl.-Ing. J. Villwock

cand.-Ing. M. Kühl

gedankt werden, die seinerzeit das vorlesungsbegleitende Urskript betreut haben, desgl. dem Vieweg-Verlag, der wieder einmal angesichts meiner Terminüberschreitungen viel Nachsicht bewiesen hat.

Berlin im August 1998

Inhalt

Ergänzungsparagraphen

§ 1 Einleitung

Das vorliegende Druckwerk ist eine ergänzte und aktualisierte Neubearbeitung eines vorlesungsbegleitenden Skriptes des Autors zu seiner an der TUB seit Anfang der 60iger Jahre angebotenen Vorlesung "Mechanik VII". Es soll in die Problematik der Konstruktion von Stoffgleichungen einführen und ist, von der Vorgehensweise her, geprägt durch die Anregungen, die der Verfasser von den Schriften von Freudenthal [1] empfing. Im letztgenannten Werk findet sich eine Analyse der Materialgleichungsproblematik unter Benutzung sog. rheologischer Modelle, deren energetische Eigenschaften benutzt werden, um schließlich auf der Basis der thermodynamischen Hauptsätze Stoffgleichungen zu extrahieren. Diese Verfahrensweise, die im wesentlichen auf stark vereinfachten "mikrostrukturellen Vorstellungen" vom "mechanisch-relevanten Aufbau der Materie"[1] beruht, wird im vorliegenden Manuskript referiert, wobei die Darstellungen betreffend die verwendeten kontinuumsmechanischen Größen "Spannung" bzw. "Verzerrung" Bezug nehmen auf die bis zum ersten Drittel dieses Jahrhunderts diesbezüglich in vielzähligen Einzelarbeiten erschlossenen Begriffe, die man mit den Namen Kirchhoff, Kappus, Richter, Green u.v.a. zu verbinden hat[2], und die dann schließlich, systematisiert und komplettiert durch die "Truesdell-Nollsche Schule", in den 60er Jahren einer breiten Öffentlichkeit vorgestellt worden sind [2].

Unter Materialgleichungen in der Mechanik versteht man - im Rahmen der hier ausschließlich referierten "Theorie einfacher Stoffe" [2] - Zusammenhänge zwischen (jeweils am Massenelement definierten) Spannungen und Entropien (sog. kaloro-dynamische Variable) einerseits und Verzerrungen und Temperaturen (sog. thermisch-kinematische Variable) andererseits. Die Vorgehensweise, letztere Beziehungen aus - durch rheologische Modelle motivierten - Vorab-Annahmen betreffend die energetischen Eigenschaften eines Stoffes zu entwickeln, bedeutet letztlich eine "energetische Materialmodellierung", deren Treffsicherheit hinsichtlich solcherart erzeugter Materialgleichungen für komplexes Materialverhalten sicherlich problematisch ist, weshalb die moderne Materialforschung [3] ihr Schwergewicht auf die Darstellung möglichst universeller (und dabei gleichzeitig möglichst scharfer) Eingrenzungskriterien legt.

Für vom Ingenieur erwünschte einfache Materialbeziehungen "in konkreten Formeln" mit nur wenigen Stoffparametern - bzw. Funktionen können indessen nur geleistet werden durch zunehmende Verschärfung allgemeiner Eingrenzungskriterien bzw. Vereinfachung energetischer Modellierungen, die "Modell-Objekte" konkreter herausschälen. Man gelangt

---

[1] womit hier nur gemeint ist, mittels solcherart Modellen das (makro—)mechanische Verhalten von Stoffen "nachahmen" zu können.

[2] S. h. auch [5b]

so zur Beschreibung allerdings nur noch spezielle Verhaltensweisen modellierender Stoff(-Modell-)Klassen, von denen im Folgenden nur

	die elastischen	(§ 2,3)
	die Maxwellartigen	(§ 4)
	die Kelvinartigen	(§ 5)
und	die De Saint-Venant-artigen	(§ 6)

in einfachsten Versionen referiert werden. Dabei sind die Maxwell- bzw. Kelvinartigen Stoff-Modelle die einfachsten sog. viskoelastischen Stoffmodelle, mit denen sich die Phänomene des Kriechens und der Spannungsrelaxation bzw. der Werkstoffdämpfung und der sog. "elastischen Nachwirkung" modellieren lassen, während man mit den De Saint-Venantartigen Modellen eine einfachste Beschreibung des sog. fest-idealplastischen Verhaltens erreichen kann. In der Version der Maxwell-Körper mit zeitlicher Verfestigung der "viskosen Materialkomponente" wurde ein Stoffmodell für Beton (und im Nachgang in Näherung für Stahlbeton und andere faserverstärkte Verbundwerkstoffe (§ 7)) detaillierter ausgearbeitet. Die Ergänzungsparagraphen behandeln das - allerdings mehr theoretisch interessante - Problem der thermischen Dämpfung (§E1), die Frage der Materialsymmetrien (§E2), Ergänzungen zur Plastizitätstheorie auch mit Bezug zur Bodenmechanik, (§E3), einen auf Basis elementarer Modell-Beispiele vorgeschlagenen ingenieurmäßigen Zugang zu einfachsten Ansätzen für Plastizitätstheorien mit Verfestigung (§E4) und schließlich in einem Kurzreferat (§E5) einen Aspekt, inwiefern physikalisch motivierte Stetigkeits- bzw. Differenzierbarkeitsforderungen an (thermisch-mechanische) Prozeßvariable bzw. Energiegrößen grundsätzliche Anhaltspunkte für die Konstruktion von Stoffgleichungen geben können.

Bei den im Folgenden wesentlich verwendeten einachsigen rheologischen Modellen,[3] deren (relativ-)kinematisches Verhalten unter Kraft-Belastung zur Simulation von Stoffverhalten unter einachsigen Spannungszuständen ausgenutzt wird, handelt es sich um einfache Kombinationen von Feder-Stoßdämpfer- bzw. (Trocken-)Reibungselementen als Repräsentanten elastischen, viskosen bzw. starr-plastischen Verhaltens (Abb. 1.1a-c).

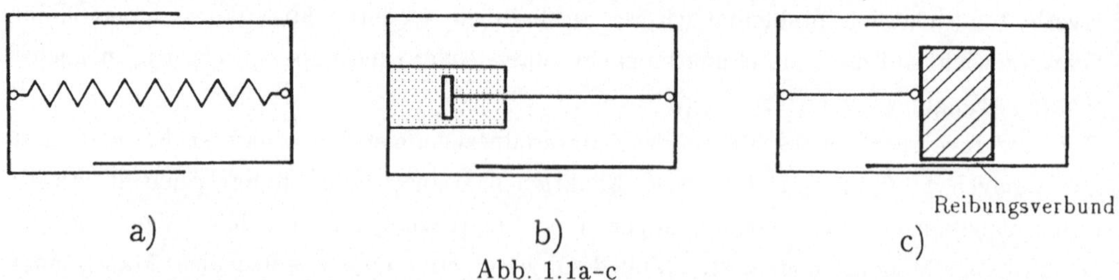

Abb. 1.1a-c

[3] Zur Interpretation hypoelastischen Materialverhaltens (vgl. § 3) benötigt man mindestens ein zweiachsiges Modell; ebenfalls ein zweiachsiges Modell ist das von Henky eingeführte ebene Fachwerkmodell zwecks Beschreibung der Phänomene der Verfestigung bzw. des Bauschingereffektes plastisch—verfestigender Medien (vgl. §§ E 3,4).

So ergeben Hintereinander- bzw. Parallelschaltung von Feder- und Viskositätselement das Maxwell- bzw. das Kelvin-Element und Hintereinanderschaltung Letzterer mit einem Trockenreibungselement hier als "St-Venant-artig" bezeichnete Stoffmodelle (Abb. 1.2a-c).

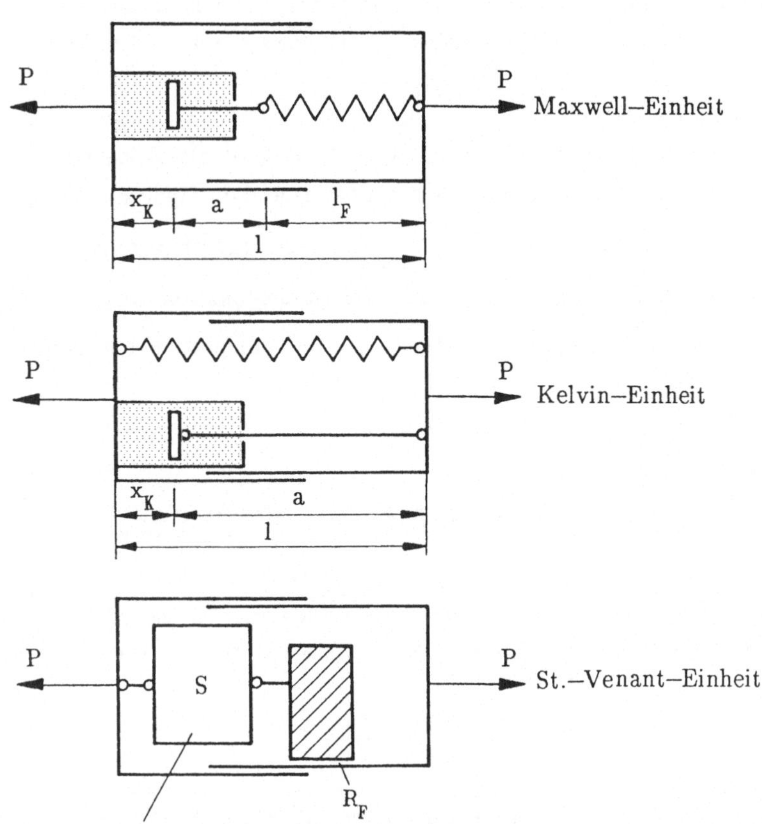

Abb. 1.2a-c

Weitere denkbare Kombinationsmöglichkeiten[4] von elastischen, viskosen und (Trokken-)Reibungselementen, mit denen komplexeres Materialverhalten simuliert werden kann, werden, abgesehen von beispielhaft untersuchten Parallelschaltungs-Kombinationen von elastisch-idealplastischen St.-Venant-Modellen im Ergänzungsparagraphen E §§ 3,4 zwecks Interpretation elastisch-plastisch-verfestigenden Verhaltens, im vorliegenden Manuskript nicht behandelt.

Der hier vorgesehenen Zielsetzung entsprechend, Stoffgleichungen mittels der thermodynamischen Hauptsätze, insbesondere des ersten Hauptsatzes der Thermodynamik in der

[4] von denen einige z. B. in [1], [3] beschrieben werden.

auf die Masseneinheit bezogenen Version[5)]

$$\mathcal{U}^{\cdot} = \dot{\mathcal{A}}_S - \mathcal{D}^{\cdot} + T\mathcal{S}^{\cdot} \quad \text{bzw.} \quad \mathcal{F}^{\cdot} = (\mathcal{U} - T\mathcal{S})^{\cdot} = \dot{\mathcal{A}}_S - \mathcal{D}^{\cdot} - \mathcal{S}\dot{T} \tag{1.1}$$

zu entwickeln, indem man hierin durch rheologische Modelle motivierte ad-hoc-Ansätze für die Teilenergien $\mathcal{U}$ (bzw. $\mathcal{F}$) und $\mathcal{D}^{\cdot}$ einführt, werden die mechanischen, insbesondere energetischen Befunde der vorgesehenen Modellvarianten kurz detailliert:

Im

a) elastischen Modell,[6)]

repräsentiert durch ein System nach Abb. 1.1a, wird als Folge einer Belastung im Zusammenhang mit den Federdehnungen isotherme Formänderungsenergie $\mathcal{W}_{isoth}$ gespeichert, die als Zustandsfunktion der jeweiligen (gegenüber einer "Bezugslänge" l_{F0} eingenommenen) Federlänge (l_F), d. h. als Zustandsfunktion von $\Delta l_F = l_F - l_{F0}$ angesehen wird. Da hier die jeweiligen Federlängen mit den entsprechenden Längenabmessungen des Modells identisch sind,[7)]

$$l_F = l\,, \quad l_{F0} = l_0\,, \quad \Delta l_F = \Delta l = l - l_0\,,$$

gilt also

$$\mathcal{W}_{isoth} = \mathcal{W}_\epsilon(\epsilon)\,, \quad \epsilon = \Delta l / l_0\,. \tag{1.2a}$$

---

5) vgl. [5a], [5b] Hierin bedeuten $\mathcal{U}$ bzw. $\mathcal{F}$ innere bzw. freie Energie, $\mathcal{D}^{\cdot}$ bzw. $\dot{\mathcal{A}}_S$ die Dissipations– bzw. die Spannungsleistung je Masseneinheit und schließlich $\mathcal{S}$ die spezifische Entropie, die in der sog. kalorischen– bzw. Entropiebilanzgleichung

$$\hat{\dot{Q}} = \dot{Q}_a + \mathcal{D}^{\cdot} = (\dot{Q}^{(e)} + \dot{Q}_L) + \mathcal{D}^{\cdot} = T\mathcal{S}^{\cdot} \tag{1.1a}$$

mit der absoluten Temperatur T und der je Zeiteinheit der Masseneinheit zugeführten Wärmemenge $\hat{\dot{Q}}$ verknüpft wird. Letztere setzt sich zusammen aus der der Masseneinheit "von außen" zugeführten Menge ($\dot{Q}_a$) — die selbst wieder in einen durch Leitung aus der Umgebung zufließenden Anteil $\dot{Q}_L$, und in eine eingeprägte Wärmemenge $\dot{Q}^{(e)}$ (etwa durch Strahlungsabsorption u. ä.) aufgeschlüsselt wird —und schließlich aus dem Anteil $\mathcal{D}^{\cdot}$ der (lokal) durch Umwandlung mechanischer Energie in Wärme anfällt. Für den Leitungsanteil $\dot{Q}_L$ gilt mit dem (auf die Momentankonfiguration bezogenen sog. Eulerschen) Wärmeflußvektor $\bar{\mathbb{q}}$

$$\dot{Q}_L = -(\bar{\nabla} \cdot \bar{\mathbb{q}})/\bar{\rho}\,, \tag{1.1b}$$

worin $\bar{\rho}$ die Momentandichte und $\bar{\nabla}$ den auf die Momentankonfiguration ($\bar{\mathbb{r}}$) bezogenen Differentialoperator (auch "räumlicher Operator" genannt) mit der Eigenschaft $\partial_{\mathbb{r}}\Phi = d\bar{\mathbb{r}} \cdot \bar{\nabla}\Phi$ bedeuten.

6) auch Hooke–Modell genannt

7) also die "mikrostrukturelle" Zustandsgröße (l_F) gleichzeitig die ("makrophysikalische") jeweilige Länge des Gesamtelementes ist.

Hinzunahme thermischer Speicherkapazitäten führt dann schließlich in der Form

$$\mathcal{F} = \mathcal{F}_{\epsilon T}(\epsilon, T) \text{ bzw. } \mathcal{U} = \mathcal{U}_{\epsilon T}(\epsilon, T) \qquad (1.2b,c)$$

zur Feststellung, daß innere bzw. freie Energie Zustandsfunktionen der thermisch-kinematischen Variablen sein müssen, was sog. hyperelastische Medien kennzeichnet. Unter der Voraussetzung umkehrbar-eindeutigen Zusammenhanges zwischen Federdehnung einerseits und Elementen- und damit Federbelastung P andererseits[8] ist mittels

$$\epsilon = \Delta l/l_0 = \Delta l_F/l_{F0} = \varphi_F(P,T)$$

die Dehnung in (1.2b,c) eliminierbar und ergibt die gleichwertigen Darstellungen

$$\mathcal{F} = \mathcal{F}_{\epsilon T}\big(\varphi_F(P,T),T\big) =^{9)} \mathcal{F}_{\sigma T}(\sigma,T)\ ,\ \ \mathcal{U} = \mathcal{U}_{\epsilon T}\big(\varphi_F(P,T),T\big) =^{11)} \mathcal{U}_{\sigma T}(\sigma,T)\ , \qquad (1.2d,e)$$

wonach die genannten Energiegrößen auch als Zustandsfunktionen der Spannungen und der Temperatur darzustellen sein müssen.

Zusammen mit der Voraussetzung der Dissipationsfreiheit sind die Befunde (1.2) Basis für die in § 2 behandelten hyperelastischen Medien.

Gegenüber der Hyperelastizität stellt das Konzept der Elastizität eine "abschwächende Verallgemeinerung" insofern dar, als Zustandseigenschaften der Energiegrößen im Sinne von (1.2b-d) nicht gefordert werden, sondern nur noch, daß deren Zeitableitungen im Sinne einer Pfaffschen Form als lineare Funktionen der Variablengeschwindigkeiten mit von den Variablen abhängigen Koeffizienten darzustellen sein sollen. Ergebnis dieser Annahme ist, daß sich wenigstens noch die kaloro-dynamischen Variablen als Zustandsfunktionen der thermisch-kinematischen Variablen darstellen lassen [2]. (vgl. § 2). Mittels eines

b) Maxwell-Modells

im Sinne von Abb. 1.2a lassen sich die Phänomene des Kriechens bzw. der Spannungsrelaxation simulieren. Aufgrund der Hintereinanderschaltung einer elastischen und einer viskosen Materialkomponente, definieren per

$$l = x_K + l_F + a \ ,\ \ a = \text{const} \qquad (1.3)$$

die Teil-Freiheitsgrade x_K, l_F (d. h. die jeweilige Kolben-Lage im Stoßdämpfer bzw. die Federlänge) nur noch "in der Summe" die jeweilige ("makrophysikalische") Elementenlänge

---

8) Dies verhindert, daß z. B. für eine Federbelastung P zwei verschiedene Federkonfigurationen Δl_{F1}, Δl_{F2} möglich wären, also eine Feder die Wahl hätte, spontan von einer Konfiguration in eine zweite "durchzuschlagen". In diesem Sinne bezeichnet man die Voraussetzung umkehrbar–eindeutigen Zusammenhangs (gleichwertig mit der "Monotonie–Forderung" $\partial\varphi_F(P,T)/\partial P > 0$) auch als "Bedingung für materielle Stabilität"

9) worin mit der Elementen–Querschnittsfläche F mit $\sigma = P/F$ die entsprechende Spannung bezeichnet wird

l, die somit als Zustandsgröße für die Festlegung der isothermen Formänderungsenergie der Feder nicht mehr in Frage kommt. Für die Festlegung der Letzteren wie auch der Dissipationsleistung im Stoßdämpfer steht hier als Zustandsgröße in beiden Fällen indessen die Gesamtelementen-Belastung P bzw. die Spannung σ zur Verfügung, die wegen der Hintereinanderschaltung gleichermaßen von beiden Materialkomponenten übertragen wird. Für die freie bzw. die innere Energie führt dies mit der energetisch "einfachsten" Annahme, daß die federnde Materialkomponente hyperelastisch sei, im Sinne von (1.2d,e) zu den ad-hoc-Ansätzen

$$\mathcal{F} = \mathcal{F}_{\sigma T}(\sigma,T) \quad \text{bzw.} \quad \mathcal{U} = \mathcal{U}_{\sigma T}(\sigma,T)\,, \tag{1.4a,b}$$

während die (Stoßdämpfer-)Dissipationsleistung, zunächst in der Form

$$\dot{\mathcal{D}} = \dot{\mathcal{D}}_{xT}(\dot{x}_K,T) \geq^{10)} 0\;,\quad \dot{\mathcal{D}}_{xT}(0,T) = 0 \tag{1.5a}$$

vorzusehen, mit der Voraussetzung, daß zwischen der viskosen Reibungskraft und der Kolbengeschwindigkeit ein umkehrbar-eindeutiger Zusammenhang

$$\dot{x}_K = \varphi_D(P,T)\;;\quad \dot{x}_K(0,T) = 0\,, \tag{1.5b}$$

anzugeben sein soll[11], gemäß

$$\dot{\mathcal{D}} = \dot{\mathcal{D}}_{xT}(\varphi_D(P,T),T) = \dot{\mathcal{D}}_{\sigma T}(\sigma,T) \geq 0\,,\quad \dot{\mathcal{D}}_{\sigma T}(0,T) = 0\,,\quad \sigma = P/F\,, \tag{1.5c}$$

dann schließlich ebenfalls als Zustandsfunktion der Spannungen und der Temperatur prognostiziert werden kann, und zwar als positiv-definite Funktion im Sinne des zweiten Hauptsatzes der Thermodynamik. Die Annahmen (1.4, 5c) begründen die Analyse von § 4. Die dort erarbeiteten Befunde lassen sich für den einachsigen Fall leicht am Maxwellmodell veranschaulichen: Man ermittelt aus dem Gesetz für die Federlängenänderung Δl_F

$$l_F - l_{F0} = \Delta l_F = \varphi_F\,(P,T)\;, \tag{1.5d}$$

die Änderungsgeschwindigkeit

$$\Delta\dot{l}_F = \dot{l}_F = \frac{\partial\varphi_F}{\partial P}\dot{P} + \frac{\partial\varphi_F}{\partial T}\dot{T}\;,$$

addiert letztere Beziehung zu (1.5b) und erhält aus (1.3) nach Zeitableitung

$$\dot{l} = \dot{l}_F + \dot{x}_K = \frac{\partial\varphi_F}{\partial P}\dot{P} + \frac{\partial\varphi_F}{\partial T}\dot{T} + \varphi_D(P,T)\;, \tag{1.6a}$$

---

10) Man beachte das "Dissipationspostulat des 2. Haupsatzes der Thermodynamik"

11) Womit unterstellt wird, daß z. B. zu einer Kolbengeschwindigkeit nicht zwei (oder mehrere) verschiedene Reibungskräfte denkbar sein sollen. Dieser zu Fußnote 8 analoge "Stabilitätsaspekt" ist übrigens für den einfachsten Fall eines (positiv–definiten) quadratischen Gesetzes $\dot{\mathcal{D}} = r\dot{x}_K^2$, $r = \text{const.}$, automatisch erfüllt: Aus $\dot{\mathcal{D}} = P\dot{x}_K$ folgt das umkehrbar–eindeutige Reibungskraft–Gesetz $P = r\dot{x}_K \Leftrightarrow \dot{x}_K = P/r$ und damit für $\dot{\mathcal{D}}$ die gleichwertige Darstellung $\dot{\mathcal{D}} = r\dot{x}_K^2 = P^2/r$

also mit $\dot{l}/l_0 = \dot{\epsilon}$, $P/F = \sigma$ die Struktur

$$\dot{\epsilon} = h_F(\sigma,T)\dot{\sigma} + \alpha(\sigma,T)\dot{T} + h_D(\sigma,T) , \tag{1.6b}$$

in der Verzerrungsänderungen mit Spannungen, sowie Spannungs- und Temperaturänderungen verknüpft werden. An

$$\frac{h_F(\sigma,T)\dot{\sigma} + \alpha(\sigma,T)\dot{T}}{\dot{\epsilon}} = 1 - \frac{h_D(\sigma,T)}{\dot{\epsilon}}$$

erkennt man insbesondere unter der Voraussetzung endlicher Spannungen und damit Kolbengeschwindigkeiten

$$\lim_{\dot{\epsilon} \to \infty} \frac{h_F(\sigma,T)\dot{\sigma} + \alpha(\sigma,T)\dot{T}}{\dot{\epsilon}} = 1 ,$$

was mit $dt \longrightarrow 0$ und

$$\lim_{\dot{\epsilon} \to \infty} \dot{\epsilon} dt = \Delta\epsilon , \quad \lim_{\dot{T} \to \infty} \dot{T} dt = \Delta T , \quad \lim_{\dot{\sigma} \to \infty} \dot{\sigma} dt = \Delta\sigma$$

zu $\Delta\epsilon = h_F(\sigma,T)\Delta\sigma + \alpha(\sigma,T)\Delta T$

führt, wonach "Modellrekationen" ($\Delta\epsilon$) auf plötzliche Beanspruchungsänderungen ($\Delta\sigma,\Delta T$) "rein thermoelastisch" sind, d. h. bei plötzlicher (Zusatz-)Belastung der Stoßdämpfer "momentan nicht reagiert", und demgemäß plötzliche Elementen-Zusatzverformungen allein von der federnden Materialkomponente geleistet werden müssen. Daß von der Maxwell-Einheit das Phänomen des Kriechens, d. h. des zeitlichen Anwachsens der Verformungen unter Dauerlast $\sigma = \sigma_0$ (ab $t = t_0$) modelliert wird, folgt einerseits formal aus (1.6) mit $\dot{\sigma} = 0$, $\dot{T} = 0$, also aus

$$\dot{\epsilon} = h_D(\sigma_0,T_0) = \text{const} , \tag{1.7a}$$

womit

$$\epsilon(\tau) = \epsilon(t_0) + (\tau - t_0)h_D(\sigma_0,T_0) \text{ bzw. } \epsilon_{kriech}(\tau) \equiv \epsilon(\tau) - \epsilon(t_0) = (\tau - t_0)h_D(\sigma_0,T_0) \tag{1.7b,c}$$

erhalten wird, und andererseits durch unmittelbare Anschauung: Da bei konstanter Dauerlast die Federdehnung unverändert bleibt, ist die mit zunehmender Zeit anwachsende Kriechverformung Folge des Herausziehens des Kolbens aus dem Zylinder der viskosen Materialkomponente, was wegen (1.7a) mit konstanter Geschwindigkeit geschieht (Abb. 1.3a).

Endliche Kriechverformungen als Folge konstanter Dauerlast, d. h. Kriechverformungen mit abnehmender Geschwindigkeit, wie sie beispielsweise bei Beton beobachtet werden, sind erklärbar durch Betrachtnehme einer zunehmenden "Aushärtung" (Verfestigung) der viskosen Materialkomponente, womit anstelle von (1.5c) ein in der Form

$$\dot{\mathscr{D}} = \dot{\mathscr{D}}_{\sigma T}(\sigma,T;t)$$

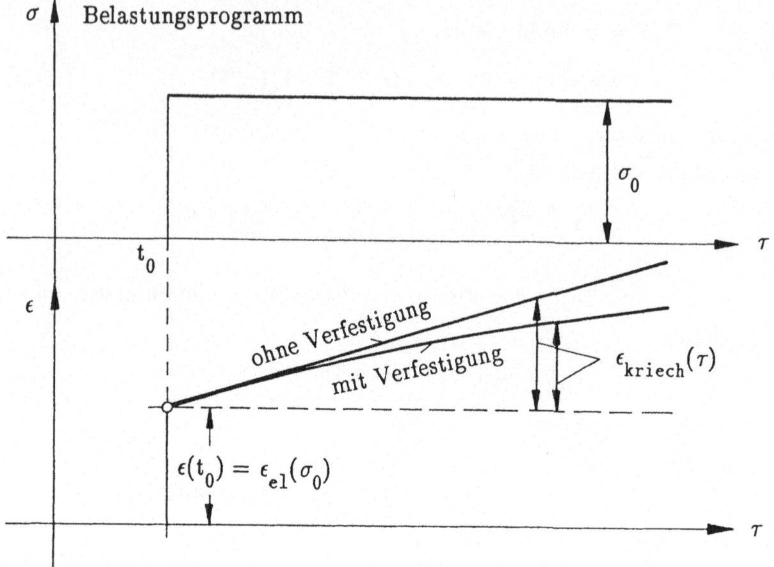

Abb. 1.3a Kriechen bei Maxwellkörpern

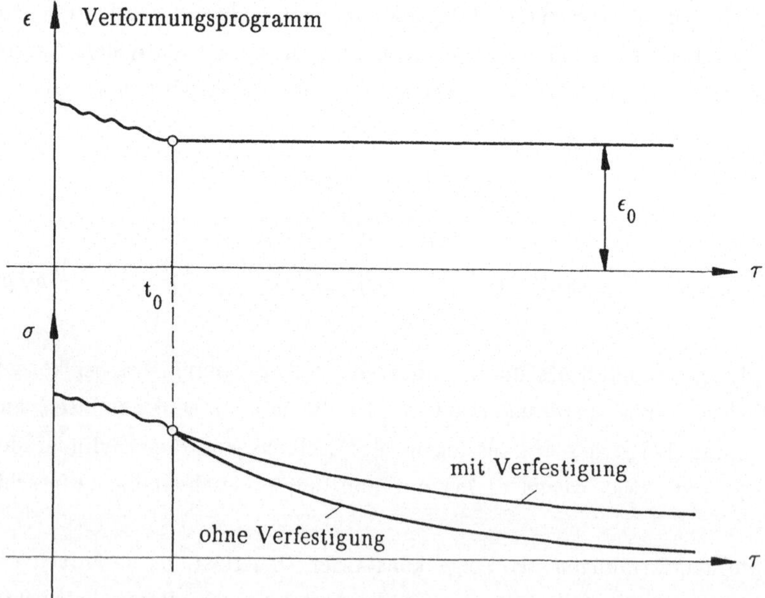

Abb. 1.3b Spannungsrelaxationen bei Maxwellkörpern

verallgemeinerter Ansatz benötigt wird, indem die Zeit (t) - als "Alterungsparameter" - explizit aufscheint (vgl. h. § 4.5).
Auch das Phänomen der Spannungsrelaxation, d. h. des Abbaus von Spannungszuständen bei konstant gehaltener Verzerrung ist sowohl formal als auch anschaulich leicht einzusehen: Wird etwa ein Verzerrungsprogramm ab einer bestimmten Verzerrungssituation $\epsilon_0(t_0)$ konstant fortgesetzt, so wird die zur Zeit t_0 vorhanden gewesene Spannung $\sigma_0(t_0)$ mit zunehmender Zeit abgebaut (Abb. 1.3b), weil die von der Feder auf den Kolben übertragenen Kräfte die Kolbenbewegung so lange aufrechterhalten, bis die federnde Materialkomponente "entspannt" ist und es schließlich auch keiner äußeren Belastung mehr bedarf, den Verzerrungszustand $\epsilon_0(t_0)$ permanent aufrechtzuerhalten. Als Folge entsprechender Kolbenbewegungen "gewöhnt" sich das Maxwell-Element an seine "neue Länge". Formal wird der Befund der Spannungsrelaxation aus (1.6b) mit $\dot{\epsilon} = \dot{T} = 0$ erhalten. Man prognostiziert hiernach

$$\dot{\sigma} = - h_D(\sigma,T_0)/h_F(\sigma,T_0)$$

bzw.

$$\frac{\dot{\sigma}}{\sigma} = - \frac{h_D(\sigma,T_0)}{\sigma h_F(\sigma,T_0)} = - \frac{\sigma h_D(\sigma,T_0)}{\sigma^2 h_F(\sigma,T_0)} < 0 \ ,$$

also jeweils eine "Spannungs-Abnahme", weil einerseits die Dissipationsleistung $P\dot{x}_k = P\varphi_D(P,T)$ und damit auch $\sigma h_D(\sigma,T)$ positiv-definit sein muß und desweiteren auch $h_F(\sigma,T)$ wenn man $\partial\varphi_F/\partial P > 0$, d. h. monotonen Zusammenhang zwischen Federlängenänderung Δl_F und Federbelastung fordert. Für Maxwell-Materialien mit zunehmender Verfestigung der viskosen Materialkomponente muß der Spannungszustand nicht bis zum Nullwert relaxieren (Abb. 1.3b).

c) Kelvin-Modelle

nach Abb. 1.2b modellieren die Phänomene geschwindigkeitsabhängiger Werkstoffdämpfung bzw. der sog. "elastischen Nachwirkung". Wegen der "Parallelschaltung" von (hier wieder in einfachster Version als "hyperelastisch" eingeschätzter) federnder und viskoser Materialkomponente sind

$$l_F \doteq l \tag{1.8a}$$

und $x_k = l - a$, $a = \text{const}$, d. h. $\dot{x}_k = \dot{l}$, (1.8b)

also hier die jeweilige (makrophysikalische) Elementenlänge bzw. deren Geschwindigkeit sowie die Temperatur Zustandsvariable zur Kennzeichnung von innerer bzw. freier Energie bzw. Dissipationsleistung

$$\mathcal{F} = \mathcal{F}_{\epsilon T}(\epsilon,T)\,,\ \mathcal{U} = \mathcal{U}_{\epsilon T}(\epsilon,T)\,,\ \dot{\mathcal{D}} = \dot{\mathcal{D}}(\dot\epsilon,T) \geq 0\,,\ \epsilon = (l - l_0)/l_0 = \Delta l/l_0\,, \tag{1.9}$$

(vgl. § 5, wo verallgemeinernd noch $\dot{\mathcal{D}}(\dot\epsilon, \epsilon, T)$ vorgesehen wurde), während sich die an der Kelvineinheit angreifende Kraft P aus den auf die federnde bzw. die viskose Materialkomponente entfallenden Anteilen P_F bzw. P_D zusammensetzt,

$$P = P_F + P_D\,. \tag{1.10a}$$

Mit den Teilgleichungen

$$\Delta l_F \equiv \Delta l = \varphi_F(P_F, T)\,,\ \dot x_k \equiv \Delta \dot l = \varphi_D(P_D,T) \tag{1.10b,c}$$

für Federlängenänderungen bzw. Kolbengeschwindigkeiten (vgl. 1.5b,d) bekommt man dann, wenn man von Letzteren im Sinne von

$$P_F = \psi_F(\Delta l_F,T) = \psi_F(\Delta l,T) =^{12)} \frac{\partial \mathcal{F}}{\partial \Delta l}\,,\ P_D = \psi_D(\dot x_K,T) \equiv \psi_D(\Delta \dot l,T) =^{12)} \frac{\dot{\mathcal{D}}}{\Delta \dot l} \tag{1.10d,e}$$

Invertierbarkeit verlangt [vgl. h. Fußn. 8,11], aus (1.10a)

$$P = \psi_F(\Delta l,T) + \psi_D(\Delta \dot l,T) = \frac{\partial \mathcal{F}}{\partial \Delta l} + \frac{\dot{\mathcal{D}}}{\Delta \dot l}\,, \tag{1.11a}$$

d. h. mit ϵ anstelle von Δl und σ anstelle von P die Struktur

$$\sigma = \psi_F(\epsilon,T) + \psi_D(\dot\epsilon,T) = \frac{\partial \mathcal{F}(\epsilon,T)}{\partial \epsilon} + \frac{\dot{\mathcal{D}}(\dot\epsilon,T)}{\dot\epsilon} \tag{1.11b}$$

als einachsige Materialgleichung für Kelvinkörper. Wegen der vorausgesetzten Invertierbarkeit von (1.10e) muß $\dot{\mathcal{D}}/\dot\epsilon$ eine mit $\dot\epsilon$ monoton wachsende Funktion sein, womit i. allg. von

$$\lim_{\dot\epsilon \to \infty} \frac{\dot{\mathcal{D}}(\dot\epsilon,T)}{\dot\epsilon} \to \infty$$

auszugehen ist, was bedeutet, daß man nach (1.11b) plötzliche Deformationssprünge an der Kelvineinheit (mit endlichen Spannungen) nicht realisieren kann: Der "parallelgeschaltete Stoßdämpfer" blockiert solcherart Sprünge.[13]

Die Spannungen infolge quasistatischer Zustandsänderungen mit $\dot\epsilon \to 0$ werden dagegen praktisch allein von der elastischen Materialkomponente abgetragen:

---

12) Man beachte, daß sich die Federkraft durch Ableitung der "potentiellen Federenergie" nach der Federauslenkung darstellen läßt und $P_D \cdot \dot x_K = \psi_D(\Delta \dot l,T)\,\Delta \dot l$ die in der viskosen Materialkomponente erbrachte Dissipationsleistung ist.

13) Die entsprechende räumliche Formulierung wirft für einachsige Sprungdeformationen singuläre Spannungen in Spezialfällen, etwa bei "fehlender Volumenviskosität" nicht aus: Sprungdeformationen werden in diesem Falle mittels entsprechender Volumendehnungssprünge der federnden Materialkomponente zur Verfügung gestellt (vgl. § 5). Die hierzu erforderlichen Spannungssprünge sind dann endlich.

$$\sigma\Big|_{\dot{\epsilon}\to 0} \approx \frac{\partial\mathcal{F}}{\partial\epsilon} \approx \sigma_F(\epsilon,T) \ . \tag{1.12}$$

Kelvinmodelle simulieren das Phänomen der sog. elastischen Nachwirkung, worunter man den Sachverhalt versteht, daß sich als Folge einer ab $\tau = t_0$ konstant gehaltenen (Dauer-)Last σ_0 mit zunehmender Zeit die Dehnungen - ausgehend vom Momentanwert $\epsilon(t_0)$ - denjenigen (elastischen) Werten $\epsilon_{el,0}$ annähern, die als Folge quasistatischer Belastung σ_0 entstanden wären. Vom Modellmechanismus her ist dies unmittelbar einzusehen: Der, von der Dauerlast σ_0 herrührende, auf die viskose Materialkomponente entfallende Anteil σ_D bewirkt Kolbenbewegung im Zylinder, als deren Folge die viskose Komponente entlastet, die federnde Materialkomponente zunehmend belastet wird, bis sich letztlich die viskose Materialkomponente der Belastung σ_0 vollständig entzogen hat. In konkreten Formeln kann dieser Befund aus (1.11b) mit $\sigma = \sigma_0$, d. h. aus

$$\sigma_0 = \frac{\partial\mathcal{F}}{\partial\epsilon} + \frac{\dot{\mathcal{D}}}{\dot{\epsilon}} = \sigma_F(\epsilon,T) + \frac{\dot{\mathcal{D}}}{\dot{\epsilon}} \tag{1.13}$$

nur für sog. lineare Probleme, wo $\mathcal{F}$ bzw. $\dot{\mathcal{D}}$ quadratisch von ϵ bzw. $\dot{\epsilon}$ abhängen, erbracht werden, allgemein erkennt man nur

$$\big(\sigma_0 - \sigma_F(\epsilon,T)\big)\dot{\epsilon} = \dot{\mathcal{D}} \geq 0 \ , \tag{1.13a}$$

d. h., daß etwa für $\sigma_0 > \sigma_F(\epsilon,T)$ [und damit $\dot{\epsilon} \geq 0$] die zugehörigen Dehnungen wachsen, für $\sigma_0 < \sigma_F(\epsilon,T)$ die zugehörigen Dehnungen abnehmen müssen (Abb. 1.4a), wobei in beiden Fällen mit zunehmender Zeit die Differenzgröße $\sigma_0 - \sigma_F(\epsilon,T)$ abgebaut wird[14], und daß der Nachwirkungsprozeß endet, wenn die der elastischen Spannung

$$\sigma_F(\epsilon_{el,0},T) = \sigma_0$$

entsprechende Dehnung $\epsilon_{el,0}$ erreicht ist, weil für diesen Fall nach (1.13a)

$$\frac{\dot{\mathcal{D}}}{\dot{\epsilon}}\Big|_{\epsilon=\epsilon_{el,0}} = 0$$

ist, was wegen der Voraussetzung, daß $\dot{\mathcal{D}}/\dot{\epsilon}$ - d. h. der Reibungskraftanteil - eine mit $\dot{\epsilon}$ monoton wachsende Funktion sei, auf

$$\dot{\epsilon}\Big|_{\epsilon=\epsilon_{el,0}} = 0 \tag{1.13b}$$

zu schließen erlaubt. Der "Nachwirkungsprozeß", d. h. das "Relaxieren" der Dehnungsdifferenz $\epsilon(t_0) - \epsilon_{el,0}$ (für $\epsilon_{el,0} = 0$ auch "Kriecherholung" genannt[15]) (Abb. 1.4b), ist erst

---

14) sofern, wie hier vorausgesetzt, $\sigma_F(\epsilon,T)$ mit ϵ monoton wächst.

15) weil das Element per "Dehnungskriechen" wieder seine ursprüngliche Konfiguration erlangt.

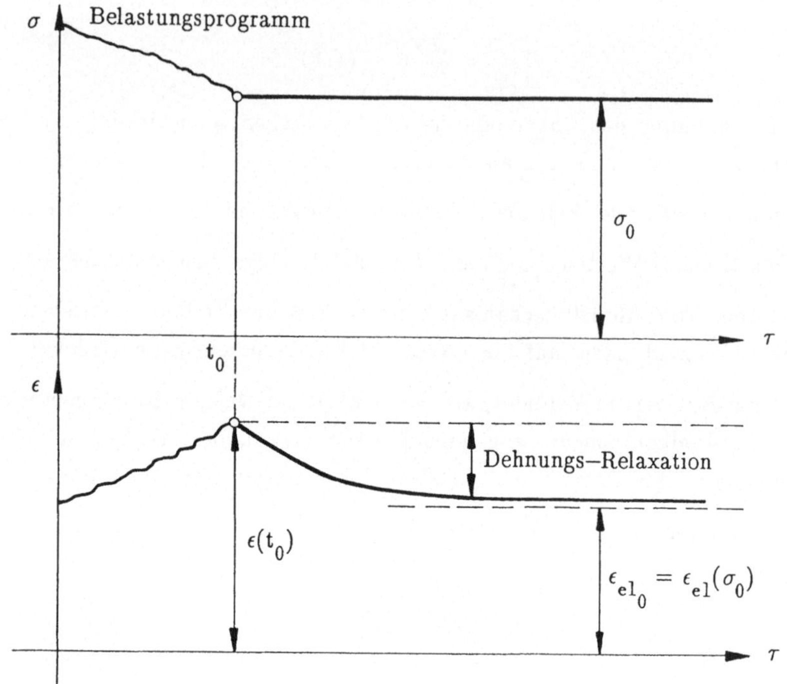

Abb. 1.4a elastische Nachwirkung bei Kelvinkörpern

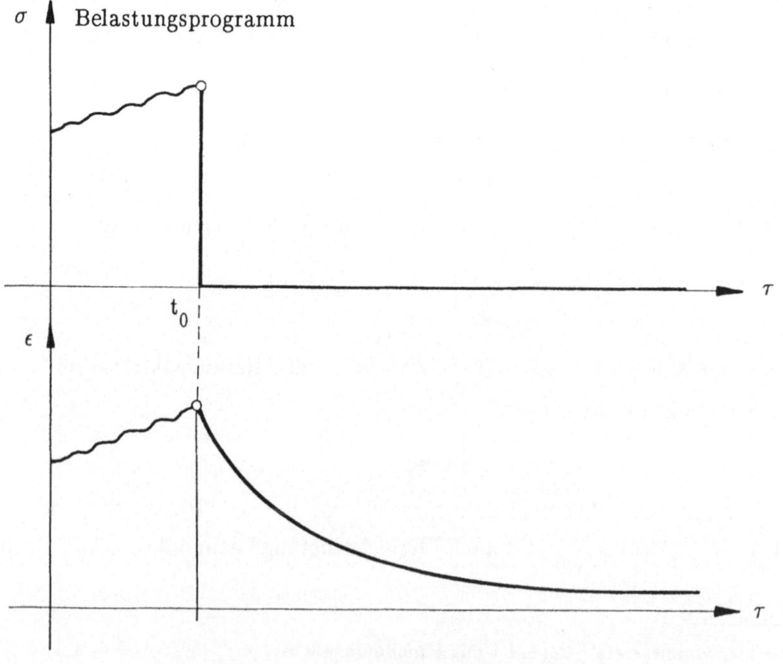

Abb. 1.4b Kriecherholung bei Kelvinkörpern

für t $\longrightarrow \infty$ abgeschlossen. Mit

d) De Saint-Venant-Modellen

nach Abb. 1.2c werden fest-idealplastische Phänomene simuliert, indem das der festen Materialkomponente vorgeschaltete (Trocken-)Reibungselement die durch das Gesamt–Element übertragbare Kraft P per

$$|P| \leq^{16)} R_F \tag{1.14}$$

limitiert. Für $|P| < R_F$ verhält sich das Element wie das zugehörige Festkörperelement, für $|P| = R_F$ tritt wegen Überwindung des Reibungswiderstandes Relativbewegung längs der Reibfläche und damit (bei Aufrechterhaltung der Grenzbelastung) unbegrenzte Elongation des Verbundelementes auf. Die solchermaßen simulierten Fließverformungen werden sogleich unterbunden, wenn die Belastung $|P|$ wieder unter den Grenzwert R_F fällt: Der Reibungsverbund ist wieder intakt, und das Verbundelement ist wieder durch die Festigkeitseigenschaften seines "Festkörperanteiles" gekennzeichnet (Rückführung vom "Fließzu-

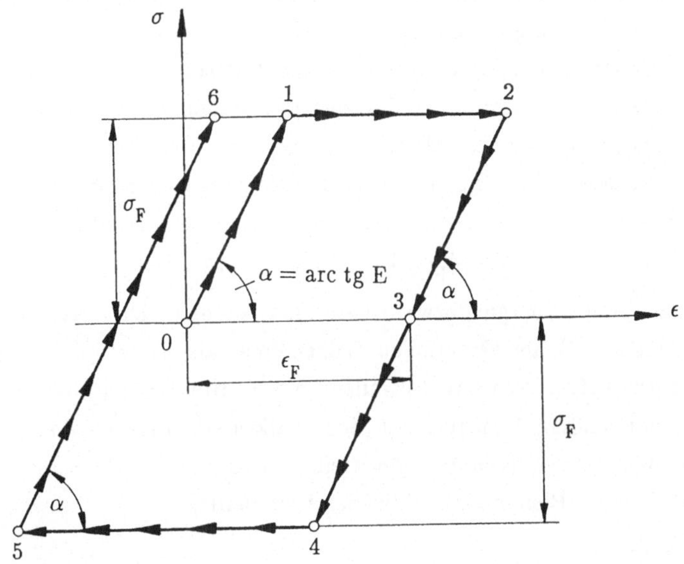

Abb. 1.5

16) Vereinfachend wurde hier – im Sinne isotropen Reibungsphänomens – "isotrope Reibung", d. h., unterstellt, daß die maximal übertragbare "Grenz–Reibungskraft R_F" unabhängig sei von der Richtung der "Relativbewegungstendenz" in der Reibfläche.

stand" in einen "Festzustand"[17]).
Dieser Sachverhalt kann - mit Spannungen anstelle von Kräften - mittels einer sog. - Fließfunktion

$$F(\sigma) =^{18)} |\sigma| - \sigma_F \tag{1.15a}$$

klassifiziert werden, dergestalt, daß

$$F \begin{array}{l} < 0 \text{ für Festzustände ,} \\ = 0 \text{ für Fließzustände ,} \\ > 0 \text{ für physikalisch nicht realisierbare Zustände ,} \end{array} \tag{1.15b}$$

also insbesondere für Fließzustände die sog. Fließbedingung

$$F = 0 \tag{1.15c}$$

und betreffend Zustandsänderungen $d\sigma$ aus Fließzuständen (F) heraus

$$\left[\frac{\partial F}{\partial \sigma}\right]_{(F)} d\sigma \begin{array}{l} < 0 \text{ für Übergang von Fließ- in Festzustände} \\ = 0 \text{ für Übergang von Fließ- in Fließzustände} \\ > 0 \text{ für physikalisch unmögliche Zustandsüberführungen} \end{array} \tag{1.15d}$$

gelten. Zur Beschreibung des energetischen Status einer Saint-Venant-Einheit können - neben der Temperatur - lediglich die Spannungen Zustandsvariable sein, weil die (makrophysikalisch zu registrierenden) Gesamtdehnungen Fließanteile enthalten und demgemäß die (interne) Deformationssituation der Festkörper-Komponente und damit deren Energieinhalte nicht kennzeichnen können. Mittels der durch das Reibungselement in die Festkörperkomponente weitergeleiteten Spannungen ist dies hingegen möglich: Aus dem Hintereinanderschaltungsmodell von Abb. 1.2c liest man also die Ansatz-Strukturen

$$\mathcal{F}_S = \mathcal{F}_S(\sigma,T) \ , \quad \dot{\mathcal{D}}_S = \dot{\mathcal{D}}_S(\sigma,T)$$

ab, wonach man freie Energie bzw. Dissipationsleistung der festen (soliden) Materialkomponente (Index S) als Funktionen (allgemeiner als Funktionale) der Spannungen und der Temperatur aufzufassen hat. Betreffend die im Hinblick auf die thermodynamische Bilanzgleichung notwendige Kenntnis von den strukturell vorzusehenden Abhängigkeiten der potentiellen bzw. dissipativen Energieanteile am (durch die De Saint-Venant-Einheit repräsentierten) Gesamt-Element ist schließlich festzuhalten:

---

[17] wie in Abb. 1.5 für den linear elastisch–idealplastischen Fall angedeutet: Anwachsen der Spannungen bis zur (oberen) Fließgrenze (1) führt zu sog. "plastischen" bzw. Fließverformungen (1) ⟶ (2), die nach vollständiger Entlastung (3) in Form der dabei verbleibenden "Restverformung" (ϵ_F) sichtbar werden.

Spannungsumkehr und Steigerung der Lastintensität führt zur unteren Fließgrenze (4) mit nicht notwendig demselben Grenzspannungsbetrag [etwa bei nicht isotroper Reibung]. Weitere Lastwechsel führen von (4) über (5) nach (6) usw., wobei die schrägen Ent–(bzw. Be–)lastungsgeraden (2) – (4), (5) – (6) usw. stets zueinander parallel sind.

[18] in § 6 wurde als Parameter noch die Temperatur in die Fließbedingung aufgenommen.

a) die allfällig in Betracht zu nehmenden Wärmekapazitäten des Reibungselementes der Festkörper-Materialkomponente zuschlagend, werden die thermodynamischen Potentiale (d. h. freie Energie, Entropie) des Verbundelementes mit Denjenigen der Festkörper-Materialkomponente identifiziert:

$$\mathcal{F} = \mathcal{F}_S = \mathcal{F}\langle \sigma,T \rangle, \; \mathcal{S} = \mathcal{S}_S = \mathcal{S}\langle \sigma,T \rangle \quad . \tag{1.16a,b}$$

b) Die am Verbundelement erbrachte Dissipationsleistung setzt sich additiv zusammen aus den in der Festkörperkomponente bzw. im Reibungselement erbrachten Anteilen $\dot{\mathcal{D}}_S$ bzw. $\dot{\mathcal{D}}_F$,

$$\dot{\mathcal{D}} = \dot{\mathcal{D}}_S + \dot{\mathcal{D}}_F \; , \tag{1.17a}$$

sofern Fließzustände vorliegen, wohingegen für Festzustände

$$\dot{\mathcal{D}} = \dot{\mathcal{D}}_S \tag{1.17b}$$

gilt.

Mit Rücksicht auf die einachsige Modellvorstellung, wo im Fließzustand eine - durch R_F limitierte - konstante (Reibungs-)Kraft Reibungsarbeit längs der Relativ-Verschiebungen beiderseits der Reibfläche leistet und damit die Reibungsleistung eine linear von der Relativgeschwindigkeit beiderseits der Reibfläche abhängige Funktion sein muß, gilt dann schließlich, indem man diese Relativgeschwindigkeit mit der plastischen Dehnungsgeschwindigkeit identifiziert:[19)]

c) Die Fließ-Dissipationsleistung $\dot{\mathcal{D}}_F$ ist als lineare Funktion der Fließverzerrungsgeschwindigkeit vorzusehen.

Die hier aufgelisteten Statements sind in § 6 zu einer Theorie fest-idealplastischer Medien kompiliert worden.

Zum in (1.1) notierten 1. Hauptsatz der Thermodynamik soll unter Hinweis auf [5b] noch nachgetragen werden, daß die (auf die Masseneinheit bezogene) Spannungsleistung im Rahmen der (hier ausschließlich referierten) Theorie der sog. einfachen Stoffe [2] generell als

$$\dot{\mathcal{A}}_S = \overset{\times}{\mathbb{S}} \cdot\cdot \dot{\mathbb{D}} \tag{1.18}$$

d. h. als Doppeltskalarprodukt zweier zweistufig-symmetrischer tensorwertiger Größen dargestellt werden kann, die die Bedeutung einer verallgemeinerten dynamischen Größe

---

19) wobei das im einachsigen Modellfalle zweifelsfreie "kinematische Additionsgesetz" $\epsilon = \epsilon_S + \epsilon_F$ gilt, wonach die Summe der Teildehnungen der festen bzw. der (durch das Reibungselement repräsentierten) "Fließ—Materialkomponente" die Dehnung ϵ des Gesamtelementes definiert.

(eines verallgemeinerten, auf eine Dichte bezogenen, Spannungstensors $\overset{\times}{\mathbb{S}}$) und einer hierzu dualen kinematischen Größe (einer Verzerrungsgeschwindigkeit $\dot{\mathbb{D}}$) haben. Im Folgenden werden wahlweise folgende duale Paare benutzt [5b]

a)
$$\overset{\times}{\mathbb{S}} = \mathbb{S}^{(E)}/\bar{\rho} \quad , \quad \dot{\mathbb{D}} = \mathbb{C}^* \, , \tag{1.19a}$$

worin $\mathbb{S}^{(E)}$ den Eulerschen Spannungstensor, $\bar{\rho}$ die Momentandichte und $\mathbb{C}^* = \overline{\mathrm{def}}\, \mathbb{v} = (\bar{\nabla} \circ \mathbb{v} + \mathbb{v} \circ \bar{\nabla})/2$ den sog. "räumlichen Geschwindigkeitsdeformator" bedeuten. Letzterer definiert die auf die jeweilige Momentankonfiguration bezogenen Verzerrungsänderungen je Zeiteinheit, der Eulersche Spannungstensor per

$$d\bar{\mathbb{k}}_f = d\bar{\mathbb{f}} \cdot \mathbb{S}^{(E)} \tag{1.19b}$$

den Zusammenhang zwischen einem (momentanen) Flächenelement $d\bar{\mathbb{f}}$ und der längs Letzterem übertragenen (momentanen) elementaren (Oberflächen-)Kraft $d\bar{\mathbb{k}}_f$;

b) das Paar

$$\overset{\times}{\mathbb{S}} = \mathbb{S}^{(R)}/\bar{\rho}, \; \dot{\mathbb{D}} = \mathbb{R} \cdot \mathbb{C}^* \cdot \mathbb{R}^T \equiv \mathbb{C}^{*(R)} = \frac{1}{2}\left[\mathbb{D}^{(S)^{-1}} \cdot \dot{\mathbb{D}}^{(S)} + \dot{\mathbb{D}}^{(S)} \cdot \mathbb{D}^{(S)^{-1}} \right], \tag{1.20a,b}$$

worin mit dem die (materiellen) Hauptverzerrungsachsen aus einer Bezugs - in die Momentankonfiguration drehenden Versor $\mathbb{R}$

$$\mathbb{S}^{(R)} = \mathbb{R} \cdot \mathbb{S}^{(E)} \cdot \mathbb{R}^T \tag{1.20c}$$

den sog. relativen Spannungstensor und

$$\mathbb{D}^{(S)} = \sqrt{\mathbb{F} \cdot \mathbb{F}^T} = \sqrt{\mathbb{E} + 2\mathbb{D}^{(G)}} \tag{1.20d}$$

den sog. (Richter'schen) Streckungstensor bedeuten[20];

---

[20] Hierin ist $\mathbb{F} = \mathbb{E} + \hat{\nabla} \circ \mathbb{u}$ die sog. lokale Konfigurationsdyade, die — neben dem Einheitstensor durch das materielle Verschiebungs—Gradientenfeld $\hat{\nabla} \circ \mathbb{u}$ konstituiert wird, und die materielle Linienelemente aus ihrer Bezugskonfiguration $(d\hat{\mathbb{r}})$ in ihre Momentankonfiguration $(d\bar{\mathbb{r}})$ per

$$d\bar{\mathbb{r}} = d\hat{\mathbb{r}} \cdot \mathbb{F} \tag{1.20e}$$

überführt (vgl. [5a] [5b]).

Mit dem als "polarer Zerlegungssatz" [5a] bezeichneten Zusammenhang

$$\mathbb{F} = \mathbb{D}^{(S)} \cdot \mathbb{R} \tag{1.20f}$$

wird der Sachverhalt ausgedrückt, die lokale Konfigurationstransformation $d\hat{\mathbb{r}} \longrightarrow d\bar{\mathbb{r}}$ in der Form

$$d\hat{\mathbb{r}} \longrightarrow d\mathbb{r}^{(S)} \quad , \quad d\mathbb{r}^{(S)} \longrightarrow d\bar{\mathbb{r}}$$

mit $d\mathbb{r}^{(S)} = d\hat{\mathbb{r}} \cdot \mathbb{D}^{(S)}$ und $d\bar{\mathbb{r}} = d\mathbb{r}^{(S)} \cdot \mathbb{R}$

zerlegen zu können in eine, die lokalen Hauptverzerrungsrichtungen unverdreht belassende, Massenelementenstreckung $(\mathbb{D}^{(S)})$ mit anschließender Drehung $(\mathbb{R})$ um den, dem jeweiligen "materiellen Hauptverzerrungsachsendreibein" zukommenden Drehwinkel.

Mit den in der Bezugs— bzw. der Momentankonfiguration durch $d\hat{\mathbb{r}}$ bzw. $d\bar{\mathbb{r}}$ definierten materiellen Linienelementen gilt $d\hat{\mathbb{r}} \cdot \hat{\nabla} = d\bar{\mathbb{r}} \cdot \bar{\nabla} = d\hat{\mathbb{r}} \cdot \mathbb{F} \cdot \bar{\nabla}$, d. h. die Beziehung $\hat{\nabla} = \mathbb{F} \cdot \bar{\nabla}$ bzw. $\bar{\nabla} = \mathbb{F}^{-1} \cdot \hat{\nabla}$ zwischen den sog. räumlichen bzw. materiellen Operatoren $\bar{\nabla}$ bzw. $\hat{\nabla}$. [5b]

c) das Paar

$$\overset{\times}{\$} = \$^{(K)}/\hat{\rho} \,, \quad \dot{\mathbb{D}} = \dot{\mathbb{D}}^{(G)} \equiv \mathbb{F} \cdot \mathbb{C}^{*} \cdot \mathbb{F}^{T} \,, \tag{1.21a,b}$$

worin
$$\$^{(K)} = \frac{\hat{\rho}}{\bar{\rho}} \mathbb{F}^{T^{-1}} \cdot \$^{(E)} \cdot \mathbb{F}^{-1} \overset{(1.20c,f)}{=} \frac{\hat{\rho}}{\bar{\rho}} \mathbb{D}^{(S)^{-1}} \cdot \$^{(R)} \cdot \mathbb{D}^{(S)^{-1}} \,, \tag{1.21c}$$

mit

$$\frac{\hat{\rho}}{\bar{\rho}} = (\mathbb{F})_3 = F_3 \equiv \sqrt{(\mathbb{F})_3 (\mathbb{F}^T)_3} \equiv \sqrt{(\mathbb{F} \cdot \mathbb{F}^T)_3} \equiv \left[\sqrt{\mathbb{F} \cdot \mathbb{F}^T} \right]_3 = (\mathbb{D}^{(S)})_3 = \left[\sqrt{\mathbb{E} + 2\mathbb{D}^{(G)}} \right]_3 \tag{1.21d}$$

den sog. "2. Piola-Kirchhoff- (auch Kappusschen) Spannungstensor", $\hat{\rho}$ die (Ausgangs-)Dichte in der (in der Regel als "unverformt" deklarierten) Bezugs-Konfiguration ($\mathbb{F} = \mathbb{E}$) und $\dot{\mathbb{D}}^{(G)}$ die Greensche Verzerrungsgeschwindigkeit bedeuten. Sie ist durch materielle Zeitableitung aus dem Greenschen Verzerrungstensor $\mathbb{D}^{(G)}$ zu gewinnen, der die lokale Verzerrungsgeometrie per

$$d\bar{\mathbb{r}}_j \cdot d\bar{\mathbb{r}}_K = d\hat{\mathbb{r}}_j \cdot \mathbb{F} \cdot \mathbb{F}^T \cdot d\hat{\mathbb{r}}_K \equiv d\hat{\mathbb{r}}_j \cdot (\mathbb{E} + 2\mathbb{D}^{(G)}) \cdot d\hat{\mathbb{r}}_K \tag{1.21d}$$

beschreibt, in dem Sinne, daß mittels (1.21d) über sämtliche Momentanlängen $|d\bar{\mathbb{r}}_j|$ von einem (materiellen) Punkte P "ausgehender" materieller Linienelemente bzw. deren in der Momentankonfiguration miteinander eingeschlossener Winkel ($\bar{\alpha}_{jK}$) informiert wird, sofern man die Bezugs- (bzw. Ausgangs-)Lagen ($d\hat{\mathbb{r}}_j$, $d\hat{\mathbb{r}}_K$) der betreffenden Linienelemente vorgibt[21] (Abb. 1.6).

---

21) die Greensche Verzerrungsgeschwindigkeit korreliert die zeitlichen Änderungen der auf die Bezugskonfiguration ($\mathbb{F} = \mathbb{E}$) bezogenen Verzerrungen mit Richtungsgrößen (materieller Linienelemente) in der Bezugskonfiguration. Sie hängen mit den auf die jeweilige Momentankonfiguration bezogenen Verzerrungsgeschwindigkeiten ($\mathbb{C}^{*}$) in der Form

$$\mathbb{C}^{*} = \mathbb{F}^{-1} \cdot \dot{\mathbb{D}}^{(G)} \cdot \mathbb{F}^{T-1} \tag{1.21e}$$

zusammen. Polarzerlegung von $\mathbb{F}$ im Sinne von (1.20f) ergibt daraus für die in (1.20b) notierte relative Verzerrungsgeschwindigkeitsgröße gleichwertig

$$\mathbb{R} \cdot \mathbb{C}^{*} \cdot \mathbb{R}^{T} \equiv \mathbb{C}^{*(R)} = \mathbb{D}^{(S)^{-1}} \cdot \dot{\mathbb{D}}^{(G)} \cdot \mathbb{D}^{(S)^{-1}} \,. \tag{1.21f}$$

Sie korreliert die (auf die jeweils momentane) Streckungskonfiguration bezogenen zeitlichen Verzerrungsänderungen mit Richtungsgrößen (materieller Linienelemente in) der Streckungskonfiguration, hat also zum relativen Spannungstensor $\$^{(R)} = \mathbb{R} \cdot \$^{(E)} \cdot \mathbb{R}^{T}$ analoge operationelle Eigenschaften [5b].

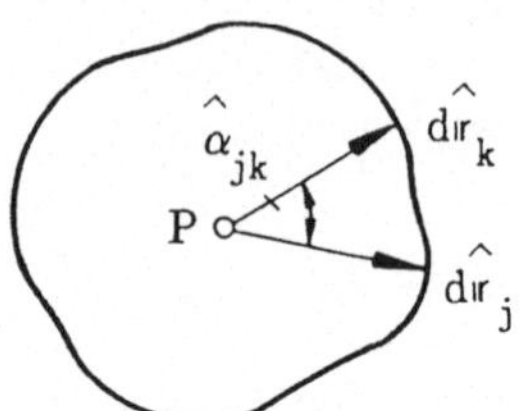

Bezugskonfiguration (t_0)

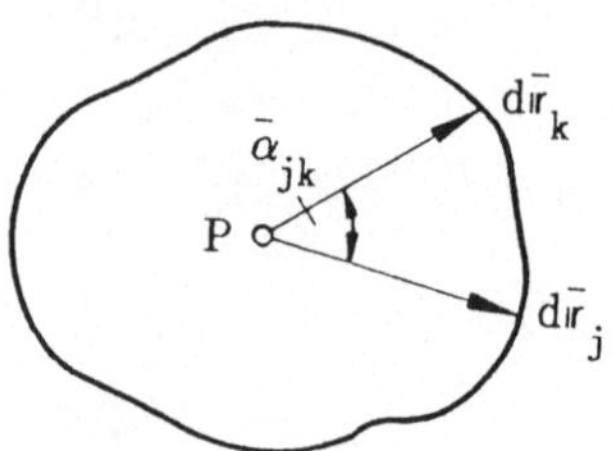

Momentankonfiguration (t)

Abb. 1.6

d) das Paar

$$\overset{\times}{\mathbb{S}} = \mathbb{S}^{(L)}/\hat{\rho} \quad , \qquad \dot{\mathbb{D}} = \dot{\mathbb{F}}^T = \dot{\mathbb{u}} \circ \hat{\nabla} = \mathbb{v} \circ \hat{\nabla} \quad , \tag{1.22a,b}$$

worin

$$\mathbb{S}^{(L)} = \mathbb{S}^{(K)} \cdot \mathbb{F} = \frac{\hat{\rho}}{\bar{\rho}} \mathbb{F}^{T-1} \cdot \mathbb{S}^{(E)} = \frac{\hat{\rho}}{\bar{\rho}} \mathbb{D}^{(S)^{-1}} \cdot \mathbb{R} \tag{1.22c}$$

den Lagrangeschen Spannungstensor bedeutet, der per

$$d\mathbb{k}_f \; (= d\bar{\mathbb{f}} \cdot \mathbb{S}^{(E)}) = d\hat{\mathbb{f}} \cdot \mathbb{S}^{(L)}$$

die auf die Flächeneinheit der Bezugskonfiguration bezogenen Spannungen definiert. Für den Bereich kleiner Verformungen schließlich wird mit

$$\mathbb{S}^{(E)} \approx \mathbb{S}^{(R)} \approx \mathbb{S}^{(K)} \approx \mathbb{S} \quad , \quad \mathbb{D} = \operatorname{def} \mathbb{u} = (\hat{\nabla} \circ \mathbb{u} + \mathbb{u} \circ \hat{\nabla})/2 \tag{1.23a,b}$$

das duale Paar durch

$$\overset{\times}{\mathbb{S}} = \mathbb{S}/\hat{\rho} \;, \quad \mathbb{D} = \operatorname{def} \mathbb{u} \tag{1.23c,d}$$

mit dem am "unverformten System" definierten Spannungstensor $\mathbb{S}$ und dem aus dem Verschiebungsfeld $\mathbb{u}(\mathbb{r},t)$ im Sinne von (1.23b) abzuleitenden sog. materiellen Verschiebungsdeformator def $\mathbb{u}$ gebildet.

Von in Verschiebungs- und Temperaturfeldern dargestellten Feldgleichungs-Formulierungen, die durch Kombination der Materialbeziehungen mit den (lokalen) Bilanzen der Entropie (sog. kalorische Bilanzgleichung, vgl. (1.1a)) bzw. der Impulse (sog. Newton-Eulersche bzw. Cauchy'sche Feldgleichung) aufgefunden werden, wobei Letztere als

$$\bar{\nabla} \cdot \mathbb{S}^{(E)} + \bar{\rho}\, \bar{\mathbb{k}} = \bar{\rho}\dot{\mathbb{v}} \tag{1.24a}$$

bzw. als

$$\hat{\nabla} \cdot (\mathbb{S}^{(K)} \cdot \mathbb{F}) + \rho_0 \mathbb{k} = \rho_0 \dot{\mathbb{v}} \tag{1.24b}$$

bzw. für den Bereich kleiner Verformungen als

$$\nabla \cdot \mathbb{S} + \rho_0 \mathbb{k}_0 = \rho_0 \dot{\mathbb{v}} \tag{1.24c}$$

zu formulieren sind[22], wird hier aus Raumgründen mit Ausnahme einiger Probleme aus der Theorie fest-idealplastischer Medien abgesehen[23].

Wie eingangs vermerkt, stellen die nach a–d energetisch definierten Materialmodelle einfachste Varianten dar, von denen man Modellierungen komplexeren Materialverhaltens nicht erwarten kann[24] Detailliertere Materialmodellierungen verlangen ambitioniertere Modellkombinationen, ggfs. auch andere Vorstellungen von den Begriffen der Hintereinander– bzw. der Parallelschaltung. Betreffend die Hintereinanderschaltung wird in der modernen Kontinuumsmechanik in der Metall–Plastizität[25] neuerdings anstelle des Additionsgesetzes

$$\mathbb{D} = \mathbb{D}_S + \mathbb{D}_F \tag{1.25a}$$

der Verzerrungen das auf Wesseling zurückgehende[26] Hintereinanderschaltungsgesetz

$$\mathbb{F} = \mathbb{F}_F \cdot \mathbb{F}_S \tag{1.25b}$$

unter Benutzung (jeweils lokaler) plastischer bzw. elastischer Teil–Konfigurationsgradienten $\mathbb{F}_F$, $\mathbb{F}_S$ favorisiert[27], das Additionsgesetz (1.25a) als "unechte Hintereinanderschaltung" bezeichnet.[28] Man muß feststellen, daß mit den üblichen Vorstellungen von elastischen und plastischen Deformationen das Zerlegungsgesetz (1.25b) im einachsigen Falle das (mit (1.25a) erreichbare) Konfigurations–Zerlegungsgesetz für die einachsigen Modelle nach Abb. 1.2a,c nicht wiedergibt, d. h. Ausdruck einer anderen Modellvorstellung ist. Obwohl die Zerlegung (1.25b), wie in [30] gezeigt wird, zu einer besonders eleganten Formulierung der Theorie der Eigenspannungen und Versetzungen führt, ist es selbstverständlich nicht so, daß auf dem Additionsgesetz (1.25a) basierende Materialgleichungen für den Bereich großer Verformungen grundsätzlich unrichtig werden, es sei denn, die entsprechenden formalen Entwicklungen auf der Basis

---

22) Hierin bedeuten $\dot{\mathbb{v}}$ die Massenelementenbeschleunigung, $\bar{\mathbb{k}}$ bzw. $\mathbb{k}_0$ die momentane bzw. die in der Bezugskonfiguration wirksame (jeweils auf die Masseneinheit bezogene) Massenkraft und $\mathbb{S}$ den an der "unverformten" (Bezugs–)Konfiguration definierten Spannungstensor [vgl. [5a], [5b]]

23) Die Hereinnahme einiger Feldgleichungsbeispiele für fest–idealplastische Medien schien zum besseren Verständnis der diesbezüglichen Problematik erforderlich.

24) So kann man z. B. mit dem Modell nach Abb. 1.2c nicht einmal den Bauschinger–Effekt modellieren. S. h. die Ergänzungen in §§ E 3.3, E 3.4, E 4.

25) Entsprechendes gilt dann auch für Maxwellmaterial

26) S. h. die ausgezeichnete Zusammenfassung in [30]

27) Die Bedeutung von $\mathbb{F}$ in (1.25b) ist Diejenige nach (1.20e), die Bedeutung von (1.25b), d. h.

$$d\bar{\mathbb{r}} = d\hat{\mathbb{r}} \cdot \mathbb{F} = (d\hat{\mathbb{r}} \cdot \mathbb{F}_F) \cdot \mathbb{F}_S = d\mathbb{r}_F \cdot \mathbb{F}_S$$

fußt auf der Vorstellung, daß man sich den gesamten (aus elastischen und Fließanteilen bestehenden) Konfigurationswechsel $d\hat{\mathbb{r}} \to d\bar{\mathbb{r}}$ derart zerlegt denkt, daß man zunächst den plastischen Konfiurationswechsel $d\hat{\mathbb{r}} \to d\mathbb{r}_F = d\mathbb{r} \cdot \mathbb{F}_F$ vollzieht und die dann noch zwecks Erreichen der Momentankonfiguration $(d\bar{\mathbb{r}})$ erforderliche Transformation $d\mathbb{r}_F \cdot \mathbb{F}_S$ als Folge einer elastischen Verformung interpretiert, die die potentielle Energie der Formänderung definiert.

28) Allgemeinere Untersuchungen zeigen, daß von den Möglichkeiten, plastische und elastische Konfigurations–Teilgradienten zu Gesamtgrößen $\mathbb{F}$ zu kompilieren, Gl. (1.25b) die einfachst mögliche Variante darstellt [24].

von (1.25a) verletzten anderweitig physikalische Sätze[29]. Es kann allenfalls von Fall zu Fall experimentell konstatiert werden, inwieweit im Bereich großer Verformungen[30] eine auf (1.25b) basierende Materialtheorie reales Stoffverhalten besser modelliert, also andersartige Modellbildungen als Diejenigen nach Abb. 1.2a—c das jeweilige Materialverhalten besser abbilden. Die im folgenden referierten Stoffgleichungen, die auf den unter a—d formulierten Energie—Eigenschaften basieren, führen in sämtlichen "Hintereinanderschaltungsfällen" letztlich auf ein Additionsgesetz der Verzerrungsgeschwindigkeiten im Sinne von

$$\dot{\mathbb{D}} = \dot{\mathbb{D}}_S + \dot{\mathbb{D}}_F \quad , \tag{1.25c}$$

was man strukturell mit entsprechenden Interpretationen auch mittels (1.25b) erreichen kann. Danach ist nämlich ebenfalls eine additive Zerlegung für Verzerrungsgeschwindigkeiten d. h. [31]

$$\dot{\mathbb{D}} = \dot{\mathbb{D}}_S^x + \dot{\mathbb{D}}_F^x \tag{1.25d}$$

festzustellen, wobei jedoch hier

$$\dot{\mathbb{D}}_S^x = \mathbb{F}_F \cdot \dot{\mathbb{D}}_S^{(G)} \cdot \mathbb{F}_F^T \ , \quad \dot{\mathbb{D}}_F^x = H(\dot{\mathbb{D}}_F^{(G)}, \dot{\mathbb{R}}_F, \mathbb{F}_S, \mathbb{F}_F, \mathbb{R}_F) \ , \tag{1.25e}$$

d. h. die in (1.25d) addierten "Verzerrungsgeschwindigkeitsgrößen" noch in komplizierter Weise von den elastischen bzw. plastischen Konfigurations—Teiltensoren bzw. dem Versor der plastischen Teilverformung bzw. dessen Zeitableitung abhängen. Folge davon ist etwa bei gleichartigen energetischen Annahmen eine erhebliche Verkomplizierung der Stoffgleichungsanalyse gegenüber den auf der Basis von (1.25c) erhältlichen Beziehungen, was den ingenieursmäßigen Zugang zu den wichtigsten nichtelastischen Phänomenen in einfachen Formeln kaum noch möglich macht. Die Beschränkung auf (1.25c), die je nach Wahl der Bezugskonfiguration auf (1.25a) führen kann, bedeutet nicht eine Grundsatzentscheidung betreffend das "richtige Hintereinanderschaltungsgesetz", sondern ist Ausdruck der Intention, die (auch so noch aufwendigen) Formalien einfach zu halten auch auf die Gefahr hin, im Bereich großer Verformungen im Einzelfall zufriedenstellende Materialmodellierungen zu verfehlen.

---

[29] d. h. etwa die Hauptsätze der Thermodynamik

[30] Im Bereich kleiner Verformungen gibt es zwischen den Auffassungen nach (1.25a) bzw. (1.25b) keinen Dissens.

[31] In (1.25d,e) bedeuten die Größen $\dot{\mathbb{D}}_S^{(G)}$, $\dot{\mathbb{D}}_F^{(G)}$ Greensche Verzerrungsgeschwindigkeiten. Strukturen von der Form (1.25d,e) erhält man mit

$2\mathbb{D}^{(G)} = (\mathbb{F} \cdot \mathbb{F}^T - \mathbb{E})$, $2\dot{\mathbb{D}}^{(G)} = \dot{\mathbb{F}} \cdot \mathbb{F}^T + \mathbb{F} \cdot \dot{\mathbb{F}}^T$ – vgl. (1.20d) – nach Einsetzen des Zerlegungsgesetzes (1.25b). Es entsteht mit $2\dot{\mathbb{D}}_S^{(G)} = \dot{\mathbb{F}}_S \cdot \mathbb{F}_S^T + \mathbb{F}_S \cdot \dot{\mathbb{F}}_S^T$ schließlich

$$2\dot{\mathbb{D}}^{(G)} = \underline{2\mathbb{F}_F \cdot \dot{\mathbb{D}}_S^{(G)} \cdot \mathbb{F}_F^T} + \dot{\mathbb{F}}_F \cdot (\mathbb{E} + 2\mathbb{D}_S^{(G)}) \cdot \mathbb{F}_F^T + \mathbb{F}_F \cdot (\mathbb{E} + 2\mathbb{D}_S^{(G)}) \cdot \dot{\mathbb{F}}_F^T$$

wobei der erste Term (gestrichelt) als Anteil der elastischen Verzerrungsgeschwindigkeit $(\mathbb{D}_S^{(G)})$ an der Gesamtverzerrungsgeschwindigkeit anzusehen ist und der Rest als der von den nichtelastischen Änderungsgrößen herrührende Anteil.

§ 2 Elastische Medien

2.1 Allgemeines

Elastische Medien sind nach [2] Solche, für die die kaloro-dynamischen Variablen $(\overset{\times}{\mathbb{S}},\mathscr{S})$ als Zustandsfunktionen der thermisch-kinematischen Variablen $(\mathbb{D},\mathrm{T})$ anfallen, wobei man in der Festkörpermechanik in der Regel als kinematische Variable (hinsichtlich ihrer operativen Verwendung) Lagrangesche Operatoren, nämlich die von einer (als "vorgegeben" angesehenen) Bezugskonfiguration $(\mathbb{F} = \mathbb{E},\ \mathbb{D}^{(S)} = \mathbb{E},\ \mathbb{D}^{(G)} = 0)$ aus festgelegten Größen $\mathbb{F}$, $\mathbb{D}^{(G)}$, $\mathbb{D}^{(S)}$ benutzt. So sind etwa

$$\left[\begin{bmatrix} \overset{\times}{\mathbb{S}} \\ \mathscr{S} \end{bmatrix} = \right] \begin{bmatrix} \mathbb{S}^{(K)}/\hat{\rho} \\ \mathscr{S} \end{bmatrix} = \begin{bmatrix} \mathbb{G}^{(KF)}(\mathbb{F},\mathrm{T}) = \mathbb{G}^{(KG)}(\mathbb{D}^{(G)},\mathrm{T}) = \mathbb{G}^{(KS)}(\mathbb{D}^{(S)},\mathrm{T}) \\ \mathscr{S}^{(F)}(\mathbb{F},\mathrm{T}) = \mathscr{S}^{(G)}(\mathbb{D}^{(G)},\mathrm{T}) = \mathscr{S}^{(S)}(\mathbb{D}^{(S)},\mathrm{T}) \end{bmatrix} \tag{2.1a,b}$$

oder

$$(\overset{\times}{\mathbb{S}} =)\mathbb{S}^{(R)}/\bar{\rho} = \mathbb{G}^{(RF)}(\mathbb{F},\mathrm{T}) = \mathbb{G}^{(RG)}(\mathbb{D}^{(G)},\mathrm{T}) = \mathbb{G}^{(RS)}(\mathbb{D}^{(S)},\mathrm{T}) \tag{2.1c}$$

mit (vgl. (1.21c))

$$(\mathbb{G}^{(RF)},\mathbb{G}^{(RG)},\mathbb{G}^{(RS)}) = \mathbb{D}^{(S)}\cdot(\mathbb{G}^{(KF)},\mathbb{G}^{(KG)},\mathbb{G}^{(KS)})\cdot\mathbb{D}^{(S)} \tag{2.1d}$$

oder

$$(\overset{\times}{\mathbb{S}} =)\mathbb{S}^{(L)}/\hat{\rho} = \mathbb{G}^{(LF)}(\mathbb{F},\mathrm{T}) \tag{2.1e}$$

mit (vgl. (1.22c))

$$\mathbb{G}^{(LF)} = (\mathbb{G}^{(KF)},\mathbb{G}^{(KG)},\mathbb{G}^{(KS)})\cdot\mathbb{F} \tag{2.1f}$$

oder

$$(\overset{\times}{\mathbb{S}} =)\mathbb{S}^{(E)}/\bar{\rho} = \mathbb{G}^{(EF)}(\mathbb{F},\mathrm{T}) \tag{2.1g}$$

mit (vgl. (1.21c))

$$\mathbb{G}^{(EF)} = \mathbb{F}^{\mathrm{T}}\cdot(\mathbb{G}^{(KF)},\mathbb{G}^{(KG)},\mathbb{G}^{(KS)})\cdot\mathbb{F} \tag{2.1h}$$

(dem Prinzip der materiellen Objektivität [5b] genügende) Materialgleichungen elastischer Medien im Rahmen der Theorie einfacher Stoffe.

Bekanntlich ist ohne weitere Restriktionen – etwa an die Materialbeziehungen (2.1a,b) – nicht zu sichern, daß aus der mit $\dot{\mathscr{D}} = 0$ von (1.1) verbleibenden thermodynamischen Leistungsbilanz

$$\mathscr{F} = \dot{\mathscr{A}}_{\mathbb{S}} - \mathscr{S}\dot{\mathrm{T}} \overset{(1.18a,21a,b)}{\equiv} \overset{\times}{\mathbb{S}}^{(K)}\cdot\cdot\dot{\mathbb{D}}^{(G)} - \mathscr{S}\dot{\mathrm{T}} \equiv \overset{\times}{\mathbb{S}}^{(K)}\cdot\cdot\dot{\mathbb{D}}^{(G)} - (\mathrm{T}_0\mathscr{S})\left[\frac{\mathrm{T}}{\mathrm{T}_0} - 1\right]^{\cdot} , \tag{2.2}$$

die jetzt in Termen siebenkomponentiger kaloro–dynamischer bzw. thermisch–kinematischer Voigtscher

Vektoren[1] [5a]

$$\overset{\times}{\mathfrak{s}} \equiv \sum_{j=1}^{7} \overset{\times}{s}_j^{(V)} \mathfrak{e}_j^{(V)} \hat{=} \left[\frac{\sigma^{(K)}_{<11>}}{\rho}, \frac{\sigma^{(K)}_{<22>}}{\rho}, \frac{\sigma^{(K)}_{<33>}}{\rho}, \sqrt{2}\,\frac{\sigma^{(K)}_{<12>}}{\rho}, \sqrt{2}\,\frac{\sigma^{(K)}_{<23>}}{\rho}, \sqrt{2}\,\frac{\sigma^{(K)}_{<31>}}{\rho}; -T_0\mathscr{S}\right], \tag{2.3a}$$

$$\mathfrak{d} \equiv \sum_{j=1}^{7} d_j^{(V)} \mathfrak{e}_j^{(V)} \hat{=} \left(d^{(G)}_{<11>}, d^{(G)}_{<22>}, d^{(G)}_{<33>}, \sqrt{2}\,d^{(G)}_{<12>}, \sqrt{2}\,d^{(G)}_{<23>}, \sqrt{2}\,d^{(G)}_{<31>}; \frac{T}{T_0} - 1\right] \tag{2.3b}$$

sowie mit der abkürzenden Funktionsbezeichnung

$$\overset{\times}{\mathfrak{s}} \equiv \left\{\mathbb{S}^{(K)}/\hat{\rho}; -T_0\mathscr{S}\right\} = \left\{\mathbb{G}^{(KG)}(\mathbb{D}^{(G)},T); -T_0\mathscr{S}^{(G)}(\mathbb{D}^{(G)},T)\right\} \equiv \mathfrak{g}(\mathfrak{d}) \tag{2.4}$$

als

$$\dot{\mathscr{F}} \overset{2)}{=} \overset{\times}{\mathfrak{s}} \odot \dot{\mathfrak{d}} = \mathfrak{g}(\mathfrak{d}) \odot \dot{\mathfrak{d}} \quad \text{bzw.} \quad d\mathscr{F} \overset{3)}{=} \mathfrak{g}(\mathfrak{d}) \odot d\mathfrak{d}, \tag{2.5a,b}$$

notiert werden soll, generell eine Darstellung der freien Energie $\mathscr{F}$ selbst als Zustandsfunktion $(\mathscr{F} = \mathscr{F}(\mathfrak{d}))$ der thermisch–kinematischen Variablen $(\mathfrak{d})$ erreicht werden kann, weil sich aus (2.5b) per Linienintegration

$$\mathscr{F} - \mathscr{F}_0 = \int_{\mathfrak{d}_0;(C_1)}^{\mathfrak{d}} d\mathscr{F} \neq \int_{\mathfrak{d}_0;(C_2)}^{\mathfrak{d}} \mathfrak{g}(\mathfrak{d}) \odot d\mathfrak{d} \tag{2.6a}$$

i. allg. keine vom "Integrationspfad" (C_1,C_2) im Voigtschen Vektorraum unabhängigen Resultate ergeben. Dieser Sachverhalt wird bereits in der inkrementellen Version

$$D\mathscr{F} \equiv \oint_{(df_{1,2})} d\mathscr{F} = \oint_{(df_{1,2})} d\mathfrak{d} \odot \mathfrak{g} = -(d\mathfrak{d}_1 \otimes d\mathfrak{d}_2) \odot\odot \left[\frac{d\mathfrak{g}}{d\mathfrak{d}} - \left[\frac{d\mathfrak{g}}{d\mathfrak{d}}\right]^T\right] \tag{2.6b}$$

---

1) $\sigma^{(K)}_{<jk>} = \mathfrak{e}_{<j>} \cdot \mathbb{S}^{(K)} \cdot \mathfrak{e}_{<k>}$ bzw. $d^{(G)}_{<jk>} = \mathfrak{e}_{<j>} \cdot \mathbb{D}^{(G)} \cdot \mathfrak{e}_{<k>}$ sollen hierbei die auf eine Orthonormalbasis $(\mathfrak{e}_{<j>})$ bezogenen Komponenten der 2. Piola–Kirchhoff–Spannungen bzw. der Greenschen Verzerrungen bedeuten.

2) mit dem durch $\mathfrak{a} \odot \mathfrak{b} \equiv \sum_{j=1}^{7} a_j^{(V)} b_j^{(V)}$ definierten Skalarprodukt zweier Voigtscher Vektoren

$$\mathfrak{a} \equiv \sum_{j=1}^{7} a_j^{(V)} \mathfrak{e}_j^{(V)} \hat{=} \{a_1^{(V)},\dots,a_7^{(V)}\}, \quad \mathfrak{b} \hat{=} \{b_1^{(V)},\dots,b_7^{(V)}\}.$$

und den Voigtschen Vektorraum aufspannenden orthonormalen Basisgrößen $\mathfrak{e}_j^{(V)}$ im Sinne von

$$\mathfrak{e}_j^{(V)} \odot \mathfrak{e}_k^{(V)} = \delta_{jk} = \begin{cases} 0 & \text{für } j \neq k \\ 1 & \text{für } j = k \end{cases}, \quad j,k = 1\dots7.$$

3) mit $\dot{\mathscr{F}}\,dt = d\mathscr{F}$, $\dot{\mathfrak{d}}\,dt = d\mathfrak{d}$

des Stokesschen Satzes (vgl. §2.2.11) deutlich[4], wonach Integrale von nach (2.6a) definierten Energie–Zuwächsen längs geschlossener (hier inkrementeller) Kurven i. allg. nicht verschwinden.
Sollen die im Sinne von (2.6b) durch Linienintegration der Inkremente $(d\mathcal{F})$ erreichbaren Energie–Werte von (den zwischen "Raumpunkten" $\mathfrak{d}_0$ und $\mathfrak{d}$ legbaren) Integrationspfaden unabhängig, also die freie Energie als (sog. Zustands–)Funktion der thermisch–kinematischen Variablen $(\mathfrak{d})$ angebbar sein[5], so muß hierzu notwendig die (wesentlich 7×(7–1)/2 = 21–komponentige[6]) Integrabilitätsforderung

$$\frac{d\mathfrak{g}}{d\mathfrak{d}} - \left[\frac{d\mathfrak{g}}{d\mathfrak{d}}\right]^T = 0 \qquad (2.7a)$$

gelten, wonach $d\mathfrak{b}/d\mathfrak{d}$ ein symmetrischer zweistufiger Tensor mit

$$\frac{\partial \bar{g}_j^{(V)}}{\partial d_k^{(V)}} = \frac{\partial \bar{g}_k^{(V)}}{\partial d_j^{(V)}}, \quad j,k = 1...7, \quad j \neq k^{6)} \qquad (2.7b)$$

sein muß, und demnach $\mathfrak{g}(\mathfrak{d})$ notwendig ein mittels eines skalaren Feldes $\Phi(\mathfrak{d})$ erzeugter Gradientenvektor [5b]

---

4) $d\mathfrak{d}_j$, $j = 1,2$ bedeuten zwei in einem Punkte $P(\mathfrak{d})$ entspringende Linienelemente im Voigtschen Vektorraum, $df_{1,2}$ das durch Letztere aufgespannte Flächenelement; mit per

$$\mathfrak{a} \otimes \mathfrak{b} = \sum_{j=1}^{7} a_j^{(V)} b_k^{(V)} \mathfrak{e}_j^{(V)} \otimes \mathfrak{e}_k^{(V)}$$

im Voigtschen Vektorraum definierten dyadischen Produkten, wird unter $d\mathfrak{s}/\mathfrak{d}\mathfrak{a}$ ein zweistufiger Tensor

$$d\mathfrak{s}/\mathfrak{d}\mathfrak{a} = \sum_{j=1}^{7} \mathfrak{e}_j^{(V)} \otimes d\bar{\mathfrak{s}}/\partial a_j^{(V)} \equiv \sum_{j,k=1}^{7} \mathfrak{e}_j^{(V)} \otimes \mathfrak{e}_k^{(V)} \partial \bar{s}_k^{(V)}/\partial a_j^{(V)} ,$$

verstanden, mit dem als $d\mathfrak{s} \equiv d\mathfrak{a} \odot (d\mathfrak{s}/\mathfrak{d}\mathfrak{a}) = \sum_{j=1}^{7} da_j^{(V)} \partial \bar{\mathfrak{s}}/\partial a_j^{(V)}$ das vollständige Differential der Funktion

$$\mathfrak{s}(\mathfrak{a}) = \bar{\mathfrak{s}}(a_1^{(V)}, \dots, a_7^{(V)}) \hat{=} \{\bar{s}_1^{(V)}(a_1^{(V)},\dots,a_7^{(V)}),\dots, \bar{s}_7^{(V)}(a_1^{(V)},\dots,a_7^{(V)})\}$$

auszudrücken ist [5b]. Analog bedeutet $d^2\mathfrak{s}/\mathfrak{d}\mathfrak{a}^2 = d(d\mathfrak{s}/d\mathfrak{a})/d\mathfrak{a}$ einen im Voigtschen Vektorraum definierten dreistufigen Operator

$$d^2\mathfrak{s}/d\mathfrak{a}^2 = \sum_{j=1}^{7} \mathfrak{e}_j^{(V)} \otimes \frac{\partial}{\partial a_j^{(V)}} \left[\frac{d\mathfrak{s}}{d\mathfrak{a}}\right] = \sum_{j,k,\ell}^{7} \mathfrak{e}_j^{(V)} \otimes \mathfrak{e}_k^{(V)} \otimes \mathfrak{e}_\ell^{(V)} \partial^2 \bar{s}_\ell^{(V)}/\partial a_j^{(V)} \partial a_k^{(V)}$$

womit $d(d\mathfrak{s}/d\mathfrak{a})$ als $d(d\mathfrak{s}/d\mathfrak{a}) \equiv d\mathfrak{a} \odot (d^2\mathfrak{s}/d\mathfrak{a}^2) = \sum_{j=1}^{7} da_j^{(V)} \partial(d\mathfrak{s}/d\mathfrak{a})/\partial a_j^{(V)}$ dargestellt werden kann usw. Mehrfach–Skalarprodukte werden wie in der konventionellen Algebra definiert, etwa per

$$(\mathfrak{a}\otimes\mathfrak{b})\odot\odot(\mathfrak{c}\otimes\mathfrak{d}\otimes\mathfrak{f}) = (\mathfrak{b}\odot\mathfrak{c})(\mathfrak{a}\odot\mathfrak{d})\mathfrak{f}$$

das Doppeltskalarprodukt eines zweistufigen mit einem dreistufigen Operator usw.

5) was hyperelastische Medien kennzeichnet, vgl. § 2.2

6) da für j = k die Bedingungen (2.7b) identisch erfüllt sind, substantiiert (2.7b) – für j ≠ k – in der Tat nur insgesamt 7×(7–1)/2 = 21 nichttriviale Forderungen.

$$\mathfrak{g}(\mathfrak{d}) = \mathfrak{grad}_{\mathfrak{d}}\, \Phi = d\Phi/d\mathfrak{d} \mathrel{\hat{=}} \left\{ \frac{\partial\Phi}{\partial d_1^{(V)}}, \ldots, \frac{\partial\Phi}{\partial d_7^{(V)}} \right\}, \tag{2.7c}$$

mittels dessen die Befriedigung von (2.7b) als Konsequenz des Schwarzschen Vertauschungssatzes unmittelbar einsichtig ist.
Unter dem Aspekt, daß zur Beschreibung elastischen Stoffverhaltens im Sinne von (2.1) i. allg. sieben skalarwertige Funktionen der thermisch–kinematischen Variablen erforderlich sind, ist Hyperelastizität, die mit $\Phi = \mathcal{F}(\mathfrak{d})$, d. h. $\mathfrak{b}(\mathfrak{d}) = d\mathcal{F}/d\mathfrak{d}$ und damit

$$\overset{\times}{\mathfrak{s}} \overset{7)}{=} d\mathcal{F}/d\mathfrak{d} \tag{2.8a}$$

letztlich durch eine skalarwertige (Energie–)Funktion zu kennzeichnen ist, die einfachste elastische Materialvariante. Eine "einfachste Abschwächung" hyperelastischen Materialverhaltens im Sinne einer Materialbeschreibung durch zwei skalarwertige Funktionen $(H(\mathfrak{d}),\ \Phi(\mathfrak{d}))$ ist die in Analogie zur Caratheodory'schen Lamellarhypothese in der Thermodynamik [5b] von Ericksen per

$$\mathfrak{g}(\mathfrak{d}) = \overset{\times}{\mathfrak{s}}(\mathfrak{d}) = H(\mathfrak{d})d\Phi/d\mathfrak{d} \quad \text{bzw.} \quad \frac{\overset{\times}{\mathfrak{s}}}{|\overset{\times}{\mathfrak{s}}|} \overset{8)}{=} \frac{d\Phi/d\mathfrak{d}}{|d\Phi/d\mathfrak{d}|} \tag{2.9a,b}$$

mit

$$d\mathcal{F} = \overset{\times}{\mathfrak{s}} \odot d\mathfrak{d} = H(\mathfrak{d})d\mathfrak{d} \odot (d\Phi/d\mathfrak{d}) = H(\mathfrak{d})d\Phi \tag{2.9c}$$

definierte Eigenschaft der sog. "Lamellar–Elastizität" [2].
Kaloro–dynamische Vektoren sind hier parallel zu den Normalen

$$\mathfrak{n}_\Phi = d\Phi/d\mathfrak{d}/|d\Phi/d\mathfrak{d}| \tag{2.9d}$$

an die Flächen gleicher Funktionswerte Φ, die – man setze in (2.9c) $d\Phi = 0$ – mit isoenergetischen Flächen $\mathcal{F} = \text{const.} = \mathcal{F}_C$ – identisch sind, deren Existenz hier definitorisch gefordert wird[9].

---

7) mit einer im Voigtschen Vektorraum anfallenden symmetrischen zweistufigen Größe

$$d\overset{\times}{\mathfrak{s}}/d\mathfrak{d} = (d\overset{\times}{\mathfrak{s}}/d\mathfrak{d})^T \tag{2.8b}$$

8) mit $|\overset{\times}{\mathfrak{s}}| = \sqrt{\overset{\times}{\mathfrak{s}} \odot \overset{\times}{\mathfrak{s}}}$, $|d\Phi/d\mathfrak{d}| = \sqrt{(d\Phi/d\mathfrak{d}) \odot (d\Phi/d\mathfrak{d})}$. Zu (2.9b) gelangt man indem man H durch Quadrieren von (2.9a) als $H^2 = \overset{\times}{\mathfrak{s}} \odot \overset{\times}{\mathfrak{s}}/[(d\Phi/d\mathfrak{d})\odot(d\Phi/d\mathfrak{d})]$ ausdrückt.

9) was aber nicht bedeutet, die freie Energie generell als Zustandsfunktion der thermisch–kinematischen Variablen $(\mathfrak{d})$ erschließen zu können, weil hier mit $\mathfrak{g}$ nach (2.9a) wegen

$$d^2\Phi/d\mathfrak{d}^2 = \Sigma\mathfrak{e}_j^{(V)} \otimes \mathfrak{e}_k^{(V)}\ \partial^2\Phi/\partial d_j^{(V)}\partial d_k^{(V)} \equiv (d^2\Phi/d\mathfrak{d}^2)^T$$

der Befund

$$\oint_{(df_{1,2})} d\mathcal{F} \overset{(2.6c,9a)}{=} -(d\mathfrak{d}_1 \otimes d\mathfrak{d}_2)\odot\odot\left[\frac{dH}{d\mathfrak{d}} \otimes \frac{d\Phi}{d\mathfrak{d}} - \frac{d\Phi}{d\mathfrak{d}} \otimes \frac{dH}{d\mathfrak{d}}\right]$$

erreicht wird, was nur verschwindet für Umläufe längs Flächenelementen (mit Normalen $\mathfrak{n}_{\Phi,H} = d(\Phi,H)/d\mathfrak{d}/|d(\Phi,H)/d\mathfrak{d}|$), die in Flächen $\Phi = \text{const.}$ bzw. $H = \text{const.}$ eingebettet sind.

2.2 Hyperelastizität

2.2.1 Allgemeines

Hyperlastische Medien werden entsprechend den Erhebungen in §§ 1, 2.1 energetisch beschrieben

a) durch Dissipationsfreiheit ($\dot{\mathscr{D}} = 0$) und

b) durch die Voraussetzung, daß die freie Energie $\mathscr{F}$ als (Zustands-)Funktion der thermisch-kinematischen Variablen (etwa $\mathbb{D}^{(G)}$,T) darstellbar sei,

$$\mathscr{F} = \mathscr{F}(t) \overset{10)}{=} \mathscr{F}_{DT}^{(G)}(\mathbb{D}^{(G)}(t), T(t)) \,, \tag{2.10a}$$

was (vgl. § 2.1) zur Folge hat, daß die kaloro-dynamischen Variablen (etwa $\mathbb{S}^{(K)}/\hat{\rho}$, $\mathscr{S}$) als (Zustands-)Funktionen der thermisch-kinematischen Variablen durch Gradientenbildung an der freien Energie hervorgebracht werden:

$$\overset{\times}{\mathbb{S}} = \mathbb{S}^{(K)}/\hat{\rho} \overset{10)}{=} \frac{\partial \mathscr{F}_{DT}^{(G)}}{\partial \mathbb{D}^{(G)}} = \mathbb{S}_{DT}^{(KG)}/\hat{\rho} \;, \quad \mathscr{S} \overset{10)}{=} -\frac{\partial \mathscr{F}_{DT}^{(G)}}{\partial T} = \mathscr{S}_{DT}^{(G)} \,. \tag{2.10b,c}$$

Entsprechend hat man in Termen relativer Spannungen

$$\overset{\times}{\mathbb{S}} = \mathbb{S}^{(R)}/\bar{\rho} \overset{(1.21c)}{=} \mathbb{D}^{(S)}\cdot(\mathbb{S}^{(K)}/\hat{\rho})\cdot\mathbb{D}^{(S)} = \sqrt{\mathbb{E}+2\mathbb{D}^{(G)}} \cdot \frac{\partial \mathscr{F}_{DT}^{(G)}}{\partial \mathbb{D}^{(G)}} \cdot \sqrt{\mathbb{E}+2\mathbb{D}^{(G)}} \,, \tag{2.10d}$$

aber auch bei Verwendung des Konfigurationsgradienten $\mathbb{F} = \mathbb{E} + \hat{\nabla}\circ\mathbf{u}$ als kinematische Variable z. B.

$$\overset{\times}{\mathbb{S}} = \mathbb{S}_{FT}^{(L)}/\hat{\rho} \equiv \mathbb{S}_{FT}^{(K)}\cdot\mathbb{F}/\hat{\rho} = \partial\mathscr{F}_{FT}/\partial\mathbb{F} \;, \quad \mathscr{S} = \mathscr{S}_{FT} = -\,\partial\mathscr{F}_{FT}/\partial T \;, \tag{2.11a,b}$$

was man entsprechend aus der thermodynamischen Leistungsbilanz (1.1) mit $\dot{\mathscr{D}} = 0$, $\mathscr{F} = \mathscr{F}_{FT}\big(\mathbb{F}(t),T(t)\big)$ sowie $\mathscr{A}_{\mathbb{S}} = \mathbb{S}_{FT}^{(L)}\cdot\cdot\dot{\mathbb{F}}^T/\hat{\rho} = (\mathbb{S}_{FT}^{(K)}\cdot\mathbb{F})\cdot\cdot\dot{\mathbb{F}}^T/\hat{\rho}$ erschließt usw.[11]. Hier soll nur noch hervorgehoben werden, daß unter Benutzung Greenscher Verzerrungen Materialgleichungen für Eulersche Spannungen "versorfrei" nicht möglich sind, wie man mit $\mathbb{F} = \mathbb{D}^{(S)}\cdot\mathbb{R} = \sqrt{\mathbb{E}+2\mathbb{D}^{(G)}}\cdot\mathbb{R}$ anhand von

---

10) Anstelle Voigtscher Vektoren wird im Folgenden konventionelle Tensornotation verwendet. Die untere Indizierung (DT) an $\mathscr{F}$ soll auf die zur Darstellung verwendeten Variablen hinweisen, der obere Index (G) kennzeichnet, daß als kinematische Variable Greensche Verzerrungen vorgesehen wurden. In konventioneller Notation folgen (2.10b) aus der mit $\dot{\mathscr{D}} = 0$ erhältlichen thermodynamischen Leistungsbilanz (1.1) mit $\mathscr{F} = \mathscr{F}_{DT}^{(G)}$, also aus

$$\dot{\mathscr{F}} \equiv \dot{\mathscr{F}}_{DT}^{(G)} \equiv \frac{\partial \mathscr{F}_{DT}^{(G)}}{\partial \mathbb{D}}\,..\,\dot{\mathbb{D}}^{(G)} + \frac{\partial \mathscr{F}_{DT}^{(G)}}{\partial T}\dot{T} \overset{(1.1)}{=} \mathscr{A}_{\mathbb{S}} - \mathscr{S}\dot{T} = \mathbb{S}^{(K)}...\dot{\mathbb{D}}^{(G)}/\hat{\rho} - \mathscr{S}\dot{T}$$

nach Koeffizientenvergleich hinsichtlich der Variablengeschwindigkeiten $(\dot{\mathbb{D}}^{(G)},\dot{T})$

11) auf die Notation weiterer im Sinne von (2.1) möglicher Darstellungen wird jetzt verzichtet.

$$\overset{\times}{\$} = \$^{(E)}/\bar{\rho} \overset{(1.21c)}{=} \mathbb{F}^T\cdot(\$^{(K)}/\hat{\rho})\cdot\mathbb{F} \overset{(2.10b)}{=} \mathbb{R}^T\cdot\sqrt{\mathbb{E}+2\mathbb{D}^{(G)}}\cdot\frac{\partial \mathcal{F}_{DT}^{(G)}}{\partial \mathbb{D}^{(G)}}\cdot\sqrt{\mathbb{E}+2\mathbb{D}^{(G)}}\cdot\mathbb{R} \tag{2.10d}$$

unmittelbar erkennt[12].

2.2.2 Wärmeausdehnungen

sind mit Temperaturänderungen derart assozierte Verzerrungsprogramme, daß dabei dynamische Größen konstant bleiben. Je nach den Spannungen, die man im Falle der Betrachtnahme solcherart thermisch-kinematischer Programme als konstant voraussetzt, kommt man zu verschiedenen Wärmeausdehnungsgesetzen, die aber sämtlich einen linearen Zusammenhang zwischen Wärmedehnungs- und Temperaturänderung ausweisen.
Konstantbleiben des Lagrangeschen Spannungstensors voraussetzend, was bedeutete, während eines Wärmedehnungsprozesses die längs Flächenelementen ($d\hat{\mathbb{f}}$) übertragenen Oberflächenkräfte ($d\bar{\mathbb{k}}_f$) <u>konstant</u> zu halten, führt sicherlich nicht zu einer physikalisch sinnvollen Wärmeausdehnungsdefinition, weil konstante Kräfte ($d\bar{\mathbb{k}}_f$), schon der (i. allg. in Betracht zu nehmenden) Elementendrehungen wegen, vom jeweiligen Massenelement nicht als unveränderte Kraftbelastung "individuell empfunden werden". Benötigt wird hier also die Forderung nach Verschwinden eines "materiell objektiven" Spannungsgeschwindigkeitsmaßes", d.h. etwa der Kirchhoffschen bzw. der relativen Spannungsgeschwindigkeit [5b].

Im ersteren Falle folgt aus

$$\left[\,\$_{DT}^{(K)}\right]^{\cdot} \equiv 0 = \dot{\mathbb{D}}_T^{(KG)}\cdot\cdot\frac{\partial \$_{DT}^{(K)}}{\partial \mathbb{D}^{(G)}} + \frac{\partial \$_{DT}^{(K)}}{\partial T}\,\dot{T} \tag{2.12}$$

für das einem Temperaturprogramm assozierte Wärmeverzerrungsprogramm unter Invertierbarkeitsvoraussetzung für $\partial\$_{DT}^{(K)}/\partial\mathbb{D}^{(G)}$

$$\dot{\mathbb{D}}_T^{(KG)} = -\frac{\partial \$_{DT}^{(K)}}{\partial T}\cdot\cdot\left[\frac{\partial \$_{DT}^{(K)}}{\partial \mathbb{D}^{(G)}}\right]^{-1} \equiv \mathbb{A}^{(KG)}\dot{T} \tag{2.12a}$$

mit einem durch

$$\mathbb{A}^{(KG)} = \mathbb{A}_{DT}^{(KG)} = -\frac{\partial \$_{DT}^{(K)}}{\partial T}\cdot\cdot\left[\frac{\partial \$_{DT}^{(K)}}{\partial \mathbb{D}^{(G)}}\right]^{-1} \overset{(2.10b)}{=} -\frac{\partial^2 \mathcal{F}_{DT}^{(G)}}{\partial \mathbb{D}^{(G)}\partial T}\cdot\cdot\left[\frac{\partial^2 \mathcal{F}_{DT}^{(G)}}{\partial \mathbb{D}^{(G)2}}\right]^{-1} =$$

$$\overset{(2.10c)}{=} \frac{\partial \mathcal{S}_{DT}^{(G)}}{\partial \mathbb{D}^{(G)}}\cdot\cdot\left[\frac{\partial \$_{DT}^{(K)}}{\partial \mathbb{D}^{(G)}}\right]^{-1} \tag{2.12b}$$

auszudrückenden Wärmeverzerrungsänderungstensor ($\mathbb{A}^{(KG)}$), im zweiten Falle werden Wärmeverzerrungen wegen

---

12) vgl. h. auch etwa [5b]

$$\dot{\$}^{(\mathrm{R})} = 0 = \dot{\mathbb{D}}_{\mathrm{T}}^{(\mathrm{RG})} \cdot\cdot \frac{\partial \$_{\mathrm{DT}}^{(\mathrm{R})}}{\partial \mathbb{D}^{(\mathrm{G})}} + \dot{\mathrm{T}} \frac{\partial \$_{\mathrm{DT}}^{(\mathrm{R})}}{\partial \mathrm{T}} \tag{2.13}$$

- Invertierbarkeit von $\partial \$_{\mathrm{DT}}^{(\mathrm{R})} / \partial \mathbb{D}^{(\mathrm{G})}$ vorausgesetzt - durch

$$\dot{\mathbb{D}}_{\mathrm{T}}^{(\mathrm{RG})} = - \frac{\partial \$_{\mathrm{DT}}^{(\mathrm{R})}}{\partial \mathrm{T}} \cdot\cdot \left[\frac{\partial \$_{\mathrm{DT}}^{(\mathrm{R})}}{\partial \mathbb{D}^{(\mathrm{G})}} \right]^{-1} \dot{\mathrm{T}} \equiv \mathbb{A}^{(\mathrm{RG})} \dot{\mathrm{T}} \tag{2.13a}$$

mit

$$\mathbb{A}^{(\mathrm{RG})} \equiv \mathbb{A}_{\mathrm{DT}}^{(\mathrm{RG})} = - \frac{\partial \$_{\mathrm{DT}}^{(\mathrm{R})}}{\partial \mathrm{T}} \cdot\cdot \left[\frac{\partial \$_{\mathrm{DT}}^{(\mathrm{R})}}{\partial \mathbb{D}^{(\mathrm{G})}} \right]^{-1} \overset{(2.10\,\mathrm{c,d})}{=} \left[\bar{\rho} \mathbb{D}^{(\mathrm{S})} \cdot \frac{\partial \mathscr{S}_{\mathrm{DT}}^{(\mathrm{G})}}{\partial \mathbb{D}^{(\mathrm{G})}} \cdot \mathbb{D}^{(\mathrm{S})} \right] \cdot\cdot \left[\frac{\partial \$_{\mathrm{DT}}^{(\mathrm{R})}}{\partial \mathbb{D}^{(\mathrm{G})}} \right]^{-1} =$$

$$= \left[\bar{\rho} \mathbb{D}^{(\mathrm{S})} \cdot \frac{\partial \mathscr{S}_{\mathrm{DT}}^{(\mathrm{G})}}{\partial \mathbb{D}^{(\mathrm{G})}} \cdot \mathbb{D}^{(\mathrm{S})} \right] \cdot\cdot \left\{ \frac{\partial}{\partial \mathbb{D}^{(\mathrm{G})}} \left[\bar{\rho} \mathbb{D}^{(\mathrm{S})} \cdot \frac{\partial \mathscr{F}_{\mathrm{DT}}^{(\mathrm{G})}}{\partial \mathbb{D}^{(\mathrm{G})}} \cdot \mathbb{D}^{(\mathrm{S})} \right] \right\}^{-1} =$$

$$\overset{13)}{=} - \left[\bar{\rho} \mathbb{D}^{(\mathrm{S})} \cdot \frac{\partial^2 \mathscr{F}_{\mathrm{DT}}^{(\mathrm{G})}}{\partial \mathbb{D}^{(\mathrm{G})} \partial \mathrm{T}} \cdot \mathbb{D}^{(\mathrm{S})} \right] \cdot\cdot \left\{ \frac{\partial}{\partial \mathbb{D}^{(\mathrm{G})}} \left[\bar{\rho} \mathbb{D}^{(\mathrm{S})} \cdot \frac{\partial \mathscr{F}_{\mathrm{DT}}^{(\mathrm{G})}}{\partial \mathbb{D}^{(\mathrm{G})}} \cdot \mathbb{D}^{(\mathrm{S})} \right] \right\}^{-1} \tag{2.13b}$$

beschrieben, wobei wegen

$$\frac{\mathbb{A}^{(\mathrm{KG})}}{\overset{\wedge}{\rho}} \cdot\cdot \frac{\partial \$_{\mathrm{DT}}^{(\mathrm{K})}}{\partial \mathbb{D}^{(\mathrm{G})}} \overset{(2.10\mathrm{b})}{=} \mathbb{A}^{(\mathrm{KG})} \cdot\cdot \frac{\partial^2 \mathscr{F}_{\mathrm{DT}}^{(\mathrm{G})}}{\partial {\mathbb{D}^{(\mathrm{G})}}^2} \overset{(2.12\mathrm{b})}{=} - \frac{1}{\overset{\wedge}{\rho}} \frac{\partial \$_{\mathrm{DT}}^{(\mathrm{K})}}{\partial \mathrm{T}} \overset{(2.10\mathrm{b})}{=} - \frac{\partial^2 \mathscr{F}_{\mathrm{DT}}^{(\mathrm{G})}}{\partial \mathbb{D}^{(\mathrm{G})} \partial \mathrm{T}}$$

und

$$\mathbb{A}^{(\mathrm{RG})} \cdot\cdot \frac{\partial \$_{\mathrm{DT}}^{(\mathrm{R})}}{\partial \mathbb{D}^{(\mathrm{G})}} \overset{(1.21\mathrm{c})}{=} \mathbb{A}^{(\mathrm{RG})} \cdot\cdot \frac{\partial}{\partial \mathbb{D}^{(\mathrm{G})}} \left[\frac{\bar{\rho}}{\overset{\wedge}{\rho}} \mathbb{D}^{(\mathrm{S})} \cdot \$^{(\mathrm{K})} \cdot \mathbb{D}^{(\mathrm{S})} \right] \overset{(2.10\mathrm{b})}{=}$$

$$\mathbb{A}^{(\mathrm{RG})} \cdot\cdot \frac{\partial}{\partial \mathbb{D}^{(\mathrm{G})}} \left[\bar{\rho}\, \mathbb{D}^{(\mathrm{S})} \cdot \frac{\partial \mathscr{F}_{\mathrm{DT}}^{(\mathrm{G})}}{\partial \mathbb{D}^{(\mathrm{G})}} \cdot \mathbb{D}^{(\mathrm{S})} \right] \overset{(2.13\mathrm{a})}{=} - \frac{\partial \$_{\mathrm{DT}}^{(\mathrm{R})}}{\partial \mathrm{T}} \overset{(1.21\mathrm{c})}{=} - \frac{\bar{\rho}}{\overset{\wedge}{\rho}} \mathbb{D}^{(\mathrm{S})} \cdot \frac{\partial \$_{\mathrm{DT}}^{(\mathrm{K})}}{\partial \mathrm{T}} \cdot \mathbb{D}^{(\mathrm{S})}$$

$$\overset{(2.10\mathrm{b})}{=} - \bar{\rho}\, \mathbb{D}^{(\mathrm{S})} \cdot \frac{\partial^2 \mathscr{F}_{\mathrm{DT}}^{(\mathrm{G})}}{\partial \mathbb{D}^{(\mathrm{G})} \partial \mathrm{T}} \cdot \mathbb{D}^{(\mathrm{S})}$$

zwischen $\mathbb{A}^{(\mathrm{KG})}$ und $\mathbb{A}^{(\mathrm{RG})}$ der Zusammenhang

$$\mathbb{A}^{(\mathrm{RG})} \cdot\cdot \frac{\partial}{\partial \mathbb{D}^{(\mathrm{G})}} \left[\bar{\rho}\, \mathbb{D}^{(\mathrm{S})} \cdot \frac{\partial \mathscr{F}_{\mathrm{DT}}^{(\mathrm{G})}}{\partial \mathbb{D}^{(\mathrm{G})}} \cdot \mathbb{D}^{(\mathrm{S})} \right] = \bar{\rho}\, \mathbb{D}^{(\mathrm{S})} \cdot \left[\mathbb{A}^{(\mathrm{KG})} \cdot\cdot \frac{\partial^2 \mathscr{F}_{\mathrm{DT}}^{(\mathrm{G})}}{\partial {\mathbb{D}^{(\mathrm{G})}}^2} \right] \cdot \mathbb{D}^{(\mathrm{S})} \tag{2.13c}$$

festzustellen ist. Zwecks Harmonisierung mit dem Wärmeausdehnungsbegriff in der Dynamik der reibungsfreien Gase ist der Definition nach (2.13) der Vorzug zu geben, die auch - wie selbstverständlich auch die Definition nach (2.12b) - den Wärmeausdehnungsbegriff in der Theorie kleiner Verformungen[14] (aus der Bezugskonfiguration heraus) richtig darstellt.

---

13) und $\bar{\rho} = \overset{\wedge}{\rho} / (\mathbb{D}^{(\mathrm{S})})_3 = \overset{\wedge}{\rho} / \sqrt{(\mathbb{E} + 2\mathbb{D}^{(\mathrm{G})})_3}$

14) mit $\mathbb{D}^{(\mathrm{G})} \approx \mathbb{D} = \mathrm{def}\, \mathbb{u}$, $\mathbb{D}^{(\mathrm{S})} \approx \mathbb{E}$, $\bar{\rho} \approx \overset{\wedge}{\rho}$ und mit $\mathscr{F} = \mathscr{F}_{\mathrm{DT}}(\mathbb{D}, \mathrm{T})$

Die freie Energie für reibungsfreie Gase hängt von den Verzerrungen isotrop und "durchmischungsinvariant" ab (vgl. §E.2.5) und ist daher als

$$\mathscr{F} = \bar{\mathscr{F}}(\bar{\rho},\mathrm{T}) \ , \tag{2.14a}$$

d. h. als Zustandsfunktion der Momentanwerte der Dichte $(\bar{\rho})$ und der Temperatur (T) vorauszusetzen. Demnach ist

$$\frac{\partial \mathscr{F}_{\mathrm{DT}}^{(\mathrm{G})}}{\partial \mathbb{D}^{(\mathrm{G})}} = \frac{\mathrm{d}\bar{\rho}}{\partial \mathbb{D}^{(\mathrm{G})}} \frac{\partial \bar{\mathscr{F}}}{\partial \bar{\rho}} \overset{15)}{=} -\bar{\rho} \frac{\partial \bar{\mathscr{F}}}{\partial \bar{\rho}} \mathbb{D}^{(\mathrm{S})^{-2}} \ , \tag{2.14b}$$

also

$$\$^{(\mathrm{R})} \overset{(2.10\mathrm{d},14\mathrm{b})}{=} -\bar{\rho}^2 \frac{\partial \bar{\mathscr{F}}}{\partial \bar{\rho}} \mathbb{E} \equiv -\bar{\mathrm{p}}(\bar{\rho},\mathrm{T})\mathbb{E} \tag{2.14c}$$

mit dem Druck–Dichte–Temperaturgesetz

$$\bar{\mathrm{p}}(\bar{\rho},\mathrm{T}) = \bar{\rho}^2 \partial \bar{\mathscr{F}} / \partial \bar{\rho} \tag{2.14d}$$

die Materialgleichung für die (hier mit den Eulerschen Spannungen identischen) relativen Spannungen. Da die Tetrade

$$\frac{\partial}{\partial \mathbb{D}^{(\mathrm{G})}} \left(-\bar{\mathrm{p}}(\bar{\rho},\mathrm{T})\mathbb{E} \right) = -\frac{\partial \bar{\mathrm{p}}}{\partial \bar{\rho}} \frac{\mathrm{d}\bar{\rho}}{\partial \mathbb{D}^{(\mathrm{G})}} \circ \mathbb{E} = \bar{\rho} \mathbb{D}^{(\mathrm{S})^{-2}} \circ \mathbb{E} \frac{\partial \bar{\mathrm{p}}}{\partial \bar{\rho}} \tag{2.14e}$$

– im Hinblick auf ihre zweistufige Tensoren betreffende Abbildungseigenschaft – nicht invertierbar ist, sind mittels (2.13b) Wärmeverzerrungsänderungen als Folge von Temperaturänderungen auch nicht eindeutig festzustellen. Aus

$$\dot{\$}^{(\mathrm{R})} = 0 = \dot{\mathbb{D}}_{\mathrm{T}}^{(\mathrm{G})} \cdot\cdot \frac{\partial \$^{(\mathrm{R})}}{\partial \mathbb{D}^{(\mathrm{G})}} + \dot{\mathrm{T}} \frac{\partial \$^{(\mathrm{R})}}{\partial \mathrm{T}} = \left[-\bar{\rho} \dot{\mathbb{D}}_{\mathrm{T}} \cdot\cdot \mathbb{D}^{(\mathrm{S})^{-2}} \frac{\partial \bar{\mathrm{p}}}{\partial \bar{\rho}} + \frac{\partial \bar{\mathrm{p}}}{\partial \mathrm{T}} \right] \mathbb{E} =$$

$$\overset{16)}{=} \left[-\bar{\rho}(\mathbb{C}_{\mathrm{T}}^{*} \cdot\cdot \mathbb{E}) \frac{\partial \bar{\mathrm{p}}}{\partial \bar{\rho}} + \frac{\partial \bar{\mathrm{p}}}{\partial \mathrm{T}} \right] \mathbb{E}$$

folgt

$$\mathbb{C}_{\mathrm{T}}^{*} \cdot\cdot \mathbb{E} = \frac{\partial \bar{\mathrm{p}} / \partial \mathrm{T}}{\bar{\rho} \partial \bar{\mathrm{p}} / \partial \bar{\rho}} \dot{\mathrm{T}} \ , \tag{2.14f}$$

wonach alle Varianten räumlicher Verzerrungsgeschwindigkeiten Wärmeverzerrungsänderungen definieren, sofern nur deren Spur durch (2.14f) festgelegt ist. Mit

$$\mathbb{C}_{\mathrm{T}}^{*} \cdot\cdot \mathbb{E} = -\dot{\bar{\rho}}_{\mathrm{T}} / \bar{\rho} \tag{2.14g}$$

hat man dann übrigens aus (2.14f) das bekannte Resultat [6]

---

15) Hierzu benutze man $\bar{\rho}(\mathbb{F})_3 = \bar{\rho}(\mathbb{D}^{(\mathrm{S})})_3 \equiv \bar{\rho}\mathrm{D}_3^{(\mathrm{S})} = \hat{\rho}$, d. h. $\bar{\rho} = \hat{\rho}/\mathrm{D}_3^{(\mathrm{S})}$ bzw.

$\mathrm{d}\bar{\rho} = -\hat{\rho}\mathrm{d}\mathrm{D}_3^{(\mathrm{S})}/\mathrm{D}_3^{(\mathrm{S})^2} = -\bar{\rho}\mathrm{d}\mathrm{D}_3^{(\mathrm{S})}/\mathrm{D}_3^{(\mathrm{S})} \equiv -\bar{\rho}\mathrm{d}\mathbb{D}^{(\mathrm{S})} \cdot\cdot \mathbb{D}^{(\mathrm{S})^{-1}}$, wobei für die letztere Umformung [5a], Formel (7.12f) verwendet wurde. Dann gilt aber angesichts der wegen $\mathbb{D}^{(\mathrm{S})^2} = \mathbb{E} + 2\mathbb{D}^{(\mathrm{G})}$ geltenden inkrementellen Identität $2\mathrm{d}\mathbb{D}^{(\mathrm{G})} = \mathrm{d}\mathbb{D}^{(\mathrm{S})} \cdot \mathbb{D}^{(\mathrm{S})} + \mathbb{D}^{(\mathrm{S})} \cdot \mathrm{d}\mathbb{D}^{(\mathrm{S})}$, weiter

$\mathrm{d}\bar{\rho} = -\bar{\rho}\mathrm{d}\mathbb{D}^{(\mathrm{S})} \cdot\cdot \mathbb{D}^{(\mathrm{S})^{-1}} \equiv -\bar{\rho}(\mathrm{d}\mathbb{D}^{(\mathrm{S})} \cdot \mathbb{D}^{(\mathrm{S})} + \mathbb{D}^{(\mathrm{S})} \cdot \mathrm{d}\mathbb{D}^{(\mathrm{S})}) \cdot\cdot \mathbb{D}^{(\mathrm{S})^{-2}}/2 =$

$= -\bar{\rho}\mathrm{d}\mathbb{D}^{(\mathrm{G})} \cdot\cdot \mathbb{D}^{(\mathrm{S})^{-2}} \equiv \mathrm{d}\mathbb{D}^{(\mathrm{G})} \cdot\cdot (\mathrm{d}\bar{\rho}/\mathrm{d}\mathbb{D}^{(\mathrm{G})})$ und demgemäß in der Tat $\mathrm{d}\bar{\rho}/\mathrm{d}\mathbb{D}^{(\mathrm{G})} = -\bar{\rho}\mathbb{D}^{(\mathrm{S})^{-2}}$

16) Man benutze $\dot{\mathbb{D}}^{(\mathrm{G})} \cdot\cdot \mathbb{D}^{(\mathrm{S})^{-2}} \equiv (\mathbb{D}^{(\mathrm{S})^{-1}} \cdot \dot{\mathbb{D}}^{(\mathrm{G})} \cdot \mathbb{D}^{(\mathrm{S})^{-1}}) \cdot\cdot \mathbb{E} \overset{(1.21\mathrm{f})}{=} (\mathbb{R} \cdot \mathbb{C}_{\mathrm{T}}^{*} \cdot \mathbb{R}^{\mathrm{T}}) \cdot\cdot \mathbb{E} \equiv \mathbb{C}_{\mathrm{T}}^{*} \cdot\cdot \mathbb{E}$

$$\dot{\bar{\rho}}_T = -\frac{\partial\bar{p}/\partial T}{\bar{\rho}\,\partial\bar{p}/\partial\bar{\rho}}\,\dot{T} \equiv -\alpha\dot{T} \tag{2.14h}$$

mit dem volumetrischen Ausdehnungskoeffizienten

$$\alpha(\bar{\rho},T) = \frac{\partial\bar{p}/\partial T}{\partial\bar{p}/\partial\bar{\rho}} = \frac{\bar{\rho}^2\partial\bar{\mathscr{F}}/\partial\bar{\rho}\partial T}{\partial\left(\bar{\rho}^2\partial\bar{\mathscr{F}}/\partial\bar{\rho})\right)/\partial\bar{\rho}} \tag{2.14i}$$

und insbesondere

$$\alpha = \bar{\rho}/T \tag{2.14j}$$

für ideale Gase mit

$$\bar{p} = \beta\bar{\rho}T \quad , \quad \beta = \text{const.} \tag{2.14k,l}$$

Eine Verwendung des Wärmeverzerrungsmaßes nach (2.12) ergibt demgegenüber wegen

$$\frac{\partial^2\mathscr{F}_{DT}^{(G)}}{\partial\mathbb{D}^{(G)^2}} = \frac{\partial}{\partial\mathbb{D}^{(G)}}\left[\frac{\partial\mathscr{F}_{DT}^{(G)}}{\partial\mathbb{D}^{(G)}}\right] \overset{(2.14b)}{=} \frac{\partial}{\partial\mathbb{D}^{(G)}}\left[-\bar{\rho}\frac{\partial\bar{\mathscr{F}}}{\partial\bar{\rho}}\mathbb{D}^{(S)^{-2}}\right] =$$

$$\overset{17)}{=} \frac{\partial}{\partial\bar{\rho}}\left[\bar{\rho}\frac{\partial\bar{\mathscr{F}}}{\partial\bar{\rho}}\right]\bar{\rho}\mathbb{D}^{(S)^{-2}}\circ\mathbb{D}^{(S)^{-2}} + 2\bar{\rho}\frac{\partial\bar{\mathscr{F}}}{\partial\bar{\rho}}\overset{\langle 4\rangle}{\mathbb{M}}\cdot\cdot(\mathbb{D}^{(S)^{-2}}\cdot\overset{\langle 4\rangle}{\mathbb{E}_T}\cdot\mathbb{D}^{(S)^{-2}}) =$$

$$\overset{(2.14c)}{=} \bar{\rho}\frac{\partial}{\partial\bar{\rho}}\left[\frac{\bar{p}}{\bar{\rho}}\right]\mathbb{D}^{(S)^{-2}}\circ\mathbb{D}^{(S)^{-2}} + 2\frac{\bar{p}}{\bar{\rho}}\overset{\langle 4\rangle}{\mathbb{M}}\cdot\cdot(\mathbb{D}^{(S)^{-2}}\cdot\overset{\langle 4\rangle}{\mathbb{E}_T}\cdot\mathbb{D}^{(S)^{-2}}) \tag{2.15a}$$

und

$$\frac{\partial^2\mathscr{F}_{DT}^{(G)}}{\partial\mathbb{D}^{(G)}\partial T} \overset{(2.14b)}{=} -\bar{\rho}\frac{\partial^2\bar{\mathscr{F}}}{\partial\bar{\rho}\,\partial T}\mathbb{D}^{(S)^{-2}} \overset{(2.14c)}{=} -\frac{1}{\bar{\rho}}\frac{\partial\bar{p}}{\partial T}\mathbb{D}^{(S)^{-2}} \tag{2.15b}$$

---

17) Man beachte $d\bar{\rho}/d\mathbb{D}^{(G)} = -\bar{\rho}\mathbb{D}^{(S)^{-2}}$ nach (2.14b) sowie die aus $\mathbb{D}^{(S)^{-2}}\cdot\mathbb{D}^{(S)^2} = \mathbb{E}$, d. h.

$$d(\mathbb{D}^{(S)^{-2}})\cdot\mathbb{D}^{(S)^2} = -\mathbb{D}^{(S)^{-2}}\cdot d(\mathbb{D}^{(S)^2}) \overset{(1.20d)}{=} -2\mathbb{D}^{(S)^{-2}}\cdot d\mathbb{D}^{(G)}$$

erhältliche Identität

$$d(\mathbb{D}^{(S)^{-2}}) = -2\mathbb{D}^{(S)^{-2}}\cdot d\mathbb{D}^{(G)}\cdot\mathbb{D}^{(S)^{-2}} \equiv -2(d\mathbb{D}^{(G)}\cdot\mathbb{D}^{(S)^{-2}})\cdot\cdot\overset{\langle 4\rangle}{\mathbb{E}_T}\cdot\mathbb{D}^{(S)^{-2}} =$$

$$= -2d\mathbb{D}^{(G)}\cdot\cdot(\mathbb{D}^{(S)^{-2}}\cdot\overset{\langle 4\rangle}{\mathbb{E}_T}\cdot\mathbb{D}^{(S)^{-2}}) ,$$

was mit $d\mathbb{D}^{(S)^{-2}} \equiv d\mathbb{D}^{(G)}\cdot\cdot(d\mathbb{D}^{(S)^{-2}}/d\mathbb{D}^{(G)})$ und wegen der Symmetrie von $\mathbb{D}^{(G)}$ letztlich zu

$$d\mathbb{D}^{(S)^{-2}}/d\mathbb{D}^{(G)} = -2\overset{\langle 4\rangle}{\mathbb{M}}\cdot\cdot(\mathbb{D}^{(S)^{-2}}\cdot\overset{\langle 4\rangle}{\mathbb{E}_T}\cdot\mathbb{D}^{(S)^{-2}}) \equiv -2(\mathbb{D}^{(S)^{-2}}\cdot\overset{\langle 4\rangle}{\mathbb{E}_T}\cdot\mathbb{D}^{(S)^{-2}})\cdot\cdot\overset{\langle 4\rangle}{\mathbb{M}}$$

führt. Mit den vierstufigen Operatoren $\overset{\langle 4\rangle}{\mathbb{E}}$ bzw. $\overset{\langle 4\rangle}{\mathbb{E}_T}$ der Identität bzw. des Transponierens, die – an zweistufigen Tensoren $(\mathbb{A})$ – die Abbildungen

$$\overset{\langle 4\rangle}{\mathbb{E}}\cdot\cdot\mathbb{A} \equiv \mathbb{A}\cdot\cdot\overset{\langle 4\rangle}{\mathbb{E}} = \mathbb{A} \quad \text{bzw.} \quad \overset{\langle 4\rangle}{\mathbb{E}_T}\cdot\cdot\mathbb{A} \equiv \mathbb{A}\cdot\cdot\overset{\langle 4\rangle}{\mathbb{E}_T} = \mathbb{A}^T$$

vollziehen, wird per $\overset{\langle 4\rangle}{\mathbb{M}} = (\overset{\langle 4\rangle}{\mathbb{E}} + \overset{\langle 4\rangle}{\mathbb{E}_T})/2$ der sog. "vierstufige Symmetrierer" (bzw. "Mischer") erzeugt, der mittels

$$\mathbb{A}\cdot\cdot\overset{\langle 4\rangle}{\mathbb{M}} \equiv \overset{\langle 4\rangle}{\mathbb{M}}\cdot\cdot\mathbb{A} = (\mathbb{A} + \mathbb{A}^T)/2$$

einem zweistufigen Tensor $(\mathbb{A})$ seinen symmetrischen Anteil zuordnet (vgl. a. [5a]).

als Bedingung für konstante Kirchhoffsche Spannungen

$$\dot{\mathbb{D}}_T^{(G)}\cdot\cdot\frac{\partial^2\mathscr{F}_{DT}^{(G)}}{\partial\mathbb{D}^{(G)^2}}+\dot{T}\frac{\partial^2\mathscr{F}_{DT}^{(G)}}{\partial\mathbb{D}^{(G)}\partial T}=0\quad\overset{(2.15\,a,b)}{=}$$

$$=\left[\bar{\rho}\frac{\partial}{\partial\bar{\rho}}\left[\frac{\bar{p}}{\bar{\rho}}\right]\dot{\mathbb{D}}_T^{(G)}\cdot\cdot\mathbb{D}^{(S)^{-2}}-\frac{1}{\bar{\rho}}\frac{\partial\bar{p}}{\partial T}\right]\mathbb{D}^{(S)^{-2}}+\frac{\bar{p}}{\bar{\rho}}(\dot{\mathbb{D}}_T^{(G)}\cdot\mathbb{D}^{(S)^{-2}}+\mathbb{D}^{(S)^{-2}}\cdot\dot{\mathbb{D}}_T^{(G)})\cdot\mathbb{D}^{(S)^{-2}}=$$

$$=^{18)}\left\{\left[\bar{\rho}\frac{\partial}{\partial\bar{\rho}}\left[\frac{\bar{p}}{\bar{\rho}}\right](\mathbb{E}\cdot\cdot\mathbb{C}_T^{*(R)})-\frac{1}{\bar{\rho}}\frac{\partial\bar{p}}{\partial T}\right]\mathbb{E}+\frac{\bar{p}}{\bar{\rho}}[\mathbb{D}^{(S)}\cdot\mathbb{C}^{*(R)}\cdot\mathbb{D}^{(S)^{-1}}+\right.$$

$$\left.+\mathbb{D}^{(S)^{-1}}\cdot\mathbb{C}^{*(R)}\cdot\mathbb{D}^{(S)}]\right\}\cdot\mathbb{D}^{(S)^{-2}}, \tag{2.15c}$$

d. h. – man setze noch $\mathbb{C}_T^{*(R)}\equiv\mathbb{C}_T^{*(R)'}+\mathbb{E}(\mathbb{E}\cdot\cdot\mathbb{C}_T^{*(R)})/3$ – für beliebige (Momentan–)Verzerrungen ($\mathbb{D}^{(S)}$) weiter

$$\left[\left[\bar{\rho}\frac{\partial}{\partial\bar{\rho}}\left[\frac{\bar{p}}{\bar{\rho}}\right]+\frac{2}{3}\frac{\bar{p}}{\bar{\rho}}\right](\mathbb{E}\cdot\cdot\mathbb{C}_T^{*(R)})-\frac{1}{\bar{\rho}}\frac{\partial\bar{p}}{\partial T}\dot{T}\right]\mathbb{E}+\frac{\bar{p}}{\bar{\rho}}\left[\mathbb{D}^{(S)}\cdot\mathbb{C}_T^{*(R)'}\cdot\mathbb{D}^{(S)^{-1}}+\right.$$

$$\left.+\mathbb{D}^{(S)^{-1}}\cdot\mathbb{C}_T^{*(R)'}\cdot\mathbb{D}^{(S)}\right]=0, \tag{2.15d}$$

wobei der zweite Term wegen $\mathbb{E}\cdot\cdot\mathbb{C}^{*(R)'}=0$ deviatorisch ist, und, ebenso wie der Kugeltensoranteil, verschwinden muß, um Gültigkeit von (2.15c) sicherzustellen. Da die Forderung

$$\mathbb{D}^{(S)}\cdot\mathbb{C}_T^{*(R)'}\cdot\mathbb{D}^{(S)^{-1}}+\mathbb{D}^{(S)-1}\cdot\mathbb{C}_T^{*(R)'}\cdot\mathbb{D}^{(S)}=0$$

bzw.

$$\mathbb{C}_T^{*(R)'}=-\mathbb{D}^{(S)^2}\cdot\mathbb{C}_T^{*(R)'}\cdot\mathbb{D}^{(S)^{-2}}\equiv\{\mathbb{C}_T^{*(R)'}\}^T=-\mathbb{D}^{(S)^{-2}}\cdot\mathbb{C}^{*(R)'}\cdot\mathbb{D}^{(S)^2}\equiv$$

$$\equiv-\left[\mathbb{D}^{(S)^2}\cdot\mathbb{C}_T^{*(R)'}\cdot\mathbb{D}^{(S)^{-2}}\right]\cdot\cdot\overset{<4>}{\mathbf{M}}=-\left[\left[\mathbb{C}_T^{*(R)'}\cdot\mathbb{D}^{(S)^2}\right]\cdot\cdot\overset{<4>}{\mathbb{E}}_T\cdot\mathbb{D}^{(S)^{-2}}\right]\cdot\cdot\overset{<4>}{\mathbf{M}}\equiv$$

$$\equiv-\mathbb{C}_T^{*(R)'}\cdot\cdot\left[\mathbb{D}^{(S)^2}\cdot\overset{<4>}{\mathbb{E}}_T\cdot\mathbb{D}^{(S)^{-2}}\right]\cdot\cdot\overset{<4>}{\mathbf{M}}\equiv-\mathbb{C}^{*(R)'}\cdot\cdot\overset{<4>}{\mathbf{M}}\cdot\cdot\left[\mathbb{D}^{(S)^2}\cdot\overset{<4>}{\mathbb{E}}_T\cdot\mathbb{D}^{(S)^{-2}}\right]\cdot\cdot\overset{<4>}{\mathbf{M}}$$

oder

$$\mathbb{C}_T^{*(R)'}\cdot\cdot\left[\overset{<4>}{\mathbf{M}}+\overset{<4>}{\mathbf{M}}\cdot\cdot\left[\mathbb{D}^{(S)^2}\cdot\overset{<4>}{\mathbb{E}}_T\cdot\mathbb{D}^{(S)^{-2}}\right]\cdot\cdot\overset{<4>}{\mathbf{M}}\right]=0 \tag{2.15e}$$

Verschwinden des deviatorischen Anteils verlangt[19], gehört zu (2.12) mit $\mathscr{F}$ nach (2.14a), d. h.zu (2.15d) das Wärmeverzerrungsgesetz

$$\mathbb{C}_T^{*(R)}=\mathbb{E}(\mathbb{E}\cdot\cdot\mathbb{C}_T^{*(R)})/3=-(\dot{\bar{\rho}}_T/\bar{\rho})\mathbb{E}/3 \tag{2.15f}$$

---

18) Man benutze $\mathbb{C}_T^{*(R)}=\mathbb{D}^{(S)^{-1}}\cdot\dot{\mathbb{D}}_T^{(G)}\cdot\mathbb{D}^{(S)^{-1}}$ nach (1.21f)

19) Man beachte, daß der in (2.15e) geklammerte vierstufige Operator vollständig symmetrisch ist, also im 6–dimensionalen Unterraum der Verzerrungen eine symmetrische Voigtsche Matrix aufweist, deren Koeffizientendeterminante, in Hauptwerten von $\mathbb{D}^{(S)}$ ausgedrückt,

$$\Delta=[(d_{11}+d_{22})^2(d_{22}+d_{33})^2(d_{33}+d_{11})^2]/(d_{11}d_{22}d_{33})^2,$$

also wegen $d_{jj}\neq 0$, $j=1..3$, von Null verschieden ist, weshalb (2.15e) in der Tat nur durch $\mathbb{C}_T^{*(R)'}=0$ gelöst werden kann.

mit

$$\mathbb{E}\cdot\cdot\mathbb{C}_T^{*(\mathbb{R})} = \frac{(\partial\bar{p}/\partial T)\dot{T}}{\bar{\rho}\left[\bar{\rho}\,\frac{\partial}{\partial\bar{\rho}}\,(\bar{p}/\bar{\rho}) + \frac{2}{3}\,(\bar{p}/\bar{\rho})\right]} \equiv \frac{(\partial\bar{p}/\partial T)\dot{T}}{\sqrt[3]{\bar{\rho}^4}\,\frac{\partial}{\partial\bar{\rho}}\,(\bar{p}/\sqrt[3]{\bar{\rho}}\,)} \tag{2.15g}$$

und für das ideale Gas nach (2.14k) mit

$$\mathbb{E}\cdot\cdot\mathbb{C}_T^{*(\mathbb{R})} = \frac{3}{2}\,\dot{T}/T\ . \tag{2.15h}$$

Abgesehen davon, daß hiermit die für reibungsfreie Gase gültigen Definitionen (vgl. (2.14f, 14h)) verfehlt werden, wird hier, im Gegensatz zu (2.14), – in Form von (2.15f) – ein konkretes tensorielles Gesetz für $\mathbb{C}_T^{*(\mathbb{R})}$ ausgeworfen, weil die Piola–Kirchhoff–Spannungen auf die Bezugskonfiguration ($\mathbb{F} = \mathbb{E}$ bzw. $\mathbb{D}^{(G)} = 0$) bezogene Verzerrungsgrößen enthalten und daher die Forderung nach konstanten Kirchhoff–Spannungen Aussagen über den vorangegangenen Verzerrungsprozeß einschließen. Da in der Gasdynamik definitionsgemäß (bis auf die Dichte) auf eine Notation einer Massenelementen–Bezugskonfiguration verzichtet wird, verlieren hier der Piola–Kirchhoff–Spannungsbegriff und damit Aussagen von der Form (2.15f,g) ihren Sinn.

Referiert werden sollen noch

2.2.3 ergänzende thermodynamische Grundtatsachen,

wobei für das Weitere, wenn nicht anders vermerkt, unter $\mathbb{D}$ Greensche Verzerrungen ($\mathbb{D}^{(G)}$), unter $\overset{\times}{\mathbb{S}}$ auf die Bezugsdichte ($\hat{\rho}$) bezogene 2. Piola-Kirchhoff-Spannungen ($\mathbb{S}^{(K)}/\hat{\rho}$) verstanden und aus Gründen satztechnischer Vereinfachung auch die Indizierung (G) - etwa bei $\mathcal{F}_{DT}^{(G)}$, $\mathcal{S}_{DT}^{(G)}$ - unterdrückt werden sollen.

2.2.3a Spezifische Wärmen, latente Wärme.

Werden per

$$\dot{\mathbb{D}} = \mathbb{B}(\mathbb{D},T)\dot{T} \tag{2.16a}$$

Verzerrungs- und Temperaturprogramme gekoppelt, so entstehen aus der kalorischen (Entropie-)Bilanzgleichung (1.1a), die im vorliegenden Falle mit $\dot{\mathcal{D}} = 0$ die Form

$$\hat{\dot{Q}}(=\dot{Q}_a + \dot{\mathcal{D}}) \equiv \dot{Q}_a = T\dot{\mathcal{S}} = T\left[\frac{\partial\mathcal{S}_{DT}}{\partial T}\dot{T} + \frac{\partial\mathcal{S}_{DT}}{\partial\mathbb{D}}\cdot\cdot\dot{\mathbb{D}}\right] \tag{2.16b}$$

annimmt, Zusammenhänge von der Form

$$\dot{Q}_a|_{\dot{\mathbb{D}}=\mathbb{B}\dot{T},\dot{T}} = T\left[\frac{\partial\mathcal{S}_{DT}}{\partial T} + \frac{\partial\mathcal{S}_{DT}}{\partial\mathbb{D}}\cdot\cdot\mathbb{B}\right]\dot{T} \equiv c_B(\mathbb{D},T)\dot{T}\ , \tag{2.16c}$$

von denen insbesondere Diejenigen für Zustandsänderungen bei konstanter Deformation (mit $\mathbb{B} = 0$) bzw. bei konstanter Spannung (mit $\mathbb{B} = \mathbb{A}$ nach (2.12b) bzw. (2.13b)) hervorzuheben sind. Im ersteren Falle entsteht

$$\dot{Q}_a|_{\dot{\mathbb{D}}=0} = T\,\frac{\partial\mathcal{S}_{DT}}{\partial T}\,\dot{T} \equiv c_d\dot{T} \tag{2.17a}$$

mit der "spezifischen Wärme bei konstanter Deformation"

$$c_d = T\,\frac{\partial \mathscr{S}_{DT}}{\partial T} \overset{(2.10c)}{=} -T\,\frac{\partial^2 \mathscr{F}_{DT}}{\partial T^2} = c_{dDT}(\mathbb{D},T)\ , \tag{2.17b}$$

im zweiten Falle wird mit $\dot{\mathbb{D}} = \mathbb{A}\dot{T}$ - gleichbedeutend mit $\dot{\$} = 0$! - aus (2.16b)

$$\dot{Q}_a|_{\dot{\$}=0} = \dot{Q}_a|_{\dot{\mathbb{D}}=\mathbb{A}\dot{T},\dot{T}} = T\left[\frac{\partial \mathscr{S}_{DT}}{\partial T} + \frac{\partial \mathscr{S}_{DT}}{\partial \mathbb{D}}\cdot\cdot\,\mathbb{A}\right]\dot{T} \equiv c_s\dot{T} \tag{2.18a}$$

mit der "spezifischen Wärme bei konstanter (Kirchhoff-) Spannung"

$$c_s = T\,\frac{\partial \mathscr{S}_{DT}}{\partial T} + T\,\frac{\partial \mathscr{S}_{DT}}{\partial \mathbb{D}}\cdot\cdot\,\mathbb{A} = c_d + \mathbb{C}_d\cdot\cdot\,\mathbb{A} = c_{sDT}(\mathbb{D},T) \tag{2.18b}$$

erhalten mit dem Tensor

$$\mathbb{C}_d = \mathbb{C}_d^T = T\,\frac{\partial \mathscr{S}_{DT}}{\partial \mathbb{D}} \overset{(2.10c)}{=} -T\,\frac{\partial^2 \mathscr{F}_{DT}}{\partial \mathbb{D}\,\partial T} = \mathbb{C}_{dDT}(\mathbb{D},T) \tag{2.18c}$$

der sog. "latenten Wärme", dessen - etwa auf eine Orthonormalbasis $\langle \mathbb{e}_{\langle j\rangle}\rangle$ bezogenen Komponenten $\left[\mathbb{C}_d\right]_{\langle jk\rangle} = \mathbb{e}_{\langle j\rangle}\cdot\,\mathbb{C}_d\,\cdot\,\mathbb{e}_{\langle k\rangle}$ - diejenigen Wärmemengen darstellen, die der Masseneinheit bei isothermer Einheits-Verzerrungsänderung $\dot{d}_{\langle jk\rangle} = \mathbb{e}_{\langle j\rangle}\cdot\,\dot{\mathbb{D}}\,\cdot\,\mathbb{e}_{\langle k\rangle} = 1$ zugeführt werden müssen[20].

2.2.3b <u>isotherme bzw. isokalorische (isentrope) Zustandsänderungen</u>

sind durch

$$\dot{T} = 0 \tag{2.19a}$$

bzw. durch

$$\dot{Q}_a = 0 \quad \text{d. h.} \quad \dot{\mathscr{S}} \overset{(2.16b)}{=} 0 \quad \text{für} \quad T \neq 0 \tag{2.20a}$$

gekennzeichnet, wobei in den letzteren Fall[21] speziell auch der Befund der (lokal-)adiabatischen Zustandsänderungen[22] implementiert ist.

Im ersten Fall gehen die inkrementellen Versionen der (sog. "finiten") Materialbeziehungen (2.10b,c), nämlich die mit $\dot{\mathbb{D}}dt = d\mathbb{D}$, $\dot{T}dt = dT$ erhältlichen Aussagen

---

[20] Man setze in (2.16b) $\dot{T} = 0$.

[21] der ja lediglich verlangt, daß resultierend kein Wärmeaustausch der Masseneinheit mit der Umgebung stattfinde, indem etwa eingeprägte Wärmemengen $(\dot{Q}^{(e)})$ durch Abfluß $(\dot{Q}_L = -\dot{Q}^{(e)})$ kompensiert oder aber – im Falle $\dot{Q}^{(e)} = 0$ – Massenelemente ergiebigkeitslos $(\text{mit } \dot{Q}^{(L)} = -\bar{\nabla}\cdot\mathbb{q}^{(E)} = 0)$ durchflutet werden.

[22] wo – im Sinne einer idealisierten, meist aus Gründen vereinfachter mathematischer Beschreibung postulierten Material–Verhaltensweise – Wärmeaustausch mit der Umgebung sowohl im Hinblick auf Einprägung als auch auf Wärmeleitung $(\dot{Q}^{(e)} = 0,\ \dot{Q}^{(L)} = 0)$ ausgeschlossen wird.

$$\overset{\times}{d\mathbb{S}} \equiv \overset{\times}{\dot{\mathbb{S}}}dt = \left[\frac{\partial \mathscr{F}_{DT}}{\partial \mathbb{D}}\right]^{\cdot} dt = \frac{\partial^2 \mathscr{F}_{DT}}{\partial \mathbb{D}^2} \cdot\cdot d\mathbb{D} + \frac{\partial^2 \mathscr{F}_{DT}}{\partial \mathbb{D}\,\partial T} dT \equiv \overset{<4>}{\mathbb{C}}{}^{\times} \cdot\cdot (d\mathbb{D} - \mathbb{A}dT), \quad (2.21a)$$

$$d\mathscr{S} \equiv \dot{\mathscr{S}}\, dT = -\left[\frac{\partial \mathscr{F}_{DT}}{\partial T}\right]^{\cdot} dt = -\frac{\partial^2 \mathscr{F}_{DT}}{\partial T^2} dT - \frac{\partial^2 \mathscr{F}_{DT}}{\partial \mathbb{D}\,\partial T} \cdot\cdot d\mathbb{D}$$

$$\overset{(2.17b,12b)}{=} c_d(dT/T) + \mathbb{A} \cdot\cdot \overset{<4>}{\mathbb{C}}{}^{\times} \cdot\cdot d\mathbb{D} \quad (2.21b)$$

mit den vollständig symmetrischen vierstufigen bzw. symmetrischen zweistufigen Größen [5a]

$$\overset{<4>}{\mathbb{C}}{}^{\times} = \overset{<4>}{\mathbb{C}}{}^{\wedge}/\rho = \frac{\partial^2 \mathscr{F}_{DT}}{\partial \mathbb{D}^2} = \overset{<4>}{\mathbb{C}}{}^{\times}_{DT}(\mathbb{D},T) \;,$$

$$\mathbb{A} = \mathbb{A}^T = -\left[\frac{\partial^2 \mathscr{F}}{\partial \mathbb{D}^2}\right]^{-1} \cdot\cdot \frac{\partial^2 \mathscr{F}_{DT}}{\partial \mathbb{D}\,\partial T} \equiv -\frac{\partial^2 \mathscr{F}_{DT}}{\partial \mathbb{D}\,\partial T} \cdot\cdot \left[\frac{\partial^2 \mathscr{F}_{DT}}{\partial \mathbb{D}^2}\right]^{-1} \quad (2.21c,d)$$

(vgl. a. (2.12b)) in die isothermen Änderungsgesetze

$$\overset{\times}{d\mathbb{S}}\big|_{dT=0} = \overset{<4>}{\mathbb{C}}{}^{\times} \cdot\cdot d\mathbb{D} \;, \quad d\mathbb{S}\big|_{dT=0} = \overset{<4>}{\mathbb{C}} \cdot\cdot d\mathbb{D} \quad (2.19b,c)$$

$$d\mathscr{S}\big|_{dT=0} = \mathbb{A} \cdot\cdot \overset{<4>}{\mathbb{C}}{}^{\times} \cdot\cdot d\mathbb{D} = \mathbb{A} \cdot\cdot \overset{\times}{d\mathbb{S}}\big|_{dT=0} \quad (2.19d)$$

über, weswegen für $\overset{<4>}{\mathbb{C}}{}^{\times}$ bzw. $\overset{<4>}{\mathbb{C}} = \hat{\rho}\,\overset{<4>}{\mathbb{C}}{}^{\times}$ die Bezeichnungen "isotherme Materialtetraden" gebräuchlich sind.[23)]

Im Falle isokalorischer (isentroper) Zustandsänderungen, die jetzt - ungeachtet der in der Fußn. 21 referierten Differenzierungen -, dem in der Gasdynamik üblichen Sprachgebrauch folgend, als adiabatische Zustandsänderungen bezeichnet werden sollen, ermittelt man aus

$$d\mathscr{S} = 0 = \frac{\partial \mathscr{S}_{DT}}{\partial \mathbb{D}} \cdot\cdot d\mathbb{D} + \frac{\partial \mathscr{S}_{DT}}{\partial T} dT$$

zunächst das dem "Verzerrungsprogramm" ($d\mathbb{D}$) zugehörige "adiabatische Temperaturprogramm"

$$dT_{ad} = -\frac{\partial \mathscr{S}_{DT}/\partial \mathbb{D}}{\partial \mathscr{S}_{DT}/\partial T} \cdot\cdot d\mathbb{D} \overset{(2.10b)}{=} -\frac{\partial^2 \mathscr{F}_{DT}/\partial \mathbb{D}\,\partial T}{\partial^2 \mathscr{F}_{DT}/\partial T^2} \cdot\cdot d\mathbb{D}$$

$$\overset{(2.17b,\,21c,d)}{=} -T\mathbb{A} \cdot\cdot \overset{<4>}{\mathbb{C}}{}^{\times} \cdot\cdot d\mathbb{D}/c_d = dT_{ad}(\mathbb{D},T,d\mathbb{D}) \;, \quad (2.20a)$$

setzt dies in die allgemeine inkrementelle Beziehung (2.21a) ein und erhält schließlich

---

23) Sowohl $\mathbb{A}$ als auch $\overset{<4>}{\mathbb{C}}$ sind hier i. allg. noch als von den thermisch–kinematischen Variablen $(\mathbb{D}(t),T(t))$ des Massenelementen – Momentanstatus abhängig anzusehen, von dem aus inkrementelle isotherme Zustandsänderungen einsetzen. Im übrigen erreicht man nun noch anstelle von (2.18b) für c_s die Darstellung

$$c_s = c_d + T\,\mathbb{A} \cdot\cdot \overset{<4>}{\mathbb{C}}{}^{\times} \cdot\cdot \mathbb{A} \quad (2.18d)$$

$$\overset{\times}{d\mathbb{S}}_{ad} = \overset{\langle 4\rangle}{\mathbb{C}}{}^{\times} \cdot\cdot (d\mathbb{D} - \mathbb{A} dT_{ad}) \equiv \overset{\langle 4\rangle}{\mathbb{C}}{}^{\times}_{ad} \cdot\cdot d\mathbb{D} \equiv d\mathbb{D} \cdot\cdot \overset{\langle 4\rangle}{\mathbb{C}}{}^{\times}_{ad} \tag{2.20b}$$

bzw.

$$d\mathbb{S}_{ad} = d\mathbb{D} \cdot\cdot \overset{\langle 4\rangle}{\mathbb{C}}_{ad} \equiv \overset{\langle 4\rangle}{\mathbb{C}}_{ad} \cdot\cdot d\mathbb{D} \tag{2.20c}$$

mit der - ebenfalls vollständig symmetrischen sog. - adiabatischen Materialtetrade

$$\overset{\langle 4\rangle}{\mathbb{C}}{}^{\times}_{ad} = \overset{\langle 4\rangle}{\mathbb{C}}_{ad} / \hat{\rho} = \overset{\langle 4\rangle}{\mathbb{C}}{}^{\times} + \frac{T}{c_d} \overset{\langle 4\rangle}{\mathbb{C}}{}^{\times} \cdot\cdot \mathbb{A} \circ \mathbb{A} \cdot\cdot \overset{\langle 4\rangle}{\mathbb{C}}{}^{\times} =$$

$$\overset{(2.17b,\,21c,d)}{=} \frac{\partial^2 \mathscr{F}_{DT}}{\partial \mathbb{D}^2} - \frac{(\partial^2 \mathscr{F}_{DT} / \partial \mathbb{D}\, \partial T) \circ (\partial^2 \mathscr{F}_{DT} / \partial \mathbb{D}\, \partial T)}{\partial^2 \mathscr{F}_{DT} / \partial T^2}, \tag{2.20d}$$

die i. allg. ebenfalls noch als eine Funktion der thermisch-kinematischen Variablen $(\mathbb{D}(t), T(t))$ des Momentanstatus anzusehen ist, von dem ab inkrementelle adiabatische Zustandsänderungen einsetzen.

Die Gln. (2.19b,c,20c,d) beschreiben Strukturen (i. allg. anisotroper) "inkrementeller Hookescher Gesetze", wo Spannungs– mit Verzerrungsinkrementen linear korreliert werden. Es sollte beachtet werden, daß die mit (2.19b,c,20c,d) dargestellten Zuordnungen der Inkremente i. allg. anisotrop auch dann sind, wenn die zugehörigen "finiten Gleichungen" $\overset{\times}{\mathbb{S}} = \overset{\times}{\mathbb{S}}(\mathbb{D}, T)$ isotrope Zuordnungen vermitteln, da die Materialtetraden $\overset{\langle 4\rangle}{\mathbb{C}}$, $\overset{\langle 4\rangle}{\mathbb{C}}_{ad}$ – als Funktionen von $\mathbb{D}, T$ – sozusagen je nach Verzerrung und Erwärmung, Anisotropieeigenschaften erworben haben können. Dies ist freilich nur bei nichtlinearen isotropen finiten Zuordnungen der Fall.

Der Begriff der

2.2.4 Materiellen Stabilität

hyperelastischer Medien umfaßt, etwa im Sinne von [7], die Begriffe der sog. "thermischen" und der "mechanischen" Stabilität - als für Zustandsänderungen mit $\dot{\mathbb{D}} = 0$ bzw. $\dot{T} = 0$ definierte Stoffeigenschaften - mit folgender Bedeutung: Als

2.2.4a thermisch stabil

wird ein Medium für

$$c_d = T \frac{\partial \mathscr{S}_{DT}}{\partial T} > 0 \quad \text{für} \quad T \neq 0^{24)} \quad \text{bzw.} \quad \frac{\partial \mathscr{S}_{DT}}{\partial T} = - \frac{\partial^2 \mathscr{F}_{DT}}{\partial T^2} > 0 \quad \text{für} \quad T \neq 0 \tag{2.22a,b}$$

bezeichnet, d.h. dann, wenn Wärmezufuhr bzw. -Entzug bei konstanter Verzerrung generell zu Temperaturanstieg bzw. Abnahme führen. Weil mit (2.22b) - für jeweils feste Verzer-

---

[24] am absoluten Nullpunkt $(T = 0)$ verschwinden bekanntlich die spezifischen Wärmen [6], [41]

rung - die Forderung eines umkehrbar-eindeutigen Zusammenhanges zwischen Entropie und Temperatur verbunden ist, kann in den Materialgleichungen für die freie Energie bzw. die Spannungen ohne Verlust an Eindeutigkeit die thermische Variable (T) durch die kalorische Variable ($\mathcal{S}$) etwa im Sinne der Prozeduren

$$\mathcal{F} = \mathcal{F}_{DT}\big(\mathbb{D},T_{D\mathcal{S}}(\mathbb{D},\mathcal{S})\big) \equiv \mathcal{F}_{D\mathcal{S}}(\mathbb{D},\mathcal{S}) \ ,$$

$$\overset{\times}{\$} = \overset{\times}{\$}_{DT}\big(\mathbb{D},T_{D\mathcal{S}}(\mathbb{D},\mathcal{S})\big) \equiv \overset{\times}{\$}_{D\mathcal{S}}(\mathbb{D},\mathcal{S}) \tag{2.22c,d}$$

ersetzt werden, jedoch ist für in Abhängigkeit von den Verzerrungen und der Entropie dargestellte Spannungs-Materialgleichungen nicht mehr die freie, sondern die als Zustandsfunktion der Verzerrungen und der Entropie dargestellt angenommene innere Energie

$$\mathcal{U} \overset{(1.1)}{=} \mathcal{F} + T\mathcal{S} = \mathcal{U}_{D\mathcal{S}}(\mathbb{D},\mathcal{S}) \tag{2.23a}$$

im Sinne von

$$\overset{\times}{\$}_{D\mathcal{S}} = \partial\mathcal{U}_{D\mathcal{S}} / \partial\mathbb{D} \tag{2.23b}$$

das Potential.

Setzt man nämlich

$$d\mathcal{F} \equiv \frac{\partial\mathcal{F}_{DT}}{\partial\mathbb{D}} \cdot\cdot d\mathbb{D} + \frac{\partial\mathcal{F}_{DT}}{\partial T} dT \overset{(2.10c)}{=} \frac{\partial\mathcal{F}_{DT}}{\partial\mathbb{D}} \cdot\cdot d\mathbb{D} - \underline{\mathcal{S}\,dT}$$

$$\overset{(2.23a)}{=} d(\mathcal{U} - T\mathcal{S}) = d\mathcal{U} - dT\mathcal{S} - Td\mathcal{S} = \frac{\partial\mathcal{U}_{D\mathcal{S}}}{\partial\mathbb{D}} \cdot\cdot d\mathbb{D} + \frac{\partial\mathcal{U}_{D\mathcal{S}}}{\partial\mathcal{S}} d\mathcal{S} - \underline{dT\mathcal{S}} - Td\mathcal{S} \ ,$$

so entsteht – die gestrichelten Terme heben sich heraus! –

$$\left[\frac{\partial\mathcal{F}_{DT}}{\partial\mathbb{D}} - \frac{\partial\mathcal{U}_{D\mathcal{S}}}{\partial\mathbb{D}} \right] \cdot\cdot d\mathbb{D} - \left[\frac{\partial\mathcal{U}_{D\mathcal{S}}}{\partial\mathcal{S}} - T \right] d\mathcal{S} = 0 \ ,$$

und daraus für beliebige Differentiale $(d\mathbb{D}, d\mathcal{S})$ in der Tat

$$\frac{\partial\mathcal{F}_{DT}}{\partial\mathbb{D}} \left[\overset{(2.10b)}{=} \overset{\times}{\$}_{DT} \right] = \frac{\partial\mathcal{U}_{D\mathcal{S}}}{\partial\mathbb{D}} \equiv \overset{\times}{\$}_{D\mathcal{S}} \ , \tag{2.23c}$$

desweiteren

$$\frac{\partial\mathcal{U}_{D\mathcal{S}}}{\partial\mathcal{S}} = T = T_{D\mathcal{S}}(\mathbb{D},\mathcal{S}) \ , \tag{2.23d}$$

wonach die in der Temperatur explizite Entropie-Materialgleichung $(\mathcal{S} = \mathcal{S}_{DT}(\mathbb{D},T))$ durch partielle Entropie-Ableitung der Materialgleichung $\mathcal{U} = \mathcal{U}_{\mathbb{D}\mathcal{S}}(\mathbb{D},\mathcal{S})$ für die innere Energie erreicht wird[25], und schließlich mit (2.23c) als Darstellung der spezifischen Wärme c_d in Abhängigkeit von der inneren Energie die berühmte Formel

$$c_d \overset{(2.17b)}{\equiv} T\frac{\partial \mathscr{S}_{DT}}{\partial T} \overset{(2.23d)}{=} \frac{\partial \mathscr{U}_{D\mathscr{S}}}{\partial \mathscr{S}}\frac{\partial \mathscr{S}_{DT}}{\partial T} \equiv^{26)} \frac{\partial \mathscr{U}_{DT}}{\partial T} = c_{dDT} \,. \tag{2.23e}$$

Angesichts von (2.23b) und damit der inkrementellen isentropen Materialgleichung

$$d\overset{\times}{\$}|_{d\mathscr{S}=0} = d\mathbb{D}\cdot\cdot\frac{\partial^2 \mathscr{U}_{D\mathscr{S}}}{\partial \mathbb{D}^2} \equiv d\mathbb{D}\cdot\cdot \overset{<4>}{\mathbb{C}}{}^{\times}_{ad} \equiv \overset{<4>}{\mathbb{C}}{}^{\times}_{ad}\cdot\cdot d\mathbb{D} \tag{2.24a}$$

folgert man noch im Vergleich mit (2.20d)

$$\overset{<4>}{\mathbb{C}}{}^{\times}_{ad} = \frac{\partial^2 \mathscr{F}_{DT}}{\partial \mathbb{D}^2} - \frac{(\partial^2 \mathscr{F}_{DT}/\partial\mathbb{D}\partial T)\circ(\partial^2 \mathscr{F}_{DT}/\partial\mathbb{D}\partial T)}{\partial^2 \mathscr{F}_{DT}/\partial T^2} \equiv \frac{\partial^2 \mathscr{U}_{D\mathscr{S}}}{\partial \mathbb{D}^2}\,, \tag{2.24b}$$

d. h. die adiabatische Materialtetrade als zweite (isentrope) Verzerrungsableitung der inneren Energie, ein auch mittels entsprechender Variablen-Transformationen erreichbares Resultat:

Dazu wird, von (2.23c) ausgehend, das vollständige Differential, d. h.

$$d\left[\frac{\partial \mathbb{F}_{DT}}{\partial \mathbb{D}}\right] \equiv d\mathbb{D}\cdot\cdot\frac{\partial^2 \mathscr{F}_{DT}}{\partial \mathbb{D}^2} + dT\frac{\partial^2 \mathscr{F}_{DT}}{\partial \mathbb{D}\,\partial T} \overset{(2.23c)}{=} d\left[\frac{\partial \mathscr{U}_{D\mathscr{S}}}{\partial \mathbb{D}}\right] \equiv d\mathbb{D}\cdot\cdot\frac{\partial^2 \mathscr{U}_{D\mathscr{S}}}{\partial \mathbb{D}^2} + d\mathscr{S}\frac{\partial^2 \mathscr{U}_{D\mathscr{S}}}{\partial \mathbb{D}\,\partial \mathscr{S}} \tag{2.25}$$

gebildet, hierin

$$d\mathscr{S} \equiv d\mathscr{S}_{DT} \equiv d\mathbb{D}\cdot\cdot\frac{\partial \mathscr{S}_{DT}}{\partial \mathbb{D}} + dT\frac{\partial \mathscr{S}_{DT}}{\partial T}$$

eingesetzt, so zunächst nach Koeffizientenvergleich hinsichtlich der Variablendifferentiale $(d\mathbb{D}, dT)$

$$\frac{\partial^2 \mathscr{F}_{DT}}{\partial \mathbb{D}^2} = \frac{\partial^2 \mathscr{U}_{D\mathscr{S}}}{\partial \mathbb{D}^2} + \frac{\partial \mathscr{S}_{DT}}{\partial \mathbb{D}}\circ\frac{\partial^2 \mathscr{U}_{D\mathscr{S}}}{\partial \mathbb{D}\,\partial \mathscr{S}}\,,\quad \frac{\partial^2 \mathscr{F}_{DT}}{\partial \mathbb{D}\,\partial T} = \frac{\partial \mathscr{S}_{DT}}{\partial T}\frac{\partial^2 \mathscr{U}_{D\mathscr{S}}}{\partial \mathbb{D}\,\partial \mathscr{S}} \tag{2.25a,b}$$

und damit aus (2.20d)

$$\mathbb{C}^{\times}_{ad} = \frac{\partial^2 \mathscr{U}_{D\mathscr{S}}}{\partial \mathbb{D}^2} + \frac{\partial \mathscr{S}_{DT}}{\partial \mathbb{D}}\circ\frac{\partial^2 \mathscr{U}_{D\mathscr{S}}}{\partial \mathbb{D}\,\partial \mathscr{S}} - \frac{\left[\dfrac{\partial \mathscr{S}_{DT}}{\partial T}\right]^2 \dfrac{\partial^2 \mathscr{U}_{D\mathscr{S}}}{\partial \mathbb{D}\,\partial \mathscr{S}}\circ\dfrac{\partial^2 \mathscr{U}_{D\mathscr{S}}}{\partial \mathbb{D}\,\partial \mathscr{S}}}{\partial^2 \mathscr{F}_{DT}/\partial T^2} \tag{2.25c}$$

---

[25] Die Beziehungen (2.23c,d) sind im Übrigen auch unmittelbar aus der mit $\dot{\mathscr{D}} = 0$ in Termen der inneren Energie notierten thermodynamischen Hauptgleichung (1.2), d. h. aus

$$\dot{\mathscr{U}} = \mathscr{A}_S + T\dot{\mathscr{S}} = \overset{\times}{\$}\cdot\cdot\dot{\mathbb{D}} + T\dot{\mathscr{S}} \tag{2.23f}$$

unter den Voraussetzungen zu folgern, daß sowohl die innere Energie als auch Spannungen und Temperatur als Zustandsfunktionen der Variablen $\mathbb{D}, \mathscr{S}$ darstellbar seien. Denn mit $\mathscr{U} = \mathscr{U}_{D\mathscr{S}}(\mathbb{D}, \mathscr{S})$, d. h.

$$\dot{\mathscr{U}} = \frac{\partial \mathscr{U}_{D\mathscr{S}}}{\partial \mathbb{D}}\cdot\cdot\dot{\mathbb{D}} + \frac{\partial \mathscr{U}_{D\mathscr{S}}}{\partial \mathscr{S}}\dot{\mathscr{S}}$$

erhält man nach Einsetzen in (2.23f) und Koeffizientenvergeich hinsichtlich der Variablengeschwindigkeiten $(\dot{\mathbb{D}}, \dot{\mathscr{S}})$ in der Tat die Potentialbeziehungen (2.23c,d)

[26] Man benutze $\mathscr{U}_{DT}(\mathbb{D},T) = \mathscr{U}_{\mathbb{D}\mathscr{S}}\big(\mathbb{D}, \mathscr{S}_{DT}(\mathbb{D},T)\big)$

erreicht, was sich dann schließlich unter Benutzung von

$$\partial^2 \mathcal{F}_{DT}/\partial T^2 = \partial[\partial \mathcal{F}_{DT}/\partial T]/\partial T \overset{(2.10c)}{=} -\partial \mathcal{S}_{DT}/\partial T$$ sowie der aus

$$\mathcal{S} = \mathcal{S}_{DT}(\mathbb{D},T) = \mathcal{S}_{DT}\big(\mathbb{D},T_{D\mathcal{S}}(\mathbb{D},\mathcal{S})\big) \tag{2.25d}$$

erzeugbaren Identitäten

$$\frac{\partial}{\partial \mathcal{S}}(\mathcal{S}) = 1 = \frac{\partial \mathcal{S}_{DT}}{\partial T}\frac{\partial T_{DT}}{\partial \mathcal{S}},$$

$$\frac{\partial}{\partial \mathbb{D}}(\mathcal{S}) = 0 = \frac{\partial \mathcal{S}_{DT}}{\partial \mathbb{D}} + \frac{\partial \mathcal{S}_{DT}}{\partial T}\frac{\partial T_{D\mathcal{S}}}{\partial \mathbb{D}} \overset{(2.23d)}{=} \frac{\partial \mathcal{S}_{DT}}{\partial \mathbb{D}} + \frac{\partial \mathcal{S}_{DT}}{\partial T}\frac{\partial^2 \mathcal{U}_{D\mathcal{S}}}{\partial \mathbb{D}\,\partial \mathcal{S}} \tag{2.25e}$$

in der Tat auf

$$\mathbb{C}^{\times}_{ad} = \frac{\partial^2 \mathcal{U}_{D\mathcal{S}}}{\partial \mathbb{D}^2} + \frac{\partial \mathcal{S}_{DT}}{\partial \mathbb{D}} \circ \frac{\partial^2 \mathcal{U}_{D\mathcal{S}}}{\partial \mathbb{D}\,\partial \mathcal{S}} + \frac{\partial \mathcal{S}_{DT}}{\partial T}\frac{\partial^2 \mathcal{U}_{D\mathcal{S}}}{\partial \mathbb{D}\,\partial \mathcal{S}} \circ \frac{\partial^2 \mathcal{U}_{D\mathcal{S}}}{\partial \mathbb{D}\,\partial \mathcal{S}}$$

$$\overset{(2.25e)}{=} \frac{\partial^2 \mathcal{U}_{D\mathcal{S}}}{\partial \mathbb{D}^2} + \frac{\partial \mathcal{S}_{DT}}{\partial \mathbb{D}} \circ \frac{\partial^2 \mathcal{U}_{D\mathcal{S}}}{\partial \mathbb{D}\,\partial \mathcal{S}} - \frac{\partial \mathcal{S}_{DT}}{\partial \mathbb{D}} \circ \frac{\partial^2 \mathcal{U}_{D\mathcal{S}}}{\partial \mathbb{D}\,\partial \mathcal{S}} \equiv \frac{\partial^2 \mathcal{U}_{D\mathcal{S}}}{\partial \mathbb{D}^2} \tag{2.25f}$$

reduzieren läßt.

Das Vorangehende soll schließlich noch komplettiert werden

a) durch die auch als

$$\frac{\partial^2 \mathcal{U}_{D\mathcal{S}}}{\partial \mathcal{S}^2} \overset{(2.23d)}{=} \frac{\partial T_{D\mathcal{S}}}{\partial \mathcal{S}} \overset{27)}{\equiv} 1/\frac{\partial \mathcal{S}_{DT}}{\partial T} \overset{(2.22a)}{=} \frac{T}{c_d} > 0 \quad \text{für } T \neq 0 \tag{2.25g}$$

darzustellende Bedingung für thermische Stabilität, die hiernach durch positive zweite Entropie-Ableitung der inneren Energie gesichert ist, und

b) durch den im Falle thermischer Stabilität wegen (2.22b) aus (2.20d) bzw. (2.24b) festzustellenden Befund, daß im Sinne von

$$\mathbb{X}\cdot\cdot \overset{<4>}{\mathbb{C}}_{ad}\cdot\cdot\mathbb{X} > \mathbb{X}\cdot\cdot \overset{<4>}{\mathbb{C}}\cdot\cdot\mathbb{X} \quad \text{für } \mathbb{X} \neq 0 \tag{2.25h}$$

die adiabatische größer als die isotherme Steifigkeit ist.

Als

2.2.4b Bedingung für mechanische Stabilität

wird die in [5b], (9.98c) als "verschärfte lokale Bedingung" benannte Aussage

$$\mathbb{X}\cdot\cdot\frac{\partial^2 \mathcal{F}_{FT}}{\partial \mathbb{F}^2}\cdot\cdot\mathbb{X} > 0 \qquad \text{für} \qquad \mathbb{X} = \delta\hat{\mathbf{u}}\circ\hat{\nabla} \neq 0 \tag{2.26a}$$

bezeichnet, mit der die durch

27) Man differenziere die Identität $T = T_{D\mathcal{S}}(\mathbb{D},\mathcal{S}_{DT}(\mathbb{D},T))$ nach der Temperatur

$$\left[\left(\delta_u^2\Pi\right)_{\hat{\mathbb{u}}_s} =\right] \int\limits_{(\hat{B})} (\delta\hat{\mathbb{u}}\circ\hat{\nabla})\cdot\cdot\left[\frac{\partial^2 \mathscr{F}_{FT}}{\partial \mathbb{F}^2}\right]_{\hat{\mathbb{u}}_s}\cdot\cdot(\delta\hat{\mathbb{u}}\circ\hat{\nabla})dm > 0 \tag{2.26b}$$

auszudrückende Bedingung für Stabilität einer (als Folge sog. "Tot-Belastung") von einem hyperelastischen System eingenommenen statischen Ruhelage $(\hat{\mathbb{u}}_s(\hat{\mathbb{r}}))$ garantiert wird. (vgl. [5b], (9.98b)), wobei die auch als "Satz vom Minimum des elastischen Potentials" [8] - im Sinne eines sog. "infinitesimalen Kriteriums" - bezeichnete Restriktion (2.26b)[28] als Ausdruck entweder einer kinematischen oder einer energetisch fundierten Stabilitätsdefinition angesehen werden kann[29].

Zur Realisierung des naheliegenden Gedankens, die lokale Restriktion (2.26a) als statische Stabilitätsbedingung für ein Massenelement (dm) zu deuten und so den Begriff der mechanischen (stofflichen) Stabilität mit dem Stabilitätsbegriff in der Theorie elastischer Systeme zu verbinden, betrachtet man ein Massenelement in einer Gleichgewichtskonfiguration $\left(\bar{\mathbb{r}} = \hat{\mathbb{r}} + \hat{\mathbb{u}}_s(\hat{\mathbb{r}})\right)$ mit Volumen bzw. Oberfläche

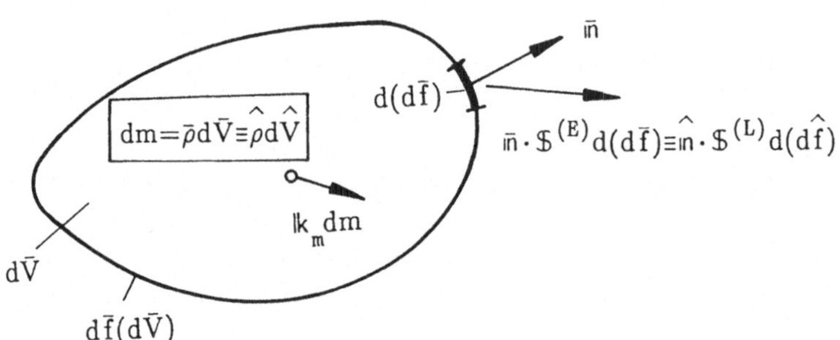

Abb. 2.1

[28] die man, da Temperaturvariationen außer Betracht bleiben, präziser als Forderung nach generell positiver zweiter Verrückungsvariation des elastischen Potentials zu bezeichnen hat, wie auch der Index u an $\delta_u^2\Pi$ verdeutlichen soll.

[29] Im ersteren Falle beschreibt man die Stabilität einer statischen Ruhelage $(\hat{\mathbb{u}}_s(\hat{\mathbb{r}}))$ durch das Postulat, daß – etwa zu einer Zeit t_0 dem System aufgeprägte – kleine Störungen $(\delta\hat{\mathbb{u}}(\hat{\mathbb{r}},t_0))$ der Gleichgewichtslage – unveränderte eingeprägte (Tot–)Lasten vorausgesetzt – zu Systembewegungen $\delta\hat{\mathbb{u}}(\hat{\mathbb{r}},t)$ – im Sinne kleiner Schwingungen um die Gleichgewichtslage $(\hat{\mathbb{u}}_s(\hat{\mathbb{r}}))$ – führen, die in der Größenordnung der "Anfangsstörung" $(\delta\hat{\mathbb{u}}(\hat{\mathbb{r}},t_0))$ einschrankbar sind [5b], im zweiten Falle durch die Forderung, daß man eine stabile Gleichgewichtslage $(\hat{\mathbb{u}}_s(\hat{\mathbb{r}}))$ – neben der Arbeit der eingeprägten (Tot–)Last – nur durch zusätzliche äußere Arbeitszufuhr in eine infinitesimal–benachbarte Gleichgewichtslage überführen kann [3], [9]. Beide Aspekte werden unter der Voraussetzung unverändert bleibenden Temperaturfeldes, d. h. (lokal–)isothermer Zustandsänderungen recherchiert.

$d\bar{V}$ bzw. $d\bar{f}(d\bar{V})$ (Abb. 2.1), an dem die im Massenelementenkonvergenzpunkt angreifend gedachte Massenkraft[30] $(\hat{\rho}\mathbb{k}_m d\hat{V})$ und die an Oberflächenelementen $d(d\bar{f})$ angreifenden Oberflächenkräfte

$$d(d\mathbb{k}_f) = \bar{\mathbb{n}}\cdot\$^{(E)}d(d\bar{f}) \overset{31)}{\equiv} \hat{\mathbb{n}}\cdot\$^{(L)}d(d\hat{f})$$

im Sinne von

$$\hat{\rho}\mathbb{k}_m d\hat{V} + \int_{d\bar{f}(d\bar{V})} \bar{\mathbb{n}}\cdot\$^{(E)}d(d\bar{f}) \overset{32)}{\equiv} \hat{\rho}\mathbb{k}_m d\hat{V} + \int_{d\hat{f}(d\hat{V})} \hat{\mathbb{n}}\cdot\$^{(L)}d(d\hat{f}) \approx$$

$$\overset{33)}{\approx} (\hat{\rho}\mathbb{k}_m + \hat{\mathbb{V}}\cdot\$^{(L)})d\hat{V} = 0 \qquad (2.27a)$$

ein Gleichgewichtssystem bilden müssen.

In der im Sinne des Prinzips der virtuellen Verrückungen äquivalenten energetischen Gleichgewichtsbeschreibung [5b],[8],[9], die man, vom Ausdruck für die virtuelle Arbeit der äußeren Kräfte[34]

$$\delta_u(d\mathscr{A}_a) \equiv \underline{\bar{\rho}\mathbb{k}\cdot\delta\hat{\mathbb{u}}d\hat{V} + \int_{d\hat{f}(d\hat{V})} \hat{\mathbb{n}}\cdot\$^{(L)}\cdot\delta\hat{\mathbb{u}}d(d\hat{f})} \approx$$

$$\approx [\bar{\rho}\mathbb{k}\cdot\delta\hat{\mathbb{u}} + \hat{\mathbb{V}}\cdot(\$^{(L)}\cdot\delta\hat{\mathbb{u}})]d\hat{V} =$$

$$= (\bar{\rho}\mathbb{k} + \hat{\mathbb{V}}\cdot\$^{(L)})\cdot\delta\hat{\mathbb{u}}d\hat{V} + \$^{(L)}\cdot\cdot(\delta\hat{\mathbb{u}}\circ\hat{\mathbb{V}})d\hat{V} \qquad (2.27b)$$

ausgehend, in Anbetracht von (2.27a) als

$$\delta_u(d\mathscr{A}_a) = \$^{(L)}\cdot\cdot(\delta\hat{\mathbb{u}}\circ\hat{\mathbb{V}})d\hat{V} = \$^{(L)}\cdot\cdot\delta_u\mathbb{F}^T d\hat{V} \qquad (2.27c)$$

darstellen kann, scheint dann mit $\$^{(L)}$ nach (2.11a) und damit

---

30) $\mathbb{k}_m$ bedeutet die auf die Masseneinheit bezogene Massenkraft.

31) die man wahlweise durch Eulerschen Spannungstensor $(\$^{(E)})$ und in der Gleichgewichtskonfiguration anfallende (momentane) Flächenelementenvektoren $d(d\bar{\mathbb{f}}) = \bar{\mathbb{n}}d(d\bar{f})$ oder durch Lagrangeschen Spannungstensor $(\$^{(L)})$ und die (den Momentanflächen $d(d\bar{\bar{\mathbb{f}}})$ in der Bezugskonfiguration zukommenden) Flächenelementenvektoren $d(d\hat{\mathbb{f}}) = \hat{\mathbb{n}}d(d\hat{f})$ ausdrücken kann, wobei

32) in der Lagrangeschen Darstellungsversion die resultierende Oberflächenkraft durch Integration längs der Bezugskonfigurations–Oberfläche $(d\hat{f})$ ermittelt wird.

33) Man benutze die bis auf (in den Elementen–Linearabmessungen) von höherer als dritter Ordnung kleine Größen korrekte Approximation

$$\int_{d\hat{f}(d\hat{V})} \hat{\mathbb{n}}\cdot\$^{(L)}d(d\hat{f}) \approx (\hat{\mathbb{V}}\cdot\$^{(L)})d\hat{V}$$

(vgl. etwa [5b], (3.4a)). In (2.27a) sind sowohl $\hat{\rho}\mathbb{k}_m$ als auch $\hat{\mathbb{V}}\cdot\$^{(L)}$ als dem Massenelementen–Konvergenzpunkt zukommende (Feld–)Werte zu verstehen.

34) Hierin bedeuten $\delta\hat{\mathbb{u}}(\hat{\mathbb{r}})$ aus der Gleichgewichtslage $(\mathbb{u}_s(\hat{\mathbb{r}}))$ heraus vorgenommene Verrückungsvariationen

$$\$^{(L)} \cdot\cdot \delta_u \mathbb{F}^T = \hat{\rho} \frac{\partial \mathcal{F}_{FT}}{\partial \mathbb{F}} \cdot\cdot \delta \mathbb{F}^T d\hat{V} = (\delta_u \mathcal{F}_{FT}) dm \equiv \delta_u (d\mathcal{F}_{FT})$$

als "elastisches Potential" eines hyperelastischen Materialelements die Größe

$$d\Pi = d\mathcal{F}_{FT} - d\mathcal{A}_a = d\mathcal{F}_{FT} - \mathbb{k}_m \cdot \overset{\downarrow}{\mathbb{u}} dm - \int_{d\hat{f}(d\hat{V})} \hat{\mathbb{n}} \cdot \$^{(L)} \cdot \overset{\downarrow}{\hat{\mathbb{u}}} d(d\hat{f}) \ , \tag{2.27d}$$

auf[35], deren erste Verückungsvariation in der Gleichgewichtslage $(\mathbb{u}_s(\hat{\mathbb{r}}))$ verschwinden muß,

$$[\delta_u(d\Pi)]_{\hat{\mathbb{u}}_s} = \left\{ \delta_u d\mathcal{F}_{FT} - \mathbb{k}_m \cdot d\mathbb{u} dm - \int_{d\hat{f}(d\hat{V})} \hat{\mathbb{n}} \cdot \$^{(L)} \cdot \delta\hat{\mathbb{u}} d(d\hat{f}) \right\}_{\hat{\mathbb{u}}_s} = 0 \ , \tag{2.27e}$$

und deren zweite Variation für Stabilität der Gleichgewichtslage $(\mathbb{u}_s)$ als positiv zu fordern ist [8], [9]. Wegen der hierzu definitionsgemäß vorauszusetzenden Konstanz der äußeren (Tot–)Lasten, weswegen $d\mathcal{A}_a$ linear von $\overset{\downarrow}{\hat{\mathbb{u}}}(\hat{\mathbb{r}})$ abhängt, ist $\delta_u^2(d\mathcal{A}_a) = 0$, womit dann die Stabilitätsbedingung schließlich auf

$$[\delta_u^2(d\Pi)]_{\hat{\mathbb{u}}_s} = [\delta_u^2(d\mathcal{F}_{FT})]_{\hat{\mathbb{u}}_s} = \delta_u^2 \mathcal{F}_{FT} dm \equiv \delta_u \mathbb{F}^T \cdot\cdot \left[\frac{\partial^2 \mathcal{F}_{FT}}{\partial \mathbb{F}^2} \right]_{\hat{\mathbb{u}}_s} \cdot\cdot \delta_u \mathbb{F}^T dm > 0 \ , \tag{2.27f}$$

d. h. mit $\delta_u \mathbb{F}^T = \delta(\mathbb{E} + \hat{\nabla} \circ \hat{\mathbb{u}})^T = \delta\hat{\mathbb{u}} \circ \hat{\nabla}$ in der Tat auf die lokale Restriktion (2.26a) führt. Festzuhalten ist noch, daß sich diese Stabilitätsanalyse auf ein "freies Massenelement" mit keinerlei Lagerungszwängen an dessen Oberfläche bezieht, weswegen – folgerichtig! – (2.27f) gegen Parallelverschiebungen $\hat{\mathbb{u}} = \mathbb{u}_c =$

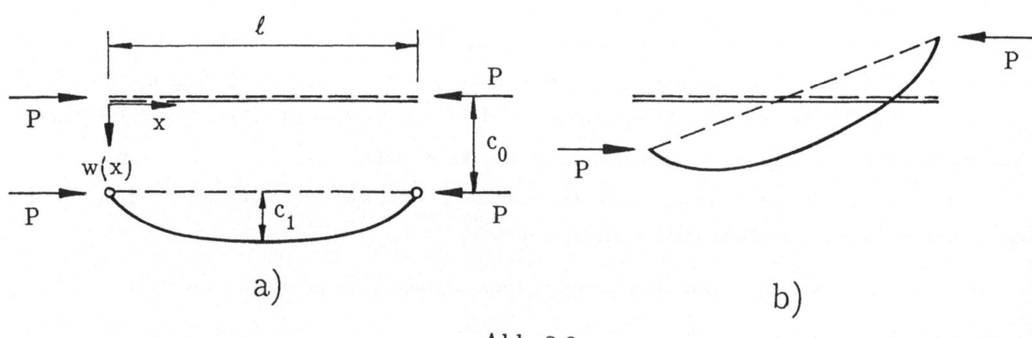

Abb. 2.2

[35] wobei die über $\hat{\mathbb{u}}$ gesetzten Pfeile andeuten sollen, daß, wie die erste (unterstrichelte) Version von (2.27b) verlangt, nur die Verschiebungen variiert werden dürfen.

const. der Gesamtordnung – wegen $\mathbb{F}(\mathbb{u}_c) = \mathbb{E}$ – unempfindlich ist[36].

Referiert werden soll schließlich noch, daß die Stabilitätsbedingung (2.26a), die in der Version (2.27f) wegen (2.11a) und daher

$$d\$^{(L)}_{FT}\,|_{dT=0} \equiv d\mathbb{F}^T\cdot\cdot\,\frac{\partial \$^{(L)}}{\partial \mathbb{F}} \overset{(2.11a)}{=} \hat{\rho}\, d\mathbb{F}^T\cdot\cdot\,\frac{\partial^2 \mathcal{F}_{FT}}{\partial \mathbb{F}^2} \tag{2.28a}$$

auch in Form der Bedingung

$$d\$^{(L)}_{FT}\,|_{dT=0}\cdot\cdot\, d\mathbb{F}^T > 0 \tag{2.28b}$$

notiert werden kann, in einem hyperelastischen System ein Feld überall positiv–definiter (zweistufig–symmetrischer) akustischer Tensoren (hinsichtlich sog. "Beschleunigungswellen")

$$^*\mathbb{A} = \hat{\rho}\,\hat{\mathbb{n}}_s \circ \hat{\mathbb{n}}_s\cdot\cdot\,(\overset{<6>}{\mathbb{E}_T}\cdot\cdot\,\overset{<4>}{\mathbb{E}_T})\cdot\cdot\cdot\,\frac{\partial^2 \mathcal{F}_{FT}}{\partial \mathbb{F}^2} = {}^*\mathbb{A}\langle\hat{\mathbb{n}}_s,\mathbb{F},T\rangle \equiv {}^*\mathbb{A}^T$$

$$\equiv \hat{\rho}\left\{\hat{\mathbb{n}}_s \circ \hat{\mathbb{n}}_s\cdot\cdot\,\overset{<6>}{\mathbb{E}_T}\cdot\cdot\cdot\left[\mathbb{F}^T\cdot\,\frac{\partial^2 \mathcal{F}_{DT}}{\partial \mathbb{D}^2}\cdot\mathbb{F}\right] + \left[\hat{\mathbb{n}}_s\cdot\,\frac{\partial \mathcal{F}_{DT}}{\partial \mathbb{D}}\cdot\hat{\mathbb{n}}_s\right]\mathbb{E}\right\} \equiv$$

---

[36] Ein von der Stabilitätsanalyse des Eulerstabes (Elastizitätsmodul E, Flächenträgheitsmoment J_y) in der elementaren Stabtheorie her bekannter Befund: Die Stabilitätsbedingung

$$(\delta^2_w\Pi)_{w=0} = \int_0^l EJ_y\,\delta w''^2 dx - P\int_0^l \delta w'^2 dx > 0 \quad , \quad (\ )' = d(\ )/dx \tag{*}$$

gilt auch, wie man leicht recherchiert, für den Fall des mit (betrags– und richtungstreuen) Lasten P axial – gedrückten Stabes, der an den Enden nicht gelagert, sondern frei ist (Abb. 2.2a). Da diese Bedingung (*) nur erste und zweite Verschiebungsableitungen enthält, ist sie gegenüber Parallelverschiebung der Gesamtanordnung und damit auch der einzelnen Stabelemente unempfindlich.
Die aus der Differentialgleichung der "Knickbiegelinie" [9]

$$(EJ_y w'')'' + Pw'' = 0$$

für die (sich auf Momente und M_y und Querkräfte Q_z beziehenden) Randbedingungen

$$M_y = 0 \ \ , \text{d.h.} \ \ w'' = 0 \quad \text{für} \quad x = 0,\ell$$

und

$$Q_z = Pw' \ \ , \text{d.h.} \ \ (EJ_y w'') + Pw' = 0 \quad \text{für} \quad x = 0,\ell$$

für prismatische Stäbe erhältliche Lösung

$$w(x) = c_0 + c_k \sin(k\pi x/\ell) \ \text{mit} \ P = P_k = k^2\pi^2 EJ_y/\ell^2 \ \text{für} \ k = 1,2... \tag{**}$$

[vgl. Abb. 2.2a mit k=1] enthält denn auch eine (durch die Konstante c_0 repräsentierte) beliebige Parallelverschiebung. Aber übrigens keinen mit x linear veränderlichen Lösungsterm $(Ax,\ A = \text{const.})$, der einer Konfiguration nach Abb. 2.2b entspräche. Ein Solcher ist aufgrund der Kriterien der statischen Stabilität unmöglich, weil hiermit
– man setze in

$$2\Pi = \int_0^l EJ_y w''^2 ds - P\int_0^l w'^2 dx$$

die Lösung (**) unter Hinzufügung eines Lösungsterms A x ein und variiere alle Konstanten (C_0, C_k, A) – weder $\delta_w\Pi = 0$ noch $\delta^2_w\Pi > 0$ erreichbar wäre, ein einleuchtender Befund, weil in einer Konfiguration nach Abb. 2.2b kein Momentengleichgewicht vorläge.

$$\equiv \mathbb{F}^{T}\cdot(\hat{\mathbb{n}}_s\cdot \overset{<4>}{\mathbb{C}}\cdot\hat{\mathbb{n}}_s)\cdot\mathbb{F} + (\hat{\mathbb{n}}_s\cdot \mathbb{S}^{(K)}\cdot\hat{\mathbb{n}}_s)\mathbb{E} \tag{2.29a}$$

mit

$$\mathbb{x}\cdot\overset{*}{\mathbb{A}}\cdot\mathbb{x} > 0 \quad \text{für} \quad \mathbb{x}\neq 0 \tag{2.29b}$$

(vgl. [5b], (9.90b,c)), d. h. die Existenz reellwertiger Fortpflanzungsgeschwindigkeiten (lokaler) Beschleunigungssprünge sichert[37].
Denn die Bedingung (2.29b) läßt sich mit (2.29a) in

$$\mathbb{x}\cdot\left[\hat{\mathbb{n}}_s\circ\hat{\mathbb{n}}_s\cdot\cdot(\overset{<6>}{\mathbb{E}}_T\cdot\cdot\overset{<4>}{\mathbb{E}}_T)\cdot\cdot\cdot\frac{\partial^2\mathscr{F}_{FT}}{\partial\mathbb{F}^2}\right]\cdot\mathbb{x}\equiv\left[(\mathbb{x}\circ\hat{\mathbb{n}}_s\circ\hat{\mathbb{n}}_s)\cdot\cdot\cdot(\overset{<6>}{\mathbb{E}}_T\cdot\cdot\overset{<4>}{\mathbb{E}}_T)\cdot\cdot\cdot\frac{\partial^2\mathscr{F}_{FT}}{\partial\mathbb{F}^2}\right]\cdot\mathbb{x}\equiv$$

$$\equiv[(\hat{\mathbb{n}}_s\circ\hat{\mathbb{n}}_s\circ\mathbb{x})\cdot\cdot\overset{<4>}{\mathbb{E}}_T]\cdot\cdot\cdot\frac{\partial^2\mathscr{F}_{FT}}{\partial\mathbb{F}^2}\cdot\mathbb{x}\equiv[\hat{\mathbb{n}}_s\circ\mathbb{x}\circ\hat{\mathbb{n}}_s]\cdot\cdot\cdot\frac{\partial^2\mathscr{F}_{FT}}{\partial\mathbb{F}^2}\cdot\mathbb{x}\equiv$$

$$\equiv(\mathbb{x}\circ\hat{\mathbb{n}}_s\circ\mathbb{x}\circ\hat{\mathbb{n}}_s)\cdot\cdot\cdot\cdot\frac{\partial^2\mathscr{F}_{FT}}{\partial\mathbb{F}^2}\equiv(\mathbb{x}\circ\hat{\mathbb{n}}_s)\cdot\cdot\frac{\partial^2\mathscr{F}_{FT}}{\partial\mathbb{F}^2}\cdot\cdot(\mathbb{x}\circ\hat{\mathbb{n}}_s)>0 \tag{2.29e}$$

bzw. – man benutze für $\overset{*}{\mathbb{A}}$ die zweite Version von (2.29a) – in

$$(\mathbb{F}\cdot\mathbb{x}\circ\hat{\mathbb{n}}_s)\cdot\cdot\overset{<4>}{\mathbb{C}}\cdot\cdot(\hat{\mathbb{n}}_s\circ\mathbb{F}\cdot\mathbb{x})+\mathbb{x}^2(\hat{\mathbb{n}}_s\cdot\mathbb{S}^{(K)}\cdot\hat{\mathbb{n}}_s)>0\ , \tag{2.29f}$$

d. h. in die sog. Hadamardsche Stabilitätsbedingung – mit dyadischen Elementen $\mathbb{x}\circ\hat{\mathbb{n}}_s$ anstelle allgemeiner Tensoren $\mathbb{X}$ (vgl. (2.26a)) überführen, die in (2.26a) als Spezialfall enthalten ist.

---

37) S. h. [5b], §9.7.4. In (2.29a) bedeuten $\hat{\mathbb{n}}_s$ die Normale der in der Bezugskonfiguration ($\mathbb{F}=\mathbb{E}$) beschriebenen Beschleunigungs–Unstetigkeitsfläche, $\hat{\rho}$ die (in [5b] als uniform vorausgesetzte) "Ausgangsdichte", $\overset{<6>}{\mathbb{E}}_T$ bzw. $\overset{<4>}{\mathbb{E}}_T$ die durch

$$\mathbb{a}\circ\mathbb{b}\circ\mathbb{c}\cdot\cdot\cdot\overset{<6>}{\mathbb{E}}_T\equiv\overset{<6>}{\mathbb{E}}_T\cdot\cdot\cdot\mathbb{a}\circ\mathbb{b}\circ\mathbb{c}=\mathbb{c}\circ\mathbb{b}\circ\mathbb{a}\ ,\quad \mathbb{a}\circ\mathbb{b}\cdot\cdot\overset{<4>}{\mathbb{E}}_T\equiv\overset{<4>}{\mathbb{E}}_T\cdot\cdot\mathbb{a}\circ\mathbb{b}=\mathbb{b}\circ\mathbb{a}$$

definierten sechs– bzw. vierstufigen Transponierer [5a]. Die zweite Version von (2.29a) erhält man mit der Identität

$$\frac{\partial^2\mathscr{F}_{FT}}{\partial\mathbb{F}^2}=\overset{<4>}{\mathbb{E}}_T\cdot\cdot\left[\mathbb{F}^T\cdot\frac{\partial^2\mathscr{F}_{DT}}{\partial\mathbb{D}^2}\cdot\mathbb{F}\right]+\frac{\partial\mathscr{F}_{DT}}{\partial\mathbb{D}}\cdot\overset{<4>}{\mathbb{E}}_T \tag{2.29c}$$

und daher

$$(\overset{<6>}{\mathbb{E}}_T\cdot\cdot\overset{<4>}{\mathbb{E}}_T)\cdot\cdot\cdot\frac{\partial^2\mathscr{F}_{FT}}{\partial\mathbb{F}^2}=\overset{<6>}{\mathbb{E}}_T\cdot\cdot\cdot\left[\mathbb{F}^T\cdot\frac{\partial^2\mathscr{F}_{DT}}{\partial\mathbb{D}^2}\cdot\mathbb{F}\right]+\frac{\partial\mathscr{F}_{DT}}{\partial\mathbb{D}}\circ\mathbb{E} \tag{2.29d}$$

analog [5b], (9.77c,d), für die letzte Version von (2.29a) nutzt man die vollständige Symmetrie von $\overset{<4>}{\mathbb{C}}=\hat{\rho}\partial^2\mathscr{F}_{DT}/\partial\mathbb{D}^2$ sowie die Symmetrie des zweistufigen Tensors $\hat{\mathbb{n}}_s\cdot\overset{<4>}{\mathbb{C}}\cdot\hat{\mathbb{n}}_s$ aus. Wesentlich für die Darstellung (2.29a) ist, daß bei der Betrachtnahme von Beschleunigungssprüngen längs der Unstetigkeitsfläche Sprunggrößen für $\mathbb{F}$ bzw. $\mathbb{D}$ sowie für $\mathscr{S}$ bzw. T korrekt ausgeschlossen werden können, vgl. [5b], §9.7.4. Daß $\overset{*}{\mathbb{A}}$ symmetrisch ist, d. h. mit Vektoren $\mathbb{x}$, $\mathbb{y}$

$\mathbb{x}\cdot\overset{*}{\mathbb{A}}\cdot\mathbb{y}=\mathbb{y}\cdot\overset{*}{\mathbb{A}}\cdot\mathbb{x}$

gilt, erkennt man leicht insbesondere an der letzten Version von (2.29a).

Mit der Hadamardschen Bedingung verifiziert man übrigens auch die einzige sinnvolle (weil bezugskonfigurationsfreie) Stabilitätsbedingung für reibungsfreie Gase mit der Zustandsgleichung

$$\bar{p} = \bar{p}_{\rho T}(\bar{\rho},T) \quad , \quad \text{d. h.} \quad \$^{(E)} = -\bar{p}_{\rho T}\mathbb{E} \ ,$$

und daher

$$\$^{(L)} \overset{(1.22c)}{=} \frac{\hat{\rho}}{\bar{\rho}}\mathbb{F}^{T-1}\cdot\$^{(E)} \overset{(1.21d)}{=} -\bar{p}_{\rho T}F_3\mathbb{F}^{T-1} =^{38)} -p_{\rho T}\frac{dF_3}{d\mathbb{F}} \ , \tag{2.30a}$$

nämlich die – etwa in [7] – als mechanische Stabilitätsbedingung bezeichnete Restriktion

$$\frac{\partial\bar{p}_{\rho T}}{\partial\bar{\rho}} > 0 \quad \text{bzw.} \quad dp|_{dT=0}d\bar{\rho} > 0 \ , \tag{2.30b,c}$$

mit der monotoner Druck–Dichte–Zusammenhang gefordert wird, weil die Hadamardsche Bedingung letztlich die Notation $(\mathbb{F})$ einer – in der Gasdynamik problematischen – Bezugskonfiguration als unerheblich erkennen läßt.

Da wegen

$$\frac{1}{\hat{\rho}}\frac{\partial\bar{p}_{\rho T}}{\partial\mathbb{F}} = \frac{\partial\bar{p}_{\rho T}}{\partial\bar{\rho}}\frac{\partial(\bar{\rho}/\hat{\rho})}{\partial\mathbb{F}} = \frac{\partial\bar{p}_{\rho T}}{\partial\bar{\rho}}\frac{d(1/F_3)}{\partial\mathbb{F}} = -\frac{\partial\bar{p}_{\rho T}}{\partial\bar{\rho}}\frac{1}{F_3^2}\frac{dF_3}{d\mathbb{F}} \equiv^{39)} -\frac{\partial p_{\rho T}}{\partial\bar{\rho}}\frac{1}{F_3}\mathbb{F}^{T-1}$$

sowie

$$\frac{d^2F_3}{d\mathbb{F}^2} = \frac{d}{d\mathbb{F}}\left[\frac{dF_3}{d\mathbb{F}}\right] =^{39)} \frac{d}{d\mathbb{F}}(F_3\mathbb{F}^{T-1}) = \frac{dF_3}{d\mathbb{F}}\circ\mathbb{F}^{T-1} + F_3\frac{d\mathbb{F}^{T-1}}{d\mathbb{F}} =$$

$$=^{40)} F_3\Big[\mathbb{F}^{T-1}\circ\mathbb{F}^{T-1} - (\overset{<4>}{\mathbb{E}}_T\cdot\mathbb{F}^{-1})\cdot\cdot(\overset{<4>}{\mathbb{E}}_T\cdot\mathbb{F}^{T-1})\Big]$$

für diesen Fall

$$\frac{\partial^2\mathscr{F}_{FT}}{\partial\mathbb{F}^2} \overset{(2.11a)}{=} \frac{1}{\hat{\rho}}\frac{\partial\$^{(L)}}{\partial\mathbb{F}} \overset{(2.30a)}{=} -\frac{1}{\hat{\rho}}\left[\frac{\partial\bar{p}_{\rho T}}{\partial\mathbb{F}}\circ\frac{dF_3}{\partial\mathbb{F}} + \bar{p}_{\rho T}\frac{d^2F_3}{d\mathbb{F}^2}\right] =$$

$$= \frac{\partial\bar{p}_{\rho T}}{\partial\bar{\rho}}\mathbb{F}^{T-1}\circ\mathbb{F}^{T-1} - \frac{\bar{p}_{\rho T}}{\bar{\rho}}\Big[\mathbb{F}^{T-1}\circ\mathbb{F}^{T-1} - (\overset{<4>}{\mathbb{E}}_T\cdot\mathbb{F}^{-1})\cdot\cdot(\overset{<4>}{\mathbb{E}}_T\cdot\mathbb{F}^{T-1})\Big] \tag{2.30d}$$

gilt und mit Vektoren $\mathbb{a}$, $\mathbb{b}$

$$(\mathbb{a}\circ\mathbb{b})\cdot\cdot[\mathbb{F}^{T-1}\circ\mathbb{F}^{T-1} - (\overset{<4>}{\mathbb{E}}_T\cdot\mathbb{F}^{-1})\cdot\cdot(\overset{<4>}{\mathbb{E}}_T\cdot\mathbb{F}^{T-1})]\cdot\cdot(\mathbb{a}\circ\mathbb{b}) = 0$$

festgestellt wird, reduziert sich hier die Hadamard'sche Bedingung auf

$$(\mathbb{a}\circ\mathbb{b})\cdot\cdot\frac{\partial^2\mathscr{F}_{FT}}{\partial\mathbb{F}^2}\cdot\cdot(\mathbb{a}\circ\mathbb{b}) = (\mathbb{a}\cdot\mathbb{F}^{-1}\cdot\mathbb{b})^2(\partial\bar{p}_{\rho T}/\partial\bar{\rho}) > 0 \ , \tag{2.31a}$$

d. h. in der Tat auf die Monotonieforderungen (2.30b,c). Anschaulich interpretiert, wird hiermit die

---

38) Man benutze [5a] (7.12f)

39) vgl. [5a] (7.12f)

40) Man benutze die aus $\mathbb{F}^{T-1}\cdot\mathbb{F}^T = \mathbb{E}$ gewinnbare Identität

$$d\mathbb{F}^{T-1}\cdot\mathbb{F}^T + \mathbb{F}^{T-1}\cdot d\mathbb{F}^T = 0 \quad \text{bzw.} \quad d\mathbb{F}^{T-1} = -\mathbb{F}^{T-1}\cdot d\mathbb{F}^T\cdot\mathbb{F}^{T-1}$$

$$\equiv -d\mathbb{F}^T\cdot\cdot\overset{<4>}{\mathbb{E}}_T\cdot\cdot(\mathbb{F}^{-1}\cdot\overset{<4>}{\mathbb{E}}_T\cdot\mathbb{F}^{T-1}), \text{ d. h.}$$

$$d\mathbb{F}^{T-1}/d\mathbb{F} = -\overset{<4>}{\mathbb{E}}_T\cdot\cdot(\mathbb{F}^{-1}\cdot\overset{<4>}{\mathbb{E}}_T\cdot\mathbb{F}^{T-1}) \equiv -(\overset{<4>}{\mathbb{E}}_T\cdot\mathbb{F}^{-1})\cdot\cdot(\overset{<4>}{\mathbb{E}}_T\cdot\mathbb{F}^{T-1})$$

Stabilität eines Massenelementes geprüft unter Benutzung längs des Massenelementes gemäß

$$\delta\mathbb{u} \overset{41)}{=} \delta\mathbb{u}_0 + \mathbb{a}[\mathbb{b}\cdot\mathbb{F}^{T-1}\cdot(\bar{\mathbb{r}}-\bar{\mathbb{r}}_0)] \equiv \delta\mathbb{u}_0 + \mathbb{a}[\underline{\mathbb{b}\cdot(\hat{\mathbb{r}}-\hat{\mathbb{r}}_0)}] \ , \tag{2.31b}$$

(mit Konstanten $\delta\mathbb{u}_0$, $\mathbb{a}$, $\mathbb{b}$, $\hat{\mathbb{r}}_0$, $\mathbb{F}$, $\bar{\mathbb{r}}_0$) als räumlich linear veränderlich angenommener Verschiebungsvariationen.

Indem man in der mit (2.29c) in der Form

$$(\mathbb{F}\cdot\mathbb{X})^T\cdot\cdot\frac{\partial^2\mathcal{F}_{DT}}{\partial\mathbb{D}^2}\cdot\cdot(\mathbb{F}\cdot\mathbb{X}) + \underline{\frac{\partial\mathcal{F}_{DT}}{\partial\mathbb{D}}\cdot\cdot\left(\mathbb{X}^T\cdot\mathbb{X}\right)} > 0 \tag{2.32a}$$

bzw.

$$(\mathbb{F}\cdot\mathbb{X})^T\cdot\cdot\overset{<4>}{\mathbb{C}}\cdot\cdot(\mathbb{F}\cdot\mathbb{X}) + \underline{\mathbb{S}^{(K)}\cdot\cdot\left(\mathbb{X}^T\cdot\mathbb{X}\right)} > 0 \tag{2.32b}$$

darstellbaren Stabilitätsbedingung (2.26a) zunächst solcherart Spannungszustände $\left(\mathbb{S}^{(K)-} = \mathbb{S}^{(K)}(\mathbb{D}^-,T)\right)$ in Betracht nimmt, deren Doppeltskalarprodukt mit positiv-definiten (symmetrischen) Operatoren verschwinden kann[42], wählt man die Testoperatoren ($\mathbb{X}$) entsprechend so, daß in (2.32a,b) die gestrichelten Terme verschwinden und gewinnt dementsprechend für solcherart Spannungszustände - zu denen insbesondere auch der Nullspannungszustand $\mathbb{S}^{(K)} = 0$ gehört - angesichts der Beliebigkeit von $\mathbb{F}$ für Stabilität die Forderung

$$\mathbb{Y}\cdot\cdot\overset{<4>}{\mathbb{C}}(\mathbb{D}^-,T)\cdot\cdot\mathbb{Y} > 0 \ \text{ für } \mathbb{Y} \neq 0 \ , \tag{2.32c}$$

also die Forderung nach positiv-definiter Materialtetrade $\overset{<4>}{\mathbb{C}}(\mathbb{D}^-,T)$ als zwingende Voraussetzung. Ebenso zwingend für Stabilität ist (2.32c) für Spannungszustände mit (ggfs. teilweise) negativen Hauptwerten[43], wo mit Testoperatoren $\mathbb{X}$ die in (2.32a,b) gestrichelten Terme nicht verschwinden sondern negative Werte annehmen. Danach wäre also die Forderung nach positiv-definiter Materialtetrade $\overset{<4>}{\mathbb{C}}(\mathbb{D}^-,T)$ nur für Zug-Spannungszustände $\left(\mathbb{S}^{(K)+} = \mathbb{S}^{(K)}(\mathbb{D}^+,T)\right)$ mit positiven Hauptwerten nicht zwingend.

Nun muß man allerdings sehen, daß eine Zuordnung $\overset{<4>}{\mathbb{C}}(\mathbb{D}^-,T)$, der von einer Bezugskonfiguration aus definierten Verzerrungen wegen, bezugssystem–variant ist. Hätte man anstelle einer durch $\hat{\mathbb{r}}(P,t_0)$ definierten Bezugskonfiguration eine (etwa durch $\tilde{\mathbb{r}}(P,t_0')$ definierte) Andere mit

$$d\tilde{\mathbb{r}} = d\hat{\mathbb{r}}\cdot\mathbb{F}_0 \ , \tag{2.33a}$$

---

41) Darin bedeuten $\bar{\mathbb{r}}_0$ bzw. $\hat{\mathbb{r}}_0$ die Lage des Massenelementen–Konvergenzpunktes in der Momentan– bzw. der Bezugskonfiguration und $\mathbb{F}$, $\delta\mathbb{u}_0$ die dem Konvergenzpunkt zukommenden Werte des Konfigurations–gradienten bzw. der Verschiebungsvariation. Dabei ist die Kenntnis von $\mathbb{F}$, wie die zweite Version von (2.31b) zeigt, nicht von Interesse.

42) also Spannungszustände mit vorzeichenmäßig verschiedenen Hauptwerten

43) d.h. Solchen, wo als Hauptwerte (teilweise) Druckspannungen vorliegen.

also die (lokale) Konfigurationstransformation durch

$$d\mathbb{r} = d\hat{\mathbb{r}} \cdot \mathbb{F} \overset{(2.33a)}{=} d\tilde{\mathbb{r}} \cdot \mathbb{F}_0^{-1} \cdot \mathbb{F} \equiv d\tilde{\mathbb{r}} \cdot \tilde{\mathbb{F}} \tag{2.33b}$$

beschrieben, so hätten anstelle von $\mathbb{D}$, $\mathbb{F}$ die Größen

$$\tilde{\mathbb{F}} = \mathbb{F}_0^{-1} \cdot \mathbb{F} \tag{2.33c}$$

bzw.

$$\tilde{\mathbb{D}} = \frac{1}{2}(\tilde{\mathbb{F}} \cdot \tilde{\mathbb{F}}^T - \mathbb{E}) \overset{(2.33c)}{=} \mathbb{F}_0^{-1} \cdot (\mathbb{D} - \mathbb{D}_0) \cdot \mathbb{F}_0^{T-1} \tag{2.33d}$$

mit

$$\mathbb{D} = (\mathbb{F} \cdot \mathbb{F}^T - \mathbb{E})/2 \ , \ \mathbb{D}_0 = (\mathbb{F}_0 \cdot \mathbb{F}_0^T - \mathbb{E}) \tag{2.33e}$$

sowie[44]

$$\left[\frac{\partial \tilde{\mathcal{F}}}{\partial \tilde{\mathbb{D}}}\right]_{\tilde{\mathbb{D}}} = \mathbb{F}_0^T \cdot \left[\frac{\partial \mathcal{F}}{\partial \mathbb{D}}\right]_{\mathbb{D}} \cdot \mathbb{F}_0$$

$$\left[\frac{\partial^2 \tilde{\mathcal{F}}}{\partial \tilde{\mathbb{D}}^2}\right]_{\tilde{\mathbb{D}}} = \left(\overset{\langle 4\rangle}{\mathbb{E}_T} \cdot \mathbb{F}_0^T\right) \cdot\cdot \left(\overset{\langle 4\rangle}{\mathbb{E}_T} \cdot \mathbb{F}_0^T\right) \cdot\cdot \left[\frac{\partial^2 \mathcal{F}}{\partial \mathbb{D}^2}\right]_{\mathbb{D}} \cdot\cdot \left(\mathbb{F}_0 \cdot \overset{\langle 4\rangle}{\mathbb{E}_T}\right) \cdot\cdot \left(\mathbb{F}_0 \cdot \overset{\langle 4\rangle}{\mathbb{E}_T}\right) \tag{2.33f}$$

in der zu (2.32a) analogen Stabilitätsbedingung

$$(\mathbb{X} \cdot \tilde{\mathbb{F}})^T \cdot\cdot \left[\frac{\partial^2 \tilde{\mathcal{F}}}{\partial \tilde{\mathbb{D}}^2}\right]_{\tilde{\mathbb{D}}} \cdot\cdot (\mathbb{X} \cdot \tilde{\mathbb{F}}) + \frac{\partial \tilde{\mathcal{F}}}{\partial \tilde{\mathbb{D}}} \cdot\cdot (\mathbb{X}^T \cdot \mathbb{X}) > 0$$

aufzuscheinen, wobei wegen

$$\mathbb{Y} \cdot\cdot \left[\frac{\partial^2 \tilde{\mathcal{F}}}{\partial \tilde{\mathbb{D}}^2}\right]_{\tilde{\mathbb{D}}} \cdot\cdot \mathbb{Y}^T \overset{45)}{\equiv} \mathbb{Y} \cdot\cdot \left[\frac{\partial^2 \tilde{\mathcal{F}}}{\partial \tilde{\mathbb{D}}^2}\right]_{\tilde{\mathbb{D}}} \cdot\cdot \mathbb{Y} \overset{(2.33f)}{=}$$

---

44) Aus $\mathcal{F} = \mathcal{F}_A(\mathbb{A}) = \mathcal{F}_B(\mathbb{B})$, d.h.

$$d\mathcal{F} \equiv d\mathbb{A}^T \cdot\cdot (\partial \mathcal{F}_A / \partial \mathbb{A}) \equiv d\mathbb{B}^T \cdot\cdot (\partial \mathcal{F}_B / \partial \mathbb{B}) \tag{*1}$$

bekommt man für die Variablen–Transformation

$$\mathbb{A} - \mathbb{A}_0 = \mathbb{F}_0 \cdot \mathbb{B} \cdot \mathbb{F}_0^T \ , \ \mathbb{F}_0 = \text{const.} \ , \tag{*2}$$

durch Einsetzen von $d\mathbb{A}^T \overset{(*2)}{=} \mathbb{F}_0 \cdot d\mathbb{B}^T \cdot \mathbb{F}_0^T \equiv d\mathbb{B}^T \cdot\cdot \left(\overset{\langle 4\rangle}{\mathbb{E}_T} \cdot \mathbb{F}_0^T\right) \cdot\cdot \left(\overset{\langle 4\rangle}{\mathbb{E}_T} \cdot \mathbb{F}_0^T\right)$ in (*1) und Koeffizientenvergleich hinsichtlich der Variablendifferentiale $(d\mathbb{B}^T)$

$$\left[\frac{d\mathcal{F}_B}{d\mathbb{B}}\right]_{\mathbb{B}} = \left(\overset{\langle 4\rangle}{\mathbb{E}_T} \cdot \mathbb{F}_0^T\right) \cdot\cdot \left(\overset{\langle 4\rangle}{\mathbb{E}_T} \cdot \mathbb{F}_0^T\right) \cdot\cdot \frac{d\mathcal{F}_A}{d\mathbb{A}} \equiv \left(\overset{\langle 4\rangle}{\mathbb{E}_T} \cdot \mathbb{F}_0^T\right) \cdot\cdot \overset{\langle 4\rangle}{\mathbb{E}_T} \cdot\cdot \left(\mathbb{F}_0^T \cdot \frac{\partial \mathcal{F}_A}{\partial \mathbb{A}}\right) \equiv$$

$$\equiv \left(\overset{\langle 4\rangle}{\mathbb{E}_T} \cdot \mathbb{F}_0^T\right) \cdot\cdot \left[\left[\frac{\partial \mathcal{F}_A}{\partial \mathbb{A}}\right]^T \cdot \mathbb{F}_0\right] \equiv \overset{\langle 4\rangle}{\mathbb{E}_T} \cdot\cdot \left[\mathbb{F}_0^T \cdot \left[\frac{\partial \mathcal{F}_A}{\partial \mathbb{A}}\right]^T \cdot \mathbb{F}_0\right] \equiv \mathbb{F}_0^T \cdot \left[\frac{\partial \mathcal{F}_A}{\partial \mathbb{A}}\right]_{\mathbb{A}} \cdot \mathbb{F}_0$$

mit im Sinne von (*2) zugeordneten Argumenten $\mathbb{B}$, $\mathbb{A}$ und entsprechend

$$\left[\frac{d^2 \mathbb{F}_B}{d\mathbb{B}^2}\right]_{\mathbb{B}} = \left(\overset{\langle 4\rangle}{\mathbb{E}_T} \cdot \mathbb{F}_0^T\right) \cdot\cdot \left(\overset{\langle 4\rangle}{\mathbb{E}_T} \cdot \mathbb{F}_0^T\right) \cdot\cdot \left[\frac{\partial^2 \mathcal{F}_A}{\partial \mathbb{A}^2}\right]_{\mathbb{A}} \cdot\cdot \left(\mathbb{F}_0 \cdot \overset{\langle 4\rangle}{\mathbb{E}_T}\right) \cdot\cdot \left(\mathbb{F}_0 \cdot \overset{\langle 4\rangle}{\mathbb{E}_T}\right) \ . \tag{*3}$$

45) Man beachte daß – wegen der Symmetrie der Verzerrungstensoren – die zweiten Verzerrungsableitungen der Energie hinsichtlich der beiden hinteren (wie selbstverständlich auch der beiden vorderen) Indizes symmetrisch sind.

$$= \left(\mathbb{F}_0\cdot\mathbb{Y}\cdot\mathbb{F}_0^T\right)\cdot\cdot\left[\frac{\partial^2\mathscr{F}}{\partial\mathbb{D}^2}\right]\cdot\cdot\left(\mathbb{F}_0\cdot\mathbb{Y}\cdot\mathbb{F}_0^T\right)^T \overset{46)}{\equiv} \left(\mathbb{F}_0\cdot\mathbb{Y}\cdot\mathbb{F}_0^T\right)\cdot\cdot\left[\frac{\partial^2\mathscr{F}}{\partial\mathbb{D}^2}\right]_{\mathbb{D}}\cdot\cdot\left(\mathbb{F}_0\cdot\mathbb{Y}\cdot\mathbb{F}_0^T\right)$$

nunmehr für alle Argumente $\mathbb{D}^-$ bzw. $\tilde{\mathbb{D}}^- = \mathbb{F}_0^{-1}\cdot(\mathbb{D}^- - \mathbb{D}_0)\cdot\mathbb{F}_0^{T^{-1}}$ wegen (2.32c)

$$\mathbb{Y}\cdot\cdot\left[\frac{\partial^2\tilde{\mathscr{F}}}{\partial\tilde{\mathbb{D}}^2}\right]_{\tilde{\mathbb{D}}^-}\cdot\cdot\mathbb{Y} = (\mathbb{F}_0\cdot\mathbb{Y}\cdot\mathbb{F}_0^T)\cdot\cdot\left[\frac{\partial^2\mathscr{F}}{\partial\mathbb{D}^2}\right]_{\mathbb{D}^-}\cdot\cdot\left(\mathbb{F}_0\cdot\mathbb{Y}\cdot\mathbb{F}_0^T\right) \overset{(2.32c)}{>} 0 \text{ für } \mathbb{Y} \neq 0$$

die Tetrade $(\partial^2\tilde{\mathscr{F}}/\partial\tilde{\mathbb{D}}^2)_{\tilde{\mathbb{D}}^-}$ notwendig positiv–definit sein muß. Wegen der Beliebigkeit von $\mathbb{F}_0$, $\mathbb{D}_0$ ist aber $\tilde{\mathbb{D}}^-$ als beliebiges Verzerrungsargument aufzufassen und führt so zu der Folgerung, als zwingende Forderung für mechanische (stoffliche) Stabilität hyperelastischer Medien $\partial^2\tilde{\mathscr{F}}/\partial\tilde{\mathbb{D}}^2$ – und damit auch $\overset{\langle 4\rangle}{\mathbb{C}}_{DT} = \partial^2\mathscr{F}_{DT}/\partial\mathbb{D}^2$ – für beliebige Argumente $(\tilde{\mathbb{D}}$ bzw. $\mathbb{D})$ als positiv–definite Tetraden verlangen zu müssen.

Die Forderung, die isotherme Materialtetrade uneingeschränkt als positiv-definit im Sinne von

$$\mathbb{Y}\cdot\cdot\overset{\langle 4\rangle}{\mathbb{C}}_{DT}(\mathbb{D},T)\cdot\cdot\mathbb{Y} > 0 \text{ für } \mathbb{Y} \neq 0 \tag{2.34a}$$

bzw. - man setze $d\mathbb{D}$ $(= d\mathbb{D}^{(G)})$ anstelle von $\mathbb{Y}$ und benutze (2.19c) -

$$d\$\,|_{dT=0}\cdot\cdot d\mathbb{D}\ (= d\$^{(K)}|_{dT=0}\cdot\cdot d\mathbb{D}^{(G)}) > 0 \text{ für } d\mathbb{D}^{(G)} \neq 0 \tag{2.34b}$$

zu verlangen, wird in [3] als "Bedingung für Quasikonvexität der isothermen Formänderungsenergie für alle Bezugsplazierungen im Sinne von Ball" bezeichnet. Wegen der - als Folge der Forderung (2.22b) nach thermischer Stabilität gültigen - Restriktion (2.25h) ist im Falle von (2.34a) auch die adiabatische Materialtetrade

$$\overset{\langle 4\rangle}{\mathbb{C}}_{ad} \overset{(2.24b)}{=} \hat{\rho}\,\frac{\partial^2\mathscr{U}_{D\mathscr{S}}}{\partial\mathbb{D}^2} \tag{2.34c}$$

für alle Argumente $(\mathbb{D},\mathscr{S})$ im Sinne von

$$\mathbb{Y}\cdot\cdot\overset{\langle 4\rangle}{\mathbb{C}}_{ad}\cdot\cdot\mathbb{Y} > 0 \text{ für } \mathbb{Y} \neq 0 \tag{2.34d}$$

positiv definit.

Damit ein analog (2.29b) mit $\overset{\langle 4\rangle}{\mathbb{C}}_{ad}(\mathbb{D},\mathscr{S}) = \partial\$(\mathbb{D},\mathscr{S})/\partial\mathbb{D}$ anstelle von $\overset{\langle 4\rangle}{\mathbb{C}}$ zu bildender akustischer Tensor $\mathbb{A}$ (vgl. [5b],(9.78b)) positiv definit sein kann, ist positiv–definite Materialtetrade $\overset{\langle 4\rangle}{\mathbb{C}}_{ad}$ zwingende Voraussetzung. Insofern ist die Tatsache, daß ein positiv–definiter akustischer Tensor $\mathbb{A}$ reelwertige Fortpflanzungsgeschwindigkeiten von (kleinen) Geschwindigkeits–Sprunggrößen in elastischen Festkörpern garantiert, wobei dann die von der Stoßfront überlaufenen Massenelemente annähernd isentrope Zustandsänderungen erleiden (vgl. [5b],(§9.7.1)), als Analogon zur Schallausbreitung in Gasen anzusehen, wo mit dem Materialgesetz

$$\bar{p} = \bar{p}_{\rho\mathscr{S}}(\bar{\rho},\mathscr{S})$$

letztlich per

$$c(\rho,\mathscr{S}) = \sqrt{\partial\bar{p}_{\rho\mathscr{S}}/\partial\bar{\rho}} \tag{2.34e}$$

(vgl.[5b],[6]) nur für $\partial\bar{p}_{\rho\mathscr{S}}/\partial\bar{\rho} > 0$ reellwertige Fortpflanzungsgeschwindigkeiten kleiner (Geschwindigkeits– bzw. Dichte–)Sprunggrößen – ebenfalls auf der Basis annähernd isentroper Zustandsänderungen der von der Stoßfront überlaufenen Fluidelemente – beschrieben werden.

Vermerkt werden soll schließlich noch, daß der in der Gasdynamik festgestellte Befund, daß stoffliche Stabilität auf die Monotonieforderungen

$$d\bar{p}\,|_{dT=0}\, d\bar{\rho} \overset{(2.30c)}{>} 0\ , \text{ d.h. } \frac{\partial \bar{p}_{\rho T}}{\partial\bar{\rho}} > 0 \text{ bzw. } d\bar{p}\,|_{d\mathscr{S}=0}\, d\bar{\rho} \overset{(2.34e)}{>} 0 \text{ d.h. } \frac{\partial\bar{p}_{\rho\mathscr{S}}}{\partial\bar{\rho}} > 0 \qquad (2.35a,b)$$

führt, in analoger Form auch in den Stabilitätsforderungen (2.34a,d) hyperelastischer Festkörper, d.h. in

$$d\$\,|_{dT=0}\cdot\cdot\, d\mathbb{D} \equiv d\mathbb{D}\cdot\cdot\frac{\partial \$_{DT}}{\partial \mathbb{D}}\cdot\cdot\, d\mathbb{D} > 0 \text{ bzw. } d\$\,|_{d\mathscr{S}=0}\cdot\cdot\, d\mathbb{D} \equiv d\mathbb{D}\cdot\cdot\frac{\partial \$_{D\mathscr{S}}}{\partial \mathbb{D}}\cdot\cdot\, d\mathbb{D} > 0 \qquad (2.35c,d)$$

vorgefunden werden kann, insofern man hier spezielle Zustandsänderungen $d\mathbb{D} = d(d_{\langle\alpha\beta\rangle})\mathfrak{e}_{\langle\alpha\rangle}\circ\mathfrak{e}_{\langle\beta\rangle}$ in Betracht nimmt und dergestalt aus (2.35c,d) die Monotonieforderungen

$$\frac{\partial\sigma_{\langle\alpha\beta\rangle}(\mathbb{D},T)}{\partial d_{\langle\alpha\beta\rangle}} > 0 \text{ bzw. } \frac{\partial\sigma_{\langle\alpha\beta\rangle}(\mathbb{D},\mathscr{S})}{\partial d_{\langle\alpha\beta\rangle}} > 0 \qquad (2.35e,f)$$

erreicht, was insbesondere bedeutet, daß für jeden isothermen bzw. adiabatischen Verzerrungsprozeß $d_{\langle\alpha\beta\rangle} = \mathfrak{e}_{\langle\alpha\rangle}\cdot\mathbb{D}\cdot\mathfrak{e}_{\langle\beta\rangle}$ die hierzu dualen Spannungen $\sigma_{\langle\alpha\beta\rangle} = \mathfrak{e}_{\langle\alpha\rangle}\cdot\$\cdot\mathfrak{e}_{\langle\beta\rangle}$ eindeutig von den Verzerrungen abhängen müssen (Abb. 2.3a), also Fälle etwa nach Abb. 2.3b auszuschließen sind.

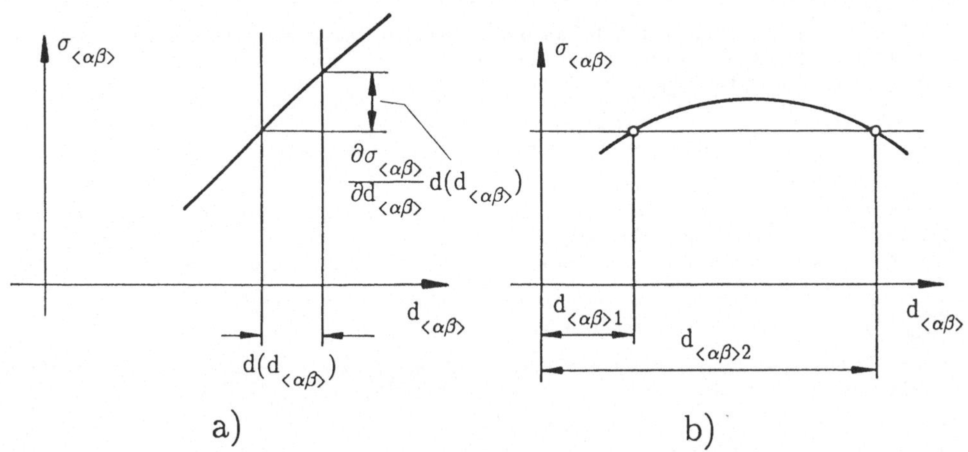

Abb. 2.3

Betr. weitergehende Detail–Recherchen auf [3] verweisend, soll Ziffer 2.2.4 mit

2.2.5 Stabilitätsaussagen in Form von Konvexitätsbedingungen

beschlossen werden. Dazu nutzt man die Bedingung für Konvexität durch

$$f(\mathfrak{r}_{iso}) = \text{const.}$$

definierter sog. isoenergetischer Flächen einer im Voigtschen (Euklidischen) Vektorraum mit "Ortsvektoren"

$$\mathfrak{r} = \sum_k^n x_k^{(V)}\mathfrak{e}_k^{(V)} \hat{=} \{x_1^{(V)},..x_n^{(V)}\}\ ,\ \mathfrak{e}_k^{(V)} = \text{const.}\ ,\ \mathfrak{e}_j^{(V)}\circ\mathfrak{e}_k^{(V)} = \delta_{\langle jk\rangle}$$

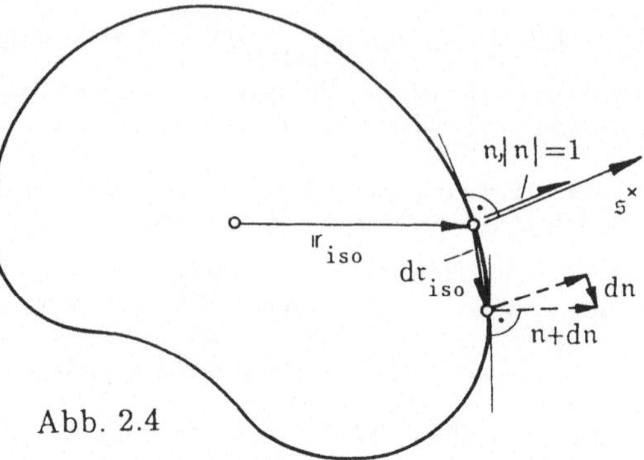

Abb. 2.4

vorgegebenen Energiefunktion $f = f(\mathfrak{r})$, wofür – in Verallgemeinerung des diesbezüglichen Befundes im Raum von drei Dimensionen (Abb. 2.4) – verlangt wird, daß Änderungen $(d\mathfrak{n} = d\mathfrak{r}_{iso} \odot (d\mathfrak{n}/d\mathfrak{r}))$ der Normalen $(\mathfrak{n})$ an isoenergetische Flächen mit den zugehörigen Koordinatendifferentialen $(d\mathfrak{r}_{iso})$ stets positive Skalarprodukte im Sinne von

$$d\mathfrak{n} \odot d\mathfrak{r}_{iso} \equiv d\mathfrak{r}_{iso} \odot (d\mathfrak{n}/d\mathfrak{r}) \odot d\mathfrak{r}_{iso} > 0 \quad (2.36b)$$

aufweisen müssen [5a]. Die Normalen durch den Gradienten $\overset{\times}{\mathfrak{s}} = \partial f / \partial \mathfrak{r}$ in Form von $\mathfrak{n} = \overset{\times}{\mathfrak{s}} / |\overset{\times}{\mathfrak{s}}|$ ausdrückend, hat man danach

$$d\mathfrak{r}_{iso} \odot \left[\frac{1}{|\overset{\times}{\mathfrak{s}}|} \frac{d\overset{\times}{\mathfrak{s}}}{d\mathfrak{r}} - \frac{1}{|\overset{\times}{\mathfrak{s}}|^2} \frac{d|\overset{\times}{\mathfrak{s}}|}{d\mathfrak{r}} \otimes \overset{\times}{\mathfrak{s}} \right] \odot d\mathfrak{r}_{iso} = \frac{1}{|\overset{\times}{\mathfrak{s}}|} d\mathfrak{r}_{iso} \odot \frac{d^2 f}{d\mathfrak{r}^2} \odot d\mathfrak{r}_{iso} > 0$$

– man beachte $\overset{\times}{\mathfrak{s}} \odot d\mathfrak{r}_{iso} = 0$ – bzw.

$$d\mathfrak{r}_{iso} \odot \frac{d^2 f}{d\mathfrak{r}^2} \odot d\mathfrak{r}_{iso} > 0 \quad \text{für} \quad d\mathfrak{r}_{iso} \neq 0 \qquad (2.36b)$$

als (lokale) Bedingung für Konvexität einer isoenergetischen Fläche und dementsprechend Konvexität aller isoenergetischer Flächen, wenn – wie dies die vorangehend erarbeiteten Bedingungen für stoffliche Stabilität fordern – uneingeschränkt $d^2 f / d\mathfrak{r}^2$ als positiv–definiter Tensor im Zustandsraum verlangt wird. Danach sind für stofflich–stabile Medien (lokal–)konvexe Flächen

a) wegen (2.25g) und (2.34d), d.h.

$$d\mathbb{D} \cdot\cdot \frac{\partial^2 \mathscr{U}_{D\mathscr{S}}}{\partial \mathbb{D}^2} \cdot\cdot d\mathbb{D} + d\mathscr{S} \frac{\partial^2 \mathscr{U}_{D\mathscr{S}}}{\partial \mathscr{S}^2} d\mathscr{S} > 0$$

die im siebendimensionalen Zustandsraum der Verzerrungen und der Entropie dargestellten Flächen gleicher innerer Energie und danach speziell

b) für $\mathscr{S} = \text{const.} = \mathscr{S}_0$ (als isentrope Variante von a)) die im sechsdimensionalen Verzerrungs–Zustandsraum dargestellten Flächen gleicher sog. adiabatischer Formänderungsenergie $\mathscr{W}_{ad}(\mathbb{D}) = \mathscr{U}_{D\mathscr{S}}(\mathbb{D}, \mathscr{S}_0)$ und schließlich

c) wegen (2.34a) und (2.21c) die im sechsdimensionalen Verzerrungs–Zustandsraum dargestellten Flächen gleicher sog. isothermer Formänderungsenergie $\mathscr{W}(\mathbb{D}) = \mathscr{F}_{DT}(\mathbb{D}, T_0)$.

Als

2.2.6 Thermodynamische Potentiale

bezeichnet man - im jeweiligen Zustandsraum definierte - skalarwertige Funktionen, an denen durch Gradientenbildung Materialgleichungen hyperelastischer Medien hervorgebracht werden. Als Solche sind im Sinne von (2.10b,c) bzw. (2.23b,d) bereits freie bzw. innere Energie identifiziert worden, desgl. die für isotherme bzw. adiabatische Prozesse aus der freien bzw. der inneren Energie hervorgehenden Funktionen

$$\mathscr{F}_{DT}(\mathbb{D}, T_0) = \mathscr{W}_{DT_0}(\mathbb{D}) \quad \text{bzw.} \quad \mathscr{U}_{D\mathscr{S}}(\mathbb{D}, \mathscr{S}_0) = \mathscr{W}_{D\mathscr{S}_0}(\mathbb{D}) \qquad (2.37,38)$$

der sog. isothermen bzw. der adiabatischen Formänderungsenergie, die per

$$\overset{\times}{\$}(=\$^{(K)}/\hat{\rho}) \overset{(2.10b)}{\equiv} \frac{\partial \mathcal{F}_{DT}(\mathbb{D},T_0)}{\partial \mathbb{D}} \overset{(2.37)}{=} \frac{d\mathcal{W}_{DT_0}(\mathbb{D})}{d\mathbb{D}} = \overset{\times}{\$}_{DT_0}(\mathbb{D}) \qquad (2.37a)$$

bzw.

$$\overset{\times}{\$}(=\$^{(K)}/\hat{\rho}) \overset{(2.23b)}{\equiv} \frac{\partial \mathcal{F}_{DT}(\mathbb{D},\mathcal{S}_0)}{\partial \mathbb{D}} \overset{(2.38)}{=} \frac{d\mathcal{W}_{D\mathcal{S}_0}(\mathbb{D})}{d\mathbb{D}} = \overset{\times}{\$}_{D\mathcal{S}_0}(\mathbb{D}) \qquad (2.38a)$$

die hyperelastischen Spannungs-Materialgleichungen für (ab einem Zeitpunkt t_0 mit $T(P,t_0) = T_0$ bzw. mit $\mathcal{S}(P,t_0) = \mathcal{S}_0$) isotherme bzw. adiabatische Zustandsänderungen definieren[46].

Sieht man die durch die wechselweisen Definitionen

$$\mathcal{F} = \mathcal{U} - T\mathcal{S} \text{ bzw. } \mathcal{U} = \mathcal{F} + T\mathcal{S}$$

aus den Versionen der thermodynamischen Hauptgleichung

$$\dot{\mathcal{F}} \equiv \dot{\mathcal{F}}_{DT} = \frac{\partial \mathcal{F}_{DT}}{\partial \mathbb{D}} \cdot\cdot \dot{\mathbb{D}} + \frac{\partial \mathcal{F}_{DT}}{\partial T}\dot{T} \overset{(2.2)}{=} \overset{\times}{\$} \cdot\cdot \dot{\mathbb{D}} - \mathcal{S}\dot{T} \qquad (2.39a)$$

bzw.

$$\dot{\mathcal{U}} \equiv \dot{\mathcal{U}}_{D\mathcal{S}} = \frac{\partial \mathcal{U}_{D\mathcal{S}}}{\partial \mathbb{D}} \cdot\cdot \dot{\mathbb{D}} + \frac{\partial \mathcal{U}_{D\mathcal{S}}}{\partial \mathcal{S}}\dot{\mathcal{S}} \overset{(2.23f)}{=} \overset{\times}{\$} \cdot\cdot \dot{\mathbb{D}} + T\dot{\mathcal{S}} \qquad (2.39b)$$

nach Koeffizientenvergleichen hinsichtlich der Variablengeschwindigkeiten erhältlichen Materialbeziehungen

$$\overset{\times}{\$} = \partial \mathcal{F}_{DT}/\partial \mathbb{D} = \overset{\times}{\$}_{DT}(\mathbb{D},T) \;, \quad \mathcal{S} = -\partial \mathcal{F}_{DT}/\partial T = \mathcal{S}_{DT}(\mathbb{D},T)$$

bzw.

$$\overset{\times}{\$} = \partial \mathcal{U}_{D\mathcal{S}}/\partial \mathbb{D} = \overset{\times}{\$}_{D\mathcal{S}}(\mathbb{D},\mathcal{S}) \;, \quad T = \partial \mathcal{U}_{D\mathcal{S}}/\partial \mathcal{S} = T_{D\mathcal{S}}(\mathbb{D},\mathcal{S})$$

unter dem Gesichtspunkt, in Letzteren jeweils die thermisch–kalorischen Variablen vertauscht zu haben, so liegt eine entsprechende Vorgehensweise mit der Intention eines Austauschs der dynamischen mit den kinematischen Variablen nahe, wie dies etwa in der Gasdynamik mit Einführung der durch

$$\mathcal{J} \equiv -\left[\left(-\frac{\bar{p}}{\bar{\rho}}\right) - \mathcal{U}\right] = \mathcal{U} - (\bar{p}/\bar{\rho}) \text{ bzw. } \mathcal{H} \equiv -\left[\left(-\frac{\bar{p}}{\bar{\rho}}\right) - \mathcal{F}\right] = \mathcal{F} + (\bar{p}/\bar{\rho}) \qquad (2.40a,b)$$

definierten Enthalpie $(\mathcal{J})$ bzw. freien Enthalpie $(\mathcal{H})$, mit den Eigenschaften[47]

---

[46] wobei dann wegen

$$\mathcal{S} \overset{(2.10c)}{=} -(\partial \mathcal{F}_{DT}/\partial T)_{T_0} = \mathcal{S}_{DT_0}(\mathbb{D}) \qquad (2.37b)$$

bzw.

$$T \overset{(2.23d)}{=} (\partial \mathcal{U}_{D\mathcal{S}}/\partial \mathcal{S})_{\mathcal{S}_0} = T_{D\mathcal{S}_0}(\mathbb{D}) \qquad (2.38b)$$

die am Massenelement jeweils zu konstatierenden Werte der Entropie bzw. der Temperatur als Zustandsfunktionen der Verzerrungen anfallen.

[47] Man setze a) (2.40a) in (2.39b)

bzw. b) (2.40b) in (2.39a) mit jeweils $\overset{\times}{\$} \cdot\cdot \dot{\mathbb{D}} = \bar{p}\dot{\bar{\rho}}/\bar{\rho}^2$

ein und vollziehe Koeffizientenvergleich hinsichtlich der jeweiligen Variablen–Geschwindigkeiten.

$$1/\bar\rho = 1/\bar\rho_{p\mathscr{S}}(\bar p,\mathscr{S}) = \partial\mathscr{J}_{p\mathscr{S}}/\partial\bar p \ , \ T = T_{p\mathscr{S}}(\bar p,\mathscr{S}) = \partial\mathscr{J}_{p\mathscr{S}}/\partial\mathscr{S} \qquad (2.40c,d)$$

bzw.

$$1/\bar\rho = 1/\bar\rho_{pT}(\bar p,T) = \partial\mathscr{H}_{pT}/\partial\bar p \ , \ \mathscr{S} = \mathscr{S}_{pT}(\bar p,T) = -\ \partial\mathscr{H}_{pT}/\partial T \qquad (2.40e,f)$$

(vgl. etwa [6]), in der Elastizitätstheorie kleiner Verformungen mit Einführung sog. isothermer bzw. adiabatischer Ergänzungsenergien [5b],[8],[9]

$$\hat\rho\, \mathscr{W}^*_{ST_0} \overset{48)}{=} \$\cdot\cdot\mathbb{D} - \mathscr{W}_{DT_0} \quad \text{bzw.} \quad \hat\rho\, \mathscr{W}^*_{S\mathscr{S}_0} \overset{49)}{=} \$\cdot\cdot\mathbb{D} - \mathscr{W}_{D\mathscr{S}_0} \qquad (2.41a,b)$$

mit den Eigenschaften

$$\frac{d\mathscr{W}^*_{ST_0}}{d\$} \overset{49)}{=} \mathbb{D} = \mathbb{D}_{ST}(\$,T_0) \quad \text{bzw.} \quad \frac{d\mathscr{W}^*_{S\mathscr{S}_0}}{d\$} \overset{50)}{=} \mathbb{D} = \mathbb{D}_{S\mathscr{S}_0}(\$,\mathscr{S}_0) \qquad (2.41c,d)$$

zum Ausdruck kommt, wonach in den Verzerrungen explizite Materialgleichungen durch Gradientenbildungen an im Zustandsraum der Spannungen definierten Potentialen erreicht werden können.
Die formale Vorgehensweise, unter Benutzung einer sog. "Endwert–Arbeitsgröße"

$$\mathscr{A}_E = \overset{\times}{\$}\cdot\cdot\mathbb{D} \qquad (2.42a)$$

eine Ergänzungsenergie

$$\mathscr{W}^* = \mathscr{A}_E - \mathscr{W} \qquad (2.42b)$$

zu konstruieren, für die dann mittels der thermodynamischen Hauptgleichung (2.39a,b) die Eigenschaften (2.41c,d) erschlossen werden, führt bei Fortschreibung dieser Prozedur in den Bereich großer Verformungen auf das Problem, daß zwar die Spannungsleistung, nicht aber die Endwertarbeit für alle unter (1.19 - 1.22) aufgestellten dualen Paare $(\overset{\times}{\$},\mathbb{D})$ denselben Wert hat[51], und insofern auch einer im Sinne

[48] Mit den hier an der undeformierten Konfiguration (mit $\mathbb{F} = \mathbb{E}$ bzw. $\mathbb{D}^{(G)} = 0$) angreifend gedachten Spannungen $(\$)$ und den durch den materiellen Verschiebungsdeformator ($\mathbb{D} = \widehat{\text{def}}\ \mathbb{u}$) beschriebenen Verzerrungen.

[49] Man ersetze zwecks Erhalt von (2.41c) in der isothermen Variante von (2.39a)

$$\dot{\mathscr{F}} \equiv \dot{\mathscr{F}}\,|_{\dot T=0} = \dot{\mathbb{D}}\cdot\cdot\left[d\mathscr{W}_{DT_0}(\mathbb{D})/d\mathbb{D}\right] = \overset{\times}{\$}(\mathbb{D},T_0)\cdot\cdot\dot{\mathbb{D}}$$

die isotherme Formänderungsenergie $\mathscr{W}_{DT_0}(\mathbb{D})$ durch die isotherme Ergänzungsenergie $\mathscr{W}^*_{ST_0}$ nach (2.41a)

[50] Man ersetze zwecks Erhalt von (2.41d) in der adiabatischen Variante von (2.39b)

$$\dot{\mathscr{U}}\,|_{\dot{\mathscr{S}}=0} = \dot{\mathbb{D}}\cdot\cdot\left[d\mathscr{W}_{D\mathscr{S}_0}(\mathbb{D})/d\mathbb{D}\right] = \overset{\times}{\$}(\mathbb{D},\mathscr{S}_0)\cdot\cdot\dot{\mathbb{D}}$$

die adiabatische Formänderungsenergie $\mathscr{W}_{D\mathscr{S}_0}(\mathbb{D})$ durch die adiabatische Ergänzungsenergie $\mathscr{W}^*_{S\mathscr{S}_0}$ nach (2.41b)

[51] So hat man z. B. mit dem Paar $\overset{\times}{\$} = (\$^{(K)}/\hat\rho)$ und $\mathbb{D} = \mathbb{D}^{(G)}$ als Endwertarbeit $\mathscr{A}_E^{(KG)} = \$^{(K)}\cdot\cdot\mathbb{D}^{(G)}/\hat\rho$, mit dem Paar $\overset{\times}{\$} = \$^{(L)}/\hat\rho$, $\mathbb{D} = \mathbb{F}^T$ – hingegen $\mathscr{A}_E^{(LF)} = \$^{(L)}\cdot\cdot\mathbb{F}^T/\hat\rho \overset{(1.22c)}{=} \$^{(K)}\cdot\cdot(\mathbb{F}\cdot\mathbb{F}^T)/\hat\rho = \$^{(K)}\cdot\cdot(\mathbb{E}+2\mathbb{D}^{(G)})/\hat\rho \neq \mathscr{A}_E^{(KG)}$ usw.

von (2.42b) definierten Ergänzungsenergie keine invariante Bedeutung zukommen kann.[52)]

Sieht man für die Endwertarbeit nach (2.42a) Piola-Kirchhoff-Spannungen ($\overset{\times}{\$} = \$^{(K)}/\hat{\rho}$) und Greensche Verzerrungen[53)], d.h. für innere bzw. freie Ergänzungsenergie ($\overset{*}{\mathcal{U}}$ bzw. $\overset{*}{\mathcal{F}}$) Strukturen von der Form

$$\overset{*}{\mathcal{U}} = \mathcal{A}_E - \mathcal{U} \equiv \overset{\times}{\$}\cdot\cdot\mathbb{D} - \mathcal{U} \text{ bzw. } \overset{*}{\mathcal{F}} = \mathcal{A}_E - \mathcal{F} \equiv \overset{\times}{\$}\cdot\cdot\mathbb{D} - \mathcal{F} \qquad (2.43a,b)$$

vor, so werden für Letztere unter Benutzung der mit $\dot{\mathcal{D}} = 0$ nach (1.1) anfallenden Versionen

$$\dot{\mathcal{U}} = \overset{\times}{\$}\cdot\cdot\dot{\mathbb{D}} + \mathrm{T}\,\dot{\mathcal{S}} \text{ bzw. } \dot{\mathcal{F}} = \overset{\times}{\$}\cdot\cdot\dot{\mathbb{D}} - \mathcal{S}\dot{\mathrm{T}} \qquad (2.44a,b)$$

der thermodynamischen Leistungsbilanz die Beziehungen

$$\dot{\overset{*}{\mathcal{U}}} \overset{(2.43a)}{=} \dot{\overset{\times}{\$}}\cdot\cdot\mathbb{D} + \overset{\times}{\$}\cdot\cdot\dot{\mathbb{D}} - \dot{\mathcal{U}} \overset{(2.44a)}{=} \dot{\overset{\times}{\$}}\cdot\cdot\mathbb{D} - \mathrm{T}\dot{\mathcal{S}} \qquad (2.45a)$$

bzw.

$$\dot{\overset{*}{\mathcal{F}}} \overset{(2.43b)}{=} \dot{\overset{\times}{\$}}\cdot\cdot\mathbb{D} + \overset{\times}{\$}\cdot\cdot\dot{\mathbb{D}} - \dot{\mathcal{F}} \overset{(2.44b)}{=} \dot{\overset{\times}{\$}}\cdot\cdot\mathbb{D} + \mathcal{S}\dot{\mathrm{T}} \qquad (2.45b)$$

erreicht, und nach Einsetzen von

$$\overset{*}{\mathcal{U}} = \overset{*}{\mathcal{U}}_{S\mathcal{S}}(\overset{\times}{\$},\mathcal{S}) \text{ bzw. } \overset{*}{\mathcal{F}} = \overset{*}{\mathcal{F}}_{ST}(\overset{\times}{\$},\mathrm{T}) \; , \qquad (2.45c,d)$$

also

$$\dot{\overset{*}{\mathcal{U}}} = \dot{\overset{\times}{\$}}\cdot\cdot\frac{\partial\overset{*}{\mathcal{U}}_{S\mathcal{S}}}{\partial\overset{\times}{\$}} + \dot{\mathcal{S}}\frac{\partial\overset{*}{\mathcal{U}}_{S\mathcal{S}}}{\partial\mathcal{S}} \text{ bzw. } \dot{\overset{*}{\mathcal{F}}} = \dot{\overset{\times}{\$}}\cdot\cdot\frac{\partial\overset{*}{\mathcal{F}}_{ST}}{\partial\overset{\times}{\$}} + \dot{\mathrm{T}}\,\frac{\partial\overset{*}{\mathcal{F}}_{ST}}{\partial\mathrm{T}}$$

in (2.45a) bzw. (2.45b) und Koeffizientenvergleich hinsichtlich der Variablengeschwindigkeiten die Potentialeigenschaften

$$\mathbb{D} = \mathbb{D}_{S\mathcal{S}}(\overset{\times}{\$},\mathcal{S}) = \frac{\partial\overset{*}{\mathcal{U}}_{S\mathcal{S}}}{\partial\overset{\times}{\$}} \; , \; \mathrm{T} = \mathrm{T}_{S\mathcal{S}}(\overset{\times}{\$},\mathcal{S}) = -\frac{\partial\overset{*}{\mathcal{U}}_{S\mathcal{S}}}{\partial\mathcal{S}} \qquad (2.46a,b)$$

bzw.

---

52) Zumal aus einigen, der in (1.19 – 1.22) aufscheinenden Verzerrungsgeschwindigkeiten (i.allg.) nicht einmal Operatoren als Zustandsfunktionen der (etwa Greenschen) Verzerrungen aufintegriert werden können, wie das Beispiel (1.20b) zeigt:

Aus $\mathbb{C}^{*(R)} = (\mathbb{D}^{(S)^{-1}}\cdot\dot{\mathbb{D}}^{(S)} + \dot{\mathbb{D}}^{(S)}\cdot\mathbb{D}^{(S)^{-1}})/2 \equiv \dot{\mathbb{D}}^{(R)}$

bzw. $d\mathbb{D}^{(R)} = (\mathbb{D}^{(S)^{-1}}\cdot d\mathbb{D}^{(S)} + d\mathbb{D}^{(S)}\cdot\mathbb{D}^{(S)^{-1}})/2 \equiv d\mathbb{D}^{(S)}\cdot\cdot\overset{\langle 4\rangle}{\mathbf{M}}\cdot\cdot(\mathbb{D}^{(S)^{-1}}\cdot\overset{\langle 4\rangle}{\mathbf{M}})$

läßt sich per Linienintegration nur bei Betrachtnahme im Verzerrungs–Zustandsraum "koaxialer Pfade" (mit $d\mathbb{D}^{(G)}\cdot\mathbb{D}^{(G)^{-1}} = \mathbb{D}^{(G)^{-1}}\cdot d\mathbb{D}^{(G)}$) für $\mathbb{D}^{(R)}$ eine Zustandsfunktion der Verzerrungen, nämlich die als logarithmischer Formänderungstensor bezeichnete Größe

$\mathbb{D}^{(R)} \equiv \mathbb{D}^{(L)} = \ln\mathbb{D}^{(S)} = \ln\sqrt{\mathbb{E} + 2\,\mathbb{D}^{(G)}}$ (vgl.(2.66f)) erreichen.

53) anstelle von $\mathbb{D}^{(G)}$ jetzt wieder kürzer mit $\mathbb{D}$ bezeichnet

$$\mathbb{D} = \mathbb{D}_{ST}(\overset{\times}{\$},T) = \frac{\partial \overset{*}{\mathscr{F}}_{ST}}{\partial \overset{\times}{\$}} \;,\; \mathscr{S} = \mathscr{S}_{ST}(\overset{\times}{\$},T) = \frac{\partial \overset{*}{\mathscr{F}}_{ST}}{\partial T} \tag{2.47a,b}$$

festgestellt.[54]
Wobei noch festgehalten werden soll, daß sich der Wärmeverzerrungsänderungstensor in Termen der Ableitungen von $\overset{*}{\mathscr{F}}_{ST}$ wesentlich einfacher als in Termen von $\mathscr{F}_{DT}$ (vgl. (2.12b)) darstellen läßt. Denn mit

$$\dot{\mathbb{D}}|_{\dot{\overset{\times}{\$}}=0} = \dot{\mathbb{D}}_T \equiv \mathbb{A}\dot{T} \overset{(2.47a)}{=} \frac{\partial^2 \overset{*}{\mathscr{F}}_{ST}}{\partial \overset{\times}{\$}\, \partial T}\dot{T}$$

folgt

$$\mathbb{A} = \mathbb{A}_{ST}(\overset{\times}{\$},T) = \frac{\partial^2 \overset{*}{\mathscr{F}}_{ST}}{\partial \overset{\times}{\$}\, \partial T} \overset{(2.47b)}{=} \frac{\partial \mathscr{S}_{ST}}{\partial \overset{\times}{\$}} . \tag{2.47c}$$

Entsprechendes gilt für die spezifische Wärme bei konstanter (Kirchhoff–)Spannung, die wegen

$$\dot{Q}|_{\dot{\overset{\times}{\$}}=0} = T\dot{\mathscr{S}}_{ST}|_{\dot{\overset{\times}{\$}}=0} = T\frac{\partial \mathscr{S}_{ST}}{\partial T}\dot{T} \equiv c_s\dot{T}$$

anstelle der in Termen von $\mathscr{F}_{DT}$ nach (2.18b) doch wesentlich komplizierteren Version als

$$c_s = c_{sST}(\overset{\times}{\$},T) = T\partial\mathscr{S}_{ST}/\partial T \overset{(2.47b)}{=} T\partial^2 \overset{*}{\mathscr{F}}_{ST}/\partial T^2 \tag{2.47d}$$

auszudrücken ist.
Schließlich sollen noch die Identitäten

$$\left[\frac{\partial^2 \overset{*}{\mathscr{F}}_{ST}}{\partial \overset{\times}{\$}^2}\right]_{\overset{\times}{\$}=\overset{\times}{\$}_{DT}(\mathbb{D},T)} = \left[\frac{\partial^2 \mathscr{F}_{DT}}{\partial \mathbb{D}^2}\right]^{-1} ,\; \left[\frac{\partial^2 \mathscr{F}_{DT}}{\partial \mathbb{D}^2}\right]_{\mathbb{D}=\mathbb{D}_{ST}(\overset{\times}{\$},T)} = \left[\frac{\partial^2 \overset{*}{\mathscr{F}}_{ST}}{\partial \overset{\times}{\$}^2}\right]^{-1} \tag{2.47e,f}$$

referiert werden, die etwa aus

$$\mathbb{D} = \mathbb{D}_{ST}(\overset{\times}{\$},T) \equiv \mathbb{D}_{ST}\big(\overset{\times}{\$}_{DT}(\mathbb{D},T),T\big)$$

d. h.

$$\frac{\partial \mathbb{D}}{\partial \mathbb{D}} = \overset{<4>}{\mathbf{M}} = \frac{\partial \mathbb{D}_{ST}}{\partial \overset{\times}{\$}} \cdot\cdot \frac{\partial \overset{\times}{\$}_{DT}}{\partial \mathbb{D}} ,\quad \text{d. h.}\quad \frac{\partial \overset{\times}{\$}_{DT}}{\partial \mathbb{D}} = \left[\frac{\partial \mathbb{D}_{ST}}{\partial \overset{\times}{\$}}\right]^{-1}$$

unter Benutzung von $\mathbb{D}_{ST}$ nach (2.47a) bzw. $\overset{\times}{\$}_{DT}$ nach (2.10b) hervorgebracht werden können.

---

[54] Wobei die Definition nach (2.43a,b) den Fall kleiner Verformungen nach (2.41c,d) mit den adiabatischen bzw. isothermen Ergänzungsenergien

$$\overset{*}{\mathscr{W}}_{S\mathscr{S}_0}(\overset{\times}{\$},\mathscr{S}_0) = \overset{*}{\mathscr{U}}_{S\mathscr{S}}(\overset{\times}{\$},\mathscr{S}_0) \;,\; \overset{*}{\mathscr{W}}_{ST_0}(\overset{\times}{\$},T_0) = \overset{*}{\mathscr{F}}_{ST}(\overset{\times}{\$},T_0)$$

richtig darstellen. Für die Zwecke der Gasdynamik, wo Piola–Kirchhoff–Spannungen (der "Ungewißheit" von $\mathbb{F}$ wegen) nicht definiert sind, sind $\overset{*}{\mathscr{U}}$, $\overset{*}{\mathscr{F}}$ nach (2.43a,b) nicht brauchbar, so daß Letztere zu Enthalpie bzw. freier Enthalpie nur noch analoge operationelle Bedeutung haben.

2.2.7 Extremaleigenschaften und Konstruktionsvorschriften für thermodynamische Potentiale

Wählt man als Bezugskonfiguration ($\mathbb{D} = \mathbb{0}, T = T_0$) den sog. "natürlichen Ausgangszustand", wofür das Medium spannungsfrei sein soll, so gilt

$$\overset{\times}{\$}_{DT}(\mathbb{0}, T_0) = \frac{\partial \mathscr{F}_{DT}}{\partial \mathbb{D}}\bigg|_{\substack{\mathbb{D}=\mathbb{0}\\ T=T_0}} = \mathbb{0}, \qquad (2.48)$$

wonach z.B. die isotherme Formänderungsenergie im "Verzerrungs-Nullpunkt" ein Minimum hat. Entsprechendes gilt für die anderen drei thermodynamischen Potentiale. So ist etwa die isotherme freie Ergänzungsenergie - angesichts von (2.47a) und der Voraussetzung $\mathbb{D}_{ST}(0, T_0) = 0$ - im "Spannungs-Nullpunkt" extremal usw.

Dual dem Befund, daß die thermodynamischen Potentiale die Materialgleichungen für die Spannungen und die spezifischen Wärmen definieren, ist die Tatsache, daß man, umgekehrt, mit der Vorgabe der Letzteren bis auf Konstanten die thermodynamischen Potentiale konstruieren kann. Ausgegangen wird dabei, etwa betr. die freie Energie, von

$$\frac{\partial c_{dDT}}{\partial \mathbb{D}} \overset{(2.17b)}{=} -T \frac{\partial^3 \mathscr{F}_{DT}}{\partial T^2 \partial \mathbb{D}} \overset{(2.10b)}{=} -T \frac{\partial^2 \overset{\times}{\$}_{DT}}{\partial T^2},$$

woraus zunächst

$$c_{dDT} = c_{d0}(T) - T \frac{\partial^2}{\partial T^2} \int_{\bar{\mathbb{D}}=0}^{\mathbb{D}} \overset{\times}{\$}(\bar{\mathbb{D}}, T) \cdot\cdot\, d\bar{\mathbb{D}}, \quad c_{d0}(T) = c_{dDT}(\mathbb{0}, T),$$

und nach Gleichsetzen mit $-T\, \partial^2 \mathscr{F}_{DT}/\partial T^2$ nach (2.17b)

$$\frac{c_{d0}(T)}{T} = -\frac{\partial^2}{\partial T^2}\left[\mathscr{F}_{DT} - \int_{\bar{\mathbb{D}}=0}^{\mathbb{D}} \overset{\times}{\$}(\bar{\mathbb{D}}, T) \cdot\cdot\, d\bar{\mathbb{D}}\right],$$

d. h. nach Integration mit zwei zunächst willkürlichen Funktionen $\varphi_j(\mathbb{D})$, j =1,2,

$$\mathscr{F}_{DT} = -\int_{\bar{T}=T_0}^{T}\left[\int_{\tilde{T}=T_0}^{\bar{T}} \frac{c_{d0}(\tilde{T})}{\tilde{T}}\, d\tilde{T}\right] d\bar{T} + \int_{\bar{\mathbb{D}}=\mathbb{0}}^{\mathbb{D}} \overset{\times}{\$}(\bar{\mathbb{D}}, T) \cdot\cdot\, d\bar{\mathbb{D}} + T\varphi_1(\mathbb{D}) + \varphi_2(\mathbb{D})$$

erhalten wird. Wegen (2.10b) müssen

$\varphi_j(\mathbb{D}) = \text{const.} = \varphi_{j0}$, $j = 1,2$ gelten, und mit den Setzungen

$\varphi_1 = -\mathscr{S}_0, \quad \varphi_2 = \mathscr{F}_0 + T_0 \mathscr{S}_0$

– mit den der "Bezugskonfiguration" ($\mathbb{D} = \mathbb{0}$, $T = T_0$) zugeordneten Werten $\mathscr{F}(\mathbb{0}, T_0) = \mathscr{F}_0$, $\mathscr{S}(\mathbb{0}, T_0) = \mathscr{S}_0$ der freien Energie bzw. der Entropie, – bekommt man schließlich

$$\mathscr{F}_{DT} = \mathscr{F}_0 - (T - T_0)\mathscr{S}_0 + \int_{\bar{\mathbb{D}}=\mathbb{0}}^{\mathbb{D}} \overset{\times}{\$}(\bar{\mathbb{D}}, T) \cdot\cdot\, d\bar{\mathbb{D}} - \int_{\bar{T}=T_0}^{T}\left[\int_{\tilde{T}=T_0}^{\bar{T}} \frac{c_{d0}(\tilde{T})}{\tilde{T}}\, d\tilde{T}\right] d\bar{T},$$

$$\mathscr{S}_{DT} = - \frac{\partial \mathscr{F}_{DT}}{\partial T} = \mathscr{S}_0 + \int_{\bar{T}=T_0}^{T} \frac{c_{d0}(\bar{T})}{\bar{T}} d\bar{T} - \int_{\bar{\mathbb{D}}=0}^{\mathbb{D}} \frac{\partial \overset{\times}{\$}(\bar{\mathbb{D}}, T)}{\partial T} \cdot\cdot d\bar{\mathbb{D}} \quad (2.49a,b)$$

sowie mit $\mathscr{U}_0 = \mathscr{F}_0 + T_0 \mathscr{S}_0$ desweiteren

$$\mathscr{U}_{DT} = \mathscr{F}_{DT} + T \mathscr{S}_{DT} = \mathscr{U}_0 + \int_{\bar{T}=T_0}^{T} c_{d0}(\bar{T})\, d\bar{T} - T^2 \frac{\partial}{\partial T} \int_{\bar{\mathbb{D}}=0}^{\mathbb{D}} \frac{\overset{\times}{\$}(\bar{\mathbb{D}}, T)}{T} \cdot\cdot d\bar{\mathbb{D}} , \quad (2.49c)$$

wonach zur Festlegung der thermodynamischen Potentiale z. B. neben der Spannungs – Materialgleichung $\overset{\times}{\$} = \overset{\times}{\$}_{DT}(\mathbb{D}, T)$ allein die Vorgabe des reinen Temperaturfunktions–Anteiles $c_{d0}(T)$ der spezifischen Wärme bei konstanter Deformation hinreicht. Entsprechende Angaben betr. andere thermodynamische Potentiale unterbleiben aus Raumgründen.

2.2.8 Isotrope Probleme

sind durch

$$\mathscr{F}_{DT} = \bar{\mathscr{F}}(\bar{D}_1, \bar{D}_2, \bar{D}_3, T) , \quad \bar{D}_j = \mathbb{E} \cdot\cdot \mathbb{D}^j, \; j = 1 \cdot\cdot 3 \quad (2.50a,b)$$

gekennzeichnet (vgl. § E 2 und [5a]). Wegen

$$\frac{\partial \bar{D}_1}{\partial \mathbb{D}} = \frac{\partial}{\partial \mathbb{D}} (\mathbb{E} \cdot\cdot \mathbb{D}) = \mathbb{E} , \quad \frac{\partial \bar{D}_2}{\partial \mathbb{D}} = \frac{\partial}{\partial \mathbb{D}} (\mathbb{E} \cdot\cdot \mathbb{D}^2) = 2\mathbb{D} , \quad \frac{\partial \bar{D}_3}{\partial \mathbb{D}} = \frac{\partial}{\partial \mathbb{D}} (\mathbb{E} \cdot\cdot \mathbb{D}^3) = 3\mathbb{D}^2$$

erhält man für die Spannungen nach (2.10b)

$$\overset{\times}{\$}_{DT} = \frac{\partial \mathscr{F}_{DT}}{\partial \mathbb{D}} = \frac{\partial \bar{\mathscr{F}}}{\partial \bar{D}_1} \mathbb{E} + 2 \frac{\partial \bar{\mathscr{F}}}{\partial \bar{D}_2} \mathbb{D} + 3 \frac{\partial \bar{\mathscr{F}}}{\partial \bar{D}_3} \mathbb{D}^2 \equiv \bar{g}_0 \mathbb{E} + \bar{g}_1 \mathbb{D} + \bar{g}_2 \mathbb{D}^2 , \quad (2.50c)$$

also eine spezielle Reinersche Gleichung, da deren Skalare $\bar{g}_j(\bar{D}_1, \bar{D}_2, \bar{D}_3, T)$, $j = 0..2$, den Integrabilitätsbedingungen

$$\frac{\partial \bar{g}_0}{\partial \bar{D}_2} \left[= \frac{\partial^2 \bar{\mathscr{F}}}{\partial \bar{D}_1 \partial \bar{D}_2}\right] = \frac{1}{2} \frac{\partial \bar{g}_1}{\partial \bar{D}_1} , \quad \frac{\partial \bar{g}_0}{\partial \bar{D}_3} \left[= \frac{\partial^2 \bar{\mathscr{F}}}{\partial \bar{D}_1 \partial \bar{D}_3}\right] = \frac{1}{3} \frac{\partial \bar{g}_2}{\partial \bar{D}_1} , \quad \frac{1}{2} \frac{\partial \bar{g}_1}{\partial \bar{D}_3} \left[= \frac{\partial^2 \bar{\mathscr{F}}}{\partial \bar{D}_2 \partial \bar{D}_3}\right] = \frac{1}{3} \frac{\partial \bar{g}_2}{\partial \bar{D}_2} \quad (2.50d\text{-}f)$$

genügen müssen [5a].

Zur Berechnung des Wärmeverzerrungsänderungstensors (nach 2.12b) beachte man

$$\frac{\partial \bar{g}_j}{\partial \mathbb{D}} = \sum_{ß=1}^{3} \frac{\partial \bar{g}_j}{\partial \bar{D}_\alpha} \frac{\partial \bar{D}_\alpha}{\partial \mathbb{D}} = \frac{\partial \bar{g}_j}{\partial \bar{D}_1} \mathbb{E} + 2 \frac{\partial \bar{g}_j}{\partial \bar{D}_2} \mathbb{D} + 3 \frac{\partial \bar{g}_j}{\partial \bar{D}_3} \mathbb{D}^2$$

sowie $\quad \dfrac{\partial \mathbb{E}}{\partial \mathbb{D}} = \mathbb{0}\,, \quad \dfrac{\partial \mathbb{D}}{\partial \mathbb{D}} =^{55)} \overset{\langle 4\rangle}{\mathbf{M}}\,, \quad \dfrac{\partial(\mathbb{D}^2)}{\partial \mathbb{D}} =^{56)} 2\,(\overset{\langle 4\rangle}{\mathbf{M}} \cdot \mathbb{D}) \cdot\cdot \overset{\langle 4\rangle}{\mathbf{M}}\,,$

was schließlich

$$\frac{\partial \overset{\times}{\$}_{DT}}{\partial \mathbb{D}} = \frac{\partial}{\partial \mathbb{D}}[\bar g_0 \mathbb{E} + \bar g_1 \mathbb{D} + \bar g_2 \mathbb{D}^2] = \bar g_1 \overset{\langle 4\rangle}{\mathbf{M}} + 2\bar g_2(\overset{\langle 4\rangle}{\mathbf{M}}\cdot\mathbb{D})\cdot\cdot \overset{\langle 4\rangle}{\mathbf{M}} + \frac{\partial \bar g_0}{\partial \bar D_1}\mathbb{E}\circ\mathbb{E} + 2\frac{\partial \bar g_0}{\partial \bar D_2}\mathbb{D}\circ\mathbb{E} +$$

$$+ 3\frac{\partial \bar g_0}{\partial \bar D_3}\mathbb{D}^2\circ\mathbb{E} + \frac{\partial \bar g_1}{\partial \bar D_1}\mathbb{E}\circ\mathbb{D} + 2\frac{\partial \bar g_1}{\partial \bar D_2}\mathbb{D}\circ\mathbb{D} + 3\frac{\partial \bar g_1}{\partial \bar D_3}\mathbb{D}^2\circ\mathbb{D} + \frac{\partial \bar g_2}{\partial \bar D_1}\mathbb{E}\circ\mathbb{D}^2 + 2\frac{\partial \bar g_2}{\partial \bar D_2}\mathbb{D}\circ\mathbb{D}^2 +$$

$$+ 3\frac{\partial \bar g_2}{\partial \bar D_3}\mathbb{D}^2\circ\mathbb{D}^2 =^{57)} \frac{\partial \bar g_0}{\partial \bar D_1}\mathbb{E}\circ\mathbb{E} + 2\frac{\partial \bar g_1}{\partial \bar D_2}\mathbb{D}\circ\mathbb{D} + 3\frac{\partial \bar g_2}{\partial \bar D_3}\mathbb{D}^2\circ\mathbb{D}^2 + 2\frac{\partial \bar g_0}{\partial \bar D_2}(\mathbb{D}\circ\mathbb{E} + \mathbb{E}\circ\mathbb{D}) +$$

$$+ 3\frac{\partial \bar g_0}{\partial \bar D_3}(\mathbb{D}^2\circ\mathbb{E} + \mathbb{E}\circ\mathbb{D}^2) + 3\frac{\partial \bar g_1}{\partial \bar D_3}(\mathbb{D}^2\circ\mathbb{D} + \mathbb{D}\circ\mathbb{D}^2) + \bar g_1 \overset{\langle 4\rangle}{\mathbf{M}} + 2\bar g_2(\overset{\langle 4\rangle}{\mathbf{M}}\cdot\mathbb{D})\cdot\cdot \overset{\langle 4\rangle}{\mathbf{M}} =$$

$$\overset{(2.50c)}{=} \frac{\partial^2 \bar{\mathscr{F}}}{\partial \bar D_1^2}\mathbb{E}\circ\mathbb{E} + 4\frac{\partial^2 \bar{\mathscr{F}}}{\partial \bar D_2^2}\mathbb{D}\circ\mathbb{D} + 9\frac{\partial^2 \bar{\mathscr{F}}}{\partial \bar D_3^2}\mathbb{D}^2\circ\mathbb{D}^2 +$$

$$+ 2\frac{\partial^2 \bar{\mathscr{F}}}{\partial \bar D_1\,\partial \bar D_2}(\mathbb{D}\circ\mathbb{E} + \mathbb{E}\circ\mathbb{D}) + 3\frac{\partial^2 \bar{\mathscr{F}}}{\partial \bar D_1\,\partial \bar D_3}(\mathbb{D}^2\circ\mathbb{E} + \mathbb{E}\circ\mathbb{D}^2) +$$

$$+ 6\frac{\partial^2 \bar{\mathscr{F}}}{\partial \bar D_2\,\partial \bar D_3}(\mathbb{D}^2\circ\mathbb{D} + \mathbb{D}\circ\mathbb{D}^2) + 2\frac{\partial \bar{\mathscr{F}}}{\partial \bar D_2}\overset{\langle 4\rangle}{\mathbf{M}} + 6\frac{\partial \bar{\mathscr{F}}}{\partial \bar D_3}(\overset{\langle 4\rangle}{\mathbf{M}}\cdot\mathbb{D})\cdot\cdot\overset{\langle 4\rangle}{\mathbf{M}} \tag{2.51a}$$

ergibt[58] und mittels $\quad \dfrac{\partial \overset{\times}{\$}_{DT}}{\partial \mathbb{D}} \cdot\cdot \left[\dfrac{\partial \overset{\times}{\$}_{DT}}{\partial \mathbb{D}}\right]^{-1} = \overset{\langle 4\rangle}{\mathbf{M}}$

zu invertieren ist. Die entstehende Struktur von der Form

$$\left[\frac{\partial \overset{\times}{\$}_{DT}}{\partial \mathbb{D}}\right]^{-1} = \zeta_{00}\,\mathbb{E}\circ\mathbb{E} + \zeta_{11}\,\mathbb{D}\circ\mathbb{D} + \zeta_{22}\,\mathbb{D}^2\circ\mathbb{D}^2 + \zeta_{10}\,(\mathbb{D}\circ\mathbb{E} + \mathbb{E}\circ\mathbb{D}) +$$

$$+ \zeta_{20}\,(\mathbb{D}^2\circ\mathbb{E} + \mathbb{E}\circ\mathbb{D}^2) + \zeta_{12}\,(\mathbb{D}\circ\mathbb{D}^2 + \mathbb{D}^2\circ\mathbb{D}) + \zeta_1 \overset{\langle 4\rangle}{\mathbf{M}} + 2\zeta_2(\overset{\langle 4\rangle}{\mathbf{M}}\cdot\mathbb{D})\cdot\cdot\overset{\langle 4\rangle}{\mathbf{M}}$$

---

55) Man beachte (wegen der Symmetrie von $\mathbb{D}$) $d\mathbb{D} \equiv d\mathbb{D} \cdot\cdot \overset{\langle 4\rangle}{\mathbf{M}}$,

56) Man beachte (wegen der Symmetrie von $\mathbb{D}$)

$$d\mathbb{D}^2 = d(\mathbb{D}\cdot\mathbb{D}) = d\mathbb{D}\cdot\mathbb{D} + \mathbb{D}\cdot d\mathbb{D} \equiv d\mathbb{D}\cdot\cdot\overset{\langle 4\rangle}{\mathbf{M}}\cdot\mathbb{D} + \left(d\mathbb{D}\cdot\cdot(\overset{\langle 4\rangle}{\mathbf{M}}\cdot\mathbb{D})\right)\cdot\cdot\overset{\langle 4\rangle}{\mathbb{E}}_T =$$

$$= d\mathbb{D}\cdot\cdot[(\overset{\langle 4\rangle}{\mathbf{M}}\cdot\mathbb{D})\cdot\cdot(\overset{\langle 4\rangle}{\mathbb{E}} + \overset{\langle 4\rangle}{\mathbb{E}}_T)] \equiv 2d\mathbb{D}\cdot\cdot[(\overset{\langle 4\rangle}{\mathbf{M}}\cdot\mathbb{D})\cdot\cdot\overset{\langle 4\rangle}{\mathbf{M}}]$$

57) Man beachte die Integrabilitätsbedingungen (2.50 d–f).

58) vgl. [5a] (7.42c), wobei jetzt $\overset{\langle 4\rangle}{\mathbf{M}}$ anstelle von $\overset{\langle 4\rangle}{\mathbb{E}}_S$ geschrieben wurde.

mit

$$\zeta_{jk} = \zeta_{jk}(\bar{D}_1, \bar{D}_2, \bar{D}_3, T)\,,\quad \zeta_l = \zeta_l(\bar{D}_1, \bar{D}_2, \bar{D}_3, T)\,,\quad j,k = 0..,2,\ l = 1,2$$

ist mit

$$\frac{\partial \overset{\times}{\$}_{DT}}{\partial T} = \frac{\partial \bar{g}_0}{\partial T}\mathbb{E} + \frac{\partial \bar{g}_1}{\partial T}\mathbb{D} + \frac{\partial \bar{g}_2}{\partial T}\mathbb{D}^2$$

zu multiplizieren und liefert schließlich als Struktur für den Wärmeverzerrungsänderungstensor nach (2.12b) mit drei skalaren Funktionen a_j $(j = 0..,2)$ der Verzerrungsinvarianten und der Temperatur einen isotropen Zusammenhang [5a]

$$\mathbb{A} = \mathbb{A}_{DT}(\mathbb{D},T) = \sum_{j=0}^{2} a_j(\bar{D}_1, \bar{D}_2, \bar{D}_3, T)\,\mathbb{D}^j\,. \tag{2.51b}$$

Desgl. fallen für die spezifischen Wärmen nach (2.17b,18a,c)

$$c_d = c_{dDT}(\mathbb{D},T) = -T\frac{\partial^2 \mathscr{F}_{DT}}{\partial T^2} = -T\frac{\partial^2 \bar{\mathscr{F}}(\bar{D}_1,\bar{D}_2,\bar{D}_3,T)}{\partial T^2}\,, \tag{2.51c}$$

$$\mathbb{C}_d = \mathbb{C}_{dDT}(\mathbb{D},T) = -\frac{\partial^2 \mathscr{F}_{DT}}{\partial \mathbb{D}\,\partial T} = -T\left[\frac{\partial^2 \bar{\mathscr{F}}}{\partial \bar{D}_1\,\partial T}\mathbb{E} + 2\frac{\partial^2 \bar{\mathscr{F}}}{\partial \bar{D}_2\,\partial T}\mathbb{D} + 3\frac{\partial^2 \bar{\mathscr{F}}}{\partial \bar{D}_3\,\partial T}\mathbb{D}^2\right]\,, \tag{2.51d}$$

$$c_s = c_d + \mathbb{C}_d \cdot\cdot\, \mathbb{A}\,, \tag{2.51e}$$

d. h. ebenfalls isotrope (skalare bzw. tensorwertige) Strukturen in Termen der Verzerrungen an.

Wesentlich unkomplizierter ist die Feststellung von $\mathbb{A} = \mathbb{A}_{ST}(\overset{\times}{\$},T)$ bzw. $c_s = c_{sST}(\overset{\times}{\$},T)$ in Termen der freien Ergänzungsenergie $\mathscr{F}^* = \mathscr{F}^*_{ST}(\overset{\times}{\$},T)$, die im Falle der Isotropie als

$$\mathscr{F}^* = \bar{\mathscr{F}}^*(\overset{\times}{\bar{S}}_1,\overset{\times}{\bar{S}}_2,\overset{\times}{\bar{S}}_3,T) \text{ mit } \overset{\times}{\bar{S}}_j = \mathbb{E}\cdot\cdot\overset{\times}{\$}{}^j\,,\quad j = 1..3 \tag{2.51f,g}$$

darzustellen ist. Dann hat man

$$A = \mathbb{A}_{ST}(\overset{\times}{\$},T) \overset{(2.47c)}{=} \frac{\partial^2 \bar{\mathscr{F}}^*}{\partial \overset{\times}{\bar{S}}_1\,\partial T}\mathbb{E} + 2\frac{\partial^2 \bar{\mathscr{F}}^*}{\partial \overset{\times}{\bar{S}}_2\,\partial T}\overset{\times}{\$} + 3\frac{\partial^2 \bar{\mathscr{F}}^*}{\partial \overset{\times}{\bar{S}}_3\,\partial T}\overset{\times}{\$}{}^2 \tag{2.51h}$$

$$c_s = c_{sST} \overset{(2.47d)}{=} T\,\partial^2 \bar{\mathscr{F}}^* / \partial T^2 \tag{2.51i}$$

2.2.9 Kleine Verformungen und Temperaturänderungen

werden mit einem hinsichtlich der thermisch-kinematischen Variablen bilinearen-Ansatz für $\mathscr{F}$, d. h. mit

$$\mathscr{F}_{DT} =^{59)} \mathscr{F}_0 + \mathbb{K}_{10} \cdot\cdot\, \mathbb{D} + \frac{1}{2\rho}\, \mathbb{D} \cdot\cdot \overset{\langle 4\rangle}{\mathbb{C}} \cdot\cdot\, \mathbb{D} + K_{01}\,(T - T_0) + \frac{K_{02}}{2}\,(T - T_0)^2 +$$

$$+ \mathbb{K}_{11} \cdot\cdot\, \mathbb{D}\,(T - T_0) \text{ mit } K_{0j} = \text{const.},\ \mathbb{K}_{1j} = \text{const.},\ \overset{\langle 4\rangle}{\mathbb{C}} = \text{const.}, \qquad (2.52\text{a-d})$$

behandelt. Dann sind

$$\mathbb{S}_{DT} = \rho\,\frac{\partial \mathscr{F}_{DT}}{\partial \mathbb{D}} = \rho\,\mathbb{K}_{10} + \overset{\langle 4\rangle}{\mathbb{C}} \cdot\cdot\, \mathbb{D} + \rho\,\mathbb{K}_{11}\,(T - T_0),$$

$$\mathscr{S} = \mathscr{S}_{DT} = -\,\frac{\partial \mathscr{F}_{DT}}{\partial T} = -\,K_{01} - K_{02}\,(T - T_0) - \mathbb{K}_{11} \cdot\cdot\, \mathbb{D}\,.$$

Mit den Verfügungen etwa spannungslosen Ausgangszustandes ($\mathbb{D} = 0$, $T = T_0$), d.h. mit

$$\mathbb{S}_{DT}\Big|_{\substack{\mathbb{D}=\mathbb{0}\\ T=T_0}} = \mathbb{0}\,, \quad \text{sowie mit} \quad \mathscr{S}_{DT}\Big|_{\substack{\mathbb{D}=\mathbb{0}\\ T=T_0}} = \mathscr{S}_0$$

folgen $\mathbb{K}_{10} = \mathbb{0}$, $K_{01} = -\,\mathscr{S}_0$ und

$$\mathbb{S}_{DT} = \overset{\langle 4\rangle}{\mathbb{C}} \cdot\cdot\, \mathbb{D} + \rho\,\mathbb{K}_{11}\,(T - T_0) =^{60)} \overset{\langle 4\rangle}{\mathbb{C}} \cdot\cdot\, [\mathbb{D} - \bar{\mathbb{A}}\,(T - T_0)] \qquad (2.52\text{e})$$

mit $\overset{\langle 4\rangle}{\mathbb{C}} \cdot\cdot \bar{\mathbb{A}} = -\,\mathbb{K}_{11}\,\rho$ sowie

$$\mathscr{S} = \mathscr{S}_0 - K_{02}\,(T - T_0) + (\mathbb{D} \cdot\cdot \overset{\langle 4\rangle}{\mathbb{C}} \cdot\cdot \bar{\mathbb{A}}/\rho)\,. \qquad (2.52\text{f})$$

Wegen $\dot{\mathbb{S}}\Big|_{\dot{\mathbb{D}}=\dot{\mathbb{D}}_T=\mathbb{A}\dot{T},\,\dot{T}} = \mathbb{0}$ ist

$$\mathbb{A} = \bar{\mathbb{A}}\,,$$

wonach Wärmeverzerungstensor ($\bar{\mathbb{A}}$) und Änderungstensor ($\mathbb{A}$) nach (2.12b) identisch sind, und desweiteren hat man nun

$$c_d = c_d(T) = T\,\frac{\partial \mathscr{S}_{DT}}{\partial T} = -\,K_{02}\,T = \underbrace{-K_{02}T_0}_{=\,c_{d0}}\,\frac{T}{T_0} = c_{d0}\,\frac{T}{T_0}\,, \qquad (2.52\text{g})$$

$$\mathbb{C}_d = T\,\frac{\partial \mathscr{S}_{DT}}{\partial \mathbb{D}} = T\,\overset{\langle 4\rangle}{\mathbb{C}} \cdot\cdot \mathbb{A}/\rho\,,\quad c_s = c_d + \mathbb{C}_d \cdot\cdot \mathbb{A} = c_{d0}\,\frac{T}{T_0} + \frac{T}{\rho}\,\mathbb{A} \cdot\cdot \overset{\langle 4\rangle}{\mathbb{C}} \cdot\cdot\, \mathbb{A}\,,$$

$$(2.52\text{h,i})$$

---

59) Darin sind $\mathbb{K}_{10}$, $\mathbb{K}_{11}$ symmetrisch, $\overset{\langle 4\rangle}{\mathbb{C}}$ vollständig symmetrisch. Die Dichte ($\hat{\rho}$) der Bezugskonfiguration wird jetzt mit ρ bezeichnet.

60) für kleine Verformungen bedeuten hierin $\mathbb{S}$ bzw. $\mathbb{D}$ den "am unverformten System definierten Spannungstensor" bzw. den materiellen Verschiebungsdeformator. Der Ansatz (2.52) ist aber gleichermaßen für große Verformungen mit 2. Piola–Kirchhoff–Spannungen und Greenschen Verzerrungen [vgl.[5b]] brauchbar und beschreibt dann den Fall eines hinsichtlich der letzteren Größen sog. "physikalisch–linearen Problems".

also $c_s > c_d$, sofern man $\overset{<4>}{\mathbb{C}}$ als positiv-definit, also stoffliche Stabilität (vgl. Ziffer 2.2.4) voraussetzt. Mit den nunmehr physikalisch identifizierten Konstanten ($\overset{<4>}{\mathbb{C}}$ ist die isotherme Materialtetrade, $\mathbb{A}$ der Wärmeausdehnungs-Tensor) schreiben sich[61]

$$\mathcal{F}_{DT} = \mathcal{F}_0 + (\mathbb{D}\cdot\cdot\overset{<4>}{\mathbb{C}}\cdot\cdot\mathbb{D}/2\rho) - (T-T_0)\,\mathcal{S}_0 - \frac{c_{d0}}{2T_0}(T-T_0)^2 -$$

$$- \mathbb{A}\cdot\cdot\overset{<4>}{\mathbb{C}}\cdot\cdot\mathbb{D}\,(T-T_0)/\rho\,,\qquad \mathcal{S}_{DT} = \mathcal{S}_0 + \frac{c_{d0}}{T_0}(T-T_0) + \mathbb{A}\cdot\cdot\overset{<4>}{\mathbb{C}}\cdot\cdot\mathbb{D}/\rho\,,$$

$$\$_{DT}(\mathbb{D},T) = \overset{<4>}{\mathbb{C}}\cdot\cdot\big(\mathbb{D}-\mathbb{A}(T-T_0)\big). \qquad (2.53a\text{-}c)$$

Für isotherme Prozesse mit $T = T_0$ liefert (2.53c) das Hookesche Gesetz für linear-elastisches anisotropes (sog. triklines) Material

$$\$_{DT}(\mathbb{D},T_0) = \overset{<4>}{\mathbb{C}}\cdot\cdot\mathbb{D} \equiv \mathbb{D}\cdot\cdot\overset{<4>}{\mathbb{C}}\,, \qquad (2.54a)$$

für adiabatische Prozesse (ab $T = T_0$, $\mathbb{D} = \mathbb{0}$) mit

$$\mathcal{S}_{DT} = \text{const.} = \mathcal{S}_0 \overset{(2.53b)}{=} \mathcal{S}_0 + \frac{c_{d0}}{T_0}(T_{ad}-T_0) + (\mathbb{A}\cdot\cdot\overset{<4>}{\mathbb{C}}\cdot\cdot\mathbb{D}/\rho)\,,$$

d. h.

$$T_{ad} - T_0 = -\,T_0\,\mathbb{A}\cdot\cdot\overset{<4>}{\mathbb{C}}\cdot\cdot\mathbb{D}/(\rho\,c_{d0})$$

bekommt man aus (2.53c) die entsprechende "adiabatische" Version des Hookeschen Gesetzes

$$\$_{DT}(\mathbb{D},T_{ad}(\mathbb{D})) = \overset{<4>}{\mathbb{C}}\cdot\cdot\mathbb{D} - \overset{<4>}{\mathbb{C}}\cdot\cdot\mathbb{A}\left[-\frac{T_0}{c_{d0}\,\rho}\,\mathbb{A}\cdot\cdot\overset{<4>}{\mathbb{C}}\cdot\cdot\mathbb{D}\right] \equiv \overset{<4>}{\mathbb{C}}_{ad}\cdot\cdot\mathbb{D} \equiv \mathbb{D}\cdot\cdot\overset{<4>}{\mathbb{C}}_{ad} \qquad (2.54b)$$

mit der (ebenfalls positiv-definiten) adiabatischen Materialtetrade

$$\overset{<4>}{\mathbb{C}}_{ad} = \overset{<4>}{\mathbb{C}} + \big(T_0\,\overset{<4>}{\mathbb{C}}\cdot\cdot\mathbb{A}\circ\mathbb{A}\cdot\cdot\overset{<4>}{\mathbb{C}}/(\rho c_{d0})\big)\,. \qquad (2.54c)$$

Im isotropen Falle kommt der Unterschied zwischen $\overset{<4>}{\mathbb{C}}$ und $\overset{<4>}{\mathbb{C}}_{ad}$ darin zum Ausdruck, daß der adiabatische Elastizitätsmodul größer als der Isotherme ist. Für isotrope Probleme sind nämlich $\overset{<4>}{\mathbb{C}}$, $\mathbb{A}$ isotrope Konstanten [5a] und daher als

$$\overset{<4>}{\mathbb{C}} \overset{62)}{=} 2G\,(\,\mathbf{M} + \frac{\nu}{1-2\nu}\,\mathbb{E}\circ\mathbb{E})\,,\quad \overset{<4>}{\mathbb{C}}^{-1} = \frac{1}{2G}\,(\,\mathbf{M} - \frac{\nu}{1+\nu}\,\mathbb{E}\circ\mathbb{E})\,,\quad \mathbb{A} = \alpha\mathbb{E},$$

---

61) Dabei sind (2.53b,c) als integrierte Versionen von (2.21a,b) für den Spezialfall $\overset{<4>}{\mathbb{C}} = \text{const.}$, $\bar{\mathbb{A}} = \mathbb{A} = \text{const.}$ aufzufassen. Die Forderung nach stofflicher Stabilität ist hier – neben $c_{d0} > 0$ – übrigens mit dem Statement gleichwertig, daß die isotherme Formänderungsenergie $\mathcal{W}_{DT_0} = \mathcal{F}_{DT}(\mathbb{D},T_0)$ eine positiv definite Bilinearform der Verzerrungen sein soll.

62) G ist der Schubmodul, ν die isotherme Querdehnungszahl.

$$\overset{<4>}{\mathbb{C}} \cdot\cdot \mathbb{A} = 2G\,(1 + \frac{3\nu}{1+2\nu})\,\mathbb{E}\alpha = 2G\,\frac{1+\nu}{1-2\nu}\,\mathbb{E}\alpha$$

darzustellen, womit

$$\mathscr{F}_{DT} = \mathscr{F}_0 + \frac{G}{\rho}\,(\mathbb{D}\cdot\cdot\mathbb{D} + \frac{\nu}{1-2\nu}(\mathbb{E}\cdot\cdot\mathbb{D})^2\,) - \frac{c_{d0}}{2T_0}(T-T_0)^2 -$$

$$- \frac{2G\alpha}{\rho}\frac{1+\nu}{1-2\nu}(\mathbb{E}\cdot\cdot\mathbb{D})\,(T-T_0) - (T-T_0)\,\mathscr{S}_0\,, \tag{2.55}$$

$$\mathbb{S}_{DT} = 2G\Big[\mathbb{D} + \Big(\frac{\nu}{1-2\nu}\mathbb{E}\cdot\cdot\mathbb{D} - \frac{1+\nu}{1-2\nu}\,\alpha\,(T - T_0)\Big)\mathbb{E}\Big]\,, \tag{2.55a}$$

$$\mathscr{S}_{DT} = \mathscr{S}_0 + \frac{c_{d0}}{T_0}(T - T_0) + \frac{2G\alpha}{\rho}\frac{1+\nu}{1-2\nu}\mathbb{E}\cdot\cdot\mathbb{D}\,, \tag{2.55b}$$

$$c_d = c_{d0}\frac{T}{T_0}\,,\quad \mathbb{C}_d = \frac{2G\alpha T}{\rho}\frac{1+\nu}{1-2\nu}\mathbb{E}\,,\quad c_s = c_d + \mathbb{C}_d\cdot\cdot\mathbb{A} =$$

$$= c_{d0}\frac{T}{T_0} + \frac{6G\alpha^2 T}{\rho}\frac{1+\nu}{1-2\nu} = \Big[c_{d0} + \frac{6G\alpha^2 T_0}{\rho}\frac{1+\nu}{1-2\nu}\Big]\frac{T}{T_0} \equiv c_{d0}\,(1+\kappa)\frac{T}{T_0} \tag{2.55c,d}$$

mit

$$\kappa = \frac{6G\alpha^2 T_0}{\rho\; c_{d0}}\frac{1+\nu}{1-2\nu} \tag{2.55e}$$

und desweiteren

$$\overset{<4>}{\mathbb{C}}_{ad} = \overset{<4>}{\mathbb{C}} + \frac{T_0}{\rho\;c_{d0}}\overset{<4>}{\mathbb{C}}\cdot\cdot\mathbb{A}\circ\mathbb{A}\cdot\cdot\overset{<4>}{\mathbb{C}} =$$

$$= 2G\Big[\overset{<4>}{\mathbf{M}} + \frac{\nu}{1-2\nu}\mathbb{E}\circ\mathbb{E}\Big] + \frac{T_0}{\rho c_{d0}}4G^2\alpha^2\Big[\frac{1+\nu}{1-2\nu}\Big]^2\mathbb{E}\circ\mathbb{E} =$$

$$= 2G\Big\{\overset{<4>}{\mathbf{M}} + \Big[\frac{\nu}{1-2\nu} + \frac{6G\alpha^2 T_0}{\rho\,c_{d0}}\Big[\frac{1+\nu}{1-2\nu}\Big]^2\Big]\mathbb{E}\circ\mathbb{E}\Big\} \equiv 2G\Big\{\overset{<4>}{\mathbf{M}} + \frac{\nu_{ad}}{1-2\nu_{ad}}\mathbb{E}\circ\mathbb{E}\Big\} \tag{2.55f}$$

mit

$$\frac{\nu_{ad}}{1-2\nu_{ad}} = \frac{\nu}{1-2\nu} + \frac{2G\alpha^2 T_0}{\rho\,c_{d0}}\Big[\frac{1+\nu}{1-2\nu}\Big]^2 = \frac{\nu}{1-2\nu} + \frac{1}{3}\kappa\frac{1+\nu}{1-2\nu}$$

bzw.

$$\nu_{ad} = \frac{\nu+\kappa(1+\nu)/3}{1+2\kappa(1+\nu)/3} > \nu \text{ sofern } \nu \le \frac{1}{2} \tag{2.55g}$$

erhalten wird. Und damit bekommt man in der Tat

$$E_{ad} = 2G\,(1+\nu_{ad}) = 2G\,(1+\nu)\frac{1+\kappa}{1+\frac{2}{3}(1+\nu)\kappa} = E\,\frac{1+\kappa}{1+\frac{2}{3}(1+\nu)\kappa} \ge E \text{ für } \nu \le \frac{1}{2}\,. \tag{2.55h}$$

In der folgenden Tabelle sind einige thermodynamische Konstanten für die wichtigsten Festkörper aufgelistet.

Tabelle:

Material	$10^{-5}E$ $\left[\frac{kp}{cm^2}\right]$	$10^5\alpha$ $[{}^\circ C^{-1}]$	$10^3\gamma = 10^3\rho g$ $[kp\,cm^{-3}]$	$\frac{c_{d0}}{g}$ $\left[\frac{kcal}{kp^\circ C}\right]$	$10^{-3}\frac{c_{d0}}{g}$ $[cm^\circ C^{-1}]$	ν	κ	ν_{ad}/ν	$\frac{E_{ad}}{E}=\frac{1+\nu_{ad}}{1+\nu}$
Aluminium	7,2	2,5	2,75	0,22	9,40	0,3	$3{,}785\cdot10^{-2}$	1,020	1,005
Stahl	21,0	1,2	7,85	0,11	4,70	0,3	$1{,}805\cdot10^{-2}$	1,010	1,002
Gußeisen	7,0	1,0	7,70	0,13	5,55	0,3	$0{,}360\cdot10^{-2}$	1,003	1,0007
Bronze 90/10	12,0	1,8	8,80	0,09	3,84	0,3	$2{,}530\cdot10^{-2}$	1,014	1,003
Nickel	20,0	1,3	8,80	0,11	4,70	0,3	$1{,}797\cdot10^{-2}$	1,010	1,002
Zink	10,0	2,6	7,13	0,09	3,84	0,3	$5{,}440\cdot10^{-2}$	1,029	1,007
Beton	2,1	1,2	2,20	0,21	8,97	0,16	$0{,}198\cdot10^{-2}$	1,002	1,0003

Daraus entnimmt man, daß die Unterschiede zwischen den adiabatischen bzw. isothermen Stoffwerten (E_{ad}, ν_{ad}) bzw. (E, ν) für die üblichen im Ingenieurwesen gebräuchlichen festen Stoffe wegen der Kleinheit des Wertes κ unerheblich sind.
Entsprechend geringfügig ist auch die Temperaturänderung $T_{ad}-T_0$, die bei Belastung einer wärmeisolierten Probe eintritt. Um dies zu recherchieren, drückt man zweckmäßig zunächst die Entropie in Abhängigkeit von Spannungen und Temperatur aus, hat also mit

$$\mathbb{E}\cdot\cdot\mathbb{D} = \frac{1-2\nu}{E}\,\mathbb{E}\cdot\cdot\$ + 3\alpha\,(T-T_0)$$

(nach dem "Hookeschen Gesetz" (2.55a)) nach Einsetzen in (2.55b)

$$\mathscr{S} = \mathscr{S}_{ST} \overset{63)}{=} \mathscr{S}_0 + \left[\frac{c_{d0}}{T_0} + \frac{6G\alpha^2}{\rho}\,\frac{1+\nu}{1-2\nu}\right](T-T_0) + \frac{\alpha}{\rho}\,\mathbb{E}\cdot\cdot\$$$

und daraus mit $\mathscr{S} = \text{const} = \mathscr{S}_0$ für die Temperatur T_{ad} bei vom Ausgangszustand $(\$ = \mathbb{0}\ , T = T_0)$ ab adiabatischer Beanspruchung

$$T_{ad} - T_0 = -\frac{\alpha}{\rho}\,\mathbb{E}\cdot\cdot\$\left[\frac{c_{d0}}{T_0} + \frac{6G\alpha^2}{\rho}\,\frac{1+\nu}{1-2\nu}\right]^{-1} . \tag{2.56}$$

Die Temperatur nimmt demnach für Kompression $(\mathbb{E}\cdot\cdot\$ \le 0)$ zu, für Expansion $(\mathbb{E}\cdot\cdot\$ \ge 0)$ ab, aber nur geringfügig, z. B. für Stahl unter einachsiger Zugbelastung $\sigma_{xx} = 1400\ \text{Kp/cm}^2$ - man setze in (2.56) $\mathbb{E}\cdot\cdot\$ = \sigma_{xx}$ - um

$$|\,T_{ad} - T_0\,| = 0{,}13^\circ C\ \ !$$

Die Kleinheit der Werte κ nach (2.55e), mit deren Verwendung die Entropie nach (2.55b) auch als

---

63) mit übrigens $\partial\mathscr{S}_{ST}/\partial\overset{\times}{\$} = \partial\mathscr{S}_{ST}/\partial(\$/\rho) = \alpha\,\mathbb{E}$, wie dies (2.47c) verlangt!

$$\mathscr{S}_{DT} = \mathscr{S}_0 + c_{d0}\left[\frac{T}{T_0} - 1 + \kappa\frac{D_1}{3\,\alpha T_0}\right] \tag{2.57a}$$

und die Wärmeenergiebilanz in der Gestalt

$$\hat{Q} \equiv \dot{Q}_a =^{64)} -\frac{1}{\rho}\nabla\cdot\mathbb{q} + \dot{Q}^{(e)} = T\dot{\mathscr{S}} = c_{d0}\left[\frac{c_d(T)}{c_{d0}}\dot{T} + \kappa\frac{T}{T_0}\frac{\dot{D}_1}{3\,\alpha}\right],\ c_d(T) = c_{d0}\,T/T_0 \tag{2.57b,c}$$

geschrieben werden kann, läßt daher bei elastischen Festkörpern in der Regel die Verkürzung auf

$$\dot{Q}_a = -\frac{1}{\rho_0}\nabla\cdot\mathbb{q} + \dot{Q}^{(e)} = c_d(T)\,\dot{T} \approx^{65)} c_{d0}\,\dot{T} \tag{2.58}$$

zu, zweifelsfrei sicherlich stets bei Problemen der instationären Thermoelastizität[66] [11],[5b]. Folge der Näherung (2.58) ist eine Entkopplung der Gleichungen für Temperatur– und Verschiebungsfelder, deren Feldgleichungsformulierung für isotrope Elastizität bekanntlich

$$\Delta\,\mathbb{u} + \frac{1}{1-2\nu}\nabla(\nabla\cdot\mathbb{u}) - \frac{2(1+\nu)}{1-2\nu}\,\alpha\,\nabla T + \rho\frac{\mathbb{k}}{G} = \rho\,\ddot{\mathbb{u}} \tag{2.59}$$

lautet.[67] Man löst in diesen Fällen das Temperaturfeldproblem mittels (2.58), zuzüglich des Fourierschen Wärmeleitgesetzes $\mathbb{q} = -\lambda\nabla T$, d. h. mittels

$$-\frac{1}{\rho}\nabla\cdot(\lambda\,\nabla T) + \dot{Q}^{(e)} = c_d\,\dot{T}\,,$$

für entsprechende Rand– bzw. Anfangswertvorgaben vorab, und im Anschluß daran das Verschiebungsfeldproblem nach (2.59) und Einsetzen des dann bereits bekannten Temperaturfeldes.

2.2.10 Thermische Anelastizität

Für die Aufdeckung des (eher theoretisch-interessanten) Effektes der sog. "thermischen Dämpfung"[68] ist allerdings die Betrachtnahme der vollständigen Gleichung (2.57b) unverzichtbar. Unter "thermischer Dämpfung" versteht man den Befund, daß etwa Schwingungsbewegungen als Folge vorgegebener Anfangsstörungen auch bei elastischen Körpern infolge von Wärmeleitphänomenen (wenn auch sehr langsam) abgebaut werden,[69] also freie Schwingungen elastischer Medien, (soweit sie bei isotropen Medien mit Volumendilatationen einhergehen) nicht mehr "reversible Zustandsänderungen" repräsentieren. Dies wird

---

64) Hierbei bedeuten $\mathbb{q}$ den für kleine Verformungen am "unverformten System" definierten Wärmeflußvektor, $\dot{Q}^{(e)}$ eine der Masseneinheit in der Zeiteinheit von außen ggfs. zugeführte (eingeprägte) Wärmemenge und ∇ die materielle Operation.

65) Man benutze $c_d(T) \approx c_{d0}$ für mäßige Temperaturänderungen.

66) wo man davon ausgehen kann, daß $\dot{D}_1$ in der Größenordnung von $3\alpha\dot{T}$ liegt und damit $T\dot{\mathscr{S}} =$

$$c_{d0}\left[\frac{c_d(T)}{c_{d0}}\dot{T} + \kappa\frac{T}{T_0}\frac{\dot{D}_1}{3\,\alpha}\right] \approx c_{d0}\left[\frac{c_d(T)}{c_{d0}} + \kappa\frac{T}{T_0}\right]\dot{T} \approx c_d(T)\,\dot{T} \quad \text{gilt.}$$

67) Man benutze die für das Massenelement formulierte Newton–Eulersche Feldgleichung $\nabla\cdot\mathbb{S} + \rho\,\mathbb{k} = \rho\,\ddot{\mathbb{u}}$, setze $\mathbb{S} = \mathbb{S}(\mathbb{D}, T)$ nach (2.55a) ein und beachte $\mathbb{D} = \text{def}\ \mathbb{u} = (\nabla \circ \mathbb{u} + \mathbb{u} \circ \nabla)/2$. Hierin bedeutet dann Δ den entsprechenden "materiellen Operator". Vgl. h. a. [5b].

68) auch als "thermische Anelastizität" bezeichnet [1]

69) vgl. z.B. [5b], [10] und § E1

unmittelbar deutlich in der Formulierung

$$\dot{\mathscr{S}}_{i\Sigma} = \int\limits_{(m)} \dot{\mathscr{S}}\,dm = \int\limits_{(m)} \left[\frac{\dot{\mathscr{D}}}{T} - \frac{\mathbb{q}\cdot\nabla T}{\rho T^2} \right] dm \geq 0 \tag{2.60a}$$

des zweiten Hauptsatzes, womit die Frage der Reversibilität einer Zustandsänderung reduziert wird auf die Feststellung, inwieweit eine "innere Entropieproduktion" $\dot{\mathscr{S}}_{i\Sigma}$ stattgefunden hat oder nicht [vgl. [5b],[6]]. Obzwar $\dot{\mathscr{D}} = 0$, ist hier wegen möglicher Wärmeleitung

$$\dot{\mathscr{S}}_{i\Sigma} = \int\limits_{(m)} \dot{\mathscr{S}}\,dm = - \int\limits_{(m)} \frac{\mathbb{q}\cdot\nabla T}{\rho T^2}\,dm > 0\,, \tag{2.60b}$$

was reversible Zustandsänderungen ausschließt[70].

In konkreter Rechnung erreicht man z. B. für einen längs seiner Oberfläche unverschieblich gelagerten und wärmeisolierten hyperelastischen Körper aus der Restriktion (2.60b)[71] nach Einsetzen von $\mathscr{S}$ etwa nach (2.55b) mit $\mathbb{E}\cdot\cdot\mathbb{D} = \nabla\cdot\mathbb{u}$ und $dm = \rho\,dV$

$$\int\limits_{(m)} \frac{c_{d0}}{T_0}\dot{T}\,dm + \frac{2G\alpha}{\rho_0}\frac{1+\nu}{1-2\nu}\int\limits_{(V)} \nabla\cdot\dot{\mathbb{u}}\,dV \overset{72)}{=} \int\limits_{(m)} \frac{c_{d0}}{T_0}\dot{T}\,dm \geq 0\,, \tag{2.60c}$$

d. h. die Feststellung einer Temperaturerhöhung des Körpers, weshalb die – etwa durch eine kinematische Anfangsstörung eingeleitete – Bewegung angesichts von

$$\dot{\mathscr{A}}_{a\Sigma} + \dot{Q}_{a\Sigma} \overset{73)}{\equiv} 0 = \dot{\mathscr{E}}_{\Sigma} + \dot{\mathscr{U}}_{\Sigma} \tag{2.61}$$

nach dem ersten Hauptsatz der Thermodynamik für den Gesamtkörper (Index Σ) abnehmen muß. Mit

$$\mathscr{E}_{\Sigma} = \int\limits_{(w)} \frac{dm}{2}\dot{\mathbb{u}}^2\,, \quad \dot{\mathscr{U}}_{\Sigma} = \int\limits_{(m)} \dot{\mathscr{U}}\,dm$$

und $$\mathscr{U} = \mathscr{F} + T\mathscr{S} \overset{(2.55,55b)}{=} \mathscr{U}_0 + \frac{G}{\rho}\left[\mathbb{D}\cdot\cdot\mathbb{D} + \frac{\nu}{1-2\nu}(\mathbb{E}\cdot\cdot\mathbb{D})^2\right] +$$

---

70) Reversible Zustandsänderungen, d. h. unbegrenzt erhalten bleibende periodische Bewegung bei freien Schwingungen elastischer Medien als Folge einer Anfangsstörung sind danach generell strenggenommen nur für $\dot{\mathscr{S}}_{i\Sigma} = 0$ zu garantieren, d. h. für den idealisierten Fall sog. "elastisch–adiabater Stoffe", in denen Wärmeleitung unmöglich ist.

71) die man bekanntlich nach Integration der (auf Wärmeleiteffekte beschränkten) Entropiebilanz

$$\frac{\hat{Q}}{T} = -\frac{\nabla\cdot\mathbb{q}}{\rho T} \equiv -\frac{1}{\rho}\nabla\cdot\left(\frac{\mathbb{q}}{T}\right) - \frac{\mathbb{q}\cdot\nabla T}{\rho T^2} = \dot{\mathscr{S}}$$ über die Gesamtmasse unter Beachtung der Bedingung $\mathbb{n}\cdot\mathbb{q} = 0$ der Wärmeisolierung an der Körperoberfläche sowie des Befundes $\mathbb{q}\cdot\nabla T \leq 0$ (vgl. z.B. [5b]) gewinnt.

72) Man beachte $\int\limits_{(V)} \nabla\cdot\dot{\mathbb{u}}\,dV = \int\limits_{0(V)} \mathbb{n}\cdot\dot{\mathbb{u}}\,d0 = 0$, weil Unverschieblichkeit der Oberfläche vorausgesetzt wurde.

73) Man beachte, daß wegen der gewählten Randbedingungen weder Wärme $(Q_{a\Sigma})$ noch mechanische Arbeit $(\mathscr{A}_{a\Sigma})$ längs der Oberflächen zugeführt wird. Von Volumenkräften wurde abgesehen. $\mathscr{E}_{\Sigma}$ bzw. $\mathscr{U}_{\Sigma}$ bedeuten darin kinetische bzw. innere Energie des Gesamtkörpers.

$$+\frac{2G\alpha}{\rho_0}\frac{1+\nu}{1-2\nu}T_0\,\mathbb{E}\cdot\cdot\,\mathbb{D}+\frac{c_{d0}}{2T_0}(T^2-T_0^2) \qquad (2.62a\text{-}c)$$

folgt nämlich aus (2.61), d.h. aus

$$(\mathscr{E}_\Sigma+\mathscr{U}_\Sigma)=\text{const}\,,\ \text{bzw.}\ (\mathscr{E}_\Sigma+\mathscr{U}_\Sigma)_{t_1}=(\mathscr{E}_\Sigma+\mathscr{U}_\Sigma)_{t_2}$$

mit

$$\int_{(V)}\mathbb{E}\cdot\cdot\,\mathbb{D}\,dV=\int_{(V)}\nabla\cdot\mathbf{u}\,dV=\int_{0(V)}\mathbf{n}\cdot\mathbf{u}\,d0=0$$

schließlich

$$\left\{\int_m\left[\frac{G}{\rho}\left[\mathbb{D}\cdot\cdot\,\mathbb{D}+\frac{\nu}{1-2\nu}(\mathbb{E}\cdot\cdot\,\mathbb{D})^2\right]+\frac{\dot{\mathbf{u}}^2}{2}\right]dm\right\}_{t_2}-$$

$$-\left\{\int_{(m)}\left[\frac{G}{\rho}\left[\mathbb{D}\cdot\cdot\,\mathbb{D}+\frac{\nu}{1-2\nu}(\mathbb{E}\cdot\cdot\,\mathbb{D})^2\right]+\frac{\dot{\mathbf{u}}^2}{2}\right]dm\right\}_{t_1}=$$

$$=-\frac{c_{d0}}{2T_0}\left[\left\{\int_{(m)}T^2\,dm\right\}_{t_2}-\left\{\int_{(m)}T^2\,dm\right\}_{t_1}\right]\overset{(2.60c)}{\leq}0\ \text{für}\ t_2>t_1\,, \qquad (2.63)$$

also in der Tat ein – hiermit allerdings nur global festzustellendes – Abnehmen der Summe aus kinetischer und (isothermer) "Formänderungsenergie" [74], was etwa, wenn man die Existenz zweier aufeinanderfolgender "Bewegungs–Nulldurchgänge" mit $\mathbb{D}=\mathbb{0}$ für $t=t_{10},t_{20}$ unterstellt, wegen der dafür aus (2.63) zu spezialisierenden Aussage

$$\int_{(m)}\frac{dm}{2}\left(\dot{\mathbf{u}}^2\big|_{t_{20}}-\dot{\mathbf{u}}^2\big|_{t_{10}}\right)\leq 0\quad\text{für}\quad t_{20}>t_{10}$$

bedeutet, daß mit jedem "Nulldurchgang" die kinetische Energie des Systems abnimmt, also letztlich ein Ruhezustand eintreten muß. Energetisch gesehen wird – bei Wahrung des Gesamt–Energiebestandes $(\mathscr{E}_\Sigma+\mathscr{U}_\Sigma)$ – die anfänglich eingeleitete "Störungsenergie" (repräsentiert durch eine Anfangs–Formänderung bzw. durch eine Anfangs–Impulserteilung in unverformter Ausgangslage) im Laufe der Zeit in Erwärmung des Körpers umgesetzt.

Eine anschauliche Interpretation des Phänomens der thermischen Dämpfung ist für die Transversalschwingung eines wärmeisolierten Stabes etwa als Folge einer Anfangsauslenkung mit der näherungsweisen Annahme möglich, daß man Wärmeleiteffekte in Stabachsenrichtung außer Betracht läßt (Abb. 2.5). Würde das Stabmaterial hyperelastisch–adiabatisch, also nicht wärmeleitend sein, so wären die einer Systemkonfiguration (etwa den Amplitudenlagen 1 , bzw. 2) entsprechenden Temperaturfelder Diejenigen, die sich aufgrund der jeweils adiabatisch deformierten Balkenelemente ergäben, also mit

---

74) $\mathscr{W}_{\text{isotherm}\Sigma}=G\int_{(m)}\left[\mathbb{D}\cdot\cdot\,\mathbb{D}+\frac{\nu}{1-2\nu}(\mathbb{E}\cdot\cdot\,\mathbb{D})^2\right]dV=\int_{(m)}\mathscr{F}_{DT}(\mathbb{D},T_0)dm$ (vgl.(2.55)).

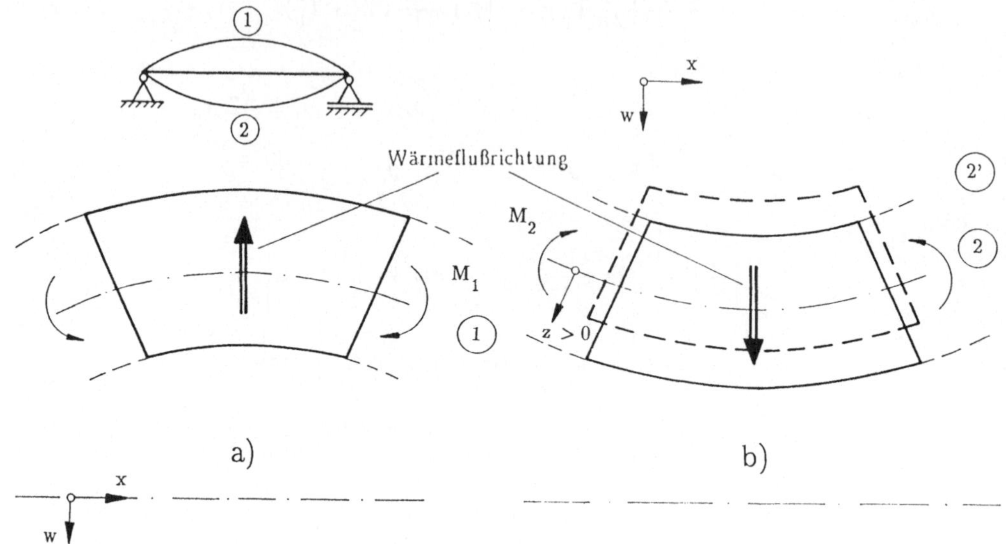

Abb. 2.5

$$\mathbb{E}\cdot\cdot\mathbb{D} \overset{75)}{=} \epsilon_{xx}(1-2\nu) + 2(1+\nu)\alpha(T-T_0) = -(1-2\nu)\, zw''(x,t) + 2(1+\nu)\alpha(T-T_0) \qquad (2.64a)$$

die aus

$$\mathscr{S} \overset{(2.55b)}{=} \text{const} = \mathscr{S}_0 = \mathscr{S}_0 + \frac{c_{d0}}{T_0}(T_{ad} - T_0) + \frac{2G\alpha(1+\nu)}{\rho\;(1-2\nu)}\,\mathbb{E}\cdot\cdot\mathbb{D} =$$

$$= \mathscr{S}_0 + \frac{c_{d0}}{T_0}[1 + \tfrac{2}{3}\kappa\,(1+\nu)](T_{ad} - T_0) + \frac{E\alpha}{\rho}\,\epsilon_{xx} =$$

$$= \mathscr{S}_0 + \frac{c_{d0}}{T_0}[1 + \tfrac{2}{3}\kappa\,(1+\nu)](T_{ad} - T_0) - \frac{E\alpha}{\rho}\, z\, w''(x,t) \qquad (2.64b)$$

---

75) Es werden die üblichen Voraussetzungen der ebenen Theorie der Stabbiegung in der (x,z)–Ebene für kleine Verformungen benutzt, nämlich

a) die Bernoullische Hypothese $\epsilon_{xx}(x,z,t) = -z\, w''(x,t)$, mit der die Axialdehnungen achsenparalleler Stabfasern (im Abstande z von der "neutralen Schicht") mit den Durchbiegungen w(x,t) der "Balkenachse" (z = 0) korreliert werden, sowie

b) die Voraussetzung, daß der (Biege–) Spannungszustand im Stabkontinuum durch das einachsige Gesetz $\mathbb{S}(x,z,t) = \sigma_{xx}(x,z,t)\, \mathbb{e}_x \circ \mathbb{e}_x$ mit $\sigma_{xx} = E\,[\epsilon_{xx} - \alpha\,(T - T_0)]$ (Hooke) zu beschreiben sei, daß also die übrigen Normalspannungen gegenüber den axialen Normalspannungen zu vernachlässigen seien.

Neben den Längsdehnungen ϵ_{xx} gehören daher auch Querdehnungen

$\epsilon_{yy} = \epsilon_{zz} = -\nu\frac{\sigma_{xx}}{E} + \alpha\,(T - T_0) = -\nu\,\epsilon_{xx} + (1+\nu)\,\alpha\,(T - T_0)$ zur "Deformations – Hypothese" des Stabkontinuums, womit schließlich in der Tat

$\mathbb{E}\cdot\cdot\mathbb{D} = \epsilon_{xx} + \epsilon_{yy} + \epsilon_{zz} = (1 - 2\nu)\,\epsilon_{xx} + 2\,(1+\nu)\,\alpha\,(T - T_0)$ (vgl. 2.64a) entsteht.

feststellbaren Temperaturfelder

$$T_{ad}(x,z,t) - T_0 = -\frac{E\alpha T_0}{\rho\ c_{d0}}\ \frac{\epsilon_{xx}}{1+\frac{2}{3}\kappa\,(1+\nu)} = \frac{E\alpha T_0}{\rho\ c_{d0}}\ \frac{z\ w''}{1+\frac{2}{3}\kappa\,(1+\nu)}, \quad (2.64c)$$

wonach in der Amplitudenlage 1 mit $w''(x,t) > 0$ die untere Stabelementenhälfte ($z > 0$) erwärmt und die Obere ($z < 0$) abgekühlt erschiene, wohingegen dies in der unteren Amplitudenlage umgekehrt wäre. Im Falle fehlender Wärmeleitung sind die wegen

$$\epsilon_{xx} - \alpha\,(T_{ad} - T_0) \overset{(2.64c)}{=} \epsilon_{xx}\frac{1+\kappa}{1+\frac{2}{3}\kappa\,(1+\nu)}$$

und damit $\quad \sigma_{xx,ad} = E\,[\epsilon_{xx} - \alpha\,(T_{ad} - T_0)] \equiv E_{ad}\epsilon_{xx} = -\,E_{ad} z\ w''(x,t)$

in der Form

$$M_y(x,t) = \int_{(F)} z\sigma_{xx,ad}dF = -\,E_{ad}\,J_y\ w''(x,t), \quad J_y = \int_{(F)} z^2 dF \qquad (2.64d,e)$$

darstellbaren Biegemomente in den beiden Amplitudenlagen betragsmäßig gleich,

$$|M_y(x,t_1)| = |M_y(x,t_2)|\ ,$$

was entsprechend auch für die Querkräfte gilt und dementsprechend bewirkt, daß die in den Amplitudenlagen geweckten "rücktreibenden Kräfte" gleich sind, was schließlich Periodizität der Bewegung garantiert.[76] Bei Vorhandensein von Wärmeleitung zwischen der oberen und unteren Stabelementenhälfte (durch die neutrale Schicht $z = 0$ hindurch, wie in (Abb. 2.5) durch die beiden Doppelpfeile angedeutet) ist dies jedoch nicht mehr der Fall:

Etwa die Situation kurz vor Erreichen der Amplitudenlage 2 betrachtend, wird das durch (2.64c) beschriebene "adiabatische Temperaturfeld" aufgrund von Wärmeleitung dahingehend verändert, daß Wärme von der oberen (komprimierten und damit erwärmten) Stabelementenhälfte ($z < 0$) in die untere (expandierte und damit abgekühlte) Hälfte fließt, womit sich die untere Hälfte gegenüber dem adiabatischen Fall erwärmt, die obere kälter wird, als ihrer adiabatischen Temperatur entspräche. Gleichbedeutend damit ist, daß zur Erzeugung der Faserdehnungen etwa am unteren Rande eine kleinere Zugspannung als die adiabatische Zugspannung erforderlich ist, weil ein Teil dieser Dehnung nun schon durch diejenige Wärmedehnung erbracht wird, die der durch Wärmeleitung bedingten Erwärmung der unteren Randfaser (gegenüber ihrer adiabatischen Temperatur) entspricht. Weil jetzt real

$$T_u > T_{ad}\,(x,z_u,t_2) \text{ ist,}$$

ist auch $\quad \sigma_{xx}(x,z_u,t_2) < \sigma_{xx_{ad}}\,(x,z_u,t_2)\ ,$

und Entsprechendes gilt auch für die obere Randfaser. Der hier auftretende reale Druckspannungsbetrag ist kleiner als der adiabatische, was nun insgesamt bewirkt, daß durch Wärmeleitung die Biegemomente und Querkräfte abgebaut werden in dem Sinne, daß die Momente kurz vor Erreichen einer Amplitudenlage in der Lage 2' noch etwas größer sind als Diejenigen, die nach Durchlaufen der Amplitudenlage 2 danach in der Lage 2' aufgefunden werden. Folge davon ist schwächere Rückstellwirkung, d. h. generell eine Schwingungsbewegung abnehmender Intensität. In § E1 ist eine eingehendere Analyse des Effektes der thermischen Dämpfung im Zusammenhang mit longitudinalen Stabschwingungen verfertigt worden.

2.2.11 Algebraische Ergänzungen

a) zu Formel 2.6c

Sofern aus

---

76) Die "Periodizität" der freien Schwingungen eines aus solcherart "elastisch–adiabatem Material" gefertigten Stabes erkennt man übrigens sogleich aus der durch $\frac{\partial Q}{\partial x} = \frac{\partial^2 M}{\partial x^2} = \rho F\frac{\partial^2 w}{\partial t^2} = \rho F\ddot{w} \overset{(2.64d,e)}{=} -\,E_{ad}J_y w''''$ darzustellenden Bewegungsgleichung, die keinerlei Dämpfungsanteile enthält.

$$d\mathcal{F} = d\mathfrak{d} \odot \mathfrak{g}(\mathfrak{d}) = \mathfrak{g}(\mathfrak{d}) \odot d\mathfrak{d} \tag{2.65a}$$

durch Linienintegration längs beliebiger, zwei Punkte $(\mathfrak{d}_1, \mathfrak{d}_2)$ im Zustandsraum verbindender Kurven (C) ein pfadunabhängiger Wert $\mathcal{F}(\mathfrak{d}_2) - \mathcal{F}(\mathfrak{d}_1)$ erhalten werden, also die Pfaffsche Form (2.65a) integrabel sein soll, muß $\mathfrak{g}(\mathfrak{d})$ als Gradient, d.h. für $\mathfrak{g}(\mathfrak{d})$ eine entsprechende Rotorfreiheit festgestellt werden, die – den Zustandsraum als einfach zusammenhängend unterstellend – notwendig und hinreichend Eindeutigkeit garantiert. Die Forderung nach Rotorfreiheit ist – als "infinitesimale Version" der Forderung nach Wegunabhängigkeit von Linienintegrationen – Ausdruck des Befundes, daß es für die Feststellung der Änderung $\Delta\ \mathcal{F}_{AC} = \mathcal{F}_C - \mathcal{F}_A$ der, zwei infinitesimal benachbarten Zustandsraumpunkten $A(\mathfrak{d})$ und $C(\mathfrak{d}+d\mathfrak{d}_1+d\mathfrak{d}_2)$ zukommenden, Funktionswerte gleichgültig sein muß ob dabei die Integrationswege

$$A(\mathfrak{d}) \to B(\mathfrak{d} + d\mathfrak{d}_1) \to C(\mathfrak{d} + d\mathfrak{d}_1 + d\mathfrak{d}_2)$$

oder

$$A(\mathfrak{d}) \to D(\mathfrak{d} + d\mathfrak{d}_2) \to C(\mathfrak{d} + d\mathfrak{d}_2 + d\mathfrak{d}_1)$$

benutzt werden (Abb. 2.6). Im ersten Falle ist mit

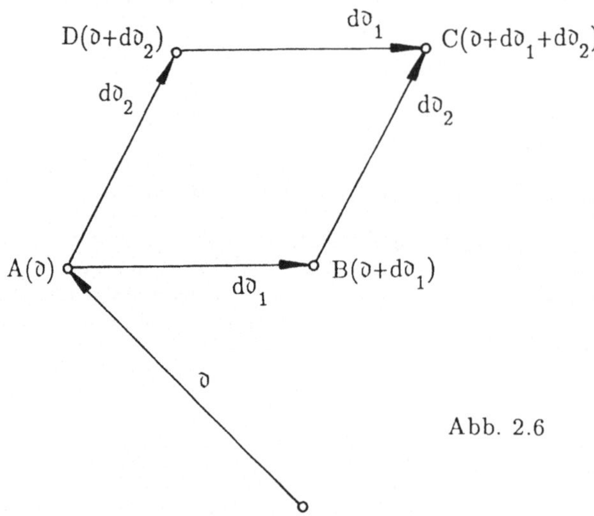

Abb. 2.6

$$d\mathcal{F}_{AB} = \mathfrak{g}(\mathfrak{d}) \odot d\mathfrak{d}_1 \ , \quad d\mathcal{F}_{BC} = \mathfrak{g}(\mathfrak{d} + d\mathfrak{d}_1) \odot d\mathfrak{d}_2 \approx \left(\mathfrak{g}(\mathfrak{d}) + d\mathfrak{d}_1 \odot \frac{d\mathfrak{g}}{d\mathfrak{d}}\Big|_{\mathfrak{d}}\right) \odot d\mathfrak{d}_2$$

$$\equiv \mathfrak{g}(\mathfrak{d}) \odot d\mathfrak{d}_2 + d\mathfrak{d}_1 \odot \frac{d\mathfrak{g}}{d\mathfrak{d}} \odot d\mathfrak{d}_2$$

bis auf von höherer als zweiter Ordnung kleine Anteile

$$\Delta\mathcal{F}_{AC} = \Delta\mathcal{F}_{ABC} = d\mathcal{F}_{AB} + d\mathcal{F}_{BC} = \mathfrak{g}(\mathfrak{d}) \odot (d\mathfrak{d}_1 + d\mathfrak{d}_2) + d\mathfrak{d}_1 \odot \frac{d\mathfrak{g}}{d\mathfrak{d}} \odot d\mathfrak{d}_2 \tag{2.65b}$$

zu folgern, im zweiten Falle – man vertausche $d\mathfrak{d}_1$ mit $d\mathfrak{d}_2$ –

$$\Delta\mathcal{F}_{AC} = \Delta\mathcal{F}_{ADC} = \mathfrak{g}(\mathfrak{d}) \odot (d\mathfrak{d}_1 + d\mathfrak{d}_2) + d\mathfrak{d}_2 \odot \frac{d\mathfrak{g}}{d\mathfrak{d}} \odot d\mathfrak{d}_1 \ , \tag{2.65c}$$

so daß als Ergebnis der Linienintegration längs des Umfanges eines durch zwei Linienelementenvektoren $(d\mathfrak{d}_1, d\mathfrak{d}_2)$ aufgespannten Parallelogrammes $(df_{1,2})$ in der Tat der Wert

$$\oint_{(df_{1,2})} \mathfrak{g}(\mathfrak{d})\odot d\mathfrak{d} = \Delta \mathscr{F}_{ABC} - \Delta\mathscr{F}_{ADC} = d\mathfrak{d}_1 \odot \frac{d\mathfrak{g}}{d\mathfrak{d}}\odot d\mathfrak{d}_2 - d\mathfrak{d}_2\odot\frac{d\mathfrak{g}}{d\mathfrak{d}}\odot d\mathfrak{d}_1 \equiv$$

$$d\mathfrak{d}_1\odot\left[d\mathfrak{d}_2\odot\left(\frac{d\mathfrak g}{d\mathfrak d}\right)^T\right] - d\mathfrak d_2\odot\left[d\mathfrak d_1\odot\left(\frac{d\mathfrak g}{d\mathfrak d}\right)^T\right] \equiv -(d\mathfrak d_1\otimes d\mathfrak d_2)\cdot\cdot\left[\frac{d\mathfrak g}{d\mathfrak d}-\left(\frac{d\mathfrak g}{d\mathfrak d}\right)^T\right] \qquad (2.65d)$$

(vgl. 2.6c) anfällt, der im Eindeutigkeitsfalle verschwinden muß (vgl.(2.7a)).

b) zu Fußnote [52]
Sofern aus

$$d\mathbb{D}^{(R)} \equiv \frac{1}{2}\left(d\mathbb{D}^{(S)}\cdot{\mathbb{D}^{(S)}}^{-1} + {\mathbb{D}^{(S)}}^{-1}\cdot d\mathbb{D}^{(S)}\right) = \left(d\mathbb{D}^{(S)}\cdot{\mathbb{D}^{(S)}}^{-1}\right)\cdot\cdot\overset{\langle 4\rangle}{\mathbf{M}} \equiv$$

$$= d\mathbb{D}^{(S)}\cdot\cdot\left({\mathbb{D}^{(S)}}^{-1}\cdot\overset{\langle 4\rangle}{\mathbf{M}}\right) \equiv d\mathbb{D}^{(S)}\cdot\cdot\overset{\langle 4\rangle}{\mathbf{M}}\cdot\cdot\left({\mathbb{D}^{(S)}}^{-1}\cdot\overset{\langle 4\rangle}{\mathbf{M}}\right) \qquad (2.66a)$$

durch Linienintegration längs beliebiger, zwei Punkte $(\mathbb{D}_1^{(S)}, \mathbb{D}_2^{(S)})$ im Verzerrungszustandsraum verbindender Kurven ein pfadunabhängiger Wert $(\mathbb{D}_1^{(R)} - \mathbb{D}_2^{(R)})$ erhalten werden, also die Pfaffsche Form (2.66a) integrabel sein soll, muß die vollständig-symmetrische Größe[77]

$$\overset{\langle 4\rangle}{\mathbb{B}} = \overset{\langle 4\rangle}{\mathbf{M}}\cdot\cdot\left({\mathbb{D}^{(S)}}^{-1}\cdot\overset{\langle 4\rangle}{\mathbf{M}}\right) = \left(\overset{\langle 4\rangle}{\mathbf{M}}\cdot{\mathbb{D}^{(S)}}^{-1}\right)\cdot\cdot\overset{\langle 4\rangle}{\mathbf{M}} \qquad (2.66b)$$

als Verzerrungs-Gradient identifiziert also für $\overset{\langle 4\rangle}{\mathbb{B}}$ eine entsprechende Rotorfreiheit festgestellt werden, die jetzt hier in konkreter Tensornotation überprüft werden soll. Analog dem unter 2.2.11a referierten Vorgehen ist hierfür als notwendige und hinreichende[78] Bedingung Verschwinden der elementaren Linienintegrale längs des Umfanges beliebiger, durch jeweils zwei Verzerrungsinkremente $d\mathbb{D}_1^{(S)}$, $d\mathbb{D}_2^{(S)}$ gebildeter Flächenelemente (df_{12}) nach Abb. 2.7, d.h.

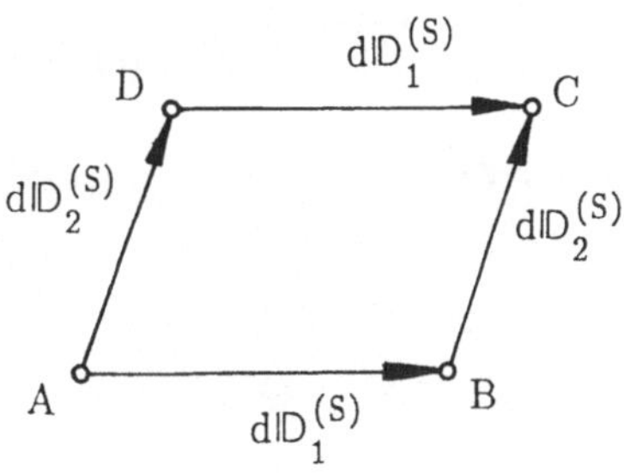

Abb. 2.7

$$\left(\oint_{(df_{12})} d\mathbb{D}^{(S)}\cdot\cdot\overset{\langle 4\rangle}{\mathbb{B}} = 0\right.,$$

also

$$\int_{A\to B\to C} d\mathbb{D}^{(S)}\cdot\cdot\overset{\langle 4\rangle}{\mathbb{B}} \overset{(2.66a)}{\approx} d\mathbb{D}_1^{(S)}\cdot\cdot\overset{\langle 4\rangle}{\mathbb{B}} + d\mathbb{D}_2^{(S)}\cdot\cdot\overset{\langle 4\rangle}{\mathbb{B}} + d\mathbb{D}_1^{(S)}\cdot\cdot\frac{d}{d\mathbb{D}^{(S)}}\left(d\mathbb{D}_2^{(S)}\cdot\cdot\overset{\langle 4\rangle}{\mathbb{B}}\right) =$$

$$=^{77)}\left(d\mathbb{D}_1^{(S)} + d\mathbb{D}_2^{(S)}\right)\cdot\cdot\overset{\langle 4\rangle}{\mathbb{B}} + d\mathbb{D}_1^{(S)}\cdot\cdot\frac{d\overset{\langle 4\rangle}{\mathbb{B}}}{d\mathbb{D}^{(S)}}\cdot\cdot d\mathbb{D}_2^{(S)} =$$

---

[77] Man beachte, daß $\overset{\langle 4\rangle}{\mathbb{B}} = \overset{\langle 4\rangle}{\mathbf{M}}\cdot\cdot\left({\mathbb{D}^{(S)}}^{-1}\cdot\overset{\langle 4\rangle}{\mathbf{M}}\right) \equiv \left(\overset{\langle 4\rangle}{\mathbf{M}}\cdot{\mathbb{D}^{(S)}}^{-1}\right)\cdot\cdot\overset{\langle 4\rangle}{\mathbf{M}}$ wegen $\overset{\langle 4\rangle}{\mathbb{B}} \equiv \overset{\langle 4\rangle}{\mathbb{E}}_T\cdot\cdot\overset{\langle 4\rangle}{\mathbb{B}} \equiv \overset{\langle 4\rangle}{\mathbb{B}}\cdot\cdot\overset{\langle 4\rangle}{\mathbb{E}}_T \equiv {\overset{\langle 4\rangle}{\mathbb{B}}}^T$ vollständig symmetrisch und demgemäß $d\mathbb{D}^{(S)}\cdot\cdot\overset{\langle 4\rangle}{\mathbb{B}} = \overset{\langle 4\rangle}{\mathbb{B}}\cdot\cdot d\mathbb{D}^{(S)}$ ist.

[78] Die Betrachtnahme evtl. mehrfachen Zusammenhanges des Verzerrungszustandsraumes wird ausgeschlossen.

$$= \int\limits_{A\to D\to C} d\mathbb{D}^{(S)}\cdot\cdot\overset{\langle 4\rangle}{\mathbb{B}} \approx \left(d\mathbb{D}_1^{(S)} + d\mathbb{D}_2^{(S)}\right)\cdot\cdot\overset{\langle 4\rangle}{\mathbb{B}} + d\mathbb{D}_2^{(S)}\cdot\cdot\frac{d\overset{\langle 4\rangle}{\mathbb{B}}}{d\mathbb{D}^{(S)}}\cdot\cdot d\mathbb{D}_1^{(S)}$$

und damit letztlich von $\overset{\langle 4\rangle}{\mathbb{B}}$ die Eigenschaft

$$d\mathbb{D}_1^{(S)}\cdot\cdot\frac{d\overset{\langle 4\rangle}{\mathbb{B}}}{d\mathbb{D}^{(S)}}\cdot\cdot d\mathbb{D}_2^{(S)} = d\mathbb{D}_2^{(S)}\cdot\cdot\frac{d\overset{\langle 4\rangle}{\mathbb{B}}}{d\mathbb{D}^{(S)}}\cdot\cdot d\mathbb{D}_1^{(S)}$$

bzw.[79)]

$$d\mathbb{D}_1^{(S)}\circ d\mathbb{D}_2^{(S)}\cdot\cdot\cdot\cdot\left[\left[\frac{d\overset{\langle 4\rangle}{\mathbb{B}}}{d\mathbb{D}^{(S)}}\right]^{T}\cdot\cdot\cdot\cdot\overset{\langle 8\rangle}{\mathbb{E}}_T\right] = d\mathbb{D}_2^{(S)}\circ d\mathbb{D}_1^{(S)}\cdot\cdot\cdot\cdot\left[\left[\frac{d\overset{\langle 4\rangle}{\mathbb{B}}}{d\mathbb{D}^{(S)}}\right]^{T}\cdot\cdot\cdot\cdot\overset{\langle 8\rangle}{\mathbb{E}}_T\right],$$

d.h.

$$\left[\frac{d\overset{\langle 4\rangle}{\mathbb{B}}}{d\mathbb{D}^{(S)}}\right]^{T}\cdot\cdot\cdot\cdot\overset{\langle 8\rangle}{\mathbb{E}}_T = \overset{\langle 8\rangle}{\mathbb{E}}_T\cdot\cdot\cdot\cdot\left[\left[\frac{d\overset{\langle 4\rangle}{\mathbb{B}}}{d\mathbb{D}^{(S)}}\right]^{T}\cdot\cdot\cdot\cdot\overset{\langle 8\rangle}{\mathbb{E}}_T\right] \qquad (2.66c)$$

zu verlangen. Darin bedeutet $d\overset{\langle 4\rangle}{\mathbb{B}} / d\mathbb{D}^{(S)}$ den durch

$$d\overset{\langle 4\rangle}{\mathbb{B}} = d\mathbb{D}^{(S)}\cdot\cdot\left(d\overset{\langle 4\rangle}{\mathbb{B}} / d\mathbb{D}^{(S)}\right)$$

definierten sechstufigen Operator, der unter Benutzung der Identitätenabfolge

$$d\overset{\langle 4\rangle}{\mathbb{B}} \overset{(2.66b)}{=} \left[\overset{\langle 4\rangle}{\mathbf{M}}\cdot d\left(\mathbb{D}^{(S)^{-1}}\right)\right]\cdot\cdot\overset{\langle 4\rangle}{\mathbf{M}} =^{80)} -\left[\overset{\langle 4\rangle}{\mathbf{M}}\cdot\mathbb{D}^{(S)^{-1}}\cdot d\mathbb{D}^{(S)}\cdot\mathbb{D}^{(S)^{-1}}\right]\cdot\cdot\overset{\langle 4\rangle}{\mathbf{M}} \equiv$$

$$\equiv -\left[\overset{\langle 4\rangle}{\mathbf{M}}\cdot\mathbb{D}^{(S)^{-1}}\cdot d\mathbb{D}^{(S)}\right]\cdot\cdot\left[\mathbb{D}^{(S)^{-1}}\cdot\overset{\langle 4\rangle}{\mathbf{M}}\right] \equiv -\left[d\mathbb{D}^{(S)}\cdot\mathbb{D}^{(S)^{-1}}\cdot\overset{\langle 4\rangle}{\mathbf{M}}\right]\cdot\cdot\cdot\cdot\overset{\langle 8\rangle}{\mathbb{E}}_T\cdot\cdot\left[\mathbb{D}^{(S)^{-1}}\cdot\overset{\langle 4\rangle}{\mathbf{M}}\right]$$

$$\equiv -d\mathbb{D}^{(S)}\cdot\cdot\left[\mathbb{D}^{(S)^{-1}}\cdot\overset{\langle 4\rangle}{\mathbf{M}}\right]\cdot\cdot\cdot\overset{\langle 8\rangle}{\mathbb{E}}_T\cdot\cdot\left[\mathbb{D}^{(S)^{-1}}\cdot\overset{\langle 4\rangle}{\mathbf{M}}\right] \equiv$$

$$\equiv -d\mathbb{D}^{(S)}\cdot\cdot\overset{\langle 4\rangle}{\mathbf{M}}\cdot\cdot\left[\left[\mathbb{D}^{(S)^{-1}}\cdot\overset{\langle 4\rangle}{\mathbf{M}}\right]\cdot\cdot\cdot\overset{\langle 8\rangle}{\mathbb{E}}_T\cdot\cdot\left[\mathbb{D}^{(S)^{-1}}\cdot\overset{\langle 4\rangle}{\mathbf{M}}\right]\right] \equiv d\mathbb{D}^{(S)}\cdot\cdot\left[d\overset{\langle 4\rangle}{\mathbb{B}}/d\mathbb{D}^{(S)}\right]$$

---

79) Man benutze die Identitätenabfolge

$$d\mathbb{D}_1^{(S)}\cdot\cdot\frac{d\overset{\langle 4\rangle}{\mathbb{B}}}{d\mathbb{D}^{(S)}}\cdot\cdot d\mathbb{D}_2^{(S)} \equiv d\mathbb{D}_1^{(S)}\cdot\cdot\left\{\left[d\mathbb{D}_2^{(S)}\cdot\cdot\left[\frac{d\overset{\langle 4\rangle}{\mathbb{B}}}{d\mathbb{D}^{(S)}}\right]^{T}\right]\cdot\cdot\cdot\cdot\overset{\langle 8\rangle}{\mathbb{E}}_T\right\} =$$

$$= d\mathbb{D}_1^{(S)}\cdot\cdot\left\{d\mathbb{D}_2^{(S)}\cdot\cdot\left[\left[\frac{d\overset{\langle 4\rangle}{\mathbb{B}}}{d\mathbb{D}^{(S)}}\right]^{T}\right]\cdot\cdot\cdot\cdot\overset{\langle 8\rangle}{\mathbb{E}}_T\right\} \equiv d\mathbb{D}_1^{(S)}\circ d\mathbb{D}_2^{(S)}\cdot\cdot\cdot\cdot\left[\left[\frac{d\overset{\langle 4\rangle}{\mathbb{B}}}{d\mathbb{D}^{(S)}}\right]^{T}\cdot\cdot\cdot\cdot\overset{\langle 8\rangle}{\mathbb{E}}_T\right],$$

worin $\overset{\langle 8\rangle}{\mathbb{E}}_T$ mit Vektoren $\mathbb{a}$, $\mathbb{b}$, $\mathbb{c}$ $\mathbb{d}$ den durch

$$\mathbb{a}\circ\mathbb{b}\circ\mathbb{c}\circ\mathbb{d}\cdot\cdot\cdot\cdot\overset{\langle 8\rangle}{\mathbb{E}}_T \equiv \overset{\langle 8\rangle}{\mathbb{E}}_T\cdot\cdot\cdot\cdot\mathbb{a}\circ\mathbb{b}\circ\mathbb{c}\circ\mathbb{d} = \mathbb{d}\circ\mathbb{c}\circ\mathbb{b}\circ\mathbb{a}$$

definierten achtstufigen Transponierer bedeutet [5a].

80) Man benutze die wegen $\mathbb{D}^{(S)^{-1}}\cdot\mathbb{D}^{(S)} = \mathbb{E}$, d.h. $d\left(\mathbb{D}^{(S)^{-1}}\right)\cdot\mathbb{D}^{(S)} + \mathbb{D}^{(S)^{-1}}\cdot d\mathbb{D}^{(S)} = 0$ erhältliche Identität

$$d\left(\mathbb{D}^{(S)^{-1}}\right) = -\mathbb{D}^{(S)^{-1}}\cdot d\mathbb{D}^{(S)}\cdot\mathbb{D}^{(S)^{-1}}$$

als

$$\mathrm{d}\overset{\langle 4\rangle}{\mathbb{B}}/\mathrm{d}\mathbb{D}^{(S)} = -\overset{\langle 4\rangle}{\mathbf{M}}\cdot\cdot\left[\left[\mathbb{D}^{(S)^{-1}}\cdot\overset{\langle 4\rangle}{\mathbf{M}}\right]\cdot\cdot\cdot\cdot\overset{\langle 8\rangle}{\mathbb{E}}_T\cdot\cdot\left[\mathbb{D}^{(S)^{-1}}\cdot\overset{\langle 4\rangle}{\mathbf{M}}\right]\right] \equiv$$

$$\equiv -\left[\left[\overset{\langle 4\rangle}{\mathbf{M}}\cdot\mathbb{D}^{(S)^{-1}}\cdot\overset{\langle 4\rangle}{\mathbf{M}}\right]\cdot\cdot\cdot\cdot\overset{\langle 8\rangle}{\mathbb{E}}_T\cdot\cdot\left[\mathbb{D}^{(S)^{-1}}\cdot\overset{\langle 4\rangle}{\mathbf{M}}\right]\right] \tag{2.66d}$$

dargestellt werden kann. Zur Überprüfung der eventuellen Gültigkeit von (2.66c), mit (2.66d) ohne Einschränkung der Allgemeinheit als Basisvektoren die Einheitsvektoren ($\mathbf{e}_j$) der (orthogonalen) Hauptrichtungen von $\mathbb{D}^{(S)}$ benutzend, setzen wir

$$\mathbb{D}^{(S)^{-1}} =^{81)} \sum \zeta_j\, \mathbf{e}_j\circ\mathbf{e}_j \ , \quad \zeta_j = 1/d_j^{(S)(H)}$$

und erhalten mit

$$\overset{\langle 4\rangle}{\mathbf{M}} = \sum \mathbf{e}_\alpha\circ\mathbf{e}_\beta\circ(\mathbf{e}_\alpha\circ\mathbf{e}_\beta + \mathbf{e}_\beta\circ\mathbf{e}_\alpha)/2 \equiv \sum(\mathbf{e}_\alpha\circ\mathbf{e}_\beta + \mathbf{e}_\beta\circ\mathbf{e}_\alpha)\circ\mathbf{e}_\alpha\circ\mathbf{e}_\beta/2$$

sowie

$$\overset{\langle 8\rangle}{\mathbb{E}}_T = \sum \mathbf{e}_\alpha\circ\mathbf{e}_\beta\circ\mathbf{e}_\gamma\circ\mathbf{e}_\delta\circ\mathbf{e}_\alpha\circ\mathbf{e}_\beta\circ\mathbf{e}_\gamma\circ\mathbf{e}_\delta$$

zunächst

$$\mathbb{D}^{(S)^{-1}}\cdot\overset{\langle 4\rangle}{\mathbf{M}} = \sum \zeta_j\, \mathbf{e}_j\circ\mathbf{e}_\beta\circ(\mathbf{e}_j\circ\mathbf{e}_\beta + \mathbf{e}_\beta\circ\mathbf{e}_j)/2 \ ,$$

also

$$\left[\mathbb{D}^{(S)^{-1}}\cdot\overset{\langle 4\rangle}{\mathbf{M}}\right]\cdot\cdot\cdot\cdot\overset{\langle 8\rangle}{\mathbb{E}}_T = \sum \zeta_j\, \mathbf{e}_j\circ\mathbf{e}_k\circ(\mathbf{e}_l\circ\mathbf{e}_j + \mathbf{e}_j\circ\mathbf{e}_l)\circ\mathbf{e}_l\circ\mathbf{e}_k/2$$

bzw.

$$\overset{\langle 4\rangle}{\mathbf{M}}\cdot\cdot\left[\left[\mathbb{D}^{(S)^{-1}}\cdot\overset{\langle 4\rangle}{\mathbf{M}}\right]\cdot\cdot\cdot\cdot\overset{\langle 8\rangle}{\mathbb{E}}_T\right] = \sum \zeta_j\,(\mathbf{e}_j\circ\mathbf{e}_k + \mathbf{e}_k\circ\mathbf{e}_j)\circ(\mathbf{e}_l\circ\mathbf{e}_j + \mathbf{e}_j\circ\mathbf{e}_l)\circ\mathbf{e}_l\circ\mathbf{e}_k/4 \ ,$$

d.h. schließlich

$$\mathrm{d}\overset{\langle 4\rangle}{\mathbb{B}}/\mathrm{d}\mathbb{D}^{(S)} = -\sum \zeta_j\zeta_k\,(\mathbf{e}_j\circ\mathbf{e}_k + \mathbf{e}_k\circ\mathbf{e}_j)\circ(\mathbf{e}_j\circ\mathbf{e}_l + \mathbf{e}_l\circ\mathbf{e}_j)\circ(\mathbf{e}_k\circ\mathbf{e}_l + \mathbf{e}_l\circ\mathbf{e}_k)/8$$

und demgemäß mit

$$\left[\frac{\mathrm{d}\overset{\langle 4\rangle}{\mathbb{B}}}{\mathrm{d}\mathbb{D}^{(S)}}\right]^T = -\sum \zeta_j\zeta_k\,(\mathbf{e}_k\circ\mathbf{e}_l + \mathbf{e}_l\circ\mathbf{e}_k)\circ(\mathbf{e}_j\circ\mathbf{e}_l + \mathbf{e}_l\circ\mathbf{e}_j)\circ(\mathbf{e}_j\circ\mathbf{e}_k + \mathbf{e}_k\circ\mathbf{e}_j)/8$$

einerseits

$$\left[\frac{\mathrm{d}\overset{\langle 4\rangle}{\mathbb{B}}}{\mathrm{d}\mathbb{D}^{(S)}}\right]^T\cdot\cdot\cdot\cdot\overset{\langle 8\rangle}{\mathbb{E}}_T = -\sum \zeta_j\zeta_k\,(\mathbf{e}_k\circ\mathbf{e}_l + \mathbf{e}_l\circ\mathbf{e}_k)\circ(\mathbf{e}_k\circ\mathbf{e}_j + \mathbf{e}_j\circ\mathbf{e}_k)\circ(\mathbf{e}_j\circ\mathbf{e}_l + \mathbf{e}_l\circ\mathbf{e}_j)/8 \ ,$$

andererseits aber

$$\overset{\langle 8\rangle}{\mathbb{E}}_T\cdot\cdot\cdot\cdot\left[\left[\frac{\mathrm{d}\overset{\langle 4\rangle}{\mathbb{B}}}{\mathrm{d}\mathbb{D}^{(S)}}\right]^T\cdot\cdot\cdot\cdot\overset{\langle 8\rangle}{\mathbb{E}}_T\right] = -\sum \zeta_j\zeta_k(\mathbf{e}_k\circ\mathbf{e}_j+\mathbf{e}_j\circ\mathbf{e}_k)\circ(\mathbf{e}_k\circ\mathbf{e}_l+\mathbf{e}_l\circ\mathbf{e}_k)\circ(\mathbf{e}_j\circ\mathbf{e}_l+\mathbf{e}_l\circ\mathbf{e}_j)/8$$

$$\neq \left[\frac{\mathrm{d}\overset{\langle 4\rangle}{\mathbb{B}}}{\mathrm{d}\mathbb{D}^{(S)}}\right]^T\cdot\cdot\cdot\cdot\overset{\langle 8\rangle}{\mathbb{E}}_T \ ,$$

---

81) die Summationen erstrecken sich hier, wie generell in allen weiteren Formeln, über die drei Hauptrichtungen. $d_j^{(S)(H)}$, $j = 1,..,3$, sollen die Hauptwerte von $\mathbb{D}^{(S)}$ bedeuten.

womit nachgewiesen ist, daß man per Linienintegration, etwa

$$\mathbb{D}^{(R)} = \int_{\bar{\mathbb{D}}^{(S)}=\mathbb{E}}^{\mathbb{D}^{(S)}} d\bar{\mathbb{D}}^{(S)} \cdot\cdot \overset{<4>}{\mathbb{B}}(\bar{\mathbb{D}}^{(S)}) = \int_{\bar{\mathbb{D}}^{(S)}=\mathbb{E}}^{\mathbb{D}^{(S)}} d\bar{\mathbb{D}}^{(S)} \cdot\cdot \overset{<4>}{\mathbf{M}} \cdot\cdot \left[\bar{\mathbb{D}}^{(S)^{-1}} \cdot \overset{<4>}{\mathbf{M}}\right] \tag{2.66e}$$

i. allg. keine vom Integrationspfad im Verzerrungs–Zustandsraum unabhängige, also keine Zustandsfunktion der (Greenschen bzw. der Streckungs–) Verzerrungen erreichen kann. Schreibt man spezielle Integrationspfade vor, so können mittels (2.66e) (selbstverständlich) Verzerrungsgrößen eindeutig berechnet werden, etwa für den Spezialfall der sog. koaxialen Verzerrungsprozesse[82] mit $d\mathbb{D}^{(S)} \cdot \mathbb{D}^{(S)^{-1}} = \mathbb{D}^{(S)^{-1}} \cdot d\mathbb{D}^{(S)}$, womit aus (2.66e) letztlich[83]

$$\mathbb{D}^{(R)}_{\text{koaxial}} = \ln \mathbb{D}^{(S)} \equiv \mathbb{D}^{(L)} \tag{2.66f}$$

also das – für allgemeine Zustandsänderungen allerdings unbrauchbare – "logarithmische Formänderungsmaß" identifiziert wird.

Schreibt man etwa mit dessen Hauptachsendarstellung

$$\mathbb{D}^{(L)} = \sum_{j=1}^{3} d_j^{(L)(H)} \mathbb{e}_j^{(H)} \circ \mathbb{e}_j^{(H)}$$

die Zeitableitung des logarithmischen Formänderungstensors als

$$\dot{\mathbb{D}}^{(L)} = \sum_{j=1}^{3} \left[\dot{d}_j^{(L)(H)} \mathbb{e}_j^{(H)} \circ \mathbb{e}_j^{(H)} + d_j^{(L)(H)} (\dot{\mathbb{e}}_j^{(H)} \circ \mathbb{e}_j^{(H)} + \mathbb{e}_j^{(H)} \circ \dot{\mathbb{e}}_j^{(H)})\right]$$

$$\equiv \frac{d\mathbb{D}^{(L)}}{dt} + \omega \times \mathbb{D}^{(L)} - \mathbb{D}^{(L)} \times \omega \tag{2.67a}$$

mit der Komponentenableitung

---

[82] Für koaxiale Verzerrungsprozesse bleiben die drei Hauptverzerrungsrichtungen, d. h. das in der Bezugskonfigration definierte sog. "materielle Hauptverzerrrungsachsendreibein" [5a] $\langle \hat{\mathbb{e}}_j^{(H)} \rangle$ – etwa des Greenschen Verzerrungstensors $\mathbb{D}^{(G)}$ – während eines – von $\bar{\mathbb{D}}^{(G)} = 0$ auf

$$\bar{\mathbb{D}}^{(G)} = \mathbb{D}^{(G)} = \sum d_j^{(G)(H)} \hat{\mathbb{e}}_j^{(H)} \circ \hat{\mathbb{e}}_j^{(H)}$$

anwachsenden Verzerrungsprozesses unverändert, weswegen für solcherart Prozesse

$$\bar{\mathbb{D}}^{(G)} = \sum \bar{d}_j^{(G)(H)} \hat{\mathbb{e}}_j^{(H)} \circ \hat{\mathbb{e}}_j^{(H)}, \tag{*}$$

wegen

$$d\bar{\mathbb{D}}^{(G)} = \sum d(\bar{d}_j^{(G)(H)}) \hat{\mathbb{e}}_j^{(H)} \circ \hat{\mathbb{e}}_j^{(H)} \tag{**}$$

das kommutative Gesetz

$$\bar{\mathbb{D}}^{(G)} \cdot d\bar{\mathbb{D}}^{(G)} = d\bar{\mathbb{D}}^{(G)} \cdot \bar{\mathbb{D}}^{(G)}$$

gilt, was entsprechend dann auch für die (zu $\mathbb{D}^{(G)}$ koaxialen) Streckungen $(\mathbb{D}^{(S)})$ zutrifft.

[83] Man integriere die für $\hat{\mathbb{e}}_j^{(H)} = \text{const.}$ erhältliche Struktur

$$d\bar{\mathbb{D}}^{(S)} \cdot\cdot \overset{<4>}{\mathbf{M}} \cdot\cdot (\bar{\mathbb{D}}^{(S)^{-1}} \cdot \overset{<4>}{\mathbf{M}}) = \Sigma\left[d(\bar{d}_j^{(S)(H)})/\bar{d}_j^{(S)(H)}\right] \hat{\mathbb{e}}_j^{(H)} \circ \hat{\mathbb{e}}_j^{(H)}$$

für die Anfangswerte $\bar{d}_j^{(S)(H)} = 1$, $j = 1..3$, komponentenweise.

$$\frac{d\mathbb{D}^{(L)}}{dt} = \sum_{j=1}^{3} \dot{d}_j^{(L)(H)} \mathbb{e}_j^{(H)} \circ \mathbb{e}_j^{(H)} \overset{84)}{=} \sum_{j=1}^{3} (\dot{d}_j^{(S)(H)} / d_j^{(S)(H)}) \mathbb{e}_j^{(H)} \circ \mathbb{e}_j^{(H)} \qquad (2.67b)$$

und der Winkelgeschwindigkeit (ω), mit der die Änderung des (jeweils in der Bezugskonfiguration definierten) materiellen Hauptverzerrungsachsendreibeins beschrieben wird[85], so erkennt man, daß ein mit relativen Spannungen $(\$^{(R)})$ und logarithmischen Formänderungsgeschwindigkeiten per

$$\overset{\times}{\$}^{(R)} \cdot\cdot \dot{\mathbb{D}}^{(L)} = \overset{\times}{\$}^{(R)} \cdot\cdot \left[\sum_{j=1}^{3} (\dot{d}_j^{(S)(H)} / d_j^{(S)(H)}) \mathbb{e}_j^{(H)} \circ \mathbb{e}_j^{(H)} + \omega \times \mathbb{D}^{(L)} - \mathbb{D}^{(L)} \times \omega \right]$$

gebildeter Skalar in den Ausdruck für die Spannungsleistung

$$\overset{\times}{\$}^{(R)} \cdot\cdot (\mathbb{D}^{(S)^{-1}} \cdot \dot{\mathbb{D}}^{(S)} + \dot{\mathbb{D}}^{(S)} \cdot \mathbb{D}^{(S)^{-1}})/2 = (\overset{\times}{\$}^{(R)} \cdot \mathbb{D}^{(S)^{-1}}) \cdot\cdot \overset{\langle 4 \rangle}{\mathbb{M}} \cdot\cdot \dot{\mathbb{D}}^{(S)}$$

(vgl. (1.18) mit (1.20a,b) i. allg. nur für koaxiale Prozesse mit $\omega = 0$, d. h. $\dot{\mathbb{e}}_j^{(H)} = 0$ und damit

$$\frac{d\mathbb{D}^{(S)}}{dt} = \sum_{j=1}^{3} \dot{d}_j^{(S)(H)} / d_j^{(S)(H)} \mathbb{e}_j^{(H)} \circ \mathbb{e}_j^{(H)} \equiv \mathbb{D}^{(S)^{-1}} \cdot \dot{\mathbb{D}}^{(S)} \equiv \dot{\mathbb{D}}^{(S)} \equiv \mathbb{D}^{(S)^{-1}}$$

überführt werden kann, was somit auch unter energetischen Aspekten den Einsatz des logarithmischen Formänderungsmaßes als kinematische Zustandsgröße als problematisch erkennen läßt.

Stellt man übrigens auf der Basis von (2.66c) die Eindeutigkeitsfrage betr. den Zusammenhang zwischen den Greenschen Verzerrungen $(\mathbb{D}^{(G)})$ und den Streckungen $(\mathbb{D}^{(S)} = \sqrt{\mathbb{E} + 2\mathbb{D}^{(G)}})$, prüft also, inwieweit die aus

$$\mathbb{D}^{(G)} = (\mathbb{D}^{(S)^2} - \mathbb{E})/2$$

hervorgehende Beziehung

$$d\mathbb{D}^{(G)} = (d\mathbb{D}^{(S)} \cdot \mathbb{D}^{(S)} + \mathbb{D}^{(S)} \cdot d\mathbb{D}^{(S)})/2 \equiv d\mathbb{D}^{(S)} \cdot\cdot \overset{\langle 4 \rangle}{\mathbb{M}} \cdot\cdot (\mathbb{D}^{(S)} \cdot \overset{\langle 4 \rangle}{\mathbb{M}}) \equiv d\mathbb{D}^{(S)} \cdot\cdot \overset{\langle 4 \rangle}{\mathbb{B}}$$

$$\text{mit} \quad \overset{\langle 4 \rangle}{\mathbb{B}} = \overset{\langle 4 \rangle}{\mathbb{M}} \cdot\cdot (\mathbb{D}^{(S)} \cdot \overset{\langle 4 \rangle}{\mathbb{M}}) \qquad (2.68a)$$

per Linienintegration, d. h. per

$$\mathbb{D}^{(G)} = \int_{\bar{\mathbb{D}}^{(S)} = \mathbb{E}}^{\mathbb{D}^{(S)}} d\bar{\mathbb{D}}^{(S)} \cdot\cdot \overset{\langle 4 \rangle}{\mathbb{B}} (\bar{\mathbb{D}}^{(S)}) \qquad (2.68b)$$

zu pfadunabhängigen Werten $(\mathbb{D}^{(G)})$ führt, so hat man (2.66c) mit

---

84) mit $d_j^{(L)(H)} = \ln d_j^{(S)(H)}$

85) genauer, diejenige Winkelgeschwindigkeit, mit der ein zur Zeit t in der Bezugskonfiguration vorgefundenes Hauptachsendreibein $\langle \mathbb{e}_j^{(H)}(t) \rangle$ zugunsten desjenigen Dreibeins $\langle \mathbb{e}_j^{(H)}(t+dt) \rangle$ verlassen wird, das – entsprechend der Verzerrung $\mathbb{D}(t+dt)$ – nunmehr an die Stelle des Dreibeins $\langle \mathbb{e}_j^{(H)}(t) \rangle$ tritt.

$$\frac{d\overset{\langle 4\rangle}{\mathbb{B}}}{d\mathbb{D}^{(S)}} \overset{(2.68a)}{=} \overset{\langle 4\rangle}{\mathbb{M}}\cdot\cdot(\overset{\langle 4\rangle}{\mathbb{M}}\cdot\cdot\cdot\overset{\langle 8\rangle}{\mathbb{E}}_T\cdot\cdot\overset{\langle 4\rangle}{\mathbb{M}}),\quad \left[\frac{d\overset{\langle 4\rangle}{\mathbb{B}}}{d\mathbb{D}^{(S)}}\right]^T \overset{86)}{=} (\overset{\langle 4\rangle}{\mathbb{M}}\cdot\cdot\overset{\langle 8\rangle}{\mathbb{E}}_T\cdot\cdot\cdot\overset{\langle 4\rangle}{\mathbb{M}})\cdot\cdot\overset{\langle 4\rangle}{\mathbb{M}} \tag{2.68c}$$

zu testen, was man zweckmäßig (wieder) mit einer Orthonormalbasis–Darstellung $\langle \mathbb{e}_j \rangle$ bewerkstelligt. Man erhält

$$\left[\frac{d\overset{\langle 4\rangle}{\mathbb{B}}}{d\mathbb{D}^{(S)}}\right]^T\cdot\cdot\cdot\cdot\overset{\langle 8\rangle}{\mathbb{E}}_T \overset{(2.68c)}{=} (\overset{\langle 4\rangle}{\mathbb{M}}\cdot\cdot\overset{\langle 8\rangle}{\mathbb{E}}_T\cdot\cdot\cdot\overset{\langle 4\rangle}{\mathbb{M}})\cdot\cdot\cdot\cdot(\overset{\langle 4\rangle}{\mathbb{M}}\cdot\cdot\overset{\langle 8\rangle}{\mathbb{E}}_T) =$$

$$= \frac{1}{8}\sum_{i,j,k=1}^{3} (\mathbb{e}_i \circ \mathbb{e}_j + \mathbb{e}_j \circ \mathbb{e}_i) \circ (\mathbb{e}_i \circ \mathbb{e}_k + \mathbb{e}_k \circ \mathbb{e}_i) \circ (\mathbb{e}_j \circ \mathbb{e}_k + \mathbb{e}_k \circ \mathbb{e}_j) \tag{2.68d}$$

und daraus

$$\overset{\langle 8\rangle}{\mathbb{E}}_T\cdot\cdot\cdot\cdot\left[\left[\frac{d\overset{\langle 4\rangle}{\mathbb{B}}}{d\mathbb{D}^{(S)}}\right]^T\cdot\cdot\cdot\cdot\overset{\langle 8\rangle}{\mathbb{E}}_T\right] =$$

$$= \frac{1}{8}\sum_{i,j,k=1}^{3} (\mathbb{e}_i \circ \mathbb{e}_k + \mathbb{e}_k \circ \mathbb{e}_i) \circ (\mathbb{e}_i \circ \mathbb{e}_j + \mathbb{e}_j \circ \mathbb{e}_i) \circ (\mathbb{e}_j \circ \mathbb{e}_k + \mathbb{e}_k \circ \mathbb{e}_j)\ , \tag{2.68e}$$

wobei die letztere Darstellung (2.68e) mit der Ersteren (2.68d) identisch ist, da durch Indexvertauschung $j \Longleftrightarrow k$ an (2.68e) in der Tat (2.68d) hervorgeht. Danach sind (2.66c) hier erfüllt, die Greenschen Verzerrungen also als Ergebnis pfadunabhängiger Linienintegration über Streckungsinkremente im Sinne von (2.68b) zu ermitteln, womit, etwa die Streckungen als deformatorische Zustandsgrößen auffassend, auch die Greenschen Verzerrungen Zustandsgrößen sind, vice versa.

---

86) Man beachte $\overset{\langle 4\rangle}{\mathbb{M}} = \overset{\langle 4\rangle}{\mathbb{M}}{}^T$, $\overset{\langle 8\rangle}{\mathbb{E}}_T = \overset{\langle 8\rangle}{\mathbb{E}}{}_T^T$

§ 3 Hypoelastizität

3.1 Allgemeines

Während im hyperelastischen Falle aufgrund der hier anfallenden sog. "finiten Stoffgesetze"

$$\overset{\times}{\$} = \overset{\times}{\$}_{DT}(\mathbb{D},T),\ \mathscr{S} = \mathscr{S}_{DT}(\mathbb{D},T) \quad \text{bzw.}^{1)} \quad \mathbb{D} = \mathbb{D}_{ST}(\overset{\times}{\$},T),\ T = T_{S\mathscr{S}}(\overset{\times}{\$},\mathscr{S})$$

gemäß etwa

$$\mathscr{F}_{DT}(\mathbb{D},T) = \mathscr{F}_{DT}\big(\mathbb{D}_{ST}(\overset{\times}{\$},T),T\big) = \mathscr{F}_{ST}(\overset{\times}{\$},T)$$

usw. sämtliche thermodynamischen Potentiale sowohl als Zustandsfunktionen der Verzerrungen ($\mathbb{D} = \mathbb{D}^{(G)}$) und der Temperatur als auch als Zustandsfunktionen der Spannungen ($\overset{\times}{\$} = \$^{(K)}/\hat{\rho}$) und der

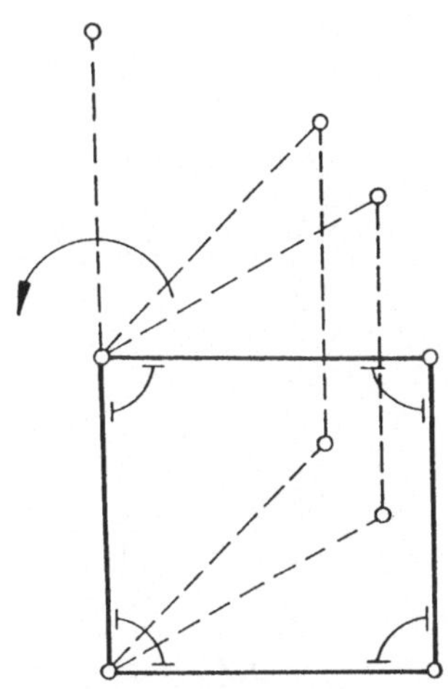

Abb. 3.1

Temperatur dargestellt werden können, ist es jedoch auch denkbar, daß für die Darstellung von innerer bzw. freier Energie die Verzerrungen als Zustandsvariable nicht in Frage kommen, sondern <u>nur</u> die Spannungen[2], wie etwa die einfachste Modellvorstellung eines "Gelenkvierecks" mit an den Ecken angebrachten Drehfedern veranschaulicht:[3]

---

1) Invertierbarkeit vorausgesetzt.

2) Problembeschreibungen dieser Art werden insbesondere im Zusammenhang mit Stoffmodellen verlangt, wo man elastische und dissipative "Materialkomponenten" zu "Gesamtelementen" hintereinanderschaltet (vgl. §§ 4,6), deren Verzerrungen dann nicht mehr als Indiz für die im System gespeicherten potentiellen Energien angesehen werden können, wohl aber die Spannungen.

3) Die "Schwäche" dieses Modells, wonach nur mit Durchlaufen des "Null—Volumens" Umfahrungszyklen möglich sind, kann durch ambitioniertere Modellbildungen behoben werden.

Da je "Umfahrungszyklus" der Energieinhalt des Modells um Denjenigen der entsprechenden Drehfederanteile vermehrt wird, ist die momentane Konfiguration in der Tat kein Indiz für den Inhalt an Formänderungsenergie, wohl aber sind es die am Modell angreifenden Lasten, die eine bestimmte "innerlich verspannte" Lage (statisch) aufrechtzuerhalten garantieren. Mit den Voraussetzungen

$$\mathcal{F} = \mathcal{F}_{ST}(\overset{\times}{\mathbb{S}}, T), \quad \mathcal{S} = \mathcal{S}_{ST}(\overset{\times}{\mathbb{S}}, T), \tag{3.1a,b}$$

die hier - in einem gegenüber [2] abweichenden Sinne - Hypoelastizität definieren sollen, findet man aus der thermodynamischen Hauptgleichung (1.1) mit $\mathcal{D}^{\cdot} = 0$

$$\dot{\mathcal{F}} = \frac{\partial \mathcal{F}_{ST}}{\partial \overset{\times}{\mathbb{S}}} \cdot\cdot \dot{\overset{\times}{\mathbb{S}}} + \frac{\partial \mathcal{F}_{ST}}{\partial T}\dot{T} = \overset{\times}{\mathbb{S}} \cdot\cdot \dot{\mathbb{D}} - \mathcal{S}\dot{T}, \tag{3.2}$$

woraus speziell für (auch hier als möglich erachtete) Wärmeverzerrungsprozesse mit

$\dot{\overset{\times}{\mathbb{S}}} = \mathbb{0}$ für $\dot{\mathbb{D}} = \mathbb{A}\dot{T}$

$$\frac{\partial \mathcal{F}_{ST}}{\partial T} - \overset{\times}{\mathbb{S}} \cdot\cdot \mathbb{A} \overset{4)}{=} -\mathcal{S} = -\mathcal{S}_{ST}(\overset{\times}{\mathbb{S}}, T) \tag{3.2a}$$

hervorgeht, so daß man nach Einsetzen in (3.2)

$$\frac{\partial \mathcal{F}_{ST}}{\partial \overset{\times}{\mathbb{S}}} \cdot\cdot \dot{\overset{\times}{\mathbb{S}}} - \overset{\times}{\mathbb{S}} \cdot\cdot (\dot{\mathbb{D}} - \mathbb{A}\dot{T}) = 0 \tag{3.2b}$$

und daher die Extremal-(Minimal-)Eigenschaft

$$\left.\frac{\partial \mathcal{F}_{ST}}{\partial \overset{\times}{\mathbb{S}}}\right|_{\overset{\times}{\mathbb{S}}=\mathbb{0}} = \mathbb{0}. \tag{3.2c}$$

der freien Energie feststellt. Man genügt Letzterer, indem man anstelle der freien Energie per

$$\mathcal{F}_{ST} = \overset{\times}{\mathbb{S}} \cdot\cdot \frac{\partial \mathcal{F}^{+}_{ST}}{\partial \overset{\times}{\mathbb{S}}} - \mathcal{F}^{+}_{ST} \tag{3.3a}$$

eine Energiegröße $\mathcal{F}^{+}(\overset{\times}{\mathbb{S}}, T)$ einführt, deren zweite Spannungsableitungen

$$\frac{\partial^2 \mathcal{F}^{+}_{ST}}{\partial \overset{\times}{\mathbb{S}}^2} = \overset{\langle 4\rangle}{\mathbb{S}}{}^{\times}(\overset{\times}{\mathbb{S}}, T) \tag{3.3b}$$

im Spannungs-Nullpunkt im Sinne von $\left\{ \overset{\times}{\mathbb{S}} \cdot\cdot \overset{\langle 4\rangle}{\mathbb{S}}{}^{\times}(\overset{\times}{\mathbb{S}}, T) \right\}_{\overset{\times}{\mathbb{S}}=\mathbb{0}} = \mathbb{0}$ als "nicht-singulär"

---

4) womit auch der Wärmeverzerrungsänderungstensor wegen (3.1a,b) als Zustandsfunktion ($\mathbb{A} = \mathbb{A}_{ST}(\overset{\times}{\mathbb{S}}, T)$) der Spannungen und der Temperatur darzustellen sein muß.

verlangt werden[5]), stellt danach

$$\frac{\partial \mathscr{F}_{ST}}{\partial \overset{\times}{\mathbb{S}}} \overset{(3.3a)}{=} \overset{\times}{\mathbb{S}} \cdot\cdot \frac{\partial^2 \overset{+}{\mathscr{F}}_{ST}}{\partial \overset{\times}{\mathbb{S}}{}^2}, \qquad \frac{\partial \mathscr{F}_{ST}}{\partial T} \overset{(3.3a)}{=} -\frac{\partial \overset{+}{\mathscr{F}}_{ST}}{\partial T} + \overset{\times}{\mathbb{S}} \cdot\cdot \frac{\partial^2 \overset{+}{\mathscr{F}}_{ST}}{\partial \overset{\times}{\mathbb{S}}\, \partial T} \tag{3.3c,d}$$

sowie

$$\mathscr{S} \overset{(3.2a)}{=} \mathscr{S}_{ST} = \overset{\times}{\mathbb{S}} \cdot\cdot \mathbb{A} - \frac{\partial \mathscr{F}_{ST}}{\partial T} \overset{(3.3d)}{=} \overset{\times}{\mathbb{S}} \cdot\cdot \left[\mathbb{A} - \frac{\partial^2 \overset{+}{\mathscr{F}}_{ST}}{\partial \overset{\times}{\mathbb{S}}\ \partial T} \right] + \frac{\partial \overset{+}{\mathscr{F}}_{ST}}{\partial T}, \tag{3.4a}$$

und schließlich für die in Termen von $\overset{+}{\mathscr{F}}_{ST}$ ausgedrückte Beziehung (3.2b)

$$\overset{\times}{\mathbb{S}} \cdot\cdot \left[\frac{\partial^2 \overset{+}{\mathscr{F}}_{ST}}{\partial \overset{\times}{\mathbb{S}}{}^2} \cdot\cdot \dot{\overset{\times}{\mathbb{S}}} - (\dot{\mathbb{D}} - \mathbb{A}\dot{T}) \right] = 0 \tag{3.4b}$$

fest. Hieraus folgert man zunächst mit einer zweistufig tensorwertigen und vorerst von $\overset{\times}{\mathbb{S}}$ und T abhängig angenommen sog. "produktneutralen" Größe $\mathbb{G}_{\langle 0\rangle}$ (mit $\mathbb{G}_{\langle 0\rangle} \cdot\cdot \overset{\times}{\mathbb{S}} = 0$)

$$\overset{\langle 4\rangle}{\mathbb{S}}{}^{\times} \cdot\cdot \dot{\overset{\times}{\mathbb{S}}} - \dot{\mathbb{D}} + \mathbb{A}\dot{T} + \mathbb{G}_{\langle 0\rangle} = \mathbb{0}, \qquad \overset{\langle 4\rangle}{\mathbb{S}}{}^{\times} = \frac{\partial^2 \overset{+}{\mathscr{F}}_{ST}}{\partial \overset{\times}{\mathbb{S}}{}^2}, \tag{3.5a,b}$$

und desweiteren mit der Verfügung $\dot{\overset{\times}{\mathbb{S}}} = \mathbb{0}$ für $\dot{\mathbb{D}} = \mathbb{A}\dot{T}$, die ja zu (3.2a) geführt hatte,

$$\mathbb{G}_{\langle 0\rangle} = \mathbb{0}, \tag{3.5c}$$

womit schließlich als Stoffgleichung

$$\dot{\mathbb{D}} - \mathbb{A}\dot{T} = \overset{\langle 4\rangle}{\mathbb{S}}{}^{\times} \cdot\cdot \dot{\overset{\times}{\mathbb{S}}} \equiv \dot{\overset{\times}{\mathbb{S}}} \cdot\cdot \overset{\langle 4\rangle}{\mathbb{S}}{}^{\times} \ \text{bzw.}\ \dot{\overset{\times}{\mathbb{S}}} = \overset{\langle 4\rangle}{\mathbb{C}}{}^{\times} \cdot\cdot (\dot{\mathbb{D}} - \mathbb{A}\dot{T}) \equiv (\dot{\mathbb{D}} - \mathbb{A}\dot{T}) \cdot\cdot \overset{\langle 4\rangle}{\mathbb{C}}{}^{\times} \tag{3.6a,b}$$

aufgefunden wird mit einer vollständig-symmetrischen Materialtetrade[6])

$$\overset{\langle 4\rangle}{\mathbb{C}}{}^{\times} = \overset{\langle 4\rangle}{\mathbb{C}}{}^{\times}_{ST} (\overset{\times}{\mathbb{S}}, T) = \overset{\langle 4\rangle}{\mathbb{S}}{}^{\times\,-1}_{ST} = \left[\frac{\partial^2 \overset{+}{\mathscr{F}}_{ST}}{\partial \overset{\times}{\mathbb{S}}{}^2} \right]^{-1}. \tag{3.6c}$$

Mit $\dot{\overset{\times}{\mathbb{S}}}\,dt = d\overset{\times}{\mathbb{S}}$, $\dot{\mathbb{D}}\,dt = d\mathbb{D}$, $\dot{T}\,dt = dT$, erschließt man daraus zwar - in formaler

---

5) $\overset{\langle 4\rangle}{\mathbb{S}}{}^{\times}(\overset{\times}{\mathbb{S}},T)$ nach (3.3b) ist — als zweifache Ableitung eines Skalars $(\overset{+}{\mathscr{F}}_{ST})$ nach einem symmetrisch—zweistufigen Argument $(\overset{\times}{\mathbb{S}})$ - eine vollständig—symmetrische (Material—) Tetrade (vgl. [5a]). Sie ist überdies im Sinne von $\overset{\times}{\mathbb{S}} \cdot\cdot \overset{\langle 4\rangle}{\mathbb{S}}{}^{\times} \cdot\cdot \overset{\times}{\mathbb{S}} \geq 0$ positiv—definit, wenn man die freie Energie als im Sinne von $\frac{\partial \mathscr{F}_{ST}}{\partial \overset{\times}{\mathbb{S}}} \cdot\cdot \overset{\times}{\mathbb{S}} \geq 0$ "global—konvex" [5a] verlangt.

6) Weil $\overset{\langle 4\rangle}{\mathbb{S}}{}^{\times} = \partial^2 \overset{+}{\mathscr{F}}_{ST} \,/\, \partial \overset{\times}{\mathbb{S}}{}^2$ vollständig—symmetrisch ist [5a], trifft dies auch für die inverse Tetrade zu.

Übereinstimmung mit (2.21a) - das inkrementelle Gesetz

$$d\overset{\times}{\$} \overset{(3.6\,b)}{=} \overset{\langle 4\rangle}{\mathbb{C}}{}^{\times}\cdot\cdot\,(\,d\mathbb{D} - \mathbb{A}\,dT\,) \tag{3.7a}$$

sowie

$$d\mathcal{F} = \frac{\partial \mathcal{F}_{ST}}{\partial \overset{x}{\$}}\cdot\cdot\, d\overset{\times}{\$} + \frac{\partial \mathcal{F}_{ST}}{\partial T}\,dT \overset{(3.3c,\,7a,2a)}{=} \overset{\times}{\$}\cdot\cdot\,\overset{\langle 4\rangle}{\$}{}^{\times}\cdot\cdot\,\overset{\langle 4\rangle}{\mathbb{C}}{}^{\times}\cdot\cdot\,(\,d\mathbb{D} - \mathbb{A}\,dT\,) -$$

$$-\,(\,\mathcal{S} - \overset{\times}{\$}\cdot\cdot\,\mathbb{A}\,)\,dT \overset{7)}{=} \overset{\times}{\$}\cdot\cdot\, d\mathbb{D} - \mathcal{S}\,dT\,, \tag{3.7b}$$

was übrigens hypoelastische Medien als "inkrementell reversibel" ausweist in dem Sinne, daß Spannungs- bzw. Energieänderungen eindeutig durch Verzerrungs- und Temperaturänderungen darstellbar sind [8], jedoch ist die Übereinstimmung mit (2.21a) insofern nur formal, als (2.21a) durch Differentiation aus einem "finiten Gesetz" $\overset{\times}{\$} = \overset{\times}{\$}_{DT}(\,\mathbb{D},T\,)$ hervorgegangen war.

Inwieweit sich (3.7a) bzw.

$$d\mathbb{D} = \overset{\langle 4\rangle}{\$}{}^{\times}_{ST}\cdot\cdot\, d\overset{\times}{\$} + \mathbb{A}\,dT = \frac{\partial^2 \overset{+}{\mathcal{F}}_{ST}}{\partial \overset{\times}{\$}{}^2}\cdot\cdot\, d\overset{\times}{\$} + \mathbb{A}_{ST}\,dT \tag{3.7c}$$

zu einem "finiten Gesetz" aufintegrieren läßt [9], hängt davon ab, ob auf der rechten Seite von (3.7 c) das vollständige Differential einer Zustandsfunktion der Variablen $(\,\overset{\times}{\$},\,T\,)$ notiert ist, wozu die Befriedigung der Integrabilitätsbedingungen

$$\frac{\partial^2 \overset{+}{\mathcal{F}}_{ST}}{\partial \overset{\times}{\$}{}^2\,\partial T} \overset{(3.5b)}{=} \frac{\partial \overset{\langle 4\rangle}{\$}{}^{\times}_{ST}}{\partial T} = \frac{\partial \mathbb{A}_{ST}}{\partial \overset{\times}{\$}}\,,$$

d. h.

$$\mathbb{A}_{ST} = \frac{\partial^2 \overset{+}{\mathcal{F}}_{ST}}{\partial \overset{\times}{\$}\,\partial T} + \mathbb{G}(T) = \frac{\partial^2}{\partial \overset{\times}{\$}\,\partial T}\left[\,\overset{+}{\mathcal{F}}_{ST} + \overset{\times}{\$}\cdot\cdot\int_{T_0}^{T}\mathbb{G}(\bar{T})\,d\bar{T}\,\right] \tag{3.7d}$$

und damit für die Entropie nach (3.4a) die Struktur

$$\mathcal{S} = \mathcal{S}_{ST} = \overset{\times}{\$}\cdot\cdot\,\mathbb{G}(T) + \frac{\partial \overset{+}{\mathcal{F}}_{ST}}{\partial T} = \frac{\partial}{\partial T}\left[\,\overset{+}{\mathcal{F}}_{ST} + \overset{\times}{\$}\cdot\cdot\int_{T_0}^{T}\mathbb{G}(\bar{T})\,d\bar{T}\,\right] \tag{3.7e}$$

notwendig sind. Weil dann desweiteren nach (3.7c)

$$d\mathbb{D} \overset{(3.7d)}{=} \frac{\partial^2 \overset{+}{\mathcal{F}}_{ST}}{\partial \overset{\times}{\$}{}^2}\cdot\cdot\, d\overset{x}{\$} + \left[\,\frac{\partial^2 \overset{+}{\mathcal{F}}_{ST}}{\partial \overset{\times}{\$}\,\partial T} + \mathbb{G}(T)\,\right] dT \equiv \tag{3.8}$$

---

7) Man beachte $\overset{\langle 4\rangle}{\$}{}^{\times}\cdot\cdot\,\overset{\langle 4\rangle}{\mathbb{C}}{}^{\times} = \overset{\langle 4\rangle}{\mathbf{M}}$ und $\overset{\times}{\$}\cdot\cdot\,\overset{\langle 4\rangle}{\mathbf{M}}\cdot\cdot(d\mathbb{D} - \mathbb{A}\,dT) = \overset{\times}{\$}\cdot\cdot(d\mathbb{D} - \mathbb{A}\,dT)$.

8) Dies erschließt sich anschaulich auch aus Abb. 4.1: Sofern Verzerrungsänderungen klein sind, sind sie durchaus ein Indiz zur eindeutigen Festlegung der in den Drehfedern gespeicherten Formänderungsenergieinkremente.

9) und damit letztlich wieder Hyperelastizität vorliegt.

$$\equiv^{10)} \frac{\partial}{\partial \overset{\times}{\$}}\left[\frac{\partial}{\partial \overset{\times}{\$}}\left[\mathscr{F}^{+}_{ST} + \overset{\times}{\$}\cdot\cdot\int_{T_0}^{T} \mathbb{G}(\bar{T})\,d\bar{T}\right]\right]\cdot\cdot d\overset{\times}{\$} + \underline{\frac{\partial}{\partial T}\left[\frac{\partial}{\partial \overset{\times}{\$}}\left[\mathscr{F}^{+}_{ST} + \overset{\times}{\$}\cdot\cdot\int_{T_0}^{T} \mathbb{G}(\bar{T})d\bar{T}\right]\right]dT} \equiv$$

$$\equiv d\left[\frac{\partial}{\partial \overset{\times}{\$}}\left[\mathscr{F}^{+}_{ST} + \overset{\times}{\$}\cdot\cdot\int_{T_0}^{T} \mathbb{G}(\bar{T})d\bar{T}\right]\right]$$

gilt, also bis auf eine unwesentliche Konstante

$$\mathbb{D} = \frac{\partial}{\partial \overset{\times}{\$}}\left[\mathscr{F}^{+}_{ST} + \overset{\times}{\$}\cdot\cdot\int_{T_0}^{T} \mathbb{G}(\bar{T})d\bar{T}\right] = \frac{\partial \mathscr{F}^{+}_{ST}}{\partial \overset{\times}{\$}} + \int_{T_0}^{T} \mathbb{G}(\bar{T})d\bar{T} \tag{3.8a}$$

gesichert ist, existiert im "integrablen Falle" ein (in Abhängigkeit von Spannungen und Temperatur dargestelltes) thermodynamisches Potential

$$\mathscr{F}^{*} = \mathscr{F}^{*}_{ST}(\overset{\times}{\$}, T) = \mathscr{F}^{+}_{ST} + \overset{\times}{\$}\cdot\cdot\int_{T_0}^{T} \mathbb{G}(\bar{T})d\bar{T}\,, \tag{3.8b}$$

nämlich eine <u>freie Ergänzungsenergie</u> (vgl. 2..43b), aus der per

$$\mathbb{D} = \frac{\partial \mathscr{F}^{*}_{ST}}{\partial \overset{\times}{\$}}\,,\quad \mathscr{S} \overset{(3.4a,7d)}{=} \overset{\times}{\$}\cdot\cdot\mathbb{G}(T) + \frac{\partial \mathscr{F}^{+}_{ST}}{\partial T} \overset{(3.8b)}{=} \frac{\partial \mathscr{F}^{*}_{ST}}{\partial T}\,,\quad \mathbb{A}_{ST} \overset{(3.7,8b)}{=} \frac{\partial^2 \mathscr{F}^{*}_{ST}}{\partial \overset{\times}{\$}\,\partial T} = \frac{\partial \mathscr{S}_{ST}}{\partial \overset{\times}{\$}} \tag{3.8c-e}$$

die Materialgleichungen $\left[\mathbb{D} = \mathbb{D}_{ST}(\overset{\times}{\$},T),\ \mathscr{S} = \mathscr{S}_{ST}(\overset{\times}{\$},T)\right]$ für Verzerrungen und Entropie erhalten werden (vgl.(2.47a–c)). Daß im integrablen Falle ein von Spannungen und Temperatur abhängiges Ergänzungsenergiepotential existieren muß, ist übrigens von dessen Definition

$$\mathscr{F}^{*} = \overset{\times}{\$}\cdot\cdot\mathbb{D} - \mathscr{F} \tag{3.9a}$$

her (vgl. (2.43b)) trivial: Neben $\mathscr{F} = \mathscr{F}_{ST}(\overset{\times}{\$},T)$ wird eben nur im Falle der Existenz eines "finiten Gesetzes" $\mathbb{D} = \mathbb{D}_{ST}(\overset{\times}{\$},T)$ aus (3.9a) für $\mathscr{F}^{*}$eine Zustandsfunktion der Spannungen und der Temperatur erschlossen:

$$\mathscr{F}^{*} = \overset{\times}{\$}\cdot\cdot\mathbb{D}_{ST}(\overset{\times}{\$},T) - \mathscr{F}_{ST}(\overset{\times}{\$},T) \equiv \mathscr{F}^{*}_{ST}(\overset{\times}{\$},T)\,. \tag{3.9b}$$

Auf den allgemeineren "nicht–integrablen Fall" zurückkommend, soll hier noch

3.2 der isotrope Fall

explizit aufgelistet werden, der gekennzeichnet ist durch einen von $\overset{\times}{\$}$ isotrop abhängigen Wärmeverzerrungsänderungstensor

---

10) der gestrichelte Term ist Null

$$\mathbb{A} = \sum_{j=0}^{2} a_j\,(\overset{\times}{\bar{S}}_1, \overset{\times}{\bar{S}}_2, \overset{\times}{\bar{S}}_3, T)\, \overset{\times}{\mathbb{S}}{}^j, \tag{3.10}$$

worin $a_j (j = 0...2)$ skalare Funktionen der drei Spannungsinvarianten

$$\overset{\times}{\bar{S}}_j = \mathbb{E} \cdot\cdot \overset{\times}{\mathbb{S}}{}^j , \qquad j = 1...3 \tag{3.10a}$$

und der Temperatur bedeuten, und durch eine vollständig-symmetrische positiv definite, isotrop von den Spannungen (und der Temperatur) abhängige, Materialtetrade $\overset{\langle 4\rangle}{\mathbb{S}}{}^{\times}_{ST} = \overset{\langle 4\rangle}{\mathbb{C}}{}^{\times\,-1}$, die aus einer skalaren Funktion

$$\mathcal{F}^{+}_{ST}(\overset{\times}{\mathbb{S}},T) = \bar{\mathcal{F}}^{+}_{ST}(\overset{\times}{\bar{S}}_1, \overset{\times}{\bar{S}}_2, \overset{\times}{\bar{S}}_3, T) \tag{3.10b}$$

nach der Vorschrift

$$\begin{aligned}\overset{\langle 4\rangle}{\mathbb{S}}{}^{\times} = {}& \frac{\partial^2 \bar{\mathcal{F}}^{+}_{ST}}{\partial \overset{\times}{\bar{S}}{}^2_1}\, \mathbb{E} \circ \mathbb{E} + 4\, \frac{\partial^2 \bar{\mathcal{F}}^{+}_{ST}}{\partial \overset{\times}{\bar{S}}{}^2_2}\, \overset{\times}{\mathbb{S}} \circ \overset{\times}{\mathbb{S}} + 9\, \frac{\partial^2 \bar{\mathcal{F}}^{+}_{ST}}{\partial \overset{\times}{\bar{S}}{}^2_3}\, \overset{\times}{\mathbb{S}}{}^2 \circ \overset{\times}{\mathbb{S}}{}^2 + \\ & + 2\, \frac{\partial^2 \bar{\mathcal{F}}^{+}_{ST}}{\partial \overset{\times}{\bar{S}}_1 \partial \overset{\times}{\bar{S}}_2} \left[\overset{\times}{\mathbb{S}} \circ \mathbb{E} + \mathbb{E} \circ \overset{\times}{\mathbb{S}} \right] + 3\, \frac{\partial^2 \bar{\mathcal{F}}^{+}_{ST}}{\partial \overset{\times}{\bar{S}}_1 \partial \overset{\times}{\bar{S}}_2} \left[\overset{\times}{\mathbb{S}}{}^2 \circ \mathbb{E} + \mathbb{E} \circ \overset{\times}{\mathbb{S}}{}^2 \right] + \\ & + 6\, \frac{\partial^2 \bar{\mathcal{F}}^{+}_{ST}}{\partial \overset{\times}{\bar{S}}_2 \partial \overset{\times}{\bar{S}}_3} \left[\overset{\times}{\mathbb{S}}{}^2 \circ \overset{\times}{\mathbb{S}} + \overset{\times}{\mathbb{S}} \circ \overset{\times}{\mathbb{S}}{}^2 \right] + 2\, \frac{\partial \bar{\mathcal{F}}^{+}_{ST}}{\partial \overset{\times}{\bar{S}}_2}\, \overset{\langle 4\rangle}{\mathbf{M}} + 6\, \frac{\partial \bar{\mathcal{F}}^{+}_{ST}}{\partial \overset{\times}{\bar{S}}_3} \left[\overset{\langle 4\rangle}{\mathbf{M}} \cdot \overset{\times}{\mathbb{S}} \right] \cdot\cdot \overset{\langle 4\rangle}{\mathbf{M}}\end{aligned} \tag{3.10c}$$

(vgl. [5a] bzw. die analoge Struktur (2.51a)) gebildet wird.

Für eine Darstellung von (3.6a,b) in Termen Eulerscher Spannungen $(\mathbb{S}^{(E)})$ bzw. räumlicher Verzerrungsgeschwindigkeiten $(\mathbb{C}^{*})$ benutzt man für $(\dot{\mathbb{D}} =)\ \dot{\mathbb{D}}^{(G)}$ im Sinne von (1.12b)

$$\dot{\mathbb{D}} = \dot{\mathbb{D}}^{(G)} = \mathbb{F} \cdot \mathbb{C}^{*} \cdot \mathbb{F}^{T} , \tag{3.11a}$$

für $(\overset{\times}{\mathbb{S}} =)\ \mathbb{S}^{(K)}/\hat{\rho}$ im Sinne von (1.21c)

$$\overset{\times}{\mathbb{S}} = \mathbb{S}^{(K)}/\hat{\rho} = \mathbb{F}^{T^{-1}} \cdot \overset{\times}{\mathbb{S}}{}^{(E)} \cdot \mathbb{F}^{-1} \quad \text{mit} \quad \overset{\times}{\mathbb{S}}{}^{(E)} = \mathbb{S}^{(E)}/\bar{\rho} , \tag{3.11b}$$

hat sich damit im Hinblick auf die Beanspruchungsgeschwindigkeit auf

$$\begin{aligned}\dot{\overset{\times}{\mathbb{S}}} = (\dot{\mathbb{S}}^{(K)}/\hat{\rho})^{\cdot} = \left(\mathbb{F}^{T^{-1}} \cdot \overset{\times}{\mathbb{S}}{}^{(E)} \cdot \mathbb{F}^{-1}\right)^{\cdot} = \dot{\mathbb{F}}^{T^{-1}} \cdot \overset{\times}{\mathbb{S}}{}^{(E)} \cdot \mathbb{F}^{-1} + \mathbb{F}^{T^{-1}} \cdot \dot{\overset{\times}{\mathbb{S}}}{}^{(E)} \cdot \mathbb{F}^{-1} + \mathbb{F}^{T^{-1}} \cdot \overset{\times}{\mathbb{S}}{}^{(E)} \cdot \dot{\mathbb{F}}^{-1} \equiv \\ \equiv \mathbb{F}^{T^{-1}} \cdot \left[\dot{\overset{\times}{\mathbb{S}}}{}^{(E)} + \mathbb{F}^{T} \cdot \dot{\mathbb{F}}^{T^{-1}} \cdot \overset{\times}{\mathbb{S}}{}^{(E)} + \overset{\times}{\mathbb{S}}{}^{(E)} \cdot \dot{\mathbb{F}}^{-1} \cdot \mathbb{F} \right] \cdot \mathbb{F}^{-1} \equiv \\ \overset{11)}{\equiv} \mathbb{F}^{T^{-1}} \cdot \left[\dot{\overset{\times}{\mathbb{S}}}{}^{(E)} - \dot{\mathbb{F}}^{T} \cdot \mathbb{F}^{T^{-1}} \cdot \overset{\times}{\mathbb{S}}{}^{(E)} - \overset{\times}{\mathbb{S}}{}^{(E)} \cdot \mathbb{F}^{-1} \cdot \dot{\mathbb{F}} \right] \cdot \mathbb{F}^{-1} \equiv\end{aligned}$$

---

11) mit $\mathbb{F}^{T} \cdot \dot{\mathbb{F}}^{T^{-1}} = - \dot{\mathbb{F}}^{T} \cdot \mathbb{F}^{T^{-1}}$ wegen $\mathbb{F}^{T} \cdot \mathbb{F}^{T^{-1}} = \mathbb{E}$ und $\dot{\mathbb{F}}^{-1} \cdot \mathbb{F} = - \mathbb{F}^{-1} \cdot \dot{\mathbb{F}}$ wegen $\mathbb{F}^{-1} \cdot \mathbb{F} = \mathbb{E}$

$$\equiv^{12)}\ \mathbb{F}^{T^{-1}}\cdot\left[\dot{\overset{\times}{\mathbb{S}}}{}^{(E)}-\mathbb{V}^{*T}\cdot\overset{\times}{\mathbb{S}}{}^{(E)}-\overset{\times}{\mathbb{S}}{}^{(E)}\cdot\mathbb{V}^{*}\right]\cdot\mathbb{F}^{-1}\equiv$$

$$\equiv^{13)}\ \mathbb{F}^{T^{-1}}\cdot\left[\overset{\circ}{\overset{\times}{\mathbb{S}}}{}^{(E)}-\overset{\times}{\mathbb{S}}{}^{(E)}\cdot\mathbb{C}^{*}-\mathbb{C}^{*}\cdot\overset{\times}{\mathbb{S}}{}^{(E)}\right]\cdot\mathbb{F}^{-1} \tag{3.11c}$$

mit der Jaumannschen Geschwindikgeitsversion

$$\overset{\circ}{\overset{\times}{\mathbb{S}}}{}^{(E)}=\dot{\overset{\times}{\mathbb{S}}}{}^{(E)}+\mathbb{W}^{*}\cdot\overset{\times}{\mathbb{S}}{}^{(E)}-\overset{\times}{\mathbb{S}}{}^{(E)}\cdot\mathbb{W}^{*} \tag{3.11d}$$

der Eulerschen Beanspruchungen $(\overset{\times}{\mathbb{S}}{}^{(E)}\equiv\mathbb{S}^{(E)}/\bar{\rho})$ festgelegt (vgl. a. [5b], Formel (8.59a)), und bekommt nach Einsetzen in (3.6a) mit den Abkürzungen

$$\mathbb{X}=\mathbb{C}^{*}-\mathbb{F}^{-1}\cdot\mathbb{A}\cdot\mathbb{F}^{T}T\equiv\mathbb{X}^{T}\ ,\quad \mathbb{Y}=\overset{\circ}{\overset{\times}{\mathbb{S}}}{}^{(E)}-\overset{\times}{\mathbb{S}}{}^{(E)}\cdot\mathbb{C}^{*}-\mathbb{C}^{*}\cdot\overset{\times}{\mathbb{S}}{}^{(E)}\equiv\mathbb{Y}^{T}$$

zunächst

$$\mathbb{F}\cdot\mathbb{X}\cdot\mathbb{F}^{T}\equiv\mathbb{F}\cdot\overset{\langle 4\rangle}{\mathbb{E}}_{T}\cdot\cdot(\mathbb{X}\cdot\mathbb{F}^{T})^{T}=\mathbb{F}\cdot\overset{\langle 4\rangle}{\mathbb{E}}_{T}\cdot\cdot(\mathbb{F}\cdot\mathbb{X}^{T})\equiv(\mathbb{F}\cdot\overset{\langle 4\rangle}{\mathbb{E}}_{T})\cdot\cdot(\mathbb{F}\cdot\overset{\langle 4\rangle}{\mathbb{E}}_{T})\cdot\cdot\mathbb{X}\equiv$$

$$\equiv\mathbb{X}\cdot\cdot(\overset{\langle 4\rangle}{\mathbb{E}}_{T}\cdot\mathbb{F}^{T})\cdot\cdot(\overset{\langle 4\rangle}{\mathbb{E}}_{T}\cdot\mathbb{F}^{T})\overset{(3.6a)}{=}\overset{\langle 4\rangle}{\mathbb{S}}{}^{\times}\cdot\cdot(\mathbb{F}^{T^{-1}}\cdot\mathbb{Y}\cdot\mathbb{F}^{-1})=(\overset{\langle 4\rangle}{\mathbb{S}}{}^{\times}\cdot\mathbb{F}^{T^{-1}})\cdot\cdot(\mathbb{Y}\cdot\mathbb{F}^{-1})\equiv$$

$$\equiv(\overset{\langle 4\rangle}{\mathbb{S}}{}^{\times}\cdot\mathbb{F}^{T^{-1}})\cdot\cdot\overset{\langle 4\rangle}{\mathbb{E}}_{T}\cdot\cdot(\mathbb{Y}\cdot\mathbb{F}^{-1})^{T}=(\overset{\langle 4\rangle}{\mathbb{S}}{}^{\times}\cdot\mathbb{F}^{T^{-1}})\cdot\cdot\overset{\langle 4\rangle}{\mathbb{E}}_{T}\cdot\cdot(\mathbb{F}^{T^{-1}}\cdot\mathbb{Y}^{T})\equiv$$

$$\equiv\left[\overset{\langle 4\rangle}{\mathbb{S}}{}^{\times}\cdot\cdot(\mathbb{F}^{T^{-1}}\cdot\overset{\langle 4\rangle}{\mathbb{E}}_{T})\cdot\cdot(\mathbb{F}^{T^{-1}}\cdot\overset{\langle 4\rangle}{\mathbb{E}}_{T})\right]\cdot\cdot\mathbb{Y} \tag{3.11e}$$

und damit weiter[14)]

$$\mathbb{X}=\left\{(\overset{\langle 4\rangle}{\mathbb{E}}_{T}\cdot\mathbb{F}^{-1})\cdot\cdot(\overset{\langle 4\rangle}{\mathbb{E}}_{T}\cdot\mathbb{F}^{-1})\cdot\cdot\overset{\langle 4\rangle}{\mathbb{S}}{}^{\times}\cdot\cdot(\mathbb{F}^{T^{-1}}\cdot\overset{\langle 4\rangle}{\mathbb{E}}_{T})\cdot\cdot(\mathbb{F}^{T^{-1}}\cdot\overset{\langle 4\rangle}{\mathbb{E}}_{T})\right\}\cdot\cdot\mathbb{Y}\ , \tag{3.11f}$$

d. h. schließlich als (3.6a) gleichwertige Beziehung

$$\mathbb{C}^{*}-\bar{\mathbb{A}}\,\dot{T}=\overset{\langle 4\rangle}{\bar{\mathbb{S}}}{}^{\times}\cdot\cdot\left[\overset{\circ}{\overset{\times}{\mathbb{S}}}{}^{(E)}-\overset{\times}{\mathbb{S}}{}^{(E)}\cdot\mathbb{C}^{*}-\mathbb{C}^{*}\cdot\overset{\times}{\mathbb{S}}{}^{(E)}\right]\equiv\left[\overset{\circ}{\overset{\times}{\mathbb{S}}}{}^{(E)}-\overset{\times}{\mathbb{S}}{}^{(E)}\cdot\mathbb{C}^{*}-\mathbb{C}^{*}\cdot\overset{\times}{\mathbb{S}}{}^{(E)}\right]\cdot\cdot\overset{\langle 4\rangle}{\bar{\mathbb{S}}}{}^{\times} \tag{3.12a}$$

mit den Werten

$$\bar{\mathbb{A}}=\mathbb{F}^{-1}\cdot\mathbb{A}\cdot\mathbb{F}^{T^{-1}}\equiv\bar{\mathbb{A}}^{T} \tag{3.12b}$$

$$\overset{\langle 4\rangle}{\bar{\mathbb{S}}}{}^{\times}=\overset{\langle 4\rangle}{\mathbf{M}}\cdot\cdot(\overset{\langle 4\rangle}{\mathbb{E}}_{T}\cdot\mathbb{F}^{-1})\cdot\cdot(\overset{\langle 4\rangle}{\mathbb{E}}_{T}\cdot\mathbb{F}^{-1})\cdot\cdot\overset{\langle 4\rangle}{\mathbb{S}}{}^{\times}\cdot\cdot(\mathbb{F}^{T^{-1}}\cdot\overset{\langle 4\rangle}{\mathbb{E}}_{T})\cdot\cdot(\mathbb{F}^{T^{-1}}\cdot\overset{\langle 4\rangle}{\mathbb{E}}_{T})\cdot\cdot\overset{\langle 4\rangle}{\mathbf{M}}\equiv\overset{\langle 4\rangle}{\bar{\mathbb{S}}}{}^{\times T} \tag{3.12c}$$

eines symmetrischen Wärmeverzerrungstensors $(\bar{\mathbb{A}})$ bzw. einer vollständig symmetrischen

---

12) mit dem räumlichen Geschwindigkeitstensor
$\mathbb{V}=\bar{\nabla}\circ\mathbb{v}=\mathbb{F}^{-1}\cdot\hat{\nabla}\circ\mathbb{v}=\mathbb{F}^{-1}\cdot\hat{\nabla}\circ\dot{\mathbb{u}}\equiv\mathbb{F}^{-1}\cdot(\mathbb{E}+\hat{\nabla}\circ\mathbb{u})^{\cdot}=\mathbb{F}^{-1}\cdot\dot{\mathbb{F}}$

13) mit $\mathbb{C}^{*}=(\mathbb{V}^{*}+\mathbb{V}^{*T})/2\equiv\mathbb{C}^{*T}$, $\mathbb{W}^{*}=(\mathbb{V}^{*}-\mathbb{V}^{*T})/2\equiv-\mathbb{W}^{*T}$ und daher $\mathbb{V}^{*}=\mathbb{C}^{*}+\mathbb{W}^{*}$, $\mathbb{V}^{*T}=\mathbb{C}^{*}-\mathbb{W}^{*}$

14) Man multipliziere (3.11e) (etwa linksseitig) doppeltskalar mit $(\overset{\langle 4\rangle}{\mathbb{E}}_{T}\cdot\mathbb{F}^{-1})\cdot\cdot(\overset{\langle 4\rangle}{\mathbb{E}}_{T}\cdot\mathbb{F}^{-1})$ und beachte

$(\overset{\langle 4\rangle}{\mathbb{E}}_{T}\cdot\mathbb{F}^{-1})\cdot\cdot(\mathbb{F}\cdot\overset{\langle 4\rangle}{\mathbb{E}}_{T})=\overset{\langle 4\rangle}{\mathbb{E}}_{T}\cdot\cdot(\mathbb{F}^{-1}\cdot\mathbb{F}\cdot\overset{\langle 4\rangle}{\mathbb{E}}_{T})=\overset{\langle 4\rangle}{\mathbb{E}}_{T}\cdot\cdot(\mathbb{E}\cdot\overset{\langle 4\rangle}{\mathbb{E}}_{T})=\overset{\langle 4\rangle}{\mathbb{E}}_{T}\cdot\cdot\overset{\langle 4\rangle}{\mathbb{E}}_{T}=\overset{\langle 4\rangle}{\mathbb{E}}$

Steifigkeitstetrade[15] $(\overset{<4>}{\bar{\mathbb{S}}}{}^{\times})$. Mit

$$\overset{<4>}{\bar{\mathbb{S}}}{}^{\times}\cdot\cdot(\overset{\times}{\mathbb{S}}{}^{(E)}\cdot\mathbb{C}^{*}+\mathbb{C}^{*}\cdot\overset{\times}{\mathbb{S}}{}^{(E)})=2\,\overset{<4>}{\bar{\mathbb{S}}}{}^{\times}\cdot\cdot\overset{<4>}{\mathbb{M}}\cdot\cdot(\overset{\times}{\mathbb{S}}{}^{(E)}\cdot\mathbb{C}^{*})=2\,\overset{<4>}{\bar{\mathbb{S}}}{}^{\times}\cdot\cdot(\overset{\times}{\mathbb{S}}{}^{(E)}\cdot\mathbb{C}^{*})=$$

$$=2\,(\overset{<4>}{\bar{\mathbb{S}}}{}^{\times}\cdot\overset{\times}{\mathbb{S}}{}^{(E)})\cdot\cdot\mathbb{C}^{*}\equiv 2\,(\overset{<4>}{\bar{\mathbb{S}}}{}^{\times}\cdot\overset{\times}{\mathbb{S}}{}^{(E)})\cdot\cdot\overset{<4>}{\mathbb{M}}\cdot\cdot\mathbb{C}^{*}\equiv 2\,\mathbb{C}^{*}\cdot\cdot\overset{<4>}{\mathbb{M}}\cdot\cdot(\overset{\times}{\mathbb{S}}{}^{(E)}\cdot\overset{<4>}{\bar{\mathbb{S}}}{}^{\times})$$

ist dann noch die Version

$$\mathbb{C}^{*}\cdot\cdot\left[\overset{<4>}{\mathbb{M}}+2\,\overset{<4>}{\mathbb{M}}\cdot\cdot(\overset{\times}{\mathbb{S}}{}^{(E)}\cdot\overset{<4>}{\bar{\mathbb{S}}}{}^{\times})\right]-\mathbb{A}\,\dot{T}=\overset{\circ}{\overset{\times}{\mathbb{S}}}{}^{(E)}\cdot\cdot\overset{<4>}{\bar{\mathbb{S}}}{}^{\times}$$

bzw.

$$\mathbb{C}^{*}-\tilde{\mathbb{A}}\,\dot{T}=\overset{\circ}{\overset{\times}{\mathbb{S}}}{}^{(E)}\cdot\cdot\overset{<4>}{\tilde{\bar{\mathbb{S}}}}{}^{\times} \tag{3.13a}$$

mit

$$\tilde{\mathbb{A}}=\tilde{\mathbb{A}}^{T}=\mathbb{A}\cdot\left[\overset{<4>}{\mathbb{M}}+2\,\overset{<4>}{\mathbb{M}}\cdot\cdot(\overset{<4>}{\bar{\mathbb{S}}}{}^{\times}\cdot\overset{\times}{\mathbb{S}}{}^{(E)})\cdot\cdot\overset{<4>}{\mathbb{M}}\right]^{-1} \tag{3.13b}$$

und

$$\overset{<4>}{\tilde{\bar{\mathbb{S}}}}{}^{\times}=\overset{<4>}{\bar{\mathbb{S}}}{}^{\times}\cdot\cdot\left[\overset{<4>}{\mathbb{M}}+2\,\overset{<4>}{\mathbb{M}}\cdot\cdot(\overset{\times}{\mathbb{S}}{}^{(E)}\cdot\overset{<4>}{\bar{\mathbb{S}}}{}^{\times})\right]^{-1}\equiv\overset{<4>}{\mathbb{M}}\cdot\cdot\overset{<4>}{\tilde{\bar{\mathbb{S}}}}{}^{\times}\equiv\overset{<4>}{\tilde{\bar{\mathbb{S}}}}{}^{\times}\cdot\cdot\overset{<4>}{\mathbb{M}} \tag{3.13c}$$

möglich, wobei $\tilde{\mathbb{A}}$ und $\overset{<4>}{\tilde{\bar{\mathbb{S}}}}{}^{\times}$ von den Beanspruchungen $\overset{\times}{\mathbb{S}}{}^{(E)}=\mathbb{F}^{T^{-1}}\cdot\overset{\times}{\mathbb{S}}{}^{(E)}\cdot\mathbb{F}^{-1}$ und der Temperatur abhängen, $\overset{<4>}{\tilde{\bar{\mathbb{S}}}}{}^{\times}$ i. allg. dann allderdings nichtmehr vollständig–symmetrisch ist.
Eine Version, die der Kategorie des in [2] als hypoelastische Materialgleichung definierten Zusammenhangs zwischen (Eulerschen) Spannungen, Spannungsgeschwindigkeiten und (räumlichen) Verzerrungsgeschwindigkeiten zugehört[16], erreicht man, wenn man auch Wärmeverzerrungsänderungstensor und Elastizitätstetrade als von den Eulerschen Spannungen abhängig ansehen darf, wozu erforderlich ist, die von der Momentankonfiguration $(\mathbb{F})$ abhängigen Größen $\overset{\times}{\mathbb{S}}{}^{(K)}=\mathbb{F}^{T^{-1}}\cdot\overset{\times}{\mathbb{S}}{}^{(E)}\cdot\mathbb{F}^{-1}$ durch die Eulerschen Spannungen (u. ggfs. die Dichte) als dynamische Variable im Ansatz $\mathcal{F}$ bzw. $\mathcal{F}^{+}$ ersetzen, also davon ausgehen zu können, daß letztere Größen gegenüber der eingetretenen Elementenverformung unempfindlich seien. Die damit für Objekte dieser Art im Sinne von § E2 implizierte Materialsymmetrie, muß also derart sein, daß man dem durch $\mathbb{F}$ definierten (beliebigen) Konfigurationsprozess einen beliebigen Prozess $(\mathbb{U}_{A})$ vorschalten kann, ohne die Werte von $\mathcal{F}$bzw. $\mathcal{F}^{+}$ zu verändern, was dann gleichbedeutend damit ist, mit der Wahl $\mathbb{U}_{A}\sim\mathbb{F}^{-1}$ als in $\mathcal{F}$bzw. $\mathcal{F}^{+}$ auftretende relevante dynamische Variable letztlich

---

[15] Weil in (3.12a) symmetrische zweistufige Operatoren $(\mathbb{X}=\mathbb{X}^{T},\ \mathbb{Y}=\mathbb{Y}^{T})$ verknüpft werden, scheint in (3.12a) vom vierstufigen Abbildungsoperator lediglich dessen links– sowie rechtsseitig gemischte Variante auf, die überdies wegen $\overset{<4>}{\bar{\mathbb{S}}}{}^{\times}=\overset{<4>}{\bar{\mathbb{S}}}{}^{\times T}$ auch transpositionsinvariant ist. Daher ist (3.12c) in der Tat vollständig symmetrisch.

[16] und wo auf Basis des Darstellungssatzes für eine zweistufig–tensorwertige symmetrische isotrope Funktion zweier zweistufig–symmetrischer tensorwertiger Variabler als Stoffgleichung diejenige Beziehung verfügt wird, die man erhält, sofern man $\mathbb{C}^{*}(-\mathbb{A}\,\dot{T})$ als isotrop von $\mathbb{S}^{(E)}$ und $\overset{\circ}{\mathbb{S}}{}^{(E)}$ und insbesondere als linear von $\overset{\circ}{\mathbb{S}}{}^{(E)}$ abhängig annimmt

$$(\mathbb{U}_A\cdot\mathbb{F})^{T^{-1}}\cdot\overset{\times}{\$}^{(E)}\cdot(\mathbb{U}_A\cdot\mathbb{F})^{-1}\sim\overset{\times}{\$}^{(E)}\quad,$$

also in der Tat eine zum Eulerschen Spannungstensor proportionale Größe identifizieren zu können. Angesichts der in § E2 ausschließlich erwogenen dichteerhaltenden Vorschaltungen kommen allerdings nur Solche mit

$$\mathbb{U}_A=\mathbb{Q}\cdot\mathbb{F}^{-1}/\sqrt[3]{(\mathbb{F}^{-1})_3}=\mathbb{Q}\cdot\mathbb{F}^{-1}\sqrt[3]{(\mathbb{F})_3}\equiv\mathbb{Q}\cdot\mathbb{F}^{-1}\sqrt[3]{F_3}=\mathbb{Q}\cdot\mathbb{F}^{-1}\sqrt[3]{\hat{\rho}/\bar{\rho}}\tag{3.14a}$$

mit beliebigen orthogonalen Tensoren $(\mathbb{Q})$ in Frage, womit

$$(\mathbb{U}_A\cdot\mathbb{F})^{T^{-1}}\cdot\overset{\times}{\$}^{(E)}\cdot(\mathbb{U}_A\cdot\mathbb{F})^{-1}=\mathbb{Q}\cdot\check{\$}^{(E)}\cdot\mathbb{Q}^T=\check{\$}^{(E)}\tag{3.14b}$$

mit

$$\check{\$}^{(E)}=(\bar{\rho}/\hat{\rho})^{2/3}\cdot\overset{\times}{\$}^{(E)}=\$^{(E)}/\sqrt[3]{\bar{\rho}\,\hat{\rho}^2}=\sqrt[3]{F_3}\,\$^{(E)}/\hat{\rho}\tag{3.14c}$$

d. h. festgestellt wird, daß $\mathscr{F}^+$ als

$$\mathscr{F}^+=\mathscr{F}^+(\check{\$}^{(E)},T)=\mathscr{F}^+(\mathbb{Q}\cdot\check{\$}^{(E)}\cdot\mathbb{Q}^T,T)\tag{3.15a}$$

d. h. als isotrope skalarwertige Funktion des tensorwertigen Arguments $\check{\$}^{(E)}$ vorausgesetzt werden und dieserhalb — gemäß eines entsprechenden Darstellungssatzes [5a] — per

$$\mathscr{F}^+=\check{\mathscr{F}}^+(\check{\bar{S}}_1^{(E)},\check{\bar{S}}_2^{(E)},\check{\bar{S}}_3^{(E)},T)\tag{3.15b}$$

als Funktion der Temperatur und der drei Invarianten $\check{\bar{S}}_j^{(E)}=\mathbb{E}\cdot\cdot\check{\bar{\$}}^{(E)j}$, $j=1..3$ notiert werden können muß. Einsetzen von

$$\mathscr{F}=\left\{\overset{\times}{\$}^{(K)}\cdot\cdot\frac{\partial\mathscr{F}^+}{\partial\overset{\times}{\$}^{(K)}}-\mathscr{F}\right\}_{\overset{\times}{\$}^{(K)}=\check{\$}_j^{(E)}}=\check{\bar{S}}_j^{(E)}\cdot\cdot\frac{\partial\check{\mathscr{F}}^+}{\partial\check{\$}^{(E)}}-\check{\mathscr{F}}$$

in die mit $\dot{\mathscr{D}}=0$ spezialisierte thermodynamische Hauptgleichung (1.1), nämlich in

$$\dot{\mathscr{F}}=\check{\$}^{(E)}\cdot\cdot\frac{\partial^2\check{\mathscr{F}}^+}{\partial\check{\$}^{(E)2}}\cdot\cdot\dot{\check{\$}}^{(E)}+\left[\check{\$}^{(E)}\cdot\cdot\frac{\partial^2\check{\mathscr{F}}^+}{\partial\check{\$}^{(E)}\partial T}-\frac{\partial\check{\mathscr{F}}^+}{\partial T}\right]\dot{T}=$$

$$\overset{(1.1)}{=}\$^{(E)}\cdot\cdot\mathbb{C}^*/\bar{\rho}-\mathscr{S}\dot{T}\equiv\check{\$}^{(E)}\cdot\cdot\left[(F_3)^{2/3}\,\mathbb{C}^*\right]-\mathscr{S}\dot{T}\tag{3.15c}$$

ergibt mit einer durch

$$\mathbb{C}^*=\mathbb{A}\,\dot{T}\ \text{für}\ \frac{\partial^2\check{\mathscr{F}}^+}{\partial\check{\$}^{(E)2}}\cdot\cdot\dot{\check{\$}}^{(E)}=0\tag{3.16a}$$

definierten Wärmeverzerrungsänderung[17)]

$$\mathscr{S}=\frac{\partial\check{\mathscr{F}}^+}{\partial T}+\left[(F_3)^{2/3}\,\check{\mathbb{A}}-\frac{\partial^2\check{\mathscr{F}}^+}{\partial\check{\$}^{(E)}\partial T}\right]\cdot\cdot\check{\$}^{(E)}\tag{3.16b}$$

und hiermit nach Einsetzen in (3.15c)

---

17) Man setze in (3.15c) $\dot{\check{\$}}^{(E)}=0$ sowie $\mathbb{C}^*=\check{\mathbb{A}}\,\dot{T}$. Den Wärmeverzerrungsänderungstensor als isotrope Funktion von $\check{\$}^{(E)}$ voraussetzend, ist plausibel, aber nicht zwingend, sonder nur dann, wenn man die Existenz eines Ergänzungsenergie—Potentials $(\check{\mathscr{F}}^+=\check{\mathscr{F}}^*)$ mit $\mathscr{S}=\partial\check{\mathscr{F}}^+/\partial T$ voraussetzte.

$$\check{\$}^{(E)}\cdot\cdot\left[\frac{\partial^2 \check{\mathscr{F}}^+}{\partial \check{\$}^{(E)2}}\cdot\cdot\dot{\check{\$}}^{(E)} - \left(F_3\right)^{2/3}\left(\mathbb{C}^* - \check{\mathbb{A}}\,\dot{T}\right)\right] = 0$$

bzw.

$$\mathbb{C}^* - \check{\mathbb{A}}\,\dot{T} = \left(F_3\right)^{-2/3}\frac{\partial^2 \check{\mathscr{F}}^+}{\partial \check{\$}^{(E)2}}\cdot\cdot\dot{\check{\$}}^{(E)} = \left(F_3\right)^{-2/3}\frac{\partial^2 \check{\mathscr{F}}^+}{\partial \check{\$}^{(E)2}}\cdot\cdot\overset{\circ}{\check{\$}}{}^{(E)} \tag{3.16c}$$

mit der Jaumann–Ableitung

$$\overset{\circ}{\check{\$}}{}^{(E)} = \dot{\check{\$}}^{(E)} + \mathbb{W}^*\cdot\check{\$}^{(E)} - \check{\$}^{(E)}\cdot\mathbb{W}^* \,. \tag{3.16d}$$

Dabei ist die letztere Darstellung von (3.16c) Konsequenz einerseits von $\check{\$}^{(E)j}\cdot\cdot\dot{\check{\$}}^{(E)} \equiv \check{\$}^{(E)j}\cdot\cdot\overset{\circ}{\check{\$}}{}^{(E)}$ und andererseits des Befundes, daß sich $\partial^2\check{\mathscr{F}}^+/\partial\check{\$}^{(E)2}$ wegen (3.15b) strukturell gleichartig wie (3.10c) darstellt und aus (3.10c) hervorgeht wenn man dort $\check{\mathscr{F}}^+$ anstelle von $\bar{\mathscr{F}}^+$, $\check{\$}^{(E)}$ anstelle von $\overset{\times}{\$}$ und $\check{\bar{S}}_j^{(E)}$ anstelle von $\overset{\times}{\bar{S}}_j$, j = 1..3 setzt.

Um mittels Energieansätzen von der Qualität (3.1a,3a) anstelle von (3.16c) eine direkt in Termen Eulerscher Spannungen auszudrückende Darstellung zu erreichen, muß man anstelle von (3.1a,3a)

$$\mathscr{F}^+ = \mathscr{F}^+_{yT}(\mathbb{Y},T) \;,\quad \mathscr{F} = \mathscr{F}_{yT} = \mathbb{Y}\cdot\cdot\frac{\partial\mathscr{F}^+_{yT}}{\partial\mathbb{Y}} - \mathscr{F}^+ \tag{3.17a,b}$$

mit

$$\mathbb{Y} = (F_3)^{-1/3}\,\$^{(K)} = (F_3)^{2/3}\,\mathbb{F}^{T^{-1}}\cdot\$^{(E)}\cdot\mathbb{F}^{-1}/\hat{\rho} \tag{3.17c}$$

voraussetzen und Unempfindlichkeit von $\mathscr{F}$ bzw. $\mathscr{F}^+$ gegenüber unitären Vorschaltungen verlangen, womit insbesondere mit

$$\mathbb{U}_A = \sqrt[3]{F_3}\,\mathbb{Q}\cdot\mathbb{F}^{-1} \tag{3.18a}$$

und daher

$$\mathbb{Y}_{UA} \overset{(3.17a,18a)}{=} \mathbb{Q}\cdot\$^{(E)}\cdot\mathbb{Q}^T/\hat{\rho} \overset{18)}{=} \$^{(E)}/\hat{\rho} \tag{3.18b}$$

für $\mathscr{F}^+$, $\mathscr{F}$ die Reduktionen

$$\mathscr{F}^+ = \mathscr{F}^{+(E)}(\$^{(E)}/\hat{\rho},T) = \mathscr{F}^{+(E)}(\mathbb{Q}\cdot\$^{(E)}\cdot\mathbb{Q}^T/\hat{\rho},T) \;, \tag{3.18c}$$

$$\mathscr{F} = \left(\$^{(E)}/\hat{\rho}\right)\cdot\cdot\frac{\partial\mathscr{F}^{+(E)}}{\partial(\$^{(E)}/\hat{\rho})} - \mathscr{F}^{+(E)} \tag{3.18d}$$

möglich sind. Einsetzen in die mit $\dot{\mathscr{D}} = 0$ spezialisierte thermodynamische Grundgleichung

$$\dot{\mathscr{F}} = \$^{(E)}\cdot\cdot\mathbb{C}^*/\rho - \mathscr{S}\dot{T}$$

ergibt dann schließlich

$$\mathbb{C}^* - \mathbb{A}\,\dot{T} = \bar{\rho}\,\frac{\partial^2\mathscr{F}^{+(E)}}{\partial(\$^{(E)}/\hat{\rho})^2}\cdot\cdot\left(\$^{(E)}/\hat{\rho}\right)^{\circ} \tag{3.19a}$$

mit dem durch $\mathbb{C}^* = \mathbb{A}\,\dot{T}$ für $\overset{\circ}{\$}{}^{(E)} = 0$ definierten Wärmeverzerrungsänderungstensor $(\mathbb{A})$, mit

18) mit $\mathbb{Q} = \mathbb{E}$

dem im übrigen dann die Entropie als

$$\mathscr{S} = \frac{\partial \mathscr{F}^{+(E)}}{\partial T} + \left[\frac{\hat{\varrho}}{\bar{\rho}} \mathbb{A} - \frac{\partial^2 \mathscr{F}^{+(E)}}{\partial(\$^{(E)}/\hat{\rho})\partial T} \right] \cdot\cdot (\$^{(E)}/\hat{\rho}) \qquad (3.19b)$$

festzulegen ist[19]. Wegen (3.18c) und der damit möglichen Darstellung

$$\mathscr{F}^{+} = \bar{\mathscr{F}}^{+(E)}(Y_1, Y_2, Y_3, T) \text{ mit } Y_j = \mathbb{E}\cdot\cdot(\$^{(E)}/\hat{\rho})^j \qquad (3.19c,d)$$

stimmt die Materialtetrade $\partial^2 \mathscr{F}^{+(E)}/\partial(\$^{(E)}/\hat{\rho})^2$ strukturell mit (3.10c) überein, worin jetzt überall $\bar{\mathscr{F}}^{+(E)}$ anstelle von $\bar{\mathscr{F}}^{+}$, $\$^{(E)}/\hat{\rho}$ anstelle von $\overset{\times}{\$}$ und Y_j, j = 1..3 anstelle von $\overset{\times}{\bar{S}}_j$ zu schreiben ist. Daher weist $\partial^2 \mathscr{F}^{+(E)}/\partial(\$^{(E)}/\hat{\rho})^2$ insgesamt 8 skalare Stoff–Funktionen[20] auf, die sich aber sämtlich auf Eine[21] reduzieren lassen. Die Spezialisierung gegenüber der in [2] angegebenen, istropen und linearen Zusammenhang zwischen $\mathbb{C}^*$ und $\overset{\circ}{\$}^{(E)}$ fordernden, Beziehung

$$\mathbb{C}^* = \mathbb{H}(\$^{(E)})\cdot\cdot\overset{\circ}{\$}^{(E)} \qquad (3.20a)$$

für isotherme Zustandsänderungen ist — selbstverständlich! — erheblich. Denn ohne weitere Restriktionen[22] ist eben nur eine Reduktion auf

$$\mathbb{H} = \sum_{j,k=0}^{2} h_{jk}\, \$^{(E)j} \circ \$^{(E)k} + h_0 \overset{<4>}{\mathbb{M}} + h_1 (\overset{<4>}{\mathbb{M}} \cdot \$^{(E)})\cdot\cdot\overset{<4>}{\mathbb{M}} + h_2 (\overset{<4>}{\mathbb{M}} \cdot \$^{(E)2})\cdot\cdot\overset{<4>}{\mathbb{M}} \qquad (3.20b)$$

mit 9 + 3 = 12 voneinander unabhängigen skalaren (Material—)Funktionen der Invarianten $\bar{S}^{(E)j} = \mathbb{E}\cdot\cdot\$^{(E)j}$, j = 1..3 möglich.

Indem man die aufgrund der mit (3.14a,18a) erschlossenen Befunde (3.15a,19c) als Ausdruck einer "Durchmischungsinvarianzforderung" für eine in Termen der Spannungen dargestellte Energiegröße $(\mathscr{F}^{+})$ deutet, scheint es angebracht, das mit (3.16c,19a) beschriebene Stoffverhalten als Dasjenige eines "hypoelastischen Fluides" zu bezeichnen.

---

19) Enstpr. Fußn. (17) ist die Voraussetzung isotrop von $\$^{(E)}$ abhängenden Wärmeverzerrungsänderungstensor $\mathbb{A}$ plausibel, aber zwingend bei Voraussetzung der Existenz eines Ergänzungsenergie—Potentials $\mathscr{F}^{+(E)} = \mathscr{F}^{*(E)}$ mit $\mathscr{S} = \partial \mathscr{F}^{*(E)}/\partial T$.

20) der Invarianten Y_j, j = 1..3 und der Temperatur

21) nämlich $\mathscr{F}^{+(E)}$

22) Wie etwa die Forderung nach Existenz einer "energetischen Zustandseigenschaft"

§ 4 Maxwell–Körper

4.1 Allgemeines

Maxwellkörper werden im Sinne der Modellvorstellungen von § 1 energetisch definiert durch die Vorgaben:

V1) Innere Energie, Entropie, d. h. auch freie Energie seien Diejenigen der elastischen Materialkomponente und als Zustandsfunktionen der Spannungen und der Temperatur im Sinne etwa von

$$\mathcal{F} = \mathcal{F}_{ST}\,(\overset{\times}{\mathbb{S}}, \mathrm{T})\,, \quad \mathcal{S} = \mathcal{S}_{ST}\,(\overset{\times}{\mathbb{S}}, \mathrm{T})\,, \tag{4.1a,b}$$

ebenso wie eine durch

$$\mathcal{F}_{ST} = \overset{\times}{\mathbb{S}} \cdot\cdot \frac{\partial \mathcal{F}^{+}_{ST}}{\partial \overset{\times}{\mathbb{S}}} - \mathcal{F}^{+}_{ST} \tag{4.1c}$$

definierte Ergänzungsenergiegröße $\mathcal{F}^{+}_{ST}\,(\overset{\times}{\mathbb{S}}, \mathrm{T})$ (vgl. (3.3a)) darzustellen [1].

V2) Die Dissipationsleistung $\dot{\mathcal{D}} = \dot{\mathcal{D}}_{ST}\,(\overset{\times}{\mathbb{S}}, \mathrm{T})$ sei eine positiv-definite Funktion der Spannungen und der Temperatur mit den Eigenschaften

$$\dot{\mathcal{D}}_{ST}\,(\mathbb{0}, \mathrm{T}) = 0\,, \qquad \left.\frac{\partial \dot{\mathcal{D}}}{\partial \overset{\times}{\mathbb{S}}}\right|_{\overset{\times}{\mathbb{S}}=\mathbb{0}} = \mathbb{0} \tag{4.2a,b}$$

und demgemäß unter Voraussetzung einer Taylor-Entwickelbarkeit um den Spannungs-Nullpunkt in der Form

$$\dot{\mathcal{D}}_{ST} = \overset{\times}{\mathbb{S}} \cdot\cdot \overset{\langle 4\rangle}{\mathbb{S}}{}^{\times}_{v}{}^{\times}\,(\overset{\times}{\mathbb{S}}, \mathrm{T}) \cdot\cdot \overset{\times}{\mathbb{S}} \geq 0 \tag{4.2c}$$

mit einer von Spannungen und Temperatur abhängigen vierstufigen (und ohne Einschränkung der Allgemeinheit als vollständig-symmetrisch anzunehmenden) sog. "viskosen Materialtetrade" $\overset{\langle 4\rangle}{\mathbb{S}}{}^{\times}_{v}{}^{\times} = \overset{\langle 4\rangle}{\mathbb{S}}{}^{\times}_{vST}{}^{\times}\,(\overset{\times}{\mathbb{S}}, \mathrm{T})$ darzustellen, die wegen des zweiten Hauptsatzes der Thermodynamik überdies positiv-definit sein muß.

Einsetzen von (4.1,2c) in die thermodynamische Hauptgleichung (1.1),

$$\dot{\mathcal{F}} = \dot{\mathcal{A}}_{S} - \dot{\mathcal{D}} - \mathcal{S}\dot{\mathrm{T}} = \overset{\times}{\mathbb{S}} \cdot\cdot \mathbb{D} - \dot{\mathcal{D}} - \mathcal{S}\dot{\mathrm{T}}\,, \tag{4.3}$$

---

[1] der Voraussetzung solcherart thermodynamischer Potentiale wegen spricht man auch von "thermodynamisch–perfekten Maxwell–Körpern".

führt zu

$$\left[\frac{\partial \mathcal{F}_{ST}}{\partial T} + \mathcal{S}_{ST}\right]\dot{T} + \frac{\partial \mathcal{F}_{ST}}{\partial \overset{\times}{\mathbb{S}}} \cdot\cdot \dot{\overset{\times}{\mathbb{S}}} + \overset{\times}{\mathbb{S}} \cdot\cdot \left(\overset{\langle 4\rangle}{\mathbb{S}}_{v}{}^{\times} \cdot\cdot \overset{\times}{\mathbb{S}} - \dot{\mathbb{D}}\right) = 0 \tag{4.4a}$$

und ergibt insbesondere für eine - zur Zeit t einsetzende - "konstante thermisch-kinematische Fortsetzung" (mit $\dot{\mathbb{D}} = \mathbb{0}$, $\dot{T} = 0$) und die dabei eintretende Spannungsänderung[2)] $\dot{\overset{\times}{\mathbb{S}}}_{iso}$

$$\frac{\partial \mathcal{F}_{ST}}{\partial \overset{\times}{\mathbb{S}}} \cdot\cdot \dot{\overset{\times}{\mathbb{S}}}_{iso} + \overset{\times}{\mathbb{S}} \cdot\cdot \overset{\langle 4\rangle}{\mathbb{S}}_{v}{}^{\times} \cdot\cdot \overset{\times}{\mathbb{S}} = 0 , \tag{4.4b}$$

die man gleichermaßen feststellen soll, wenn man zur Zeit t einen Wärmedehnungsprozeß $\dot{\mathbb{D}} = \dot{\mathbb{D}}_T = \mathbb{A}\dot{T}$ startet.[3)] Dementsprechend hat nach (4.4a) ebenso

$$\left[\frac{\partial \mathcal{F}_{ST}}{\partial T} + \mathcal{S}_{ST}\right]\dot{T} + \frac{\partial \mathcal{F}_{ST}}{\partial \overset{\times}{\mathbb{S}}} \cdot\cdot \dot{\overset{\times}{\mathbb{S}}}_{iso} - \overset{\times}{\mathbb{S}} \cdot\cdot \mathbb{A}\dot{T} + \overset{\times}{\mathbb{S}} \cdot\cdot \overset{\langle 4\rangle}{\mathbb{S}}_{v}{}^{\times} \cdot\cdot \overset{\times}{\mathbb{S}} = 0 \tag{4.4c}$$

zu gelten und wegen (4.4b) demgemäß für beliebige Temperaturänderungen - übrigens in Übereinstimmung mit (3.4a) -

$$\mathcal{S} = \mathcal{S}_{ST} \overset{4)}{=} -\frac{\partial \mathcal{F}_{ST}}{\partial T} + \overset{\times}{\mathbb{S}} \cdot\cdot \mathbb{A} , \tag{4.5}$$

weswegen (4.4a) auf

$$\dot{\overset{\times}{\mathbb{S}}} \cdot\cdot \frac{\partial \mathcal{F}_{ST}}{\partial \overset{\times}{\mathbb{S}}} + \overset{\times}{\mathbb{S}} \cdot\cdot \left[\overset{\langle 4\rangle}{\mathbb{S}}_{v}{}^{\times} \cdot\cdot \overset{\times}{\mathbb{S}} - (\dot{\mathbb{D}} - \mathbb{A}\dot{T})\right] = 0 \tag{4.6a}$$

verkürzt werden kann. Daraus folgt für $\overset{\times}{\mathbb{S}} = \mathbb{0}$ und beliebige Spannungsgeschwindigkeiten für die freie Energie die Minimaleigenschaft

$$\left(\partial \mathcal{F}_{ST} / \partial \overset{\times}{\mathbb{S}}\right)\Big|_{\overset{\times}{\mathbb{S}} = \mathbb{0}} = \mathbb{0} , \tag{4.6b}$$

was man analog § 3 zum Anlaß nehmen kann, als thermodynamisches Potential eine nach (4.1c) definierte Energiegröße $\mathcal{F}^{+}_{ST}(\overset{\times}{\mathbb{S}}, T)$ einzuführen, mit der die Forderung (4.6b) d. h.

$$\frac{\partial \mathcal{F}_{ST}}{\partial \overset{\times}{\mathbb{S}}}\Bigg|_{\overset{\times}{\mathbb{S}} = \mathbb{0}} \overset{(4.1c)}{=} \overset{\times}{\mathbb{S}} \cdot\cdot \frac{\partial^2 \mathcal{F}^{+}_{ST}}{\partial \overset{\times}{\mathbb{S}}^2}\Bigg|_{\overset{\times}{\mathbb{S}} = \mathbb{0}} \equiv \frac{\partial^2 \mathcal{F}^{+}_{ST}}{\partial \overset{\times}{\mathbb{S}}^2} \cdot\cdot \overset{\times}{\mathbb{S}}\Bigg|_{\overset{\times}{\mathbb{S}} = \mathbb{0}} \overset{!}{=} \mathbb{0}$$

---

2) im Sinne einer "Spannungsrelaxation"

3) Dies sei jetzt die sinngemäße Verallgemeinerung der Definition des Wärmeausdehnungsbegriffes von §§ 2,3.

4) Wonach der Wärmeverzerrungsänderungstensor als Funktion der Spannungen und der Temperatur darzustellen sein muß.

für im Spannungsnullpunkt nicht singuläre vollständig-symmetrische Materialtetraden

$$\overset{\langle 4\rangle}{\mathbb{S}}{}^{\times}_{ST}(\overset{\times}{\mathbb{S}}, T) = \frac{\partial^2 \mathcal{F}^{+}_{ST}}{\partial \overset{\times}{\mathbb{S}}{}^{2}} \tag{4.7a}$$

automatisch erfüllt wird. [5] Unter Benutzung von

$$\frac{\partial \mathcal{F}_{ST}}{\partial \overset{\times}{\mathbb{S}}} = \overset{\times}{\mathbb{S}} \cdot\cdot \frac{\partial^2 \mathcal{F}^{+}_{ST}}{\partial \overset{\times}{\mathbb{S}}{}^{2}} = \overset{\times}{\mathbb{S}} \cdot\cdot \overset{\langle 4\rangle}{\mathbb{S}}{}^{\times} = \overset{\langle 4\rangle}{\mathbb{S}}{}^{\times} \cdot\cdot \overset{\times}{\mathbb{S}} \tag{4.7b}$$

in (4.6a) erhält man dann

$$\overset{\times}{\mathbb{S}} \cdot\cdot [\, \overset{\langle 4\rangle}{\mathbb{S}}{}^{\times} \cdot\cdot \dot{\overset{\times}{\mathbb{S}}} + \overset{\langle 4\rangle}{\mathbb{S}}{}^{\times}_{v} \cdot\cdot \overset{\times}{\mathbb{S}} - (\dot{\mathbb{D}} - \mathbb{A}\dot{T})] = 0 \tag{4.8}$$

und daraus vorbehaltlich eines produktneutralen Spannungsanteiles [6] (vgl. § 3) schließlich die Stoffgleichung

$$\dot{\mathbb{D}} - \mathbb{A}\dot{T} = \overset{\langle 4\rangle}{\mathbb{S}}{}^{\times} \cdot\cdot \dot{\overset{\times}{\mathbb{S}}} + \underline{\overset{\langle 4\rangle}{\mathbb{S}}{}^{\times}_{v} \cdot\cdot \overset{\times}{\mathbb{S}}}\,. \tag{4.9}$$

In (4.9) erkennt man ein — allerdings in sehr einfacher Weise repräsentiertes [7] — "Additionsgesetz der Verzerrungsgeschwindigkeiten", das man als "Hintereinanderschaltung" von elastischer und viskoser Materialkomponente interpretieren kann in Übereinstimmung mit den diesbezüglichen Vorstellungen für das einachsige Maxwellmodell:

Die Gesamt–Verzerrungsgeschwindigkeit $\dot{\mathbb{D}}$ setzt sich danach zusammen aus zwei Anteilen,

$$\dot{\mathbb{D}} = \dot{\mathbb{D}}_{el} + \dot{\mathbb{D}}_{v}\,, \tag{4.10a}$$

wovon der Anteil der elastischen Materialkomponente der Stoffgleichung

$$\dot{\mathbb{D}}_{el} - \mathbb{A}\dot{T} = \overset{\langle 4\rangle}{\mathbb{S}}{}^{\times} \cdot\cdot \dot{\overset{\times}{\mathbb{S}}} \ \text{bzw.}\ \dot{\overset{\times}{\mathbb{S}}} = \overset{\langle 4\rangle}{\mathbb{C}}{}^{\times} \cdot\cdot (\dot{\mathbb{D}}_{el} - \mathbb{A}\dot{T})\,,\quad \overset{\langle 4\rangle}{\mathbb{C}}{}^{\times} = \overset{\langle 4\rangle}{\mathbb{S}}{}^{\times\,-1} \tag{4.10b,c}$$

---

5) Analog § 3 muß $\overset{\langle 4\rangle}{\mathbb{S}}{}^{\times}$ im Sinne von $\overset{\times}{\mathbb{S}} \cdot\cdot \overset{\langle 4\rangle}{\mathbb{S}}{}^{\times} \cdot\cdot \overset{\times}{\mathbb{S}} \geq 0$ positiv–definit sein, wenn man von der freien Energie im Sinne von $\overset{\times}{\mathbb{S}} \cdot\cdot \dfrac{\partial \mathcal{F}_{ST}}{\partial \overset{\times}{\mathbb{S}}} \geq 0$ globale Konvexität verlangt.

6) Die Hinzunahme eines produktneutralen Anteiles $\mathbb{G}_{\langle 0\rangle}$ in der Klammer von (4.8) würde mit der Annahme $\mathbb{G}_{\langle 0\rangle} = \mathbb{G}_{\langle 0\rangle}(\overset{\times}{\mathbb{S}}, T)$ nach dem Prinzip der Äquipräsenz und unter der Voraussetzung einer Taylor–Entwickelbarkeit von $\mathbb{G}_{\langle 0\rangle}$ um den Spannungs–Nullpunkt, auf der rechten Seite von (4.9) zu einem Zusatzglied $\overset{\langle 4\rangle}{\mathbb{S}}{}^{\times}_{\langle 0\rangle} \cdot\cdot \overset{\times}{\mathbb{S}}$ (mit $\overset{\times}{\mathbb{S}} \cdot\cdot \overset{\langle 4\rangle}{\mathbb{S}}{}^{\times}_{\langle 0\rangle} \cdot\cdot \overset{\times}{\mathbb{S}} = 0$) führen. Zum Viskositätsglied (gestrichelt) addiert, liefe dies auf die Betrachtnahme einer nicht vollständig symmetrischen Viskositätstetrade hinaus, wovon hier abgesehen werden soll.

7) Ambitioniertere Theorien gehen von einem vorab vorgegebenen geometrischen Hintereinanderschaltungsaxiom unter Benutzung lokaler Konfigurations–Teildyaden $\mathbb{F}_{e}$, $\mathbb{F}_{v}$ aus, womit sich anstelle von (4.10a) wesentlich kompliziertere Zerlegungsvorschriften ergeben können (vgl. h. die Hinweise in § 1, § E4). Für die im folgenden im wesentlichen referierten technischen Theorien kleiner Verformungen sind Erwägungen hinsichtlich der Benutzung ambitionierterer Hintereinanderschaltungsaxiome bedeutungslos.

genügt und der Anteil

$$\dot{\mathbb{D}}_v = \overset{\langle 4 \rangle}{\mathbb{S}}{}_v^{\times} \cdot\cdot \overset{\times}{\mathbb{S}} \tag{4.10d}$$

als die Stoffgleichung der (im einachsigen Modell durch Stoßdämpfer modellierten) viskosen Materialkomponente aufzufassen ist. In beiden Teil–Materialgleichungen scheinen dieselben Spannungen auf.

Nimmt man schließlich für die elastische Materialkomponente Hyperelastizität an, so existiert analog § 3 ein freies Ergänzungsenergie-Potential

$$\mathscr{F}^{+} = \mathscr{F}^{*} = \mathscr{F}^{*}_{ST}\,(\overset{\times}{\mathbb{S}}, T)\,, \tag{4.11a}$$

mit dem per

$$\overset{\langle 4 \rangle}{\mathbb{S}}{}^{\times}_{ST}\,(\overset{\times}{\mathbb{S}}, T) \overset{(4.7a)}{=} \frac{\partial^2 \mathscr{F}^{*}_{ST}}{\partial \overset{\times}{\mathbb{S}}{}^2}\,, \quad \mathbb{A}_{ST} = \frac{\partial^2 \mathscr{F}^{*}_{ST}}{\partial \overset{\times}{\mathbb{S}}\,\partial T} = \frac{\partial \mathscr{S}_{ST}}{\partial \overset{\times}{\mathbb{S}}}\,, \quad \mathscr{S}_{ST} \overset{(2.47b)}{=} \frac{\partial \mathscr{F}^{*}_{ST}}{\partial T} \tag{4.11b-d}$$

die elastische Materialtetrade, der Wärmeverzerrungsänderungstensor[8)] und die Entropie festgelegt werden.

Danach ist

$$\frac{\partial \overset{\langle 4 \rangle}{\mathbb{S}}{}^{\times}}{\partial T} = \frac{\partial \mathbb{A}_{ST}}{\partial \mathbb{S}}\,, \tag{4.11e}$$

und mit

$$\overset{\curlywedge}{Q} = T\dot{\mathscr{S}} = T\left[\frac{\partial \mathscr{S}_{ST}}{\partial T}\dot{T} + \frac{\partial \mathscr{S}_{ST}}{\partial \overset{\times}{\mathbb{S}}} \cdot\cdot \dot{\overset{\times}{\mathbb{S}}}\right] \overset{(4.11d)}{=} T\left[\frac{\partial^2 \mathscr{F}^{*}_{ST}}{\partial T^2}\dot{T} + \frac{\partial^2 \mathscr{F}^{*}_{ST}}{\partial \overset{\times}{\mathbb{S}}\,\partial T} \cdot\cdot \dot{\overset{\times}{\mathbb{S}}}\right] =$$

$$= T\left[\frac{\partial^2 \mathscr{F}^{*}_{ST}}{\partial T^2}\dot{T} + \mathbb{A} \cdot\cdot \dot{\overset{\times}{\mathbb{S}}}\right] \tag{4.12}$$

folgen

a) aus

$$\dot{\hat{Q}}\Big|_{\dot{\overset{\times}{\mathbb{S}}} = \mathbb{0}} = T\,\frac{\partial^2 \mathscr{F}^{*}_{ST}}{\partial T^2}\,\dot{T} \equiv c_s \dot{T}$$

für die spezifische Wärme bei konstanten Spannungen (vgl. a. (2.47d))

$$c_s = c_{s\,ST}\,(\overset{\times}{\mathbb{S}}, T) = T\,\frac{\partial^2 \mathscr{F}^{*}_{ST}}{\partial T^2} = T\,\frac{\partial \mathscr{S}_{ST}}{\partial T}\,, \tag{4.12a}$$

[8)] Da man aus (4.5a) mit $\mathscr{F}_{ST}$ nach (4.1c) für $\mathscr{S}_{ST}$ in Termen von $\mathbb{A}$ und $\mathscr{F}^{+}$ die Darstellung

$$\mathscr{S}_{ST} = \frac{\partial \mathscr{F}^{+}_{ST}}{\partial T} + \overset{\times}{\mathbb{S}} \cdot\cdot \left[\mathbb{A} - \frac{\partial^2 \mathscr{F}^{+}_{ST}}{\partial \overset{\times}{\mathbb{S}}\,\partial T}\right]$$

erreichen kann, folgt mit $\mathscr{F}^{+} = \mathscr{F}^{*}$ und $\mathscr{S}_{ST}$ nach (4.11d) automatisch $\mathbb{A} = \mathbb{A}_{ST}$ nach (4.11c), was (vgl. (2.47)) bedeutet, die Wärmeverzerrungen der elastischen Materialkomponente zugewiesen zu haben.

b) für den durch

$$\dot{\hat{Q}}\Big|_{\dot{T}=0} = T\,\mathbb{A}\cdot\cdot\,\dot{\overset{\times}{\mathbb{S}}} \equiv \mathbb{C}_s\cdot\cdot\,\dot{\overset{\times}{\mathbb{S}}} = T\,\frac{\partial \mathscr{S}_{ST}}{\partial \overset{\times}{\mathbb{S}}}\cdot\cdot\,\dot{\overset{\times}{\mathbb{S}}} \tag{4.12b}$$

definierten Tensor der latenten Wärme $(\mathbb{C}_s)$, der bei isothermen Zustandsänderungen die je Spannungsänderungseinheit zuzuführende Wärmemenge beschreibt,

$$\mathbb{C}_s = T\,\mathbb{A}\,, \tag{4.12c}$$

c) für die bei konstanter thermisch–kinematischer Fortsetzung, also für

$\dot{\mathbb{D}} = \mathbb{0}\,,\ \dot{T} = 0$, d. h., $\dot{\overset{\times}{\mathbb{S}}} = \dot{\overset{\times}{\mathbb{S}}}_{iso} \overset{(4.9)}{=} -\overset{\langle 4\rangle}{\mathbb{S}}{}^{\times -1}\cdot\cdot\,\overset{\langle 4\rangle}{\mathbb{S}}{}^{\times}_{v}\cdot\cdot\,\overset{\times}{\mathbb{S}}$ je Zeiteinheit zuzuführende Wärmemenge

$$\dot{\hat{Q}}\Big|_{\substack{\dot{\mathbb{D}}=\mathbb{0}\\ \dot{T}=0}} = \dot{\hat{Q}}\Big|_{\dot{\overset{\times}{\mathbb{S}}}=\dot{\overset{\times}{\mathbb{S}}}_{iso},\,\dot{T}=0} = \mathbb{C}_s\cdot\cdot\,\dot{\overset{\times}{\mathbb{S}}}_{iso} = -\,T\,\mathbb{A}\cdot\cdot\,\overset{\langle 4\rangle}{\mathbb{S}}{}^{\times -1}\cdot\cdot\,\overset{\langle 4\rangle}{\mathbb{S}}{}^{\times}_{v}\cdot\cdot\,\overset{\times}{\mathbb{S}}\,, \tag{4.12d}$$

d) für die bei konstanter Deformation, d. h. für $\dot{\mathbb{D}} = \mathbb{0}$ und demgemäß für

$\dot{\overset{\times}{\mathbb{S}}}\Big|_{\dot{\mathbb{D}}=\mathbb{0}} = -\,\overset{\langle 4\rangle}{\mathbb{S}}{}^{\times -1}\cdot\cdot\,(\mathbb{A}\dot{T} + \overset{\langle 4\rangle}{\mathbb{S}}{}^{\times}_{v}\cdot\cdot\,\overset{\times}{\mathbb{S}})$ je Zeiteinheit zuzuführende Wärmemenge

$$\begin{aligned}\dot{\hat{Q}}\Big|_{\dot{\mathbb{D}}=\mathbb{0}} &= c_s\dot{T} - T\mathbb{A}\cdot\cdot\,\overset{\langle 4\rangle}{\mathbb{S}}{}^{\times -1}\cdot\cdot\,(\mathbb{A}\dot{T} + \overset{\langle 4\rangle}{\mathbb{S}}{}^{\times}_{v}\cdot\cdot\,\overset{\times}{\mathbb{S}}) = \\ &= (c_s - T\mathbb{A}\cdot\cdot\,\overset{\langle 4\rangle}{\mathbb{S}}{}^{\times -1}\cdot\cdot\,\mathbb{A})\,\dot{T} + \dot{\hat{Q}}\Big|_{\dot{\mathbb{D}}=\mathbb{0}\,,\,\dot{T}=0}\,,\end{aligned} \tag{4.12e}$$

womit eine analog (2.18d) mit $\overset{\langle 4\rangle}{\mathbb{C}}{}^{\times} = \overset{\langle 4\rangle}{\mathbb{C}}/\hat{\rho} = \overset{\langle 4\rangle}{\mathbb{S}}{}^{\times -1}$ als

$$c_d = c_s - T\mathbb{A}\cdot\cdot\,\overset{\langle 4\rangle}{\mathbb{S}}{}^{\times -1}\cdot\cdot\,\mathbb{A} = c_s - T\mathbb{A}\cdot\cdot\,\overset{\langle 4\rangle}{\mathbb{C}}{}^{\times}\cdot\cdot\,\mathbb{A} < c_s \tag{4.12f}$$

zu definierende spezifische Wärme c_d die Bedeutung

$$\dot{\hat{Q}}\Big|_{\dot{\mathbb{D}}=\mathbb{0}} - \dot{\hat{Q}}\Big|_{\dot{\mathbb{D}}=\mathbb{0}\,,\,\dot{T}=0} \equiv c_d\dot{T} \tag{4.12g}$$

hat, d. h. die Bedeutung derjenigen Wärmemenge, die man der Masseneinheit je Zeiteinheit zuführen muß, wenn die Spannungen gemäß $\dot{\overset{\times}{\mathbb{S}}}_{iso}$ relaxieren.

Aus

$$\dot{\hat{Q}} = 0,\ \text{d. h.}\ \dot{\mathscr{S}} = \frac{\partial \mathscr{S}_{ST}}{\partial T}\,\dot{T}_{\mathscr{S}} + \frac{\partial \mathscr{S}_{ST}}{\partial \overset{\times}{\mathbb{S}}}\cdot\cdot\,\dot{\overset{\times}{\mathbb{S}}} \overset{(4.12a,b)}{=} \frac{c_s}{T}\,\dot{T}_{\mathscr{S}} + \mathbb{A}\cdot\cdot\,\dot{\overset{\times}{\mathbb{S}}} = 0 \tag{4.13a}$$

erhält man schließlich die den Spannungsänderungen $(\dot{\overset{\times}{\mathbb{S}}})$ zugehörigen Temperaturänderungen $\dot{T}_{\mathscr{S}}$ bei lokal–isentropen Zustandsänderungen [9] als

---

9) Man beachte $\dot{\hat{Q}} = \dot{Q}^{(a)} + \dot{\mathscr{D}}$ mit der der Masseneinheit in der Zeiteinheit "von außen" zugeführten Wärme $\dot{Q}^{(a)}$. Lokal–isentrope Zustandsänderungen mit $\dot{\hat{Q}} = 0$ d. h. $\dot{Q}^{(a)} = -\,\dot{\mathscr{D}}$ sind danach Solche, bei denen lokal die jeweils entstehende Dissipationswärmerate $(\dot{\mathscr{D}})$ unmittelbar abgeführt wird.

$$\dot{T}_{\mathscr{S}} = -T\mathbb{A}\cdot\cdot\dot{\overset{\times}{\$}}/c_s = -T\mathbb{A}_{ST}(\overset{\times}{\$},T)\cdot\cdot\dot{\overset{\times}{\$}}/c_{s\,ST}(\overset{\times}{\$},T) \tag{4.13b}$$

und dementsprechend aus (4.9) als Stoffgleichung für lokal–isentrope Zustandsänderungen

$$\dot{\mathbb{D}} = \mathbb{A}\dot{T}_{\mathscr{S}} + \overset{\langle 4\rangle}{\$}{}^{\times}\cdot\cdot\dot{\overset{\times}{\$}} + \overset{\langle 4\rangle}{\$}{}_v^{\times}\cdot\cdot\overset{\times}{\$} \equiv \overset{\langle 4\rangle}{\$}{}^{\times}_{\mathscr{S}}\cdot\cdot\dot{\overset{\times}{\$}} + \overset{\langle 4\rangle}{\$}{}_v^{\times}\cdot\cdot\overset{\times}{\$} \tag{4.13c}$$

mit der isentropen Elastizitätstetrade

$$\overset{\langle 4\rangle}{\$}{}^{\times}_{\mathscr{S}} = \overset{\langle 4\rangle}{\$}{}^{\times} - \frac{T}{c_s}\mathbb{A}\circ\mathbb{A} = \overset{\langle 4\rangle}{\$}{}^{\times}_{\mathscr{S}\,ST}(\overset{\times}{\$},T)\,. \tag{4.13d}$$

Lokal–adiabatische Zustandsänderungen sind durch

$$\dot{Q}^{(a)} = 0\,,\ \text{d. h.}\ \hat{\dot{Q}} = \dot{\mathscr{D}} = T\dot{\mathscr{S}} = c_s\dot{T}_{ad} + T\mathbb{A}\cdot\cdot\dot{\overset{\times}{\$}}\,, \tag{4.14a}$$

d. h. durch Temperaturänderungen

$$\dot{T}_{ad} = -\frac{T}{c_s}\mathbb{A}\cdot\cdot\dot{\overset{\times}{\$}} + \frac{\dot{\mathscr{D}}}{c_s} = \frac{1}{c_s}\left(\overset{\times}{\$}\cdot\cdot\overset{\langle 4\rangle}{\$}{}_v^{\times}\cdot\cdot\overset{\times}{\$} - T\mathbb{A}\cdot\cdot\dot{\overset{\times}{\$}}\right) \tag{4.14b}$$

gekennzeichnet, die nunmehr in (4.9) einzusetzen sind. Man bekommt das lokal–adiabatische Stoffgesetz

$$\dot{\mathbb{D}} = \mathbb{A}\dot{T}_{ad} + \overset{\langle 4\rangle}{\$}{}^{\times}\cdot\cdot\dot{\overset{\times}{\$}} + \overset{\langle 4\rangle}{\$}{}_v^{\times}\cdot\cdot\overset{\times}{\$} = \left[\overset{\langle 4\rangle}{\$}{}^{\times} - \frac{T}{c_s}\mathbb{A}\circ\mathbb{A}\right]\cdot\cdot\dot{\overset{\times}{\$}} + \left[\overset{\langle 4\rangle}{\$}{}_v^{\times} + \frac{1}{c_s}\mathbb{A}\circ\overset{\times}{\$}\cdot\cdot\overset{\langle 4\rangle}{\$}{}_v^{\times}\right]\cdot\cdot\overset{\times}{\$} \equiv \overset{\langle 4\rangle}{\$}{}^{\times}_{ad}\cdot\cdot\dot{\overset{\times}{\$}} + \overset{\langle 4\rangle}{\$}{}^{\times}_{v\,ad}\cdot\cdot\overset{\times}{\$} \tag{4.14c}$$

mit der (mit der isentropen Elastizitätstetrade identischen) adiabatischen Elastizitätstetrade

$$\overset{\langle 4\rangle}{\$}{}^{\times}_{ad} = \overset{\langle 4\rangle}{\$}{}^{\times} - \frac{T}{c_s}\mathbb{A}\circ\mathbb{A} = \overset{\langle 4\rangle}{\$}{}^{\times}_{\mathscr{S}} = \overset{\langle 4\rangle}{\$}{}^{\times}_{ad\,ST}(\overset{\times}{\$},T) \tag{4.14d}$$

und der adiabatischen Viskositätstetrade

$$\overset{\langle 4\rangle}{\$}{}^{\times}_{v\,ad} = \left[\overset{\langle 4\rangle}{\mathbb{E}} + \frac{1}{c_s}\mathbb{A}\circ\overset{\times}{\$}\right]\cdot\cdot\overset{\langle 4\rangle}{\$}{}_v^{\times} = \overset{\langle 4\rangle}{\$}{}^{\times}_{v\,ad\,ST}(\overset{\times}{\$},T)\,. \tag{4.14e}$$

Diese Ziffer beschließend, sollen das Potential der freien Ergänzungsenergie bzw. die Entropie durch die Grundgrößen $\overset{\langle 4\rangle}{\$}{}^{\times}$, $\mathbb{A}$ und den reinen Temperaturanteil $c_{sT}(T)$ der spezifischen Wärme c_s dargestellt werden. Ausgegangen wird von (4.11b), woraus vorerst nach zweimaliger Integration

$$\mathscr{F}^*_{ST} = \overset{\times}{\$}\cdot\cdot\frac{\partial\mathscr{F}^*_{ST}}{\partial\overset{\times}{\$}}\Big|_{\mathbb{0},T} + \mathscr{F}^*_{ST}(\mathbb{0},T) + \int_{\mathbb{0}}^{\overset{\times}{\$}}\left[\int_{\mathbb{0}}^{\tilde{\overset{\times}{\$}}}\overset{\langle 4\rangle}{\$}{}^{\times}_{ST}\cdot\cdot d\bar{\overset{\times}{\$}}\right]\cdot\cdot d\tilde{\overset{\times}{\$}} \tag{4.15}$$

erhalten wird, und daraus desweiteren unter Beachtung von (4.11d) von

$$\mathscr{S}_{ST}(\overset{\times}{\$},T) = \frac{\partial\mathscr{F}^*_{ST}}{\partial T} = \overset{\times}{\$}\cdot\cdot\frac{\partial^2\mathscr{F}^*_{ST}}{\partial\overset{\times}{\$}\,\partial T}\Big|_{\mathbb{0},T} + \frac{d\mathscr{F}^*_{ST}(\mathbb{0},T)}{dT} + \int_{\mathbb{0}}^{\overset{\times}{\$}}\left[\int_{\mathbb{0}}^{\tilde{\overset{\times}{\$}}}\frac{d\,\overset{\langle 4\rangle}{\$}{}^{\times}_{ST}}{dT}\cdot\cdot d\bar{\overset{\times}{\$}}\right]\cdot\cdot d\tilde{\overset{\times}{\$}} \overset{(4\,.\,11e)}{=}$$

$$= \overset{\times}{\$} \cdot\cdot \frac{\partial^2 \overset{*}{\mathscr{F}}_{ST}}{\partial \overset{\times}{\$}\, \partial T}\Big|_{\mathbb{0},T} + \frac{d \overset{*}{\mathscr{F}}_{ST}(\mathbb{0}, T)}{dT} + \int_{\mathbb{0}}^{\overset{\times}{\$}} \Big[\mathbb{A}(\tilde{\overset{\times}{\$}}, T) - \mathbb{A}(\mathbb{0}, T) \Big] \cdot\cdot d\tilde{\overset{\times}{\$}} =$$

$$= \overset{\times}{\$} \cdot\cdot \Big[\frac{\partial^2 \overset{*}{\mathscr{F}}_{ST}}{\partial \overset{\times}{\$}\, \partial T} - \mathbb{A} \Big]_{\mathbb{0},T} + \frac{d \overset{*}{\mathscr{F}}_{ST}(\mathbb{0}, T)}{dT} + \int_{\mathbb{0}}^{\overset{\times}{\$}} \mathbb{A}(\tilde{\overset{\times}{\$}}, T) \cdot\cdot d\tilde{\overset{\times}{\$}} \overset{(4.11c)}{=}$$

$$= \frac{d \overset{*}{\mathscr{F}}_{ST}(\mathbb{0}, T)}{dT} + \int_{\mathbb{0}}^{\overset{\times}{\$}} \mathbb{A}(\tilde{\overset{\times}{\$}}, T) \cdot\cdot d\tilde{\overset{\times}{\$}} \,. \tag{4.16}$$

Wegen

$$c_s(\overset{\times}{\$}, T) = T \frac{\partial \mathscr{S}_{ST}}{\partial T} \overset{(4.16)}{=} T \frac{d^2 \overset{*}{\mathscr{F}}_{ST}(\mathbb{0}, T)}{dT^2} + T \int_{\mathbb{0}}^{\overset{\times}{\$}} \frac{\partial \mathbb{A}_{ST}}{\partial T} \cdot\cdot d\tilde{\overset{\times}{\$}} \tag{4.17a}$$

ist dementsprechend die spezifische Wärme c_s in zwei Anteile zu zerlegen, wovon der Anteil

$$c_{sT}(T) = T \frac{d^2 \overset{*}{\mathscr{F}}_{ST}(\mathbb{0}, T)}{dT^2} \equiv T \frac{\partial^2 \overset{*}{\mathscr{F}}_{ST}}{\partial T^2}\Big|_{\mathbb{0},T} \tag{4.17b}$$

eine reine Temperaturfunktion ist. Aus der letzteren Beziehung fließt

$$\frac{d \overset{*}{\mathscr{F}}_{ST}(\mathbb{0}, T)}{dT} = \frac{d \overset{*}{\mathscr{F}}_{ST}(\mathbb{0}, T)}{dT}\Big|_{T_0} + \int_{T_0}^{T} \frac{c_{sT}(\tilde{T})}{\tilde{T}}\, d\tilde{T} \,,$$

und mit

$$\frac{d \overset{*}{\mathscr{F}}_{ST}(\mathbb{0}, T)}{dT}\Big|_{T=T_0} \equiv \frac{\partial \overset{*}{\mathscr{F}}_{ST}}{\partial T}\Big|_{\substack{\overset{\times}{\$}=\mathbb{0} \\ T=T_0}} \overset{(4.11d)}{=} \mathscr{S}_{ST}(\mathbb{0}, T_0) = \mathscr{S}_0 \tag{4.18a}$$

schließlich

$$\frac{d \overset{*}{\mathscr{F}}_{ST}(\mathbb{0}, T)}{dT} = \mathscr{S}_0 + \int_{T_0}^{T} \frac{c_{sT}(\bar{T})}{\bar{T}}\, d\bar{T} \,, \tag{4.18b}$$

so daß man für die Entropie nach (4.16)

$$\mathscr{S}_{ST}(\overset{\times}{\$}, T) = \mathscr{S}_0 + \int_{T_0}^{T} \frac{c_{sT}(\bar{T})}{\bar{T}}\, d\bar{T} + \int_{\mathbb{0}}^{\overset{\times}{\$}} \mathbb{A}(\bar{\overset{\times}{\$}}, T) \cdot\cdot d\bar{\overset{\times}{\$}} \tag{4.19a}$$

auffindet. Mit

$$\mathscr{F}^*_{ST}(\mathbb{0},T) \overset{(4.18b)}{=} \mathscr{F}^*_{ST}(\mathbb{0},T_0) + (T-T_0)\,\mathscr{S}_0 + \int_{T_0}^{T}\Big[\int_{T_0}^{\tilde{T}} \frac{c_{sT}(\bar{T})}{\bar{T}}\,d\bar{T}\Big]\,d\tilde{T} =$$

$$= \mathscr{F}^*_0 + (T-T_0)\mathscr{S}_0 + \int_{T_0}^{T}\Big[\int_{T_0}^{\tilde{T}} \frac{c_{sT}(\bar{T})}{\bar{T}}\,d\bar{T}\Big]\,d\tilde{T}$$

und

$$\overset{\times}{\$}\cdot\cdot\frac{\partial\mathscr{F}^*_{ST}}{\partial\overset{\times}{\$}}\Big|_{\mathbb{0},T} \equiv \overset{\times}{\$}\cdot\cdot\Big[\int_{T_0}^{T}\Big[\frac{\partial^2\mathscr{F}^*_{ST}}{\partial\overset{\times}{\$}\,\partial T}\Big]_{\mathbb{0},\bar{T}}\,d\bar{T} + \Big[\frac{\partial\mathscr{F}^*_{ST}}{\partial\overset{\times}{\$}}\Big]_{\mathbb{0},T_0}\Big] \overset{(4.11c)}{=}$$

$$= \overset{\times}{\$}\cdot\cdot\Big[\int_{T_0}^{T}\mathbb{A}(\mathbb{0},\bar{T})\,d\bar{T} + \Big[\frac{\partial\mathscr{F}^*_{ST}}{\partial\overset{\times}{\$}}\Big]_{\mathbb{0},T_0}\Big]$$

hat man dann schließlich für die freie Ergänzungsenergie nach (4.15) die Darstellung

$$\mathscr{F}^*_{ST} = \mathscr{F}^*_0 + (T-T_0)\,\mathscr{S}_0 + \int_{T_0}^{T}\Big[\int_{T_0}^{\tilde{T}} \frac{c_{sT}(\bar{T})}{\bar{T}}\,d\bar{T}\Big]\,d\tilde{T} + \overset{\times}{\$}\cdot\cdot\Big[\int_{T_0}^{T}\mathbb{A}(\mathbb{0},\bar{T})\,d\bar{T} + \frac{\partial\mathscr{F}^*_{ST}}{\partial\overset{\times}{\$}}\Big|_{\mathbb{0},T_0}\Big] +$$

$$+ \int_{\mathbb{0}}^{\overset{\times}{\$}}\Big[\int_{\mathbb{0}}^{\overset{\times}{\tilde{\$}}} \overset{\langle 4\rangle}{\$}{}^{\times}_{ST}\cdot\cdot\,d\overset{\times}{\bar{\$}}\Big]\cdot\cdot\,d\overset{\times}{\tilde{\$}}\,, \tag{4.19b}$$

in der $(\partial\mathscr{F}^*_{ST}/\,\partial\overset{\times}{\$})_{\mathbb{0},T_0}$ zunächst willkürlich bleibt.[10] Mit der Verfügung für $T=T_0$ spannungs– und verzerrungsfreien ("Ausgangs"–)Zustandes der elastischen Materialkomponente, d.h. $(\partial\mathscr{F}^*_{ST}/\,\partial\overset{\times}{\$})_{\mathbb{0},T_0} = \mathbb{0}$ findet man dann letztlich

$$\mathscr{F}^*_{ST} = \mathscr{F}^*_0 + (T-T_0)\,\mathscr{S}_0 + \int_{T_0}^{T}\Big[\int_{T_0}^{\tilde{T}} \frac{c_{sT}(\bar{T})}{\bar{T}}\,d\bar{T}\Big]\,d\tilde{T} + \overset{\times}{\$}\cdot\cdot\int_{T_0}^{T}\mathbb{A}(\mathbb{0},\bar{T})\,d\bar{T} +$$

---

10) was im Sinne der Potentialbeziehung (2.47a) bedeutet, die Verzerrung $\mathbb{D}_{el}$ der elastischen Materialkomponente für $\overset{\times}{\$} = \mathbb{0}$ und $T = T_0$ nicht festgelegt zu haben.

$$+\int\limits_{\mathbb{0}}^{\overset{\times}{\$}}\left[\int\limits_{\mathbb{0}}^{\overset{\times}{\tilde{\$}}}\overset{\langle 4\rangle}{\$}{}^{\times}_{ST}\cdot\cdot\, d\overset{\times}{\bar{\$}}\right]\cdot\cdot\, d\overset{\times}{\tilde{\$}}\,. \tag{4.19c}$$

Eine Integration von (4.9) ist problemlos nur für die in den Verzerrungen explizite Version und Hyperelastizität der elastischen Materialkomponente möglich. Man erhält wegen

$$\overset{\langle 4\rangle}{\$}{}^{\times}_{ST}\cdot\cdot\,\dot{\overset{\times}{\$}}+\mathbb{A}\dot{T}\overset{(4.11\,b,c)}{=}\frac{\partial^2\overset{*}{\mathcal{F}}_{ST}}{\partial\overset{\times}{\$}{}^2}\cdot\cdot\,\dot{\overset{\times}{\$}}+\frac{\partial^2\overset{*}{\mathcal{F}}_{ST}}{\partial\overset{\times}{\$}\,\partial T}\dot{T}=\left[\frac{\partial\overset{*}{\mathcal{F}}_{ST}}{\partial\overset{\times}{\$}}\right]^{\cdot} \tag{4.20a}$$

aus (4.9) zunächst

$$\dot{\mathbb{D}}=\left[\frac{\partial\overset{*}{\mathcal{F}}_{ST}}{\partial\overset{\times}{\$}}\right]^{\cdot}+\overset{\langle 4\rangle}{\$}{}^{\times}_{V}\cdot\cdot\,\overset{\times}{\$}\,, \tag{4.20b}$$

d. h.

$$\Big[\mathbb{D}(P,t)=\Big]\,\mathbb{D}(t)=\mathbb{D}(0)+\frac{\partial\overset{*}{\mathcal{F}}_{ST}}{\partial\overset{\times}{\$}}\bigg|_{\overset{\times}{\$}(t),T(t)}+\int\limits_{\tau=0}^{t}\overset{\langle 4\rangle}{\$}{}^{\times}_{v\,ST}\Big\langle\overset{\times}{\$}(\tau),T(\tau)\Big\rangle\cdot\cdot\,\overset{\times}{\$}(\tau)d\tau\,, \tag{4.20c}$$

und wenn am Massenelement zur Zeit $t = 0$ ein mit T_0 temperierter spannungsfreier und als verzerrungsfrei deklarierter Ausgangszustand $\mathbb{D}(0)=\mathbb{0}$ vorgelegen hat, mit

$$\mathbb{D}(0)=0 \quad\text{und}\quad \mathbb{D}_{el}(0)=\frac{\partial\overset{*}{\mathcal{F}}_{ST}}{\partial\overset{\times}{\$}}\bigg|_{\overset{\times}{\$}=\mathbb{0},\,T=T_0}\overset{11)}{=}\mathbb{0}$$

schließlich

$$\mathbb{D}(t)=\frac{\partial\overset{*}{\mathcal{F}}_{ST}}{\partial\overset{\times}{\$}}\bigg|_{\overset{\times}{\$}(t),T(t)}+\int\limits_{\tau=0}^{t}\overset{\langle 4\rangle}{\$}{}^{\times}_{vST}\Big\langle\overset{\times}{\$}(\tau),T(\tau)\Big\rangle\cdot\cdot\,\overset{\times}{\$}(\tau)d\tau=\mathbb{D}_{el}(t)+\mathbb{D}_{v}(t), \tag{4.20d}$$

übrigens im Sinne eines "Additionsgesetzes" der Teilverzerrungen $(\mathbb{D}_{el},\mathbb{D}_v)$ der elastischen bzw. der viskosen Materialkomponente.

An (4.20d) erkennt man die am einachsigen Maxwellmodell von § 1 erschlossenen typischen Befunde des Kriechens bzw. der Spannungsrelaxation sowie der rein elastischen Reaktion auf Beanspruchungssprünge wieder:

Weil $\mathbb{D}_v(t)$ auch für zeitlich sprungweise veränderliche "Belastungen" $(\overset{\times}{\$}(\tau),\ T(\tau))$ grundsätzlich eine stetige, allerdings mit zu den Belastungssprungzeiten mit Knicken ausgerüstete, Zeitfunktion ist, wird per

$$\Delta\mathbb{D}(t_1)=\mathbb{D}(t_1+0)-\mathbb{D}(t_1-0)=\Delta\mathbb{D}_{el}(t_1)=\mathbb{D}_{el}(t_1+0)-\mathbb{D}_{el}(t_1-0)=$$

---

11) Man beachte Fußnote 10 der vorigen Seite.

$$\left.\frac{\partial \mathscr{F}^*_{ST}}{\partial \overset{\times}{\$}}\right|_{\substack{\$(t_1+0),\\ T(t_1+0)}} - \left.\frac{\partial \mathscr{F}^*_{ST}}{\partial \overset{\times}{\$}}\right|_{\substack{\$(t_1-0),\\ T(t_1-0)}} \tag{4.20e}$$

der (Gesamt–)Verzerrungssprung $\Delta\mathbb{D}$ als Folge eines Belastungssprunges generell allein von der elastischen Materialkomponente erbracht.[12] So werden z. B. bei anfänglich plötzlicher Belastung momentan nur elastische Deformationen hervorgerufen. Auch das am Maxwellmodell simulierte Phänomen der Kriechverformung als Folge einer zum Zeitpunkt t_1 aufgebrachten Dauerlast

$$\left[\overset{\times}{\$}{}^{\Delta}_{(t_1)}(\tau), T^{\Delta}_{(t_1)}(\tau)\right] = \begin{cases} \left[\mathbb{0}\ ,\ T_0\right] & \text{für } \tau < t_1 \\ \left[\overset{\times}{\$}(t_1)\ , T(t_1)\right] & \text{für } \tau > t_1 \end{cases}$$

ist mittels (4.20d) sogleich zu verifizieren. Es entsteht der Verzerrungsverlauf

$$\mathbb{D}(\tau) = \begin{cases} \mathbb{0} \\ \left.\frac{\partial \mathscr{F}^*_{ST}}{\partial \overset{\times}{\$}}\right|_{\substack{\overset{\times}{\$}(t_1)\\ T(t_1)}} + (\tau - t_1)\overset{\langle 4\rangle}{\$}{}^{\times}_{vST}\left\langle \overset{\times}{\$}(t_1), T(t_1)\right\rangle \cdot\cdot\ \overset{\times}{\$}(t_1) \end{cases} =$$

$$= \begin{cases} \mathbb{0} & \text{für } \tau < t_1 \\ \mathbb{D}_{el}(t_1)\left\{1 + \varphi\left\langle \overset{\times}{\$}(t_1), T(t_1), (\tau - t_1)\right\rangle\right\} & \text{für } \tau > t_1 \end{cases} \tag{4.20f}$$

mit der zum Zeitpunkt t_1 eintretenden elastischen Deformation $\mathbb{D}_{el}(t_1)$ und der Kriechverformung

$$\mathbb{D}_{el}(t_1)\varphi = (\tau - t_1)\overset{\langle 4\rangle}{\$}{}^{\times}_{vST}\left\langle \overset{\times}{\$}(t_1), T(t_1)\right\rangle \cdot\cdot\ \overset{\times}{\$}(t_1)\ , \tag{4.20g}$$

die i. allg. nichtlinear von der Belastung abhängt. Daß die zeitliche Zunahme der Kriechverformungen linear ist, modelliert in Annäherung das Verhalten von Metallen bei hohen Temperaturen, ist jedoch für andere Materialien, etwa Beton, nicht typisch: Anstelle von $\tau - t_1$ tritt hier eine unterlineare und gegen einen festen Grenzwert strebende "Kriechkurve" $f(\tau - t_1)$, die mit einer "zunehmenden Verfestigung der viskosen Materialkomponente" erklärt wird — vgl. h. a. (§4.5) — .

Das Phänomen der "Spannungsrelaxation", d. h. des zeitlichen Abfalles des Spannungsverlaufes $\overset{\times}{\$}_{iso}(t)$ als Folge einer (ab $\tau = t_1$) einsetzenden "konstanten thermisch–kinematischen Fortsetzung"

$$\left[\mathbb{D}^{\diamond}_{(t_1)}(\tau), T^{\diamond}_{(t_1)}(\tau)\right] = \begin{cases} \left[\mathbb{D}(\tau),\ T(\tau)\right] & \text{für } \tau \leq t_1 \\ \left[\mathbb{D}(t_1),\ T(t_1)\right] & \text{für } \tau \geq t_1 \end{cases} \tag{4.20h}$$

ist an der aus (4.20d) für $\tau > t_1$ erhältlichen Differentialgleichung

---

[12] wobei die links– bzw. rechtsseitigen Tangenten $\dot{\mathbb{D}}(t_1 - 0)$ bzw. $\dot{\mathbb{D}}(t_1 + 0)$ des (Gesamt)Verzerrungsverlaufes $\mathbb{D}(t)$ beiderseits der Sprungstelle grundsätzlich, also auch bei abschnittsweise zeitlich konstanter Belastung (wegen des Knicks im $\mathbb{D}_v$ (t)–Verlauf) generell voneinander verschieden sind.

$$\overset{\langle 4\rangle}{\$}{}^{\times}_{ST}\left\langle \overset{\times}{\$}_{iso}(\tau),T_1\right\rangle\cdot\cdot\,\frac{d\overset{\times}{\$}_{iso}(\tau)}{d\tau}+\overset{\langle 4\rangle}{\$}{}^{\times}_{vST}\left\langle \overset{\times}{\$}_{iso}(\tau),T_1\right\rangle\cdot\cdot\,\overset{\times}{\$}_{iso}(\tau)=\mathbb{0} \qquad (4.20i)$$

für allgemein von den Spannungen abhängige Stofftetraden $\overset{\langle 4\rangle}{\$}{}^{\times}$, $\overset{\langle 4\rangle}{\$}{}^{\times}_{v}$ nur noch tendenziell zu erkennen [13] in dem Sinne, daß – man multipliziere auf beiden Seiten mit $\overset{\times}{\$}_{iso}(\tau)$ -

$$\overset{\times}{\$}_{iso}(\tau)\cdot\cdot\,\overset{\langle 4\rangle}{\$}{}^{\times}_{ST}\left\langle \overset{\times}{\$}_{iso}(\tau),T_1\right\rangle\cdot\cdot\,\frac{d\overset{\times}{\$}_{iso}(\tau)}{d\tau}\overset{(4.10b)}{=}\overset{\times}{\$}_{iso}(\tau)\cdot\cdot\,\dot{\mathbb{D}}_{el_{iso}}(\tau)\equiv^{14)}$$

$$\equiv\frac{d\mathscr{W}_{isotherm}}{d\tau}=-\,\overset{\times}{\$}_{iso}(\tau)\cdot\cdot\,\overset{\langle 4\rangle}{\$}{}^{\times}_{vST}\left\langle \overset{\times}{\$}_{iso}(\tau),T_1\right\rangle\cdot\cdot\,\overset{\times}{\$}_{iso}(\tau)\;(=-\,\dot{\mathscr{D}}\,)\leq 0 \qquad (4.20j)$$

gilt, also die isotherme Formänderungsenergie der elastischen Materialkomponente abgebaut wird.

Für

4.2 Isotrope Probleme

ist

$$\mathscr{F}^{*}=\bar{F}^{*}(\overset{\times}{\bar{S}}_1,\overset{\times}{\bar{S}}_2,\overset{\times}{\bar{S}}_3,T)\,, \qquad (4.21a)$$

d.h. eine Zustandsfunktion der Temperatur und der drei Spannungsinvarianten

$$\overset{\times}{\bar{S}}_j=\mathbb{E}\cdot\cdot\,\overset{\times}{\$}{}^{j}\,,\quad j=1...3\,, \qquad (4.21b)$$

womit als Wärmeverzerrungs-Änderungstensor im Sinne von (4.11c)

$$\mathbb{A}_{ST}=\frac{\partial^2\bar{F}^*}{\partial\overset{\times}{\bar{S}}_1\,\partial T}\,\mathbb{E}+2\,\frac{\partial^2\bar{F}^*}{\partial\overset{\times}{\bar{S}}_2\,\partial T}\,\overset{\times}{\$}+3\,\frac{\partial^2\bar{F}^*}{\partial\overset{\times}{\bar{S}}_3\,\partial T}\,\overset{\times}{\$}{}^{2} \qquad (4.21c)$$

(vgl. a. (2.51h)) und für die Materialtetrade $\overset{\langle 4\rangle}{\$}$ die Darstellung (3.10c) mit $\bar{F}^*$ anstelle von $\bar{\mathscr{F}}^{*}$ erhalten wird. Desweiteren sind

---

[13] Betr. konkrete Formulierungen für physikalisch lineare Probleme mit $\overset{\langle 4\rangle}{\$}{}^{\times}$, $\overset{\langle 4\rangle}{\$}{}^{\times}_{v}$ = const.vgl. Pkt. 4 dieses Paragraphen.

[14] Man benutze $\dfrac{\partial\mathscr{F}_{ST}}{\partial\overset{\times}{\$}}=\overset{\times}{\$}\cdot\cdot\,\dfrac{\partial^2\mathscr{F}^{*}}{\partial\overset{\times}{\$}{}^{2}}=\overset{\times}{\$}\cdot\cdot\,\overset{\langle 4\rangle}{\$}{}^{\times}_{ST}$ nach (4.1c), womit per

$\overset{\times}{\$}\cdot\cdot\,\overset{\langle 4\rangle}{\$}{}^{\times}_{ST}\cdot\cdot\,\dot{\overset{\times}{\$}}_{iso}(t)=\dfrac{d\mathscr{F}_{ST}\left[\,\overset{\times}{\$}_{iso}(\tau),\,T_1\,\right]}{d\tau}=\dfrac{d\mathscr{W}_{isotherm}}{d\tau}$, d. h. in der Tat die zeitliche (isotherme) Änderung der in der elastischen Materialkomponente gespeicherten potentiellen Energie dargestellt wird. Daß hier

$d\mathscr{W}_{isotherm}/\,d\tau=-\,\dot{\mathscr{D}}$ identifiziert wird, ist auch selbstverständliches Resultat der diesbezüglichen Reduktion der thermodynamischen Hauptgleichung

$\overset{\times}{\$}\cdot\cdot\,\dot{\mathbb{D}}=\dot{\mathscr{F}}+\dot{\mathscr{D}}+\mathscr{S}\dot{T}$: Man setze $\dot{\mathbb{D}}=\dot{T}=0$ sowie $\dot{\mathscr{F}}=\dot{\mathscr{W}}_{isotherm}$.

$$\mathscr{S}_{ST} \overset{(4.11d)}{=} \frac{\partial \mathscr{F}^*_{ST}}{\partial T} = \frac{\partial \bar{F}^*}{\partial T}, \quad c_s(\overset{\times}{\$},T) \overset{(4.12a)}{=} T\frac{\partial \mathscr{S}_{ST}}{\partial T} = T\frac{\partial^2 \bar{F}^*}{\partial T^2} \tag{4.21d,e}$$

usw., und die Viskositätstetrade nimmt hierfür - sofern wir sie vollständig-symmetrisch voraussetzen - die Form

$$\overset{\langle 4\rangle}{\$}_v = \overset{v}{\zeta_1}\overset{\langle 4\rangle}{\mathbf{M}} + 2\,\overset{v}{\zeta_2}\left[\overset{\langle 4\rangle}{\mathbf{M}}\cdot\overset{\times}{\$}\right]\cdot\cdot\overset{\langle 4\rangle}{\mathbf{M}} + \sum_{j,k=0}^{2}\overset{v}{\zeta_{jk}}\left[\overset{\times}{\$}{}^j\circ\overset{\times}{\$}{}^k + \overset{\times}{\$}{}^k\circ\overset{\times}{\$}{}^j\right] \tag{4.22}$$

an mit 8 skalaren Materialfunktionen $\overset{v}{\zeta_1}$, $\overset{v}{\zeta_2}$, $\overset{v}{\zeta_{jk}}$, $\overset{v}{\zeta_{kj}}$ (j, k = 0..2) der drei Spannungsinvarianten und der Temperatur.

Eine interessante Variante ist die Formulierung des isotropen Problems mittels auf die Momentankonfiguration bezogener Größen, wofür etwa, in Analogie zur Vorgehensweise, die zu (3.12a) geführt hat,

$$\mathbb{C}^* - \bar{\mathbb{A}}\dot{T} = \overset{\langle 4\rangle}{\bar{\$}}{}^{\times}\cdot\cdot\overset{\circ}{\overset{\times}{\$}}{}^{(E)} - \underline{\overset{\times}{\$}{}^{(E)}\cdot\mathbb{C}^* - \mathbb{C}^*\cdot\overset{\times}{\$}{}^{(E)}} + \overset{\langle 4\rangle}{\bar{\$}}_v\cdot\cdot\overset{\times}{\$}{}^{(E)} \tag{4.23}$$

gefolgert werden kann. Eine Stoffgleichung dieser Art ist zur Beschreibung sog. Maxwell–Fluide geeignet. Die Materialgrößen $\bar{\mathbb{A}}$, $\overset{\langle 4\rangle}{\bar{\$}}{}^{\times}$, $\overset{\langle 4\rangle}{\bar{\$}}_v{}^{\times}$ gleichen dabei formal Denjenigen nach (3.10,10c), (4.22), sofern man überall Eulersche Spannungen $\overset{\times}{\$}{}^{(E)}$ anstelle von $\overset{\times}{\$}$ setzt. Auch entsprechende Varianten ohne die in (4.23) gestrichelten Anteile wie auch Varianten mit $\$^{(E)}$ anstelle von $\overset{\times}{\$}{}^{(E)}$ sind — als Folge energetischer Ansätze entsprechend (3.19a) — denkbare Materialgleichungsstrukturen für Maxwell–Fluide. Die in (4.23) i. allg. zum Ausdruck kommende Hintereinanderschaltung von elastischer und viskoser Materialkomponente enthält durchaus auch spezielle "Parallelschaltungsfälle" in dem Sinne, daß etwa die elastische Materialkomponente Energie nur im Zusammenhang mit Dilatationen und die viskose Materialkomponente Reibungsarbeit nur im Zusammenhang mit deviatorischen Gestaltänderungen entstehen läßt. Ein Beispiel hierfür ist die in der Gasdynamik verwendete Stoffgleichung

$$\$^{(E)} = -\bar{p}\,(\bar{\rho}, T)\,\mathbb{E} + 2\mu\,\mathbb{C}^{*\prime} \tag{4.24}$$

der sog. zähen Gase, worin $\bar{p}\,(\bar{\rho}, T)$ das jeweilige "Druck–Dichte–Temperaturgesetz", μ die absolute Zähigkeit und

$$\mathbb{C}^{*\prime} = \mathbb{C}^* - \left[\mathbb{E}\cdot\cdot\mathbb{C}^*\right]\frac{\mathbb{E}}{3} = \mathbb{C}^* + (\dot{\bar{\rho}}/\bar{\rho})\frac{\mathbb{E}}{3}$$

den sog. (räumlichen) Verzerrungsgeschwindigkeitsdeviator mit

$$\mathbb{E}\cdot\cdot\mathbb{C}^{*\prime} = 0$$

bedeuten. Man bekommt (4.24) aus (4.23) — ohne die gestrichelten Terme — mit den speziellen Materialgrößen

$$\overset{\langle 4\rangle}{\bar{\$}}_v{}^{\times} = \frac{\bar{\rho}}{2\mu}\left[\overset{\langle 4\rangle}{\mathbf{M}} - \frac{1}{3}\mathbb{E}\circ\mathbb{E}\right], \quad \bar{\mathbb{A}} = \frac{1}{3}\bar{a}\,(\overset{\times}{\bar{S}}_1,T)\,\mathbb{E} \overset{15)}{=} \frac{1}{3}\bar{a}(\bar{p}/\bar{\rho},T)\,\mathbb{E}\,,$$

$$\overset{\langle 4\rangle}{\bar{\$}}{}^{\times} = -\frac{1}{9}\bar{s}\,(\overset{\times}{\bar{S}}_1,T)\,\mathbb{E}\circ\mathbb{E} = -\frac{1}{9}\bar{s}(\bar{p}/\bar{\rho},T)\,\mathbb{E}\circ\mathbb{E}\,,$$

---

15) Man beachte $\overset{\times}{\bar{S}}_1 = -\dfrac{3\bar{p}}{\bar{\rho}}$.

weil unter Beachtung von $\mathbb{E} \cdot\cdot \left[\overset{\times}{\mathbb{S}}{}^{(E)} \right]^{\circ} = -3\, (\bar{p} / \bar{\rho})^{\cdot}$ die Gleichung (4.23) zunächst in

$$\mathbb{C}^* - \frac{1}{3}\,\bar{a}(\bar{p}/\bar{\rho},T)\,\dot{T}\,\mathbb{E} = \frac{1}{3}\,\bar{s}\,\langle \bar{p}/\bar{\rho}, T\rangle\,(\bar{p}/\bar{\rho})^{\cdot}\,\mathbb{E} + \mathbb{S}^{(E)\prime}/2\mu$$

mit dem (Reibungs–)Spannungsdeviator $\mathbb{S}^{(E)\prime} = \mathbb{S}^{(E)} - (\mathbb{E}\cdot\cdot\mathbb{S}^{(E)})\,\frac{\mathbb{E}}{3}$ übergeht, was in die Deviatorgleichung

$$\mathbb{S}^{(E)\prime} = 2\mu\,\mathbb{C}^{*\prime}$$

sowie in eine Gleichung für den Kugeltensoranteil

$$-\dot{\bar{\rho}}/\bar{\rho} - \bar{a}(\bar{p}/\bar{\rho},T)\,\dot{T} = \bar{s}(\bar{p}/\bar{\rho},T)\,(\bar{p}/\bar{\rho})^{\cdot}$$

— man beachte $\mathbb{E}\cdot\cdot\mathbb{C}^* = -\dot{\bar{\rho}}/\bar{\rho}$ – zerfällt, wobei man aus der letzteren Gleichung durch geeignete Wahl der Funktionen $\bar{a}\,(\bar{p}/\bar{\rho},T)$ bzw. $\bar{s}(\bar{p}/\bar{\rho},T)$ Druck—Dichte—Temperaturgesetze integrieren kann.

4.3 Physikalisch-lineare Probleme

sind Solche, bei denen das Ergänzungsenergiepotential bzw. die Dissipationsleistung höchstens bilinear von den Variablen $(\overset{\times}{\mathbb{S}},T-T_0)$ abhängen [16]. Wie (4.2c) und (4.20b) ausweisen, müssen dazu

$$\mathbb{A} = \text{const.} = \mathbb{A}_0\,,\quad \overset{\langle 4\rangle}{\mathbb{S}}{}^{\times} = \text{const.} = \overset{\langle 4\rangle}{\mathbb{S}}{}_0^{\times}\,,\quad \overset{\langle 4\rangle}{\mathbb{S}}{}_v^{\times} = \text{const.} = \overset{\langle 4\rangle}{\mathbb{S}}{}_{v0}^{\times}$$

$$c_{sT}(T) = c_{s0}\,\frac{T}{T_0}\,,\quad c_{s0} = \text{const.} = c_s(T_0) \tag{4.25}$$

sein. Man hat demgemäß nach (4.19c, 4.2c)

$$\mathscr{F}^*_{ST} = \mathscr{F}_0 + (T-T_0)\,\mathscr{S}_0 + \frac{c_{s0}}{2T_0}(T-T_0)^2 + \overset{\times}{\mathbb{S}}\cdot\cdot\mathbb{A}_0(T-T_0) + \frac{1}{2}\,\overset{\times}{\mathbb{S}}\cdot\cdot\,\overset{\langle 4\rangle}{\mathbb{S}}{}_0^{\times}\cdot\cdot\overset{\times}{\mathbb{S}}\,, \tag{4.26a}$$

$$\dot{\mathscr{D}} = \overset{\times}{\mathbb{S}}\cdot\cdot\,\overset{\langle 4\rangle}{\mathbb{S}}{}_{v0}^{\times}\cdot\cdot\overset{\times}{\mathbb{S}}\,,\quad \overset{\langle 4\rangle}{\mathbb{S}}{}_{v0} = {}^{17)}\,\frac{1}{2}\,\frac{\partial^2\dot{\mathscr{D}}}{\partial\overset{\times}{\mathbb{S}}{}^2} \tag{4.26b,c}$$

mit

$$\mathscr{S}_{ST} = \frac{\partial\mathscr{F}^*_{ST}}{\partial T} = \mathscr{S}_0 + c_{s0}\left[\frac{T}{T_0} - 1\right] + \overset{\times}{\mathbb{S}}\cdot\cdot\mathbb{A}_0 \tag{4.27}$$

---

[16] Im Sinne einer Approximation gelten solcherart Annahmen für Prozesse mit mäßigen Spannungs— und Temperaturänderungszuständen.

[17] die Viskositätstetrade $\overset{\langle 4\rangle}{\mathbb{S}}{}_{v0}$ ist dementsprechend hier zweifelsfrei vollständig symmetrisch; die Dissipationsleistung hat, wie bei allen bilinearen Problemen , Potentialeigenschaft:

$$\frac{1}{2}\,\frac{\partial\dot{\mathscr{D}}}{\partial\overset{\times}{\mathbb{S}}} = \overset{\times}{\mathbb{S}}\cdot\cdot\,\overset{\langle 4\rangle}{\mathbb{S}}{}_{v0}^{\times} = \mathbb{D}_v$$

nach (4.11d) bzw. als Materialgleichung der linearen Maxwellkörper

$$\dot{\mathbb{D}} - \mathbb{A}_0\dot{T} = \overset{\langle 4\rangle}{\mathbb{S}}{}_0^{\times} \cdot\cdot\, \dot{\overset{\times}{\mathbb{S}}} + \overset{\langle 4\rangle}{\mathbb{S}}{}_{v0}^{\times} \cdot\cdot\, \overset{\times}{\mathbb{S}} . \tag{4.28}$$

Die Größen $\overset{\langle 4\rangle}{\mathbb{S}}{}_0^{\times}$ bzw. $\overset{\langle 4\rangle}{\mathbb{S}}{}_{v0}$ sind isotherme Stofftetraden . Für den (lokal-)isentropen Fall mit

$$\dot{\mathscr{S}} = 0 = \frac{c_{s0}}{T_0}\dot{T}_{\mathscr{S}} + \dot{\overset{\times}{\mathbb{S}}} \cdot\cdot\, \mathbb{A} \text{ , d.h. } \dot{T}_{\mathscr{S}} = -\frac{T_0}{c_{s0}}\mathbb{A}_0 \cdot\cdot\, \dot{\overset{\times}{\mathbb{S}}} \tag{4.29a}$$

entsteht aus (4.28) das isentrope Gesetz

$$\dot{\mathbb{D}} = \overset{\langle 4\rangle}{\mathbb{S}}{}_{0\mathscr{S}}^{\times} \cdot\cdot\, \dot{\overset{\times}{\mathbb{S}}} + \overset{\langle 4\rangle}{\mathbb{S}}{}_{v0}^{x} \cdot\cdot\, \overset{\times}{\mathbb{S}} \tag{4.29b}$$

mit der isentropen Elastizitätstetrade

$$\overset{\langle 4\rangle}{\mathbb{S}}{}_{0\mathscr{S}}^{\times} = \overset{\langle 4\rangle}{\mathbb{S}}{}_0^{\times} - \frac{T_0}{c_{s0}}\mathbb{A}_0 \circ \mathbb{A}_0 , \tag{4.29c}$$

während für (lokal-)adiabatische Prozesse mit $\dot{Q}_a = 0$, d. h. $\hat{\dot{Q}} = \dot{\mathscr{D}}$,

$$\frac{\hat{\dot{Q}}}{T} = \frac{\dot{\mathscr{D}}}{T} \overset{18)}{=} \frac{1}{T}\overset{\times}{\mathbb{S}} \cdot\cdot\, \overset{\langle 4\rangle}{\mathbb{S}}{}_{v0}^{\times} \cdot\cdot\, \overset{\times}{\mathbb{S}} = \dot{\mathscr{S}} = \frac{c_{s0}}{T_0}\dot{T}_{ad} + \dot{\overset{\times}{\mathbb{S}}} \cdot\cdot\, \mathbb{A}_0 ,$$

also

$$\dot{T}_{ad} = \frac{T_0}{T\, c_{s0}}\overset{\times}{\mathbb{S}} \cdot\cdot\, \overset{\langle 4\rangle}{\mathbb{S}}{}_{v0}^{\times} \cdot\cdot\, \overset{\times}{\mathbb{S}} - \frac{T_0}{c_{s0}}\mathbb{A}_0 \cdot\cdot\, \dot{\overset{\times}{\mathbb{S}}} \tag{4.30a}$$

hervorgeht, was, in (4.28) eingesetzt, zur (lokal-)adiabatischen Stoffgleichung

$$\dot{\mathbb{D}} = \overset{\langle 4\rangle}{\mathbb{S}}{}_{0ad}^{\times} \cdot\cdot\, \dot{\overset{\times}{\mathbb{S}}} + \overset{\langle 4\rangle}{\mathbb{S}}{}_{v0ad}^{\times} \cdot\cdot\, \overset{\times}{\mathbb{S}} \tag{4.30b}$$

mit den adiabatischen Stofftetraden

$$\overset{\langle 4\rangle}{\mathbb{S}}{}_{0ad}^{\times} = \overset{\langle 4\rangle}{\mathbb{S}}{}_{0\mathscr{S}}^{\times} \qquad \overset{\langle 4\rangle}{\mathbb{S}}{}_{v0ad}^{\times} = \Big(\mathbb{M} + \frac{T_0}{T\, c_{s0}}\mathbb{A}_0 \circ \overset{\times}{\mathbb{S}} \Big) \cdot\cdot\, \overset{\langle 4\rangle}{\mathbb{S}}{}_{v0}^{\times} \tag{4.30c,d}$$

führt. Gl. (4.30b) ist danach grundsätzlich hinsichtlich der Spannungen nichtlinear. Hierzu sollte im Übrigen bedacht werden, daß im Falle extremer Energiedissipation (z.B. bei erzwungenen Schwingungen) und damit einhergehender starker Erwärmung thermisch abgeschlossener Körper die Annahme konstanter (und damit insbesondere temperaturunabhängiger) Stoffwerte ($\mathbb{A}_0$, $\overset{\langle 4\rangle}{\mathbb{S}}{}_0$, $\overset{\langle 4\rangle}{\mathbb{S}}{}_{v0}$) fehlerhaft werden kann.

Die vorstehenden Beziehungen sollen unter Verwendung 2. Piola-Kirchhoff-Spannungen

---

18) Eine konsequente "Bilinearisierung" verlangte eigentlich,

$$\frac{1}{T} = \frac{1}{T_o + (T - T_o)} \approx \frac{1}{T_o}\left[1 - \frac{(T - T_o)}{T_o} \right]$$ anstelle von $1/T$ zu schreiben.

$\mathbb{S}^{(K)}$ und Greenscher Verzerrungen $\mathbb{D}^{(G)}$, also mit

$$\mathbb{D} = \mathbb{D}^{(G)}, \quad \overset{\times}{\mathbb{S}} = (\mathbb{S}^{(K)}/\hat{\rho}) ,$$

worin $\hat{\rho}$ die Ausgangsdichte bedeutet, mit den Setzungen

$$\overset{\langle 4\rangle}{\mathbb{S}}{}_0^{\times} = \hat{\rho}\, \overset{\langle 4\rangle}{\mathbb{S}}_0 , \quad \overset{\langle 4\rangle}{\mathbb{S}}{}_{v0}^{\times} = \hat{\rho}\, \overset{\langle 4\rangle}{\mathbb{S}}_{v0}$$

nochmals explizit niedergeschrieben werden. Danach kennzeichnen

$$\mathscr{F}^*_{ST} = \mathscr{F}_0 + (T - T_0)\, \mathscr{S}_0 + \frac{c_{s0}}{2T_0}(T - T_0)^2 + \frac{\mathbb{S}^{(K)}\cdot\cdot\mathbb{A}_0}{\hat{\rho}}(T - T_0) +$$

$$+ \frac{1}{2\hat{\rho}}\, \mathbb{S}^{(K)} \cdot\cdot \overset{\langle 4\rangle}{\mathbb{S}}_0 \cdot\cdot \mathbb{S}^{(K)} , \quad \mathscr{S} = \mathscr{S}_0 + c_{s0}\left[\frac{T}{T_0} - 1\right] + \mathbb{S}^{(K)} \cdot\cdot \frac{\mathbb{A}_0}{\hat{\rho}} ,$$

$$\dot{\mathscr{D}} = \frac{1}{\hat{\rho}}\, \mathbb{S}^{(K)} \cdot\cdot \overset{\langle 4\rangle}{\mathbb{S}}_{v0} \cdot\cdot \mathbb{S}^{(K)} , \quad \overset{\langle 4\rangle}{\mathbb{S}}_{v0} = \frac{1}{2}\frac{\partial^2(\hat{\rho}\dot{\mathscr{D}})}{\partial \mathbb{S}^{(K)\,2}} , \tag{4.31a-c}$$

also die Stoffgleichung

$$\dot{\mathbb{D}}^{(G)} - \mathbb{A}_0\, \dot{T} = \overset{\langle 4\rangle}{\mathbb{S}}_0 \cdot\cdot \dot{\mathbb{S}}^{(K)} + \overset{\langle 4\rangle}{\mathbb{S}}_{v0} \cdot\cdot \mathbb{S}^{(K)} \tag{4.32a}$$

bzw. etwa deren isentrope Version

$$\dot{\mathbb{D}}^{(G)} = \overset{\langle 4\rangle}{\mathbb{S}}_{0\mathscr{S}} \cdot\cdot \dot{\mathbb{S}}^{(K)} + \overset{\langle 4\rangle}{\mathbb{S}}_{v0} \cdot\cdot \mathbb{S}^{(K)} \text{ mit } \overset{\langle 4\rangle}{\mathbb{S}}_{0\mathscr{S}} = \overset{\langle 4\rangle}{\mathbb{S}}_0 - \frac{T_0}{\hat{\rho} c_{s0}}\mathbb{A}_0 \circ \mathbb{A}_0 \tag{4.32b,c}$$

usw. physikalisch lineare Probleme.

Die Stoffgleichungen (4.32a,b) sind wegen des nichtlinearen Zusammenhanges zwischen Greenschem Verzerrungstensor und Verschiebungsfeld $\mathbb{u}$ (vgl. z. B. [5a], [5b]) bekanntlich sämtlich "geometrisch nichtlinear". Für kleine Verformungen, wo man in (4.25 — 32) die Kirchhoff–Spannungen durch die am unverformten System definierten Spannungen $\mathbb{S}$ und die Greenschen Verzerrungen mittels des materiellen Verschiebungsdeformators

$$\mathbb{D} = \operatorname{def} \mathbb{u} = (\nabla \circ \mathbb{u} + \mathbb{u} \circ \nabla)/2$$

annähern kann, sind dann die Stoffgleichungen (4.28,29b,32a,b) — im Sinne linearer Zusammenhänge zwischen Spannungen und Verschiebungsableitungen — auch geometrisch linear.

Für die Erzeugung der in den Spannungen expliziten Version von (4.32a) bzw. der hierzu äquivalenten Beziehung

$$\left[\sqrt{\overset{\langle 4\rangle}{\mathbb{S}}_0} \cdot\cdot \mathbb{S}^{(K)}\right]^{\cdot} + \overset{\langle 4\rangle}{\mathbb{\Delta}}_0 \cdot\cdot \left[\sqrt{\overset{\langle 4\rangle}{\mathbb{S}}_0} \cdot\cdot \mathbb{S}^{(K)}\right] = \sqrt{\overset{\langle 4\rangle}{\mathbb{S}}_0}^{\,-1} \cdot\cdot (\dot{\mathbb{D}}^{(G)} - \mathbb{A}_0\dot{T}) , \tag{4.33a}$$

worin

$$\overset{\langle 4\rangle}{\mathbb{\Delta}}_0 = \sqrt{\overset{\langle 4\rangle}{\mathbb{S}}_0}^{\,-1} \cdot\cdot \overset{\langle 4\rangle}{\mathbb{S}}_{v0} \cdot\cdot \sqrt{\overset{\langle 4\rangle}{\mathbb{S}}_0}^{\,-1} = \sqrt{\frac{\partial^2 \hat{\rho}\mathscr{F}^*}{\partial \mathbb{S}^{(K)\,2}}}^{\,-1} \cdot\cdot \left[\frac{1}{2}\frac{\partial^2 \hat{\rho}\dot{\mathscr{D}}}{\partial \mathbb{S}^{(K)\,2}}\right] \cdot\cdot \sqrt{\frac{\partial^2 \hat{\rho}\mathscr{F}^*}{\partial \mathbb{S}^{(K)\,2}}}^{\,-1} = \overset{\langle 4\rangle}{\mathbb{T}}{}_R^{-1} , \tag{4.33b}$$

weil $\overset{\langle 4\rangle}{\mathbb{S}}_{v0}$ im Sinne von (4.31c) hier grundsätzlich vollständig symmetrisch ist, einen vollständig symmetrischen Tensor (die Inverse der sog. Relaxionszeit-Tetrade $\overset{\langle 4\rangle}{\mathbb{T}}_R$) darstellt, benutzt man zweckmäßig für Spannungen bzw. Verzerrungen deren (irreduzible) Darstellungen hinsichtlich der (zweistufigen) "Hauptachsen-Tensoren" $\mathfrak{E}_{\Delta_j}$ (j=1..6) von $\overset{\langle 4 \rangle}{\mathbb{\Delta}}$, wozu unter Hinweis auf [5a] Folgendes angemerkt werden soll:

Allgemein ist jeder vollständig–symmetrische vierstufige Tensor darzustellen in der Form

$$\overset{\langle 4 \rangle}{\mathbb{A}} = \sum_{j=1}^{6} a_j \, \mathfrak{E}_{Aj} \circ \mathfrak{E}_{Aj} \equiv \sum_{j=1}^{6} a_j \, \overset{\langle 4 \rangle}{\mathfrak{E}}_{Aj} \tag{4.34a}$$

unter Verwendung seiner sechs reellwertigen skalaren Eigen–(Haupt–)Werte a_j bzw. symmetrischen zweistufigen Eigentensoren $\mathfrak{E}_{Aj}$ (j = 1...6), die mit der Normierung $\mathfrak{E}_{Aj} \cdot\cdot \mathfrak{E}_{Aj} = 1$ im Sinne von

$$\mathfrak{E}_{Aj} \cdot\cdot \mathfrak{E}_{Ak} = \begin{cases} 0 \text{ für } j \neq k \\ 1 \text{ für } j = k \end{cases}, \quad \overset{\langle 4 \rangle}{\mathfrak{E}}_{Aj} \cdot\cdot \overset{\langle 4 \rangle}{\mathfrak{E}}_{Ak} = \begin{cases} \overset{\langle 4 \rangle}{\mathbb{0}} & \text{für } j \neq k \\ \overset{\langle 4 \rangle}{\mathfrak{E}}_{Aj} & \text{für } j = k \end{cases} \tag{4.34b}$$

orthogonal sind. Die zweite Version von (4.34a) entspricht einer sog. "Eigentensor– Zerlegung" eines vollständig–symmetrischen vierstufigen Tensors in (im allgemeinen sog. triklinen Fall sechs linear unabhängige) tetradische Basiselemente $\overset{\langle 4 \rangle}{\mathfrak{E}}_{Aj}$, deren Addition im Sinne von

$$\sum_{j=1}^{6} \overset{\langle 4 \rangle}{\mathfrak{E}}_{Aj} = \sum_{j=1}^{6} \mathfrak{E}_{Aj} \circ \mathfrak{E}_{Aj} = \overset{\langle 4 \rangle}{\mathbb{M}} \tag{4.34c}$$

stets den "vierstufigen Symmetrierer" bzw. "Mischer" verifiziert. Die Größen (a_j, $\mathfrak{E}_{Aj}$), j = 1..6, sind Lösungen der durch

$$(a_j \overset{\langle 4 \rangle}{\mathbb{M}} - \overset{\langle 4 \rangle}{\mathbb{A}}) \cdot\cdot \mathfrak{E}_{Aj} = \mathbb{0} \text{ , d. h. "det } (a \overset{\langle 4 \rangle}{\mathbb{M}} - \overset{\langle 4 \rangle}{\mathbb{A}})\text{"} = 0, \mathfrak{E}_{Aj} \cdot\cdot \mathfrak{E}_{Aj} = 1 \tag{4.34d}$$

beschriebenen Eigenwertaufgabe, die sich in der äquivalenten Formulierung mittels (sechskomponentiger) Voigtscher Eigenvektoren $\mathfrak{e}_j^{(V)}$ bzw. der $\overset{\langle 4 \rangle}{\mathbb{A}}$ repräsentierenden symmetrischen Voigtschen (6x6)–Matrix $\mathfrak{A}^{(V)}$ und der Einheits–Diagonalmatrix $\mathfrak{E}^{(V)}$ als die "Diagonalisierungsaufgabe"

$$\mathfrak{e}_j^{(V)} \odot (a_j^{(V)} \mathfrak{E}^{(V)} - \mathfrak{A}^{(V)}) = 0 \text{ , d. h. det } (a^{(V)} \mathfrak{E}^{(V)} - \mathfrak{A}^{(V)}) = 0 \text{ , } \mathfrak{e}^{(V)} \odot \mathfrak{e}^{(V)} = 1$$

für die Voigtsche Matrix $\mathfrak{A}^{(V)}$ darstellt [5a][19].In der Darstellung (4.33a) bedeuten im Sinne der Tensorfunktions–Notation

$$f(\overset{\langle 4 \rangle}{\mathbb{A}}) = \sum_{j=1}^{6} f(a_j) \, \mathfrak{E}_{Aj} \circ \mathfrak{E}_{Aj} \equiv \sum_{j=1}^{6} f(a_j) \, \overset{\langle 4 \rangle}{\mathfrak{E}}_{Aj} \tag{4.34e}$$

mit z.B. $f(a_j) = \sqrt{a_j}$, $1/a_j$, e^{a_j} usw. für $\sqrt{\overset{\langle 4 \rangle}{\mathbb{A}}}$, $\overset{\langle 4 \rangle}{\mathbb{A}}^{-1}$, $e^{\overset{\langle 4 \rangle}{\mathbb{A}}}$ usw.

Im Falle von (bei Materialsymmetrien auftretenden) Mehrfachwurzeln $a_1 = a_2 .. = a_\alpha$ ($\alpha \leq 6$) tritt schließlich anstelle von (4.34a) eine Zerlegung $\overset{\langle 4 \rangle}{\mathbb{A}} = \sum_{j=1}^{p} a_j \overset{\langle 4 \rangle}{\mathfrak{E}}_{Aj}$ mit den verbliebenen betrags–

---

19) Darin werden durch das Symbol ⊙ Skalarprodukte im Voigtschen Vektorraum definierter (mindestens vektorwertiger) Größen bezeichnet (vgl. a. Fußn. 2 u. 4 von §2)

mäßig voneinander verschiedenen Eigenwerten a_j $(j = 1 .. p \leq 6)$ und vollständig symmetrischen tetradischen Aggregaten $\overset{\langle 4\rangle}{\mathfrak{E}}_{Aj}$

mit $$\sum_{j=1}^{p} \overset{\langle 4\rangle}{\mathfrak{E}}_{Aj} = \overset{\langle 4\rangle}{\mathbb{M}} \, , \quad \overset{\langle 4\rangle}{\mathfrak{E}}_{Aj} \cdot\cdot \overset{\langle 4\rangle}{\mathfrak{E}}_{Ak} = \begin{cases} \overset{\langle 4\rangle}{\mathbb{0}} & \text{für } j \neq k \\ \overset{\langle 4\rangle}{\mathfrak{E}}_{Aj} & \text{für } j = k \end{cases} . \tag{4.34f}$$

Auf die Aufgabe des Invertierens von (4.33) zurückkommend, verwendet man also mit den in

$$\mathbb{\Delta}_0 = \sum_{j=1}^{6} \delta_j \, \mathfrak{E}_{\Delta_j} \circ \mathfrak{E}_{\Delta_j} \tag{4.35a}$$

aufscheinenden Eigentensoren $\mathfrak{E}_{\Delta_j}$ mit den Eigenschaften

$$\mathfrak{E}_{\Delta_j} \cdot\cdot \mathfrak{E}_{\Delta_k} = \begin{cases} 0 \text{ für } j \neq k \\ 1 \text{ für } j = k \end{cases} , \quad \sum_{j=1}^{6} \mathfrak{E}_{\Delta_j} \circ \mathfrak{E}_{\Delta_j} = \overset{\langle 4\rangle}{\mathbb{M}} \tag{4.35b,c}$$

die "irreduziblen Zerlegungen"

$$\sqrt{\overset{\langle 4\rangle}{\$}_0} \cdot\cdot \$^{(K)} \equiv \left[\sqrt{\overset{\langle 4\rangle}{\$}_0} \cdot\cdot \$^{(K)} \right] \cdot\cdot \overset{\langle 4\rangle}{\mathbb{M}} = \left[\sqrt{\overset{\langle 4\rangle}{\$}_0} \cdot\cdot \$^{(K)} \right] \cdot\cdot \sum_{j=1}^{6} \mathfrak{E}_{\Delta_j} \circ \mathfrak{E}_{\Delta_j}$$
$$= \sum_{j=1}^{6} \left[\$^{(K)} \cdot\cdot \sqrt{\overset{\langle 4\rangle}{\$}_0} \cdot\cdot \mathfrak{E}_{\Delta_j} \right] \mathfrak{E}_{\Delta_j} \equiv \sum_{j=1}^{6} s_j \, \mathfrak{E}_{\Delta_j} \tag{4.35d}$$

und entsprechend

$$\sqrt{\overset{\langle 4\rangle}{\$}_0}^{\,-1} \cdot\cdot (\mathbb{D}^{(G)} - \mathbb{A}_0 T) = \sum_{j=1}^{6} \left[(\mathbb{D}^{(G)} - \mathbb{A}_0 T) \cdot\cdot \sqrt{\overset{\langle 4\rangle}{\$}_0}^{\,-1} \cdot\cdot \mathfrak{E}_{\Delta_j} \right] \mathfrak{E}_{\Delta_j} \equiv \sum_{j=1}^{6} d_j \, \mathfrak{E}_{\Delta_j} \tag{4.35e}$$

sowie

$$\overset{\langle 4\rangle}{\mathbb{\Delta}}_0 \cdot\cdot \left[\sqrt{\overset{\langle 4\rangle}{\$}_0} \cdot\cdot \$^{(K)} \right] = \left[\sum_{j=1}^{6} \delta_j \, \mathfrak{E}_{\Delta_j} \circ \mathfrak{E}_{\Delta_j} \right] \cdot\cdot \left[\sum_{j=1}^{6} s_k \, \mathfrak{E}_{\Delta_k} \right] = \sum_{j=1}^{6} \delta_j s_j \, \mathfrak{E}_{\Delta_j} \tag{4.35f}$$

und bekommt so aus (4.33a) die "Hauptachsenversion"

$$\sum_{j=1}^{6} \left[\dot{s}_j + \delta_j s_j - \dot{d}_j \right] \mathfrak{E}_{\Delta_j} = \mathbb{0} \, , \tag{4.36a}$$

die wegen (4.35b) in die 6 Orthogonalanteile

$$\dot{s}_j + \delta_j s_j = e^{-\delta_j t} \left[s_j \, e^{\delta_j t} \right]^{\cdot} = \dot{d}_j(t) \, , \; j = 1 \ldots 6 \tag{4.36b}$$

mit den z. B. den Anfangsbedingungen

$$s_j(0) = s_{j0}$$

angepaßten Lösungen

$$s_j(t) = s_{j0}e^{-\delta_j t} + \int_{\tau=0}^{t} \dot{d}_j(\tau)\, e^{-\delta_j(t-\tau)}\, d\tau \overset{20)}{\equiv} \left[s_{j0} - d_{j0}\right] e^{-\delta_j t} + d_j(t) -$$

$$- \delta_j \int_{\tau=0}^{t} d_j(\tau)\, e^{-\delta_j(t-\tau)}\, d\tau\,, \qquad j = 1\ldots 6\,, \tag{4.36c}$$

zerlegt werden kann. Mit (4.35a-d) lautet so die allgemeine Lösung von (4.33a) und damit die in den Spannungen explizite Version von (4.32a) in Tensor-Notation schließlich

$$\sum_{j=1}^{6} s_j \mathfrak{E}_{\Delta_j} \equiv \sqrt{\overset{<4>}{\mathbb{S}}_0} \cdot\cdot\, \mathbb{S}^{(K)}(t) = \left\{ \sqrt{\overset{<4>}{\mathbb{S}}_0} \cdot\cdot\, \mathbb{S}^{(K)}(0) - \sqrt{\overset{<4>}{\mathbb{S}}_0}^{\,-1} \cdot\cdot \left[\mathbb{D}^{(G)}(0) - \mathbb{A}_0\left[T(0) -\right.\right.\right.$$

$$\left.\left.\left. - T_0\right]\right]\right\} \cdot\cdot\, e^{-\overset{<4>}{\mathbf{\Delta}}_0 t} + \sqrt{\overset{<4>}{\mathbb{S}}_0}^{\,-1} \cdot\cdot \left[\mathbb{D}^{(G)}(t) - \mathbb{A}_0\left[T(t) - T_0 \right]\right] -$$

$$- \overset{<4>}{\mathbf{\Delta}}_0 \cdot\cdot \int_{\tau=0}^{t} e^{-\overset{<4>}{\mathbf{\Delta}}_0 (t-\tau)} \cdot\cdot \sqrt{\overset{<4>}{\mathbb{S}}_0}^{\,-1} \cdot\cdot \left[\mathbb{D}^{(G)}(\tau) - \mathbb{A}_0\left[T(\tau) - T_0 \right]\right] d\tau \tag{4.37a,b}$$

$$\text{mit}\quad e^{-\overset{<4>}{\mathbf{\Delta}}_0 (t-\tau)} = \sum_{j=1}^{6} e^{-\delta_j (t-\tau)}\, \mathfrak{E}_{\Delta_j} \circ \mathfrak{E}_{\Delta_j}\,,$$

wobei der erste Term auf der rechten Seite von (4.37a) verschwindet, wenn man (zur Zeit $t = 0$) vom mit $T(0) = T_0$ temperierten spannungs- und verzerrungslosen Ausgangszustand ausgeht. Für die Herstellung von (4.37a,b) wurden im Einzelnen die Identitäten

$$\sum_{j=1}^{6} s_{j0} e^{-\delta_j t}\, \mathfrak{E}_{\Delta_j} \overset{(5.35a)}{\equiv} \sum_{j=1}^{6} \left[\left[\sqrt{\overset{<4>}{\mathbb{S}}_0} \cdot\cdot\, \mathbb{S}^{(K)}(0) \right] \cdot\cdot\, \mathfrak{E}_{\Delta_j} \right] \mathfrak{E}_{\Delta_j} e^{-\delta_j t} \equiv$$

$$\equiv \sum_{j=1}^{6} \left[\sqrt{\overset{<4>}{\mathbb{S}}_0} \cdot\cdot\, \mathbb{S}^{(K)}(0) \right] \cdot\cdot\, \mathfrak{E}_{\Delta_j} \circ \mathfrak{E}_{\Delta_j} e^{-\delta_j t} \equiv \left[\sqrt{\overset{<4>}{\mathbb{S}}_0} \cdot\cdot\, \mathbb{S}^{(K)}(0) \right] \cdot\cdot\, e^{-\overset{<4>}{\mathbf{\Delta}}_0 t}\,,$$

$$\overset{<4>}{\mathbf{\Delta}}_0 \cdot\cdot\, e^{-\overset{<4>}{\mathbf{\Delta}}_0 (t-\tau)} = \sum_{j=1}^{6} \delta_j\, e^{-\delta_j t}\, \mathfrak{E}_{\Delta_j} \circ \mathfrak{E}_{\Delta_j}$$

usw. beachtet, wobei noch vermerkt werden soll, daß

$$\delta_j \geq 0\,, \quad \frac{1}{\delta_j} \equiv t_{R_j} \geq 0\,, \quad j = 1\,..\,6\,, \tag{4.37c}$$

also $\overset{<4>}{\mathbf{\Delta}}_0$ und damit der Relaxationszeittensor $\overset{<4>}{\mathbb{T}}_R = \sum_{j=1}^{6} t_{R_j}\, \mathfrak{E}_{\Delta_j} \circ \mathfrak{E}_{\Delta_j}$ im Sinne von

---

20) man integriere partiell. Mit d_{j0} wurde $d_j(0)$ abgekürzt

$$\mathbb{X}\cdot\cdot\overset{<4>}{\mathbb{\Delta}}_0\cdot\cdot\mathbb{X} \geq 0\,,\quad \mathbb{X} = \mathbb{X}^T \text{ beliebig} \tag{4.37d}$$

positiv - definite vollständig symmetrische Tetraden sind, was man mittels des allgemeinen Relaxationsbefundes (4.20j) erschließt, der im vorliegenden Falle die Form

$$\$^{(K)}_{iso}\cdot\cdot\overset{<4>}{\$}_{V0}\cdot\cdot\$^{(K)}_{iso} \equiv \left[\$^{(K)}_{iso}\cdot\cdot\sqrt{\overset{<4>}{\$}_0}\cdot\cdot\sqrt{\overset{<4>}{\$}_0}^{-1}\right]\cdot\cdot\overset{<4>}{\$}_{V0}\cdot\cdot\left[\sqrt{\overset{<4>}{\$}_0}^{-1}\cdot\cdot\sqrt{\overset{<4>}{\$}_0}\cdot\cdot\$^{(K)}_{iso}\right] \equiv$$

$$\equiv \left[\$^{(K)}_{iso}\cdot\cdot\sqrt{\overset{<4>}{\$}_0}\right]\cdot\cdot\overset{<4>}{\mathbb{\Delta}}_0\cdot\cdot\left[\$^{(K)}_{iso}\cdot\cdot\sqrt{\overset{<4>}{\$}_0}\right] \geq 0$$

annimmt.

Für eine ab $\tau = t_1$ einsetzende konstante thermisch-kinematische Fortsetzung

$$\left[\mathbb{D}^{\diamond}(\tau),\, T^{\diamond}(\tau)\right] = \begin{cases} (\mathbb{D}^{(G)}(\tau),\, T(\tau)) & \text{für } \tau \leq t_1 \\ (\mathbb{D}^{(G)}(t_1),\, T(t_1)) & \text{für } \tau > t_1 \end{cases} \tag{4.38a}$$

ergibt sich aus (4.37)

$$\sqrt{\overset{<4>}{\$}_0}\cdot\cdot\$^{(K)}_{iso}(t) = \sqrt{\overset{<4>}{\$}_0}\cdot\cdot\$^{(K)}(t_1) - \left[\overset{<4>}{\mathbb{M}} - e^{-\overset{<4>}{\mathbb{\Delta}}_0(t-t_1)}\right]\cdot\cdot\sqrt{\overset{<4>}{\$}_0}^{-1}\cdot\cdot\left[\mathbb{D}^{(G)}(t_1) -\right.$$

$$\left.- \mathbb{A}_0\left[T(t_1)-T_0\right]\right] \equiv \left[\sqrt{\overset{<4>}{\$}_0}\cdot\cdot\$^{(K)}(t_1)\right]\cdot\cdot e^{-\overset{<4>}{\mathbb{\Delta}}_0(t-t_1)} \quad \text{für } t \geq t_1 \tag{4.38b}$$

bzw.
$$\$^{(K)}_{iso}(t) = \$^{(K)}(t_1)\cdot\cdot\sqrt{\overset{<4>}{\$}_0}\cdot\cdot e^{-\overset{<4>}{\mathbb{\Delta}}_0(t-t_1)}\cdot\cdot\sqrt{\overset{<4>}{\$}_0}^{-1} \quad \text{für } t \geq t_1\,, \tag{4.39a}$$

wonach
$$\lim_{t\to\infty} \$^{(K)}_{iso}(t) = \mathbb{O}\,, \tag{4.39b}$$

also die Spannungen vollständig abgebaut werden. Dieser mit den entsprechenden Befunden am einachsigen Maxwellmodell übereinstimmende Sachverhalt ist bei zeitlich verfestigender viskoser Materialkomponente nicht mehr festzustellen. Die Spannungen $\$_{iso}(t)$ streben dann einem endlichen Grenzwert zu (vgl. § 4.5). An (4.38) erkennt man den Befund, daß ein allgemeiner Relaxationsvorgang - in den Größen $\sqrt{\overset{<4>}{\$}_0}\cdot\cdot\$^{(K)}$ ausgedrückt- stets aufgebaut ist aus 6 speziellen "Synchronzuständen"

$$\mathbb{E}_{\Delta_j}\cdot\cdot\sqrt{\overset{<4>}{\$}_0}\cdot\cdot\$^{(K)}_{iso}(t) = \left[\mathbb{E}_{\Delta_j}\cdot\cdot\sqrt{\overset{<4>}{\$}_0}\cdot\cdot\$^{(K)}(t_1)\right] e^{-\delta_j(t-t_1)}\,, \tag{4.40}$$

die zu jeder Zeit zu ihrem Ausgangszustand "affin" bleiben in dem Sinne, daß sich dabei die

(jeweils durch $\mathfrak{E}_{\Delta_j}$ festgelegten) Spannungskomponentenverhältnisse nicht ändern [21].
Ein entsprechender Zerfall des Problems in 6 mit jeweils eigener Relaxationszeit t_{R_j} (j = 1 ... 6) ausgerüstete Einzelprobleme ist natürlich auch an der in den Verzerrungen expliziten Form der Materialgleichung zu erkennen, indem man (4.33a) z. B. für die Anfangsbedingungen

$$\mathbb{D}^{(G)}(0) = \mathbb{O}\,,\quad \$^{(K)}(0) = \mathbb{O}\,,\quad T(0) = T_0 \quad \text{als}$$

$$\sqrt{\overset{\langle 4\rangle}{\$}_0}^{\,-1} \cdot\cdot \left[\, \mathbb{D}^{(G)}(t) - \mathbb{A}_0[T(t) - T_0]\,\right] = \sqrt{\overset{\langle 4\rangle}{\$}_0} \cdot\cdot \$^{(K)}(t) + \overset{\langle 4\rangle}{\mathbb{\Delta}}_0 \cdot\cdot \int_{\tau=0}^{t} \sqrt{\overset{\langle 4\rangle}{\$}_0} \cdot\cdot \$^{(K)}(\tau)d\tau \tag{4.41}$$

integriert und $\overset{\langle 4\rangle}{\mathbb{\Delta}}_0$ nach (4.35a) einsetzt: Multiplikation mit $\mathfrak{E}_{\Delta_j}$, j = 1,..,6 liefert sechs entkoppelte skalare Gleichungen für die "Orthogonal–Anteile".
So sind denn auch allgemeine Kriechphänomene, d.h. Verzerrungsprozesse als Folge isothermer statischer Fortsetzungen (mit T=const, $\$^{(K)}$=const) grundsätzlich darstellbar durch Superposition sechs spezieller "Synchronprozesse".

4.4 Isotrope lineare Probleme

werden aus (4.31,32) mit den isotropen Materialtensoren

$$\mathbb{A}_0 = \alpha\,\mathbb{E}\,,\quad \overset{\langle 4\rangle}{\$}_0 = \frac{1}{2G}\left[\overset{\langle 4\rangle}{\mathbb{M}} - \frac{\nu}{1+\nu}\,\mathbb{E}\circ\mathbb{E}\right],\quad \overset{\langle 4\rangle}{\$}_{v0} = \frac{1}{2\mu}\left[\overset{\langle 4\rangle}{\mathbb{M}} - \frac{\nu_\mu}{1+\nu_\mu}\,\mathbb{E}\circ\mathbb{E}\right] \tag{4.42a-c}$$

entwickelt, worin G bzw. ν zwei Elastizitätskonstanten (Schubmodul bzw. Querdehnungszahl) und μ bzw. ν_μ zwei analoge Viskositätskonstanten bedeuten [22].
Für μ und ν_μ gelten die Eingrenzungen

$$\mu \geq 0\,,\quad 0 \leq \nu_\mu \leq 1/2\,, \tag{4.42d,e}$$

die, zusammen mit

---

21) Im Falle der "Koaxialität" von $\overset{\langle 4\rangle}{\$}_0$ und $\overset{\langle 4\rangle}{\$}_{V_0}$, mit $\mathfrak{E}_{S0,j} = \mathfrak{E}_{S0V,j} = \mathfrak{E}_j$ gilt dieser Synchron–Abklingungseffekt direkt für die nach den gemeinsamen Eigentensoren $\mathfrak{E}_j$ zerlegten Spannungstensor–Anteile ($\$ \cdot\cdot \mathfrak{E}_j$) $\mathfrak{E}_j$.

22) Von der gesamten, aus den "Elementen" $\overset{\langle 4\rangle}{\mathbb{E}}$, $\overset{\langle 4\rangle}{\mathbb{E}}_T$ und $\mathbb{E} \circ \mathbb{E}$ bestehenden "isotropen Gruppe 4. Stufe" [5a] verbleiben hier jeweils lediglich 2 Elemente ($\overset{\langle 4\rangle}{\mathbb{M}}$, $\mathbb{E} \circ \mathbb{E}$), weil $\overset{\langle 4\rangle}{\$}_0$, $\overset{\langle 4\rangle}{\$}_{V0}$ nur mit symmetrischen zweistufigen (Spannungs– bzw. Spannungsgeschwindigkeits–) Tensoren multipliziert werden.

$$G \geq 0\,, \quad 0 \leq \nu \leq 1/2\,, \tag{4.42f,g}$$

erforderlich sind, um positiv-definite Tetraden $\overset{\langle 4\rangle}{\$}_0, \overset{\langle 4\rangle}{\$}_{v0}$ zu garantieren. Nach (4.31,32) erhält man hierfür

$$\mathscr{F}^*_{ST} = \mathscr{F}^*_0 + (T-T_0)\,\mathscr{S}_0 + \frac{c_{s0}}{2T_0}(T-T_0)^2 + \frac{\alpha}{\overset{\frown}{\rho}}\,\mathbb{E}\cdot\cdot\$^{(K)}\,(T-T_0) +$$

$$+\frac{1}{4G\overset{\frown}{\rho}}\left[\$^{(K)}\cdot\cdot\$^{(K)} - \frac{\nu}{1+\nu}(\mathbb{E}\cdot\cdot\$^{(K)})^2\right],$$

$$\mathscr{S} = \mathscr{S}_0 + c_{s0}\left[\frac{T}{T_0} - 1\right] + \frac{\alpha}{\overset{\frown}{\rho}}(\mathbb{E}\cdot\cdot\$^{(K)})\,,\quad \dot{\mathscr{D}} = \frac{1}{2\mu\overset{\frown}{\rho}}\left[\$^{(K)}\cdot\cdot\$^{(K)} - \frac{\nu_\mu}{1+\nu_\mu}(\mathbb{E}\cdot\cdot\$^{(K)})^2\right] \tag{4.43a-c}$$

sowie

$$\dot{\mathbb{D}}^{(G)} - \alpha\dot{T}\mathbb{E} = \frac{1}{2G}\left[\dot{\$}^{(K)} - \frac{\nu}{1+\nu}(\mathbb{E}\cdot\cdot\dot{\$}^{(K)})\mathbb{E}\right] + \frac{1}{2\mu}\left[\$^{(K)} - \frac{\nu_\mu}{1+\nu_\mu}(\mathbb{E}\cdot\cdot\$^{(K)})\mathbb{E}\right] \tag{4.44}$$

bzw. für isentrope Zustandsänderungen

$$\dot{\mathbb{D}}^{(G)} = \frac{1}{2G}\left[\dot{\$}^{(K)} - \frac{\nu_{\mathscr{S}}}{1+\nu_{\mathscr{S}}}(\mathbb{E}\cdot\cdot\dot{\$}^{(K)})\mathbb{E}\right] + \frac{1}{2\mu}\left[\$^{(K)} - \frac{\nu_\mu}{1+\nu_\mu}(\mathbb{E}\cdot\cdot\$^{(K)})\mathbb{E}\right]$$

mit [23]

$$\frac{\nu_{\mathscr{S}}}{1+\nu_{\mathscr{S}}} = \frac{\nu}{1+\nu} + 2G\,\frac{\alpha^2 T_0}{\overset{\frown}{\rho}\,c_{s_0}} \tag{4.45a,b}$$

Für kleine Verformungen (geometrische Linearität) sind $\$^{(K)}$ bzw. $\mathbb{D}^{(G)}$ durch die am unverformten System definierten Spannungen $\$$ bzw. den materiellen Verschiebungsdeformator $\mathbb{D} = \operatorname{def} \mathbb{u}$ zu approximieren.

Wegen

$$\overset{\langle 4\rangle}{\mathbb{A}}_0 = \left[\sqrt{\overset{\langle 4\rangle}{\$}_0}^{-1}\cdot\cdot\overset{\langle 4\rangle}{\$}_{v0}\cdot\cdot\sqrt{\overset{\langle 4\rangle}{\$}_0}^{-1}\right] \equiv^{24)} \overset{\langle 4\rangle}{\$}_0^{-1}\cdot\cdot\overset{\langle 4\rangle}{\$}_{v0} = 2G\left[\overset{\langle 4\rangle}{\mathbf{M}} + \frac{\nu}{1-2\nu}\mathbb{E}\circ\mathbb{E}\right]\cdot\cdot$$

$$\cdot\cdot\frac{1}{2\mu}\left[\overset{\langle 4\rangle}{\mathbf{M}} - \frac{\nu_\mu}{1+\nu_\mu}\mathbb{E}\circ\mathbb{E}\right] = \frac{G}{\mu}\left[\overset{\langle 4\rangle}{\mathbf{M}} + \left[\frac{\nu}{1-2\nu}\frac{1-2\nu_\mu}{1+\nu_\mu} - \frac{\nu_\mu}{1+\nu_\mu}\right]\mathbb{E}\circ\mathbb{E}\right] \equiv$$

$$\equiv \frac{G}{\mu}\left[\left[\overset{\langle 4\rangle}{\mathbf{M}} - \frac{1}{3}\mathbb{E}\circ\mathbb{E}\right] + \frac{1-2\nu_\mu}{1+\nu_\mu}\frac{1+\nu}{1-2\nu}\frac{\mathbb{E}\circ\mathbb{E}}{3}\right] = \mathbb{T}_R^{-1} \tag{4.46a}$$

existieren im isotropen Falle lediglich zwei Relaxationszeiten, nämlich eine Deviatorische bzw. eine Dilatatorische ,

---

23) was, wie man leicht nachrechnet mit der Beziehung (2.55g) identisch ist.

24) die beiden Materialtetraden $\overset{\langle 4\rangle}{\$}_0$ bzw. $\overset{\langle 4\rangle}{\$}_{v0}$ sind hier "koaxial" in dem Sinne, daß ihre irreduziblen Basistensoren gleich sind, weswegen (Doppeltskalar–) Produktbildungen kommutativ sind. Im Übrigen beachte man $\left[\frac{1}{2G}(\overset{\langle 4\rangle}{\mathbf{M}} - \frac{\nu}{1+\nu}\mathbb{E}\circ\mathbb{E})\right]^{-1} = 2G\left[\overset{\langle 4\rangle}{\mathbf{M}} + \frac{\nu}{1-2\nu}\mathbb{E}\circ\mathbb{E}\right].$

$$t_R' = \frac{\mu}{G} = \frac{1}{\delta'}, \quad t_{RK} = \frac{\mu}{G}\frac{1+\nu}{1-2\nu}\frac{\mu}{\mu}\frac{1-2\nu}{1+\nu} = \frac{1}{\delta_K}, \tag{4.46b,c}$$

die den irreduziblen Basistensoren [25]

$$\overset{\langle 4\rangle}{\mathfrak{E}}{}' = \overset{\langle 4\rangle}{\mathbb{M}} - \frac{1}{3}\mathbb{E}\circ\mathbb{E}, \quad \overset{\langle 4\rangle}{\mathfrak{E}}_K = \frac{1}{3}\mathbb{E}\circ\mathbb{E} \tag{4.46d,e}$$

zugeordnet sind. Mit $\overset{\langle 4\rangle}{\mathbb{A}}_0$ nach (4.46a) sowie $\overset{\langle 4\rangle}{\$}{}_0^{-1}$ und $\mathbb{A}_0$ nach (4.42a,b) bekommt man dann aus (4.40) bzw. (4.37a) (etwa für spannungs- und verzerrungslosen und mit T_0 temperierten Ausgangszustand) die jeweils in Deviatoren bzw. Kugeltensoranteile zerlegten Gleichungen[26]

$$\frac{1}{2G}\left[\overset{\langle 4\rangle}{\mathbb{M}} - \frac{1}{3}\mathbb{E}\circ\mathbb{E}\right]\cdot\cdot\left[2G\left[\overset{\langle 4\rangle}{\mathbb{M}} + \frac{\nu}{1-2\nu}\mathbb{E}\circ\mathbb{E}\right]\cdot\cdot\left[\mathbb{D}(t) - \alpha\left[T(t)-T_0\right]\right]\mathbb{E}\right] \equiv$$

$$\equiv \left[\overset{\langle 4\rangle}{\mathbb{M}} - \frac{1}{3}\mathbb{E}\circ\mathbb{E}\right]\cdot\cdot\left[\mathbb{D}(t) - \alpha\left[T(t)-T_0\right]\mathbb{E}\right] \equiv \mathbb{D}'(t) =$$

$$= \frac{1}{2G}\left[\overset{\langle 4\rangle}{\mathbb{M}} - \frac{1}{3}\mathbb{E}\circ\mathbb{E}\right]\cdot\cdot\left\{\$(t) + \left[\delta'\left[\overset{\langle 4\rangle}{\mathbb{M}} - \frac{1}{3}\mathbb{E}\circ\mathbb{E}\right] + \delta_K\frac{\mathbb{E}\circ\mathbb{E}}{3}\right]\cdot\cdot\int_{\tau=0}^{t}\$(\tau)d\tau\right\} =$$

$$= \frac{1}{2G}\left[\$'(t) + \delta'\int_{\tau=0}^{t}\$'(\tau)d\tau\right] \equiv \frac{1}{2G}e^{-\delta' t}\frac{\partial}{\partial t}\left[e^{\delta' t}\int_{\tau=0}^{t}\$'(\tau)d\tau\right] \tag{4.47a}$$

bzw.

$$\$'(t) = 2G\left[\mathbb{D}'(t) - \delta'\int_{\tau=0}^{t}e^{-\delta'(t-\tau)}\mathbb{D}'(\tau)\,d\tau\right] \equiv 2G\frac{\partial}{\partial t}\left[e^{-\delta' t}\int_{\tau=0}^{t}e^{\delta'\tau}\,\mathbb{D}'(\tau)\,d\tau\right] \tag{4.47b}$$

mit $\delta' = \frac{G}{\mu}$ und den Deviatoren

$$\$' = \$ - \frac{\mathbb{E}\cdot\cdot\$}{3}\mathbb{E}, \quad \mathbb{D}' = \mathbb{D} - \frac{\mathbb{E}\cdot\cdot\mathbb{D}}{3}\mathbb{E} \tag{4.47c,d}$$

der Spannungen bzw. Verzerrungen, sowie

$$\frac{1}{3}\mathbb{E}\circ\mathbb{E}\cdot\cdot\left\{2G\left[\overset{\langle 4\rangle}{\mathbb{M}} + \frac{\nu}{1-2\nu}\mathbb{E}\circ\mathbb{E}\right]\cdot\cdot\left[\mathbb{D}(\tau) - \alpha\left[T(t) - T_0\right]\mathbb{E}\right]\right\} \equiv$$

$$\equiv \frac{2G(1+\nu)}{3(1-2\nu)}\left[\mathbb{E}\cdot\cdot\mathbb{D} - 3\alpha\left[T(t) - T_0\right]\right]\mathbb{E} =$$

---

[25] Die, wie man leicht nachrechnet, die Orthogonalitätsbedingungen (4.35b,c), $\overset{\langle 4\rangle}{\mathfrak{E}}{}'\cdot\cdot\overset{\langle 4\rangle}{\mathfrak{E}}{}' = \overset{\langle 4\rangle}{\mathfrak{E}}{}'$, $\overset{\langle 4\rangle}{\mathfrak{E}}_K\cdot\cdot\overset{\langle 4\rangle}{\mathfrak{E}}_K = \overset{\langle 4\rangle}{\mathfrak{E}}_K$, $\overset{\langle 4\rangle}{\mathfrak{E}}{}'\cdot\cdot\overset{\langle 4\rangle}{\mathfrak{E}}_K = \mathbb{0}$ befriedigen und desweiteren dann selbstverständlich $\overset{\langle 4\rangle}{\mathfrak{E}}_K + \overset{\langle 4\rangle}{\mathfrak{E}}{}' = \overset{\langle 4\rangle}{\mathbb{M}}$ im Sinne von (4.35c) ergeben.

[26] in denen hier und für das Folgende kürzer wieder $\mathbb{D}$ anstelle von $\mathbb{D}^{(G)}$ und $\$$ anstelle von $\$^{(K)}$ geschrieben wird,

$$= \frac{1}{3}\mathbb{E}\circ\mathbb{E}\cdot\cdot\Big\{\mathbb{S}(t) + \Big[\delta'\Big[\overset{<4>}{\mathbb{E}}_S - \frac{1}{3}\mathbb{E}\circ\mathbb{E}\Big] + \delta_K\frac{\mathbb{E}\circ\mathbb{E}}{3}\Big]\cdot\cdot\int_{\tau=0}^{t}\mathbb{S}(\tau)d\tau\Big\} =$$

$$= \Big[\frac{\mathbb{S}(t)\cdot\cdot\mathbb{E}}{3} + \delta_K\int_{\tau=0}^{t}\frac{\mathbb{E}\cdot\cdot\mathbb{S}(\tau)}{3}d\tau\Big]\mathbb{E}\,,$$

d.h. mit δ_K nach (4.46c) und $\Delta T = T(t) - T_0$

$$\mathbb{E}\cdot\cdot\mathbb{D}(t) - 3\alpha\Delta T(t) = \frac{1}{K}\Big[\frac{\mathbb{E}\cdot\cdot\mathbb{S}(t)}{3} + \delta_K\int_{\tau=0}^{t}\frac{\mathbb{E}\cdot\cdot\mathbb{S}(\tau)}{3}d\tau\Big] =$$

$$= \frac{1}{K}e^{-\delta_K t}\frac{\partial}{\partial t}\Big[e^{\delta_K t}\int_{0}^{t}\frac{\mathbb{E}\cdot\cdot\mathbb{S}(\tau)}{3}d\tau\Big] \tag{4.48a}$$

bzw.

$$\mathbb{E}\cdot\cdot\mathbb{S}(t) = 3K\Big\{\mathbb{E}\cdot\cdot\mathbb{D}(t) - 3\alpha\Delta T(t) - \delta_K\int_{\tau=0}^{t}e^{-\delta_K(t-\tau)}\Big[\mathbb{E}\cdot\cdot\mathbb{D}(\tau) - 3\alpha\Delta T(\tau)\Big]d\tau\Big\} =$$

$$= 3K\frac{\partial}{\partial t}\Big[e^{-\delta_K t}\int_{\tau=0}^{t}e^{\delta_K\tau}\Big[\mathbb{E}\cdot\cdot\mathbb{D}(\tau) - 3\alpha\,\Delta T(\tau)\Big]d\tau\Big]\,,\quad K = \frac{2G(1+\nu)}{3(1-2\nu)} = \frac{E}{3(1-2\nu)}\,. \tag{4.48b,c}$$

Kriechen bzw. Spannungsrelaxation sind hier Ergebnis der Überlagerung zweier Synchronprozesse, wovon der eine (sog. Gestaltänderungsprozeß) rein deviatorisch ist und der Zweite kugelsymmetrische Dilationsprozesse umfaßt.

Im Spezialfall fehlender Volumenviskosität mit $\nu_\mu \to 1/2$ ist

$$\delta_K = 0\,, \tag{4.49}$$

womit Dilatationsprozesse rein elastisch sind. Dies trifft in Annäherung das viskoelastische Verhalten von Metallen bei höheren Temperaturen.

4.5 Lineare isotrope viskos–verfestigende Maxwellkörper

4.5.1 Allgemeines

Unter solchen Stoffmodellen, von denen eine spezielle Variante in Annäherung den Werkstoff Beton modelliert, werden Maxwellkörper mit allmählich verfestigender viskoser Mate–

rialkomponente verstanden, wozu in Gleichung (4.44) nunmehr zeitabhängige Viskositätskoeffizienten $\mu = \mu(t)$, $\nu_\mu = \nu_\mu(t)$ vorzusehen sind. Die entstehende formale Komplikation, bei der Inversion von (4.44) eine Differentialgleichung mit zwei zeitabhängigen Koeffizienten lösen zu müssen, wird reduziert durch die Einführung einer Kriechzeit

$$\varphi(t) = {}^{27)} \int_{\tau=0}^{t} \frac{G\, d\tau}{\mu(\tau)} , \quad \dim[\varphi] = 1 , \tag{4.50a}$$

die für monoton wachsende Zeitfunktionen [28] $\mu(t)$ eindeutig mit der Realzeit t korreliert ist, was dann die zweite viskose Dilatations-Verfestigungsfunktion gemäß

$$\nu_\mu = \nu_\mu(\varphi) \tag{4.50b}$$

in Abhängigkeit von der (Gestaltänderungs-)Kriechzeit φ auszudrücken erlaubt [29]. Mit

$$\dot\varphi(t) = G/\mu(t) \tag{4.50c}$$

und der Vorstellung, Spannungen, Verzerrungen und Temperaturänderungen als Funktionen der Massenelementen-Bezugskonfiguration $(\hat{\mathbb{r}})$ und der Kriechzeit φ (im Lagrangeschen Sinne) ausgedrückt zu haben, bekommt man aus (4.44)[30] mit

$$(\ )^{\cdot} = \frac{\partial}{\partial t}(\ ) = \dot\varphi \frac{\partial}{\partial\varphi}$$

nach Herauskürzen von $\dot\varphi$ die Materialgleichung für isotropes viskos-verfestigendes Maxwellmaterial

$$2G \frac{\partial}{\partial\varphi}\Big[\mathbb{D} - \alpha T\, \mathbb{E}\Big] = {}^{31)} \frac{\partial}{\partial\varphi}\Big[\$ - \frac{\nu}{1+\nu}(\mathbb{E}\cdot\cdot\$)\,\mathbb{E}\Big] + \$ - \frac{\nu_\mu}{1+\nu_\mu}(\mathbb{E}\cdot\cdot\$)\,\mathbb{E} \tag{4.51a}$$

mit der in den Verzerrungen expliziten Form

$$G\Big[\mathbb{D}(\hat{\mathbb{r}},\varphi) - \alpha\,\Delta T(\hat{\mathbb{r}},\varphi)\,\mathbb{E}\Big] = \$(\hat{\mathbb{r}},\varphi) - \frac{\nu}{1+\nu}\Big[\mathbb{E}\cdot\cdot\$(\hat{\mathbb{r}},\varphi)\Big]\,\mathbb{E} +$$

$$+ \int_{\chi=0}^{\varphi} \Big[\$(\hat{\mathbb{r}},\chi) - \frac{\nu_\mu(\chi)}{1+\nu_\mu(\chi)}\Big[\mathbb{E}\cdot\cdot\$(\hat{\mathbb{r}},\chi)\Big]\,\mathbb{E}\Big]\, d\chi , \quad \Delta T(\hat{\mathbb{r}},\varphi) = T(\hat{\mathbb{r}},\varphi) - T_0 , \tag{4.51b}$$

die man den Anfangsbedingungen

---

27) wobei etwa für Beton die Realzeit t ca. einen Monat nach dem Schütten beginnt. Für konstante Viskosität ist $\varphi(t) = t/t'_R$, also die auf die Relaxationszeit t'_R der Gestaltänderung bezogene Realzeit.

28) wie dies bei Beton der Fall ist

29) Für Beton, wo Versuche $\nu_\mu \approx \nu$ ergeben haben, braucht man sogar überhaupt keine zweite viskose Verfestigungsfunktion. Kriechen bzw. Relaxation sind hier für alle Spannungszustände synchron (vgl. §4.5.2)

30) wo jetzt $\$$ anstelle von $\$^{(K)}$, $\mathbb{D}$ anstelle von $\mathbb{D}^{(G)}$ geschrieben werden.

31) Ableitungen $\partial\mathbb{D}/\partial\varphi$ . . . usw. der im Lagrangeschen Sinne dargestellten Feldgrößen $\mathbb{D}$ . . . usw. sind hier also als "materielle" (kriechzeitliche) Ableitungen zu verstehen.

$$\mathbb{D}(\hat{\mathbb{r}},0) = \mathbb{0}\,,\quad T(\hat{\mathbb{r}},0) = T_0\,,\quad \mathbb{S}(\hat{\mathbb{r}},0) = \mathbb{0} \tag{4.51c}$$

bzw.

$$2G\left[\,\mathbb{D} - \alpha(T-T_0)\,\mathbb{E}\right]_{\hat{\mathbb{r}},0} = \left[\,\mathbb{S} - \frac{\nu}{1+\nu}(\mathbb{E}\cdot\cdot\,\mathbb{S})\,\mathbb{E}\,\right]_{\hat{\mathbb{r}},0} \tag{4.51d}$$

angepaßt hat. Für die in den Spannungen explizite Version zerlegt man (4.51a) zweckmäßig gemäß

$$2G\,\frac{\partial\mathbb{D}'}{\partial\varphi} = \frac{\partial\mathbb{S}'}{\partial\varphi} + \mathbb{S}' = e^{-\varphi}\frac{\partial}{\partial\varphi}\left[\mathbb{S}'e^{\varphi}\right], \tag{4.52a}$$

$$K\,\frac{\partial}{\partial\varphi}\Big[D_1 - 3\alpha T\Big] = \frac{\partial}{\partial\varphi}\left[\frac{S_1}{3}\right] + \frac{1+\nu}{1+\nu_\mu}\,\frac{1-2\nu_\mu}{1-2\nu}\,\frac{S_1}{3}\,,\quad K = \frac{2G(1+\nu)}{3(1-2\nu)}\,, \tag{4.52b,c}$$

in die beiden Gleichungen für die Deviatoren

$$\mathbb{S}' = \mathbb{S} - \frac{S_1}{3}\,\mathbb{E}\,,\quad \mathbb{D}' = \mathbb{D} - \frac{D_1}{3}\,\mathbb{E}\,,\quad S_1 = \mathbb{E}\cdot\cdot\,\mathbb{S}\,,\quad D_1 = \mathbb{E}\cdot\cdot\,\mathbb{D} \tag{4.52d-g}$$

bzw. die Kugeltensoranteile (D_1, S_1), bekommt die den Anfangsbedingungen (4.51c,d) angepaßten Darstellungen[32]

$$\frac{\mathbb{S}'(\varphi)}{2G} = \int\limits_{\chi=0}^{\varphi}\frac{\partial\mathbb{D}'}{\partial\chi}\,e^{-(\varphi-\chi)}d\chi \equiv \frac{1}{2G}\mathop{\mathbb{S}'}\limits_{\chi=0}^{\varphi}\langle\,\mathbb{D}'(\chi)\,\rangle =$$

$$= \mathbb{D}'(\varphi) - \int\limits_{\chi=0}^{\varphi}\mathbb{D}'(\chi)e^{-(\varphi-\chi)}d\chi = \frac{\partial}{\partial\varphi}\left[\,e^{-\varphi}\int\limits_{\chi=0}^{\varphi}e^{\chi}\,\mathbb{D}'(\chi)d\chi\,\right] \tag{4.53a}$$

bzw.

$$\frac{S_1(\varphi)}{3K} \equiv \frac{1}{3K}\mathop{S_1}\limits_{\chi=0}^{\varphi}\langle\,D_1(\chi),T(\chi)\,\rangle = \int\limits_{\chi=0}^{\varphi}\frac{\partial}{\partial\chi}\Big[D_1 - 3\alpha\,\Delta T(\chi)\Big]e^{-\,[\lambda(\varphi)-\lambda(\chi)]}\,d\chi =$$

$$= D_1(\varphi) - 3\alpha\,\Delta T(\varphi) - \int\limits_{\chi=0}^{\varphi}\Big[D_1(\chi) - 3\alpha\,\Delta T(\chi)\Big]\frac{d\lambda}{d\chi}\,e^{-\,[\lambda(\varphi)-\lambda(\chi)]}d\chi \tag{4.53b}$$

mit

$$\lambda(\varphi) = \frac{1+\nu}{1-2\nu}\int\limits_{\chi=0}^{\varphi}\frac{1-2\nu_\mu(\chi)}{1+\nu_\mu(\chi)}\,d\chi\,, \tag{4.53c}$$

und dann schließlich per

---

32) Die Auflistung der den jeweiligen Massenelementen–Konvergenzpunkt in der Bezugskonfiguration kennzeichnenden Lagekoordinate $\hat{\mathbb{r}}$ im Argument wird jetzt aus Raumgründen unterlassen.

$$\$(\varphi) = \$'(\varphi) + \frac{S_1(\varphi)}{3}\mathbb{E} = \underset{\chi=0}{\overset{\varphi}{\$'}} \langle \mathbb{D}'(\chi) \rangle + \frac{\mathbb{E}}{3} \underset{\chi=0}{\overset{\varphi}{S_1}} \langle D_1(\chi),T(\chi) \rangle \equiv \underset{\chi=0}{\overset{\varphi}{\$}} \langle \mathbb{D}(\chi),T(\chi) \rangle \tag{4.53d}$$

die gewünschte Repräsentation. Mit (4.51,53) findet man

a) für die (Kriech-)Verzerrungen unter ab $\tau = t_1$ bzw. $\chi = \varphi_1$ einsetzender konstanter Dauerlast

$$\left[\$^{\Delta}(\varphi),T^{\Delta}(\varphi)\right] = \begin{cases} (\mathbb{O},\ T_0) & \text{für } \varphi \leq \varphi_1 \\ \left[\$(\varphi_1),\ T(\varphi_1)\right] & \text{für } \varphi \geq \varphi_1 \end{cases} \tag{4.54a}$$

die Werte

$$2G\left[\mathbb{D}(\varphi)-\alpha\left[T(\varphi)-T_0\right]\mathbb{E}\right] = \begin{cases} \mathbb{O} & \text{für } \varphi < \varphi_1 \\ (1+\varphi-\varphi_1)\$(\varphi_1)-S_1(\varphi_1)\mathbb{E}\left[\frac{\nu}{1+\nu} + \int\limits_{\chi=\varphi_1}^{\varphi} \frac{\nu_\mu(\chi)}{1+\nu_\mu(\chi)}\,d\chi\right] & \text{für } \varphi \geq \varphi_1 \end{cases} \tag{4.54b}$$

bzw.

$$2G\,\mathbb{D}'(\varphi) = \begin{cases} \mathbb{O} & \text{für } \varphi < \varphi_1 \\ (1+\varphi-\varphi_1)\ \$'(\varphi_1) & \text{für } \varphi \geq \varphi_1 \end{cases} \tag{4.54c}$$

sowie

$$K\left[D_1(\varphi)-3\alpha\left[T(\varphi)-T_0\right]\right] = \begin{cases} 0 & \text{für } \varphi < \varphi_1 \\ \frac{S_1(\varphi_1)}{3}\left[1+\lambda(\varphi)-\lambda(\varphi_1)\right] & \text{für } \varphi \geq \varphi_1 \end{cases} \tag{4.54d}$$

und

b) für relaxierende Spannungen als Folge eines ab $\chi = \varphi_1$ thermisch-kinematisch konstant fortgesetzten Prozesses

$$\left[\mathbb{D}^{\diamond}(\varphi),T^{\diamond}(\varphi)\right] = \begin{cases} \left[\mathbb{D}(\varphi),T(\varphi)\right] & \text{für } \varphi \leq \varphi_1 \\ \left[\mathbb{D}(\varphi_1),T(\varphi_1)\right] & \text{für } \varphi \geq \varphi_1 \end{cases} \tag{4.55a}$$

die Zeitfunktionen

$$\$'_{iso}(\varphi) = \$'(\varphi_1)\,e^{-(\varphi-\varphi_1)} \text{ bzw. } S_{1_{iso}}(\varphi) = S_1(\varphi_1)\,e^{-[\lambda(\varphi)-\lambda(\varphi_1)]} \quad \text{für } \varphi \geq \varphi_1 . \tag{4.55b}$$

In beiden Fällen erkennt man den Aufbau allgemeiner Prozesse durch zwei, jeweils deviatorische bzw. dilatatorische Synchronprozesse. Einen besonders einfachen Spezialfall hingegen, bei dem sämtliche Kriech- bzw.Relaxationsprozesse Synchronprozesse sind, stellt in Annäherung der

4.5.2 Beton

dar, wofür nach Versuchen von Duke und Davis sowie den von Andersen [12] durchgeführten Torsionsversuchen an Betonrohren festzustehen scheint, daß das Kriechen unter konstanter Scherspannung den gleichen Zeitverlauf wie das Kriechen unter konstanter einachsiger Normalspannung hat. Bekommt man also für konstante Schubspannung τ_0 aus (4.54c) mit

$\varphi_1 = 0$, $\mathbb{D}'(\chi) = (\mathbb{e}_1 \circ \mathbb{e}_2 + \mathbb{e}_2 \circ \mathbb{e}_1)\, \gamma(\chi)/2$ und

$\mathbb{S}'(0) = (\mathbb{e}_1 \circ \mathbb{e}_2 + \mathbb{e}_2 \circ \mathbb{e}_1)\, \tau_0$ für die Scherung

$$\gamma(\chi) = \frac{\tau_0}{G}(1+\chi) = \gamma_0\,(1+\chi)$$

und damit das auf die elastische Anfangsverformung γ_0 bezogene Zeitgesetz

$$\frac{\gamma(\chi)}{\gamma_0} = 1 + \chi = 1 + \chi(t)\,, \tag{4.56a}$$

so muß Letzteres gleichermaßen im Sinne von

$$\frac{\epsilon(\chi)}{\epsilon_0} \overset{!}{=} 1 + \chi(t) \tag{4.56b}$$

auch für das Dehnungs-Zeitgesetz als Folge konstanter einachsiger Normalspannung $\sigma_{11} = \sigma_0$ gelten. Letzterer hat jedoch wegen

$$\mathbb{S} = \sigma_0 \mathbb{e}_1 \circ \mathbb{e}_1 \mathrel{\hat{=}} \frac{\sigma_0}{3}\begin{bmatrix} 2 & 0 & 0 \\ 0 & -1 & 0 \\ 0 & 0 & -1 \end{bmatrix} + \frac{\sigma_0}{3}\begin{bmatrix} 1 & 0 & 0 \\ 0 & 1 & 0 \\ 0 & 0 & 1 \end{bmatrix}, \langle \mathbb{e}_j \rangle \tag{4.57a}$$

einen deviatorischen und einen dilatatorischen Anteil, womit sich der (4.57a) zugehörige Dehnungsprozeß $\mathbb{D}(\chi)$ gemäß

$$\mathbb{D}(\chi) = \mathbb{D}'(\chi) + \frac{D_1(\chi)}{3}\mathbb{E} \mathrel{\hat{=}} \frac{(\epsilon-\epsilon_Q)_\chi}{3}\begin{bmatrix} 2 & 0 & 0 \\ 0 & -1 & 0 \\ 0 & 0 & -1 \end{bmatrix} + \frac{(\epsilon+2\epsilon_Q)_\chi}{3}\begin{bmatrix} 1 & 0 & 0 \\ 0 & 1 & 0 \\ 0 & 0 & 1 \end{bmatrix} \tag{4.57b}$$

ebenfalls aus zwei Anteilen aufbaut[33], von denen der Erste nach (4.54c) und der Zweite nach (4.54d) zu behandeln ist. Soll nun, wie (4.56b) verlangt, als Folge der Summierung zweier verschiedener Synchronprozesse ein mit dem ersten Synchronprozeß identisches Ergebnis erreicht werden, so ist dies nur möglich, wenn beide Synchronprozesse und damit das Gestaltänderungs- und das Volumenkriechen identisch sind.

Diesen Befund stellt man in konkreter Rechnung wie folgt fest: Man bekommt zunächst mit $\varphi_1 = 0$, $S_1 = \sigma_0$ und $T(\varphi) = T_0$ unter Benutzung von (4.54c, d) und λ nach (4.53c)

---

[33] Man beachte, daß als Folge einachsiger Spannungen $\sigma_{11} = \sigma_0$ neben den zugehörigen Dehnungen $\epsilon_{11} \equiv \epsilon(\chi)$ auch Querdehnungen $\epsilon_{22} = \epsilon_{33} = \epsilon_Q(\chi)$ in Betracht zu nehmen sind.

$$\mathbb{D}(\chi) = \mathbb{D}'(\chi) + \frac{D_1}{3}\mathbb{E} = \frac{1}{2G}\frac{\sigma_0}{3}\begin{bmatrix} 2 & 0 & 0 \\ 0 & -1 & 0 \\ 0 & 0 & -1 \end{bmatrix}(1+\chi) + \frac{\sigma_0}{9K}\begin{bmatrix} 1 & 0 & 0 \\ 0 & 1 & 0 \\ 0 & 0 & 1 \end{bmatrix}\Big(1+\lambda(\chi)\Big) =$$

$$= \frac{\sigma_0}{2G(1+\nu)}\begin{bmatrix} 1 & 0 & 0 \\ 0 & -\nu & 0 \\ 0 & 0 & -\nu \end{bmatrix} + \frac{\sigma_0}{6G}\begin{bmatrix} 2 & 0 & 0 \\ 0 & -1 & 0 \\ 0 & 0 & -1 \end{bmatrix}\chi + \frac{\sigma_0}{6G}\begin{bmatrix} 1 & 0 & 0 \\ 0 & 1 & 0 \\ 0 & 0 & 1 \end{bmatrix}\int_0^{\chi}\frac{1-2\nu_\mu(\varphi)}{1+\nu_\mu(\varphi)}\,d\varphi \tag{4.57c}$$

und damit

$$\epsilon_{11} = \epsilon(\chi) = \frac{\sigma_0}{2G(1+\nu)}\left[1 + \frac{2(1+\nu)}{3}\chi + \frac{(1+\nu)}{3}\int_0^{\chi}\frac{1-2\nu_\mu(\varphi)}{1+\nu_\mu(\varphi)}\,d\varphi\right],$$

also das auf die Anfangsdehnung $\epsilon_0 = \sigma_0/E$, [mit $E = 2G\,(1+\nu)$] bezogene Zeitgesetz

$$\frac{\epsilon(\chi)}{\epsilon_0} = 1 + \frac{2(1+\nu)}{3}\chi + \frac{(1+\nu)}{3}\int_0^{\chi}\frac{1-2\nu_\mu(\varphi)}{1+\nu_\mu(\varphi)}\,d\varphi,$$

das mit (4.56b) identisch sein muß. Danach ist

$$\frac{1-2\nu}{1+\nu}\chi = \int_0^{\chi}\frac{1-2\nu_\mu(\varphi)}{1+\nu_\mu(\varphi)}\,d\varphi, \quad \text{d. h. } \nu_\mu = \nu = \text{const.}, \tag{4.58a}$$

also die zweite viskose Verfestigungsfunktion des Betons mit dessen elastischer Querdehnungskonstanten zu identifizieren. Nach (4.53c) ist dann

$$\lambda(\varphi) = \varphi, \tag{4.58b}$$

womit (4.57c) (selbstverständlich!)

$$\mathbb{D}(\chi) = \frac{\sigma_0}{E}(1+\chi)\begin{bmatrix} 1 & 0 & 0 \\ 0 & -\nu & 0 \\ 0 & 0 & -\nu \end{bmatrix}, \; E = 2G\,(1+\nu) \tag{4.58c}$$

ergibt, d. h. als Folge einachsiger Normalspannung gleiches Kriechen in Längs– und Querrichtung, was Versuche von Davis ebenfalls bestätigt haben.

Als Kriechzeitgesetz wird nach Dischinger [13]

$$\left[\int_{\tau=0}^{t}\frac{G\,d\tau}{\mu(\tau)} = \right]\varphi = \varphi(t) = \varphi_\infty(1-e^{-\kappa t}),\; \kappa > 0, \tag{4.59a}$$

benutzt (vgl. Abb. 4.1), was dem "Wachstumsgesetz"

$$\mu(t) = \frac{G}{\kappa\varphi_\infty}e^{\kappa t} = \mu_0 e^{\kappa t} \tag{4.59b}$$

für die Viskositätsgröße $\mu(t)$ entspricht, nach dem Beton offenbar "aushärtet". Für die "End-Kriechzahl" φ_∞ ergeben sich je nach Betonzusammensetzung, Mächtigkeit der Bauteile, und klimatischer Bedingung Werte zwischen 2 bis maximal 5, ein gebräuchlicher Wert ist $\varphi_\infty = 4$, was besagt, daß als Folge von Dauerlasten eintretende elastische Anfangsdeformationen im Laufe des (sich über mehrere Jahre erstreckenden) Kriechprozesses in der Regel auf das $(1 + \varphi_\infty) = 5$fache anwachsen. Wie Abb. 4.1a zeigt, nehmen die

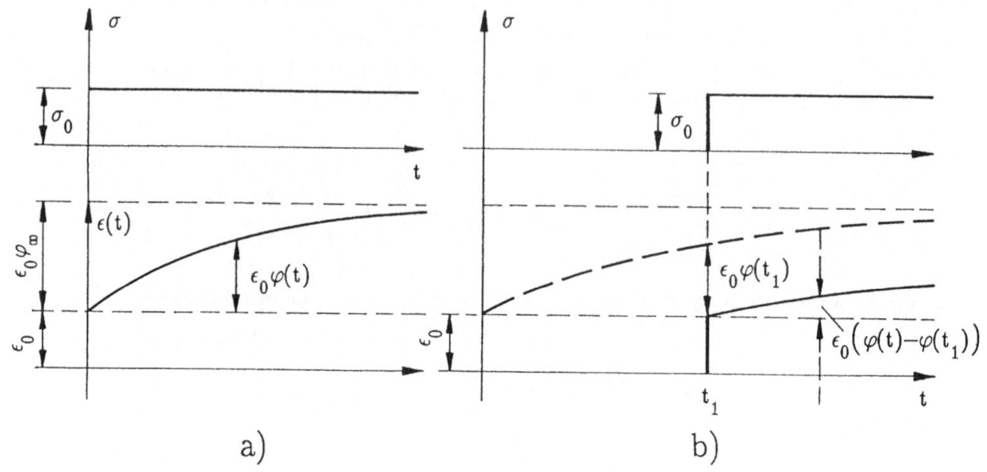

Abb. 4.1

Kriechverformungen stark zu nur in der Anfangsphase, weswegen dann auch Kriechverformungen, die als Folge zu späterer Zeit (t_1) aufgebrachter Dauerlast σ_0 eintreten und als

$$\epsilon(\varphi) = \epsilon_0\,[1 + \varphi(t) - \varphi(t_1)] \tag{4.59c}$$

(vgl. Abb. 4.1b) festgestellt werden[34], aufgrund der bis zur Zeit t_1 bereits eingetretenen Verfestigung der viskosen Materialkomponente wesentlich kleiner ausfallen. Die zunehmende "Erstarrung" der viskosen Materialkomponente bewirkt eine zunehmende "Elastifizierung" des Betons, wie dies übrigens auch das einachsige Maxwellmodell anschaulich verdeutlicht.

Entsprechendes gilt für Spannungsrelaxationen: Sie fallen umso geringer aus, je später konstante thermisch-kinematische Fortsetzungsprozesse gestartet werden.[35]

Das bisherige zusammenfassend, fließen mit (4.58a) aus (4.51b) die Beziehungen

$$2G\,[\mathbb{D}(\varphi) - \alpha\,\Delta T(\varphi)\,\mathbb{E}] = \$(\varphi) - \frac{\nu}{1+\nu} S_1(\varphi)\mathbb{E} + \int_{\chi=0}^{\varphi} \left[\$(\chi) - \frac{\nu}{1+\nu} S_1(\chi)\mathbb{E} \right] d\chi =$$

$$= e^{-\varphi} \frac{\partial}{\partial\varphi} \left[e^{\varphi} \int_{\chi=0}^{\varphi} \left[\$(\chi) - \frac{\nu}{1+\nu} S_1(\chi)\mathbb{E} \right] d\chi \right], \quad \Delta T = T(\varphi) - T_0, \tag{4.60a}$$

[34] Man benutze etwa (4.54c,d)

[35] weswegen z. B. die an statisch unbestimmten Systemen entstehenden Zusatzspannungen als Folge von Lagerbewegungen umso vollständiger aus der Konstruktion "herauskriechen" und damit weitgehend ungefährlicher sind, je früher Lagerbewegungen stattfinden.

bzw.

$$\frac{\$(\varphi)}{2G} = \mathbb{D}(\varphi) + \left[\frac{\nu D_1(\varphi)}{1-2\nu} - \frac{1+\nu}{1-2\nu}\,\alpha\,\Delta T(\varphi)\right]\mathbb{E} -$$

$$-\int_{\chi=0}^{\varphi}\left[\mathbb{D}(\chi) + \left[\frac{\nu D_1(\chi)}{1-2\nu} - \frac{1+\nu}{1-2\nu}\,\alpha\,\Delta T(\chi)\right]\mathbb{E}\right]e^{-(\varphi-\chi)}d\chi \equiv$$

$$\equiv \frac{\partial}{\partial\varphi}\left\{e^{-\varphi}\int_{\chi=0}^{\varphi}\left[\mathbb{D}(\chi) + \left[\frac{\nu D_1(\chi)}{1-2\nu} - \frac{1+\nu}{1-2\nu}\,\alpha\,\Delta T(\chi)\right]\mathbb{E}\right]e^{\chi}\,d\chi\right\}, \qquad (4.60b)$$

die bis auf die sog. Schwindverzerrungen $\epsilon_s(\varphi)$ das Materialverhalten von Beton modellieren.

Unter Letzteren versteht man einen von der Belastungssituation unabhängigen isotropen Kontraktionsprozeß als Folge von Austrocknungsvorgängen, der nach [14], [15] als

$$\epsilon_S(\varphi) = -\frac{\epsilon_{s\infty}}{\varphi_\infty}\varphi\,,\quad \epsilon_{s\infty} > 0\,, \qquad (4.61a)$$

d. h. annähernd proportional zur Kriechzeitkurve $\varphi = \varphi(t)$ angesehen werden kann. Je nach Schüttgut-Zusammensetzung, Mächtigkeit der Konstruktionsabmessungen und klimatischen Bedingungen hat man mit Schwindverkürzungen in der Größenordnung von

$$\epsilon_{s\infty} \approx (2 \div 5)\cdot 10^{-5} \qquad (4.61b)$$

zu rechnen. [36)]

Der Einbau des Schwindeffektes in (4.60) ist einfach: Man setzt in (4.60) überall

$$\mathbb{D}(\varphi) + \frac{\epsilon_{s\infty}}{\varphi_\infty}\varphi\,\mathbb{E}\,,\quad \epsilon_{s\infty} > 0$$

anstelle von $\mathbb{D}$ und bekommt schließlich als Materialgleichung des Betons aus (4.60a)

$$2G\left[\mathbb{D}(\varphi) - \alpha\,\Delta T(\varphi)\,\mathbb{E} + \frac{\epsilon_{s\infty}}{\varphi_\infty}\varphi\,\mathbb{E}\right] = \$(\varphi) - \frac{\nu}{1+\nu}S_1(\varphi)\,\mathbb{E} +$$

$$+\int_{\chi=0}^{\varphi}\left[\$(\chi) - \frac{\nu}{1+\nu}S_1(\chi)\mathbb{E}\right]d\chi \qquad (4.61c)$$

bzw. für die in den Spannungen explizite Form wieder (4.60b) unter Hinzufügung von

$$\frac{\epsilon_{s\infty}}{\varphi_\infty}\frac{1+\nu}{1-2\nu}(1-e^{-\varphi})\,\mathbb{E} = \frac{3K}{2G}\frac{\epsilon_{s\infty}}{\varphi_\infty}(1-e^{-\varphi})\,\mathbb{E} \qquad (4.61d)$$

auf der rechten Gleichungsseite.

---

36) was etwa einer Kontraktion infolge Abkühlung um ca. $\Delta T_\infty = \epsilon_{s\infty}/\alpha =$
$= (2 \div 5)\cdot 10^{-5}/(1{,}2\cdot 10^{-4}) \approx 20 \div 50\ ^{\circ}C$ entspräche.

In der Praxis wird, der geringen Querkontraktion wegen, auch mit den verkürzten Beziehungen

$$2G\left[\mathbb{D}(\varphi) - \alpha\Delta T(\varphi)\,\mathbb{E} + \frac{\epsilon_{s\infty}}{\varphi_\infty}\varphi\mathbb{E}\right] = \$(\varphi) + \int_{\chi=0}^{\varphi} \$(\chi)d\chi = e^{-\varphi}\frac{\partial}{\partial\varphi}\left[e^{\varphi}\int_{\chi=0}^{\varphi}\$(\chi)\,d\chi\right] \quad (4.62a)$$

bzw. mit

$$\frac{\$(\varphi)}{2G} = \mathbb{D}(\varphi) - \int_{\chi=0}^{\varphi}\mathbb{D}(\chi)\,e^{-(\varphi-\chi)}d\chi - \alpha\mathbb{E}\left[\Delta T(\varphi) - \int_{\chi=0}^{\varphi}\Delta T(\chi)\,e^{-(\varphi-\chi)}d\chi\right] +$$

$$+\frac{\epsilon_{s\infty}}{\varphi_\infty}(1-e^{-\varphi})\,\mathbb{E} \equiv \frac{\epsilon_{s\infty}}{\varphi_\infty}(1-e^{-\varphi})\,\mathbb{E} + \frac{\partial}{\partial\varphi}\left\{e^{-\varphi}\int_{\chi=0}^{\varphi}\left[\mathbb{D}(\chi) - \alpha\,\Delta T(\chi)\big)\,\mathbb{E}\right]e^{\chi}\,d\chi\right\}$$

(4.62b)

gearbeitet.

Da, wie Tabelle 2.1 ausweist, die Unterschiede zwischen isothermen und adiabatischen (genauer isentropen) Elastizitätskonstanten und damit Dilatationswärmeeffekte unbedeutend sind, ist eine korrekte thermodynamische Analyse (auch) des Einflusses der Schwindverkürzungen auf Temperaturfelder bzw. thermodynamische Potentiale nicht von praktischem Interesse und bleibt daher in der Praxis unberücksichtigt, umso mehr, als die an Betonbauten in Betracht zu nehmenden Beanspruchungszustände nennenswerten Umfanges quasistatisch sind. So wird also der thermodynamische Aspekt mit guter Näherung durch die Entropiebilanz

$$\hat{\dot{Q}} = \dot{Q}^{(a)} + \dot{\mathscr{D}} = -\frac{\nabla\cdot\mathbb{q}}{\rho} + \dot{Q}^{(e)} + \dot{\mathscr{D}} \overset{37)}{=} T\dot{\mathscr{S}} \approx c_{s0}\dot{T} \quad (4.63a)$$

beschrieben bzw. durch die Differentialgleichung der Wärmeleitung[38]

$$\frac{\lambda}{\rho}\Delta T + \dot{Q}^{(e)} = c_{s0}\dot{T}\,, \quad (4.63b)$$

wenn man noch die Erwärmung als Folge der lokalen Energiedissipation außer Betracht läßt. Von den eingeprägten Wärmemengen $\dot{Q}^{(e)}$ können allerdings in der Anfangsphase nach dem Betonieren im Hinblick auf Wärmespannungen die sog. "Abbindewärmen" von Bedeutung sein [15].

Der Einfluß des Kriechens bzw. der Spannungsrelaxation ist bei Betonkonstruktionen von großer Bedeutung einerseits in den Fällen, wo die in einem System herrschenden Schnittlasten von dessen Verformungen wesentlich abhängig sind, und andererseits bei sämtlichen Problemen des Verbundes, insbesondere der vorgespannten Konstruktionen. Zwei typische Beispiele sollen dies erhellen:

Als einfachster Fall der erstgenannten Probleme soll die erstmals von Dischinger [16] dargestellte statische Untersuchung eines beidseitig gelenkig gelagerten Betonbalkens unter zur "Zeit" $\varphi = 0$

---

37) Darin bedeuten $\mathbb{q}$ den Wärmeflußvektor, $\dot{Q}^{(e)}$ die eingeprägte Wärmemenge je Zeit– und Masseneinheit, $\dot{\mathscr{D}}$ die (spezifische) Dissipationsleistung und schließlich c_{s0} die spezifische Wärme.

38) Man setze $\mathbb{q} = -\lambda\,\nabla\,T$ nach dem Fourieschen Gesetz.

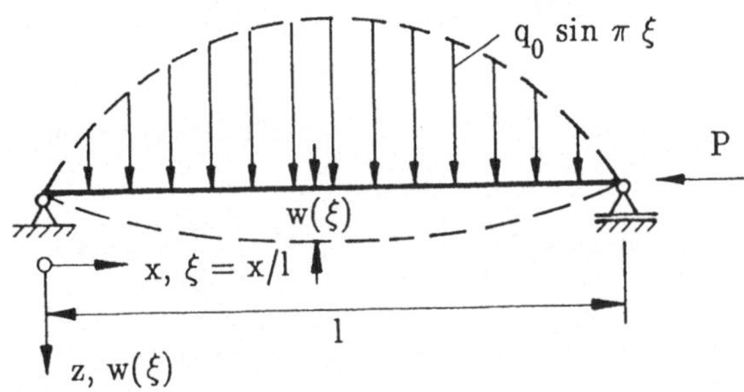

Abb. 4.2

einsetzender gleichbleibender Axialbelastung P und gleichzeitiger Querbelastung[39]

$$q(\xi) = q_0 \sin \pi\xi \quad ; \quad \xi = x/l \tag{4.64}$$

(Abb. 4.2) referiert werden. Die im System entstehenden Biegemomente sind hierbei einerseits von der Querbelastung abhängig, enthalten aber andererseits auch durch die als Hebelarme der Axiallast fungierenden Stabdurchbiegungen w (ξ, φ) zusätzliche Anteile, die mit wachsender Zeit zufolge der Kriechverformungen erheblich anwachsen und in ungünstigen Fällen die Stab–Biegemomente aus der reinen Querbelastung q um ein Vielfaches übertreffen können.

Die zur Fertigung einer entsprechenden Analyse notwendige "Biegegleichung des Betonbalkens"[40] wird mit der Voraussetzung annähernd einachsigen Biegespannungszustandes $\mathfrak{S} =$[41] $\sigma_{xx}(x,z,\varphi)\, \mathbb{e}_x \circ \mathbb{e}_x$ im Stab–Kontinuum sowie der Gültigkeit der Bernoullischen Hypothese

$$\epsilon_{xx}(x, z, \varphi) = -z \frac{\partial^2 w}{\partial x^2} + \epsilon_0(x, \varphi) \tag{4.65a}$$

konstruiert, also aus [42]

$$\sigma_{xx}(x, z, \varphi) = -z E \left[\frac{\partial^2 w}{\partial x^2} - e^{-\varphi} \int_{\chi=0}^{\varphi} \frac{\partial^2 w}{\partial x^2} e^{\chi} d\chi \right] + E \frac{\epsilon_{S\infty}}{\varphi_\infty} (1 - e^{-\varphi}) +$$

$$+ E \left[\epsilon_0 - e^{-\varphi} \int_{\chi=0}^{\varphi} \epsilon_0 e^{\chi} d\chi \right], \quad E = 2G(1 + \nu) \approx 2G \tag{4.65b,c}$$

---

[39] Obwohl die statische Untersuchung dieser Aufgabe von einer hinreichend langsamen Aufbringung der Belastung ausgehen muß, kann man mit Rücksicht auf die Kleinheit der hierfür erforderlichen Belastungsdauer durchaus von der Annahme (zur "Zeit" $\varphi = 0$) plötzlich einsetzender Belastungen P bzw. q ausgehen. Strenggenommen entsteht als Folge plötzlicher Belastungen ein Schwingungsvorgang (vgl. § 5.5).

[40] für ebene (einachsige) Biegung in der (x,z)–Ebene

[41] z bedeutet die von der Stabschwerachse aus zählende Ordinate in Vertikalrichtung.

[42] Man benutze die $\mathbb{e}_x \circ \mathbb{e}_x$–Komponente von (4.62b) mit $T = T_0$ und ϵ_{xx} nach (4.65a). In (4.65a) bedeuten $\epsilon_0 = \epsilon_0(\xi,\varphi)$ allfällig auftretende Dehnungen der Stabachse $z = 0$.

mittels der Äquivalenzbedingung

$$M_y(x, \varphi) = \int_{(F)} \sigma_{xx} \, z dF \tag{4.65b}$$

unter Beachtung von $\int zdF = 0$ sowie $\int z^2 dF = J_{yy}$ schließlich in der Form

$$M_y(x, \varphi) = -EJ_{yy} \left[\frac{\partial^2 w}{\partial x^2} - e^{-\varphi} \int_{\chi=0}^{\varphi} \frac{\partial^2 w}{\partial x^2} e^{\chi} \, d\chi \right] \tag{4.66}$$

hervorgebracht. Hierin wird – als Ergebnis des Momentengleichgewichts am verformten System –

$$M_y(x, \varphi) = M_{yq}(\xi) + Pw(x, \varphi) \tag{4.67a}$$

mit dem Biegemoment

$$M_{yq}(\xi) = \frac{q_0 l^2}{\pi^2} \sin \pi\xi \equiv M_0 \sin \pi\xi \tag{4.67b}$$

aus der Querbelastung nach (4.64) eingesetzt und derart für die Stabdurchbiegungen $w(x, \varphi)$ die Integro–Differentialgleichung

$$\frac{EJ_{yy}}{l^2} \left[\frac{\partial^2 w}{\partial \xi^2} - e^{-\varphi} \int_{\chi=0}^{\varphi} \frac{\partial^2 w}{\partial \xi^2} e^{\chi} \, d\chi \right] + Pw(\xi, \varphi) = -M_0 \sin \pi\xi \tag{4.68}$$

gefolgert. Letztere überführt man mit dem die Randbedingungen $M_y = 0$ für $\xi = 0$ und $\xi = 1$ befriedigenden Produktansatz

$$w(\xi, \varphi) = \Phi(\varphi) \sin \pi\xi \tag{4.69a}$$

nach Herauskürzen von $\sin \pi\xi$ in die Integralgleichung

$$(f-1)\Phi - fe^{-\varphi} \int_{\chi=0}^{\varphi} \Phi e^{\chi} d\chi \equiv e^{-\varphi} (f-1) e^{\frac{f\varphi}{f-1}} \frac{\partial}{\partial \varphi} \left[e^{-\frac{f\varphi}{f-1}} \int_{\chi=0}^{\varphi} \Phi e^{\chi} d\chi \right] = \frac{M_0}{P}, \tag{4.69b}$$

wobei mit der Eulerlast $P_{kr} = \pi^2 EJ_{yy}/l^2$

$$f = P_{kr}/P = (\pi^2 EJ_{yy}/l^2)/P \tag{4.69c}$$

die sog. Knicksicherheit des Stabes bedeutet. Durch Integration und anschließende Differentiation läßt sich Gl. (4.69b) leicht abarbeiten. Man erhält unter Beachtung der in (4.69b) implizierten "Anfangs-bedingung"

$$(f-1)\,\Phi\,(0) = M_0/\,P$$

schließlich die Lösung

$$\Phi(\varphi) = \frac{M_0}{P} \left[\frac{f}{f-1} e^{\frac{\varphi}{f-1}} - 1 \right], \tag{4.70a}$$

womit dann nach (4.69a), (4.66) die Stabdurchbiegungen bzw. die Biegemomente festliegen:

$$w(\xi,\varphi) = \frac{M_0}{P} \left[\frac{f}{f-1} e^{\frac{\varphi}{f-1}} - 1 \right] \sin \pi\xi \,, \quad M_y(\xi,\varphi) = M_{yq}(\xi) \frac{f}{f-1} e^{\frac{\varphi}{f-1}}. \tag{4.70b,c}$$

Insbesondere an der letzteren Beziehung wird der enorme Einfluß des Kriechens deutlich:
Für eine Knicksicherheit $f = 3$ z. B. und einen (durchaus möglichen) Endkriechwert $\varphi = 4$ erkennt man, daß in ungünstigen Fällen die nach der üblichen "Theorie erster Ordnung" berechenbaren Momente

$M_{yq}(\xi)$ um das

$$\frac{3}{3-1}\, e^{\frac{4}{3-1}} = 1{,}5\, e^2 \approx 11\text{-fache}$$

übertroffen werden können. Selbstverständlich werden durch die (in der Regel immer vorhandene) Stab–Bewehrung der Einfluß des Kriechens und damit solche Schnittlaststeigerungen wesentlich herabgedrückt, jedoch können auch unter diesen günstigeren Verhältnissen, wie in [17] im Rahmen einer allgemeinen Untersuchung gezeigt wird, gegenüber der "klassischen Stabtheorie erster Ordnung" noch erhebliche Zusatzbeanspruchungen auftreten.
Festzuhalten ist noch, daß die viskose Materialkomponente das Stabilitätsverhalten einer Konstruktion i. allg. kaum beeinflußt, im vorliegenden Falle überhaupt nicht, wie man nach entsprechender Recherche an der homogenen Gleichung (4.68) leicht feststellt.

Der Einfluß der Spannungsrelaxation bei sog. Beton–Verbundtragwerken, worunter alle Systeme verstanden werden, bei denen Beton zusammen mit anderen Materialien (insbesondere mit Stahl) gemeinsam zur Tragwirkung kommt, wird in § 4.6 sowie in § 7 am Beispiel der Stahlbeton–Materialgleichungen detailliert. Gemeinsam für alle Beton–Stahl–Verbundtragwerke ist, daß sich der Beton als Folge der Spannungsrelaxation der Beanspruchung z T. entzieht, so daß ein mit zunehmender Zeit anwachsender Anteil der äußeren Belastung vom Stahlteil der Konstruktion abgetragen werden muß.

Als einfachstes Beispiel hierfür diene eine zentrisch (mit der Gesamtkraft P) gedrückte Stahlbetonsäule (Betonquerschnitt F_b, Stahlquerschnitt F_e), die sich unter der Voraussetzung der Gültigkeit der Bernoullischen Hypothese [43] für den Gesamtquerschnitt hinsichtlich ihrer Tragwirkung wie ein parallel geschaltetes Maxwell–elastisches System verhält.

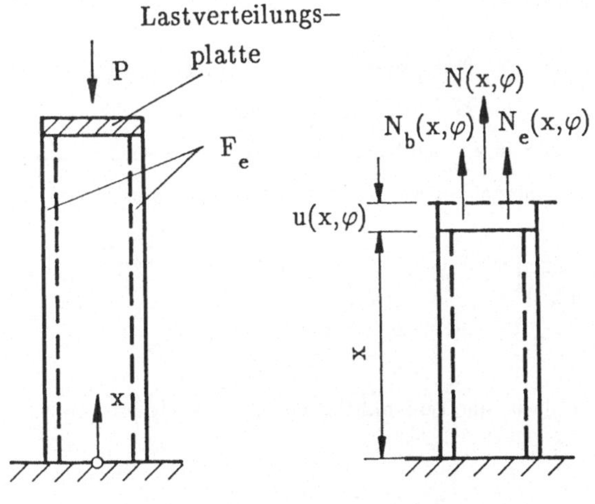

Abb. 4.3

Danach hat man mit den Axialdehnungen $\epsilon_{xx}(x,\varphi) = \partial u/\partial x$

a) für die Spannungen $\sigma_e(x,\varphi)$ im Stahlteil nach dem Hookeschen Gesetz

$$\sigma_{e\,xx} = E_e\, \epsilon_{xx}(x,\varphi)\ ,$$

b) für die Spannungen $\sigma_b(x,\varphi)$ im Betonteil nach (4.62b) mit $2G_b = E_b$

---

[43] d.h. gleicher Dehnungen $\epsilon_{xx}(x,\varphi)$ über die Gesamtfläche

$$\sigma_{bxx} = E_b\Big[\epsilon_{xx}(x,\varphi) - e^{-\varphi}\int\limits_{\chi=0}^{\varphi}\epsilon_{xx}(x,\chi)\,e^{\chi}\,d\chi\Big] + E_b\frac{\epsilon_{s\infty}}{\varphi_\infty}(1 - e^{-\varphi})$$

und damit als auf Stahl– bzw. Betonteil entfallende Normalkräfte die (sog.) Teilschnittlasten

$$N_e(x,\varphi) = E_e\,F_e\,\epsilon_{xx}\,,$$

$$N_b(x,\varphi) = E_bF_b\Big[\epsilon_{xx} - e^{-\varphi}\int\limits_{\chi=0}^{\varphi}\epsilon_{xx}(x,\chi)\,e^{\chi}\,d\chi + \frac{\epsilon_{s\infty}}{\varphi_\infty}(1 - e^{-\varphi})\Big]\,, \qquad (4.71a,b)$$

deren Summation — im Sinne einer Parallelschaltung — die Gesamtschnittlast als

$$N(x,\varphi) = E_bF_b\Big[(1+n\mu)\epsilon_{xx} - e^{-\varphi}\int\limits_{\chi=0}^{\varphi}\epsilon_{xx}(x,\chi)\,e^{\chi}\,d\chi + \frac{\epsilon_{s\infty}}{\varphi_\infty}(1 - e^{-\varphi})\Big]\,, \qquad (4.71c)$$

ergibt, nachdem man noch als

$$n = E_e/\,E_b \quad \text{bzw.} \quad \mu = F_e/\,F_b \qquad (4.71d,e)$$

das Verhältnis der Elastizitätsmoduli bzw. den sog. "Bewehrungsprozentsatz" eingeführt hat. Anstelle von (4.71c) vorteilhafter die mit (4.71c) identische Beziehung

$$\epsilon_{xx}e^{\varphi} - \frac{1}{1+n\mu}\int\limits_{\chi=0}^{\varphi}\epsilon_{xx}e^{\chi}\,d\chi \equiv e^{\frac{\varphi}{1+n\mu}}\frac{\partial}{\partial\varphi}\Big[e^{\frac{-\varphi}{1+n\mu}}\int\limits_{\chi=0}^{\varphi}\epsilon_{xx}(x,\chi)\,e^{\chi}\,d\chi\Big] =$$

$$= \frac{N(x,\varphi)\,e^{\varphi}}{E_bF_b(1+n\mu)} - \frac{1}{1+n\mu}\frac{\epsilon_{s\infty}}{\varphi_\infty}(e^{\varphi} - 1) \qquad (4.71f)$$

benutzend, an der die für eine in ϵ_{xx} explizite Darstellung erforderlichen Integrations– bzw. Differentiationsoperationen leichter durchschaubar werden, bekommt man schließlich

$$\epsilon_{xx}(x,\varphi) = \frac{1}{E_bF_b(1+n\mu)}\Big[N(x,\varphi) + \frac{1}{1+n\mu}\int\limits_{\chi=0}^{\varphi}N(x,\chi)\,e^{\frac{-n\mu(\varphi-\chi)}{1+n\mu}}\,d\chi\Big] - \frac{\epsilon_{s\infty}}{\varphi_\infty}\frac{1}{n\mu}\Big[1 - e^{\frac{-n\mu\varphi}{1+n\mu}}\Big]$$

$$(4.72a)$$

und kann hiermit nach (4.71a,b) die Teilschnittlasten in Abhängigkeit von der Gesamtschnittlast N und vom Schwinden als

$$N_e(x,\varphi) = E_e\,F_e\,\epsilon_{xx} = \frac{n\mu}{1+n\mu}\Big[\,N(x,\varphi) + \frac{1}{1+n\mu}\int\limits_{\chi=0}^{\varphi}N(x,\chi)\,e^{\frac{-n\mu(\varphi-\chi)}{1+n\mu}}\,d\chi\,\Big] -$$

$$- E_bF_b\,\frac{\epsilon_{s\infty}}{\varphi_\infty}\Big[1 - e^{\frac{-n\mu\varphi}{1+n\mu}}\Big]\,, \qquad (4.72b)$$

$$N_b(x,\varphi) = N(x,\varphi) - N_e(x,\varphi) = \frac{1}{1+n\mu}\left[N(x,\varphi) - \frac{n\mu}{1+n\mu}\int_{\chi=0}^{\varphi} N(x,\chi)e^{\frac{-n\mu(\varphi-\chi)}{1+n\mu}} d\chi\right] +$$

$$+ E_b F_b \frac{\epsilon_{s\infty}}{\varphi_\infty}\left[1 - e^{\frac{-n\mu\varphi}{1+n\mu}}\right], \tag{4.72c}$$

darstellen, womit insbesondere für $N(x, \varphi) = -P$ die Lösung der vorliegenden Aufgabe vollständig festliegt. An (4.72 b,c) wird der eingangs vermerkte Sachverhalt konkret deutlich:[44]
Die jeweils auf Stahl– bzw. Betonteil entfallenden "elastischen Verteilungen" der Gesamtschnittlast $N(x,\varphi)$ die (sog. "Verteilungsgrößen", unterstrichelt) werden im Laufe der Zeit zu Ungunsten des Stahlteiles verändert (sog. "Umlagerungsgrößen", strichpunktiert). Die Behinderung des "freien Beton–Schwindens" $(-\epsilon_{s\infty}\varphi/\varphi_\infty)$ durch die Stahlbewehrung wird in (4.72a) deutlich, wonach mit $N = 0$ als behinderte Schwindverzerrung des Stahlbetonstabes

$$\left|\epsilon_{xxs}(\varphi)\right| = \frac{\epsilon_{s\infty}}{\varphi_\infty}\frac{1}{n\mu}\left[1 - e^{\frac{-n\mu\varphi}{1+n\mu}}\right] \leq \frac{\epsilon_{s\infty}}{\varphi_\infty}\varphi \tag{4.73a}$$

hervorgeht, desgleichen in (4.72b,c), wo als Folge des Schwindens die "Gleichgewichts–" bzw. "Selbstspannungsgruppe" der Teilschnittlasten

$$N_{es} = -N_{bs} = -E_b F_b \frac{\epsilon_{s\infty}}{\varphi_\infty}\left[1 - e^{\frac{-n\mu\varphi}{1+n\mu}}\right] \tag{4.73b}$$

identifiziert wird: Der Stahl widersetzt sich der Schwindverkürzungstendenz des Betons, wird also "gestaucht", der am freien Schwinden gehinderte Beton muß hierwegen Zugspannungen aufnehmen, was bei nicht ausreichender Druckbelastung (P) zu (Schwind–)Rissebildung führen kann.

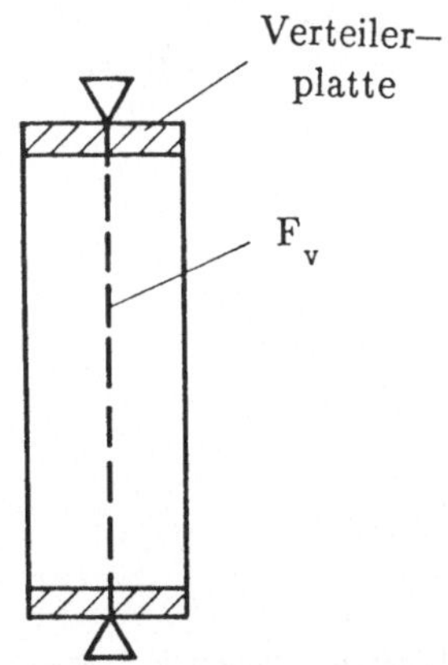

Abb. 4.4

Spannungsrelaxation bzw. Kriechen des Betons sind auch Ursache für den Vorspannungsabfall in vorgespannten Stahlbetonkonstruktionen, was hier in Vereinfachung am Beispiel einer Betonsäule (Querschnitt F_b, Elastizitätsmodul E_b), demonstriert werden soll, die zur "Zeit" $\varphi = \varphi_0 > 0$ durch ein Stahl–

---

[44] Eine Analyse dieses Problems für allgemeinere Schnittlast–Beanspruchungen findet man unter der folgenden Ziffer 4.6.

seil (Querschnitt F_V, Elastizitätsmodul E_e) mit der Spannung σ_{V_0} zentrisch vorgespannt wird [45] (Abb. 4.4). Das Kriechen des Betons bewirkt nämlich, daß die anfänglich eingeleitete Vorspannkraft

$$V = \sigma_{V_0} F_V \overset{46)}{=} E_e F_V \epsilon_{V_0} \overset{47)}{=} - \sigma_b(\varphi_0)\, F_b \overset{48)}{=} - E_b F_b \epsilon_b(\varphi_0) \tag{4.74}$$

mit der Zeit abnimmt, weil die Tendenz des Betons, sich durch zeitabhängige Verformungen einer Dauerlast zu entziehen, mit zunehmender Zeit zu (gegenüber der Anfangsstauchung — $\epsilon_b(\varphi_0)$) vermehrter Verkürzung des Betonbalkens bei gleichzeitiger Entspannung des Vorspannstahls führt. Die diesen Sachverhalt konkretisierende Rechnung geht von der Kontinuitätsforderung

$$\Delta \epsilon_V(\varphi) = \Delta \epsilon_b(\varphi) \tag{4.75a}$$

für die mit zunehmender Zeit eintretenden Zusatzverzerrungen

$$\Delta \epsilon_V(\varphi) \equiv \epsilon_V(\varphi) - \epsilon_V(\varphi_0) = \epsilon_V(\varphi) - \epsilon_{V_0} , \tag{4.75b}$$

$$\Delta \epsilon_b(\varphi) \equiv \epsilon_b(\varphi) - \epsilon_b(\varphi_0) \overset{49)}{=} \epsilon_b(\varphi) + n\mu\, \epsilon_{V_0} \tag{4.75c}$$

im Spannstahl bzw. im Beton aus, wobei man Erstere nach dem Hookeschen Gesetz mit der jeweils momentanen Stahlspannung $(\sigma_V(\varphi))$ als

$$\Delta \epsilon_V(\varphi) \equiv \epsilon_V(\varphi) - \epsilon_V(\varphi_0) = \left[\sigma_V(\varphi) - \sigma_V(\varphi_0)\right] / E_e = \Delta \sigma_V(\varphi) / E_e \tag{4.76a}$$

ausdrücken kann, wohingegen Letztere mittels der einachsigen Beton–Materialgleichung

$$\epsilon_b(\varphi) \overset{50)}{=} \frac{1}{E_b}\left[\sigma_b(\varphi) + \int_{\chi=\varphi_0}^{\varphi} \sigma_b(\chi)\, d\chi\right] , \varphi \geq \varphi_0 , \quad \text{als} \tag{4.76a}$$

$$\Delta \epsilon_b(\varphi) = \epsilon_b(\varphi) - \epsilon_b(\varphi_0) \overset{(4.75\,c\,,76a)}{=} \epsilon_{V_0} n\mu + \frac{1}{E_b}\left[\sigma_b(\varphi) + \int_{\chi=\varphi_0}^{\varphi} \sigma_b(\chi)\, d\chi\right] \tag{4.76b}$$

festgestellt wird bzw. als

45) Je nachdem ob der durch den Betonkern verlaufende Vorspannkanal nach dem Vorspannen mit Beton verpresst wird oder nicht, spricht man von "Vorspannung mit bzw. ohne nachträglichem Verbund".

46) ϵ_{V_0} ist die am Spannstahl anfänglich erzwungene Dehnung.

47) Durch die End–Verteilerplatten wird die Stahl–Vorspannzugkraft als Druckkraft in den Beton eingeleitet.

48) Man beachte, daß momentane Belastungen am Beton momentane elastische Verformungen hervorrufen.

49) Man beachte mit $n = E_e/E_b$ und $\mu = F_V/F_b$ nach (4.74) $\epsilon_b(\varphi_0) = - n\mu\epsilon_{V_0}$

50) vom Schwinden wurde hier abgesehen.

$$\Delta\epsilon_b(\varphi) = n\mu\left[\epsilon_{V_0} - \frac{1}{E_e}\left[\sigma_V(\varphi) + \int_{\chi=\varphi_0}^{\varphi}\sigma_V(\chi)\,d\chi\right]\right] =^{51)} \frac{n\mu}{E_e}\Big[\sigma_{V_0} - \sigma_V(\varphi) -$$

$$- \int_{\chi=\varphi_0}^{\varphi}\sigma_V(\chi)\,d\chi\Big] \overset{(4.76)}{\equiv} -\frac{n\mu}{E_e}\left[\Delta\sigma_V(\varphi) + \int_{\chi=\varphi_0}^{\varphi}\Delta\sigma_V(\chi)\,d\chi + \sigma_{V_0}(\varphi-\varphi_0)\right], \tag{4.76c}$$

wenn man noch die zu jedem Zeitpunkt φ geltende Gleichgewichtsbedingung

$$\sigma_V(\varphi)\,F_e = -\,\sigma_b(\varphi)F_b\,,\ \text{d.h.}\ \frac{\sigma_b(\varphi)}{E_b} = -\frac{\sigma_V(\varphi)}{E_e}\frac{E_e}{E_b}\frac{F_e}{F_b} = -\frac{\sigma_V(\varphi)}{E_e}n\mu \tag{4.76d}$$

beachtet. Einsetzen von (4.76,76c) in (4.75a) liefert dann für die Spannungsänderung $\Delta\sigma_V(\varphi)$ im Spannstahl die "Kontinuitätsgleichung"

$$(1+n\mu)\,\Delta\sigma_V(\varphi) + n\mu\int_{\chi=\varphi_0}^{\varphi}\Delta\sigma_V(\chi)\,d\chi \equiv$$

$$\equiv (1+n\mu)\,e^{\frac{-n\mu(\varphi-\varphi_0)}{1+n\mu}}\frac{\partial}{\partial\varphi}\left[e^{\frac{n\mu(\varphi-\varphi_0)}{1+n\mu}}\int_{\chi=\varphi_0}^{\varphi}\Delta\sigma_V(\chi)\,d\chi\right] = -n\mu\,\sigma_{V_0}(\varphi-\varphi_0)$$

mit der den prognostizierten Sachverhalt beschreibenden Lösung

$$\frac{\Delta\sigma_V(\varphi)}{\sigma_{V_0}} = -\left[1 - e^{\frac{-n\mu(\varphi-\varphi_0)}{1+n\mu}}\right]. \tag{4.77a}$$

Die hierbei erreichbaren Größenordnungen — man setze etwa $\varphi_0 = 0$, $\varphi_\infty = 4$, $n = E_e/E_b = 7$ und $\mu = 0{,}025$ — von

$$\left|\frac{\Delta\sigma_V(\varphi_\infty)}{\sigma_{V_0}}\right| = 0{,}45 = 45\% \tag{4.77b}$$

sind respektabel, bei zusätzlich bewehrten Stahlbetonkonstruktionen allerdings kleiner, weil die Bewehrung selbst schon für den Stahlbetonbalken kriechhemmend wirkt. Da ein Vorspannungsabfall zusätzlich aber auch noch durch das (wenn auch durch die Bewehrung behinderte) Schwinden in Betracht gezogen werden muß, sind erhebliche Vorspannungsabfälle bei Spannbeton–Konstruktionen die Regel. Weil die Vorspannungsabfälle umso kleiner werden, je später vorgespannt wird (d. h. je größer φ_0 in (4.77a) ist), ist es zwecks Erhalt einer garantierten Endvorspannung $\sigma_{V\infty}$ ökonomischer, ein System (mitunter desöfteren) nachzuspannen anstatt eine entsprechende "anfängliche Überspannung" vorzunehmen.

In Verallgemeinerung des Vorangegangenen werden schließlich noch die

51) mit $\epsilon_{V_0} = \sigma_{V_0}/E_e$ nach (4.74)

4.6 Grundlagen der Theorie für stabartige Stahl-Beton-Verbundkonstruktionen nach Sattler

dargestellt [52], mit der beschrieben wird, wie sich allgemeine Querschnittsbelastungen - repräsentiert durch Schnittkraft- bzw. Schnittmomentenbelastung $\langle \mathbb{Q}(x,\varphi), \mathbb{M}(x,\varphi) \rangle$ -

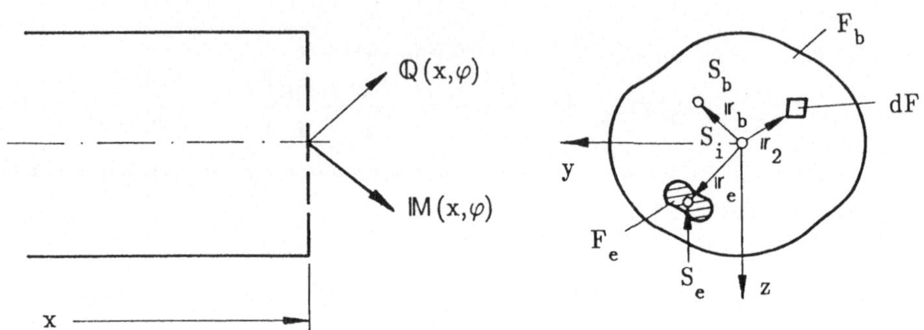

Abb. 4.5

auf Stahl- bzw. Betonanteile verteilen und von welcher Art die als "Stabmaterialgleichungen" bezeichneten Zusammenhänge zwischen den Schnittlasten $\langle \mathbb{Q}, \mathbb{M} \rangle$ einerseits und - auf der Stabachse definierten - charakteristischen "sog. Cosserat-Stabverzerrungen" sind.

Im Folgenden bezeichnen (Abb. 4.5)

F_b die Beton–Teilquerschnittsfläche mit Schwerpunkt S_b im Abstande $\mathbb{r}_b$ von der Stabachse,

F_e die Stahl–Teilquerschnittsfläche mit Schwerpunkt S_e im Abstande $\mathbb{r}_e$ von der Stabachse,

$n =$ E_e/E_b das Verhältnis der Elastizitätsmoduli von Stahl und Beton,

$n_G =$ G_e/G_b das entsprechende Schubmodulverhältnis,

$$F_i = F_b + n\,F_e \tag{4.78}$$

die ideelle Gesamtquerschnittsfläche mit Schwerpunkt S_i, der durch

$$\int_{(F_i)} \mathbb{r}_2\, dF_i = \int_{(F_b)} \mathbb{r}_2\, dF + n \int_{(F_e)} \mathbb{r}_2\, dF = \mathbb{r}_b F_b + n \mathbb{r}_e F_e = 0 \tag{4.78a}$$

definiert ist.

Von S_i aus zählen die Variablen Querschnittskoordinaten $(\mathbb{r}_2)$ zu Flächenelementen dF,

$$\mathbb{r}_2 = \mathbb{0} \tag{4.78b}$$

definiert die Stabachse mit Einheitsrichtung $\mathbb{e}_x$.

Es bezeichnen desweiteren

---

[52] Eine ausführliche Behandlung dieses Problems findet der Leser in der zweibändigen Monographie, "Theorie der Verbundkonstruktion" [18].

$$\mathbb{J}_b = \int_{(F_b)} (\mathbb{e}_x \times \mathbb{r}_2) \circ (\mathbb{e}_x \times \mathbb{r}_2)\, dF \;, \tag{4.78c}$$

$$\mathbb{J}_e = \int_{(F_e)} (\mathbb{e}_x \times \mathbb{r}_2) \circ (\mathbb{e}_x \times \mathbb{r}_2)\, dF \tag{4.78d}$$

die auf S_i bezogenen Werte der planaren[53] Flächenträgheitsmomententensoren der Beton– bzw. Stahl–Teilflächen F_b, F_e und entsprechend

$$\bar{\mathbb{J}}_b = \int_{(F_b)} [\mathbb{e}_x \times (\mathbb{r}_2 - \mathbb{r}_b)] \circ [\mathbb{e}_x \times (\mathbb{r}_2 - \mathbb{r}_b)]\, dF \tag{4.78e}$$

bzw.

$$\bar{\mathbb{J}}_e = \int_{(F_e)} [\mathbb{e}_x \times (\mathbb{r}_2 - \mathbb{r}_e)] \circ [\mathbb{e}_x \times (\mathbb{r}_2 - \mathbb{r}_e)]\, dF \tag{4.78f}$$

die sog. "Eigenträgheitsmomente" der Beton– bzw. Stahl–Teilquerschnittsflächen, die auf die durch

$$\int_{(F_b)} (\mathbb{r}_2 - \mathbb{r}_b)\, dF = \mathbb{0} \;, \quad \int_{(F_e)} (\mathbb{r}_2 - \mathbb{r}_e)\, dF = \mathbb{0} \tag{4.78g,h}$$

definierten Schwerpunkte (S_b, S_e) der Teilquerschnitte bezogen sind, wobei man mittels (4.78e,f,g) die Steinerschen Sätze

$$\mathbb{J}_b = \bar{\mathbb{J}}_b + (\mathbb{e}_x \times \mathbb{r}_b) \circ (\mathbb{e}_x \times \mathbb{r}_b) F_b \,, \quad \mathbb{J}_e = \bar{\mathbb{J}}_e + (\mathbb{e}_x \times \mathbb{r}_e) \circ (\mathbb{e}_x \times \mathbb{r}_e) F_e \tag{4.78i,j}$$

identifiziert.
Mit (4.78c,d) bedeuten

$$\mathbb{J}_i = \mathbb{J}_b + n\, \mathbb{J}_e \tag{4.78k}$$

das auf S_i bezogene Gesamt–Trägheitsmoment des ideellen Querschnittes F_i und es bezeichnen ferner

$$\mathbb{E}_2 = \mathbb{E} - \mathbb{e}_x \circ \mathbb{e}_x = \mathbb{e}_y \circ \mathbb{e}_y + \mathbb{e}_z \circ \mathbb{e}_z \mathrel{\hat{=}} \begin{bmatrix} 0 & 0 & 0 \\ 0 & 1 & 0 \\ 0 & 0 & 1 \end{bmatrix}, \langle\, \mathbb{e}_x, \mathbb{e}_y, \mathbb{e}_z \,\rangle \;, \tag{4.79a}$$

den planaren Einheitstensor, der per

---

53) Mit planaren, d. h. in der Querschnittsebene liegenden Ortsvektoren $\mathbb{r}_2 = y\, \mathbb{e}_y + z\, \mathbb{e}_z$ stellt

$$\mathbb{J} = \int_{(F)} (\mathbb{e}_x \times \mathbb{r}_2) \circ (\mathbb{e}_x \times \mathbb{r}_2)\, dF = J_{yy} \mathbb{e}_y \circ \mathbb{e}_y + J_{zz} \mathbb{e}_z \circ \mathbb{e}_z - J_{yz}(\mathbb{e}_y \circ \mathbb{e}_z + \mathbb{e}_z \circ \mathbb{e}_y) \mathrel{\hat{=}} \begin{bmatrix} J_{yy} & -J_{yz} \\ -J_{yz} & J_{zz} \end{bmatrix}, \langle\, \mathbb{e}_y, \mathbb{e}_z \,\rangle \;,$$

einen planaren Tensor dar mit den skalaren Werten

$J_{yy} = \int_{(F)} z^2 dF$, $J_{zz} = \int_{(F)} y^2 dF$ bzw. $J_{yz} = \int_{(F)} yz dF$ der axialen Trägheitsmomente bzw. des Zentrifugalmomentes.

$$\mathbb{v}_2 = \mathbb{v} \cdot \mathbb{E}_2 \tag{4.79b}$$

Vektoren $\mathbb{v}$ ihren planaren (d. h. in die Querschnittsebene fallenden) Anteil $\mathbb{v}_2$ zuordnet, wobei die Identität

$$\mathbb{v} \equiv \mathbb{v} \cdot \mathbb{E} = \mathbb{v} \cdot (\mathbb{E}_2 + \mathbb{e}_x \circ \mathbb{e}_x) = \mathbb{v}_2 + v_x \mathbb{e}_x\,, \quad v_x = \mathbb{v} \cdot \mathbb{e}_x \tag{4.79c}$$

gilt und insbesondere

$$\nabla = \mathbb{E}_2 \cdot \nabla + \mathbb{e}_x(\mathbb{e}_x \cdot \nabla) = \nabla_2 + \mathbb{e}_x \frac{\partial}{\partial x} \tag{4.79d}$$

mit dem planaren Differentialoperator

$$\nabla_2 = \mathbb{E}_2 \cdot \nabla = \mathbb{e}_y \frac{\partial}{\partial y} + \mathbb{e}_z \frac{\partial}{\partial z}\,. \tag{4.79e}$$

Ausgangspunkt für die Behandlung der vorliegenden Aufgabe ist eine "verallgemeinerte Bernoullische Hypothese", mit der man den Verschiebungszustand $\bar{\mathbb{u}}(\mathbb{r}_2,\ x,\ \varphi)$ des Stab–Kontinuums durch auf der Stabachse definierte "kinematische Stab–Freiheitsgrade" darzustellen sucht. Aus einer allgemein zu erarbeitenden Darstellungsstruktur für Querschnitts– Verformungs– Hypothesen gerader prismatischer Stäbe verbleiben für den vorliegend in Betracht genommenen Fall technischer Stabtheorien, die auf der sog. Konturerhaltungshypothese aufbauen[54], im Bereich kleiner Verformungen als Stab–Freiheitsgrade

a) die Stabachsenverschiebung $\mathbb{u}(x,\varphi) = \mathbb{u}_2(x,\varphi) + u_x(x,\varphi)\mathbb{e}_x$, und

b) der — i. allg. von $\mathbb{u}(x,\varphi)$ unabhängige — Querschnitts–Drehwinkel $\boldsymbol{\beta}(x,\varphi) = \boldsymbol{\beta}_2(x,\varphi) + \mathbb{e}_x\beta_x(x,\varphi)$, dessen (mittlerer) planarer Anteil $(\boldsymbol{\beta}_2)$ mit dem in der Bernoullischen Stabtheorie verwendeten Querschnitts–Drehwinkel $\boldsymbol{\beta}_2^* = \mathbb{e}_x \times \partial\mathbb{u}_2/\partial x$ in der Form

$$\boldsymbol{\beta}_2 = \boldsymbol{\beta}_2^* - \mathbb{e}_x \times \boldsymbol{\delta}_2 \tag{4.80}$$

zusammenhängt, worin $\boldsymbol{\delta}_2$ als "mittlere Scherverzerrung" einer Stabelementenscheibe (Fdx) interpretiert wird.

Letztere definiert, zusammen mit der Axialdehnung

$\delta_x = \partial u_x/\partial x$ per

$$\boldsymbol{\delta} = \boldsymbol{\delta}_2 + \mathbb{e}_x \partial u_x/\partial x \equiv (\partial\mathbb{u}/\partial x) + \mathbb{e}_x \times \boldsymbol{\beta} \tag{4.81}$$

den Vektor der (Cosserat–)Dehnungsverzerrung der, zusammen mit der (Cosserat–)Krümmungsverzerrung $(\boldsymbol{\psi} = \partial\boldsymbol{\beta}/\partial x)$ für die sog. Querschnittsverwölbungen $\hat{u}_x(\mathbb{r}_2,x,\varphi)$ verantwortlich ist, die in einem (als Deformationshypothese bezeichneten) Ansatz für die Kontinuumsverschiebungen in der Form

$$\bar{\mathbb{u}}(\mathbb{r}_2,x,\varphi) = \mathbb{u}_2(x,\varphi) + \boldsymbol{\beta}(x,\varphi) \times \mathbb{r}_2 + \hat{u}_x\mathbb{e}_x \tag{4.82}$$

aufscheinen. Vereinfacht man — analog zur Theorie elastischer Stäbe im Sinne einer "antiebenen Näherung" [18], [19] — dahingehend, daß man den Einfluß der (i. allg. mit der Stabachsenordinaten (x) veränderlichen) Verwölbungen auf die Querschnitts–Normalspannungen vernachlässigt, läßt sich auch hier eine Trennung der Aufgabe in ein "Biege–Längskraftproblem" und in ein "Torsions–Querkraftproblem" vornehmen, wovon hier nur noch das Erstere referiert werden soll. Für das

a) Biege–Längskraftproblem

darf man danach von der klassischen Hypothese

---

[54] wonach die planaren Kontinuumsverschiebungen $\bar{\mathbb{u}}_2(\mathbb{r}_2,\ x,\ \varphi)$ als von einer Bewegung des Querschnitts "als starres Ganzes" herrührend angesehen werden.

$$\bar{\mathbb{u}}_2(\mathbb{r}_2,x,\varphi) = u_x(x,\varphi)\mathbb{e}_x - \beta_2^*\cdot(\mathbb{e}_x \times \mathbb{r}_2) \tag{4.83a}$$

mit

$$\bar{\varepsilon}_{xx} = \delta_x(x,\varphi) - \psi_2(x,\varphi)\mathbb{e}_x \times \mathbb{r}_2 \ , \quad \delta_x = \frac{\partial u_x}{\partial x} \ , \quad \psi_2 = \frac{\partial \beta_2^*}{\partial x} \tag{4.83b,c}$$

ausgehen, die man in die einachsigen Materialgleichungen des Betons bzw. des Stahls[55]

$$\bar{\sigma}_{xx_b}(\mathbb{r}_2, x, \varphi) = E_b \left[\bar{\epsilon}_{xx} - e^{-\varphi} \int_0^{\varphi} \bar{\epsilon}_{xx} e^{\chi} d\chi + \frac{\epsilon_{s\infty}}{\varphi_\infty}(1 - e^{-\varphi}) \right] =$$

$$= E_b \left[\frac{\partial}{\partial \varphi} \left[e^{-\varphi} \int_0^{\varphi} \bar{\epsilon}_{xx} e^{\chi} d\chi \right] + \frac{\epsilon_{s\infty}}{\varphi_\infty}(1 - e^{-\varphi}) \right] , \quad \bar{\sigma}_{xx_e}(\mathbb{r}_2, x, \varphi) = E_e \bar{\epsilon}_{xx} \tag{4.84a,b}$$

einsetzt um solchermaßen schließlich aus den Äquivalenzbedingungen

$$Q_x(x, \varphi) = \mathbb{e}_x \cdot \mathbb{Q} = \int_{(F_b)} \bar{\sigma}_{xx_b}(\mathbb{r}_2, x, \varphi)\, dF + \int_{(F_e)} \bar{\sigma}_{xx_e}(\mathbb{r}_2, x, \varphi)\, dF \ ,$$

$$\mathbb{M}_2(x, \varphi) = \mathbb{E}_2 \cdot \mathbb{M} = - \int_{(F_b)} (\mathbb{e}_x \times \mathbb{r}_2)\, \bar{\sigma}_{xx_b}\, dF - \int_{(F_e)} (\mathbb{e}_x \times \mathbb{r}_2)\, \bar{\sigma}_{xx_e}\, dF \ , \tag{4.85a,b}$$

die Stabmaterialgleichungen für die Längskräfte bzw. Biegemomente in Termen der Cosserat–Verzerrungen $\delta_x(x,\varphi)$, $\psi_2(x,\varphi) = \partial\beta_2^*/\partial x$ im Sinne der Theorie nach Sattler [18]

$$\frac{Q_x(x,\varphi)}{E_b F_i} = \delta_x(x,\varphi) - \frac{F_b}{F_i} \int_0^{\varphi} \delta_x(x,\chi)\, e^{-(\varphi-\chi)} d\chi + \frac{F_b}{F_i} \frac{\epsilon_{s\infty}}{\varphi_\infty}(1 - e^{-\varphi}) +$$

$$+ \frac{F_b}{F_i}(\mathbb{e}_x \times \mathbb{r}_b) \cdot \int_0^{\varphi} \psi_2(x,\chi)\, e^{-(\varphi-\chi)} d\chi \tag{4.86a}$$

sowie

$$\mathbb{M}_2(x,\varphi) \cdot (E_b \mathbb{J}_i)^{-1} = \psi_2(x,\varphi) - \mathbb{J}_i^{-1} \cdot \mathbb{J}_b \cdot \int_0^{\varphi} \psi_2(x,\chi)\, e^{-(\varphi-\chi)} d\chi +$$

$$+ F_b \mathbb{J}_i^{-1} \cdot (\mathbb{e}_x \times \mathbb{r}_b) \int_0^{\varphi} \delta_x(x,\chi)\, e^{-(\varphi-\chi)} d\chi - F_b \mathbb{J}_i^{-1} \cdot (\mathbb{e}_x \times \mathbb{r}_b) \frac{\epsilon_{s\infty}}{\varphi_\infty}(1 - e^{-\varphi}) \tag{4.86b}$$

zu identifizieren.

Um etwa eine zu (4.72b,c) analoge Zerlegung der (Gesamt-) Schnittlasten ($Q_x(x,\varphi)$, $\mathbb{M}_2(x,\varphi)$) in die auf Beton- bzw. Stahlteil entfallenden Teilschnittlasten des Biege-

---

[55] Es wird im Folgenden nur der isotherme Fall behandelt.

Längskraftproblems verfertigen zu können, müssen aus (4.86a,b) die in den Cosserat-Verzerrungen (δ_x, ψ_2) expliziten Darstellungen erzeugt werden. Hierbei wird z. B. Gl. (4.86a), d. h.

$$\delta_x - \kappa \int_0^{\varphi} \delta_x\, e^{-(\varphi-\chi)} d\chi \equiv e^{-(1-\kappa)\varphi} \frac{\partial}{\partial\varphi} \left[e^{-\kappa\varphi} \int_0^{\varphi} \delta_x e^{\chi}\, d\chi \right] =$$

$$= \frac{Q_x(x,\varphi)}{E_b F_i} - \kappa\,(\mathbb{e}_x \times \mathbb{r}_b) \cdot \int_0^{\varphi} \psi_2\, e^{-(\varphi-\chi)} d\chi - \kappa \frac{\epsilon_{s\infty}}{\varphi_\infty}(1 - e^{-\varphi}) \,, \; \kappa = \frac{F_b}{F_i} \,, \quad (4.87a,b)$$

in den Dehnungen (δ_x) explizit dargestellt[56],

$$\delta_x(x,\varphi) = \frac{Q_x(x,\varphi)}{E_b F_i} + \kappa \int_{\chi=0}^{\varphi} \frac{Q_x}{E_b F_i} e^{-(1-\kappa)(\varphi-\chi)} d\chi -$$

$$- \frac{\kappa}{1-\kappa} \frac{\epsilon_{s\infty}}{\varphi_\infty}(1 - e^{-(1-\kappa)\varphi}) - \kappa\,(\mathbb{e}_x \times \mathbb{r}_b) \cdot \int_0^{\varphi} \psi_2\, e^{-(1-\kappa)(\varphi-\chi)}\, d\chi \,, \quad (4.87c)$$

und letztere Struktur in (4.86b) eingesetzt. Es entsteht wegen[57]

$$\int_0^{\varphi} \delta_x(x,\chi)\, e^{-(\varphi-\chi)}\, d\chi = \int_0^{\varphi} \frac{Q_x}{E_b F_i} e^{-(1-\kappa)(\varphi-\chi)} d\chi +$$

$$+ \frac{\epsilon_{s\infty}}{\varphi_\infty}\left[1 - e^{-\varphi} - \frac{1}{1-\kappa}(1 - e^{-(1-\kappa)\varphi})\right] - (\mathbb{e}_x \times \mathbb{r}_b) \cdot \int_0^{\varphi} \psi_2(x,\chi) \left[e^{-(1-\kappa)(\varphi-\chi)} - e^{-(\varphi-\chi)} \right] d\chi \quad (4.88a)$$

schließlich mit

$$\mathbb{J}_b - \bar{\mathbb{J}}_b = (\mathbb{e}_x \times \mathbb{r}_b) \circ (\mathbb{e}_x \times \mathbb{r}_b)\, F_b \quad (4.88b)$$

(vgl. (4.78i)) sowie mit der Abkürzung

---

[56] die in $y(\varphi)$ explizite Version der Gleichung

$$y(\varphi) - \kappa \int_0^{\varphi} y(\chi)\, e^{-(\varphi-\chi)}\, d\chi = g(\varphi) \quad \text{lautet} \quad y(\varphi) = g(\varphi) + \kappa \int_0^{\varphi} g(\chi)\, e^{-(1-\kappa)(\varphi-\chi)}\, d\chi.$$

Danach gilt

[57] desweiteren

$$\int_0^{\varphi} y(\chi)\, e^{-(\varphi-\chi)}\, d\chi = \big(y(\varphi) - g(\varphi)\big)/\kappa = \int_0^{\varphi} g(\chi)\, e^{-(1-\kappa)(\varphi-\chi)}\, d\chi \,.$$

$$\mathbb{M}_2^*(x,\varphi) = \mathbb{M}_2(x,\varphi) + \kappa\,(\mathbb{e}_x \times \mathbb{r}_b)\int_0^{\varphi} Q_x(x,\chi)\, e^{-(1-\kappa)(\varphi-\chi)}\, d\chi - \\ - \frac{E_b F_b}{1-\kappa}\frac{\epsilon_{s\infty}}{\varphi_\infty}(\mathbb{e}_x \times \mathbb{r}_b)\,(1 - e^{-(1-\kappa)\varphi}) \tag{4.88}$$

für die Krümmungsverzerrungen die Integralgleichung

$$\sqrt{\mathbb{J}_i}^{\,-1}\cdot\frac{\mathbb{M}_2^*(x,\varphi)}{E_b} = \sqrt{\mathbb{J}_i}\cdot\psi_2(x,\varphi) - \sqrt{\mathbb{J}_i}^{\,-1}\cdot\bar{\mathbb{J}}_b\cdot\sqrt{\mathbb{J}_i}^{\,-1}\cdot\int_{\chi=0}^{\varphi}\sqrt{\mathbb{J}_i}\cdot\psi_2(x,\chi)\, e^{-(\varphi-\chi)} d\chi - \\ - \sqrt{\mathbb{J}_i}^{\,-1}\cdot(\mathbb{J}_b - \bar{\mathbb{J}}_b)\cdot\sqrt{\mathbb{J}_i}^{\,-1}\cdot\int_0^{\varphi}\sqrt{\mathbb{J}_i}\cdot\psi_2(x,\chi)\, e^{-(1-\kappa)(\varphi-\chi)}\, d\chi\,. \tag{4.88c}$$

Beispielhaft nur noch den Fall $\bar{\mathbb{J}}_b = \mathbb{J}_b$, d. h. $\mathbb{r}_b = 0$ weiter verfolgend, wo Beton-Querschnittsschwerpunkt (S_b) und ideeller Gesamtquerschnittsschwerpunkt (S_i) zusammenfallen, entsteht aus (4.88c) - bzw. (4.86b) - mit $\mathbb{M}_2^* = \mathbb{M}_2$ die vereinfachte Version

$$\frac{\mathbb{M}_2(x,\varphi)}{E_b}\cdot\sqrt{\mathbb{J}_i}^{\,-1} = \sqrt{\mathbb{J}_i}\cdot\psi_2 - \sqrt{\mathbb{J}_i}^{\,-1}\cdot\mathbb{J}_b\cdot\sqrt{\mathbb{J}_i}^{\,-1}\cdot\int_0^{\varphi}\sqrt{\mathbb{J}_i}\cdot\psi_2\, e^{-(\varphi-\chi)}\, d\chi \equiv \\ \equiv e^{-(\mathbb{E}-\mathbb{K})\varphi}\cdot\frac{\partial}{\partial\varphi}\Big[e^{\mathbb{K}\varphi}\cdot\int_0^{\varphi}\sqrt{\mathbb{J}_i}\cdot\psi_2\, e^{\chi}\, d\chi\Big]\,,\quad \mathbb{K} = \sqrt{\mathbb{J}_i}^{\,-1}\cdot\mathbb{J}_b\cdot\sqrt{\mathbb{J}_i}^{\,-1} \tag{4.89a,b}$$

mit der Lösung

$$\psi_2(x,\chi) = \mathbb{M}_2(x,\varphi)\cdot(E_b\,\mathbb{J}_i)^{-1} + \sqrt{\mathbb{J}_i}^{\,-1}\cdot\mathbb{K}\cdot\int_{\chi=0}^{\varphi} e^{-(\mathbb{E}-\mathbb{K})(\varphi-\chi)}\cdot\sqrt{\mathbb{J}_i}^{\,-1}\cdot\frac{\mathbb{M}_2(x,\chi)}{E_b}\, d\chi\,, \tag{4.89c}$$

wobei sich nun nach (4.87c) auch das "Dehnungsproblem" vom "Biegeverzerrungs-Problem" entkoppelt:

$$\delta_x(x,\varphi) = \frac{Q_x(x,\varphi)}{E_b F_i} + \kappa\int_0^{\varphi}\frac{Q_x(x,\chi)}{E_b F_i}\, e^{-(1-\kappa)(\varphi-\chi)} - \frac{\kappa}{1-\kappa}\frac{\epsilon_{s\infty}}{\varphi_\infty}(1 - e^{-(1-\kappa)\varphi})\,. \tag{4.90}$$

Die für die Praxis bedeutsame Aufteilung der (Gesamt-)Schnittlasten $\langle Q_x, \mathbb{M}_2\rangle$ in die auf die Stahl- bzw. Betonteile entfallenden sog. Teilschnittlasten

$$Q_{xe}(x,\varphi) = \int_{(F_e)}\bar{\sigma}_{xx_e}\, dF\,,\quad \mathbb{M}_{2e}(x,\varphi) = -\int_{(F_e)}(\mathbb{e}_x \times \mathbb{r}_2)\,\bar{\sigma}_{xx_e}\, dF$$

$$Q_{xb}(x,\varphi) = \int\limits_{(F_b)} \bar{\sigma}_{xx_b} dF \;, \quad \mathbb{M}_{2b}(x,\varphi) = -\int\limits_{(F_b)} (\mathbb{e}_x \times \mathbb{r}_2)\, \bar{\sigma}_{xx_b} dF \tag{4.91a-d}$$

läßt sich nach Einsetzen von (4.84a,b) mit $\bar{\varepsilon}_{xx}$ nach (4.83b) vornehmen und ergibt zunächst die Teilschnittlasten in Termen der Verzerrungen, wie etwa die Darstellungen

$$Q_{xe} = \int\limits_{(F_e)} \bar{\sigma}_{xx_e} dF = E_e \int\limits_{(F_e)} \Big[\delta_x(x,\varphi) - (\mathbb{e}_x \times \mathbb{r}_2) \cdot \psi_2(x,\varphi) \Big] dF =$$

$$= E_e F_e \Big[\delta_x(x,\varphi) - (\mathbb{e}_x \times \mathbb{r}_e) \cdot \psi_2(x,\varphi) \Big]$$

$$\mathbb{M}_{2e} = -\int\limits_{(F_b)} (\mathbb{e}_x \times \mathbb{r}_2)\, \bar{\sigma}_{xx_e} dF = -E_e \int\limits_{(F_e)} (\mathbb{e}_x \times \mathbb{r}_2) \Big[\delta_x - (\mathbb{e}_x \times \mathbb{r}_2) \cdot \psi_2 \Big] =$$

$$= E_e \Big[-F_e\, \mathbb{e}_x \times \mathbb{r}_e\, \delta_x + \mathbb{J}_e \cdot \psi_2 \Big] \tag{4.92a,b}$$

für die auf den Stahlteil entfallenden Größen zeigen. Werden hierin noch die Verzerrungen (δ_x, ψ_2) mittels (4.89c,90) eliminiert, so hat man schließlich

$$Q_{xe}(x,\varphi) = \frac{E_e F_e}{E_b F_i} Q_x(x,\varphi) - \frac{E_e F_e}{E_b} (\mathbb{e}_x \times \mathbb{r}_e) \cdot \mathbb{J}_i^{-1} \cdot \mathbb{M}_2(x,\varphi) +$$

$$+ \frac{E_e}{E_b} \Bigg\{ \kappa \frac{F_e}{F_i} \int\limits_{\chi=0}^{\varphi} Q_x(x,\chi) e^{-(1-\kappa)(\varphi-\chi)} d\chi -$$

$$- (\mathbb{e}_x \times \mathbb{r}_e) \cdot \sqrt{\mathbb{J}_i}^{-1} \cdot \mathbb{K} \cdot \int\limits_{\chi=0}^{\varphi} e^{-(\mathbb{E}-\mathbb{K})(\varphi-\chi)} \cdot \sqrt{\mathbb{J}_i}^{-1} \cdot \mathbb{M}_2(x,\chi)\, d\chi \Bigg\} - E_b \frac{\epsilon_{s\infty}}{\varphi_\infty} (1 - e^{-(1-\kappa)\varphi}) \,, \tag{4.93a}$$

$$\mathbb{M}_{2e}(x,\varphi) = \frac{E_e}{E_b} \Bigg\{ \frac{F_e}{F_i} (\mathbb{e}_x \times \mathbb{r}_e)\, Q_x(x,\varphi) + \mathbb{J}_e \cdot \mathbb{J}_i^{-1} \cdot \mathbb{M}_2(x,\varphi) \Bigg\} +$$

$$+ \frac{E_e}{E_b} \Bigg\{ \frac{F_e}{F_i} \kappa (\mathbb{e}_x \times \mathbb{r}_e) \int\limits_{\chi=0}^{\varphi} Q_x(x,\chi) e^{-(1-\kappa)(\varphi-\chi)} d\chi -$$

$$- \mathbb{J}_e \cdot \sqrt{\mathbb{J}_i}^{-1} \cdot \mathbb{K} \cdot \int\limits_{\chi=0}^{\varphi} e^{-(\mathbb{E}-\mathbb{K})(\varphi-\chi)} \cdot \sqrt{\mathbb{J}_i}^{-1} \cdot \mathbb{M}_2(x,\chi) d\chi \Bigg\} - E_b \frac{\epsilon_{s\infty}}{\varphi_\infty} (1 - e^{-(1-\kappa)\varphi}) \mathbb{e}_x \times \mathbb{r}_e \tag{4.93b}$$

und damit für die auf den Beton entfallenden Teilschnittlasten

$$Q_{xb}(x,\varphi) = Q_x(x,\varphi) - Q_{xe}(x,\varphi) \,,$$

$$\mathbb{M}_{2b}(x,\varphi) = \mathbb{M}_2(x,\varphi) - \mathbb{M}_{2e}(x,\varphi) \quad . \tag{4.93c,d}$$

In (4.93a,b) stellen die unterstrichelten Terme die sog. Verteilungsgrößen dar, worunter man diejenigen Teilschnittlasten versteht, die man unter der Voraussetzung rein elastischer Rechnung erhielte, indem man die Gesamtschnittlasten auf die Teilsysteme nach Maßgabe ihrer Steifigkeitsverhältnisse verteilte[58]. Die in den jeweils folgenden Zeilen von (4.93a,b) stehenden Anteile nennt man (abgesehen von den Schwindgliedern) Umlagerungsgrößen, die für den Stahl belastend, für den Beton entsprechend entlastend wirken. Es ist dies Ausdruck der - schon mehrfach referierten - Tatsache, daß sich der Beton der Belastung durch Kriechen entziehen kann und dieserhalb der Stahlanteil mit zunehmender Zeit größere Anteile der Gesamtschnittlasten übernehmen muß.

[58] Die Beton–Teilschnittlasten nach (4.93c,d) sind in Termen der Gesamtschnittlasten aus Raumgründen nicht mehr explizit dargestellt worden.

§ 5 Kelvin–Körper

5.1 Allgemeines

Entsprechend den am einachsigen Modell festgestellten Befunden hinsichtlich der Variablen, die dort den energetischen Status definiert hatten, werden Kelvinkörper verallgemeinert beschrieben durch die Vorgaben:

V1) Innere Energie und Entropie, d. h. auch freie Energie seien Diejenigen der elastischen Materialkomponente. Sie sollen als Zustandsfunktionen der Verzerrungen ($\mathbb{D}$) und der Temperatur (T), d. h. in der Form

$$\mathcal{F} = \mathcal{F}_{DT}(\mathbb{D},T) \;, \quad \mathcal{S} = \mathcal{S}_{DT}(\mathbb{D},T) = -\frac{\partial \mathcal{F}_{DT}}{\partial T} \tag{5.1a,b}$$

vorzugeben sein.

V2) Die Dissipationsleistung $\dot{\mathcal{D}}$ sei eine positiv-definite Funktion (neben den Verzerrungen $\mathbb{D}$ und der Temperatur T), insbesondere der Verzerrungsgeschwindigkeiten $\dot{\mathbb{D}}$, nach Letzteren Taylor-entwickelbar und daher in der Form

$$\dot{\mathcal{D}} = \dot{\mathbb{D}} \cdot\cdot \overset{\langle 4 \rangle}{\mathbb{C}}{}_V^{\times} \cdot\cdot \dot{\mathbb{D}} \geq 0 \tag{5.1c}$$

darzustellen mit einer - im Sinne von (5.1c) - positiv-definiten Viskositätstetrade $\overset{\langle 4 \rangle}{\mathbb{C}}{}_V^{\times}(\mathbb{D},T,\dot{\mathbb{D}})$, die, ohne die Allgemeinheit einzuschränken, in den beiden vorderen bzw. hinteren Indizes symmetrisch ist.[1)]

Mit diesen Voraussetzungen erhält man nach Einsetzen in die thermodynamische Hauptgleichung

$$\dot{\mathcal{F}} \equiv \frac{\partial \mathcal{F}_{DT}}{\partial \mathbb{D}} \cdot\cdot \dot{\mathbb{D}} + \frac{\partial \mathcal{F}_{DT}}{\partial T}\dot{T} = \mathcal{A}_S - \dot{\mathcal{D}} - \mathcal{S}\dot{T} \equiv \overset{\times}{\mathbb{S}} \cdot\cdot \dot{\mathbb{D}} - \dot{\mathcal{D}} - \mathcal{S}\dot{T}$$

bzw. - man beachte (5.1b) -

$$\frac{\partial \mathcal{F}_{DT}}{\partial \mathbb{D}} \cdot\cdot \dot{\mathbb{D}} = \overset{\times}{\mathbb{S}} \cdot\cdot \dot{\mathbb{D}} - \dot{\mathcal{D}} \tag{5.2}$$

und desweiteren nach Einsetzen von (5.1c)

$$\left[\overset{\times}{\mathbb{S}} - \frac{\partial \mathcal{F}_{DT}}{\partial \mathbb{D}} - \dot{\mathbb{D}} \cdot\cdot \overset{\langle 4 \rangle}{\mathbb{C}}{}_V^{\times} \right] \cdot\cdot \dot{\mathbb{D}} = 0 \,, \tag{5.3a}$$

woraus man vorerst mit einer produktneutralen Größe $\mathbb{G}_{\langle o \rangle}$ (mit $\mathbb{G}_{\langle o \rangle} \cdot\cdot \dot{\mathbb{D}} = 0$)

---

1) was in einer Voigtschen Matrizendarstellung für $\overset{\langle 4 \rangle}{\mathbb{C}}{}_V^{\times}$ einer allgemeinen, nicht symmetrischen Matrix entspräche.

$$\overset{\times}{\$} = \frac{\partial \mathcal{F}_{DT}}{\partial \mathbb{D}} + \dot{\mathbb{D}} \cdot\cdot \overset{\langle 4 \rangle}{\mathbb{C}}{}_V^{\times} + \mathbb{G}_{\langle o \rangle} \tag{5.3b}$$

erschließt. Verlangt man von (5.3b) für quasistatische Zustandsänderungen elastische Spannungs-Dehnungsbeziehungen[2], d. h.

$$\overset{\times}{\$}\Big|_{\substack{\dot{\mathbb{D}}=\mathbb{0}\\ \dot{T}=0}} = \frac{\partial \mathcal{F}_{DT}}{\partial \mathbb{D}} \tag{5.3c}$$

so muß

$$\mathbb{G}_{\langle o \rangle}\Big|_{\dot{\mathbb{D}}=\mathbb{0}} = \mathbb{0}$$

und dieserhalb $\mathbb{G}_{\langle o \rangle}$ in der Form

$$\mathbb{G}_{\langle o \rangle} = \overset{\langle 4 \rangle}{\mathbb{K}} \cdot\cdot \dot{\mathbb{D}}$$

darstellbar sein, was man dem Viskositätsglied $\overset{\langle 4 \rangle}{\mathbb{C}}{}_V^{\times} \cdot\cdot \dot{\mathbb{D}}$ in (5.3b) zuschlagen kann. So entsteht als Stoffgleichungsstruktur für Kelvinkörper

$$\overset{\times}{\$} = \frac{\partial \mathcal{F}_{DT}}{\partial \mathbb{D}} + \dot{\mathbb{D}} \cdot\cdot \overset{\langle 4 \rangle}{\mathbb{C}}{}_V^{\times} = \overset{\times}{\$}_E(\mathbb{D},T) + \overset{\times}{\$}_V\,, \tag{5.4}$$

also für die Spannungen ein Additionsgesetz der "Teil-Spannungen",

$$\overset{\times}{\$}_E(\mathbb{D},T) = \frac{\partial \mathcal{F}_{DT}}{\partial \mathbb{D}} \tag{5.4a}$$

der elastischen Materialkomponente (vgl. (2.10b)) und der viskosen Spannungen

$$\overset{\times}{\$}_V = \dot{\mathbb{D}} \cdot\cdot \overset{\langle 4 \rangle}{\mathbb{C}}{}_V^{\times}\,. \tag{5.4b}$$

Die thermodynamischen Aspekte (d. h. Entropie, spezifische Wärmen usw.) bleiben gegenüber § 2 unverändert und werden daher nicht nochmals aufgelistet.

Wie (5.4) zeigt, sind sprunghafte Dehnungsänderungen (mit $|\,\dot{\mathbb{D}}\,| \to \infty$) an Kelvin-Körpern i. allg.[3] nicht möglich, weil hierzu über alle Grenzen wachsende Spannungen benötigt würden.

Eine inverse Darstellung von (5.4) in der Form

$$\mathbb{D} = \underset{\tau = t_0}{\overset{t}{\mathrm{D}}} \langle\, \$(\tau), T(\tau)\,\rangle$$

ist für allgemeine elastische Zuordnungen $\$_E = \$_{EDT}(\mathbb{D},T)$ und beliebige Größen $\mathbb{C}_V$ konkret nicht möglich. Dasselbe gilt für die formale Darstellung des Phänomens der sog. elastischen

[2] was eine dreidimensionale Verallgemeinerung des am einachsigen Modell nach Abb. 1.2b unmittelbar zu erkennenden Befundes ist.

[3] sofern – wenn man von Spezialfällen, etwa dem volumenviskositätsfreien Fall, vgl. (5.25b), absieht – beliebige Verzerrungsgeschwindigkeiten Energiedissipation bewirken.

Nachwirkung[4], d. h. des zeitlichen Verlaufs $\mathbb{D}_{iso}(t)$ (für $t \geq t_i$) als Folge eines ab $t = t_i$ gemäß

$$\left[\overset{\times}{\mathbb{S}}{}^{\diamond}_{(t_i)}(\tau), T^{\diamond}_{(t_i)}(\tau)\right] = \begin{cases} \left[\overset{\times}{\mathbb{S}}(\tau), T(\tau)\right] & \text{für } \tau \leq t_i \\ \left[\overset{\times}{\mathbb{S}}(t_i), T(t_i)\right] & \text{für } \tau > t_i \end{cases} \tag{5.5a}$$

isotherm–statisch fortgesetzten Belastungsprozesses $(\overset{\times}{\mathbb{S}}{}^{\diamond}_{(t_i)}(\tau), T^{\diamond}_{(t_i)}(\tau))$. Einen leicht einsehbaren Anhalt liefert (5.4) nur für den Fall $\overset{\times}{\mathbb{S}}(t_i) = \mathbb{0}$ mit der hierzu gehörigen Beziehung

$$\frac{\partial \mathscr{F}_{DT}}{\partial \mathbb{D}} + \dot{\mathbb{D}}_{iso} \cdot\cdot \overset{\langle 4 \rangle}{\mathbb{C}}{}_V^{\times} = \mathbb{0} \quad \text{für } t > t_i \ , \tag{5.5b}$$

d. h.

$$\frac{\partial \mathscr{F}_{DT}}{\partial \mathbb{D}} \cdot\cdot \dot{\mathbb{D}}_{iso} \equiv^{5)} \dot{\mathscr{F}}_{DT}(\mathbb{D}_{iso}(t), T(t_i)) \overset{(5.5b)}{=} - \dot{\mathbb{D}}_{iso} \cdot\cdot \overset{\langle 4 \rangle}{\mathbb{C}}{}_V^{\times} \cdot\cdot \dot{\mathbb{D}}_{iso} \overset{(5.1c)}{\leq} 0 \ , \quad \text{für } t > t_i \ ,$$

wonach Dehnungsabnahme im Sinne einer Abnahme der zur Zeit t_i vorhanden gewesenen freien Energie konstatiert werden kann.

5.2 Isotrope Probleme

ergeben mit

$$\mathscr{F}_{DT} = \bar{\mathscr{F}}(\bar{D}_1, \bar{D}_2, \bar{D}_3, T) \ , \quad \bar{D}_j = \mathbb{E} \cdot\cdot \mathbb{D}^j \ , \quad j = 1 \ldots 3 \tag{5.6a}$$

für den Spannungsanteil der elastischen Materialkomponente

$$\overset{\times}{\mathbb{S}}_E = \frac{\partial \mathscr{F}_{DT}}{\partial \mathbb{D}} = \frac{\partial \bar{\mathscr{F}}}{\partial \bar{D}_1} \mathbb{E} + 2 \frac{\partial \bar{\mathscr{F}}}{\partial \bar{D}_2} \mathbb{D} + 3 \frac{\partial \bar{\mathscr{F}}}{\partial \bar{D}_3} \mathbb{D}^2 \tag{5.6b}$$

und für den viskosen Spannungsanteil $\overset{\times}{\mathbb{S}}_V$ eine allgemeine isotrope (auch von der Temperatur T abhängige) tensorwertige Funktion der beiden tensorwertigen Variablen $\mathbb{D}$ und $\dot{\mathbb{D}}$ mit der Bedingung

$$\overset{\times}{\mathbb{S}}_V = \mathbb{0} \quad \text{für} \quad \dot{\mathbb{D}} = \mathbb{0} \ . \tag{5.7}$$

Von der allgemeinen isotropen Zuordnung [5a]

$$\overset{\times}{\mathbb{S}}_V = \underline{a_0 \mathbb{E} + a_1 \mathbb{D} + a_2 \mathbb{D}^2} + b_1 \dot{\mathbb{D}} + b_2 \dot{\mathbb{D}}^2 + c_{11}(\mathbb{D} \cdot \dot{\mathbb{D}} + \dot{\mathbb{D}} \cdot \mathbb{D}) + c_{21}(\mathbb{D} \cdot \dot{\mathbb{D}}^2 + \dot{\mathbb{D}}^2 \cdot \mathbb{D}) +$$
$$+ c_{12}(\mathbb{D}^2 \cdot \dot{\mathbb{D}} + \dot{\mathbb{D}} \cdot \mathbb{D}^2) + c_{22}(\mathbb{D}^2 \cdot \dot{\mathbb{D}}^2 + \dot{\mathbb{D}}^2 \cdot \mathbb{D}^2) \ , \tag{5.8a}$$

---

[4] wonach unter konstanter Dauerlast die Verzerrung sich allmählich Derjenigen annähert, die die Dauerlast elastisch hervorriefe

[5] Man beachte $\dot{T} = 0$ für $t > t_i$

worin a_j, b_j, c_{jk} Funktionen der Temperatur T und der skalaren Invarianten

$$J_{ik} = \dot{\mathbb{D}}^i \cdot\cdot\, \mathbb{D}^k , \quad i,k = 0...2 \tag{5.8b}$$

sind, müssen wegen (5.7) die Skalare a_j der drei ersten in (5.8a) gestrichelten Terme die spezielle Struktur

$$a_j = \sum_{\substack{i=1,2\\k=0,1,2}} a_{jki} \dot{\mathbb{D}}^i \cdot\cdot\, \mathbb{D}^k , \quad j = 0 \dots 2 , \tag{5.9a}$$

haben mit entsprechenden skalaren Funktionen a_{jki} der Temperatur und des in (5.8b) aufgelisteten Invariantensets und dieserhalb die drei ersten Terme in der Form

$$\sum_{j=0}^{2} a_j \mathbb{D}^j = \sum_{j,k=0}^{2} \left[a_{jk1} (\mathbb{D}^k \cdot\cdot\, \dot{\mathbb{D}}) + a_{jk2} (\mathbb{D}^k \cdot\cdot\, \dot{\mathbb{D}}^2) \right] \mathbb{D}^j \tag{5.9b}$$

geschrieben werden können. Daher kennzeichnen die Stoffbeziehungen (5.8a) insgesamt 9 + 9 + 4 + 2 = 24 skalare (Material–)Funktionen a_{jkl}, c_{jk}, b_j der Temperatur und des in (5.8b) aufgelisteten Invariantensets. Hängen die Reibungsspannungen von den Momentanverzerrungen – bis auf die Momentandichten $(\bar{\rho})$ – nicht ab, verbleiben letztlich drei Materialfunktionen nämlich mit

$$\dot{\bar{D}}_j = (\mathbb{E} \cdot\cdot\, \dot{\mathbb{D}}^j) , \quad j = 1...3 \tag{5.10a}$$

die drei Größen

$$b_1 = g_2(\dot{\bar{D}}_1, \dot{\bar{D}}_2, \dot{\bar{D}}_3, T, \bar{\rho}) , \qquad b_2 = g_2(\dot{\bar{D}}_1, \dot{\bar{D}}_2, \dot{\bar{D}}_3, T, \bar{\rho}) , \tag{5.10b,c}$$

sowie – als Repräsentant von (5.9b) für j = 0 – eine Größe $g_0(\dot{\bar{D}}_1,\dot{\bar{D}}_2,\dot{\bar{D}}_3,T,\bar{\rho})$ mit

$$g_0 = 0 \quad \text{für} \quad \dot{\mathbb{D}} = 0 , \tag{5.10d}$$

zu der man

$$a_{001}(\dot{\bar{D}}_1,\dot{\bar{D}}_2,\dot{\bar{D}}_3,T,\bar{\rho}) , \quad a_{002}(\dot{\bar{D}}_1,\dot{\bar{D}}_2,\dot{\bar{D}}_3,T,\bar{\rho}) ,$$

zusammenfaßt. So verbleibt eine mit der Nebenbedingung (5.10d) ausgerüstete Variante einer isotropen Zuordnung vom Reinerschen Typ

$$\overset{\times}{\$}_V = \sum_{j=0}^{2} g_j \dot{\mathbb{D}}^j \quad \text{mit} \quad g_j = g_j(\dot{\bar{D}}_1,\dot{\bar{D}}_2,\dot{\bar{D}}_3,T,\bar{\rho}) . \tag{5.11}$$

Benutzt man für das duale Paar $(\overset{\times}{\$}, \mathbb{D})$ die Größen $(\$^{(\mathbb{R})}/\bar{\rho} = \mathbb{R} \cdot \$^{(E)} \cdot \mathbb{R}^T/\bar{\rho})$, also den auf die Momentandichte $\bar{\rho}$ bezogenen relativen Spannungstensor $\$^{(\mathbb{R})}$ und den Streckungstensor, benutzt dementsprechend (vgl. § 1)

$$\dot{\mathbb{D}} = \frac{1}{2} (\dot{\mathbb{D}}^{(S)} \cdot \mathbb{D}^{(S)^{-1}} + \mathbb{D}^{(S)^{-1}} \cdot \dot{\mathbb{D}}^{(S)}) = \mathbb{R} \cdot \mathbb{C}^* \cdot \mathbb{R}^T \tag{5.12a}$$

mit

$$\dot{\bar{D}}_j = \mathbb{E} \cdot\cdot\, \dot{\mathbb{D}}^j = \bar{C}^*_j = \mathbb{E} \cdot\cdot\, \mathbb{C}^{*j} , \quad j = 1...3 , \tag{5.12b}$$

so folgt aus (5.11)

$$\mathbb{R} \cdot \$^{(E)}_V \cdot \mathbb{R}^T/\bar{\rho} = \mathbb{R} \cdot \sum_{j=0}^{2} g_j{}^*(\bar{C}^*_1,\bar{C}^*_2,\bar{C}^*_3,T,\rho)\, \mathbb{C}^{*j} \cdot \mathbb{R}^T ,$$

d. h. die mit den Momentanwerten der Eulerschen Spannungen $\mathbb{S}^{(E)}$ und der (durch den räumlichen Geschwindigkeitsdeformator repräsentierten räumlichen) Verzerrungsgeschwindigkeiten

$$\mathbb{C}^* = \frac{1}{2}(\bar{\nabla} \circ \mathbb{v} + \mathbb{v} \circ \bar{\nabla}) \qquad (5.12c)$$

ausgedrückte Version der Materialgleichung für Reinersche Fluide in Form des "Reibungsspannungsgesetzes"

$$\mathbb{S}^{(E)} = \mathbb{S}_V^{(E)} = \sum_{j=0}^{2} g_j\,(\bar{C}_1^*,\bar{C}_2^*,\bar{C}_3^*,T,\bar{\rho})\,\mathbb{C}^{*j}\ ,\quad \bar{\rho}\bar{g}_j^* = g_j\ ,\quad j = 0...2\ , \qquad (5.12d)$$

dessen linearisierte Version die Newtonsche Materialgleichung ist. Wie in §E2.6.1 dargestellt, kann (5.12d) – mit (5.10d) – als Konsequenz der Forderung nach "Durchmischungsinvarianz" der als Zustandsfunktion der Temperatur sowie der (Greenschen) Verzerrungen und Verzerrungsgeschwindigkeiten vorausgesetzten Dissipationsleistung erschlossen werden.

5.3 Physikalisch-lineare Probleme

werden im Sinne von (2.53a,b) durch die freie Energie

$$\mathscr{F}_{DT} = \mathscr{F}_0 + \frac{1}{2\overset{\times}{\rho}}\,\mathbb{D}\cdot\cdot\overset{\langle 4\rangle}{\mathbb{C}}\cdot\cdot\,\mathbb{D} - (T-T_0)\mathscr{S}_0 - \frac{c_{d0}}{2T_0}(T-T_0)^2 - \mathbb{A}\cdot\cdot\overset{\langle 4\rangle}{\mathbb{C}}\cdot\cdot\,\mathbb{D}\,\frac{(T-T_0)}{\overset{\times}{\rho}}$$

$$\mathscr{S}_{DT} = -\frac{\partial \mathscr{F}_{DT}}{\partial T} = \mathscr{S}_0 + \frac{c_{d0}}{T_0}(T-T_0) + \frac{\mathbb{A}\cdot\cdot\overset{\langle 4\rangle}{\mathbb{C}}\cdot\cdot\mathbb{D}}{\overset{\times}{\rho}}\ ,$$

mit

$$\overset{\langle 4\rangle}{\mathbb{C}}\ ,\ \mathbb{A},\ c_{d0} = \text{const.} \qquad (5.13a\text{-}c)$$

sowie durch eine konstante Viskositätstetrade

$$\overset{\langle 4\rangle}{\mathbb{C}}{}_V^{\times} = \frac{\overset{\langle 4\rangle}{\mathbb{C}}_V}{\overset{\times}{\rho}} = \frac{1}{2}\frac{\partial^2 \dot{\mathscr{D}}}{\partial \dot{\mathbb{D}}^2} \qquad (5.13d)$$

gekennzeichnet (vgl. Fuß. 17 von §4), die - als zweite Ableitung eines Skalars nach einem symmetrischen Tensor - vollständig symmetrisch ist, ebenso wie

$$\overset{\langle 4\rangle}{\mathbb{C}} = \frac{\partial^2(\hat{\rho}\,\mathscr{F}_{DT})}{\partial \mathbb{D}^2}\ . \qquad (5.13e)$$

Das nach Einsetzen von (5.13) in (5.4) erhältliche, in den Spannungen explizite Materialgesetz

$$\mathbb{S}(t) = \overset{\langle 4\rangle}{\mathbb{C}}\cdot\cdot(\mathbb{D} - \mathbb{A}(T-T_0)) + \overset{\langle 4\rangle}{\mathbb{C}}_V\cdot\cdot\,\dot{\mathbb{D}} \qquad (5.14a)$$

wird zwecks Erzeugung einer in den Verzerrungen expliziten Version auf die Form

$$\sqrt{\overset{\langle 4\rangle}{\mathbb{C}}}^{\,-1}\cdot\cdot\left[\mathbb{S} + \overset{\langle 4\rangle}{\mathbb{C}}\cdot\cdot\,\mathbb{A}(T-T_0)\right] = \sqrt{\overset{\langle 4\rangle}{\mathbb{C}}}\cdot\cdot\mathbb{D} + \overset{\langle 4\rangle}{\mathbb{\Delta}}{}^{-1}\cdot\cdot\left[\sqrt{\overset{\langle 4\rangle}{\mathbb{C}}}\cdot\cdot\mathbb{D}\right]^{\cdot} \qquad (5.14b)$$

mit der vollständig-symmetrischen Tetrade

$$\overset{\langle 4\rangle}{\mathbb{\Delta}}{}^{-1} = \sqrt{\overset{\langle 4\rangle}{\mathbb{C}}}^{\,-1}\cdot\cdot\,\overset{\langle 4\rangle}{\mathbb{C}}_V\cdot\cdot\sqrt{\overset{\langle 4\rangle}{\mathbb{C}}}^{\,-1} = \overset{\langle 4\rangle}{\mathbb{T}}_R \qquad (5.14c)$$

der sog. Retardationszeiten gebracht[6], wobei, analog zur diesbezüglichen Vorgehensweise in §4, eine Synchronanalyse von Gl. (5.14b), d. h. deren Darstellung in Termen der durch

$$\mathfrak{E}_\Delta \cdot\cdot \left[\delta \overset{<4>}{\mathbb{M}} - \overset{<4>}{\mathbb{\Delta}}\right] = 0\,, \quad \mathfrak{E}_\Delta \cdot\cdot \mathfrak{E}_\Delta = 1\,, \tag{5.14c}$$

definierten Eigentensoren von

$$\overset{<4>}{\mathbb{\Delta}}{}^{-1} = \sum_{j=1}^{6} \delta_j^{-1}\, \mathfrak{E}_{\Delta j} \circ \mathfrak{E}_{\Delta j}\,, \tag{5.14d}$$

hilfreich ist. Unter Benutzung von

$$\overset{<4>}{\mathbb{M}} = \sum_{j=1}^{6} \mathfrak{E}_{\Delta j} \circ \mathfrak{E}_{\Delta j} \tag{5.14e}$$

erzeugt man per

$$\sqrt{\overset{<4>}{\mathbb{C}}} \cdot\cdot \mathbb{D} \equiv \left[\sqrt{\overset{<4>}{\mathbb{C}}} \cdot\cdot \mathbb{D}\right] \cdot\cdot \overset{<4>}{\mathbb{M}} = \sum_{j=1}^{6} \left[\mathbb{D} \cdot\cdot \sqrt{\overset{<4>}{\mathbb{C}}} \cdot\cdot \mathfrak{E}_{\Delta j}\right] \mathfrak{E}_{\Delta j} \equiv \sum_{j=1}^{6} d_j \mathfrak{E}_{\Delta j}\,, \tag{5.15a}$$

$$\sqrt{\overset{<4>}{\mathbb{C}}}^{-1} \cdot\cdot \left[\mathbb{S} + \overset{<4>}{\mathbb{C}} \cdot\cdot \mathbb{A}(T-T_0)\right] \equiv \sum_{j=1}^{6} \left[\left[\mathbb{S} + \overset{<4>}{\mathbb{C}} \cdot\cdot \mathbb{A}(T-T_0)\right] \cdot\cdot \sqrt{\overset{<4>}{\mathbb{C}}}^{-1} \cdot\cdot \mathfrak{E}_{\Delta j}\right] \mathfrak{E}_{\Delta j} \equiv \sum_{j=1}^{6} s_j \mathfrak{E}_{\Delta j} \tag{5.15b}$$

mit Verzerrungen ($\mathbb{D}$) bzw. Beanspruchungen ($\mathbb{S} + \overset{<4>}{\mathbb{C}} \cdot\cdot \mathbb{A}(T-T_0)$) repräsentierenden Synchronzerlegungs-Maßstabfaktoren (d_j, s_j, $j = 1...6$), mit denen man wegen

$$\overset{<4>}{\mathbb{\Delta}}{}^{-1} \cdot\cdot \left[\sqrt{\overset{<4>}{\mathbb{C}}} \cdot\cdot \mathbb{D}\right]^{\cdot} \equiv \overset{<4>}{\mathbb{\Delta}}{}^{-1} \cdot\cdot \sum_{j=1}^{6} \dot{d}_j \mathfrak{E}_{\Delta j} \equiv \sum_{j=1}^{6} \frac{\dot{d}_j}{\delta_j} \mathfrak{E}_{\Delta j} \tag{5.15c}$$

(5.14b) in der Gestalt

$$\sum_{j=1}^{6} \left[\left[\frac{\dot{d}_j}{\delta_j}\right] + d_j - s_j(t)\right] \mathfrak{E}_{\Delta j} = 0\,, \tag{5.16a}$$

notieren kann, was angesichts von

$$\mathfrak{E}_{\Delta j} \cdot\cdot \mathfrak{E}_{\Delta k} = \begin{cases} 0 \text{ für } j \neq k \\ 1 \text{ für } j = k \end{cases} \tag{5.16b}$$

einer "Orthogonalzerlegung" des Problems entspricht. Daher ist (5.14b) den sechs skalaren Gleichungen

$$\frac{\dot{d}_j}{\delta_j} + d_j \equiv \frac{1}{\delta_j} e^{-\delta_j t} \left[d_j e^{\delta_j t}\right]^{\cdot} = s_j(t)\,, \quad j = 1...6\,,$$

mit den z. B. den Anfangsbedingungen

$$d_j(0) = d_{j0}\,, \qquad j = 1..6\,,$$

[6] Betr. die Notationssymbolik vgl. (4.33)ff.

angepaßten Lösungen

$$d_j(t) = d_{j0}e^{-\delta_j t} + \int_{\tau=0}^{t} s_j(\tau)\,\delta_j e^{-\delta_j(t-\tau)}\,d\tau\ ,\quad j = 1...6\ , \tag{5.16c}$$

mit

$$d_j(t) = \mathbb{D}(t)\cdot\cdot\sqrt{\overset{\langle 4\rangle}{\mathbb{C}}}\cdot\cdot\mathfrak{E}_{\Delta j}\ ,\quad s_j(t) = [\$ + \overset{\langle 4\rangle}{\mathbb{C}}\cdot\cdot\mathbb{A}(T-T_0)]_t\cdot\cdot\sqrt{\overset{\langle 4\rangle}{\mathbb{C}}}^{-1}\cdot\cdot\mathfrak{E}_{\Delta j}\ ,\quad j = 1...6\ , \tag{5.16d,e}$$

äqivalent.

In Tensor-Notation lautet dann schließlich die in den Verzerrungen explizite Version der Materialgleichung der physikalisch-linearen Kelvin-Körper (unter Verwendung von $\overset{\langle 4\rangle}{\mathbb{\Delta}}$ nach (5.14d) und entsprechendem "Aufbau" der "synchron-analysierten Darstellungen" (5.16c))

$$\sum_{j=1}^{6} d_j(t)\mathfrak{E}_{\Delta j} \equiv \sqrt{\overset{\langle 4\rangle}{\mathbb{C}}}\cdot\cdot\,\mathbb{D}(t) = \left[\sqrt{\overset{\langle 4\rangle}{\mathbb{C}}}\cdot\cdot\,\mathbb{D}(0)\right]\cdot\cdot e^{-\overset{\langle 4\rangle}{\mathbb{\Delta}}t} +$$
$$+ \int_{\tau=0}^{t} \overset{\langle 4\rangle}{\mathbb{\Delta}}\cdot\cdot e^{-\overset{\langle 4\rangle}{\mathbb{\Delta}}(t-\tau)}\cdot\cdot\sqrt{\overset{\langle 4\rangle}{\mathbb{C}}}^{-1}\cdot\cdot\left[\$ + \overset{\langle 4\rangle}{\mathbb{C}}\cdot\cdot\,\mathbb{A}(T-T_0)\right]_\tau d\tau \tag{5.17a}$$

mit

$$e^{-\overset{\langle 4\rangle}{\mathbb{\Delta}}(t-\tau)} = \sum_{j=1}^{6} e^{-\delta_j(t-\tau)}\ \mathfrak{E}_{\Delta j}\circ\mathfrak{E}_{\Delta j}\ , \tag{5.17b}$$

aus der man für einen ab $t = t_i$ isotherm statisch fortgesetzten Prozeß im Sinne von (5.5a) nunmehr in konkreter Rechnung das Dehnungs-Zeitgesetz der elastischen Nachwirkung

$$\sqrt{\overset{\langle 4\rangle}{\mathbb{C}}}\cdot\cdot\,\mathbb{D}_{iso}(\tau) = \left[\sqrt{\overset{\langle 4\rangle}{\mathbb{C}}}\cdot\cdot\,\mathbb{D}(t_i)\right]\cdot\cdot\, e^{-\overset{\langle 4\rangle}{\mathbb{\Delta}}\tau} +$$
$$+ \left[\overset{\langle 4\rangle}{\mathbb{M}} - e^{-\overset{\langle 4\rangle}{\mathbb{\Delta}}\tau}\right]\cdot\cdot\sqrt{\overset{\langle 4\rangle}{\mathbb{C}}}^{-1}\cdot\cdot\left[\$(t_i) + \overset{\langle 4\rangle}{\mathbb{C}}\cdot\cdot\,\mathbb{A}\left[T(t_i) - T_0\right]\right] \quad \text{für}\quad \tau = t-t_i \geq 0 \tag{5.18}$$

auffindet, wonach sich für $\tau \to \infty$ wegen

$$\lim_{\tau\to\infty} \mathbb{D}_{iso}(\tau) = \overset{\langle 4\rangle}{\mathbb{C}}^{-1}\cdot\cdot\left[\$(t_i) + \overset{\langle 4\rangle}{\mathbb{C}}\cdot\cdot\,\mathbb{A}\left[T(t_i)-T_0\right]\right] \equiv \mathbb{D}_E\left[\$(t_i), T(t_i)-T_0\right] \tag{5.18a}$$

die Zeit-Dehnungskurve den elastischen Dehnungen der isothermen statischen Belastung asymptotisch nähert und.insbesondere bei totaler Entlastung (mit $\$(t_i) = 0, T(t_i) = T_0$) auf Null zurückgeht (sog. Rück-Kriechen, Dehnungserholung). Von der Struktur her ist an (5.18) - analog zu den diesbezüglichen Befunden am Maxwellkörper - ein Aufbau eines allgemeinen Nachwirkungsprozesses mittels 6 spezieller Synchronprozesse festzustellen. Daß es sich in der Tat um Verzerrungsänderungen "auf den jeweiligen (durch $\mathbb{S}(t_i)$, $T(t_i)$ gekennzeichneten) elastischen Verzerrungszustand hin" handelt, also sämtliche Eigenwerte δ_j positiv und damit $\mathbb{\Delta}$ eine im Sinne von

$$\mathbb{X}\cdot\cdot\overset{\langle 4\rangle}{\mathbb{\Delta}}\cdot\cdot\mathbb{X} \geq 0 \tag{5.19}$$

positiv-definite Tetrade ist, wird durch das Dissipationspostulat (5.5b), d. h. durch

$$\dot{\mathbb{D}}_{iso}\cdot\cdot\overset{\langle 4\rangle}{\mathbb{C}}_V\cdot\cdot\dot{\mathbb{D}}_{iso} \equiv \left[\dot{\mathbb{D}}_{iso}\cdot\cdot\sqrt{\overset{\langle 4\rangle}{\mathbb{C}}}\cdot\cdot\sqrt{\overset{\langle 4\rangle}{\mathbb{C}}}^{\,-1}\right]\cdot\cdot\overset{\langle 4\rangle}{\mathbb{C}}_V\cdot\cdot\left[\sqrt{\overset{\langle 4\rangle}{\mathbb{C}}}^{\,-1}\cdot\cdot\sqrt{\overset{\langle 4\rangle}{\mathbb{C}}}\cdot\cdot\dot{\mathbb{D}}_{iso}\right] \equiv$$

$$\equiv \left[\dot{\mathbb{D}}_{iso}\cdot\cdot\sqrt{\overset{\langle 4\rangle}{\mathbb{C}}}\right]\cdot\cdot\overset{\langle 4\rangle}{\mathbb{\Delta}}^{-1}\cdot\cdot\left[\dot{\mathbb{D}}_{iso}\cdot\cdot\sqrt{\overset{\langle 4\rangle}{\mathbb{C}}}\right] \geq 0$$

sichergestellt. Für

5.4 Isotrope Probleme mit Verfestigung

sind die isotropen Versionen der Materialtensoren, d. h.

$$\overset{\langle 4\rangle}{\mathbb{C}} = 2G(\overset{\langle 4\rangle}{\mathbf{M}} + \frac{\nu}{1-2\nu}\mathbb{E}\circ\mathbb{E}) = 2G\left[(\overset{\langle 4\rangle}{\mathbf{M}} - \frac{1}{3}\mathbb{E}\circ\mathbb{E}) + \frac{1+\nu}{1-2\nu}\frac{1}{3}\mathbb{E}\circ\mathbb{E}\right],$$

$$\overset{\langle 4\rangle}{\mathbb{C}}_V = 2\mu(t)(\overset{\langle 4\rangle}{\mathbf{M}} - \lambda(t)\mathbb{E}\circ\mathbb{E}) \equiv 2\mu(t)\left[(\overset{\langle 4\rangle}{\mathbf{M}} - \frac{1}{3}\mathbb{E}\circ\mathbb{E}) + \lambda_K(t)\frac{1}{3}\mathbb{E}\circ\mathbb{E}\right]$$

$$\text{mit } \lambda_K = 1-3\lambda \text{ und } \mathbb{A} = \alpha\mathbb{E} \tag{5.20a,b}$$

zu benutzen, wobei die unterstrichelten Versionen bereits die Zerlegung der Verzerrungszustände in Deviatorische bzw. Dilatatorische vorwegnehmen. Freie Energie, Entropie und Dissipationsleistung sind danach im Sinne von (5.13a,b) mit (5.20a,b)

$$\mathscr{F}_{DT} = \mathscr{F}_0 + \frac{G}{\hat{\rho}}\left[\mathbb{D}'\cdot\cdot\mathbb{D}' + \frac{1+\nu}{3(1-2\nu)}D_1^2\right] - (T-T_0)\mathscr{S}_0 - \frac{c_{do}}{2T_0}(T-T_0)^2 - \frac{2G(1+\nu)}{\hat{\rho}(1-2\nu)}\alpha D_1(T-T_0), \tag{5.20c}$$

$$\mathscr{S}_{DT} = -\frac{\partial\mathscr{F}_{DT}}{\partial T} = \mathscr{S}_0 + \frac{c_{do}}{T_0}(T-T_0) + \frac{2G(1+\nu)}{\hat{\rho}(1-2\nu)}\alpha D_1 \tag{5.20d}$$

(vgl. a. (2.55,55b)) sowie

$$\dot{\mathscr{D}} = 2\mu(t)\left[\dot{\mathbb{D}}'\cdot\cdot\dot{\mathbb{D}}' + \frac{1}{3}\lambda_K(t)\dot{D}_1^2\right], \quad D_1 = \mathbb{E}\cdot\cdot\mathbb{D}, \quad \mathbb{D}' = \mathbb{D} - \frac{D_1}{3}\mathbb{E}, \tag{5.20e}$$

darzustellen mit den Einschrankungen

$$G > 0, \quad \mu(t) > 0, \quad \frac{1+\nu}{1-2\nu} > 0, \text{ d. h. } \nu \leq \frac{1}{2},$$

$$\lambda_K(t) = 1 - 3\lambda(t) > 0, \text{ d. h. } \lambda(t) \leq \frac{1}{3}, \tag{5.20f-i}$$

damit sowohl die (isotherme) Formänderungsenergie $\mathscr{F}|_{T=T_0}$ der elastischen Materialkomponente als auch die Dissipationsleitung als positiv-definite Funktionen der Verzerrungen bzw. der Verzerrungsgeschwindigkeiten garantiert sind.

Wie die in (5.20a,b) vorgenommene Zerlegung der Tetraden $\overset{<4>}{\mathbb{C}}$, $\overset{<4>}{\mathbb{C}}_V$ in jeweils zwei Basis-Elemente $\left[\left(\overset{<4>}{\mathbb{M}} - \frac{1}{3}\,\mathbb{E}\circ\mathbb{E}\right), \frac{1}{3}\,\mathbb{E}\circ\mathbb{E}\right]$ zeigt, läßt sich hier jeder Dehnungs-Relaxationsprozeß in zwei Synchronprozesse zerlegen, wovon der eine rein Deviatorisch und der andere rein Dilatatorisch ist.

Unter der Voraussetzung monotoner Zeitfunktion $\mu = \mu(t)$ bietet sich - analog § 4 -auch hier die Einführung einer (deviatorischen) Kriechzeit

$$\varphi(t) =^{7)} \int_{\tau=0}^{t} \frac{G d\tau}{\mu(\tau)} \quad \text{mit } \varphi(0) = 0\,,\ \dot{\varphi}(t) = \frac{G}{\mu(t)} > 0\,, \tag{5.21a-c}$$

an, als von der dann die zweite viskose Verfestigungsfunktion im Sinne von

$$\lambda_K = \lambda_K(\varphi) \tag{5.21d}$$

abhängig angesehen werden kann [8]. So entstehen aus (5.14a)

$$\mathbb{S} = 2G\left[\,\mathbb{D} + \frac{\partial\mathbb{D}}{\partial\varphi} + \left[\,\frac{\nu}{1-2\nu}\,D_1 - \lambda(\varphi)\,\frac{\partial D_1}{\partial\varphi} - \frac{1+\nu}{1-2\nu}\,\alpha(T(\varphi)-T_0)\,\right]\mathbb{E}\,\right], \tag{5.22a}$$

indem man sich $\mathbb{D}$ in der Form $\mathbb{D}(\varphi(t))$ mit $\dot{\mathbb{D}} = \dot{\varphi}\,\frac{\partial\mathbb{D}}{\partial\varphi}$ dargestellt denkt, bzw. die in Deviator- und Kugeltensoranteil zerlegten Beziehungen

$$\mathbb{S}'(\varphi) = 2G\left[\mathbb{D}' + \frac{\partial\mathbb{D}'}{\partial\varphi}\right] = 2G\,e^{-\varphi}\,\frac{\partial}{\partial\varphi}\left(\mathbb{D}' e^{\varphi}\right) \tag{5.22b}$$

bzw.

$$\frac{S_1}{3} + 3K\alpha(T(\varphi)-T_0) = K\left[D_1 + \lambda_K(\varphi)\,\frac{1-2\nu}{1+\nu}\,\frac{\partial D_1}{\partial\varphi}\right] \equiv \frac{2G\lambda_K}{3}\,e^{-\kappa(\varphi)}\,\frac{\partial}{\partial\varphi}\left[D_1 e^{\kappa(\varphi)}\right] \tag{5.22c}$$

mit

$$S_1 = \mathbb{E}\cdot\cdot\,\mathbb{S}\,,\quad D_1 = \mathbb{E}\cdot\cdot\,\mathbb{D}\,,\quad \mathbb{S}' = \mathbb{S} - \frac{S_1}{3}\,\mathbb{E}\,,\quad \mathbb{D}' = \mathbb{D} - \frac{D_1}{3}\,\mathbb{E}\,,$$

---

7) Für den Fall konstanter Viskositätszahlen ist $\varphi(t) = (G/\mu)t = t/t_R$ mit der (deviatorischen) Retardationszeit $t_R = \mu/G$.

8) Ein unbegrenztes Anwachsen der Viskositäten, d. h.

$$\lim_{\tau\to\infty} \mu(t) \to \infty\,,$$

etwa wie beim verfestigenden Beton (vgl. (4.59b)), ist mit der Stoffgleichung des Kelvinmodells nicht behandelbar: Endliche Dissipationsleistung unterstellt, könnten mit zunehmender Zeit in immer geringerem Umfang Verzerrungsänderungen vollzogen werden, wie (5.20e) ausweist. Das Medium näherte mit zunehmender Zeit sein Verhalten an Dasjenige eines starren Körpers an.

$$K = \frac{2G(1+\nu)}{3(1-2\nu)}, \quad \kappa(\varphi) = \frac{1+\nu}{1-2\nu}\int_{\kappa=0}^{\varphi}\frac{1}{\lambda_K(\chi)}d\chi, \tag{5.22d-i}$$

d. h. etwa für kartesische Basissysteme

$$\sigma_{xx}(\varphi) = 2G\left\{\epsilon_{xx} + \frac{\nu}{1-2\nu}(\epsilon_{xx}+\epsilon_{yy}+\epsilon_{zz}) + \frac{\partial\epsilon_{xx}}{\partial\varphi} - \lambda\frac{\partial}{\partial\varphi}(\epsilon_{xx}+\epsilon_{yy}+\epsilon_{zz}) - \frac{1+\nu}{1-2\nu}\alpha(T-T_0)\right\},$$

$$\sigma_{xy}(\varphi) = 2G\left\{\epsilon_{xy} + \frac{\partial\epsilon_{xy}}{\partial\varphi}\right\} \quad \epsilon_{jk} = \mathbb{e}_j\cdot\mathbb{D}\cdot\mathbb{e}_k, \quad j,k = x,y,z \tag{5.22j,k}$$

(die übrigen Gleichungen durch zyklische Vertauschung x→y→z→x ...), und schließlich die in den Verzerrungen expliziten Versionen

$$\mathbb{D}'(\varphi) = \mathbb{D}'(0)e^{-\varphi} + \int_{\chi=0}^{\varphi}\frac{\mathbb{S}'(\chi)}{2G}e^{-(\varphi-\chi)}\,d\chi, \tag{5.23a}$$

$$D_1(\varphi) = D_1(0)e^{-\kappa(\varphi)} + \frac{1+\nu}{1-2\nu}\int_{\kappa=0}^{\varphi}\frac{1}{\lambda_k}\left[\frac{S_1(\chi)}{3K} + 3\alpha(T(\chi)-T_0)\right]e^{-(\kappa(\varphi)-\kappa(\chi))}d\chi, \tag{5.23b}$$

d. h.

$$\epsilon_{xx}(\varphi) = \frac{1}{3}(2\epsilon_{xx}-\epsilon_{yy}-\epsilon_{zz})_{\varphi=0}e^{-\varphi} + \frac{1}{6G}\int_0^{\chi}(2\sigma_{xx}-\sigma_{yy}-\sigma_{zz})e^{-(\varphi-\chi)}d\chi +$$

$$+\frac{1}{3}(\epsilon_{xx}+\epsilon_{yy}+\epsilon_{zz})_{\varphi=0}\,e^{-\kappa(\varphi)} + \frac{1+\nu}{1-2\nu}\int_0^{\varphi}\frac{1}{\lambda_k}\left[\frac{\sigma_{xx}+\sigma_{yy}+\sigma_{zz}}{3K} + 3\alpha(T-T_0)\right]e^{-(\kappa(\varphi)-\kappa(\chi))}d\chi,$$

$$\epsilon_{xy}(\varphi) = \epsilon_{xy}(0)\,e^{-\varphi} + \frac{1}{2G}\int_{\chi=0}^{\varphi}\sigma_{xy}(\chi)\,e^{-(\varphi-\chi)}d\chi \tag{5.23c,d}$$

(die übrigen Gleichungen durch zyklische Vertauschung x→y→z→x ...) .

Allgemein sind, wie (5.22a) ausweist, Realisierungen plötzlicher Verzerrungssprünge mit endlichen Spannungen nicht möglich, wohl aber für spezielle Entartungen der Viskositätstetrade, etwa im (für die Technik wichtigen) Falle der Kelvinkörper ohne Volumenviskosität, wofür

$$\lambda = \frac{1}{3}, \quad \lambda_K = 0, \quad \kappa \Rightarrow \infty$$

sind, also keine Dissipationsleistung im Zusammenhang mit Volumenänderungen entsteht. Hier gelten die deviatorischen Gesetze

$$\mathbb{S}'(\varphi) = 2G(\mathbb{D}' + \frac{\partial\mathbb{D}'}{\partial\varphi}) = 2G\,e^{-\varphi}\frac{\partial}{\partial\varphi}(\mathbb{D}'e^{\varphi})$$

bzw.

$$\mathbb{D}'(\varphi) = \mathbb{D}'(0)\, e^{-\varphi} + \int_{\chi=0}^{\varphi} \frac{\$'(\chi)}{2G} e^{-(\varphi-\chi)} d\chi\,, \tag{5.24a,b}$$

während der dilatatorische Anteil rein elastisch ist:

$$\frac{S_1(\varphi)}{3} = K\left[D_1(\varphi) - 3\alpha(T(\varphi)-T_0)\right] \quad \text{bzw.} \quad D_1(\varphi) = \frac{S_1(\varphi)}{3K} + 3\alpha(T(\varphi)-T_0)\,. \tag{5.24c,d}$$

In Komponenten hinsichtlich einer kartesischen Orthogonalbasis lauten (5.24)

$$\sigma_{xx}(\varphi) = 2G\left[\epsilon_{xx} + \frac{\nu}{1-2\nu}(\epsilon_{xx}+\epsilon_{yy}+\epsilon_{zz}) + \frac{1}{3}\frac{\partial}{\partial\varphi}(2\epsilon_{xx}+\epsilon_{yy}+\epsilon_{zz}) - \frac{1+\nu}{1-2\nu}\alpha(T-T_0)\right]$$

$$\sigma_{xy}(\varphi) = 2G\left[\epsilon_{xy} + \frac{\partial\epsilon_{xy}}{\partial\varphi}\right] \tag{5.24e,f}$$

bzw.

$$\epsilon_{xx}(\varphi) = \frac{1}{3}(2\epsilon_{xx}-\epsilon_{yy}-\epsilon_{zz})_{\varphi=0} e^{-\varphi} + \frac{1}{6G}\int_0^{\varphi}(2\sigma_{xx}-\sigma_{yy}-\sigma_{zz})\, e^{-(\varphi-\chi)} d\chi +$$

$$+ \frac{1-2\nu}{6G(1+\nu)}(\sigma_{xx}+\sigma_{yy}+\sigma_{zz}) + \alpha\,(T-T_0)$$

$$\epsilon_{xy}(\varphi) = \epsilon_{xy}(0)\, e^{-\varphi} + \frac{1}{2G}\int_{\chi=0}^{\varphi}\sigma_{xy}(\chi)\, e^{-(\varphi-\chi)} d\chi \tag{5.24g,h}$$

(die übrigen Gleichungen durch zyklische Vertauschung x→y→z→x ...).

An Kelvinkörpern ohne Volumenviskosität sind mit endlichen Spannungen plötzliche Verzerrungsänderungen möglich, sofern Letztere nicht rein deviatorisch sind und somit das Medium die Möglichkeit hat, einen plötzlich verlangten Verzerrungssprung mittels eines entsprechenden Volumendehnungssprungs "elastisch zur Verfügung zu stellen". Dies soll am einachsig beanspruchten Stabe mit

$$\$ = \sigma_{xx}\, \mathbb{e}_x \circ \mathbb{e}_x\,, \quad \text{d. h.} \quad \$' \,\hat{=}\, \frac{\sigma_{xx}}{3}\begin{bmatrix} 2 & 0 & 0 \\ 0 & -1 & 0 \\ 0 & 0 & -1 \end{bmatrix}, \quad S_1 = \sigma_{xx}$$

(für isotherme Zustandsänderung mit $T(\varphi) = T_0$) in konkreter Rechnung verfolgt werden. Man erhält durch Addition von (5.24a,c)

$$\mathbb{D}(\varphi) = \mathbb{D}'(\varphi) + \frac{D_1(\varphi)}{3}\mathbb{E} = \mathbb{D}'(0)\, e^{-\varphi} + \frac{1}{6G}\left\{\begin{bmatrix} 2 & 0 & 0 \\ 0 & -1 & 0 \\ 0 & 0 & -1 \end{bmatrix} \underline{\int_{\kappa=0}^{\varphi}\sigma_{xx}(\chi)\, e^{-(\varphi-\chi)}\delta\chi} + \right.$$

$$\left. + \frac{1-2\nu}{1+\nu}\begin{bmatrix} 1 & 0 & 0 \\ 0 & 1 & 0 \\ 0 & 0 & 1 \end{bmatrix}\sigma_{xx}(\varphi)\right\} \tag{5.25a}$$

und recherchiert, inwieweit (zu einer Zeit φ_1) ein Verzerrungssprung $\Delta\mathbb{D}(\varphi_1) = \mathbb{D}(\varphi_1+0) - \mathbb{D}(\varphi_1-0)$ mit endlichem Normalspannungssprung $\Delta\sigma_{xx}(\varphi_1) = \sigma_{xx}(\varphi_1+0) - \sigma_{xx}(\varphi_1-0)$ möglich ist. Wegen der Stetigkeit des gestrichelten Integralausdruckes verbleibt dann von (5.25a)

$$\Delta\mathbb{D}(\varphi_1) = \frac{1-2\nu}{6G(1+\nu)}\Delta\sigma_{xx}(\varphi_1)\begin{bmatrix} 1 & 0 & 0 \\ 0 & 1 & 0 \\ 0 & 0 & 1 \end{bmatrix} = \frac{1-2\nu}{3}\frac{\Delta\sigma_{xx}}{E}\begin{bmatrix} 1 & 0 & 0 \\ 0 & 1 & 0 \\ 0 & 0 & 1 \end{bmatrix}$$

und insbesondere als Dehnungssprung in Achsenrichtung

$$\Delta\epsilon_{xx}(\varphi_1) = \frac{1-2\nu}{3}\frac{\Delta\sigma_{xx}}{E}, \tag{5.25b}$$

zu dessen Realisierung allerdings ein erheblich (nämlich um den Faktor $3/(1-2\nu)$) größerer Spannungssprung erforderlich ist [9] als diejenige Spannungsdifferenz $\Delta\sigma_\infty = E\,\Delta\epsilon$, die man für quasistatische Expansion um dieselbe Verzerrungsdifferenz aufwenden müßte. Verblüffend ist noch, daß als Folge eines achsialen Spannungssprunges $\Delta\sigma_{xx}(\varphi_1)$ nicht nur ein achsialer Dehnungssprung $\Delta\epsilon_{xx}(\varphi_1)$, sondern auch gleichzeitig Querdehnungssprünge $\Delta\epsilon_{yy}(\varphi_1) = \Delta\epsilon_{zz}(\varphi_1) = \Delta\epsilon_{xx}(\varphi_1)$ gleichen Betrages festzustellen sind, d. h. als Folge eines einachsigen Sprung–Spannungszustandes völlig ungewöhnliche Dehnungseffekte. Als abschließendes Beispiel zu §§ 4, 5 soll

5.5 das kinetische Verhalten transversal bewegter Maxwell- bzw. Kelvinstäbe

unter der Restriktion kleiner Verformungen recherchiert werden. Ausgangsgleichungen sind die Bilanzgleichungen der Impulse bzw. Drehimpulse

$$\frac{\partial Q}{\partial x} + q(x,t) =^{10)} \rho F\ddot{w}\ , \quad \frac{\partial M}{\partial x} =^{11)} Q(x,t)\ , \tag{5.26a,b}$$

die zu

$$\frac{\partial^2 M}{\partial x^2} + q(x,t) = \rho F\ddot{w} \tag{5.26c}$$

zusammengefaßt und mit den jeweiligen Stab–Materialgleichungen kombiniert werden, d. h. mit

$$\begin{matrix}(M): \\ \\ (K):\end{matrix} \quad M(x,t) =^{10)\,12)} -EJ\begin{cases} w'' - \dfrac{1}{\tau}\displaystyle\int_{t'=0}^{t} e^{-(t-t')/\tau} w''dt'\ , \\ w'' + \tau\dot{w}''\ ,\quad \tau = \mu/E = \text{const}\ , \end{cases} \tag{5.27a,b}$$

um zur Feldgleichung des jeweiligen Problems zu gelangen. Man bekommt für Maxwell– bzw. Kelvinstäbe prismatischen Querschnitts mit F, J = const. nach Einsetzen von (5.27a,b) in (5.26c)

$$(M):\ \frac{EJ}{\rho F}\left[w'''' - \frac{1}{\tau}\int_{t'=0}^{t} e^{-(t-t')/\tau} w''''dt'\right] + \ddot{w} = \frac{q(x,t)}{\rho F}\ ,$$

$$(K):\ \frac{EJ}{\rho F}\left[w'''' + \tau\dot{w}''''\right] + \ddot{w} = \frac{q(x,t)}{\rho F} \tag{5.28a,b}$$

---

9) für $\nu = 1/3$ also der 9–fache Wert

10) Hierin bedeuten $M(x,t)$, $Q(x,t)$, $q(x,t)$ Biegemoment, Querkraft bzw. auf die Stablängeneinheit bezogene (transversale) Schüttungslast, ρ, F, J Dichte, Querschnittsfläche bzw. (axiales) Flächenträgheitsmoment

11) Hierin wurde die sog. "rotatorische Trägheit" vernachlässigt.

12) Man benutze die Bernoullische Hypothese und integriere die jeweiligen einachsigen Kontinuumsstoffgleichungen geeignet über den Stabquerschnitt. E, μ bedeuten die elastische bzw. die Viskositätskonstante und es werden abkürzend $(\ )'$ anstelle von $\partial(\ )/\partial x$ sowie $\dot{(\ )}$ anstelle von $\partial(\ )/\partial t$ geschrieben.
Die benutzte Maxwell–Materialgleichung ist dabei diejenige Version, für die entweder $M(x,0) = 0$, $w''(x,0) = 0$ ist, also durch t = 0 der "spannungs– und verzerrungslose Ausgangszustand" definiert wird oder aber Diejenige, bei der $M(x,0) = -EJw''(x,0)$ gilt, was einer "plötzlichen Anfangsverformung" eines ursprünglich "spannungs– und verzerrungslosen" Maxwellstabes entspricht.

und demgemäß vorerst für

5.5.1 freie Schwingungen[13)]

die Feldgleichungen

$$(M):\ \frac{EJ}{\rho F}\left[w'''' - \frac{1}{\tau}\int_{t'=0}^{t} e^{-(t-t')/\tau} w''''dt'\right] + \ddot{w} = 0\ ,$$

$$(K):\ \frac{EJ}{\rho F}\left[w'''' + \tau\dot{w}''''\right] + \ddot{w} = 0\ , \qquad (5.29a,b)$$

die man mittels Produktansätzen

$$w(x,t) = \sum_{k=1}^{\infty} X_k(x)T_k(t) \qquad (5.30)$$

lösen kann. Es entstehen, indem man Befriedigung der Feldgleichungen für jedes Reihenglied des Produktansatzes verlangt,

$$(M):\ \frac{EJ}{\rho F}\frac{X_k''''}{X_k(x)} = -\frac{\ddot{T}_k(t)}{T_k(t) - \frac{1}{\tau}\int_0^t e^{-(t-t')/\tau}\,T_k(t')dt'} = \text{const} = \omega_k^2\ ,$$

$$(K):\ \frac{EJ}{\rho F}\frac{X_k''''}{X_k(x)} = -\frac{\ddot{T}_k(t)}{T_k(t) + \tau\dot{T}_k(t)} = \text{const} = \omega_k^2\ , \qquad (5.31a,b)$$

wobei die Folgerung, daß die jeweils linken bzw. rechten Gleichungsseiten einer jeweiligen gemeinsamen Konstanten $(\omega_k^{\ 2})$ gleich sein müssen, Ausdruck der Daniel–Bernoullischen Schlußweise ist. Damit entstehen für Maxwell– bzw. Kelvinstäbe gleichartig, für die ortsabhängigen Lösungsteile die gewöhnlichen Differentialgleichungen

$$X_k'''' - \zeta_k^4 X_k = 0\ ,\quad \zeta_k^4 = \omega_k^{\ 2}\frac{\rho F}{EJ} \qquad (5.32a,b)$$

mit den Lösungen

$$X_k =^{14)} C_{1k}\cos\zeta_k x + C_{2k}\sin\zeta_k x + C_{3k}\,\mathrm{Cos}\,\zeta_k x + C_{4k}\,\mathrm{Sin}\,\zeta_k x\ , \qquad (5.32c)$$

die einer allgemeinen homogenen – sich auf jeweils zwei Bedingungen je Stabende (x = 0,l) beziehenden – Randwertaufgabe angepaßt werden müssen. Wählt man für Letztere die verallgemeinerten (auch elastische Bettungen implizierenden) Forderungen

$$a_1X_0 + a_2X_0''' = 0\ ,\quad b_1X_0' + b_2X_0'' = 0$$

$$c_1X_1 + c_2X_1''' = 0\ ,\quad d_1X_1' + d_2X_1'' = 0 \qquad (5.33a\text{-}d)$$

mit

$$a_j, b_j, c_j\ d_j =^{15)} \text{const},\quad X_{0,1}^{(j)} = \left[\frac{\partial^j X}{\partial x^j}\right]_{x=0,1}\ , \qquad (5.33e,f)$$

die nach Einsetzen von (5.32c) zu den vier linearen homogenen Gleichungen

---

13) d. h. Bewegungen als Folge von Anfangsstörungen und skleronomen (homogenen) Randbedingungen

14) Mit Cos( ) bzw. Sin( ) werden die entsprechenden Hyperbelfunktionen bezeichnet.

15) so bekommt man z. B. mit $a_1 = c_1 = 1$, $a_2 = c_2 = 0$, $b_1 = d_1 = 0$, $b_2 = d_2 = 1$ die Randbedingungen $X(0) = X(l) = 0$, $X''(0) = X''(l) = 0$ des beiderseits gelenkig gelagerten Stabes usw.

$$\mathfrak{c}_k \odot \mathbb{A}(\zeta_k) = 0 \tag{5.34a}$$

für den "Konstanten–Vektor"

$$\mathfrak{c}_k \mathrel{\hat{=}} (C_{1k}, C_{2k}, C_{3k}, C_{4k}) \tag{5.34b}$$

mit

$$\mathbb{A}(\zeta_k) \mathrel{\hat{=}} \left[\begin{array}{c|c|c|c} a_1 & -b_2\zeta_k & c_1\cos\zeta_k l + c_2\zeta_k^3\sin\zeta_k l & -d_1\sin\zeta_k l - d_2\zeta_k\cos\zeta_k l \\ \hline -a_2\zeta_k^3 & b_1 & c_1\sin\zeta_k l - c_2\zeta_k^3\cos\zeta_k l & d_1\cos\zeta_k l - d_2\zeta_k\sin\zeta_k l \\ \hline a_1 & b_2\zeta_k & c_1\mathrm{Cos}\,\zeta_k l + c_2\zeta_k^3\mathrm{Sin}\,\zeta_k l & d_1\mathrm{Sin}\,\zeta_k l + d_2\zeta_k\mathrm{Cos}\,\zeta_k l \\ \hline a_2\zeta_k^3 & b_1 & c_1\mathrm{Sin}\,\zeta_k l + c_2\zeta_k^3\mathrm{Cos}\,\zeta_k l & d_1\mathrm{Cos}\,\zeta_k l + d_2\zeta_k\mathrm{Sin}\,\zeta_k l \end{array}\right] \tag{5.34c}$$

führt, so stellt man fest:

a) für die durch

$$\det\,(\mathbb{A}(\zeta)) =^{16)} 0 \tag{5.35}$$

determinierte Schar der sog. Eigenwerte ζ_k $(k = 1 \ldots \infty)$ für durch

$$\frac{a_1}{a_2} \geq 0\,,\quad \frac{d_1}{d_2} \geq 0\,,\quad \frac{c_1}{c_2} \leq 0\,,\quad \frac{b_1}{b_2} \leq 0 \tag{5.33g}$$

eingeschränkte Randwertaufgaben

$$\zeta_k^4 >^{17)} 0 \quad , \quad \text{d. h.} \quad \omega_k^2 > 0,$$

also reellwertige Frequenzgrößen ω_k,

b) für die sog. Eigenfunktionen $e_k(x)$, die den Feldgleichungen

$$e_k'''' - \zeta_k^4 e_k(x) = 0 \quad , \qquad k = 1 \ldots \infty \quad , \tag{5.35a}$$

den Randbedingungen (5.33) und einer Normierungsbedingung, etwa

$$\int_0^1 e_k{}^2 dx = 1 \tag{5.35b}$$

genügen, und mit denen man die ortsabhängigen Lösungsanteile $X_k(x)$ in der Form

$$X_k(x) = C_k e_k(x) \quad , \quad C_k = \text{konst.} \tag{5.35c}$$

---

16) Man beachte, daß das lineare homogene Gleichungssystem für die Konstanten C_{jk}, $j = 1 \ldots 4$, $k = 1 \ldots \infty$ von Null verschiedene Lösungen auswerfen soll.

17) Man benutze die unter Beachtung der Randbedingungen (5.33a–d) und der Restriktionen (5.33g) aus (5.32a) erhältliche Abschätzung

$$\zeta_k^4 \int_0^1 X_k^2 dx = \int_0^1 X_k'''' X_k dx = \Big[X_k X_k''' \Big]_0^1 - \Big[X_k' X_k'' \Big]_0^1 + \int_0^1 X_k''^2 dx \geq \int_0^1 X_k''^2 dx \geq 0 \ ,$$

$$\text{d. h. } \zeta_k^4 \geq \int_0^1 X_k''^2 dx \Big/ \int_0^1 X_k^2 dx \geq 0$$

aufbauen kann[18], Gültigkeit der Orthogonalitätsbedingungen

$$\int_0^1 e_j(x)\, e_k(x)dx = 0 \quad \text{für } j \neq k \ , \tag{5.35d}$$

wie man anhand der Feldgleichungen (5.35a), der Randbedingungen (5.33) sowie der Restriktionen (5.33g) nachweist.[19]

Mit den im Zusammenhang mit der Randwertaufgabe identifizierten Eigenwerten $\zeta_k (k = 1 .. \infty)$[20] sind im Sinne von (5.32b) die "Frequenzgrößen"[21]

$$\omega_k = \zeta_k^2 \sqrt{\frac{EJ}{\rho F}}$$

reellwertige bekannte Größen, womit schließlich im Sinne von (5.31a,b) die Zeitfaktoren $T_k(t)$ als Lösungen der gewöhnlichen Differential– bzw. Integro–Differentialgleichungen

$$(M)\colon\ \ddot{T}_k + \omega_k^2 \left[T_k - \frac{1}{\tau} \int_0^t e^{-(t-t')/\tau} T_k dt' \right] = 0 \tag{5.36a}$$

$$(K)\colon\ \ddot{T}_k + \omega_k^2 (\tau \dot{T}_k + T_k) = 0 \tag{5.36b}$$

anfallen. Es ergeben sich mit Integrationskonstanten B_{jk} $(j = 1 .. 3)$, α_k, $k = 1 .. \infty$,

---

[18] Da wegen det $\Delta(\zeta_k) = 0$ die jeweils 4 linearen homogenen Gleichungen (5.33a–c) (mindestens) eine Linearkombination enthalten müssen, verbleiben daher wesentlich (höchstens) drei lineare Gleichungen für die 4 Integrationskonstanten, womit sich $C_{1k} \dots C_{4k}$ durch eine neue Konstante (C_k^x) ausdrücken lassen müssen. Mit der solchermaßen möglichen Reduktionen

$C_{jk} = \eta_{jk} C_k^x$, $j = 1..4$, $k = 1..\infty$,

worin die Koeffizienten η_{jk} von ζ_k, a_j, b_j, c_j, $d_j (j = 1,2)$ und Stab–Kenngrößen (E,J,ρ,F,l) abhängen, bekommt man dann aus (5.32c)

$X_k = C_k^x (\eta_{1k} \cos\zeta_k x + \eta_{2k} \sin\zeta_k x + \eta_{3k} \operatorname{Cos}\zeta_k + 6\eta_{4k} \operatorname{Sin}\zeta_k x) \equiv C_k^x e_k^x(x) \equiv C_k e_k(x)$, wenn man die nach (5.35b) normierten Größen $e_k(x)$ anstelle von $e_k^x(x)$ benutzt und die freie Konstante wieder mit C_k bezeichnet.

[19] Hierzu multipliziert man zwei Feldgleichungen, z. B. $e_j'''' - \zeta_j^4 e_j(x) = 0$, $e_k'''' - \zeta_k^4 e_k(x) = 0$ mit $e_k(x)$ bzw. $e_j(x)$, integriert längs des Stabes und subtrahiert. Es entsteht

$(\zeta_j^2 - \zeta_k^2) \int_0^1 e_j e_k dx \overset{(5.35a)}{=} \int_0^1 (e_j'''' e_k - e_k'''' e_j) dx = \left[e_j''' e_k - e_k''' e_j \right]_0^1 - \left[e_j'' e_k' - e_k'' e_j' \right]_0^1 \overset{(5.33)}{=} 0$, d. h. in der Tat (5.35d).

[20] die sich in der Form $\zeta_1 > \zeta_2 > \zeta_3 > \dots$ "sortiert" verstehen sollen.

[21] die die Bedeutung der Eigenfrequenzen des jeweiligen "ungedämpften elastischen Problems" haben

$$
(M){:}\,T_k(t) \overset{22)}{=} \begin{cases}
B_{1k}\left[-\dfrac{2(\sin\alpha_k - 2(\lambda_k^{(M)}\tau)\cos\alpha_k)}{1+4(\lambda_k\tau)^2} + e^{-\frac{t}{2\tau}}\sin(\lambda_k^{(M)}t+\alpha_k)\right] \\
\text{mit } \lambda_k^{(M)} = \frac{1}{2\tau}\sqrt{4\omega_k^2\tau^2-1} \quad \text{für } \omega_k\tau > 1/2 \\
B_{2k}\left[-\dfrac{2}{1-2\bar\lambda_k^{(M)}\tau} + e^{(\bar\lambda^{(M)}-\frac{1}{2\tau})t}\right] + B_{3k}\left[-\dfrac{2}{1-2\bar\lambda_k^{(M)}\tau} + e^{-(\bar\lambda_k^{(M)}+\frac{1}{2\tau})t}\right] \\
\text{mit } \bar\lambda_k^{(M)} = \frac{1}{2\tau}\sqrt{1-4\omega^2\tau^2} \quad \text{für } \omega_k\tau < 1/2
\end{cases},
$$

$$
K){:}\,T_k(t) \overset{19)}{=} e^{-\frac{\omega_k^2\tau t}{2}} \begin{cases}
B_{1k}\sin(\lambda_k^{(K)}t+\alpha_k) & \text{mit } \lambda_k^{(K)} = \frac{\omega_k}{2}\sqrt{4-\omega_k^2\tau^2} \ \text{für } \omega_k\tau < 2 \\
B_{2k}e^{\bar\lambda_k^{(K)}t} + B_{3k}e^{-\bar\lambda_k^{(K)}t} & \text{mit } \bar\lambda_k^{(K)} = \frac{\omega_k}{2}\sqrt{\omega^2\tau^2-4} \ \text{für } \omega_k\tau > 2
\end{cases},
\tag{5.37a,b}
$$

wobei die jeweils "oben stehenden Lösungen" schwach gedämpfte, die jeweils "unten stehenden Lösungen" stark gedämpfte Eigenschwingungen definieren. Indem man schließlich nach der Summationsvorschrift (5.30), d. h. als

$$
(M){:}\ w(x,t) \overset{23)}{=} \sum_{k=1}^{\infty} e_k(x)\, T_k^{(M)}(t) \tag{5.38a}
$$

bzw.

$$
(K){:}\ w(x,t) \overset{20)}{=} \sum_{k=1}^{\infty} e_k(x)\, e^{-\frac{\omega_k^2\tau t}{2}} \begin{cases} A_k\sin(\lambda_k^{(K)}t + \alpha_k) \\ A_{1k}e^{\bar\lambda_k^{(K)}t} + A_{2k}e^{-\bar\lambda_k^{(K)}t} \end{cases} \tag{5.38b}
$$

die Gesamtlösung für die freien Schwingungen notiert[20] und desweiteren mittels der Anfangsbe–

---

22) Die Kelvinstab–Lösung von (5.37b) bedarf – als analoge Lösungsstruktur des elementaren Einmassenschwingers mit "linearer Dämpfung" – keines weiteren Kommentars, zwecks Erhalt der "Maxwellstab–Lösung" multipliziert man (5.36a) mit $e^{t/\tau}$ und differenziert nochmals. Es entsteht $\left(\ddot T_k + \frac{\dot T_k}{\tau} + \omega_k^2 T_k\right)^{\cdot} = 0$, was, abgesehen von einer Konstanten, ebenfalls durch die Lösung des elementaren linear gedämpften Einmassenschwingers gelöst wird. Man bekommt zunächst mit Integrationskonstanten $C_{jk}(j = 1..3)$

$$
T_k = C_{1k} + C_{2k}e^{\lambda_k t} + C_{3k}e^{-\lambda_k t}
$$

und muß diese Lösung in die ursprüngliche Integro–Differentialgleichung (5.36a) einsetzen, womit sich schließlich C_{1k} durch C_{2k}, C_{3k}, ω_k, λ_k ausdrücken läßt. Die entsprechenden Ergebnisse sind in (5.37a) aufgelistet.

23) wobei aus Raumgründen die Maxwellstab–Lösung mit $T_k = T_k^{(M)}(t)$ nach (5.37a) und $e_k(x)$ nach (5.35) nicht mehr explizit notiert wird.

dingungen

$$w(x,0) = w_0(x) = \sum_{k=1}^{\infty} w_{0k}\, e_k(x) = \sum_{k=1}^{\infty} T_k(0)\, e_k(x) \quad \text{mit} \quad w_{0k} \overset{24)}{=} \int_0^1 w_0(x)\, e_k(x)dx \,,$$

$$\dot{w}(x,0) = v_0(x) = \sum_{k=1}^{\infty} v_{0k}\, e_k(x) = \sum_{k=1}^{\infty} \dot{T}_k(0)\, e_k(x) \quad \text{mit} \quad v_{0k} \overset{21)}{=} \int_0^1 v_0(x)\, e_k(x)dx \,,$$

d. h.

$$T_k(0) = w_{0k} \,, \quad \dot{T}_k(0) = v_{0k} \,, \quad k = 1 \ldots \infty \,, \tag{5.39a,b}$$

also die Konstanten A_k, α_k bzw. A_{1k}, A_{2k} $k = 1 \ldots \infty$, im Sinne von "Fourierkoeffizienten" der Entwicklung der Anfangswerte $w_0(x)$, $v_0(x)$ nach den Eigenfunktionen $e_k(x)$ identifiziert hat, ist die Untersuchung der freien Schwingungen abgeschlossen.

Der Vergleich der Zeitfaktoren nach (5.37a,b) deckt die wesentlichen Unterschiede im kinetischen Verhalten zwischen Maxwell– und Kelvinstäben auf: Während bei Maxwellstäben die kurzwelligeren Anfangsstörungen (mit großen Werten λ_k bzw. ω_k) schwach gedämpft abklingen, sind es bei Kelvinstäben (schwacher Viskosität) die langwelligen Störungen. Stark gedämpft klingen ab
bei Kelvinkörpern kurzwellige
bei Maxwellkörpern langwellige Störungen. Das Verhalten gegenüber

5.5.2 Erzwungenen Schwingungen als Folge von Felderregungen

ist hingegen bei Maxwell bzw. Kelvinstäben nicht grundsätzlich verschieden, was die sog. stationäre Bewegungsreaktion als Folge von periodischer Belastung, z. B. in der Form

$$q(x,t) = q(x,t + T_E) = \sum_{k=1}^{\infty} q_{k0} \sin(\omega_{Ek} t + \alpha_{Ek})\, e_k(x) \,, \quad \omega_{Ek} = k\omega_E \,, \quad \omega_E = 2\pi/T_E$$

betrifft: In beiden Fällen ergeben sich phasenverschobene stationäre Bewegungsreaktionen. Man identifiziert sie nach Einsetzen des Lösungsansatzes

$$w_E(x,t) = w_E(x,t + T_E) \overset{25)}{=} \sum_{k=1}^{\infty} A_{Ek} \sin(\omega_{Ek} t + \alpha_{Ek} - \Delta\alpha_k) e_k(x) \tag{5.40}$$

in (5.28a,b) unter Beachtung von (5.35a) nach Koeffizientenvergleich hinsichtlich der Eigenfunktionen und desweiteren hinsichtlich $\sin(\omega_{Ek} t + \alpha_{Ek})$ und $\cos(\omega_{Ek} t + \alpha_{Ek})$. Es entstehen:

a) für Maxwellstäbe

$$A_{Ek} = \frac{q_{k0}}{\rho F} \frac{1 + (\omega_k \tau)^2 \eta^2}{\omega_k^2 (\omega_k \tau)^2} \sqrt{\left[\left[1 - \frac{1}{(\omega_k \tau)^2}\right] \eta_k^2 - \eta_k^4\right]^2 + \frac{\eta_k^2}{(\omega_k \tau)^2}}^{\;-1}$$

---

24) Man beachte die Normierungs– und Orthogonalitätsbedingungen (5.35b,d)

25) Für Maxwellstäbe muß zur Lösung (5.40) noch der Lösungsanteil

$$w_{Ek} = -\, A_{Ek} \frac{\sin(\alpha_{Ek} - \Delta\alpha_k) - (\omega_{Ek}\tau)\cos(\alpha_{Ek} - \Delta\alpha_k)}{1 + (\omega_{Ek}\tau)^2} e_k(x) \tag{5.42}$$

hinzugefügt werden.

$$\operatorname{tg} \Delta\alpha_k = \frac{1}{\omega_k \tau} \frac{\eta_k}{\left[1 - \frac{1}{(\omega_k\tau)^2}\right]\eta_k^2 - \eta_k^4}, \quad \eta_k = \frac{\omega_{Ek}}{\omega_k}, \quad \omega_k = \zeta_k^2 \sqrt{\frac{EJ}{\rho F}}, \tag{5.40a-c}$$

b) für Kelvinstäbe

$$A_{Ek} = \frac{q_{k0}}{\rho F} \frac{1}{\omega_k^2 \sqrt{(1 - \eta_k^2)^2 + (\omega_k \tau)^2 \eta_k^2}},$$

$$\operatorname{tg} \Delta\alpha_k = \omega_k \tau \frac{\eta_k}{1-\eta_k^2}, \quad \eta_k = \frac{\omega_{Ek}}{\omega_k}, \quad \omega_k = \zeta_k^2 \sqrt{\frac{EJ}{\rho F}}. \tag{5.41a-c}$$

In den Formeln (5.40,41) sind die "rein–elastischen" Relationen
bei Maxwellstäben für $\tau \longrightarrow \infty$,
bei Kelvinstäben für $\tau \longrightarrow 0$
enthalten. Der Fall $\tau \longrightarrow 0$ ergibt für Maxwellstäbe das bei Betrachtnahme des Maxwellmodells unmittelbar einleuchtende Resultat:

$$\operatorname{tg} \Delta\alpha_k = 0, \quad A_{Ek} = \frac{q_{k0}}{\rho F} \frac{1}{\omega_{Ek}^2}.$$

Da in diesem Falle die der elastischen Materialkomponente nachgeschaltete viskose Materialkomponente "ideal flüssig" ist, erzeugt Verformung keine Schnittlasten, womit in der Form

$$\rho F \ddot{w} = q(x,t) = \sum_{k=1}^{\infty} q_{k0} \sin(\omega_{Ek} t + \alpha_{Ek}) e_k(x)$$

die Schüttungsbelastung allein die Bewegung determiniert. Die Untersuchung

5.5.3 stationärer Bewegungsreaktionen als Folge von periodischen Randerregungen,

etwa gekennzeichnet durch am Stab x = l vorgegebene Werte[26)]

$$c_1 w(l,t) + c_2 w'''(l,t) = k_{Ql} \sin(\omega_E t + \alpha_E),$$

$$d_1 w'(l,t) + d_2 w''(l,t) = k_{Ml} \sin(\omega_E t + \alpha_E), \tag{5.43a,b}$$

bewältigt man mit Produktansätzen

$$w(x,t) = {}^{23)}\, X_1(x) \sin(\omega_E t + \alpha_E) + X_2(x) \cos(\omega_E t + \alpha_E), \tag{5.44}$$

die man in die homogenen Feldgleichungen (5.29a,b) einzusetzen hat. Nach Koeffizientenvergleich hinsichtlich $\sin(\omega_E t + \alpha_E)$, $\cos(\omega_E t + \alpha_E)$ erhält man jeweils zwei gekoppelte gewöhnliche Differentialgleichungen für die ortsabhängigen Lösungsanteile, nämlich[27)]

---

26) Am Rande x = 0 sollen weiterhin

$$a_1 w(0,t) + a_2 w'''(0,t) = 0, \quad b_1 w'(0,t) + b_2 w''(0,t) = 0 \tag{5.43c,d}$$

vorgegeben sein.

27) wobei betreffend die Maxwellstab–Gleichungen entsprechend (5.42) die Betrachtnahme noch einer weiteren Ortsfunktion $X_3(x)$ mit

$$X_3''''(x) = - X_1''''(x) \frac{\sin\alpha_E - \omega_E \tau \cos\alpha_E}{1 + (\omega_E \tau)^2} - X_2''''(x) \frac{\cos\alpha_E + \omega_E \tau \sin\alpha_E}{1 + (\omega_E \tau)^2} \tag{5.44a}$$

vonnöten ist.

$$(\mathrm{M}): \begin{cases} (\omega_E\tau)^2\, X_1'''' - (\omega_E\tau)X_2'''' - [1+(\omega_E\tau)^2]\omega_E^2 \dfrac{\rho F}{EJ} X_1(x) = 0\,, \\ (\omega_E\tau)^2\, X_2'''' + (\omega_E\tau)X_1'''' - [1+(\omega_E\tau)^2]\omega_E^2 \dfrac{\rho F}{EJ} X_2(x) = 0\,, \end{cases} \tag{5.44a,b}$$

$$(\mathrm{K}): \begin{cases} X_1'''' - \omega_E\tau\, X_2'''' - \omega_E^2 \dfrac{\rho F}{EJ} X_1(x) = 0\,, \\ X_2'''' + \omega_E\tau\, X_1'''' - \omega_E^2 \dfrac{\rho F}{EJ} X_2(x) = 0\,, \end{cases} \tag{5.44c,d}$$

die – z. B. entsprechend (5.43a–d) – schließlich den folgenden Randbedingungen angepaßt werden müssen:[28)]

$$\begin{aligned} &a_1X_1(0) + a_2X_1'''(0) = 0\ , \quad a_1X_2(0) + a_2X_2'''(0) = 0 \\ &b_1X_1'(0) + b_2X_1''(0) = 0\ , \quad b_1X_2'(0) + b_2X_2''(0) = 0 \\ &c_1X_1(l) + c_2X_1'''(l) = k_{Ql}\ , \quad d_1X_1'(l) + d_2X_1''(l) = k_{Ml} \\ &c_1X_2(l) + c_2X_2'''(l) = 0\ , \quad d_1X_2'(l) + d_2X_2''(l) = 0\ . \end{aligned} \tag{5.45a-h}$$

Ergänzend soll noch vermerkt werden, daß Transversalbewegungen bei gleichzeitigem Vorhandensein einer konstanten Axial–(Druck–)kraft P_0 in Abänderung von (5.26c) durch die Bilanzgleichung

$$\frac{\partial^2 M}{\partial x^2} - P_0\frac{\partial^2 w}{\partial x^2} + q(x,t) = \rho F\ddot{w} \tag{5.46}$$

gekennzeichnet sind und damit für prismatische Stäbe durch die Feldgleichungen

$$(\mathrm{M}):\ w'''' + \lambda^2 w'' - \frac{1}{\tau}\int_{t=0}^{t} w''''(x,t')e^{-(t-t')/\tau}dt' + \frac{\rho F}{EJ}\ddot{w} = \frac{q(x,t)}{EJ}$$

$$(\mathrm{K}):\ \omega'''' + \lambda^2 w'' + \tau\,\dot{w}'''' + \frac{\rho F}{EJ}\ddot{w} = \frac{q(x,t)}{EJ}\,,\ \text{mit}\ \lambda^2 = P_0/EJ\ , \tag{5.47a,b,c}$$

wie man durch Einsetzen von (5.27a,b) in (5.46) identifiziert. Durch Produktansätze verifizierbare Lösungen für freie Schwingungen sind hier für Maxwellstäbe nicht mehr explizit darstellbar, da kubische Gleichungen für charakteristische Exponenten gelöst werden müssen.

Grundsätzlich ist schließlich noch darauf hinzuweisen, daß in den vorangehend dargestellten Formalien die Empfindlichkeit der viskosen Materialkomponente gegenüber Temperaturänderungen außer Betracht blieb. Da sich die Viskosität in der Regel mit zunehmender Temperatur verringert, werden sich bei länger andauernden Schwingungsvorgängen – als Folge der Erwärmung infolge Energiedissipation – im allg. "Verflüssigungseffekte" der viskosen Materialkomponente zeigen, die bei Kelvinstäben zu einer Abnahme der Werkstoffdämpfung, bei Maxwellstäben zu zunehmendem Festigkeitsverlust führen.

---

28) Im Maxwell–Falle kann die Funktion $X_3(x)$ entsprechenden homogenen Randbedingungen an beiden Stabenden angepaßt werden, so daß in der Tat auch im Maxwell–Falle die Randbedingungen (5.45a–h) für die die Ortsfunktionen $X_1(x)$, $X_2(x)$ gefordert werden können.

§ 6 Elementare Theorie fest–idealplastischer Medien

(Verallgemeinerte Prandtl-Reuß-Theorie)

6.1 Einleitende Bemerkungen

Unter fest-idealplastischen Stoffen sollen - in Idealisierung realen Stoffverhaltens - (einfache) Festkörper verstanden werden, bei denen gewisse Klassen von Beanspruchungszuständen - charakterisiert etwa durch dichtebezogene (relative) Spannungen $\overset{\times}{\mathbb{S}} = \mathbb{S}^{(R)}/\bar{\rho} = \mathbb{R}\cdot\mathbb{S}^{(E)}\cdot\mathbb{R}^{T}/\bar{\rho}$ und die Temperatur T - nicht weiter gesteigert werden können, weil sich das Material solchen Beanspruchungssteigerungsversuchen durch unbegrenztes Anwachsen entsprechender (sog. Fließ-)Verformungen entziehen können soll. Es sollen jedoch

1. das Eintreten des Fließzustandes gleichwohl die Fähigkeit des Stoffes, die Fließbeanspruchung zu ertragen, nicht beeinträchtigen [1],

2. die für das Aufrechterhalten eines Fließszustandes aufzuwendende mechanische Arbeit vollständig in Wärme umgesetzt werden, wobei die Dissipationsleistung zur Größe der Fließverzerrungsgeschwindigkeit proportional sein soll und schließlich sollen

3. "Entlastungen" aus dem Fließzustand heraus den Fließzustand augenblicklich unterbinden und den Stoff wieder in einen Festzustand zurückführen mit Eigenschaften, die von den zwischenzeitlich eingetretenen Fließverformungen unabhängig sind.

Wie schon in § 1 angedeutet, ist das für die einachsige Beschreibung solcherart Materialverhaltens konzipierte rheologische Modell aus hintereinandergeschalteten Festkörper - bzw. Fließ-Komponenten[2]. für eine dreidimensionale Verallgemeinerung nur bedingt hilfreich, weil im letzteren Falle grundsätzlich neue Qualitäten aufscheinen.
Zunächst die sog. "Fließbedingung" betrachtend, ist deren einachsige Version

$$F(\sigma_{xx}) = |\sigma_{xx}| - \sigma_F = 0 \tag{6.1}$$

dahingehend zu verallgemeinern, das Fließen durch eine sämtliche Spannungskomponenten

---

1) Wie das z. B. im Bruchzustand der Fall wäre.

2) Mit elastischen, Maxwell– bzw. Kelvinelementen als Repräsentanten der Festkörper–Materialkomponente und einem (die Fließeigenschaften simulierenden) Reibungselement als "Fließ–Komponente".

einschließende skalarwertige Bedingung beschreiben zu müssen, in die man überdies die Temperatur T als Zustandsvariable hinzunehmen sollte angesichts der bekannten Tatsache, daß Fließ-Grenzspannungen mit zunehmender Temperatur abnehmen.

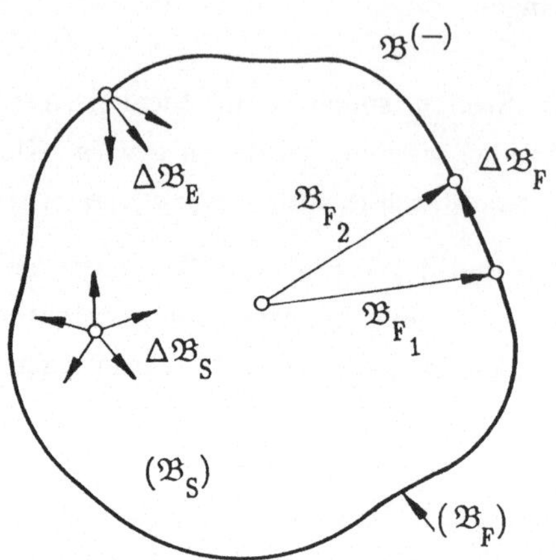

Abb. 6.1

So legt eine Verallgemeinerung von (6.1) mit der 7-komponentigen Beanspruchungsgröße

$$\mathfrak{B} \;\hat{=}\; (\overset{\times}{\mathfrak{S}},\mathrm{T}) \tag{6.1a}$$

eine Struktur von der Form

$$\mathrm{F}(\mathfrak{B}_F) = 0 \tag{6.1b}$$

nahe, was man als Fließbedingung des ideal-plastischen Fließens bezeichnet [3] und als Gleichung einer Fläche (sog. Fließ-Grenzfläche) im Zustandsraum der Beanspruchungsgröße $\mathfrak{B}$ deuten kann, deren - durch Ortsvektoren $\mathfrak{B}_F$ beschriebene - (Flächen-)Punkte jeweils mögliche Fließbeanspruchungszustände kennzeichnen (Abb. 6.1). Damit tritt ein am einachsigen Modell nicht erkennbares, in der Realität jedoch beobachtetes Phänomen hervor, nämlich eine mögliche (kontinuierliche) Veränderung von Beanspruchungszuständen ($\Delta\mathfrak{B}_F$) im (permanenten) Fließzustand des Materials (vgl. h. das Beispiel von Abb. 6.6).

Das Analogon zur einachsigen Fließbedingung, eine Steigerung der einachsigen Spannung $|\sigma_{xx}|$ über σ_F hinaus nicht vornehmen zu können, ist nun die Aussage, Beanspruchungszustände $\mathfrak{B}^{(-)}$, deren Zustandspunkte "jenseits" der Fließgrenzfläche liegen, als "physi-

3) In "Plastizitätstheorien mit Verfestigung" werden in (6.1b) desweiteren die "plastischen Deformationen" als Zustandsvariable in Betracht genommen.

kalisch unmöglich" zu verwerfen[4]. Die dann noch möglichen Beanspruchungszustände werden klassifiziert in

Fließ-Beanspruchungszustände $\{\mathfrak{B}_F\}$, wie bereits referiert, und in

Fest-Zustände $\{\mathfrak{B}_S\}$ mit Zustandspunkten $\mathfrak{B}_S$ "innerhalb" der Fließgrenzfläche.[4] Beanspruchungsänderungen können also nur in der Menge $\{\mathfrak{B}_S\} \cup \{\mathfrak{B}_F\}$ stattfinden, was bedeutet, daß von Fließzuständen $\{\mathfrak{B}_F\}$ aus vorgenommene Zustandsänderungen entweder Fließzustandsänderungen

$$\Delta\mathfrak{B}_F \text{ mit } \mathfrak{B}_F \to \mathfrak{B}_F \tag{6.2a}$$

sein können oder - den eingangs benutzten Begriff nunmehr präzisierend - Entlastungen

$$\Delta\mathfrak{B}_E \text{ mit } \mathfrak{B}_F \to \mathfrak{B}_S \tag{6.2b}$$

für die, ebenso wie für die durch

$$\Delta\mathfrak{B}_S \text{ mit } \mathfrak{B}_S \to \mathfrak{B}_S \tag{6.2c}$$

definierten Festzustands-Änderungen, die Materialgleichungen der Festkörper-Komponente gelten sollen.

Ein grundsätzlicher Unterschied gegenüber dem einachsigen rheologischen Modell besteht bei einer räumlichen Verallgemeinerung desweiteren in der Erfordernis, tensorwertige Fließverzerrungen bzw. Verzerrungsgeschwindigkeiten ($\mathbb{D}_F$ bzw. $\dot{\mathbb{D}}_F$) in Betracht nehmen und damit im Sinne einer Verknüpfung der Letzteren mit den Beanspruchungsgrößen eine Materialgleichungsanalyse verfertigen zu müssen, weil Bilanzgleichungen und Fließbedingung allein für allgemeine räumliche Aufgaben keine vollständige Problemreduktion (etwa auf Verschiebungsgleichungen o.ä.) ermöglichen. Die bisherigen Gesichtspunkte präzisierend, basiert die referierte Analyse auf dem folgenden

6.2 Voraussetzungskatalog.

V1 Im Sinne des Models nach Abb. 1.2c wird ein Kontinuumselement als (mechanisch-) hintereinandergeschaltete Kombination einer Festkörper - und einer Fließ-"Materialkomponente" interpretiert und demgemäß

1a) die den beiden Anteilen zuzuordnenden Beanspruchungsgrößen ($\mathfrak{B}(t)$) als gleich angesehen, während

---

[4] Abgesehen von einigen in neuerer Zeit als Fließphänomene interpretierten ungewöhnlichen Materialverhaltensweisen kann man wohl davon ausgehen, daß die Fließgrenzfläche im Zustandsraum höchstens "zweifach zusammenhängend" ist und Konvexitätsbedingungen genügt als deren Folge der Bereich $\mathfrak{B}_S$ (mit Einschluß des "Beanspruchungs–Nullpunktes") als "innen", der Bereich $\mathfrak{B}^{(-)}$ als "außen" bezeichnet werden kann.

1b) die Verzerrungsgeschwindigkeit ($\dot{\mathbb{D}}$) des Kontinuumselements als Ergebnis einer Addition entsprechender, den Material-Teilkomponenten zugeordneter Größen ($\dot{\mathbb{D}}_S, \dot{\mathbb{D}}_F$) deklariert wird.

Entsprechend des im Folgenden vorgesehenen Konzepts, eine Fließmaterialgleichung energetisch zu fundieren, wird

1c) als Verzerrungsgeschwindigkeit ($\dot{\mathbb{D}}$) die zu den relativen Spannungen $\overset{\times}{\mathbb{S}} = \mathbb{S}^{(\mathbb{R})}/\bar{\rho}$ - im Hinblick auf die Spannungsleistung - duale Größe $\mathbb{C}^{*(\mathbb{R})} = \mathbb{R}\cdot\mathbb{C}^{*}\cdot\mathbb{R}^{T}$ nach (1.20b) mit $\mathbb{C}^{*} = \overline{\operatorname{def}}\, \mathbb{v} = (\bar{\nabla}\circ\mathbb{v} + \mathbb{v}\circ\bar{\nabla})/2$ vorgesehen.

V2 Für ein (aus Festkörper- und Fließelementenanteil bestehend gedachtes) materielles Kontinuumselement sollen die (auf die Masseneinheit bezogenen) thermodynamischen Potentiale (d. h. innere Energie, freie Energie, Entropie) Diejenigen der Festkörper-Materialkomponente sein :

$$\mathcal{U} = \mathcal{U}_S \, , \quad \mathcal{F} = \mathcal{F}_S \, , \quad \mathcal{S} = \mathcal{S}_S \, . \tag{6.4a}$$

V3 Die (auf die Masseneinheit bezogene) Dissipationsleistung $\dot{\mathcal{D}}$ soll nur dann mit Derjenigen ($\dot{\mathcal{D}}_S$) der festen Materialkomponente identisch sein, wenn keine Fließverzerrungsänderungen eintreten. Die bei Fließzustandsänderungen zusätzlich anfallende Dissipationsleistung ($\dot{\mathcal{D}}_F$) soll der Fließverzerrungsgeschwindigkeit proportional sein. Beide Dissipationsleistungsanteile seien jeweils positiv.

V 4 Die Lösung des reinen Festkörper-Materialgleichungsproblems sei im Sinne von §§ 2 - 5 bekannt, insbesondere auch das Stoffgesetz[5]

$$\dot{\mathbb{D}}_S = \underset{\tau = t_A}{\overset{t}{\mathbb{G}}} \langle \mathfrak{B}(\tau) \rangle \, , \tag{6.4b}$$

das - selbstverständlich - die thermodynamische Hauptgleichung

---

[5] mit dem die Festkörper–Verzerrungsgeschwindigkeiten als Folge des Beanspruchungsprozesses $\mathfrak{B}(\tau)$ einschl. $\mathfrak{B}(t) = \mathfrak{B}_F(t)$ auszudrücken sein sollen.

Mit dem Entschluß, dichtebezogene relative Spannungen als maßgebende Beanspruchungsgrößen anzusehen, ist in (6.4b) ggfs. noch der Konfigurationsprozeß $\mathbb{F}(\tau)$ als Variable aufzulisten, sofern etwa die Festkörper–Stoffgleichung primär in Termen 2. Piola–Kirchhoff–Spannungen formuliert ist, weil nun Letztere im Sinne von (1.21c) mittels relativer Spannungen und Streckungen eliminiert werden müssen. Entsprechendes gilt für die Verzerrungsgeschwindigkeit, die hier — als den relativen Spannungen "energetisch duale Größe" — als räumliche Verzerrungsgeschwindigkeit ($\mathbb{C}^{*(\mathbb{R})}$) im Sinne von (1.20b) zu verstehen sein soll. Liegt also die Festkörper–Stoffggleichung primär in Termen Greenscher Verzerrungsgeschwindigkeiten ($\dot{\mathbb{D}}^{(G)}$) vor, so hat man Letztere im Sinne von (1.21b) noch per $\dot{\mathbb{D}}_S \equiv \mathbb{C}_S^{*(\mathbb{R})} = \mathbb{D}^{(S)-1}\cdot\dot{\mathbb{D}}_S^{(G)}\cdot\mathbb{D}^{(S)-1}$ zu eliminieren.

$$\dot{\mathscr{I}}_S = \overset{\times}{\$} \cdot\cdot \dot{\mathbb{D}}_S - \dot{\mathscr{D}}_S - \mathscr{S}_S \dot{T} \tag{6.4c}$$

für fließfreie Zustandsänderungen befriedigen muß.

V 5 Fließverzerrungsänderungen ($\dot{\mathbb{D}}_F$), die mit den Festkörperverzerrungsgeschwindigkeiten ($\dot{\mathbb{D}}_S$) nach (6.4b) zur Gesamt-Verzerrungsgeschwindigkeit ($\dot{\mathbb{D}}$) eines materiellen Kontinuumselementes zusammengefaßt werden, sollen nur für $\mathfrak{B} = \mathfrak{B}_F$ möglich sein und im übrigen von der Art, daß Volumenänderungen des Kontinuumselementes während des Fließens mit Denjenigen der Festkörper-Komponente identisch sein sollen.

Unter Benutzung der Aufschlüsselung

$$\mathfrak{B} = (\overset{\times}{S}', \overset{\times}{p}, T, \mathfrak{E}_{S'}) \,, \tag{6.5a}$$

der Beanspruchungsgröße $\mathfrak{B}$, worin

$$\overset{\times}{p} = \mathbb{E} \cdot\cdot \frac{\overset{\times}{\$}}{3} \tag{6.5b}$$

die auf die Dichte bezogene mittlere Normalspannung,

$$\overset{\times}{S}' = \sqrt{\overset{\times}{\$}' \cdot\cdot \overset{\times}{\$}'} \tag{6.5c}$$

den Betrag des auf die Dichte bezogenen Spannungsdeviators und

$$\mathfrak{E}_{S'} = \overset{\times}{\$}' / \sqrt{\overset{\times}{\$}' \cdot\cdot \overset{\times}{\$}'} = \$' / \sqrt{\$' \cdot\cdot \$'} \tag{6.5d}$$

eine deviatorische Richtungsgröße mit den Eigenschaften

$$\mathbb{E} \cdot\cdot \mathfrak{E}'_S = (\mathfrak{E}'_S)_1 = 0 \,, \quad \mathfrak{E}'_S \cdot\cdot \mathfrak{E}'_S = 1 \tag{6.5e,f}$$

bedeuten, und womit der Spannungszustand als

$$\overset{\times}{\$} = \overset{\times}{\$}' + \overset{\times}{p}\,\mathbb{E} = \overset{\times}{p}\,\mathbb{E} + \overset{\times}{S}'\,\mathfrak{E}'_S$$

notiert werden kann, werden schließlich als der einachsigen Bedingung (6.1) äquivalente Abgrenzungskriterien verlangt:

V6a Die Gesamtmenge aller denkbaren Beanspruchungszustände $\mathfrak{B}$ soll gemäß

$$\{\mathfrak{B}\} = \{(\overset{\times}{\$};\, T)\} = \{(\overset{\times}{\$}_S;\, T_S)\} \cup \{(\overset{\times}{\$}_F;\, T_F)\} \cup \{(\overset{\times}{\$}^{(-)};\, T^{(-)})\}$$

in drei Teilmengen mit folgenden Eigenschaften zu zerlegen sein:

V6b $\{(\overset{\times}{\mathfrak{S}}_F;\ T_F)\}$ ist eine Menge stetig ineinander überführbarer (sog. Fließ-)Beanspruchungszustände, im Zusammenhang mit deren Änderung $(d\overset{\times}{\mathfrak{S}};\ dT)$ es unmöglich sein soll,

ba) sofern sich die Änderung isotherm und isobar vollzieht $(d\overset{\times}{p} = 0,\ dT = 0)$, den vorhandenen Fließdeviatorzustand $\overset{\times}{\mathfrak{S}}{}'_F$ proportional zu steigern $(d\overset{\times}{\mathfrak{S}}{}' = \overset{\times}{\mathfrak{S}}{}'_F\, d\zeta,\ d\zeta > 0)$ und, sofern sich

bb) die Änderung bei konstanten Spannungen [6] vollzieht $(d\overset{\times}{\mathfrak{S}} = \mathbb{O})$, die vorhandene Temperatur zu steigern $(dT > 0)$.

V6c Alle Beanspruchungszustände $(\overset{\times}{\mathfrak{S}}{}^{(-)};\ T^{(-)})$, die nur dadurch realisiert werden könnten, daß man einen Fließbeanspruchungszustand isotherm deviatorisch proportional steigern oder bei konstanten Spannungen [6] die Temperatur erhöhen müßte, sollen physikalisch unmöglich sein.

V6d Alle Zustände $(\overset{\times}{\mathfrak{S}}_S;\ T_S)$, die weder Fließzustände noch physikalisch nicht realisierbar sind, sind Festzustände und dementsprechend durch beliebige Zustandsänderungen $d\mathfrak{B} = (d\overset{\times}{\mathfrak{S}};\ dT)$ zu verändern.

V6e Temperaturen T und Drücke $\overset{\times}{p}$ sollen nicht, die maximal erreichbaren Deviatorbeträge $\overset{\times}{S}{}'_F$ durch Druck, Temperatur und die jeweilige Richtungsgröße $\mathfrak{C}'_S$ limitiert sein. Die maximal erreichbaren Deviatorbeträge sollen dabei, übereinstimmend mit Experimenten in der Metall-Plastizität, für jeweils feste Werte $\overset{\times}{p}$, $\mathfrak{C}'_S$, mit wachsender Temperatur monoton abnehmen. Sämtliche hydrostatischen Zustände $(-\overset{\times}{p}\,\mathbb{E};\ T)$ (einschließlich des Nullspannungszustandes $\overset{\times}{\mathfrak{S}}(0,T) = 0$) sollen Festzustände sein.[7]

---

[6] mit von Null verschiedenem Spannungsdeviator

[7] die Heraushebung des hydrostatischen Spannungszustandes als eines Solchen, bei dem Material nicht fließen kann, ist für (zum Zeitpunkt der Plastizierung) isotrope Materialien unzweifelhaft, für anisotrope Stoffe experimentiell bisher nicht widerlegt. Die im Versuchswesen vorherrschende Vorstellung, daß Fließen bei Kristallen als Folge des Überschreitens gewisser Höchstschubspannungen eintritt, macht wahrscheinlich, daß auch bei anisotropen Medien die Annahme, daß hydrostatische Spannungszustände Festzustände seien, die Realität gut modelliert.

6.3 Folgerungen

Die formale Ausschöpfung der getroffenen Voraussetzungen mit den Abgrenzungsannahmen (V6) beginnend, definiert wegen (V6d,e) jeder Beanspruchungszustand $\mathfrak{B} = (\overset{\times}{S}'\mathfrak{E}'_S + \overset{\times}{p}\,\mathbb{E}\ ;\ T)$ für hinreichend kleine Beträge $\overset{\times}{S}'$ einen Festzustand, der dementsprechend allgemein, also insbesondere auch deviatorisch proportional isotherm gesteigert werden kann, wegen (V6ba) allerdings nur so weit, bis der jeweilige Fließgrenzwert

$$\overset{\times}{S}'_F = \overset{\times}{H}\,(\mathfrak{E}'_S, \overset{\times}{p}, T) \tag{6.6a}$$

erreicht ist. Als Folge von (V6d,e) und (V6ba) gilt also für physikalisch realisierbare Beanspruchungszustände

$$F\,(\overset{\times}{S}', \mathfrak{E}'_S, \overset{\times}{p}, T) = \overset{\times}{S}' - \overset{\times}{S}'_F = \overset{\times}{S}' - \overset{\times}{H}\,(\mathfrak{E}'_S\,, \overset{\times}{p}, T) \leq 0 \tag{6.6b}$$

und für Fließzustände

$$F\,(\overset{\times}{S}'_F, \mathfrak{E}'_S, \overset{\times}{p}, T) = 0\ , \tag{6.6c}$$

wobei die hiernach erreichbaren Deviatorbeträge $(\overset{\times}{S}'_F)$ - für jeweils feste Werte $\mathfrak{E}'_S$, $\overset{\times}{p}$ - mit der Temperatur (T) umkehrbar eindeutig ("monoton abnehmend") etwa nach Bild 6.2 zusammenhängen sollen.

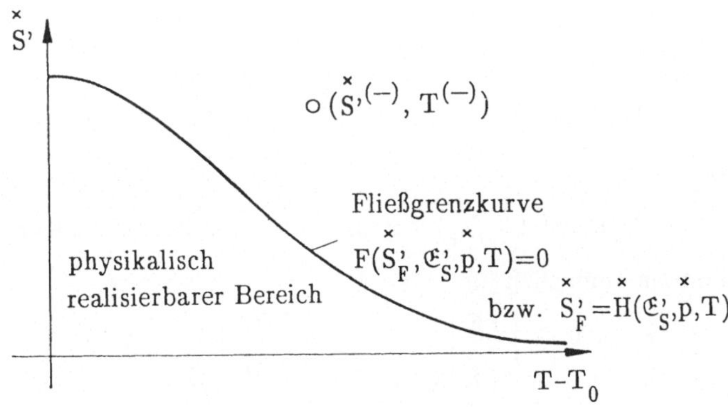

Abb. 6.2

Abb. 6.2 veranschaulicht die Bedingungen (6.6b,c) insofern, als nur solche Beanspruchungszustände physikalisch möglich sind, deren zugehörige "Zustandspunkte" $(\overset{\times}{S}', T)$ innerhalb des durch die – nach

(6.6c) beschriebene – "Fließgrenzkurve" und die Koordinatenachsen $(S' = 0$ bzw. $T = T_0)$ abgeschlossenen Bereiches liegen, der gleichermaßen, die Fließgrenzkurve als Null–Höhenlinie des über der Koordinatenebene $(\overset{\times}{S}',T)$ errichteten Hügels der "Fließfunktion" $F(\overset{\times}{S}', \overset{\times}{\mathfrak{E}}_S', p, T)$ interpretierend, dadurch zu beschreiben ist, daß die den jeweiligen Wertepaaren $(\overset{\times}{S}',T)$ zuzuordnenden Fließfunktionswerte nie positiv sein dürfen. Als erste Folge von V 6 ist somit festzustellen:

F 1: Ordnet man jedem Beanspruchungszustand $\mathfrak{B} \hat{=} (\overset{\times}{\$}; T)$ eine skalarwertige sog. Fließfunktion

$$F\,(\overset{\times}{S}', \overset{\times}{\mathfrak{E}}_S', p, T) = \overset{\times}{S}' - \overset{\times}{H}\,(\overset{\times}{\mathfrak{E}}_S', p, T) \tag{6.7}$$

zu, so sind durch

$$F \leq 0 \tag{6.7a}$$

alle physikalisch realisierbaren Beanspruchungszustände gekennzeichnet, durch

$$F < 0 \tag{6.7b}$$

alle Festzustände und durch

$$F = 0 \tag{6.7c}$$

alle Fließzustände, während alle Zustände $(\$^{(-)}; T^{(-)})$ mit

$$F > 0 \tag{6.7d}$$

physikalisch unmöglich sind. Gleichung (6.6c) bzw. (6.7c) heißen Fließbedingung. Mit der Fließfunktion sollen durch

$$F\,(\overset{\times}{S}_F', \overset{\times}{\mathfrak{E}}_S', p, T) = 0$$

für jeweils feste Werte $\overset{\times}{\mathfrak{E}}_S'$, p Wertepaare $(\overset{\times}{S}_F', T)$ umkehrbar eindeutig einander zuzuordnen sein.

Aus einem Fließzustand $(\overset{\times}{\$}_F,T_F)$ heraus vollzogene Zustandsänderungen $(d\overset{\times}{\$}, dT)$ sind physikalisch unmöglich für

$$dF = d\overset{\times}{\$} \cdot\cdot \left[\frac{\partial F}{\partial \overset{\times}{\$}}\right]_{\overset{\times}{\$}_F,T_F} + dT \left[\frac{\partial F}{\partial T}\right]_{\overset{\times}{\$}_F,T_F} > 0\,, \tag{6.8a}$$

sind Fließzustandsänderungen (definieren also Übergang in einen Nachbar-Fließzustand) für

$$dF = d\overset{\times}{\mathbb{S}} \cdot\cdot \left[\frac{\partial F}{\partial \overset{\times}{\mathbb{S}}}\right]_{\overset{\times}{\mathbb{S}}_F, T_F} + dT \left[\frac{\partial F}{\partial T}\right]_{\overset{\times}{\mathbb{S}}_F, T_F} \overset{8)}{=} 0 \tag{6.8b}$$

und sind "Entlastungen", bewirken also Rückführung in einen Festzustand für

$$dF = d\overset{\times}{\mathbb{S}} \cdot\cdot \left[\frac{\partial F}{\partial \overset{\times}{\mathbb{S}}}\right]_{\overset{\times}{\mathbb{S}}_F, T_F} + dT \left[\frac{\partial F}{\partial T}\right]_{\overset{\times}{\mathbb{S}}_F, T_F} < 0. \tag{6.8c}$$

Insbesondere aus der Beziehung (6.8a) konkretisiert man mit (V 6ba), da hiernach Beanspruchungsänderungen $(d\overset{\times}{\mathbb{S}};\, dT) = (d\overset{\times}{S}'\, \mathfrak{E}'_S;\, 0)$ mit $d\overset{\times}{S}' > 0$ physikalisch unmöglich sein sollen,

$$d\overset{\times}{S}'\, \mathfrak{E}'_S \cdot\cdot \left[\frac{\partial F}{\partial \overset{\times}{\mathbb{S}}}\right]_{\overset{\times}{\mathbb{S}}_F, T_F} = \frac{d\overset{\times}{S}'}{\overset{\times}{S}'_F}\, \overset{\times}{\mathbb{S}}'_F \cdot\cdot \left[\frac{\partial F}{\partial \overset{\times}{\mathbb{S}}}\right]_{\overset{\times}{\mathbb{S}}_F, T_F} > 0 \quad \text{für} \quad \frac{d\overset{\times}{S}'}{\overset{\times}{S}'_F} > 0\,,$$

und wegen (V6e) überdies

$$\left[\frac{\partial \overset{\times}{S}_F}{\partial T}\right]_{\overset{\times}{\mathbb{S}}_F, T_F} \overset{(6\,.\,6a)}{=} \left[\frac{\partial \overset{\times}{H}}{\partial T}\right]_{\overset{\times}{\mathbb{S}}_F, T_F} \equiv \left\{-\frac{\partial}{\partial T}(\overset{\times}{S}' - \overset{\times}{H})\right\}_{\overset{\times}{\mathbb{S}}_F, T_F} \overset{(6\,.\,6b)}{=} -\left[\frac{\partial F}{\partial T}\right]_{\overset{\times}{\mathbb{S}}_F, T_F} < 0\,,$$

also die weitere Folgerung

F 2: Die Fließbedingung (6.7c) muß im durch die Zustandsgröße $\mathfrak{B}$ definierten 7-dimensionalen Zustandsraum eine Fläche definieren, die im Sinne von

$$\overset{\times}{\mathbb{S}}'_F \cdot\cdot \left[\frac{\partial F}{\partial \overset{\times}{\mathbb{S}}}\right]_{\overset{\times}{\mathbb{S}}_F, T_F} > 0\,, \qquad \left[\frac{\partial F}{\partial T}\right]_{\overset{\times}{\mathbb{S}}_F, T_F} > 0 \tag{6.9a,b}$$

(global) konvex ist.

Die Bedingung (6.9b) deckt übrigens automatisch auch V6bb ab: Nach (6.8a) sind mit $d\overset{\times}{\mathbb{S}} = \mathbb{0}$ Zustandsänderungen für

$$dT \left[\frac{\partial F}{\partial T}\right]_{\overset{\times}{\mathbb{S}}_F, T_F} > 0$$

und wegen (6.9b) in der Tat für $dT > 0$ physikalisch unmöglich.

8) Dies wird auch als sog. "Konsistenzbedingung" bezeichnet.

Neben der Fließbedingung benötigt man in der Plastizitätstheorie, wie schon erwähnt, bekanntlich eine Fließ–Materialgleichung, was zumindest für den in der Theorie nicht ausgeschlossenen Fall des sog. "starr–plastischen Mediums"[9] unmittelbar einsichtig ist. Verlangt man auch hierfür die Durchführbarkeit einer Spannungs– und Deformationsanalyse, so ist offensichtlich, daß man neben der Newton–Eulerschen Feldgleichungsbilanz der Impulse

$$\bar{\nabla}\cdot \mathbb{S}^{(E)} + \bar{\rho}\mathbb{k} = \bar{\rho}\dot{\mathbb{v}}$$

zuzüglich zweier skalarwertiger Nebenbedingungen, nämlich

a) einer Fließbedingung und

b) der Inkompressibilitätsbedingung $(\bar{\nabla}\cdot \mathbb{v} = 0)$ im Sinne von V5

noch vier weitere skalarwertige — einen Zusammenhang zwischen Spannungen und Kontinuumskinematik herstellende — (Material–)Beziehungen benötigt, um solchermaßen schließlich eine in Termen der Kontinuumskinematik formulierbare Problemreduktion zu erreichen (vgl. a. §6.5.1).

Zwecks

6.3.1 Konstruktion einer Fließ-Materialgleichung

setzt man in die thermodynamische Hauptgleichung

$$\dot{\mathscr{F}} = \overset{\times}{\mathbb{S}}_F \cdot\cdot\, \dot{\mathbb{D}} - \dot{\mathscr{D}} - \mathscr{S}\dot{T}$$

$\dot{\mathscr{D}} = \dot{\mathscr{D}}_F + \dot{\mathscr{D}}_S$ sowie $\mathscr{F} = \mathscr{F}_S$, $\mathscr{S} = \mathscr{S}_S$ nach V2,3 ein, hat also zunächst

$$\dot{\mathscr{F}}_S + \mathscr{S}_S\dot{T} + \dot{\mathscr{D}}_S = \overset{\times}{\mathbb{S}}_F \cdot\cdot\, \dot{\mathbb{D}} - \dot{\mathscr{D}}_F\,,$$

und weil im Sinne von (6.4b,c) nach V4

$$(\dot{\mathscr{F}}_S + \mathscr{S}_S\dot{T} + \dot{\mathscr{D}}_S)_{\overset{\times}{\mathbb{S}}=\overset{\times}{\mathbb{S}}_F, T_F} \equiv \overset{\times}{\mathbb{S}}_F \cdot\cdot\, \dot{\mathbb{D}}_S\Big|_{\mathfrak{B}(t)=\mathfrak{B}_F(t)} = \overset{\times}{\mathbb{S}}_F \cdot\cdot \underset{\tau=t_A}{\overset{t}{\mathbb{G}}} \langle \mathfrak{B}(\tau) \rangle_{\mathfrak{B}(t)=\mathfrak{B}_F(t)}$$

gelten soll, desweiteren

$$\overset{\times}{\mathbb{S}}_F \cdot\cdot (\dot{\mathbb{D}} - \dot{\mathbb{D}}_S) \overset{10)}{\equiv} \overset{\times}{\mathbb{S}}_F \cdot\cdot \dot{\mathbb{D}}_F \overset{11)}{\equiv} \overset{\times}{\mathbb{S}}_F \cdot\cdot \dot{\mathbb{D}}'_F \equiv \overset{\times}{\mathbb{S}}'_F \cdot\cdot \dot{\mathbb{D}}'_F = \dot{\mathscr{D}}_F\,, \qquad (6.10a)$$

wonach die Fließdissipationsleistung von den Spannungen längs der Fließverzerrungsgeschwindigkeiten erbracht wird, und verwendet betr. das Dissipationspostulat

$$\dot{\mathscr{D}}_F \geq 0 \qquad (6.10c)$$

(vgl. V3) mit Vorteil eine zu (6.5d) analoge Zerlegung

$$\dot{\mathbb{D}}'_F = |\dot{\mathbb{D}}'_F|\,\mathfrak{C}'_{CF} \qquad (6.11a)$$

in den Verzerrungsgeschwindigkeitsbetrag

---

[9] wofür die Festkörper–Materialkomponente (S) in Abb. 1.2c als "starr" angesehen wird.

[10] mit (vgl. V1)

$$\dot{\mathbb{D}}_F = \dot{\mathbb{D}} - \dot{\mathbb{D}}_S \qquad (6.10b)$$

[11] indem nach V5 sogleich beachtet wird, daß die Fließ–Verzerrungsgeschwindigkeiten deviatorisch sein sollen.

$$|\mathbb{D}'_F| \equiv \dot{D}'_F = \sqrt{\mathbb{D}'_F \cdot\cdot \mathbb{D}'_F} \tag{6.11b}$$

und die deviatorische Richtungsgröße

$$\mathfrak{C}'_{CF} = \mathbb{D}'_F / |\mathbb{D}'_F| \quad \text{mit} \quad \mathfrak{C}'_{CF} \cdot\cdot \mathfrak{C}'_{CF} = 1 \ , \quad \mathbb{E} \cdot\cdot \mathfrak{C}'_{CF} = 0 \ , \tag{6.11c-e}$$

weil hiermit das Dissipationspostulat

$$\dot{\mathscr{D}}_F = \overset{\times}{\mathbb{S}}{}'_F \cdot\cdot \mathbb{D}'_F \equiv (\overset{\times}{S}{}'_F \mathfrak{C}'_{SF}) \cdot\cdot (\dot{D}'_F \mathfrak{C}'_{CF}) \geq 0 \tag{6.11d}$$

nach Herauskürzen von $\overset{\times}{S}{}'_F \dot{D}'_F$ unter Ausschluß produktneutraler Terme[12] in die einfache Restriktion

$$\mathfrak{C}'_{SF} \cdot\cdot \mathfrak{C}'_{CF} > 0 \tag{6.12d}$$

überführt werden kann, mit der verlangt wird, daß die Einheitsdeviatoren $(\mathfrak{C}'_{SF}, \mathfrak{C}'_{CF})$ - als "Richtungsgrößen" im Zustandsraum der Deviatoren gedeutet - stets einen "verallgemeinerten spitzen Winkel" einschließen müssen (Abb. 6.3). Der danach zu erschließende Befund, daß die Größen $\mathfrak{C}'_{SF}$ und $\mathfrak{C}'_{CF}$ voneinander abhängen müssen, und zwar in der Weise, daß die Transformation

$$\mathfrak{C}'_{SF} \Rightarrow \mathfrak{C}'_{CF} \tag{6.12a}$$

eine (im Zustandsraum der Deviatoren definierte) Drehung beschreibt, wird als Schlüssel für die Fließ-Materialgleichungsanalyse aufgefaßt, indem recherchiert wird, als "wovon abhängig" die Intensität einer solchen "Drehung" einzuschätzen ist. Beschränkt man im Sinne des Prinzips der Äquipräsenz auf dieselben Größen, die die Fließbedingung definieren, so kommen als "Agentien" betr. die Transformation (6.12a) nur die jeweils momentane Beanspruchungsgröße $\mathfrak{B}(t)$ in Betracht, während hingegen eine Abhängigkeit der Transformation (6.12a) vom Fließ-Verzerrungsgeschwindigkeitsbetrag $(\dot{D}_F)$ ausgeschlossen ist. Letzteres ist Folge der ebenfalls in V3 erhobenen Forderung nach zur Fließ-Verzerrungsgeschwindigkeit proportionaler Dissipationsleistung, weswegen

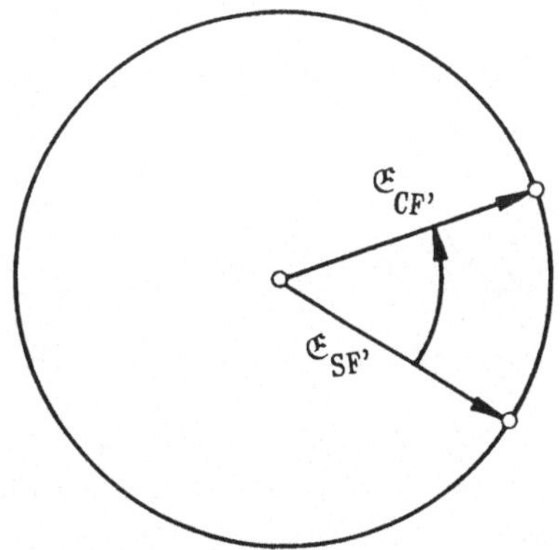

Abb. 6.3

[12] d. h. mit der Voraussetzung, daß Fließ–Spannungen grundsätzlich dissipativ seien.

$$\dot{\mathscr{D}}_F = \overset{\times}{\mathfrak{S}}{}'_F \cdot\cdot \dot{\mathbb{D}}'_F \equiv \dot{D}'_F \overset{\times}{\mathfrak{S}}{}'_F \cdot\cdot \mathfrak{E}'_{CF}$$

linear von $\dot{D}'_F$ abhängen soll, was nur möglich ist, sofern $\overset{\times}{\mathfrak{S}}{}'_F$ - und daher auch $\mathfrak{E}'_{SF} = \overset{\times}{\mathfrak{S}}{}'_F/\overset{\times}{S}{}'_F$! - von $\dot{D}'_F$ nicht abhängt. Daß die nunmehr anstelle von (6.12a) präziser als

$$\mathfrak{E}'_{SF} \Rightarrow \mathfrak{E}'_{CF} =^{13)} \Phi(\mathfrak{E}'_{SF}, \overset{\times}{p}_F, T_F) \tag{6.12b}$$

notierbare Materialbeziehung letztlich lediglich vier skalare (Material-)Funktionen der in (6.12b) aufgelisteten Variablen aufweisen kann, ist Folge der in [5a] referierten Darstellungsmöglichkeit von Einheitsdeviatoren, was hier nochmals kompakt notiert werden soll:

Da Einheitdeviatoren $\mathfrak{E}'_X = \mathbb{X}'/\sqrt{\mathbb{X}'\cdot\cdot\mathbb{X}'}$, wegen

$$(\mathfrak{E}'_X)_1 = \mathbb{E}\cdot\cdot\mathfrak{E}'_X = 0\ ,\ (\mathfrak{E}'_X)_2 = \tfrac{1}{2}\left[(\mathfrak{E}'_X)_1^2 - \mathfrak{E}'_X\cdot\cdot\mathfrak{E}'_X\right] \overset{(6.11d)}{=} -\tfrac{1}{2} \tag{6.13a,b}$$

nur eine variable dritte Invariante

$$I'_{X3} = (\mathbb{E}\cdot\cdot\mathfrak{E}'^3_X)/3 = (\mathfrak{E}'_X\cdot\cdot\mathfrak{E}'^2_X)/3 \tag{6.13c}$$

aufweisen, genügen sie der diesbezüglich spezialisierten Cayley–Hamilton–Gleichung

$$\mathfrak{E}'^3_X - \tfrac{1}{2}\mathfrak{E}'_X - I'_{X3}\mathbb{E} = 0\ , \tag{6.13d}$$

weswegen auch die durch $\det\left(x_j^{(H)}\mathbb{E} - \mathfrak{E}'_X\right) = 0$, d. h. durch

$$x_j^{(H)^3} - \tfrac{1}{2}x_j^{(H)} \equiv x_j^{(H)}\left[x_j^{(H)^2} - \tfrac{1}{2}\right] = x_j^{(H)}\left[x_j^{(H)} - \frac{1}{\sqrt{2}}\right]\left[x_j^{(H)} + \frac{1}{\sqrt{2}}\right] = I'_{X3}\ ,\quad j = 1..3\ , \tag{6.13e}$$

definierten Hauptwerte $x_j^{(H)}$, $j = 1..3$, allein von der dritten Invarianten (I'_{X3}) abhängen. Die resultierend einen Einheitsdeviator — in Hauptachsendarstellung —

$$\mathfrak{E}'_X = \sum_{j=1}^{3} x_j^{(H)}(I'_{X3})\,\mathbb{e}_{xj}^{(H)}\circ\mathbb{e}_{xj}^{(H)} \;\hat{=}\; \begin{bmatrix} x_1^{(H)}(I'_{X3}) & & \\ & x_2^{(H)}(I'_{X3}) & \\ & & x_3^{(H)}(I'_{X3}) \end{bmatrix}_{<\mathbb{e}_{xj}^{(H)}>} \equiv \mathfrak{E}'(I'_{X3}, \mathbb{e}_{xj}^{(H)}) \tag{6.13f}$$

kennzeichnenden vier Skalare lassen sich demnach aufschlüsseln in die Variable I'_{X3}, die seine drei Hauptwerte $x_j^{(H)}$, $j = 1..3$ festlegt (Abb. 6.4), und in die drei Richtungsgrößen, die seine Hauptachsenbasis $<\mathbb{e}_{xj}^{(H)}>$ (relativ zu einer Bezugsbasis) orientieren, wobei wegen (6.13a,b) mit einer Lösung (z. B. $x_1 = x > 0$) von (6.13e) die beiden weiteren Lösungen von (6.13e) durch

13) Hierin könnte durchaus auch noch die Möglichkeit eines Einflusses des Beanspruchungsprozesses vorgesehen werden.

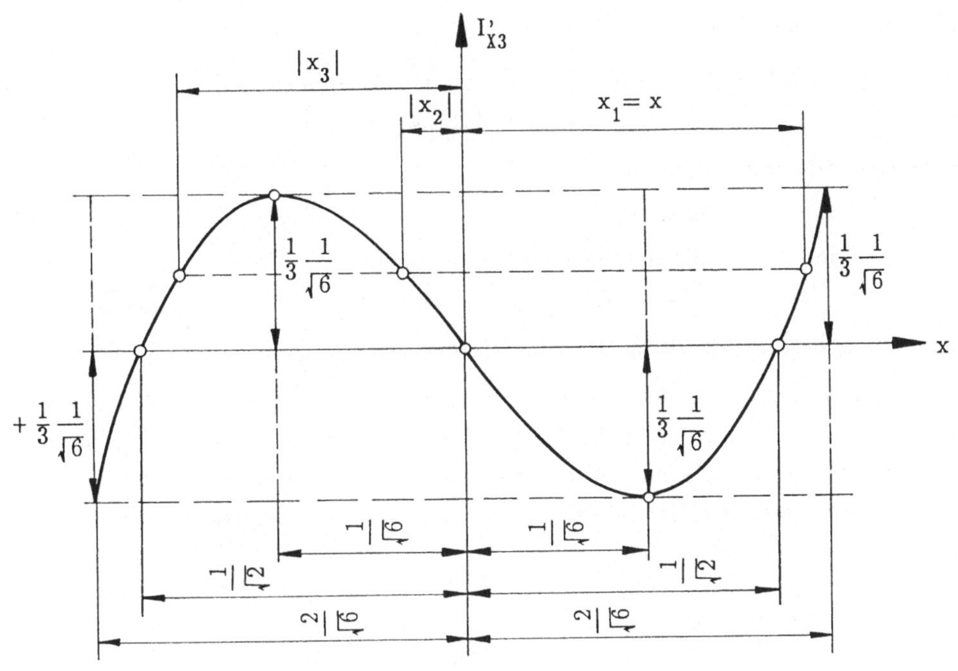

Abb. 6.4

$$x_{2,3} = \frac{1}{2}\left[-x \pm \sqrt{2-3x^2}\right] \quad , \quad x_1 \geq x_2 \geq x_3 \; , \tag{6.13g}$$

festgelegt (Abb.6.4) und demgemäß Lösungen (x_j) generell durch

$$x_j^2 \leq 2/3 \quad \text{bzw.} \quad -2/\sqrt{6} \leq x_j \leq 2/\sqrt{6} \; , \quad j = 1...3 \tag{6.13h}$$

und daher die Invariante

$$I'_{X3} \overset{14)}{=} x_1 x_2 x_3 \overset{(6.13g)}{=} x\left[x^2 - \frac{1}{2}\right] = x\left[x + \frac{1}{\sqrt{2}}\right]\left[x - \frac{1}{\sqrt{2}}\right] \tag{6.13i}$$

(vgl. Abb. 6.4) durch

$$I'^2_{X3} \leq 1/54 \quad \text{bzw.} \quad -\frac{1}{3}\frac{1}{\sqrt{6}} \leq I'_{X3} \leq \frac{1}{3}\frac{1}{\sqrt{6}} \tag{6.13j}$$

---

14) Betr. die Darstellung $I'_{X3}(x)$ s. Abb. 6.4. Nullstellen von I'_{X3} beschreiben generell den Befund, daß einer der Hauptwerte verschwindet. Neben $x(=x_1) = 0$ beschreiben die Werte $x(=x_1) = \pm 1/\sqrt{2}$ ebenfalls Nullstellen für I'_{X3}, weil hierfür nach (6.13g) die Hauptwerte x_2 bzw. x_3 verschwinden.

eingeschrankt sind[15] [5a].

Auf die (Dreh-)Transformation (6.12a,b) zurückkommend, wird also verlangt, von einem Einheitsdeviator $\mathfrak{E}'_{SF} = \mathfrak{E}'(I'_{SF3}, e^{(H)}_{sj})$ ausgehend, einen Einheitsdeviator $\mathfrak{E}'_{CF} = \mathfrak{E}'(I'_{CF3}, e^{(H)}_{cj})$ zu verfertigen, was bedeutet, einerseits einen skalaren Zusammenhang

$$I'_{SF3} \Rightarrow I'_{CF3} = \psi\left(I'_{SF3}; \mathfrak{E}'_{SF}, \overset{\times}{p}_F, T_F\right) \qquad (6.14a)$$

zwischen den dritten Invarianten

$$I'_{SF3} = \mathbb{E} \cdot\cdot \mathfrak{E}'^{3}_{SF}/3 \quad \text{und} \quad I'_{CF3} = \mathbb{E} \cdot\cdot \mathfrak{E}'^{3}_{CF}/3 \qquad (6.14b,c)$$

herstellen zu müssen und desweiteren einen Zusammenhang

$$<e^{(H)}_{sj}> \Rightarrow <e^{(H)}_{cj}> = \Psi\left(I'_{SF3}; \mathfrak{E}'_{SF}, \overset{\times}{p}_F, T_F\right) \equiv <e^{(H)}_{sj}> \cdot \mathbf{R}\left(I'_{SF3}; \mathfrak{E}'_{SF}, \overset{\times}{p}_F, T_F\right) \qquad (6.14d)$$

zwischen den Hauptachsenbasen der Einheitsdeviatoren $(\mathfrak{E}'_{SF}, \mathfrak{E}'_{CF})$ in Form einer Versor-Transformation[16]. Und da diese bekanntlich zu kennzeichnen ist durch 3 Skalare [5a],die jetzt ebenfalls als Funktionen des in (6.14) aufgelisteten Variablensatzes angesehen werden müssen, ist das Materialgleichungsproblem der Prandtl-Reuß-Theorie in der Tat mit der Notation vierer skalarer (Material-)Funktionen des in (6.14) aufgelisteten Variablensatzes umrissen.

Die mit $e^{(H)}_{cj} = e^{(H)}_{sj} \cdot \mathbf{R}$, $j = 1..3$ in der Form

$$\mathfrak{E}'_{SF} = \sum_{j=1}^{3} x_{sj}(I'_{SF3}) e^{(H)}_{sj} \circ e^{(H)}_{sj} \Rightarrow \mathfrak{E}'_{CF} = \sum_{j=1}^{3} x_{cj}(I'_{CF3}) e^{(H)}_{cj} \circ e^{(H)}_{cj} \equiv$$

$$\equiv \mathbf{R}^T \cdot \sum_{j=1}^{3} x_{cj}(I'_{CF3}) e^{(H)}_{sj} \circ e^{(H)}_{sj} \cdot \mathbf{R} \equiv \mathbf{R}^T \cdot \bar{\mathfrak{E}}'_{CF} \cdot \mathbf{R} \qquad (6.15a)$$

mit

$$\bar{\mathfrak{E}}'_{CF} = \sum_{j=1}^{3} x_{cj}(I'_{CF3}) e^{(H)}_{sj} \circ e^{(H)}_{sj} \qquad (6.15b)$$

notierbare Transformationsaufgabe ist auffaßbar dahingehend, zunächst an $\mathfrak{E}'_{SF}$ eine "Deformationsaufgabe" $\mathfrak{E}'_{SF} \Rightarrow \bar{\mathfrak{E}}'_{CF}$ bei gleichbleibenden Hauptrichtungen $<e^{(H)}_{sj}>$ und anschließend per Versor–Transformation den Übergang $\bar{\mathfrak{E}}'_{CF} \Rightarrow \mathfrak{E}'_{CF} = \mathbf{R}^T \cdot \bar{\mathfrak{E}}'_{CF} \cdot \mathbf{R}$ zu leisten, wobei der Übergang

---

15) Im Hinblick auf den Erhalt reellwertiger Lösungen $x_{2,3}$ aus (6.13g) ist dies zunächst für $x_1 = x$ zu fordern, dann aber auch für x_2 und x_3, da man (anstelle von x_1) primär x_2 bzw. x_3 als Ausgangsgröße (x) hätte wählen und hiermit $x_{3,1}$ bzw. $x_{1,2}$ aus (6.13g) hätte berechnen können.

16) die jetzt durch $\mathbf{R}$ in Fettdruck bezeichnet werden soll, um Verwechslungen mit der im polaren Zerlegungssatz aufscheinenden Größe $(\mathbb{R})$ zu vermeiden, die dort die Drehung des Hauptverzerrungs-achsen–Dreibeins kennzeichnet.

$\mathfrak{C}'_{SF} \Longrightarrow \bar{\mathfrak{C}}'_{CF}$, der dabei gleichbleibenden Hauptrichtungen $<\mathfrak{e}^{(H)}_{sj}>$ wegen, zunächst allgemein durch

$$\bar{\mathfrak{C}}'_{CF} = g_0 \mathbb{E} + g_1 \mathfrak{C}'_{SF} + g\mathfrak{C}'^{2}_{SF} \tag{6.16a}$$

mit drei, von $\mathfrak{C}'_{SF}$ (durchaus anisotrop) abhängenden skalaren Funktionen g_j, j = 0,1, und g beschrieben werden kann. Zu detaillieren ist (6.16a) mittels der für Einheitsdeviatoren geltenden Restriktionen

$$\mathbb{E}\cdot\cdot\mathfrak{C}'_{CF} = 0 \quad , \quad \mathfrak{C}'_{CF}\cdot\cdot\mathfrak{C}'_{CF} = 1 \quad ,$$

die sich wegen $(\mathbf{R}^T = \mathbf{R}^{-1})$, d. h.

$$\mathbb{E}\cdot\cdot\mathfrak{C}'_{CF} = \mathbb{E}\cdot\cdot(\mathbf{R}^T\cdot\bar{\mathfrak{C}}'_{CF}\cdot\mathbf{R}) \equiv \mathbb{E}\cdot\cdot\bar{\mathfrak{C}}'_{CF} = 0 \tag{6.16b}$$

$$\mathfrak{C}'_{CF}\cdot\cdot\mathfrak{C}'_{CF} = (\mathbf{R}^T\cdot\bar{\mathfrak{C}}'_{CF}\cdot\mathbf{R})\cdot\cdot(\mathbf{R}^T\cdot\bar{\mathfrak{C}}'_{CF}\cdot\mathbf{R}) \equiv \bar{\mathfrak{C}}'_{CF}\cdot\cdot\bar{\mathfrak{C}}'_{CF} = 1 \tag{6.16c}$$

gleichermaßen in Termen von $\bar{\mathfrak{C}}'_{CF}$ formulieren lassen. So erhält man also nach Einsetzen von (6.16a) die beiden Forderungen

$$\mathbb{E}\cdot\cdot\bar{\mathfrak{C}}'_{CF} = 0 = g_0\mathbb{E}\cdot\cdot\mathbb{E} + g_1\mathbb{E}\cdot\cdot\mathfrak{C}'_{SF} + g\mathfrak{C}'_{SF}\cdot\cdot\mathfrak{C}'_{SF} = 3g_0 + g \quad ,$$

$$\bar{\mathfrak{C}}'_{CF}\cdot\cdot\bar{\mathfrak{C}}'_{CF} = 1 = (g_0\mathbb{E} + g_1\mathfrak{C}'_{SF} + g\mathfrak{C}'^{2}_{SF})\cdot\cdot(g_0\mathbb{E} + g_1\mathfrak{C}'_{SF} + g\mathfrak{C}'^{2}_{SF})$$

$$=^{17)}\ 3g_0^2 + 2g_0 g + g_1^2 + 6g_1 g I'_{SF3} + \tfrac{1}{2}g^2 =^{18)}\ (g^2/6) + g_1^2 + 6gg_1 I'_{SF3}$$

und kann mittels derer etwa die beiden Skalare g_0, g_1 per

$$g_0 = -\,g/3 \quad , \quad g_1 = -\,3gI'_{SF3} \pm \sqrt{1 - \frac{g^2}{6}\,(1-54I'^{2}_{SF3})} \tag{6.16d}$$

auf einen, letztlich allein verbleibenden Skalar[19] $g\left(\mathfrak{C}'_{SF}, \check{p}_F, T_F\right)$ reduzieren, der im Hinblick auf den Erhalt einer reellwertigen Lösung für g_1 durch

$$g^2 \le g^2_{2max} = 6/(1-54I'^{2}_{SF3}) \tag{6.16e}$$

eingeschrankt ist. Das Dissipationspostulat

$$\mathscr{D}^{\cdot}/(\dot{D}'_F S'_F) = \mathfrak{C}'_{CF}\cdot\cdot\mathfrak{C}'_{SF} \overset{(6.15a)}{=} \bar{\mathfrak{C}}'_{CF}\cdot\cdot(\mathbf{R}\cdot\mathfrak{C}'_{SF}\cdot\mathbf{R}^T) > 0 \tag{6.17a}$$

verlangt schließlich für die in (6.16d) auftretende Wurzel das positive Vorzeichen[20], womit $\bar{\mathfrak{C}}'_{CF}$ bis auf eine skalare Materialfreiheit $\left(g(\mathfrak{C}'_{SF}, \check{p}_F, T_F)\right)$ als

---

17) Man beachte die unter Verwendung der Cayley–Hamilton–Gleichung (6.13d) sowie mit (6.16b,c) erhältliche Identität

$$\mathfrak{C}'^{2}_{SF}\cdot\cdot\mathfrak{C}'^{2}_{SF} \equiv \mathfrak{C}'^{3}_{SF}\cdot\cdot\mathfrak{C}'_{SF} = \tfrac{1}{2}\,\mathfrak{C}'_{SF}\cdot\cdot\mathfrak{C}'_{SF} + I'_{SF3}\mathbb{E}\cdot\cdot\mathfrak{C}'_{SF} = \tfrac{1}{2}$$

18) nach Einsetzen von $g_0 = -\,g/3$

19) der letztlich den – als von $\mathfrak{B}_F(t)$ abhängig anzusehenden – Zusammenhang (6.14a) zwischen der Invarianten I'_{SF3} und

$$I'_{CF3} = \det\,\mathfrak{C}'_{CF} = \det\,(\mathbf{R}^T\cdot\bar{\mathfrak{C}}'_{CF}\cdot\mathbf{R}) \equiv \det\,\bar{\mathfrak{C}}'_{CF} = (\mathbb{E}\cdot\cdot\bar{\mathfrak{C}}'^{3}_{CF})/3 \tag{6.17c}$$

beschreibt (vgl. (6.20a)).

20) (vgl. h. (6.20b))

$$\bar{\mathfrak{E}}'_{CF} = g(\mathfrak{E}'^2_{SF} - \tfrac{1}{3}\mathbb{E} - 3I'_{SF3}\mathfrak{E}'_{SF}) + \sqrt{1 - \tfrac{g^2}{6}(1-54I'^2_{SF3})}\,\mathfrak{E}'_{SF} \tag{6.17b}$$

festliegt, während die drei übrigen Material–Freiheiten angesichts der Darstellungsmöglichkeit von Versoren in der Form[21)]

$$\mathbf{R} = \mathbb{E} - (\mathbb{E} - \mathbb{e}\circ\mathbb{e})(1-\cos\varphi) - \mathbb{E}\times\mathbb{e}\,\sin\varphi \tag{6.18a}$$

Materialbeziehungen für Versorachse $\left(\mathbb{e} = \mathbb{e}(\mathfrak{E}'_{SF},\overset{\times}{p}_F,T_F)\right)$ bzw. Drehwinkel $\left(\varphi = \varphi(\mathfrak{E}'_{SF},\overset{\times}{p}_F,T_F)\right)$ substantiieren. So ist also

$$\mathfrak{E}'_{CF} = \mathbf{R}^T\cdot\left[g\left(\mathfrak{E}'^2_{SF} - \tfrac{1}{3}\mathbb{E} - 3I'_{SF3}\mathfrak{E}'_{SF}\right) + \sqrt{1 - \tfrac{g^2}{6}(1-54I'^2_{SF3})}\,\mathfrak{E}'_{SF}\right]\cdot\mathbf{R} \tag{6.19a}$$

mit einer skalar– und einer versorwertigen Materialfunktion

$$g = g\left(\mathfrak{E}'_{SF},\overset{\times}{p}_F,T_F\right) \quad , \quad \mathbf{R} = \mathbf{R}\left(\mathfrak{E}'_{SF},\overset{\times}{p}_F,T_F\right) \tag{6.19b}$$

die weitestgehend reduzierte Version einer Fließ—Materialgleichung, die unter Benutzung von $\mathfrak{E}'_{SF}\cdot\cdot\mathfrak{E}'_{SF} = 1$ sowie

$$\begin{aligned}
\mathfrak{E}'_{CF} &= \mathbf{R}^T\cdot\bar{\mathfrak{E}}'_{CF}\cdot\mathbf{R} \equiv (\bar{\mathfrak{E}}'^T_{CF}\cdot\mathbf{R})^T\cdot\mathbf{R} \equiv (\bar{\mathfrak{E}}'^T_{CF}\cdot\mathbf{R})\cdot\cdot\overset{\langle 4\rangle}{\mathbb{E}}_T\cdot\mathbf{R} \\
&\equiv (\bar{\mathfrak{E}}'_{CF}\cdot\cdot\overset{\langle 4\rangle}{\mathbb{E}}_T\cdot\mathbf{R})\cdot\cdot\overset{\langle 4\rangle}{\mathbb{E}}_T\cdot\mathbf{R} = \bar{\mathfrak{E}}'_{CF}\cdot\cdot(\overset{\langle 4\rangle}{\mathbb{E}}_T\cdot\mathbf{R})\cdot\cdot\overset{\langle 4\rangle}{\mathbb{E}}_T\cdot\mathbf{R} \\
&\equiv (\mathfrak{E}'_{SF}\cdot\cdot\mathfrak{E}'_{SF})\bar{\mathfrak{E}}'_{CF}\cdot\cdot(\overset{\langle 4\rangle}{\mathbb{E}}_T\cdot\mathbf{R})\cdot\cdot(\overset{\langle 4\rangle}{\mathbb{E}}_T\cdot\mathbf{R}) \equiv \mathfrak{E}'_{SF}\cdot\cdot\overset{\langle 4\rangle}{\mathbb{R}}
\end{aligned} \tag{6.19c}$$

mit

$$\overset{\langle 4\rangle}{\mathbb{R}} = (\mathfrak{E}'_{SF}\circ\bar{\mathfrak{E}}'_{CF})\cdot\cdot(\overset{\langle 4\rangle}{\mathbb{E}}_T\cdot\mathbf{R})\cdot\cdot(\overset{\langle 4\rangle}{\mathbb{E}}_T\cdot\mathbf{R}) \quad , \quad \overset{\langle 4\rangle}{\mathbb{R}}\cdot\cdot\overset{\langle 4\rangle}{\mathbb{R}}^T = \mathfrak{E}'_{SF}\circ\mathfrak{E}'_{SF} \tag{6.19d}$$

für das Folgende kürzer als

$$\mathfrak{E}'_{CF} = \mathfrak{E}'_{SF}\cdot\cdot\overset{\langle 4\rangle}{\mathbb{R}} \equiv \overset{\langle 4\rangle}{\mathbb{R}}^T\cdot\cdot\mathfrak{E}'_{SF} \tag{6.19e}$$

geschrieben werden soll.

Nachzutragen ist schließlich noch der in Fußn. 19 avisierte Zusammenhang ψ (vgl. (6.14a)), den man in Termen der Materialfreiheit g darstellen kann, und der unter Verwendung von

$$\begin{aligned}
\bar{\mathfrak{E}}'^3_{CF} \overset{(6.16a)}{=} & \; g_0^3\mathbb{E} + g_1^3\mathfrak{E}'^3_{SF} + g^3\mathfrak{E}'^6_{SF} + 3(g_0^2 g_1\mathfrak{E}'_{SF} + g_0 g_1^2\mathfrak{E}'^2_{SF} + \\
& + g_0^2 g\mathfrak{E}'^2_{SF} + g_0 g^2\mathfrak{E}'^4_{SF} + g_1^2 g\mathfrak{E}'^4_{SF} + g_1 g^2\mathfrak{E}'^5_{SF}) + 6g_0 g_1 g\mathfrak{E}'^3_{SF}
\end{aligned}$$

durch Spurbildung $(I'_{CF3} = \mathbb{E}\cdot\cdot\mathfrak{E}'^3_{CF}/3 \equiv \mathbb{E}\cdot\cdot\bar{\mathfrak{E}}'^3_{CF}/3)$ gewonnen wird.

Unter Benutzung von

$$g_0 = -g/3 \quad , \quad g_1 = -3I'_{SF3}g + \sqrt{1 - \tfrac{g^2}{6}(1-54I'^2_{SF3})}$$

sowie

$$\mathbb{E}\cdot\cdot\mathfrak{E}'^4_{SF} = \tfrac{1}{2} \quad , \quad \mathbb{E}\cdot\cdot\mathfrak{E}'^5_{SF} = \tfrac{5}{2}I'_{SF3} \quad , \quad \mathbb{E}\cdot\cdot\mathfrak{E}'^6_{SF} = \tfrac{1}{4} + 3I'^2_{SF3}$$

erhält man schließlich

---

21) In (6.18) bedeuten $\mathbb{e}$ die (Versor—)Achse der Drehung und φ den (bezüglich $\mathbb{e}$ im Sinne der Rechtsschrauben—Konvention gemessenen) Drehwinkel, vgl. etwa [5a].

$$\frac{I'_{CF3} - I'_{SF3}}{1 - 54I'^{2}_{SF3}} = \frac{g}{6}\left[1 - \frac{2}{9}g^2(1 - 54I'^{2}_{SF3}) - 4gI'_{SF3}\sqrt{1 - \frac{g^2}{6}(1-54I'^{2}_{SF3})}\right] . \qquad (6.20a)$$

Betr. die Klärung der Vorzeichenfrage des Wurzelausdruckes in (6.16d) bzw. (6.17b) (vgl. Fußn. 20) genügt es, denkbare Spezialfälle zu recherchieren, für die gleichermaßen das Dissipationspostulat (6.17a) befriedigt werden muß. Der einfachste Nachweis bezieht sich auf den Fall " schwacher Anisotropie" mit

$$\mathbb{R} \approx \mathbb{E} - \mathbb{E}\times d\bar{\varphi} \ , \quad \mathbb{R}^T = \mathbb{E} + \mathbb{E}\times d\bar{\varphi} \ , \quad |d\bar{\varphi}| << 1$$

und daher

$$\mathbb{R}\cdot\mathfrak{E}'_{SF}\cdot\cdot\mathbb{R}^T \approx \mathfrak{E}'_{SF} - d\varphi \times \mathfrak{E}'_{SF} + \mathfrak{E}'_{SF} \times d\bar{\varphi} - d\bar{\varphi} \times \mathfrak{E}'_{SF} \times d\bar{\varphi} \ ,$$

was wegen der Koaxialität von $\bar{\mathfrak{E}}'_{CF}$ und $\mathfrak{E}'_{SF}$ und der Antimetrie von $\mathbb{E} \times d\bar{\varphi}$ auf die Forderung

$$\dot{\mathscr{D}}/(\dot{D}'_F S'_F) \overset{(6.11d)}{=} \mathfrak{E}'_{SF}\cdot\cdot\mathfrak{E}'_{CF} \overset{(6.15a)}{=} (\mathbb{R}\cdot\mathfrak{E}'_{SF}\cdot\mathbb{R}^T)\cdot\cdot\mathfrak{E}'_{CF} \approx \bar{\mathfrak{E}}'_{CF}\cdot\cdot\mathfrak{E}'_{SF} - \bar{\mathfrak{E}}'_{CF}\cdot\cdot(d\bar{\varphi}\times\mathfrak{E}'_{SF}\times d\bar{\varphi}) > 0$$

führt und dementsprechend nur für

$$\bar{\mathfrak{E}}'_{CF}\cdot\cdot\mathfrak{E}'_{SF} = \left[g\left[\mathfrak{E}'^{2}_{SF} - \frac{1}{3}\mathbb{E}\right] + g_1\mathfrak{E}'_{SF}\right]\cdot\cdot\mathfrak{E}'_{SF} =$$

$$= g(\mathfrak{E}'^{3}_{SF}\cdot\cdot\mathbb{E}) + g_1 = 3I'_{SF3}g + g_1 \overset{(6.16d)}{=} \pm\sqrt{1 - \frac{g^2}{6}(1-54I'^{2}_{SF3})} \overset{!}{>} 0 \ , \qquad (6.20b)$$

d. h. für positives Vorzeichen des Wurzelausdruckes erfüllt werden kann. Ein noch vergleichsweise einfacher, aber hier aus Raumgründen nicht mehr dargestellter Nachweis für endliche Drehungen ist für den Fall $g_2 = 0$ erreichbar, wenn man aus der Menge der Deviatoren $\mathfrak{E}'_{SF}$ gerade einen Solchen auswählt, dessen eine seiner Hauptachsen mit der Versorachse identisch ist.

Zusammen mit der Fließbedingung kennzeichnet also das Fließen in der verallgemeinerten Prandtl-Reuß-Theorie insgesamt fünf skalare Materialfunktionen der (Momentan-)Beanspruchung $\mathfrak{B}_F(t)$. Allerdings sind der Fließverzerrungsgeschwindigkeitsbetrag $(\dot{D}_F)$ und damit die Fließverzerrungsgeschwindigkeit $\dot{\mathbb{D}}_F = \dot{D}_F\mathfrak{E}'_{CF}$ als Folge von $\mathfrak{B}_F(t)$ mittels vorliegender Analyse vollständig nicht festzulegen. Die Möglichkeit mittels

$$\dot{\mathscr{D}}_F = \overset{\times}{\$}'_F\cdot\cdot\overset{\times}{\dot{\mathbb{D}}}'_F = |\$'_F||\dot{\mathbb{D}}'_F|\ \mathfrak{E}'_{SF}\cdot\cdot\mathfrak{E}'_{CF} \overset{(6.19e)}{\equiv} |\overset{\times}{\$}'_F||\dot{\mathbb{D}}'_F|\ \mathfrak{E}'_{SF}\cdot\cdot\overset{\langle 4\rangle}{\mathbb{R}}\cdot\cdot\mathfrak{E}'_{SF} =$$

$$\overset{(6.6a)}{=} \dot{D}_F\overset{\times}{H}\mathfrak{E}'_{SF}\cdot\cdot\overset{\langle 4\rangle}{\mathbb{R}}\cdot\cdot\mathfrak{E}'_{SF} \geq 0 \qquad (6.21a)$$

per

$$|\dot{\mathbb{D}}'_F| = \frac{\dot{\mathscr{D}}_F}{\overset{\times}{H}\mathfrak{E}'_{SF}\cdot\cdot\overset{\langle 4\rangle}{\mathbb{R}}\cdot\cdot\mathfrak{E}'_{SF}} \qquad (6.21b)$$

den Fließverzerrungsgeschwindigkeitsbetrag $(\dot{D}'_F = |\dot{\mathbb{D}}'_F| = \sqrt{\dot{\mathbb{D}}_F\cdot\cdot\dot{\mathbb{D}}_F})$ zugunsten der Dissipationsleistung $(\dot{\mathscr{D}}_F)$ zu eliminieren und solchermaßen

$$\dot{\mathbb{D}}_F = \dot{D}_F' \mathfrak{E}_{CF}' \overset{(6.19e,21b)}{=} \frac{\dot{\mathcal{D}}_F \mathfrak{E}_{SF}' \cdot\cdot \overset{\langle 4\rangle}{\mathbb{R}}}{\overset{\times}{H} \mathfrak{E}_{SF}' \cdot\cdot \overset{\langle 4\rangle}{\mathbb{R}} \cdot\cdot \mathfrak{E}_{SF}'} \overset{22)}{=} \frac{\dot{\mathcal{D}}_F \overset{\times}{\mathfrak{S}}_F' \cdot\cdot \overset{\langle 4\rangle}{\mathbb{R}}}{\overset{\times}{H}{}^2 \mathfrak{E}_{SF}' \cdot\cdot \overset{\langle 4\rangle}{\mathbb{R}} \cdot\cdot \mathfrak{E}_{SF}'} \equiv \mathfrak{S}_F' \cdot\cdot \overset{\langle 4\rangle .}{\Lambda} \qquad (6.22a)$$

mit

$$\overset{\langle 4\rangle .}{\Lambda} = \frac{\dot{\mathcal{D}}_F \overset{\langle 4\rangle}{\mathbb{R}}}{\overset{\times}{H}{}^2 \mathfrak{E}_{SF}' \cdot\cdot \overset{\langle 4\rangle}{\mathbb{R}} \cdot\cdot \mathfrak{E}_{SF}'} \overset{(6.21b)}{=} \frac{|\dot{\mathbb{D}}_F|}{\overset{\times}{H}} \overset{\langle 4\rangle}{\mathbb{R}} \quad \text{und} \quad \mathfrak{S}_F' \cdot\cdot \overset{\langle 4\rangle .}{\Lambda} \cdot\cdot \mathfrak{S}_F' \geq 0 \qquad (6.22b,c)$$

zu erreichen, stellt gegenüber (6.19e) nur eine scheinbare Erweiterung dar, weil $\dot{\mathcal{D}}_F$ - wie insbesondere die zweite Version von (6.22b) verdeutlicht - linear von $\dot{D}_F$ abhängt, womit aus (6.22a) $\dot{D}_F$ "herausgekürzt" werden kann. Nichtsdestoweniger benutzt man die Version (6.22) zur Formulierung einer Gesamt-Stoffgleichung fest-idealplastischer Medien in Termen der Beanspruchungen ($\mathfrak{B}_F$) und der Gesamt-Verzerrungsgeschwindigkeiten $\dot{\mathbb{D}} = \dot{\mathbb{D}}_S + \mathbb{D}_F$.

Zuvor sei aber noch die Potentialansatz–Version nach Levy– v. Mises referiert, wonach das Fließ–Materialgesetz bereits mit der Fließbedingung festliegen soll:
Die Gleichartigkeit der Restriktionen

$$\dot{\mathcal{D}}_F = \overset{\times}{\mathfrak{S}}_F' \cdot\cdot \dot{\mathbb{D}}_F' \geq 0 \quad , \quad \text{bzw.} \quad \overset{\times}{\mathfrak{S}}_F' \cdot\cdot \left[\frac{\partial F}{\partial \overset{\times}{\mathfrak{S}}'}\right]_{\mathfrak{B}_F} \geq 0 \ ,$$

die das Dissipationspostulat bzw. die Bedingung der globalen Konvexität von der Fließbedingung fordern (vgl. (6.9a)), ist hier Motivation für einen Stoffgleichungs–Ansatz von der Form

$$\dot{\mathbb{D}}_F' = \zeta \left[\frac{\partial F}{\partial \overset{\times}{\mathfrak{S}}'}\right]_{\mathfrak{B}_F} \quad \text{mit} \quad \zeta = \frac{\dot{\mathcal{D}}_F}{\overset{\times}{\mathfrak{S}}_F' \cdot\cdot \left[\dfrac{\partial F}{\partial \overset{\times}{\mathfrak{S}}'}\right]_{\mathfrak{B}_F}} \geq 0 \quad \text{d. h.}$$

$$\dot{\mathbb{D}}_F' = \frac{\dot{\mathcal{D}}_F}{\overset{\times}{\mathfrak{S}}_F' \cdot\cdot \left[\dfrac{\partial F}{\partial \overset{\times}{\mathfrak{S}}'}\right]_{\mathfrak{B}_F}} \left[\frac{\partial F}{\partial \overset{\times}{\mathfrak{S}}'}\right]_{\mathfrak{B}_F} \quad \text{bzw.} \quad \mathfrak{E}_{CF}' = \left[\frac{\partial F / \partial \overset{\times}{\mathfrak{S}}'}{|\partial F / \partial \overset{\times}{\mathfrak{S}}'|}\right]_{\mathfrak{B}_F} \ , \qquad (6.23a,b)$$

der selbstverständlich gegenüber (6.19a,b) insofern speziell ist, als er nur eine Funktionenfreiheit aufweist.[23] Die Beziehungen (6.23) und (6.19) können gleichwertig sein für isotrope Probleme und sind gleichwertig für isotrope tensorlineare Fälle, wozu F eine isotrope Bilinearform von $\overset{\times}{\mathfrak{S}}'$ sein muß (vgl. §6.4).

---

22) mit $\mathfrak{E}_{SF}' = \mathfrak{S}_F'/|\mathfrak{S}_F'| \equiv \overset{\times}{\mathfrak{S}}_F'/|\overset{\times}{\mathfrak{S}}_F'| = \overset{\times}{\mathfrak{S}}_F'/\overset{\times}{H}$

23) nämlich Diejenige der Fließfunktion F, die hier in "Personalunion" nicht nur die Fließbedingung sondern auch des Fließ–Stoffgesetz definieren soll.

Die anschauliche Bedeutung des Levy — v. Misesschen Fließgesetzes ist Diejenige einer "Normalitäts-regel", wozu man sich Werten gleicher Fließfunktion (F_C) im Zustandsraum der Spannungsdeviatoren Zustandspunkte (mit "Ortsvektoren" $\overset{\times}{\mathfrak{S}}{}'_C$) zugeordnet denkt und von Letzteren verlangt, daß sie (mit $\overset{\times}{p}$ und T parametrisierte) Hyperflächen mit eindeutiger Flächennormalen bilden. Dann ist $\left\{(\partial F/\partial\overset{\times}{\mathfrak{S}}{}')/(|\partial F/\partial\overset{\times}{\mathfrak{S}}{}'|)\right\}_{\mathfrak{B}_F}$ die jeweilige "äußere Normale" an die Fließgrenzfläche $F = 0$, die nach (6.23) die "Richtungsgröße" $\mathfrak{E}'_{CF}$ der plastischen Verzerrungsänderung definieren soll.

Mit den Identitäten

$$d\overset{\times}{S}{}' = d\sqrt{\overset{\times}{\mathfrak{S}}{}'\cdot\cdot\overset{\times}{\mathfrak{S}}{}'} = d\overset{\times}{\mathfrak{S}}{}'\cdot\cdot\overset{\times}{\mathfrak{S}}{}'/\overset{\times}{S}{}' = d\overset{\times}{\mathfrak{S}}{}'\cdot\cdot\mathfrak{E}'_S \tag{6.23c}$$

sowie

$$d\overset{\times}{\mathfrak{S}}{}' = d(\overset{\times}{S}{}'\mathfrak{E}'_S) = d\overset{\times}{S}{}'\mathfrak{E}'_S + \overset{\times}{S}{}'d\mathfrak{E}'_S$$

d. h.

$$d\mathfrak{E}'_S = (d\overset{\times}{\mathfrak{S}}{}' - d\overset{\times}{S}{}'\mathfrak{E}'_S)/\overset{\times}{S}{}' \overset{24)}{=} d\overset{\times}{\mathfrak{S}}{}'\cdot\cdot(\overset{\langle 4\rangle}{\mathbf{M}}{}' - \mathfrak{E}'_S\circ\mathfrak{E}'_S)/\overset{\times}{S}{}' \tag{6.23d}$$

bekommt man für die Funktion $F = \overset{\times}{S}{}' - \overset{\times}{H}(\mathfrak{E}'_S,\overset{\times}{p},T)$ das Spannungsdeviator–Differential

$$\partial_{\overset{\times}{\mathfrak{S}}{}'}F \equiv d\overset{\times}{\mathfrak{S}}{}'\cdot\cdot(\partial F/\partial\overset{\times}{\mathfrak{S}}{}') = d\overset{\times}{S}{}' - d\mathfrak{E}'_S\cdot\cdot(\partial\overset{\times}{H}/\partial\mathfrak{E}'_S)$$

$$\overset{(6.23c,d)}{=} d\overset{\times}{\mathfrak{S}}{}'\cdot\cdot\left[\mathfrak{E}'_S - \frac{1}{\overset{\times}{S}{}'}(\overset{\langle 4\rangle}{\mathbf{M}}{}' - \mathfrak{E}'_S\circ\mathfrak{E}'_S)\cdot\cdot(\partial\overset{\times}{H}/\partial\mathfrak{E}'_S)\right],$$

also

$$\partial F/\partial\overset{\times}{\mathfrak{S}}{}' = \mathfrak{E}'_S - \frac{1}{\overset{\times}{S}{}'}(\overset{\langle 4\rangle}{\mathbf{M}}{}' - \mathfrak{E}'_S\circ\mathfrak{E}'_S)\cdot\cdot(\partial\overset{\times}{H}/\partial\mathfrak{E}'_S) \tag{6.23e}$$

und daher übrigens noch als (6.23b) äquivalente Formulierung des Levy— von Mises—Ansatzes in Termen von $\overset{\times}{H}_F = \overset{\times}{H}(\mathfrak{E}'_{SF},\overset{\times}{p}_F,T_F)$

$$\mathfrak{E}'_{CF} \overset{25)}{=} \frac{\mathfrak{E}'_{SF} - \frac{1}{\overset{\times}{H}_F}(\overset{\langle 4\rangle}{\mathbf{M}}{}' - \mathfrak{E}'_{SF}\circ\mathfrak{E}'_{SF})\cdot\cdot(\partial\overset{\times}{H}_F/\partial\mathfrak{E}'_{SF})}{\left\{1 + \frac{1}{\overset{\times}{H}{}^2_F}\left[\frac{\partial\overset{\times}{H}_F}{\partial\mathfrak{E}'_{SF}}\cdot\cdot\frac{\partial\overset{\times}{H}_F}{\partial\mathfrak{E}'_{SF}} - \left[\mathfrak{E}'_{SF}\cdot\cdot\frac{\partial\overset{\times}{H}_F}{\partial\mathfrak{E}'_{SF}}\right]^2\right]\right\}^{1/2}}. \tag{6.23f}$$

Basierend auf dem Verzerrungsgeschwindigkeits–Additionsgesetz $\dot{\mathbb{D}} = \dot{\mathbb{D}}_S + \dot{\mathbb{D}}_F$ (vgl. V1b bzw. (6.10b))

---

24) mit $\overset{\langle 4\rangle}{\mathbf{M}}{}' = \overset{\langle 4\rangle}{\mathbf{M}} - \frac{1}{3}\mathbb{E}\circ\mathbb{E}$

25) Man setze $\overset{\times}{S}{}' = \overset{\times}{H}_F$, $\mathfrak{E}'_S = \mathfrak{E}'_{SF}$

erzeugt man mit $\dot{\mathbb{D}}_S$ bzw. $\dot{\mathbb{D}}_F$ nach (6.4b,22a,b) als

6.3.2 (Gesamt-)Stoffgleichung fest idealplastischer Medien

etwa die Version

$$\dot{\mathbb{D}} = \dot{\mathbb{D}}_S + \dot{\mathbb{D}}_F \overset{26)}{=} \mathbb{G} + |\dot{\mathbb{D}}_F|\mathfrak{C}'_{CF} = \mathbb{G} + \frac{\dot{\mathscr{D}}_F \overset{\times}{\$}'_F \cdot\cdot \overset{<4>}{\mathbb{R}}}{\overset{\times}{H}^2 \mathfrak{C}'_{SF} \cdot\cdot \overset{<4>}{\mathbb{R}} \cdot\cdot \mathfrak{C}'_{SF}} = \mathbb{G} + \overset{\times}{\$}'_F \overset{<4>}{\dot{\Lambda}} \tag{6.24}$$

bzw.[27]

$$\mathbb{E}\cdot\cdot\dot{\mathbb{D}} = \mathbb{E}\cdot\cdot\mathbb{G} \ , \quad \dot{\mathbb{D}}' = \dot{\mathbb{D}}'_S + \overset{\times}{\$}'_F\cdot\cdot \overset{<4>}{\dot{\Lambda}} = \mathbb{G}' + \overset{\times}{\$}'_F\cdot\cdot \overset{<4>}{\dot{\Lambda}} \tag{6.24a,b}$$

aber auch, indem man per

$$\begin{aligned}\dot{\mathbb{D}}'\cdot\cdot\dot{\mathbb{D}}' &= (\dot{\mathbb{D}}'_S + \dot{\mathbb{D}}'_F)\cdot\cdot(\dot{\mathbb{D}}'_S + \dot{\mathbb{D}}'_F) = \dot{\mathbb{D}}'_S\cdot\cdot\dot{\mathbb{D}}'_S + \dot{\mathbb{D}}'_F\cdot\cdot\dot{\mathbb{D}}'_F + 2\dot{\mathbb{D}}'_F\cdot\cdot\dot{\mathbb{D}}'_S \\ &= \dot{\mathbb{D}}'_S\cdot\cdot\dot{\mathbb{D}}'_S + |\dot{\mathbb{D}}'_F|^2 + 2|\dot{\mathbb{D}}'_F|\mathfrak{C}'_{CF}\cdot\cdot\dot{\mathbb{D}}'_S\end{aligned} \tag{6.25a}$$

d. h.

$$\begin{aligned}|\dot{\mathbb{D}}'_F| &\overset{28)}{=} -\mathfrak{C}'_{CF}\cdot\cdot\dot{\mathbb{D}}'_S + \sqrt{(\mathfrak{C}'_{CF}\cdot\cdot\dot{\mathbb{D}}'_S)^2 + \dot{\mathbb{D}}'\cdot\cdot\dot{\mathbb{D}}' - \dot{\mathbb{D}}'_S\cdot\cdot\dot{\mathbb{D}}'_S} \\ &\overset{(6.19e)}{=} -\mathfrak{C}'_{SF}\cdot\cdot\overset{<4>}{\mathbb{R}}\cdot\cdot\mathbb{G}' + \sqrt{\dot{\mathbb{D}}'\cdot\cdot\dot{\mathbb{D}}' - \mathbb{G}'\cdot\cdot(\overset{<4>}{\mathbb{M}} - \mathfrak{C}'_{SF}\cdot\cdot\overset{<4>}{\mathbb{R}}\circ\overset{<4>}{\mathbb{R}}^T\cdot\cdot\mathfrak{C}'_{SF})\cdot\cdot\mathbb{G}'}\end{aligned} \tag{6.25b}$$

bzw.

$$\dot{\mathscr{D}}_F = \overset{\times}{\$}'_F\cdot\cdot\dot{\mathbb{D}}'_F = \overset{\times}{H}|\dot{\mathbb{D}}'_F|\mathfrak{C}'_{SF}\cdot\cdot\mathfrak{C}'_{CF} = \overset{\times}{H}|\dot{\mathbb{D}}'_F|\mathfrak{C}'_{SF}\cdot\cdot\overset{<4>}{\mathbb{R}}\cdot\cdot\mathfrak{C}'_{SF} \tag{6.25c}$$

Fließ-Verzerrungsgeschwindigkeitsbetrag bzw. Dissipationsleistung in Termen der Gesamt-Verzerrungsgeschwindigkeit $|\dot{\mathbb{D}}'|$ und Beanspruchungsgrößen ($\mathbb{G}'$, $\overset{<4>}{\mathbb{R}}$) ausgedrückt hat, eine nur noch letztere Größen enthaltende Version, nämlich (6.24) mit

---

26) Hier wurde abkürzend $\mathbb{G}$ anstelle von $\underset{\tau=t_c}{\overset{t}{\mathbb{G}}} \langle \mathfrak{B}(\tau)\rangle_{\mathfrak{B}(t)=\mathfrak{B}_F(t)}$ geschrieben.

27) Man beachte, daß der Fließverzerrungsgeschwindigkeitszustand deviatorisch sein sollte.

28) Betr. das Vorzeichen der Wurzel beachte man, daß für $\dot{\mathbb{D}} = \dot{\mathbb{D}}_S$ die Fließverzerrungsgeschwindigkeit ($\dot{\mathbb{D}}'_F$) und daher $|\dot{\mathbb{D}}_F|$ verschwinden müssen. Damit aus (6.25b) positive reellwertige Größen $|\dot{\mathbb{D}}_F|$ erschlossen werden können, muß generell

$$\dot{\mathbb{D}}'\cdot\cdot\dot{\mathbb{D}}' \geq \dot{\mathbb{D}}'_S\cdot\cdot\dot{\mathbb{D}}'_S$$

gelten, wonach der Gesamt–Verzerrungsgeschwindigkeitsbetrag Denjenigen der Festkörper–Materialkomponente nie unterschreiten kann.

$$\overset{\langle 4\rangle}{\dot{\mathbb{\Lambda}}} \overset{29)}{=} (|\dot{\mathbb{D}}_F'|/H)\,\overset{\times\;\langle 4\rangle}{\mathbb{R}} \tag{6.25d}$$

und $|\dot{\mathbb{D}}_F|$ nach (6.25b). Letztere Darstellungsmöglichkeit entfällt allerdings für den starrplastischen Fall (mit $\dot{\mathbb{D}}_S' = 0$, also $\dot{\mathbb{D}}' = \dot{\mathbb{D}}_F'$), weil hierfür (6.25b) zur Identität

$|\dot{\mathbb{D}}_F'| = \sqrt{\dot{\mathbb{D}}_F' \cdot\cdot \dot{\mathbb{D}}_F'}$ entartet.

In der mit (6.24,25) abgeschlossenen Analyse, die ihrer strukturellen Analogie (insbesondere in der letzteren Version von (6.24)) zur isotropen linear-elastisch-idealplastischen Theorie von Reuss wegen, als eine diesbezügliche Verallgemeinerung in den Bereich fest-idealplastischer Medien anzusehen ist, werden also - neben Freiheiten im Festkörperfunktional $\mathfrak{G}$ - zwecks experimenteller Anpassung insgesamt fünf skalarwertige Materialfunktionen der Momentangrößen $\mathfrak{B}_F(t)$ zusätzlich zur Verfügung gestellt, nämlich die die Fließbedingung determinierende Funktion H sowie vier skalare Funktionen, die die "versorwertige Materialeigenschaft" $\overset{\langle 4\rangle}{\mathbb{R}}$ repräsentieren.

Diese Ziffer beschließend soll noch vermerkt werden, daß Gl. (6.24) mit $\dot{\mathscr{D}}_F = 0$ auch für Festzustandsänderungen wie auch Entlastungen aus dem Fließbereich heraus zu gelten hat und so schließlich auch der eingangs unter Pkt. 3 erhobenen Forderung genügt. Je nachdem, ob eine (vorzugebende) Beanspruchungsänderung den Bedingungen (6.8b) oder (6.8c) genügt, muß entweder die vollständige Gl. (6.24) benutzt oder auf die mit $\dot{\mathscr{D}}_F = 0$ erhältliche Festkörper-Rumpfgleichung "umgeschaltet" werden. Für

6.4 Isotrope Probleme

kann die Fließfunktion H nur von Druck, Temperatur und den drei Grundinvarianten des Einheits-Spannungsdeviators $\mathfrak{C}_{SF}'$ abhängen, wegen

$$(\mathfrak{C}_{SF}')_1 = \mathbb{E} \cdot\cdot \mathfrak{C}_{SF}' = 0\,,\quad (\mathfrak{C}_{SF}')_2 = \tfrac{1}{2}[(\mathfrak{C}_{SF}')_1^2 - \mathfrak{C}_{SF}' \cdot\cdot \mathfrak{C}_{SF}'] = -\tfrac{1}{2}$$

also nur von Druck, Temperatur und der dritten Invarianten

$$(\mathfrak{C}_{SF}')_3 \equiv I_{SF3}' = \tfrac{1}{3}[(\mathfrak{C}_{SF}')_1 (\mathfrak{C}_{SF}')_2 - (\mathfrak{C}_{SF}')_1 \mathfrak{C}_{SF}' \cdot\cdot \mathfrak{C}_{SF}' + \mathfrak{C}_{SF}'^2 \cdot\cdot \mathfrak{C}_{SF}'] = \tfrac{1}{3}\mathfrak{C}_{SF}'^2 \cdot\cdot \mathfrak{C}_{SF}' =$$

$$= \frac{1}{3}\frac{\$_F'^2 \cdot\cdot \$_F'}{\sqrt{\$_F' \cdot\cdot \$_F'}^{\,3}} = \frac{(\$_F')_3}{[-2(\$_F')_2]^{3/2}} = \frac{1}{3}\frac{\mathbb{E} \cdot\cdot \$_F'^3}{S_F'^3}\,,\quad S_F' = |\$_F'| = \sqrt{\$_F' \cdot\cdot \$_F'}\,, \tag{6.26a,b}$$

---

29) Man benutze

$$\dot{\mathbb{D}}_F = |\dot{\mathbb{D}}_F|\mathfrak{C}_{CF}' = |\dot{\mathbb{D}}_F|\mathfrak{C}_{SF}' \cdot\cdot \overset{\langle 4\rangle}{\mathbb{R}} = (|\dot{\mathbb{D}}_F|/H)\,\overset{\times\;\times}{\$_F'} \cdot\cdot \overset{\langle 4\rangle}{\mathbb{R}}$$

weswegen sich die Fließbedingung (6.6c) auf

$$\overset{\times}{S}{}'_F = \overset{\times}{H}(I'_{SF3},\overset{\times}{p}_F,T_F) \equiv \overset{\times}{H}_F \tag{6.26c}$$

reduziert, während die Fließ-Materialgleichung in Spezialisierung von (6.19) mit $\mathbb{R} =$[30] $\mathbb{E}$ und $g = g(I'_{SF3},\overset{\times}{p}_F,T_F)$

$$\mathfrak{E}'_{CF} = \bar{\mathfrak{E}}'_{CF} = g(\mathfrak{E}'^2_{SF} - \tfrac{1}{3}\mathbb{E}) + \left[-3I'_{SF3}g + \sqrt{1-\tfrac{g^2}{6}(1-54I'^2_{SF3})}\right]\mathfrak{E}'_{SF} \tag{6.26d}$$

lautet. Hier kennzeichnen also zwei skalare Materialfunktionen $(\overset{\times}{H},g)$ das Fließ-Phänomen, wobei der Levi- v. Mises Potentialansatz (6.23f), der mit $\overset{\times}{H}_F = \overset{\times}{H}(I'_{SF3},\overset{\times}{p}_F,T_F)$ und

$$\partial\overset{\times}{H}_F/\partial\mathfrak{E}'_{SF} \overset{31)}{=} \mathfrak{E}'^2_{SF}\partial\overset{\times}{H}_F/\partial I'_{SF3}$$

mit der Abkürzung $Z = (1/\overset{\times}{H}_F)(\partial\overset{\times}{H}_F/\partial I'_{SF3})$ schließlich die Form

$$\mathfrak{E}'_{CF} = \frac{(1+3I'_{SF3}Z)\mathfrak{E}'_{SF} - Z(\mathfrak{E}'^2_{SF} - \tfrac{1}{3}\mathbb{E})}{\sqrt{1+(1-54I'^2_{SF3})Z^2/6}} \tag{6.27a}$$

annimmt, in (6.26d) als Spezialfall mit

$$g = -Z/\sqrt{1+(1-54I'^2_{SF3})Z^2/6} \tag{6.27b}$$

enthalten ist.

Die mit $\mathbb{R} = \mathbb{E}$ also

$$\overset{<4>}{\mathbb{R}} = \overset{<4>}{\mathbb{R}}_{isotrop} \overset{(6.19d)}{=} \mathfrak{E}'_{SF}\circ\mathfrak{E}'_{CF} \overset{(6.26d)}{=} \mathfrak{E}'_{SF}\circ\left[g(\mathfrak{E}'^2_{SF} - \tfrac{1}{3}\mathbb{E}) + \left[-3I'_{SF3}g + \sqrt{1-\tfrac{g^2}{6}(1-54I'^2_{SF3})}\right]\mathfrak{E}'_{SF}\right] \tag{6.28a}$$

und

$$\overset{<4>.}{\mathbb{A}}_{isotrop} = |\dot{\mathbb{D}}_F|\,\overset{<4>}{\mathbb{R}}_{isotrop}/\overset{\times}{H} \tag{6.28b}$$

erhältliche Version (6.22) ist - analog (6.24,25) - abgesehen wieder vom starr-plastischen Fall - Grundlage für die Notation einer Gesamt-Stoffgleichung. Hier hat man noch die Vereinfachung

$$\mathfrak{E}'_{SF}\cdot\cdot\overset{<4>}{\mathbb{R}}_{isotrop} = \overset{<4>}{\mathbb{R}}{}^T_{isotrop}\cdot\cdot\mathfrak{E}'_{SF} = \bar{\mathfrak{E}}'_{CF}$$

---

30) $\mathfrak{E}'_{CF}$ und $\mathfrak{E}'_{SF}$ müssen im isotropen Falle koaxial sein.

31) Dies bekommt man wegen $I'_{SF3} = (\mathbb{E}\cdot\cdot\mathfrak{E}'^3_{SF})/3$, d. h. $dI'_{SF3} = d\mathfrak{E}'_{SF}\cdot\cdot\mathfrak{E}'^2_{SF}$ aus

$$\partial\overset{\times}{H}_F \equiv d\mathfrak{E}'_{SF}\cdot\cdot(\partial\overset{\times}{H}_F/\partial\mathfrak{E}'_{SF}) \equiv dI'_{SF3}(\partial\overset{\times}{H}_F/\partial I'_{SF3})$$

nach Koeffizientenvergleich hinsichtlich $d\mathfrak{E}'_{SF}$.

mit $\bar{\mathfrak{E}}'_{CF}$ nach (6.26d). Als

6.5 Beispiele

werden die Theorie starr-plastischer Medien sowie die klassische Prandtl-Reuß-Theorie referiert. Die

6.5.1 Theorie starr–plastischer Medien,

die im Bereich technologischer Formgebungsverfahren (Walzen, Kaltverformung) zur Anwendung kommt, wo die (großen) plastischen Verformungen die Festkörper–Verformungsanteile stark überwiegen[32], wird als Feldtheorie für die Kontinuumsgeschwindigkeiten $\mathbb{v}(\mathbb{r},t)$ in Eulerscher Darstellung konzipiert auf Basis der Inkompressibilitätsbedingung

$$\bar{\nabla}\cdot\mathbb{v} = 0 \quad \text{d. h.} \quad \bar{\rho} = \text{const} \;, \tag{6.29a,b}$$

der wegen (6.29b) die Form annehmenden Newton–Eulerschen Impulsbilanz[33]

$$\bar{\nabla}\cdot\overset{\times}{\mathbb{S}}^{(E)} + \mathbb{k} = \dot{\mathbb{v}} \equiv \frac{\partial\mathbb{v}}{\partial t} + \bar{\nabla}(\mathbb{v}^2/2) - \mathbb{v}\times(\bar{\nabla}\times\mathbb{v}) \tag{6.29c}$$

mit

$$\overset{\times}{\mathbb{S}}^{(E)} = \mathbb{S}^{(E)}/\bar{\rho} = \overset{\times}{\mathbb{S}}^{(E)'} + \overset{\times}{p}\mathbb{E} = \overset{\times}{S}_F\mathfrak{E}'_{SF} + \overset{\times}{p}\mathbb{E} = \overset{\times}{H}_F\mathfrak{E}'_{SF} + \overset{\times}{p}\mathbb{E} \;, \tag{6.29d}$$

der Fließbedingung

$$|\overset{\times}{\mathbb{S}}_F^{(E)'}| \equiv |\overset{\times}{\mathbb{S}}'_F| = \overset{\times}{S}'_F = \overset{\times}{H}(I'_{SF3},\overset{\times}{p}_F,T_F) \equiv \overset{\times}{H}_F \tag{6.29e}$$

und schließlich der Fließ–Stoffgleichung (6.26d) – mit $g = g(I'_{SF3},\overset{\times}{p}_F,T_F)$ – die nun wegen

$$\mathfrak{E}'_{CF} = \frac{\mathbb{C}^{*(R)}}{|\mathbb{C}^{*(R)}|} = \frac{\mathbb{R}\cdot\mathbb{C}^{*'}\cdot\mathbb{R}^T}{|\mathbb{R}\cdot\mathbb{C}^{*'}\cdot\mathbb{R}^T|} = \frac{\mathbb{R}\cdot\mathbb{C}^{*'}\cdot\mathbb{R}^T}{|\mathbb{C}^{*'}|}$$

sowie

$$\mathfrak{E}'_{SF} = \frac{\mathbb{R}\cdot\overset{\times}{\mathbb{S}}_F^{(E)'}\cdot\mathbb{R}^T}{|\mathbb{R}\cdot\overset{\times}{\mathbb{S}}_F^{(E)'}\cdot\mathbb{R}^T|} = \frac{\mathbb{R}\cdot\overset{\times}{\mathbb{S}}_F^{(E)'}\cdot\mathbb{R}^T}{|\overset{\times}{\mathbb{S}}_F^{(E)'}|} = \frac{\mathbb{R}\cdot\overset{\times}{\mathbb{S}}_F^{(E)'}\cdot\mathbb{R}^T}{\overset{\times}{H}_F} \quad \text{und} \quad \mathfrak{E}'^2_{SF} = \frac{\mathbb{R}\cdot\overset{\times}{\mathbb{S}}_F^{(E)'2}\cdot\mathbb{R}^T}{\overset{\times}{H}^2_F}$$

direkt in Termen der Einheitsdeviatoren von $\overset{\times}{\mathbb{S}}^{(E)}$ und $\mathbb{C}^* = (\bar{\nabla}\circ\mathbb{v} + \mathbb{v}\circ\bar{\nabla})/2$ d. h. mit

$$\mathfrak{E}'_{CF} = \mathbb{C}^*/|\mathbb{C}^*| = \mathbb{C}^*/\sqrt{\mathbb{C}^*\cdot\cdot\mathbb{C}^*} = \mathbb{C}^*/\sqrt{(\bar{\nabla}\circ\mathbb{v})\cdot\cdot\mathbb{C}^*} \;. \tag{6.29f}$$

formuliert werden kann. Zwecks Erhalt einer – aus der Impulsbilanz zu extrahierenden – Geschwindigkeits–Feldgleichung wird hier allerdings, eine hinsichtlich des Einheits–Spannungsdeviators $\mathfrak{E}'_{SF}$ explizite Version von (6.26d) benötigt, die man – als isotrope Zuordnung! – generell als in der Form

$$\mathfrak{E}'_{SF} = h(\mathfrak{E}'^2_{CF} - \tfrac{1}{3}\mathbb{E}) + \left[-3I'_{CF3}h + \sqrt{1-\frac{h^2}{6}(1-54I'^2_{CF3})}\right]\mathfrak{E}'_{CF} \tag{6.30a}$$

mit

---

32) und daher Letztere vernachlässigt werden

33) mit der räumlichen Divergenzoperation $(\bar{\nabla})$, Eulerschen Spannungen $\mathbb{S}^{(E)}$ und auf die Masseneinheit bezogener Massenkraft.

$$h = h(I'_{CF3},\overset{\times}{p}_F,T_F) \tag{6.30b}$$

darstellbar voraussetzen kann[34]. So erreicht man mit $\mathfrak{E}'_{CF}$ nach (6.29f)

$$\overset{\times}{\$}{}_F^{(E)} = \overset{\times}{H}_F\{h(\mathfrak{E}'^2_{CF} - \tfrac{1}{3}\mathbb{E})+\left[-3I'_{CF3}h + \sqrt{1-\tfrac{h^2}{6}(1-54I'^2_{CF3})}\right]\mathfrak{E}'_{CF}\} + \overset{\times}{p}\mathbb{E} \tag{6.30d}$$

nach Einsetzen in (6.29c) in der Tat eine Feldgleichung für die Kontinuumsgeschwindigkeiten $\mathbb{v}(\mathbb{r},t)$, nachdem man sich auch angesichts von (6.14a) $\overset{\times}{H}_F$ als

$$\overset{\times}{H}_F(I'_{SF3},\overset{\times}{p}_F,T_F) = \overset{\times}{H}_F\left(\psi^{-1}(I'_{CF3},\overset{\times}{p}_F,T_F),\overset{\times}{p}_F,T_F\right) \;,$$

d. h. in Abhängigkeit von $\overset{\times}{p}_F, T_F$ und der kinematischen Variablen

$$I'_{CF3} = \tfrac{1}{3}(\mathbb{E}\cdot\cdot\mathfrak{E}'^3_{CF}) \overset{(6.29f)}{=} \tfrac{1}{3}\mathbb{E}\cdot\cdot\mathbb{C}^{*3}/\left[\sqrt{(\bar{\nabla}\circ\mathbb{v})\cdot\cdot\mathbb{C}^*}\right]^3 \tag{6.30e}$$

dargestellt denkt.
In der solchermaßen "kinematisierten" Impulsbilanz–Feldgleichung scheinen indessen als weitere unbekannte Feldgrößen die Temperatur $(T_F(\mathbb{r},t))$ und die mittlere Normalspannung $(\overset{\times}{p}_F(\mathbb{r},t))$ auf, wobei für das Temperaturfeld – etwa bei "Fourierscher Wärmeleitung" – als Folge der Entropiebilanz–Feldgleichung die Beziehung

$$-\frac{1}{\rho}\bar{\nabla}\cdot\mathbb{q}^{(E)} = \frac{1}{\rho}\bar{\nabla}(\lambda\bar{\nabla}T_F) = -\dot{\mathscr{D}}_F + c_d\dot{T}_F = c_d\dot{T} - \overset{\times}{\$}{}^{(E)'}\cdot\cdot\mathbb{C}^{*'}$$

$$\overset{(6.30d)}{=} c_d\left[\frac{\partial T_F}{\partial t} + \mathbb{v}\cdot\bar{\nabla}T_F\right] - \overset{\times}{H}_F|\mathbb{C}^{*'}|\sqrt{1-\tfrac{h^2}{6}(1-54I'^2_{CF3})} \tag{6.30f}$$

anfällt[35], während schließlich die "Reaktionsgröße" $\overset{\times}{p}$ aus der Forderung ermittelt wird, daß die (mit $\overset{\times}{p}_F$ parametrisierte) Lösung $(\mathbb{v}(\mathbb{r},t))$ der Impulsbilanz–Feldgleichung der (Inkompressibilitäts–)Nebenbedingung (6.29a) zu genügen hat.
Insbesondere die Feldgleichung (6.30f) zeigt, daß in den sog. "quasistatischen" Theorien des Fließens, wofür der Beschleunigungsanteil in (6.29c) vernachlässigt wird, der Fließgeschwindigkeitsbetrag nur dann nicht zu identifizieren ist, wenn man von der Betrachtnahme der Entropiebilanzgleichung absieht und die in der Fließfunktion $\overset{\times}{H}_F$ aufscheinende Temperatur als vorgegeben ansieht[36].
Die den Feldgleichungen zu assoziierende Randwertaufgabe umfaßt thermische Vorgaben (betr. vorgegebener Rand–Temperaturen bzw. Wärmeflüsse bzw. Kombinationen Letzterer im Sinne des Newtonschen Abkühlungstheorems [5b]) sowie Vorgaben betr. die Randwerte von Fließgeschwindigkeiten, Randspan–

---

34) wobei – man bilde sowohl mit (6.26d) als auch mit (6.30a) den Skalar $\mathfrak{E}'_{CF}\cdot\cdot\mathfrak{E}'_{SF}$ –

$$h^2(1-54I'^2_{CF3}) = g^2(1-54I'^2_{SF3}) \tag{6.30c}$$

festgestellt wird und daher wegen $I'_{SF3} = \psi^{-1}(I'_{CF3},\overset{\times}{p}_F,T_F)$ nach (6.14a) in der Tat $h = h(I'_{CF3},\overset{\times}{p}_F,T_F)$ folgerbar sein muß.

35) Hierin bedeuten $\mathbb{q}^{(E)}$ den Eulerschen Wärmeflußvektor, λ die im Zusammenhang mit dem Fourierschen Gesetz definierte Wärmeleitzahl und c_d die spezifische Wärme für isochore Zustandsänderung

36) womöglich mit der Näherung global–isothermer Zustandsänderung als konstanten Parameter.

nungen bzw. Kombinationen Letzterer, die ggfs. auf die Betrachtnahme eines (jeweils tangentialen) Geschwindigkeits–Slips des fließenden Mediums am (etwa durch feste Wände begrenzten) Bereichsrande hinauslaufen [22]. Während man einerseits stetigen Übergang der Normal–Geschwindigkeit, d. h.

$$\mathbb{n}\cdot(\mathbb{v}_{Wand} - \mathbb{v}_{Fl}) =^{37)} 0 \tag{6.31a}$$

fordert, kann andererseits ein tangentialer Slip

$$\Delta\mathbb{v} = \Delta\mathbb{v}_{(2)} =^{38)} (\mathbb{v}_{Wand} - \mathbb{v}_{Fl})\cdot\mathbb{E}_{(2)} \equiv |\Delta\mathbb{v}_{(2)}|\,\mathbb{e}_{\Delta\mathbb{v}} \tag{6.31b}$$

durchaus zugelassen werden, der in Form einer Materialgleichung

$$\mathbb{t}^{(E)}_{(2)F} = \mathbb{n}\cdot\mathbb{S}^{(E)}_{F}\cdot\mathbb{E}_{(2)} = \mathbb{e}_{\Delta\mathbb{v}}\cdot\Lambda_{G(2)} \tag{6.31c}$$

mit den Randspannungen $(\bar{\mathbb{t}}^{(E)}_{(2)})$ verknüpft werden kann unter Benutzung eines von $|\Delta\mathbb{v}_{(2)}|$ unabhängigen lokal–planaren positiv–definiten "Gleitreibungstensors" $\Lambda_{G(2)}$. Den Übergang "Fließbereich–Wandung" als Unstetigkeitsfläche auffassend, ist (6.31c) Folge der Stoßfront–Bilanzen des Massenflusses, des Impulses und der mechanischen Energie, sofern man der Unstetigkeitsfläche eine zum Relativgeschwindigkeitsbetrag $|\Delta\mathbb{v}_{(2)}| = \sqrt{\Delta\mathbb{v}_{(2)}\cdot\Delta\mathbb{v}_{(2)}}$ proportionale Dissipationsleistung zuordnet [22]. Angesichts des andererseits mit der Fließ–Materialgleichung (6.30a) festzustellenden Befundes

$$\mathbb{n}\cdot\mathbb{S}^{(E)}_{F}\cdot\mathbb{E}_{(2)} \equiv \mathbb{n}\cdot\mathbb{S}^{(E)}_{F}\cdot\mathbb{E}_{(2)} = \bar{\rho}\overset{\times}{H}_F\mathbb{n}\cdot\mathfrak{E}'_{SF}\cdot\mathbb{E}_{(2)} =$$

$$\bar{\rho}\overset{\times}{H}_F\mathbb{n}\cdot\Big[h(\mathfrak{E}'^2_{CF} - \tfrac{1}{3}\mathbb{E}) + \Big[-3I'_{CF3}h + \sqrt{1-\tfrac{h^2}{6}(1-54I'^2_{CF3})}\Big]\mathfrak{E}'_{CF}\Big]\cdot\mathbb{E}_{(2)} \tag{6.31d}$$

bekommt man dann schließlich nach Gleichsetzen mit (6.31c) eine in Termen der Randkinematik formulierbare (lokal–)planare — und zur skalaren Bedingung (6.31a) hinzutretende — Randwertaussage.

Setzt man $g_2 = 0$, so verbleibt von (6.26d) als einfachste Version einer Fließ–Materialgleichung das "tensorlineare Gesetz"

$$\mathfrak{E}'_{CF} = \mathfrak{E}'_{SF} \tag{6.32a}$$

bzw.

$$\mathfrak{E}'_{CF} = \frac{\mathbb{C}^{*\prime}}{\sqrt{\mathbb{C}^{*\prime}\cdot\cdot\mathbb{C}^{*\prime}}} = \mathfrak{E}'_{SF} = \frac{\mathbb{S}^{(E)\prime}_{F}}{\sqrt{\mathbb{S}^{(E)\prime}_{F}\cdot\cdot\mathbb{S}^{(E)\prime}_{F}}} = \frac{\mathbb{S}^{(E)\prime}_{F}}{H_F} \equiv \frac{\overset{\times}{\mathbb{S}}^{(E)\prime}_{F}}{\overset{\times}{H}_F}\,, \tag{6.32b}$$

das mit $I'_{CF3} = I'_{SF3}$ und damit $\overset{\times}{H}(I'_{SF3},\overset{\times}{p}_F,T_F) = \overset{\times}{H}(I'_{CF3},\overset{\times}{p}_F,T_F)$ auch als

$$\overset{\times}{\mathbb{S}}^{(E)\prime}_{F} = \overset{\times}{H}(I'_{CF3},\overset{\times}{p}_F,T_F)\mathbb{C}^{*\prime}/\sqrt{\mathbb{C}^{*\prime}\cdot\cdot\mathbb{C}^{*\prime}} \tag{6.32c}$$

notiert werden kann. Im Sinne einer tensorlinearen Beziehung auf Basis der Levi–v. Mises–Fließregel (6.27a,b) ist mit $g = 0$ allerdings einschränkend $\partial\overset{\times}{H}_F/\partial I'_{SF3} = 0$, d. h. $\overset{\times}{H}_F = \overset{\times}{H}(\overset{\times}{p}_F,T_F)$ zwingend vorgeschrieben. Einfachster Spezialfall ist das mit der v. Misesschen Fließbedingung[39]

---

37) $\mathbb{n}$ bedeutet die (lokale) äußere (aus dem Fließbereich herausweisende) Flächennormale

38) mit $\mathbb{E}_{(2)} = \mathbb{E} - \mathbb{n}\circ\mathbb{n}$

39) vgl. h. §6.6.1. Hierin bedeutet σ_F die sog. einachsige Fließgrenzspannung

$$\overset{\times}{S}_F^{(E)\prime} = \overset{\times}{H}(T_F) = \sqrt{\tfrac{2}{3}}\,\frac{\sigma_F(T_F)}{\bar\rho} = H/\bar\rho \tag{6.33a}$$

ausgerüstete tensorlineare Fließ–Materialgesetz

$$\mathbb{S}_F^{(E)\prime} = \sqrt{\tfrac{2}{3}}\,\sigma_F \mathbb{C}^{*\prime}/\sqrt{\mathbb{C}^{*\prime}\cdot\cdot\mathbb{C}^{*\prime}}\ , \tag{6.33b}$$

das unter Hinzufügung eines hydrostatischen (Reaktions–)Druckanteils (p_F) zum v. Misesschen Gesamt–Stoffgesetz starr–plastischer Medien

$$S_F^{(E)} = -\,p_F\mathbb{E} + \sqrt{\tfrac{2}{3}}\,\sigma_F \mathbb{C}^{*\prime}/\sqrt{\mathbb{C}^{*\prime}\cdot\cdot\mathbb{C}^{*\prime}} \tag{6.33c}$$

ergänzt wird.
Quasistatische isotherme Fließprozesse sind hierfür bei Abwesenheit von Massenkräften durch

$$\bar{\nabla}\cdot\mathbb{S}_F^{(E)} = \bar{\nabla}\cdot\left[\sqrt{\tfrac{2}{3}}\,\sigma_F\mathbb{C}^{*\prime}/\sqrt{\mathbb{C}^{*\prime}\cdot\cdot\mathbb{C}^{*\prime}}\right] - \nabla p_F = 0\ ,\quad \bar{\nabla}\cdot\mathbb{v} = 0 \tag{6.34a,b}$$

beschrieben und legen das Geschwindigkeitsfeld wegen

$$\mathbb{C}^{*\prime}\langle\lambda_0\mathbb{v}\rangle = \lambda_0(\bar{\nabla}\circ\mathbb{v} + \mathbb{v}\circ\bar{\nabla})'/2 = \lambda_0\mathbb{C}^{*\prime}\langle\mathbb{v}\rangle$$

nur bis auf einen konstanten skalaren Faktor (λ_0) fest. Auch das Druckfeld ist vom Geschwindigkeitsbetrag unabhängig. Die durch die Nichtlinearität des Problems bedingten Lösungskomplikationen legen die Konstruktion von Näherungslösungen auf der Basis von Ritz– bzw. Kantorowitsch–Ansätzen [5b] nahe. Das hierzu notwendige Extremalprinzip stellt das Prinzip der virtuellen Geschwindigkeiten [5b] zur Verfügung, wozu man (6.34a) mit einem variierten Geschwindigkeitsfeld $(\delta\mathbb{v}(\mathbb{r}))$ skalar multipliziert und über den Fließbereich $(\bar V)$ integriert. Man bekommt zunächst

$$\int_{(\bar V)}(\bar{\nabla}\cdot\mathbb{S}^{(E)})\cdot\delta\mathbb{v}\,d\bar V = \int_{(\bar V)}\left[\underline{\bar{\nabla}\cdot(\mathbb{S}^{(E)}\cdot\mathbb{v})} - \mathbb{S}^{(E)}\cdot\cdot(\delta\mathbb{v}\circ\bar{\nabla})\right]d\bar V$$

$$\overset{40)}{=} \int_{\bar O(\bar V)}\mathbb{n}\cdot\mathbb{S}^{(E)}\cdot\delta\mathbb{v}\,dO - \int_{(\bar V)}\mathbb{S}^{(E)}\cdot\cdot\delta_{\mathbb{v}}\mathbb{C}^{*}d\bar V = 0$$

beachtet hierin

$$\mathbb{S}^{(E)}\cdot\cdot\delta_{\mathbb{v}}\mathbb{C}^{*} \overset{(6.34b)}{=} \mathbb{S}^{(E)}\cdot\cdot\delta_{\mathbb{v}}\mathbb{C}^{*\prime} \equiv \overset{\times}{\mathbb{S}}^{(E)\prime}\cdot\cdot\delta_{\mathbb{v}}\mathbb{C}^{*\prime} = \sqrt{\tfrac{2}{3}}\,\sigma_F\,\frac{\mathbb{C}^{*\prime}\cdot\cdot\delta_{\mathbb{v}}\mathbb{C}^{*\prime}}{\sqrt{\mathbb{C}^{*\prime}\cdot\cdot\mathbb{C}^{*\prime}}}$$

$$= \delta_{\mathbb{v}}\left[\sqrt{\tfrac{2}{3}}\,\sigma_F\sqrt{\mathbb{C}^{*\prime}\cdot\cdot\mathbb{C}^{*\prime}}\right]$$

sowie, daß im Bereich fester Wände in Spezialisierung von (6.31a,c) mit $\mathbb{v}_{Wand} = 0$, also $(\mathbb{n}\cdot\bar{\mathbb{v}})_{Wand} = 0$ und für isotrope Reibung

$$\mathbb{t}^{(E)}_{(2)} = -\,\lambda_G\mathbb{v}_{(2)}/|\mathbb{v}_{(2)}|$$

mit in erster Näherung konstantem Gleitreibungskoeffizienten (λ_G) gelten soll, und folgert so schließlich in Erweiterung von [5b], §10.1.5 das Extremalproblem

---

40) man wende auf den ersten Term (gestrichelt) den Gaußschen Satz an und beachte wegen der Symmetrie von $\overset{\times}{\mathbb{S}}^{(E)}$, daß man $\delta\mathbb{v}\circ\bar{\nabla}$ durch $\delta_{\mathbb{v}}\mathbb{C}^{*} = (\bar{\nabla}\circ\delta\mathbb{v} + \delta\mathbb{v}\circ\bar{\nabla})/2$ ersetzen darf.

$$\delta_{\mathbb{w}}\Pi = 0 \ , \ \Pi =^{41)} \int\limits_{(\bar{V})} \sqrt{\tfrac{2}{3}}\,\sigma_F \sqrt{\mathbb{C}^{*'}\cdot\cdot\,\mathbb{C}^{*'}}\, d\bar{V} + \int\limits_{W(\bar{V})} \lambda_G \sqrt{\mathbb{w}_{(2)}\cdot\mathbb{w}_{(2)}}\, d\bar{O} - \int\limits_{\tilde{O}(\bar{V})} \mathbb{s}_n^{(E)}\cdot\overset{\Downarrow}{\mathbb{w}}\, dO \ , \quad (6.34c)$$

wobei $W(\bar{V})$ die an feste Wände grenzenden Fließbereiche und $\tilde{O}(V)$ diejenigen Bereichsgrenzen bedeuten, wo Oberflächenspannungen $(\mathbb{s}_n^{(E)})$ vorgegeben sind.

Als Beispiel soll hier nochmals der in [5b], §10.1.5 behandelte Fall des Drahtziehens durch eine kegelige Spinndüse (Abb. 6.5) aufgegriffen werden, wobei sogleich auf flache Düsen mit $\beta << 1$ beschränkt werden soll. In Erweiterung der dort abgehandelten Formalien erhält man schließlich mit dem Ritzansatz

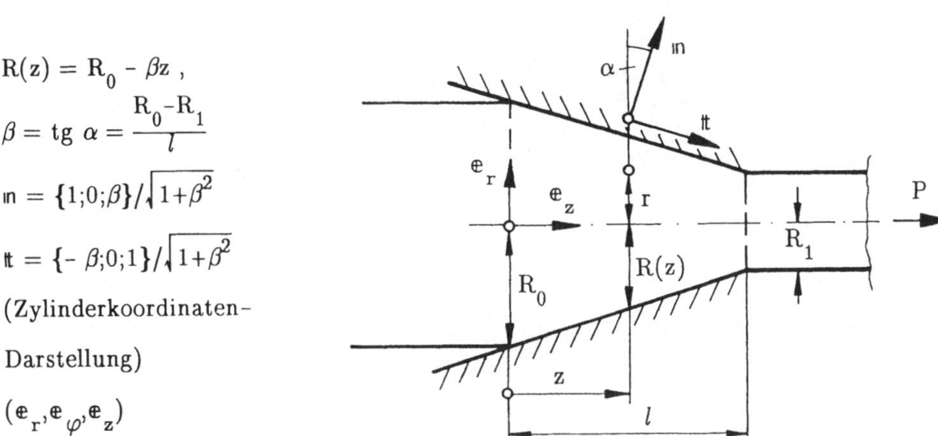

Abb. 6.5

$$\mathbb{w}(\mathbb{r},z) = \frac{Q}{F(z)}\left\{ -\beta\frac{r}{R(z)};0;1\right\}_{<\mathbb{e}_r,\mathbb{e}_\varphi,\mathbb{e}_z>} \quad (6.34d)$$

für die Zugkraft

$$P = (\sigma_F + \underline{\frac{\lambda_G}{\beta}})F_1 \ln(F_0/F_1) \ , \quad (6.34e)$$

worin der gestrichelte Ausdruck gegenüber dem in [5b], §10.1.5 referierten Fall hinzukommt. Die

6.5.2 klassische Prandtl-Reuß-Theorie

ist eine isotrope linear-elastisch idealplastische Variante von (6.24) für kleine Verformungen mit

a) dem Hookeschen Gesetz (2.55a)

---

41) der über $\mathbb{w}$ gesetzte Doppelpfeil soll dabei andeuten, das bei der (Geschwindigkeits–)Variation die Spannungen unverändert zu belassen sind [5b].

$$\$' = 2G\,\mathbb{D}'_E\ ,\quad S_1 = 3K\left(D_{1E} - 3\alpha\,(T - T_0)\right) \equiv 3p$$

$$\text{mit}\quad D_{1E} = \mathbb{E}\cdot\cdot\,\mathbb{D}_E\ ,\quad S_1 = \mathbb{E}\cdot\cdot\,\$\ ,\quad K = \frac{2G(1+\nu)}{3(1-2\nu)}$$

$$\text{also}\quad \mathbb{G} = \frac{\dot{\$}'_F}{2G} + \left[\frac{\dot{S}_1}{3K} + 3\alpha\dot{T}\right]\mathbb{E}\ ,\quad \text{d. h.}\quad \mathbb{G}' = \frac{\dot{\$}'_F}{2G} \tag{6.35a}$$

sowie mit

b) g = 0, also mit dem isotropen tensorlinearen Fließgesetz (6.32c) d. h.

$$\$'_F = H(I'_{CF3}, p_F, T_F)\dot{\mathbb{D}}'_F/|\dot{\mathbb{D}}'_F| \quad \text{bzw.}\quad \dot{\mathbb{D}}'_F = \$'_F|\dot{\mathbb{D}}'_F|/H \tag{6.35b}$$

als Basis.[42)]

Es entsteht für die Gesamtverzerrungen

$$\dot{\mathbb{D}} = \dot{\mathbb{D}}_E + \dot{\mathbb{D}}_F = \dot{\mathbb{D}}'(t) + \tfrac{1}{3}\dot{D}_1\mathbb{E}$$

mit dem rein elastischen "Kompressions"-Gesetz

$$\dot{D}_1 = \dot{D}_{1E} = 3\alpha\,\dot{T} + \left[\frac{\dot{S}_1}{3K}\right] \tag{6.35c}$$

und dem Deviatorgesetz

$$\dot{\mathbb{D}}' = \dot{\mathbb{D}}'_E + \dot{\mathbb{D}}'_F = \mathbb{G}' + \dot{\mathbb{D}}'_F \overset{(6.35\,a,b)}{=} \frac{1}{2G}\left(\dot{\$}'_F + \dot{\lambda}\$'_F\right) \tag{6.35d}$$

mit

---

42) wobei angemerkt werden soll, daß mit $g = 0$ im Hinblick auf die Levische Fließregel (6.27) nur $H_F = H(p_F, T_F)$, insbesondere die v.– Mises'sche Fließbedingung $H_F = H(T_F) = \sqrt{2/3}\,\sigma_F(T_F)$ im Sinne von (6.33a) kompatibel wäre. Im übrigen werden hier die Spannungen näherungsweise mit den am unverformten System definierten Größen identifiziert und die Verzerrungsgeschwindigkeiten mit den Zeitableitungen des materiellen Verschiebungsdeformators. Als näherungsweise gleichbleibend, wird in der Fließbedingung die Dichte als Variable gestrichen, also p_F anstelle von $\overset{\times}{p}_F$ als Variable angesehen.

$$\dot\lambda = 2G\,\frac{|\dot{\mathbb{D}}'_F|}{H} =^{43)} \frac{2G}{H}\left|\dot{\mathbb{D}}' - \frac{\dot{\$}'_F}{2G}\right| =^{44)} -\frac{\dot H}{H} + \sqrt{\left[\frac{\dot H}{H}\right]^2 + \frac{4G^2}{H^2}\,\dot{\mathbb{D}}'\cdot\cdot\dot{\mathbb{D}}' - \frac{\dot{\$}'_F\cdot\cdot\dot{\$}'_F}{H^2}} \geq 0\ \left[\sec^{-1}\right], \tag{6.35e}$$

so daß man - wegen $\dot\lambda > 0$ - den Parameter

$$\lambda = \lambda(\hat{\mathbb{r}},t) \equiv^{45)} \lambda_{\mathbb{r}}(t) = \lambda(\hat{\mathbb{r}},t_0) + 2\int_{\tau=t_0(\mathbb{r})}^{t}\left[G\,\frac{\$'_F\cdot\cdot\dot{\mathbb{D}}'}{H^2} - \frac{\dot H}{H}\right]_\tau d\tau =$$

---

43) man benutze $|\dot{\mathbb{D}}'_F| = |\dot{\mathbb{D}}' - \mathbb{G}'|$ und $\mathbb{G}'$nach (6.35a)

44) Für die letzte Umformung in (6.35e) benutzt man zunächst

$$\frac{1}{2}(\$'_F\cdot\cdot\$'_F)^{\cdot} = \$'_F\cdot\cdot\dot{\$}'_F = \frac{1}{2}(H^2)^{\cdot} = H\,\dot H = H\Big(\frac{\partial H}{\partial p_F}\dot p_F + \frac{\partial H}{\partial T_F}\dot T_F + \frac{\partial H}{\partial I'_{SF3}}\dot I'_{SF3}\Big),$$

bekommt nach Doppelskalarmultiplikation von (6.35d) mit $\dot{\$}'_F$

$$\dot{\$}'_F\cdot\cdot\dot{\mathbb{D}}' = \frac{\dot{\$}'_F\cdot\cdot\dot{\$}'_F}{2G} + \frac{\dot\lambda}{2G}\,\$'_F\cdot\cdot\dot{\$}'_F = \frac{\dot{\$}'_F\cdot\cdot\dot{\$}'_F}{2G} + \frac{\dot\lambda}{2G}\,H\,\dot H = \frac{\dot{\$}'_F\cdot\cdot\dot{\$}'_F}{2G} + \left|\dot{\mathbb{D}}' - \frac{\dot{\$}'_F}{2G}\right|\dot H \tag{*}$$

und eliminiert in der Identität

$$\left|\dot{\mathbb{D}}' - \frac{\dot{\$}'_F}{2G}\right|^2 \equiv \left[\dot{\mathbb{D}}' - \frac{\dot{\$}'_F}{2G}\right]\cdot\cdot\left[\dot{\mathbb{D}}' - \frac{\dot{\$}'_F}{2G}\right] \equiv \dot{\mathbb{D}}'\cdot\cdot\dot{\mathbb{D}}' + \frac{\dot{\$}'_F\cdot\cdot\dot{\$}'_F}{4G^2} - \underline{\frac{\dot{\$}'_F\cdot\cdot\dot{\mathbb{D}}'}{G}}$$

den letzten Term (gestrichelt) mittels (*) . Es entsteht für $\left|\dot{\mathbb{D}}' - \frac{\dot{\$}'_F}{2G}\right|$ die quadratische Gleichung

$$\left|\dot{\mathbb{D}}' - \frac{\dot{\$}'_F}{2G}\right|^2 + \frac{\dot H}{G}\left|\dot{\mathbb{D}}' - \frac{\dot{\$}'_F}{2G}\right| - \left[\dot{\mathbb{D}}'\cdot\cdot\dot{\mathbb{D}}' - \frac{\dot{\$}'_F\cdot\cdot\dot{\$}'_F}{4G^2}\right] = 0$$

mit der Lösung

$$\left|\dot{\mathbb{D}}' - \frac{\dot{\$}'_F}{2G}\right| = -\frac{\dot H}{2G} + \sqrt{\frac{\dot H^2}{4G^2} + \dot{\mathbb{D}}'\cdot\cdot\dot{\mathbb{D}}' - \frac{\dot{\$}'_F\cdot\cdot\dot{\$}'_F}{4G^2}}, \tag{**}$$

womit wegen $\dot\lambda = \frac{2G}{H}\left|\dot{\mathbb{D}}' - \frac{\dot{\$}'_F}{2G}\right|$ in der Tat die letzte Version von (6.35e) erreicht wird.

45) mit durch Ortsvektor $\hat{\mathbb{r}}$ definierter "Ausgangsplazierung".

Daß i. allg. für die Massenelemente $(\hat{\mathbb{r}})$ eines Körpers verschiedene Fließzeitanfänge $t_0(\hat{\mathbb{r}})$ unterstellt werden müssen ist bedingt durch die i. allg. drei Phasen, die man im Zusammenhang mit Körperbeanspruchungen zu unterscheiden hat. Dem 1) Beginn der Plastizierung (an einzelnen Körperpunkten) folgt bei Beanspruchungssteigerung 2) die Ausbildung sich ausdehnender plastischer Bereiche (Teilplastizierung, eingeschränktes plastisches Fließen) und schließlich ggf. 3) die Vollplastizierung. In der Ausdehnungsphase 2 werden im Verlaufe des Wanderns der "elastisch–plastischen" Grenzfläche in vormals feste Bereiche hinein immer weitere Massenelemente vom Fließen betroffen und zwar i. allg. in der Tat nicht gleichzeitig.

$$= \lambda(\hat{\mathbb{r}},t_0) + 2 \int_{\tau=t_0(\mathbb{r})}^{t} \left[G \frac{\$'_F \cdot\cdot d\mathbb{D}'}{H^2} - \frac{dH}{H} \right]_\tau \overset{(6.35e)}{=}$$

$$= \lambda(\hat{\mathbb{r}},t_0) + \int_{\tau=t_0(\mathbb{r})}^{t} \left\{ -\frac{\dot H}{H} + \sqrt{\left[\frac{\dot H}{H}\right]^2 + \frac{4G^2}{H^2}\left[\dot{\mathbb{D}}\cdot\cdot\dot{\mathbb{D}}' - \frac{\dot{\$}'_F \cdot\cdot \dot{\$}'_F}{4G^2}\right]} \right\}_\tau d\tau,$$

$$= \lambda(\hat{\mathbb{r}},t_0) + \int_{\tau=t_0(\mathbb{r})}^{t} \left\{ -\frac{dH}{H} + \sqrt{\left[\frac{dH}{H}\right]^2 + \frac{4G^2}{H^2}\left[d\mathbb{D}'\cdot\cdot d\mathbb{D}' - \frac{d\$'_F \cdot\cdot d\$'_F}{4G^2}\right]} \right\}_\tau, \quad (6.35f)$$

der die jeweils individuell an Massenelementen $(\hat{\mathbb{r}})$ vom Fließbeginn $t_0(\hat{\mathbb{r}})$ an "aufgelaufene Belastungs- und Deformationsänderungsgeschichte" geeignet pauschaliert[46], selbst als (für jedes Massenelement i. allg. verschiedenes) scheinbares Zeitmaß[47] einführen kann. Schreibt man also

$$\mathbb{D}' = \hat{\mathbb{D}}'(\hat{\mathbb{r}},\lambda_{\mathbb{r}}) \text{ anstelle von } \mathbb{D}'(\hat{\mathbb{r}},t) \text{ usw.},$$

so sind

$$\dot{\mathbb{D}}' = \frac{\partial\hat{\mathbb{D}}'}{\partial\lambda_{\mathbb{r}}}\dot\lambda_{\mathbb{r}} \quad \text{usw.},$$

womit man (6.35d) in die Form

$$\frac{\partial\hat{\$}'_F}{\partial\lambda_{\mathbb{r}}} + \hat{\$}'_F \equiv e^{-\lambda_{\mathbb{r}}}\frac{\partial}{\partial\lambda_{\mathbb{r}}}(\hat{\$}'_F e^{\lambda_{\mathbb{r}}}) = 2G\frac{\partial\hat{\mathbb{D}}'}{\partial\lambda_{\mathbb{r}}}$$

mit der allgemeinen Lösung

$$\hat{\$}'_F(\hat{\mathbb{r}},\lambda_{\mathbb{r}}) = 2G\left[\hat{\mathbb{D}}'(\hat{\mathbb{r}},\lambda_{\mathbb{r}}) - \int_{\bar\lambda_{\mathbb{r}}=\lambda_{\mathbb{r}_0}}^{\lambda_{\mathbb{r}}} \hat{\mathbb{D}}'(\hat{\mathbb{r}},\bar\lambda_{\mathbb{r}})e^{-(\lambda_{\mathbb{r}}-\bar\lambda_{\mathbb{r}})}\,d\bar\lambda_{\mathbb{r}}\right] \quad (6.36)$$

überführt, sofern man noch für den "Beginn des plastischen Fließens" $\left(\lambda_{\mathbb{r}}(\hat{\mathbb{r}},t_0) = \lambda_{\mathbb{r}_0}\right)$ die

---

46) Die erstere Version von (6.35f) bekommt man als Folge doppeltskalarer Multiplikation von (6.35d) mit $\$'_F$. Denn es ist dann in der Tat

$$\$'_F\cdot\cdot\dot{\mathbb{D}}' = \frac{1}{2G}(\dot{\$}'_F\cdot\cdot\$'_F + \dot\lambda\$'_F\cdot\cdot\$'_F) = \frac{1}{2G}(2H\dot H + \dot\lambda H^2)$$

bzw.

$$\dot\lambda = 2\left[\frac{G}{H^2}\$'_F\cdot\cdot\dot{\mathbb{D}}' - \frac{\dot H}{H}\right]$$

47) Mit $\dim(\lambda) = 1$

Gültigkeit der Hookeschen Beziehung $\$'_F(\hat{\mathbb{r}},\hat{\lambda}_{\mathbb{r}_0}) = 2G\,\hat{\mathbb{D}}'(\hat{\mathbb{r}},\lambda_{\mathbb{r}_0})$ verabredet. Obzwar für reale Problemlösungen i. allg. unbrauchbar, zeigt diese "Lösung" zweierlei, nämlich

1. daß die Prandtl-Reußsche Theorie eine sog. "endochrone" Theorie ist in dem Sinne, daß die Spannungen nicht von der Größe der Verzerrungsgeschwindigkeiten abhängen, weil das "scheinbare Zeitmaß-Inkrement" $d\lambda = d\lambda_{\mathbb{r}}$ - vgl. den Integranden von (6.35f) - nicht von den Änderungsgeschwindigkeiten der Größen H, $\mathbb{D}$, $\$_F$ abhängt, sondern nur von deren Änderungen selbst, sowie

2. daß für allgemeine Fließprozesse eine sog. finite Materialgleichung, in der die Spannungen $\$'_F(\hat{\mathbb{r}},t)$ - unabhängig von der bis zur Zeit t aufgelaufenen Beanspruchungs- bzw. Verzerrungsprozedur! - allein durch die zur Zeit t erreichten Verzerrungswerte $\mathbb{D}'(\hat{\mathbb{r}},t)$ nicht angegeben werden kann.

"Pfadunabhängige" finite Stoffgleichungen können aus der Sicht der Prandtl-Reuß-Theorie nur Folge spezieller Prozeßannahmen sein, wovon nachfolgend die Fälle des Fließens

a) unter (zeitlich) konstantem Spannungsdeviator und

b) mit (zeitlich) konstantem Verzerrungsgeschwindigkeitsdeviator

referiert werden.

Im Falle des

a) Fließens unter (zeitlich) konstantem Spannungsdeviator werden

$$\$'_F = \text{const}^{48)} = \$'_0(\hat{\mathbb{r}})\ ,\ \text{d. h. } H = \sqrt{\$'_F\cdot\cdot\$'_F} = \sqrt{\$'_0\cdot\cdot\$'_0} = \text{const} = H_0, \tag{6.37}$$

also $\dot{\$}'_F = 0\ ,\quad \dot{H} = 0\ ,\quad \dot{\lambda} \overset{(6.35f)}{=} 2G\,\$'_0\cdot\cdot\,\mathbb{D}'/\,H_0^2$

gesetzt und aus (6.35d)

$$\dot{\mathbb{D}}' = \frac{\$'_0\cdot\cdot\,\dot{\mathbb{D}}'}{H_0^2}\,\$'_0$$

nach Integration, wenn man den zum Fließbeginn–Zeitpunkt t_0 vorhandenen Verzerrungsdeviator $\mathbb{D}'(\hat{\mathbb{r}},t_0)$ als Denjenigen der elastischen Verzerrung, also als $\mathbb{D}'(\hat{\mathbb{r}},t_0) = \$'_0/2G$ verfügt,

48) $\hat{\mathbb{r}}$ bedeutet wieder den Ortsvektor der Ausgangsplazierung eines Kontinuumselementes

$$\mathbb{D}'(\hat{\mathbb{r}},t) = \left[\frac{\mathbb{S}'_0}{H_0^2} \cdot\cdot \mathbb{D}'(\hat{\mathbb{r}},t) \right] \mathbb{S}'_0 \,, \tag{6.38a}$$

erhalten. Quadrieren liefert

$$\mathbb{S}'_0 \cdot\cdot \mathbb{D}'(\hat{\mathbb{r}},t) = H_0 \sqrt{\mathbb{D}'(\hat{\mathbb{r}},t) \cdot\cdot \mathbb{D}'(\hat{\mathbb{r}},t)} \tag{6.38b}$$

und damit schließlich das finite Gesetz

$$\mathbb{S}'_0 = H_0 \, \mathbb{D}'/|\mathbb{D}| = H_0 \, \mathbb{D}'/\sqrt{\mathbb{D}' \cdot\cdot \mathbb{D}'} \,, \tag{6.38c}$$

das man übrigens gleichermaßen wie folgt identifizieren kann:
Man geht, ohne zu detaillieren, wie sich $\dot{\lambda}$ durch die Verzerrungsgeschwindigkeiten $(\dot{\mathbb{D}}')$ darstellt, unter Beachtung von $\dot{\mathbb{S}}'_F = 0$ von (6.35d), d. h. von

$$\dot{\mathbb{D}}' = \dot{\lambda} \, \mathbb{S}'_0/(2G) \tag{6.39a}$$

aus, integriert,

$$\begin{aligned} \mathbb{D}'(\hat{\mathbb{r}},t) &= \mathbb{D}(\hat{\mathbb{r}},t_0) + [\lambda(\hat{\mathbb{r}},t) - \lambda(\hat{\mathbb{r}},t_0)] \, \mathbb{S}'_0/(2G) = \\ &=^{49)} [1 + \lambda(\mathbb{r},t) - \lambda(\mathbb{r},t_0)] \, \mathbb{S}'_0/2G \,, \end{aligned} \tag{6.39b}$$

findet derart sofort das "finite Gesetz"

$$\mathbb{S}'_0(\hat{\mathbb{r}}) = 2G \, \frac{\mathbb{D}'(\hat{\mathbb{r}},t)}{1+\varphi(\hat{\mathbb{r}},t)} \tag{6.40a}$$

mit $\varphi(\hat{\mathbb{r}},t) = \lambda(\hat{\mathbb{r}},t) - \lambda(\hat{\mathbb{r}},t_0)$, $\varphi(\hat{\mathbb{r}},t_0) = 0$, das in dieser Form geschrieben wurde, um ihm die Struktur eines "finiten Gesetzes nach Henky" zu geben, und berechnet nunmehr $\varphi(\hat{\mathbb{r}},t)$ so, daß (6.40a) die Fließbedingung, d. h. $\mathbb{S}'_0 \cdot\cdot \mathbb{S}'_0 = H_0^2$ befriedigt. Man bekommt aus

$$\mathbb{S}'_0 \cdot\cdot \mathbb{S}'_0 \equiv H_0^2 = \left[\frac{2G}{1+\varphi} \right]^2 \mathbb{D}' \cdot\cdot \mathbb{D}'$$

den Zusammenhang

$$\frac{2G}{1+\varphi} = \frac{H_0}{\sqrt{\mathbb{D}' \cdot\cdot \mathbb{D}'}} \tag{6.40b}$$

und nach Einsetzen in (6.40a) in der Tat wieder (6.38c). Für

b) Fließen mit zeitlich konstantem Verzerrungsgeschwindigkeitsdeviator

$$\dot{\mathbb{D}}' = \text{const} = \mathbb{C}'_0(\hat{\mathbb{r}}) \tag{6.41}$$

läßt sich das Prandtl–Reuß–Gesetz

$$\dot{\mathbb{S}}'_F + \dot{\lambda} \, \mathbb{S}'_F = 2G \, \dot{\mathbb{D}}' = 2G \, \mathbb{C}'_0 \tag{6.42a}$$

für eine Fließbedingung

$$\mathbb{S}'_F \cdot\cdot \mathbb{S}'_F = H^2 = \text{const} = H_0^2 \,, \quad \text{d. h.} \quad \mathbb{S}'_F \cdot\cdot \dot{\mathbb{S}}'_F = 0 \,, \tag{6.42b}$$

also im wesentlichen für die klassische v. Mises–Bedingung mit $H_0 = \sqrt{\frac{2}{3}} \, \sigma_F$ zu einem finiten Gesetz integrieren. Zunächst gelingt eine Vorab–Bestimmung von $\dot{\lambda}$, wofür nach Doppelt–

---

49) Man benutze wieder $\mathbb{D}(\mathbb{r},t_0) = \mathbb{S}'_0/(2G)$

Skalarmultiplikation von (6.42a) mit $\mathbb{S}'_F$

$$\dot\lambda(\hat{\mathbb{r}},t) = \frac{2G\ \mathbb{C}'_0\cdot\cdot\mathbb{S}'_F - \dot{\mathbb{S}}'_F\cdot\cdot\mathbb{S}'_F}{\mathbb{S}'_F\cdot\cdot\mathbb{S}'_F} \overset{(6.42b)}{=} \frac{2G\ \mathbb{S}'_F\cdot\cdot\mathbb{C}'_0}{H_0^2} \tag{6.43a}$$

und weiter nach (materieller) Zeitableitung unter Beachtung von (6.41,42a,43a) schließlich die Differentialgleichung

$$\ddot\lambda = \frac{\partial\dot\lambda}{\partial t} = \frac{2G\ \dot{\mathbb{S}}'_F\cdot\cdot\mathbb{C}'_0}{H_0^2} \overset{(6.42a)}{=} \frac{2G}{H_0^2}\mathbb{C}'_0\cdot\cdot(2G\ \mathbb{C}'_0 - \dot\lambda\ \mathbb{S}'_F)$$
$$\overset{(6.43a)}{=} \left[\frac{2G}{H_0}\right]^2 \mathbb{C}'_0\cdot\cdot\mathbb{C}'_0 - \dot\lambda^2 \equiv c_0^2 - \dot\lambda^2$$

mit der Lösung

$$\dot\lambda(\hat{\mathbb{r}},t) = c_0\ \mathfrak{Tg}\ c_0\left(t - \tau_0(\hat{\mathbb{r}})\right),\quad c_0 = \frac{2G}{H_0}\sqrt{\mathbb{C}'_0\cdot\cdot\mathbb{C}'_0}, \tag{6.43b,c}$$

aufgefunden wird, was, mit (6.43a) gleichgesetzt, zu

$$\mathbb{S}'_F(\hat{\mathbb{r}},t)\cdot\cdot\mathbb{C}'_0 = H_0\sqrt{\mathbb{C}'_0\cdot\cdot\mathbb{C}'_0}\ \mathfrak{Tg}\ c_0\left(t - \tau_0(\hat{\mathbb{r}})\right) \tag{6.43d}$$

führt. Die "Integrationskonstante" $\tau_0(\hat{\mathbb{r}})$ berechnet man aus der Forderung, daß zum Zeitpunkt t = 0, der jetzt hier als Moment des elastisch–plastischen Übergangs definiert sein soll, zwischen den Deviatoren der Spannungen $\left(\mathbb{S}'_F(\hat{\mathbb{r}},0)\right)$ und der Dehnungen $\left(\mathbb{D}'(\hat{\mathbb{r}},0)\right)$ das Hookesche Gesetz $\mathbb{S}'_F(\hat{\mathbb{r}},0) = 2G\ \mathbb{D}'_0(\hat{\mathbb{r}},0)$ gelten soll, d. h. – man benutze (6.43d) – aus

$$2G\ \mathbb{D}'_0\cdot\cdot\mathbb{C}'_0 = H_0\sqrt{\mathbb{C}'_0\cdot\cdot\mathbb{C}'_0}\ \mathfrak{Tg}\ c_0\left(-\tau_0(\hat{\mathbb{r}})\right)$$

als

$$c_0\ \tau_0(\hat{\mathbb{r}}) = -\ \mathfrak{Ar}\ \mathfrak{Tg}\ \frac{2G}{H_0}\ \frac{\mathbb{D}'_0\cdot\cdot\mathbb{C}'_0}{\sqrt{\mathbb{C}'_0\cdot\cdot\mathbb{C}'_0}}, \tag{6.43e}$$

und hat damit $\dot\lambda$ nach (6.43b) vollständig festgelegt. Der letzte Schritt ist die Integration der Prandtl–Reuß–Gleichung (6.42a) mit $\dot\lambda$ nach (6.43b,e). Man bekommt aus

$$\dot{\mathbb{S}}'_F + \dot\lambda\ \mathbb{S}'_F = \dot{\mathbb{S}}'_F + c_0\ \mathfrak{Tg}\ c_0\left(t - \tau_0\right)\mathbb{S}'_F \equiv$$
$$\equiv \frac{1}{\mathfrak{Cos}\ c_0(t-\tau_0)}\frac{\partial}{\partial t}\left[\mathbb{S}'_F\ \mathfrak{Cos}\ c_0\left(t-\tau_0\right)\right] = 2G\ \mathbb{C}'_0$$

nach Integration die allgemeine Lösung

$$\mathbb{S}'_F(\hat{\mathbb{r}},t) = \frac{\mathbb{B}'(\hat{\mathbb{r}})}{\mathfrak{Cos}\ c_0(t-\tau_0)} + 2G\ \frac{\mathbb{C}'_0}{c_0}\ \mathfrak{Tg}\ c_0\left(t-\tau_0\right),$$

wobei die "Konstante" $\mathbb{B}'(\hat{\mathbb{r}})$ mit dem im elastisch–plastischen Grenzzustand (für t = 0) geforderten Hookeschen Gesetz $\mathbb{S}'(\hat{\mathbb{r}},0) = \mathbb{S}'_0(\hat{\mathbb{r}}) = 2G\ \mathbb{D}'(\hat{\mathbb{r}},0) = 2G\ \mathbb{D}'_0(\hat{\mathbb{r}})$ festgelegt wird. Es ergeben sich

$$\mathbb{B}'(\hat{\mathbb{r}}) = 2G\left[\mathbb{D}'_0\ \mathfrak{Cos}\ c_0\tau_0 + \frac{\mathbb{C}'_0}{c_0}\ \mathfrak{Sin}\ c_0\tau_0\right],$$

also

$$\frac{\mathbb{S}'_F(\hat{\mathrm{r}},t)}{2G} = \mathbb{D}'_0(\hat{\mathrm{r}})\frac{\mathfrak{Cos}\, c_0\tau_0(\hat{\mathrm{r}})}{\mathfrak{Cos}\, c_0\big(t-\tau_0(\hat{\mathrm{r}})\big)} + \frac{\mathbb{C}'_0}{c_0}\frac{\mathfrak{Sin}\, c_0\tau_0(\hat{\mathrm{r}})+\mathfrak{Sin}\, c_0\big(t-\tau_0(\hat{\mathrm{r}})\big)}{\mathfrak{Cos}\, c_0\big(t-\tau_0(\hat{\mathrm{r}})\big)}, \tag{6.44a}$$

was ebenfalls ein finites (endochrones) Spannungs–Verzerrungsgesetz ist. Weil man nämlich hier voraussetzungsgemäß

$$\mathbb{D}'(\hat{\mathrm{r}},t) = \mathbb{D}'_0(\hat{\mathrm{r}}) + t\mathbb{C}'_0(\hat{\mathrm{r}}) \tag{6.44b}$$

zu setzen hat, sind, indem man abkürzend

$$|\mathbb{D}'(\hat{\mathrm{r}},t) - \mathbb{D}'_0(\hat{\mathrm{r}})| = \sqrt{[\mathbb{D}'(\hat{\mathrm{r}},t)-\mathbb{D}_0(\hat{\mathrm{r}})]\cdot\cdot[\mathbb{D}'(\hat{\mathrm{r}},t)-\mathbb{D}'_0(\hat{\mathrm{r}})]}$$

schreibt,

$$c_0 t = \frac{2G}{H_0}\sqrt{\mathbb{C}'_0\cdot\cdot\mathbb{C}'_0}\; t = \frac{2G}{H_0}\,|\mathbb{D}'(\hat{\mathrm{r}},t) - \mathbb{D}'_0(\hat{\mathrm{r}})| \;,$$

$$\frac{\mathbb{C}'_0}{c_0} = \frac{\mathbb{C}'_0 t}{c_0 t} = \frac{H_0}{2G}\,\frac{\mathbb{D}'(\hat{\mathrm{r}},t)-\mathbb{D}'_0(\hat{\mathrm{r}})}{|\mathbb{D}'(\hat{\mathrm{r}},t)-\mathbb{D}'_0(\hat{\mathrm{r}})|}\;,$$

$$c_0\tau_0 = -\,\mathfrak{Ar}\,\mathfrak{Tg}\,\frac{2G}{H_0}\,\frac{\mathbb{D}'_0(\hat{\mathrm{r}})\cdot\cdot\big(\mathbb{D}'(\hat{\mathrm{r}},t)-\mathbb{D}'_0(\hat{\mathrm{r}})\big)}{|\mathbb{D}'(\hat{\mathrm{r}},t)-\mathbb{D}'_0(\hat{\mathrm{r}})|}\;,$$

womit alle in (6.44a) auftretenden Größen in der Tat durch die Momentan–Verzerrungen $\mathbb{D}'(\hat{\mathrm{r}},t)$ ausgedrückt worden sind.
Für $t \Longrightarrow \infty$ folgt aus (6.44a)

$$\mathbb{S}'_{F\infty} = \lim_{t\to\infty}\mathbb{S}'_F = 2G\,\frac{\mathbb{C}'_0}{c_0} = H_0\,\frac{\mathbb{D}'(\hat{\mathrm{r}},t)-\mathbb{D}'_0(\hat{\mathrm{r}})}{|\mathbb{D}'(\hat{\mathrm{r}},t)-\mathbb{D}'_0(\hat{\mathrm{r}})|}$$

$$\approx H_0\,\frac{\mathbb{D}'(\hat{\mathrm{r}},t\to\infty)}{|\mathbb{D}'(\hat{\mathrm{r}},t\to\infty)|} = H_0\,\frac{\mathbb{C}'_0}{\sqrt{\mathbb{C}'_0\cdot\cdot\mathbb{C}'_0}}\,, \tag{6.44c}$$

wenn man noch berücksichtigt, daß wegen (6.44b) die Verzerrungen $\mathbb{D}'(\hat{\mathrm{r}},t)$ mit zunehmender Zeit die elastischen (Anfangs–)Verzerrungen $\mathbb{D}'_0(\hat{\mathrm{r}})$ weit überwiegen.[50] So findet man auch hier, zumindest für größere plastische Verformungen, wieder die Struktur (6.38c), die man –

50) Unter Benutzung einer Ersatz–Zeitfunktion

$$T(\hat{\mathrm{r}},t) = \int_{t_0(\hat{\mathrm{r}})}^{t}\frac{H_0}{H(\tau)}f(\tau)d\tau \quad\text{mit}\quad H_0 = H(t_{\mathrm{r}_0})$$

läßt sich dies erschließen auch für beliebige ($\mathbb{C}'_0$-proportionale) Zeitgesetze

$$\mathbb{D}(\hat{\mathrm{r}},t) = \mathbb{D}_0(\hat{\mathrm{r}}) + \mathbb{D}_F(\hat{\mathrm{r}},t) \quad\text{mit}\quad \mathbb{D}_F = \mathbb{C}'_0(\hat{\mathrm{r}})\,f(t)$$

und zwar exakt für $H = H_0$ und näherungsweise für beliebige Fließbedingungen

$$\mathbb{S}'_F\cdot\cdot\,\mathbb{S}'_F = H^2(p_F,\,T_F,\,I'_{SF3}).$$

wie (6.39,40) gezeigt haben – nach der Henkyschen Methode zur Konstruktion finiter Gesetze erhielte, wo vorgeschlagen wird, für elastisch–idealplastische Stoffgesetze generell von einem finiten "ad hoc"–Ansatz

$$\mathbb{S}_F'(\mathbb{r},t) = 2G \, \frac{\mathbb{D}'(\mathbb{r},t)}{1+\varphi(\mathbb{r},t)} \tag{6.45a}$$

auszugehen und den Freiwert $\varphi(\mathbb{r},t)$ mittels der Fließbedingung

$$\mathbb{S}_F' \cdot\cdot \mathbb{S}_F' = H^2\left(p_F(\mathbb{r},t),\, T_F(\mathbb{r},t),\, I_{3F}'(\mathbb{r},t)\right) \tag{6.45b}$$

festzulegen, womit für alle Belastungszustände und alle Fließbedingungen eine Materialgleichung von der Form

$$\mathbb{S}_F' = H \, \frac{\mathbb{D}'}{\sqrt{\mathbb{D}' \cdot\cdot \mathbb{D}'}} \tag{6.45c}$$

zur Verfügung stünde. Im Rahmen der Prandtl–Reuß–Systematik ist diese Verfahrensweise allgemein sicher unrichtig, aber in den häufig in der Praxis vorkommenden Fällen, wo sich die Fließ–Spannungen $\mathbb{S}_F'$ während des Prozesses nicht wesentlich ändern, eine sicherlich brauchbare Näherung. Seiner strukturellen Einfachheit wegen erfreut sich (6.45c) auch für Überschlagsrechnungen in der Praxis großer Beliebtheit.

Seiner hervorragenden Aussagekraft wegen, soll auf das Zitat des berühmten Beispiels von Reuß [23] nicht verzichtet werden, wo einem einachsig mit

$$\mathbb{S}_0 = \mathbb{S}_0 = \sigma_F \, \mathbb{e}_x \circ \mathbb{e}_x \mathrel{\hat{=}} \sigma_F \begin{bmatrix} 1 & 0 & 0 \\ 0 & 0 & 0 \\ 0 & 0 & 0 \end{bmatrix}, \ \langle \mathbb{e}_x, \mathbb{e}_y, \mathbb{e}_z \rangle \,, \tag{6.46a}$$

vorgespannten Körper, zur Zeit $t = 0$ beginnend, eine konstante Schergeschwindigkeit

$$\mathbb{C}_0' \mathrel{\hat{=}} \frac{\dot{\gamma}_0}{2} \begin{bmatrix} 0 & 1 & 0 \\ 1 & 0 & 0 \\ 0 & 0 & 0 \end{bmatrix}, \ \langle \mathbb{e}_x, \mathbb{e}_y, \mathbb{e}_z \rangle \,, \ \mathbb{C}_0' \cdot\cdot \mathbb{C}_0' = \frac{\dot{\gamma}_0^2}{2} \tag{6.46b}$$

überlagert, aber gleichzeitig der Axialspannungszustand

$$\mathbb{S}_\sigma \mathrel{\hat{=}} \sigma_{xx}(t) \begin{bmatrix} 1 & 0 & 0 \\ 0 & 0 & 0 \\ 0 & 0 & 0 \end{bmatrix}, \ \langle \mathbb{e}_x, \mathbb{e}_y, \mathbb{e}_z \rangle \,,$$

geeignet so abgebaut werden soll, daß sich der Körper stets im Zustand des (quasistatischen) Fließens befinde[51]. Den Abbau der Axialspannungen $\sigma_{xx}(t)$ und das gleichzeitige Anwachsen entsprechender Schubspannungen $\tau_{xy}(t)$ im Zusammenhang mit der Zunahme $\gamma(t) = \gamma_0 t$ der Scherdeformation ist mit den Formeln (6.43, 44) rasch festzustellen. Mit $H_0 = \sigma_F \sqrt{2/3}$, also Verwendung der v. Mises–Fließbedingung[52] sind

[51] Experimentell etwa zu verifizieren durch einen mit $\sigma_{xx}(t)$ vorgespannten dünnwandigen Kreiszylinder, den man, von $\sigma_{xx}(0) = \sigma_F$ ausgehend, bei Erteilung einer Torsion in Axialrichtung entlasten muß ($\sigma_{xx}(t) < \sigma_F$), damit die Versuchssituation statisch bleibt. Würde bei Einsetzen der Torsion keine axiale Entlastung durchgeführt, also dem Zylinder eine Beanspruchung ($\mathfrak{B}^{(-)}$) zugemutet werden, wäre es unmöglich, den etwa am Zylinderende angreifenden Lasten statisch äquivalente Schnittlasten entgegenstellen zu können: Die Probe würde in stark beschleunigter Bewegung vernichtet werden.

[52] Eine andere kommt nach Maßgabe der vorausgegangenen Analyse leider nicht in Frage.

$$c_0 = \sqrt{6}\,\frac{G}{\sigma_F}\sqrt{\mathbb{C}_0'\cdot\cdot\,\mathbb{C}_0} = \sqrt{3}\,\frac{G}{\sigma_F}\,\dot\gamma_0\ ,\quad \frac{\mathbb{C}_0'}{c_0} \mathrel{\hat=} \frac{\sigma_F}{2\sqrt{3}\,G}\begin{bmatrix}0&1&0\\1&0&0\\0&0&0\end{bmatrix}\ ,$$

$$\dot\lambda = \sqrt{3}\,\frac{G}{\sigma_F}\,\dot\gamma_0\,\mathfrak{Tg}\left[\sqrt{3}\,\frac{G}{\sigma_F}\,\dot\gamma_0(t-\tau_0)\right]\ ,$$

und setzt man[53])

$$\mathbb{D}_0'(\hat{\mathbb{r}}) = \frac{\$_0'(\hat{\mathbb{r}})}{2G} \mathrel{\hat=} \frac{1}{2G}\,\frac{\sigma_F}{3}\begin{bmatrix}2&0&0\\0&-1&0\\0&0&-1\end{bmatrix}, \tag{6.46c}$$

so hat man mit $\tau_0 = 0$[54]) nach (6.44a) und $\gamma(t) = \dot\gamma_0 t$ als Lösung

$$\$_F' \mathrel{\hat=} \frac{\sigma_F}{3}\,\frac{1}{\mathfrak{Cos}\,\sqrt{3}\,\frac{G}{\sigma_F}\,\gamma(t)}\begin{bmatrix}2&0&0\\0&-1&0\\0&0&-1\end{bmatrix} + \frac{\sigma_F}{\sqrt{3}}\begin{bmatrix}0&1&0\\1&0&0\\0&0&0\end{bmatrix}\mathfrak{Tg}\,\sqrt{3}\,\frac{G}{\sigma_F}\,\gamma(t)\ , \tag{6.46d}$$

also für das dem "Deformationsprogramm" $\langle\, \mathbb{D}_0', \mathbb{C}_0'\,\rangle$ zugehörige "Fließspannungsprogramm"

$$\sigma_{xx}(t) = \frac{\sigma_F}{\mathfrak{Cos}\,\sqrt{3}\,\frac{G}{\sigma_F}\,\gamma(t)}\ ,\quad \tau_{xy}(t) = \frac{\sigma_F}{\sqrt{3}}\,\mathfrak{Tg}\,\sqrt{3}\,\frac{G}{\sigma_F}\,\gamma(t)\ , \tag{6.46e,f}$$

das mit zunehmender Schubverzerrung $\gamma(t)$ durch einen kontinuierlichen "Umbau" des Fließ–Spannungszustandes vom "Normalspannungs"– in das "Schubspannungs"–Fließen gekennzeichnet ist[55]) (Abb. 6.6).

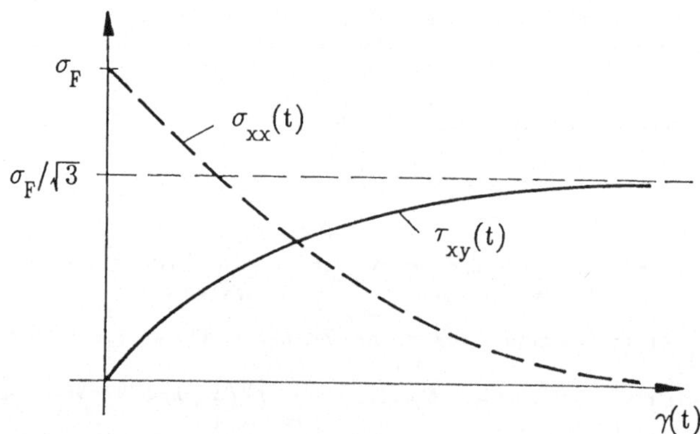

Abb 6.6

Als Besonderheit soll noch vermerkt werden, daß für

---

53) im Sinne des Hookeschen Gesetzes für die anfängliche einachsige Fließbeanspruchung

54) weil hier mit $\mathbb{C}_0'$ bzw. $\mathbb{D}_0'$ nach (6.46b,c) $\mathbb{D}_0'\cdot\cdot\,\mathbb{C}_0' = 0$ folgt

55) Daß die v. Mises–Fließbedingung $\$_F'\cdot\cdot\,\$_F' = 2/3\,\sigma_F^2$
in jeder Fließphase identisch erfüllt ist, prüft man durch Einsetzen von (6.46d) leicht nach.

6.5.3 Isotrope Maxwell–idealplastische Medien mit tensorlinearem Materialgesetz und kleinen Verformungen

wegen

$$\dot{\mathbb{D}}'_S =^{56)} \frac{\dot{\mathbb{S}}'}{2G} + \frac{\mathbb{S}'}{2\mu} \quad \text{also} \quad \mathbb{G}' = \frac{\dot{\mathbb{S}}'_F}{2G} + \frac{\mathbb{S}'_F}{2\mu} \quad \text{sowie} \quad \dot{\mathbb{D}}'_F = \frac{|\dot{\mathbb{D}}'_F|}{H}\,\mathbb{S}_F$$

in Termen der Spannungen und Gesamtverzerrungen ebenfalls wieder das (deviatorische) Prandtl–Reuß–Gesetz anfällt. Setzt man nämlich in

$$|\dot{\mathbb{D}}'_F|^2 = \dot{\mathbb{D}}'_F\cdot\cdot\dot{\mathbb{D}}'_F = (\dot{\mathbb{D}}' - \dot{\mathbb{D}}'_S)\cdot\cdot(\dot{\mathbb{D}}' - \dot{\mathbb{D}}'_S) = \dot{\mathbb{D}}'\cdot\cdot\dot{\mathbb{D}}' + \dot{\mathbb{D}}'_S\cdot\cdot\dot{\mathbb{D}}'_S - 2\dot{\mathbb{D}}'\cdot\cdot\dot{\mathbb{D}}'_S$$

die Gesamt–Stoffgleichung

$$\dot{\mathbb{D}}' = \frac{\dot{\mathbb{S}}'_F}{2G} + \frac{\mathbb{S}'_F}{2\mu} + \frac{|\dot{\mathbb{D}}'_F|}{H}\,\mathbb{S}'_F \tag{6.46g}$$

ein, so entsteht für $|\dot{\mathbb{D}}'_F|$ die quadratische Gleichung

$$\begin{aligned} |\dot{\mathbb{D}}'_F|^2 &= \dot{\mathbb{D}}'\cdot\cdot\dot{\mathbb{D}}' + \left[\frac{\dot{\mathbb{S}}'_F}{2G} + \frac{\mathbb{S}'_F}{2\mu}\right]\cdot\cdot\left[\frac{\dot{\mathbb{S}}'_F}{2G} + \frac{\mathbb{S}'_F}{2\mu}\right] - 2\left[\frac{\dot{\mathbb{S}}'_F}{2G} + \frac{\mathbb{S}'_F}{2\mu} + \frac{|\dot{\mathbb{D}}'_F|}{H}\,\mathbb{S}'_F\right]\cdot\cdot\left[\frac{\dot{\mathbb{S}}'_F}{2G} + \frac{\mathbb{S}'_F}{2\mu}\right] \\ &= \dot{\mathbb{D}}'\cdot\cdot\dot{\mathbb{D}}' - \left[\frac{\dot{\mathbb{S}}'_F}{2G} + \frac{\mathbb{S}'_F}{2\mu}\right]\cdot\cdot\left[\frac{\dot{\mathbb{S}}'_F}{2G} + \frac{\mathbb{S}'_F}{2\mu}\right] - 2\,\frac{|\dot{\mathbb{D}}'_F|}{H}\,\mathbb{S}'_F\cdot\cdot\left[\frac{\dot{\mathbb{S}}'_F}{2G} + \frac{\mathbb{S}'_F}{2\mu}\right], \end{aligned}$$

die wegen $\mathbb{S}'_F\cdot\cdot\mathbb{S}'_F = H^2$ und $\mathbb{S}'_F\cdot\cdot\dot{\mathbb{S}}'_F = H\dot{H}$ in der Form

$$|\dot{\mathbb{D}}'_F|^2 + -\left[\frac{\dot{H}}{G} + \frac{H}{\mu}\right]|\dot{\mathbb{D}}'_F| = \dot{\mathbb{D}}'\cdot\cdot\dot{\mathbb{D}}' - \frac{\dot{\mathbb{S}}'_F\cdot\cdot\dot{\mathbb{S}}'_F}{4G^2} - \frac{H^2}{4\mu^2} - \frac{H\dot{H}}{2\mu G}$$

zu vereinfachen ist und als Lösung

$$|\dot{\mathbb{D}}'_F| = -\frac{1}{2}\left[\frac{\dot{H}}{G} + \frac{H}{\mu}\right] + \sqrt{\dot{\mathbb{D}}'\cdot\cdot\dot{\mathbb{D}}' - \frac{\dot{\mathbb{S}}'_F\cdot\cdot\dot{\mathbb{S}}'_F}{4G^2} + \frac{1}{4}\left[\frac{\dot{H}}{G}\right]^2}$$

ergibt. Einsetzen in (6.46g) liefert dann schließlich in der Tat wieder die Prandtl–Reuß–Gleichung (6.35d) mit $\dot{\lambda}$ nach (6.35e). Im Stadium des Fließens kann diese Theorie also nicht zwischen deviatorischen Fließ– und Kriechverformungen unterscheiden. Die Betrachtnahme viskoser Verfestigung (mit $\mu = \mu(t)$) ändert an diesem Befund nichts.

Von den in der Theorie fest–idealplastischer Medien ausschließlich in Termen der Beanspruchungsgröße $\mathfrak{B}$ als darstellbar unterstellten

6.6 Fließbedingungen

werden im Folgenden nur isotrope Varianten, d. h. Darstellungen von der Form (6.26c) detailliert[57], die man im dreidimensionalen Vektorraum der Hauptspannungen $< \sigma^H_{jj}\ \mathrm{e}^H_j >$ -

---

56) vgl. (4.44) mit $\mathbb{S}$ anstelle von $\mathbb{S}^{(K)}$ und $\mathbb{D}$ = defu anstelle von $\mathbb{D}^{(G)}$

57) und zwar nur noch in der nicht dichtebezogenen Form

$$S'_F = H(I'_{SF3}, p_F, T_F) \equiv H_F \tag{6.47}$$

mit einem, einen (Spannungs-)Zustandspunkt P definierenden, (Orts-)Vektor

$$\mathfrak{S} = \sigma_{11}^{H}\, \mathbb{e}_1^{H} + \sigma_{22}^{H}\, \mathbb{e}_2^{H} + \sigma_{33}^{H}\, \mathbb{e}_3^{H} \mathrel{\hat{=}} \left\{ \sigma_{11}^{H}; \sigma_{22}^{H}, \sigma_{33}^{H} \right\} \tag{6.47a}$$

als Repräsentanten von $\mathbb{S}$ - durch eine (mit der Temperatur parametrisierte) Schar von Fließgrenzflächen (F = 0) kennzeichnen kann, welche als "zylinderartige" Flächen (mit von $p = \mathbb{E} \cdot\cdot \mathbb{S}/3$ und T abhängiger "Querschnittsfläche") aufzufassen sind und die "Raumdiagonale"

$$\mathfrak{e}_p \mathrel{\hat{=}} \left\{ 1; 1; 1 \right\} / \sqrt{3} \ , \quad < \mathbb{e}_1^{H}, \mathbb{e}_2^{H}, \mathbb{e}_3^{H} > \ , \tag{6.47b}$$

als gemeinsame Zylinderachse haben.

Man erkennt dies, indem man beachtet, daß die im - durch (6.47a) definierten - Zustandsraum anfallenden vektorwertigen Repräsentanten[58]

$$\mathfrak{p} \mathrel{\hat{=}} \left\{ p; p; p \right\} = p\sqrt{3} \left\{ \frac{1}{\sqrt{3}}; \frac{1}{\sqrt{3}}; \frac{1}{\sqrt{3}} \right\} = \sqrt{3}\, p\, \mathfrak{e}_p \tag{6.48a}$$

bzw.

$$\mathfrak{S}' = \sum_{j=1}^{3} \sigma_{jj}^{H,} \mathbb{e}_j^{H} \mathrel{\hat{=}} \left\{ \sigma_{11}^{H,}; \sigma_{22}^{H,}; \sigma_{33}^{H,} \right\} , \quad \sigma_{jj}^{H,} = \sigma_{jj}^{H} - p \ , \tag{6.48b,c}$$

für "hydrostatische" bzw. "deviatorische" Spannungszustände im Sinne von

$$\mathbb{E} \cdot\cdot \mathbb{S}' = 0 \ , \text{ d. h. } \sum_{j=1}^{3} \sigma_{jj}^{H,} \equiv \left\{ \sigma_{11}^{H,}; \sigma_{22}^{H,}; \sigma_{33}^{H,} \right\} \odot \left\{ 1; 1; 1 \right\} =^{59)} 0$$

bzw.

$$\mathfrak{S}' \odot \mathfrak{p} = 0 \tag{6.48d}$$

zueinander orthogonal sind, daß also dementsprechend "Deviatorvektoren" $\mathfrak{S}'$ stets in der (den Koordinatensprung $\mathfrak{S} = 0$ enthaltenden und) zur Raumdiagonale ($\mathfrak{e}_p$) senkrechten (sog. π -)Ebene liegen müssen, d. h. als Projektionen des Spannungs-(Zustands-)Vektors $\mathfrak{S}$ in die π -Ebene aufzufassen sind. Weil

$$S_F' = \sqrt{\mathbb{S}_F' \cdot\cdot \mathbb{S}_F'} = \sqrt{\sum_{j=1}^{3} \sigma_{jj\,F}^{H,2}} = |\mathfrak{S}_F'| \ , \tag{6.49a}$$

also der "Deviatorbetrag" S_F' mit dem Betrag des Deviatorvektors $\mathfrak{S}'$ identisch ist, ist demnach die Fließbedingung in der Version (6.47) auch als

$$|\mathfrak{S}_F'| = H\,(I_{SF3}', p_F, T_F) \tag{6.49b}$$

zu schreiben und zu interpretieren als Gleichung einer in der π-Ebene liegenden (ge-

---

58) Mit denen die Zerlegung $\mathbb{S} = p\mathbb{E} + \mathbb{S}'$ in die Vektorgleichung $\mathfrak{S} = \mathfrak{p} + \mathfrak{S}'$ "übersetzt" wird

59) durch $\odot$ werden Skalarprodukte im Zustandsraum symbolisiert.

schlossenen) Kurve[60], die als "π-Projektion" der Schnittkurve derjenigen Umrißlinie aufzufassen ist, die man erhält, wenn man die Fließgrenzfläche im "Raumdiagonalen-Abstande" $\sqrt{3}$ p mit einer zur π-Ebene parallelen (Querschnitts-)Ebene schneidet. In diesem Sinne spricht man von der jeweiligen Querschnitts-Umrißlinie als "Fließgrenzkurve", wobei deren "Kurvenpunkte" P' die "π-Ebenen-projizierte Lage" entsprechender Punkte P auf der Fließgrenzfläche (F = 0) darstellen.

Einige generelle charakteristische Feststellungen über Fließgrenzkurven in der π-Ebene und die hierfür verantwortlichen Spannungszustände recherchiert man leichter unter Benutzung des folgenden Satzes (Abb. 6.7):

Ist in der π-Ebene ein (planarer) "Deviator-Vektor" $\mathfrak{S}'$ gegeben, so bekommt man dessen drei Deviatorkomponenten $\sigma^{H'}_{jj}$ als die mit $\sqrt{2/3}$ multiplizierten Projektionen von $\mathfrak{S}'$ auf die drei (ebenfalls in der π-Ebene liegenden) Einheitsvektoren[61]

---

60) (6.49b) ist im Sinne einer Polarkoordinatendarstellung $r_F = r\,(\varphi,\, p_F,\, T_F)$ in der π–Ebene aufzufassen, wobei $|\mathfrak{S}_F'| = r$ den vom Koordinatenursprung $(\mathfrak{S} = 0)$ gemessenen Ortsvektorbetrag darstellt, der – neben p_F, T_F – von einem durch I'_{SF3} repräsentierten "Polarwinkel" $\varphi < I'_{SF3} >$ abhängt.

61) die gegeneinander um 120^0 geneigt sind und in der π–Ebene diejenigen Richtungen definieren, die durch Projektion der Hauptrichtungen $\mathfrak{e}^H_j$ auf die π–Ebene entstehen.

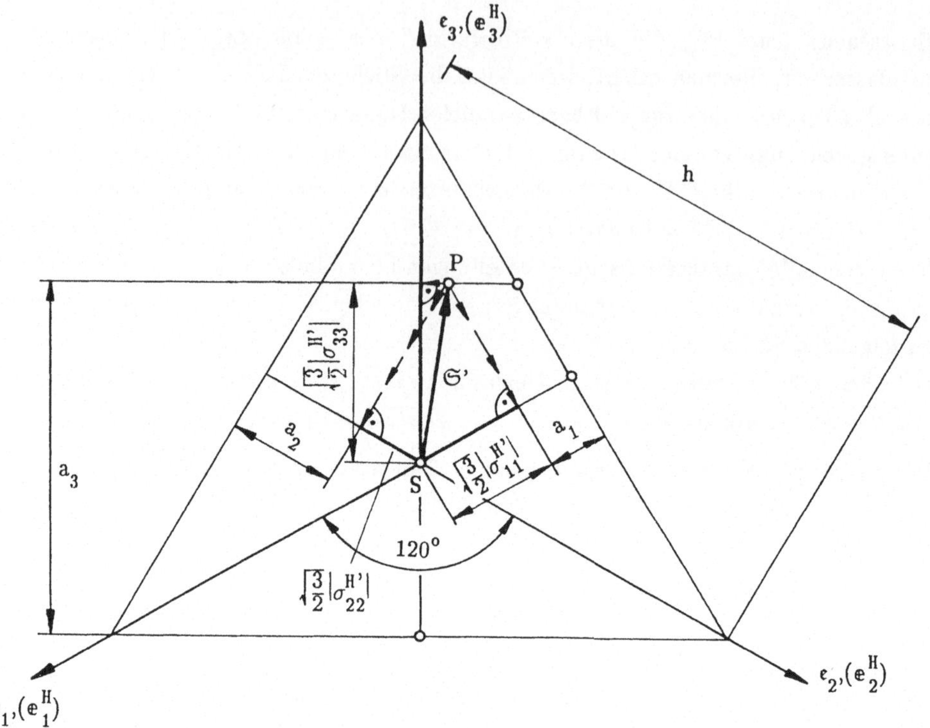

Abb. 6.7

$$\mathfrak{e}_1 \mathrel{\hat{=}} \sqrt{\frac{2}{3}}\left\{1;\, -\frac{1}{2};\, -\frac{1}{2}\right\},\ \mathfrak{e}_2 \mathrel{\hat{=}} \sqrt{\frac{2}{3}}\left\{-\frac{1}{2};\, 1;\, -\frac{1}{2}\right\},\ \mathfrak{e}_3 \mathrel{\hat{=}} \sqrt{\frac{2}{3}}\left\{-\frac{1}{2};\, -\frac{1}{2};\, 1\right\},\ \langle \mathbb{e}^{H}_1,\, \mathbb{e}^{H}_2,\, \mathbb{e}^{H}_3 \rangle\ , \tag{6.50a-c}$$

d. h. als

$$\sigma^{H,}_{jj} \overset{62)}{=} \sqrt{\frac{2}{3}}\ \mathfrak{S}' \odot \mathfrak{e}_j = \sqrt{\frac{2}{3}}\ |\mathfrak{S}'|\ \cos\angle(\mathfrak{S}',\mathfrak{e}_j)\ ,\quad j = 1...3\ . \tag{6.50d}$$

---

62) Indem man z. B. j = 1 setzt, erhält man in konkreter Rechnung

$\mathfrak{S}' \odot \mathfrak{e}_1 = \left\{ \sigma^{H,}_{11};\, \sigma^{H,}_{22};\, \sigma^{H,}_{33} \right\} \odot \left\{ 1;\, -\frac{1}{2};\, -\frac{1}{2} \right\} \sqrt{\frac{2}{3}} = \left[\sigma^{H,}_{11} - \frac{\sigma^{H,}_{22} + \sigma^{H,}_{33}}{2} \right] \sqrt{\frac{2}{3}}$ und wegen $\sigma^{H,}_{11} + \sigma^{H,}_{22} + \sigma^{H,}_{33} = 0$, d. h. $\sigma^{H,}_{22} + \sigma^{H,}_{33} = -\sigma^{H,}_{11}$ weiter $\mathfrak{S}' \odot \mathfrak{e}_1 = \frac{3}{2}\sqrt{\frac{2}{3}}\,\sigma^{H,}_{11} = \sqrt{\frac{3}{2}}\,\sigma^{H,}_{11}$, also in der Tat $\sigma^{H,}_{11} = \sqrt{\frac{2}{3}} \cdot \mathfrak{S}' \odot \mathfrak{e}_1$. Den in (6.50) niedergelegten und – wie gezeigt – in konkreter Rechnung leicht prüfbaren Sachverhalt erschließt man in Weiterentwicklung eines auf Weissenberg (s. h. [1]) zurückgehenden Satzes, daß die Summe der von einem Punkte P aus auf die Seiten eines gleichseitigen Dreiecks gefällten Lote a_j stets gleich der Dreieckshöhe h ist (Abb. 6.7). Als Folge davon bekommt man dann sogleich die Aussage, daß die bei Zerlegung eines (vom Dreiecksschwerpunkt aus zählenden) Vektors $\mathfrak{S}'$ hinsichtlich der Richtungen $\mathfrak{e}_j$ anfallenden Projektionen stets die Summe Null haben.

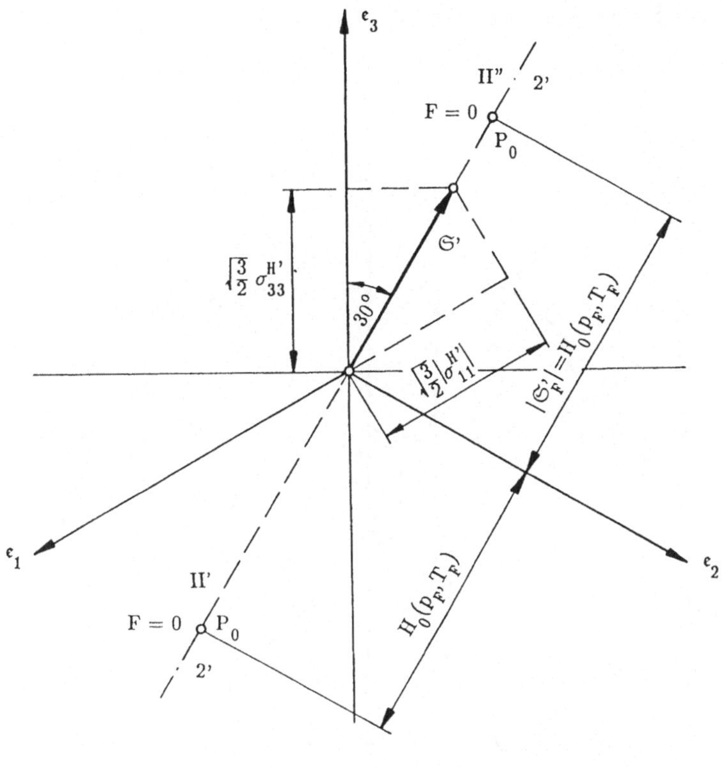

Abb. 6.8

Unter Benutzung letzterer Befunde sind also z. B. Spannungszustände mit Zustandspunkten P auf der Geraden 2'-2' (Abb. 6.8) durch $\sigma^{H'}_{22} = 0$, $\sigma^{H'}_{33} = - \sigma^{H'}_{11}$ und damit durch $I'_{SF3} = 0$ gekennzeichnet[63], womit für diesen Fall nach (6.47) im Fließzustand der Deviatorbetrag als

$$S'_F = | \mathfrak{S}'_F | = |\mathfrak{S}'_F| = H\,(0, p_F, T_F) = H_0\,(p_F, T_F) \tag{6.51}$$

limitiert ist und demgemäß in den Punkten P_0 (mit Abstand $H_0\,(p_F,T_F)$) zwei Fließgrenzlinienpunkte festliegen. In entsprechender Weise bekommt man mit der Betrachtnahme von $\sigma^{H'}_{33} = 0$ bzw. $\sigma^{H'}_{11} = 0$ jeweils zwei weitere Fließgrenzlinienpunkte (P_0) mit Abstand $H_0(p_F,T_F)$ vom Koordinatenursprung und dergestalt schließlich die Feststellung, daß insgesamt längs dreier Geraden, die jeweils gegenüber den Hauptrichtungsprojektionen $\mathfrak{e}_j$ um 30°

---

[63] Man beachte nach (6.26a)

$$I'_{SF3} = (\mathfrak{E}'_{SF})_3 = \frac{(\mathfrak{S}'_F)_3}{S'^3_F} = \frac{\det\ \mathfrak{S}'_F}{S'^3_F} = \frac{\sigma^{H'}_{11F}\ \sigma^{H'}_{22F}\ \sigma^{H'}_{33F}}{S'^3_F}$$

geneigt sind, der Spannungsdeviatorbetrag gleich (nämlich H_0 (p_F, T_F)) sein muß[64], (Abb. 6.9).

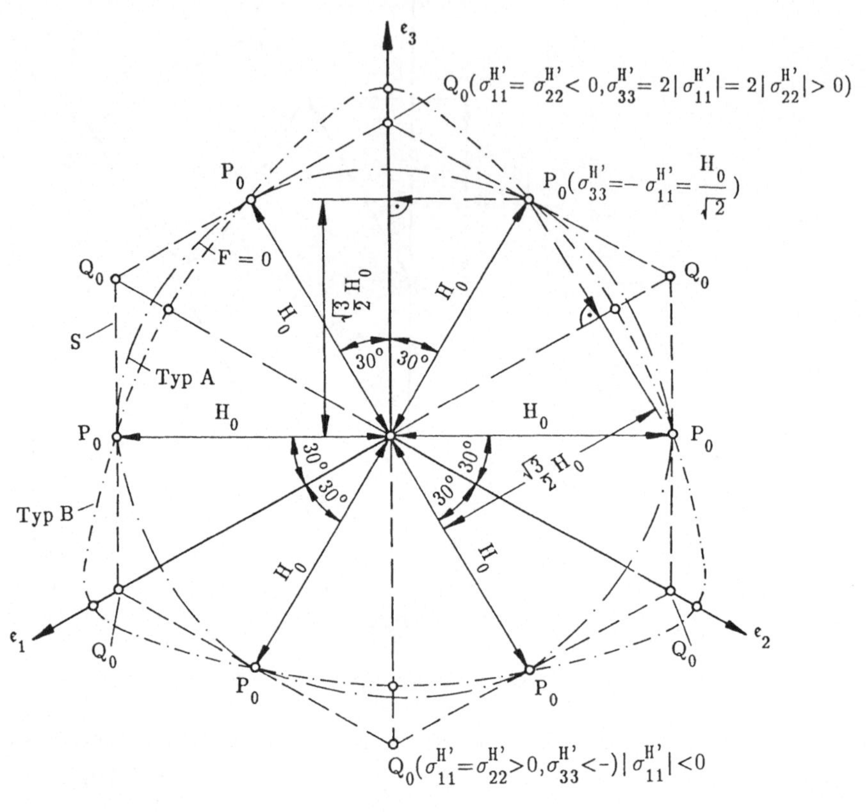

Abb. 6.9

64) wobei die Punkte P_0 jeweils "planare Deviatorzustände" beschreiben, etwa für den "rechts oben" liegenden Punkt P_0 den Zustand $\sigma_{33}^{H'} = -\sigma_{11}^{H'} = H_0 / \sqrt{2}$, wie man mit den Längen $\left[\pm\frac{\sqrt{3}}{2}H_0\right]$ der von P_0 aus auf die Richtungen e_3 und e_1 vorgenommenen Projektionen sogleich feststellt: Im Sinne von Abb. 6.8 bzw. Formel (6.50d) müssen

$$\sigma_{33}^{H'} = \sqrt{\frac{2}{3}}\,\mathfrak{S}'\odot e_3 = \sqrt{\frac{2}{3}}\frac{\sqrt{3}}{2}H_0 = \frac{H_0}{\sqrt{2}} = -\sigma_{11}^{H'},$$

sein, was man selbstverständlich ebenso unmittelbar aus der mit $\sigma_{22}^{H'} = 0$, d. h. $-\sigma_{11}^{H'} = \sigma_{33}^{H'}$ erhältlichen Aussage

$$S_F'(P_0) = \left[\sqrt{\$_F'\cdot\cdot\$_F'}\right]_{P_0} = \left[\sqrt{\sum_{j=1}^{3}\sigma_{jj}^{H'\,2}}\right]_{P_0} = \sqrt{2\sigma_{33}^{H'\,2}} = H_0 \text{ identifiziert.}$$

Mit dieser Feststellung und der Tatsache, daß die Fließgrenzkurve symmetrisch zu allen drei Hauptrichtungsprojektionen $\mathfrak{e}_j$ sein muß, weil die Spannungsinvarianten gegenüber Vertauschung der drei Hauptspannungen unempfindlich sind, folgt dann sogleich, daß Fließgrenzkurven "sechseckartig" sein müssen, wie in den Kurventypen A und B in Abb. 6.9 angedeutet, wobei die Abweichungen der Kurventypen A, B von Sechseck S "moderat" sein müssen, wenn man Konvexität der Fließgrenzfläche verlangt, was bedeutet, daß die Fließgrenzkurve keine Wendepunkte haben soll. Die Kurventypen A sind daher mehr "kreisförmig", die Typen B mehr "birnenförmig", wobei die Typen B Fließphänomene beschreiben, die - abgesehen von allseits gleichen mittleren Spannungen - mit betragsmäßig verschiedenen einachsigen Zug- bzw. Druckspannungszuständen einhergehen[65], während die "kreisförmigen Typen A" gleiche Werte "einachsiger Fließspannungszustände" unabhängig von deren Vorzeichen modellieren. Von den "Fließbedingungen mit gleicher Zug- und Druckgrenze", d. h. den "kreisförmigen Typen", sind die einfachsten die

6.6.1 Beltrami-Schleicher-Huber-Henky-v. Mises-Bedingungen

mit einem Kreis als Fließgrenzkurve in der π-Ebene, was bedeutet, daß die (die Abweichungen von einem Kreis bewirkende) dritte Invariante I'_{SF3} in solcherart Fließbedingungen, nämlich in

$$S'_F = H_1\,(p_F,T_F) \quad \text{bzw.} \quad F = S'_F - H_1\,(p_F,T_F) = 0 \tag{6.52a,b}$$

nicht auftritt. (6.52) gleichwertige Darstellungen unter Benutzung der Begriffe der durch

$$\tau_0 = \frac{S'}{\sqrt{3}} = \frac{|\mathfrak{S}'|}{\sqrt{3}} = \sqrt{\frac{\mathfrak{S}'\cdot\cdot\,\mathfrak{S}'}{3}}\;, \quad \sigma_0 = p = \mathbb{E}\cdot\cdot\,\frac{\mathfrak{S}}{3} \tag{6.53a,b}$$

bzw. der durch

$$\sigma_V = \sqrt{\tfrac{3}{2}}\,S' = \sqrt{\tfrac{3}{2}}\,|\mathfrak{S}'| = \frac{3\tau_0}{\sqrt{2}} \tag{6.53c}$$

---

65) Man beachte, daß Spannungspunkte auf einer Achse $\mathfrak{e}_j$ – abgesehen von allseits gleichen Spannungen $\sigma^H_{11} = \sigma^H_{22} = \sigma^H_{33} = p + \alpha$ jeweils zusätzlich einen einachsigen Spannungszustand $\sigma^H_{jj} = \pm\, 3\alpha,\ \alpha > 0$ beschreiben, der demnach auf der positiven $\mathfrak{e}_j$–Achse einer (zusätzlichen) einachsigen Zug–, auf der negativen $\mathfrak{e}_j$–Achse einer (zusätzlichen) einachsigen Druckspannung entspricht (s. h. die entsprechenden Angaben in Abb. 6.9 für Spannungspunkte Q_0 auf der $\mathfrak{e}_3$–Achse).

definierten sog. "oktaedrischen" Schub- bzw. Normalspannungen[66] (τ_0, σ_0)

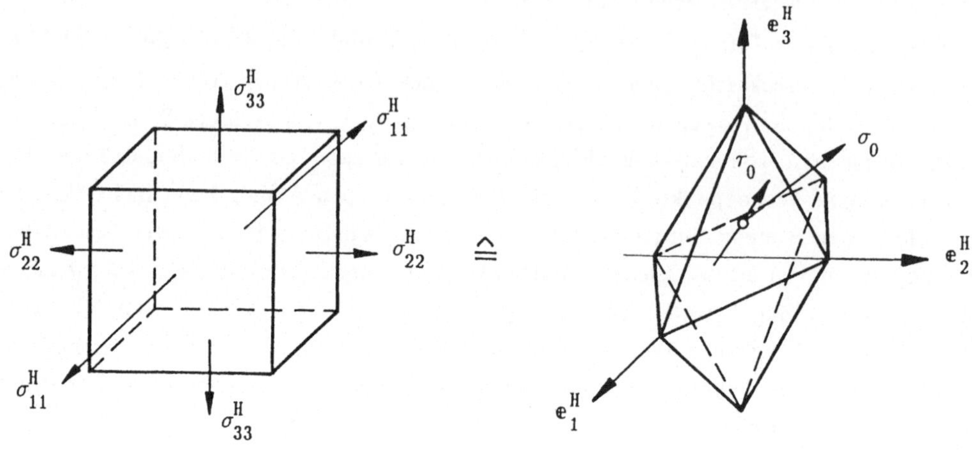

Abb. 6.10

bzw. der sog. "einachsigen Vergleichsspannung"[67] (σ_V) sind die Versionen

---

66) Wie man unter Benutzung von $\mathbb{s}_n = \mathbb{n} \cdot \mathbb{S}$ mit $\mathbb{n} = \left\{ 1;\, 1;\, 1 \right\} / \sqrt{3}$ (Hauptspannungsachsenbasis $< \mathbb{e}_j^H >$) in konkreter Rechnung nachweist, ist ein allgemeiner Spannungszustand (repräsentiert durch Hauptnormalspannungen σ_{jj}^H und Hauptrichtungen $\mathbb{e}_j^H$) gleichermaßen darzustellen durch Normal– und Schubspannungen auf den Oberflächen eines nach den Hauptspannungsachsen orientierten Oktaeders (Abb. 6.10). Der (auf allen Oktaederflächen gleiche) Schubspannungsbetrag τ_0 heißt Oktaeder–schubspannung, die zugehörige Normalspannung σ_0 ist mit dem Mittelwert $\mathbb{E} \cdot\cdot\, \mathbb{S}/3$ identisch (vgl. a. [5a]).

67) deren Benutzung zweifellos in denjenigen Fällen angeraten ist, wo Fließphänomene durch $p = \mathbb{E} \cdot\cdot\, \mathbb{S}/3$ nicht beeinflußt werden. Wird die Fließgrenze durch den einachsigen Zugversuch, also durch eine einachsige Fließgrenzenspannung $\sigma_F(T_F)$ festgelegt, so folgt mit $\mathbb{S} = \sigma_{xx}\, \mathbb{e}_x \circ \mathbb{e}_x$,

$\mathbb{S}' = \frac{\sigma_{xx}}{3} (2\mathbb{e}_x \circ \mathbb{e}_x - \mathbb{e}_y \circ \mathbb{e}_y - \mathbb{e}_z \circ \mathbb{e}_z)$ für den Betrag des Deviators $S_F'^2 = \mathbb{S}_F' \cdot\cdot\, \mathbb{S}_F' = \frac{2}{3} \sigma_{xx}^2$

und damit $\sigma_{VF} = \sqrt{\sigma_F^2\,(T_F)} = \sigma_F\,(T_F)$,

was den Begriff "einachsige Vergleichsspannung" rechtfertigt. Mit $H_1 = H_1\,(T_F)$ ist dann

$H_1^2(T_F) \;=\; 2\sigma_F^2(T_F)/3$ und somit Fließen vollständig durch die einachsige Fließ–(Vergleichs)–spannung $\sigma_{VF} = \sigma_F(T_F)$ festgelegt. Sobald allerdings H_1 auch von p_F abhängt, ist die einachsige Vergleichsspannung σ_V (obzwar immer noch eine einachsige Fließgrenzenspannung darstellend) nur noch eine Rechengröße, weil sie die durch $f_1^{(v)}$ gekennzeichnete Fließeigenschaft nur noch teilweise darstellen kann. Mit $\sigma_{VF} = \sigma_F\,(T_F)$ und $p_F = \sigma_F\,(T_F)/3$ folgt dann

$\sigma_F(T_F) = f_1^{(v)}\,(\frac{\sigma_F}{3}\,,\, T_F)$, was in Abb. 6.11 nur noch einen Punkt (P) einer Fließgrenzkurve festlegt.

$$\tau_{0F} = \frac{S'_F}{\sqrt{3}} = \frac{H_1(p_F,T_F)}{\sqrt{3}} = f_1^{(0)}(\sigma_{0F},T_F)\ ,\ F = F_0(\tau_{0F},\sigma_{0F},T_F) = \tau_{0F} - f_1^{(0)}(\sigma_{0F},T_F) = 0 \tag{6.54a,b}$$

bzw.

$$\sigma_{VF} = \sqrt{\tfrac{3}{2}}\,S'_F = \sqrt{\tfrac{3}{2}}\,H_1(p_F,T_F) = f_1^{(V)}(p_F,T_F) = \frac{3}{\sqrt{2}}\,f_1^{(0)}(p_F,T_F)\ ,$$

$$F = F_V(\sigma_{VF},p_F,T_F) = \sigma_{VF} - f_1^{(V)}(p_F,T_F) = 0\ , \tag{6.55a,b}$$

die man als Kurvenscharen (mit der Temperatur als Scharparameter) im Sinne von Abb.

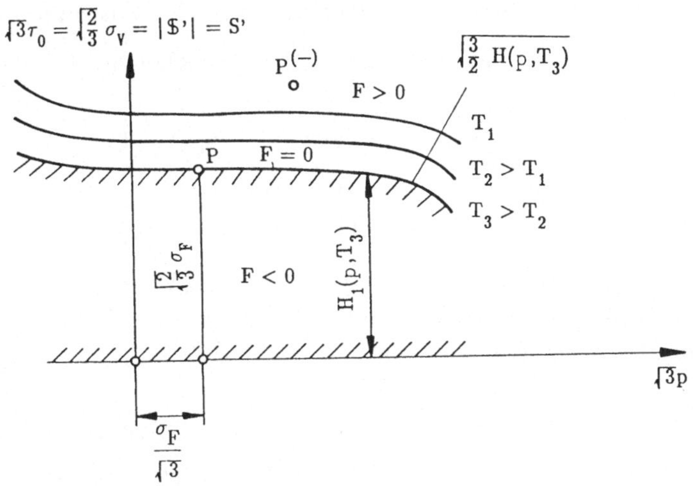

Abb. 6.11

6.11 darstellen kann[68] und unter energetischen Gesichtspunkten wie folgt interpretiert [40]: Man betrachtet als Indiz für Fließphänomene die Größe des reinen Spannungsanteiles der

[68] sowohl bei τ_{0F} als auch bei $\sigma_{VF} = 3\ \tau_0/\sqrt{2}$ handelt es sich um Betrags–Angaben, was z. B. impliziert, daß insbesondere für $H_1 = H_1(T_F)$ nur solche Materialien modelliert werden, bei denen Zug– und Druck–Fließgrenzenspannung betragsmäßig gleich sind. Die Auftragung von $p\sqrt{3}$ als Abszisse bzw. von S' als Ordinate soll die Darstellung nach Abb. 6.11 mit Derjenigen im Hauptspannungs–Zustandsraum harmonisieren. Etwa (6.55b) besagt, daß man in dem durch $< \sigma_V,p >$ definierten (hinsichtlich des Fließens "relevanten" zweidimensionalen) "Spannungs–Zustandsraum" per $\sigma_V = f_1^{(v)}(p,T) = \sqrt{\tfrac{3}{2}}\ H_1\ (p,T)$ eine (Fließgrenz–)Kurvenschar (F = 0) definiert, mit der physikalisch mögliche von unmöglichen Zuständen dahingehend unterschieden werden, daß unmögliche Zustände durch (Spannungs–)Zustandspunkte $P^-\ (\sigma_V^-,\ T^-)$ mit $F > 0$ beschrieben werden, die jenseits der durch die Fließgrenzkurve und die Abszissenachse definierten (für z. B. $T = T_3$ schraffierten) Fläche liegen, wobei Spannungspunkte auf der Grenzkurve Fließzustände $(F = 0)$ und innerhalb der Fläche (mit $F < 0$) Festzustände definieren.

inneren bzw. freien Energie, d. h. die (isotherme bzw. adiabatische) Formänderungsenergie, etwa

$$\mathscr{W}_{\text{isotherm}} = \frac{1}{4G\rho_0}\left[\,\$\cdot\cdot\,\$ - \frac{\nu}{1+\nu}(\mathbb{E}\cdot\cdot\,\$)^2\right], \tag{6.56a}$$

die man mit $\$ = \$' + p\,\mathbb{E}$ in der Form

$$\mathscr{W}_{\text{isotherm}} = \frac{1}{4G\rho_0}\$'\cdot\cdot\,\$' + \frac{1-2\nu}{12G(1+\nu)\rho_0}(\mathbb{E}\cdot\cdot\,\$)^2 = \frac{1}{2}\left[\frac{|\$'|^2}{2G\rho_0} + \frac{p^2}{\rho_0 K}\right] = \mathscr{W}_G + \mathscr{W}_K\,,$$

$$K = \frac{2G(1+\nu)}{3(1-2\nu)}\,, \tag{6.56b,c}$$

in sog. Gestaltänderungs- bzw. Dilatationsanteile ($\mathscr{W}_G$, $\mathscr{W}_K$) aufspalten kann[69], und definiert Fließzustände im Sinne von Beltrami, Schleicher, Rendulic [40] durch eine Limitierung von der Form

$$F_W(\mathscr{W}_G, \mathscr{W}_K, T) = 0 \quad \text{bzw.} \quad \mathscr{W}_G = f_W(\mathscr{W}_K, T)\,, \tag{6.56d,e}$$

was dann strukturell zu (6.52, 54, 55) führt. Der Spezialfall

$$\mathscr{W}_G = \big(f_W(T)\big) = \mathscr{W}_{G\max}(T) \tag{6.57a}$$

kennzeichnet die energetische Definition von Huber [1], [40], wonach Fließen eintritt als Folge des Erreichens einer extremalen Gestaltänderungsenergie[70], was, in Spannungen ausgedrückt, zu den "v. Mises-Darstellungen"

$$S'_F = H_1(T_F) = \sqrt{\frac{2}{3}}\,\sigma_F(T_F) \ \text{bzw.}\ \sigma_{VF} = \sigma_F(T_F)\,,\ \tau_{0F} = \frac{\sqrt{2}}{3}\,\sigma_F(T_F) \tag{6.57b-d}$$

führt. Im Hauptspannungs-Zustandsraum ist die zugehörige Fließgrenzfläche ein Kreiszylinder, Fließen ist unabhängig von der mittleren Spannung p. Das Fließen als Folge reiner (ebener) Schubspannungszustände[71] (Punkte P_0 in Abb. 6.12) ist hier durch Größtschubspannungsbeträge

69) Diese Bezeichnungen werden durch die Vorstellung einer linearen isotropen Materialgleichung

$$\$ = 2G\Big(\mathbb{D}_{el} + \frac{\nu}{1-2\nu}(\mathbb{E}\cdot\cdot\mathbb{D}_{el})\mathbb{E}\Big)\,,\ \$' = 2G\,\mathbb{D}'_{el}\,,\ S_1/3 = p = K(\mathbb{E}\cdot\cdot\mathbb{D}_{el}) = K\epsilon_{el}$$

zwischen Spannungen und Verzerrungen der "elastischen Materialkomponente" nahegelegt, wonach die Spannungsdeviatoren die (bei kleinen Verformungen mit der Spur der elastischen Verzerrungen identische) Volumendehnung ϵ_{el} und die mittleren Spannungen p die (durch den Verzerrungsdeviator $\mathbb{D}'_{el}$ repräsentierten) Gestaltänderungen nicht beeinflussen. Eine solche einfache Interpretation von (6.54) bzw. (6.55) geht verloren bei energetischen Fundierungen von Fließbedingungen, wenn man als Formänderungsenergie höherpotente als bilineare Strukturen zuläßt.

70) die während (isothermer) Fließvorgänge nicht gesteigert (bzw. vermindert) werden kann

71) zu erreichen etwa bei Torsions–Fließversuchen an dünnwandigen Rohren

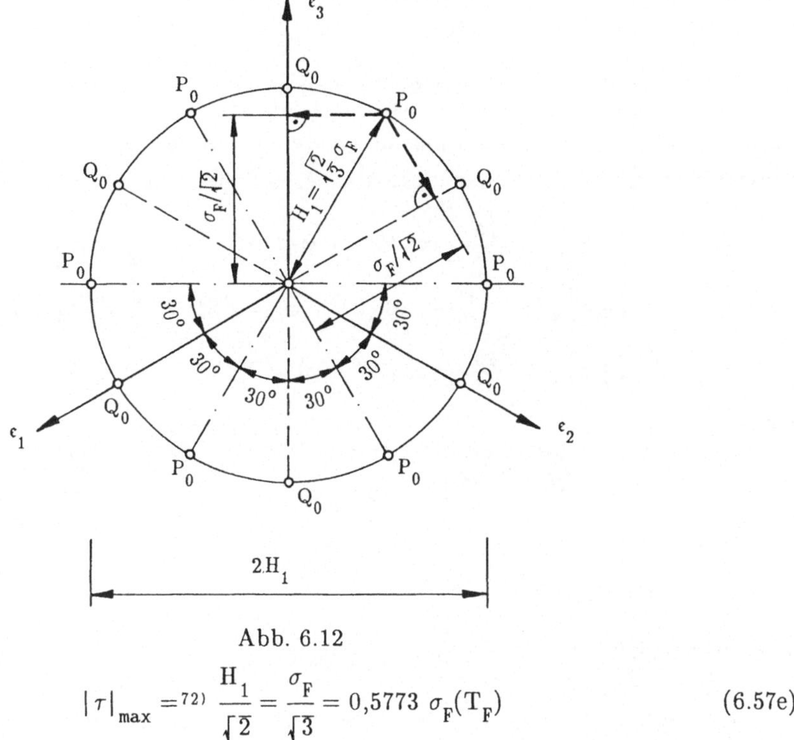

Abb. 6.12

$$|\tau|_{max} =^{72)} \frac{H_1}{\sqrt{2}} = \frac{\sigma_F}{\sqrt{3}} = 0{,}5773\ \sigma_F(T_F) \tag{6.57e}$$

limitiert.

Einfachste kreisartige Fließbedingungen unter Einschluß der dritten Invarianten I'_{SF3} sind

6.6.2 v. Karman-Henky-Bedingungen,

die, als spezielle Versionen von

$$S'_F = H_2\,(I'_{SF3}\,,\,p_F,\,T_F), \tag{6.58}$$

in der π-Ebene eine Sechseck-Umrißlinie nach Abb. 6.13 als Fließgrenzkurve aufweisen, wobei die Mittelpunkte P_0 der Sechseckseiten vom Koordinatenursprung nach Abb. 6.13

72) Für den in Abb. 6.12 in Betracht genommenen rechts oben liegenden Zustandspunkt P_0 sind $\sigma^{H'}_{33F} = -\sigma^{H'}_{11F} = \frac{H_1}{\sqrt{2}}$, $\sigma^{H'}_{22F} = 0$, (vgl. Abb. 6.9) womit – bis auf einen wegen (6.57b) für das Fließen unerheblichen allseitig gleichen mittleren Spannungszustand – ein ebener Spannungszustand (in der (1,3)–Ebene) mit betragsmäßig gleichen Hauptspannungen verschiedenen Vorzeichens beschrieben wird, also ein ebener Spannungszustand mit der (Größt–)Schubspannung

$$|\tau|_{max} = \left|\frac{1}{2}(\sigma^H_{11} - \sigma^H_{33})\right|_F \equiv \left|\frac{1}{2}(\sigma^{H'}_{11} - \sigma^{H'}_{33})\right|_F = \frac{H_1}{\sqrt{2}} = \frac{\sigma_F}{\sqrt{3}}\ .$$

Die beiden weiteren "Hauptschubspannungen" $(\sigma^{H'}_{22} - \sigma^{H'}_{33})/2$ und $(\sigma^{H'}_{11} - \sigma^{H'}_{22})/2$ haben nur halb so große Beträge.

wegen $(I'_{SF3})_{P_0} = 0$ die Abstände

$$|\mathbb{S}'_{F0}| = S'_{F0} = H_2(0,p_F,T_F) = H_{20}(p_F,T_F) \tag{6.58a}$$

haben. Detailliert man, vorerst nur die rechte obere Sechseckseite betrachtend, Spannungspunkten S entsprechende Spannungszustände, so findet man mit $\varphi = \varphi < I'_{SF3} >$

$$\sqrt{\tfrac{3}{2}}\,\sigma^{H'}_{33S} = \frac{S'_{F0}}{\cos\varphi}\cos(30^o + \varphi) = S'_{F0}\left[\tfrac{\sqrt{3}}{2} - \tfrac{1}{2}\,\mathrm{tg}\,\varphi\right],$$

$$\sqrt{\tfrac{3}{2}}\,\sigma^{H'}_{11S} = -\frac{S'_{F0}}{\cos\varphi}\cos(30^o - \varphi) = -S'_{F0}\left[\tfrac{\sqrt{3}}{2} + \tfrac{1}{2}\,\mathrm{tg}\,\varphi\right],$$

$$\sqrt{\tfrac{3}{2}}\,\sigma^{H'}_{22S} = \frac{S'_{F0}}{\cos\varphi}\cos(90^o - \varphi) = S'_{F0}\,\mathrm{tg}\,\varphi\,,$$

also

$$\left[\frac{\sigma^{H'}_{33S} - \sigma^{H'}_{11S}}{2}\right]_F = \sqrt{2}\,S'_{F0} = \mathrm{const}\,,\; -\left[\frac{\sigma^{H'}_{11S} - \sigma^{H'}_{22S}}{2}\right]_F =$$

$$= -S'_{F0}\sqrt{2}\,\frac{1+\sqrt{3}\,\mathrm{tg}\,\varphi}{2}\Big],\; \left[\frac{\sigma^{H'}_{22S} - \sigma^{H'}_{33S}}{2}\right]_F = -S'_{F0}\sqrt{2}\,\frac{1-\sqrt{3}\,\mathrm{tg}\,\varphi}{2}\Big], \tag{6.58b-d}$$

d. h. insbesondere konstante Schubspannungen

$\left[\frac{\sigma^{H'}_{33S} - \sigma^{H'}_{11S}}{2}\right]_F = S'_{F0}\sqrt{2}$, die im Bereich $-30^o \le \varphi \le 30^o$, d. h. $-\frac{1}{\sqrt{3}} \le \mathrm{tg}\,\varphi \le \frac{1}{\sqrt{3}}$

von den beiden anderen Schubspannungen $\left[\frac{\sigma^{H'}_{11} - \sigma^{H'}_{22}}{2}\right]_F$ und $\left[\frac{\sigma^{H'}_{22} - \sigma^{H'}_{33}}{2}\right]_F$ nicht übertroffen werden können. Dementsprechend repräsentiert die obere rechte Sechseckseite alle Spannungszustände, deren größte Schubspannung $\left[\frac{\sigma^{H'}_{33} - \sigma^{H'}_{11}}{2}\right]_F$ jeweils den konstanten Wert $S'_{F0}\sqrt{2}$ annimmt. Für Spannungszustände längs der übrigen Sechseckseiten ergeben sich die entsprechenden weiteren in Abb. 6.13 notierten Aussagen, die insgesamt zu der Bedingung zusammengefaßt werden können, daß Fließen eintritt, wenn die größten Schubspannungsbeträge per

$$\tau_F = S'_{F0}\sqrt{2} \overset{73)}{=} \sqrt{2}\,H_{20}(p_F,T_F) \tag{6.58e}$$

mit den mittleren Spannungen und der Temperatur korreliert sind. Will man mit der v. Karman-Bedingung (6.58e) der limitierten extremalen Schubspannungen eine Aussage über Grenz-Normalspannungen gewinnen, muß man die den Punkten Q_0 äquivalenten

73) man benutze $S'_{F0} = H_{20}$

Spannungszustände in Betracht nehmen, z. B. den Punkt Q_0 auf der positiven $\mathfrak{e}_3$-Achse mit

$$\sigma^{H'}_{33F} = \sqrt{\tfrac{2}{3}}\,|\mathfrak{S}'_{Q0}| = \sqrt{\tfrac{2}{3}}\,\frac{2H_0}{\sqrt{3}},\ \sigma^{H'}_{jjF} = \sqrt{\tfrac{2}{3}}\,\mathfrak{S}'_{Q0}\circ\mathfrak{e}_j = -\sqrt{\tfrac{2}{3}}\,\frac{2H_{20}}{\sqrt{3}}\cos 60^\circ = -\frac{\sqrt{2}}{3}H_{20},\ j = 2,3,$$

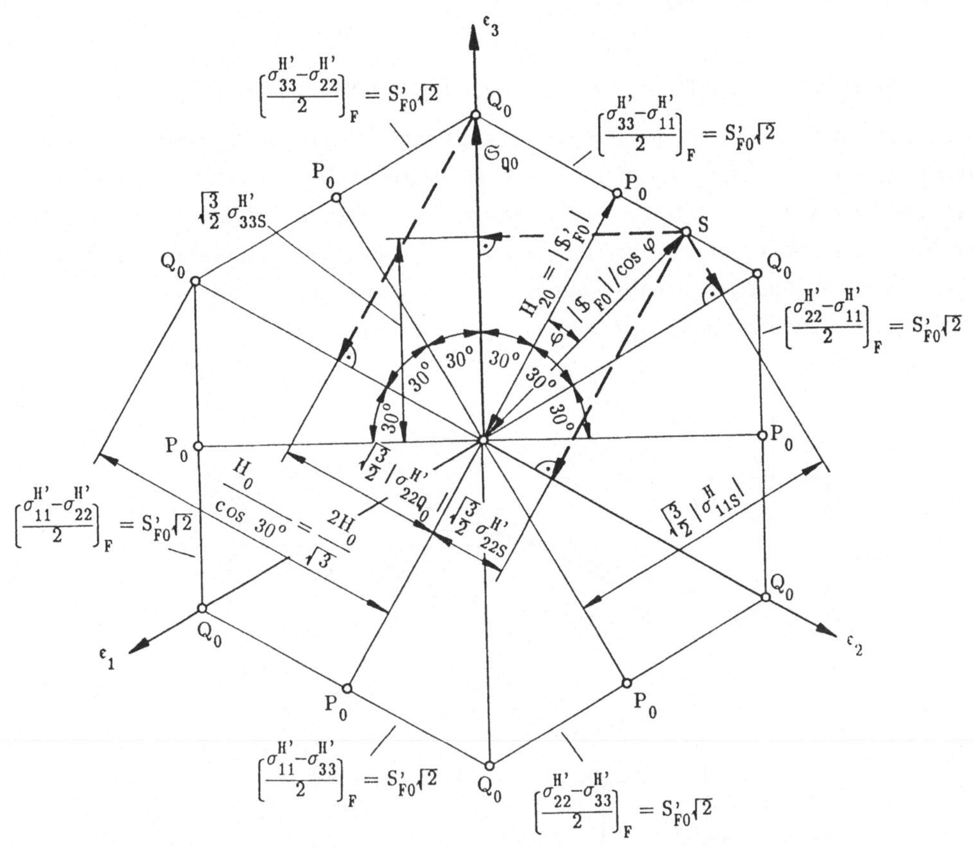

Abb. 6.13

der dementsprechend für den Fließzustand

$$\sigma^{H'}_{jjF} = p - \frac{\sqrt{2}}{3}H_{20}\ ,\quad j = 1,2,\quad \sigma^{H}_{33F} = p + \frac{2}{3}\sqrt{2}\,H_{20} = p - \frac{\sqrt{2}}{3}H_{20} + \sqrt{2}\,H_{20}$$
$$\equiv \sigma^{H}_{11F} + \sqrt{2}\,H_{20} = \sigma^{H}_{22F} + \sqrt{2}\,H_{20}\ ,$$

also, abgesehen von einer mittleren allseits gleichen Spannung, einen zusätzlichen einachsigen Spannungszustand (in diesem Falle Zugspannungszustand in $\mathfrak{e}^{H}_{3}$-Richtung) von der Größe

$$\sigma^{H}_{33F} \equiv \sigma_F = \sqrt{2}\,H_{20} = \tau_F \tag{6.58f}$$

limitiert. Für den Fall

$$\tau_F = \sqrt{2}\, H_{20} = \sqrt{2}\, H_{20}\,(T_F) = \tau_F\,(T_F)\ , \tag{6.59a}$$

wonach, unabhängig von mittleren Normalspannungen p, Fließen eintritt, wenn die maximale Schubspannung einen (temperaturabhängigen) Grenzwert τ_F erreicht, geht aus der v. Karman-Bedingung die Henkysche Fließbedingung

$$\max \tau = \tau_F = \tau_F\,(T_F) = \sigma_F\,(T_F) \tag{6.59b}$$

hervor, worin $\sigma_F(T_F)$ die zugehörige einachsige Fließgrenzenspannung bedeutet. Die entsprechende Fließgrenzfläche im Hauptspannungsraum ist ein Seckseckzylinder mit der Raumdiagonalen $(1;1;1)/\sqrt{3}$ als Achse. Eine anschauliche Interpretation dieses Befundes liefert die Analyse des dreiachsigen Spannungszustandes, die nach Mohr zu der Feststellung führt[74], daß die Menge aller Tupel, bestehend aus den Normalspannungen (σ) und den Beträgen (τ) der zugehörigen Schubspannungen, die in durch einen (materiellen) Punkt legbaren Flächenelementen übertragen werden, identisch ist mit der Menge aller

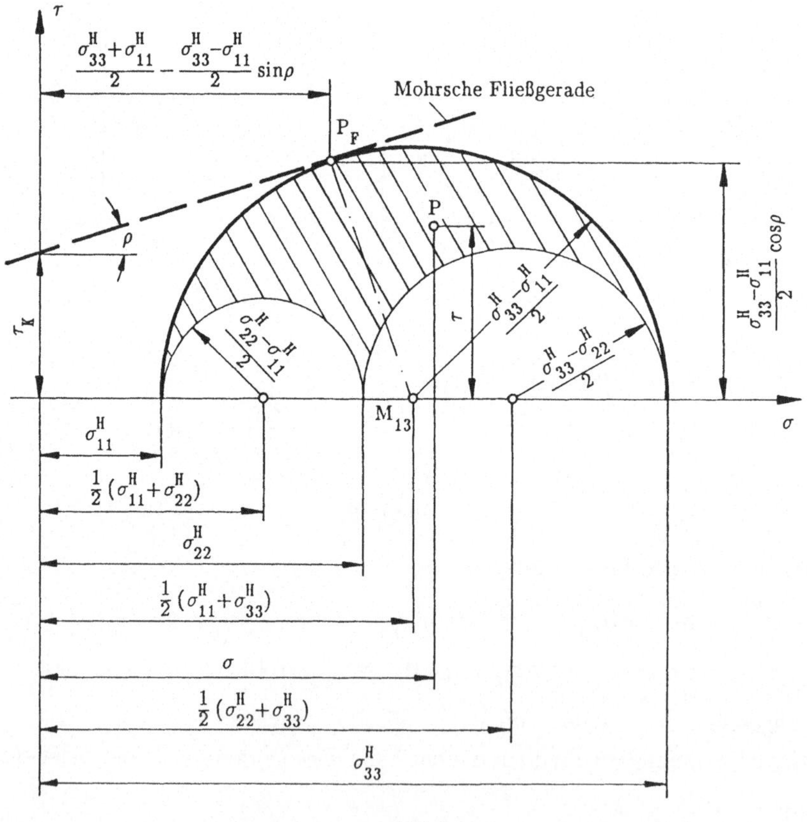

Abb. 6.14

74) S. h. z. B. [5a]

"Spannungspunkte P" nach Abb. 6.14, die in der durch die drei "Mohrschen Kreise" begrenzten (schraffierten) "Kreisdreiecks-Fläche" (inkl. deren Kreisbogen-Ränder) liegen. Daraus geht in dem in Abb. 6.14 beispielsweise vorgesehenen Fall

$$\sigma_{11}^{H} \leq \sigma_{22}^{H} \leq \sigma_{33}^{H}$$

hervor, daß die größte Schubspannung

$$\max \tau = \frac{1}{2}(\sigma_{33}^{H} - \sigma_{11}^{H})$$

ist[75], womit hier nach (6.59b)

$$\frac{1}{2}(\sigma_{33}^{H} - \sigma_{11}^{H})_F = \tau_F(F) = \sqrt{2}\, S'_F = \sqrt{2}\, H_{20}\,(T_F) \tag{6.59c}$$

die in Hauptspannungen dargestellte Form der Henkyschen Fließbedingung ist, die der rechten oberen Sechseckseite von Abb. 6.13 als Fließgrenzkurve entspricht. Für einen (in Abb. 6.14 nicht mehr skizzierten) Fall z. B. $\sigma_{11}^{H} \geq \sigma_{22}^{H} \geq \sigma_{33}^{H}$ wäre im Sinne von (6.59b)

$$\frac{1}{2}(\sigma_{11}^{H} - \sigma_{33}^{H})_F = \tau_F\,(T_F) = \sqrt{2}\, H_{20}\,(T_F) \tag{6.59d}$$

als Fließbedingung zu fordern entsprechend der unteren linken Sechseckseite von Abb. 6.13, womit, beide Aussagen zusammenfassend, die Relation

$$\left[\frac{1}{2}(\sigma_{33}^{H} - \sigma_{11})\right]_F^2 = \tau_F^2 \tag{6.59e}$$

die beiden in Abb. 6.13 rechts oben und links unten liegenden Sechseckseiten des Gesamt-Fließ-Sechsecks definiert. Die desweiteren ebenfalls möglichen Fälle

$$\sigma_{22}^{H} \leq \sigma_{33}^{H} \leq \sigma_{11}^{H}$$

usw. verlangen neben (6.59e) die weiteren Bedingungen

$$\left[\frac{\sigma_{11}^{H} - \sigma_{22}^{H}}{2}\right]_F^2 = \tau_F^2\,, \quad \left[\frac{\sigma_{22}^{H} - \sigma_{33}^{H}}{2}\right]_F = \tau_F^2 \tag{6.59f,g}$$

und decken damit die restlichen 4 in Abb. 6.13 noch nicht formal beschriebenen Sechseckseiten ab, womit

$$\left[\left\{\sigma_{11}^{H} - \sigma_{22}^{H}\right\}_F^2 - 4\,\tau_F^2\right]\left[\left\{\sigma_{22}^{H} - \sigma_{33}^{H}\right\}_F^2 - 4\,\tau_F^2\right]\left[\left\{\sigma_{33}^{H} - \sigma_{11}^{H}\right\}_F^2 - 4\,\tau_F^2\right] \equiv$$

$$\equiv \frac{(S_F'^{\,2})^3}{2}\,(1 - 54\, I_{SF3}'^{\,2}) - 9\left[S_F'^{\,2}\right]^2 \tau_F^2 + 48\, S_F'^{\,2}\,\tau_F^4 - 64\,\tau_F^6 = 0 \tag{6.60a}$$

mit

$$\tau_F = \tau_F\,(T_F) = \sigma_F\,(T_F) \tag{6.60b}$$

als allgemein in Spannungsinvarianten dargestellte Version der Trescaschen Fließbedingung erschlossen wird. Die entsprechende Formulierung für die (allgemeinere) v. Karman-Bedingung ist formal mit (6.60a) identisch, es ist lediglich anstelle von (6.60b)

---

75) Der zugehörige Fließspannungspunkt P_F ist in der "Mohrschen Darstellung" dann der Scheitelpunkt des "größten Kreises" mit Radius $(\sigma_{33}^{H} - \sigma_{11}^{H})/2$

$$\tau_F \left[= \sigma_F = \sigma_F\,(p_F,\, T_F) \right] = \sqrt{2}\, H_{20}\,(p_F,\, T_F) \tag{6.61}$$

zu setzen. Die zugehörige Fließgrenzfläche im Hauptspannungs-Zustandsraum ist dann ein Sechseckzylinder mit von der Zylinderachsenkoordinate (p) abhängigem Querschnitt.

Zwecks Vergleich der v. Mises mit der Tresca–Bedingung trägt man zweckmäßig beide Umrißlinien in der π–Ebene gemeinsam auf, indem man in beiden Fällen die gleiche einachsige Fließ–Spannung σ_F wählt, also

$$\sigma_F \equiv \sigma_{F_{\text{v. Mises}}} = \sqrt{\tfrac{3}{2}}\, H_{10} \equiv \sigma_{F_{\text{Tresca}}} \overset{(6.58\,e,f)}{=} \sqrt{2}\, H_{20}\,,\quad H_{20} = \tfrac{\sqrt{3}}{2}\, H_{10} = 0{,}866\; H_{10} \tag{6.62}$$

setzt. Es entstehen die Umrißlinien nach Abb. 6.15: Das Tresca–Sechseck ist dem v. Mises–Kreis einbeschrieben und hat die größten Abweichungen hinsichtlich $H = |\mathfrak{S}'|$ bzw. der einachsigen Vergleichsspannungen $\sigma_V = \sqrt{\tfrac{2}{3}}\,|\mathfrak{S}'|$ bei den reinen Schubspannungszuständen.

6.6.3 Mohrsche Fließbedingungen

sind ein Beispiel für in der π-Ebene birnenförmige Fließgrenzkurven. Danach sind Spannungszustände gemäß

$$\tau \leq f_F\,(\sigma,\, T) \tag{6.63a}$$

dadurch limitiert, daß die in einem beliebigen Querschnitt übertragenen Schubspannungsbeträge τ einen von der zugehörigen Normalspannung und der Temperatur abhängigen Höchstwert $f_F\,(\sigma,\, T)$ nicht überschreiten können (Abb. 6.16). Flächenelemente, in denen $\tau = f_F(\sigma,\, T)$ erreicht worden ist, sind Gleitflächen-Elemente.

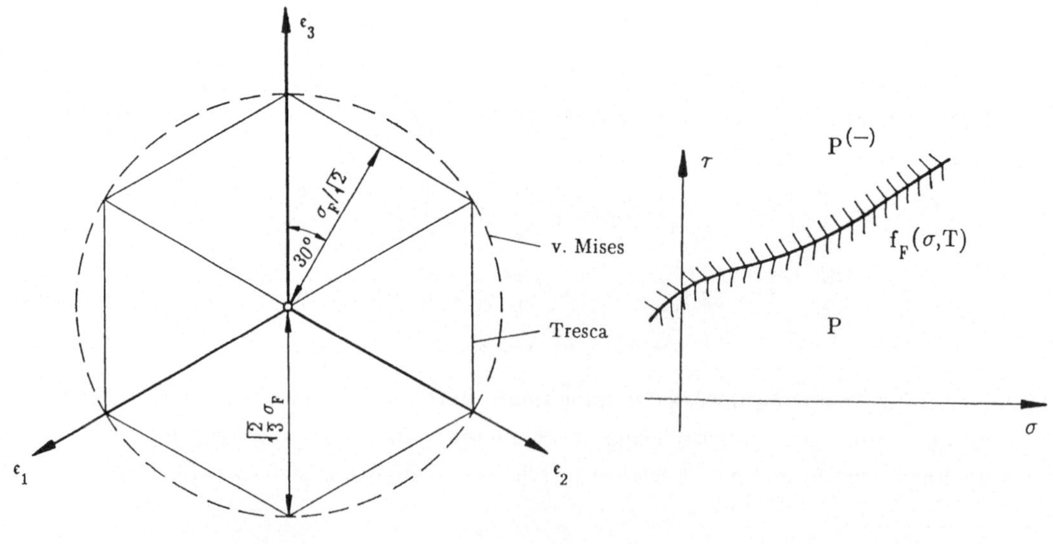

Abb. 6.15 Abb.6.16

Bedingungen von der Form (6.63a), insbesondere in der einfachsten Version der Coulombschen Bedingung (Abb. 6.14)

$$\tau \lesssim \tau_K + \sigma \tan \rho \tag{6.63b}$$

mit der sog. Materialkohäsion τ_K und dem "Winkel ρ der inneren Reibung", werden in der Bodenmechanik zwecks Modellierung von Fließvorgängen (sog. "mechanischer Grundbrüche") an körnigen Strukturen eingesetzt[76]. Nach (6.63b) ist ein Spannungszustand "solange steigerbar", bis sein größter Mohrscher (Haupt-)Kreis die Mohrsche Fließgerade im Punkte P_F von Abb. 6.14 tangiert, also das Tupel $\langle \sigma(P_F), \tau(P_F) \rangle$ die Bedingung

$$\tau(P_F) = \tau_K + \sigma(P_F) \operatorname{tg} \rho \tag{6.63c}$$

befriedigt[77]. Zunächst die in Abb. 6.14 getroffene Wahl

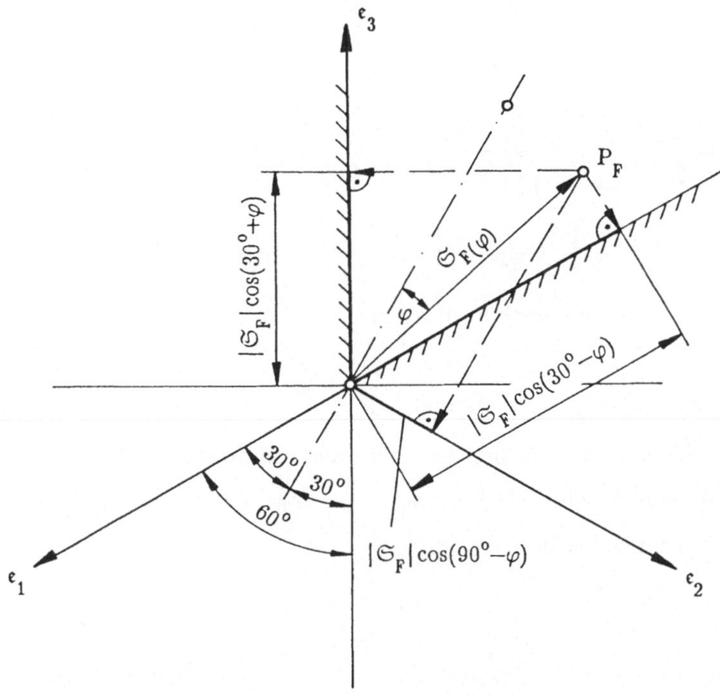

Abb. 6.17

[76] Sie werden aber auch, dann allerdings als (Abscher–)Bruchbedingungen für Gesteine und Gußeisen verwendet [1]

[77] In der Bodenmechanik werden betreffend (6.63) Normalspannungen als positive Größen deklariert, wenn sie Druckspanungen sind. An der Interpretation von Spannungszuständen mittels Mohrscher Kreise ändert sich nichts, wenn man Normalspannungen als Druckspannungen positiv wählt.

$$\sigma_{33}^{H} \geq^{78)} \sigma_{22}^{H} \geq \sigma_{11}^{H}$$

in Betracht nehmend, ist der größte Hauptkreis Derjenige, der mit Radius ($\sigma_{33}^{H'} - \sigma_{11}^{H'}$)/2 um den (auf der σ-Achse im Abstande ($\sigma_{33}^{H'} + \sigma_{11}^{H'}$)/2 liegenden) Mittelpunkt M_{13} geschlagen wird, weshalb die zugehörigen Fließgrenzpunkte P_F in der π-Ebene im oberen rechten Sextanten von Abb. 6.17 gesucht werden müssen. Lokalisiert man P_F durch einen von φ abhängig angenommenen Deviatorvektor $\mathfrak{S}'_F(\varphi)$ nach Abb. 6.17, so ist dies wegen[79]

$$\sigma_{11F}^{H'} = -\sqrt{\frac{2}{3}}\,|\mathfrak{S}'_F|\,\cos(30^\circ - \varphi) = -\frac{|\mathfrak{S}'_F|}{\sqrt{2}}\left[\cos\varphi + \frac{\sin\varphi}{\sqrt{3}}\right]$$

$$\sigma_{33F}^{H'} = \sqrt{\frac{2}{3}}\,|\mathfrak{S}'_F|\,\cos(30^\circ + \varphi) = \frac{|\mathfrak{S}'_F|}{\sqrt{2}}\left[\cos\varphi + \frac{\sin\varphi}{\sqrt{3}}\right]$$

$$\sigma_{22F}^{H'} = \sqrt{\frac{2}{3}}\,|\mathfrak{S}'_F|\,\cos(90^\circ - \varphi) = \frac{|\mathfrak{S}'_F|}{\sqrt{2}}\,\frac{2}{\sqrt{3}}\sin\varphi \qquad (6.64\text{a-c})$$

und damit

$$\left[\frac{\sigma_{33}^{H'} - \sigma_{11}^{H'}}{2}\right]_F = \frac{|\mathfrak{S}'_F|}{\sqrt{2}}\cos\varphi\,, \quad \left[\frac{\sigma_{22}^{H'} - \sigma_{11}^{H'}}{2}\right]_F = \frac{|\mathfrak{S}'_F|}{\sqrt{2}}\,\frac{\cos\varphi + \sqrt{3}\,\sin\varphi}{2}\,,$$

$$\left[\frac{\sigma_{33}^{H'} - \sigma_{22}^{H'}}{2}\right]_F = \frac{|\mathfrak{S}'_F|}{\sqrt{2}}\,\frac{\cos\varphi - \sqrt{3}\,\sin\varphi}{2} \qquad (6.64\text{d-f})$$

sogleich einzusehen, weil hiernach im Bereich

$$-30^\circ < \varphi < 30^\circ$$

die Schubspannungen ($\sigma_{22}^{H'} - \sigma_{11}^{H'}$)/2 und ($\sigma_{33}^{H'} - \sigma_{22}^{H'}$)/2 die Schubspannung ($\sigma_{33}^{H'} - \sigma_{11}^{H'}$)/2 nie übertreffen können, also in der Tat stets der Hauptkreis nach Abb. 6.14 maßgebend bleibt[80]. So hat man also für den Fall $\sigma_{33}^{H'} \geq \sigma_{22}^{H'} \geq \sigma_{11}^{H'}$ (und damit $\sigma_{33}^{H} \geq \sigma_{22}^{H} \geq \sigma_{11}^{H}$) mit den aus Abb. 6.14 abzulesenden Beziehungen

---

78) was nunmehr bedeuten soll, daß σ_{33}^{H} die größte und σ_{11}^{H} die kleinste Hauptdruckspannung sei

79) Man benutze (6.50d)

80) Für $\varphi = \mp 30^\circ$ findet man "die Übergänge" $(\sigma_{33}^{H'} - \sigma_{11}^{H'})/2 = (\sigma_{33}^{H'} - \sigma_{22}^{H'})/2$, bzw. $(\sigma_{22}^{H'} - \sigma_{11}^{H'})/2 = (\sigma_{22}^{H'} - \sigma_{11}^{H'})/2$ und desweiteren, daß in den benachbarten Sextanten die Schubspannungen $(\sigma_{33}^{H'} - \sigma_{22}^{H'})/2$ bzw. $(\sigma_{22}^{H'} - \sigma_{11}^{H'})/2$ jeweils die Übrigen überwiegen, was für Abb. 6.14 bedeutet, Spannungspunkte P_F an Mohrschen Kreisen mit $\sigma_{33}^{H} > \sigma_{11}^{H} > \sigma_{22}^{H}$ bzw. $\sigma_{22}^{H} > \sigma_{33}^{H} > \sigma_{11}^{H}$ in Betracht nehmen zu müssen.

$$\tau(P_F) = \frac{\sigma^H_{33F} - \sigma^H_{11F}}{2}\cos\rho \equiv \frac{\sigma^{H'}_{33} - \sigma^{H'}_{11}}{2}\cos\rho,\ \sigma(P_F) = \frac{\sigma^H_{33F} + \sigma^H_{11F}}{2} - \frac{\sigma^{H'}_{33F} - \sigma^{H'}_{11F}}{2}\sin\rho \tag{6.65a,b}$$

nach Einsetzen in (6.63c) als Coulombsche Fließbedingung

$$\frac{1}{2}(\sigma^{H'}_{33} - \sigma^{H'}_{11})_F - \tau_K\cos\rho - \frac{1}{2}(\sigma^H_{33} + \sigma^H_{11})_F \sin\rho = 0\ , \tag{6.65c}$$

die man mit

$$\frac{1}{2}(\sigma^{H'}_{33} - \sigma^{H'}_{11})_F \equiv \frac{1}{2}(\sigma^H_{33} - \sigma^H_{11}) \overset{(6.64)}{=} \frac{|\mathfrak{S}'_F|}{\sqrt{2}}\cos\varphi\ ,$$

$$\frac{1}{2}(\sigma^H_{33} + \sigma^H_{11})_F \overset{81)}{=} p_F + \frac{1}{2}(\sigma^{H'}_{33} + \sigma^{H'}_{11})_F \overset{(6.64)}{=} p_F - \frac{|\mathfrak{S}'_F|}{\sqrt{2}}\frac{\sin\varphi}{\sqrt{3}} \tag{6.65d,e}$$

schließlich in

$$|\mathfrak{S}'_F| = |\mathfrak{S}'_F(\varphi)| = \frac{|\mathfrak{S}'_F(0)|}{\cos\varphi + \frac{\sin\rho}{\sqrt{3}}\sin\varphi}\ ,\quad |\mathfrak{S}'_F(\varphi = \pm 30^\circ)| = \frac{2\sqrt{3}\ |\mathfrak{S}'_F(0)|}{3 \pm \sin\rho}$$

mit

$$|\mathfrak{S}'_F(0)| = \sqrt{2}\,(\tau_K\cos\rho + p_F\sin\rho) \tag{6.65f,g,h}$$

überführen kann. Diese "Polarkoordinaten-Darstellung" des Deviatorvektorbetrages[82] ist in Abb. 6.18 für den Fall $\rho = 30^\circ$[83] graphisch dargestellt worden. Die sinngemäße Erweiterung auf alle Sextanten (womit sämtliche Hauptspannungs-Größenvarianten abgedeckt werden) liefert die birnen- (hier besser glocken-)formartig "verschobene Sechseckform"[84] nach Abb. 6.18, in der sich der stabilisierende Einfluß großer Normal-(Druck-)Spannungen durch die an den positiven $\mathfrak{e}_j$-Achsen auslaufenden Spitzen verdeutlicht. An $|\mathfrak{S}'_F(0)| \geq 0$, d. h.

$$p_F \geq -\tau_K \operatorname{ctg}\rho$$

erkennt man, daß für Festzustände durchaus auch gewisse mittlere Zugspannungszustände (hier mit $p_F < 0$!!) zugelassen sind, allerdings nur dann, wenn nennenswerte Materialkohäsionen mobilisiert werden können. Für (annähernd) kohäsionsloses Material mit $\tau_K = 0$ sind mittlere Zugspannungen für Festzustände ausgeschlossen. Da man bei Schüttgütern

---

81) Man beachte $\sigma^H_{jj} = \sigma^{H'}_{jj} + p,\ p = (\mathbb{E} \cdot\cdot \mathfrak{S})/3$

82) Es handelt sich um die Gleichung einer Geraden mit "Eckwerten" nach (6.65g)

83) Für Schüttgüter ist dies eine realistische Größe (man beachte, daß der Winkel der inneren Reibung identisch ist mit dem "natürlichen Böschungswinkel" eines kohäsionsfreien Schüttgutes (vgl. E § 3))

84) Die sich mit zunehmenden Winkel ρ einer Dreiecksform (für $\rho = \frac{\pi}{2}$) annähert.

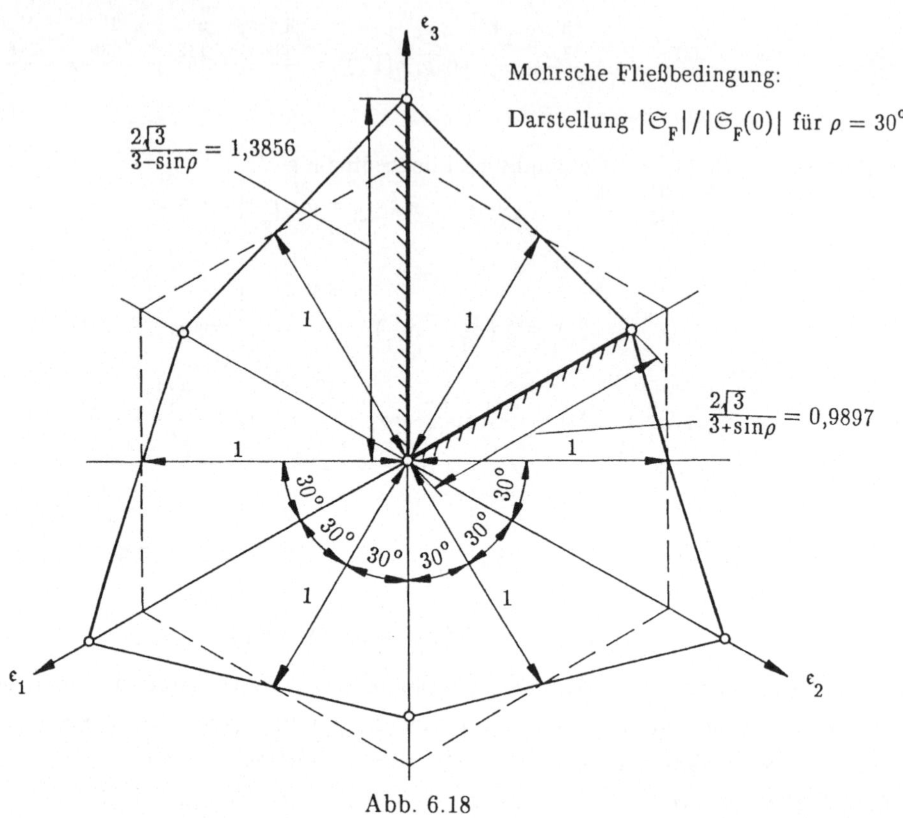

Abb. 6.18

ohnehin die Übertragung von Zugspannungen ausschließt, ist p_F (als mittlere Druckspannung) sowieso positiv: Die Fließgrenzfläche ist dann ein in Richtung der Raumdiagonalen erstreckter Zylinder im Bereich des positiven Haupt-(Druck-)Spannungs-Oktanten mit längs der Achse (p) linear veränderlichen Querschnittsabmessungen. Für reibungsfreies Material (mit $\rho = 0$) ist die Fließ-grenzfläche im Haupt-Spannungs-Zustandsraum der Tresca-Zylinder, für kohäsionsfreies Material (mit $\tau_K = 0$) eine kegelartige Fläche mit Spitze im Koordinatenursprung.

Die Art und Weise, wie man analog (6.60a) eine in Spannungsinvarianten ausgedrückte Form der Mohr–Coulombschen Fließbedingung erzeugen kann, soll hier abschließend noch beschrieben werden:

Man geht zunächst von den beiden für $\sigma_{33}^{H'} \geq \sigma_{22}^{H'} \geq \sigma_{11}^{H'}$ bzw. $\sigma_{11}^{H'} \geq \sigma_{22}^{H'} \geq \sigma_{33}^{H'}$ aus (6.65c) zu folgernden Varianten

$$\pm \frac{1}{2}(\sigma_{33}^{H'} - \sigma_{11}^{H'}) = \tau_K \cos\rho + \frac{\sigma_{33}^{H} + \sigma_{11}^{H}}{2}\sin\rho \overset{85)}{=} \tau_K \cos\rho + p\sin\rho + \frac{\sigma_{33}^{H'} + \sigma_{11}^{H'}}{2}\sin\rho$$

$$\equiv \tau_F^{x} + \frac{\sigma_{33}^{H'} + \sigma_{11}^{H'}}{2}\sin\rho \qquad (6.66a)$$

---

85) Man beachte $\sigma_{33}^{H} = \sigma_{33}^{H'} + p$, $\sigma_{11}^{H} = \sigma_{11}^{H'} + p$

mit
$$\tau_F^x = \tau_K \cos\rho + p \sin\rho \tag{6.66b}$$
aus, die man zu
$$(\sigma_{33}^{H'} - \sigma_{11}^{H'})^2 - 4\tau_F^{x2} - 4\tau_F^x(\sigma_{33}^{H'} + \sigma_{11}^{H'}) \sin\rho - (\sigma_{33}^{H'} + \sigma_{11}^{H'})^2 \sin\rho$$
$$= (\sigma_{33}^{H'} - \sigma_{11}^{H'})^2 - 4\tau_F^{x2} + 4\tau_F^x \sigma_{22}^{H'} \sin\rho - \sigma_{22}^{H'2} \sin\rho = 0 \tag{6.66c}$$
zusammenfassen kann und folgert so durch Multiplikation mit den beiden entsprechenden für $\left\{ \sigma_{33}^{H'} \geq \sigma_{11}^{H'} \geq \sigma_{22}^{H'}, \sigma_{22}^{H'} \geq \sigma_{11}^{H'} \geq \sigma_{33}^{H'} \right\}$ und schließlich für $\left\{ \sigma_{11}^{H'} \geq \sigma_{33}^{H'} \geq \sigma_{22}^{H'}, \sigma_{22}^{H'} \geq \sigma_{33}^{H'} \geq \sigma_{11}^{H'} \right\}$ erhältlichen "zyklischen Varianten" von (6.66c)
$$\left[(\sigma_{33}^{H'} - \sigma_{11}^{H'})^2 - 4\tau_F^{x2} + 4\tau_F^x \sigma_{22}^{H'} \sin\rho - \sigma_{22}^{H'2} \sin^2\rho\right] \times$$
$$\times \left[(\sigma_{11}^{H'} - \sigma_{22}^{H'})^2 - 4\tau_F^{x2} + 4\tau_F^x \sigma_{33}^{H'} \sin\rho - \sigma_{33}^{H'2} \sin^2\rho\right] \times$$
$$\times \left[(\sigma_{22}^{H'} - \sigma_{33}^{H'})^2 - 4\tau_F^{x2} + 4\tau_F^x \sigma_{11}^{H'} \sin\rho - \sigma_{11}^{H'2} \sin^2\rho\right] = 0, \tag{6.66d}$$
woraus dann schließlich eine in Spannungsinvarianten ausgedrückte Version
$$\Phi\,(S_F', I_{SF3}', \tau_F^x) = 0 \tag{6.66e}$$
extrahiert werden kann[86]. Selbstverständlich ergibt (6.66d,e) für $\rho = 0$ (mit τ_F anstelle τ_K) wieder die Invariantendarstellung (6.60a) der Tresca–Bedingung.

Fließbedingungen, die sich auf Limitierungen extremaler Schubspannungen bzw. "kritischer Tupel" $< \sigma_F, \tau_F >$ beziehen[87] intendieren - im Sinne einer "Fließregel" - die Vorstellung, Fließverformungen zu deuten als Folge des relativen Abgleitens von Massenelementen längs derjenigen Flächenelemente, an denen die übertragenen Tupel entsprechend der jeweiligen Fließbedingung kritisch werden.[88] Insofern spricht man von den solcherart gekennzeichneten Flächenelementen als von

6.6.4 lokalen Gleitflächenelementen,

obschon sie primär "dynamisch", d. h. durch eine sich auf Spannungen beziehende (Fließ-) Bedingung definiert sind. Lokale Gleitflächenelemente, die durch Tupel kritischer Normalspannungen und Schubspannungsbeträge festgelegt werden, treten stets paarweise auf. Betrachtet man z. B. die Coulombsche Fließbedingung und den Fall $\sigma_{33}^H > \sigma_{22}^H > \sigma_{11}^H$,

86) Daß dies grundsätzlich möglich ist, erkennt man daran, daß sich die Struktur (6.66d) nicht ändert, wenn man die Variablen $\sigma_{11}^{H'}, \sigma_{22}^{H'}, \sigma_{33}^{H'}$ beliebig vertauscht, weshalb sich die Struktur (6.66d) durch in den Hauptspannungsdeviatorkomponenten "vertauschungsinvariante" Größen, d. h. in der Tat — neben τ_F^x - durch die Größen S_F' und I_{SF3}' darstellen lassen muß.

87) z. B. bei Mohrschen Fließbedingungen

88) Bei einer solchen Interpretation von Fließphänomenen wird deutlich, einen Zusammenhang zwischen Fließfunktion F und plastischer Stoffgleichung vermuten zu dürfen, wie dies ja auch Levi–v. Mises–Stoffgleichungsstrukturen (z. B. (6.23)) ausweisen. Potentialansätze von der Form (6.23) sind aber trotzdem nicht zwingend.

womit nach Abb. 6.14 Spannungspunkte P_F auf dem größten Hauptkreis mit Radius $(\sigma_{33}^H - \sigma_{11}^H)/2$ maßgebend werden, also "kritische Flächenelemente" zu suchen sind, deren Flächennormale in der $(\mathbb{e}_1^H, \mathbb{e}_3^H)$-Ebene liegen, so erkennt man diesen Befund sogleich, wenn man zunächst nicht - wie in Abb. 6.14 - auf die Darstellung der Schubspannungsbeträge beschränkt, sondern den Mohrschen Kreis vollständig aufzeichnet (Abb. 6.19). Danach werden - entsprechend den Spannungspunkten P_F und P_F' - jeweils zwei Normalspannungs-Schubspannungsbetrag-Tupel gleichzeitig "kritisch", und zwar das Tupel

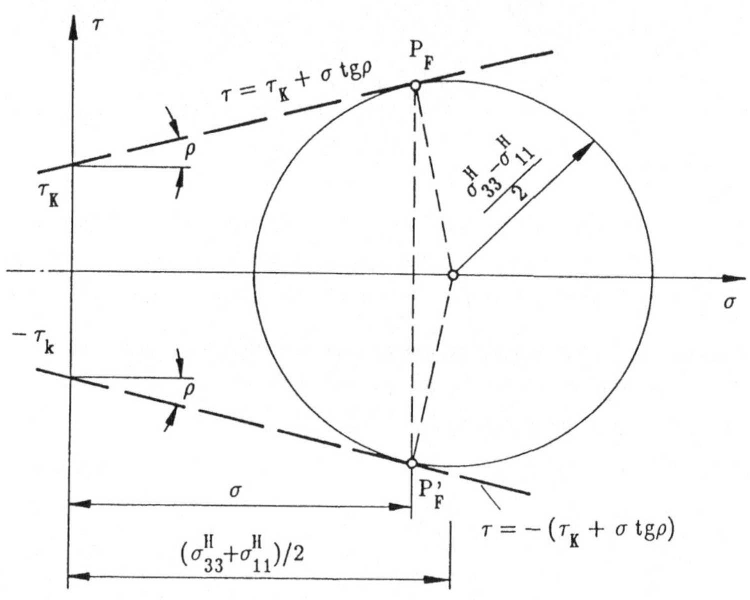

Abb. 6.19

$\langle\, \sigma(P_F), \left(\tau(P_F)\right) \rangle$ mit

$$\sigma(P_F) = \frac{\sigma_{33F}^H + \sigma_{11F}^H}{2} - \frac{\sigma_{33F}^H - \sigma_{11F}^H}{2} \sin\rho \equiv \frac{\sigma_{33F}^H + \sigma_{11F}^H}{2} -$$

$$- \frac{\sigma_{33F}^H - \sigma_{11F}^H}{2} \cos 2\left[\frac{\pi}{4} - \frac{\rho}{2}\right] = \sigma_{11F}^H \cos^2\left[\frac{\pi}{4} - \frac{\rho}{2}\right] + \sigma_{33F}^H \sin^2\left[\frac{\pi}{4} - \frac{\rho}{2}\right] \tag{6.67a}$$

und

$$|\tau(P_F)| = \tau(P_F) = \frac{\sigma_{33}^H - \sigma_{11}^H}{2} \cos\rho \equiv \frac{\sigma_{33F}^H - s_{11F}^H}{2} \sin 2\left[\frac{\pi}{4} - \frac{\rho}{2}\right] =$$

$$= (\sigma_{33F}^H - \sigma_{11F}^H) \sin\left[\frac{\pi}{4} - \frac{\rho}{2}\right] \cos\left[\frac{\pi}{4} - \frac{\rho}{2}\right] \tag{6.67b}$$

sowie das Tupel $\langle\, \sigma(P_F'), \tau(P_F') \rangle$ mit

$$\sigma(P'_F) \equiv \sigma(P_F) \equiv \sigma^H_{11F}\cos^2\left[-\left(\frac{\pi}{4}-\frac{\rho}{2}\right)\right] + \sigma^H_{33F}\sin^2\left[-\left(\frac{\pi}{4}-\frac{\rho}{2}\right)\right] \tag{6.67c}$$

und

$$|\tau(P'_F)| = -\tau(P_F) = -\frac{\sigma^H_{33}-\sigma^H_{11}}{2}\cos\rho \equiv$$

$$\equiv (\sigma^H_{33F}-\sigma^H_{11F})\sin\left[-\left(\frac{\pi}{4}-\frac{\rho}{2}\right)\right]\cos\left[-\left(\frac{\pi}{4}-\frac{\rho}{2}\right)\right], \tag{6.67d}$$

was entsprechend den Transformationsformeln des ebenen Spannungszustandes[89)]

$$\sigma(\varphi) = \sigma^H_{11F}\cos^2\varphi + \sigma^H_{33F}\sin^2\varphi, \quad \tau(\varphi) = (\sigma^H_{33F}-\sigma^H_{11F})\sin\varphi\cos\varphi$$

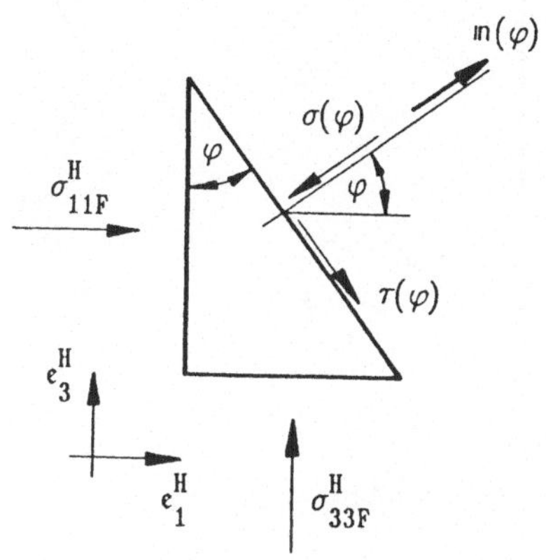

Abb. 6.20

in der Tat jeweils zwei Flächenelemente, nämlich Diejenigen mit Normalen

$$\mathrm{m}(P_F) = \left\{ \sin\left[\frac{\pi}{4}-\frac{\rho}{2}\right]_j ; \cos\left[\frac{\pi}{4}-\frac{\rho}{2}\right]\right\}, \; < e^H_1, e^H_3 >$$

und

$$\mathrm{m}(P'_F) = \left\{ \sin\left[-\left(\frac{\pi}{4}-\frac{\rho}{2}\right)\right] ; \cos\left[-\left(\frac{\pi}{4}-\frac{\rho}{2}\right)\right]\right\}, \; < e^H_1, e^H_3 >$$

als Gleitflächenelemente ausweist. Coulombsche Fließspannungszustände sind danach (jeweils lokal) zu kennzeichnen an elementaren Prismen nach Abb. 6.21 derart, daß längs sämtlicher Prismen-Mantelflächen (d. h. Gleitflächenelemente)[90)] gleiche Normalspannungen (σ_0) und gleiche Schubspannungsbeträge ($|\tau_0|$) mit

$$|\tau_0| = \tau_K + \sigma_0 \,\mathrm{tg}\,\rho \tag{6.67e}$$

auftreten. Dabei weisen die Verbindungslinien zwischen den spitzen Ecken (A, A') der rautenartigen Prismen-Querschnitte jeweils in die Richtung der größten Hauptspannung.

---

89) mit den Vorzeichenfestsetzungen nach Abb. 6.20

90) Abb. (6.21) zeigt die Projektionen des Prismas in die Ebene $< e^H_1, e^H_3 >$ der größten bzw. kleinsten Hauptspannung, womit sich die Gleitflächenelemente als Seiten einer Raute abbilden

Im Falle ebener Fließvorgänge (in einer Koordinatenebene (x, y) liegen sämtliche

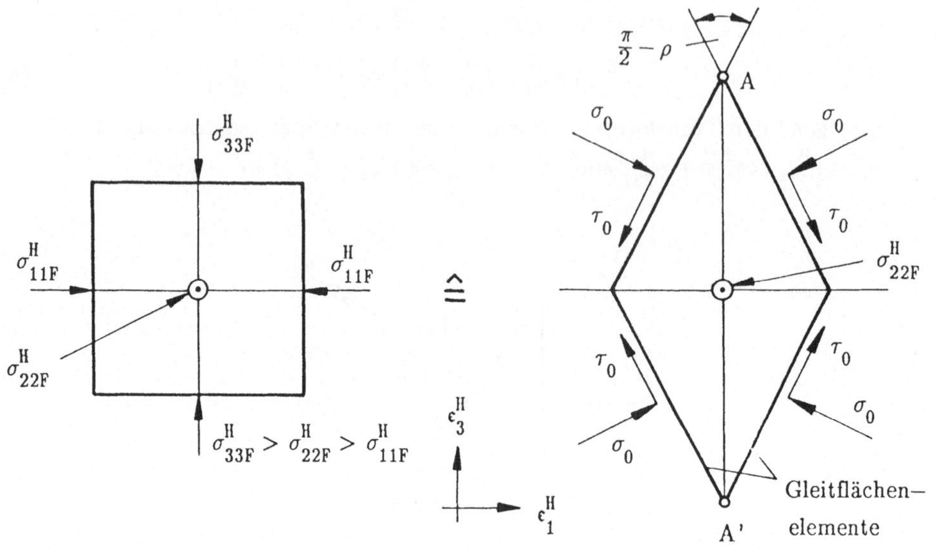

Abb. 6.21

Gleitflächenelementennormalen in der Koordinatenebene, die Fließflächen sind Zylinderflächen (mit Achsen e_z senkrecht zur Koordinatenebene), deren Projektionen in die Koordinatenebene Gleitlinien genannt werden. Sie bilden in der Fließebene (x, y) ein rautenartiges Netz, das gegenüber den Trajektorien der größten Hauptspannungen um $\pm\left[\frac{\pi}{4} - \frac{\rho}{2}\right]$ geneigt ist (vgl. h. § 6.8 und E § 3). Im Falle fehlender innerer Reibung (mit $\rho = 0$) sind die Gleitlinien gegenüber den Hauptspannungstrajektorien um 45° geneigt und damit - im Sinne von Henky - mit den Hauptschubspannungs-Trajektorien identisch.

6.7 Feldgleichungsformulierungen in der Theorie fest–idealplastischer Medien

werden zwar, wie generell in der Kontinuumsmechanik, durch Kombination der Materialgleichungen für Spannungen bzw. Entropie mit den Feldgleichungen der (lokalen) Bilanzen der Impulse bzw. der kalorischen Bilanz (vgl. (1.24), (1.1a))[91] in Form von Differentialgleichungen für die thermisch-kinematischen Variablen[92] zur Verfügung gestellt, jedoch gestalten sich konkrete Problemlösungen aufgrund der durch Fließ- bzw. Entlastungsbedingungen gekennzeichneten "Umschalteigenschaft" des Stoffverhaltens zusätzlich

---

[91] Zuzüglich der dem jeweils benutzten Verzerrungsmaß $\mathbb{D}$ entsprechenden "Verzerrungs–Verschiebungs–Relationen $\mathbb{D} = \mathbb{D} < \mathbb{u} >$

[92] d. h. für die Felder $\mathbb{u}(\mathbb{r}, t)$, $T(\mathbb{r}, t)$ der Verschiebungen bzw. der Temperaturen

schwierig, wenn ein Körper "teilplastiziert" ist, also sowohl Festzustandszonen (B_S) als auch plastische Bereiche (B_F) aufweist (Abb. 6.22):

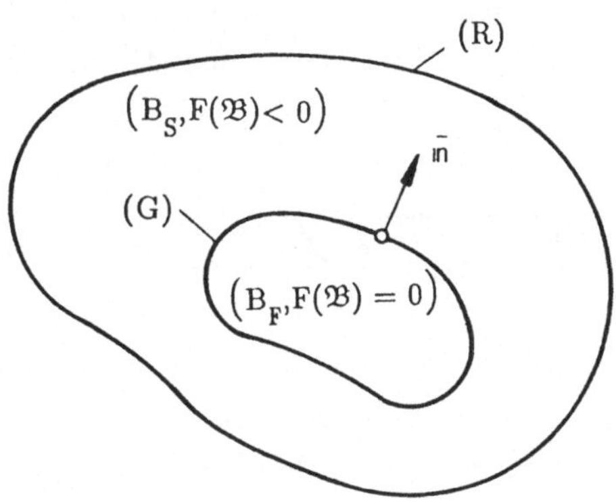

Abb. 6.22

Wegen der in (B_S) bzw. (B_F) verschiedenen Materialgleichungen entstehen für beide Bereiche verschiedene Feldgleichungen für die thermisch-kinematischen Variablen, die - neben den Randbedingungen am Körperrande (R) - längs der (B_S) von (B_F) abgrenzenden sog. "fest-idealplastischen Grenzflächen (G)"[93] Übergangsbedingungen angepaßt werden müssen. Werden - neben der Forderung nach stetigem Übergang der entsprechenden Spannungen $\bar{\mathbb{n}} \cdot \mathfrak{S}$ - auch stetige Verschiebungen, d. h. (G) als eine sog. "Kontakt-Unstetigkeitsfläche" verlangt, so ist das Verschiebungsfeld im plastischen Bereich (B_F) (ggfs. bis auf eine Starrkörperbewegung[94]) vollständig zu bestimmen, was allerdings nur für mäßige Fließphänomene zu mit der Realität zutreffenden Resultaten führen kann.[95] Können stationäre Fließbereiche - etwa an die freie Oberfläche eines Körpers grenzend - uneingeschränkt fließen, so liegt betreffend die Übergangsbedingungen an der Grenzfläche (G) die Realität wohl näher bei einer Einschätzung der Grenzfläche als eingeschränkte Kontakt-Unstetigkeits-Fläche im Sinne einer "Wirbelschicht", wo - neben stetigem Übergang der Spannungen $\bar{\mathbb{n}} \cdot \mathfrak{S}$ - nur noch stetiger Übergang der zur Grenzfläche normalen Verschiebungskomponenten $\mathbb{u} \cdot \bar{\mathbb{n}}$ verlangt wird, indem man von einer Materialtrennung längs (G) ausgeht.[96]

---

93) die durch Verschwinden der Fließfunktion, d. h. $F(\mathfrak{B}) = 0$ gekennzeichnet sind.

94) wenn am Körper nur Spannungs–Randbedingungen vorgegeben sind

95) etwa, wenn "plastische Einschlüsse" durch umgebende "Festkörperzonen" am "uneingeschränkten Fließen" gehindert werden.

96) S. h. auch die Formalien (6.31)

Für quasistatische Prozesse uneingeschränkten plastischen Fließens kann man dann allerdings - wie schon erwähnt - ggfs. den Geschwindigkeits- bzw. den Verschiebungszustand nicht mehr eindeutig mit der Belastung korrelieren. Entsprechend gilt Letzteres für den Fall, daß sich (mit zunehmender Belastung) in einem Körper die Fließzonen derart ausgedehnt haben, daß sie etwa verbliebene "Festzonen-Linsen" völlig umschließen oder aber den gesamten Körper erfassen.

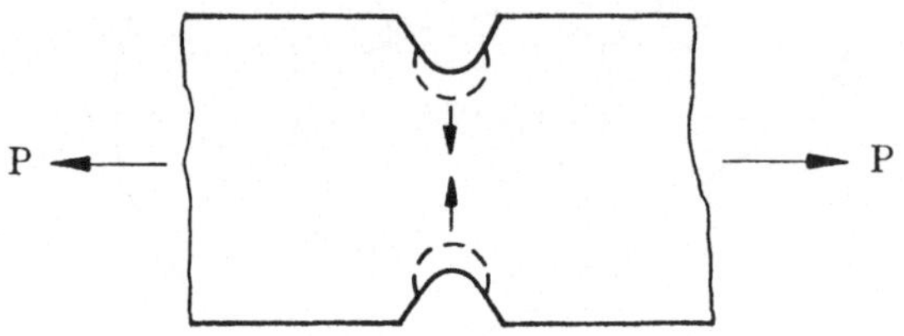

Abb. 6.23

Einfachstes Beispiel für den letzteren Fall ist ein gekerbter Zugstab (Abb. 6.23), an dessen beiden Kerbgründen bei zunehmender Belastung P erstmals - für $P = P_P$ - "punktuell" die Fließgrenze erreicht wird. Weitere Laststeigerung bewirkt Ausdehnung der zunächst "punktuellen Fließzonen" zur Stabmitte hin (eingeschränktes plastisches Fließen) bis — bei Berührung der plastischen Bereiche — die beiden festen Stabteile getrennt werden und — unter konstanter Last P_T - uneingeschränktes plastisches Fließen der Gesamtanordnung einsetzt.

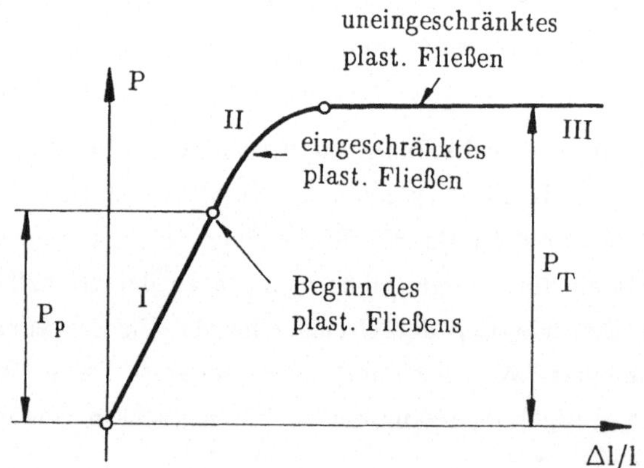

Abb. 6.24

In einem "Last–Dehnungsdiagramm" erhält man für z. B. linear–elastisch–ideal–plastischen Werkstoff die (übrigens für alle linear–elastisch–idealplastischen Probleme typische) Kurve nach Abb. 6.24: Dem linearen Kraft–Dehnungsverlauf in der Anfangsphase (I) der Belastung schließt sich (ab der Belastung $P = P_P$) ein sich zunehmend abflachendes Kurvenstück (II) des eingeschränkten plastischen Fließens an als

Ausdruck der Tatsache, daß sich mit zunehmender Ausdehnung der Fließbereiche der "elastische Restquerschnitt" an der Einschnürung und damit die "effektive Stabsteifigkeit"[97] verringert, bis sie schließlich vollständig erlischt [98].

In einfacher Rechnung darstellbare Beispiele für mit zunehmender (quasistatischer) Belastung vollständige Plastizierung des gesamten Tragwerks sind Hohlzylinder bzw. Hohlkugeln unter rotations- bzw. kugelsymmetrischer Belastung (vgl. E § 3) aber auch das berühmte auf Henky zurückgehende elementare Beispiel des statisch unbestimmten Fachwerks nach Abb. E 3.12, was von Henky als - gegenüber dem elastisch-ideal-plastischen St-Venantelement - ambitionierteres rheologisches Modell zwecks Modellierung von Verfestigungsphänomenen und des Bauschinger-Effektes vorgeschlagen wurde [1].
Von der Notation korrekt mit Prandtl-Reuß-Stoffgleichungen (etwa (6.35)) formulierbarer Fließbereichs-Feldgleichungen, die man allgemein nur "lastschrittweise" mit aufwendiger Numerik bewältigen kann, wird hier abgesehen, stattdessen auf den Fall

6.7.1 Quasistatischer Fließvorgänge linear-elastisch-idealplastischer Medien auf der Basis einer Henkyschen Stoffgleichung, v. Misesscher Fließbedingung und kleinen Verformungen

beschränkt. Er ist gekennzeichnet durch die Stoffgleichung (6.45c) zuzüglich der elastischen Stoffgleichung für die Kompression, d. h. durch

$$\$'_F = \sqrt{\frac{2}{3}}\,\sigma_F \frac{\mathbb{D}'}{\sqrt{\mathbb{D}'\cdot\cdot\mathbb{D}'}}\,,\quad p_F = \frac{\mathbb{E}\cdot\cdot\$_F}{3} = K(\mathbb{E}\cdot\cdot\mathbb{D} - 3\alpha(T-T_0))\,,\quad K = \frac{2G(1+\nu)}{3(1-2\nu)}\,, \qquad (6.68a\text{-}c)$$

und die Bilanzgleichungen der Impulse bzw. der Entropie. Unter Beschränkung auf isotherme Prozesse und die Entropiebilanz außeracht lassend, wird die Feldgleichung für die Verschiebungen $\mathbb{u}(\mathbb{r}, t)$ durch Einsetzen der Materialbeziehung

$$\$_F = \$'_F + p_F\mathbb{E} = \sqrt{\frac{2}{3}}\,\sigma_F \frac{\mathbb{D}'}{\sqrt{\mathbb{D}'\cdot\cdot\mathbb{D}'}} + K(\mathbb{E}\cdot\cdot\mathbb{D})\mathbb{E} \qquad (6.68d)$$

in die Gleichgewichtsbedingungen

$$\nabla\cdot\$_F \equiv \nabla\cdot\$'_F + \nabla p_F = -\rho_0\mathbb{k}_0 \qquad (6.69)$$

erhalten, nachdem man noch die Verzerrungs–Verschiebungsrelationen

$$\mathbb{D} = \operatorname{def}\mathbb{u} = (\nabla\circ\mathbb{u} + \mathbb{u}\circ\nabla)/2\,,\quad D_1 = \mathbb{E}\cdot\cdot\mathbb{D} = \nabla\cdot\mathbb{u}\,,$$

$$\mathbb{D}' = \mathbb{D} - \frac{D_1}{3}\mathbb{E} = \operatorname{def}\mathbb{u} - \frac{\nabla\cdot\mathbb{u}}{3}\mathbb{E} \qquad (6.70a\text{-}c)$$

beachtet hat. Es entsteht

---

97) repräsentiert durch die Neigung der jeweiligen Tangente an die Last–Dehnungskurve

98) die zugehörige Grenzlast $P = P_T$ in der Phase III des "uneingeschränkten plastischen Fließens" wird auch als "Traglast" bezeichnet. Wie in Beispielen darzustellen ist (vgl. E § 3), kann Phase III theoretisch durchaus auch nur asymptopisch (d. h. für $\Delta l/l \longrightarrow \infty$) erreicht werden.

$$\nabla \cdot \left[\sqrt{\frac{2}{3}} \frac{\sigma_F [\mathrm{def}\,u - (\nabla \cdot u) E/3]}{\sqrt{\mathrm{def}\,u \cdot\cdot\, \mathrm{def}\,u - (\nabla \cdot u)^2/3}} + K(\nabla \cdot u) E \right] + \rho_0 k_0 = 0 \;, \tag{6.71a}$$

was man mit zunehmenden plastischen Verformungen durch

$$\nabla \cdot \left[\sqrt{\frac{2}{3}} \sigma_F \frac{\mathrm{def}\,u}{\sqrt{\mathrm{def}\,u \cdot\cdot\, \mathrm{def}\,u}} + pE \right] + \rho_0 k_0 = 0 \;, \quad \nabla \cdot u = 0 \;, \tag{6.71b,c}$$

annähern kann, weil sich dann die Verschiebungen praktisch allein aus den plastischen Verformungen rekrutieren, also (annähernd) inkompressibel sind. Die in (6.71b) aufscheinende Größe p hat man in diesem Falle als Reaktionsgröße zu betrachten, d. h., so zu bestimmen, daß das Verschiebungsfeld "quellenfrei" ist[99]. In der letzteren Version kann man (sogar) mit einer solchen Henkyschen Näherungs–Feldtheorie das Phänomen der Phase III von Abb. 6.24 verifizieren. Man setzt in Gleichung (6.71b) zunächst $u^x = Cu$, $C = \mathrm{const}$ und p^x anstelle von p, erkennt wegen

$$\frac{\mathrm{def}\; u^x}{\sqrt{\mathrm{def}\; u^x \cdot\cdot\, \mathrm{def}\; u^x}} = \frac{\mathrm{def}\; u}{\sqrt{\mathrm{def}\; u \cdot\cdot\, \mathrm{def}\; u}}$$

daß – bei gleichbleibender Massenkraftbelastung – $\nabla p^x = \nabla p$ sein muß, also sich p^x von p nur durch eine globale Konstante (p_0) unterscheiden könnte, und stellt schließlich deren Verschwinden fest, wenn man längs des Fließbereichsrandes in beiden Fällen auch gleichgebliebene Spannungs–Randbedingungen unterstellt[100]. Daraus folgt dann,worauf schon mehrfach hingewiesen wurde, daß für jedes am Fließbereich wirkende (Gleichgewichts–)System von Massen– und Oberflächenkräften ein Verschiebungsfeld nur bis auf einen Proportionalitätsfaktor festgelegt werden kann und schließlich desweiteren, daß dies auch für jedes Tragwerk gilt, sofern es vollplastiziert ist oder aber nur noch Festzonen–Linsen existieren, die von zusammenhängenden Fließbereichen umschlossen sind. So findet man – auch mit einer finiten Henky–Stoffgleichung! – bestätigt, was betr. das Geschwindigkeitsfeld isothermer starr–plastischer Fließprozesse als Folge quasistatischer Beanspruchungssituation bereits unter 6.5.1 recherchiert wurde.

6.8 Einfach (funktional-) statisch unbestimmte Kontinuumsprobleme

sind solche, bei denen für die Ermittlung des Spannungszustandes über die Gleichgewichtsbedingungen hinaus nur eine weitere skalare Feldgleichung benötigt wird. Folglich lassen sich solcherart Probleme unter Hinzunahme der Fließbedingung zu den Gleichgewichtsbedingungen stets durch eine genügende Anzahl von in Spannungskomponenten dargestellten Feldgleichungen beschreiben, d. h. einfach statisch unbestimmte Fließspannungszustände ohne Betrachtnahme des Deformationszustandes berechnen, sofern an der gesamten Oberfläche des Fließbereiches die Spannungen vorgegeben sind.[101] Aussagen über Fließverformungen sind schließlich – nach Ermittlung des Kontinuums–Spannungszustandes – im Nachgang mittels der jeweiligen Fließstoffgleichung möglich. Eine Problemreduktion dieser Art ist dann der Lösung der kompliziert–nichtlinearer Feldgleichungen für die Verschiebungen vorzuziehen.

Einfach statisch unbestimmte Kontinuumsprobleme sind ebene Spannungs– und Verzerrungsprobleme, kugelsymmetrische Probleme und wölbkraftfreie Stab–Torsionsprobleme (verallgemeinerte De Saint-Venantsche Theorie).[102] Ihrer technischen Bedeutung wegen werden nachfolgend isotherme Varianten

---

99) Dieselbe Beschreibung erhielte man übrigens, wenn man von vornherein das Material als linear–elastisch–inkompressibel unterstellte.

100) Da sich mit $u^x = Cu$ die Deviatorspannungen nicht ändern, muß auch der Druckanteil bei gleichgebliebenen Randspannungen gleichgeblieben sein.

101) Im Gegensatz zu Spannungsvorgaben ist bei Verformungsvorgaben das Verschiebungsgleichungs–Problem allerdings nicht zu umgehen.

102) vgl. etwa [1], [38]

6.9 **statischer Probleme ebener Spannungs- bzw. Fließverzerrungszustände** (in der (x,y)-Ebene) detaillierter dargestellt. Für

a) ebene (Fließ-)Spannungsprobleme, d.h.

$$\mathbb{S}_F =^{103)} \mathbb{S}_{2F} = \sum_{j,k=x,y} \sigma_{jkF} \mathbb{e}_j \circ \mathbb{e}_k \tag{6.72}$$

ist die Reduktionsmöglichkeit auf drei skalare Feldgleichungen für die Spannungskomponenten $\sigma_{jkF}(j,k = x,y)$ unmittelbar klar: sowohl die planaren Gleichgewichtsbedingungen

$$\nabla_2 \cdot \mathbb{S}_{2F} + \rho \mathbb{k}_2 = 0 \quad \frac{\partial\sigma_{xxF}}{\partial x} + \frac{\partial\sigma_{xyF}}{\partial y} + \rho k_x = 0 \,, \quad \frac{\partial\sigma_{xyF}}{\partial x} + \frac{\partial\sigma_{yyF}}{\partial y} + \rho k_y = 0 \,, \tag{6.73a,b}$$

als auch die - als Feldgleichung aufzufassende - Fließbedingung

$$F(\mathfrak{B}_F) = F(\mathbb{S}_{2F}, T_0) = 0 \tag{6.73c}$$

enthalten - neben der Temperatur T_0 - allein die planaren Spannungen, womit Gleichgewichts- und Fließbedingungen in der Tat das zur Ermittlung des Spannungszustandes erforderliche Feldgleichungssystem zur Verfügung stellen. Für

b) ebene Fließverzerrungsphänomene (in der (x,y)-Ebene) mit

$$\mathbb{e}_z \cdot \mathbb{C} = 0 \tag{6.74}$$

ist allerdings zwischenzeitlich ein Rückgriff auf eine Fließ-Materialgleichung und die Annahme inkompressiblen Stoffverhaltens als Argumentationshilfe vonnöten,[104] um feststel-

---

[103] Für Probleme kleiner Verformungen bezeichnen $\mathbb{S}$ die am unverformten System definierten Spannungen, ∇ bzw. $\nabla_{(2)}$ entsprechend die materiellen Operatoren und $\mathbb{C} = \dot{\mathbb{D}}$ mit $\mathbb{D} = (\nabla \circ \mathbb{u} + \mathbb{u} \circ \nabla)/2$ die materielle Verzerrungsgeschwindigkeit und das zugehörige Spannungsrandwertproblem ist hier längs der (bekannten) Oberfläche der Bezugskonfiguration zu formulieren. Diese Betrachtung ist nur zu Beginn eines schon bei kleinen Verformungen einsetzenden Fließprozesses realistisch. Die Gleichungen (6.73) sind (im Rahmen der hier abgesteckten Theorie) aber auch für große Verformungen richtig, wenn man die Spannungen als Eulersche Spannungen ∇ bzw. $\nabla_{(2)}$ als räumliche Operatoren und $\mathbb{C}$ als räumlichen Geschwindigkeitsdeformator auffaßt. Allerdings muß hier betreffend das Spannungs–Randwertproblem bedacht werden, daß der Verformungzustand des Körpers und damit die Momentanlage des Fließbereiches im (Eulerschen) Koordinatenraum nicht bekannt sind. Vorgabe von Spannungsrandbedingungen längs fester Ränder bedeutet hier, in der Lage zu sein, für quasistatische Durchflußprobleme durch einen festen "Kontrollraum" an dessen Oberflächen die Spannungen vorgeben zu können.

[104] was für kleine Fließverformungen mit Rücksicht auf die in der Gesamt–Verzerrungsgeschwindigkeit enthaltenen (und i. allg. nicht dilatationsfreien) Festkörperanteile eine Näherung ist. Für große Fließverformungen, wo die Gesamt–Verzerrungsgeschwindigkeit praktisch mit dem (im vorliegenden Skript als deviatorisch konzipierten) reinen Fließanteil identisch wird (sog. starr–plastischer Fall), ist die Annahme $\mathbb{C} = \mathbb{C}'$ nahezu korrekt.

len zu können, daß die planaren Gleichgewichtsbedingungen und die Fließbedingung ein für die Beschreibung des zugehörigen Spannungsproblems ausreichendes Feldgleichungssystem ergeben, und zwar sowohl für "v. Mises"- als auch für "Coulombsche" Fließphänomene im Sinne von (Abb. 6.19) zuzüglich der Coulombschen Fließregel.[105]

In beiden Fällen wird ausgegangen von der mit (6.74) implizierten Festellung, daß die zur Fließebene $(\mathbb{e}_x, \mathbb{e}_y)$ orthogonale Richtung $\mathbb{e}_z$ Hauptrichtung ist, also die beiden anderen Hauptrichtungen $(\mathbb{e}_1^H, \mathbb{e}_2^H)$ des Verzerrungsgeschwindigkeitsdeviators in der (x,y)-Ebene liegen müssen. Wegen

$$\mathbb{E}\cdot\cdot\mathbb{C} \equiv \mathbb{E}\cdot\cdot\mathbb{C}' = c_{11}^{H'} + c_{22}^{H'} + c_{zz}^{H'} = 0$$

und $c_{zz}^{H'} = 0$ nach (6.74) sind dann die beiden in der Fließebene anfallenden (deviatorischen) Verzerrungsgeschwindigkeits-Hauptwerte betragsmäßig gleich,

$$c_{22}^H = -c_{11}^H = c^H , \tag{6.74a}$$

womit

$$\mathbb{C} = \mathbb{C}_F' \stackrel{\wedge}{=} c^H \begin{bmatrix} -1 & 0 & 0 \\ 0 & 1 & 0 \\ 0 & 0 & 0 \end{bmatrix}, \ \langle e_1^H, \mathbb{e}_2^H, e_z^H \rangle , \tag{6.74b}$$

gilt. Im

a) v. Mises-Falle folgert man dann mit der Stoffgleichung (6.31a)

$$\mathbb{S}_F' = \sqrt{\frac{2}{3}}\,\sigma_F \frac{\mathbb{C}_F'}{\sqrt{\mathbb{C}_F'\cdot\cdot\mathbb{C}_F'}} \stackrel{106)}{=} \pm \frac{\sigma_F}{\sqrt{3}} \begin{bmatrix} -1 & 0 & 0 \\ 0 & 1 & 0 \\ 0 & 0 & 0 \end{bmatrix}, \ \langle \mathbb{e}_1^H, \mathbb{e}_2^H, \mathbb{e}_z^H \rangle, \tag{6.75a}$$

d. h. auch einen planaren deviatorischen und damit einen in der Form

$$\mathbb{S}_F = \mathbb{S}_F' + p\mathbb{E} = \mathbb{S}_{2F} + p\mathbb{e}_z \circ \mathbb{e}_z \tag{6.75b}$$

darstellbaren Spannungszustand $\mathbb{S}_F$, der sich aus einem planaren Anteil

$$\mathbb{S}_{2F} \stackrel{\wedge}{=} \begin{bmatrix} \mp\frac{\sigma_F}{\sqrt{3}} + p & 0 & 0 \\ 0 & \pm\frac{\sigma_F}{\sqrt{3}} + p & 0 \\ 0 & 0 & 0 \end{bmatrix} \stackrel{\wedge}{=} \begin{bmatrix} \sigma_{11F}^H & 0 & 0 \\ 0 & \sigma_{22F}^H & 0 \\ 0 & 0 & 0 \end{bmatrix} = \sigma_{11F}^H\,\mathbb{e}_1^H \circ \mathbb{e}_1^H + \sigma_{22F}^H\,e_2^H \circ \mathbb{e}_2^H \tag{6.75c}$$

und einem einachsigen (Haupt-)Spannungszustand

---

[105] vom "Abgleiten" längs Flächenelementen mit durch $\tau_F = \tau_K + \sigma_F \operatorname{tg} \rho$ definierten Fließspannungstupeln (σ_F, τ_F). Wie schon (z. B. im Anschluß an (6.66e)) erwähnt, ist hierin für $\rho = 0$ der Trescasche Fall enthalten.

[106] je nach dem, ob c^H positiv oder negativ ist.

$$p\, \mathbb{e}_z \circ \mathbb{e}_z \ , \quad p \equiv \sigma_{zzF} = \frac{1}{2}\,(\sigma^H_{11F} + \sigma^H_{22F}) \ , \tag{6.75d}$$

zusammensetzt. Benutzt man kartesische Koordinaten in der (x,y)-Ebene, so entspricht

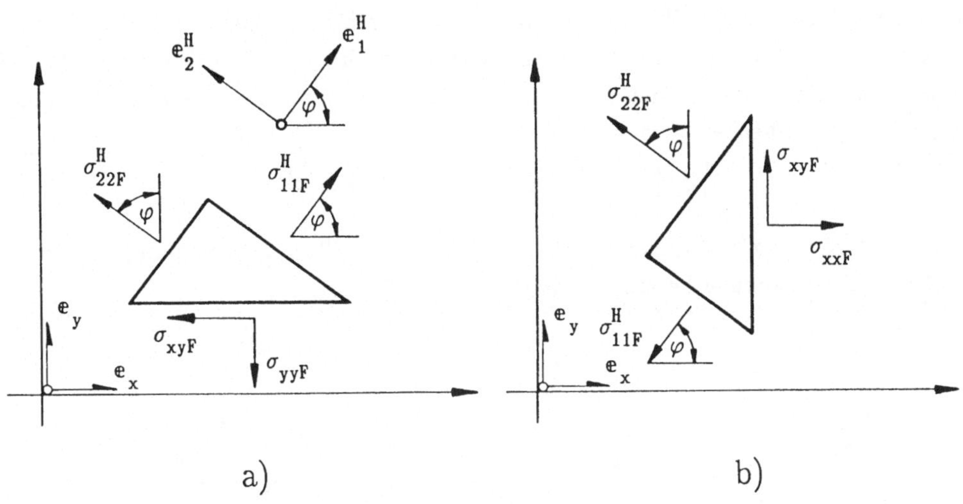

Abb. 6.25

(6.75c) dem planaren Fließspannungszustand

$$\mathbb{S}_{2F} \mathrel{\hat{=}} \begin{bmatrix} \sigma_{xxF} & \sigma_{xyF} \\ \sigma_{xyF} & \sigma_{yyF} \end{bmatrix} \ , \ \langle\, e_x, e_y \,\rangle \ ,$$

mit (vgl. Abb. 6.25a)

$$\sigma_{yyF} =^{107)} \sigma^H_{22F} \cos^2\varphi + \sigma^H_{11F} \sin^2\varphi = \frac{\sigma^H_{11F}+\sigma^H_{22F}}{2} - \frac{\sigma^H_{11F}-\sigma^H_{22F}}{2} \cos2\varphi = p \pm \frac{\sigma_F}{\sqrt{3}} \cos2\varphi \tag{6.76a}$$

$$\sigma_{xyF} = (\sigma^H_{11F} - \sigma^H_{22F}) \sin\varphi \cos\varphi = \frac{\sigma^H_{11F}+\sigma^H_{22F}}{2} \sin2\varphi = \mp \frac{\sigma_F}{\sqrt{3}} \sin2\varphi \tag{6.76b}$$

bzw. (vgl. Abb. 6.25b)

$$\sigma_{xxF} = \sigma^H_{11F} \cos^2\varphi + \sigma^H_{22F} \sin^2\varphi = \frac{\sigma^H_{11F}+\sigma^H_{22F}}{2} + \frac{\sigma^H_{11F}-\sigma^H_{22F}}{2} \cos 2\varphi = p \mp \frac{\sigma_F}{\sqrt{3}} \cos2\varphi \ , \tag{6.76c}$$

womit in der Form

---

107) Hierin bedeutet φ den Winkel einer Hauptrichtung (hier $\mathbb{e}^H_1$) gegenüber der x–Achse

$$\frac{1}{2}(\sigma_{yyF} - \sigma_{xxF})^2 + 2\sigma_{xyF}^2 \equiv^{108)} \$_{2F} \cdot\cdot \$_{2F} - \frac{1}{2}(\mathbb{E}_2 \cdot\cdot \$_{2F})^2 \equiv \$'_F \cdot\cdot \$'_F = \frac{2}{3}\sigma_F^2 \qquad (6.76d)$$

die v. Mises-Fließbedingung für ebene Verzerrungsprobleme[109] ebenfalls als eine, allein planare Spannungskomponenten enthaltende, Feldgleichung auszudrücken ist, so daß ebene Verzerrungsprobleme im "v. Mises-Falle" in der Tat durch drei "Spannungs-Feldgleichungen", nämlich die Gleichgewichtsbedingungen (6.73a,b) und die Fließbedingung (6.76d) beschrieben werden können; wobei Letztere, wie die (6.76d) äquivalente aus (6.75c) unmittelbar zu folgernde Fließbedingungsvariante

$$\frac{1}{2}\,|\sigma_{11F}^{H} - \sigma_{22F}^{H}| \equiv \frac{1}{2}\,|\sigma_{11F}^{H'} - \sigma_{22F}^{H'}| = \frac{\sigma_F}{\sqrt{3}} \qquad (6.76f)$$

erkennen läßt, für den vorliegenden Fall (ähnlich wie die Tresca-Bedingung) im wesentlichen Größtschubspannungsbeträge limitiert.[110] Im

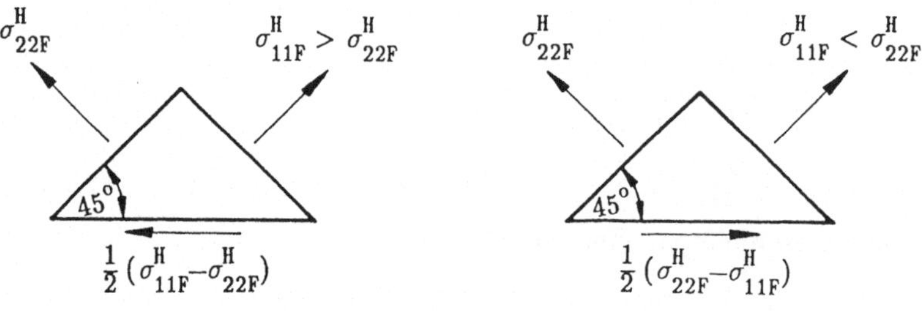

Abb. 6.26

---

108) Man benutze $\mathbb{E}_{(2)} = \mathbb{E} - e_z \circ e_z$

109) Für ebene Spannungsprobleme erhielte man mit $\$ = \$_2$,

$\$' = \$_2 - \frac{1}{3}(\mathbb{E} \cdot\cdot \$)\mathbb{E} = \$_2 - \frac{1}{3}(\mathbb{E}_2 \cdot\cdot \$_2)\mathbb{E}$ hingegen

$$\$'_F \cdot\cdot \$'_F \equiv \$_{2F} \cdot\cdot \$_{2F} - \frac{1}{3}(\mathbb{E}_2 \cdot\cdot \$_{2F})^2 = \frac{2}{3}\sigma_F^2 \qquad (6.76e)$$

110) nämlich die gegenüber den Hauptrichtungen (e_1^H, e_2^H) unter 45° geneigten "Hauptschubspannungen" (vgl. Abb. 6.26). Daß es sich hier in der Tat um eine "Größtschubspannungslimitierung" handelt, ist wegen $\sigma_{zzF}^H = p = (\sigma_{11F}^H + \sigma_{22F}^H)/2$, wonach σ_{zz}^H nie weder die kleinste noch die größte der drei Hauptspannungen $\langle \sigma_{11}^H, \sigma_{22}^H, \sigma_{zz}^H \rangle$ sein kann, gesichert: Die Schubspannungsbeträge τ (vgl. deren Deutung als Abszissen von Spannungszustandspunkten für Tupel (σ, τ) in der Mohrschen Darstellung nach Abb. 6.14), die in beliebigen (durch einen Kontinuumspunkt legbaren) Flächenelementen übertragen werden, können somit nie den Wert $|\sigma_{11}^H - \sigma_{22}^H|/2$ übertreffen.

b) Coulombschen Falle

ist angesichts der Mohrschen Fließregel ebenes Fließen gesichert, wenn

$$\left|\sigma^H_{11F} - \sigma^H_{22F}\right| > \begin{cases} |\sigma^H_{11} - \sigma^H_{zz}| \\ |\sigma^H_{22} - \sigma^H_{zz}| \end{cases} \tag{6.77}$$

gilt, also die Größtschubspannung in Flächenelementen auftritt, deren Normalen in der (durch $(\mathbf{e}^H_1, \mathbf{e}^H_2)$ bzw. $(\mathbf{e}_x, \mathbf{e}_y)$ definierten) (x,y)-Fließebene liegen, wozu analog Fall a) erforderlich ist, daß die Hauptspannung σ^H_{zzF} senkrecht zur Fließebene weder die kleinste noch die größte Hauptspannung sein darf. Daß die Mohrsche Fließbedingung (6.66a)[111]

$$\left[\frac{\sigma^H_{22F}-\sigma^H_{11F}}{2}\right]^2 = \tau_K^2 \cos^2\rho + \left[\frac{\sigma^H_{22F}+\sigma^H_{11F}}{2}\right]^2 \sin^2\rho + \tau_K\,(\sigma^H_{22F} + \sigma^H_{11F}) \sin\rho\cos\rho \tag{6.77a}$$

bzw.[112]

$$\mathbb{S}_{2F} \cdot\cdot\, \mathbb{S}_{2F} - (1 + \sin^2\rho)\,\frac{(\mathbb{E}_2 \cdot\cdot\, \mathbb{S}_{2F})^2}{2} - 2\tau_K(\mathbb{E}_2 \cdot\cdot\, \mathbb{S}_2) \sin\rho\cos\rho - 2\tau_K^2 \cos^2\rho = 0 \tag{6.77b}$$

bzw.

$$2\tau_K \cos\rho + (\mathbb{E}_2 \cdot\cdot\, \mathbb{S}_{2F}) \sin\rho = \pm\sqrt{2\mathbb{S}_2\cdot\cdot\,\mathbb{S}_2-(\mathbb{E}_2\cdot\cdot\,\mathbb{S}_2)^2} \tag{6.77c}$$

allein durch die planaren Spannungstensoranteile ausgedrückt werden kann, ist danach selbstverständlich, womit durch Kombination von (6.77) mit den Gleichgewichtsbedingungen (6.73) in der Tat auch das "ebene Mohr-Coulombsche Fließen" als ein planares Spannungsproblem formulierbar ist.

Lösungsprozeduren für ebene quasistatische Probleme entwickelt man einerseits formal durch Reduktion auf Feldgleichungen für Airysche Spannungsfunktionen und andererseits mittels i. allg. numerisch auszuwertender sog. "Gleitliniensätze", die durch Formulierung der Gleichgewichts- und Fließbedingungen unter Benutzung derjenigen Spannungskomponenten anfallen, die man an nach den "Gleitlinienrichtungen" orientierten Volumen-

---

111) mit σ^H_{22F} anstelle von σ^H_{33F} und im übrigen wieder mit als Druckspannungen positiven Normalspannungen

112) Man benutze $(\sigma^H_{33} - \sigma^H_{11})^2 = \sigma^{H^2}_{33} + \sigma^{H^2}_{11} - 2\sigma^H_{33}\,\sigma^H_{11} = 2(\sigma^{H^2}_{33} + \sigma^{H^2}_{11}) - (\sigma^H_{33} + \sigma^H_{11})^2 = 2\mathbb{S}_2 \cdot\cdot\, \mathbb{S}_2 - (\mathbb{E}_2 \cdot\cdot\, \mathbb{S}_2)^2$. Für $\rho = 0$ folgt übrigens die Tresca–Bedingung $\mathbb{S}_{(2)} \cdot\cdot\, \mathbb{S}_{(2)} - \frac{(\mathbb{E}_2 \cdot\cdot\, \mathbb{S}_2)^2}{2} = 2\tau_K^2$, die mit $\tau_K = \sigma_F/\sqrt{3}$ in die v. Mises–Bedingung (6.76d) übergeht

elementen freilegt.[113] Hinsichtlich der Vorgehensweise handelt es sich dabei um zwei begrifflich konträre Prozeduren: Bei der "Spannungsfunktionen-Methode" wird aus der Menge aller die Gleichgewichtsbedingungen befriedigenden Spannungszustände Derjenige ausgesucht, der schließlich auch noch die jeweilige Fließbedingung befriedigt, bei der "Gleitlinien-Methode" wird aus der Menge aller im Sinne der jeweiligen Fließbedingung möglichen Spannungszustände Derjenige herausgefiltert, der dem jeweils zu befriedigenden Gleichgewichtsproblem genügt. Demgemäß werden bei der

6.9.1 Reduktion mittels Airyscher Spannungsfunktionen

die mit Einführung eines per

$$\rho \mathbb{k}_2 = - \nabla_2 \, U_{\mathbb{K}} \tag{6.78a}$$

definierten Massenkraft-Potentials die Form

$$\nabla_2 \cdot \mathbb{S}_{2F} - \nabla_2 \, U_{\mathbb{K}} = \nabla_2 \cdot (\mathbb{S}_{2F} - U_{\mathbb{K}} \, \mathbb{E}_2) = 0 \tag{6.78b}$$

annehmenden Gleichgewichtsbedingungen vorab durch einen Ansatz von der Form

$$\mathbb{S}_{2F} - U_{\mathbb{K}} \, \mathbb{E}_2 = - \nabla_2 \, \Phi \times e_z \circ e_z \times \nabla_2$$

$$\stackrel{\wedge\,114)}{=} \left[\begin{array}{c|c} \frac{\partial}{\partial s_2}\left[\frac{\partial \Phi}{\partial s_2}\right] + \frac{(\sqrt{g_{22}})_1}{\sqrt{g_{11} g_{22}}} \frac{\partial \Phi}{\partial s_1} & - \frac{\partial}{\partial s_1}\left[\frac{\partial \Phi}{\partial s_2}\right] + \frac{(\sqrt{g_{22}})_2}{\sqrt{g_{11} g_{22}}} \frac{\partial \Phi}{\partial s_1} \\ \hline - \frac{\partial}{\partial s_2}\left[\frac{\partial \Phi}{\partial s_1}\right] + \frac{(\sqrt{g_{22}})_1}{\sqrt{g_{11} g_{22}}} \frac{\partial \Phi}{\partial s_2} & \frac{\partial}{\partial s_2}\left[\frac{\partial \Phi}{\partial s_2}\right] + \frac{(\sqrt{g_{22}})_2}{\sqrt{g_{11} g_{22}}} \frac{\partial \Phi}{\partial s_2} \end{array} \right] \tag{6.78c}$$

identisch befriedigt [5b] mit einer (zumindest) zweimal nach den Fließebenen-Koordinaten differenzierbaren und ansonsten zunächst beliebigen (sog. Airyschen Spannungs-)Funktion

---

113) dabei sind die Gleitlinienelemente die in die Fließebene fallenden Projektionen derjenigen ("Gleit"–)Flächenelemente, deren Größtschubspannungen bzw. Schubspannungs–Normalspannungs-kombinationen im Sinne der jeweiligen Fließbedingung "kritisch" sind (vgl. E § 3).

114) Hierin bedeutet $\nabla_{(2)} = \mathbb{E}_{(2)} \cdot \nabla = (\mathbb{E} - e_z \circ e_z) \cdot \nabla$ den planaren Nabla–Operator. Die Matrizendarstellung bezieht sich auf eine (lokale) Orthonormalbasis $\langle e_1, e_2 \rangle$, wobei e_1, e_2 die Tangenten–Einheitsvektoren an (krummlinige) Koordinatenlinien $q_2 = \text{const}$ bzw. $q_1 = \text{const}$ bedeuten, deren orthogonales Netz per Vorgabe von Tupeln (q_1, q_2) Punkte in der Koordinatenebene definieren, was einer Ortsvektordarstellung

$$\mathbb{r}_2 = \mathbb{r}_2(q_1, q_2) \stackrel{\wedge}{=} \{x(q_1, q_2), y(q_1, q_2)\}, \; \langle e_x, e_y \rangle, \text{ mit } \frac{\partial \mathbb{r}_2}{\partial q_1} \cdot \frac{\partial \mathbb{r}_2}{\partial q_2} = 0$$

entspricht. Mit den durch

$$\left| \frac{\partial \mathbb{r}_2}{\partial q_i} \right| = \sqrt{g_{ii}} \; , \quad j = 1, 2$$

definierten Maßgrößen sowie mit $(\;)_j = \partial(\;)/\partial q_j$ bedeuten $\partial(\;)/\partial s_j = (\;)_j/\sqrt{g_{ji}}$.

$\Phi(q_1,q_2)$, die dann schließlich nach Einsetzen von (6.78c) in die jeweilige Fließbedingung detailliert wird. Mit

$$\mathbb{E}_2 \cdot\cdot \$_{2F} = 2U_{\mathbb{K}} - \mathbb{E}_2 \cdot\cdot \nabla_2 \Phi \times \mathbb{e}_z \circ \mathbb{e}_z \times \nabla_2 \overset{115)}{=} 2U_{\mathbb{K}} + \Delta_2\Phi$$

und

$$\$_{2F} \cdot\cdot \$_{2F} = (U_{\mathbb{K}}\, \mathbb{E}_2 - \nabla_2 \Phi \times \mathbb{e}_z \circ \mathbb{e}_z \times \nabla_2)\cdot\cdot(U_{\mathbb{K}}\, \mathbb{E}_2 - \nabla_2 \Phi \times \mathbb{e}_z \circ \mathbb{e}_z \times \nabla_2)$$
$$= 2U_{\mathbb{K}}^2 + 2U_{\mathbb{K}}\, \Delta_2 \Phi + (\nabla_2 \circ \nabla_2 \Phi)\cdot\cdot(\nabla_2 \circ \nabla_2 \Phi)$$

präzisiert man Φ

a) im v. Mises-Falle als Lösung der Feldgleichungen

a1) für ebene Fließverzerrungsprobleme[116]

$$(\nabla_{(2)} \circ \nabla_{(2)} \Phi)\cdot\cdot(\nabla_{(2)} \circ \nabla_{(2)} \Phi) - \tfrac{1}{2}(\Delta_{(2)} \Phi)^2 = \tfrac{2}{3}\sigma_F^2, \qquad (6.79a)$$

a2) für ebene Spannungsprobleme[117]

$$(\nabla_{(2)} \circ \nabla_{(2)} \Phi)\cdot\cdot(\nabla_{(2)} \circ \nabla_{(2)} \Phi) - \tfrac{1}{3}(\Delta_{(2)} \Phi)^2 + \tfrac{2}{3} U_{\mathbb{K}} \Delta_{(2)} \Phi = \tfrac{2}{3}(\sigma_F^2 - U_{\mathbb{K}}^2) \qquad (6.79c)$$

und schließlich

b) für das ebene Mohr-Coulombsche Fließen[118]

$$(\nabla_2 \circ \nabla_2 \Phi)\cdot\cdot(\nabla_2 \circ \nabla_2 \Phi) - \frac{1+\sin^2\rho}{2}(\Delta_2 \Phi)^2 -$$
$$- 2(\tau_K \cos\rho + U_{\mathbb{K}} \sin\rho)\, \Delta_2\Phi \sin\rho = 2(\tau_K \cos\rho + U_{\mathbb{K}} \sin\rho)^2 \qquad (6.79d)$$

---

115) worin $\Delta_{(2)}$ den planaren Laplace–Operator bedeutet.

116) Man setze (6.78c) in (6.76d) ein. Nach Lösung von (6.79a) ergeben sich dann "im Nachgang" die fließebenennormalen Hauptspannungen σ^H_{zzF} nach (6.75d) als

$$\sigma^H_{zzF} = \tfrac{1}{2}\mathbb{E}_2 \cdot\cdot \$_{2F} = U_{\mathbb{K}} + (\Delta\, \Phi)/2 \qquad (6.79b)$$

117) Man setze (6.78c) in (6.76e) ein

118) nach (6.77b) inkl. des Henkyschen Fließfalles als Spezialfall für $\rho = 0$. Bis auf die Feststellung, daß σ^H_{zzF} immer die mittlere der drei Hauptspannungen σ^H_{11F}, σ^H_{22F}, σ^H_{zzF} sein muß, gibt es hier keine weitere Detaillierung für σ^H_{zzF}, die man — über die Mohrsche Fließbedingung hinaus — nur durch die Betrachtnahme einer konkreten Fließ—Materialgleichung erreichen könnte (wie dies etwa bei Betrachtnahme der v. Mises—Materialgleichung (6.75a) mit dem Resultat $\sigma_{zz} = (\mathbb{E}_{(2)} \cdot\cdot \$_{(2)})/2$ der Fall war)

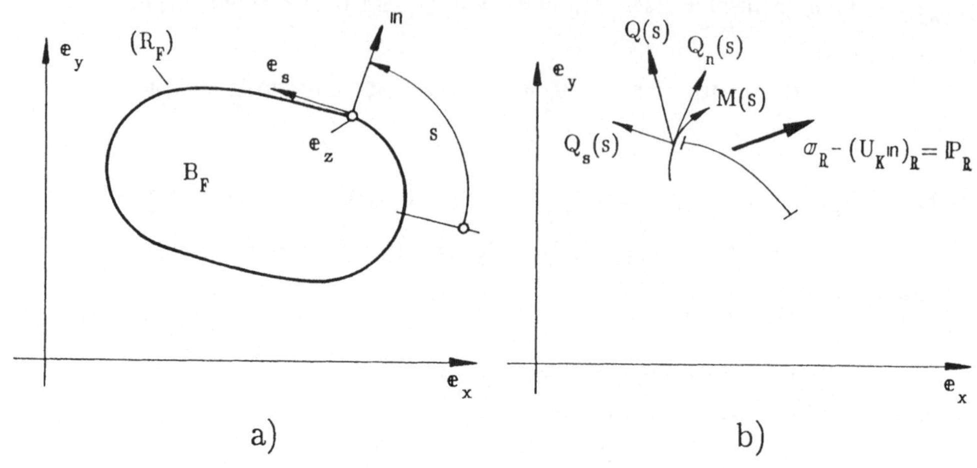

Abb. 6.27

zuzüglich der den Gln. (6.79) zu assoziierenden Spannungs-Randwertaufgabe, die man im Sinne der Föppl-Schäferschen Analogie zu Aussagen betreffend die Spannungsfunktionswerte und deren Normalableitungen am Bereichsrande (R_F) verarbeiten kann dergestalt, daß die Randwerte $\Phi_R(s)$ der Spannungsfunktion bzw. deren Normalableitungen $(\partial\Phi/\partial s_n)_R$ gedeutet werden können als Biegemomente M(s) bzw. Längskräfte $Q_S(s)$ des mit der Umrißlinie (R_F) identischen und im übrigen beliebig statisch bestimmt gemachten Randstabes unter der Randbelastung $\mathbb{p}_R = \sigma_R - (U_K\ \mathbb{n})_R$ (vgl. Abb. 6.27b).[119] Wobei übrigens die Stab-Schnittlasten für einfach zusammenhängende Fließbereiche (ohne Modifikationen der Spannungsfunktionen mittels sog. zyklischer Terme) als eindeutige Funktionen der Stabachsenordinate berechnet werden können, wie man aus den Gleichgewichtsbedingungen für die Gesamtanordnung,

$$\int_{(R_F)} \sigma_R \, ds + \int_{(B_F)} \rho \mathbb{k} \, dF = 0 \,, \quad \int_{(R_F)} \mathbb{r}_2 \times \sigma_R \, ds + \int_{(B_F)} \mathbb{r}_2 \times \rho \, \mathbb{k} \, dF = 0 \tag{6.80}$$

leicht erschließt. Der Dissens zwischen der Anzahl der Randbedingungen und der Ordnung der Feldgleichungen (6.79) ist nur scheinbar: Da die Fließbedingungen auch längs des Randes gelten, ist der planare Randbelastungsvektor σ_R - abgesehen von den globalen Gleichgewichtsforderungen (6.80) - nicht beliebig. Zwischen seinen Normal- und Schubspannungsanteilen $\mathbb{n} \cdot \sigma_R$ bzw. $\mathbb{e}_s \cdot \sigma_R$ besteht ein durch die Fließbedingung festgelegter skalarwertiger Zusammenhang.

---

119) vgl. [5b]

Bei der Anwendung der Gleichungen für Mohrsche Fließspannungszustände zur Beschreibung des sog.

6.9.2 Grenzgleichgewichtes in der Bodenmechanik,

wo Normalspannungen als Druckspannungen positiv definiert sind, muß in (6.78c, 79c) $U_{\mathbb{K}}$ durch $-U_{\mathbb{K}}$ ersetzt werden, weil mit den jetzt im Sinne von Abb. 6.28 positiven Spannungen die planaren Gleichgewichtsbedingungen in Abänderung von (6.73a,b) in der Form

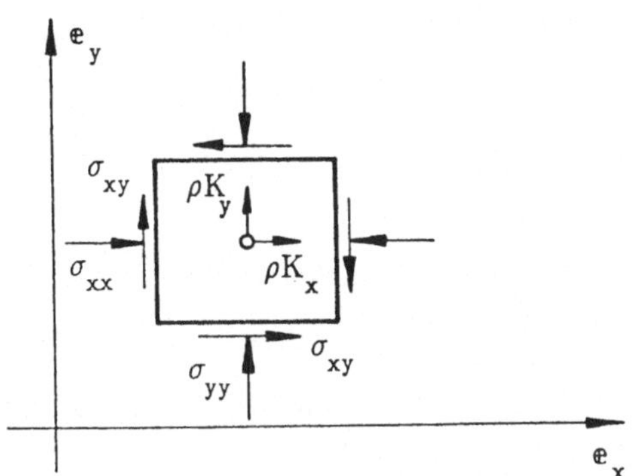

Abb. 6.28

$$-\nabla_{(2)}\cdot \mathbb{S}_{2F} + \rho\mathbb{k}_2 \equiv -(\nabla_{(2)}\cdot \mathbb{S}_{2F} - \rho\mathbb{k}_2) = 0 \text{ bzw. } \nabla_{(2)}\cdot \mathbb{S}_{2F} + \nabla\, U_{\mathbb{K}} = 0 \qquad (6.81a)$$

anfallen. Mit dem (6.81a) identisch befriedigenden Ansatz

$$\mathbb{S}_{2F} = -U_{\mathbb{K}}\,\mathbb{E}_{(2)} - \nabla_{(2)}\Phi \times \mathbb{e}_z \circ \mathbb{e}_z \times \nabla_{(2)} \qquad (6.81b)$$

entsteht nach Einsetzen in (6.77b) bzw. (6.77c) anstelle von (6.79c)

$$(\nabla_{(2)}\circ\nabla_{(2)}\Phi)\cdot\cdot(\nabla_{(2)}\circ\nabla_{(2)}\Phi) - \frac{1+\sin^2\rho}{2}(\Delta_{(2)}\Phi)^2 -$$
$$-2(\tau_K\cos\rho + U_{\mathbb{K}}\sin\rho)\,\Delta_{(2)}\Phi\sin\rho = 2(\tau_K\cos\rho + U_{\mathbb{K}}\sin\rho)^2 \qquad (6.81c)$$

bzw.

$$2\tau_K\cos\rho + (\Delta_{(2)}\Phi - 2U_{\mathbb{K}})\sin\rho = \pm\sqrt{2(\nabla_{(2)}\circ\nabla_{(2)}\Phi)\cdot\cdot(\nabla_{(2)}\circ\nabla_{(2)}\Phi) - (\Delta_{(2)}\Phi)^2}. \qquad (6.81d)$$

Einfachste Lösung eines Grenzgleichgewichtsproblems unter dem Einfluß des Bodengewichtes (spez. Gewicht γ), d. h. (vgl. Abb. 6.29)

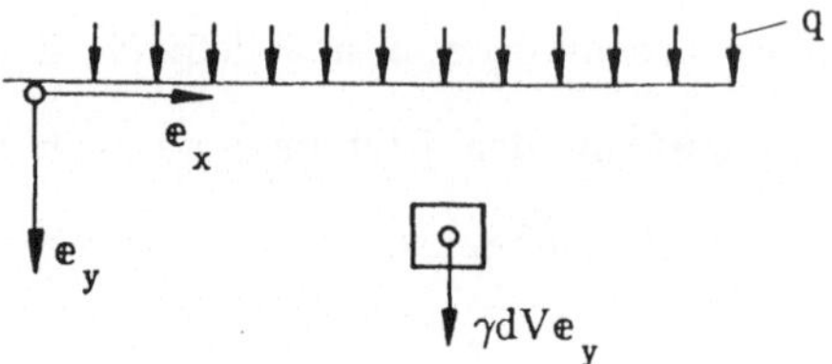

Abb. 6.29

$$\rho \mathbb{k}_2 = \gamma e_y \equiv - \nabla_2 U_{\mathbb{K}} \quad \text{bzw.} \quad U_{\mathbb{K}} = - \gamma y \tag{6.82a}$$

ist der sog.

6.9.2a Rankinesche Erdspannungszustand

mit der Airyschen Spannungsfunktion

$$\Phi^{(\mathbb{R})}(x, y) = \frac{q}{2} x^2 + \frac{B}{2} y^2 + \frac{C}{6} y^3 \quad , \quad q, B, C = \text{const} \quad , \tag{6.82b}$$

die nach (6.81b)

$$\underset{(2)}{\mathbb{S}}^{(\mathbb{R})} \hat{=} \begin{bmatrix} B+(C+\gamma)y & 0 \\ 0 & q+\gamma y \end{bmatrix} , \quad <e_x, e_y> , \tag{6.82c}$$

d. h. einen mit der Tiefe linear zunehmenden planaren Anteil eines nach den Koordinatenrichtungen orientierten Hauptspannungszustandes definiert. Mit

$$\underset{(2)}{\nabla} \circ \underset{(2)}{\nabla} \Phi^{(\mathbb{R})} \hat{=} \begin{bmatrix} q & 0 \\ 0 & B+Cy \end{bmatrix} , \quad <e_x, e_y> ,$$

$$(\underset{(2)}{\nabla} \circ \underset{(2)}{\nabla} \Phi^{(\mathbb{R})}) \cdot\cdot (\underset{(2)}{\nabla} \circ \underset{(2)}{\nabla} \Phi^{(\mathbb{R})}) = q^2 + (B+Cy)^2 \, , \; \underset{(2)}{\Delta} \Phi^{(\mathbb{R})} = q + B + Cy \, ,$$

$$(\underset{(2)}{\nabla} \circ \underset{(2)}{\nabla} \Phi^{(\mathbb{R})}) \cdot\cdot (\underset{(2)}{\nabla} \circ \underset{(2)}{\nabla} \Phi^{(\mathbb{R})}) - \frac{1}{2} (\Delta \Phi^{(\mathbb{R})})^2 = (q - (B+Cy))^2,$$

$$\underset{(2)}{\Delta} \Phi^{(\mathbb{R})} - 2U_{\mathbb{K}} = q + B + (C+2\gamma)y$$

bekommt man nach Einsetzen in (6.81d)

$$2\tau_{\mathbb{K}} \cos \rho + \big(q + B + (C + 2\gamma)y\big) \sin \rho = \pm (q - B - Cy)$$

bzw. nach Koeffizientenvergleich hinsichtlich y^0, y^1 die zur Reduktion der Konstanten erforderlichen Gleichungen

$$2\tau_{\mathbb{K}} \cos \rho + (q + B) \sin \rho \mp (q - B) = 0 \; , \; (C + 2\gamma) \sin \rho \pm C = 0 \quad , \tag{6.82d,e}$$

wonach (6.82) offenbar zwei verschiedene Erdspannungszustände beschreibt, und zwar — für die oberen Vorzeichen in (6.82d,e) — den sog. "aktiven Erddruckfall" mit

$$B_a = -2\tau_K\sqrt{\lambda_a} + q\lambda_a\,,\quad C_a = ^{120)} -\gamma(1-\lambda_a)\,,\quad \lambda_a = \mathrm{tg}^2\left[\frac{\pi}{4}-\frac{\varrho}{2}\right] \tag{6.83a-c}$$

und — für die unteren Vorzeichen — den sog. "passiven Erddruckfall" mit

$$B_p = 2\tau_K\sqrt{\lambda_p} + q\lambda_p\,,\quad C_p = -\gamma(1-\lambda_p),\quad \lambda_p = \mathrm{ctg}^2\left[\frac{\pi}{4}-\frac{\varrho}{2}\right] \equiv \mathrm{tg}^2\left[\frac{\pi}{4}+\frac{\varrho}{2}\right] = \frac{1}{\lambda_a} \tag{6.84a-c}$$

und den zugehörigen Spannungsfunktionen bzw. planaren Spannungszustandsanteilen

$$\Phi^{(\mathbb{R})} = \begin{cases} F_a^{(\mathbb{R})}(x,y) = \frac{q}{2}(x^2+\lambda_a y^2) - \tau_K\sqrt{\lambda_a}y^2 - \frac{\gamma}{6}(1-\lambda_a)y^3 & (6.83d)\\ F_p^{(\mathbb{R})}(x,y) = \frac{q}{2}(x^2+\lambda_p y^2) + \tau_K\sqrt{\lambda_p}y^2 - \frac{\gamma}{6}(1-\lambda_p)y^3\,, & (6.84d)\end{cases}$$

$$\$_{2F}^{(\mathbb{R})} = -U_{\mathbb{K}}\mathbb{E}_2 - \mathbb{V}_2\Phi^{(\mathbb{R})}\times e_z \circ e_z \times \mathbb{V}_2 \,\hat{=}\, \begin{bmatrix} \frac{\partial^2\Phi^{(\mathbb{R})}}{\partial y^2} - U_{\mathbb{K}} & -\frac{\partial^2\Phi^{(\mathbb{R})}}{\partial x\,\partial y} \\ -\frac{\partial^2\Phi^{(\mathbb{R})}}{\partial x\,\partial y} & \frac{\partial^2\Phi^{(\mathbb{R})}}{\partial x^2} - U_{\mathbb{K}} \end{bmatrix},\ \langle e_x, e_y\rangle,$$

$$= \begin{cases} \$_{2Fa}^{(\mathbb{R})} \,\hat{=}\, \begin{bmatrix} \sigma_{xxa}^{(\mathbb{R})H} & 0 \\ 0 & \sigma_{yya}^{(\mathbb{R})H} \end{bmatrix} \,\hat{=}\, \begin{bmatrix} -2\tau_K\sqrt{\lambda_a}+(q+\gamma y)\lambda_a & 0 \\ 0 & q+\gamma y \end{bmatrix} \\ \$_{2Fp}^{(\mathbb{R})} \,\hat{=}\, \begin{bmatrix} \sigma_{xxp}^{(\mathbb{R})H} & 0 \\ 0 & \sigma_{yyp}^{(\mathbb{R})H} \end{bmatrix} \,\hat{=}\, \begin{bmatrix} 2\tau_K\sqrt{\lambda_p}+(q+\gamma y)\lambda_p & 0 \\ 0 & q+\gamma y \end{bmatrix}. \end{cases} \tag{6.83e,84e}$$

In beiden Fällen sind im ganzen Fließbereich die Koordinatenrichtungen Hauptspannungsrichtungen, also die Hauptspannungstrajektorien koordinatenachsen–parallele Graden, womit im Sinne von § 6.6.4 auch die Gleitlinien in beiden Fällen Geraden sein müssen, und zwar im aktiven Erddruckfalle Geraden, die gegenüber der y–Achse um $\pm\left[\frac{\pi}{4}-\frac{\varrho}{2}\right]$ geneigt sind[121], im passiven Falle um $\pm\left[\frac{\pi}{4}-\frac{\varrho}{2}\right]$ gegenüber der x–Achse geneigte Geraden.

Im ersteren Falle entspricht die "aktive Gleitlinienschar" nach Abb. 6.30a der Grenzsituation des "beginnenden Herabgleitens", im zweiten Falle die "passive Gleitlinienschar" nach Abb. 6.30b der Grenzsituation des "beginnenden Heraufgeschobenwerdens" entsprechender Erdkeile vermöge reibungsfreier luftseitig bzw. erdseitig (infinitesimal) bewegter Platten, wozu von Letzteren (je Tiefeneinheit)

---

120) Man beachte $\frac{2\sin\varrho}{1\pm\sin\varrho} = \begin{cases} 1-\mathrm{tg}^2\left[\frac{\pi}{4}-\frac{\varrho}{2}\right] = 1-\lambda_a\,, \\ \mathrm{ctg}^2\left[\frac{\pi}{4}-\frac{\varrho}{2}\right] - 1 = -(1-\lambda_p)\,, \end{cases}$

$\frac{1-\sin\varrho}{1+\sin\varrho} = \lambda_a\,,\ \frac{1+\sin\varrho}{1-\sin\varrho} = \lambda_p\,,\ \frac{\cos\varrho}{1+\sin\varrho} = \mathrm{tg}\left[\frac{\pi}{4}-\frac{\varrho}{2}\right] = \sqrt{\lambda_a}\,,$

$\frac{\cos\varrho}{1+\sin\varrho} = \mathrm{ctg}\left[\frac{\pi}{4}-\frac{\varrho}{2}\right] = \sqrt{\lambda_p}$

121) Weil im aktiven Falle nach (6.83e) stets $\sigma_{yya}^{(\mathbb{R})H} > \sigma_{xxa}^{(\mathbb{R})H}$ ist

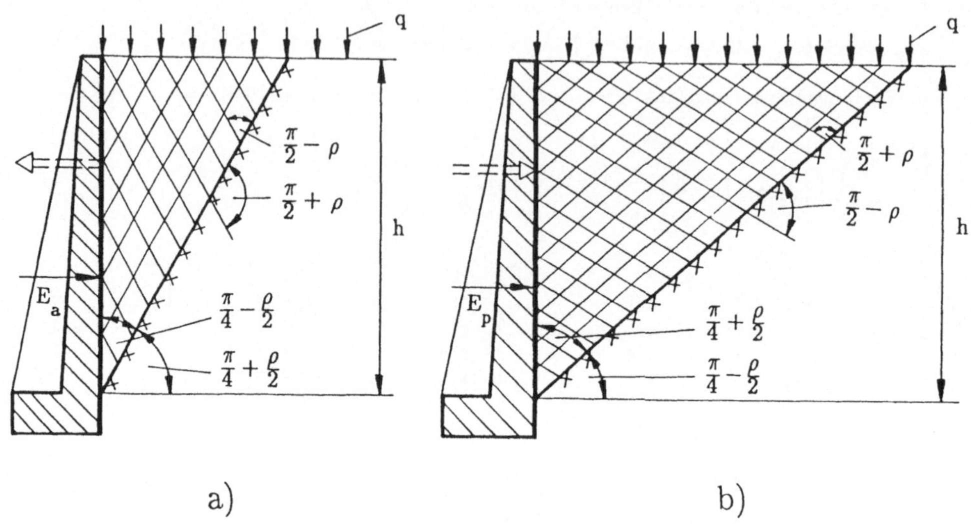

Abb. 6.30

im aktiven Falle die Kraft

$$E_a = \int_{y=0}^{h} \sigma_{11a}^{(R)H}(y)dy = (qh + \frac{\gamma h^2}{2})\,\lambda_a - 2\tau_K h\sqrt{\lambda_a}\,, \tag{6.83f}$$

im passiven Falle die (selbstverständlich wesentlich größere) Kraft

$$E_p = \int_{y=0}^{h} \sigma_{11p}^{(R)H}(y)dy = (qh + \frac{\gamma h^2}{2})\,\lambda_p + 2\tau_K h\sqrt{\lambda_p} \tag{6.84f}$$

auf den jeweiligen Erdkeil ausgeübt werden muß. Gl. (6.83f) dient zur überschlägigen Berechnung der von einer Schüttung auf eine Stützmauer ausgeübten Belastung, indem man von der Vorstellung ausgeht, daß Letztere unter der Belastung infinitesimal luftseitig ausweicht und damit das Schüttgut in die aktive Grenzsituation versetzt. Genauere Analysen müssen — neben der Wandreibung — berücksichtigen, daß das Stützmauer–Ausweichen — als Folge von deren Elastizität zuzüglich ihrer Drehungen um den Lagerfußpunkt — längs der Mauerhöhe nicht gleichmäßig ist, und demgemäß, wenn z. B. im Fußpunktbereich luftseitige Verschiebungen praktisch nicht vorkommen, nicht der gesamte Keil von Abb. 6.30a ins Grenzgleichgewicht kommt. Gl. (6.83f) mit $\tau_k = 0$ ist in der Regel als eine obere Abschätzung anzusehen für den real aufzunehmenden Erddruck als Folge der Interaktionen zwischen Stützmauer und (teils im Festzustand, teils im Fließzustand befindlichem) Schüttgut. Eine detaillierte Behandlung dieser Frage, die Kenntnis einer "Materialgleichung der Bodenmechanik" voraussetzt, ist m. W. bisher nicht geleistet worden.[122)]

Interessant ist die zur Herleitung von (6.83f) auf Coulomb zurückgehende Verfahrensweise, aus den Gleichgewichtsbedingungen für das Grenzgleichgewicht den aktiven Erddruck

122) Materialgleichungsfragen sind in den letzten Jahrzehnten von verschiedenen Forschern teils theoretisch, teils experimentell untersucht worden [s. h. etwa [28]].

$$E_a = E_a(\alpha) = (qh + \frac{\gamma h^2}{2})\,\frac{tg\alpha - tg\rho}{tg\alpha[1+tg\alpha tg\rho]} - \frac{\tau_K h(1+tg^2\alpha)}{tg\alpha[1+tg\alpha tg\rho]} \tag{6.85a}$$

in Abhängigkeit von einer zunächst als beliebig unter einem Winkel α geneigt angenommenen Gleitebene

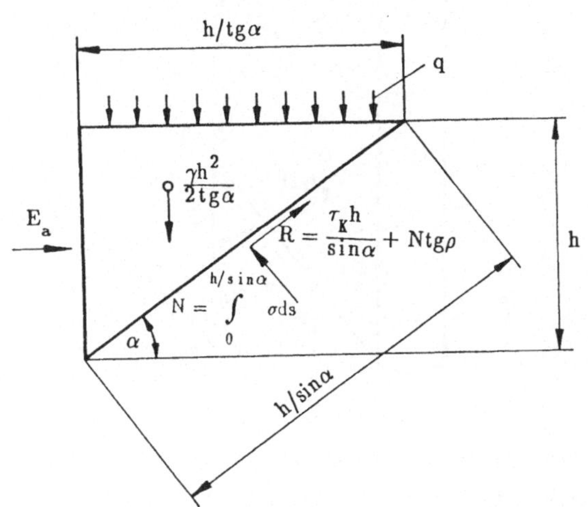

Abb. 6.31

zu berechnen (Abb. 6.31) und Letztere so festzulegen, daß (für positives α) E_a extremal (maximal) wird. Wie man leicht ausrechnet, ergibt sich aus

$$\left[\frac{dE_a}{d\alpha}\right]_{\alpha=\alpha^*} = 0$$

der zugehörige "Extremalwinkel" als

$$\alpha^* = \frac{\pi}{4} + \frac{\rho}{2}\ , \tag{6.85b}$$

also die Gleitlinienneigung für beginnendes Herabgleiten nach Abb. 6.30a, womit dann als zugehöriger Extremalwert

$$E_a^* = E_a(\alpha^*)$$

schließlich in der Tat der Wert nach (6.83f) erhalten wird. Der "Erfolg" solcherart Prozeduren ist nicht zufällig, sondern weist auf die Existenz eines entsprechenden Extremalprinzips hin (vgl. [5b]).
Für $E_a = 0$ und kohäsionsloses Schüttgut $(\tau_k = 0)$ folgt aus (6.85a)

$$tg\alpha_0 = tg\rho\ ,$$

wonach Schüttgut mit (zunächst) senkrechter freier Böschung nicht standfest sein kann in dem Bereich, der oberhalb der durch den Böschungs–Fußpunkt gelegten Gleitebene mit Neigungswinkel $\alpha_0 = \rho$ (gegen die Horizontale) liegt. Insofern bezeichnet man ρ auch als den "natürlichen Böschungswinkel". Er liegt für die üblichen Schüttgüter (Sande, Kiese etc.) in der Größenordnung von 30 ˙/. 40^0.
Die Unmöglichkeit standfester senkrechter Böschungen ist "kontinuumsmechanisch" sogleich einzusehen, indem man etwa für ein Kontinuumselement an einer senkrechten Böschungskante (Abb. 6.32) die Möglichkeit einer Grenzgleichgewichtssituation recherchiert:

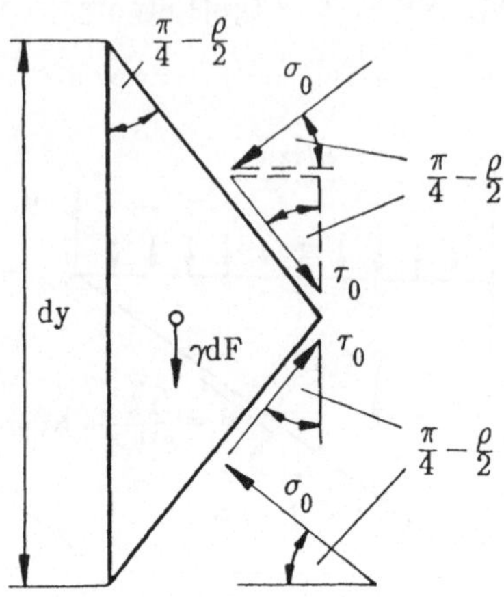

Abb. 6.32

Aufgrund luftseitiger Spannungsfreiheit müßte hier offenbar die Koordinatenrichtung $\mathbb{e}_x$ eine Spannungs–Hauptrichtung sein, und zwar sicherlich die Richtung der kleinsten Hauptspannung, womit die Gleitlinien an der luftseitigen Kante unter $\pm\left[\frac{\pi}{4}-\frac{\rho}{2}\right]$ gegenüber der Vertikalen geneigt sein müßten. Für ein nach den Gleitlinienrichtungen orientiertes Volumenelement an der Kante ist dann sogleich die Unmöglichkeit eines Gleichgewichtszustandes zumindest für fehlende Materialkohäsion erkennbar, weil z. B. horizontales Gleichgewicht

$$\sigma_0 \cos\left[\frac{\pi}{4}-\frac{\rho}{2}\right] - \tau_0 \sin\left[\frac{\pi}{4}-\frac{\rho}{2}\right] \overset{(6.67e)}{=} \sigma_0 \cos\left[\frac{\pi}{4}-\frac{\rho}{2}\right] - (\tau_K + \sigma_0 \operatorname{tg}\rho) \sin\left[\frac{\pi}{4}-\frac{\rho}{2}\right]$$

$$= \sigma_0 \frac{\cos\left[\frac{\pi}{4}+\frac{\rho}{2}\right]}{\cos\rho} - \tau_K \overset{\tau_K = 0}{\Longrightarrow} \sigma_0 \frac{\cos\left[\frac{\pi}{4}+\frac{\rho}{2}\right]}{\cos\rho} = 0 \tag{6.85c}$$

verlangte, was nur für $\sigma_0 = 0$ möglich wäre. Nun ist aber sicherlich i. allg. $\sigma_0 = 0$ ausgeschlossen, weil mit den Änderungen der in Abb. 6.32 freigelegten Spannungen (σ_0, τ_0) im Gleichgewichtsfalle das Schüttgewicht kompensiert werden müßte, so daß (6.85c), d. h. zumindest eine der statischen Grenzgleichgewichtsbedingungen nicht erfüllt werden kann. Das Problem ist demnach nur "kinetisch", d. h. als ein Solches allgemeiner beschleunigter Bewegungen formulierbar.

§ 7 Faserverstärkte Verbundwerkstoffe

7.1 Allgemeines

Faserverstärkte Verbundwerkstoffe sind wesentliche Bestandteile moderner Konstruktionstechnik sowohl im Bauingenieurwesen (in erster Linie im Stahlbetonbau aber auch bei Asbestzement-Fertigteilen und im Containerbau auf der Basis von GFK-Laminaten) als auch im Apparate- und Fahrzeugbau. In sämtlichen Fällen handelt es sich um die Einlagerung elastischer Fasern in "Matrixmaterial", etwa Bewehrungseisen in Beton (Stahlbeton), Asbestfasern in Beton zwecks Erhöhung der Zugfestigkeit (Asbestzement), Glasfasern in Kunstharze u. dgl. (GFK-Werkstoffe). Die Attraktivität von Verbundwerkstoffen gründet in der Möglichkeit, mit den in der Herstellungsphase fluiden Matrixmaterialien extrem belastungsangepaßte und damit optimale Konstruktionsformen zu erzeugen und dabei die Bewehrungsfasern den zu erwartenden Kraftflüssen weitestgehend anzupassen.

Das Ziel einer Berechnung solcherart Konstruktionen kann nicht in einer korrekten Analyse der realen Spannungs- bzw. Verzerrungszustände in den einzelnen Komponenten eines Verbundwerkstoffes liegen, weil dies, abgesehen von bestimmten speziellen Stahlbetonteilen (etwa balkenartige Gebilde[1], vgl. § 4.6) zufolge der Menge und Verteilung der Bewehrungselemente praktisch undurchführbar wäre. Es geht vielmehr darum, in Form geeigneter Mittelwertaussagen Feststellungen über das Verformungsverhalten eines Verbundwerkstoffes "als Ganzes" zu treffen und wenigstens in pauschaler Weise Aussagen über Beanspruchungs-Mittelwerte in den Komponenten eines Verbundwerkstoffes zu verfertigen, wobei man aus Gründen der "Rechenbarkeit" die erforderlichen Mittelwerte aus Feldgleichungen zu extrahieren sucht. Letzteres verlangt eine den realen "mikrostrukturellen" Gegebenheiten adäquate "Kontinuisierung" des Verbundproblems, die in den hier behandelten Fällen wesentlich bestimmt wird, dadurch daß

Va) zwischen den Bewehrungsfasern und dem Matrixmaterial Haftung verlangt wird,

Vb) längs der Mantelflächen der Bewehrungsfasern wegen des Reaktionsprinzips die entsprechenden realen Kontaktflächenspannungen stetig vom Faser- in das Matrixmaterial übertragen werden müssen.

Bewehrungen werden in Matrixmaterial (m) lagenweise eingebracht, d. h. in Form vieler nahezu jeweils paralleler Einzelfasern, wobei sich verschiedene Lagen (α), mehr oder weniger dicht übereinanderliegend, unter verschiedenen Winkeln überdecken können.

[1] wo man es allerdings ebenfalls mit Näherungen zu tun hat, die in den Stab—Deformationsannahmen (Bernoullische Hypothese u.ä.) zum Ausdruck kommen.

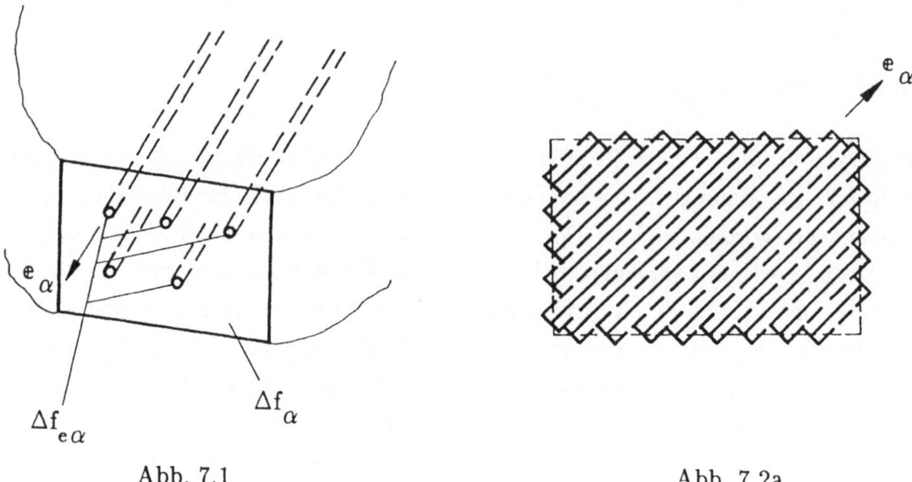

Abb. 7.1 Abb. 7.2a

Zu den für eine Kontinuisierung erforderlichen Parametern gehören die sog. "Bewehrungsprozentsätze" β_α der einzelnen Lagen (α). Sie werden jeweils einem (materiellen) Punkt $(\mathbb{r})$ eines Ersatzkontinuums zugeordnet mit der Vorstellung, den realen Verbundwerkstoff durch ein Ersatzkontinuum, bestehend aus Matrixmaterial mit stetig verteilten infinitesimal dünnen Fasern, modellieren zu können. Wird ein Kontinuums-Flächenelement Δf_α senkrecht zur Bewehrungsrichtung $(\mathbb{e}_\alpha)$ einer Faserlage in Betracht genommen (Abb. 7.1) und in Δf_α der Bewehrungsquerschnitt $\Delta f_{e\alpha}$ freigelegt, so ist

$$\beta_\alpha = \frac{\Delta f_{e\alpha}}{\Delta f_\alpha} \tag{7.1a}$$

der Bewehrungsprozentsatz einer Lage α, und es gilt dann desweiteren für das in einem Kontinuums-Volumenelement ΔV befindliche Faservolumen einer Lage α

$$\Delta V_{e\alpha} \overset{2)}{=} \beta_\alpha \, \Delta V \tag{7.1b}$$

und damit

$$\Delta V = \Delta V_m + \sum_{\alpha=1}^{p} \Delta V_{e\alpha} = \Delta V_m + \left[\sum_{\alpha=1}^{p} \beta_\alpha \right] \Delta V \equiv \Delta V_m + \beta \, \Delta V \tag{7.1c}$$

mit dem sog. Volumen-Bewehrungsprozentsatz

---

2) Daß diese Beziehung nicht nur für ein nach der Achsenrichtung $\mathbb{e}_\alpha$ orientiertes Volumenelement (etwa einen Quader mit Deckflächen Δf_α nach Abb. 7.1, sondern generell für beliebig herausgeschnitten gedachte Volumenelemente gilt, ist leicht nachzuweisen durch Aufteilung eines Raumelementes ΔV in nach der Strangrichtung $\mathbb{e}_\alpha$ orientierte Subelemente, die im Sinne von Abb. 7.2 a das Volumen ΔV volumengleich ausfüllen.

$$\beta = \sum_{\alpha=1}^{p} \beta_\alpha \tag{7.1d}$$

bei gleichzeitigem Vorhandensein p verschiedener Lagen, also

$$\Delta V_m = (1 - \beta)\Delta V \tag{7.1e}$$

für das in ΔV befindliche Matrixmaterial.
An einem tetraedrischen Kontinuumselement mit einer Kantenrichtung parallel zur Bewehrungsrichtung $(\mathbb{e}_\alpha)$ eines Faserstranges (α) und zwei weiteren dazu senkrechten Kanten (Abb. 7.2b) ist die Anzahl der durch Δf_α hindurchtretenden Fasern identisch mit der Anzahl der durch die Tetraeder–Deckfläche Δf_n geschnittenen Fasern. Bezeichnen $a_\alpha^{(\alpha)}$ bzw. $a_n^{(\alpha)}$ die auf die jeweilige Flächeneinheit $(\Delta f_\alpha = 1$ bzw. $\Delta f_n = 1)$ bezogene Anzahl geschnittener Fasern, so gilt dementsprechend

$$a_\alpha^{(\alpha)}\, \Delta f_\alpha = a_n^{(\alpha)}\, \Delta f_n \tag{7.1f}$$

und mit $\Delta f_\alpha = \Delta f_n\, (\mathbb{n} \cdot \mathbb{e}_\alpha)$ desweiteren

$$a_n^{(\alpha)} = a_\alpha^{(\alpha)}\, \mathbb{n} \cdot \mathbb{e}_\alpha = \mathbb{n} \cdot \mathbb{a}^{(\alpha)}, \quad \mathbb{a}^{(\alpha)} = a_\alpha^{(\alpha)}\, \mathbb{e}_\alpha\,, \tag{7.1g,h}$$

wonach die auf die Flächeneinheit bezogene Faserdichte (selbstverständlich!) für $\mathbb{n} = \mathbb{e}_\alpha$ am größten ist. Der Bewehrungsprozentsatz ist demgegenüber von der Wahl der Schnittfläche $(\mathbb{n})$ unabhängig, weil zwar für $\mathbb{n} \neq \mathbb{e}_\alpha$ die Faserdichte kleiner ist als für $\mathbb{n} = \mathbb{e}_\alpha$ dafür aber durch Δf_n die Fasern nicht senkrecht durchtrennt, also größere Faserschnittflächen als im Falle $\mathbb{n} = \mathbb{e}_\alpha$ freigelegt werden. Bezeichnen $f_\alpha^{(\alpha)}$ bzw. $f_n^{(\alpha)}$ die durch Kontinuums–Flächenelemente Δf_α bzw. Δf_n freigelegten

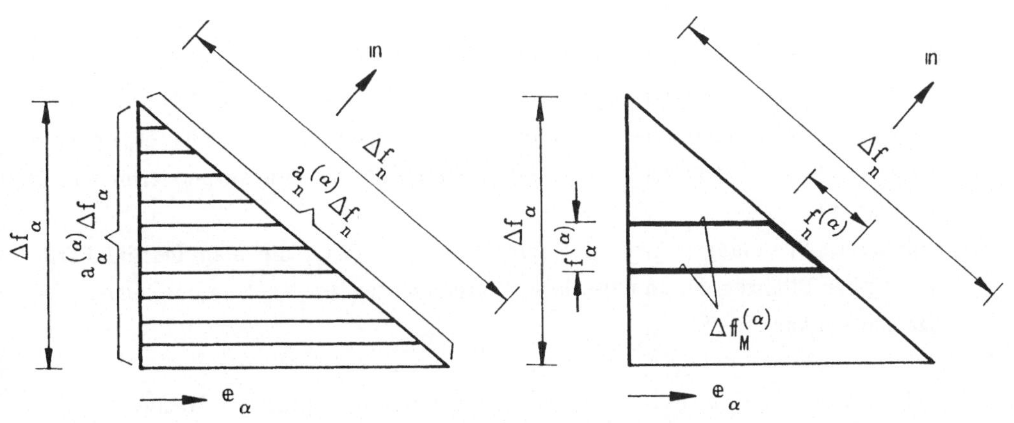

Abb. 7.2b Abb. 7.2c

Flächen einer Einzelfaser und $\Delta\, \mathbb{f}_M^{(\alpha)}$ deren Mantelfläche (Abb. 7.2c) so gilt

$$- f_\alpha^{(\alpha)}\, \mathbb{e}_\alpha + f_n^{(\alpha)}\, \mathbb{n} + \Delta\, \mathbb{f}_M^{(\alpha)} = \mathbb{0}$$

und nach Skalarmultiplikation mit $\mathbb{e}_\alpha$ unter Beachtung von $\mathbb{e}_\alpha \cdot \Delta \mathbb{f}_M^{(\alpha)} = 0$ analog (7.1f)

$$f_n^{(\alpha)} = f_\alpha^{(\alpha)}/(\mathbb{n} \cdot \mathbb{e}_\alpha) \overset{(7.1g)}{=} f_\alpha^{(\alpha)} a_\alpha^{(\alpha)}/a_n^{(\alpha)} \tag{7.1i}$$

und damit schließlich für die auf die Kontinuumsflächeneinheit bezogenen Bewehrungsprozentsätze

$$\frac{\Delta f_{e\alpha}}{\Delta f_\alpha} \equiv a_\alpha^{(\alpha)} f_\alpha^{(\alpha)} \equiv \beta_\alpha$$

und gleichermaßen das (bis auf $\mathbb{n} \cdot \mathbb{e}_\alpha = 0$[3]) geltende) Resultat

$$\beta_{\alpha,n} \equiv \frac{\Delta f_{e\alpha,n}}{\Delta f_n} \equiv a_n^{(\alpha)} f_n^{(\alpha)} \overset{(7.1g,i)}{=} a_\alpha^{(\alpha)}(\mathbb{n} \cdot \mathbb{e}_\alpha) \frac{f_\alpha^{(\alpha)}}{(\mathbb{n} \cdot \mathbb{e}_\alpha)} = a_\alpha^{(\alpha)} f_\alpha^{(\alpha)} \equiv \beta_\alpha \,. \tag{7.1k}$$

Eine Kontinuisierungsaufgabe, die im Folgenden konkret nur für die beiden Spezialfälle eines Kelvin(K-)- bzw. eines Maxwell(M-)-Matrix-Materials untersucht werden soll[4], kann als gelöst angesehen werden, wenn man Kontinuumsstoffgleichungen

$$\underset{\tau=t_0}{\overset{t}{\Phi}} \langle \mathbb{S}(\mathbb{r},\tau)\, \mathbb{D}(\mathbb{r},\tau),\, T(\mathbb{r},\tau) \rangle = 0 \tag{7.2a}$$

sowie

K) $$\mathscr{S} = \mathscr{S}(\mathbb{r},t) = \underset{\tau=t_0}{\overset{t}{S}} \langle \mathbb{D}(\mathbb{r},\tau),\, T(\mathbb{r},\tau) \rangle \tag{7.2b}$$

bzw.

M) $$\mathscr{S} = \mathscr{S}(\mathbb{r},t) = \underset{\tau=t_0}{\overset{t}{S}} \langle \mathbb{S}(\mathbb{r},\tau),\, T(\mathbb{r},\tau) \rangle \tag{7.2c}$$

erreicht hat mit

(einem Kontinuumspunkt $\mathbb{r}$ zugeordneten mittleren) "Verzerrungen" $\mathbb{D}(\mathbb{r},t)$, die, als (mittlere) Verschiebungsableitungen des kontinuisierten Modells gedeutet, im Mittel befriedigend genau den Realverschiebungszustand des Verbundkörpers ermitteln lassen und mit

(mittleren) Spannungen bzw. Entropien $\mathbb{S}(\mathbb{r},t)$, $\mathscr{S}(\mathbb{r},t)$, die man für die Formulierung der Bilanzen der Impulse bzw. Wärmemengen am Kontinuumselement nutzbar machen kann[5].

Die Mittelwerte $\mathbb{S}$, $\mathbb{D}$, $\mathscr{S}$, ρ werden hier mittels der mikrostrukturellen Realwerte $\tilde{\mathbb{S}}$, $\tilde{\mathbb{D}}$, $\tilde{\mathscr{S}}$, $\tilde{\rho}$ in konventioneller Weise als

---

3) für $\mathbb{n} = \mathbb{n}_{\perp\alpha}$ mit $\mathbb{n}_{\perp\alpha} \cdot \mathbb{e}_\alpha = 0$ ist $\beta_{\alpha,n_{\perp\alpha}} = 0$ festzulegen .

4) eine allgemeinere Analyse ist in [36] dargestellt

5) Am Verbundelement wird von vornherein die Temperatur als bis auf von höherer Ordnung kleine Größen gleichmäßig verteilt angesehen.

$$\left\{\mathbb{S};\ \mathbb{D};\ \rho\mathcal{S};\ \rho\right\} = \left\{\frac{1}{\Delta V}\int_{\Delta V}\tilde{\mathbb{S}}\,dV;\ \frac{1}{\Delta V}\int_{(\Delta V)}\tilde{\mathbb{D}}\,dV;\ \frac{1}{\Delta V}\int_{\Delta V}\tilde{\rho}\tilde{\mathcal{S}}\,dV;\ \frac{1}{\Delta V}\int_{\Delta V}\tilde{\rho}\,dV\right\} \tag{7.3}$$

ausgedrückt, die man selbst wieder aus den auf den Matrix- bzw. Faseranteilen gebildeten Mittelwerten

$$\left\{\mathbb{S}_m;\ \mathbb{D}_m;\ \mathcal{S}_m\right\} = \left\{\frac{1}{\Delta V_m}\int_{\Delta V_m}\tilde{\mathbb{S}}\,dV;\ \frac{1}{\Delta V_m}\int_{\Delta V_m}\tilde{\mathbb{D}}\,dV;\ \frac{1}{\Delta V_m}\int_{\Delta V_m}\tilde{\mathcal{S}}\,dV\right\}$$

$$\left\{\mathbb{S}_{e\alpha};\ \mathbb{D}_{e\alpha};\ \mathcal{S}_{e\alpha}\right\} = \left\{\frac{1}{\Delta V_{e\alpha}}\int_{\Delta V_{e\alpha}}\tilde{\mathbb{S}}\,dV;\ \frac{1}{\Delta V_{e\alpha}}\int_{\Delta V_{e\alpha}}\tilde{\mathbb{D}}\,dV;\ \frac{1}{\Delta V_{e\alpha}}\int_{\Delta V_{e\alpha}}\tilde{\mathcal{S}}\,dV\right\} \tag{7.4a,b}$$

in der Form - man benutzte (7.1) -

$$\mathbb{S} = (1-\beta)\,\mathbb{S}_m + \sum_{\alpha=1}^{p}\beta_\alpha\,\mathbb{S}_{e\alpha},\quad \mathbb{D} = (1-\beta)\,\mathbb{D}_m + \sum_{\alpha=1}^{p}\beta_\alpha\,\mathbb{D}_{e\alpha},$$

$$\rho\mathcal{S} = \rho_m(1-\beta)\,\mathcal{S}_m + \rho_e\sum_{\alpha=1}^{p}\beta_\alpha\,\mathcal{S}_{e\alpha},$$

$$\rho \overset{6)}{=} \rho_m(1-\beta) + \rho_e\sum_{\alpha=1}^{p}\beta_\alpha = \rho_m(1-\beta) + \rho_e\beta \tag{7.5a-d}$$

aufbauen kann. Dabei ist der Spannungs-Mittelwert $\mathbb{S}$ zu deuten als derjenige Operator, der per

$$\Delta\mathbb{k}_n = \mathbb{s}_n\Delta f_n = \mathbb{n}\cdot\mathbb{S}\,\Delta f_n = \Delta\mathbb{f}_n\cdot\mathbb{S} \tag{7.6}$$

die längs eines Kontinuums-Flächenelementes $\Delta\mathbb{f}_n$ übertragene (Kontakt-)Kraft $d\mathbb{k}_n$ definiert, sofern man die längs $\Delta\mathbb{f}_n$ übertragenen Realspannungen $\tilde{\mathbb{s}}_n$ näherungsweise identifiziert mit den jeweiligen durch $\Delta\mathbb{f}_n$ freigelegten mittleren Matrix- bzw. Faserspannungen $\mathbb{S}_m$, $\mathbb{S}_{e\alpha}$, $\alpha = 1...p$, und der Verzerrungs-Mittelwert als der symmetrisierte Anteil der auf die Volumeneinheit bezogenen Oberflächen-Verschiebungsdifferenzen am Verbundelement im Sinne von

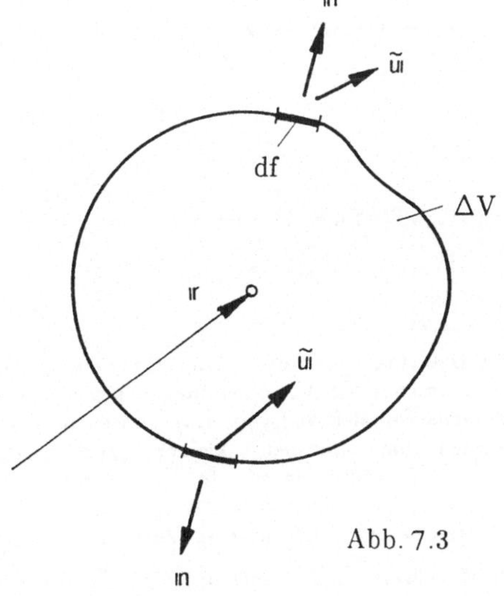

Abb. 7.3

6) etwa bei, für alle Lagen $\alpha = 1...p$ gleichem Fasermaterial.

$$\mathbb{D} \overset{7)}{=} \frac{1}{2}(\mathbb{F} + \mathbb{F}^T) - \mathbb{E} = \text{sym}\,(\mathbb{F}) - \mathbb{E} = \text{sym}\left[\frac{1}{\Delta V}\int\limits_{\Delta f(\Delta V)} \mathbf{n} \circ \tilde{\mathbf{u}} df\right] \equiv$$

$$\equiv \text{sym}\left[\frac{1}{\Delta V}\int\limits_{(\Delta V)} \nabla \circ \tilde{\mathbf{u}} dV\right] \equiv \text{sym}\left[\frac{1}{\Delta V}\int\limits_{(\Delta V)} \tilde{\mathbb{F}} dV\right] - \mathbb{E}\,, \; \tilde{\mathbb{F}} = \mathbb{E} + \nabla \circ \tilde{\mathbf{u}}. \tag{7.7}$$

Benutzt man letztere Größen in Energiegleichungen in der Form

$$\dot{\mathscr{A}}_S \rho \Delta V \equiv \mathbb{S} \cdot\cdot\, \dot{\mathbb{D}} \Delta V \tag{7.8a}$$

für die Darstellung der Spannungsleistung, so stellt eine solche Vorgehensweise wegen

$$\int\limits_{(\Delta V)} \tilde{\mathbb{S}} \cdot\cdot\, \dot{\tilde{\mathbb{D}}} dV = \int\limits_{(\Delta V)} (\mathbb{S} + \hat{\mathbb{S}}) \cdot\cdot (\dot{\mathbb{D}} + \dot{\hat{\mathbb{D}}}) dV \overset{8)}{=} \mathbb{S} \cdot\cdot\, \dot{\mathbb{D}} \Delta V + \int\limits_{(\Delta V)} \hat{\mathbb{S}} \cdot\cdot\, \dot{\hat{\mathbb{D}}} dV \tag{7.8b}$$

eine bis auf bilineare Streuglieder $(\hat{\mathbb{S}}, \dot{\hat{\mathbb{D}}})$ brauchbare Approximation dar.

Daß der Spannungs–Mittelwert $\mathbb{S}$ nach (7.5a) die in (7.6) beschriebene Abbildungsaufgabe löst, zeigt man durch konkretes Ausrechnen. Man hat zunächst

$$\Delta \mathbf{f}_n \cdot \mathbb{S} = (1-\beta)\, \Delta \mathbf{f}_n \cdot \mathbb{S}_m + \sum_{\alpha=1}^{p} \beta_\alpha\, \Delta \mathbf{f}_n \cdot \mathbb{S}_{e\alpha}$$

und unter Benutzung der durch ein Kontinuums–Flächenelement $\Delta \mathbf{f}_n$ freigelegten Matrix– bzw. Faser–Schnittflächen (vgl. 7.1k)

$$\Delta \mathbf{f}_{m,n} = \Delta \mathbf{f}_n (1-\beta)\,, \quad \Delta \mathbf{f}_{e\alpha,n} = \Delta \mathbf{f}_n\, \beta_\alpha \tag{7.9a,b}$$

schließlich

$$\Delta \mathbf{f}_n \cdot \mathbb{S} = \Delta \mathbf{f}_{m,n} \cdot \mathbb{S}_m + \sum_{\alpha=1}^{p} \Delta \mathbf{f}_{e\alpha,n} \cdot \mathbb{S}_{e\alpha}\,,$$

was in der Tat mit der korrekt in Realspannungen $\tilde{\mathbb{S}}_m$, $\tilde{\mathbb{S}}_{e\alpha}$, $\alpha=1\ldots p$, auszudrückenden Kontaktkraft

$$\Delta \mathbf{k}_n = \int\limits_{\Delta \mathbf{f}_{m,n}} d\mathbf{f} \cdot \tilde{\mathbb{S}}_m + \sum_{\alpha=1}^{p} \int\limits_{\Delta \mathbf{f}_{e\alpha,n}} d\mathbf{f} \cdot \tilde{\mathbb{S}}_{e\alpha} \tag{7.9c}$$

(vgl. Abb. 7.4) identisch ist, sofern man die Realspannungen durch die Teil–Mittelwerte ersetzt.

---

7) Daß man hiermit in der Tat ein Maß für Oberflächen–Verschiebungsdifferenzen definiert, ist einleuchtend: die Verschiebungen "gegenüberliegender Flächenelemente" mit entgegengesetzt gerichteten Einheitsnormalen $\mathbf{n}$ (Abb. 7.3) werden mit verschiedenen Vorzeichen summiert. Mit der Symmetrierung werden im Rahmen kleiner Verformungen, worauf im Folgenden beschränkt wird, die Verschiebungsdifferenzen infolge einer mittleren Drehung der Gesamtanordnung ausgeschaltet.

8) Man beachte, daß bei einer Zerlegung der Realgrößen $\tilde{\mathbb{S}}$, $\tilde{\mathbb{D}}$ gemäß $\tilde{\mathbb{S}} = \mathbb{S} + \hat{\mathbb{S}}$, $\tilde{\mathbb{D}} = \mathbb{D} + \hat{\mathbb{D}}$ in Mittelwerte und – hier durch $(\hat{\mathbb{S}}, \hat{\mathbb{D}})$ bezeichnete – Streugrößen für Letztere – wegen der Definition der Mittelwerte –

$\int\limits_{(\Delta V)} \hat{\mathbb{S}} dV = 0\,, \quad \int\limits_{(\Delta V)} \hat{\mathbb{D}} dV = 0$ gelten.

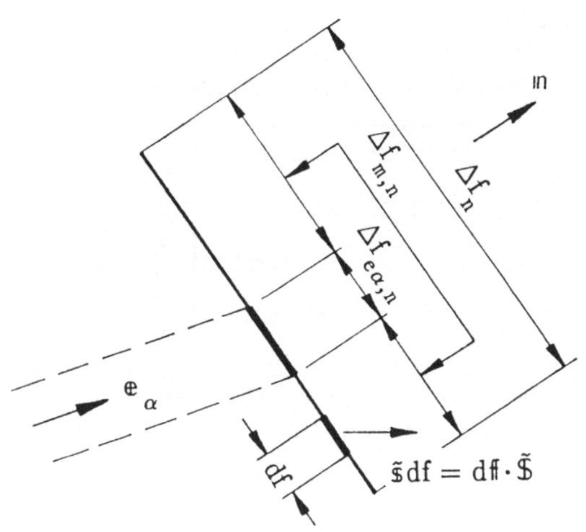

Abb. 7.4

Im übrigen wird mittels der Identität

$$\oint_{\Delta f(\Delta V)} \tilde{s}_n \circ r \, df \cdot\cdot \overset{\langle 4 \rangle}{M} = \oint_{\Delta f(\Delta V)} n \cdot \tilde{S} \circ r \, df \cdot\cdot \overset{\langle 4 \rangle}{M} = \int_{(\Delta V)} \nabla \cdot (\tilde{S} \circ r) \, dV \cdot\cdot \overset{\langle 4 \rangle}{M}$$

$$= \int_{(\Delta V)} \left[(\nabla \cdot \tilde{S}) \circ r + \tilde{S} \right] dV \cdot\cdot \overset{\langle 4 \rangle}{M} = \int_{(\Delta V)} \tilde{S} dV = \left[(1-\beta) S_m + \Sigma \beta_\alpha S_{e\alpha} \right] \Delta V \tag{7.9}$$

der mittlere Spannungstensor unter dem Gesichtspunkt vernachlässigbarer Massenkraft– bzw. Beschleunigungswirkung – wofür $\nabla \cdot \tilde{S} = 0$ ist! – als ein Operator erklärbar, der (wenigstens) die ersten (symmetrischen dyadischen) Momente der realen Oberflächenspannungen richtig darstellt.

Einfachste kontinuisierte Materialgleichungsstrukturen zwischen den Mittelwerten der Spannungen und Verzerrungen (im Folgenden beschränkt auf lineare Beziehungen), sind vollständig konstruierbar mit den Materialgleichungen für die Teilkomponenten unter der Voraussetzung, daß die Bedingungen Va,b näherungsweise auch für die Teil-Mittelwerte notiert, also sowohl "gemittelte Reaktionsprinzipe", im Sinne von Vb

$$S_m \cdot\cdot (\overset{\langle 4 \rangle}{M} - e_\alpha \circ e_\alpha \circ e_\alpha \circ e_\alpha) = S_{e\alpha} \cdot\cdot (\overset{\langle 4 \rangle}{M} - e_\alpha \circ e_\alpha \circ e_\alpha \circ e_\alpha) , \tag{7.10}$$

d. h.

$$\mathbb{S}_{e\alpha} \overset{9)}{=} \mathbb{S}_{m} + (\sigma_{e\alpha\alpha} - \sigma_{m\alpha\alpha})\, \mathbb{e}_{\alpha} \circ \mathbb{e}_{\alpha} , \quad \alpha = 1...p \; , \tag{7.10a}$$

als auch "gemittelte Kompatibilitätsbedingungen", im Sinne von Va

$$\epsilon_{m\alpha\alpha} = \mathbb{e}_{\alpha} \circ \mathbb{e}_{\alpha} \cdot\cdot\, \mathbb{D}_{m} \overset{10)}{=} \epsilon_{e\alpha\alpha} = \mathbb{e}_{\alpha} \circ \mathbb{e}_{\alpha} \cdot\cdot\, \mathbb{D}_{e\alpha} , \quad \alpha = 1...p \; , \tag{7.11}$$

benutzt werden dürfen, wie man anhand der zur Verfügung stehenden Gleichungen leicht

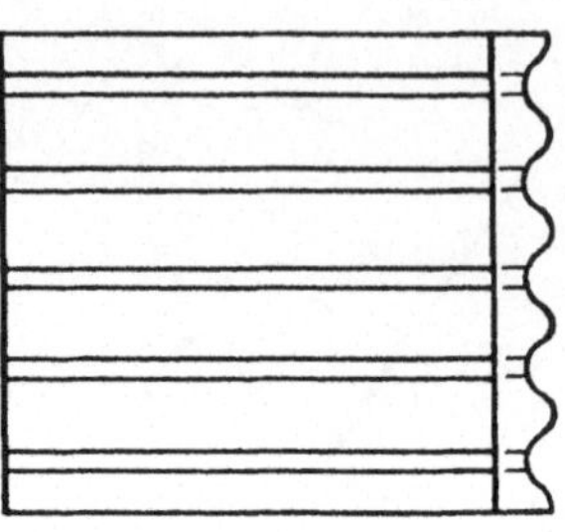

Abb. 7.5

auszählt:

Aus den (linear vorausgesetzten) Materialgleichungen

$$\tilde{\mathbb{D}}_{m} = \underset{\tau = t_0}{\overset{t}{\mathbb{F}_{m}}} \langle\, \tilde{\mathbb{S}}_{m}(\tau), T(\tau) \,\rangle, \quad \tilde{\mathbb{D}}_{e\alpha} = \underset{\tau = t_0}{\overset{t}{\mathbb{F}_{e\alpha}}} \langle\, \tilde{\mathbb{S}}_{e\alpha}(\tau), T(\tau) \,\rangle, \quad \alpha = 1..p \; , \tag{7.12a,b}$$

für die Material-Teilkomponenten[11] erhält man, formal gleich, nur mit den entsprechenden Mittelwertgrößen als Argumente, die "Mittelwert-Materialgleichungen"[12]

$$\mathbb{D}_{m} = \underset{\tau = t_0}{\overset{t}{\mathbb{F}_{m}}} \langle\, \mathbb{S}_{m}(\tau), T(\tau) \,\rangle, \quad \mathbb{D}_{e\alpha} = \underset{\tau = t_0}{\overset{t}{\mathbb{F}_{e\alpha}}} \langle\, \mathbb{S}_{e\alpha}(\tau), T(\tau) \,\rangle, \quad \alpha = 1...p, \tag{7.12c,d}$$

---

9) womit übrigens (7.5a) auf

$$\mathbb{S} = \mathbb{S}_{m} + \sum_{\alpha=1}^{p} \beta_{\alpha} (\sigma_{e\alpha\alpha} - \sigma_{m\alpha\alpha})\, \mathbb{e}_{\alpha} \circ \mathbb{e}_{\alpha} \tag{7.10b}$$

reduziert werden kann. Die Aussage (7.10), wonach Unstetigkeiten allein hinsichtlich der in die jeweilige Bewehrungsachsenrichtung $(\mathbb{e}_{\alpha})$ weisenden Normalspannungen in Betracht genommen werden, ist Konsequenz von Vb unter dem Gesichtspunkt, daß Vb längs jeweils der vollständigen Mantelflächen der Bewehrungsfasern gefordert werden muß.

10) Diese, an sich für die jeweiligen Realwerte $\tilde{\epsilon}_{m\alpha\alpha}$, $\tilde{\epsilon}_{e\alpha\alpha}$ gültigen Kompatibilitätsbedingungen sind sicherlich eine brauchbare Approximation unter dem Gesichtspunkt, daß der wellige Real—Dehnungsverlauf eines Verbundelementes (Abb 7.5) mit zunehmender Faserdichte immer ausgeglichener wird, sich also einem "Ebenbleiben der Querschnitte" annähert, womit dann in der Tat nur noch vernachlässigbar kleine Unterschiede zwischen den mittleren Faser— bzw. Matrixdehnungen zu erwarten sind.

11) in denen neben der Temperatur selbstverständlich ggf. noch Repräsentanten von Schwindverformungen aufzuzählen wären

12) Man beachte, daß (7.12c,d) aus (7.12a,b) korrekt nur für lineare Materialgleichungen gefolgert werden kann.

indem man die Gln. (7.12a,b) über die entsprechenden Teilvolumina ΔV_m, $\Delta V_{e\alpha}$ $(\alpha = 1..p)$ integriert, findet so aus (7.11) - je Lage α - eine skalarwertige Beziehung zwischen den mittleren Teilspannungen $\$_m$ und $\$_{e\alpha}$ $(\alpha = 1..\,p)$, die, zusammen mit den für jede Lage α geltenden (jeweils 5 skalaren Beziehungen äquivalenten) Gln. (7.10a) schließlich, z. B. in der Form

$$\$_{e\alpha} = \underset{\tau=t_0}{\overset{t}{\$}}{}^{*}_{e\alpha}\langle\, \$_m(\tau), T(\tau)\,\rangle \quad , \quad \alpha = 1...p \quad , \tag{7.13a}$$

die Bewehrungsstrang-Spannungszustände in Abhängigkeit von den Matrixspannungen auszudrücken erlauben. Mittels (7.12d) sind damit, etwa durch

$$\mathbb{D}_{e\alpha} = \underset{\tau=t_0}{\overset{t}{\mathbb{D}}}{}^{*}_{e\alpha}\langle\, \$_m(\tau), T(\tau)\,\rangle \tag{7.13b}$$

angedeutet, die (mittleren) Faser-Verzerrungszustände durch die Matrixspannungen auszudrücken und demgemäß mittels (7.5a,b, 12c, 13b) vorerst Zusammenhänge von der Form

$$\mathbb{D} = (1-\beta)\,\mathbb{D}_m + \sum_{\alpha=1}^{p} \beta_\alpha\, \mathbb{D}_{e\alpha} \equiv \underset{\tau=t_0}{\overset{t}{\mathbb{D}}}{}^{*}\langle\, \$_m(\tau), T(\tau)\,\rangle$$

$$\$ = (1-\beta)\,\$_m + \sum_{\alpha=1}^{p} \beta_\alpha\, \$_{e\alpha} \equiv \underset{\tau=t_0}{\overset{t}{\$}}{}^{*}\langle\, \$_m(\tau), T(\tau)\,\rangle \tag{7.14a,b}$$

zu erzeugen, aus denen dann schließlich nach Elimination von $\$_m(\tau)$ eine Beziehung zwischen den Größen $\$, \mathbb{D}$ und der Temperatur (und ggfs. Repräsentanten von Schwindmaßen) extrahiert werden kann, die als die gesuchte Kontinuumsstoffgleichung angesehen wird.

Eliminierte man z. B. $\$_m$ aus (7.14b), erzeugte also

$$\$_m = \underset{\tau=t_0}{\overset{t}{\$}}{}_m \langle\, \$(\tau), T(\tau)\,\rangle \;, \tag{7.14c}$$

so bekäme man nach Einsetzen in (7.14a) die in den Kontinuumsverzerrungen explizite Version der Kontinuums-Stoffgleichung. Auch sämtliche weiteren, z. B. für eine Dimensionierung interessanten Teilaspekte sind in mittlerer Weise aufzuklären. So beschreiben (7.14c) sowie die mit (7.14c) aus (7.13a) erhältliche Beziehung

$$\$_{e\alpha} = \underset{\tau=t_0}{\overset{t}{\$}}{}^{*}_{e\alpha}\langle\, \underset{\tau'=t_0}{\overset{t'}{\$}}{}_m \langle \$(\tau'), T(\tau')\rangle\,\rangle \equiv \underset{\tau=t_0}{\overset{t}{\$}}{}_{e\alpha}\langle \$(\tau), T(\tau)\rangle \;, \tag{7.14d}$$

wie sich die durch $\mathfrak{B}(\tau) \mathrel{\hat{=}} (\, \$(\tau), T(\tau)\,)$ gekennzeichnete "Gesamtbeanspruchungsgröße $\mathfrak{B}$" des Verbundelementes in Form von Beanspruchungs-Mittelwerten auf die

Material-Teilkomponenten aufschlüsselt usw.

Die folgenden Formalien werden einheitlich entwickelt für elastisch-isotrope Fasern und Matrixmaterial, dessen Kontinuums-Stoffgleichung als ein in den (Matrix-)Verzerrungen explizites Funktional der (Matrix-)Beanspruchungsgeschichte dargestellt werden kann. Die Analyse läßt sich so verfertigen, daß - analog (7.14a,b) - eine Problemreduktion auf zwei Basisgleichungen möglich ist, von der nur eine das Matrix-Materialfunktional enthält. Ausgangspunkt sind die Hookeschen Gesetze

$$\mathbb{D}_{e\alpha} - \alpha_e(T-T_0)\,\mathbb{E} = \frac{1}{2G_e}\Big(\overset{\langle 4\rangle}{\mathbb{M}} - \frac{\nu_e}{1+\nu_e}\,\mathbb{E}\circ\mathbb{E}\Big)\cdot\cdot\;\mathbb{S}_{e\alpha} \qquad (7.15a)$$

bzw.

$$\mathbb{S}_{e\alpha} = 2G_e\Big(\overset{\langle 4\rangle}{\mathbb{M}} + \frac{\nu_e}{1-2\nu_e}\,\mathbb{E}\circ\mathbb{E}\Big)\cdot\cdot\Big[\mathbb{D}_{e\alpha} - \alpha_e(T-T_0)\mathbb{E}\Big] \qquad (7.15b)$$

für das Fasermaterial,[13] wobei (7.15) mit Rücksicht auf die folgenden umfänglichen tensoralgebraischen Operationen mit

$$\mathbb{I}_e = \overset{\langle 4\rangle}{\mathbb{M}} + \frac{\nu_e}{1-2\nu_e}\,\mathbb{E}\circ\mathbb{E} \overset{14)}{=} \mathbb{1} + \frac{\nu_e}{1-2\nu_e}\,\mathbb{E}\circ\mathbb{E} \overset{15)}{=} \mathbb{1}' + \frac{1+\nu_e}{1-2\nu_e}\,\frac{\mathbb{E}\circ\mathbb{E}}{3} =$$

---

13) Selbstverständlich gelten diese Beziehungen, wie schon erwähnt, zunächst für die Realgrößen $\tilde{\mathbb{S}}_{e\alpha}$, $\tilde{\mathbb{D}}_{e\alpha}$, d. h. in der Form

$$\tilde{\mathbb{D}}_{e\alpha} - \alpha_e(T-T_0)\,\mathbb{E} = \frac{1}{2G_e}\Big[\overset{\langle 4\rangle}{\mathbb{M}} - \frac{\nu_e}{1+\nu_e}\,\mathbb{E}\circ\mathbb{E}\Big]\cdot\cdot\;\tilde{\mathbb{S}}_{e\alpha}\,, \qquad (*)$$

die, die Mittelwerte $\Big\{\mathbb{D}_{e\alpha};\ \mathbb{S}_{e\alpha}\Big\} \hat{=} \frac{1}{\Delta V_{e\alpha}}\Big\{\int_{\Delta V_{e\alpha}} \tilde{\mathbb{D}}_{e\alpha}dV;\ \int_{\Delta V_{e\alpha}} \tilde{\mathbb{S}}_{e\alpha}dV\Big\}$

enthaltenden Versionen (7.15ab) stellen die jeweils über die Teil–Volumina $(\Delta V_{e\alpha})$ integrierten Versionen von $(*)$ dar.

14) Für den vierstufigen (symmetrisierenden) Einheitstensor bzw. Mischer $\overset{\langle 4\rangle}{\mathbb{M}}$ wird jetzt $\mathbb{1}$ geschrieben. Er wird

15) zerlegt gemäß $\mathbb{1} = \mathbb{1}' + \mathbb{1}_K$ in die beiden im Sinne von $\mathbb{1}'\cdot\cdot\,\mathbb{1}_K = 0$ orthogonalen und sog. "idempotenten Elemente"

$\mathbb{1}' = \overset{\langle 4\rangle}{\mathbb{M}} - \frac{1}{3}\mathbb{E}\circ\mathbb{E}\,,\quad \mathbb{1}_K = \frac{1}{3}\mathbb{E}\circ\mathbb{E}$

mit $\mathbb{1}'\cdot\cdot\,\mathbb{1}' = \mathbb{1}'\,,\ \mathbb{1}_K\cdot\cdot\,\mathbb{1}_K = \mathbb{1}_K$, die per

$\mathbb{1}'\cdot\cdot\,\mathbb{A} = \mathbb{A}'\,,\ \mathbb{1}_K\cdot\cdot\,\mathbb{A} = \frac{1}{3}(\mathbb{E}\cdot\cdot\,\mathbb{A})\,\mathbb{E} = \frac{1}{3}A_1\mathbb{E} = \mathbb{A}_K$

einem symmetrischen zweistufigen Tensor $\mathbb{A}$ seinen Deviator– bzw. Kugeltensoranteil $\mathbb{A}'$, $\mathbb{A}_K$ zuordnen. Dann sind $\mathbb{1}'\cdot\cdot\,2G_e\mathbb{I}_e = 2G_e\mathbb{1}'\,,\ \mathbb{1}_K\cdot\cdot\,2G_e\mathbb{I}_e = 3K_e\mathbb{1}_K = K_e\,\mathbb{E}\circ\mathbb{E}$.

$$\equiv \mathbb{1}' + \frac{1+\nu_e}{1-2\nu_e}\mathbb{1}_K \;,\quad \mathbb{I}_e^{-1} \equiv^{16)} \frac{1}{\mathbb{I}_e} = \mathbb{1} - \frac{\nu_e}{1+\nu_e}\mathbb{E}\circ\mathbb{E} = \mathbb{1}' + \frac{1-2\nu_e}{1+\nu_e}\mathbb{1}_K \;, \tag{7.16a,b}$$

d. h.

$$2G_e\mathbb{I}_e = 2G_e\mathbb{1}' + 3K_e\mathbb{1}_K \;,\quad \frac{1}{2G_e\mathbb{I}_e} =^{16)} \frac{\mathbb{1}'}{2G_e} + \frac{\mathbb{1}_K}{3K_e} \;,\quad K_e = \frac{2G_e(1+\nu_e)}{3(1-2\nu_e)} \tag{7.16c,d}$$

aus Raumgründen abgekürzt in der Form

$$\mathbb{D}_{e\alpha} - \alpha_e(T-T_0)\mathbb{E} = \frac{1}{2G_e}\mathbb{I}_e^{-1}\cdot\cdot\,\$_{e\alpha} \equiv^{16)} \frac{\$_{e\alpha}}{2G_e\mathbb{I}_e} \;, \tag{7.17}$$

geschrieben wird, was - man multipliziere mit $\mathbb{1}'$ bzw. $\mathbb{1}_K$ - den Teilgleichungen

$$\mathbb{1}'\cdot\cdot\left[\mathbb{D}_{e\alpha} - \alpha_e(T-T_0)\mathbb{E}\right] \equiv \mathbb{D}'_{e\alpha} = \frac{\$'_{e\alpha}}{2G_e} \;,$$

$$\mathbb{1}_K\cdot\cdot\left[\mathbb{D}_{e\alpha} - \alpha_e(T-T_0)\mathbb{E}\right] = \frac{\mathbb{E}}{3}\left[D_{1e\alpha} - 3\alpha_e(T-T_0)\right] = \frac{S_{1e\alpha}}{3K_e}\frac{\mathbb{E}}{3}$$

bzw.

$$D_{1e\alpha} - 3\alpha_e(T-T_0) = \frac{S_{1e\alpha}}{3K_e} \;,\quad S_{1e\alpha} = \mathbb{E}\cdot\cdot\,\$_{e\alpha} \;, \tag{7.17a-c}$$

entspricht. Dann gilt nach (7.5b) mit $T-T_0 = \Delta T$

$$\mathbb{D} = (1-\beta)\mathbb{D}_m + \sum_{\alpha=1}^{p}\beta_\alpha\mathbb{D}_{e\alpha} \overset{(7.17)}{=} (1-\beta)\mathbb{D}_m + \sum_{1}^{p}\beta_\alpha\left[\frac{\$_{e\alpha}}{2G_e\mathbb{I}_e} + \alpha_e\Delta T\mathbb{E}\right] \tag{7.18a}$$

und, wenn man hierin noch nach (7.5a)

$$\sum_{\alpha=1}^{p}\beta_\alpha\,\$_{e\alpha} = \$ - (1-\beta)\$_m$$

beachtet, (7.18a) mit $\pm\,(1-\beta)\alpha_m\,\Delta T\mathbb{E}$ erweitert, worin α_m die Wärmeausdehnungszahl des Matrixmaterials bedeuten soll, mit den Abkürzungen

$$\mathbb{Y} = \mathbb{D} - \alpha\Delta T\mathbb{E} \;,\quad \mathbb{Y}_m = \mathbb{D}_m - \alpha_m\Delta T\mathbb{E} \;,\quad \alpha = (1-\beta)\alpha_m + \beta\alpha_e \tag{7.19a-c}$$

als <u>erste Basisgleichung</u> zur Identifizierung der Kontinuumsstoffgleichung des Problems

$$2G_e\mathbb{I}_e\cdot\cdot\,\mathbb{Y} = \$ + (1-\beta)[2G_e\mathbb{I}_e\cdot\cdot\,\mathbb{Y}_m - \$_m] \;, \tag{7.19d}$$

---

16) Die "Bruchstrich–Schreibweise", etwa für inverse Operationen $\overset{\langle 4\rangle}{\mathbb{A}}{}^{-1}$ wird aus Raumgründen gewählt, aber nur dort angewendet, wo Mißverständnisse ausgeschlossen sind. So wird also z. B. $\overset{\langle 2\rangle}{\mathbb{A}}\,/\,\overset{\langle 4\rangle}{\mathbb{B}}$ nur geschrieben, wo $\overset{\langle 2\rangle}{\mathbb{A}}\cdot\cdot\overset{\langle 4\rangle}{\mathbb{B}}{}^{-1} = \overset{\langle 4\rangle}{\mathbb{B}}{}^{-1}\cdot\cdot\overset{\langle 2\rangle}{\mathbb{A}}$ und $\overset{\langle 4\rangle}{\mathbb{A}}\,/\,\overset{\langle 4\rangle}{\mathbb{B}}$, wo $\overset{\langle 4\rangle}{\mathbb{A}}\cdot\cdot\overset{\langle 4\rangle}{\mathbb{B}}{}^{-1} = \overset{\langle 4\rangle}{\mathbb{B}}{}^{-1}\cdot\cdot\overset{\langle 4\rangle}{\mathbb{A}}$ ist.

d. h.

$$\mathbb{1}' \cdot\cdot (2G_e \mathbb{I}_e \cdot\cdot \mathbb{Y} - \mathbb{S}) = 2G_e \mathbb{D}' - \mathbb{S}' = (1-\beta)(2G_e \mathbb{D}_m' - \mathbb{S}_m') , \tag{7.19e}$$

$$\mathbb{1}_K \cdot\cdot (2G_e \mathbb{I}_e \cdot\cdot \mathbb{Y} - \mathbb{S}) \overset{17)}{=} \mathbb{E}\left[K_e(D_1 - 3\alpha\Delta T) - \frac{S_1}{3}\right] = \mathbb{E}(1-\beta)\left[K_e(D_{1m} - 3\alpha_m \Delta T) - \frac{S_{1m}}{3}\right]. \tag{7.19f}$$

Die (gemittelten) Kompatibilitätsbedingungen (7.11) ergeben

$$\epsilon_{m\alpha\alpha} = \mathbb{e}_\alpha \circ \mathbb{e}_\alpha \cdot\cdot \mathbb{D}_m = \epsilon_{e\alpha\alpha} = \mathbb{e}_\alpha \circ \mathbb{e}_\alpha \cdot\cdot \mathbb{D}_{e\alpha} = \mathbb{e}_\alpha \circ \mathbb{e}_\alpha \cdot\cdot \left(\frac{\mathbb{S}_{e\alpha}}{2G_e \mathbb{I}_e} + \alpha_e \Delta T \mathbb{E}\right) , \quad \alpha = 1 \ldots p, \tag{7.20a}$$

und nach Einsetzen von $\mathbb{S}_{e\alpha}$ nach (7.10) unter Beachtung von

$$(2G_e \mathbb{I}_e)^{-1} \cdot\cdot \mathbb{e}_\alpha \circ \mathbb{e}_\alpha \overset{(7.16)}{=} \frac{1}{2G_e}\left(\mathbb{1} - \frac{\nu_e}{1+\nu_e} \mathbb{E} \circ \mathbb{E}\right) \cdot\cdot \mathbb{e}_\alpha \circ \mathbb{e}_\alpha =$$

$$\frac{1}{2G_e}\left(\mathbb{e}_\alpha \circ \mathbb{e}_\alpha - \frac{\nu_e}{1+\nu_e} \mathbb{E}\right), \quad \mathbb{e}_\alpha \circ \mathbb{e}_\alpha \cdot\cdot (2G_e \mathbb{I}_e)^{-1} \cdot\cdot \mathbb{e}_\alpha \circ \mathbb{e}_\alpha = \frac{1}{2G_e(1+\nu_e)} \tag{7.20b,c}$$

schließlich

$$\sigma_{e\alpha\alpha} - \sigma_{m\alpha\alpha} = 2G_e(1+\nu_e)\left[\mathbb{D}_m - \frac{\mathbb{S}_m}{2G_e \mathbb{I}_e} - \alpha_e \Delta T \mathbb{E}\right] \cdot\cdot \mathbb{e}_\alpha \circ \mathbb{e}_\alpha =$$

$$= 2G_e(1+\nu_e)\left[\mathbb{Y}_m - \frac{\mathbb{S}_m}{2G_e \mathbb{I}_e} - \Delta\alpha \Delta T \mathbb{E}\right] \cdot\cdot \mathbb{e}_\alpha \circ \mathbb{e}_\alpha \tag{7.20d}$$

mit

$$\mathbb{Y}_m = \mathbb{D}_m - \alpha_m \Delta T \mathbb{E} , \quad \Delta\alpha = \alpha_e - \alpha_m , \tag{7.20e,f}$$

so daß desweiteren mit der Bewehrungstetrade

$$\mathbb{B} = \sum_{\alpha=1}^{p} \beta_\alpha \mathbb{e}_\alpha \circ \mathbb{e}_\alpha \circ \mathbb{e}_\alpha \circ \mathbb{e}_\alpha , \quad \mathbb{B} \cdot\cdot \mathbb{E} = \sum_{\alpha=1}^{p} \beta_\alpha \mathbb{e}_\alpha \circ \mathbb{e}_\alpha , \quad \mathbb{E} \cdot\cdot \mathbb{B} \cdot\cdot \mathbb{E} = \sum_{1}^{p} \beta_\alpha = \beta , \tag{7.21a-c}$$

die Beziehung

$$\sum_{\alpha=1}^{p} \beta_\alpha (\sigma_{e\alpha\alpha} - \sigma_{m\alpha\alpha}) \mathbb{e}_\alpha \circ \mathbb{e}_\alpha = 2G_e(1+\nu_e) \mathbb{B} \cdot\cdot \left(\mathbb{Y}_m - \frac{\mathbb{S}_m}{2G_e \mathbb{I}_e} - \Delta\alpha \, \Delta T \, \mathbb{E}\right) \tag{7.22}$$

erhalten wird. Einsetzen von (7.22) in (7.10b) ergibt dann die zweite Basisgleichung des Problems, nämlich

$$\mathbb{S} = \mathbb{S}_m + 2G_e(1+\nu_e) \mathbb{B} \cdot\cdot \left(\mathbb{Y}_m - \frac{\mathbb{S}_m}{2G_e \mathbb{I}_e} - \Delta\alpha \Delta T \mathbb{E}\right) , \tag{7.23}$$

---

17) Man beachte:

$$\mathbb{1}_K \cdot\cdot 2G_e \mathbb{I}_e = \mathbb{1}_K \cdot\cdot (2G_e \mathbb{1}' + 3K_e \mathbb{1}_K) = 3K_e \mathbb{1}_K \text{ und}$$

$$\mathbb{1}_K \cdot\cdot \mathbb{Y} = \frac{Y_1}{3} \mathbb{E} = \frac{1}{3} (\mathbb{E} \cdot\cdot \mathbb{Y}) \mathbb{E} = \frac{1}{3} (D_1 - 3\alpha\Delta T) \mathbb{E} , \quad \mathbb{1}_K \cdot\cdot \mathbb{S} = \frac{S_1}{3} \mathbb{E}$$

die, zusammen mit (7.19d) sowie einer Stoffgleichung $\mathbb{Y}_m = \underset{\tau = t_0}{\overset{t}{\mathcal{Y}_m}} \langle \mathbb{S}_m, \Delta T \rangle$ für das Matrixmaterial zur Formulierung einer Kontinuums-Stoffgleichung führt. Zu deren Realisierung wird, wie einleitend angemerkt, z.B. wie folgt vorgegangen:

Man ermittelt aus (7.23), d. h. aus

$$\mathbb{S} = \mathbb{S}_m + 2G_e(1+\nu_e)\mathbb{B}\cdot\cdot\left[\underset{\tau = t_0}{\overset{t}{\mathcal{Y}_m}} \langle \mathbb{S}_m, \Delta T \rangle - \frac{\mathbb{S}_m}{2G_e\mathbb{I}_e} - \Delta\alpha\Delta T\mathbb{E}\right] \tag{7.24a}$$

die in den Matrixspannungen $\mathbb{S}_m$ explizite Version

$$\mathbb{S}_m = \underset{\tau = t_0}{\overset{t}{\mathcal{S}_m}} \langle \mathbb{S}, \Delta T \rangle \tag{7.24b}$$

(vgl. (7.14c)) und setzt letztere Beziehung in (7.19d) bzw. in die aus (7.19d) mit

$$\mathbb{Y}_m - \frac{\mathbb{S}_m}{2G_e\mathbb{I}_e} \overset{(7.23)}{=} \frac{1}{2G_e(1+\nu_e)}\mathbb{B}^{-1}\cdot\cdot(\mathbb{S} - \mathbb{S}_m) + \Delta\alpha\Delta T\mathbb{E} \tag{7.25a}$$

hervorgehende (erste) Basisgleichung

$$2G_e\mathbb{I}_e\cdot\cdot\,\mathbb{Y} \overset{18)}{=} \mathbb{S} + \frac{1-\beta}{1+\nu_e}\mathbb{I}_e\cdot\cdot\mathbb{B}^{-1}\cdot\cdot(\mathbb{S} - \mathbb{S}_m) + 2G_e(1-\beta)\mathbb{I}_e\cdot\cdot\,\mathbb{E}\Delta\alpha\Delta T \tag{7.25b}$$

ein was dann zu der in den (mittleren) Kontinuumsverzerrungen $\mathbb{Y} = \mathbb{D} - \alpha\Delta T\mathbb{E}$ expliziten Kontinuums-Stoffgleichung führt.

Der Zusammenhang (7.24b) ist als Indiz für den (mittleren) Spannungszustand im Matrixmaterial von Bedeutung in dem Sinne, daß hiermit festgelegt wird, welcher Anteil der "Gesamt-Beanspruchung" (repräsentiert durch die (mittleren) Kontinuumsspannungen $\mathbb{S}$) auf das Matrixmaterial entfällt.[19]

Von den in Fasern j anzutreffenden mittleren Faser-Spannungszuständen

$$\mathbb{S}_{ej} = \mathbb{S}_m + (\sigma_{ejj} - \sigma_{mjj})\mathbb{e}_j \circ \mathbb{e}_j \overset{(7.10b)}{=} \mathbb{S} - \sum_{\alpha=1}^{p}\beta_\alpha(\sigma_{e\alpha\alpha} - \sigma_{m\alpha\alpha})\mathbb{e}_\alpha \circ \mathbb{e}_\alpha +$$

$$+ (\sigma_{ejj} - \sigma_{mjj})\mathbb{e}_j \circ \mathbb{e}_j \overset{(7.20d,22)}{=} \mathbb{S} - 2G_e(1+\nu_e)\left[\mathbb{B} - \mathbb{e}_j \circ \mathbb{e}_j \circ \mathbb{e}_j \circ \mathbb{e}_j\right]\cdot\cdot$$

$$\left[\mathbb{Y}_m - \frac{\mathbb{S}_m}{2G_e\mathbb{I}_e} - \Delta\alpha\Delta T\mathbb{E}\right] \overset{(7.25a)}{=} \mathbb{S}_m + (\mathbb{S} - \mathbb{S}_m)\cdot\cdot\mathbb{B}^{-1}\cdot\cdot\mathbb{e}_j \circ \mathbb{e}_j \circ \mathbb{e}_j \circ \mathbb{e}_j -$$

$$- 2G_e(1 + \nu_e)(\mathbb{B} - \mathbb{e}_j \circ \mathbb{e}_j \circ \mathbb{e}_j \circ \mathbb{e}_j)\cdot\cdot\mathbb{E}\,\Delta\alpha\Delta T \tag{7.26}$$

---

18) Diese letztere, allerdings Invertierbarkeit des Bewehrungstensors unterstellende Darstellung ist von Vorteil, weil sie das Materialfunktional $\mathcal{Y}$ nicht mehr enthält.

19) vgl. h. die Aufschlüsselung von $\mathbb{S}_m$ in "Verteilungs"— und "Umlagerungsgrößen" beim Stahlbeton.

interessieren[20] wegen der in der Regel im Verhältnis zur Matrixfestigkeit großen Faserfestigkeiten meist nur die Axialspannungen

$$\sigma_{ejj} = \mathbb{e}_j \circ \mathbb{e}_j \cdot\cdot \$_{ej} = \sigma_{jj} - 2G_e(1+\nu_e)(\mathbb{e}_j \circ \mathbb{e}_j \cdot\cdot \mathbb{B} - \mathbb{e}_j \circ \mathbb{e}_j)\cdot\cdot(\mathbb{Y}_m - \frac{\$_m}{2G_e \mathbb{I}_e} - \Delta\alpha\Delta T\mathbb{E}) , \tag{7.26a}$$

die man für kleine Bewehrungsprozentsätze durch

$$\sigma_{ejj} \simeq \sigma_{jj} + 2G_e(1+\nu_e)\mathbb{e}_j \circ \mathbb{e}_j \cdot\cdot (\mathbb{Y}_m - \frac{\$_m}{2G_e \mathbb{I}_e} - \Delta\alpha\Delta T\mathbb{E})$$

$$\simeq \sigma_{jj} + E_e\Big[\epsilon_{mjj} - \alpha_e\Delta T - \frac{1}{2G_e}(\sigma_{mjj} - \frac{\nu_e}{1+\nu_e}S_{1m})\Big] \overset{(7.5a)}{\simeq} (1-\beta)\sigma_{mjj} +$$

$$+ \mathbb{e}_j \circ e_j \cdot\cdot \sum_{\alpha=1}^{p} \beta_\alpha \$_{e\alpha} + E_e\Big[\epsilon_{mjj} - \alpha_e\Delta T - \frac{1}{2G_e}(\sigma_{mjj} - \frac{\nu_e}{1+\nu_e}S_{1m})\Big] \tag{7.26b}$$

$$\simeq \sigma_{mjj} + E_e(\epsilon_{mjj} - \alpha_e\Delta T - \frac{1}{2G_e}(\sigma_{mjj} - \frac{\nu_e}{1+\nu_e}S_{1m})) = E_e(\epsilon_{mjj} - \alpha_e\Delta T) - \underline{\nu_e(\sigma_{mjj} - S_{1m})}$$

und schließlich für im Verhältnis zur Matrixsteifigkeit große Fasersteifigkeiten durch

$$\sigma_{ejj} \simeq E_e(\epsilon_{mjj} - \alpha_e(T-T_0)) \overset{21)}{\simeq} n\sigma_{mjj} - E_e\alpha_e(T-T_0) \tag{7.26c}$$

approximieren kann. Für

7.2 Maxwell-elastisches Verbundmaterial

wird - im Hinblick auf eine Implementierung des Stahlbetonproblems von der Mittelwert-Version der Matrix-Stoffgleichung

$$\mathbb{D}_m - \alpha_m\Delta T\mathbb{E} = \mathbb{Y}_m = \frac{1}{2G_m \mathbb{I}_m} \cdot\cdot (\$_m + \int_0^{\varphi} \$_m d\chi) - \frac{\epsilon_\infty}{\varphi_\infty}\varphi\mathbb{E} \tag{7.27a}$$

mit

$$\mathbb{I}_m = \overset{\langle 4 \rangle}{\mathbf{M}} + \frac{\nu_m}{1-2\nu_m}\mathbb{E}\circ\mathbb{E} = \mathbb{1}' + \frac{3K_m}{2G_m}\mathbb{1}_K$$

$$\mathbb{I}_m^{-1} = \frac{1}{\mathbb{I}_m} = \overset{\langle 4 \rangle}{\mathbf{M}} - \frac{\nu_m}{1+\nu_m}\mathbb{E}\circ\mathbb{E} = \mathbb{1}' + \frac{2G_m}{3K_m}\mathbb{1}_K \tag{7.27b,c}$$

---

20) Selbstverständlich impliziert (7.26) die "Äquivalenzbedingung" (7.5a).

21) Wegen $\epsilon_{mjj} = \epsilon_{ejj}$ ist bei Maxwell– und Kelvin–Matrixmaterial (sofern im letzteren Falle Verzerrungsänderungen nicht zu schnell ablaufen) $2G_m\epsilon_{mjj} \simeq E_m\epsilon_{mjj}$ in der Größenordnung von σ_{mjj} abzuschätzen, womit $E_e\epsilon_{mjj} = n\,E_m\epsilon_{mjj} = n\,\sigma_{mjj}$ für $n = G_e/G_m >> 1$ den zweiten Term in (7.26b) (gestrichelt) größenordnungsmäßig stark überwiegt.

ausgegangen, was man zwecks Auffindung von $\mathbb{S}_m = \underset{\chi=0}{\overset{\varphi}{\mathbb{S}_m}} \langle\, \mathbb{S}(\chi), \Delta T(\chi), \epsilon_{s\infty} \,\rangle$ in die (zweite) Basisgleichung (7.23) einsetzt. Man bekommt mit

$$n = \frac{G_e}{G_m}, \quad (1+\nu_e)\mathbb{B} = \mathbb{B}^+ \tag{7.28a,b}$$

zunächst

$$(\mathbb{L} \equiv)\ \mathbb{S} + 2G_e\mathbb{B}^+\cdot\cdot\,\mathbb{E}\left[\frac{\epsilon_\infty}{\varphi_\infty}\varphi + \Delta\alpha\Delta T\right] \overset{22)}{=} \left[\mathbb{I}_m + \mathbb{B}^+\cdot\cdot(n\mathbb{1} - \frac{\mathbb{I}_m}{\mathbb{I}_e})\right]\cdot\cdot(\mathbb{I}_m^{-1}\cdot\cdot\,\mathbb{S}_m) +$$

$$+\, n\mathbb{B}^+\cdot\cdot\int_0^\varphi (\mathbb{I}_m^{-1}\cdot\cdot\,\mathbb{S}_m)d\chi \tag{7.28c}$$

und wegen

$$\frac{\mathbb{I}_m}{\mathbb{I}_e} = (\mathbb{1}' + \frac{3K_m}{2G_m}\mathbb{1}_K)\cdot\cdot(\mathbb{1}' + \frac{2G_e}{3K_e}\mathbb{1}_K) = \mathbb{1}' + \frac{K_m}{K_e}\frac{G_e}{G_m}\mathbb{1}_K =$$

$$= \mathbb{1}' + \frac{1+\nu_m}{1-2\nu_m}\,\frac{1-2\nu_e}{1+\nu_e}\mathbb{1}_K = \mathbb{1}' + \mathbb{1}_K + \mathbb{1}_K\left[\frac{1+\nu_m}{1-2\nu_m}\,\frac{1-2\nu_e}{1+\nu_e} - 1\right] = \mathbb{1} - \frac{3(\nu_e - \nu_m)}{(1-2\nu_m)(1+\nu_e)}\mathbb{1}_K\,,$$

d. h.

$$n\mathbb{1} - \frac{\mathbb{I}_m}{\mathbb{I}_e} = (n-1)\mathbb{1} + \frac{3(\nu_e - \nu_m)}{(1-2\nu_m)(1+\nu_e)}\mathbb{1}_K = (n-1)(\mathbb{1} + \mathbb{K})\,, \tag{7.29a}$$

mit

$$\mathbb{K} = \frac{3(\nu_e - \nu_m)}{(n-1)(1-2\nu_m)(1+\nu_e)}\,\mathbb{1}_K \equiv \lambda_K\,\mathbb{1}_K \tag{7.29b}$$

desweiteren die Beziehung

$$\sqrt{\mathbb{I}_m}^{\,-1}\cdot\cdot\left[\mathbb{S} + 2G_e\mathbb{B}^+\cdot\cdot\,\mathbb{E}\,(\frac{\epsilon_\infty}{\varphi_\infty}\varphi + \Delta\alpha\Delta T)\right] \equiv \sqrt{\mathbb{I}_m}^{\,-1}\cdot\cdot\,\mathbb{L}$$

$$\overset{23)}{=} \left[\mathbb{1} + (n-1)\sqrt{\mathbb{I}_m}^{\,-1}\cdot\cdot\,\mathbb{B}^+\cdot\cdot\sqrt{\mathbb{I}_m}^{\,-1}\cdot\cdot(\mathbb{1} + \mathbb{K})\right]\cdot\cdot(\sqrt{\mathbb{I}_m}^{\,-1}\cdot\cdot\,\mathbb{S}_m) +$$

$$+\, n\sqrt{\mathbb{I}_m}^{\,-1}\cdot\cdot\mathbb{B}^+\cdot\cdot\sqrt{\mathbb{I}_m}^{\,-1}\cdot\cdot\int_0^\varphi \sqrt{\mathbb{I}_m}^{\,-1}\cdot\cdot\,\mathbb{S}_m\,d\chi\,, \tag{7.29c}$$

deren in den Matrixspannungen explizite Version wie folgt erzeugt wird:

---

22) Man beachte $\mathbb{I}_m / \mathbb{I}_e = \mathbb{I}_m\cdot\cdot\,\mathbb{I}_e^{-1} = \mathbb{I}_e^{-1}\cdot\cdot\,\mathbb{I}_m$, vgl. a. Fußn. 16

23) Man beachte

$$\sqrt{\mathbb{I}_m} = \mathbb{1}' + \sqrt{\frac{3K_m}{2G_m}}\,\mathbb{1}_K, \quad \sqrt{\mathbb{I}_m}^{\,-1} = \mathbb{1}' + \sqrt{\frac{2G_m}{3K_m}}\,\mathbb{1}_K \text{ und daher}$$

$$(\mathbb{1} + \mathbb{K})\cdot\cdot\sqrt{\mathbb{I}_m}^{\,-1} = \sqrt{\mathbb{I}_m}^{\,-1}\cdot\cdot\,(\mathbb{1} + \mathbb{K})$$

Man multipliziert doppeltskalar mit

$$\sqrt{\mathbb{1} + \mathbb{K}} = \sqrt{\mathbb{1}' + (1+\lambda_K)\mathbb{1}_K} = \mathbb{1}' + \sqrt{1+\lambda_K}\,\mathbb{1}_K = \mathbb{1} + (\sqrt{1+\lambda_K} - 1)\mathbb{1}_K ,$$

bekommt also mit

$$\sqrt{\mathbb{1}+\mathbb{K}} \cdot\cdot \sqrt{\mathbb{I}_m}^{-1} \cdot\cdot \mathbb{B}^{+} \cdot\cdot \sqrt{\mathbb{I}_m}^{-1} \cdot\cdot \sqrt{\mathbb{1}+\mathbb{K}} \equiv \mathbb{B}^{*} , \text{ d. h.} \tag{7.30a}$$

$$\sqrt{\mathbb{1}+\mathbb{K}} \cdot\cdot \sqrt{\mathbb{I}_m}^{-1} \cdot\cdot \mathbb{B}^{+} \cdot\cdot \sqrt{\mathbb{I}_m}^{-1} = \mathbb{B}^{*} \cdot\cdot \sqrt{\mathbb{1}+\mathbb{K}}^{-1} \tag{7.30b}$$

zunächst

$$\sqrt{\mathbb{1}+\mathbb{K}} \cdot\cdot \sqrt{\mathbb{I}_m}^{-1} \cdot\cdot \mathbb{L} = \left[\mathbb{1} + (n-1)\mathbb{B}^{*}\right] \cdot\cdot \left[\sqrt{\mathbb{1}+\mathbb{K}} \cdot\cdot \sqrt{\mathbb{I}_m}^{-1} \cdot\cdot \$_m\right] +$$

$$+ \, n\,\mathbb{B}^{*} \cdot\cdot \sqrt{\mathbb{1}+\mathbb{K}}^{-1} \cdot\cdot \int_0^{\varphi} \sqrt{\mathbb{I}_m}^{-1} \cdot\cdot \$_m \, d\chi , \tag{7.30c}$$

multipliziert diese Gleichung mit $(\mathbb{1} + (n-1)\mathbb{B}^{*})^{-1}$, erzeugt also

$$(\mathbb{1} + (n-1)\mathbb{B}^{*})^{-1} \cdot\cdot \sqrt{\mathbb{1}+\mathbb{K}} \cdot\cdot \sqrt{\mathbb{I}_m}^{-1} \cdot\cdot \mathbb{L} \equiv^{24)} \frac{1}{\mathbb{1}+(n-1)\mathbb{B}^{*}} \cdot\cdot \frac{\sqrt{\mathbb{1}+\mathbb{K}}}{\sqrt{\mathbb{I}_m}} \cdot\cdot \mathbb{L}$$

$$= \frac{\sqrt{\mathbb{1}+\mathbb{K}}}{\sqrt{\mathbb{I}_m}} \cdot\cdot \$_m + \frac{n\,\mathbb{B}^{*}}{\mathbb{1}+(n-1)\mathbb{B}^{*}} \cdot\cdot \frac{1}{\mathbb{1}+\mathbb{K}} \cdot\cdot \int_0^{\varphi} \frac{\sqrt{\mathbb{1}+\mathbb{K}}}{\sqrt{\mathbb{I}_m}} \cdot\cdot \$_m \, d\chi$$

und multipliziert schließlich mit $\sqrt{\mathbb{1}+\mathbb{K}}^{-1}$. Es entsteht die Integralgleichung

$$\frac{\$_m}{\sqrt{\mathbb{I}_m}} + \frac{1}{\sqrt{\mathbb{1}+\mathbb{K}}} \cdot\cdot \frac{n\,\mathbb{B}^{*}}{\mathbb{1}+(n-1)\mathbb{B}^{*}} \cdot\cdot \frac{1}{\sqrt{\mathbb{1}+\mathbb{K}}} \cdot\cdot \int_0^{\varphi} \frac{\$_m}{\sqrt{\mathbb{I}_m}} \, d\chi =$$

$$= \sqrt{\mathbb{1}+\mathbb{K}}^{-1} \cdot\cdot \left[\mathbb{1}+(n-1)\mathbb{B}^{*}\right]^{-1} \cdot\cdot \sqrt{\mathbb{1}+\mathbb{K}} \cdot\cdot \frac{\mathbb{L}}{\sqrt{\mathbb{I}_m}} \equiv \frac{\hat{\mathbb{L}}}{\sqrt{\mathbb{I}_m}} \tag{7.31a}$$

mit der in den Matrixspannungen expliziten Version

24) Betr. die "Bruchstrich–Schreibweise" vgl. Fußn. 16; so ist z.B.

$$\frac{n\,\mathbb{B}^{*}}{\mathbb{1}+(n-1)\mathbb{B}^{*}} = n\mathbb{B}^{*} \cdot\cdot \left[\mathbb{1}+(n-1)\mathbb{B}^{*}\right]^{-1} \equiv \left[\mathbb{1}+(n-1)\mathbb{B}^{*}\right]^{-1} \cdot\cdot n\mathbb{B}^{*}$$

$$\frac{\mathbb{S}_m}{\sqrt{\mathbb{I}_m}} =^{25)} \underline{\frac{\hat{\mathbb{L}}}{\sqrt{\mathbb{I}_m}}} - \underline{\mathscr{H}^* \cdot\cdot \int_0^{\varphi} e^{-\mathscr{H}^*(\varphi-\chi)} \cdot\cdot \frac{\hat{\mathbb{L}}}{\sqrt{\mathbb{I}_m}} d\chi} = \int_0^{\varphi} e^{-\mathscr{H}^*(\varphi-\chi)} \cdot\cdot \frac{\partial}{\partial\chi}\left[\frac{\hat{\mathbb{L}}}{\sqrt{\mathbb{I}_m}}\right] d\chi +$$

$$+ e^{-\mathscr{H}\varphi} \cdot\cdot \frac{\hat{\mathbb{L}}(0)}{\sqrt{\mathbb{I}_m}} \equiv \frac{\partial}{\partial\varphi} \int_0^{\varphi} e^{-\mathscr{H}(\varphi-\chi)} \cdot\cdot \frac{\hat{\mathbb{L}}}{\sqrt{\mathbb{I}_m}} d\chi \tag{7.31b}$$

mit

$$\mathscr{H}^* = \frac{1}{\sqrt{\mathbb{1}+\mathbb{K}}} \cdot\cdot \frac{n\,\mathbb{B}^*}{\mathbb{1}+(n-1)\mathbb{B}^*} \cdot\cdot \frac{1}{\sqrt{\mathbb{1}+\mathbb{K}}} =$$

$$= \sqrt{\mathbb{I}_m} \cdot\cdot \left[\mathbb{I}_m + (n-1)\mathbb{B}^+ \cdot\cdot (\mathbb{1}+\mathbb{K})\right]^{-1} \cdot\cdot n\mathbb{B}^+ \cdot\cdot \sqrt{\mathbb{I}_m}^{\,-1} \tag{7.31c}$$

und $\hat{\mathbb{L}}$ bzw. $\mathbb{L}$ nach (7.31a) bzw. (7.29c), indem man von dem Transformationsgesetz

$$\mathbb{Y} = \mathbb{Z} + \mathbb{F}(\mathbb{B}) \cdot\cdot \int_0^{\varphi} e^{-\mathbb{\Omega}(\mathbb{B})(\varphi-\chi)} \cdot\cdot \mathbb{Z}\, d\chi \Leftrightarrow \mathbb{Z} = \mathbb{Y} - \mathbb{F}(\mathbb{B}) \cdot\cdot \int_0^{\varphi} e^{-(\mathbb{\Omega}+\mathbb{F})(\varphi-\chi)} \cdot\cdot \mathbb{Y}\, d\chi \tag{7.32}$$

Gebrauch macht[26], worin $\mathbb{Y}$, $\mathbb{Z}$ symmetrische zweistufige Tensoren und $\mathbb{F}$ bzw. $\mathbb{\Omega}$ vollständig-symmetrische tetradische Funktionen einer vollständig-symmetrischen Tetrade $\mathbb{B}$ bedeuten.

Gl. (7.31b) zeigt den für mit elastischen Fasern bewehrte Maxwell-Materialien typischen Effekt des Abnehmens des auf die Maxwell-Komponente entfallenden Belastungsanteiles der "Gesamtbelastung" (repräsentiert durch $\hat{\mathbb{L}}$) als Folge der Tatsache, daß sich die Maxwellkomponente durch Kriechen einer Dauerlast entzieht, womit eine Lastumlagerung (strichpunktiert) auf das elastische Fasermaterial stattfinden muß.[27] Dies läßt sich leicht erkennen, wenn man mit $\mathbb{S}_m$ nach (7.31b) die Faserspannungszustände nach (7.26) berechnet. In konkreter Rechnung bekommt man z. B. unter Beschränkung auf $\Delta\alpha = 0$, also

25) Hinsichtlich der Darstellung solcherart Tensorfunktionen vgl. die Hinweise von (5.34a–f), insbesondere (4.34e) in §4, die hier anwendbar sind, weil $\mathbb{B}^+$, $\mathbb{B}^*$, $\mathscr{H}^*$ vollständig symmetrische Tetraden sind.

26) Man setze in (7.32) $\mathbb{Z} = \mathbb{S}_m/\sqrt{\mathbb{I}_m}$, $\mathbb{Y} = \hat{\mathbb{L}}/\sqrt{\mathbb{I}_m}$, $\mathbb{\Omega} = \mathbb{0}$, $\mathbb{F} = \mathscr{H}^*$.

27) Für eine ab $\varphi = 0$ konstante Dauerlast $\hat{\mathbb{L}} = \hat{\mathbb{L}}_0$ wird der auf die Maxwell–Komponente anfänglich entfallende Anteil als Folge der anteiligen elastischen Steifigkeit der Maxwell–Komponente an der Gesamtsteifigkeit des Verbundkörpers – sog. Verteilungsgröße, in (7.31b) unterstrichelt – mit zunehmender (Kriech–)Zeit abgebaut.

$$\mathbb{L} \overset{(7.28a)}{=} \$ + 2G_e \mathbb{B}^+ \cdot\cdot \mathbb{E} \frac{\epsilon_\infty}{\varphi_\infty} \varphi , \tag{7.33a}$$

$$\frac{\hat{\mathbb{L}}}{\sqrt{\mathbb{I}_m}} \overset{(7.31a)}{=} \sqrt{\mathbb{1}+\mathbb{K}}^{-1} \cdot\cdot \left[\mathbb{1}+(n-1)\mathbb{B}^*\right]^{-1} \cdot\cdot \sqrt{\mathbb{1}+\mathbb{K}} \cdot\cdot \frac{\$+2G_e \mathbb{B}^+ \cdot\cdot \mathbb{E} \frac{\epsilon_\infty}{\varphi_\infty} \varphi}{\sqrt{\mathbb{I}_m}} =$$

$$\overset{(7.30a)}{=} \left[\mathbb{1}+(n-1)\sqrt{\mathbb{I}_m}^{-1} \cdot\cdot \mathbb{B}^+ \cdot\cdot \sqrt{\mathbb{I}_m}^{-1} \cdot\cdot (\mathbb{1}+\mathbb{K})\right]^{-1} \cdot\cdot \frac{1}{\sqrt{\mathbb{I}_m}} \cdot\cdot \left[\$+2G_e \mathbb{B}^+ \cdot\cdot \mathbb{E} \frac{\epsilon_\infty}{\varphi_\infty}\varphi\right] \tag{7.33b}$$

unter Beachtung von

$$\mathscr{H}^* = \sqrt{\mathbb{1}+\mathbb{K}}^{-1} \cdot\cdot \left[\mathbb{1}+(n-1)\mathbb{B}^*\right]^{-1} \cdot\cdot \sqrt{\mathbb{1}+\mathbb{K}} \cdot\cdot \sqrt{\mathbb{1}+\mathbb{K}}^{-1} \cdot\cdot n\mathbb{B}^* \cdot\cdot \sqrt{\mathbb{1}+\mathbb{K}}^{-1} =$$

$$\overset{(7.30a)}{=} \sqrt{\mathbb{1}+\mathbb{K}}^{-1} \cdot\cdot \left[\mathbb{1}+(n-1)\mathbb{B}^*\right]^{-1} \cdot\cdot \sqrt{\mathbb{1}+\mathbb{K}} \cdot\cdot \sqrt{\mathbb{I}_m}^{-1} \cdot\cdot n\mathbb{B}^+ \cdot\cdot \sqrt{\mathbb{I}_m}^{-1} \tag{7.33c}$$

schließlich für die Matrixspannungen

$$\$_m = \sqrt{\mathbb{I}_m} \cdot\cdot \sqrt{\mathbb{1}+\mathbb{K}}^{-1} \cdot\cdot \left[\mathbb{1}+(n-1)\mathbb{B}^*\right]^{-1} \cdot\cdot \sqrt{\mathbb{1}+\mathbb{K}} \cdot\cdot \left\{ \frac{\$}{\sqrt{\mathbb{I}_m}} - \sqrt{\mathbb{I}_m}^{-1} n\mathbb{B}^+ \cdot\cdot \right.$$

$$\left. \cdot\cdot \sqrt{\mathbb{I}_m}^{-1} \cdot\cdot \int_0^\varphi e^{-\mathscr{H}^*(\varphi-\chi)} \cdot\cdot \sqrt{\mathbb{1}+\mathbb{K}}^{-1} \cdot\cdot \left[\mathbb{1}+(n-1)\mathbb{B}^*\right]^{-1} \cdot\cdot \sqrt{\mathbb{1}+\mathbb{K}} \cdot\cdot \frac{\$}{\sqrt{\mathbb{I}_m}} d\chi \right\} +$$

$$+ 3K_m \frac{\epsilon_\infty}{\varphi_\infty} \left[\mathbb{1} - \sqrt{\mathbb{I}_m} \cdot\cdot e^{-\mathscr{H}^*\varphi} \cdot\cdot \sqrt{\mathbb{I}_m}^{-1}\right] \cdot\cdot \mathbb{E} , \tag{7.33d}$$

nachdem man noch

$$2G_m \mathbb{I}_m \cdot\cdot \mathbb{E} = 3K_m \mathbb{E} , \quad K_m = \frac{2G_m(1+\nu_m)}{3(1-2\nu_m)} \tag{7.33e}$$

beachtet hat, und hiermit die Faserspannungszustände nach (7.26), von denen jetzt hier nur noch deren Summe angegeben werden soll,

$$\sum_{\alpha=1}^{p} \beta_\alpha \$_{e\alpha} = \$ - (1-\beta)\$_m =$$

$$= \left[\mathbb{1} - \frac{\sqrt{\mathbb{I}_m}}{\sqrt{\mathbb{1}+\mathbb{K}}} \cdot\cdot \frac{1-\beta}{\mathbb{1}+(n-1)\mathbb{B}^*} \cdot\cdot \frac{\sqrt{\mathbb{1}+\mathbb{K}}}{\sqrt{\mathbb{I}_m}}\right] \cdot\cdot \$ + \frac{\sqrt{\mathbb{I}_m}}{\sqrt{\mathbb{1}+\mathbb{K}}} \cdot\cdot \frac{1-\beta}{\mathbb{1}+(n-1)\mathbb{B}^*} \cdot\cdot$$

$$\cdot\cdot \frac{\sqrt{\mathbb{1}+\mathbb{K}}}{\sqrt{\mathbb{I}_m}} \cdot\cdot n\, \mathbb{B}^+ \cdot\cdot \frac{1}{\sqrt{\mathbb{I}_m}} \cdot\cdot \int_0^\varphi e^{-\mathscr{H}^*(\varphi-\chi)} \cdot\cdot \sqrt{\mathbb{1}+\mathbb{K}}^{-1} \cdot\cdot \left[\mathbb{1}+(n-1)\mathbb{B}^*\right]^{-1} \cdot\cdot$$

$$\cdot\cdot \frac{\sqrt{\mathbb{1}+\mathbb{K}}}{\sqrt{\mathbb{I}_m}} \cdot\cdot \$\, d\chi - 3(1-\beta)K_m \frac{\epsilon_\infty}{\varphi_\infty}\left[\mathbb{1} - \sqrt{\mathbb{I}_m} \cdot\cdot e^{-\mathscr{H}^*\varphi} \cdot\cdot \sqrt{\mathbb{I}_m}^{\,-1}\right] \cdot\cdot \mathbb{E}\,, \tag{7.34}$$

woraus - man beachte die verschiedenen Vorzeichen der Integralanteile von (7.33d) und (7.34)! - die mit zunehmender Zeit manifest werdende Lastumlagerungstendenz auf das Fasermaterial zu entnehmen ist. Das (durch die Bewehrung behinderte) Schwinden bewirkt im Matrixmaterial Zug- im Fasermaterial Druckspannungen.

Man berechnet zweckmäßig noch

$$\int_0^\varphi \frac{\$_m}{\sqrt{\mathbb{I}_m}} d\chi = \int_0^\varphi \frac{\hat{\mathbb{L}}}{\sqrt{\mathbb{I}_m}} d\chi - \int_0^\varphi \left[\mathscr{H}^* \cdot\cdot e^{-\mathscr{H}^*\chi} \cdot\cdot \int_0^\chi e^{\mathscr{H}^*\bar{\chi}} \cdot\cdot \frac{\hat{\mathbb{L}}}{\sqrt{\mathbb{I}_m}} d\bar{\chi}\right] d\chi$$

$$\overset{28)}{=} \int_0^\varphi e^{-\mathscr{H}^*(\varphi-\chi)} \cdot\cdot \frac{\hat{\mathbb{L}}}{\sqrt{\mathbb{I}_m}} d\chi$$

sowie

$$\frac{n-1}{n}(\mathbb{1}+\mathbb{K}) \cdot\cdot \frac{\$_m}{\sqrt{\mathbb{I}_m}} + \int_0^\varphi \frac{\$_m}{\sqrt{\mathbb{I}_m}} d\chi \overset{(7.31b)}{=} \frac{n-1}{n}(\mathbb{1}+\mathbb{K}) \cdot\cdot \frac{\hat{\mathbb{L}}}{\sqrt{\mathbb{I}_m}} +$$

$$+ \left[\mathbb{1} - \frac{n-1}{n}(\mathbb{1}+\mathbb{K}) \cdot\cdot \mathscr{H}^*\right] \cdot\cdot \int_0^\varphi e^{-\mathscr{H}^*(\varphi-\chi)} \cdot\cdot \frac{\hat{\mathbb{L}}}{\sqrt{\mathbb{I}_m}} d\chi =$$

$$\overset{(7.31c)}{=} \frac{n-1}{n}(\mathbb{1}+\mathbb{K}) \cdot\cdot \frac{\hat{\mathbb{L}}}{\sqrt{\mathbb{I}_m}} + \sqrt{\mathbb{1}+\mathbb{K}} \cdot\cdot \frac{1}{\mathbb{1}+(n-1)\mathbb{B}^*} \cdot\cdot \frac{1}{\sqrt{\mathbb{1}+\mathbb{K}}} \cdot\cdot$$

$$\cdot\cdot \int_0^\varphi e^{-\mathscr{H}^*(\varphi-\chi)} \cdot\cdot \frac{\hat{\mathbb{L}}}{\sqrt{\mathbb{I}_m}} d\chi \overset{(8.31a)}{=} \sqrt{\mathbb{1}+\mathbb{K}} \cdot\cdot \left[\mathbb{1}+(n-1)\mathbb{B}^*\right]^{-1} \cdot\cdot$$

$$\cdot\cdot \left\{\frac{n-1}{n}\frac{\sqrt{\mathbb{1}+\mathbb{K}}}{\sqrt{\mathbb{I}_m}} \cdot\cdot \mathbb{L} + \frac{1}{\sqrt{\mathbb{1}+\mathbb{K}}} \cdot\cdot \int_0^\varphi e^{-\mathscr{H}^*(\varphi-\chi)} \cdot\cdot \frac{1}{\sqrt{\mathbb{1}+\mathbb{K}}} \cdot\cdot\right.$$

$$\left. \cdot\cdot \frac{1}{\mathbb{1}+(n-1)\mathbb{B}^*} \cdot\cdot \frac{\sqrt{\mathbb{1}+\mathbb{K}}}{\sqrt{\mathbb{I}_m}} \cdot\cdot \mathbb{L}\, d\chi\right\} \tag{7.35a}$$

28) Man integriere partiell

$$\overset{29)}{=} \sqrt{\mathbb{1}+\mathbb{K}}\cdot\cdot\left[\mathbb{1}+(n-1)\mathbb{B}^*\right]^{-1}\cdot\cdot\left\{\frac{n-1}{n}\frac{\sqrt{\mathbb{1}+\mathbb{K}}}{\sqrt{\mathbb{I}_m}}\cdot\cdot\mathbb{S}+\frac{1}{\sqrt{\mathbb{1}+\mathbb{K}}}\cdot\cdot\right.$$

$$\left.\cdot\cdot\int_0^{\varphi} e^{-\mathscr{H}^*(\varphi-\chi)}\cdot\cdot\frac{1}{\sqrt{\mathbb{1}+\mathbb{K}}}\cdot\cdot\frac{1}{\mathbb{1}+(n-1)\mathbb{B}^*}\cdot\cdot\frac{\sqrt{\mathbb{1}+\mathbb{K}}}{\sqrt{\mathbb{I}_m}}\cdot\cdot\mathbb{S}\,d\chi\right\}+2G_m\frac{\epsilon_\infty}{\varphi_\infty}\sqrt{\mathbb{I}_m}\cdot\cdot$$

$$\cdot\cdot\left[\varphi\mathbb{1}-\frac{1}{n\mathbb{B}^+}\cdot\cdot\sqrt{\mathbb{I}_m}\cdot\cdot\left(\mathbb{1}-e^{-\mathscr{H}^*\varphi}\right)\cdot\cdot\sqrt{\mathbb{I}_m}\right]\cdot\cdot\mathbb{E}\,, \qquad (7.35b)$$

was man benötigt, um nach Einsetzen von (7.31b) bzw. (7.33d) in die erste Basisgleichung, etwa (7.19d), zur - in den Kontinuums-Verzerrungen ($\mathbb{Y}$) expliziten - Kontinuums-Stoffgleichung zu gelangen.

Man bekommt zunächst aus (7.19d)

$$2G_m\mathbb{I}_m\cdot\cdot\mathbb{Y}=\frac{\mathbb{S}}{n}\cdot\cdot\frac{\mathbb{I}_m}{\mathbb{I}_e}+(1-\beta)\left[2G_m\mathbb{I}_m\cdot\cdot\mathbb{Y}_m-\frac{\mathbb{S}_m}{n}\cdot\cdot\frac{\mathbb{I}_m}{\mathbb{I}_e}\right]=$$

$$\overset{(7.27a)}{=}\frac{\mathbb{S}}{n}\cdot\cdot\frac{\mathbb{I}_m}{\mathbb{I}_e}+(1-\beta)\left[\mathbb{S}_m\cdot\cdot\left(\mathbb{1}-\frac{\mathbb{I}_m}{n\mathbb{I}_e}\right)+\int_0^{\varphi}\mathbb{S}_m d\chi-3K_m\frac{\epsilon_\infty}{\varphi_\infty}\varphi\mathbb{E}\right]=$$

$$\overset{(7.29a)}{=}\frac{\mathbb{S}}{n}\cdot\cdot\left[\mathbb{1}-(n-1)\mathbb{K}\right]+(1-\beta)\left[\frac{n-1}{n}(\mathbb{1}+\mathbb{K})\cdot\cdot\mathbb{S}_m+\int_0^{\varphi}\mathbb{S}_m d\chi-3K_m\frac{\epsilon_\infty}{\varphi_\infty}\varphi\mathbb{E}\right]$$

bzw. nach Einsetzen von (7.35b) schließlich

$$2G_m\sqrt{\mathbb{I}_m}\cdot\cdot\mathbb{Y}=\left[\frac{\mathbb{1}+\mathbb{K}}{n}-\mathbb{K}\right]\cdot\cdot\frac{\mathbb{S}}{\sqrt{\mathbb{I}_m}}+(1-\beta)\sqrt{\mathbb{1}+\mathbb{K}}\cdot\cdot\left[\mathbb{1}+(n-1)\mathbb{B}^*\right]^{-1}\cdot\cdot$$

$$\cdot\cdot\left\{\frac{n-1}{n}\frac{\sqrt{\mathbb{1}+\mathbb{K}}}{\sqrt{\mathbb{I}_m}}\cdot\cdot\mathbb{S}+\frac{1}{\sqrt{\mathbb{1}+\mathbb{K}}}\cdot\cdot\int_0^{\varphi}e^{-\mathscr{H}^*(\varphi-\chi)}\cdot\cdot\frac{1}{\sqrt{\mathbb{1}+\mathbb{K}}}\cdot\cdot\frac{1}{\mathbb{1}+(n-1)\mathbb{B}^*}\cdot\cdot\right.$$

$$\left.\cdot\cdot\frac{\sqrt{\mathbb{1}+\mathbb{K}}}{\sqrt{\mathbb{I}_m}}\cdot\cdot\mathbb{S}\,d\chi\right\}-(1-\beta)2G_m\frac{\epsilon_\infty}{\varphi_\infty}\sqrt{\mathbb{I}_m}\cdot\cdot\frac{1}{n\mathbb{B}^+}\cdot\cdot\sqrt{\mathbb{I}_m}\cdot\cdot\left(\mathbb{1}-e^{-\mathscr{H}^*\varphi}\right)\cdot\cdot\sqrt{\mathbb{I}_m}\cdot\cdot\mathbb{E}\,.$$

(7.36)

Das Problem vereinfacht sich erheblich für den in der Regel vorliegenden Fall

29) Man benutze (7.29c) mit $\Delta\alpha=0$

$$n >> 1\ , \text{ d. h. } |\mathbb{K}| <<^{30)} |\mathbb{1}|\ , \tag{7.37a,b}$$

wofür

$$\mathbb{B}^* \simeq \sqrt{\mathbb{I}_m}^{-1} \cdot\cdot\, \mathbb{B}^+ \cdot\cdot \sqrt{\mathbb{I}_m}^{-1}\ , \tag{7.37c}$$

$$\begin{aligned} &\sqrt{\mathbb{I}_m} \cdot\cdot \sqrt{\mathbb{1}+\mathbb{K}}^{-1} \cdot\cdot \left[\mathbb{1}+(n-1)\mathbb{B}^*\right]^{-1} \cdot\cdot \sqrt{\mathbb{1}+\mathbb{K}} \cdot\cdot \sqrt{\mathbb{I}_m}^{-1} \simeq \\ &\simeq \sqrt{\mathbb{I}_m} \cdot\cdot \left[\mathbb{1} + (n-1)\sqrt{\mathbb{I}_m}^{-1} \cdot\cdot\, \mathbb{B}^+ \cdot\cdot \sqrt{\mathbb{I}_m}^{-1}\right]^{-1} \cdot\cdot \sqrt{\mathbb{I}_m}^{-1} = \end{aligned} \tag{7.37d}$$

$$\begin{aligned} &= \left[\sqrt{\mathbb{I}_m} \cdot\cdot \left[\mathbb{1}+(n-1)\sqrt{\mathbb{I}_m}^{-1} \cdot\cdot\, \mathbb{B}^+ \cdot\cdot \sqrt{\mathbb{I}_m}^{-1}\right] \cdot\cdot \sqrt{\mathbb{I}_m}^{-1}\right]^{-1} = \\ &= \left[\mathbb{1}+(n-1)\, \mathbb{B}^+ \cdot\cdot\, \mathbb{I}_m^{-1}\right]^{-1} = \mathbb{I}_m \cdot\cdot \left[\mathbb{I}_m+(n-1)\, \mathbb{B}^+\right]^{-1}\ , \end{aligned} \tag{7.37e}$$

$$\begin{aligned} &\sqrt{\mathbb{1}+\mathbb{K}}^{-1} \cdot\cdot \left[\mathbb{1}+(n-1)\, \mathbb{B}^*\right]^{-1} \cdot\cdot \sqrt{\mathbb{1}+\mathbb{K}} \cdot\cdot \sqrt{\mathbb{I}_m}^{-1} \simeq \left[\mathbb{1}+(n-1)\, \mathbb{B}^*\right]^{-1} \cdot\cdot \sqrt{\mathbb{I}_m}^{-1} = \\ &= \left[\sqrt{\mathbb{I}_m} + (n-1)\, \mathbb{B}^+ \cdot\cdot \sqrt{\mathbb{I}_m}^{-1}\right]^{-1} = \left[\left[\mathbb{I}_m+(n-1)\, \mathbb{B}^+\right] \cdot\cdot \sqrt{\mathbb{I}_m}^{-1}\right]^{-1} \\ &= \sqrt{\mathbb{I}_m} \cdot\cdot \left[\mathbb{I}_m+(n-1)\, \mathbb{B}^+\right]^{-1}\ , \end{aligned} \tag{7.37f}$$

$$\begin{aligned} \mathscr{H}^* &\simeq \frac{n\sqrt{\mathbb{I}_m}^{-1} \cdot\cdot\, \mathbb{B}^+ \cdot\cdot \sqrt{\mathbb{I}_m}^{-1}}{\mathbb{1}+(n-1) \sqrt{\mathbb{I}_m}^{-1} \cdot\cdot\, \mathbb{B}^+ \cdot\cdot \sqrt{\mathbb{I}_m}^{-1}} = \\ &= \frac{1}{\mathbb{1}+(n-1) \sqrt{\mathbb{I}_m}^{-1} \cdot\cdot\, \mathbb{B}^+ \cdot\cdot \sqrt{\mathbb{I}_m}^{-1}} \cdot\cdot\, n\sqrt{\mathbb{I}_m}^{-1} \cdot\cdot\, \mathbb{B}^+ \cdot\cdot \sqrt{\mathbb{I}_m}^{-1} \\ &\equiv \sqrt{\mathbb{I}_m} \cdot\cdot \frac{1}{\sqrt{\mathbb{I}_m} \cdot\cdot \left[\mathbb{1}+(n-1) \sqrt{\mathbb{I}_m}^{-1} \cdot\cdot\, \mathbb{B}^+ \cdot\cdot \sqrt{\mathbb{I}_m}^{-1}\right] \cdot\cdot \sqrt{\mathbb{I}_m}} \cdot\cdot \\ &\cdot\cdot\, n\, \mathbb{B}^+ \cdot\cdot \sqrt{\mathbb{I}_m}^{-1} = \sqrt{\mathbb{I}_m} \cdot\cdot \left[\mathbb{I}_m+(n-1)\mathbb{B}^+\right]^{-1} \cdot\cdot\, n\, \mathbb{B}^+ \cdot\cdot \sqrt{\mathbb{I}_m}^{-1}\ , \end{aligned} \tag{7.37g}$$

d. h.

$$e^{\mathscr{H}^*(\varphi-\chi)} =^{31)} \sqrt{\mathbb{I}_m} \cdot\cdot\, e^{\mathscr{H}(\varphi-\chi)} \cdot\cdot \sqrt{\mathbb{I}_m}^{-1} \text{ mit } \mathscr{H} = (\mathbb{I}_m+(n-1)\mathbb{B}^+)^{-1} \cdot\cdot\, n\mathbb{B}^+ \tag{7.37h}$$

festzustellen ist. Damit entstehen

---

30) Die Annahme $|\mathbb{1}| >> |\mathbb{K}|$ ist selbstverständlich nur für $\nu_m \neq 1/2$ brauchbar, für die meisten in der Technik benutzten Medien aber ausgezeichnet. So hat man etwa für Stahlbeton mit $\nu_e = 1/3$, $\nu_m = 1/6$ und je nach Betongüte $n \approx 7$ ·/. 12

$$\mathbb{K} = \frac{3}{16}\left[\frac{1}{11} \cdot\!/\!\cdot \frac{1}{6}\right] \mathbb{E} \circ \mathbb{E} = (0{,}017 \cdot\!/\!\cdot 0{,}031)\, \mathbb{E} \circ \mathbb{E}$$

31) Wegen (7.37g) gilt für jede durch Tensorpolynome darstellbare tetradische Funktion $\mathbb{F}$ die Funktionalgleichung $\mathbb{F}(\mathscr{H}^*) = \sqrt{\mathbb{I}_m} \cdot\cdot\, \mathbb{F}([\mathbb{I}_m + (n-1)\mathbb{B}^+]^{-1} \cdot\cdot\, n\mathbb{B}^+ \cdot\cdot \sqrt{\mathbb{I}_m}^{-1}$

a) nach (7.33d) für die Matrixspannungen $\mathbb{S}_m$ in Abhängigkeit von der "Gesamtbeanspruchung"

$$\mathbb{S}_m = \mathbb{I}_m \cdot\cdot (\mathbb{I}_m+(n-1)\mathbb{B}^+)^{-1} \cdot\cdot \left\{ \mathbb{S} - n\mathbb{B}^+ \cdot\cdot \int_0^{\varphi} e^{-\mathscr{H}(\varphi-\chi)} \cdot\cdot (\mathbb{I}_m+(n-1)\mathbb{B}^+)^{-1} \cdot\cdot \mathbb{S}\, d\chi \right\} +$$

$$+ 3K_m \frac{\epsilon_\infty}{\varphi_\infty} (\mathbb{1} - \mathbb{I}_m \cdot\cdot e^{-\mathscr{H}\varphi} \cdot\cdot \mathbb{I}_m) \cdot\cdot \mathbb{E} \tag{7.38a}$$

und

b) nach (7.36) für die in den Kontinuumsverzerrungen explizite Kontinuums-Stoffgleichung

$$2G_m \sqrt{\mathbb{I}_m} \cdot\cdot \mathbb{Y} = \left[\frac{\mathbb{1}}{n} - \mathbb{K} \right] \cdot\cdot \frac{\mathbb{S}}{\sqrt{\mathbb{I}_m}} + (1-\beta)(\mathbb{1}+(n-1)^*\mathbb{B})^{-1} \cdot\cdot \left\{ \frac{\mathbb{S}}{\sqrt{\mathbb{I}_m}} + \right.$$

$$\left. + \frac{1}{\mathbb{1}+(n-1)^*\mathbb{B}} \cdot\cdot \int_0^{\varphi} e^{-{}^*\mathscr{H}(\varphi-\chi)} \cdot\cdot \frac{\mathbb{S}}{\sqrt{\mathbb{I}_m}} d\chi \right\} - 2G_m \frac{\epsilon_\infty}{\varphi_\infty} (1-\beta) \frac{1}{n\,{}^*\mathbb{B}} \cdot\cdot$$

$$\cdot\cdot \sqrt{\mathbb{I}_m} \cdot\cdot (\mathbb{1} - e^{-\mathscr{H}\varphi}) \cdot\cdot \mathbb{E} \tag{7.38b}$$

mit

$${}^*\mathscr{H} = \frac{n\,{}^*\mathbb{B}}{\mathbb{1}+(n-1)^*\mathbb{B}}, \quad {}^*\mathbb{B} = \sqrt{\mathbb{I}_m}^{-1} \cdot\cdot \mathbb{B}^+ \cdot\cdot \sqrt{\mathbb{I}_m}^{-1}, \tag{7.38c,d}$$

was mit Rücksicht auf den erheblich geringeren algebraischen Aufwand nur noch für die Näherung

$$\frac{\mathbb{1}}{n} - \mathbb{K} \approx^{32)} \frac{\mathbb{1}}{n}, \tag{7.39a}$$

d. h. für die Näherung

$$2G_m(\mathbb{1}+(n-1)^*\mathbb{B}) \cdot\cdot \sqrt{\mathbb{I}_m} \cdot\cdot \mathbb{Y} = \left[(\mathbb{1}+(n-1)^*\mathbb{B}) \cdot\cdot \frac{\mathbb{1}}{n} + (1-\beta)\mathbb{1} \right] \cdot\cdot \frac{\mathbb{S}}{\sqrt{\mathbb{I}_m}} +$$

$$+ \frac{1-\beta}{\mathbb{1}+(n-1)^*\mathbb{B}} \int_0^{\varphi} e^{-{}^*\mathscr{H}(\varphi-\chi)} \cdot\cdot \frac{\mathbb{S}}{\sqrt{\mathbb{I}_m}} d\chi \approx \left[(1-\beta)\mathbb{1} + {}^*\mathbb{B} \right] \cdot\cdot \frac{\mathbb{S}}{\sqrt{\mathbb{I}_m}} +$$

$$+ \frac{1-\beta}{\mathbb{1}+(n-1)^*\mathbb{B}} \int_0^{\varphi} e^{-{}^*\mathscr{H}(\varphi-\chi)} \cdot\cdot \frac{\mathbb{S}}{\sqrt{\mathbb{I}_m}} d\chi \tag{7.39b}$$

bzw.

---

32) s. h. Fußnote 30

$$\frac{\mathbb{S}}{\sqrt{\mathbb{I}_m}} + \frac{1-\beta}{(1-\beta)\mathbb{1}+{}^*\mathbb{B}} \cdot\cdot \frac{1}{\mathbb{1}+(n-1)^*\mathbb{B}} \cdot\cdot \int_0^{\varphi} e^{-\frac{n^*\mathbb{B}(\varphi-\chi)}{\mathbb{1}+(n-1)^*\mathbb{B}}} \cdot\cdot \frac{\mathbb{S}}{\sqrt{\mathbb{I}_m}}\, d\chi =$$

$$= 2G_m \frac{\mathbb{1}+(n-1)^*\mathbb{B}}{(1-\beta)\mathbb{1}+{}^*\mathbb{B}} \cdot\cdot \left[\sqrt{\mathbb{I}_m} \cdot\cdot \mathbb{Y} + 2G_m \frac{\epsilon_\infty}{\varphi_\infty}(1-\beta)\frac{1}{n^*\mathbb{B}} \cdot\cdot \sqrt{\mathbb{I}_m} \cdot\cdot \right.$$

$$\left. \cdot\cdot (\mathbb{1}-e^{-\mathscr{H}\varphi}) \cdot\cdot \mathbb{E} \right] \equiv 2G_m \mathbb{Y}^* \tag{7.39c}$$

invertiert wird. Man bekommt unter Benutzung von (7.32) mit

$$\mathbb{F} = \frac{1-\beta}{(1-\beta)\mathbb{1}+{}^*\mathbb{B}} \cdot\cdot \frac{1}{\mathbb{1}+(n-1)^*\mathbb{B}} , \tag{7.40a}$$

$$\boldsymbol{\Omega} = \frac{n^*\mathbb{B}}{\mathbb{1}+(n-1)^*\mathbb{B}} = {}^*\mathscr{H} , \tag{7.40b}$$

d. h.

$$\mathbb{F} + \boldsymbol{\Omega} = \boldsymbol{\Lambda} = \mathbb{1} - \frac{(\beta\mathbb{1}+(n-1)^*\mathbb{B}) \cdot\cdot {}^*\mathbb{B}}{(\mathbb{1}+(n-1)^*\mathbb{B}) \cdot\cdot ((1-\beta)\mathbb{1}+{}^*\mathbb{B})} \tag{7.40c}$$

schließlich

$$\frac{\mathbb{S}}{2G_m\sqrt{\mathbb{I}_m}} = \mathbb{Y}^* - \frac{1-\beta}{(1-\beta)\mathbb{1}+{}^*\mathbb{B}} \cdot\cdot \frac{1}{\mathbb{1}+(n-1)^*\mathbb{B}} \cdot\cdot \int_0^{\varphi} e^{-\boldsymbol{\Lambda}(\varphi-\chi)} \cdot\cdot \mathbb{Y}^*\, d\chi \tag{7.40d}$$

und für kleine Bewehrungsprozentsätze mit

$$\frac{1-\beta}{(1-\beta)\mathbb{1}+{}^*\mathbb{B}} \approx \mathbb{1} - {}^*\mathbb{B} , \quad \boldsymbol{\Lambda} \approx \mathbb{1} \tag{7.41a,b}$$

desweiteren

$$\frac{\mathbb{S}}{2G_m\sqrt{\mathbb{I}_m}} = \mathbb{Y}^* - \frac{\mathbb{1}-{}^*\mathbb{B}}{\mathbb{1}+(n-1)^*\mathbb{B}} \cdot\cdot \int_0^{\varphi} \mathbb{Y}^* e^{-(\varphi-\chi)}\, d\chi , \tag{7.41c}$$

was nach Resubstitution von $\mathbb{Y}^*$ nach (7.39c) mit

$$\mathbb{Y}^* = \frac{\mathbb{1}+(n-1)^*\mathbb{B}}{(1-\beta)\mathbb{1}+{}^*\mathbb{B}} \cdot\cdot \sqrt{\mathbb{I}_m} \cdot\cdot \mathbb{Y} + \frac{\epsilon_\infty}{\varphi_\infty}(1-\beta)\frac{1}{n^*\mathbb{B}} \cdot\cdot \sqrt{\mathbb{I}_m} \cdot\cdot (\mathbb{1}-e^{-\mathscr{H}\varphi}) \cdot\cdot \mathbb{E} \approx$$

$$\approx \left[(1+\beta)\mathbb{1}+(n-2)^*\mathbb{B}\right] \cdot\cdot \sqrt{\mathbb{I}_m} \cdot\cdot \mathbb{Y} + \frac{\epsilon_\infty}{\varphi_\infty}(1-\beta)\frac{1}{n^*\mathbb{B}} \cdot\cdot \sqrt{\mathbb{I}_m} \cdot\cdot (\mathbb{1}-e^{-\mathscr{H}\varphi}) \cdot\cdot \mathbb{E}$$

schließlich auf

$$\frac{\mathbb{S}}{2G_m\sqrt{\mathbb{I}_m}} = \left[(1+\beta)\mathbb{1}+(n-2)^*\mathbb{B}\right] \cdot\cdot \sqrt{\mathbb{I}_m} \cdot\cdot \mathbb{Y} - \left[(1+\beta)\mathbb{1}-2^*\mathbb{B}\right] \cdot\cdot \int_0^{\varphi} \sqrt{\mathbb{I}_m} \cdot\cdot \mathbb{Y}\, e^{-(\varphi-\chi)}\, d\chi +$$

$$+ \frac{\epsilon_\infty}{\varphi_\infty}(1-e^{-\varphi})(\mathbb{1}-{}^*\mathbb{B}) \cdot\cdot \sqrt{\mathbb{I}_m} \cdot\cdot \mathbb{E} , \tag{7.42a}$$

$$^{*}\mathbb{B} = (1+\nu_e)\sqrt{\mathbb{I}_m}^{\,-1} \cdot\cdot\, \mathbb{B} \cdot\cdot \sqrt{\mathbb{I}_m}^{\,-1} \;, \quad \mathbb{Y} = \mathbb{D} - \alpha\Delta T\mathbb{E} \tag{7.42b,c}$$

führt.
Eine in der Praxis des Stahlbetonbaus benutzte Näherung ist die

7.2.1 Querdehnungslose Variante,

die mit

$$\mathbb{I}_m = \mathbb{I}_e = \mathbb{1}\,, \text{ d. h. } \nu_m = \nu_e = 0$$

zur Kontinuums-Stoffgleichung

$$\frac{\mathbb{S}}{2G_m} = \Big[(1+\beta)\mathbb{1}+(n-2)\mathbb{B}\Big] \cdot\cdot\, \mathbb{Y} - \Big[(1+\beta)\mathbb{1}-2\mathbb{B}\Big] \cdot\cdot \int_0^{\varphi} \mathbb{Y} e^{-(\varphi-\chi)}\, d\chi \,+$$

$$+ \frac{\epsilon_\infty}{\varphi_\infty}(1-e^{-\varphi})(\mathbb{1}-\mathbb{B})\cdot\cdot\, \mathbb{E} \tag{7.43a}$$

führt und zwischen Betonspannungen und Gesamtbelastung in Spezialisierung von (7.33d) den Zusammenhang

$$\mathbb{S}_m = \underline{\frac{1}{\mathbb{1}+(n-1)\mathbb{B}}} \cdot\cdot \Big[\mathbb{S} - \underline{\frac{n\mathbb{B}}{\mathbb{1}+(n-1)\mathbb{B}} \cdot\cdot \int_0^{\varphi} e^{-\frac{n\,\mathbb{B}(\varphi-\chi)}{\mathbb{1}+(n-1)\mathbb{B}}} \cdot\cdot\, \mathbb{S}\, d\chi}\Big] \,+$$

$$+\, 2G_m \frac{\epsilon_\infty}{\varphi_\infty}\Big[\mathbb{1} - e^{-\frac{n\,\mathbb{B}\,\varphi}{\mathbb{1}+(n-1)\mathbb{B}}}\Big] \cdot\cdot\, \mathbb{E}\,, \tag{7.43b}$$

aufgeschlüsselt in Verteilungsgrößen (gestrichelt) und Umlagerungsgrößen (strichpunktiert) liefert, während für die Stahlspannungszustände nach (7.26) mit $\Delta\alpha = 0$

$$\mathbb{S}_{ej} = \underline{\frac{\mathbb{S}\cdot\cdot(\mathbb{1}+(n-1)\mathbf{e}_j\circ\mathbf{e}_j\circ\mathbf{e}_j\circ\mathbf{e}_j)}{\mathbb{1}+(n-1)\mathbb{B}}} + \underline{n\,\frac{\int_0^{\varphi} e^{-\frac{n\,\mathbb{B}(\varphi-\chi)}{\mathbb{1}+(n-1)\,\mathbb{B}}} \cdot\cdot\, \mathbb{S}\, d\chi}{(1+(n-1)\mathbb{B})^2} \cdot\cdot}$$

$$\underline{\cdot\cdot\,(-\,\mathbb{B} + \mathbf{e}_j\circ\mathbf{e}_j\circ\mathbf{e}_j\circ\mathbf{e}_j)} + 2G_m \frac{\epsilon_\infty}{\varphi_\infty}\Big[\mathbb{1} - e^{-\frac{n\,\mathbb{B}\,\varphi}{\mathbb{1}+(n-1)\mathbb{B}}}\Big] \cdot\cdot$$

$$\cdot\cdot\, \mathbb{E} \cdot\cdot\, (\mathbb{1} - \mathbb{B}^{-1}\cdot\cdot\, \mathbf{e}_j\circ\mathbf{e}_j\circ\mathbf{e}_j\circ\mathbf{e}_j)\,, \qquad j = 1 \cdots p \tag{7.43c}$$

mit

$$\sum_{\alpha=1}^{p}\beta_\alpha \mathbb{S}_{e\alpha} = \mathbb{S} - (1-\beta)\,\mathbb{S}_m = \frac{\beta\mathbb{1}+(n-1)\mathbb{B}}{\mathbb{1}+(n-1)\mathbb{B}}\cdot\cdot\,\mathbb{S} + \frac{(1-\beta)\,n\,\mathbb{B}}{(\mathbb{1}+(n-1)\mathbb{B})^2}\cdot\cdot$$

$$\cdot\cdot\int_0^{\varphi} e^{-\frac{n\,\mathbb{B}(\varphi-\chi)}{\mathbb{1}+(n-1)\mathbb{B}}}\cdot\cdot\,\mathbb{S}\,d\chi - (1-\beta)\,2G_m\frac{\epsilon_\infty}{\varphi_\infty}\left[\mathbb{1} - e^{-\frac{n\,\mathbb{B}\,\varphi}{\mathbb{1}+(n-1)\mathbb{B}}}\right]\cdot\cdot\,\mathbb{E} \qquad (7.43\text{d})$$

hervorgeht. Die mit zunehmender Zeit eintretende Umlagerung konstanter Gesamtbeanspruchung $\mathbb{S}$ vom Beton auf den Stahl als Folge des Umstandes, daß sich der Beton durch Kriechen einer Dauerlast entzieht, ist deutlich zu erkennen. Für

7.2.2 einachsige Bewehrung

(in Richtung $\mathbf{e}_1$), d. h.

$$\mathbb{B} = \beta_1\, \mathbf{e}_1 \circ \mathbf{e}_1 \circ \mathbf{e}_1 \circ \mathbf{e}_1 \qquad (7.44)$$

ergeben sich aus (7.43a) die (auf eine Orthonormalbasis $<\mathbf{e}_1, \mathbf{e}_2, \mathbf{e}_3>$ bezogenen) Komponentendarstellungen[33)]

$$\frac{\sigma_{11}}{2G_m} = (1+(n-1)\beta_1)\,y_{11} - (1-\beta_1)\int_0^{\varphi} y_{11}e^{-(\varphi-\chi)}d\chi + (1-\beta_1)\frac{\epsilon_\infty}{\varphi_\infty}(1-e^{-\varphi})$$

$$\frac{\sigma_{jj}}{2G_m} = (1+\beta_1)\left[y_{jj} - \int_0^{\varphi} y_{jj}e^{-(\varphi-\chi)}d\chi\right] + \frac{\epsilon_\infty}{\varphi_\infty}(1-e^{-\varphi}), \quad j = 2, 3\,,$$

$$\frac{\sigma_{jk}}{2G_m} \overset{34)}{=} (1+\beta_1)\left[y_{jk} - \int_0^{\varphi} y_{jk}e^{-(\varphi-\chi)}d\chi\right], \; j \neq k\,. \qquad (7.45\text{a-c})$$

Während (7.45a) als Ergebnis der Annahme einachsiger homogener Dehnung $\mathbb{Y} = y_{11}\mathbf{e}_1 \circ \mathbf{e}_1$ des Verbundelementes anschaulich leicht gedeutet werden kann — man beachte die strukturelle Gleichheit von (7.45a) mit (4.71c)! — sind anschauliche Deutungen für (7.45b,c) etwas mühevoller. Zwecks Realisierung von (7.45b) z. B. für j = 2 konstante Dehnung eines Verbundelementes in $\mathbf{e}_2$–Richtung vorausgesetzt, sind die hierzu erforderlichen Spannungen σ_{22m} verschieden, je nachdem sie reine Matrixfasern bzw. von Bewehrung (hier durch ein Rechteckprofil idealisiert) unterbrochene Matrixfasern beanspruchen. Im ersteren Falle ist nach der einachsigen Maxwell–Materialgleichung

33) die in geringer Abwandlung bereits in [29] angegeben worden sind

34) wonach insbesondere Scherbeanspruchungen und Normalspannungsbeanspruchungen senkrecht zur Bewehrungsrichtung näherungsweise allein vom Beton abgetragen werden, weil (7.45b,c) — bis auf den Faktor $(1+\beta_1)$ reine Beton – Materialgleichungen sind (vgl. § 4.6).

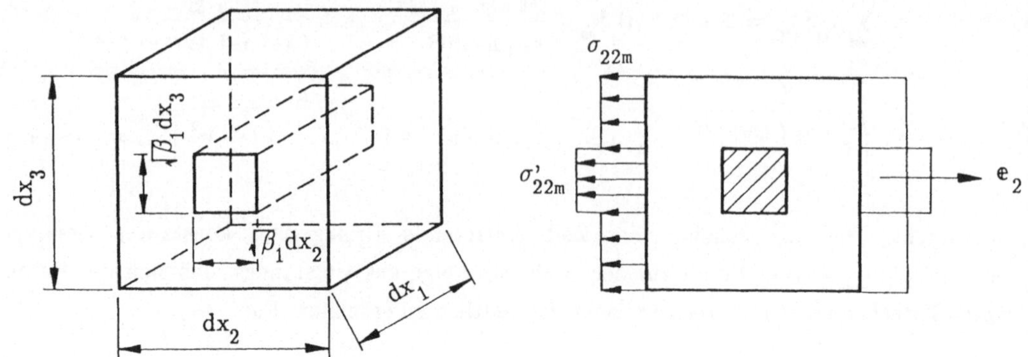

Abb 7.6

$$\sigma_{22m} = 2G_m \left[\epsilon_{22} - \int_{\chi=0}^{\varphi} \epsilon_{22}\, e^{-(\varphi-\chi)} d\chi \right] , \tag{7.46a}$$

im zweiten Falle

$$\sigma_{22m}' = \frac{2G_m}{1 - \sqrt{\beta_1}} \left[\epsilon_{22} - \int_{\chi=0}^{\varphi} \epsilon_{22}\, e^{-(\varphi-\chi)} d\chi \right] = \frac{\sigma_{22m}}{1 - \sqrt{\beta_1}} , \tag{7.46b}$$

weil die "Betonfaserlängenänderungen" Δdx_2 hier an "Betonfasern" der Ausgangslänge $dx_2(1 - \sqrt{\beta_1})$ erbracht werden müssen, also gegenüber (7.46a) entsprechend größere "Betonfaser"—Realdehnungen vorliegen.[35] Aus

$$\sigma_{22} dx_1 dx_3 = \sigma_{22m} dx_1 dx_3 (1 - \sqrt{\beta_1}) + \sigma_{22m}' dx_1 dx_3 \sqrt{\beta_1}$$

erhält man so für die Kontinuums—Spannungen

$$\frac{\sigma_{22}}{2G_m} = \frac{\sigma_{22m}}{2G_m}(1-\sqrt{\beta_1}) + \frac{\sigma_{22m}'}{2G_m}\sqrt{\beta_1} = \left[(1-\sqrt{\beta_1}) + \frac{\sqrt{\beta_1}}{1 - \sqrt{\beta_1}}\right]\left[\epsilon_{22} - \int_{\chi=0}^{\varphi} \epsilon_{22}\, e^{-(\varphi-\chi)} d\chi\right] \tag{7.46c}$$

und dergestalt in der Tat

$$\sigma_{22} = (1 + \beta_1)\, 2G_m \left[\epsilon_{22} - \int_{\chi=0}^{\varphi} \epsilon_{22}\, e^{-(\varphi-\chi)} d\chi \right] , \tag{7.46d}$$

nachdem man noch für kleine Bewehrungsprozentsätze

[35] Dabei wurde der Stahl—Rechteckquerschnitt entsprechend der bereits benutzten Annahme $n >> 1$ als starr angesehen.

$$(1 - \sqrt{\beta_1}) + \frac{\sqrt{\beta_1}}{1 - \sqrt{\beta_1}} \approx (1 - \sqrt{\beta_1}) + \sqrt{\beta_1}(1 + \sqrt{\beta_1}) = 1 + \beta_1 \tag{7.46e}$$

approximiert hat.
Für Bewehrungen in zwei bzw. drei orthogonalen Richtungen $<\mathbb{e}_1, \mathbb{e}_2>$ bzw. $<\mathbb{e}_1, \mathbb{e}_2, \mathbb{e}_3>$ sind

$$\mathbb{B} = \sum_{j=1}^{2} \beta_j\, \mathbb{e}_j \circ \mathbb{e}_j \circ \mathbb{e}_j \circ \mathbb{e}_j \quad \text{bzw.} \quad \mathbb{B} = \sum_{j=1}^{3} \beta_j\, \mathbb{e}_j \circ \mathbb{e}_j \circ \mathbb{e}_j \circ \mathbb{e}_j \tag{7.47a,b}$$

zu setzen. Auch hier wecken Scherungen im wesentlichen nur Matrix–Schubspannungen. Der Fall

7.2.3 (lokal-)flächenhafter orthogonaler Bewehrung

in zwei Richtungen $<\mathbb{e}_1, \mathbb{e}_2>$ wird durch $\mathbb{B}$ nach (7.47a) und

$$\beta = \beta_1 + \beta_2 \tag{7.48a}$$

beschrieben. Man bekommt aus (7.43a)

$$\begin{aligned}\frac{\sigma_{11}}{2G_m} = {} & \epsilon_{11} - \alpha(T-T_0) - \int_0^{\varphi} [\epsilon_{11} - \alpha(T-T_0)]\, e^{-(\varphi-\chi)} d\chi + \frac{\epsilon_\infty}{\varphi_\infty}(1 - e^{-\varphi}) + \\ & + [\beta_1 + \beta_2 + (n-2)\beta_1][\epsilon_{11} - \alpha(T-T_0)] - \\ & - (\beta_2 - \beta_1) \int_0^{\varphi} [\epsilon_{11} - \alpha(T-T_0)] e^{-(\varphi-\chi)} d\chi - \beta_1 \frac{\epsilon_\infty}{\varphi_\infty}(1 - e^{-\varphi}) \,,\end{aligned} \tag{7.48b}$$

$$\begin{aligned}\frac{\sigma_{22}}{2G_m} = {} & \epsilon_{22} - \alpha(T-T_0) - \int_0^{\varphi} [\epsilon_{22} - \alpha(T-T_0)] e^{-(\varphi-\chi)} d\chi + \frac{\epsilon_\infty}{\varphi_\infty}(1 - e^{-\varphi}) + \\ & + [\beta_1 + \beta_2 + (n-2)\beta_2][\epsilon_{22} - \alpha(T-T_0)] - \\ & - (\beta_1 - \beta_2) \int_0^{\varphi} [\epsilon_{22} - \alpha(T-T_0)] e^{-(\varphi-\chi)} d\chi - \beta_2 \frac{\epsilon_\infty}{\varphi_\infty}(1 - e^{-\varphi}) \,,\end{aligned} \tag{7.48c}$$

$$\begin{aligned}\frac{\sigma_{33}}{2G_m} = {} & (1 + \beta_1 + \beta_2)\Big[\epsilon_{33} - \alpha(T-T_0) - \int_0^{\varphi} [\epsilon_{33} - \alpha(T-T_0)] e^{-(\varphi-\chi)} d\chi\Big] + \\ & + \frac{\epsilon_\infty}{\varphi_\infty}(1 - e^{-\varphi}) \,,\end{aligned} \tag{7.48d}$$

$$\frac{\sigma_{jk}}{G_m(1+\beta)} = \gamma_{jk} - \int_{\chi=0}^{\varphi} \gamma_{jk}\, e^{-(\varphi-\chi)}\, d\chi \;,\; j\neq k \;,\; j,\, k = 1...3\;. \tag{7.48e}$$

Mit

$$\sigma_{33} = 0 \;,\; \text{d. h. } \epsilon_{33} = \alpha(T-T_0) - \frac{\epsilon_\infty}{\varphi_\infty}\frac{\varphi}{1+\beta_1+\beta_2} \tag{7.49a,b}$$

lassen sich hiermit die Theorien der orthogonal bewehrten Stahlbeton—Rechteck—Platten— bzw. Scheiben begründen [29a].
Die durch die Bewehrung in Stahlbetonkonstruktionen bewirkten Anisotropien sind der geringen Bewehrungsprozentsätze wegen nur schwach und können daher bei der Lösung von Randwertaufgaben auf der Basis von Störungsrechnungen verhältnismäßig mühelos bewältigt werden. Mit den Bewehrungsprozentsätzen als Störungsparameter werden die anisotropen Probleme auf die Lösung einer Kaskade isotroper Teilprobleme reduziert, wobei in der Regel bereits neben der isotropen Grundlösung des reinen Betonproblems die erste Zusatzlösung der Kaskade eine ausreichende Genauigkeit erbringt. Konkrete Rechnungen dieses vom Verfasser bereits in den frühen 60er Jahren vorgeschlagenen Verfahrens sind in [29] durchgeführt worden. Von Bedeutung insbesondere im Membranbau sind

7.2.4 (lokal-)Transversal-anisotrope Flächenbewehrungen,

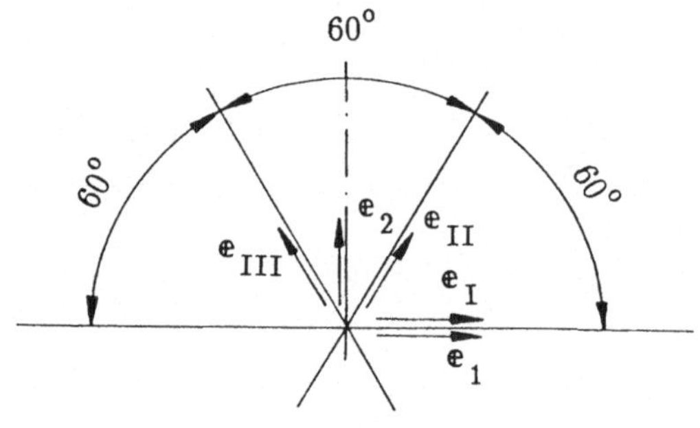

Abb. 7.7

wo drei jeweils unter $2\pi/6 \hat{=} 60^\circ$ gegeneinander geneigte Bewehrungsmatten $(\mathbb{e}_j,\ j = \text{I...III})$ gleichen Bewehrungsprozentsatzes $\beta_I = \beta_{II} = \beta_{III} = \beta/3$ verlegt werden. Man bekommt mit

$$\mathbb{e}_I \equiv \mathbb{e}_1 \;,\; \mathbb{e}_{II,III} = \tfrac{1}{2}(\mathbb{e}_1 \pm \mathbb{e}_2\sqrt{3}\,) \tag{7.50a}$$

nach kurzer Rechnung

$$\mathbb{B} = \frac{\beta}{3}\sum_{j=I}^{IV} \mathbb{e}_j \circ \mathbb{e}_j \circ \mathbb{e}_j \circ \mathbb{e}_j = \frac{\beta}{4}\left[\overset{\langle 4\rangle}{\mathbf{M}}_2 + \tfrac{1}{2}\,\mathbb{E}_2 \circ \mathbb{E}_2\right] \tag{7.50b}$$

mit dem planaren zweistufigen Einheitstensor

$$\mathbb{E}_{(2)} = \mathbb{E} - \mathbb{e}_3 \circ \mathbb{e}_3 \tag{7.50c}$$

und dem planaren Anteil

$$\overset{\langle 4\rangle}{\mathbf{M}}_2 = \frac{1}{2}\sum_{i,j=1}^{2} \mathbb{e}_i \circ \mathbb{e}_j \circ (\mathbb{e}_i \circ \mathbb{e}_j + \mathbb{e}_j \circ \mathbb{e}_i) \tag{7.50d}$$

des vierstufigen (symmetrierenden) Einheitsoperators. Die Kontinuums—Stoffgleichung (7.43a) zerfällt hier in den lokal–planaren isotropen Anteil

$$\frac{\$_2}{2G_m} = \overset{<4>}{\mathbb{M}}_2 \cdot\cdot \frac{\$}{2G_m} = \left[(1+\frac{n+2}{4}\beta)\overset{<4>}{\mathbb{M}}_2 + \frac{n-2}{8}\beta\,\mathbb{E}_2\circ\mathbb{E}_2\right]\cdot\cdot\left[\mathbb{D}-\alpha(T-T_0)\mathbb{E}\right] -$$

$$-\left[(1+\frac{\beta}{2})\overset{<4>}{\mathbb{M}}_2 - \frac{\beta}{4}\mathbb{E}_2\circ\mathbb{E}_2\right]\cdot\cdot\int_{\chi=0}^{\varphi}\left[\mathbb{D}-\alpha(T-T_0)\mathbb{E}\right]e^{-(\varphi-\chi)}\,d\chi +$$

$$+\frac{\epsilon_\infty}{\varphi_\infty}(1-\frac{\beta}{2})(1-e^{-\varphi})\,\mathbb{E}_2\,, \qquad (7.51a)$$

d. h.,

$$\frac{\sigma_{jj}}{2G_m} = (1+\frac{n+2}{4}\beta)\left[\epsilon_{jj}-\alpha(T-T_0)\right] + \frac{n-2}{8}\beta\left[\epsilon_{11}+\epsilon_{22}-2\alpha(T-T_0)\right] -$$

$$-\int_{\chi=0}^{\varphi}\left[(1+\frac{\beta}{2})\left[\epsilon_{jj}-\alpha(T-T_0)\right]-\frac{\beta}{4}\left[\epsilon_{11}+\epsilon_{22}-2\alpha(T-T_0)\right]\right]e^{-(\varphi-\chi)}\,d\chi +$$

$$+\frac{\epsilon_\infty}{\varphi_\infty}(1-\frac{\beta}{2})(1-e^{-\varphi})\,, \qquad j=1,2\,, \qquad (7.51b)$$

$$\frac{\sigma_{12}}{G_m} = (1+\frac{n+2}{4}\beta)\gamma_{12} - (1+\frac{\beta}{2})\int_0^{\varphi}\gamma_{12}\,e^{-(\varphi-\chi)}\,d\chi\,, \qquad (7.51c)$$

in die flächenormale Komponentengleichung

$$\frac{\sigma_{33}}{2G_m} = (1+\beta)\left\{\left[\epsilon_{33}-\alpha(T-T_0)\right]-\int_0^{\varphi}\left[\epsilon_{33}-\alpha(T-T_0)\right]e^{-(\varphi-\chi)}\,d\chi\right\} + \frac{\epsilon_\infty}{\varphi_\infty}(1-e^{\varphi}) \qquad (7.51d)$$

und schließlich in die beiden Schubspannungsrelationen

$$\frac{\sigma_{3j}}{G_m} = (1+\beta)\left[\gamma_{3j}-\int_0^{\varphi}\gamma_{3j}\,e^{-(\varphi-\chi)}\,d\chi\right]\,, \qquad j=1,2\,. \qquad (7.51e)$$

Für

7.3 Kelvin-elastisches Verbundmaterial

wird im Folgenden als (in Mittelwerten dargestellte) Materialgleichung für die Matrix Diejenige eines Kelvin-Materials ohne Volumenviskosität benutzt, also

$$\$'_m = 2G_m e^{-\varphi}\frac{\partial}{\partial\varphi}(\mathbb{D}'_m e^{-\varphi})\,, \quad \mathbb{D}'_m = \frac{1}{2G_m}\int_0^{\varphi}\$'_m e^{-(\varphi-\chi)}\,d\chi$$

$$D_{1m} - 3\alpha_m\Delta T = \frac{S_{1m}}{3K_m} - 3\frac{\epsilon_\infty}{\varphi_\infty}f_s(\varphi)\,, \quad K_m = \frac{2G_m(1+\nu_m)}{3(1-2\nu_m)}\,,$$

d. h.

$$\mathbb{Y}_m = \mathbb{D}_m - \alpha_m \Delta T \mathbb{E} = \mathbb{D}'_m + \tfrac{1}{3}(D_{1m} - 3\alpha_m \Delta T)\mathbb{E}$$

$$= \mathbb{Y}'_m + \tfrac{1}{3} Y_{1m}\mathbb{E} = \frac{1}{2G_m}\int_0^{\varphi} \mathbb{S}'_m e^{-(\varphi-\chi)}\, d\chi + \left[\frac{S_{1m}}{9K_m} - \frac{\epsilon_\infty}{\varphi_\infty} f_s\right]\mathbb{E}\ , \qquad (7.52a\text{-}e)$$

indem hier noch die Möglichkeit einer Schwindverkürzung (f_s) vorgesehen wurde. Einsetzen in die zweite Basisgleichung (7.23) ergibt mit den Abkürzungen

$$\mathbb{B}^+ = (1+\nu_e)\,\mathbb{B}\ ,\quad n = \frac{G_e}{G_m}\ ,\quad n_K = \frac{K_e}{K_m}\ ,\quad \kappa_e = \frac{2G_e}{3K_e} = \frac{1-2\nu_e}{1+\nu_e}\ ,$$

$$\mathbb{L} = \mathbb{S} + 2G_e\left[\Delta\alpha\Delta T + \frac{\epsilon_\infty}{\varphi_\infty} f_s(\varphi)\right]\mathbb{E}\cdot\cdot\,\mathbb{B}^+ \qquad (7.53a\text{-}e)$$

für die Berechnung der Matrixspannungen $\mathbb{S}_m$ in Abhängigkeit von der "Gesamtbeanspruchung" $\langle\ \mathbb{S},\ \Delta T,\ \frac{\epsilon_\infty}{\varphi_\infty}\ \rangle$ nach kurzer Rechnung die Beziehung

$$\mathbb{L} = (\mathbb{1} - \mathbb{B}^+)\cdot\cdot\,\mathbb{S}'_m + n\mathbb{B}^+\cdot\cdot\int_0^{\varphi} \mathbb{S}'_m e^{-(\varphi-\chi)}\, d\chi + \frac{S_{1m}}{3}\left[\mathbb{E} + \kappa_e(n_K - 1)\,\mathbb{B}^+\cdot\cdot\,\mathbb{E}\right], \qquad (7.54a)$$

die mit

$$\beta^+ = \mathbb{E}\cdot\cdot\,\mathbb{B}^+\cdot\cdot\,\mathbb{E} = (1+\nu_e)\Sigma\,\beta_\alpha = (1+\nu_e)\beta \qquad (7.54b)$$

in

$$\frac{\mathbb{E}\cdot\cdot\,\mathbb{L}}{3} = \frac{L_1}{3} = \frac{\mathbb{E}\cdot\cdot\,\mathbb{B}^+}{3}\cdot\cdot(-\,\mathbb{S}'_m + n\int_0^{\varphi} \mathbb{S}'_m e^{-(\varphi-\chi)}\, d\chi) + \left[1 + \kappa_e(n_K - 1)\frac{\beta^+}{3}\right]\frac{S_{1m}}{3} \qquad (7.54c)$$

sowie

$$\mathbb{L}' = \mathbb{L} - \tfrac{1}{3}L_1\mathbb{E} \overset{36)}{=} \Big[\mathbb{1} - \mathbb{B}^+ + \tfrac{1}{3}(\mathbb{E}\circ\mathbb{E}\cdot\cdot\,\mathbb{B}^+ + \underline{\mathbb{B}^+\cdot\cdot\,\mathbb{E}\circ\mathbb{E}}) - \underline{\frac{\beta^+}{9}\,\mathbb{E}\circ\mathbb{E}}\Big]\cdot\cdot\,\mathbb{S}'_m +$$

$$+\, n\Big[\mathbb{B}^+ - \tfrac{1}{3}(\mathbb{E}\circ\mathbb{E}\cdot\cdot\,\mathbb{B}^+ + \underline{\mathbb{B}^+\cdot\cdot\,\mathbb{E}\circ\mathbb{E}}) + \frac{\beta^+}{9}\,\mathbb{E}\circ\mathbb{E}\Big]\cdot\cdot\int_0^{\varphi} \mathbb{S}'_m e^{-(\varphi-\chi)}\, d\chi +$$

$$+\, \kappa_e(n_K - 1)\frac{S_{1m}}{3}\,\mathbb{E}\cdot\cdot\left[\mathbb{B}^+ - \frac{\beta^+}{3}\,\mathbb{1}\right] \qquad (7.54d)$$

zerlegt werden kann. Mittels (7.54c), d. h.

---

36) Die wegen $\mathbb{E}..\mathbb{S}'_m = 0$ unerheblichen gestrichelten Terme wurden zwecks Symmetrierung der Koeffiziententetraden hinzugefügt.

$$\frac{S_{1m}}{3} = \frac{1}{1+\kappa_e(n_K-1)\frac{\beta^+}{3}} \left[\frac{L_1}{3} + \frac{1}{3}\mathbb{E}\cdot\cdot\mathbb{B}^+\cdot\cdot\$'_m - \frac{n}{3}\mathbb{E}\cdot\cdot\mathbb{B}^+\cdot\cdot\int_0^{\varphi}\$'_m e^{-(\varphi-\chi)}\,d\chi \right] =$$

$$= \frac{L_1}{3+\kappa_e(n_K-1)\beta^+} + \frac{\mathbb{E}}{3}\cdot\cdot\left[\frac{\mathbb{E}\circ\mathbb{E}\cdot\cdot\mathbb{B}^+ + \underline{\mathbb{E}}\cdot\cdot\underline{\mathbb{B}}^+\circ\underline{\mathbb{E}} - \frac{\beta^+}{3}\underline{\mathbb{E}}\circ\underline{\mathbb{E}}}{3+\kappa_e(n_K-1)\beta^+} \right]\cdot\cdot\left[\$'_m - n\int_0^{\varphi}\$'_m e^{-(\varphi-\chi)}\,d\chi\right] \tag{7.55a}$$

bzw.

$$\kappa_e(n_K-1)\left[\mathbb{E}\cdot\cdot\mathbb{B}^+ - \frac{\beta^+}{3}\mathbb{E}\right]\frac{S_{1m}}{3} = \frac{\kappa_e(n_K-1)\left[\mathbb{E}\cdot\cdot\mathbb{B}^+ - \frac{\beta^+}{3}\mathbb{E}\right]}{3+\kappa_e(n_K-1)\beta^+}L_1 +$$

$$+ \frac{\kappa_e(n_K-1)\left[\mathbb{E}\cdot\cdot\mathbb{B}^+ - \frac{\beta^+}{3}\mathbb{E}\right]}{3+\kappa_e(n_K-1)\beta^+}\circ\mathbb{E}\cdot\cdot\mathbb{B}^+\cdot\cdot\left[\$'_m - n\int_0^{\varphi}\$'_m e^{-(\varphi-\chi)}\,d\chi\right]$$

$$\equiv \frac{\kappa_e(n_K-1)\left[\mathbb{E}\cdot\cdot\mathbb{B}^+ - \frac{\beta^+}{3}\mathbb{E}\right]}{3+\kappa_e(n_K-1)\beta^+}L_1 +$$

$$+ \frac{\kappa_e(n_K-1)\left[\mathbb{E}\cdot\cdot\mathbb{B}^+\circ\mathbb{B}^+\cdot\cdot\mathbb{E} - \frac{\beta^+}{3}\left(\mathbb{E}\circ\mathbb{E}\cdot\cdot\mathbb{B}^+ + \underline{\mathbb{E}}\cdot\cdot\underline{\mathbb{B}}^+\circ\underline{\mathbb{E}} - \frac{\beta^+}{3}\mathbb{E}\circ\mathbb{E}\right)\right]}{3+\kappa_e(n_K-1)\beta^+}\cdot\cdot$$

$$\cdot\cdot\left[\$'_m - n\int_0^{\varphi}\$'_m e^{-(\varphi-\chi)}\,d\chi\right] \tag{7.55b}$$

läßt sich in (7.54d) der Spuranteil der Matrixspannungen eliminieren, womit schließlich (7.50d) mit den Bezeichnungen

$$\hat{\mathbb{L}}' = \mathbb{L}' - \frac{\kappa_e(n_K-1)\left[\mathbb{E}\cdot\cdot\mathbb{B}^+ - \frac{\beta^+}{3}\mathbb{E}\right]}{3+\kappa_e(n_K-1)\beta^+}L_1 \ , \quad \mathbb{E}\cdot\cdot\hat{\mathbb{L}}' = 0 \tag{7.56a,b}$$

sowie

$$\mathbb{B}^* = \mathbb{B}^+ - \frac{\mathbb{E}\circ\mathbb{E}\cdot\cdot\mathbb{B}^+ + \mathbb{B}^+\cdot\cdot\mathbb{E}\circ\mathbb{E} - \frac{\beta^+}{3}\mathbb{E}\circ\mathbb{E} + \kappa_e(n_K-1)\mathbb{E}\cdot\cdot\mathbb{B}^+\circ\mathbb{B}^+\cdot\cdot\mathbb{E}}{3+\kappa_e(n_K-1)\beta^+} =$$

$$= \frac{3}{3+\kappa_e(n_K-1)\beta^+}\mathbb{1}'\cdot\cdot\mathbb{B}^+\cdot\cdot\mathbb{1}' + \frac{\kappa_e(n_K-1)}{3+\kappa_e(n_K-1)\beta^+}\left(\beta^+\mathbb{B}^+ - \mathbb{E}\cdot\cdot\mathbb{B}^+\circ\mathbb{E}\cdot\cdot\mathbb{B}^+\right)$$

$$\equiv \mathbb{1}'\cdot\cdot\mathbb{B}^*\cdot\cdot\mathbb{1}' \ , \text{ d. h. } \mathbb{E}\cdot\cdot\mathbb{B}^* = \mathbb{B}^*\cdot\cdot\mathbb{E} = 0 \tag{7.56c,d,e}$$

in die einfache Form

$$\hat{\mathbb{L}}' = (\mathbb{1}' - \mathbb{B}^*)\cdot\cdot\, \mathbb{S}'_m + n\mathbb{B}^*\cdot\cdot \int_0^{\varphi} \mathbb{S}'_m e^{-(\varphi-\chi)}\, d\chi \tag{7.57a}$$

mit der in den deviatorischen Matrixspannungen expliziten Version[37])

$$\mathbb{S}'_m = \frac{\hat{\mathbb{L}}'}{\mathbb{1}-\mathbb{B}^*} - \frac{n\mathbb{B}^*}{(\mathbb{1}-\mathbb{B}^*)^2}\cdot\cdot \int_0^{\varphi} e^{-\frac{\mathbb{1}+(n-1)\mathbb{B}^*}{\mathbb{1}-\mathbb{B}^*}(\varphi-\chi)}\cdot\cdot\,\hat{\mathbb{L}}'\, d\chi \tag{7.57b}$$

überführt werden kann. Mit

$$\int_0^{\varphi} \mathbb{S}'_m e^{-(\varphi-\chi)}\, d\chi = \frac{1}{\mathbb{1}-\mathbb{B}^*}\cdot\cdot \int_0^{\varphi} e^{-\frac{\mathbb{1}+(n-1)\mathbb{B}^*}{\mathbb{1}-\mathbb{B}^*}(\varphi-\chi)}\cdot\cdot\,\hat{\mathbb{L}}'\, d\chi\,, \tag{7.57c}$$

also nach Einsetzen von

$$\mathbb{S}'_m - n\int_0^{\varphi} \mathbb{S}'_m e^{-(\varphi-\chi)}\, d\chi = \frac{\hat{\mathbb{L}}'}{\mathbb{1}-\mathbb{B}^*} - \frac{n}{(\mathbb{1}-\mathbb{B}^*)^2}\cdot\cdot \int_0^{\varphi} e^{-\frac{\mathbb{1}+(n-1)\mathbb{B}^*}{\mathbb{1}-\mathbb{B}^*}(\varphi-\chi)}\cdot\cdot\,\hat{\mathbb{L}}'\, d\chi \tag{7.57d}$$

in (7.56a) liegt dann auch schließlich die Matrixspannungsspur S_{1m} in Abhängigkeit von der (durch $\mathbb{S}$, ΔT, $\epsilon_\infty/\varphi_\infty$ repräsentierten) "Gesamtbeanspruchung" fest:

$$\frac{S_{1m}}{3}\mathbb{E} = \frac{L_1\mathbb{E}}{3+\kappa_e(n_K-1)\beta^+} + \frac{\mathbb{E}\circ\mathbb{E}\cdot\cdot\mathbb{B}^+}{3+\kappa_e(n_K-1)\beta^+}\cdot\cdot \Big[\frac{\hat{\mathbb{L}}'}{\mathbb{1}-\mathbb{B}^*} - \frac{n}{(\mathbb{1}-\mathbb{B}^*)^2}\cdot\cdot \int_0^{\varphi} e^{-\frac{\mathbb{1}+(n-1)\mathbb{B}^*}{\mathbb{1}-\mathbb{B}^*}(\varphi-\chi)}\cdot\cdot\,\hat{\mathbb{L}}'\, d\chi\Big] \tag{7.57e}$$

mit

$$L_1 \overset{(7.53e)}{=} S_1 + 2G_e\beta^+\Big[\Delta\alpha\Delta T + \frac{\epsilon_\infty}{\varphi_\infty}f_s(\varphi)\Big]\,,$$

$$\mathbb{L}' \overset{(7.53e)}{=} \mathbb{S}' + 2G_e\Big[\Delta\alpha\Delta T + \frac{\epsilon_\infty}{\varphi_\infty}f_s(\varphi)\Big]\Big[\mathbb{E}\cdot\cdot\mathbb{B}^+ - \frac{\beta^+}{3}\mathbb{E}\Big]\,,$$

$$\hat{\mathbb{L}}' \overset{(7.56a)}{=} \mathbb{S}' + \frac{\mathbb{E}\cdot\cdot\mathbb{B}^+ - \frac{\beta^+}{3}\mathbb{E}}{3+\kappa_e(n_K-1)\beta^+}\Big[6G_e(\Delta\alpha\Delta T + \frac{\epsilon_\infty}{\varphi_\infty}f_s) - \kappa_e(n_K-1)S_1\Big]\,. \tag{7.58a-c}$$

Einsetzen von

---

37) Man benutze die allgemeine Inversionsvorschrift (7.32) mit $\mathbb{Z} = \mathbb{S}'_m$, $\mathbb{Y} = \hat{\mathbb{L}}'\cdot\cdot(\mathbb{1}-\mathbb{B}^*)^{-1}$, $\mathbb{F} = n\mathbb{B}^*\cdot\cdot(\mathbb{1}-\mathbb{B}^*)^{-1}$, $\mathbb{\Omega} = \mathbb{1}$,
d. h. $\mathbb{F} + \mathbb{\Omega} = (\mathbb{1} + (n-1)\mathbb{B}^*)\cdot\cdot(\mathbb{1}-\mathbb{B}^*)^{-1}$

$$\mathbb{S}_m \overset{(7.57b,e)}{=} \mathbb{S}'_m + \frac{S_{1m}}{3}\mathbb{E} = \frac{L_1\mathbb{E}}{3+\kappa_e(n_K-1)\beta^+} + \left[\mathbb{1} + \frac{\mathbb{E}\circ\mathbb{E}\cdot\cdot\mathbb{B}^+}{3+\kappa_e(n_K-1)\beta^+}\right]\cdot\cdot\frac{\hat{\mathbb{L}}'}{\mathbb{1}-\mathbb{B}^*} -$$

$$- n\left[\mathbb{B}^* + \frac{\mathbb{E}\circ\mathbb{E}\cdot\cdot\mathbb{B}^+}{3+\kappa_e(n_K-1)\beta^+}\right]\cdot\cdot\frac{1}{(\mathbb{1}-\mathbb{B}^*)^2}\cdot\cdot\int_0^\varphi e^{-\frac{\mathbb{1}+(n-1)\mathbb{B}^*}{\mathbb{1}-\mathbb{B}^*}(\varphi-\chi)}\cdot\cdot\hat{\mathbb{L}}'\,d\chi\,\Big] \quad (7.59)$$

in die erste Basisgleichung ergibt dann schließlich die in den Kontinuumsverzerrungen ($\mathbb{Y}$) explizite Kontinuums-Stoffgleichung. Benutzt man die mit $\frac{1}{n}\,\mathbb{I}_e^{-1}\mathbb{I}_m$ multiplizierte Version (7.19d), so hat man also in

$$2G_m\mathbb{I}_m\cdot\cdot\,\mathbb{Y} = \frac{\mathbb{S}}{n}\cdot\cdot\frac{\mathbb{I}_m}{\mathbb{I}_e} + (1-\beta)\left[2G_m\mathbb{I}_m\cdot\cdot\,\mathbb{Y}_m - \frac{\mathbb{S}_m}{n}\cdot\cdot\frac{\mathbb{I}_m}{\mathbb{I}_e}\right], \quad (7.60a)$$

d. h.

$$2G_m\mathbb{Y}' = \frac{1}{n}\left[\mathbb{S}' - (1-\beta)\mathbb{S}'_m\right] + (1-\beta)\,2G_m\mathbb{Y}'_m =$$

$$\overset{(7.52)}{=} \frac{1}{n}\left[\mathbb{S}' - (1-\beta)\mathbb{S}'_m\right] + (1-\beta)\int_0^\varphi \mathbb{S}'_m e^{-(\varphi-\chi)}\,d\chi \quad (7.60b)$$

sowie in

$$3K_mY_1 \overset{38)}{=} \frac{1}{n_K}\left[S_1 - (1-\beta)S_{1m}\right] + (1-\beta)3K_mY_{1m} =$$

$$\overset{(7.52)}{=} \frac{1}{n_K}\left[S_1 - (1-\beta)S_{1m}\right] + (1-\beta)\left[S_{1m} - 9K_m\frac{\epsilon_\infty}{\varphi_\infty}f_s\right] \quad (7.60c)$$

$\mathbb{S}'_m$ bzw. S_{1m} nach (7.57b,c,e) einzusetzen. Man bekommt

$$2G_m\mathbb{Y}' = \frac{1}{n}\left[\mathbb{S}' - \frac{1-\beta}{\mathbb{1}-\mathbb{B}^*}\cdot\cdot\hat{\mathbb{L}}'\right] + \frac{(1-\beta)}{(\mathbb{1}-\mathbb{B}^*)^2}\cdot\cdot\int_0^\varphi e^{-\frac{\mathbb{1}+(n-1)\mathbb{B}^*}{\mathbb{1}-\mathbb{B}^*}(\varphi-\chi)}\cdot\cdot\hat{\mathbb{L}}'d\chi \quad (7.61a)$$

sowie

$$3K_m\left[Y_1 + 3\,(1-\beta)\frac{\epsilon_\infty}{\varphi_\infty}f_s\right] = \frac{1}{n_K}\left[S_1 - (1-\beta)(n_K-1)S_{1m}\right]$$

$$= \frac{1}{n_K}\left\{S_1 + (1-\beta)(n_K-1)\,\frac{3L_1}{3+\kappa_e(n_K-1)\beta^+} + \right.$$

38) Man benutze $\mathbb{I}_m/\mathbb{I}_e = \mathbb{1}' + \frac{1+\nu_m}{1-2\nu_m}\,\frac{1-2\nu_e}{1+\nu_e}\,\mathbb{1}_K = \mathbb{1}' + \frac{2G_m(1+\nu_m)}{3(1-2\nu_m)}\,\frac{3(1-2\nu_e)}{2G_e(1+\nu_e)}\,n\mathbb{1}_K$ $= \mathbb{1}' + \frac{K_m}{K_e}\,n\mathbb{1}_K = \mathbb{1}' + \frac{n}{n_K}\,\mathbb{1}_K$

$$+ (1-\beta)(n_K-1)\frac{3\mathbb{E}\cdot\cdot\mathbb{B}^+}{3+\kappa_e(n_K-1)\beta^+}\cdot\cdot\left[\frac{\hat{\mathbb{L}}'}{\mathbb{1}-\mathbb{B}^*}-\frac{n}{(\mathbb{1}-\mathbb{B}^*)^2}\cdot\cdot\int_0^{\varphi} e^{-\frac{\mathbb{1}+(n-1)\mathbb{B}^+}{\mathbb{1}-\mathbb{B}^*}(\varphi-\chi)}\cdot\cdot\hat{\mathbb{L}}'d\chi\right]\Bigg\} =$$

(7.61a)

$$= \frac{1}{n_K}\left\{S_1-\frac{(1-\beta)(n_K-1)3L_1}{3+\kappa_e(n_K-1)\beta^+}+(n_K-1)\frac{3\mathbb{E}\cdot\cdot\mathbb{B}^+}{3+\kappa_e(n_K-1)\beta^+}\cdot\cdot(\mathbb{S}'-2nG_m\mathbb{Y}')\right\}, \quad (7.61b)$$ [39]

nachdem man noch $\hat{\mathbb{L}}'$, L_1 im Sinne von (7.58) resubstituiert hat. Die in den Kontinuumsspannungen expliziten Versionen erfordern noch einige Umformungen, die hier nur noch für den Fall

$$f_s = 0\,,\quad \Delta\alpha = 0\,,\quad \text{d. h.}\quad L_1 = S_1\,,\quad \hat{\mathbb{L}}' = \mathbb{S}'-\frac{\kappa_e(n_K-1)}{3+\kappa_e(n_K-1)\beta^+}\left(\mathbb{E}\cdot\cdot\mathbb{B}^+-\frac{\beta^+}{3}\mathbb{E}\right)S_1$$

(7.62a-d)

angedeutet werden: Man löst (7.61b) nach S_1 auf,

$$S_1 = \frac{3+\kappa_e(n_K-1)\beta^+}{3-(n_K-1)[3(1-\beta)-\kappa_e\beta^+]}\left\{3K_eY_1-\frac{3(n_K-1)\mathbb{E}\cdot\cdot\mathbb{B}^+}{3+\kappa_e(n_K-1)\beta^+}\cdot\cdot(\mathbb{S}'-2nG_m\mathbb{Y}')\right\}, \quad (7.63a)$$

bekommt also nach (7.58c)

$$\hat{\mathbb{L}}' = \left[\mathbb{1}+\frac{3(n_K-1)^2\kappa_e}{3-(n_K-1)[3(1-\beta)-\kappa_e\beta^+]}\left[\mathbb{E}\cdot\cdot\mathbb{B}^+\circ\mathbb{B}^+\cdot\cdot\mathbb{E}-\right.\right.$$

$$\left.\left.-\frac{\beta^+}{3}(\mathbb{E}\circ\mathbb{E}\cdot\cdot\mathbb{B}^+ + \mathbb{B}^+\cdot\cdot\mathbb{E}\circ\mathbb{E})\right]\right]\cdot\cdot\mathbb{S}'-\frac{\kappa_e(n_K-1)}{3-(n_K-1)[3(1-\beta)-\kappa_e\beta^+]}\left[3K_eY_1+\right.$$

$$\left.+\frac{6n(n_K-1)\mathbb{E}\cdot\cdot\mathbb{B}^+\cdot\cdot\mathbb{Y}'}{3+\kappa_e(n_K-1)}\right]\left(\mathbb{E}\cdot\cdot\mathbb{B}^+-\frac{\beta^+}{3}\mathbb{E}\right), \quad (7.63b)$$

kann dergestalt in (7.61a) $\hat{\mathbb{L}}'$ zugunsten von $\mathbb{S}'$ und Kontinuumsverzerrungsgrößen eliminieren und damit (7.61a) in eine in $\mathbb{S}'$ explizite Version invertieren. Aus Raumgründen kann dies hier nicht angegeben werden.

Für

7.3.1 einachsige Bewehrung

$$\mathbb{B} = \beta_1\,\mathbb{e}_1\circ\mathbb{e}_1\circ\mathbb{e}_1\circ\mathbb{e}_1\,,\quad \beta=\beta_1\,,\quad \mathbb{B}^+ = (1+\nu_e)\,\beta_1\,\mathbb{e}_1\circ\mathbb{e}_1\circ\mathbb{e}_1\circ\mathbb{e}_1\,, \quad (7.64a)$$

---

[39] Aus (7.61a) erkennt man

$$\frac{1-\beta}{\mathbb{1}-\mathbb{B}^*}\cdot\cdot\hat{\mathbb{L}}'-\frac{n(1-\beta)}{(\mathbb{1}-\mathbb{B}^*)^2}\cdot\cdot\int_0^{\varphi} e^{-\frac{\mathbb{1}+(n-1)\mathbb{B}^*}{\mathbb{1}-\mathbb{B}^*}(\varphi-\chi)}\cdot\cdot\hat{\mathbb{L}}'\,d\chi \equiv (\mathbb{S}'-2nG_m\mathbb{Y}')$$

bekommt man nach (7.56c,d)

$$\mathbb{B}^* = b^*\mathbb{1}'\cdot\cdot e_1 \circ e_1 \circ e_1 \circ e_1 \cdot\cdot \mathbb{1}' = b^*(e_1 \circ e_1 \circ e_1 \circ e_1)' \equiv b^*(e_1 \circ e_1)' \circ (e_1 \circ e_1)' ,$$

$$(e_1 \circ e_1)' = (e_1 \circ e_1)\cdot\cdot \mathbb{1}' = \mathbb{1}'\cdot\cdot(e_1 \circ e_1) ,$$

mit

$$b^* = \frac{\beta_1^+}{1+\frac{\zeta}{3}\beta_1^+} \quad \text{und} \quad \zeta = \kappa_e(n_K-1) \ , \quad \beta_1^+ = \beta_1(1+\nu_e) , \tag{7.64b-d}$$

wobei man durch Nachrechnen die Eigenschaft

$$(e_1 \circ e_1 \circ e_1 \circ e_1)'\cdot\cdot (e_1 \circ e_1 \circ e_1 \circ e_1)' = \frac{2}{3}(e_1 \circ e_1 \circ e_1 \circ e_1)'$$

erkennt. Man drückt daher zweckmäßig mit den drei idempotenten Operatoren

$$\mathbb{P}_1 = \mathbb{P}_1' = \frac{3}{2}(e_1 \circ e_1 \circ e_1 \circ e_1)' \quad \text{mit} \quad \mathbb{P}_1'\cdot\cdot \mathbb{P}_1' = \mathbb{P}_1' \tag{7.65a,b}$$

$$\mathbb{P}_2 = \mathbb{P}_2' = \mathbb{1}' - \mathbb{P}_1' \quad \text{mit}$$

$$\mathbb{P}_2'\cdot\cdot \mathbb{P}_2' = (\mathbb{1}' - \mathbb{P}_1')\cdot\cdot(\mathbb{1}' - \mathbb{P}_1') = \mathbb{1}'\cdot\cdot\mathbb{1}' - 2\mathbb{1}'\cdot\cdot\mathbb{P}_1' + \mathbb{P}_1'\cdot\cdot \mathbb{P}_1' \equiv \mathbb{P}_2' \tag{7.65c,d}$$

sowie

$$\mathbb{P}_3 = \mathbb{1}_K = \frac{1}{3}\mathbb{E} \circ \mathbb{E} \quad \text{mit} \quad \mathbb{1}_K\cdot\cdot\mathbb{1}_K = \mathbb{1}_K , \tag{7.65e,f}$$

die im Sinne von

$$\mathbb{P}_j\cdot\cdot \mathbb{P}_k = 0 \quad \text{für} \quad j \neq k \ , \ j,k = 1...3 , \tag{7.65g}$$

zueinander orthogonal sind, sämtliche Tensorfunktionen von $\mathbb{B}^*$ bzw. $\mathbb{B}^+$ durch $\mathbb{P}_1'$, $\mathbb{P}_2'$, $\mathbb{1}_K$ aus, bekommt also

$$\mathbb{B}^* = \frac{2}{3}b^*\mathbb{P}_1' ,$$

$$\mathbb{1} - \mathbb{B}^* = \mathbb{1}' + \mathbb{1}_K - \frac{2}{3}b^*\mathbb{P}_1' = \frac{3-2b^*}{3}\mathbb{P}_1' + \mathbb{P}_2' + \mathbb{1}_K ,$$

$$(\mathbb{1} - \mathbb{B}^*)^{-1} =^{40)} \frac{3}{3-2b^*}\mathbb{P}_1' + \mathbb{P}_2' + \mathbb{1}_K = \mathbb{1} + \frac{2b^*}{3-2b^*}\mathbb{P}_1' ,$$

$$(\mathbb{1} - \mathbb{B}^*)^{-2} = \frac{9}{(3-2b^*)^2}\mathbb{P}_1' + \mathbb{P}_2' + \mathbb{1}_K ,$$

$$\mathbb{1} + (n-1)\mathbb{B}^* = \mathbb{1}' + \mathbb{1}_K + \frac{2}{3}b^*(n-1)\mathbb{P}_1' = [1 + \frac{2}{3}(n-1)b^*]\mathbb{P}_1' + \mathbb{P}_2' + \mathbb{1}_K ,$$

$$\frac{\mathbb{1}+(n-1)\mathbb{B}^*}{\mathbb{1}-\mathbb{B}^*} = \frac{3+2(n-1)b^*}{3-2b^*}\mathbb{P}_1' + \mathbb{P}_2' + \mathbb{1}_K = \mathbb{1} + \frac{2nb^*}{3-2b^*}\mathbb{P}_1' ,$$

$$e^{\frac{\mathbb{1}+(n-1)\mathbb{B}^*}{\mathbb{1}-\mathbb{B}^*}\alpha} = e^{\frac{3+2(n-1)b^*}{3-2b^*}\alpha}\mathbb{P}_1' + (\mathbb{P}_2' + \mathbb{1}_K)e^{\alpha} = e^{\frac{3+2(n-1)b^*}{3-2b^*}\alpha}\mathbb{P}_1' +$$

---

40) Man benutze für $(\mathbb{1} - \mathbb{B}^*)^{-1}$ den Ansatz $(\mathbb{1} - \mathbb{B}^*)^{-1} = \lambda_1\mathbb{P}_1' + \lambda_2\mathbb{P}_2' + \lambda_K\mathbb{1}_K$ und berechne die Skalare λ_j aus

$$(\mathbb{1} - \mathbb{B}^*)\cdot\cdot(\mathbb{1} - \mathbb{B}^*)^{-1} \equiv \left[\frac{3-2b^*}{3}\mathbb{P}_1' + \mathbb{P}_2' + \mathbb{1}_K\right]\cdot\cdot\left[\lambda_1\mathbb{P}_1' + \lambda_2\mathbb{P}_2' + \lambda_K\mathbb{1}_K\right] \equiv \mathbb{1} = \mathbb{1}' + \mathbb{1}_K =$$

$= \mathbb{P}_1' + \mathbb{P}_2' + \mathbb{1}_K$ unter Beachtung von (7.65) und führe Koeffizientenvergleich hinsichtlich der idempotenten Orthogonalelemente $(\mathbb{P}_1', \mathbb{P}_2', \mathbb{1}_K)$ durch.

$$+ (\mathbb{1} - \mathbb{P}_1')e^{\alpha} = e^{\alpha}\,\mathbb{1} + \mathbb{P}_1'\, e^{\alpha}\Big[e^{\frac{2nb^*}{3-2b^*}\alpha} - 1 \Big] ,$$

$$\frac{n\mathbb{B}^*}{(\mathbb{1}-\mathbb{B}^*)^2} \cdot\cdot\, e^{\frac{\mathbb{1}+(n-1)\mathbb{B}^*}{\mathbb{1}-\mathbb{B}^*}\alpha} = \frac{6n\, b^*}{(3-2b^*)^2}\, e^{\frac{3+2(n-1)b^*}{3-2b^*}\alpha}\, \mathbb{P}_1' ,$$

$$\frac{1}{(\mathbb{1}-\mathbb{B}^*)^2} \cdot\cdot\, e^{\frac{\mathbb{1}+(n-1)\mathbb{B}^*}{\mathbb{1}-\mathbb{B}^*}\alpha} = \frac{9}{(3-2b^*)^2}\, e^{\frac{3+2(n-1)b^*}{3-2b^*}\alpha}\, \mathbb{P}_1' + (\mathbb{P}_2' + \mathbb{1}_K)\, e^{\alpha} \qquad (7.66a\text{-}i)$$

und erhält schließlich aus (7.57b,e) nach kurzer Rechnung

$$\mathbb{S}_m' = \hat{\mathbb{L}}' + \frac{3b^*}{3-2b^*}(\mathbb{e}_1\circ\mathbb{e}_1)'\Big[(\mathbb{e}_1\circ\mathbb{e}_1)\cdot\cdot\hat{\mathbb{L}}' - \frac{3n}{3-2b^*}\int_0^{\varphi} e^{-\frac{3+2(n-1)b^*}{3-2b^*}(\varphi-\chi)}(\mathbb{e}_1\circ\mathbb{e}_1)\cdot\cdot\hat{\mathbb{L}}'d\chi\Big] ,$$

$$\frac{S_{1m}}{3} = \frac{b^*}{\beta^+}\frac{L_1}{3} + \frac{b^*}{3-2b^*}\Big[(\mathbb{e}_1\circ\mathbb{e}_1)\cdot\cdot\,\hat{\mathbb{L}}' - \frac{3n}{3-2b^*}\int_0^{\varphi} e^{-\frac{3+2(n-1)b^*}{3-2b^*}(\varphi-\chi)}(\mathbb{e}_1\circ\mathbb{e}_1)\cdot\cdot\,\hat{\mathbb{L}}'d\chi\Big] ,$$

$$(7.67a,b)$$

d. h.

$$\mathbb{S}_m = \mathbb{S}_m' + \frac{S_{1m}}{3}\mathbb{E} = \hat{\mathbb{L}}' + \frac{b^*}{\beta^+}\frac{L_1}{3}\mathbb{E} + \frac{3b^*}{3-2b^*}\mathbb{e}_1\circ\mathbb{e}_1\Big[(\mathbb{e}_1\circ\mathbb{e}_1)\cdot\cdot\,\hat{\mathbb{L}}' -$$
$$- \frac{3n}{3-2b^*}\int_0^{\varphi} e^{-\frac{3+2(n-1)b^*}{3-2b^*}(\varphi-\chi)}(\mathbb{e}_1\circ\mathbb{e}_1)\cdot\cdot\,\hat{\mathbb{L}}'d\chi\Big] =$$
$$\overset{(7.58)}{=} \mathbb{L} - \frac{\zeta b^*}{3}L_1\,\mathbb{e}_1\circ\mathbb{e}_1 + \frac{3b^*}{3-2b^*}\mathbb{e}_1\circ\mathbb{e}_1\Big[(\mathbb{e}_1\circ\mathbb{e}_1)\cdot\cdot\,\hat{\mathbb{L}}' -$$
$$- \frac{3n}{3-2b^*}\int_0^{\varphi} e^{-\frac{3+2(n-1)b^*}{3-2b^*}(\varphi-\chi)}(\mathbb{e}_1\circ\mathbb{e}_1)\cdot\cdot\,\hat{\mathbb{L}}'d\chi\Big] , \qquad (7.67c)$$

also z. B. mit

$$\mathbb{L} = \mathbb{S}\ ,\quad L_1 = S_1\ ,\quad \mathbb{L}' = \mathbb{S}'\ ,\quad \hat{\mathbb{L}}' \overset{(7.58c)}{=} \mathbb{S}' - \frac{\zeta b^*}{3}S_1\,(\mathbb{e}_1\circ\mathbb{e}_1)',$$
$$(\mathbb{e}_1\circ\mathbb{e}_1)\cdot\cdot\,\hat{\mathbb{L}}' = \sigma_{11} - \frac{S_1}{3}\Big[1 + \frac{2}{3}\zeta b^*\Big] , \qquad (7.68a\text{-}d)$$

indem man von Wärmeausdehnungsunterschieden bzw. Schwinden absieht $(\Delta\alpha = 0, f_s = 0)$, für die auf eine Orthonormalbasis $<\mathbb{e}_1,\mathbb{e}_2,\mathbb{e}_3>$ bezogenen Komponentendarstellungen der in Abhängigkeit von den Kontinuumsspannungen ausgedrückten Matrixspannungen die Beziehungen

$$\sigma_{mjk} = \sigma_{jk}\ , \qquad j,k \neq 1,1\ ,$$

$$\sigma_{m11} = \frac{3+b^*}{3-2b^*}\sigma_{11} - \frac{9nb^*}{(3-2b^*)^2}\int_0^{\varphi}\sigma_{11}\, e^{-\frac{3+2(n-1)b^*}{3-2b^*}(\varphi-\chi)}\, d\chi -$$

$$-\frac{(1+\zeta)b^*}{3-2b^*}S_1 + \frac{3nb^*}{(3-2b^*)^2}\left[1+\frac{2}{3}\zeta b^*\right]\int_0^{\varphi} S_1\, e^{-\frac{3+2(n-1)b^*}{3-2b^*}(\varphi-\chi)}\, d\chi\,, \tag{7.69}$$

die insbesondere das — im Hinblick auf die mittleren Spannungen angewendete Reaktionsprinzip $\mathbb{S}_{e1} = \mathbb{S}_m + (\sigma_{e11} - \sigma_{m11})\mathbb{e}_1\circ\mathbb{e}_1$ — einleuchtende Resultat zeitigen, daß nur die Matrixspannungen σ_{11m} von den Gesamtspannungen σ_{11} verschieden sind.

Für die Erzeugung der Kontinuums– Stoffgleichung durch Einsetzen von (7.69) in (7.60) nutzt man die in (7.69) festgestellte Tatsache

$$\mathbb{S}_m - \mathbb{S} = (\sigma_{m11} - \sigma_{11})\mathbb{e}_1\circ\mathbb{e}_1$$

$$S_{1m} - S_1 = \mathbb{E}\cdot\cdot(\mathbb{S}_m - \mathbb{S}) = \sigma_{m11} - \sigma_{11}$$

$$\mathbb{S}'_m - \mathbb{S}' = (\sigma_{m11} - \sigma_{11})(\mathbb{e}_1\circ\mathbb{e}_1 - \frac{\mathbb{E}}{3}) = (\sigma_{m11} - \sigma_{11})(\mathbb{e}_1\circ\mathbb{e}_1)'$$

mit

$$\sigma_{m11} - \sigma_{11} = \frac{3b^*}{3-2b^*}\left[\sigma_{11} + \frac{3n}{(3-2b^*)^2}\int_0^{\varphi}\sigma_{11}\, e^{-\frac{3+2(n-1)b^*}{3-2b^*}(\varphi-\chi)}\, d\chi\right] +$$

$$+\frac{(1+\zeta)b^*}{3-2b^*}S_1 + \frac{3nb^*}{(3-2b^*)^2}\left[1+\frac{2}{3}\zeta b^*\right]\int_0^{\varphi} S_1\, e^{-\frac{3+2(n-1)b^*}{3-2b^*}(\varphi-\chi)}\, d\chi \tag{7.70}$$

aus und bekommt aus (7.60b,c) die in den Verzerrungen explizite Kontinuums–Stoffgleichung

$$2G_m\mathbb{Y}' = \frac{\beta}{n}\mathbb{S}' + (1-\beta)\int_0^{\varphi}\mathbb{S}' e^{-(\varphi-\chi)}\, d\chi - \frac{1-\beta}{n}\Big[(\sigma_{m11} - \sigma_{11}) -$$

$$- n\int_0^{\varphi}(\sigma_{m11} - \sigma_{11})e^{-(\varphi-\chi)}\, d\chi\Big](\mathbb{e}_1\circ\mathbb{e}_1)'\,,$$

$$3K_mY_1 = \left[1 - \frac{n_K-1}{n_K}\beta\right]S_1 + \frac{(1-\beta)(n_K-1)}{n_K}(\sigma_{m11} - \sigma_{11}) \tag{7.71a,b}$$

nachdem man $(\sigma_{m11} - \sigma_{11})$ nach (7.70) eingesetzt hat.

Abschließend werden noch die Formalien für den

7.4 elastischen Faserverbundwerkstoff

notiert, wofür

$$\mathbb{Y}_m = \frac{\mathbb{S}_m}{2G_m \mathbb{I}_m} \tag{7.72}$$

gesetzt werden muß. Aus der (zweiten) Basisgleichung (7.23) hat man

$$\mathbb{S} = \mathbb{S}_m + 2G_e(1+\nu_e)\mathbb{B}\cdot\cdot\left[\frac{\mathbb{S}_m}{2G_m\mathbb{I}_m} - \frac{\mathbb{S}_m}{2G_e\mathbb{I}_e} - \Delta\alpha\Delta T\mathbb{E}\right] ,$$

also mit

$$n = \frac{G_e}{G_m} , \quad \mathbb{B}^+ = (1+\nu_e)\mathbb{B} , \quad (n-1)\mathbb{B}^* = \sqrt{\frac{n}{\mathbb{I}_m} - \frac{1}{\mathbb{I}_e}}\cdot\cdot\,\mathbb{B}^+\cdot\cdot\sqrt{\frac{n}{\mathbb{I}_m} - \frac{1}{\mathbb{I}_e}} \tag{7.73a-c}$$

die Gleichung

$$\sqrt{\frac{n}{\mathbb{I}_m} - \frac{1}{\mathbb{I}_e}}\cdot\cdot(\mathbb{S} + 2G_e\Delta\alpha\Delta T\,\mathbb{B}^+\cdot\cdot\mathbb{E}) = [\mathbb{1} + (n-1)\mathbb{B}^*]\cdot\cdot\sqrt{\frac{n}{\mathbb{I}_m} - \frac{1}{\mathbb{I}_e}}\cdot\cdot\,\mathbb{S}_m \tag{7.74a}$$

mit der in den Matrixspannungen expliziten Darstellung

$$\mathbb{S}_m = \sqrt{\frac{n}{\mathbb{I}_m} - \frac{1}{\mathbb{I}_e}}^{\,-1}\cdot\cdot[\mathbb{1} + (n-1)\mathbb{B}^*]^{-1}\cdot\cdot\sqrt{\frac{n}{\mathbb{I}_m} - \frac{1}{\mathbb{I}_e}}\cdot\cdot(\mathbb{S} + 2G_e\Delta\alpha\Delta T\,\mathbb{B}^+\cdot\cdot\mathbb{E}) , \tag{7.74b}$$

was in die (erste) Basisgleichung (7.19d), d. h. in

$$2G_e\mathbb{I}_e\cdot\cdot\,\mathbb{Y} = \mathbb{S} + (1-\beta)[2G_e\mathbb{I}_e\cdot\cdot\,\mathbb{Y}_m - \mathbb{S}_m] \overset{(7.72)}{=} \mathbb{S} + (1-\beta)\left[n\frac{\mathbb{I}_e}{\mathbb{I}_m} - \mathbb{1}\right]\cdot\cdot\mathbb{S}_m =$$

$$= \mathbb{S} + (1-\beta)\mathbb{I}_e\cdot\cdot\left[\frac{n}{\mathbb{I}_m} - \frac{1}{\mathbb{I}_e}\right]\cdot\cdot\mathbb{S}_m$$

eingesetzt wird. Es entsteht die in den Kontinuumsverzerrungen explizite Stoffgleichung

$$2G_e\left\{\sqrt{\mathbb{I}_e}\cdot\cdot\,\mathbb{Y} - (1-\beta)\left(\sqrt{n\frac{\mathbb{I}_e}{\mathbb{I}_m} - \mathbb{1}}\cdot\cdot[\mathbb{1} + (n-1)\mathbb{B}^*]^{-1}\cdot\cdot\sqrt{n\frac{\mathbb{I}_e}{\mathbb{I}_m} - \mathbb{1}}\cdot\cdot\frac{\mathbb{B}^+\cdot\cdot\mathbb{E}}{\sqrt{\mathbb{I}_e}}\Delta\alpha\Delta T\right\} \equiv$$

$$\equiv 2G_e\sqrt{\mathbb{I}_e}\cdot\cdot\,\mathbb{Y}^* = \left[\mathbb{1} - (1-\beta)\left(\sqrt{n\frac{\mathbb{I}_e}{\mathbb{I}_m} - \mathbb{1}}\cdot\cdot[\mathbb{1} + (n-1)\mathbb{B}^*]^{-1}\cdot\cdot\sqrt{n\frac{\mathbb{I}_e}{\mathbb{I}_m} - \mathbb{1}}\right]\cdot\cdot\frac{\mathbb{S}}{\sqrt{\mathbb{I}_e}} \tag{7.75a}$$

und schließlich die in den Kontinuumsspannungen explizite Version

$$\mathbb{S} = 2G_e\sqrt{\mathbb{I}_e}\cdot\cdot\left\{\mathbb{1} - (1-\beta)\left(\sqrt{n\frac{\mathbb{I}_e}{\mathbb{I}_m} - \mathbb{1}}\cdot\cdot[\mathbb{1} + (n-1)\mathbb{B}^*]^{-1}\cdot\cdot\sqrt{n\frac{\mathbb{I}_e}{\mathbb{I}_m} - \mathbb{1}}\right\}^{-1}\right]\cdot\cdot\sqrt{\mathbb{I}_e}\cdot\cdot\,\mathbb{Y}^* , \tag{7.75b}$$

mit

$$\mathbb{Y} = \mathbb{D} - \alpha\Delta T\mathbb{E} , \quad \alpha = (1-\beta)\alpha_m + \beta\alpha_e ,$$

$$\mathbb{Y}^* = \mathbb{Y} - (1-\beta)\sqrt{\frac{n}{\mathbb{I}_m} - \frac{1}{\mathbb{I}_e}} \cdot\cdot [\mathbb{1} + (n-1)\mathbb{B}^*]^{-1} \cdot\cdot \sqrt{\frac{n}{\mathbb{I}_m} - \frac{1}{\mathbb{I}_e}} \cdot\cdot \mathbb{B}^+ \cdot\cdot \mathbb{E}\, \Delta\alpha\Delta T\,. \qquad (7.75c\text{-}e)$$

Ausführungen zu Kontinuisierungsproblemen findet man auch in [3]; die Betrachtnahme auch viskoelastischen Fasermaterials ist in [36] recherchiert, und schließlich soll noch auf die neuerdings zugänglichen Arbeiten der durch Tamusz, Teters, Rikards u. a. repräsentierten "Rigaer Schule" über "Mechanik der Komposite" (z. B. in [37]) verwiesen werden.

E Ergänzungsparagraphen

E § 1 Thermische Anelastizität

Als Beispiel für den am Ende von § 2 recherchierten Befund, daß auch für Hyperelastizität eines Mediums bei gleichzeitigem Vorhandensein von Wärmeleitung reversible Zustandsänderungen nicht möglich sind, wird die durch Anfangsauslenkung bewirkte freie Longitudinalbewegung eines beidseitig unverschieblich gelagerten prismatischen Stabes (Querschnitt F) mit wärmeisolierten Mantel- und Endflächen auf Basis der Theorie kleiner Verformungen untersucht.

Mit dem Hookeschen Gesetz für einachsige Beanspruchung

$$\sigma_{xx} = E\,[\epsilon_{xx} - \alpha\,(T-T_0)]$$

folgt für die Stab-Längskraft

$$N(x,t) = F\sigma_{xx} = EF[\epsilon_{xx} - \alpha(T-T_0)] = EF\left[\frac{\partial u_x}{\partial x} - \alpha(T-T_0)\right] \tag{1.1}$$

und damit aus der Newton-Eulerschen Feldgleichung in Stabachsenrichtung,

$$\frac{\partial N}{\partial x} = \rho F\,\frac{\partial^2 u_x}{\partial t^2} =^{1)} \rho_0 F\,\frac{\partial^2 u_x}{\partial t^2}$$

für die Axialverschiebungen $u_x(x,t)$ die Differentialgleichung

$$c^2\,\frac{\partial^2 u_x}{\partial x^2} - \frac{\partial^2 u_x}{\partial t^2} - c^2\alpha\,\frac{\partial T}{\partial x} = 0\ , \quad c = \sqrt{\frac{E}{\rho_0}}\ . \tag{1.2a,b}$$

Die zweite Feldgleichung liefert die Entropiebilanzgleichung

$$-\frac{\nabla\cdot\mathbb{q}}{\rho} =^{2)} -\frac{1}{\rho}\,\frac{\partial q_x}{\partial x} = -\frac{1}{\rho_0}\,\frac{\partial q_x}{\partial x} = T\dot{\mathscr{S}}\ , \tag{1.3a}$$

in die man

$$q_x = -\,\lambda\,\partial T/\partial x \tag{1.3b}$$

nach dem Fourierschen Gesetz sowie $\mathscr{S}$ nach (2.55b) einzusetzen hat.

Mit den Hookeschen Gesetzen für den einachsigen Spannungszustand

$$\epsilon_{xx} = \frac{\sigma_{xx}}{E} + \alpha(T-T_0)\ , \ \epsilon_{yy} = \epsilon_{zz} = -\,\frac{\nu\sigma_{xx}}{E} + \alpha(T-T_0) = -\,\nu\epsilon_{xx} + (1+\nu)\alpha(T-T_0) \tag{1.4a,b}$$

---

1) von Schüttungs–Feldbelastungen $p_x(x,t)$ werde abgesehen, die Ausgangs–(Dichte) als global–konstant angenommen.

2) Der Wärmeflußvektor $\mathbb{q}$ wird hier näherungsweise parallel zur Stabachse und als jeweils über den Stabquerschnitt konstant angesehen

wird $\mathbb{E}\cdot\cdot\mathbb{D} = \epsilon_{xx} + \epsilon_{yy} + \epsilon_{zz} = (1-2\nu)\,\epsilon_{xx} + 2(1+\nu)\,\alpha(T-T_0)$, (1.4c)

womit für die Entropie nach (2.55b) mit $\epsilon_{xx} = \partial u_x/\partial x$

$$\mathscr{S} = \mathscr{S}_0 + \frac{c^x_{d0}}{T_0}(T-T_0) + \frac{E\alpha}{\rho_0}\frac{\partial u_x}{\partial x} \tag{1.5a}$$

mit

$E = 2G(1+\nu)$, $c^x_{d0} = c_{d0}(1 + \frac{2}{3}\kappa(1+\nu))$ mit κ nach (2.55e) (1.5b,c)

und dementsprechend nach (1.3a) die Feldgleichung

$$\lambda\frac{\partial^2 T}{\partial x} = \rho_0\frac{c^x_{d0}T}{T_0}\frac{\partial T}{\partial t} + E\alpha T\frac{\partial^2 u_x}{\partial x\partial t} \tag{1.6}$$

erhalten wird, aus der übrigens nach Integration längs der Stabachse mit den Randbedingungen

$\frac{\partial T}{\partial x} = 0$ für $x = 0$ und $x = l$ sowie $u_x = 0$ für $x = 0$ und $x = l$

$$\int_0^l \frac{\lambda}{T}\frac{\partial^2 T}{\partial x^2}dx = \frac{\lambda}{T}\frac{\partial T}{\partial x}\Big|_0^l + \lambda\int_0^l\left[\frac{1}{T}\frac{\partial T}{\partial x}\right]^2 dx = \lambda\int_0^l\left[\frac{1}{T}\frac{\partial T}{\partial x}\right]^2 dx =$$

$$= \frac{\rho_0\, c^x_{d0}}{T_0}\int_0^l\frac{\partial T}{\partial t}dx + E\alpha\left[\frac{\partial u_x}{\partial t}\right]_0^l = \frac{\rho_0\, c^x_{d0}}{T_0}\int_0^l\frac{\partial T}{\partial t}dx \ ,$$

d. h. ,

$$\int_0^l\frac{\partial T}{\partial t}dx = \frac{\lambda\, T_0}{\rho_0 c^x_{d0}}\int_0^l\left[\frac{1}{T}\frac{\partial T}{\partial x}\right]^2 dx \geq 0 \ , \tag{1.6a}$$

also eine generelle Erwärmung des Stabes festgestellt wird.

Eine allgemeine Lösung des Problems (1.2a, 1.6) zuzüglich der Randbedingungen

$$\partial T/\partial x = 0 \ \text{sowie}\ u_x = 0 \ \text{für}\ x = 0 \ \text{und}\ x = l \tag{1.7}$$

führt mit Einführung der die Randbedingungen befriedigenden Produktansätze

$$u_x(x,y) = \sum_{k=1}^{\infty} u_k(t)\sin k\frac{\pi x}{l},\quad T(x,t) - T_0 = \vartheta_0(t) + \sum_{k=1}^{\infty}\vartheta_k(t)\cos k\pi\frac{x}{l} \tag{1.8a,b}$$

auf ein System gewöhnlicher Differentialgleichungen für die Zeitfaktoren $u_k(t)$, $\vartheta_k(t)$

($k = 1 \cdot\cdot \infty$), wovon das aus (1.2a) hervorgehende System linear ist. Man bekommt nach Einsetzen von (1.8) in (1.2a) und Koeffizientenvergleich hinsichtlich $\sin k\pi\, x/l$ die Gleichungsschar

$$\ddot{u}_k + \frac{k^2\pi^2}{\tau_c^2} u_k - k\pi \frac{\alpha l}{\tau_c^2} \vartheta_k = 0 \ , \quad \tau_c = \frac{l}{c} = l\sqrt{\frac{\rho_0}{E}} \ , \quad k = 1 \cdots \infty \ . \tag{1.9a,b}$$

Einsetzen von (1.8a,b) in (1.6) ergibt zunächst

$$-\lambda \sum_{k=1}^{\infty} \Big[\frac{k\pi}{l}\Big]^2 \vartheta_k \cos k\frac{\pi x}{l} = \frac{\rho_0 \, c_{d0}^x}{T_0}\Big[T_0 + \vartheta_0 + \sum_{k=1}^{\infty} \vartheta_k \cos k\frac{\pi x}{l}\Big]\Big[\dot{\vartheta}_0 +$$

$$+ \sum_{k=1}^{\infty} \dot{\vartheta}_k \cos k\frac{\pi x}{l}\Big] + E\alpha\Big[T_0 + \vartheta_0 + \sum_{k=1}^{\infty} \vartheta_k \cos k\frac{\pi x}{l}\Big] \sum_{k=1}^{\infty} \Big[\frac{k\pi}{l}\Big] \dot{u}_k \cos k\frac{\pi x}{l}$$

bzw.

$$-\frac{\rho_0 \, c_{d0}^x}{T_0}(T_0 + \vartheta_0)\dot{\vartheta}_0 + \sum_{k=1}^{\infty}\Big\{-\lambda\Big[\frac{k\pi}{l}\Big]^2 \vartheta_k - (T_0 + \vartheta_0)\Big[\frac{\rho_0 \, c_{d0}^x}{T_0}\dot{\vartheta}_k + E\alpha\frac{k\pi}{l}\dot{u}_k\Big] -$$

$$-\frac{\rho_0 \, c_{d0}^x}{T_0}\dot{\vartheta}_0 \vartheta_k\Big\} \cos k\frac{\pi x}{l} = \sum_{j,k=1}^{\infty} \vartheta_j\Big[\frac{\rho_0 \, c_{d0}^x}{T_0}\dot{\vartheta}_k + E\alpha\frac{k\pi}{l}\dot{u}_k\Big]\cos j\frac{\pi x}{l}\cos k\frac{\pi x}{l}$$

$$= \frac{1}{2}\sum_{j,k=1}^{\infty} \vartheta_j\Big[\frac{\rho_0 \, c_{d0}^x}{T_0}\dot{\vartheta}_k + E\alpha\frac{k\pi}{l}\dot{u}_k\Big]\Big[\cos(j-k)\frac{\pi x}{l} + \cos(j+k)\frac{\pi x}{l}\Big]$$

$$= \frac{1}{2}\sum_{j=1}^{\infty} \vartheta_j\Big[\frac{\rho_0 \, c_{d0}^x}{T_0}\dot{\vartheta}_j + E\alpha\frac{j\pi}{l}\dot{u}_j\Big] + \frac{1}{2}\sum_{k=1}^{\infty}\Big\{\sum_{\mu=1}^{\infty}\Big[\frac{\rho c_{d0}^x}{T_0}\Big[\vartheta_{k+\mu}\dot{\vartheta}_\mu + \vartheta_\mu\dot{\vartheta}_{k+\mu}\Big] +$$

$$+ E\alpha\frac{\pi}{l}\Big[\mu\vartheta_{k+\mu}\dot{u}_\mu + (\mu+k)\vartheta_\mu\dot{u}_{k+\mu}\Big]\Big\}\cos k\frac{\pi x}{l} + \frac{1}{2}\sum_{k=2}^{\infty}\Big\{\sum_{\mu=1}^{\infty}\vartheta_\mu\Big[\frac{\rho c_{d0}^x}{T_0}\dot{\vartheta}_{k-\mu} +$$

$$+ E\alpha\frac{\pi}{l}(k-\mu)\dot{u}_{k-\mu}\Big]\Big\}\cos k\frac{\pi x}{l} \ ,$$

und so nach Koeffizientenvergleich hinsichtlich $\cos k\frac{\pi x}{l}$ schließlich die Kaskade

$$(T_0 + \vartheta_0)\dot{\vartheta}_0 = -\frac{1}{2}\sum_{j=1}^{\infty} \vartheta_j\Big[\dot{\vartheta}_j + \frac{E\alpha \, T_0}{\rho_0 c_{d0}^x}\frac{j\pi}{l}\dot{u}_j\Big] \ , \tag{1.10a}$$

$$-\lambda\Big[\frac{\pi}{l}\Big]^2 \vartheta_1 = \rho_0 c_{d0}^x\Big[1 + \frac{\vartheta_0}{T_0}\Big]\Big[\dot{\vartheta}_1 + \frac{E\alpha \, T_0}{\rho_0 c_{d0}^x}\frac{\pi}{l}\dot{u}_1\Big] + \frac{\rho_0 \, c_{d0}^x}{T_0}\dot{\vartheta}_0\vartheta_1 +$$

$$+ \sum_{\mu=1}^{\infty}\Big[\frac{\rho c_{d0}^x}{T_0}(\vartheta_\mu\vartheta_{\mu+1})^{\cdot} + E\alpha\frac{\pi}{l}(\mu\vartheta_{\mu+1}\dot{u}_\mu + (\mu+1)\vartheta_\mu\dot{u}_{\mu+1}\Big] \ , \tag{1.10b}$$

$$-\lambda\Big[\frac{k\pi}{l}\Big]^2 \vartheta_k - \rho_0 c_{d0}^x\Big[1 + \frac{\vartheta_0}{T_0}\Big]\Big[\dot{\vartheta}_k + \frac{E\alpha \, T_0}{\rho_0 c_{d0}^x}\frac{k\pi}{l}\dot{u}_k\Big] - \frac{\rho_0 \, c_{d0}^x}{T_0}\dot{\vartheta}_0\vartheta_1 =$$

$$= \frac{1}{2} \sum_{\mu=1}^{\infty} \Big\{ \frac{\rho_0 \ c_{d0}^x}{T_0} (\vartheta_\mu \vartheta_{k+\mu})^{\cdot} + E\alpha \frac{\pi}{l} \Big[\mu \vartheta_{k+\mu} \dot{u}_\mu + (\mu+k) \vartheta_\mu \dot{u}_{k+\mu} \Big] + \vartheta_\mu \Big[\frac{\rho c_{d0}^x}{T_0} \dot{\vartheta}_{k-\mu} +$$
$$+ E\alpha \frac{\pi}{l} (k-\mu) \dot{u}_{k-\mu} \Big] \Big\} , \quad k = 2 \cdots \infty , \tag{1.10c}$$

die ein "rekurrentes Abarbeiten" leider nicht ermöglicht. Für Anfangswertaufgaben, die nur die "ersten Harmonischen" der Entwicklungen (1.8) umfassen, lassen sich Näherungslösungen erzeugen, indem man die in (1.10) stehenden Reihen entsprechend abbricht mit der Erwägung, daß der Einfluß der "höheren Harmonischen" auf die Gesamtlösung unbedeutend sei. Beschränkt man in diesem Sinne für den Fall z. B. der Anfangswertaufgabe

$$T = T_0 \quad \text{sowie} \quad u_x = 0 \ , \ \dot{u}_x = v_0 \sin \frac{\pi x}{l} \quad \text{für} \quad t = 0 \tag{1.11}$$

auf eine Näherungslösung allein für die Größen $\vartheta_0(t)$, $\vartheta_1(t)$, $u_1(t)$, so sind hierfür in Betracht zu nehmenden

a) die erste Gleichung der Kaskade (1.9) und

b,c) die Gln. (1.10a) und (1.10b), worin $u_k = \vartheta_k = 0$ für $k \geq 2$ gesetzt werden.

Es wird also ausgegangen von den Differentialgleichungen

$$\ddot{u}_1 + \frac{\pi^2}{\tau_c^2} u_1 - \pi \frac{\alpha l}{\tau_c^2} \vartheta_1 = 0 \ , \ (T_0 + \vartheta_0)\dot{\vartheta}_0 = - \frac{1}{2} \vartheta_1 \Big[\dot{\vartheta}_1 + \frac{E\alpha \ T_0}{\rho_0 c_{d0}^x} \frac{\pi}{l} \dot{u}_1 \Big] ,$$
$$- \lambda \Big[\frac{\pi}{l} \Big]^2 \vartheta_1 = \rho_0 c_{d0}^x \Big[1 + \frac{\vartheta_0}{T_0} \Big] \Big[\dot{\vartheta}_1 + \frac{E\alpha \ T_0}{\rho_0 c_{d0}^x} \frac{\pi}{l} \dot{u}_1 \Big] + \frac{\rho_0 \ c_{d0}^x}{T_0} \dot{\vartheta}_0 \vartheta_1 , \tag{1.12a-c}$$

wobei insbesondere Kombination von (1.12b,c)

$$\Big[1 + \frac{\vartheta_0}{T_0} \Big]^2 \Big[\frac{\vartheta_0}{T_0} \Big]^{\cdot} \equiv \Big[1 + \frac{\vartheta_0}{T_0} \Big]^2 \Big[1 + \frac{\vartheta_0}{T_0} \Big]^{\cdot} \equiv \frac{1}{3} \frac{d}{dt} \Big[\Big[1 + \frac{\vartheta_0}{T_0} \Big]^3 \Big] = \frac{1}{2} \frac{\lambda \ \pi^2}{\rho_0 c_{d0}^x l^2} \Big[\frac{\vartheta_1}{T_0} \Big]^2 +$$
$$+ \frac{1}{2} \Big[\frac{\vartheta_0}{T_0} \Big]^{\cdot} \Big[\frac{\vartheta_1}{T_0} \Big]^2 \approx \frac{1}{2} \frac{\lambda^2 \pi^2}{\rho_0 c_{d0}^x l^2} \Big[\frac{\vartheta_1}{T_0} \Big]^2 ,$$

d. h. die der Anfangsbedingung $\vartheta_0(0) = 0$ angepaßte Formulierung

$$\frac{\vartheta_0}{T_0} = \sqrt[3]{1 + \frac{3}{2} \frac{\lambda \ \pi^2}{\rho_0 c_{d0}^x l^2} \int_0^t \Big[\frac{\vartheta_1}{T_0} \Big]^2 dt} - 1 \approx \frac{\pi^2}{2 \ \tau_\lambda} \int_0^t \Big[\frac{\vartheta_1}{T_0} \Big]^2 dt \ , \quad \tau_\lambda = \frac{\rho_0 c_{d0}^x l^2}{\lambda} , \tag{1.13a,b}$$

ergibt, wenn man noch näherungsweise alle höheren als quadratischen ϑ-Anteile streicht. Letztere wird in (1.12b) eingesetzt und ergibt nach Division durch $\vartheta_1/(2T_0)$

$$\Big[1 + \frac{\pi^2}{2\tau_\lambda} \int_0^t \Big[\frac{\vartheta_1}{T_0} \Big]^2 dt \Big] \frac{\pi^2}{\tau_\lambda} \frac{\vartheta_1}{T_0} \approx \frac{\pi^2}{\tau_\lambda} \frac{\vartheta_1}{T_0} = - \Big[\frac{\vartheta_1}{T_0} \Big]^{\cdot} - \frac{E\alpha}{\rho_0 c_{d0}^x} \frac{\pi}{l} \dot{u}_1 ,$$

d. h. nachdem man höhere als in ϑ_1 quadratische Glieder gestrichen hat,

$$\left[\frac{\vartheta_1}{T_0}\right]^{\cdot} + \frac{\pi^2}{\tau_\lambda}\left[\frac{\vartheta_1}{T_0}\right] = -\frac{E\alpha}{\rho_0 c^x_{d0}}\frac{\pi}{l}\dot{u}_1 ,$$

also die der Anfangsbedingung $\vartheta_1(0) = 0$ äquivalente Formulierung

$$\frac{\vartheta_1}{T_0} = -\frac{E\alpha}{\rho_0 c^x_{d0}}\frac{\pi}{l}\int_{\tau=0}^{t} e^{-\frac{\pi^2(t-\tau)}{\tau_\lambda}}\dot{u}_1(\tau)d\tau , \tag{1.14}$$

die man schließlich in (1.12a) einsetzt. Man bekommt

$$\ddot{u}_1 + \frac{\pi^2}{\tau_c^2}u_1 + \frac{\pi^2}{\tau_c^2}\frac{E\alpha^2 T_0}{\rho_0 c^x_{d0}}\int_{\tau=0}^{t} e^{-\frac{\pi^2(t-\tau)}{\tau_\lambda}}\dot{u}_1(\tau)d\tau = 0 \tag{1.15a}$$

bzw. nach Anwendung der Operation $e^{-\frac{\pi^2 t}{\tau_\lambda}}\frac{d}{dt}\left[e^{\frac{\pi^2 t}{\tau_\lambda}}(\cdots)\right]$ die lineare Differentialgleichung dritter Ordnung

$$\dddot{u}_1 + \frac{\pi^2}{\tau_c^2}\left[1 + \frac{E\alpha^2 T_0}{\rho_0 c^x_{d0}}\right]\dot{u}_1 + \frac{\pi^2}{\tau_\lambda}\left[\ddot{u}_1 + \frac{\pi^2}{\tau_c^2}u_1\right] = 0 , \tag{1.15b}$$

die für $\lambda \to 0$, d. h. $\tau_\lambda \to \infty$ in die (lokal-)adiabatische Version der Schwingungsgleichung

$$\dddot{u}_1^{(0)} + \frac{\pi^2}{\tau_c^2}\left[1 + \frac{E\alpha^2 T_0}{\rho_0 c^x_{d0}}\right]\dot{u}_1^{(0)} = 0 \tag{1.15c}$$

übergeht, wofür - abgesehen von einer Konstanten - periodische Lösungen erhalten werden,

$$u_1^{(0)}(t) = C_1^{(0)} + C_2^{(0)}\cos\omega_0 t + C_3^{(0)}\sin\omega_0 t ,$$

wie Einsetzen des Lösungsansatzes

$$u_1 = \text{const } e^{\omega^{(0)}t} \tag{1.16a}$$

in (1.15c) ausweist: Es entsteht die charakteristische Gleichung

$$\omega^{(0)}\left[{\omega_0^{(0)}}^2 + \frac{\pi^2}{\tau_c^2}\left[1 + \frac{E\alpha^2 T_0}{\rho_0 c^x_{d0}}\right]\right] = 0$$

mit den Lösungen

$$\omega_1^{(0)} = 0 , \quad \omega_{2,3}^{(0)} = \pm i\frac{\pi}{\tau_c}\sqrt{1 + \frac{E\alpha^2}{\rho_0 c^x_{d0}}} = \pm i\,\omega_0 . \tag{1.16b}$$

Der Lösungsansatz

$$u_1 = \text{const } e^{\omega t} \tag{1.17a}$$

für die vollständige Gleichung (1.15b) führt auf die charakteristische kubische Gleichung

$$F(\omega) = \omega^3 + \frac{\pi^2}{\tau_c^2}\left[1 + \frac{E\alpha^2 T_0}{\rho_0 c_{d0}^x}\right]\omega + \frac{\pi^2}{\tau_\lambda}\left[\omega^2 + \frac{\pi^2}{\tau_c^2}\right] = 0\,, \qquad (1.17b)$$

deren Wurzeln $\omega_j (j = 1 \cdot\cdot 3)$ angesichts der durch die Wärmeleitung hervorgerufenen nur sehr schwachen Dämpfung "in der Nähe" der entsprechenden "adiabatischen Größen" $\omega_j^{(0)} (j = 1 \cdots 3)$ nach (1.16b) zu vermuten sind. Daher setzt man (Abb. E 1.1)

$$\omega_j = \omega_j^{(0)} + \zeta_j \;, \quad j = 1 \cdot\cdot 3 \;, \qquad (1.18a)$$

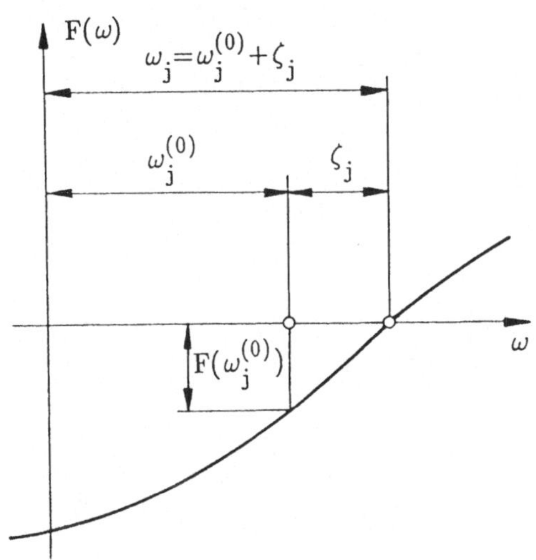

Abb. E 1.1

und berechnet näherungsweise die Größen ζ_j im Sinne einer Newtonschen Approximation aus

$$F(\omega_j) = F(\omega_j^{(0)} + \zeta_j) \approx F(\omega_j^{(0)}) + \zeta_j\left[\frac{\partial F}{\partial \omega}\right]_{\omega_j^{(0)}} = 0 \;, \quad j = 1 \cdot\cdot 3\,,$$

als $$\zeta_j = -\frac{F(\omega_j^{(0)})}{(\partial F/\partial\omega)_{\omega_j^{(0)}}} = -\frac{{\omega_j^{(0)}}^3 + \omega_0^2\,\omega_j^{(0)} + \frac{\pi^2}{\tau_\lambda}\left[{\omega_j^{(0)}}^2 + \frac{\pi^2}{\tau_c^2}\right]}{3{\omega_j^{(0)}}^2 + 2\,\frac{\pi^2}{\tau_\lambda}\,\omega_j^{(0)} + \omega_0^2}\,, \quad j = \cdot\cdot 3 \,. \qquad (1.18b)$$

Es ergeben sich

a) mit $\omega_1^{(0)} = 0$

$$\zeta_1 = -\frac{\pi^4}{\omega_0^2\,\tau_c^2\,\tau_\lambda} = -\frac{1}{1 + \frac{E\alpha^2 T_0}{\rho_0 c_{d0}^x}}\,\frac{\lambda}{\rho_0 c_{d0}^x}\left[\frac{\pi}{l}\right]^2 = -\,\delta_1\,, \qquad (1.19a)$$

b) mit $\omega_2^{(0)} = i\omega_0$

$$\zeta_2 = -\frac{1}{2}\,\frac{\omega_0^2 - \dfrac{\pi^2}{\tau_c^2}}{\omega_0^2\,\dfrac{\tau_\lambda}{\pi^2} - i\omega_0} = -\frac{1}{2}\left[\omega_0^2 - \frac{\pi^2}{\tau_c^2}\right]\frac{\omega_0^2\,\dfrac{\tau_\lambda}{\pi^2} + i\,\omega_0}{\omega_0^4\,\dfrac{\tau_\lambda^2}{\pi^4} + \omega_0^2} = -\,\delta_2 + i\eta_2\,, \tag{1.19b}$$

c) mit $\omega_3^{(0)} = -\,i\omega_0$

$$\zeta_3 = -\frac{1}{2}\,\frac{\omega_0^2 - \dfrac{\pi^2}{\tau_c^2}}{\omega_0^2\,\dfrac{\tau_\lambda}{\pi^2} + i\omega_0} = -\frac{1}{2}\left[\omega_0^2 - \frac{\pi^2}{\tau_c^2}\right]\frac{\omega_0^2\,\dfrac{\tau_\lambda}{\pi^2} - i\,\omega_0}{\omega_0^4\,\dfrac{\tau_\lambda^2}{\pi^4} + \omega_0^2} = -\,\delta_2 - i\eta_2 \tag{1.19c}$$

und

$$\delta_2 = \frac{1}{2}\left[\omega_0^2 - \frac{\pi^2}{\tau_c^2}\right]\frac{\dfrac{\tau_\lambda}{\pi^2}}{\omega_0^2\,\dfrac{\tau_\lambda^2}{\pi^4} + 1} = \frac{c^2\,\dfrac{E\alpha^2 T_0}{2\rho_0 c_{d0}^x}\,\dfrac{\lambda}{\rho_0 c_{d0}^x}\left(\dfrac{\pi}{l}\right)^4}{\left(\dfrac{\pi}{l}\right)^2 c^2\left[1 + \dfrac{E\alpha^2 T_0}{\rho_0 c_{d0}^x}\right] + \left(\dfrac{\lambda}{\rho_0 c_{d0}^x}\right)^2\left(\dfrac{\pi}{l}\right)^4}\,,$$

$$\eta_2 = \frac{\pi^2}{\omega_0\tau_\lambda}\,\delta_2 = \frac{\dfrac{\pi}{l}\,\dfrac{\lambda}{\rho_0 c_{d0}^x}}{c\sqrt{1 + \dfrac{E\alpha^2 T_0}{\rho_0 c_{d0}^x}}}\,\delta_2 \tag{1.19d,e}$$

und damit

$$\omega_1 \approx \zeta_1 = -\,\delta_1\,, \quad \omega_2 \approx \omega_2^{(0)} + \zeta_2 = -\,\delta_2 + i(\omega_0 + \eta_2)\,,$$

$$\omega_3 \approx \omega_3^{(0)} + \zeta_3 = -\,\delta_2 - i(\omega_0 + \eta_2)\,, \tag{1.20a-c}$$

d. h. in der Tat nach (1.17a) mit zunehmender Zeit (schwach) abklingende Bewegungen, weil sämtliche reellwertigen Anteile der Wurzeln $\omega_j (j = 1 \cdot\cdot 3)$ negativ sind. Die in der allgemeinen Lösung

$$u_1 = \sum_{j=1}^{3} C_j\, e^{\omega j t}$$

enthaltenen 3 Integrationskonstanten $C_j (j = 1 \cdot\cdot 3)$ werden aus den Anfangsbedingungen, etwa $u_1(0) = 0$, $\dot{u}_1(0) = v_0$ und $\vartheta_1(0) = 0$ bestimmt, was hier aus Raumgründen nicht weiter verfolgt wird.

E § 2 Materielle Symmetrien

Die formale Beschreibung materieller Symmetrien auf sog. "einfache Stoffe" beschränkend, werden in einer

2.1 Einleitenden Übersicht

die diesbezüglichen, in [5b] referierten Grundtatsachen wie folgt zusammengefaßt:
Sollen sog. objektive Skalare, Vektoren bzw. zweistufige Tensoren[1]) im Sinne des Prinzips des Determinismus und des Prinzips der lokalen Wirkung, wie durch

$$\mathscr{F}(P,t) = \underset{\tau=t_A}{\overset{t}{\varphi}}{}^{*}\langle d\hat{\mathbb{s}}_j\cdot\mathbb{F}(P,\tau);T(P,\tau)\rangle \equiv \underset{\tau=t_A}{\overset{t}{\varphi}}\langle\,\mathbb{F}(P,\tau);T(P,\tau)\,\rangle$$

$$\mathbb{q}^{(E)}(P,t) = \underset{\tau=t_A}{\overset{t}{\boldsymbol{\varphi}}}{}^{*}\langle d\hat{\mathbb{s}}_j\cdot\mathbb{F}(P,\tau);T(P,\tau);d\hat{\mathbb{s}}_j\cdot\mathbb{f}(P,\tau)\rangle \equiv \underset{\tau=t_A}{\overset{t}{\boldsymbol{\varphi}}}\langle\,\mathbb{F}(P,\tau);T(P,\tau);\mathbb{f}(P,\tau)\rangle$$

$$\mathbb{S}^{(E)}(P,t) = \underset{\tau=t_A}{\overset{t}{\boldsymbol{\Phi}}}{}^{*}\langle d\hat{\mathbb{s}}_j\cdot\mathbb{F}(P,\tau);T(P,\tau)\rangle \equiv \underset{\tau=t_A}{\overset{t}{\boldsymbol{\Phi}}}\langle\,\mathbb{F}(P,\tau);T(P,\tau)\rangle$$

mit

$$\mathbb{F}(P,\tau) = \mathbb{E} + (\hat{\nabla}\circ\mathbb{u})_{P,\tau}\,,\quad \mathbb{f}(P,\tau) = (\hat{\nabla}\,T)_{P,\tau} \tag{2.1d,e}$$

angedeutet, als Ergebnisse entsprechender "Verarbeitungsvorschriften" $(\varphi,\boldsymbol{\varphi},\boldsymbol{\Phi})$ an den, während $t_A \le \tau \le t)$ anfallenden "Prozesswerten der Aufpunktstemperatur $T(P,\tau)$ sowie der – hinsichtlich P relativen–Werten der Plazierungen[2])

$$d\bar{\mathbb{s}}_j(\tau) = d\hat{\mathbb{s}}_j\cdot\mathbb{F}(P,\tau) \text{ bzw. der Temperaturen } dT_j(\tau) = d\hat{\mathbb{s}}_j\cdot\mathbb{f}(P,\tau) \tag{2.2a,b}$$

infinitesimal benachbarter "materieller Punkte" Q_j (vgl. Abb. E2.1) darstellbar sein[3]), so gelten nach dem "Prinzip der materiellen Objektivität" die Funktionalgleichungen [5b]

$$\mathscr{F}(P,\tau) = \underset{\tau=t_A}{\overset{t}{\varphi}}{}^{*}\langle d\hat{\mathbb{s}}_j\cdot\mathbb{F}(P,\tau);T(P,\tau)\rangle \equiv \mathscr{F}^{\Delta}(P,t) = \underset{\tau=t_A}{\overset{t}{\varphi}}{}^{*}\langle d\hat{\mathbb{s}}_j\cdot\mathbb{F}(P,\tau)\cdot\mathbb{Q}(\tau);T(P,\tau)\rangle$$

bzw.

$$\underset{\tau=t_A}{\overset{t}{\varphi}}\langle\mathbb{F}(P,\tau);T(P,\tau)\rangle = \underset{\tau=t_A}{\overset{t}{\varphi}}\langle\mathbb{F}(P,\tau)\cdot\mathbb{Q}(\tau);T(P,\tau)\rangle \tag{2.3a,b}$$

---

1) wofür jetzt exemplarisch die an einem Massenelement dm_p (Konvergenzpunkt P) festzustellenden Werte der auf die Masseneinheit bezogenen freien Energie $(\mathscr{F})$, der Eulerschen Wärmeflüsse $(\mathbb{q}^{(E)})$ bzw. der Eulerschen Spannungen $(\mathbb{S}^{(E)})$ stehen sollen.

2) mit den Lagrangeschen Feld–Darstellungen für Verschiebungen $(\mathbb{u}(\hat{\mathbb{r}},\tau))$ bzw. Temperaturen $(T(\hat{\mathbb{r}},\tau))$ und den "materielle Punkte" (P) in der Bezugskonfiguration beschreibenden Plazierungen $(\hat{\mathbb{r}})$

3) Entsprechend der Argumentation in [5b] wurden (materielle) Temperaturgradienten $\mathbb{f}(P,\tau)$ als relevante Prozessvariable von vornherein nur in der Verarbeitungsanweisung für die Wärmeflüsse vorgesehen.

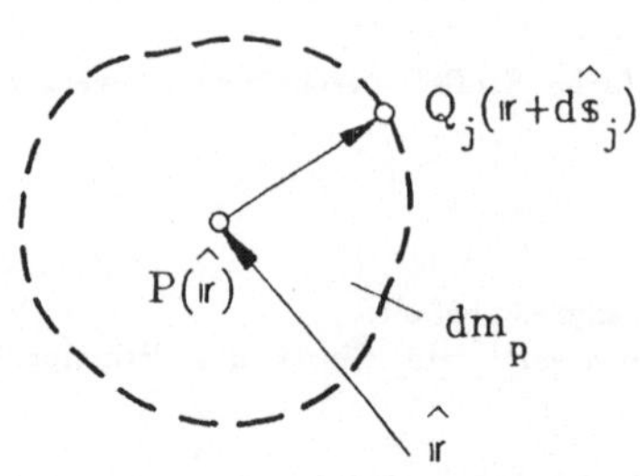

Elementen-Bezugskonfiguration

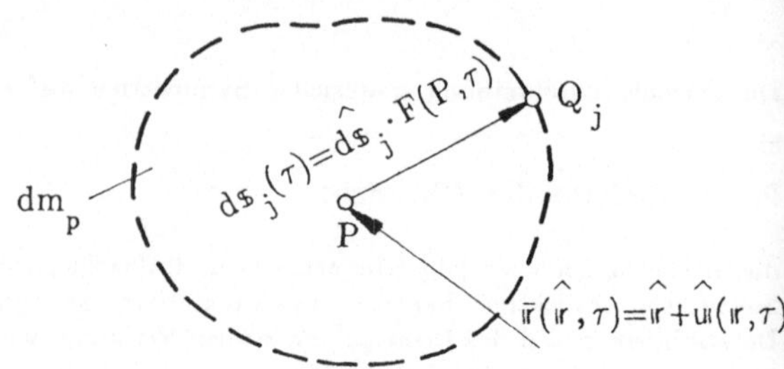

Elementen-Konfiguration z. Zt. τ

Abb. E2.1

sowie
$$\mathbb{q}^{(E)\Delta}(P,t) = \overset{t}{\underset{\tau=t_A}{\boldsymbol{\varphi}}}{}^{*}\langle \hat{d\mathbb{s}}_j\cdot\mathbb{F}(P,\tau)\cdot\mathbb{Q}(\tau);T(P,\tau);\hat{d\mathbb{s}}_j\cdot\mathbb{f}(P,\tau)\rangle$$

$$\equiv \mathbb{q}^{(E)}(P,t)\cdot\mathbb{Q}(t) = \overset{t}{\underset{\tau=t_A}{\boldsymbol{\varphi}}}{}^{*}\langle \hat{d\mathbb{s}}_j\cdot\mathbb{F}(P,\tau);T(P,\tau);\hat{d\mathbb{s}}_j\cdot\mathbb{f}(P,\tau)\rangle\cdot\mathbb{Q}(t) \tag{2.4a}$$

bzw.
$$\overset{t}{\underset{\tau=t_A}{\boldsymbol{\varphi}}}\langle\mathbb{F}(P,\tau)\cdot\mathbb{Q}(\tau);T(P,\tau);\mathbb{f}(P,\tau)\rangle = \overset{t}{\underset{\tau=t_A}{\boldsymbol{\varphi}}}\langle\mathbb{F}(P,\tau);T(P,\tau);\mathbb{f}(P,\tau)\rangle\cdot\mathbb{Q}(t) \tag{2.4b}$$

und schließlich

$$\mathbb{S}^{\Delta}(P,t) = \overset{t}{\underset{\tau=t_A}{\boldsymbol{\Phi}}}{}^{*}\langle \hat{d\mathbb{s}}_j\cdot\mathbb{F}(P,\tau)\cdot\mathbb{Q}(\tau);T(P,\tau)\rangle \equiv \mathbb{Q}^T(t)\cdot\mathbb{S}^{(E)}(P,t)\cdot\mathbb{Q}(t)$$

$$= \mathbb{Q}^T(t)\cdot\overset{t}{\underset{\tau=t_A}{\boldsymbol{\Phi}}}{}^{*}\langle \hat{d\mathbb{s}}_j\cdot\mathbb{F}(P,\tau);T(P,\tau)\rangle\cdot\mathbb{Q}(t) \tag{2.5a}$$

bzw.
$$\overset{t}{\underset{\tau=t_A}{\boldsymbol{\Phi}}}\langle\mathbb{F}(P,\tau)\cdot\mathbb{Q}(\tau);T(P,\tau)\rangle = \mathbb{Q}^T(t)\cdot\overset{t}{\underset{\tau=t_A}{\boldsymbol{\Phi}}}\langle\mathbb{F}(P,\tau);T(P,\tau)\rangle\cdot\mathbb{Q}(t), \tag{2.5b}$$

worin $\mathbb{Q}(t)$ beliebige orthogonale Tensoren (d. h. Kombinationen von Versoren einschließlich des "Inversors" $-\mathbb{E}$) mit

$$\mathbb{Q}\cdot\mathbb{Q}^T = \mathbb{E}\,,\quad |\det\mathbb{Q}| = 1$$

bedeuten. Mit der Menge der Versoren sind die Funktionalgleichungen (2.3 — 5) deutbar als Ausdruck der Forderung, daß bei sog. "Starrbewegungsmodifikationen" $(\bar{\mathbb{r}}^{\Delta})$ eines (thermisch—)kinematischen Prozesses $<\bar{\mathbb{r}}>$ objektive Skalare $\mathcal{F}$ (etwa Energien), unverändert bleiben, und daß objektive Vektoren bzw. Tensoren Größe und Orientierung relativ zum Körper nicht verändern sollen[4]. Die Hinzunahme von $-\mathbb{E}$ und damit auch von Spiegelungs—Transformationen (als Kombinationen von Versor— und Inversor—Transformationen) ist nur noch im Rahmen sog. "passiver" Transformationsvorstellungen zu interpretieren, die die Notation von Skalaren, Vektoren und Tensoren in verschiedenen, durch

4) Dies bezeichnet das Verhalten objektiver Größen bei sog. "aktiven Transformationen" [5b]

Euklidische Transformationen ineinander überführbarer Beobachterrahmen betreffen.[5)]
Aus der Menge der Versoren kann man in (2.3 — 5) die Inverse des jeweiligen Versors $\mathbb{R}(P,\tau) = (\sqrt{\mathbb{F}\cdot\mathbb{F}^T}^{-1}\cdot\mathbb{F})_{P,\tau}$[6)] der — von der Bezugskonfiguration aus gemessenen — Drehung des Hauptverzerrungsachsen—Dreibeins des jeweiligen "Massenelementes" dm_p (mit Konvergenzpunkt P) wählen und bekommt so mit $\mathbb{Q}(\tau) = \mathbb{R}^T(P,\tau)$, d. h.

$$\mathbb{F}(P,\tau)\cdot\mathbb{Q}(\tau) = \mathbb{F}(P,\tau)\cdot\mathbb{R}^T(P,\tau) =^{6)} \mathbb{D}^{(S)}\cdot\mathbb{R}\cdot\mathbb{R}^T = \mathbb{D}^{(S)}(P,\tau) = \left[\sqrt{\mathbb{F}\cdot\mathbb{F}^T}\right]_{P,\tau} \tag{2.6}$$

aus (2.3 — 5) Darstellungen in der sog. "reduzierten Form nach Noll" [2], [31]

$$\mathscr{T}(P,t) = \underset{\tau=t_A}{\overset{t}{\varphi}}{}^{*}\langle d\hat{\mathbb{s}}_j\cdot\mathbb{F}(P,\tau);T(P,\tau)\rangle = \underset{\tau=t_A}{\overset{t}{\varphi}}{}^{*}\langle d\hat{\mathbb{s}}_j\cdot(\sqrt{\mathbb{F}\cdot\mathbb{F}^T})_{P,\tau},T(P,\tau)\rangle \equiv$$

$$\equiv \underset{\tau=t_A}{\overset{t}{\mathrm{F}}}\langle(\mathbb{F}\cdot\mathbb{F}^T)_{P,\tau};\ T(P,\tau)\rangle\ , \tag{2.7a}$$

$$\mathbb{q}^{(E)}\cdot\mathbb{R}^T(P,t) \equiv \mathbb{q}^{(R)}(P,t) = \underset{\tau=t_A}{\overset{t}{\boldsymbol{\varphi}}}{}^{*}\langle d\hat{\mathbb{s}}_j\cdot(\sqrt{\mathbb{F}\cdot\mathbb{F}^T})_{P,\tau},T(P,\tau);d\hat{\mathbb{s}}_j\cdot\mathbb{f}(P,\tau)\rangle \equiv$$

$$\equiv \underset{\tau=t_A}{\overset{t}{\mathbb{q}}}{}^{(R)}\langle(\mathbb{F}\cdot\mathbb{F}^T)_{P,\tau};\ T(P,\tau);\mathbb{f}(P,\tau)\rangle\ , \tag{2.7b}$$

$$\mathbb{R}(P,t)\cdot\mathbb{S}^{(E)}(P,t)\cdot\mathbb{R}^T(P,t) \equiv \mathbb{S}^{(R)}(P,t) = \underset{\tau=t_A}{\overset{t}{\boldsymbol{\Phi}}}{}^{*}\langle d\hat{\mathbb{s}}_j\cdot(\sqrt{\mathbb{F}\cdot\mathbb{F}^T})_{P,\tau};T(P,\tau)\rangle \equiv$$

$$\equiv \underset{\tau=t_A}{\overset{t}{\mathbb{S}}}{}^{(R)}\langle(\mathbb{F}\cdot\mathbb{F}^T)_{P,\tau},T(P,\tau)\rangle\ , \tag{2.7c}$$

wonach Stoffgleichungen für Skalare und die sog. relativen Anteile von Vektoren bzw. Tensoren ($\mathbb{q}^{(R)}$, $\mathbb{S}^{(R)}$) in Form entsprechender Verarbeitungsvorschriften betr. die Temperatur— und die auf $< \hat{\mathbb{r}} >$ bezogene Verzerrungsgeschichte anfallen.[7)] Weil wegen $\mathbb{Q}\cdot\mathbb{Q}^T = \mathbb{E}$

---

5) wobei die Hinzunahme von $-\mathbb{E}$ dann auch abdeckt, daß die räumlichen Orientierungen der Koordinatensysteme der verschiedenen Beobachterrahmen auch verschieden sein können [5b].

6) Man benutze den polaren Zerlegungssatz $\mathbb{F} = \mathbb{D}^{(S)}\cdot\mathbb{R}$ mit $\mathbb{D}^{(S)}(P,\tau) = (\sqrt{\mathbb{F}\cdot\mathbb{F}^T})_{P,\tau}$ [5a], [5b].

7) Man beachte, daß anstelle von $\mathbb{D}^{(S)} = \sqrt{\mathbb{F}\cdot\ \mathbb{F}^T}$ jede isotrope Tensorfunktion von $\mathbb{D}^{(S)}$, also z. B. auch das Greensche Verzerrungsmaß $\mathbb{D}^{(G)} = (\mathbb{D}^{(S)2} - \mathbb{E})/2 = (\mathbb{F}\cdot\mathbb{F}^T - \mathbb{E})/2$ als "Verzerrungsargument" in (2.7.a—c) benutzt werden darf. (2.7c) gleichartige Anweisungen, nämlich

$$\mathbb{S}^{(K)}(P,t) = \underset{\tau=t_A}{\overset{t}{\mathbb{S}}}{}^{(K)}\langle(\mathbb{F}\cdot\mathbb{F}^T)_{P,\tau};T(P,\tau)\rangle\ , \tag{2.7d}$$

lassen wegen (1.21c), Haupttext, auch die 2. Piola—Kirchhoff—Spannungen festlegen.

$$(\mathbb{F}\cdot\mathbb{Q})\cdot(\mathbb{F}\cdot\mathbb{Q})^T = \mathbb{F}\cdot\mathbb{Q}\cdot\mathbb{Q}^T\cdot\mathbb{F}^T = \mathbb{F}\cdot\mathbb{F}^T$$

ist, stellt die Benutzung des tensorwertigen Argumentes $\mathbb{F}\cdot\mathbb{F}^T$ in den reduzierten Darstellungen auch die Befriedigung der Funktionalgleichungen für allgemeine $\mathbb{Q}$–Transformationen sicher. Beachtet man, daß für den Wärmeflußvektor aufgrund der Teilforderung

$$\mathbb{q}^{(E)}\cdot\bar{\nabla}\,T \equiv \mathbb{q}^{(E)}\cdot\bar{\mathbb{f}} \leq 0 \tag{2.8}$$

des zweiten Hauptsatzes der Thermodynamik im Sinne einer Schlußweise von Noll die spezielle Stoffgleichungsstruktur

$$\mathbb{q}^{(E)}(P,t) = -\,\mathbb{\Lambda}^{(E)}(P,t)\cdot\bar{\mathbb{f}}(P,t) \tag{2.9a}$$

mit dem (positiv definiten) sog. "Eulerschen Wärmeleittensor"

$$\mathbb{\Lambda}^{(E)} \overset{8)}{=} \mathbb{\Lambda}^{(E)T} \tag{2.9b}$$

gefolgert werden kann [5b], so sind gegenüber (2.4,7b) spezielle Darstellungen möglich. Zwecks Harmonisierung von (2.9) mit (2.7b) schreibt man (2.9) in auf die Konfiguration $<\hat{\mathbb{r}}>$ bezogene (Lagrangesche) Größen um, verwendet also den durch

$$d\bar{Q}_\lambda = \mathbb{q}^{(E)}\cdot d\bar{\mathbb{f}}_\lambda \overset{9)}{=} \mathbb{q}^{(E)}\cdot(\hat{\rho}/\bar{\rho})\mathbb{F}^{-1}\cdot d\hat{\mathbb{f}}_\lambda \equiv \mathbb{q}^{(L)}\cdot d\hat{\mathbb{f}}_\lambda \tag{2.10a}$$

definierten Lagrangeschen Wärmeflußvektor

$$\mathbb{q}^{(L)} = (\hat{\rho}/\bar{\rho})\mathbb{q}^{(E)}\cdot\mathbb{F}^{-1} \tag{2.10b}$$

und den per

$$d\hat{\mathbb{r}}\cdot\hat{\nabla}T = d\bar{\mathbb{r}}\cdot\bar{\nabla}T \equiv d\hat{\mathbb{r}}\cdot\mathbb{F}\cdot\bar{\nabla}T \tag{2.10c}$$

erhältlichen Zusammenhang

$$\mathbb{f} = \hat{\nabla}T = \mathbb{F}\cdot\bar{\nabla}T = \mathbb{F}\cdot\bar{\mathbb{f}} \tag{2.10d}$$

zwischen den sog. materiellen bzw. räumlichen Temperaturgradienten $\mathbb{f} = \hat{\nabla}T$ bzw. $\bar{\mathbb{f}} = \bar{\nabla}T$. Dann folgt aus (2.9a)

$$\mathbb{q}^{(L)} \overset{(2.10b,c,d)}{=} -(\hat{\rho}/\bar{\rho})\mathbb{F}^{T-1}\cdot\mathbb{\Lambda}^{(E)}\cdot\mathbb{F}^{-1}\cdot\hat{\nabla}T \equiv -\,\mathbb{\Lambda}^{(L)}\cdot\nabla T = -\,\mathbb{\Lambda}^{(L)}\cdot\mathbb{f} \tag{2.11a}$$

mit dem sog. Lagrangeschen Wärmeleittensor

$$\mathbb{\Lambda}^{(L)} = (\hat{\rho}/\bar{\rho})\mathbb{F}^{T-1}\cdot\mathbb{\Lambda}^{(E)}\cdot\mathbb{F}^{-1} = \mathbb{\Lambda}^{(L)T}\ , \tag{2.11b}$$

der wegen

$$\mathbb{q}^{(E)}\cdot\bar{\nabla}T \overset{(2.10b,d)}{=} (\bar{\rho}/\hat{\rho})\mathbb{q}^{(L)}\cdot\mathbb{F}\cdot\mathbb{F}^{-1}\cdot\hat{\nabla}T = (\bar{\rho}/\hat{\rho})\mathbb{q}^{(L)}\cdot\hat{\nabla}T \overset{(2.11a)}{=} -(\bar{\rho}/\hat{\rho})\mathbb{f}\cdot\mathbb{\Lambda}^{(L)}\mathbb{f} \leq 0$$

ebenfalls positiv definit sein muß, und solchermaßen schließlich

$$\mathbb{q}^{(E)} = (\bar{\rho}/\hat{\rho})\mathbb{q}^{(L)}\cdot\mathbb{F} = (\bar{\rho}/\hat{\rho})\cdot\mathbb{F}^T\cdot\mathbb{q}^{(L)} = -(\bar{\rho}/\hat{\rho})\cdot\mathbb{F}^T\cdot\mathbb{\Lambda}^{(L)}\cdot\hat{\nabla}T =$$
$$-(\bar{\rho}/\hat{\rho})\mathbb{F}^T(P,t)\cdot\mathbb{\Lambda}^{(L)}(P,t)\cdot\mathbb{f}(P,t)\ , \tag{2.11c}$$

8) dies ist Ausdruck der sog. Onsager–Symmetrie"

9) Man benutze die zwischen einem Flächenelement $d\hat{\mathbb{f}}_\lambda$ in der Bezugskonfiguration $<\hat{\mathbb{r}}>$ und seiner momentanen Repräsentation $d\bar{\mathbb{f}}_\lambda$ geltende Beziehung

$$d\bar{\mathbb{f}}_\lambda = d\hat{\mathbb{f}}_\lambda\cdot(\hat{\rho}/\bar{\rho})\mathbb{F}^{T^{-1}}$$

(vgl. [5a] (2.40c,d) mit $F_3 = \hat{\rho}/\bar{\rho}$) worin $\hat{\rho}$ bzw. $\bar{\rho}$ die Massenelementendichte in der Bezugs– bzw. der Momentankonfiguration bedeuten.

so daß nun in der Tat mit der allgemeinen Struktur (2.1b) verglichen werden kann. – Danach muß der Lagrangesche Wärmeleittensor als

$$\mathbb{\Lambda}^{(L)}(P,t) = \mathop{\mathbb{\Lambda}^{*}}_{\tau = t_A}^{t} \langle \mathbb{F}(P,\tau), T(P,\tau); \mathbb{f}(P,\tau) \rangle \tag{2.12a}$$

d. h. i. allg. als Ergebnis einer entsprechenden Verarbeitungsvorschrift für die thermisch–kinematischen Größen $< \mathbb{F}(P,\tau), T(P,\tau), \mathbb{f}(P,\tau) >$, $t_A \leq \tau \leq t$, feststellbar sein. Wird auf die Betrachtnahme des Einflusses der momentanen Temperaturgradienten $\mathbb{f}(P,t) = \hat{\nabla} T(P,t)$ beschränkt[10], so ist

$$\mathbb{\Lambda}^{(L)}(P,t) = \mathop{\mathbb{\Lambda}^{*}}_{\tau = t_A}^{t} \langle \mathbb{F}(P,\tau); T(P,\tau); \mathbb{f}(P,t) \rangle , \tag{2.12b}$$

und insbesondere

$$\mathbb{\Lambda}^{(L)}(P,t) = \mathop{\mathbb{\Lambda}^{*}}_{\tau = t_A}^{t} \langle \mathbb{F}(P,\tau); T(P,\tau) \rangle , \tag{2.12c}$$

d. h. $$\mathbb{q}^{(E)}(P,t) = - (\bar{\rho}/\hat{\rho}) \mathbb{F}^{T}(P,t) \cdot \mathop{\mathbb{\Lambda}^{*}}_{\tau = t_A}^{t} \langle \mathbb{F}(P,\tau); T(P,\tau) \rangle \cdot \mathbb{f}(P,t) , \tag{2.12d}$$

wenn man sich – wie im Folgenden vorgesehen werden soll – mit hinsichtlich der Temperaturgradienten linearen Stoffgleichungen begnügt. Vergleicht man schließlich die hieraus für relative Wärmeflüsse $(\mathbb{q}^{(R)} = \mathbb{q}^{(E)} \cdot \mathbb{R}^{T})$ hervorgehende Beziehung

$$\mathbb{q}^{(R)}(P,t) = (\mathbb{q}^{(E)} \cdot \mathbb{R}^{T})_{P,\tau} \equiv (\mathbb{R} \cdot \mathbb{q}^{(E)})_{P,\tau} =^{11)}$$

$$- \frac{\bar{\rho}}{\rho} \sqrt{(\mathbb{F} \cdot \mathbb{F}^{T})_{P,t}} \cdot \mathop{\mathbb{\Lambda}^{*}}_{\tau = t_A}^{t} \langle \mathbb{F}(P,\tau); T(P,\tau) \rangle \cdot \mathbb{f}(P,t) . \tag{2.12e}$$

mit der allgemeinen Struktur (2.7b), so erkennt man, daß der Lagrangesche Wärmeleittensor im Falle linearer Wärmeleitung grundsätzlich durch eine Prozedur von der Form

$$\mathbb{\Lambda}^{(L)}(P,t) = \mathop{\mathbb{\Lambda}^{*}}_{\tau = t_A}^{t} \langle \mathbb{F}(P,\tau); T(P,\tau) \rangle \equiv \mathop{\mathbb{\Lambda}^{(L)}}_{\tau = t_A}^{t} \langle (\mathbb{F} \cdot \mathbb{F}^{T})_{P,\tau}; T(P,\tau) \rangle \tag{2.12f}$$

hervorgebracht werden können muß.

Die jetzt unter Benutzung der vorangehend erarbeiteten Befunde zu formulierenden

2.2 Symmetriebedingungen

werden im Sinne von [2], [33] aus der Forderung entwickelt, daß man vor Einsetzen des

---

10) Unter dieser Voraussetzung ist übrigens mittels der Clausius–Duhem–Ungleichung nachzuweisen, daß die freie Energie generell– und für elastische u. maxwellartige Stoffe auch die Spannungen – nicht vom momentanen Temperaturgradienten abhängen können. [5b], [32].

11) mit $\mathbb{R} = \sqrt{\mathbb{F} \cdot \mathbb{F}^{T}}^{\,-1} \cdot \mathbb{F}$

durch $T(P,\tau)$,

$$d\bar{s}_j(\tau) = d\hat{s}_j \cdot \mathbb{F}(P,\tau) =^{12)} d\bar{s}_j(t_A)\cdot \mathbb{F}^{-1}(P,t_A)\cdot \mathbb{F}(P,\tau)\ ,\quad t_A \leq \tau$$

sowie

$$\partial_j T(\tau) = d\hat{s}_j(\tau)\cdot(\bar{\nabla}T)_{P,\tau} \equiv d\hat{s}_j \cdot \mathbb{f}(P,\tau) =^{12)} d\bar{s}_j(t_A)\cdot \mathbb{F}^{-1}(P,t_A)\cdot \mathbb{f}(P,\tau) \quad (2.13a,b)$$

beschriebenen - für die Festlegung (objektiver) kaloro-dynamischer Größen (z. B. $\mathcal{F}$, $\mathbb{S}^{(E)}$, $\mathbb{q}^{(E)}$) relevanten - thermisch-kinematischen Prozesses eine durch

$$d\bar{s}_{jV}(t_A) =^{13)} d\bar{s}_j(t_A)\cdot \mathbb{F}_V(P,t_A) \overset{(2.13c)}{=} d\hat{s}_j \mathbb{F}(P,t_A)\cdot \mathbb{F}_V(P,t_A) \quad (2.13e)$$

gekennzeichnete Elementen-Konfigurationsänderung vorschalten kann, ohne dabei die Größen $\mathcal{F}$, $\mathbb{S}^{(E)}$, $\mathbb{q}^{(E)}$ zu verändern, daß sich also mit Symmetrien ausgestattete Massenelemente hinsichtlich der an ihnen festzustellenden kaloro-dynamischen Größen gegenüber Vorschaltprozessen (2.13e) als unempfindlich erweisen.

Betr. die Vorschaltoperationen, die übrigens durchaus verschieden sein können, je nachdem für welcherart kaloro-dynamischer Größen Unempfindlichkeit garantiert sein soll[14], beschränkt man realistischerweise auf Dichte-Erhaltende, d. h. durch unitäre Tensoren $\mathbb{U}^*(P,t_A) \equiv \mathbb{U}^*_A$ (mit $|\det \mathbb{U}^*_A| =^{15)} 1$) zu Beschreibende, ansonsten es unmöglich wäre (wie - vorab definierte) Symmetrieeigenschaften für die in der Ingenieurmechanik überwiegend anzutreffenden Stoffklassen (mit elastischer Materialkomponente) feststellen zu können, wo im Falle von Dichteänderungen permanent Spannungsänderungen bzw. Änderungen thermodynamischer Potentiale zu verzeichnen sind.

In diesem Sinne wird auf Vorschaltungen

$$d\bar{s}_{jV}(t_A) = d\bar{s}_j(t_A)\cdot \mathbb{U}^*_A = d\hat{s}_j \cdot \mathbb{F}(P,t_A)\cdot \mathbb{U}^*_A \quad (2.13f)$$

beschränkt, als deren Folge Linienelemente $d\bar{s}_j(\tau)$ in der Konfiguration

---

12) Wegen $d\bar{s}_j(\tau) = d\hat{s}_j \mathbb{F}(P,\tau)$ gilt für materielle Linienelemente $d\bar{s}_j(t_A)$ in der (zur Zeit t_A eingenommenen) Elementen–Ausgangskonfiguration

$$d\bar{s}_j(t_A) = d\hat{s}_j \cdot \mathbb{F}(P,t_A)\ ,\quad \text{d. h.}\quad d\hat{s}_j = d\bar{s}_j(t_A)\cdot \mathbb{F}^{-1}(P,t_A) \quad (2.13c,d)$$

13) Für homogenes Material in überall gleicher (zur Zeit t_A vorliegender) Ausgangssituation ist $\mathbb{F}_V$ von P unabhängig.

14) So müssen also "Symmetrie–Transformationen" im Falle der Wärmeleitung — wenngleich naheliegend — durchaus nicht mit Denjenigen etwa für die freie Energie übereinstimmen. Für Hyperelastizität, wo Spannungen und Entropien durch Operationen an der freien Energie festliegen (vgl. §2.2 Haupttext) handelt es sich für letztgenannte drei Größen selbstverständlich um dieselben Vorschaltvarianten.

15) Operatoren $\mathbb{U}^*_A$ mit $\det \mathbb{U}_A = -1$ werden hier zugelassen, um nicht den Fall von Spiegelungs–Vorschaltvarianten auszuschließen.

$$d\bar{\mathbb{s}}_{jV}(\tau) \overset{16)}{=} d\bar{\mathbb{s}}_{jV}(t_A)\cdot\mathbb{F}^{-1}(P,t_A)\cdot\mathbb{F}(P,\tau) \overset{(2.13f)}{=} d\hat{\mathbb{s}}_j\cdot\mathbb{F}(P,t_A)\cdot\mathbb{U}^*_A\cdot\mathbb{F}^{-1}(P,t_A)\cdot\mathbb{F}(P,\tau)$$
$$\equiv d\hat{\mathbb{s}}_j\cdot\mathbb{U}_A\cdot\mathbb{F}(P,\tau) \qquad (2.13g)$$

mit unitären Tensoren[17]

$$\mathbb{U}_A = \mathbb{U}(P,t_A) = \mathbb{F}(P,t_A)\cdot\mathbb{U}^*(P,t_A)\cdot\mathbb{F}^{-1}(P,t_A) \qquad (2.13h)$$

vorgefunden werden[18], und dementsprechend - etwa für die freie Energie - Materialsymmetrien durch Symmetriebedingungen der Form

$$\mathscr{F}(P,t) \overset{(2.1a)}{=} \overset{t}{\underset{\tau=t_A}{\boldsymbol{\varphi}}}{}^*\langle d\bar{\mathbb{s}}_j(\tau);T(P,\tau)\rangle \equiv \overset{t}{\underset{\tau=t_A}{\boldsymbol{\varphi}}}\langle d\bar{\mathbb{s}}_{jV}(\tau);T(P,\tau)\rangle \;,$$

d. h. - man benutze $d\bar{\mathbb{s}}_j(\tau) = d\hat{\mathbb{s}}_j\cdot\mathbb{F}(P,\tau)$, $d\bar{\mathbb{s}}_{jV}(\tau) = d\hat{\mathbb{s}}_j\cdot\mathbb{U}_A\cdot\mathbb{F}(P,\tau)$ - durch

$$\mathscr{F}(P,t) = \overset{t}{\underset{\tau=t_A}{\varphi}}{}^*\langle d\hat{\mathbb{s}}_j\cdot\mathbb{F}(P,\tau);T(P,\tau)\rangle \equiv \overset{t}{\underset{\tau=t_A}{\varphi}}{}^*\langle d\hat{\mathbb{s}}_j\cdot\mathbb{U}_A\cdot\mathbb{F}(P,\tau);T(P,\tau)\rangle$$

bzw. - man benutze (2.7a) sowie $\mathbb{U}_A\cdot\mathbb{F}\cdot(\mathbb{U}_A\cdot\mathbb{F})^T = \mathbb{U}_A\cdot\mathbb{F}\cdot\mathbb{F}^T\cdot\mathbb{U}_A^T$ - durch

$$\mathscr{F}(P,t) = \overset{t}{\underset{\tau=t_A}{\mathrm{F}}}\langle(\mathbb{F}\cdot\mathbb{F}^T)_{P,\tau};T(P,\tau)\rangle \equiv \overset{t}{\underset{\tau=t_A}{\mathrm{F}}}\langle\mathbb{U}_A\cdot(\mathbb{F}\cdot\mathbb{F}^T)_{P,\tau}\cdot\mathbb{U}_A^T;T(P,\tau)\rangle, \qquad (2.14)$$

festzulegen sind.

Von den analogen, die Vorschalt-Unempfindlichkeit Eulerscher Spannungen ($\mathbb{S}^{(E)}$) zum Ausdruck bringenden Symmetriebedingungen

$$\mathbb{S}^{(E)}(P,t) \overset{(2.1c)}{=} \overset{t}{\underset{\tau=t_A}{\boldsymbol{\Phi}}}{}^*\langle d\hat{\mathbb{s}}_j\cdot\mathbb{F}(P,\tau);T(P,\tau)\rangle = \overset{t}{\underset{\tau=t_A}{\boldsymbol{\Phi}}}{}^*\langle d\hat{\mathbb{s}}_j\cdot\mathbb{U}_A\cdot\mathbb{F}(P,\tau);T(P,\tau)\rangle \qquad (2.15a)$$

bzw.

$$\mathbb{S}^{(E)}(P,t) \overset{(2.1c)}{=} \overset{t}{\underset{\tau=t_A}{\boldsymbol{\Phi}}}\langle\mathbb{F}(P,\tau);T(P,\tau)\rangle = \overset{t}{\underset{\tau=t_A}{\boldsymbol{\Phi}}}\langle\mathbb{U}_A\cdot\mathbb{F}(P,\tau);T(P,\tau)\rangle \qquad (2.15b)$$

lassen sich in Termen der Stoffbeziehungen für relative Spannungen ($\mathbb{S}^{(R)}$) bzw. Kirchhoff-Spannungen ($\mathbb{S}^{(K)}$) dargestellte Varianten ableiten. Im letzteren Falle kürzt man die Notation

---

16) man benutze (2.13a), wobei jetzt $d\bar{\mathbb{s}}_{jV}(t_A)$ anstelle von $d\bar{\mathbb{s}}_j(t_A)$ zu setzen ist

17) Wegen det $\mathbb{A}^{-1} = 1/\det\mathbb{A}$ und det $\mathbb{U}^*_A = \pm 1$ ist auch det $\mathbb{U}_A = (\det\mathbb{F}(P,t_A)\,(\det\mathbb{U}^*(P,t_A)\,(\det\mathbb{F}^{-1}(P,t_A)) = \pm 1$

18) was übrigens dann — man vergleiche (2.13g) mit der ursprünglichen Relation $d\bar{\mathbb{s}}_j(\tau) = d\hat{\mathbb{s}}_j\cdot\mathbb{F}(P,\tau)$ — gleichwertig ist der Vorgehensweise, die Bezugskonfiguration — allerdings entsprechend (2.13h) — unitär vorab zu transformieren.

$$\mathbb{S}^{(K)}(P,t) \overset{(1.21c)}{=} \left[(\hat{\rho}/\bar{\rho})\mathbb{F}^{T-1}\cdot\mathbb{S}^{(E)}\cdot\mathbb{F}^{-1}\right]_{P,t} =$$

$$\overset{(2.15b)}{=} (\hat{\rho}/\bar{\rho})_{P,t}\mathbb{F}^{T-1}\cdot \underset{\tau=t_A}{\overset{t}{\Phi}} \langle \mathbb{F}(P,\tau);T(P,\tau)\rangle\cdot\mathbb{F}^{-1}(P,t) \qquad (2.15c)$$

durch $\underset{\tau=t_A}{\overset{t}{\Phi}}{}^{(K)}\langle\mathbb{F}(P,\tau);T(P,\tau)\rangle$ ab, und findet aus (2.15c) mit $\mathbb{U}_A\cdot\mathbb{F}$ anstelle von $\mathbb{F}$

$$\underset{\tau=t_A}{\overset{t}{\Phi}}{}^{(K)}\langle \mathbb{U}_A\cdot\mathbb{F};T\rangle \overset{(2.15c)}{=} (\hat{\rho}/\bar{\rho})(\mathbb{U}_A\cdot\mathbb{F})^{T-1} \underset{\tau=t_A}{\overset{t}{\Phi}} \langle\mathbb{U}_A\cdot\mathbb{F};T\rangle\cdot(\mathbb{U}_A\cdot\mathbb{F})^{-1} \equiv$$

$$\equiv \mathbb{U}_A^{T-1}\cdot(\hat{\rho}/\bar{\rho})\mathbb{F}^{T-1}\cdot \underset{\tau=t_A}{\overset{t}{\Phi}} \langle \mathbb{U}_A\cdot\mathbb{F};T\rangle\cdot\mathbb{F}^{-1}\cdot\mathbb{U}_A^{-1} \overset{(2.15b)}{=}$$

$$= \mathbb{U}_A^{T-1}\cdot(\hat{\rho}/\bar{\rho})\mathbb{F}^{T-1}\cdot \underset{\tau=t_A}{\overset{t}{\Phi}} \langle\mathbb{F};T\rangle\cdot\mathbb{F}^{-1}\cdot\mathbb{U}_A^{-1} \overset{(2.15c)}{=} \mathbb{U}_A^{T-1}\cdot \underset{\tau=t_A}{\overset{t}{\Phi}}{}^{(K)}\langle\mathbb{F};T\rangle\cdot\mathbb{U}_A^{-1} \qquad (2.15d)$$

bzw., wenn man im Sinne des Prinzips der materiellen Objektivität anstelle von $\mathbb{F}(P,T)$ das kinematische Argument $(\mathbb{F}\cdot\mathbb{F}^T)_{P,t}$ (vgl. (2.7c)) benutzt

$$\mathbb{S}^{(K)}(P,T) = \underset{\tau=t_A}{\overset{t}{\mathfrak{S}}}{}^{(K)}\langle(\mathbb{F}\cdot\mathbb{F}^T)_{P,\tau};T(P,\tau)\rangle = \mathbb{U}_A^T\cdot \underset{\tau=t_A}{\overset{t}{\mathfrak{S}}}{}^{(K)}\langle\mathbb{U}_A\cdot(\mathbb{F}\cdot\mathbb{F}^T)_{P,\tau}\cdot\mathbb{U}_A^T;T(P,\tau)\rangle\cdot\mathbb{U}_A \qquad (2.15e)$$

und schließlich[19], in Termen der Prozedur $\underset{\tau=t_A}{\overset{t}{\mathfrak{S}}}{}^{(R)}$ nach (2.7c) ausgedrückt,

$$\mathbb{D}^{(S)^{-1}}(P,t)\cdot \underset{\tau=t_A}{\overset{t}{\mathfrak{S}}}{}^{(R)} \langle(\mathbb{F}\cdot\mathbb{F}^T)_{P,\tau};T(P,\tau)\rangle\cdot\mathbb{D}^{(S)^{-1}}(P,t) =$$

$$\mathbb{U}_A^T\cdot\left[\mathbb{D}^{(S)^{-1}}(P,t)\cdot \underset{\tau=t_A}{\overset{t}{\mathfrak{S}}}{}^{(R)}\langle\mathbb{U}_A\cdot(\mathbb{F}\cdot\mathbb{F}^T)_{P,\tau}\cdot\mathbb{U}_A^T\,;\,T(P,\tau)\rangle\cdot\mathbb{D}^{(S)^{-1}}(P,t)\right]\cdot\mathbb{U}_A\,. \qquad (2.15f)$$

Wobei noch angemerkt werden soll, daß Letztere Resultate auch energetisch verfiziert werden können, indem man verlangt, daß bei Vorliegen von Material–Symmetrien die (als euklidisch–invarianter Skalar anfallende) Spannungsleistung gegenüber Vorschaltprozessen unempfindlich sein soll. In Termen z.B. der Kirchhoff–Spannungen ausgedrückt, bedeutet dies

$$\underset{\tau=t_A}{\overset{t}{\mathfrak{S}}}{}^{(K)}\langle(\mathbb{F}\cdot\mathbb{F}^T)_{P,\tau}\,;\,T(P,\tau)\rangle\cdot\cdot\left(\mathbb{F}\cdot\dot{\mathbb{F}}^T\right) =$$

[19] indem man im Sinne von (1.21c), Haupttext, die Kirchhoff–Spannungen per $\mathbb{S}^{(K)} =$ $= \hat{\rho}/\bar{\rho}\ \mathbb{D}^{(S)^{-1}}\cdot\ \mathbb{S}^{(R)}\cdot\mathbb{D}^{(S)^{-1}}$ durch die relativen Spannungen ersetzt und für Letztere die Erzeugungs–Prozedur (2.7c) verwendet.

$$= \mathop{\mathfrak{S}^{(K)}}_{\tau=t_A}^{t} \langle \mathbb{U}_A \cdot (\mathbb{F}\cdot\mathbb{F}^T)_{P,\tau} \cdot \mathbb{U}_A^{\ T}, T(P,\tau)\rangle \cdot\cdot \left((\mathbb{U}_A\cdot\mathbb{F})\cdot(\mathbb{U}_A\cdot\dot{\mathbb{F}})^T\right) \equiv$$

$$\equiv \left\{\mathbb{U}_A^{\ T}\cdot \mathop{\mathfrak{S}^{(K)}}_{\tau=t_A}^{t} \langle \mathbb{U}_A \cdot (\mathbb{F}\cdot\mathbb{F}^T)_{P,\tau} \cdot \mathbb{U}_A^{\ T}, T(P,\tau)\rangle \cdot \mathbb{U}_A\right\} \cdot\cdot (\mathbb{F}\cdot\dot{\mathbb{F}}^T)$$

für beliebige Werte $\mathbb{F}\cdot\dot{\mathbb{F}}^T$ fordern zu müssen, was in der Tat zu (2.15e) führt.

Betr. allfällige Symmetrieeigenschaften der Wärmeleitung nur noch den - hinsichtlich des Temperaturgradienten - linearen Fall mit

$$\mathbb{q}^{(E)}(P,T) \overset{(2.1b)}{=} \mathop{\boldsymbol{\varphi}^{*}}_{\tau=t_A}^{t} \langle d\hat{\mathfrak{s}}_j \cdot \mathbb{F}(P,T); T(P,T); d\hat{\mathfrak{s}}_j \cdot \mathbb{f}(P,T)\rangle =$$

$$\overset{(2.12d,f)}{=} \left[(\bar{\rho}/\hat{\rho})\cdot\mathbb{F}^T\right]_{P,t} \cdot \mathop{\boldsymbol{\Lambda}^{(L)}}_{\tau=t_A}^{t} \langle (\mathbb{F}\cdot\mathbb{F}^T)_{P,\tau}; T(P,\tau)\rangle \cdot \mathbb{f}(P,T) \qquad (2.16a)$$

in Betracht nehmend, bedeutet die Forderung nach Vorschalt-Unempfindlichkeit für Eulersche Wärmeflüsse, die Beziehung (2.16a) mit Derjenigen gleichsetzen zu müssen, die man aus (2.16a) erhält, wenn man die Argumente $\mathbb{F}$ bzw. $\mathbb{f}$ durch $\mathbb{U}_A\cdot\mathbb{F}$ bzw. $\mathbb{U}_A\cdot\mathbb{f}$ ersetzt. So entsteht - der Faktor $\hat{\rho}/\hat{\rho}$ ist wegen $|\det \mathbb{U}_A| = 1$ herauszukürzen -

$$\mathbb{F}^T\cdot \mathop{\boldsymbol{\Lambda}^{(L)}}_{\tau=t_A}^{t} \langle (\mathbb{F}\cdot\mathbb{F}^T)_{P,\tau}; T(P,\tau)\rangle \cdot \mathbb{f} = (\mathbb{U}_A\cdot\mathbb{F})^T\cdot \mathop{\boldsymbol{\Lambda}^{(L)}}_{\tau=t_A}^{t} \langle \mathbb{U}_A\cdot(\mathbb{F}\cdot\mathbb{F}^T)_{P,\tau}\cdot\mathbb{U}_A^{\ T}; T(P,\tau)\rangle \cdot (\mathbb{U}_A\cdot\mathbb{f}) \ ,$$

d. h. die in Termen des Lagrangeschen Wärmeleitungstensors auszudrückende Symmetriebedingung

$$\boldsymbol{\Lambda}^{(L)} = \mathop{\boldsymbol{\Lambda}^{(L)}}_{\tau=t_A}^{t} \langle (\mathbb{F}\cdot\mathbb{F}^T)_{P,\tau}; T(P,\tau)\rangle = \mathbb{U}_A^T\cdot \mathop{\boldsymbol{\Lambda}^{(L)}}_{\tau=t_A}^{t} \langle \mathbb{U}_A\cdot(\mathbb{F}\cdot\mathbb{F}^T)_{P,\tau}\cdot\mathbb{U}_A^{\ T}; T(P,\tau)\rangle \cdot \mathbb{U}_A \ . \qquad (2.16b)$$

Die Übereinstimmung von (2.16b) mit (2.15e) kann - wie schon a. O. vermerkt - durchaus nur formal sein insofern die Symmetrieeigenschaften betr. die Spannungen ($\mathfrak{S}^{(E)}$) nicht Denjenigen betr. die Wärmeflüsse ($\mathbb{q}^{(E)}$) gleichen müssen.

In Analogie zur energetisch motivierbaren Definition von (2.15e) kann (2.16b) auch aus der Forderung erschlossen werden, daß die thermische Dissipationsfunktion

$$\psi = -\,\mathbb{q}^{(E)}\cdot\nabla T \overset{(2.11b,c)}{=} (\bar{\rho}/\hat{\rho})\ \mathbb{f}\cdot\boldsymbol{\Lambda}^{(L)}\cdot\mathbb{f} \qquad (2.16c)$$

gegenüber Vorschaltprozessen mit $\mathbb{F}\longrightarrow\mathbb{U}_A\cdot\mathbb{F}$, $\mathbb{f}\longrightarrow\mathbb{U}_A\cdot\mathbb{f}$ unempfindlich sei.

Die jeweilige Menge möglicher Vorschaltungen bilden eine Gruppe[20], die man als die, die jeweilige Materialsymmetrie definierende Isotropiegruppe bezeichnet. Sie ist umso größer, je mehr Materialsymmetrien vorliegen. Die beiden Extremfälle markieren die kleinste Gruppe

$$\mathbb{U}_A \mathrel{\hat{=}} \{\mathbb{E}, -\mathbb{E}\},$$

die den sog. <u>triklinen</u> Feststoff beschreibt, wo - abgesehen von der Zentralinversion - kein unidentifizierbarer Vorschaltprozeß existiert, und die "größte Gruppe", nämlich die vollständige unitäre Gruppe mit Elementen [5a]

$$\mathbb{U}_A = \mathbb{Q}_A \cdot \sqrt{\mathbb{F}_A \cdot \mathbb{F}_A^T} \,/\, \sqrt[3]{|(\mathbb{F}_A)_3|} \quad \text{bzw.} \quad \left[\sqrt{\mathbb{F}_A \cdot \mathbb{F}_A^T} \,/\, \sqrt[3]{|(\mathbb{F}_A)_3|}\right] \cdot \mathbb{Q}_A , \qquad (2.17)$$

die neben der orthogonalen Gruppe (Elemente $\mathbb{Q}_A$) sämtliche volumenerhaltenden Vordeformationen ($\sqrt{\mathbb{F}_A \cdot \mathbb{F}_A^T} \,/\, \sqrt[3]{|(\mathbb{F}_A)_3|}$ mit beliebigen Konfigurationsgradienten $\mathbb{F}_A$) enthält und die Forderung nach sog. "Durchmischungsinvarianz" zum Ausdruck bringt: Jeder Zustand gleicher Dichte und gleicher Temperatur ist - im Hinblick auf den Erhalt momentaner kaloro-dynamischer Größen als Folge eines thermisch-kinematischen Prozesses - gleichberechtigte Ausgangskonfiguration, was nach Noll sog. einfache Flüssigkeiten kennzeichnet. Im Gegensatz zu Letzteren werden für Festkörper durch $\sqrt{\mathbb{F}_A \cdot \mathbb{F}_A^T} \,/\, \sqrt[3]{|(\mathbb{F}_A)_3|}$ gekennzeichnete, - wenn auch isochore -, Vorab-Durchmischungen des Massenelements (als "technisch nicht vorstellbar") ausgeschlossen, also Symmetrie-Operatoren lediglich aus der Menge der Orthogonaltransformations-Operatoren ($\mathbb{Q}_A$) - mit $\mathbb{Q}_A \cdot \mathbb{Q}_A^T = \mathbb{E}$, $\det \mathbb{Q}_A = \pm 1$ -

---

[20] Daß es sich hier in der Tat um eine Gruppe handelt, ist offenkundig, weil einerseits mit zwei, etwa als $\mathbb{U}_{Aj}$, bzw. $\mathbb{U}_{Ak}$ bezeichneten Vorschaltvarianten auch $\mathbb{U}_{Aj} \cdot \mathbb{U}_{Ak}$ eine Symmetrietransformation beschreibt, und überdies generell — gleichbedeutend damit, keine Vorschaltung vorgenommen zu haben — die Identität ($\mathbb{E}$) Element der Gruppe ist, weswegen dann auch sämtliche Gruppenelemente invertierbar sind. Der erstere Befund wird z. B. mit (2.14) — jetzt kürzer formuliert in der zweiten Darstellung von (2.1a) — aus der Identitätenabfolge

$$\underset{\tau=t_A}{\overset{t}{\varphi}} \langle \mathbb{U}_{A2} \cdot \mathbb{U}_{A1} \cdot \mathbb{F}(P,\tau); T(P,\tau) \rangle = \underset{\tau=t_A}{\overset{t}{\varphi}} \langle \mathbb{U}_{A2} \cdot (\mathbb{U}_{A1} \cdot \mathbb{F}); T \rangle \overset{(2.14)}{=} \underset{\tau=t_A}{\overset{t}{\varphi}} \langle \mathbb{U}_{A1} \cdot \mathbb{F}; T \rangle \overset{(2.14)}{=} \underset{\tau=t_A}{\overset{t}{\varphi}} \langle \mathbb{F}; T \rangle$$

erschlossen, indem man mit der vorletzten Gleichsetzung die Unempfindlichkeit der freien Energie gegenüber einer $\mathbb{U}_{A2}$ — Vorschaltung, mit der letzten Gleichsetzung deren Unempfindlichkeit gegenüber einer $\mathbb{U}_{A1}$ — Vorschaltung ausnutzt. Dann zeigt die so erreichte Gleichheit des ersten mit dem letzten Ausdruck (gestrichelt), daß im Sinne der Definition (2.14) in der Tat auch das — wegen $\det(\mathbb{U}_{Aj} \cdot \mathbb{U}_{Ak}) = \det \mathbb{U}_{Aj} \det \mathbb{U}_{Ak} = \pm 1$ ebenfalls als unitärer Operator anfallende — Produkt $\mathbb{U}_{Aj} \cdot \mathbb{U}_{Ak}$ Mitglied der Isotropiegruppe ist.

in Betracht gezogen, womit Materialsymmetrie-Eigenschaften durch die in der Kristall-Klassifizierung benutzten Begriffsbildungen bezeichnet werden können.
Von den vielzähligen Symmetriemöglichkeiten, die in den Kristall-Klassifizierungen etwa bei Voigt [34] niedergelegt sind, sollen im Folgenden konkreter untersucht werden

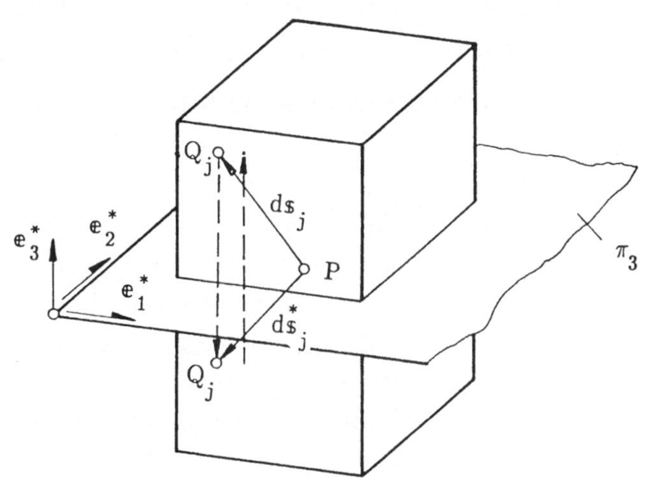

Abb. E2.2

a) das monokline Material mit

$$\left\{\mathbb{Q}_S\right\} \hat{=} \left\{\mathbb{E},\ -\mathbb{E},\ \overset{*}{e}_1 \circ \overset{*}{e}_1 + \overset{*}{e}_2 \circ \overset{*}{e}_2 - \overset{*}{e}_3 \circ \overset{*}{e}_3\right\}, \tag{2.18}$$

wo Vorab-Spiegelungen eines Massenelementes (Abb. E 2.2) unidentifizierbar sind, d. h. Material-Symmetrie hinsichtlich einer Ebene (Π_3) vorliegt,

b) das rhombische Material mit

$$\left\{\mathbb{Q}_A\right\} \hat{=} \left\{\mathbb{E}, -\mathbb{E}, \overset{*}{e}_1 \circ \overset{*}{e}_1 + \overset{*}{e}_2 \circ \overset{*}{e}_2 - \overset{*}{e}_3 \circ \overset{*}{e}_3, -\overset{*}{e}_1 \circ \overset{*}{e}_1 + \overset{*}{e}_2 \circ \overset{*}{e}_2 + \overset{*}{e}_3 \circ \overset{*}{e}_3\right\}, \tag{2.19}$$

wo Material-Symmetrie hinsichtlich zweier orthogonaler Ebenen (Π_3, Π_1) vorliegt, was auch als "räumlich orthotrop" bezeichnet wird,[21] daraus in Spezialisierung

b1) <u>das kubische Material</u>

d. h. das orthotrope System mit drei gleichen "Hauptachsensteifigkeiten",

c) <u>das hexagonale Material mit</u>

$$\mathbb{Q}_A \hat{=} \left\{\mathbb{E}, -\mathbb{E}, \mathbb{R}_\varphi\right\}, \ \mathbb{R}_\varphi = \overset{*}{e}_3 \circ \overset{*}{e}_3 + (\mathbb{E} - \overset{*}{e}_3 \circ \overset{*}{e}_3)\cos\varphi - \mathbb{E} \times \overset{*}{e}_3 \sin\varphi \ , \quad (2.20a,b)$$

also Material-Rotationssymmetrie hinsichtlich einer Achse (hier $\overset{*}{e}_3$),[22] was man auch als "transversal-anisotrop" bezeichnet und schließlich das

d) <u>isotrope Material mit</u>

$$\mathbb{Q}_A \hat{=} \left\{\mathbb{E}, -\mathbb{E}, \mathbb{R}\right\}, \quad (2.21)$$

worin $\mathbb{R}$ beliebige Versoren bedeuten.

Symmetrie-Konsequenzen werden nachfolgend nur für die unter § 2,4,5 untersuchten speziellen Materialtypen gezogen, aufgrund deren "energetischer Definitionen" - abgesehen vom Wärmeflußvektor - Symmetrieanalysen für objektive Skalare (nämlich freie Energie, innere Energie, Entropie bzw. Dissipationsleistung) im Sinne von (2.14) hinreichen[23].

2.3 Symmetriebedingungen für hyperelastische Medien

vereinfachen sich gegenüber etwa (2.14,15) insofern, als hierfür freie Energie bzw. Spannungen als (Zustands–)Funktionen der <u>Momentan</u>–Werte der thermisch–kinematischen Variablen $(\mathbb{D}(P,t), T(P,t))$ festgelegt werden (vgl. §2.2, Haupttext). So sind also wegen

$$\mathcal{F}(P,T) = \underset{\tau = t_A}{\overset{t}{F}} \langle \mathbb{D}(P,\tau); T(P,\tau)\rangle \longrightarrow \mathcal{F}_{DT}(\mathbb{D}(P,t); T(P,t)) \quad (2.22a)$$

bzw.

---

21) Weil mit (2.21) automatisch auch Materialsymmetrie hinsichtlich der dritten, zu Π_3 und Π_1 orthogonalen, Ebene sichergestellt ist, da wegen

$$(-\mathbb{E})\cdot(\overset{*}{e}_1 \circ \overset{*}{e}_1 + \overset{*}{e}_2 \circ \overset{*}{e}_2 - \overset{*}{e}_3 \circ \overset{*}{e}_3)\cdot(-\overset{*}{e}_1 \circ \overset{*}{e}_1 + \overset{*}{e}_2 \circ \overset{*}{e}_2 + \overset{*}{e}_3 \circ \overset{*}{e}_3) = \overset{*}{e}_1 \circ \overset{*}{e}_1 - \overset{*}{e}_2 \circ \overset{*}{e}_2 + \overset{*}{e}_3 \circ \overset{*}{e}_3$$

eine Spiegelung an der Ebene Π_2 aufgebaut werden kann als Ergebnis der Abfolge der Spiegelungen an Π_1 bzw. Π_3 mit anschließender Inversion, also als Abfolge von Operationen, die als Elemente in der Gruppe nach (2.19) bereits enthalten sind (vgl. Fußnote 20).

22) zutreffend etwa für mit einem Faserstrang bewehrte Verbundstoffe mit (lokaler) Faserrichtung $\overset{*}{e}_3$

23) wobei, da es unerheblich ist, ob man die Größe $\mathbb{F}\cdot\mathbb{F}^T$ den Streckungstensor $\mathbb{D}^{(S)}$ oder aber jede isotrope Funktion von $\mathbb{D}^{(S)}$, also etwa den Greenschen Tensor $\mathbb{D}^{(G)} = (\mathbb{F}\cdot\mathbb{F}^T - \mathbb{E})/2$, als kinematische Variable verwendet, im Folgenden anstelle von von $\mathbb{F}\cdot\mathbb{F}^T$ ein — jetzt ohne weitere Indizierung — mit $\mathbb{D}$ bezeichnetes Verzerrungsmaß notiert werden soll.

$$\mathbb{S}^{(K)}(P,t) = \mathop{\mathbb{S}}_{\tau=t_A}^{t} \langle \mathbb{D}(P,\tau);T(P,\tau)\rangle \longrightarrow \mathbb{S}^{(K)}_{DT}(\mathbb{D}(P,t);T(P,t)) \tag{2.22b}$$

anstelle von (2.14,15) per

$$\mathscr{F}(P,t) = \mathscr{F}_{DT}(\mathbb{D};T) = \mathscr{F}_{DT}(\mathbb{U}_A\cdot\mathbb{D}\cdot\mathbb{U}_A^T;T) \tag{2.22c}$$

bzw.

$$\mathbb{S}^{(K)}(P,t) = \mathbb{S}^{(K)}_{DT}(\mathbb{D};T) = \mathbb{U}_A^T\cdot\mathbb{S}^{(K)}_{DT}(\mathbb{U}_A\cdot\mathbb{D}\cdot\mathbb{U}_A^T;T)\cdot\mathbb{U}_A \tag{2.22d}$$

— mit in beiden Fällen gleichen Vorschaltoperatoren $\mathbb{U}_A$ — Materialsymmetrien betr. die freie Energie bzw. die (Eulerschen!) Spannungen beschrieben, wobei übrigens (2.22d) — angesichts der Erzeugungsvorschrift (2.10b, Haupttext) — unmittelbare Folge von (2.22c) ist. Als Folge von (2.10c, Haupttext), sowie von $\mathscr{U} = \mathscr{F} + T\,\mathscr{S}$ gilt (2.22c) dann auch für Entropie und innere Energie, während für den durch (2.12b, Haupttext) definierten Wärmeverzerrungsänderungstensor $(\mathbb{A}^{(KG)})$ die Symmetriebedingung (2.22d) festzustellen ist, wie man unter Benutzung von (2.22c,d) — am einfachsten für die Version (2.12, Haupttext) — nachweist. Auch die entsprechende (den Eulerschen Wärmeleitvektor $\mathbb{q}^{(E)}$ betreffende) Symmetrieaussage in Termen des Lagrangeschen Wärmeleittensors gehorcht der Symmetriebedingung (2.22d), sofern man jetzt speziell

$$\mathbb{\Lambda}^{(L)}(P,T) = \mathop{\mathbb{\Lambda}}_{\tau=t_A}^{t} \langle \mathbb{D}(P,t);T(P,t)\rangle \longrightarrow \mathbb{\Lambda}^{(L)}_{DT}(\mathbb{D}(P,t);T(P,t)) \tag{2.22e}$$

annimmt. Man bekommt in Spezialisierung von (2.16b)

$$\mathbb{\Lambda}^{(L)}(P,T) = \mathbb{\Lambda}^{(L)}_{DT}(\mathbb{D};T) = \mathbb{U}_A^T\cdot\mathbb{\Lambda}^{(L)}_{DT}(\mathbb{U}_A\cdot\mathbb{D}\cdot\mathbb{U}_A^T;T)\cdot\mathbb{U}_A\ , \tag{2.22f}$$

allerdings — ggfs. — mit von den in (2.22c,d) genutzten Symmetrieoperatoren verschiedenen Vorschaltgrößen. Unter der folgenden Ziffer zunächst die für

2.4 Hyperelastische Festkörper

anhand von

$$\mathscr{F} = \mathscr{F}_{DT}(\mathbb{D}(P,t);T(P,T)) = \mathscr{F}_{DT}(\mathbb{Q}_A\cdot\mathbb{D}(P,T)\cdot\mathbb{Q}_A^T;T)$$

mit

$$\mathbb{Q}_A\cdot\mathbb{Q}_A^T = \mathbb{E}\ ,\ \det\mathbb{Q}_A = \pm 1 \tag{2.23a-c}$$

zu erarbeitenden Befunde für die unter (2.18-21) aufgelisteten Kristall-Symmetrien referierend, drückt man im

2.4.1 monoklinen Falle

mit dem dritten Element

$$\mathbb{Q}_A = \mathbb{E} - 2\overset{*}{\mathbb{e}}_3\circ\overset{*}{\mathbb{e}}_3 \tag{2.24a}$$

der Isotropiegruppe (2.18)[24] die Symmetrieeigenschaft (2.23a) durch

$$\mathscr{F}\langle\mathbb{D};T\rangle \equiv \mathscr{F}\langle(\overset{*}{\mathbb{e}}_1\circ\overset{*}{\mathbb{e}}_1 + \overset{*}{\mathbb{e}}_2\circ\overset{*}{\mathbb{e}}_2 - \overset{*}{\mathbb{e}}_3\circ\overset{*}{\mathbb{e}}_3)\cdot\mathbb{D}\cdot(\overset{*}{\mathbb{e}}_1\circ\overset{*}{\mathbb{e}}_1 + \overset{*}{\mathbb{e}}_2\circ\overset{*}{\mathbb{e}}_2 - \overset{*}{\mathbb{e}}_3\circ\overset{*}{\mathbb{e}}_3);T\rangle$$

bzw. mit

---

[24] Die Betrachtnahme der beiden ersten Gruppenelemente $(\mathbb{E},-\mathbb{E})$ führt zu trivialen Identitäten.

$$\mathscr{F} = {}^{25)}\ \hat{\mathscr{F}}(\mathbb{e}^*_j \cdot \mathbb{D} \cdot \mathbb{e}^*_K;\, T) = \hat{\mathscr{F}}(d^*_{11}, d^*_{22}, d^*_{33}, d^*_{12}, d^*_{23}, d^*_{31}; T)$$

durch die Symmetriebedingung

$$\hat{\mathscr{F}}(d^*_{11}, d^*_{22}, d^*_{33}, d^*_{12}, d^*_{23}, d^*_{31}; T) = \hat{\mathscr{F}}(d^*_{11}, d^*_{22}, d^*_{33}, d^*_{12}, -d^*_{23}, -d^*_{31}; T) \tag{2.24b}$$

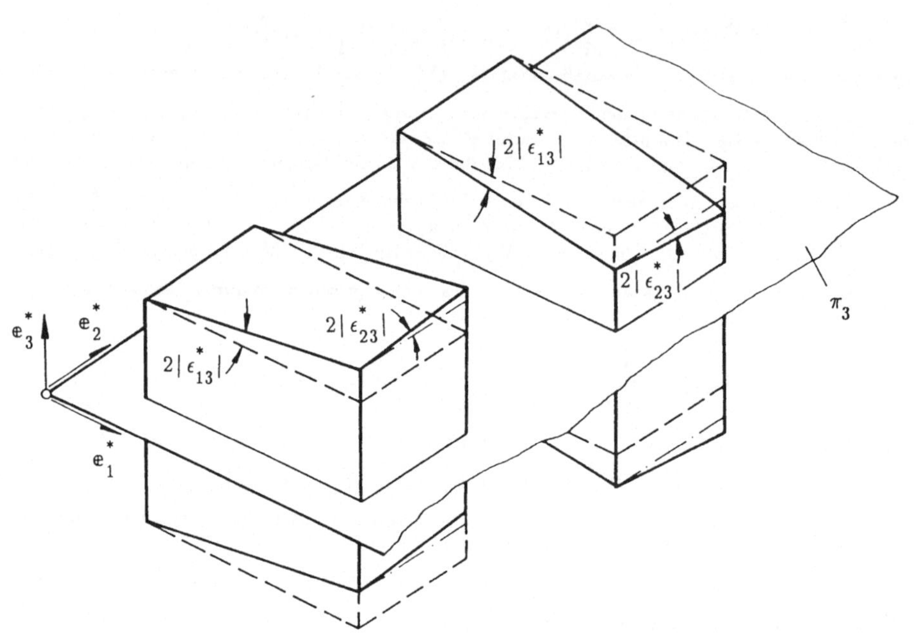

Abb. E2.3

aus, wonach die freie Energie gegen (gleichzeitigen) Vorzeichenwechsel der Scherdeformationen d^*_{23} und d^*_{13} unempfindlich ist (in Abb. E 2.3 angedeutet).

Für Bilinearformen für die freie Energie (vgl. (2.53a) des Haupttextes, wo jetzt ρ anstelle von $\hat{\rho}$ geschrieben wird) und $\mathbb{Q}_A$ nach (2.24a) ist dementsprechend

$$\mathscr{F}_{DT} = \mathscr{F}_0 + \frac{1}{2\rho}\, \mathbb{D} \cdot\cdot \overset{<4>}{\mathbb{C}} \cdot\cdot \mathbb{D} - (T-T_0)\mathscr{S}_0 - \frac{c_{d0}}{2T_0}(T-T_0)^2 - \frac{\mathbb{A} \cdot\cdot \overset{<4>}{\mathbb{C}} \cdot\cdot \mathbb{D}}{\rho}(T-T_0) \equiv$$

$$\equiv \mathscr{F}_0 + \frac{1}{2\rho}\left\{\left[\mathbb{E} - 2\mathbb{e}^*_3 \circ \mathbb{e}^*_3\right] \cdot \mathbb{D} \cdot \left[\mathbb{E} - 2\mathbb{e}^*_3 \circ \mathbb{e}^*_3\right]\right\} \cdot\cdot \overset{<4>}{\mathbb{C}} \cdot\cdot \left\{\left[\mathbb{E} - 2\mathbb{e}^*_3 \circ \mathbb{e}^*_3\right] \cdot \mathbb{D} \cdot \left[\mathbb{E} - 2\mathbb{e}^*_3 \circ \mathbb{e}^*_3\right]\right\} -$$

---

25) Die Komponentendarstellung soll sich auf eine Orthonormalbasis beziehen, wobei $\mathbb{e}^*_3$ normal zur Symmetrieebene Π_3 ist.

$$-(T-T_0)\mathscr{S}_0 - \frac{c_{d0}}{2T_0}(T-T_0)^2 - \frac{\mathbb{A}\cdot\cdot\overset{\langle 4\rangle}{\mathbb{C}}}{\rho}(T-T_0)\cdot\cdot\left\{\left[\mathbb{E}-2\overset{*}{\mathbb{e}}_3\circ\overset{*}{\mathbb{e}}_3\right]\cdot\mathbb{D}\cdot\left[\mathbb{E}-2\overset{*}{\mathbb{e}}_3\circ\overset{*}{\mathbb{e}}_3\right]\right\}, \quad (2.25)$$

d. h.

$$-\mathbb{D}\cdot\cdot\overset{\langle 4\rangle}{\mathbb{C}}\cdot\cdot\mathbb{D}_{13,23}-\mathbb{D}_{13,23}\cdot\cdot\overset{\langle 4\rangle}{\mathbb{C}}\cdot\cdot\mathbb{D}+2\mathbb{D}_{13,23}\cdot\cdot\overset{\langle 4\rangle}{\mathbb{C}}\cdot\cdot\mathbb{D}_{13,23}+2\mathbb{A}\cdot\cdot\overset{\langle 4\rangle}{\mathbb{C}}(T-T_0)\cdot\cdot\mathbb{D}_{13,23}$$

$$= -\overset{*}{\mathbb{D}}_{13,23}\cdot\cdot\overset{\langle 4\rangle}{\mathbb{C}}\cdot\cdot\mathbb{D}_{13,23}-\mathbb{D}_{13,23}\cdot\cdot\overset{\langle 4\rangle}{\mathbb{C}}\cdot\cdot\overset{*}{\mathbb{D}}_{13,23}+2\mathbb{A}\cdot\cdot\overset{\langle 4\rangle}{\mathbb{C}}(T-T_0)\cdot\cdot\mathbb{D}_{13,23}$$

$$\equiv -2\overset{*}{\mathbb{D}}_{13,23}\circ\mathbb{D}_{13,23}\cdot\cdot\cdot\cdot\overset{\langle 4\rangle}{\mathbb{C}} + 2\mathbb{A}\circ\mathbb{D}_{13,23}\cdot\cdot\cdot\cdot\overset{\langle 4\rangle}{\mathbb{C}}(T-T_0) = 0 \quad (2.25a)$$

für beliebige Verzerrungsgrößen

$$\mathbb{D}_{13,23} = d_{13}(\overset{*}{\mathbb{e}}_3\circ\overset{*}{\mathbb{e}}_1+\overset{*}{\mathbb{e}}_1\circ\overset{*}{\mathbb{e}}_3) + d_{23}(\overset{*}{\mathbb{e}}_2\circ\overset{*}{\mathbb{e}}_3+\overset{*}{\mathbb{e}}_3\circ\overset{*}{\mathbb{e}}_2),\ \overset{*}{\mathbb{D}}_{13,23} = \mathbb{D} - \mathbb{D}_{13,23} \quad (2.25b)$$

und Temperaturänderungen $(T-T_0)$ zu verlangen.

Betr. die mit (2.25a,b) beschriebene Recherche der Eigenschaften der Materialtetrade $(\overset{\langle 4\rangle}{\mathbb{C}})$ bzw. der Wärmeverzerrungen $(\mathbb{A})$ verwendet man zweckmäßig die Voigtsche Notation d.h. sechskomponentige Vektoren

$$\mathfrak{d}^{(V)} \mathrel{\hat{=}} \left\{d_1^{(V)},d_2^{(V)},d_3^{(V)},d_4^{(V)},d_5^{(V)},d_6^{(V)}\right\} \mathrel{\hat{=}} \left\{d_{11},d_{22},d_{33},\sqrt{2}d_{12},\sqrt{2}d_{23},\sqrt{2}d_{31}\right\}, \quad (2.26a)$$

$$\mathfrak{s}^{(V)} \mathrel{\hat{=}} \left\{s_1^{(V)},s_2^{(V)},s_3^{(V)},s_4^{(V)},s_5^{(V)},s_6^{(V)}\right\} \mathrel{\hat{=}} \left\{\sigma_{11},\sigma_{22},\sigma_{33},\sqrt{2}\sigma_{12},\sqrt{2}\sigma_{23},\sqrt{2}\sigma_{31}\right\} \quad (2.26b)$$

anstelle symmetrischer zweistufiger Tensoren

$$\mathbb{D} = \sum_{j,k=1}^{3} d_{jk}\,\mathbb{e}_j\circ\mathbb{e}_k, \quad \mathbb{S} = \sum_{j,k=1}^{3} \sigma_{jk}\,\mathbb{e}_j\circ\mathbb{e}_k \quad (2.26c,d)$$

und symmetrische Voigtsche 6 x 6—Matrizen

$$\mathfrak{C}^{(V)} \mathrel{\hat{=}} (c_{jk}^{(V)}) \mathrel{\hat{=}} \begin{pmatrix} c_{1111} & c_{1122} & c_{1133} & \sqrt{2}c_{1112} & \sqrt{2}c_{1123} & \sqrt{2}c_{1131} \\ & c_{2222} & c_{2233} & \sqrt{2}c_{2212} & \sqrt{2}c_{2223} & \sqrt{2}c_{2231} \\ & & c_{3333} & \sqrt{2}c_{3313} & \sqrt{2}c_{3323} & \sqrt{2}c_{3331} \\ & & & 2c_{1212} & 2c_{1223} & 2c_{1231} \\ & & & & 2c_{2323} & 2c_{2331} \\ & & & & & 2c_{3131} \end{pmatrix} \quad (2.27a)$$

für vollständig—symmetrische vierstufige Tensoren

$$\overset{\langle 4\rangle}{\mathbb{C}} = \sum_{i,j,k,l=1}^{3} c_{ijkl}\mathbb{e}_i\circ\mathbb{e}_j\circ\mathbb{e}_k\circ\mathbb{e}_l, \quad c_{ijkl}=c_{jikl}=c_{jilk}=c_{klij} \quad (2.27b)$$

mit der Hypermatrix–Darstellung[26]

$$\overset{\langle 4\rangle}{\mathbb{C}} \hat{=} \left(\begin{array}{ccc|ccc|ccc} c_{1111} & c_{1112} & c_{1113} & c_{1211} & c_{1212} & c_{1213} & c_{1311} & c_{1312} & c_{1313} \\ & c_{1122} & c_{1123} & & c_{1222} & c_{1223} & & c_{1322} & c_{1323} \\ & & c_{1133} & & & c_{1233} & & & c_{1333} \\ \hdashline & & & c_{2211} & c_{2212} & c_{2213} & c_{2311} & c_{2312} & c_{1333} \\ & & & & c_{2222} & c_{2223} & & c_{2322} & c_{2323} \\ & & & & & c_{2333} & & & c_{2313} \\ \hdashline & & & & & & c_{3311} & c_{3312} & c_{3313} \\ & & & & & & & c_{3322} & c_{3323} \\ & & & & & & & & c_{3333} \end{array}\right), \langle \mathbb{e}_1, \mathbb{e}_2, \mathbb{e}_3 \rangle , \tag{2.27c}$$

womit z. B. lineare Zuordnungen

$$\mathbb{S} = \overset{\langle 4\rangle}{\mathbb{C}} \cdot\cdot\, \mathbb{D} = \mathbb{D} \cdot\cdot \overset{\langle 4\rangle}{\mathbb{C}} \tag{2.28a}$$

in entsprechender Matrizenkalkül–Notation im sechsdimensionalen Voigtschen Vektorraum in die Skalarprodukt–Operation

$$\mathfrak{s}^{(V)} = \mathfrak{C}^{(V)} \odot \mathfrak{d}^{(V)} = \mathfrak{d}^{(V)} \odot \mathfrak{C}^{(V)} \tag{2.28b}$$

und die Darstellung von Bilinearformen

$$\mathbb{A} \cdot\cdot \overset{\langle 4\rangle}{\mathbb{C}} \cdot\cdot\, \mathbb{B} \overset{27)}{=} \mathbb{A} \cdot\cdot (\mathbb{B} \cdot\cdot \overset{\langle 4\rangle}{\mathbb{C}}) = \mathbb{A} \circ \mathbb{B} \cdot\cdot\cdot\cdot \overset{\langle 4\rangle}{\mathbb{C}} \tag{2.29a}$$

in

$$\mathfrak{a}^{(V)} \odot \mathfrak{C}^{(V)} \odot \mathfrak{b}^{(V)} = \mathfrak{a}^{(V)} \odot (\mathfrak{C}^{(V)} \odot \mathfrak{b}^{(V)}) \overset{28)}{=} \mathfrak{a}^{(V)} \odot (\mathfrak{b}^{(V)} \odot \mathfrak{C}^{(V)}) = \mathfrak{a}^{(V)} \otimes \mathfrak{b}^{(V)} \odot\odot\, \mathfrak{C}^{(V)} \tag{2.29b}$$

"übersetzt", und mit dem Symbol ⊙ das Skalarprodukt im Sinne der Matrizenmultiplikationsregel sowie mit ⊗ das dyadische Produkt, d. h. die 6 x 6–Struktur

$$\mathfrak{a}^{(V)} \otimes \mathfrak{b}^{(V)} \hat{=} \begin{pmatrix} a_1^{(V)} b_1^{(V)} & \dots & a_1^{(V)} b_6^{(V)} \\ \vdots & & \\ a_1^{(V)} b_6^{(V)} & \dots & a_6^{(V)} b_6^{(V)} \end{pmatrix} \tag{2.29c}$$

---

26) vgl. h. [5a] und Fußn. 2, 4 von §2, Haupttext, jetzt detailliert in konkreter Matrizennotation. Die Komponenten – Repräsentationen (2.27b,c) beziehen sich auf eine Orthonormalbasis, die Anordnung (2.27c) ist als symmetrisches 3x3 – Matrizenschema mit jeweils symmetrischen 3x3 – Matrizen als "Elementen" zu verstehen, deren durch jeweilige "Zeilen– bzw. Spaltenziffer" definierten "Plätze in der Hypermatrix" durch die entsprechenden Indexziffern der beiden ersten Basisvektoren der Basistetraden von (2.27b) festgelegt sind. Von den entsprechenden symmetrischen (3x3 –)Matrizen – "Elementen", deren skalare Komponenten jeweils innerhalb einer "Elementenmatrix" durch die Indexziffern der beiden hinteren Basisvektoren der Basistetraden von (2.27b) "plaziert" sind, wurden in (2.27c) aus Gründen der Übersicht nur die jeweils oberhalb der (Teil–) Hauptdiagonalen anzuordnenden skalaren Komponenten eingetragen. Wegen der "Global–Symmetrie" der Hypermatrix unterblieben dsgl. sämtliche Notationen unterhalb der Hypermatrix–Hauptdiaganale.

27) Man beachte $\overset{\langle 4\rangle}{\mathbb{C}} \cdot\cdot\, \mathbb{B} = \mathbb{B} \cdot\cdot \overset{\langle 4\rangle}{\mathbb{C}}$.

28) Man beachte die Symmetrie der einer vollständig–symmetrischen Tetrade $\overset{\langle 4\rangle}{\mathbb{C}}$ äquivalenten Voigtschen 6 x 6–Matrix $\mathfrak{C}^{(V)}$, also $\mathfrak{C}^{(V)} \odot \mathfrak{b}^{(V)} = \mathfrak{b}^{(V)} \odot \mathfrak{C}^{(V)}$.

bezeichnet werden.[29)]

Mit den $\mathbb{D}_{13,23}$ bzw. $\overset{*}{\mathbb{D}}_{13,23}$ äquivalenten Voigtschen Vektoren

$$\mathfrak{d}^{(V)}_{13,23} \mathrel{\hat{=}} \left\{0,0,0,0,\sqrt{2}\overset{*}{d}_{13},\sqrt{2}\overset{*}{d}_{23}\right\},\quad \mathfrak{d}^{(V)*}_{13,23} \mathrel{\hat{=}} \left\{\overset{*}{d}_{11},\overset{*}{d}_{22},\overset{*}{d}_{33},\sqrt{2}\overset{*}{d}_{12},0,0\right\} \qquad (2.30a,b)$$

sowie der dem Wärmeverzerrungstensor $\mathbb{A}$ entsprechenden Größe

$$\mathfrak{a}^{(V)} = \left\{\overset{*}{\alpha}_{11},\overset{*}{\alpha}_{22},\overset{*}{\alpha}_{33},\sqrt{2}\overset{*}{\alpha}_{12},\sqrt{2}\overset{*}{\alpha}_{23},\sqrt{2}\overset{*}{\alpha}_{31}\right\} \qquad (2.30c)$$

entstehen als die den Tetraden $\overset{*}{\mathbb{D}}_{13,23} \circ \mathbb{D}_{13,23}$, $\mathbb{A} \circ \mathbb{D}_{13,23}$ entsprechenden Voigtschen 6 x 6-Matrizen

$$\mathfrak{d}^{(V)*}_{13,23} \otimes \mathfrak{d}^{(V)}_{13,23} \mathrel{\hat{=}} \begin{pmatrix} 0 & 0 & 0 & 0 & \sqrt{2}\overset{*}{d}_{11}\overset{*}{d}_{23} & \sqrt{2}\overset{*}{d}_{11}\overset{*}{d}_{31} \\ 0 & 0 & 0 & 0 & \sqrt{2}\overset{*}{d}_{22}\overset{*}{d}_{23} & \sqrt{2}\overset{*}{d}_{22}\overset{*}{d}_{31} \\ 0 & 0 & 0 & 0 & \sqrt{2}\overset{*}{d}_{33}\overset{*}{d}_{23} & \sqrt{2}\overset{*}{d}_{33}\overset{*}{d}_{31} \\ 0 & 0 & 0 & 0 & 2\overset{*}{d}_{12}\overset{*}{d}_{23} & 2\overset{*}{d}_{12}\overset{*}{d}_{31} \\ 0 & 0 & 0 & 0 & 0 & 0 \\ 0 & 0 & 0 & 0 & 0 & 0 \end{pmatrix},$$

$$\mathfrak{a}^{(V)} \otimes \mathfrak{d}^{(V)}_{13,23} \mathrel{\hat{=}} \begin{pmatrix} 0 & 0 & 0 & 0 & \sqrt{2}\overset{*}{\alpha}_{11}\overset{*}{d}_{23} & \sqrt{2}\overset{*}{\alpha}_{11}\overset{*}{d}_{31} \\ 0 & 0 & 0 & 0 & \sqrt{2}\overset{*}{\alpha}_{22}\overset{*}{d}_{23} & \sqrt{2}\overset{*}{\alpha}_{22}\overset{*}{d}_{31} \\ 0 & 0 & 0 & 0 & \sqrt{2}\overset{*}{\alpha}_{33}\overset{*}{d}_{23} & \sqrt{2}\overset{*}{\alpha}_{33}\overset{*}{d}_{31} \\ 0 & 0 & 0 & 0 & 2\overset{*}{\alpha}_{12}\overset{*}{d}_{23} & 2\overset{*}{\alpha}_{12}\overset{*}{d}_{31} \\ 0 & 0 & 0 & 0 & 2\overset{*}{\alpha}_{23}\overset{*}{d}_{23} & 2\overset{*}{\alpha}_{23}\overset{*}{d}_{31} \\ 0 & 0 & 0 & 0 & 2\overset{*}{\alpha}_{31}\overset{*}{d}_{23} & 2\overset{*}{\alpha}_{31}\overset{*}{d}_{31} \end{pmatrix}, \qquad (2.30d,e)$$

deren Doppeltskalarprodukte mit der Voigtschen 6 x 6-Matrix der Elastizitätstetrade nach (2.25a) für beliebige Verzerrungsgrößen $\overset{*}{d}_{13}$, $\overset{*}{d}_{23}$ verschwinden müssen.[30)]

---

29) Doppeltskalarprodukte (symbolisiert durch $\odot\odot$) sind analog der diesbezüglichen Operation im dreidimensionalen Vektorraum durch

$$\mathfrak{A}^{(V)} \odot\odot \mathfrak{B}^{(V)} = \sum_{j,k=1}^{6} a^{(V)}_{\alpha\beta}\, b^{(V)}_{\beta\alpha} \qquad (2.29d)$$

definiert durch gliedweise Multiplikation der Elemente der Matrix von $\mathfrak{A}^{(V)}$ mit den — an der Hauptdiagonale gespiegelten — Elementen der Matrix von $\mathfrak{B}^{(V)}$ und anschließende Addition [5a]

30) Man setzt in (2.25a) zunächst $T = T_0$ und erhält die Forderung

$\mathfrak{d}^{(V)*}_{13,23} \otimes \mathfrak{d}^{(V)}_{13,23} \odot\odot \mathfrak{C}^{(V)} = 0$, was dann im Nachgang zu der weiteren Forderung $\mathfrak{a}^{(V)} \otimes \mathfrak{d}^{(V)}_{13,23} \odot\odot \mathfrak{C}^{(V)} = 0$ führt.

Aus
$$\mathfrak{d}^{(V)*}_{13,23} \otimes \mathfrak{d}^{(V)}_{13,23} \odot\odot \mathfrak{C}^{(V)} = 0$$
ist dann für die Voigtsche Steifigkeitsmatrix $\mathfrak{C}^{(V)}$ im monoklinen Fall die Struktur
$$\mathfrak{C}^{(V)} \hat{=} \begin{pmatrix} \overset{*}{c}_{1111} & \overset{*}{c}_{1122} & \overset{*}{c}_{1133} & \sqrt{2}\overset{*}{c}_{1112} & 0 & 0 \\ & \overset{*}{c}_{2222} & \overset{*}{c}_{2233} & \sqrt{2}\overset{*}{c}_{2212} & 0 & 0 \\ & & \overset{*}{c}_{3333} & \sqrt{2}\overset{*}{c}_{3312} & 0 & 0 \\ & & & 2\overset{*}{c}_{1212} & 0 & 0 \\ & & & & 2\overset{*}{c}_{2323} & 2\overset{*}{c}_{2331} \\ & & & & & 2\overset{*}{c}_{3131} \end{pmatrix} \tag{2.31a}$$
zu identifizieren, in der nur noch 21 - 8 = 13 unabhängige Elastizitätskonstanten verbleiben, und aus
$$\mathfrak{a}^{(V)} \otimes \mathfrak{d}^{(V)}_{13,23} \odot\odot \mathfrak{C}^{(V)} = 0$$
unter Benutzung der Strukturen (2.30c, 31a)
$$4\overset{*}{\alpha}_{23}(\overset{*}{c}_{2323}\overset{*}{d}_{23} + \overset{*}{c}_{2331}\overset{*}{d}_{31}) + 4\overset{*}{\alpha}_{31}(\overset{*}{c}_{2331}\overset{*}{d}_{23} + \overset{*}{c}_{3131}\overset{*}{d}_{31}) = 0 \ ,$$
was wegen der Beliebigkeit der Verzerrungsgrößen $\overset{*}{d}_{23}$, $\overset{*}{d}_{31}$
$$\overset{*}{\alpha}_{23} = \overset{*}{\alpha}_{31} = 0 \ ,$$
also für den Wärmeverzerrungstensor des monoklinen Materials die Struktur
$$\mathbb{A} \hat{=} \begin{pmatrix} \overset{*}{\alpha}_{11} & \overset{*}{\alpha}_{12} & 0 \\ \overset{*}{\alpha}_{12} & \overset{*}{\alpha}_{22} & 0 \\ 0 & 0 & \overset{*}{\alpha}_{33} \end{pmatrix}, \quad \langle \overset{*}{\mathbb{e}}_1, \overset{*}{\mathbb{e}}_2, \overset{*}{\mathbb{e}}_3 \rangle \ , \tag{2.31b}$$
verlangt, d. h. eine Solche, in der nur noch 4 Stoffwerte auftreten.

Die Befunde (2.31a,b) sind für den hier detaillierten Fall bilinearer Energiefunktionen, insbesondere für die — anstelle von (2.53a, Haupttext) in Voigtscher Notation einfacher — als
$$\mathcal{F}_{DT} = \mathcal{F}_0 + \frac{1}{2\rho}\,\mathfrak{d}^{(V)} \odot \mathfrak{C}^{(V)} \odot \mathfrak{d}^{(V)} - (T-T_0)\mathcal{S}_0 - \frac{c_{d0}}{2}(T-T_0)^2 - \frac{\mathfrak{a}^{(V)} \odot \mathfrak{C}^{(V)} \odot \mathfrak{d}^{(V)}}{\rho}(T-T_0) \tag{2.32}$$
darstellbare freie Energie übrigens direkt mittels der in (2.24) erarbeiteten allgemeinen Forderung festzustellen, daß $\mathcal{F}_{DT}$ im monoklinen Falle gegenüber Vorzeichenwechsel der Verzerrungsgrößen
$$d_5^{(V)} = \sqrt{2}\,\overset{*}{d}_{23}, \quad d_6^{(V)} = \sqrt{2}\,\overset{*}{d}_{31}$$
unempfindlich sein soll, weshalb in der Bilinearform (2.32) sämtliche in $d_5^{(V)}$ bzw. $d_6^{(V)}$ linearen Glieder verschwinden müssen. Da hierfür Verschwinden der Elemente $c_{jk}^{(V)}$ der Voigtschen Matrix $\mathfrak{C}^{(V)}$ mit j = 5, 6; k = 1 ... 4 erforderlich ist, ist für Letztere unmittelbar die Struktur (2.31a) zu erschließen und im Nachgang auch Diejenige für den Voigtschen Vektor $\mathfrak{a}^{(V)}$.

Unter der Voraussetzung gleichartiger Symmetrieeigenschaft auch betr. die Wärmeleitung muß für den Lagrangeschen Wärmeleittensor in einer in der Version (2.22e) vorausgesetzten Darstellung die Symmetriebedingung (2.22e) mit $\mathbb{U}_A = \mathbb{Q}_A$ und Q_A nach (2.24a) in der Form

$$\mathbb{\Lambda}^{(L)} \langle \mathbb{Q}_A \cdot (\mathbb{F}\cdot\mathbb{F}^T)_{P,t} \cdot \mathbb{Q}_A{}^T, T(P,t)\rangle = \mathbb{Q}_A \cdot \mathbb{\Lambda} \langle (\mathbb{F}\cdot\mathbb{F}^T)_{P,t}, T(P,t)\rangle \cdot \mathbb{Q}_A{}^T \tag{2.33a}$$

und insbesondere bei reiner Temperaturabhängigkeit des Wärmeleit-Tensors in dert Form

$$\mathbb{\Lambda}^{(L)}\langle T(P,t)\rangle = \mathbb{Q}_A \cdot \mathbb{\Lambda}^{(L)}\langle T(P,t)\rangle \cdot \mathbb{Q}_A{}^T , \tag{2.33b}$$

gelten. Dies führt zu

$$\overset{*}{\lambda}_{13} = \overset{*}{\lambda}_{23} = 0 \text{ , d. h.}$$

$$\mathbb{\Lambda}^{(L)} \hat{=} \begin{pmatrix} \overset{*}{\lambda}_{11} & \overset{*}{\lambda}_{12} & 0 \\ \overset{*}{\lambda}_{12} & \overset{*}{\lambda}_{22} & 0 \\ 0 & 0 & \overset{*}{\lambda}_{33} \end{pmatrix} , \quad \langle \overset{*}{\mathbb{e}}_1, \overset{*}{\mathbb{e}}_2, \overset{*}{\mathbb{e}}_3 \rangle , \tag{2.33c}$$

also zu einer dem Wärmeverzerrungstensor ($\mathbb{A}$) analogen Struktur, und mit

$$\mathbb{\Lambda}^{(E)} = \frac{\bar{\rho}}{\rho} \mathbb{F}^T \cdot \mathbb{\Lambda}^{(L)} \cdot \mathbb{F} \tag{2.33d}$$

ist dann die entsprechende Struktur des Eulerschen Wärmeleittensors ($\mathbb{\Lambda}^{(E)}$) festgelegt, der für kleine Konfigurationsänderungen (mit $\bar{\rho} \approx \rho$, $\mathbb{F} \approx \mathbb{E}$) in die Lagrangesche Version übergeht.

Zu vermerken ist noch, daß die für eine (isotherme) Elastizitätstetrade

$$\overset{\langle 4\rangle}{\mathbb{C}} = \sum_{i,j,k,l=1}^{3} c_{ijkl}\, \mathbb{e}_i \circ \mathbb{e}_j \circ \mathbb{e}_k \circ \mathbb{e}_l \,,\; c_{ijkl} = c_{jikl} = c_{ijlk} = c_{klij} \,,$$

formulierbaren Symmetriebedingungen grundsätzlich auch für deren Inverse

$$\overset{\langle 4\rangle}{\mathbb{S}} = \overset{\langle 4\rangle}{\mathbb{C}}{}^{-1} = \sum_{i,j,k,l=1}^{3} s_{ijkl}\, \mathbb{e}_i \circ \mathbb{e}_j \circ \mathbb{e}_k \circ \mathbb{e}_l \,,\; s_{ijkl} = s_{jikl} = s_{ijlk} = s_{klij} \,,$$

gelten, womit sich Letztere wie auch deren Repräsentation in einer Voigtschen Matrix

$$\mathfrak{S}^{(V)} \hat{=} \begin{pmatrix} s_{1111} & s_{1122} & s_{1133} & \sqrt{2}s_{1112} & \sqrt{2}s_{1123} & \sqrt{2}s_{1131} \\ & s_{2222} & s_{2233} & \sqrt{2}s_{2212} & \sqrt{2}s_{2223} & \sqrt{2}s_{2231} \\ & & s_{3333} & \sqrt{2}s_{3313} & \sqrt{2}s_{3323} & \sqrt{2}s_{3331} \\ & & & 2s_{1212} & 2s_{1223} & 2s_{1231} \\ & & & & 2s_{2323} & 2s_{2331} \\ & & & & & 2s_{3131} \end{pmatrix} \tag{2.34a}$$

strukturell gleich wie $\overset{\langle 4\rangle}{\mathbb{C}}$ bzw. $\mathfrak{C}^{(V)}$ darstellen, also $\mathfrak{S}^{(V)}$ für den monoklinen Fall analog (2.31a) die Struktur

$$\mathfrak{S}^{(V)} \mathrel{\hat{=}} \begin{pmatrix} \overset{*}{s}_{1111} & \overset{*}{s}_{1122} & \overset{*}{s}_{1133} & \sqrt{2}\overset{*}{s}_{1112} & 0 & 0 \\ & \overset{*}{s}_{2222} & \overset{*}{s}_{2233} & \sqrt{2}\overset{*}{s}_{2212} & 0 & 0 \\ & & \overset{*}{s}_{3333} & \sqrt{2}\overset{*}{s}_{3312} & 0 & 0 \\ & & & 2\overset{*}{s}_{1212} & 0 & 0 \\ & & & & 2\overset{*}{s}_{2323} & 2\overset{*}{s}_{2331} \\ & & & & & 2\overset{*}{s}_{3131} \end{pmatrix} \tag{2.34b}$$

aufweisen muß. Am einfachsten prüft man dies mittels der Bilinearform für die isotherme Formänderungsenergie,

$$\mathscr{W}_{\text{isoth.}} = \mathscr{F}_{DT}\Big|_{T=T_0} = \mathscr{F}_0 + \frac{1}{2\rho}\, \mathbb{D} \cdot\cdot \overset{\langle 4 \rangle}{\mathbb{C}} \cdot\cdot \mathbb{D} , \tag{2.35a}$$

deren Unempfindlichkeit gegen Symmetriegruppen–Vorschalt–Prozesse $\mathbb{Q}_A$ durch

$$\frac{1}{2\rho}\, \mathbb{D} \cdot\cdot \overset{\langle 4 \rangle}{\mathbb{C}} \cdot\cdot \mathbb{D} = \frac{1}{2\rho}\, (\mathbb{Q}_A \cdot \mathbb{D} \cdot \mathbb{Q}_A{}^T) \cdot\cdot \overset{\langle 4 \rangle}{\mathbb{C}} \cdot\cdot (\mathbb{Q}_A \cdot \mathbb{D} \cdot \mathbb{Q}_A{}^T) \tag{2.35b}$$

gekennzeichnet ist bzw., wenn man unter Benutzung des vierstufigen Vorschalt–Operators

$$\overset{\langle 4 \rangle}{\mathbb{Q}}_A = (\mathbb{Q}_A \cdot \overset{\langle 4 \rangle}{\mathbb{E}}_T \cdot \mathbb{Q}_A) \cdot\cdot \overset{\langle 4 \rangle}{\mathbb{E}}_T \equiv (\mathbb{Q}_A \cdot \overset{\langle 4 \rangle}{\mathbb{E}}_T) \cdot\cdot (\mathbb{Q}_A \cdot \overset{\langle 4 \rangle}{\mathbb{E}}_T) =^{31)} \sum_{j,k=1}^{3} (\mathbb{Q}_A \cdot \mathbb{e}_j) \circ (\mathbb{Q}_A \cdot \mathbb{e}_k) \circ \mathbb{e}_k \circ \mathbb{e}_j$$

mit

$$\overset{\langle 4 \rangle}{\mathbb{Q}}_A{}^T = (\overset{\langle 4 \rangle}{\mathbb{E}}_T \cdot \mathbb{Q}_A^T) \cdot\cdot (\overset{\langle 4 \rangle}{\mathbb{E}}_T \cdot \mathbb{Q}_A^T) \equiv \overset{\langle 4 \rangle}{\mathbb{E}}_T \cdot\cdot (\mathbb{Q}_A^T \cdot \overset{\langle 4 \rangle}{\mathbb{E}}_T \cdot \mathbb{Q}_A^T) \tag{2.36a}$$

und daher

$$\overset{\langle 4 \rangle}{\mathbb{Q}}_A \cdot\cdot \overset{\langle 4 \rangle}{\mathbb{Q}}_A{}^T = \overset{\langle 4 \rangle}{\mathbb{Q}}_A{}^T \cdot\cdot \overset{\langle 4 \rangle}{\mathbb{Q}}_A = \overset{\langle 4 \rangle}{\mathbb{E}} \equiv^{32)} \overset{\langle 4 \rangle}{\mathbb{Q}}_A \cdot\cdot \overset{\langle 4 \rangle}{\mathbb{Q}}_A{}^{-1} = \overset{\langle 4 \rangle}{\mathbb{Q}}_A{}^{-1} \cdot\cdot \overset{\langle 4 \rangle}{\mathbb{Q}}_A \tag{2.36b}$$

die Identität

$$\mathbb{Q}_A \cdot \mathbb{D} \cdot \mathbb{Q}_A{}^T = \overset{\langle 4 \rangle}{\mathbb{Q}}_A \cdot\cdot \mathbb{D} = \mathbb{D} \cdot\cdot \overset{\langle 4 \rangle}{\mathbb{Q}}_A{}^T \tag{2.36c}$$

verwendet, durch

$$\mathbb{D} \cdot\cdot \overset{\langle 4 \rangle}{\mathbb{C}} \cdot\cdot \mathbb{D} = \mathbb{D} \cdot\cdot \overset{\langle 4 \rangle}{\mathbb{Q}}_A{}^T \cdot\cdot \overset{\langle 4 \rangle}{\mathbb{C}} \cdot\cdot \overset{\langle 4 \rangle}{\mathbb{Q}}_A \cdot\cdot \mathbb{D} , \tag{2.37a}$$

was schließlich für die Steifigkeitstetrade $\overset{\langle 4 \rangle}{\mathbb{C}}$ zur Symmetrieforderung

$$\overset{\langle 4 \rangle}{\mathbb{C}} = \overset{\langle 4 \rangle}{\mathbb{Q}}_A{}^T \cdot\cdot \overset{\langle 4 \rangle}{\mathbb{C}} \cdot\cdot \overset{\langle 4 \rangle}{\mathbb{Q}}_A \text{ bzw. } \overset{\langle 4 \rangle}{\mathbb{C}} = \overset{\langle 4 \rangle}{\mathbb{Q}}_A \cdot\cdot \overset{\langle 4 \rangle}{\mathbb{C}} \cdot\cdot \overset{\langle 4 \rangle}{\mathbb{Q}}_A{}^T \tag{2.37b,c}$$

---

31) Komponentendarstellung hinsichtlich einer Orthonormalbasis $< \mathbb{e}_1, \mathbb{e}_2, \mathbb{e}_3 >$.

32) mit der vierstufigen Einheit $\overset{\langle 4 \rangle}{\mathbb{E}} = \Sigma \mathbb{e}_{\langle j \rangle} \circ \mathbb{e}_{\langle k \rangle} \circ \mathbb{e}_{\langle k \rangle} \circ \mathbb{e}_{\langle j \rangle}$. Hierzu beachte man noch $\mathbb{Q}_A \cdot \mathbb{Q}_A^T \equiv \mathbb{Q}_A^T \cdot \mathbb{Q}_A = \mathbb{E}$

führt[33]. Wegen

$$\overset{\langle 4\rangle}{\mathbb{S}} \cdot\cdot \overset{\langle 4\rangle}{\mathbb{C}} \equiv \overset{\langle 4\rangle}{\mathbb{C}} \cdot\cdot \overset{\langle 4\rangle}{\mathbb{S}} = \overset{\langle 4\rangle}{\mathbb{M}} \tag{2.38a}$$

muß dann wegen (2.37c) gleichermaßen

$$\overset{\langle 4\rangle}{\mathbb{S}} \cdot\cdot \overset{\langle 4\rangle}{\mathbb{C}} \equiv \overset{\langle 4\rangle}{\mathbb{S}} \cdot\cdot \overset{\langle 4\rangle}{\mathbb{Q}}_A \cdot\cdot \overset{\langle 4\rangle}{\mathbb{C}} \cdot\cdot \overset{\langle 4\rangle}{\mathbb{Q}}{}_A^T = \overset{\langle 4\rangle}{\mathbb{M}}$$

bzw.

$$\overset{\langle 4\rangle}{\mathbb{Q}}{}_A^T \cdot\cdot \left(\overset{\langle 4\rangle}{\mathbb{S}} \cdot\cdot \overset{\langle 4\rangle}{\mathbb{Q}}_A \cdot\cdot \overset{\langle 4\rangle}{\mathbb{C}} \cdot\cdot \overset{\langle 4\rangle}{\mathbb{Q}}{}_A^T \right) \cdot\cdot \overset{\langle 4\rangle}{\mathbb{Q}}_A = \overset{\langle 4\rangle}{\mathbb{Q}}{}_A^T \cdot\cdot \overset{\langle 4\rangle}{\mathbb{M}} \cdot\cdot \overset{\langle 4\rangle}{\mathbb{Q}}_A \overset{34)}{\equiv} \overset{\langle 4\rangle}{\mathbb{M}}$$

d. h.

$$\left(\mathbb{Q}_A^T \cdot\cdot \overset{\langle 4\rangle}{\mathbb{S}} \cdot\cdot \overset{\langle 4\rangle}{\mathbb{Q}}_A\right) \cdot\cdot \overset{\langle 4\rangle}{\mathbb{C}} = \overset{\langle 4\rangle}{\mathbb{M}} = \overset{\langle 4\rangle}{\mathbb{S}} \cdot\cdot \overset{\langle 4\rangle}{\mathbb{C}}$$

und demgemäß

$$\overset{\langle 4\rangle}{\mathbb{S}} = \overset{\langle 4\rangle}{\mathbb{Q}}{}_A^T \cdot\cdot \overset{\langle 4\rangle}{\mathbb{S}} \cdot\cdot \overset{\langle 4\rangle}{\mathbb{Q}}_A\,, \quad \overset{\langle 4\rangle}{\mathbb{S}} = \overset{\langle 4\rangle}{\mathbb{Q}}_A \cdot\cdot \overset{\langle 4\rangle}{\mathbb{S}} \cdot\cdot \overset{\langle 4\rangle}{\mathbb{Q}}{}_A^T\,, \tag{2.38b,c}$$

d. h. in der Tat dieselbe Symmetrieforderung auch für den inversen Steifigkeitstensor $\overset{\langle 4\rangle}{\mathbb{S}} = \overset{\langle 4\rangle}{\mathbb{C}}{}^{-1}$ gelten, was die generelle strukturelle Gleichheit von $\mathfrak{C}^{(V)}$ und $\mathfrak{S}^{(V)} = \mathfrak{C}^{(V)-1}$ impliziert. Für

2.4.2 rhombische Strukturen (räumliche Orthotropie),

also Symmetrie hinsichtlich zweier orthogonaler Ebenen, z. B. Π_3 und Π_1 mit der Symmetriegruppe nach (2.19), muß für die unter 2.4.1 erarbeiteten Strukturen desweiteren Symmetrie hinsichtlich der Transformation

$$-\overset{*}{\mathbb{e}}_1 \circ \overset{*}{\mathbb{e}}_1 + \overset{*}{\mathbb{e}}_2 \circ \overset{*}{\mathbb{e}}_2 + \overset{*}{\mathbb{e}}_3 \circ \overset{*}{\mathbb{e}}_3 = \mathbb{E} - 2\, \overset{*}{\mathbb{e}}_1 \circ \overset{*}{\mathbb{e}}_1 \tag{2.39a}$$

gefordert werden, was z. B. hinsichtlich der freien Energie neben (2.24b) die Forderung nach Gültigkeit der Symmetriebedingung

$$\hat{\mathscr{F}}(\overset{*}{d}_{11},\overset{*}{d}_{22},\overset{*}{d}_{33},\overset{*}{d}_{12},\overset{*}{d}_{23},\overset{*}{d}_{31};T) = \hat{\mathscr{F}}(\overset{*}{d}_{11},\overset{*}{d}_{22},\overset{*}{d}_{33},-\overset{*}{d}_{12},\overset{*}{d}_{23},-\overset{*}{d}_{31};T) \tag{2.39b}$$

verlangt, wonach die freie Energie auch gegen (gleichzeitigen) Vorzeichenwechsel von $\overset{*}{d}_{12}$ und $\overset{*}{d}_{31}$ unempfindlich sein muß. Kombination von (2.39b) mit (2.24b) ergibt dann desweiteren

---

33) wobei die Aussagen (2.37b) und (2.37c) nicht etwa widersprüchlich sind, sondern Ausdruck der Tatsache, daß — wegen $\mathbb{Q}_A \cdot \mathbb{Q}_A^T = \mathbb{E}$ — die Symmetriebedingungen — neben $\mathbb{Q}_A$ — auch für die ebenfalls zur Isotropiegruppe gehörende Transformation $\mathbb{Q}_A^T$ erfüllt sein müssen.

34) Man benutze entweder in konkreter Rechnung die koordinatenvariante Darstellung (2.36a) oder aber zwecks koordinateninvarianten Nachweises die Identitäten

$(\mathbb{Q}_A^T \cdot \overset{\langle 4\rangle}{\mathbb{E}}_T) \cdot\cdot (\mathbb{Q}_A \cdot \overset{\langle 4\rangle}{\mathbb{E}}_T) = (\overset{\langle 4\rangle}{\mathbb{E}}_T \cdot \mathbb{Q}_A) \cdot\cdot (\overset{\langle 4\rangle}{\mathbb{E}}_T \cdot \mathbb{Q}_A^T)$ sowie $\mathbb{Q}_A^T \cdot \overset{\langle 4\rangle}{\mathbb{E}} \cdot \mathbb{Q}_A = \mathbb{Q}_A^{-1} \cdot \overset{\langle 4\rangle}{\mathbb{E}} \cdot \mathbb{Q}_A = \overset{\langle 4\rangle}{\mathbb{E}}$ und $\overset{\langle 4\rangle}{\mathbb{E}}_T \cdot\cdot \overset{\langle 4\rangle}{\mathbb{E}}_T = \overset{\langle 4\rangle}{\mathbb{E}}$. (Man multipliziere zwecks Nachweises doppeltskalar mit zweistufigen Tensoren)

$$\hat{\mathscr{F}}(d^*_{11},d^*_{22},d^*_{33},d^*_{12},d^*_{23},d^*_{31};T) \overset{(2.39b)}{=} \hat{\mathscr{F}}(d^*_{11},d^*_{22},d^*_{33},-d^*_{12},d^*_{23},-d^*_{31};T) =$$
$$\overset{(2.24b)}{=} \hat{\mathscr{F}}(d^*_{11},d^*_{22},d^*_{33},-d^*_{12},-d^*_{23},d^*_{31};T), \qquad (2.39c)$$

also Unempfindlichkeit auch gegen gleichzeitigen Vorzeichenwechsel von d^*_{12} und d^*_{23}, was für in den thermisch-kinematischen Variablen bilinear darzustellende freie Energie bedeutet, daß sämtliche in den Scherungen d^*_{jk}, $j = k$, $j,k = 1..3$ linearen Terme verschwinden müssen. So verbleibt hier als Voigtsche Matrix die Struktur

$$\mathfrak{C}^{(V)} \hat{=} \begin{pmatrix} c^*_{1111} & c^*_{1122} & c^*_{1133} & 0 & 0 & 0 \\ & c^*_{2222} & c^*_{2233} & 0 & 0 & 0 \\ & & c^*_{3333} & 0 & 0 & 0 \\ & & & 2c^*_{1212} & 0 & 0 \\ & & & & 2c^*_{2323} & 0 \\ & & & & & 2c^*_{3131} \end{pmatrix}, \qquad (2.40a)$$

also eine Elastizitätstetrade in der Hypermatrix-Darstellung

$$\overset{<4>}{\mathbb{C}} \hat{=} \left(\begin{array}{ccc|ccc|ccc} c^*_{1111} & & & & c^*_{1212} & & & & c^*_{1313} \\ & c^*_{1122} & & c^*_{1212} & & & & & \\ & & c^*_{1133} & & & & c^*_{1313} & & \\ \hline & & & c^*_{2211} & & & & & \\ & & & & c^*_{2222} & & & & c^*_{2323} \\ & & & & & c^*_{2333} & & c^*_{2323} & \\ \hline & & & & & & c^*_{3311} & & \\ & & & & & & & c^*_{3322} & \\ & & & & & & & & c^*_{3333} \end{array}\right), \langle \mathbf{e}^*_1, \mathbf{e}^*_2, \mathbf{e}^*_3 \rangle, \qquad (2.40b)$$

mit nur noch 9 voneinander unabhängigen Steifigkeitskoeffizienten. Analog entstehen als Strukturen für die Wärmeverzerrungen $\mathbb{A}$ bzw. den (Lagrangeschen) Wärmeleit-Tensor $\mathbf{\Lambda}^{(L)}$ (sofern man dessen Komponenten als reine Temperaturfunktionen annehmen darf) die nur noch jeweils drei Materialwerte enthaltenden Strukturen

$$\mathbb{A} \hat{=} \begin{pmatrix} \alpha^*_{11} & & \\ & \alpha^*_{22} & \\ & & \alpha^*_{33} \end{pmatrix}, \mathbf{\Lambda}^{(L)} \hat{=} \begin{pmatrix} \lambda^*_{11} & & \\ & \lambda^*_{22} & \\ & & \lambda^*_{33} \end{pmatrix}, \langle \mathbf{e}^*_1, \mathbf{e}^*_2, \mathbf{e}^*_3 \rangle . \qquad (2.40c,d)$$

Wie die auf die sog. "elastischen Hauptachsenrichtungen" $\mathbf{e}^*_j$ bezüglichen Komponentengleichungen der Stoffgleichung

$$\mathbb{S} = \overset{<4>}{\mathbb{C}} \cdot\cdot (\mathbb{D} - \mathbb{A}\,(T-T_0)), \; \mathbb{D} - \mathbb{A}\,(T-T_0) = \overset{<4>}{\mathbb{C}}{}^{-1} \cdot\cdot \mathbb{S} = \overset{<4>}{\mathbb{S}} \cdot\cdot \mathbb{S}, \qquad (2.41a,b)$$

nämlich

$$\overset{*}{\sigma}_{11} = \overset{*}{c}_{1111}(\overset{*}{d}_{11} - \overset{*}{\alpha}_{11}(T-T_0)) + \overset{*}{c}_{1122}(\overset{*}{d}_{22} - \overset{*}{\alpha}_{22}(T-T_0)) + \overset{*}{c}_{1133}(\overset{*}{d}_{33} - \overset{*}{\alpha}_{33}(T-T_0)) ,$$

$$\overset{*}{\sigma}_{12} = 2\overset{*}{c}_{1212}\,\overset{*}{d}_{12} \tag{2.41c,d}$$

bzw.

$$\overset{*}{d}_{11} - \overset{*}{\alpha}_{11}(T-T_0) = \overset{*}{s}_{1111}\overset{*}{\sigma}_{11} + \overset{*}{s}_{1122}\overset{*}{\sigma}_{22} + \overset{*}{s}_{1133}\overset{*}{\sigma}_{33} \equiv \frac{\overset{*}{\sigma}_{11}}{E_1^*} - \frac{\overset{*}{\nu}_{12}}{E_2^*}\overset{*}{\sigma}_{22} - \frac{\overset{*}{\nu}_{13}}{E_3^*}\overset{*}{\sigma}_{33} ,$$

$$\overset{*}{d}_{12} = \frac{\overset{*}{\gamma}_{12}}{2} = 2\overset{*}{s}_{1212}\overset{*}{\sigma}_{12} \equiv \frac{\overset{*}{\sigma}_{12}}{2G_{12}^*} \tag{2.41e,f}$$

(die übrigen Gleichungen durch zyklische Indexvertauschung) ausweisen, erzeugen nach den elastischen Hauptrichtungen orientierte Schubspannungen $(\overset{*}{\sigma}_{jk},\ j \neq k)$ am entsprechend orientierten materiellen Elementarquader ausschließlich Scherverzerrungen $(\overset{*}{d}_{jk},\ j \neq k)$, Normalspannungen $(\overset{*}{\sigma}_{jj})$ ausschließlich Dehnungen $(\overset{*}{d}_{jj})$, während die (freien) Wärmeverzerrungen scherungsfrei sind. Physikalisch besonders anschaulich sind die Versionen (2.41e,f):

G_{12}^*, G_{23}^*, G_{31}^* sind die entsprechenden Schubmoduli, die die Scherverzerrungen $\overset{*}{\gamma}_{12}$, $\overset{*}{\gamma}_{23}$, $\overset{*}{\gamma}_{31}$ in den elastischen Hauptachsenebenen mit den entsprechenden Schubspannungen verknüpfen, E_j^*, $j = 1..3$, die entsprechenden Elastizitätsmoduli zur Festlegung der Dehnungen $\overset{*}{d}_{jj}$ in den elastischen Hauptachsenrichtungen als Folge entsprechender einachsiger Spannungszustände $\overset{*}{\sigma}_{jj}$ und schließlich werden durch die Größen $\overset{*}{\nu}_{jk}$ mit

$$c_{jjkk} = \frac{\overset{*}{\nu}_{jk}}{E_K^*} = c_{kkjj} = \frac{\overset{*}{\nu}_{kj}}{E_j^*} \quad j \neq k,\ j,k = 1...3 , \tag{2.42}$$

die Querdehnungseffekte als Folge jeweils einachsiger Spannungszustände erfaßt. Die entsprechenden Notationen der Inversen $\overset{\langle 4\rangle}{\mathbb{S}} = \overset{\langle 4\rangle}{\mathbb{C}}{}^{-1}$ bzw. $\mathfrak{S}^{(V)} = \mathfrak{C}^{(V)-1}$ lauten unter Benutzung letzterer Steifigkeitsgrößen

$$\overset{\langle 4\rangle}{\mathbb{S}} \,\hat{=} \left(\begin{array}{ccc|ccc|ccc}
1/E_1^* & & & & 1/(4G_{12}^*) & & & & 1/(4G_{13}^*) \\
 & -\overset{*}{\nu}_{12}/E_2^* & & & & & & & \\
 & & -\overset{*}{\nu}_{13}/E_3^* & 1/(4G_{12}^*) & & & 1/(4G_{13}^*) & & \\
\hline
 & & & -\overset{*}{\nu}_{21}/E_1^* & & & & & \\
 & & & & 1/E_2^* & & & & 1/(4G_{23}^*) \\
 & & & & & -\overset{*}{\nu}_{23}/E_3^* & & 1/(4G_{23}^*) & \\
\hline
 & & & & & & -\overset{*}{\nu}_{31}/E_1^* & & \\
 & & & & & & & -\overset{*}{\nu}_{32}/E_2^* & \\
 & & & & & & & & 1/E_{33}^*
\end{array}\right) \tag{2.43a}$$

bzw.

$$\mathfrak{S}^{(V)} \hat{=} \begin{pmatrix} 1/E_1^* & -\nu_{21}^*/E_1^* & -\nu_{31}^*/E_1^* & 0 & 0 & 0 \\ & 1/E_2^* & -\nu_{32}^*/E_2^* & 0 & 0 & 0 \\ & & 1/E_3^* & 0 & 0 & 0 \\ & & & 1/(2G_{12}^*) & 0 & 0 \\ & & & & 1/(2G_{23}^*) & 0 \\ & & & & & 1/(2G_{31}^*) \end{pmatrix} . \qquad (2.43b)$$

Die Komponentendarstellungen der Stoffgleichung

$$\mathbb{S} = \overset{<4>}{\mathbb{C}} \cdot\cdot (\mathbb{D} - \mathbb{A}\,(T-T_0)) \qquad (2.44)$$

etwa hinsichtlich beliebiger orthonormaler Basis–Systeme $< \mathbb{e}_1, \mathbb{e}_2, \mathbb{e}_3 >$ sind selbstverständlich nicht so einfach. Die Voigtsche 6 x 6–Matrix ($\mathfrak{C}^{(V)}$) der (isothermen) Steifigkeitstetrade ($\overset{<4>}{\mathbb{C}}$) wie auch die 3 x 3–Matrizen der Tensoren $\mathbb{A}$, $\mathbb{\Lambda}$ sind in solchen Fällen "voll besetzt", wobei ihre Komponenten $c_{ijkl}, a_{ij}, \lambda_{ij}$ sämtlich zurückführbar sind auf die in (2.40a,c,d) notierten 9 + 3 + 3 Materialwerte und die Winkel, die eine allgemeine Basis $< \mathbb{e}_j >$ gegenüber der "elastischen Hauptachsenbasis" $< \mathbb{e}_j^* >$ einschließen. Die entsprechenden Zusammenhänge werden formal durch Basis–Transformationen an den Tensoren $\overset{<4>}{\mathbb{C}}$ bzw. $\overset{<4>}{\mathbb{S}}$ erreicht,[35] bzw., gleichbedeutend, z. B. für die Elastizitätstetraden , mit der Aussage, daß die durch

$$\mathscr{W}_{isoth} = \frac{1}{2\rho} \mathbb{D} \cdot\cdot \overset{<4>}{\mathbb{C}} \cdot\cdot \mathbb{D} = \frac{1}{2\rho} \sum_{i,j,k,l=1}^{3} c_{ijkl}^* \, d_{ij}^* \, d_{kl}^* \qquad (2.44a)$$

darstellbare isotherme Formänderungsenergie eine Invariante, also unabhängig vom gewählten Bezugssystem sein, d. h. ebenso

$$\mathscr{W}_{isoth} = \frac{1}{2\rho} \sum_{m,n,p,q=1}^{3} c_{mnpq} \, d_{mn} \, d_{pq} \qquad (2.44b)$$

gelten muß. In Verfolgung der Methode der formalen Komponenten–Transformation werden mit den Komponenten

$$r_{\mu\nu} = (\mathbb{e}_\mu^* \cdot \mathbb{e}_\nu) = \cos \angle\, \mathbb{e}_\mu^*, \mathbb{e}_\nu$$

der Basissystem(–Versor–)Transformation

$$\mathbb{e}_\mu^* = \mathbb{e}_\mu \cdot \mathbb{R} \overset{36)}{=} \sum_{\nu=1}^{3} r_{\mu\nu} \mathbb{e}_\nu \quad ,\mu = 1...3 ,$$

mit

$$\mathbb{R} = \sum_{\eta=1}^{3} \mathbb{e}_\eta \circ \mathbb{e}_\eta^* \overset{22)}{=} \sum_{\eta,\xi=1}^{3} \mathbb{e}_\eta (\mathbb{e}_\eta^* \cdot \mathbb{e}_\xi)\, \mathbb{e}_\xi = \sum_{\eta,\xi=1}^{3} r_{\eta\xi}\, \mathbb{e}_\eta \circ \mathbb{e}_\xi$$

wegen

---

35) vgl. z. B. [5a]

36) Sämtliche Darstellungen beziehen sich auf Orthonormalbasen!

$$\overset{*}{e}_i = \sum_{m=1}^{3} r_{im} e_m \ , \quad \overset{*}{e}_j = \sum_{n=1}^{3} r_{jn} e_n \ , \quad \overset{*}{e}_k = \sum_{p=1}^{3} r_{kp} e_p \ , \quad \overset{*}{e}_l = \sum_{q=1}^{3} r_{lq} e_q$$

und damit

$$\overset{\langle 4 \rangle}{\mathbb{C}} = \sum_{i,j,k,l=1}^{3} \overset{*}{c}_{ijkl} \, \overset{*}{e}_i \circ \overset{*}{e}_j \circ \overset{*}{e}_k \circ \overset{*}{e}_l$$

$$= \sum_{m,n,p,q=1}^{3} \left[\sum_{i,j,k,l=1}^{3} \overset{*}{c}_{ijkl} \, r_{im} r_{jn} r_{kp} r_{lq} \right] e_m \circ e_n \circ e_p \circ e_q$$

$$\equiv \sum_{m,n,p,q=1}^{3} c_{mnpq} \, e_m \circ e_n \circ e_p \circ e_q \ ,$$

d. h. die Komponenten–Transformationsformeln

$$c_{mnpq} = \sum_{i,j,k,l=1}^{3} \overset{*}{c}_{ijkl} \, r_{im} r_{jn} r_{kp} r_{lq} \qquad (2.45a)$$

erhalten, die im Folgenden für das in Abb. E2.4 dargestellte Basissystem $< e_j(\varphi,\vartheta) >$ mit

$$e_1 = \overset{*}{e}_1 \cos\vartheta \cos\varphi + \overset{*}{e}_2 \cos\vartheta \sin\varphi - \overset{*}{e}_3 \sin\vartheta \ ,$$

$$e_2 = - \overset{*}{e}_1 \sin\varphi + \overset{*}{e}_2 \cos \varphi \ ,$$

$$e_3 = \overset{*}{e}_1 \sin\vartheta \cos\varphi + \overset{*}{e}_2 \sin\vartheta \sin\varphi + \overset{*}{e}_3 \cos\vartheta \ ,$$

also für

$$\begin{aligned} r_{11} &= \cos\vartheta \cos\varphi \ , & r_{21} &= \cos\vartheta \sin\varphi \ , & r_{31} &= - \sin\vartheta \ , \\ r_{12} &= - \sin\varphi \ , & r_{22} &= \cos\varphi \ , & r_{32} &= 0 \ , \\ r_{13} &= \sin\vartheta \cos\varphi \ , & r_{23} &= \sin\vartheta \sin\varphi \ , & r_{33} &= \cos\vartheta \end{aligned} \qquad (2.45b)$$

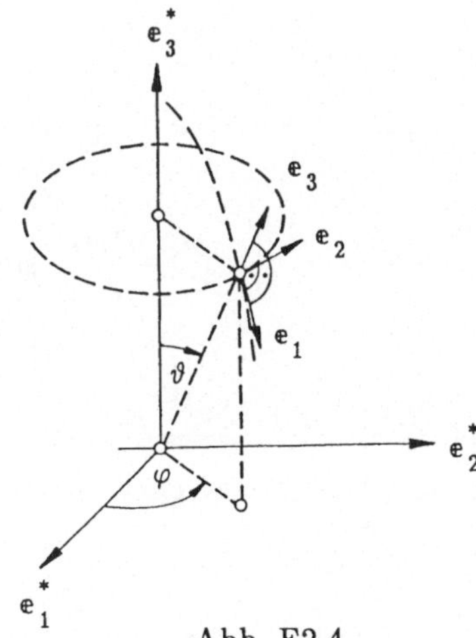

Abb. E2.4

konkret berechnet werden. Man bekommt für den rhombischen Fall mit den 9 Elastizitäts–Hauptwerten

$$\overset{*}{c}_{jjkk} = \overset{*}{c}_{kkjj}\,,\quad j,k = 1...3\,,\quad \overset{*}{c}_{1212},\ \overset{*}{c}_{2323},\ \overset{*}{c}_{3131}$$

schließlich nach einiger Rechnung mit den Abkürzungen

$$\overset{*}{c}_{jk} = \overset{*}{c}_{jjjj} - \overset{*}{c}_{jjkk} - 2\overset{*}{c}_{jkjk}\,,\quad j,k = 1...3\,,\ j \neq k \tag{2.46}$$

für die Elastizitätskoeffizienten $c_{ijkl}(\varphi,\vartheta)$ in Abhängigkeit von den Hauptwerten und den gegenüber dem elastischen Hauptachsensystem eingenommenen Winkeln (φ,ϑ) die Beziehungen

$$\begin{aligned} c_{1111}(\varphi,\vartheta) = {} & \cos^4\vartheta\left[\overset{*}{c}_{1111}\cos^2\varphi + \overset{*}{c}_{2222}\sin^2\varphi - (\overset{*}{c}_{12}+\overset{*}{c}_{21})\sin^2\varphi\cos^2\varphi\right] + \overset{*}{c}_{3333}\sin^4\vartheta + \\ & + 2\sin^2\vartheta\cos\vartheta\left[(\overset{*}{c}_{1133}+2\overset{*}{c}_{1313})\cos^2\varphi + (\overset{*}{c}_{2233}+2\overset{*}{c}_{2323})\sin^2\varphi\right], \end{aligned} \tag{2.47a}$$

$$\begin{aligned} c_{1112}(\varphi,\vartheta) = {} & \tfrac{1}{2}\sin2\varphi\cos\vartheta\left\{\left[\overset{*}{c}_{21}\sin^2\varphi - \overset{*}{c}_{12}\cos^2\varphi\right]\cos^2\vartheta + \right. \\ & \left. + \left[\overset{*}{c}_{2233} + 2\overset{*}{c}_{2323} - \overset{*}{c}_{1133} - 2\overset{*}{c}_{1313}\right]\sin^2\vartheta\right\}, \end{aligned} \tag{2.47b}$$

$$\begin{aligned} c_{1113}(\varphi,\vartheta) = {} & \tfrac{1}{2}\sin2\vartheta\left\{\left[\overset{*}{c}_{1111}\cos^2\varphi + \overset{*}{c}_{2222}\sin^2\varphi - (\overset{*}{c}_{12}+\overset{*}{c}_{21})\sin^2\varphi\cos^2\varphi\right]\cos^2\vartheta - \right. \\ & \left. - \overset{*}{c}_{3333}\sin^2\vartheta - \left[(\overset{*}{c}_{1133}+2\overset{*}{c}_{1313})\cos^2\varphi+(\overset{*}{c}_{2233}+2\overset{*}{c}_{2323})\sin^2\varphi\right]\cos2\vartheta\right\}, \end{aligned} \tag{2.47c}$$

$$c_{1312}(\varphi,\vartheta) = \left[\overset{*}{c}_{1212}+(\overset{*}{c}_{12}+\overset{*}{c}_{21})\sin^2\varphi\cos^2\varphi\right]\cos^2\vartheta + \left[\overset{*}{c}_{1313}\sin^2+\overset{*}{c}_{2323}\cos^2\varphi\right]\sin^2\vartheta, \tag{2.47d}$$

$$\begin{aligned} c_{1213}(\varphi,\vartheta) = {} & \tfrac{1}{2}\sin2\varphi\sin\vartheta\left\{\left[\frac{\overset{*}{c}_{2222}-\overset{*}{c}_{1111}}{2} - \frac{\overset{*}{c}_{12}+\overset{*}{c}_{21}}{2}\cos2\varphi + \overset{*}{c}_{1133} - \overset{*}{c}_{2233}\right]\cos^2\vartheta - \right. \\ & \left. - (\overset{*}{c}_{2323} - \overset{*}{c}_{1313})\cos2\vartheta\right\}, \end{aligned} \tag{2.47e}$$

$$\begin{aligned} c_{1313}(\varphi,\vartheta) = {} & \tfrac{1}{4}\sin^2 2\vartheta\left\{\overset{*}{c}_{1111}\cos^2\varphi+\overset{*}{c}_{2222}\sin^2\varphi - (\overset{*}{c}_{12}+\overset{*}{c}_{21})\sin^2\varphi\cos^2\varphi + \overset{*}{c}_{3333} - \right. \\ & \left. - 2\overset{*}{c}_{1133}\cos^2\varphi - 2\overset{*}{c}_{2233}\sin^2\varphi\right\} + \cos^2 2\vartheta\,(\overset{*}{c}_{1313}\cos^2\varphi+\overset{*}{c}_{2323}\sin^2\varphi), \end{aligned} \tag{2.47f}$$

$$c_{1122}(\varphi,\vartheta) = \left[\overset{*}{c}_{1122} + (\overset{*}{c}_{12}+\overset{*}{c}_{21})\sin^2\varphi\cos^2\varphi\right]\cos^2\vartheta + \left[\overset{*}{c}_{1133}\sin^2\varphi + \overset{*}{c}_{2233}\cos^2\varphi\right]\sin^2\vartheta\,, \tag{2.47g}$$

$$\begin{aligned} c_{1123}(\varphi,\vartheta) = {} & \tfrac{1}{2}\sin2\varphi\sin\vartheta\left\{\left[\frac{\overset{*}{c}_{2222}-\overset{*}{c}_{1111}}{2} - \frac{\overset{*}{c}_{12}+\overset{*}{c}_{21}}{2}\cos2\varphi - \overset{*}{c}_{2323} + \overset{*}{c}_{1313}\right]\cos^2\vartheta + \right. \\ & \left. + (\overset{*}{c}_{2233}-\overset{*}{c}_{1133})\sin^2\vartheta\right\}, \end{aligned} \tag{2.47h}$$

$$c_{1222}(\varphi,\vartheta) = \tfrac{1}{4}\sin2\varphi\cos\vartheta\left[\overset{*}{c}_{2222} - \overset{*}{c}_{1111} + (\overset{*}{c}_{12}+\overset{*}{c}_{21})\cos2\varphi\right], \tag{2.47i}$$

$$c_{1223}(\varphi,\vartheta) = \frac{1}{2}\sin 2\vartheta\left[(\overset{*}{c}_{12}+\overset{*}{c}_{21})\sin^2\varphi\cos^2\varphi + \overset{*}{c}_{1212} - \overset{*}{c}_{2323}\cos^2\varphi - \overset{*}{c}_{1313}\sin^2\varphi\right] , \quad (2.47j)$$

$$c_{1322}(\varphi,\vartheta) = \frac{1}{2}\sin 2\vartheta\left[(\overset{*}{c}_{12}+\overset{*}{c}_{21})\sin^2\varphi\cos^2\varphi + \overset{*}{c}_{1212} - (\overset{*}{c}_{1133}\sin^2\varphi+\overset{*}{c}_{2233}\cos^2\varphi)\cos\varphi\right] , \quad (2.47k)$$

$$c_{1323}(\varphi,\vartheta) = \frac{1}{8}\sin 2\vartheta\sin\vartheta\sin 2\varphi\left[\overset{*}{c}_{2222} - \overset{*}{c}_{1111} + 2(\overset{*}{c}_{1133} - \overset{*}{c}_{2233} - \overset{*}{c}_{2323} + \overset{*}{c}_{1313}) - (\overset{*}{c}_{12}+\overset{*}{c}_{21})\cos 2\varphi\right] , \quad (2.47l)$$

$$c_{1133}(\varphi,\vartheta) = \overset{*}{c}_{1133}\cos^2\varphi + \overset{*}{c}_{2233}\sin^2\varphi + \frac{\sin^2 2\vartheta}{4}\left[(\overset{*}{c}_{13}+\overset{*}{c}_{31})\cos^2\varphi + (\overset{*}{a}_{23}+\overset{*}{a}_{32})\sin^2\varphi - (\overset{*}{c}_{12}+\overset{*}{c}_{21})\sin^2\varphi\cos^2\varphi\right] , \quad (2.47m)$$

$$c_{1233}(\varphi,\vartheta) = \frac{1}{2}\sin 2\varphi\cos\vartheta\left\{(\overset{*}{c}_{2233} - \overset{*}{c}_{1133})\cos^2\vartheta + \left[2(\overset{*}{c}_{1313} - \overset{*}{c}_{2323}) + \frac{\overset{*}{c}_{2222} - \overset{*}{c}_{1111}}{2} - \frac{\overset{*}{c}_{12} + \overset{*}{c}_{21}}{2}\cos 2\varphi\right]\sin^2\vartheta\right\} , \quad (2.47n)$$

$$c_{1333}(\varphi,\vartheta) = -\frac{1}{2}\sin 2\vartheta\left\{\left[(\overset{*}{c}_{12} + \overset{*}{c}_{21})\sin^2\varphi\cos^2\varphi - \overset{*}{a}_{13}\cos^2\varphi - \overset{*}{a}_{23}\sin^2\varphi\right]\sin^2\vartheta + (\overset{*}{c}_{31}\cos^2\varphi + \overset{*}{c}_{32}\sin^2\varphi)\cos^2\vartheta\right\} , \quad (2.47p)$$

$$c_{2222}(\varphi,\vartheta) = \overset{*}{c}_{1111}\sin^2\varphi + \overset{*}{c}_{2222}\cos^2\varphi - (\overset{*}{c}_{12} + \overset{*}{c}_{21})\sin^2\varphi\cos^2\varphi , \quad (2.47q)$$

$$c_{2223}(\varphi,\vartheta) = \frac{1}{4}\sin\vartheta\sin 2\varphi\left[\overset{*}{c}_{2222} - \overset{*}{c}_{1111} + (\overset{*}{c}_{12} + \overset{*}{c}_{21})\cos 2\varphi\right] , \quad (2.47r)$$

$$c_{2323}(\varphi,\vartheta) = \left[\overset{*}{c}_{1212} + (\overset{*}{c}_{12} + \overset{*}{c}_{21})\sin^2\varphi\cos^2\varphi\right]\sin^2\vartheta + \left[\overset{*}{c}_{2323}\cos^2\varphi + \overset{*}{c}_{1313}\sin^2\varphi\right]\cos^2\vartheta , \quad (2.47s)$$

$$c_{2233}(\varphi,\vartheta) = \left[\overset{*}{c}_{1122} + (\overset{*}{c}_{12} + \overset{*}{c}_{21})\sin^2\varphi\cos^2\varphi\right]\sin^2\vartheta + \left[\overset{*}{c}_{2233}\cos^2\varphi + \overset{*}{c}_{1133}\sin^2\varphi\right]\cos^2\vartheta , \quad (2.47t)$$

$$c_{2333}(\varphi,\vartheta) = \frac{1}{2}\sin\vartheta\sin 2\varphi\left\{\frac{\sin^2\vartheta}{2}\left[\overset{*}{c}_{2122} - \overset{*}{c}_{1111} - (\overset{*}{c}_{12} + \overset{*}{c}_{21})\cos 2\varphi\right] + \left[\overset{*}{c}_{2233} + 2\overset{*}{c}_{2323} - \overset{*}{c}_{1133} - 2\overset{*}{c}_{1313}\right]\cos^2\vartheta\right\} , \quad (2.47u)$$

$$c_{3333}(\varphi,\vartheta) = \sin^4\vartheta\left[\overset{*}{c}_{1111}\cos^2\varphi + \overset{*}{c}_{2222}\sin^2\varphi - (\overset{*}{c}_{12}+\overset{*}{c}_{21})\sin^2\varphi\cos^2\varphi\right] + \\ +\overset{*}{c}_{3333}\cos^4\vartheta+2\sin^2\vartheta\cos^2\vartheta\left[(\overset{*}{c}_{1133}+\overset{*}{c}_{1313})\cos^2\varphi+(\overset{*}{c}_{2233}+\overset{*}{c}_{2323})\sin^2\varphi\right]. \qquad (2.47v)$$

Für $\vartheta = 0$ ergeben sich hieraus die insbesondere für ebene Spannungs– bzw. Verzerrungsprobleme wichtigen Formeln:

$$c_{1113}(\varphi,0) = c_{1213}(\varphi,0) = c_{1323}(\varphi,0) = c_{1322}(\varphi,0) = c_{1223}(\varphi,0) = c_{1123}(\varphi,0) = \\ c_{1333}(\varphi,0) = c_{2223}(\varphi,0) = c_{2333}(\varphi,0) = 0 \qquad (2.48)$$

sowie

$$c_{1111}(\varphi,0) = \overset{*}{c}_{1111}\cos^2\varphi + \overset{*}{c}_{2222}\sin^2\varphi - (\overset{*}{c}_{12}+\overset{*}{c}_{21})\sin^2\varphi\cos^2\varphi\,, \qquad (2.49a)$$

$$c_{1112}(\varphi,0) = \tfrac{1}{2}\,(\overset{*}{c}_{21}\sin^2\varphi - \overset{*}{c}_{12}\cos^2\varphi)\,\sin2\varphi\,, \qquad (2.49b)$$

$$c_{1212}(\varphi,0) = \overset{*}{c}_{1212} + (\overset{*}{c}_{12}+\overset{*}{c}_{21})\,\sin^2\varphi\cos^2\varphi\,, \qquad (2.49c)$$

$$c_{1313}(\varphi.0) = \overset{*}{c}_{1313}\cos^2\varphi + \overset{*}{c}_{2323}\sin^2\varphi\,, \qquad (2.49d)$$

$$c_{1122}(\varphi,0) = \overset{*}{c}_{1122} + (\overset{*}{c}_{12}+\overset{*}{c}_{21})\,\sin^2\varphi\cos^2\varphi\,, \qquad (2.49e)$$

$$c_{1222}(\varphi,0) = \tfrac{1}{4}\left[\overset{*}{c}_{2222}-\overset{*}{c}_{1111}+(\overset{*}{c}_{12}+\overset{*}{c}_{21})\cos2\varphi\right]\sin2\varphi = \tfrac{1}{2}\left[\overset{*}{c}_{21}\cos^2\varphi - \overset{*}{c}_{12}\sin^2\varphi\right]\sin2\varphi\,, \qquad (2.49f)$$

$$c_{2222}(\varphi,0) = \left[c_{2222}(\varphi,\vartheta)\right] = \overset{*}{c}_{1111}\sin^2\varphi + \overset{*}{c}_{2222}\cos^2\varphi - (\overset{*}{c}_{12}+\overset{*}{c}_{21})\sin^2\varphi\cos^2\varphi \qquad (2.49g)$$

und

$$c_{1133}(\varphi,0) = \overset{*}{c}_{1133}\cos^2\varphi + \overset{*}{c}_{2233}\sin^2\varphi\,, \qquad (2.50a)$$

$$c_{2233}(\varphi,0) = \overset{*}{c}_{2233}\cos^2\varphi + \overset{*}{c}_{1133}\sin^2\varphi\,, \qquad (2.50b)$$

$$c_{1233}(\varphi,0) = \tfrac{1}{2}\,(\overset{*}{c}_{2233}-\overset{*}{c}_{1133})\sin2\varphi\,, \qquad (2.50c)$$

$$c_{1313}(\varphi,0) = \overset{*}{c}_{1313}\cos^2\varphi + \overset{*}{c}_{2323}\sin^2\varphi\,, \qquad (2.50d)$$

$$c_{1323}(\varphi,0) = \tfrac{1}{2}\,(\overset{*}{c}_{2323}-\overset{*}{c}_{1313})\sin2\varphi\,, \qquad (2.50e)$$

$$c_{2323}(\varphi,0) = \overset{*}{c}_{2323}\cos^2\varphi + \overset{*}{c}_{1313}\sin^2\varphi\,, \qquad (2.50f)$$

$$c_{3333}(\varphi,0) = \overset{*}{c}_{3333}\,. \qquad (2.50g)$$

So treten z. B. bei ebenen Verzerrungsproblemen (in der $(\overset{*}{\mathbb{e}}_1,\ \overset{*}{\mathbb{e}}_2)$ –Ebene) wegen $\overset{*}{d}_{33} = \overset{*}{d}_{31} = \overset{*}{d}_{32} = 0$ in den, der isothermen Materialgleichung (2.44) entsprechenden Komponentengleichungen für die in der Verzerrungsebene wirkenden Spannungen σ_{ij} (i, j = 1,2),

$$\sigma_{11} = c_{1111}\,d_{11} + c_{1122}\,d_{22} + 2c_{1112}\,d_{12}\,,$$

$$\sigma_{22} = c_{1122}\,d_{11} + c_{2222}\,d_{22} + 2c_{2212}\,d_{12}\,,$$

$$\sigma_{12} = c_{1112}\,d_{11} + c_{2212}\,d_{22} + 2c_{1212}\,d_{12}\,, \qquad (2.51a)$$

nur die 6 Elastizitätskoeffizienten c_{ijkl} (i,j,k,l = 1,2) von (2.49) auf, die sich stets durch die 4

Hauptachsenkoeffizienten $\overset{*}{c}_{1111}$, $\overset{*}{c}_{2222}$, $\overset{*}{c}_{1122}$ und $\overset{*}{c}_{1212}$ (vgl. (2.49)) ausdrücken lassen. Mit Beachtung von (2.48) erkennt man $\sigma_{13} = \sigma_{23} = 0$, also neben den in der Verzerrungsebene wirkenden Spannungen als einzige weitere Spannungsgröße die senkrecht zur Verzerrungsebene wirkende Normalspannung

$$\sigma_{33} = \overset{*}{\sigma}_{33} = c_{3311}\, d_{11} + c_{3322}\, d_{22} + 2c_{3312}\, d_{12}\,, \tag{2.51b}$$

zu deren Darstellung in Abhängigkeit von den ebenen Verzerrungskomponenten die weiteren 2 Hauptachsenwerte $\overset{*}{c}_{3311}$ und $\overset{*}{c}_{3322}$ (vgl. (2.49)) hinreichen. Insgesamt benötigt man also für die vollständige Darstellung eines ebenen Verzerrungsproblems nur 6 voneinander unabhängige Materialwerte. Dasselbe gilt für ebene Spannungsprobleme. Setzt man s_{ijkl} anstelle von c_{ijkl}, so hat man mit den Bezeichnungen von (2.41e,f,.42), also mit

$$\overset{*}{c}_{12} = \overset{*}{s}_{1111} - \overset{*}{s}_{1122} - 2\overset{*}{s}_{1212} = \frac{1+\overset{*}{\nu}_{21}}{\overset{*}{E}_1} - \frac{1}{2\overset{*}{G}_{12}}\,, \tag{2.52a}$$

$$\overset{*}{c}_{21} = \overset{*}{s}_{2222} - \overset{*}{s}_{1122} - 2\overset{*}{s}_{1212} = \frac{1+\overset{*}{\nu}_{12}}{\overset{*}{E}_2} - \frac{1}{2\overset{*}{G}_{12}}\,, \tag{2.52b}$$

bzw.

$$\overset{*}{c}_{12} + \overset{*}{c}_{21} = \frac{1+\overset{*}{\nu}_{21}}{\overset{*}{E}_1} + \frac{1+\overset{*}{\nu}_{12}}{\overset{*}{E}_2} - \frac{1}{\overset{*}{G}_{12}} \tag{2.52c}$$

zunächst analog (2.49) die Beziehungen

$$s_{1111}(\varphi,0) = \frac{1}{E_1(\varphi,0)} = \frac{\cos^2\varphi}{\overset{*}{E}_1} + \frac{\sin^2\varphi}{\overset{*}{E}_2} - \left[\frac{1+\overset{*}{\nu}_{21}}{\overset{*}{E}_1} + \frac{1+\overset{*}{\nu}_{12}}{\overset{*}{E}_2} - \frac{1}{\overset{*}{G}_{12}}\right]\sin^2\varphi\cos^2\varphi\,, \tag{2.53a}$$

$$s_{2222}(\varphi,0) = \frac{1}{E_2(\varphi,0)} = \frac{\sin^2\varphi}{\overset{*}{E}_1} + \frac{\cos^2\varphi}{\overset{*}{E}_2} - \left[\frac{1+\overset{*}{\nu}_{21}}{\overset{*}{E}_1} + \frac{1+\overset{*}{\nu}_{12}}{\overset{*}{E}_2} - \frac{1}{\overset{*}{G}_{12}}\right]\sin^2\varphi\cos^2\varphi\,, \tag{2.53b}$$

$$s_{1122}(\varphi,0) = -\frac{\nu_{21}}{E_1} = -\frac{\nu_{12}}{E_2} = -\frac{\overset{*}{\nu}_{21}}{\overset{*}{E}_1} + \left[\frac{1+\overset{*}{\nu}_{21}}{\overset{*}{E}_1} + \frac{1+\overset{*}{\nu}_{12}}{\overset{*}{E}_2} - \frac{1}{\overset{*}{G}_{12}}\right]\sin^2\varphi\cos^2\varphi =$$

$$= -\frac{\overset{*}{\nu}_{12}}{\overset{*}{E}_2} + \left[\frac{1+\overset{*}{\nu}_{21}}{\overset{*}{E}_1} + \frac{1+\overset{*}{\nu}_{12}}{\overset{*}{E}_2} - \frac{1}{\overset{*}{G}_{12}}\right]\sin^2\varphi\cos^2\varphi\,, \tag{2.53c}$$

$$s_{1112}(\varphi,0) = \frac{1}{2}\left\{\left[\frac{1+\overset{*}{\nu}_{12}}{\overset{*}{E}_2} - \frac{1}{2\overset{*}{G}_{12}}\right]\sin^2\varphi - \left[\frac{1+\overset{*}{\nu}_{21}}{\overset{*}{E}_1} - \frac{1}{2\overset{*}{G}_{12}}\right]\cos^2\varphi\right\}\sin 2\varphi\,, \tag{2.53d}$$

$$s_{2212}(\varphi,0) = \frac{1}{2}\left\{\left[\frac{1+\overset{*}{\nu}_{12}}{\overset{*}{E}_2} - \frac{1}{2\overset{*}{G}_{12}}\right]\cos^2\varphi - \left[\frac{1+\overset{*}{\nu}_{21}}{\overset{*}{E}_1} - \frac{1}{2\overset{*}{G}_{12}}\right]\sin^2\varphi\right\}\sin 2\varphi \tag{2.53e}$$

$$s_{1212}(\varphi,0) = \frac{1}{4G_{12}(\varphi,0)} = \frac{1}{4\overset{*}{G}_{12}} + \left[\frac{1+\overset{*}{\nu}_{21}}{\overset{*}{E}_1} + \frac{1+\overset{*}{\nu}_{12}}{\overset{*}{E}_2} - \frac{1}{\overset{*}{G}_{12}}\right]\sin^2\varphi\cos^2\varphi\,, \tag{2.53f}$$

mit denen man wegen $\sigma_{33} = \sigma_{23} = \sigma_{13} = 0$ aus der isothermen Materialgleichung (2.41e,f) für die in der Spannungsebene auftretenden Verzerrungen

$$d_{11} = s_{1111}\,\sigma_{11} + s_{1122}\,\sigma_{22} + 2s_{1112}\sigma_{12}\,,$$
$$d_{22} = s_{1122}\,\sigma_{11} + s_{2222}\,\sigma_{22} + 2s_{2212}\sigma_{12}\,,$$
$$d_{12} = s_{1112}\,\sigma_{11} + s_{2212}\,\sigma_{22} + 2s_{1212}\sigma_{12} \tag{2.54a}$$

auffindet. Berücksichtigt man, daß wegen der ebenfalls für die entsprechenden s_{ijkl}-Werte geltenden Gleichungen (2.48) $d_{13} = d_{23} = 0$ sind, so ruft dementsprechend ein ebener Spannungszustand außer den Verzerrungen in der Spannungsebene nur noch eine Dehnung

$$d_{33} = \overset{*}{d}_{33} = s_{3311}\,\sigma_{11} + s_{3322}\,\sigma_{22} + 2\,s_{3312}\,\sigma_{12} \tag{2.54b}$$

senkrecht zur Spannungsebene hervor. Während in (2.54a) nur die vier voneinander unabhängigen Hauptachsensteifigkeiten $\overset{*}{E}_1$, $\overset{*}{E}_2$, $\overset{*}{\nu}_{12}/\overset{*}{E}_2$ $(= \overset{*}{\nu}_{21}/\overset{*}{E}_1)$ sowie $\overset{*}{G}_{12}$ auftreten (vgl. (2.53)), benötigt man zur Berechnung der Dehnung senkrecht zur Spannungsebene noch die Steifigkeitsgrößen

$$s_{3311}(\varphi,0) = \overset{*}{s}_{1133}\cos^2\varphi + \overset{*}{s}_{2233}\sin^2\varphi = -\frac{\overset{*}{\nu}_{31}}{\overset{*}{E}_1}\cos^2\varphi - \frac{\overset{*}{\nu}_{32}}{\overset{*}{E}_2}\sin^2\varphi, \tag{2.55a}$$

$$s_{3322}(\varphi,0) = \overset{*}{s}_{2233}\cos^2\varphi + \overset{*}{s}_{1133}\sin^2\varphi = -\frac{\overset{*}{\nu}_{32}}{\overset{*}{E}_2}\cos^2\varphi - \frac{\overset{*}{\nu}_{31}}{\overset{*}{E}_1}\sin^2\varphi, \tag{2.55b}$$

und

$$s_{3312}(\varphi,0) = \tfrac{1}{2}\,(s_{2233} - s_{1133})\sin 2\varphi = -\tfrac{1}{2}\left[\frac{\overset{*}{\nu}_{32}}{\overset{*}{E}_2} - \frac{\overset{*}{\nu}_{31}}{\overset{*}{E}_1}\right]\sin 2\varphi, \tag{2.55c}$$

also letztlich zwei weitere Hauptachsensteifigkeiten $\overset{*}{\nu}_{32}/\overset{*}{E}_2$ bzw. $\overset{*}{\nu}_{31}/\overset{*}{E}_1$.

Den Spezialfall von Ziffer 2.4.2 mit gleichen Hauptachsensteifigkeiten bezeichnet man als

2.4.3 Kubische Struktur,

deren Isotropiegruppe gegenüber Ziffer 2.4.2 um die drei Versoren

$$\mathbb{R}_3 = \overset{*}{e}_1 \circ \overset{*}{e}_2 - \overset{*}{e}_2 \circ \overset{*}{e}_1 + \overset{*}{e}_3 \circ \overset{*}{e}_3 \quad \text{(Drehung um } \overset{*}{e}_3 \text{ mit } \pi/2)$$
$$\mathbb{R}_1 = \overset{*}{e}_2 \circ \overset{*}{e}_3 - \overset{*}{e}_3 \circ \overset{*}{e}_2 + \overset{*}{e}_1 \circ \overset{*}{e}_1 \quad \text{(Drehung um } \overset{*}{e}_1 \text{ mit } \pi/2)$$
$$\mathbb{R}_2 = \overset{*}{e}_3 \circ \overset{*}{e}_1 - \overset{*}{e}_1 \circ \overset{*}{e}_3 + \overset{*}{e}_2 \circ \overset{*}{e}_2 \quad \text{(Drehung um } \overset{*}{e}_2 \text{ mit } \pi/2) \tag{2.56}$$

vergrößert ist, weil man die drei elastischen Hauptachsen durch Drehung ineinander überführen kann, ohne den Wert der freien Energie zu verändern. Für den bilinearen Fall bedeutet dies, daß die Steifigkeitstetrade wegen

$$\overset{*}{c}_{jjjj} = c_1\,, j=1\ldots3, \quad c_{jjkk} = c_2\,, j\neq k\,,\ j,k = 1\ldots3$$
$$c_{jkjk} = c_3\,, j\neq k\,,\ j,k = 1\ldots3\,, \tag{2.57}$$

nur noch 3 Materialkoeffizienten aufweisen kann, was zu den Darstellungen

$$\mathfrak{C}^{(V)} \hat{=} \begin{vmatrix} c_1 & c_2 & c_2 & 0 & 0 & 0 \\ & c_1 & c_2 & 0 & 0 & 0 \\ & & c_1 & 0 & 0 & 0 \\ & & & c_3 & 0 & 0 \\ & & & & c_3 & 0 \\ & & & & & c_3 \end{vmatrix}, \quad \overset{\langle 4\rangle}{\mathbb{C}} \hat{=} \left(\begin{array}{ccc|ccc|ccc} c_1 & & & & c_3 & & & & c_3 \\ & c_2 & & c_3 & & & & & \\ & & c_2 & & & & c_3 & & \\ \hline & & & c_2 & & & & & \\ & & & & c_1 & & & & c_3 \\ & & & & & c_2 & & c_3 & \\ \hline & & & & & & c_2 & & \\ & & & & & & & c_2 & \\ & & & & & & & & c_1 \end{array}\right), \qquad (2.57a,b)$$

d. h.

$$\mathfrak{S}^{(V)} \hat{=} \begin{pmatrix} 1/E^* & -\nu^*/E^* & -\nu^*/E^* & 0 & 0 & 0 \\ & 1/E^* & -\nu^*/E^* & 0 & 0 & 0 \\ & & 1/E^* & 0 & 0 & 0 \\ & & & 1/(2G^*) & 0 & 0 \\ & & & & 1/(2G^*) & 0 \\ & & & & & 1/(2G^*) \end{pmatrix} \qquad (2.57c)$$

führt. Die entsprechenden auf die elastischen Hauptachsenrichtungen $< \overset{*}{\mathbb{e}}_j >$ bezogenen Komponentengleichungen der isothermen Materialgleichung $\mathbb{D} = \overset{\langle 4\rangle}{\mathbb{S}} \cdot\cdot\, \mathbb{S}$, nämlich

$$\overset{*}{d}_{11} = \frac{1}{E^*}\left[\overset{*}{\sigma}_{11} - \nu^*(\overset{*}{\sigma}_{22} + \overset{*}{\sigma}_{33})\right] = \frac{1+\nu^*}{E^*}\left[\overset{*}{\sigma}_{11} - \frac{\nu^*}{1+\nu^*}\mathbb{E} \cdot\cdot\, \mathbb{S}\right], \; \overset{*}{d}_{12} = \frac{\overset{*}{\sigma}_{12}}{2G^*}, \qquad (2.57d,e)$$

(die übrigen durch zyklische Vertauschung) veranschaulichen die physikalische Bedeutung der Materialwerte: Die Materialwerte

$$\overset{*}{c}_{jjjj} = \frac{E^*(1-\nu^*)}{(1+\nu^*)(1-2\nu^*)}, \; \overset{*}{c}_{jjkk} = \frac{\nu^*}{1-\nu^*}\overset{*}{c}_{jjjj} \qquad (2.57f)$$

repräsentieren Elastizitätsmodul (E^*) und Querdehnung (ν^*), der Materialwert

$$\overset{*}{c}_{jkjk} = 1/(4G^*) \qquad (2.57g)$$

den Schubmodul.[37] Wärmeausdehnung und Wärmeleitung sind hier isotrop,

$$\mathbb{A} = \alpha\,\mathbb{E}\,, \quad \mathbb{\Lambda}^{(L)} = \lambda\,\mathbb{E}\,, \qquad (2.58a,b)$$

und die in den Spannungen explizite vollständige Stoffgleichung lautet

$$\mathbb{S} = \frac{\mathbb{E}^*}{1+\nu^*}\left[\mathbb{D} + \frac{\nu^*}{1-2\nu^*}(\mathbb{E}\cdot\cdot\,\mathbb{D})\mathbb{E} - \frac{1+\nu^*}{1-2\nu^*}\alpha(T-T_0)\mathbb{E}\right] + 2\left[G^* - \frac{E^*}{2(1+\nu^*)}\right]\overset{\langle 4\rangle}{\mathbb{C}}{}^+\cdot\cdot\,\mathbb{D} \qquad (2.58c)$$

mit

$$\overset{\langle 4\rangle}{\mathbb{C}}{}^+ = (\overset{*}{\mathbb{e}}_1\circ\overset{*}{\mathbb{e}}_2+\overset{*}{\mathbb{e}}_2\circ\overset{*}{\mathbb{e}}_1)\circ\overset{*}{\mathbb{e}}_1\circ\overset{*}{\mathbb{e}}_2 + (\overset{*}{\mathbb{e}}_1\circ\overset{*}{\mathbb{e}}_3+\overset{*}{\mathbb{e}}_3\circ\overset{*}{\mathbb{e}}_1)\circ\overset{*}{\mathbb{e}}_1\circ\overset{*}{\mathbb{e}}_3 + (\overset{*}{\mathbb{e}}_2\circ\overset{*}{\mathbb{e}}_3+\overset{*}{\mathbb{e}}_3\circ\overset{*}{\mathbb{e}}_2)\circ\overset{*}{\mathbb{e}}_2\circ\overset{*}{\mathbb{e}}_3. \qquad (2.58d)$$

---

[37] Der hier allerdings nicht, wie im isotropen Falle per $G = E/2(1+\nu)$ mit Elastizitätsmodul und Querdehnungszahl zusammenhängt, sondern eine von E und ν unabhängige Steifigkeitsgröße ist.

Für den Fall der

2.4.4 transversalen Isotropie,

d. h. Material-Rotationssymmetrie hinsichtlich einer Achse $\overset{*}{e}_3$ gilt der wohl erstmals von Böhler angegebene Befund, daß man die Zustandsfunktionen für freie Energie bzw. Spannungen als isotrope Funktionen des Tensors $\mathbb{D}$ der Verzerrungen und der aus der Rotationsachsenrichtung ($\overset{*}{e}_3$) gebildeten Dyade $\overset{*}{e}_3 \circ \overset{*}{e}_3$ auffassen darf, womit für die Erzeugung von Zustandsfunktionen hier übrigens auch die Methode der Potenzreihendarstellungen unter Benutzung sog. "isotroper Gruppen"[38] herangezogen werden kann.

Zur Verifikation des Böhlerschen Befundes, der aus der Symmetrieforderung

$$\mathcal{F}(\mathbb{D},T) = \mathcal{F}(\mathbb{Q}_A \cdot \mathbb{D} \cdot \mathbb{Q}_A^T, T) \tag{2.59}$$

mit

$$\left\{\mathbb{Q}_A\right\} = \left\{ \mathbb{R}_\varphi, -\mathbb{E} \right\}, \quad \mathbb{R}_\varphi = \overset{*}{e}_3 \circ \overset{*}{e}_3 + (\mathbb{E} - \overset{*}{e}_3 \circ \overset{*}{e}_3)\cos\varphi - \mathbb{E} \times \overset{*}{e}_3 \sin\varphi \tag{2.59a,b}$$

hervorzubringen ist, benutzt man zweckmäßig eine Beschreibung des Verzerrungstensors $\mathbb{D}$ durch seine Invarianten D_j, j = 1..3, bzw. seine "Momente" $\bar{D}_j = \mathbb{E} \cdot\cdot \mathbb{D}^j$, j = 1..3, und seine Hauptrichtungen e_j^H, j = 1..3, also für $\mathcal{F}$ die Darstellung

$$\mathcal{F}(\mathbb{D},T) = F^{**}(\bar{D}_1,\bar{D}_2,\bar{D}_3,T;\ e_1^H,e_2^H,e_3^H) \tag{2.60a}$$

die man wegen $e_3^H = e_1^H \times e_2^H$ sogleich auf

$$\mathcal{F}(\mathbb{D},T) = F^{*}(\bar{D}_1,\bar{D}_2,\bar{D}_3,T;\ e_1^H,e_2^H) \tag{2.60b}$$

verkürzen und desweiteren in die, die Ausschöpfung der Forderung nach Material–Rotationssymmetrie erleichternde Gestalt

$$\mathcal{F}(\mathbb{D},T) = F(\bar{D}_1,\bar{D}_2,\bar{D}_3,T;\ e_1^H \cdot \overset{*}{e}_3, e_2^H \cdot \overset{*}{e}_3; e_{1\perp}^H, e_{2\perp}^H) \tag{2.60c}$$

bringen kann, indem man die Identität

$$e_j^H = (e_j^H \cdot \overset{*}{e}_3)\,\overset{*}{e}_3 + e_{j\perp}^H \quad \text{mit} \quad e_{j\perp}^H = e_j^H - (e_j^H \cdot \overset{*}{e}_3)\,\overset{*}{e}_3 = e_j^H \cdot \overset{*}{\mathbb{E}}_2\ , \quad j = 1,2\ ,$$

und dem (hinsichtlich der Rotationsachse ($\overset{*}{e}_3$) planaren Operator $\overset{*}{\mathbb{E}}_2 = \mathbb{E} - \overset{*}{e}_3 \circ \overset{*}{e}_3$ benutzt. Nimmt man zunächst eine Spiegelung an der Ebene mit Stellungsvektor $\overset{*}{e}_3$, d.h.

$$\mathbb{Q}_A = \mathbb{E} - 2\overset{*}{e}_3 \circ \overset{*}{e}_3$$

in Betracht [39], wobei

$$e_j^H \ \text{in}\ e_j^H - 2(e_j^H \cdot \overset{*}{e}_3)\,\overset{*}{e}_3\ , j = 1, 2, \quad \text{d. h.} \quad e_j^H \cdot \overset{*}{e}_3\ \text{in}\ -(e_j^H \cdot \overset{*}{e}_3)\ , j = 1, 2$$

---

[38] S. h. [5a], wie auch [35]

[39] Was der Hintereinanderschaltung einer — in der Menge der Drehungen $\mathbb{R}_\varphi$ enthaltenen — "Umklappung" um die Rotationsachse

$\mathbb{Q}_A = \mathbb{R}_\pi = \overset{*}{e}_3 \circ \overset{*}{e}_3 - (\mathbb{E} - \overset{*}{e}_3 \circ \overset{*}{e}_3) = -(\mathbb{E} - 2\overset{*}{e}_3 \circ \overset{*}{e}_3)$

und einer (durch $\mathbb{Q}_A = -\mathbb{E}$ gekennzeichneten) "Materialinversion" entspricht.

übergehen, wohingegen sowohl die planaren Anteile $\mathbb{e}^H_{j\perp}$, j = 1,2 als auch die Invarianten $\bar{D}_j$, j = 1 ..3, unverändert bleiben, so hat man für transversale Anisotropie als erste Symmetrieforderung

$$\mathscr{F}(\mathbb{D},T) = F(\bar{D}_1,\bar{D}_2,\bar{D}_3,T;\ \mathbb{e}^H_1\cdot\mathbb{e}^*_3,\mathbb{e}^H_2\cdot\mathbb{e}^*_3;\mathbb{e}^H_{1\perp},\mathbb{e}^H_{2\perp})$$
$$\equiv F(\bar{D}_1,\bar{D}_2,\bar{D}_3,T;\ -(\mathbb{e}^H_1\cdot\mathbb{e}^*_3),-(\mathbb{e}^H_2\cdot\mathbb{e}^*_3);\mathbb{e}^H_{1\perp},\mathbb{e}^H_{2\perp}), \tag{2.61b}$$

d. h. die Forderung nach Unempfindlichkeit der freien Energie gegenüber gleichzeitigem Vorzeichenwechsel von

$$\eta_1 = \mathbb{e}^H_1\cdot\mathbb{e}^*_3\ ,\ \eta_2 = \mathbb{e}^H_2\cdot\mathbb{e}^*_3\ , \tag{2.61c,d}$$

womit für die Darstellung der freien Energie zunächst

$$\mathscr{F}(\mathbb{D},T) = F^+(\bar{D}_1,\bar{D}_2,\bar{D}_3,T;\ \eta_1^2,\eta_2^2,\eta_1\eta_2;\mathbb{e}^H_{1\perp},\mathbb{e}^H_{2\perp}) \tag{2.61e}$$

erreicht wird. Mit der Betrachtnahme einer Umklappung um die Rotationsachse

$$\mathbb{Q}_A = \mathbb{R}_\pi = -(\mathbb{E} - 2\mathbb{e}^*_3\circ\mathbb{e}^*_3)\ , \tag{2.62a}$$

in deren Zusammenhang η_1^2, η_2^2, $\eta_1\eta_2$ wie auch die Invarianten $\bar{D}_1,\bar{D}_2,\bar{D}_3$ unverändert bleiben, wohingegen die planaren Anteile $\mathbb{e}^H_{j\perp}$ in $-\mathbb{e}^H_{j\perp}$, j = 1,2 übergehen, ergibt sich dann die weitere Symmetrieforderung

$$\mathscr{F}(\mathbb{D},T) = F^+(\bar{D}_1,\bar{D}_2,\bar{D}_3,T;\ \eta_1^2,\eta_2^2,\eta_1\eta_2;\mathbb{e}^H_{1\perp},\mathbb{e}^H_{2\perp})$$
$$\equiv F^+(\bar{D}_1,\bar{D}_2,\bar{D}_3,T;\ \eta_1^2,\eta_2^2,\eta_1\eta_2;-\mathbb{e}^H_{1\perp},-\mathbb{e}^H_{2\perp})\ , \tag{2.62b}$$

d. h. Unempfindlichkeit der freien Energie gegen gleichzeitigen Vorzeichenwechsel der Richtungsgrößen $\mathbb{e}^H_{1\perp}$ und $\mathbb{e}^H_{2\perp}$, was analog (2.61e) die Darstellung

$$\mathscr{F}(\mathbb{D},T) = F^+(\bar{D}_1,\bar{D}_2,\bar{D}_3,T;\ \eta_1^2,\eta_2^2,\eta_1\eta_2;\ \mathbb{e}^{H^2}_{1\perp},\ \mathbb{e}^{H^2}_{2\perp},\mathbb{e}^H_{1\perp}\cdot\mathbb{e}^H_{2\perp}) \tag{2.62c}$$

gestattet, und desweiteren die Reduktion

$$\mathscr{F}(\mathbb{D},T) = \hat{\mathscr{F}}(\bar{D}_1,\bar{D}_2,\bar{D}_3,T;\ \eta_1^2,\eta_2^2,\eta_1\eta_2)\ , \tag{2.62d}$$

nachdem man noch

$$\mathbb{e}^2_{j\perp} = 1 - (\mathbb{e}^H_j\cdot\mathbb{e}^*_3)^2 = 1 - \eta_j^2\ ,\quad j = 1,2$$
$$\mathbb{e}^H_{1\perp}\cdot\mathbb{e}^H_{2\perp} = \left[\mathbb{e}^H_1 - (\mathbb{e}^H_1\cdot\mathbb{e}^*_3)\mathbb{e}^*_3\right]\cdot\left[\mathbb{e}^H_2 - (\mathbb{e}^H_2\cdot\mathbb{e}^*_3)\mathbb{e}^*_3\right] \overset{40)}{=} -\eta_1\eta_2$$

beachtet hat. So entsteht dann schließlich[41], da man mittels der drei Gleichungen

$$\sum_{j=1}^{3}(\mathbb{e}^H_j\cdot\mathbb{e}^*_3)^2 = \sum_{j=1}^{3}\eta_j^2 = 1 = \mathbb{e}^{*2}_3 = \mathbb{e}^*_3\cdot\mathbb{E}\cdot\mathbb{e}^*_3\ ,\quad \sum_{j=1}^{3}(\mathbb{e}^H_j\cdot\mathbb{e}^*_3)^2 d_j^{(H)^2} = \mathbb{e}^*_3\cdot\mathbb{D}^2\cdot\mathbb{e}^*_3\ ,$$
$$\sum_{j=1}^{3}(\mathbb{e}^H_j\cdot\mathbb{e}^*_3)^2 d_j^{(H)} = \mathbb{e}^*_3\cdot\left[\sum_{j=1}^{3} d_j^{(H)}\ \mathbb{e}^H_j\circ\mathbb{e}^H_j\right]\cdot\mathbb{e}^*_3 \overset{42)}{=} \mathbb{e}^*_3\cdot\mathbb{D}\cdot\mathbb{e}^*_3\ ,$$

---

40) Man beachte $\mathbb{e}^H_1\cdot\mathbb{e}^H_2 = 0$

41) die Betrachtnahme allgemeiner Drehungen nach (2.59b) ändert am Befund (2.62d) nichts mehr!

42) mit den Hauptwerten $d_j^{(H)} = \mathbb{e}^H_j\cdot\mathbb{D}\cdot\mathbb{e}^H_j$, $j = 1..3$.

die Richtungskosinus η_j , j = 1..3 durch die koordinateninvarianten Operationen $\overset{*}{\mathbb{e}}_3 \cdot \mathbb{D}^j \cdot \overset{*}{\mathbb{e}}_3$, j = 0...2, ausdrücken kann,

$$\mathcal{F} = \mathcal{H}(\bar{D}_1, \bar{D}_2, \bar{D}_3, \overset{*}{\mathbb{e}}_3 \cdot \mathbb{D} \cdot \overset{*}{\mathbb{e}}_3, \overset{*}{\mathbb{e}}_3 \cdot \mathbb{D}^2 \cdot \overset{*}{\mathbb{e}}_3, T) , \tag{2.62e}$$

also in der Tat die Darstellung einer skalarwertigen isotropen Funktion der beiden Tensoren $\mathbb{D}$ und $\overset{*}{\mathbb{e}}_3 \circ \overset{*}{\mathbb{e}}_3$.[43]

Wegen[44] $\frac{\partial \bar{D}_1}{\partial \mathbb{D}} = \frac{\partial}{\partial \mathbb{D}} (\mathbb{E} \cdot\cdot \mathbb{D}) = \mathbb{E}$, $\frac{\partial \bar{D}_2}{\partial \mathbb{D}} = \frac{\partial}{\partial \mathbb{D}} (\mathbb{E} \cdot\cdot \mathbb{D}^2) = \frac{\partial}{\partial \mathbb{D}} (\mathbb{D} \cdot\cdot \mathbb{D}) = 2\mathbb{D}$

$$\frac{\partial \bar{D}_3}{\partial \mathbb{D}} = \frac{\partial}{\partial \mathbb{D}} (\mathbb{E} \cdot\cdot \mathbb{D}^3) = \frac{\partial}{\partial \mathbb{D}} (\mathbb{D}^2 \cdot\cdot \mathbb{D}) = 3\mathbb{D}^2$$

$$\frac{\partial (\overset{*}{\mathbb{e}}_3 \cdot \mathbb{D} \cdot \overset{*}{\mathbb{e}}_3)}{\partial \mathbb{D}} = \overset{*}{\mathbb{e}}_3 \circ \overset{*}{\mathbb{e}}_3 , \qquad \frac{\partial (\overset{*}{\mathbb{e}}_3 \cdot \mathbb{D}^2 \cdot \overset{*}{\mathbb{e}}_3)}{\partial \mathbb{D}} = \overset{*}{\mathbb{e}}_3 \circ \overset{*}{\mathbb{e}}_3 \cdot \mathbb{D} + \mathbb{D} \cdot \overset{*}{\mathbb{e}}_3 \circ \overset{*}{\mathbb{e}}_3$$

bekommt man als Stoffgleichungen für die Spannungen

$$\mathbb{S} = \rho \frac{\partial \mathcal{F}}{\partial \mathbb{D}} = \rho \left[\frac{\partial \mathcal{H}}{\partial \bar{D}_1} \mathbb{E} + 2 \frac{\partial \mathcal{H}}{\partial \bar{D}_2} \mathbb{D} + 3 \frac{\partial \mathcal{H}}{\partial \bar{D}_3} \mathbb{D}^2 + \frac{\partial \mathcal{H}}{\partial (\overset{*}{\mathbb{e}}_3 \cdot \mathbb{D} \cdot \overset{*}{\mathbb{e}}_3)} \overset{*}{\mathbb{e}}_3 \circ \overset{*}{\mathbb{e}}_3 + \right.$$
$$\left. + \frac{\partial \mathcal{H}}{\partial (\overset{*}{\mathbb{e}}_3 \cdot \mathbb{D}^2 \cdot \overset{*}{\mathbb{e}}_3)} (\overset{*}{\mathbb{e}}_3 \circ \overset{*}{\mathbb{e}}_3 \cdot \mathbb{D} + \mathbb{D} \cdot \overset{*}{\mathbb{e}}_3 \circ \overset{*}{\mathbb{e}}_3) \right] . \tag{2.63}$$

Im Falle bilinear von den thermisch–kinematischen Variablen abhängiger freier Energie ist mit Konstanten $K_1 ... K_7$

$$\rho \mathcal{F}_{DT} \equiv^{45)} \frac{K_1}{2} (\mathbb{E} \cdot\cdot \mathbb{D})^2 + \frac{K_2}{2} \mathbb{D} \cdot\cdot \mathbb{D} + \frac{K_3}{2} (\overset{*}{\mathbb{e}}_3 \cdot \mathbb{D} \cdot \overset{*}{\mathbb{e}}_3)^2 + \frac{K_4}{2} (\overset{*}{\mathbb{e}}_3 \cdot \mathbb{D}^2 \cdot \overset{*}{\mathbb{e}}_3) +$$
$$+ K_5 (\mathbb{E} \cdot\cdot \mathbb{D})(\overset{*}{\mathbb{e}}_3 \cdot \mathbb{D} \cdot \overset{*}{\mathbb{e}}_3) + \left[K_6 D_1 + K_7 \overset{*}{\mathbb{e}}_3 \cdot \mathbb{D} \cdot \overset{*}{\mathbb{e}}_3 \right] (T - T_0) , \tag{2.64a}$$

deren isotherme Version, also die isotherme Formänderungsenergie, positiv–definit sein muß. Um die hierzu erforderlichen Restriktionen an die Materialkonstanten formulieren zu können, setzt man

$$\mathbb{D} = \overset{*}{\mathbb{D}}_2 + \frac{1}{2} \left[\overset{*}{\mathbb{g}} \circ \overset{*}{\mathbb{e}}_3 + \overset{*}{\mathbb{e}}_3 \circ \overset{*}{\mathbb{g}} \right] + \overset{*}{d}_{33} \overset{*}{\mathbb{e}}_3 \circ \overset{*}{\mathbb{e}}_3$$

mit

$$\overset{*}{\mathbb{D}}_2 = \overset{*}{\mathbb{E}}_2 \cdot \mathbb{D} \cdot \overset{*}{\mathbb{E}}_2 , \; \overset{*}{\mathbb{E}}_2 = \mathbb{E} - \overset{*}{\mathbb{e}}_3 \circ \overset{*}{\mathbb{e}}_3 , \; \overset{*}{\mathbb{g}} = 2(\overset{*}{d}_{13} \overset{*}{e}_1 + \overset{*}{d}_{23} \overset{*}{e}_2) , \overset{*}{d}_{33} = \overset{*}{\mathbb{e}}_3 \cdot \mathbb{D} \cdot \overset{*}{\mathbb{e}}_3 ,$$

also

$$\mathbb{E} \cdot\cdot \mathbb{D} = \overset{*}{\mathbb{E}}_2 \cdot\cdot \overset{*}{\mathbb{D}}_2 + \overset{*}{d}_{33} , \; \mathbb{D} \cdot\cdot \mathbb{D} = \overset{*}{\mathbb{D}}_2 \cdot\cdot \overset{*}{\mathbb{D}}_2 + \overset{*}{d}_{33}{}^2 + \left[\frac{\overset{*}{\mathbb{g}}^2}{2} \right] , \overset{*}{\mathbb{e}}_3 \cdot \mathbb{D}^2 \cdot \overset{*}{\mathbb{e}}_3 = \overset{*}{d}_{33}{}^2 + \left[\frac{\overset{*}{\mathbb{g}}^2}{4} \right]$$

und bekommt mit

---

[43] Der allgemeine Darstellungssatz für skalarwertige isotrope Funktionen $\mathcal{F}$ zweier symmetrischer tensorwertiger Variabler $\mathbb{A}$, $\mathbb{D}$ (vgl. etwa [5a])

$$\mathcal{F}(\mathbb{A},\mathbb{D}) = \mathcal{H}(A_1, A_2, A_3, D_1, D_2, D_3, \mathbb{A} \cdot\cdot \mathbb{D}, \mathbb{A}^2 \cdot\cdot \mathbb{D}, \mathbb{A} \cdot\cdot \mathbb{D}^2, \mathbb{A}^2 \cdot\cdot \mathbb{D}^2)$$

spezialisiert sich wegen $\mathbb{A} = \overset{*}{\mathbb{e}}_3 \circ \overset{*}{\mathbb{e}}_3$, d. h. $A_1 = 1$, $A_2 = A_3 = 0$, $\mathbb{A}^2 = \overset{*}{\mathbb{e}}_3 \circ \overset{*}{\mathbb{e}}_3$ zu der in (2.62e) angegebenen Struktur.

[44] Betreffend die Differentiation von skalarwertigen Funktionen nach tensorwertigen Veränderlichen vgl.[5a]

[45] Man benutze $D_1 = \mathbb{E} \cdot\cdot \mathbb{D}$, $D_2 = \frac{1}{2} (D_1^2 - \mathbb{D} \cdot\cdot \mathbb{D})$

$$\mathbb{D}_2' = \mathbb{D}_2 - \tfrac{1}{2}(\mathbb{E}_2^* \cdot\cdot\, \mathbb{D}_2)\,\mathbb{E}_2^*\,, \quad \mathbb{E}_2^* = \mathbb{E} - \mathbf{e}_3^* \circ \mathbf{e}_3^*$$

schließlich

$$\rho\,\mathcal{F}_{DT} = \tfrac{1}{2}\left[K_1 + \frac{K_2}{2}\right](\mathbb{E}_2^* \cdot\cdot\, \mathbb{D}_2)^2 + \frac{K_2}{2}\,\mathbb{D}_2' \cdot\cdot\, \mathbb{D}_2' + \tfrac{1}{2}\left[K_1+K_2+K_3+K_4+2K_5\right] d_{33}^{*2} +$$
$$+ \tfrac{1}{4}\left[K_2 + \frac{K_4}{2}\right]\boldsymbol{\gamma}^2 + \left[K_1 + K_5\right](\mathbb{E}_2^* \cdot\cdot\, \mathbb{D}_2)\, d_{33}^*\,, \qquad (2.64b)$$

woraus man

$$K_1 + \frac{K_2}{2} > 0\,, \quad K_2 > 0\,, \quad K_1 + K_2 + K_3 + K_4 + 2K_5 > 0\,, \quad K_2 + \frac{K_4}{2} > 0\,,$$
$$-1 \leq \frac{K_1 + K_5}{\sqrt{(K_1 + \frac{K_2}{2})(K_1 + K_2 + K_3 + K_4 + 2K_5)}} \leq 1 \qquad (2.64c)$$

abschätzt. Im Sinne von (2.63) ergeben sich für die Spannungen

$$\frac{\mathbb{S}}{\rho} = \left[K_1\,\mathbb{E}\cdot\cdot\,\mathbb{D} + K_5\mathbf{e}_3^*\cdot\mathbb{D}\cdot\mathbf{e}_3^*\right]\mathbb{E} + K_2\mathbb{D} + \left[K_3\mathbf{e}_3^*\cdot\mathbb{D}\cdot\mathbf{e}_3^* + K_5\,\mathbb{E}\cdot\cdot\,\mathbb{D}\right]\mathbf{e}_3^*\circ\mathbf{e}_3^* +$$
$$+ \frac{K_4}{2}\left[\mathbf{e}_3^*\circ\mathbf{e}_3^*\cdot\mathbb{D} + \mathbb{D}\cdot\mathbf{e}_3^*\circ\mathbf{e}_3^*\right] + \left[K_6\mathbb{E} + K_7\,\mathbf{e}_3^*\circ\mathbf{e}_3^*\right](T-T_0) =$$
$$= \left[K_1\mathbb{E}_2^*\cdot\cdot\,\mathbb{D}_2^* + (K_1+K_5)d_{33}^*\right]\mathbb{E}_2^* + K_2\mathbb{D}_2^* + \Big[(K_1+K_5)\,\mathbb{E}_2^*\cdot\cdot\mathbb{D}_2^* +$$
$$+ (K_1+K_2+K_3+K_4+2K_5)d_{33}^*\Big]\mathbf{e}_3^*\circ\mathbf{e}_3^* + \tfrac{1}{2}\left[K_2 + \frac{K_4}{2}\right]\left[\mathbf{e}_3^*\circ\boldsymbol{\gamma}^* + \boldsymbol{\gamma}^*\circ\mathbf{e}_3^*\right] +$$
$$+ \left[K_6\mathbb{E}_2^* + (K_6+K_7)\mathbf{e}_3^*\circ\mathbf{e}_3^*\right](T-T_0) \equiv$$
$$\equiv \mathbb{E}\cdot\frac{\mathbb{S}}{\rho_0}\cdot\mathbb{E} = \left[\mathbb{E}_2^* + \mathbf{e}_3^*\circ\mathbf{e}_3^*\right]\cdot\frac{\mathbb{S}}{\rho_0}\cdot\left[\mathbb{E}_2^* + \mathbf{e}_3^*\circ\mathbf{e}_3^*\right]$$
$$= \mathbb{S}_2^* + \mathbf{e}_3^*\circ\boldsymbol{\tau}^* + \boldsymbol{\tau}^*\circ\mathbf{e}_3^* + \sigma_{33}^*\,\mathbf{e}_3^*\circ\mathbf{e}_3^* \qquad (2.65a)$$

mit

$$\mathbb{S}_2^* = \mathbb{E}_2^*\cdot\,\mathbb{S}\cdot\,\mathbb{E}_2^*\,, \quad \boldsymbol{\tau}^* = \mathbb{E}_2^*\cdot\,\mathbb{S}\cdot\,\mathbf{e}_3^* = \sigma_{13}^*\mathbf{e}_1^* + \sigma_{23}^*\mathbf{e}_2^*\,, \quad \sigma_{33}^* = \mathbf{e}_3^*\cdot\,\mathbb{S}\cdot\,\mathbf{e}_3^*\,, \qquad (2.65b\text{-}d)$$

d. h.

$$\frac{\mathbb{S}_2^*}{\rho} = K_1(\mathbb{E}_2^*\cdot\cdot\,\mathbb{D}_2^*)\,\mathbb{E}_2^* + K_2\mathbb{D}_2^* + K_6(T-T_0)\,\mathbb{E}_2^* + (K_1+K_5)\,d_{33}^*\mathbb{E}_2^*, \qquad (2.66a)$$

$$\frac{\boldsymbol{\tau}^*}{\rho} = \tfrac{1}{2}\left[K_2 + \frac{K_4}{2}\right]\boldsymbol{\gamma}^*\,, \qquad (2.66b)$$

$$\frac{\sigma_{33}^*}{\rho} = (K_1+K_2+K_3+K_4+2K_5)d_{33}^* + (K_1+K_5)\mathbb{E}_2^*\cdot\cdot\,\mathbb{D}_2^* + (K_6+K_7)(T-T_0) \qquad (2.66c)$$

bzw. die gleichwertigen Darstellungen

$$d_{33}^* \overset{46)}{=} \frac{\sigma_{33}^*}{E_{\shortparallel}} - \frac{\nu_{\shortparallel}}{E_{\shortparallel}}(\sigma_{11}^* + \sigma_{22}^*) + \alpha_{\shortparallel}\,(T-T_0)\,, \qquad (2.67a)$$

---

46) Man eliminiere aus (2.66a)

$$\mathbb{E}_2^*\cdot\cdot\,\mathbb{D}_2^* = \frac{\mathbb{E}_2^*\cdot\cdot\,\mathbb{S}_2^*/\rho_0}{2(K_1 + K_2/2)} - \frac{K_1 + K_5}{K_1 + K_2/2}\,d_{33}^* - \frac{K_6(T-T_0)}{K_1 + K_2/2} \qquad (*)$$

und setze in (2.66c) ein .

$$\mathbb{D}_2^* =^{47)} \frac{1}{2G_\perp}\left[\$_2^* - \frac{\nu_\perp}{1+\nu_\perp}(\mathbb{E}_2 \cdot\cdot \$_2^*)\mathbb{E}_2^*\right] - \frac{\nu_\parallel}{E_\parallel}\sigma_{33}^*\mathbb{E}_2^* + \alpha_\perp(T-T_0)\mathbb{E}_2^*, \tag{2.67b}$$

$$\gamma^* = \tau^* / G^* \tag{2.67c}$$

mit den Größen

$$\frac{E_\parallel}{\rho} = \frac{(K_1+\frac{K_2}{2})(K_1+K_2+K_3+K_4+2K_5) - (K_1+K_5)^2}{K_1+K_2/2} \overset{(2.64c)}{\geq} 0,$$

$$\frac{E_\perp}{\rho} = \frac{2K_2\left[(K_1+\frac{K_2}{2})(K_1+K_2+K_3+K_4+2K_5) - (K_1+K_5)^2\right]}{(K_1+K_2)(K_1+K_2+K_3+K_4+2K_5) - (K_1+K_5)^2} \overset{(2.64c)}{\geq} 0,$$

$$\frac{2G_\perp}{\rho} = \frac{E_\perp/\rho_0}{1+\nu_\perp} = K_2 \overset{(2.64c)}{\geq} 0,\ \nu_\parallel = \frac{(K_1+K_5)/2}{K_1+K_2/2},\ \frac{G^*}{\rho} = \frac{1}{2}\left[K_2+\frac{K_4}{2}\right] \overset{(2.64c)}{\geq} 0,$$

$$\alpha_\parallel = \left[\frac{K_5-K_2/2}{K_1-K_2/2}K_6 - K_7\right]/(E_\parallel/\rho_0),\ \alpha_\perp = -\frac{(K_1+K_5)/2}{K_1+K_2/2}\alpha_\parallel - \frac{K_6/2}{K_1+K_2/2}, \tag{2.68}$$

die sich wieder einfach physikalisch deuten lassen: $E_\parallel$ bzw. $E_\perp$ sind die Elastizitätsmoduli, die Dehnungen in Achsenrichtung bzw—. senkrecht dazu als Folge entsprechender einachsiger Spannungszustände kennzeichnen, $\nu_\parallel/E_\parallel$ kennzeichnet die zugehörigen Querdehnungen in der Ebene bzw. in der Rotationsachsenrichtung, $\nu_\perp$ die planaren Querdehnungen infolge einachsiger planarer Spannungszustände. Aus $E_\perp$ und $\nu_\perp$ leitet sich der Schubmodul $G_\perp$ ab, der planare Scherdeformationen γ_{12}^* mit den entsprechenden (planaren) Schubspannungen σ_{12}^* verknüpft, und schließlich verknüpft die fünfte elastische Konstante G^* die Schubspannungen τ^* mit den zugehörigen Scherungen γ^*. Die beiden restlichen Konstanten $\alpha_\parallel$, $\alpha_\perp$ kennzeichnen die Hauptwerte des Wärmeverzerrungstensors, der als

$$\mathbb{A} \hat{=} \begin{pmatrix} \alpha_\parallel & & \\ & \alpha_\perp & \\ & & \alpha_\perp \end{pmatrix}, < \mathbb{e}_1^*, \mathbb{e}_2^*, \mathbb{e}_3^* >, \tag{2.69}$$

dargestellt werden kann.

Die Beziehungen (2.67b) fließen übrigens gleichermaßen als Spezialfall aus den allgemeinen Darstellungen des orthotropen Problems (vgl. Ziffer 2.4.2), wo man zunächst wegen gleicher Hauptachsensteifigkeiten in der Ebene

47) Man setzt (*) in (2.66a) ein, was vorerst

$$\mathbb{D}_2^* = \frac{\$_2^*}{\rho_0 K_2} - \frac{K_1}{2K_2(K_1+K_2/2)\rho_0}(\mathbb{E}_2^* \cdot\cdot \$_2^*)\mathbb{E}_2^* - \frac{(K_1+K_5)/2}{K_1+K_2/2}d_{33}^*\mathbb{E}_2^* - \frac{K_6/2}{K_1+K_2/2}(T-T_0)\mathbb{E}_2^*$$

ergibt. Hierin wird d_{33}^* nach (2.67a) eliminiert.

mit $\quad E_1^* = E_2^* = E_\perp\,,\quad E_3^* = E_\parallel\,,\quad \nu_{21}^* = \nu_\perp\,,\quad \dfrac{\nu_{31}^*}{E_1^*} = \dfrac{\nu_{32}^*}{E_2^*} = \dfrac{\nu_\parallel}{E_\parallel}\,,$

$G_{23}^* = G_{31}^* = G^*\,,\quad G_{12}^* = G_\perp$

als Voigtsche Matrix

$$\mathfrak{S}^{(V)} \mathrel{\hat{=}} \begin{pmatrix} 1/E_\perp & -\nu_\perp/E_\perp & -\nu_\parallel/E_\parallel & & & \\ & 1/E_\perp & -\nu_\parallel/E_\parallel & & & \\ & & 1/E_\parallel & & & \\ & & & 1/2G_\perp & & \\ & & & & 1/2G_\parallel & \\ & & & & & 1/2G_\parallel \end{pmatrix} \tag{2.70a}$$

feststellt, ohne allerdings hiermit schon den weiteren Zusammenhang $2G_\perp = E_\perp/(1+\nu_\perp)$ aufdecken zu können. Man benötigt hierzu die Transformationsformeln (2.47), und zwar insbesondere die mit $c_{1111}^* = c_{2222}^*$ und $c_{12}^* = c_{21}^*$ für $\vartheta = 0$ die Form annehmenden Beziehungen

$$c_{1111}(\varphi,0) = c_{2222}(\varphi,0) = c_{1111}^* - \frac{c_{12}^*}{2}\sin^2 2\varphi\,,$$

$$c_{1122}(\varphi,0) = c_{1122}^* + \frac{c_{12}^*}{2}\sin^2 2\varphi\,,\ c_{1212}(\varphi,0) = c_{1212}^* + \frac{c_{12}^*}{2}\sin^2 2\varphi\,,$$

für die aufgrund der Rotationssymmetrie des Problems die Forderungen

$$c_{1111}(\varphi,0) = c_{2222}(\varphi,0) = c_{1111}^*$$

$$c_{1122}(\varphi,0) = c_{1122}^*\,,\quad c_{1212}(\varphi,0) = c_{1212}^*$$

erhoben werden müssen. Danach muß

$$c_{12}^* = c_{21}^* = c_{1111}^* - c_{1122}^* - 2c_{1212}^* = 0$$

d. h.

$$c_{1212}^* = (c_{1111}^* - c_{1122}^*)/2 \tag{2.70b}$$

gelten, und gleichermaßen[48)]

$$s_{1212}^* = (s_{1111}^* - s_{1122}^*)/2\,, \tag{2.70c}$$

was mit

$$s_{1212}^* = 1/(4G_{12}^*)\,,\quad s_{1111}^* = 1/E_\perp\,,\quad s_{1122}^* = -\nu_\perp/E_\perp \tag{2.70d-f}$$

schließlich in der Tat zu

$$G_{12}^* = E_\perp/2(1+\nu_\perp) \tag{2.70g}$$

führt. Damit verbleiben in der $\overset{\langle 4\rangle}{\mathbb{S}} = \overset{\langle 4\rangle}{\mathbb{C}}{}^{-1}$ repräsentierenden Voigtschen Matrix

---

48) Man erinnere sich, daß für $\overset{\langle 4\rangle}{\mathbb{C}}$ und $\overset{\langle 4\rangle}{\mathbb{S}} = \overset{\langle 4\rangle}{\mathbb{C}}{}^{-1}$ dieselben Symmetrieeigenschaften festgestellt worden sind.

$$\mathfrak{S}^{(V)} \hat{=} \begin{pmatrix} 1/E_\perp & -\nu_\perp/E_\perp & -\nu_\parallel/E_\parallel & 0 & 0 & 0 \\ & 1/E_\perp & -\nu_\parallel/E_\parallel & 0 & 0 & 0 \\ & & 1/E_\parallel & 0 & 0 & 0 \\ & & & (1+\nu_\perp)/E_\perp & 0 & 0 \\ & & & & 1/2G_\parallel & 0 \\ & & & & & 1/2G_\parallel \end{pmatrix} \quad (2.70h)$$

insgesamt nur noch 5 voneinander unabhängige Elastizitätskoeffizienten.

Für

2.4.5 Isotrope Medien

ist die Menge der Symmetrie-Transformationen durch die vollständige orthogonale Gruppe repräsentiert, was zu

$$\mathscr{F}_{DT} = \bar{\mathscr{F}}(\bar{D}_1,\bar{D}_2,\bar{D}_3,T), \quad \bar{D}_j = \mathbb{E}\cdot\cdot\,\mathbb{D}^j, \; j=1...3$$

führt und in den Konsequenzen bereits in § 2.2.7 (Haupttext) abgehandelt worden ist, für

2.5 hyperelastische Fluide

umfaßt die Menge der Symmetrie-Transformationen die vollständige unitäre Gruppe mit $|\det \mathbb{U}_A| = 1$, d. h. neben der Menge der Versoren und Inversoren sämtliche, mit volumenerhaltenden Verzerrungen einhergehende Vorschalt-Prozeduren ("Durchmischungsinvarianz der freien Energie"). Konsequenz davon ist, daß die etwa für die freie Energie nach (2.22c) mit

$$\mathbb{U}_A = \mathbb{Q}_A\cdot\sqrt{\mathbb{F}_A\cdot\mathbb{F}_A^T} \,/\, \sqrt[3]{|(\mathbb{F}_A)_3|} \quad (2.71)$$

nach (2.17) geltende Symmetrieforderung

$$\mathscr{F} = \mathscr{F}_{DT}\langle(\mathbb{F}\cdot\mathbb{F}^T)_{P,T};T(P,t)\rangle = \mathscr{F}_{DT}\langle\mathbb{U}_A\cdot(\mathbb{F}\cdot\mathbb{F}^T)_{P,T}\cdot\mathbb{U}_A^T;T(P,t)\rangle$$

mit

$$\mathbb{Q}_A = \mathbb{E}\;,\;\; \mathbb{F}_A = \mathbb{F}^{-1}(P,T)\;,\;\; \text{d.h. } \mathbb{U}_A = \sqrt{(\mathbb{F}\cdot\mathbb{F}^T)_{P,T}}^{\,-1}\;\sqrt[3]{(\mathbb{F})_3} \quad (2.71a\text{-}c)$$

erfüllt werden darf, weswegen schließlich mit $|(\mathbb{F})_3| = (\mathbb{F})_3 = F_3 = \hat{\rho}/\bar{\rho}$

$$\mathscr{F} = \mathscr{F}_{DT}\langle(\hat{\rho}/\bar{\rho})_{P,T}^{2/3}\,\mathbb{E};T(P,t)\rangle \equiv \mathscr{F}_{\rho T}(\bar{\rho};T)\;, \quad (2.71d)$$

d.h. die freie Energie als Zustandsfunktion der Momentanwerte der Dichte und der Temperatur zu identifizieren ist. Entsprechend gilt für die Entropie,

$$\mathscr{S}_{DT} = -\,\partial\mathscr{F}_{DT}/\partial T \equiv -\,\partial\mathscr{F}_{\rho T}/\partial T \equiv \mathscr{S}_{\rho T}(\bar{\rho},T)\;, \quad (2.71e)$$

während als Materialgleichung für die Spannungen schließlich die in Termen Eulerscher bzw. relativer Spannungen formulierbare Beziehung

$$\mathbb{S}^{(E)} \equiv \mathbb{S}^{(R)} = -\bar{p}_{\rho T}(\bar{\rho},T)\,\mathbb{E} \text{ mit } \bar{p}_{\rho T}(\bar{\rho},T) = \bar{\rho}^2\,\partial\mathcal{F}_{\rho T}/\partial\bar{\rho} \qquad (2.71f,g)$$

anfällt.

Um letzteren Befund zu verifizieren, hat man im Rahmen des erarbeiteten Instrumentariums verschiedene Möglichkeiten, am einfachsten etwa den nach (2.11a, Haupttext) gangbaren Weg, die Spannungs—Materialgleichungen zunächst in Termen Lagrangescher Spannungen $(\mathbb{S}^{(L)})$ durch Differentation der freien Energie nach den Konfigurationsgradienten $(\mathbb{F})$ im Sinne von

$$\mathbb{S}^{(L)}/\hat{\rho} = \Big(\overset{(1.22c)}{=} \mathbb{F}^{T^{-1}} \cdot \mathbb{S}^{(E)}/\bar{\rho}\Big) \overset{(2.11a)}{=} \frac{\partial\mathcal{F}_{FT}}{\partial\mathbb{F}} \overset{(2.71d)}{=} \frac{\partial\mathcal{F}_{\rho T}}{\partial\bar{\rho}}\frac{d\bar{\rho}}{d\mathbb{F}} \qquad (2.72a)$$

hervorzubringen. Dann ist aufgrund von

$$\hat{\rho}/\bar{\rho} = F_3\ ,\quad \text{d. h.}\quad \bar{\rho} = \hat{\rho}/F_3 \qquad (2.72b,c)$$

unter Benutzung von [5a] (7.12f)

$$\frac{d\bar{\rho}}{d\mathbb{F}} = -\frac{\hat{\rho}}{F_3^2}\frac{dF_3}{d\mathbb{F}} = -\frac{\hat{\rho}}{F_3}\left[\frac{1}{F_3}\frac{dF_3}{d\mathbb{F}}\right] \equiv -\,-\frac{\hat{\rho}}{F_3}\,\mathbb{F}^{T^{-1}} \overset{(2.72c)}{=} -\bar{\rho}\,\mathbb{F}^{T^{-1}} \qquad (2.72d)$$

aus (2.72a) in der Tat

$$\mathbb{S}^{(E)} = -\bar{\rho}^2\frac{\partial\mathcal{F}_{\rho T}}{\partial\bar{\rho}}\,\mathbb{E} \equiv -\bar{p}_{\rho T}(\bar{\rho},T)\,\mathbb{E} \qquad (2.73e)$$

zu folgern. Wegen $\mathbb{S}^{(R)} = \mathbb{R}\cdot\mathbb{S}^{(E)}\cdot\mathbb{R}^T$ ist (2.73e) gleichzeitig das — wegen der Ungewißheit einer "Bezugskonfiguration" in der Gasdynamik freilich irrelevante — Spannungs—Materialgesetz in Termen relativer Spannungen.

Entsprechend erschließt man - dies sei dem Leser überlassen - mittels (2.22f) und (2.71) mit der Spezialisierung (2.71b,c) als Materialgesetz der Wärmeleitung das klassische Fouriersche Theorem

$$\mathbb{q}^{(E)}(P,T) = -\bar{\lambda}(\bar{\rho}(P,T),T(P,T))\,(\bar{\nabla}T)_{P,T} \qquad (2.73f)$$

mit der i. allg. von den Momentanwerten der Dichte und der Temperatur abhängigen Wärmeleitzahl $\bar{\lambda}$.

2.6 Einfachste Ergänzungen betr. viskoelastische Medien

Bei Symmetrieanalysen, die man - basierend auf Stoffgleichungsstrukturen von der Form (2.7a,7c,7d,12f) - im Sinne von [2], [33] mittels der Symmetrie-Definitionen (2.14,15,16) entwickelt, muß durchaus in Betracht genommen werden, daß Vorschalt-Operatoren $\mathbb{U}_A$ sowohl vom Vorschalt-Zeitpunkt (t_A) als auch von der Momentanzeit (t)[49] abhängen könnten. Für die unter §§ 4,5 energetisch definierten Medien erreicht man Reduktionen auf die unter Ziffer 2.3 erarbeiteten Befunde der Hyperelastizität für den - hier nur noch referierten - Fall, daß freie Energie und Dissipationsleistung gleiche (zeitunabhängige)

---

49) zu der — etwa für $\mathcal{F}(P,t)$, $\mathbb{q}^{(E)}(P,t)$, $\mathbb{S}^{(E)}(P,t)$ — Symmetrien verlangt werden,

Symmetrieeigenschaften ($\mathbb{U}_A$ = const.) aufweisen sollen. Für

2.6.1 Kelvin-Medien

müssen danach die Symmetriebedingungen

$$\mathcal{F} = \mathcal{F}_{DT}(\mathbb{D},T) = \mathcal{F}_{DT}(\mathbb{U}_A\cdot\mathbb{D}\cdot\mathbb{U}_A^T;T)\ , \tag{2.74a}$$

$$\dot{\mathcal{D}} = \dot{\mathcal{D}}_{DT}(\mathbb{D},\dot{\mathbb{D}};T) = \dot{\mathcal{D}}_{DT}(\mathbb{U}_A\cdot\mathbb{D}\cdot\mathbb{U}_A^T,\mathbb{U}_A\cdot\dot{\mathbb{D}}\cdot\mathbb{U}_A^T;T) \tag{2.74b}$$

mit für beide Energiegrößen gleichen Vorschaltoperatoren ($\mathbb{U}_A$) gelten, die dann auch die Symmetrie-Eigenschaften der Spannungsmaterialgleichung definieren und schließlich im linearen Falle für Elastizitäts- bzw. Viskositätstetrade die für hyperelastische Medien erarbeiteten Spezialisierungen (2.31a,b,2.40a-d,2.57a,2.62e) hervorbringen.

Da man nämlich einerseits wegen (2.74a) und damit

$$\partial_D\mathcal{F} = d\mathbb{D}\cdot\cdot\frac{\partial\mathcal{F}_{DT}}{\partial\mathbb{D}} \overset{50)}{=} d\mathbb{D}\cdot\cdot\left[\frac{\partial\mathcal{F}_{ZT}}{\partial\mathbb{Z}}\right]_{\mathbb{Z}=\mathbb{D},T} \overset{51)}{=} d\mathbb{D}\cdot\cdot\overset{\times}{\$}_E(\mathbb{D};T) =$$

$$= d(\mathbb{U}_A\cdot\mathbb{D}\cdot\mathbb{U}_A^T)\cdot\cdot\left[\frac{\partial\mathcal{F}_{ZT}}{\partial\mathbb{Z}}\right]_{\mathbb{Z}=\mathbb{U}_A\cdot\mathbb{D}\cdot\mathbb{U}_{A,T}^T} \overset{52)}{=} (\mathbb{U}_A\cdot d\mathbb{D}\cdot\mathbb{U}_A^T)\cdot\cdot\overset{\times}{\$}_E(\mathbb{U}_A\cdot\mathbb{D}\cdot\mathbb{U}_A^T;T) \equiv$$

$$\equiv d\mathbb{D}\cdot\cdot\left[(\overset{<4>}{\mathbb{E}_T}\cdot\mathbb{U}_A^T)\cdot\cdot(\overset{<4>}{\mathbb{E}_T}\cdot\mathbb{U}_A^T)\right]\cdot\cdot\overset{\times}{\$}_E(\mathbb{U}_A\cdot\mathbb{D}\cdot\mathbb{U}_A^T;T) \equiv d\mathbb{D}\cdot\cdot\left[\mathbb{U}_A^T\cdot\overset{\times}{\$}_E(\mathbb{U}_A\cdot\mathbb{D}\cdot\mathbb{U}_A^T;T)\cdot\mathbb{U}_A\right]$$

für die Spannungen ($\overset{\times}{\$}_E$) der elastischen Materialkomponente die Symmetriebedingung

$$\overset{\times}{\$}_E(\mathbb{U}_A\cdot\mathbb{D}\cdot\mathbb{U}_A^T;T) = \mathbb{U}_A^{T^{-1}}\cdot\overset{\times}{\$}_E(\mathbb{D};T)\cdot\mathbb{U}_A^{-1} \equiv \overset{\times}{\$}_E(\mathbb{D};T)\cdot\cdot(\overset{<4>}{\mathbb{E}_T}\cdot\mathbb{U}_A^{-1})\cdot\cdot(\overset{<4>}{\mathbb{E}_T}\cdot\mathbb{U}_A^{-1}) \equiv$$

$$\equiv (\mathbb{U}_A^{T^{-1}}\cdot\overset{<4>}{\mathbb{E}_T})\cdot\cdot(\mathbb{U}_A^{T^{-1}}\cdot\overset{<4>}{\mathbb{E}_T})\cdot\cdot\overset{\times}{\$}_E(\mathbb{D};T) \tag{2.75a}$$

(vgl. h. die Analogie zu (2.15e)) und andererseits wegen (2.74b) in der Version (6.1c) für $\dot{\mathcal{D}}$, d. h. wegen

$$\dot{\mathcal{D}}_{DT}(\mathbb{D},\dot{\mathbb{D}};T) = \dot{\mathbb{D}}\cdot\cdot\overset{<4>}{\mathbb{C}_V}(\mathbb{D},\dot{\mathbb{D}};T))\cdot\cdot\dot{\mathbb{D}} \overset{(5.4b)}{=} \overset{\times}{\$}_V(\mathbb{D},\dot{\mathbb{D}};T)\cdot\cdot\dot{\mathbb{D}} \equiv$$

$$\equiv \dot{\mathcal{D}}_{DT}(\mathbb{U}_A\cdot\mathbb{D}\cdot\mathbb{U}_A^T,\mathbb{U}_A\cdot\dot{\mathbb{D}}\cdot\mathbb{U}_A^T;T) = \overset{\times}{\$}_V(\mathbb{U}_A\cdot\mathbb{D}\cdot\mathbb{U}_A^T,\mathbb{U}_A\cdot\dot{\mathbb{D}}\cdot\mathbb{U}_A^T;T)\cdot\cdot(\mathbb{U}_A\cdot\dot{\mathbb{D}}\cdot\mathbb{U}_A^T) \equiv$$

$$\equiv \dot{\mathbb{D}}\cdot\cdot(\overset{<4>}{\mathbb{E}_T}\cdot\mathbb{U}_A^T)\cdot\cdot(\overset{<4>}{\mathbb{E}_T}\cdot\mathbb{U}_A^T)\cdot\cdot\overset{\times}{\$}_V(\mathbb{U}_A\cdot\mathbb{D}\cdot\mathbb{U}_A^T,\mathbb{U}_A\cdot\dot{\mathbb{D}}\cdot\mathbb{U}_A^T;T) \tag{2.75b}$$

für die viskosen Teilspannungen ($\overset{\times}{\$}_V$) ebenfalls

---

50) allgemeiner jetzt mit $\mathcal{F}_{ZT}(\mathbb{Z},T)$ anstelle von $\mathcal{F}_{DT}$

51) mit Greenschen Verzerrungen ($\mathbb{D} = \mathbb{D}^{(G)}$) sind unter $\overset{\times}{\$}_E = \overset{\times}{\$}{}_E^{(K)}/\hat{\rho}$ nach (2.10b, Haupttext) dichtebezogene Kirchhoff–Spannungen zu verstehen.

52) mit $\mathbb{U}_A$ = const.

$$\overset{\times}{\mathbb{S}}_V(\mathbb{U}_A\cdot\mathbb{D}\cdot\mathbb{U}_A^T,\mathbb{U}_A\cdot\dot{\mathbb{D}}\cdot\mathbb{U}_A^T;T) = \mathbb{U}_A^{T^{-1}}\cdot\overset{\times}{\mathbb{S}}_V(\mathbb{D},\dot{\mathbb{D}},T)\cdot\mathbb{U}_A^{-1} \tag{2.75c}$$

folgern kann[53], gilt auch

$$\overset{\times}{\mathbb{S}}(\mathbb{U}_A\cdot\mathbb{D}\cdot\mathbb{U}_A^T,\mathbb{U}_A\cdot\dot{\mathbb{D}}\cdot\mathbb{U}_A^T;T) = \mathbb{U}_A^{T^{-1}}\cdot\overset{\times}{\mathbb{S}}(\mathbb{D},\dot{\mathbb{D}},T)\cdot\mathbb{U}_A^{-1} \tag{2.75d}$$

für die Gesamtspannungen $\overset{\times}{\mathbb{S}} = \overset{\times}{\mathbb{S}}_E + \overset{\times}{\mathbb{S}}_V$, so daß mit (2.74a,b) Kelvin–Körper definiert werden, die in die Kategorie der Medien mit Material–Symmetrie hinsichtlich der Spannungsleistung fallen (vgl. (§E2.2)). Mit (2.75b) folgen dann noch aus (5.4b), Haupttext, für die Viskositätstetrade die Symmetrie–Relation

$$\overset{<4>}{\overset{\times}{\mathbb{C}}}_V(\mathbb{U}_A\cdot\mathbb{D}\cdot\mathbb{U}_A^T,\mathbb{U}_A\cdot\dot{\mathbb{D}}\cdot\mathbb{U}_A^T;T) =$$

$$=^{54)} (\overset{<4>}{\mathbb{E}}_T\cdot\mathbb{U}_A^{T^{-1}})\cdot\cdot(\overset{<4>}{\mathbb{E}}_T\cdot\mathbb{U}_A^{T^{-1}})\cdot\cdot\,\overset{<4>}{\overset{\times}{\mathbb{C}}}_V(\mathbb{D},\dot{\mathbb{D}},T)\cdot\cdot(\mathbb{U}_A^{-1}\cdot\overset{<4>}{\mathbb{E}}_T)\cdot\cdot(\mathbb{U}_A^{-1}\cdot\overset{<4>}{\mathbb{E}}_T)\ , \tag{2.75e}$$

entsprechend für die nach (2.21c), Haupttext, definierte (isotherme) Elastizitätstetrade

$$\overset{<4>}{\mathbb{C}}{}^{\times}(\mathbb{U}_A\cdot\mathbb{D}\cdot\mathbb{U}_A^T;T) = (\overset{<4>}{\mathbb{E}}_T\cdot\mathbb{U}_A^{T^{-1}})\cdot\cdot(\overset{<4>}{\mathbb{E}}_T\cdot\mathbb{U}_A^{T^{-1}})\cdot\cdot\,\overset{<4>}{\mathbb{C}}{}^{\times}(\mathbb{D},T)\cdot\cdot(\mathbb{U}_A^{-1}\cdot\overset{<4>}{\mathbb{E}}_T)\cdot\cdot(\mathbb{U}_A^{-1}\cdot\overset{<4>}{\mathbb{E}}_T) \tag{2.75f}$$

und schließlich für den nach (2.21d), Haupttext, definierten Wärmeverzerrungsänderungstensor

$$\mathbb{A}(\mathbb{U}_A\cdot\mathbb{D}\cdot\mathbb{U}_A^T;T) = (\overset{<4>}{\mathbb{E}}_T\cdot\mathbb{U}_A^{T^{-1}})\cdot\cdot(\overset{<4>}{\mathbb{E}}_T\cdot\mathbb{U}_A^{T^{-1}})\cdot\cdot\,\mathbb{A}(\mathbb{D},T) \equiv \mathbb{U}_A^{T^{-1}}\cdot\mathbb{A}(\mathbb{D},T)\cdot\mathbb{U}_A^{-1}\ . \tag{2.75g}$$

Während hiermit für

$$\mathbb{U}_A = \mathbb{Q}_A\ ,\ \mathbb{Q}_A^T = \mathbb{Q}_A^{-1}\ ,\ \det\mathbb{Q}_A = \pm 1\ , \tag{2.76a-c}$$

also für aus orthogonalen Operatoren bestehende Symmetriegruppen die entsprechenden Materialsymmetrien für Festkörper beschrieben und insbesondere im Falle linearer Kelvinkörper für die dann konstanten Materialtensoren $\overset{<4>}{\mathbb{C}}$, $\overset{<4>}{\mathbb{C}}_V$, $\mathbb{A}$ deren Materialkoeffizienten-Schemata als zu Denjenigen der Matrix-Strukturen nach § E2.4 analog festgestellt werden, ergibt sich für Kelvin-Fluide die Materialbeziehung

$$\mathbb{S}^{(E)} = -p_{\rho T}(\bar{\rho},T)\mathbb{E} + \underline{\sum_{j=0}^{2} g_j(\bar{\rho},T,\bar{C}_1^*,\bar{C}_2^*,\bar{C}_3^*)\ \mathbb{C}^{*j}} \tag{2.77a}$$

mit den Invarianten $\bar{C}_j^* = \mathbb{E}\cdot\cdot\mathbb{C}^{*j}$, j = 1..3, des räumlichen Geschwindigkeitsdeformators $\mathbb{C}^* = (\bar{\nabla}\circ\mathbb{v} + \mathbb{v}\circ\bar{\nabla})/2$, wobei der erste (elastische) Term bereits als Zustandsgleichung idealer Gase unter (§ E2.5) identifiziert wurde, während der zweite (unterstrichelte

---

53) genauer, für die leistungsintensiven Anteile der Teilspannungen $\overset{\times}{\mathbb{S}}_V$, wobei die Erweiterung auf die (ggfs. auch leistungsneutrale Anteile aufweisenden) viskosen Teilspannungen $\overset{\times}{\mathbb{S}}_V$ schlechthin mit dem Prinzip der Äquipräsenz begründet wird.

54) mit $(\mathbb{U}_A^{-1}\cdot\overset{<4>}{\mathbb{E}}_T)\cdot\cdot(\overset{<4>}{\mathbb{E}}_T\cdot\mathbb{U}_A) = \mathbb{U}_A^{-1}\cdot\overset{<4>}{\mathbb{E}}\cdot\mathbb{U}_A \equiv \overset{<4>}{\mathbb{E}}$, d. h. $(\overset{<4>}{\mathbb{E}}_T\cdot\mathbb{U}_A)^{-1} = \mathbb{U}_A^{-1}\cdot\overset{<4>}{\mathbb{E}}_T$ usw., weil $\mathbb{X}\cdot\cdot(\mathbb{U}_A^{-1}\cdot\overset{<4>}{\mathbb{E}}\cdot\mathbb{U}_A) = (\mathbb{X}\cdot\mathbb{U}_A^{-1})\cdot\cdot\overset{<4>}{\mathbb{E}}\cdot\mathbb{U}_A = \mathbb{X}\cdot\mathbb{U}_A^{-1}\cdot\mathbb{U}_A = \mathbb{X} \equiv \mathbb{X}\cdot\cdot\overset{<4>}{\mathbb{E}}$ ist.

Reibungsspannungs-)Anteil ($\$_V^{(E)}$) der isotropen Zuordnung nach Reiner entspricht[55].

Er entsteht z. B von (2.75c) mit $\mathbb{F}\cdot\mathbb{F}^T$ anstelle von $\mathbb{D} = \mathbb{D}^{(G)}$, d. h. von

$$\overset{\times}{\$}_V \left(= \$_V^{(K)}/\hat{\rho}\right) \overset{(2.75c)}{=} \mathbb{U}_A^T \cdot \overset{\times}{\$}_V(\mathbb{U}_A \cdot \mathbb{F}\cdot\mathbb{F}^T\cdot\mathbb{U}_A^T, \mathbb{U}_A\cdot\dot{\mathbb{D}}^{(G)}\cdot\mathbb{U}_A^T;T)\cdot\mathbb{U}_A$$

ausgehend, mit der Setzung

$$\mathbb{U}_A = \mathbb{Q}\cdot\mathbb{F}^{-1}/\sqrt[3]{(\mathbb{F}^{-1})_3} = \mathbb{Q}\cdot\mathbb{F}^{-1}\sqrt[3]{\hat{\rho}/\bar{\rho}}\,,$$

worin $\mathbb{Q}$ beliebige orthogonale Tensoren bedeuten. Hiermit hat man

$$\mathbb{U}_A\cdot\mathbb{F}\cdot\mathbb{F}^T\cdot\mathbb{U}_A^T = (\hat{\rho}/\bar{\rho})^{2/3}\,\mathbb{E}\ ,\quad \mathbb{F}^{-1}\cdot\dot{\mathbb{D}}^{(G)}\mathbb{F}^{T^{-1}} = \mathbb{C}^*$$

(vgl. (1.21c); Haupttext) und so desweiteren

$$\$_V^{(K)}/\hat{\rho} = \mathbb{F}^{T^{-1}}\cdot\mathbb{Q}^T\cdot\overset{\times}{\$}_V((\hat{\rho}/\bar{\rho})^{2/3}\,\mathbb{E},\mathbb{Q}\cdot\mathbb{C}^*\cdot\mathbb{Q}^T;T)\cdot\mathbb{Q}\cdot\mathbb{F}^{-1}(\hat{\rho}/\bar{\rho})^{2/3}\ ,$$

was wegen (1.21c), Haupttext, in der Form

$$\$_V^{(E)}/\bar{\rho} = \mathbb{Q}^T\cdot\overset{\times}{\$}_V((\hat{\rho}/\bar{\rho})^{2/3}\,\mathbb{E},\mathbb{Q}\cdot\mathbb{C}^*\cdot\mathbb{Q}^T;T)\cdot\mathbb{Q}(\hat{\rho}/\bar{\rho})^{2/3} =$$

$$\overset{56)}{=} \overset{\times}{\$}_V((\hat{\rho}/\bar{\rho})^{2/3}\,\mathbb{E},\mathbb{C}^*;T)(\hat{\rho}/\bar{\rho})^{2/3}\,, \tag{2.77b}$$

d. h. in Termen Eulerscher Spannungen ausgedrückt werden kann. Danach hängen Letztere — neben Dichte und Temperatur — isotrop von $\mathbb{C}^*$ ab und müssen daher im Sinne der isotropen Zuordnung nach Reiner [5a] (in (2.77a) unterstrichelt und wie in (5.12d), Haupttext angegeben) darzustellen sein. Beschränkt man betr.

2.6.2 Maxwell-Medien

analog 2.6.1 auf den Fall, daß sowohl freie Ergänzungsenergie, als auch Dissipationsleistung gegenüber Änderungen der dynamischen Variablen

$$(\overset{\times}{\$} =)\ \$^{(K)}/\hat{\rho} = \mathbb{F}^{T^{-1}}\cdot(\$^{(E)}/\bar{\rho})\cdot\mathbb{F}^{-1} \tag{2.78a}$$

in

$$(\overset{\times}{\$}_{\mathbb{U}_A} =)\ \$_{\mathbb{U}_A}^{(K)}/\hat{\rho} = (\mathbb{U}_A\cdot\mathbb{F})^{T^{-1}}\cdot(\$^{(E)}/\bar{\rho})\cdot(\mathbb{U}_A\cdot\mathbb{F})^{-1} =$$

$$= \mathbb{U}_A^{T^{-1}}\cdot\mathbb{F}^{T^{-1}}\cdot(\$^{(E)}/\bar{\rho})\cdot\mathbb{F}^{-1}\cdot\mathbb{U}_A^{-1} = \mathbb{U}_A^{T^{-1}}(\$^{(K)}/\hat{\rho})\cdot\mathbb{U}_A^{-1} = \mathbb{U}_A^{T^{-1}}\cdot\overset{\times}{\$}\cdot\mathbb{U}_A^{-1} \tag{2.78b}$$

unempfindlich sein, also Materialsymmetrien durch

---

[55] in der nun noch $g_0 = 0$ für $\mathbb{C}^* = 0$ gefordert werden muß, wenn man $\$_V^{(E)} = 0$ für $\mathbb{C}^* = 0$ bzw. verlangt, daß die Dissipationsleistung $\dot{\mathscr{D}} = \$^{(E)}\cdot\cdot\,\mathbb{C}^*/\bar{\rho} \overset{(2.77a)}{=} \dot{\mathscr{D}}(\bar{\rho},T,\bar{C}_1^*,\bar{C}_2^*,\bar{C}_3^*)$ wie auch deren (als existent vorausgesetzte) Ableitung $(\partial\dot{\mathscr{D}}/\partial\mathbb{C}^*)$ im "Verzerrungsgeschwindigkeits—Nullpunkt" $(\mathbb{C}^* = 0)$ verschwinden, wobei letztere Bedingungen notwendig sind, um die Dissipationsleistung als (im Zustandsraum der Verzerrungsgeschwindigkeiten definierte) positiv—definite Funktion zu sichern.

[56] man setze $\mathbb{Q} = \mathbb{E}$

$$\mathscr{F}^*_{ST}(\overset{\times}{\mathbb{S}};T) = \mathscr{F}^*_{ST}(\mathbb{U}_A^{T^{-1}}\cdot\overset{\times}{\mathbb{S}}\cdot\mathbb{U}_A^{-1};T) \tag{2.79a}$$

$$\dot{\mathscr{D}}_{ST}(\overset{\times}{\mathbb{S}};T) = \dot{\mathscr{D}}^*_{ST}(\mathbb{U}_A^{T^{-1}}\cdot\overset{\times}{\mathbb{S}}\cdot\mathbb{U}_A^{-1};T) \tag{2.79b}$$

mit in beiden Fällen gleichen konstanten Vorschalt-Operatoren zu beschreiben sein sollen, so bekommt man für die nach (4.7b,2c), Haupttext definierten Elastizitäts- bzw. Viskositätstetraden die hierzu erforderlichen Symmetriebedingungen

$$\overset{\langle 4\rangle}{\mathbb{S}}{}^{\times}(\mathbb{U}_A^{T^{-1}}\cdot\overset{\times}{\mathbb{S}}\cdot\mathbb{U}_A^{-1};T) = (\mathbb{U}_A\cdot\overset{\langle 4\rangle}{\mathbb{E}_T})\cdot\cdot(\mathbb{U}_A\cdot\overset{\langle 4\rangle}{\mathbb{E}_T})\cdot\cdot\overset{\langle 4\rangle}{\mathbb{S}}{}^{\times}(\overset{\times}{\mathbb{S}};T)\cdot\cdot(\overset{\langle 4\rangle}{\mathbb{E}_T}\cdot\cdot\mathbb{U}_A^T)\cdot\cdot(\overset{\langle 4\rangle}{\mathbb{E}_T}\cdot\cdot\mathbb{U}_A^T)\ ,$$

$$\overset{\langle 4\rangle}{\mathbb{S}}{}_V^{\times}(\mathbb{U}_A^{T^{-1}}\cdot\overset{\times}{\mathbb{S}}\cdot\mathbb{U}_A^{-1};T) = (\mathbb{U}_A\cdot\overset{\langle 4\rangle}{\mathbb{E}_T})\cdot\cdot(\mathbb{U}_A\cdot\overset{\langle 4\rangle}{\mathbb{E}_T})\cdot\cdot\overset{\langle 4\rangle}{\mathbb{S}}{}_V^{\times}(\overset{\times}{\mathbb{S}};T)\cdot\cdot(\overset{\langle 4\rangle}{\mathbb{E}_T}\cdot\cdot\mathbb{U}_A^T)\cdot\cdot(\overset{\langle 4\rangle}{\mathbb{E}_T}\cdot\cdot\mathbb{U}_A^T) \tag{2.79c,d}$$

zuzüglich der Symmetriebedingungen

$$\mathbb{A}_{ST}(\mathbb{U}_A^{T^{-1}}\cdot\overset{\times}{\mathbb{S}}\cdot\mathbb{U}_A^{-1};T) = \mathbb{U}_A\cdot\ \mathbb{A}_{ST}(\overset{\times}{\mathbb{S}};T)\cdot\mathbb{U}_A^T \tag{2.79e}$$

für den Wärmeverzerrungstensor ($\mathbb{A} = \mathbb{A}_{ST}(\overset{\times}{\mathbb{S}};T)$).

Dabei ist etwa Gl. (2.79d) konsequenz von (2.79b) und der in (4.2c), Haupttext, benutzten Darstellung für die Dissipationsleistung, wonach

$$\overset{\times}{\mathbb{S}}\cdot\cdot\overset{\langle 4\rangle}{\mathbb{S}}{}_V^{\times}\cdot\cdot\overset{\times}{\mathbb{S}} = (\mathbb{U}_A^{T^{-1}}\cdot\overset{\times}{\mathbb{S}}\cdot\mathbb{U}_A^{-1})\cdot\cdot\overset{\langle 4\rangle}{\mathbb{S}}{}_{V\mathbb{U}_A}^{\times}\cdot\cdot(\mathbb{U}_A^{T^{-1}}\cdot\overset{\times}{\mathbb{S}}\cdot\mathbb{U}_A^{-1}) \equiv$$

$$\equiv \overset{\times}{\mathbb{S}}\cdot\cdot\left\{(\overset{\langle 4\rangle}{\mathbb{E}_T}\cdot\mathbb{U}_A^{-1})\cdot\cdot(\overset{\langle 4\rangle}{\mathbb{E}_T}\cdot\mathbb{U}_A^{-1})\cdot\cdot\overset{\langle 4\rangle}{\mathbb{S}}{}_{V\mathbb{U}_A}^{\times}\cdot\cdot(\mathbb{U}_A^{T^{-1}}\cdot\overset{\langle 4\rangle}{\mathbb{E}_T})\cdot\cdot(\mathbb{U}_A^{T^{-1}}\cdot\overset{\langle 4\rangle}{\mathbb{E}_T})\right\}\cdot\cdot\overset{\times}{\mathbb{S}} \tag{2.80a}$$

mit der Abkürzung

$$\overset{\langle 4\rangle}{\mathbb{S}}{}_{V\mathbb{U}_A}^{\times} = \overset{\langle 4\rangle}{\mathbb{S}}{}_V^{\times}(\mathbb{U}_A^{T^{-1}}\cdot\overset{\times}{\mathbb{S}}\cdot\mathbb{U}_A^{-1};T) \tag{2.80b}$$

gelten muß, was unter Ausschluß produktneutraler Anteile in $\overset{\langle 4\rangle}{\mathbb{S}}{}_V^{\times}$ (mit $\overset{\times}{\mathbb{S}}\cdot\cdot\ \overset{\langle 4\rangle}{\mathbb{S}}{}_V^{\times}\cdot\cdot\overset{\times}{\mathbb{S}} = 0$) sowie mit Beachtung von

$$(\mathbb{U}_A\cdot\overset{\langle 4\rangle}{\mathbb{E}_T})\cdot\cdot(\overset{\langle 4\rangle}{\mathbb{E}_T}\cdot\mathbb{U}_A^{-1}) = \overset{\langle 4\rangle}{\mathbb{E}}\quad,\quad(\mathbb{U}_A^{T^{-1}}\cdot\overset{\langle 4\rangle}{\mathbb{E}_T})\cdot\cdot(\overset{\langle 4\rangle}{\mathbb{E}_T}\cdot\mathbb{U}_A^T) = \overset{\langle 4\rangle}{\mathbb{E}} \tag{2.80c,d}$$

und $\overset{\langle 4\rangle}{\mathbb{E}}\cdot\cdot\overset{\langle 4\rangle}{\mathbb{E}} = \overset{\langle 4\rangle}{\mathbb{E}}$ schließlich in der Tat zu (2.79d) führt. Betr. (2.79c) benutzt man einerseits die mit der Abkürzung

$$\overset{\times}{\mathbb{S}}_{\mathbb{U}_A} = \mathbb{U}_A^{T^{-1}}\cdot\overset{\times}{\mathbb{S}}\cdot\mathbb{U}_A^{-1} \equiv (\mathbb{U}_A^{T^{-1}}\cdot\overset{\langle 4\rangle}{\mathbb{E}_T})\cdot\cdot(\mathbb{U}_A^{T^{-1}}\cdot\overset{\langle 4\rangle}{\mathbb{E}_T})\cdot\cdot\overset{\times}{\mathbb{S}} \tag{2.81a}$$

aus

$$\partial_{\mathbb{S}}\mathscr{F}^* = d\overset{\times}{\mathbb{S}}\cdot\cdot(\partial\mathscr{F}^*/\partial\overset{\times}{\mathbb{S}}) \equiv (\partial\mathscr{F}^*/\partial\overset{\times}{\mathbb{S}})\cdot\cdot d\overset{\times}{\mathbb{S}} = (\partial\mathscr{F}^*/\partial\mathbb{Z})_{\mathbb{Z}=\overset{\times}{\mathbb{S}}_{\mathbb{U}_A},T}\cdot\cdot d(\mathbb{U}_A^{T^{-1}}\cdot\overset{\times}{\mathbb{S}}\cdot\mathbb{U}_A^{-1}) =$$

$$=^{57)}\ (\partial\mathscr{F}^*/\partial\mathbb{Z})_{\mathbb{Z}=\overset{\times}{\mathbb{S}}_{\mathbb{U}_A},T}\cdot\cdot(\mathbb{U}_A^{T^{-1}}\cdot d\overset{\times}{\mathbb{S}}\cdot\mathbb{U}_A^{-1}) \equiv$$

---

57) man beachte $\mathbb{U}_A = \text{const.}$

$$\equiv (\partial\mathcal{J}^*/\partial\mathbb{Z})_{\mathbb{Z}=\overset{\times}{\mathbb{S}}_{\mathbb{U}_A},T}\cdot\cdot(\mathbb{U}_A^{T^{-1}}\cdot\overset{\langle 4\rangle}{\mathbb{E}_T})\cdot\cdot(\mathbb{U}_A^{T^{-1}}\cdot\overset{\langle 4\rangle}{\mathbb{E}_T})\cdot\cdot d\overset{\times}{\mathbb{S}}$$

hervorgehende Symmetrieaussage

$$(\partial\mathcal{J}^*/\partial\overset{\times}{\mathbb{S}})_{\overset{\times}{\mathbb{S}},T} = (\partial\mathcal{J}^*/\partial\mathbb{Z})_{\mathbb{Z}=\overset{\times}{\mathbb{S}}_{\mathbb{U}_A},T}\cdot\cdot(\mathbb{U}_A^{T^{-1}}\cdot\overset{\langle 4\rangle}{\mathbb{E}_T})\cdot\cdot(\mathbb{U}_A^{T^{-1}}\cdot\overset{\langle 4\rangle}{\mathbb{E}_T}) \ , \qquad (2.81b)$$

die mit $\mathbb{A}_{ST}$ nach (4.11c), Haupttext, zu

$$\mathbb{A}_{ST}(\overset{\times}{\mathbb{S}},T) = (\partial^2\mathcal{J}^*/\partial\overset{\times}{\mathbb{S}}\,\partial T)_{\overset{\times}{\mathbb{S}},T} \overset{(2.81b)}{=} (\partial^2\mathcal{J}^*/\partial\mathbb{Z}\,\partial T)_{\mathbb{Z}=\overset{\times}{\mathbb{S}}_{\mathbb{U}_A},T}\cdot\cdot(\mathbb{U}_A^{T^{-1}}\cdot\overset{\langle 4\rangle}{\mathbb{E}_T})\cdot\cdot(\mathbb{U}_A^{T^{-1}}\cdot\overset{\langle 4\rangle}{\mathbb{E}_T})$$

$$\equiv \mathbb{U}_A^{-1}\cdot(\partial^2\mathcal{J}^*/\partial\mathbb{Z}\,\partial T)_{\mathbb{Z}=\overset{\times}{\mathbb{S}}_{\mathbb{U}_A},T}\cdot\mathbb{U}_A^{T^{-1}}$$

und mit

$$\mathbb{A}_{ST}(\mathbb{U}_A^{T^{-1}}\cdot\overset{\times}{\mathbb{S}}\cdot\mathbb{U}_A^{-1}) = (\partial^2\mathcal{J}^*/\partial\mathbb{Z}\,\partial T)_{\mathbb{Z}=\overset{\times}{\mathbb{S}}_{\mathbb{U}_A},T} \qquad (2.81c)$$

schließlich

$$\mathbb{A}_{ST}(\mathbb{U}_A^{T^{-1}}\cdot\overset{\times}{\mathbb{S}}\cdot\mathbb{U}_A^{-1}) = \mathbb{U}_A\cdot\mathbb{A}_{ST}(\overset{\times}{\mathbb{S}},T)\cdot\mathbb{U}_A^{T} \qquad (2.81d)$$

(vgl. (2.79e)) ergibt, und desweiteren die analog (2.81b) herzustellende Bedingung

$$\overset{\langle 4\rangle}{\mathbb{S}}{}^{\times}(\overset{\times}{\mathbb{S}},T) = \partial^2\mathcal{J}^*/\partial\overset{\times}{\mathbb{S}}{}^2 =$$

$$= (\overset{\langle 4\rangle}{\mathbb{E}_T}\cdot\mathbb{U}_A^{-1})\cdot\cdot(\overset{\langle 4\rangle}{\mathbb{E}_T}\cdot\mathbb{U}_A^{-1})\cdot\cdot(\partial^2\mathcal{J}^*/\partial\mathbb{Z}^2)_{\mathbb{Z}=\overset{\times}{\mathbb{S}}_{\mathbb{U}_A},T}\cdot\cdot(\mathbb{U}_A^{T^{-1}}\cdot\overset{\langle 4\rangle}{\mathbb{E}_T})\cdot\cdot(\mathbb{U}_A^{T^{-1}}\cdot\overset{\langle 4\rangle}{\mathbb{E}_T}) \ ,$$

aus der mit (2.80c,d) sowie mit

$$\overset{\langle 4\rangle}{\mathbb{S}}{}^{\times}(\mathbb{U}_A^{T^{-1}}\cdot\overset{\times}{\mathbb{S}}\cdot\mathbb{U}_A^{-1};T) = (\partial^2\mathcal{J}^*/\partial\mathbb{Z}^2)_{\mathbb{Z}=\overset{\times}{\mathbb{S}}_{\mathbb{U}_A},T}$$

in der Tat (2.79c) hervorgebracht wird.

Für Festkörper setzt man in (2.79c-e) wieder

$$\mathbb{U}_A = \mathbb{Q}_A \text{ mit } \mathbb{Q}_A\cdot\mathbb{Q}_A^{T} = \mathbb{E} \text{ und } \det\mathbb{Q}_A = \pm 1 \ , \qquad (2.82a\text{-}c)$$

also eine aus orthogonalen Tensoren bestehende Symmetriegruppe voraus und bekommt

$$\begin{Bmatrix}\mathcal{J}_{ST}\\ \dot{\mathcal{D}}_{ST}\end{Bmatrix}_{\mathbb{Q}_A\cdot\overset{\times}{\mathbb{S}}\cdot\mathbb{Q}_A^T,T} = \begin{Bmatrix}\mathcal{J}_{ST}\\ \dot{\mathcal{D}}_{ST}\end{Bmatrix}_{\overset{\times}{\mathbb{S}},T} \ , \qquad (2.82d)$$

$$\mathbb{A}_{ST}(\mathbb{Q}_A\cdot\overset{\times}{\mathbb{S}}\cdot\mathbb{Q}_A^T;T) = \mathbb{Q}_A\cdot\mathbb{A}_{ST}(\overset{\times}{\mathbb{S}};T)\cdot\mathbb{Q}_A^T \ , \qquad (2.82e)$$

$$\begin{Bmatrix}\overset{\langle 4\rangle}{\mathbb{S}}{}^{\times}\\ \overset{\langle 4\rangle}{\mathbb{S}}{}^{\times}_V\end{Bmatrix}_{\mathbb{Q}_A\cdot\overset{\times}{\mathbb{S}}\cdot\mathbb{Q}_A^T,T} = (\mathbb{Q}_A\cdot\overset{\langle 4\rangle}{\mathbb{E}_T})\cdot\cdot(\mathbb{Q}_A\cdot\overset{\langle 4\rangle}{\mathbb{E}_T})\cdot\cdot\begin{Bmatrix}\overset{\langle 4\rangle}{\mathbb{S}}{}^{\times}\\ \overset{\langle 4\rangle}{\mathbb{S}}{}^{\times}_V\end{Bmatrix}_{\overset{\times}{\mathbb{S}},T}\cdot\cdot(\overset{\langle 4\rangle}{\mathbb{E}_T}\cdot\mathbb{Q}_A^T)\cdot\cdot(\overset{\langle 4\rangle}{\mathbb{E}_T}\cdot\mathbb{Q}_A^T) \qquad (2.82f)$$

als Symmetriebedingungen, wofür dann im Falle linearer Maxwellkörper für die Materialkoeffizienten-Schemata der (hierfür konstanten) Materialtensoren $\overset{\langle 4\rangle}{\mathbb{C}}$, $\overset{\langle 4\rangle}{\mathbb{C}}_V$, $\mathbb{A}$ Matrix-

Strukturen analog (§E.2.4), im Falle isotropen Materials, - wofür $\mathbb{Q}_A$ die Menge aller orthogonalen Tensoren bezeichnet, - letztlich die Darstellungen nach §4.2 (Haupttext) festgestellt werden.

Die strukturell einfachsten Stoffgleichungen für Maxwell-Fluide erhält man mit den Voraussetzungen, daß freie Ergänzungsenergie, Entropie und Dissipationsleistung - neben der Temperatur - isotrop von den Eulerschen Spannungen abhängen, womit letztlich eine Problembeschreibung mittels vierer skalarer Funktionen der Temperatur und der drei Invarianten der Eulerschen Spannungen gelingt. Man findet

$$\mathbb{C}^* - \mathbb{A}\dot{T} = (\overset{\times}{\mathbb{S}}{}^{(E)})^{\circ} \cdot\cdot \overset{\langle 4\rangle}{\mathbb{S}} + \sum_{j=0}^{2} g_j \overset{\times}{\mathbb{S}}{}^{(E)} \tag{2.83a}$$

mit der Jaumann'schen Geschwindigkeitsversion

$$(\overset{\times}{\mathbb{S}}{}^{(E)})^{\circ} = \dot{\overset{\times}{\mathbb{S}}}{}^{(E)} + \mathbb{W}^* \cdot \overset{\times}{\mathbb{S}}{}^{(E)} - \overset{\times}{\mathbb{S}}{}^{(E)} \cdot \mathbb{W}^* \tag{2.83b}$$

der Eulerschen Beanspruchungen ($\overset{\times}{\mathbb{S}}{}^{(E)} = \mathbb{S}^{(E)}/\bar{\rho}$), mit drei skalaren Viskositätsfunktionen

$$g_j(\overset{\times}{\bar{S}}{}_1^{(E)}, \overset{\times}{\bar{S}}{}_2^{(E)}, \overset{\times}{\bar{S}}{}_3^{(E)}; T)\ , \quad j = 0...2 \quad \text{mit} \quad \overset{\times}{\bar{S}}{}_k^{(E)} = \mathbb{E}\cdot\cdot \overset{\times}{\mathbb{S}}{}^{(E)k}\ , \quad k = 1..3\ , \tag{2.83c,d}$$

der Temperatur und der Spannungsinvarianten, wovon noch

$$g_0 = 0 \quad \text{für} \quad \overset{\times}{\mathbb{S}}{}^{(E)} = 0 \tag{2.83e}$$

verlangt werden muß[58], und schließlich mit den aus

$$\mathcal{F}^* = \bar{\mathcal{F}}^*(\overset{\times}{\bar{S}}{}_1^{(E)}, \overset{\times}{\bar{S}}{}_2^{(E)}, \overset{\times}{\bar{S}}{}_3^{(E)}; T) \tag{2.83f}$$

nach den Vorschriften

$$\mathbb{A} = \frac{\partial}{\partial T}\left[\frac{\partial \bar{\mathcal{F}}^*}{\partial \overset{\times}{\bar{S}}{}_1^{(E)}}\mathbb{E} + 2\frac{\partial \bar{\mathcal{F}}^*}{\partial \overset{\times}{\bar{S}}{}_2^{(E)}}\overset{\times}{\mathbb{S}}{}^{(E)} + 3\frac{\partial \bar{\mathcal{F}}^*}{\partial \overset{\times}{\bar{S}}{}_3^{(E)}}\overset{\times}{\mathbb{S}}{}^{(E)^2}\right] \tag{2.83g}$$

bzw.

$$\overset{\langle 4\rangle}{\mathbb{S}} = \frac{\partial^2 \mathcal{F}^*}{\partial \overset{\times}{\mathbb{S}}{}^{(E)^2}} = \frac{\partial^2 \bar{\mathcal{F}}^*}{\partial \overset{\times}{\bar{S}}{}_1^{(E)^2}}\mathbb{E}\circ\mathbb{E} + 4\frac{\partial^2 \bar{\mathcal{F}}^*}{\partial \overset{\times}{\bar{S}}{}_2^{(E)^2}}\overset{\times}{\mathbb{S}}{}^{(E)}\circ\overset{\times}{\mathbb{S}}{}^{(E)} + 9\frac{\partial^2 \bar{\mathcal{F}}^*}{\partial \overset{\times}{\bar{S}}{}_3^{(E)^2}}\overset{\times}{\mathbb{S}}{}^{(E)^2}\circ\overset{\times}{\mathbb{S}}{}^{(E)^2} +$$

$$+ 2\frac{\partial^2 \bar{\mathcal{F}}^*}{\partial \overset{\times}{\bar{S}}{}_1^{(E)}\,\partial \overset{\times}{\bar{S}}{}_2^{(E)}}(\mathbb{E}\circ\overset{\times}{\mathbb{S}}{}^{(E)} + \overset{\times}{\mathbb{S}}{}^{(E)}\circ\mathbb{E}) + 3\frac{\partial^2 \bar{\mathcal{F}}^*}{\partial \overset{\times}{\bar{S}}{}_1^{(E)}\,\partial \overset{\times}{\bar{S}}{}_3^{(E)}}(\mathbb{E}\circ\overset{\times}{\mathbb{S}}{}^{(E)^2} + \overset{\times}{\mathbb{S}}{}^{(E)^2}\circ\mathbb{E}) +$$

---

[58] Um $\partial\dot{\mathcal{D}}/\partial\overset{\times}{\mathbb{S}}{}^{(E)} = 0$ für $\overset{\times}{\mathbb{S}}{}^{(E)} = 0$ für die als $\dot{\mathcal{D}} = \overset{\times}{\mathbb{S}}{}^{(E)}\cdot\cdot\sum_{j=0}^{2} g_j \overset{\times}{\mathbb{S}}{}^{(E)}$ anfallende Dissipationsleistung zu garantieren.

$$+ 6 \frac{\partial^2 \bar{\mathcal{F}}^*}{\partial \overset{\times}{\bar{S}}{}_2^{(E)} \partial \overset{\times}{\bar{S}}{}_3^{(E)}} (\overset{\times}{\$}{}^{(E)} \circ \overset{\times}{\$}{}^{(E)2} + \overset{\times}{\$}{}^{(E)2} \circ \overset{\times}{\$}{}^{(E)}) + 2 \frac{\partial \bar{\mathcal{F}}^*}{\partial \overset{\times}{\bar{S}}{}_2^{(E)}} \overset{\langle 4 \rangle}{\mathbb{M}} + 6 \frac{\partial \bar{\mathcal{F}}^*}{\partial \overset{\times}{\bar{S}}{}_3^{(E)}} \overset{\langle 4 \rangle}{\mathbb{M}} \cdot\cdot (\overset{\times}{\$}{}^{(E)} \cdot \overset{\langle 4 \rangle}{\mathbb{M}})$$

(2.83h)

konstruierten Werten des (symmetrischen!) Wärmeverzerrungsänderungstensors ($\mathbb{A}$) bzw. der (vollständig-symmetrischen) Elastizitätstetrade ($\overset{\langle 4 \rangle}{\$}$), während die Entropie durch

$$\mathcal{S} = \partial \mathcal{F}^* / \partial T \tag{2.83i}$$

festgelegt wird.

Die Befunde (2.83) basieren auf den Voraussetzungen

$$\mathcal{F}^*_{ST} = \mathcal{F}^*(\overset{\times}{\bar{S}}{}_1^{(E)}, \overset{\times}{\bar{S}}{}_2^{(E)}, \overset{\times}{\bar{S}}{}_3^{(E)}; T) \ , \quad \dot{\mathcal{D}}_{ST}(\overset{\times}{\bar{S}}{}_1^{(E)}, \overset{\times}{\bar{S}}{}_2^{(E)}, \overset{\times}{\bar{S}}{}_3^{(E)}, \bar{\rho}; T) \ , \tag{2.84a,b}$$

die man aus den anstelle von (4.1a,c,2c), Haupttext, in der Form

$$\mathcal{F}^* = \mathcal{F}^*(\mathbb{Y}, T) \ , \quad \dot{\mathcal{D}} = \dot{\mathcal{D}}(\mathbb{Y}, T) \ , \quad \mathcal{F} = \mathbb{Y} \cdot\cdot \frac{\partial \mathcal{F}^*}{\partial \mathbb{Y}} - \mathcal{F}^* \tag{2.84c,d,e}$$

mit

$$\mathbb{Y} = \overset{\times}{\$}{}^{(K)} (\hat{\rho}/\bar{\rho})^{2/3} = \mathbb{F}^{T^{-1}} \cdot (\overset{\times}{\$}{}^{(E)}/\bar{\rho}) \cdot \mathbb{F}^{-1} (\hat{\rho}/\bar{\rho})^{2/3} \tag{2.84f}$$

benutzten Energieansätzen entwickeln kann, indem man Unempfindlichkeit von (2.84c,d,e) gegenüber unitären Vorschaltungen $\mathbb{U}_A$ mit

$$\mathbb{U}_A = \mathbb{Q} \cdot \mathbb{F}^{-1} / \sqrt[3]{(\mathbb{F}^{-1})_3} = \mathbb{Q} \cdot \mathbb{F}^{-1} (\hat{\rho}/\bar{\rho})^{1/3}$$

verlangt. Damit muß wegen

$$\mathbb{U}_A \cdot \mathbb{F} = (\hat{\rho}/\bar{\rho})^{1/3} \, \mathbb{Q} \tag{2.84g}$$

mit beliebigen orthogonalen Tensoren $\mathbb{Q}$

$$\mathcal{F}^*(\mathbb{Y}, T) = \mathcal{F}^*(\mathbb{U}_A^{T^{-1}} \cdot \mathbb{Y} \cdot \mathbb{U}_A^{-1}; T) = \mathcal{F}^*(\mathbb{Q} \cdot \overset{\times}{\$}{}^{(E)} \cdot \mathbb{Q}^T; T) \overset{59)}{=} \mathcal{F}^*(\overset{\times}{\$}{}^{(E)}; T) \tag{2.84h}$$

und entsprechend

$$\dot{\mathcal{D}}(\mathbb{Y}, T) = \dot{\mathcal{D}}(\mathbb{U}_A^{T^{-1}} \cdot \mathbb{Y} \cdot \mathbb{U}_A^{-1}; T) = \dot{\mathcal{D}}(\mathbb{Q} \cdot \overset{\times}{\$}{}^{(E)} \cdot \mathbb{Q}^T; T) = \dot{\mathcal{D}}(\overset{\times}{\$}{}^{(E)}; T) \tag{2.84i}$$

gelten, wonach $\mathcal{F}^*$ und $\dot{\mathcal{D}}$ isotrop von $\overset{\times}{\$}{}^{(E)}$ abhängen müssen. Für die Dissipationsleistung folgt daher — als Version einer Darstellung eines isotrop von $\overset{\times}{\$}{}^{(E)}$ abhängenden Skalars —

$$\dot{\mathcal{D}} = \overset{\times}{\$}{}^{(E)} \cdot\cdot \sum_{j=0}^{2} g_j(\overset{\times}{\bar{S}}{}_1^{(E)}, \overset{\times}{\bar{S}}{}_2^{(E)}, \overset{\times}{\bar{S}}{}_3^{(E)}; \bar{\rho}; T) \, \overset{\times}{\$}{}^{(E)j} \tag{2.85a}$$

mit der — im Sinne von Fußn. 58 zu fordernden — Nebenbedingung (2.83e), während mit $\mathcal{F}$ nach (2.84e) und $\mathbb{Y} = \overset{\times}{\$}{}^{(E)}$, d. h. mit

$$\mathcal{F} = \overset{\times}{\$}{}^{(E)} \cdot\cdot (\partial \mathcal{F}^* / \partial \overset{\times}{\$}{}^{(E)}) - \mathcal{F}^* \tag{2.85b}$$

---

59) mit $\mathbb{Q} = \mathbb{E}$

für die Zeitableitung der freien Energie

$$\dot{\mathscr{F}} = \overset{\times}{\$}^{(E)}\cdot\cdot\left[\frac{\partial^2\mathscr{F}^*}{\partial\overset{\times}{\$}^{(E)2}}\cdot\cdot\dot{\overset{\times}{\$}}^{(E)} + \frac{\partial^2\mathscr{F}^*}{\partial\overset{\times}{\$}^{(E)}\partial T}\dot{T}\right] - \frac{\partial\mathscr{F}^*}{\partial T}\dot{T} =$$

$$\overset{(2.83i)}{=} \overset{\times}{\$}^{(E)}\cdot\cdot\left[\frac{\partial^2\mathscr{F}^*}{\partial\overset{\times}{\$}^{(E)2}}\cdot\cdot\dot{\overset{\times}{\$}}^{(E)} + \frac{\partial^2\mathscr{F}^*}{\partial\overset{\times}{\$}^{(E)}\partial T}\dot{T}\right] - \mathscr{S}\dot{T} \tag{2.85c}$$

erreicht wird. Einsetzen in die thermodynamische Hauptgleichung (1.1), Haupttext,

$$\dot{\mathscr{F}} = \overset{\times}{\$}^{(E)}\cdot\cdot\mathbb{C}^* - \dot{\mathscr{D}} - \mathscr{S}\dot{T}$$

ergibt dann zunächst

$$\overset{\times}{\$}^{(E)}\cdot\cdot\left[\frac{\partial^2\mathscr{F}^*}{\partial\overset{\times}{\$}^{(E)2}}\cdot\cdot\dot{\overset{\times}{\$}}^{(E)} + \frac{\partial^2\mathscr{F}^*}{\partial\overset{\times}{\$}^{(E)}\partial T}\dot{T} - \mathbb{C}^* + \underline{\sum_{j=0}^{2} g_j\ \overset{\times}{\$}^{(E)j}}\right] = 0 \tag{2.85d}$$

und daraus schließlich in der Tat (2.83a) mit (2.83g,h), nachdem man noch in (2.85d) — wegen der Struktur $\partial^2\mathscr{F}^*/\partial\overset{\times}{\$}^{(E)2}$ nach (2.83h) — folgenlos $\dot{\overset{\times}{\$}}^{(E)}$ durch die Jaumannsche Geschwindigkeitsversion $\overset{\circ}{\overset{\times}{\$}}^{(E)}$ ersetzt hat.

2.7 Interne Zwänge

2.7.1. Allgemeine Hinweise

Interne Zwänge sind im Sinne einer "idealisierenden Überhöhung" realen Stoffverhaltens a' priori postulierte (Neben-) Bedingungen an thermisch kinematische Variable, mit denen die (durch Letztere repräsentierten) "Material-Antworten" auf "kaloro-dynamische Aktionen" definitorisch eingeschränkt werden. Eine durch interne Zwänge eingeschränkte "Materialantwort" bedeutet indessen nicht, daß ein Stoff auch nur eine entsprechend eingeschränkte Menge kaloro-dynamischer Aktionen "implementieren" könnte, sondern vielmehr, daß in diesen Fällen eine, einem internen Zwang duale Menge kaloro-dynamischer Größen existiert, denen gegenüber das Material "unempfindlich" ist[60], bzw. gleichbedeutend, daß kaloro-dynamische Größen nur noch bis auf die Reaktionsgrößen durch einen (durch interne Zwänge eingeschränkten) thermisch-kinematischen Prozess bestimmt sind.

Beispiele hierfür sind "Inkompressibilität", "Unausdehnbarkeit eines Verbundmaterials in einer Faserrichtung" etc.

Elastisch-inkompressibles Material z.B. kann selbstverständlich beliebige Spannungs-

60) solcherart Größen heißen Reaktionsgrößen

zustände übertragen, jedoch sind von Letzteren die hydrostatischen Anteile Reaktionsgrößen, d.h. als Funktionen der thermisch-kinematischen Variablen $\langle \mathbb{D}(t), T(t) \rangle$ nicht identifizierbar[61], ein z.B. in Stabrichtung faserverstärkter Stab kann selbstverständlich stets Längskräfte übertragen, die allerdings im Grenzfall der (Faser-)Unausdehnbarkeit nicht mehr durch Dehnungsmessungen identifiziert werden können.
Von den in den letzten Jahren vielzählig untersuchten und z.B. in [3], [4] dokumentierten Möglichkeiten von Zwangsbedingungen führt der in [2] referierte Typ

$$F(\mathbb{D}, T-T_0) = 0 \quad \text{bzw.}^{62)} \quad f(\mathfrak{d}) = 0 \ , \tag{2.86a,b}$$

wonach die 7 thermisch-kinematischen Variablen, repräsentiert etwa durch einen Voigtschen Vektor

$$\mathfrak{d} \mathrel{\hat{=}} \left[d_{11}, d_{22}, d_{33}, \sqrt{2}d_{12}, \sqrt{2}d_{23}, \sqrt{2}d_{31}, T - T_0\right]_{\langle e_j \rangle} \ , \tag{2.86c}$$

selbst einer skalarwertigen Nebenbedingung unterliegen sollen[63], nach [2] zu der Folgerung, daß der hierzu duale kaloro-dynamische Zustandsvektor nur noch bis auf eine in der Form

$$\mathfrak{s}_R \mathrel{\hat{=}} (\sigma_{11}, \sigma_{22}, \sigma_{33}, \sqrt{2}\sigma_{12}, \sqrt{2}\sigma_{23}, \sqrt{2}\sigma_{31}, -\mathscr{S})_R = \lambda \, df/d\mathfrak{d}$$

$$\text{bzw.} \quad \{\mathbb{S}; -\mathscr{S}\}_R = \lambda \left\{ \frac{\partial F}{\partial \mathbb{D}} ; \frac{\partial F}{\partial T} \right\} \tag{2.87a,b}$$

auszudrückende Reaktionsgröße durch den thermisch-kinematischen Prozess festgelegt werden kann. Darin bedeutet λ einen <u>nicht</u> durch den thermisch-kinematischen Prozess determinierten Skalar, sondern eine i. allg. raumzeitlich veränderliche Größe, die - etwa analog dem Flüssigkeitsdruck in der Dynamik inkompressibler Fluide - nur noch in Zusammenhang mit der Befriedigung von Bilanz-Feldgleichungen zu identifizieren ist.

Die Kompatibilität letzterer Aussage mit energetischen Aspekten[64] ist leicht einzusehen, indem man feststellt, daß sich wegen

$$\dot{f}(\mathfrak{d}) \overset{(2.86b)}{=} (df/d\mathfrak{d}) \odot \dot{\mathfrak{d}} = 0 \tag{2.88a}$$

die thermodynamische Energiebilanz

$$\overset{\times}{\mathfrak{s}} \odot \dot{\mathfrak{d}} = \dot{\mathscr{F}} + \dot{\mathscr{D}} \tag{2.88b}$$

gleichermaßen durch

$$(\overset{\times}{\mathfrak{s}} + \lambda \partial f/\partial \mathfrak{d}) \odot \dot{\mathfrak{d}} = \dot{\mathscr{F}} + \dot{\mathscr{D}} \tag{2.88c}$$

---

61) Ein von der Theorie inkompressibler Fluide her bekannter Befund: der Flüssigkeitsdruck ist eine Reaktionsgröße.

62) im Falle (2.86b) in äquivalenter Voigtscher Notation ausgedrückt

63) dieser Typ wird in [2] als "Zwangsbedingung elastischen Charakters" bezeichnet.

64) die in diesem Skript bei der Konstruktion von Stoffgleichungen im Vordergrund stehen

befriedigen läßt und demgemäß bei energetischer Fundierung von Materialgleichungen in der Tat eine Reaktionsgröße von der Form (2.87) unidentifizierbar bleibt, jedoch ist der konkrete Nachweis, daß es sich bei Reaktionsgrößen um Strukturen von der Qualität (2.87) handelt, komplizierter. Und er bedarf der Voraussetzung, daß das betreffende Material zumindest eine elastische Materialkomponente habe. Dann genügt es, den Nachweis der Struktur (2.87) unter der Voraussetzung hyperelastischer Stoffeigenschaft zu erbringen.[65]

Ausgangspunkt ist, anstelle des ursprünglichen Variablensatzes $(\mathfrak{d})$ einen neuen Variablensatz, etwa

$$\mathfrak{d}^* = \mathfrak{d}^*(\mathfrak{d}) \hat{=} \left[d_1^*, \ldots, d_6^*; d_7^*\right] \equiv (\tilde{\mathfrak{d}}^*; d_7^*)_{\langle e_j^* \rangle} \quad \text{mit} \quad d_j^* = d_j^*(d_1 \cdot\cdot d_7)\,, \quad j = 1..7\,, \tag{2.90}$$

solchermaßen einzuführen, daß dabei z.B. die Variable d_7^* mit zunächst von Null verschiedenen Werten $f(\mathfrak{d})$ in der Form

$$d_7^* = f(\mathfrak{d}) \tag{2.90a}$$

mit den ursprünglichen Variablen zusammenhängt. Mit der hiermit erreichbaren Darstellung

$$\mathscr{F}(\mathfrak{d}) = \mathscr{F}^*(\mathfrak{d}^*) = \mathscr{F}^*(\tilde{\mathfrak{d}}^*; d_7^*) \tag{2.90b}$$

für die freie Energie bekommt man dann aus

$$\left[\dot{\mathscr{F}} = \frac{d\mathscr{F}}{d\mathfrak{d}} \odot \dot{\mathfrak{d}} = \overset{x}{\mathfrak{s}} \odot \dot{\mathfrak{d}} = \right] \dot{\mathscr{F}}^* = \sum_{j=1}^{7} \frac{\partial \mathscr{F}^*}{\partial d_j^*} \dot{d}_j^* \equiv \frac{\partial \mathscr{F}^*}{\partial \tilde{\mathfrak{d}}^*} \odot \dot{\tilde{\mathfrak{d}}}^* + \frac{\partial \mathscr{F}^*}{\partial d_7^*} \dot{d}_7^*\,, \tag{2.90c}$$

was, die Koeffizienten der Geschwindigkeitsgrößen $\dot{d}_j^*$ wieder als kaloro–dynamische Größen deutend, also mit

$$(\dot{\mathscr{F}} =)\ \dot{\mathscr{F}}^* \equiv \sum_{j=1}^{7} \overset{x*}{s}_j \dot{d}_j^* \equiv \overset{\tilde{x}*}{\mathfrak{s}} \odot \dot{\tilde{\mathfrak{d}}}^* + \overset{x*}{s}_7 \dot{d}_7^*\,, \tag{2.90d}$$

für Letztere die Materialgleichungen

$$\overset{\tilde{x}*}{\mathfrak{s}} = \frac{\partial \mathscr{F}^*}{\partial \tilde{\mathfrak{d}}^*}\,, \quad \text{d. h.} \quad \overset{\tilde{x}*}{s}_j = \frac{\partial \mathscr{F}^*}{\partial d_j^*}\,, \quad j=1...6 \quad \text{sowie} \quad \overset{x*}{s}_7 = \frac{\partial \mathscr{F}^*}{\partial d_7^*} \tag{2.90e,f,g}$$

ergibt.

Dabei ist klar, daß nunmehr die Komponenten $(\overset{x*}{s}_j)$ nicht mehr unmittelbar als Spannungen bzw. Entropien zu interpretieren sind, sondern der Transformation $\mathfrak{d} \Longrightarrow \mathfrak{d}^*$ entsprechende Kombinationen der in (2.87b) aufgelisteten Komponenten im Sinne von "Gruppenlast–Koeffizienten" darstellen.

Der Übergang zum Material mit Zwangsbedingung nach (2.86a), d.h. $d_7^* = 0$ ist dann zunächst für den Anteil (2.90e) mittels

---

[65] wo per $\mathscr{F} = \mathscr{F}(\mathfrak{d})$ die freie Energie als Zustandsfunktion der thermisch–kinematischen Variablen $(\mathfrak{d})$ angesehen und die bei deren Zeitableitung

$$(\mathscr{F}(\mathfrak{d}))^{\cdot} = \frac{d\mathscr{F}}{d\mathfrak{d}} \odot \dot{\mathfrak{d}} \equiv \overset{x}{\mathfrak{s}} \odot \dot{\mathfrak{d}} \tag{2.89a}$$

anfallenden Koeffizienten

$$\overset{x}{\mathfrak{s}} = \mathfrak{s}/\rho = \left[\overset{x}{\sigma}_{11}, \overset{x}{\sigma}_{22}, \overset{x}{\sigma}_{33}, \sqrt{2}\overset{x}{\sigma}_{12}, \sqrt{2}\overset{x}{\sigma}_{23}, \sqrt{2}\overset{x}{\sigma}_{31}, -\mathscr{S}\right]_{\langle e_j \rangle} \tag{2.89b}$$

der Parameter–Geschwindigkeiten $(\dot{\mathfrak{d}})$ als duale kaloro–dynamische Zustandsvektoren interpretiert werden. (vgl. §2.2, Haupttext).

$$\tilde{\overset{x*}{\mathfrak{s}}}\,\Big|_{d_7^*=0} = \left[\frac{\partial \mathcal{F}^*}{\partial \tilde{\mathfrak{d}}^*}\right]_{d_7^*=0} \equiv \frac{d}{d\tilde{\mathfrak{d}}^*}\left[\mathcal{F}^*(\tilde{\mathfrak{d}}^*, 0)\right] \equiv \frac{d\mathcal{F}_E^*(\tilde{\mathfrak{d}}^*)}{d\tilde{\mathfrak{d}}^*} \equiv \overset{x*}{\mathfrak{s}}_E(\tilde{\mathfrak{d}}^*) \tag{2.91a}$$

ohne Schwierigkeit möglich, indem man für einen 6 (= (n—1))—dimensionalen kaloro—dynamischen "Rumpfvektor" (sog. Extravektor) $\overset{x*}{\mathfrak{s}}_E$ eine Materialgleichung durch entsprechende Ableitung der Rumpfenergie $\mathcal{F}_E^*(\tilde{\mathfrak{d}}^*) = \mathcal{F}^*|_{d_7^*=0}$ nach den verbliebenen Variablen $\tilde{\mathfrak{d}}^*$ auffindet, jedoch ist eine entsprechende Schlußweise für $\overset{*}{s}_7$ nach (2.90g) nun nicht mehr möglich, weil im Falle von (2.86b) wegen $\mathcal{F}^*|_{d_7^*=0} = \mathcal{F}_E^*(\tilde{\mathfrak{d}}^*)$ gilt, also in der Darstellung für die reale freie Energie die Variable d_7^* überhaupt nicht mehr aufscheint und $\overset{*}{s}_7$ als entsprechender "Ableitungskoeffizient" somit nicht mehr erklärt ist. Um Letzteres zu vermeiden, behilft man sich mit der Betrachtnahme kleiner Werte d_7^*, denkt sich anstelle von $\mathcal{F}^*$ eine hinsichtlich d_7^* linear approximierte ideelle Energiefunktion

$$\mathcal{F}_i^* = \mathcal{F}_E^*(\tilde{\mathfrak{d}}^*) + \lambda\, d_7^* \tag{2.92a}$$

mit einem vom Zustandsvektor $\mathfrak{d}$ unabhängigen Skalar (λ) eingeführt, und den kaloro—dynamischen Zustandsvektor aus

$$\overset{x*}{\mathfrak{s}} = \left[\frac{d\mathcal{F}_i^*}{d\mathfrak{d}}\right]_{d_7=0} \overset{(2.92a)}{=} \frac{d\mathcal{F}_E^*(\tilde{\mathfrak{d}}^*)}{d\tilde{\mathfrak{d}}^*} + \lambda \overset{*}{e}_7 \equiv \tilde{\overset{x*}{\mathfrak{s}}}\,\Big|_{d_7^*=0} + \overset{x*}{\mathfrak{s}}_R \tag{2.92b}$$

berechnet, womit per

$$\overset{x*}{\mathfrak{s}}_R = \lambda \overset{*}{e}_7 \tag{2.92c}$$

eine (durch thermisch—kinematische Variable $(\mathfrak{d})$ nicht festzulegende) Reaktionsgröße $(\overset{x*}{\mathfrak{s}}_R)$ formal in Erscheinung tritt. Bezeichnet also $\mathcal{F}_E^*(\tilde{\mathfrak{d}}^*) = \mathcal{F}(\mathfrak{d})|_{f(\mathfrak{d})=0}$ die angesichts von (2.86b) reale Energiefunktion, so ist mit $d_7^* = f(\mathfrak{d})$

$$\mathcal{F}_i(\mathfrak{d}) = \mathcal{F}(\mathfrak{d})|_{f(\mathfrak{d})=0} + \lambda f(\mathfrak{d}) \equiv \mathcal{F}_E(\tilde{\mathfrak{d}}) + \lambda f(\mathfrak{d}) \tag{2.93}$$

die —wegen (2.86b) übrigens mit der realen Energie $\mathcal{F}_E$ wertgleiche! — ideelle Energiefunktion, mit der man per $d\mathcal{F}_i/d\mathfrak{d}$ den vollständigen kaloro—dynamischen Zustandsvektor $\overset{x}{\mathfrak{s}}$ unter Einschluß seiner (zu λ proportionalen) Reaktionsanteile identifiziert, und dementsprechend definiert (2.87) in der Tat die der Zwangsbedingung (2.86b) äquivalenten kaloro—dynamischen Reaktionsgrößen.

Man erschließt noch

1) Die Reaktionsgrößen sind längs der real möglichen thermisch-kinematischen Prozesse leistungsneutral

2) Extra- bzw. Reaktionsanteile der kaloro-dynamischen Größen gehören im Sinne von

$$\overset{*}{\mathfrak{s}}_E \odot \overset{*}{\mathfrak{s}}_R = 0 \tag{2.93a}$$

zueinander orthogonalen Unterräumen an.

Die erstere Folgerung ist trivial, indem wegen (2.86b,87a)

$$\dot{f} = 1\,\frac{df}{d\mathfrak{d}} \odot \dot{\mathfrak{d}} = 0 \;\Rightarrow\; \lambda\,\dot{f} = \lambda\,\frac{df}{d\mathfrak{d}} \odot \dot{\mathfrak{d}} = \overset{x}{\mathfrak{s}}_R \odot \dot{\mathfrak{d}} = 0 \tag{2.94a}$$

zu folgern ist. Die zweite Folgerung erschließt man aus dem Befund, daß (2.86b) bzw. (2.94a) für alle thermisch–kinematischen Prozesse gelten muß und damit auch für die real infolge von (2.86a) herausgefilterten Prozesse. Mit deren Kennzeichnung durch $\tilde{\mathfrak{d}}$ gilt dann –als Identität– auch

$$\frac{df}{d\mathfrak{d}} \odot \dot{\tilde{\mathfrak{d}}} = 0 \,, \quad \text{d.h.} \quad \overset{x}{\mathfrak{s}}_{\mathbb{R}} \odot \dot{\tilde{\mathfrak{d}}} = 0 \,, \tag{2.94b}$$

und –weil sowohl $\dot{\tilde{\mathfrak{d}}}$ als auch $\overset{x}{\mathfrak{s}}_{E}$ im (n–1)–dimensionalen Unterraum der realen Prozesse liegen müssen, in der Tat dann auch (2.93a).

Der Befund (2.87) bleibt, wie schon erwähnt, erhalten auch für den nichtelastischen Fall, indem man sich in solchen Fällen im Material elastische Komponenten implementiert denkt. Betr. die Befunde 1,2 ist zu bedenken, daß in diesem Falle nicht nur die reale freie Energie sondern auch die reale Dissipationsleistung nur von den thermisch-kinematischen "Rumpfvariablen" $\tilde{\mathfrak{d}}^*$ abhängig ist, so daß auch (2.88b) nur für im Unterraum der Größen $\tilde{\mathfrak{d}}^*$ definierte kaloro-dynamische Zustände Materialgleichungen (für Extraspannungen) auswerfen kann, die orthogonal zu den Reaktionsgrößen sind.

Im Falle mehrerer Zwangsbedingungen, etwa

$$f_j(\mathfrak{d}) = 0 \quad , \quad j=1...p \leq 7 \tag{2.95a}$$

findet man entsprechend

$$\mathfrak{s}_{\mathbb{R}} = \Sigma\, \lambda_j df_j/d\mathfrak{d} \tag{2.95b}$$

als Strukturen für die dualen Reaktionszustände, worin die Skalare $\lambda_j(\mathbb{r},t)$ nicht durch den thermisch-kinematischen Prozess determiniert werden können.

Selbstverständlich sind betreffend die vorangegangenen Formalien immer duale Paare von Spannungen und Verzerrungen gemeint. Im Falle z.B. der Verwendung des Greenschen Verzerrungstensors $\mathbb{D}^{(G)}$ in (2.86a,b) fallen die dualen Reaktionsspannungen als Kappussche (2.Piola–Kirchhoffsche) Spannungen an.

Wir betrachten abschließend zwei einfache

2.7.2. Beispiele:

a) isotherme Elastizität, kleine Verformungen mit dem Zwang $\epsilon_{xx} = 0$.

Da hier die in Termen des Deformators $\mathbb{D} = \text{def}\mathbb{u}$ ausgedrückte Form dieser Zwangsbedingung

$$(\epsilon_{xx} =)\ \mathbb{e}_x \circ \mathbb{e}_x \cdot\cdot \mathbb{D} = 0 \tag{2.96a}$$

lautet, definiert mit $f(\mathbb{D}) = \mathbb{e}_x \circ \mathbb{e}_x \cdot\cdot \mathbb{D}$

$$\mathbb{S}_{\mathbb{R}} = \lambda_{xx} \frac{\partial f}{\partial \mathbb{D}} = \lambda_{xx} \mathbb{e}_x \circ \mathbb{e}_x \tag{2.96b}$$

die (2.96a) dualen (hier am unverformten System angreifend gedachten) Reaktionsspannungen.[66]

Analog (2.95) führen weitere Vorgaben, etwa – neben (2.96a) – noch

---

66) wegen $T = T_0$ wird hier der Zustandsraum der thermisch–kinematischen Variablen sogleich auf Denjenigen reduziert, der durch die 6 Komponenten des Voigtschen Verzerrungsvektors aufgespannt wird. Entsprechend reduziert auf die 6 Voigtschen Verzerrungsvektoren erscheint dann auch der kaloro–dynamische Zustandvektor. Angaben betr. die Entropie können in dieser verkürzten Darstellung nicht gemacht werden.

$$\frac{1}{2}\gamma_{xy} = \frac{1}{2}(\mathbb{e}_x \circ \mathbb{e}_y + \mathbb{e}_y \circ \mathbb{e}_x) \cdot\cdot \mathbb{D} = 0 \tag{2.96c}$$

zu den weiteren Reaktionsgrößen

$$\mathbb{S}_{\mathbb{R}} = \frac{1}{2}\lambda_{xy}\frac{\partial f}{\partial \mathbb{D}} = \frac{1}{2}\lambda_{xy}(\mathbb{e}_x \circ \mathbb{e}_y + \mathbb{e}_y \circ \mathbb{e}_x) \tag{2.96d}$$

usw., womit z.B. im Falle der Zwangsbedingung $\mathbb{D} = 0$, äquivalent mit

$$(\mathbb{e}_j \circ \mathbb{e}_k + \mathbb{e}_k \circ \mathbb{e}_j) \cdot\cdot \mathbb{D} = 0 \ , \quad j,k = 1..3 \tag{2.96e}$$

als dynamische Reaktionsgröße

$$\mathbb{S}_{\mathbb{R}} = \frac{1}{2}\sum_{j,k=1}^{3} \lambda_{jk}(\mathbb{e}_j \circ \mathbb{e}_k + \mathbb{e}_k \circ \mathbb{e}_j) \ , \tag{2.96f}$$

d.h. der gesamte Spannungszustand erschlossen wird. Für

b) hyperelastisches inkompressibles Material (für isotherme Zustandsänderungen)

mit

$$\hat{\rho}/\bar{\rho} = (\mathbb{F}_3) = \sqrt{(\mathbb{E}+2\mathbb{D}^{(G)})_3} = 1$$

ist

$$f(D^{(G)}) = \sqrt{(\mathbb{E}+2\mathbb{D}^{(G)})_3} - 1 \equiv 0 \tag{2.97a}$$

die Zwangsbedingung, womit für die 2. Piola–Kirschhoffschen Reaktionsspannungen

$$\mathbb{S}_{\mathbb{R}}^{(K)} = \lambda \frac{d}{d\mathbb{D}^{(G)}}\left[\sqrt{(\mathbb{E}+2\mathbb{D}^{(G)})_3}\right] = \frac{\lambda}{2\sqrt{(\mathbb{E}+2\mathbb{D}^{(G)})_3}} \frac{d}{d\mathbb{D}^{(G)}}(\mathbb{E}+2\mathbb{D}^{(G)})_3 \tag{2.97b}$$

hervorgeht. Man benutzt

$$\frac{d}{d\mathbb{D}^{(G)}}\left[(\ldots)_3\right] \equiv 2\frac{d}{d(2\mathbb{D}^{(G)})}\left[(\ldots)_3\right] \equiv 2\frac{d}{d(\mathbb{E}+2\mathbb{D}^{(G)})}\left[(\ldots)_3\right]$$

sowie

$$\frac{dA_3}{d\mathbb{A}} = A_3\mathbb{A}^{T-1} \quad \text{nach} \quad [5a], \tag{2.97c}$$

und bekommt

$$\mathbb{S}_{\mathbb{R}}^{(K)} = \lambda\sqrt{(\mathbb{E}+2\mathbb{D}^{(G)})_3}\,(\mathbb{E}+2\mathbb{D}^{(G)})^{-1} \overset{\bar{\rho}/\hat{\rho}=1}{\longrightarrow} \lambda\,(\mathbb{F}\cdot\mathbb{F}^T)^{-1} = \mathbb{F}^{T-1}\cdot\lambda\mathbb{E}\cdot\mathbb{F}^{-1}$$

und damit

$$\mathbb{F}^T\cdot\mathbb{S}_{\mathbb{R}}^{(K)}\cdot\mathbb{F} \overset{(\bar{\rho}/\hat{\rho}=1)}{\equiv} \frac{\bar{\rho}}{\rho}\mathbb{F}^T\cdot\mathbb{S}_{\mathbb{R}}^{(K)}\cdot\mathbb{F} \overset{(1.21c)}{\equiv} \mathbb{S}_{\mathbb{R}}^{(E)} = \lambda\mathbb{E} \ , \tag{2.97d}$$

wonach die Eulerschen Reaktionsspannungen hydrostatisch sind. Für ein inkompressibles hyperelastisches Medium legen also die Materialgleichungen den Spannungszustand nur bis auf einen hydrostatischen Zustand fest. Prominentes Beispiel ist die (z.B. isentrope) Dynamik reibungsfreier Fluide mit
$\mathbb{S}^{(E)} = -\bar{p}(\bar{\rho})\mathbb{E}$. Mit $\bar{\rho} = \text{const.}$ ist dann $\mathbb{S}_{\mathbb{R}}^{(E)} = \lambda\mathbb{E} \equiv -\bar{p}\mathbb{E}$ mit dem Flüssigkeitsdruck $\bar{p}(\mathbb{r},t)$ als Reaktionsgröße. Entsprechendes gilt aber auch für das inkompressible Navier–Stokes–Fluid, das als ein dissipatives Medium vom Kelvinschen Typ angesehen werden kann.

E § 3 Ergänzungen zu § 6 (Haupttext)

Bei der

3.1 Lösung ebener Grenzgleichgewichtsaufgaben mit Hilfe von Gleitliniennetzen

werden die Vorteile einer Problemformulierung in physikalisch bevorzugten Koordinatendarstellungen ausgenutzt. Die hierbei angewendete Vorgehensweise ist gegenüber der "Spannungsfunktionenmethode", wie schon in § 6.9 vermerkt, konträr: Man identifiziert mittels der Fließbedingung zunächst eine zweifach-funktional unbestimmte Menge von planaren Spannungszuständen[1] und sucht aus Letzterer denjenigen Spannungszustand heraus, der das jeweils vorliegende Gleichgewichtsproblem befriedigt. Was die Kennzeichnung der der Fließbedingung genügenden planaren Spannungszustände betrifft, gibt es verschiedene Möglichkeiten, von denen in der Regel Diejenige ausgesucht wird, wo Fließ-Spannungszustände beschrieben werden durch jeweils eine Spannungs- und eine Richtungsgröße, die die Bedeutung der jeweils "kritischen Schubspannung" bzw. des Neigungswinkels einer Gleitlinie gegenüber einer vorgegebenen (Koordinaten-)Richtung haben. Als für die Identifizierung letzterer Größen heranzuziehende (zwei) skalare Feldgleichungen benutzt man dann zweckmäßig von den planaren Gleichgewichtsbedingungen diejenigen Versionen, bei der die Komponentendarstellungen auf das jeweilige Gleitliniennetz als Koordinatennetz Bezug nehmen.

Von vornherein das Coulombsche Fließproblem aufgreifend, vorbereitend einige Hinweise betreffend die wichtigsten differentialgeometrischen Grundlagen für krummlinig–schiefwinklige Koordinatennetze konstanten Maschenwinkels[2] $\frac{\pi}{2} \pm \rho$ (Abb. E 3.1).

Bezeichnen

$$\mathbb{r}_2 = \mathbb{r}_2(q_1, q_2) \mathrel{\widehat{=}} \{x(q_1,q_2)\,;\, y(q_1,q_2)\}\,,\ \langle\, \mathbb{e}_x, \mathbb{e}_y \,\rangle\,, \tag{3.1a}$$

die Darstellung von Punkten in der Ebene durch einen von zwei Koordinaten $q_j (j = 1,2)$ abhängigen planaren Ortsvektor und dementsprechend

$$\mathbb{r}_2 = \mathbb{r}_{2_{(1)}}(q_1, q_{2C}) \text{ bzw. } \mathbb{r}_2 = \mathbb{r}_{2_{(2)}}(q_{1C}, q_2) \tag{3.1b,c}$$

die (i. allg. krummlinigen) Koordinatenlinien $q_j = \text{const}$[3] $(j = 1,2)$, so gelten

a) für das Linienelement einer q_j–Linie

---

[1] Man bedenke, daß von den drei skalaren Komponenten–Funktionen $\sigma_{xx}(x,y)$, $\sigma_{yy}(x,y)$, $\sigma_{xy}(x,y)$ mittels der Fließbedingung eine durch die beiden anderen ausgedrückt werden kann.

[2] als Repräsentanten für Coulombsche Gleitliniennetze, deren zugehörige (orthogonale) "Winkelhalbierenden–Netze", wie schon angemerkt, Hauptspannungstrajektorien–Netze sind.

[3] für q_2 = const als "q_1–Linie", für q_1 = const. als "q_2–Linie" bezeichnet

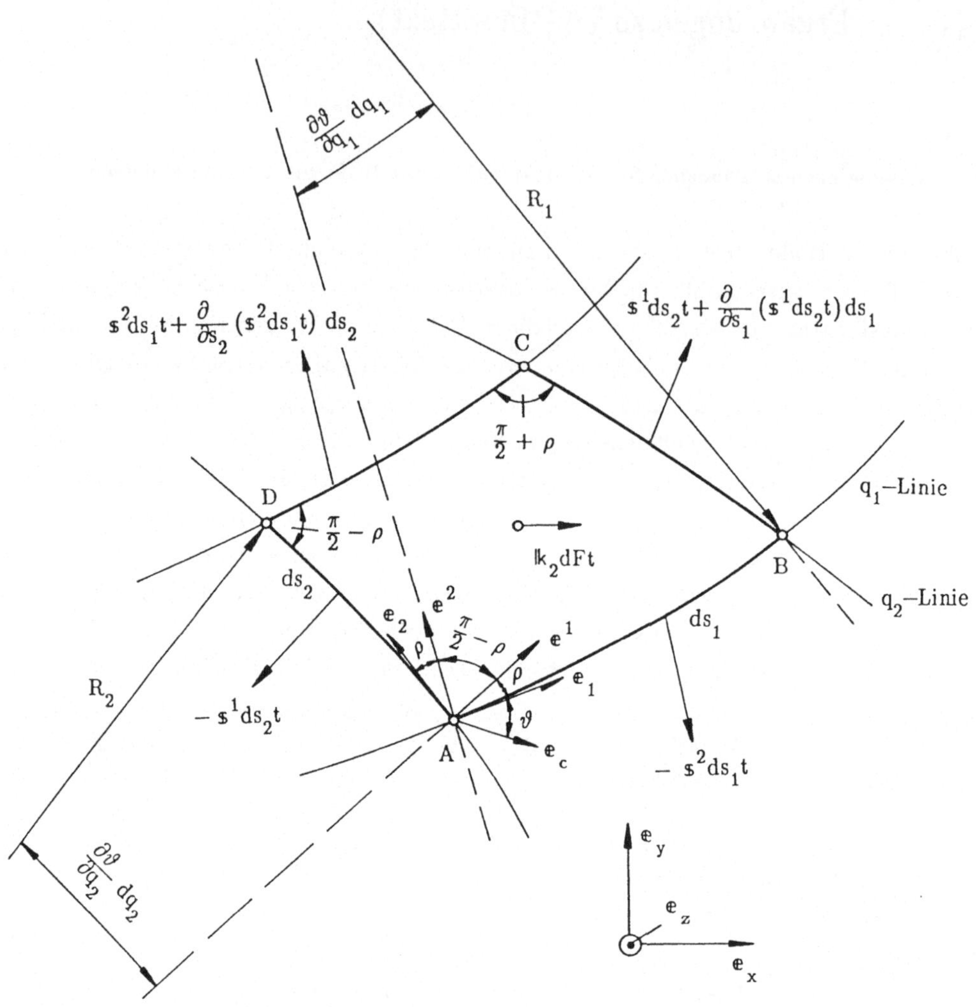

Abb. E 3.1

$$ds_j = \sqrt{g_{jj}}\, dq_j \overset{4)}{=} R_j \frac{\partial \vartheta}{\partial q_j} dq_j \,, \qquad j = 1,2 \tag{3.2a}$$

---

4) Man beachte, daß die für beliebige Netze in der Form $ds_j = R_j \frac{\partial \vartheta_j}{\partial q_j} dq_j$ (mit den entsprechenden Tangentenneigungen ϑ_j der jeweiligen Koordinatenlinie) anfallenden Beziehungen hier wegen des konstanten Maschenwinkels, d. h. wegen $\vartheta_2 = \vartheta_1 + (\frac{\pi}{2} + \rho)$, also $\frac{\partial \vartheta_2}{\partial q_j} = \frac{\partial \vartheta_1}{\partial q_j}$ in der Tat zu (3.2a) vereinfacht werden können. Die Krümmungsradien werden als positiv deklariert, wenn die Vektoren $-\mathfrak{e}^1$ bzw. $\mathfrak{e}^2$ (vgl. Abb. E 3.1) in die jeweiligen Krümmungsmittelpunkte weisen.

mit

$$\sqrt{g_{jj}} = \sqrt{\frac{\partial \mathbb{r}_2}{\partial q_j} \cdot \frac{\partial \mathbb{r}_2}{\partial q_j}} = R_j \frac{\partial \vartheta}{\partial q_j} \geq 0 \ , \ j = 1,2, \tag{3.2b}$$

wenn R_j den Krümmungsradius einer q_j–Linie und ϑ den Tangenten Neigungswinkel[4] der q_1–Linien gegenüber einer festen Richtung $\mathbb{e}_c$ bezeichnen,

b) für die "natürliche Richtungen", d. h. für die Tangenten(–Einheits–)Vektoren[5] an die Koordinatenlinien

$$\mathbb{e}_j = \frac{\partial \mathbb{r}_2 / \partial q_j}{|\partial \mathbb{r}_2 / \partial q_j|} = \frac{\partial \mathbb{r}_2}{ds_j} = \frac{1}{\sqrt{g_{jj}}} \frac{\partial \mathbb{r}_2}{\partial q_j} \ , \qquad j = 1,2 \tag{3.3a}$$

und für die Gradienten (–Einheits–) Vektoren [5]

$$\mathbb{e}^1 \overset{6)}{=} \mathbb{e}_2 \times \mathbb{e}_z \ , \quad \mathbb{e}^2 \overset{6)}{=} \mathbb{e}_z \times \mathbb{e}_1 \ , \tag{3.3b,c}$$

die wechselweise auf den Tangentenvektoren senkrecht stehen:

$$\mathbb{e}^j \cdot \mathbb{e}_k = \left\{ \begin{matrix} 0 & \text{für } j \neq k \\ \cos\rho & \text{für } j = k \end{matrix} \right\} . \tag{3.4a,b}$$

Neben

$$\mathbb{e}_1 \cdot \mathbb{e}_2 = \cos(\tfrac{\pi}{2} + \rho) = -\sin\rho = -\cos(\tfrac{\pi}{2} - \rho) = -\mathbb{e}^1 \cdot \mathbb{e}^2 \tag{3.4c}$$

werden für das Folgende noch benötigt

c) die Beziehung

$$\frac{\partial}{\partial q_1}(\mathbb{e}_2 \sqrt{g_{22}}) - \frac{\partial}{\partial q_2}(\mathbb{e}_1 \sqrt{g_{11}}) \overset{(3.2a)}{\equiv} \frac{\partial}{\partial q_1}(\mathbb{e}_2 R_2 \frac{\partial \vartheta}{\partial q_2}) - \frac{\partial}{\partial q_2}(\mathbb{e}_1 R_1 \frac{\partial \vartheta}{\partial q_1}) = 0 \tag{3.5a}$$

bzw. – man multipliziere (3.5a) vektorisch mit $\mathbb{e}_z$ –

$$\frac{\partial}{\partial q_1}(\mathbb{e}^1 \sqrt{g_{22}}) + \frac{\partial}{\partial q_2}(\mathbb{e}^2 \sqrt{g_{11}}) = 0 \ , \tag{3.5b}$$

die zum Ausdruck bringt, daß die Umfangslinie ABCD eines Maschenelementes ein "ge–

---

[5] Die Benutzung von Einheitsvektoren als Basisvektoren wurde hier als zweckmäßig erachtet unter dem Gesichtspunkt, daß bei Darstellungen von Vektoren bzw. Tensoren in solcherart Basen die skalaren "Vektor– bzw. Tensorkomponenten" immer sogleich als "physikalische Komponenten" anfallen.

[6] wobei in Abb. E 3.1 $\mathbb{e}^2$ bzw. $-\mathbb{e}^1$ in die jeweiligen Krümmungsmittelpunkte der Koordinatenlinien weisen, sofern man – wie hier geschehen – das Netz so wählt, daß

a) $\mathbb{e}^2$ zum Krümmungsmittelpunkt der jeweiligen q_1–Linie weist und

b) sich die Maschenweiten ds_2 mit zunehmenden Werten q_1 vergrößern, womit dann festliegt, daß sich die Maschenweiten ds_1 mit zunehmenden Werten q_2 verkleinern müssen.

schlossenes Vektoreck" sein muß[7]), sowie die an Abb. E 3.1 abzulesenden Beziehungen

$$\frac{\partial \mathbb{e}_2}{\partial q_1} = - \mathbb{e}^1 \frac{\partial \vartheta}{\partial q_1}, \quad \frac{\partial \mathbb{e}_1}{\partial q_1} = \mathbb{e}^2 \frac{\partial \vartheta}{\partial q_2}, \quad \frac{\partial \mathbb{e}^2}{\partial q_1} = - \mathbb{e}_1 \frac{\partial \vartheta}{\partial q_1}, \quad \frac{\partial \mathbb{e}^1}{\partial q_2} = \mathbb{e}_2 \frac{\partial \vartheta}{\partial q_2}, \qquad (3.6a\text{-}d)$$

wobei Einsetzen von (3.6a,b) in (3.5a)

$$\mathbb{e}_2 \frac{\partial}{\partial q_1}(R_2 \frac{\partial \vartheta}{\partial q_2}) - \mathbb{e}_1 \frac{\partial}{\partial q_2}(R_1 \frac{\partial \vartheta}{\partial q_1}) - (R_1 \mathbb{e}^2 + R_2 \mathbb{e}^1) \frac{\partial \vartheta}{\partial q_1}\frac{\partial \vartheta}{\partial q_2} = 0 \qquad (3.7)$$

und schließlich nach Skalarmultiplikation mit $\mathbb{e}^j$ $(j = 1,2)$ unter Beachtung von (3.4) die Komponentengleichungen

$$\frac{\partial}{\partial q_1}(R_2 \frac{\partial \vartheta}{\partial q_2}) = \frac{\partial \sqrt{g_{22}}}{\partial q_1} = \frac{\partial \vartheta}{\partial q_1}\frac{\partial \vartheta}{\partial q_2}\frac{R_1 + R_2 \sin\rho}{\cos\rho},$$

$$\frac{\partial}{\partial q_2}(R_1 \frac{\partial \vartheta}{\partial q_1}) = \frac{\partial \sqrt{g_{11}}}{\partial q_2} = - \frac{\partial \vartheta}{\partial q_1}\frac{\partial \vartheta}{\partial q_2}\frac{R_2 + R_1 \sin\rho}{\cos\rho} \qquad (3.7a,b)$$

ergibt.

Für die Formulierung des ebenen Grenzgleichgewichtsproblems für ein nach den Gleitlinienrichtungen orientiertes Flächenelement benutzt man den in Abb. 6.21 niedergelegten Befund, daß die an den Elementenrändern angreifenden Spannungen aus Normal- und Schubspannungen σ_0, τ_0 mit

$$\tau_0 = \tau_k + \sigma_0 \operatorname{tg} \rho_0 \qquad (3.8a)$$

bestehen, wobei die Normalspannungen als Druckspannungen positiv definiert werden und die Schubspannungen τ_0 stets von den spitzen Ecken des Elementes wegweisen., so daß sich Spannungsvektoren an Gleitflächenelementen mit positiver (hinsichtlich des Massenelementes äußerer) Normalen $\mathbb{e}^j$ $(j = 1,2)$ als

$$\mathbb{s}^1 = - \sigma_0 \mathbb{e}^1 + \tau_0 \mathbb{e}_2, \quad \mathbb{s}^2 = - \sigma_0 \mathbb{e}^2 + \tau_0 \mathbb{e}_1 \qquad (3.8b,c)$$

darstellen und - als Grenz-Gleichgewichtsspannungen - den für das durch Gleitflächenelemente $t ds_j =$[8]) ds_j begrenzte Volumenelement $t dF =$[8]) $dF = ds_1\, ds_2 \cos\rho$ gültigen plana-

---

7) Für die Verifizierung von (3.5a) setze man in

$$\overrightarrow{AB} + \overrightarrow{BC} + \overrightarrow{CD} + \overrightarrow{DA} = 0$$

die bis auf in den Koordinatendifferentialen von höherer als zweiter Ordnung kleine Glieder geltenden Beziehungen

$$\overrightarrow{AB} = \mathbb{e}_1 ds_1 = \mathbb{e}_1 \sqrt{g_{11}}\, dq_1, \quad \overrightarrow{DA} = - \mathbb{e}_2 ds_2 = - \mathbb{e}_2 \sqrt{g_{22}}\, dq_2,$$

$$\overrightarrow{BC} = (\mathbb{e}_2 ds_2) + \frac{\partial}{\partial q_1}(\mathbb{e}_2\, ds_2) dq_1 = \mathbb{e}_2 \sqrt{g_{22}}\, dq_2 + \frac{\partial}{\partial q_1}(\mathbb{e}_2 \sqrt{g_{22}})\, dq_1\, dq_2$$

$$\overrightarrow{CD} = - \left[(\mathbb{e}_1\, ds_1) + \frac{\partial}{\partial q_2}(\mathbb{e}_1\, ds_1) dq_2\right] = - \mathbb{e}_1 \sqrt{g_{11}}\, dq_1 - \frac{\partial}{\partial q_2}(\mathbb{e}_1 \sqrt{g_{11}})\, dq_1\, dq_2$$

ein.

8) die — senkrecht zur Fließebene anzunehmende — Mächtigkeit t wird, da sie sich ohnehin heraushebt, mit 1 angenommen

ren Gleichgewichtsbedingungen

$$\frac{\partial}{\partial s_1}(\mathbb{s}^1\, ds_2)\, ds_1 + \frac{\partial}{\partial s_2}(\mathbb{s}^2\, ds_1) ds_2 + \mathbb{k}_2\, ds_1\, ds_2 \cos\rho = 0 \tag{3.9a}$$

genügen müssen (vgl. Abb. E 3.1). $\mathbb{k}_2$ bedeutet darin die auf die Volumeneinheit bezogene Massenkraft. Mit $ds_j = \sqrt{g_{jj}}\, dq_j$, j = 1,2, bekommt man die Feldgleichung

$$\frac{\partial}{\partial q_1}(\sqrt{g_{22}}\, \mathbb{s}^1) + \frac{\partial}{\partial q_2}(\sqrt{g_{11}}\, \mathbb{s}^2) + \sqrt{g_{11} g_{22}}\, \mathbb{k}_2 \cos\rho = 0 \ , \tag{3.9b}$$

d. h. - man setze (3.8b,c) ein -,

$$\frac{\partial}{\partial q_1}\Big[- \mathbb{e}^1 \sqrt{g_{22}}\, \sigma_0 + \mathbb{e}_2 \sqrt{g_{22}}\, \tau_0 \Big] + \frac{\partial}{\partial q_2}\Big[- \mathbb{e}^2 \sqrt{g_{11}}\, \sigma_0 + \mathbb{e}_1 \sqrt{g_{11}}\, \tau_0 \Big] + $$
$$+ \sqrt{g_{11} g_{22}}\, \mathbb{k}_2 \cos\rho = 0 \ , \tag{3.9c}$$

die man unter Benutzung von (3.5b) sowie

$$\frac{\partial}{\partial q_1}(\mathbb{e}_2 \sqrt{g_{22}}) + \frac{\partial}{\partial q_2}(\mathbb{e}_1 \sqrt{g_{11}}) \overset{(3.5a)}{\equiv} 2 \frac{\partial}{\partial q_1}(\mathbb{e}_2 \sqrt{g_{22}})$$

$$= 2\Big[\sqrt{g_{22}} \frac{\partial \mathbb{e}_2}{\partial q_1} + \mathbb{e}_2 \frac{\partial \sqrt{g_{22}}}{\partial q_1} \Big] \overset{(3.2a\ ,\ 6a, 7a)}{=} 2 \frac{\partial \vartheta}{\partial q_1} \frac{\partial \vartheta}{\partial q_2}\Big[- R_2\, \mathbb{e}^1 + \frac{R_1 + R_2 \sin\rho}{\cos\rho}\, \mathbb{e}_2 \Big]$$

$$\overset{9)}{=} 2 \frac{\partial \vartheta}{\partial q_1} \frac{\partial \vartheta}{\partial q_2} \frac{\mathbb{e}_2 R_1 - \mathbb{e}_1\, R_2}{\cos\rho} \overset{(3\ .\ 2a)}{=} \frac{2\sqrt{g_{11} g_{22}}}{\cos\rho}\Big[\frac{\mathbb{e}_2}{R_2} - \frac{\mathbb{e}_1}{R_1} \Big] \ ,$$

nachdem man noch durch $\sqrt{g_{11} g_{22}}$ gekürzt und $ds_j = \sqrt{g_{jj}}\, dq_j$ beachtet hat, zunächst in der Form

$$\mathbb{e}^1 \frac{\partial \sigma_0}{\partial s_1} + \mathbb{e}^2 \frac{\partial \sigma_0}{\partial s_2} - \mathbb{e}_1 \frac{\partial \tau_0}{\partial s_2} - \mathbb{e}_2 \frac{\partial \tau_0}{\partial s_1} - \frac{2\tau_0}{\cos\rho}\Big[\frac{\mathbb{e}_2}{R_2} - \frac{\mathbb{e}_1}{R_1} \Big] - \mathbb{k}_2 \cos\rho = 0 \ , \tag{3.10a}$$

darstellen kann. Hieraus entsteht dann schließlich mit

$$\mathbb{e}^1 = \frac{\mathbb{e}_1}{\cos\rho} + \mathbb{e}_2\, \mathrm{tg}\, \rho \ , \quad \mathbb{e}^2 = \frac{\mathbb{e}_2}{\cos\rho} + \mathbb{e}_1\, \mathrm{tg}\rho \ , \mathbb{k}_2 \cos\rho = (\mathbb{k}_2 \cdot \mathbb{e}^1)\, \mathbb{e}_1 + (\mathbb{k}_2 \cdot \mathbb{e}^2)\, \mathbb{e}_2$$

sowie mit der Fließbedingung (3.8a) die Version

$$\mathbb{e}_1\Big[\frac{\partial \sigma_0}{\partial s_1} + \frac{2}{R_1}(\tau_K + \sigma_0\, \mathrm{tg}\rho) - (\mathbb{k}_2 \cdot \mathbb{e}^1) \cos\rho \Big] + \mathbb{e}_2\Big[\frac{\partial \sigma_0}{\partial s_2} - \frac{2}{R_2}(\tau_K + \sigma_0\, \mathrm{tg}\rho) - $$
$$- (\mathbb{k}_2 \cdot \mathbb{e}^2) \cos\rho \Big] = 0 \ , \tag{3.10b}$$

die man mit $1/R_j = \partial\vartheta/\partial s_j$, j = 1,2, und $\partial\sigma_0/\partial s_j = (\partial\tau_0/\partial s_j)\,/\mathrm{tg}\rho$, j = 1,2, auch in der (als eine Verallgemeinerung der Gleichung von Kötter-Jaky [39] anzusehenden) Gestalt

$$\mathbb{e}_1\Big[\frac{\partial \tau_0}{\partial s_1} + 2\tau_0\, \mathrm{tg}\rho \frac{\partial \vartheta}{\partial s_1} - (\mathbb{k}_2 \cdot \mathbb{e}^1)\sin\rho \Big] + \mathbb{e}_2\Big[\frac{\partial \tau_0}{\partial s_2} - 2\tau_0\, \mathrm{tg}\rho \frac{\partial \vartheta}{\partial s_2} - (\mathbb{k}_2 \cdot \mathbb{e}^2)\sin\rho \Big] = 0 \tag{3.10c}$$

---

9) Man benutze $\mathbb{e}^1 = \dfrac{\mathbb{e}_1}{\cos\rho} + \mathbb{e}_2\, \mathrm{tg}\rho$

notieren und wegen

$$\frac{\partial\tau_0}{\partial s_j} \pm 2\tau_0\,\mathrm{tg}\rho\,\frac{\partial\vartheta}{\partial s_j} = e^{\mp 2\vartheta\mathrm{tg}\rho}\frac{\partial}{\partial s_j}\left[\tau_0 e^{\pm 2\vartheta\mathrm{tg}\rho}\right] \tag{3.11a}$$

desweiteren in die planare Vektorgleichung

$$\mathbb{e}_1\left[e^{-2\vartheta\mathrm{tg}\rho}\frac{\partial}{\partial s_1}\left[\tau_0 e^{2\vartheta\mathrm{tg}\rho}\right] - (\mathbb{k}_2\cdot\mathbb{e}^1)\sin\rho\right] + \mathbb{e}_2\left[e^{2\vartheta\mathrm{tg}\rho}\frac{\partial}{\partial s_2}\left[\tau_0 e^{-2\vartheta\mathrm{tg}\rho}\right] - (\mathbb{k}_2\cdot\mathbb{e}^2)\sin\rho\right] = 0 \tag{3.11b}$$

überführen kann. Letztere muß komponentenweise befriedigt sein, weshalb man für die Fließ-Schubspannungen τ_0 mit zwei willkürlichen Funktionen $C_1(q_1)$, bzw. $C_2(q_2)$

$$\tau_0 = e^{-2\vartheta\mathrm{tg}\rho}\left[C_2(q_2) + \sin\rho\int_{s_{1k}}^{s_1}(\mathbb{k}_2\cdot\mathbb{e}^1)e^{2\vartheta\mathrm{tg}\rho}\,d\bar{s}_1\right]$$

$$= e^{2\vartheta\mathrm{tg}\rho}\left[C_1(q_1) + \sin\rho\int_{s_{2k}}^{s_2}(\mathbb{k}_2\cdot\mathbb{e}^2)e^{-2\vartheta\mathrm{tg}\rho}\,d\bar{s}_2\right], \tag{3.11c}$$

d. h. die Aussagen

$$\tau_0 e^{2\vartheta\mathrm{tg}\rho} - \sin\rho\int_{s_{1k}}^{s_1}(\mathbb{k}_2\cdot\mathbb{e}^1)e^{2\vartheta\mathrm{tg}\rho}\,d\bar{s}_1 = C_2(q_2) = \text{const. längs einer } q_1\text{-Linie,}$$

$$\tau_0 e^{-2\vartheta\mathrm{tg}\rho} - \sin\rho\int_{s_{2k}}^{s_2}(\mathbb{k}_2\cdot\mathbb{e}^2)e^{-2\vartheta\mathrm{tg}\rho}\,d\bar{s}_2 = C_1(q_1) = \text{const. längs einer } q_2\text{-Linie} \tag{3.12}$$

identifiziert. Unter Beschränkung auf den Fall des Bodengewichtes, d. h. auf $\mathbb{k}_2 = \gamma\mathbb{e}_G = \gamma\mathbb{e}_y$ [10] erhält man mit $\mathbb{e}_c = \mathbb{e}_x$ mit dem von der Horizontalen ($\mathbb{e}_x$) aus zählenden Winkel ϑ wegen

$\mathbb{k}_2\cdot\mathbb{e}^1 = \gamma\,\mathbb{e}_y\cdot\mathbb{e}^1 = \gamma\cos\left[\frac{\pi}{2} - (\vartheta+\rho)\right] = \gamma\sin(\vartheta+\rho)$, $\mathbb{k}_2\cdot\mathbb{e}^2 = \gamma\,\mathbb{e}_y\cdot\mathbb{e}^2 = \gamma\cos\vartheta$

speziell anstelle von (3.11c)

$$\tau_0 = e^{-2\vartheta\mathrm{tg}\rho}\left[C_2(q_2) + \gamma\sin\rho\int_{s_{1k}}^{s_1}e^{2\vartheta\mathrm{tg}\rho}\sin(\vartheta+\rho)\,d\bar{s}_1\right]$$

---

10) In den folgenden Beispielen wird stets die lotrecht nach unten weisende Richtung als $\mathbb{e}_y$–Richtung gewählt.

$$= e^{2\vartheta tg\rho}\left[\, C_1(q_1) + \gamma \sin\rho \int_{s_{2k}}^{s_2} e^{-2\vartheta tg\rho} \cos\vartheta \, d\bar{s}_2 \right] \tag{3.13a}$$

und anstelle von (3.12) die Aussagen

$$\tau_0 e^{2\vartheta tg\rho} - \gamma \sin\rho \int_{s_{1k}}^{s_1} e^{2\vartheta tg\rho} \sin(\vartheta + \rho) d\bar{s}_1 = C_2(q_2) = \text{const. längs einer } q_1\text{-Linie},$$

$$\tau_0 e^{-2\vartheta tg\rho} - \gamma \sin\rho \int_{s_{2k}}^{s_2} e^{-2\vartheta tg\rho} \cos\vartheta \, d\bar{s}_2 = C_1(q_1) = \text{const. längs einer } q_2\text{-Linie.}$$

(3.13b)

Für durch reine Oberflächenkräfte hervorgerufene Grenzgleichgeswichtssituationen erschließt man mit $\Bbbk_2 = 0$ z. B. nach (3.12) mit einer "Vergleichsschubspannung τ^*"[11]

$$\tau_0 e^{2\vartheta tg\rho} = C_2(q_2) = \tau^* \bar{C}_2(q_2) \, , \quad \tau_0 e^{-2\vartheta tg\rho} = C_1(q_1) = \tau^* \bar{C}_1(q_1) \, , \tag{3.14a,b}$$

d. h.,

$$e^{4\vartheta tg\rho} = \bar{C}_2/\bar{C}_1 \quad \text{bzw.} \quad 4\vartheta \, tg\rho = \ln \bar{C}_2 - \ln \bar{C}_1 \, , \tag{3.14c,d}$$

also für ϑ die spezielle Darstellung

$$\vartheta = \left[\ln \bar{C}_2(q_2) - \ln \bar{C}_1(q_1)\right]/(4 tg\, \rho) \equiv f_1(q_1) - f_2(q_2) \tag{3.14e}$$

bzw. den (hiernach auch für den Fall Coulombscher Gleitlinien mit $\rho \neq 0$ gültigen!) Befund des <u>ersten Henkyschen Gleitliniensatzes</u>

$$\frac{\partial\vartheta}{\partial q_1} = \frac{df_1}{dq_1} = \varphi_1(q_1) \, , \quad \frac{\partial\vartheta}{\partial q_2} = -\frac{df_2}{dq_2} = -\varphi_2(q_2) \tag{3.15a,b}$$

sowie mit (3.2a)

$$R_1 = \frac{\sqrt{g_{11}}}{\partial\vartheta/\partial q_1} = \frac{\sqrt{g_{11}}}{\varphi_1(q_1)} \, , \quad R_2 = \frac{\sqrt{g_{22}}}{\partial\vartheta/\partial q_2} = -\frac{\sqrt{g_{22}}}{\varphi_2(q_2)} \, , \tag{3.15c,d}$$

d. h. die beiden weiteren Aussagen

$$\frac{\partial R_1}{\partial s_2} = \frac{\partial(\sqrt{g_{11}})/\partial q_2}{\varphi_1 \sqrt{g_{22}}} \overset{(3.7b)}{=} \frac{\varphi_2}{\sqrt{g_{22}}} \frac{R_2 + R_1 \sin\rho}{\cos\rho} \equiv -\frac{\partial\vartheta/\partial q_2}{\sqrt{g_{22}}} \frac{R_2 + R_1 \sin\rho}{\cos\rho}$$

$$\overset{(3.2a)}{=} -\left[\frac{1}{\cos\rho} + \frac{R_1}{R_2} tg\rho\right] \tag{3.16a}$$

bzw.

---

11) z. B. — sofern von Null verschieden — der Kohäsionsfestigkeit τ_k

$$\frac{\partial R_2}{\partial s_1} = - \frac{\partial(\sqrt{g_{22}})/\partial q_1}{\varphi_2\sqrt{g_{11}}} \overset{(3.7b)}{=} \frac{\varphi_1}{\sqrt{g_{11}}} \frac{R_1+R_2 \sin\rho}{\cos\rho} \equiv \frac{\partial\vartheta/\partial q_1}{\sqrt{g_{11}}} \frac{R_1+R_2 \sin\rho}{\cos\rho}$$
$$\overset{(3.2a)}{=} \left[\frac{1}{\cos\rho} + \frac{R_2}{R_1} \operatorname{tg} \rho \right] , \qquad (3.16b)$$

die als Verallgemeinerungen des zweiten Henkyschen Gleitliniensatzes anzusehen sind. Letzterer folgt aus (3.16a,b) für den Fall $\rho = 0$, d. h. für reine Materialkohäsion $(\tau_0 = \tau_k)$ als

$$\frac{\partial R_1}{\partial s_2} = - 1 \ , \ \frac{\partial R_2}{\partial s_1} = 1 \ . \qquad (3.16c,d)$$

Mit (3.14c) bekommt man schließlich noch z. B. aus (3.14a)[12]

$$\frac{\tau_0}{\tau^*} = \bar{C}_2 \, e^{-2\vartheta \operatorname{tg}\rho} = \bar{C}_2 \sqrt{\bar{C}_1/\bar{C}_2} = \sqrt{\bar{C}_1 \, \bar{C}_2} \qquad (3.17a)$$

bzw.
$$\ln \frac{\tau_0}{\tau^*} = \frac{1}{2} (\ln \bar{C}_1 + \ln \bar{C}_2) = - 2[f_1(q_1) + f_2(q_2)]\operatorname{tg}\rho \ , \qquad (3.17b)$$

also mit (3.14e) die Aussagen

$$\ln \frac{\tau_0}{\tau^*} + 2\vartheta \operatorname{tg}\rho = - 4f_2(q_2)\operatorname{tg}\rho = \text{const. längs einer } q_1\text{-Linie,}$$
$$\ln \frac{\tau_0}{\tau^*} - 2\vartheta \operatorname{tg}\rho = - 4f_1(q_1)\operatorname{tg}\rho = \text{const. längs einer } q_2\text{-Linie} \ . \qquad (3.17c,d)$$

Die Beziehungen (3.12 — 17) sind Basis für numerische Methoden, mit denen man, von den Rändern her, Spannungszustände in im Grenzgleichgewicht befindlichen Bereichen feststellen kann, sofern an den Berandungen die Größen τ_0 und ϑ vorgegeben sind[13], die sich wiederum z. B. aus vorgegebenen Spannungs–Randwerten (σ_n, τ_n) — im Sinne einer "Spannungstransformation" — mit Hilfe der "Gleichgewichtsbedingungen der Oberflächenkräfte" für ein dreieckförmiges Randelement (Abb. E. 3.2a,b) mit zwei nach den Gleitlinienrichtungen orientierten Seiten berechnen lassen [13], wobei man zwei Fälle unterscheiden muß. Für den Fall nach Abb. E 3.2a, der hier beispielhaft dargestellt werden soll, ergeben die Gleichgewichtsbedingungen z. B. der zu σ_n bzw. τ_n parallelen Kräfte

$$\sigma_n \, ds_R = \left[\sigma_{0R} \cos(\alpha - \vartheta_R - \rho) - \tau_{0R} \sin(\alpha - \vartheta_R - \rho)\right] ds_2$$
$$+ \left[\sigma_{0R} \cos\left(\frac{\pi}{2} - (\alpha - \vartheta_R)\right) - \tau_{0R} \sin\left(\frac{\pi}{2} - (\alpha - \vartheta_R)\right)\right] ds_1 \ ,$$
$$\tau_n \, ds_R = \left[\sigma_{0R} \sin(\alpha - \vartheta_R - \rho) + \tau_{0R} \cos(\alpha - \vartheta_R - \rho)\right] ds_2$$
$$+ \left[- \sigma_{0R} \sin\left(\frac{\pi}{2} - (\alpha - \vartheta_R)\right) - \tau_{0R} \cos\left(\frac{\pi}{2} - (\alpha - \vartheta_R)\right)\right] ds_1$$

und mit Beachtung von

$$\frac{ds_R}{\sin(\frac{\pi}{2} + \rho)} \equiv \frac{ds_R}{\cos\rho} = \frac{ds_1}{\sin(\alpha - \vartheta_R - \rho)} = \frac{ds_2}{\sin(\frac{\pi}{2} - (\alpha - \vartheta_R))} \equiv \frac{ds_2}{\cos(\alpha - \vartheta_R)}$$

---

12) oder aus (3.14b)

13) sofern also der Fließ–Spannungszustand im gesamten Fließbereich durch Vorgabe der Oberflächenspannungen festliegt.

nach Herauskürzen von ds_R

$$\sigma_n = \sigma_{0R} - 2\tau_{0R}\,\frac{\sin(\alpha-\vartheta_R-\rho)\cos(\alpha-\vartheta_R)}{\cos\rho} = \tau_{0R}\left[\operatorname{ctg}\rho - \frac{2\sin(\alpha-\vartheta_R-\rho)\cos(\alpha-\vartheta_R)}{\cos\rho}\right] - \frac{\tau_k}{\operatorname{tg}\rho}$$

$$= \tau_{0R}\left[\frac{1}{\sin\rho\,\cos\rho} - \frac{\sin 2(\alpha-\vartheta_R-\frac{\rho}{2})}{\cos\rho}\right] - \frac{\tau_k}{\operatorname{tg}\rho}\,,\quad \tau_n = -\,\tau_{0R}\,\frac{\cos 2(\alpha-\vartheta_R-\frac{\rho}{2})}{\cos\rho}\,. \quad (3.18a,b)$$

Für die in den Randgrößen τ_{0R}, ϑ_R explizite Darstellung bildet man aus (3.18a,b) durch entsprechendes Quadrieren und Addieren zunächst

$$\left[\frac{\sigma_n + \frac{\tau_k}{\operatorname{tg}\rho}}{\tau_{0R}} - \frac{1}{\sin\rho\,\cos\rho}\right]^2 + \left[\frac{\tau_n}{\tau_{0R}}\right]^2 = \frac{1}{\cos^2\rho}\,,$$

findet also

$$\tau_{0R} \overset{14)}{=} \tau_k + \sigma_n\operatorname{tg}\rho - \sin\rho\sqrt{(\tau_k + \sigma_n\operatorname{tg}\rho)^2 - \tau_n^2} \quad (3.18c)$$

und schließlich durch Division von (3.18a) durch (3.18b)

$$\operatorname{tg} 2(\alpha - \vartheta_R - \frac{\rho}{2}) = \left[\sigma_n + \frac{\tau_k}{\operatorname{tg}\rho} - \frac{\tau_{0R}}{\sin\rho\cos\rho}\right]/\tau_n$$

$$\overset{(3.18c)}{=} \frac{1}{\cos\rho}\sqrt{\left[\frac{\tau_k}{\tau_n} + \frac{\sigma_n}{\tau_n}\operatorname{tg}\rho\right]^2 - 1} - \left[\frac{\tau_k}{\tau_n} + \frac{\sigma_n}{\tau_n}\operatorname{tg}\rho\right]\operatorname{tg}\rho. \quad (3.18d)$$

Da in der Randsituation nach Abb. E. 3.2a die Fließschubspannungen τ_{0R} in der dort eingezeichneten Weise auftreten müssen[15] (ansonsten der Fall nach Abb. E.3.2b vorläge), muß τ_{0R} in (3.18a) positiv sein, was neben den ohnehin geltenden Restriktionen

$$\rho \le \alpha - \vartheta_R \le \pi/2^{16)}$$

sowohl für $\tau_n \ge 0$ (d. h. τ_n in der in Abb. E 3.2a angenommenen Weise wirkend) als auch für $\tau_n \le 0$ die weitere Eingrenzung $\cos 2(\alpha - \vartheta_R - \frac{\rho}{2}) \le 0$, bzw. $\cos 2(\alpha - \vartheta_R - \frac{\rho}{2}) \ge 0$, d. h. schließlich $\frac{\pi}{4} + \frac{\rho}{2} \le \alpha - \vartheta_R$ verlangt.

Auf die Detaillierung des Beispiels nach Abb. E 3.2b wie auch der Fälle $\alpha - \vartheta < 0$, $\alpha - \vartheta - \frac{\pi}{2} < 0$, wo die Gleitlinien "von oben" an die Berandung stoßen, wird hier aus Raumgründen verzichtet.

Die folgende Beschreibung eines numerischen Verfahrens zur Bestimmung des Spannungszustandes innerhalb einer durch allgemeine Massen— bzw. Oberflächenkräfte im Zustande des Grenzgleichgewichtes befindlichen Bodenzone geht davon aus, daß die Berandung keine Gleitlinie sei (Abb. E 3.3).[17] Dementsprechend kann ein (randnaher) Punkt c im Innern stets — als Schnittpunkt zweier verschiedenen

---

14) Weil $\tau_n^2 \le (\tau_k + \sigma_n\operatorname{tg}\rho)^2 = \tau_0^2$ sein muß, wobei im Falle des Gleichheitszeichens die Randlinie selbst Gleitlinie ist, hat man es immer mit reelwertigen Ausdrücken zun tun. Das Minuszeichen in (3.18c) ist ebenfalls mit $\tau_k + \sigma_n\operatorname{tg}\rho \le \tau_0$ begründet.

15) Man erinnere sich, daß im Sinne von Abb. 6.21 die Schubspannungen τ_0 stets von den spitzen Ecken eines Volumenelementes wegweisen müssen

16) für $\alpha - \vartheta_R = \rho$ ist der Rand eine q_2–Linie, für die $\alpha - \vartheta_R = \pi/2$ eine q_1–Linie

17) Die Tangentenneigungen ϑ sind in Abb. E 3.3 allgemein gegenüber einer konstanten Richtung $\mathfrak{e}_c$ festgelegt worden.

α−ϑ_R−ρ
τ_n
σ_n
α
ds_2
σ_0R=(τ_0R−τ_K)/tgρ
τ_0R
ds_R
π/2 −(α−ϑ_R)≥ 0
q_1–Gleitlinie
π/2 + ρ
ds_1
α − ϑ_R
α
τ_0R
Randlinie
ϑ_R
e_c
σ_0R =(τ_0R−τ_K)/tgρ
q_2–Gleitlinie
a)
α−ϑ_R− π/2
τ_n
σ_n
τ_0R
ds_R
π−(α−ϑ_R)+ρ
q_2–Gleitlinie
σ_0R =(τ_0R−τ_K)/tgρ
ds_1
ds_2
τ_0R
π/2 − ρ
Randlinie
σ_0R =(τ_0R−τ_K)/tgρ
α−ϑ_R−(π/2 + ρ)
α
q_1–Gleitlinie
ϑ_R+(π/2 + ρ)
e_c
b)

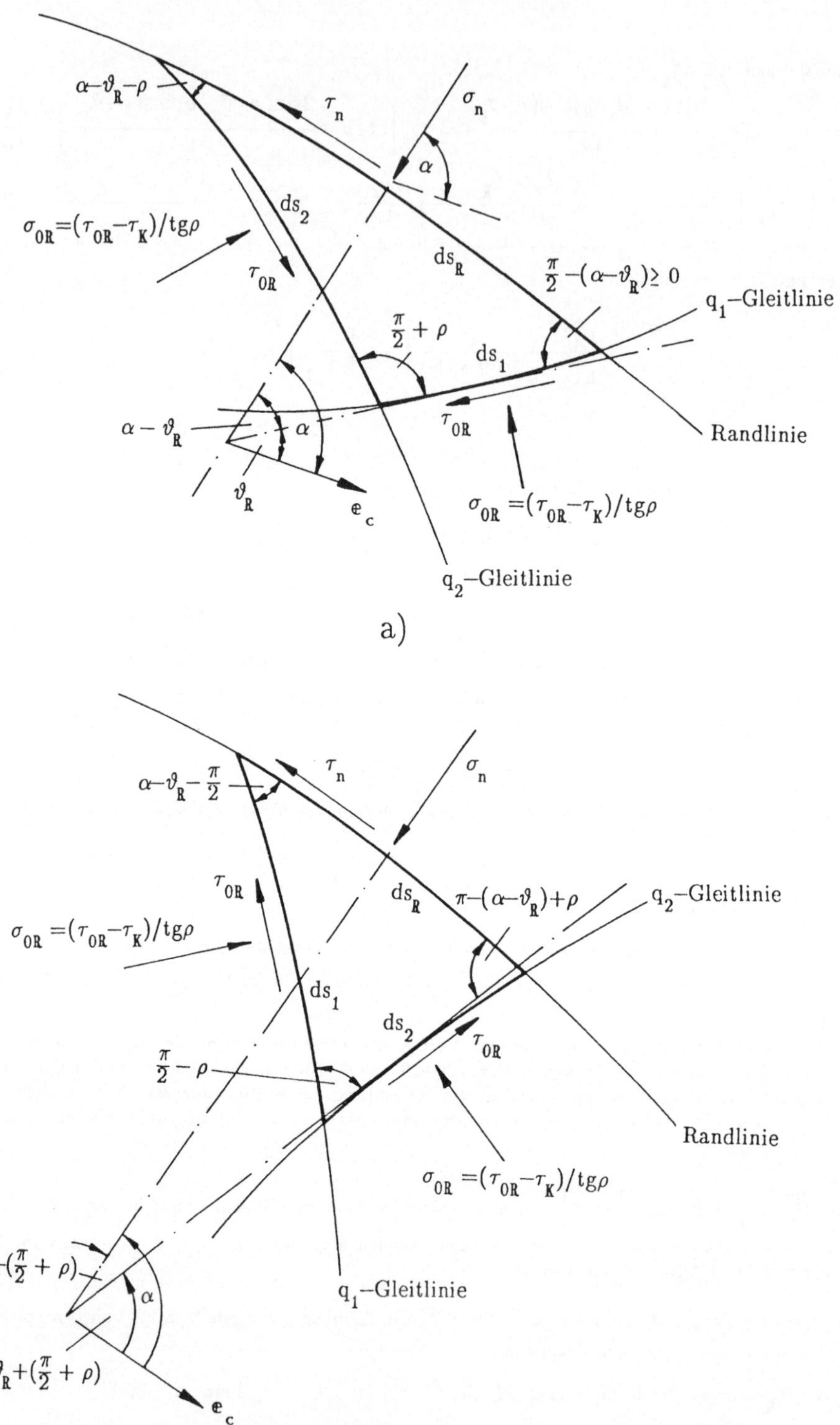

Abb. E 3.2

Scharen angehörender Gleitlinien — durch zwei Randpunkte a bzw. b gefunden werden. In Anwendung von (3.12) gilt nun längs des q_1–Gleitlinienbogens ac

$$\tau_c e^{2\vartheta_c \mathrm{tg}\rho} - \sin\rho \int_{s_{1k}}^{s_{1c}} (\mathbb{k}_2 \cdot \mathbb{e}^1) e^{2\vartheta \mathrm{tg}\rho} d\bar{s}_1 = \tau_a e^{2\vartheta_a \mathrm{tg}\rho} - \sin\rho \int_{s_{1k}}^{s_{1a}} (\mathbb{k}_2 \cdot \mathbb{e}^1) e^{2\vartheta \mathrm{tg}\rho} d\bar{s}_1 \tag{3.19a}$$

$$\text{bzw. } \tau_c = \tau_a e^{2(\vartheta_a - \vartheta_c)\mathrm{tg}\rho} - e^{-2\vartheta_c \mathrm{tg}\rho} \sin\rho \int_{s_{1c}}^{s_{1a}} (\mathbb{k}_2 \cdot \mathbb{e}^1) e^{2\vartheta \mathrm{tg}\rho} d\bar{s}_1$$

und längs des q_2–Gleitlinienbogens bc

$$\tau_c e^{-2\vartheta_c \mathrm{tg}\rho} - \sin\rho \int_{s_{2k}}^{s_{2c}} (\mathbb{k}_2 \cdot \mathbb{e}^2) e^{-2\vartheta \mathrm{tg}\rho} d\bar{s}_2 = \tau_b e^{-2\vartheta_b \mathrm{tg}\rho} - \sin\rho \int_{s_{2k}}^{s_{2b}} (\mathbb{k}_2 \cdot \mathbb{e}^2) e^{-2\vartheta \mathrm{tg}\rho} d\bar{s}_2 \tag{3.19b}$$

$$\text{bzw. } \tau_c = \tau_b e^{-2(\vartheta_b - \vartheta_c)\mathrm{tg}\rho} - e^{2\vartheta_c \mathrm{tg}\rho} \sin\rho \int_{s_{2c}}^{s_{2b}} (\mathbb{k}_2 \cdot \mathbb{e}^2) e^{-2\vartheta \mathrm{tg}\rho} d\bar{s}_2 ,$$

womit nach Gleichsetzen von (3.19a) mit (3.19b)

$$\begin{aligned} &\tau_a e^{2(\vartheta_a - \vartheta_c)\mathrm{tg}\rho} - e^{-2\vartheta_c \mathrm{tg}\rho} \sin\rho \int_{s_{1c}}^{s_{1a}} (\mathbb{k}_2 \cdot \mathbb{e}^1) e^{2\vartheta \mathrm{tg}\rho} d\bar{s}_1 \\ &= \tau_b e^{-2(\vartheta_b - \vartheta_c)\mathrm{tg}\rho} - e^{2\vartheta_c \mathrm{tg}\rho} \sin\rho \int_{s_{2c}}^{s_{2b}} (\mathbb{k}_2 \cdot \mathbb{e}^2) e^{-2\vartheta \mathrm{tg}\rho} d\bar{s}_2 \end{aligned} \tag{3.19c}$$

gefunden wird. Bei hinreichend kleinem Randdreieck abc kann näherungsweise bis auf von höherer Ordnung kleine Glieder

$$e^{2(\vartheta_a - \vartheta_c)\mathrm{tg}\rho} \approx 1 + 2(\vartheta_a - \vartheta_c)\mathrm{tg}\rho , \quad e^{-2(\vartheta_b - \vartheta_c)\mathrm{tg}\rho} \approx 1 - 2(\vartheta_b - \vartheta_c)\mathrm{tg}\rho ,$$

$$\int_{s_{1c}}^{s_{1a}} (\mathbb{k}_2 \cdot \mathbb{e}^1) e^{2\vartheta \mathrm{tg}\rho} d\bar{s}_1 \approx (\mathbb{k}_{2a} \cdot \mathbb{e}^1_a) e^{2\vartheta_a \mathrm{tg}\rho} \Delta s_1 ,$$

$$\int_{s_{2c}}^{s_{2b}} (\mathbb{k}_2 \cdot \mathbb{e}^2) e^{-2\vartheta \mathrm{tg}\rho} d\bar{s}_2 \approx (\mathbb{k}_{2b} \cdot \mathbb{e}^2_b) e^{-2\vartheta_b \mathrm{tg}\rho} \Delta s_2 ,$$

$$e^{-2\vartheta_c \mathrm{tg}\rho} \int_{s_{1c}}^{s_{1a}} (\mathbb{k}_2 \cdot \mathbb{e}^1) e^{2\vartheta \mathrm{tg}\rho} d\bar{s}_1 \approx (\mathbb{k}_{2a} \cdot \mathbb{e}_a^1)\Delta s_1 ,$$

$$e^{2\vartheta_c \mathrm{tg}\rho} \int_{s_{2c}}^{s_{2b}} (\mathbb{k}_2 \cdot \mathbb{e}^2) e^{-2\vartheta \mathrm{tg}\rho} d\bar{s}_2 \approx (\mathbb{k}_{2b} \cdot \mathbb{e}_b^2)\Delta s_2$$

gesetzt und hiermit Gleichung (3.19c) zu

$$\tau_a - \tau_b + 2(\tau_a\vartheta_a + \tau_b\vartheta_b)\mathrm{tg}\rho - 2(\tau_a + \tau_b)\vartheta_c\, \mathrm{tg}\rho - \sin\rho\Big[(\mathbb{k}_{2a} \cdot \mathbb{e}_a^1)\Delta s_1 - (\mathbb{k}_{2b} \cdot \mathbb{e}_b^2)\Delta s_2\Big] = 0 \tag{3.19d}$$

vereinfacht werden. Mit den bis auf von höherer Ordnung kleine Glieder aus dem Sinussatz für das Dreieck abc hervorgehenden Beziehungen

$$\frac{\Delta s_R}{\sin(\frac{\pi}{2} + \rho)} = \frac{\Delta s_R}{\cos\rho} = \frac{\Delta s_1}{\sin(\alpha_m - \vartheta_b - \rho)} = \frac{\Delta s_2}{\sin[\frac{\pi}{2} - (\alpha_m - \vartheta_a)]} = \frac{\Delta s_2}{\cos(\alpha_m - \vartheta_a)} \tag{3.19e}$$

können nun schließlich noch Δs_1 und Δs_2 durch das Randlinienelement Δs_R ausgedrückt werden, womit endgültig aus (3.19d)

$$\vartheta_c = \frac{\tau_a - \tau_b}{2(\tau_a + \tau_b)} \mathrm{ctg}\rho + \frac{\tau_a\vartheta_a + \tau_b\vartheta_b}{\tau_a + \tau_b} - \frac{\Delta s_R[(\mathbb{k}_{2a} \cdot \mathbb{e}_a^1)\sin(\alpha_m - \vartheta_b - \rho) - (\mathbb{k}_{2b} \cdot \mathbb{e}_b^2)\cos(\alpha_m - \vartheta_a)]}{2(\tau_a + \tau_b)} \tag{3.20a}$$

hervorgeht. Den zugehörigen Schubspannungswert τ_c bekommt man aus den Gleichungen (3.19a) bzw. (3.19b), die sich mit den entsprechenden Linearisierungen zu

$$\tau_c \approx \tau_a\,[1 + 2(\vartheta_a - \vartheta_c)\mathrm{tg}\rho] - (\mathbb{k}_{2a} \cdot \mathbb{e}_a^1)\sin\rho\, \Delta s_1$$

bzw. $\tau_c \approx \tau_b\,[1 - 2(\vartheta_b - \vartheta_c)\mathrm{tg}\rho] - (\mathbb{k}_{2b} \cdot \mathbb{e}_b^2)\sin\rho\, \Delta s_2$

vereinfachen lassen. Man findet mit (3.19e) aus beiden Gleichungen nach Einsetzen von ϑ_c gemäß (3.20a) dasselbe Resultat:

$$\tau_c = \frac{2\tau_a\tau_b}{\tau_a + \tau_b}[1 + (\vartheta_a - \vartheta_b)\mathrm{tg}\rho] - \frac{\Delta s_R\, \mathrm{tg}\rho}{\tau_a + \tau_b}[\tau_b(\mathbb{k}_{2a} \cdot \mathbb{e}_a^1)\sin(\alpha_m - \vartheta_b - \rho) +$$
$$+ \tau_a(\mathbb{k}_{2b} \cdot \mathbb{e}_b^2)\cos(\alpha_m - \vartheta_a)] . \tag{3.20b}$$

Approximiert man die Gleitlinienbögen ac und bc durch Kreisbögen, so ergibt sich der Punkt c als Schnittpunkt der Kreisbogensehnen (s_a) und (s_b) durch die Randpunkte a bzw. b, die gegenüber der festen Richtung $\mathbb{e}_c$ um

$$\beta_a = (\vartheta_a + \vartheta_c)/2 \quad \text{bzw.} \quad \beta_b = \frac{\pi}{2} + \rho + (\vartheta_b + \vartheta_c)/2 \tag{3.20c}$$

geneigt sind. Mit diesem Verfahren läßt sich eine Schar randnaher Gleitlinien–Schnittpunkte c mit den zugehörigen Werten (τ_c, ϑ_c) näherungsweise festlegen. Sie dienen dann, ebenso wie zuvor die Randpunkte a und b, als Ausgangspunkte, um die Ermittlung des Spannungszustandes bzw. des Gleitliniennetzes weiter in das Innere der im Grenzgleichgewicht befindlichen Bodenzone voranzutreiben.

Die numerische Untersuchung massenkraftfreier Grenzgleichgewichtsprobleme geht von den Gleichungen (3.17a,b) aus, wonach längs des q_1–Gleitlinienbogens ac

$$\ln(\tau_a/\tau^*) + 2\vartheta_a \mathrm{tg}\rho = \ln(\tau_c/\tau^*) + 2\vartheta_c \mathrm{tg}\rho$$

und längs des q_2–Gleitlinienbogens bc

$$\ln(\tau_b/\tau^*) - 2\vartheta_b \mathrm{tg}\rho = \ln(\tau_c/\tau^*) - 2\vartheta_c \mathrm{tg}\rho$$

gelten, woraus die dem Punkte c zukommenden Werte (τ_c, ϑ_c) sogleich berechnet werden können[18]:

$$\vartheta_c = \frac{\vartheta_a + \vartheta_b}{2} + \frac{\ln(\tau_a/\tau_b)}{4\mathrm{tg}\rho} \quad , \quad \ln\frac{\tau_c}{\tau^*} = (\vartheta_a - \vartheta_b)\mathrm{tg}\rho + \ln\sqrt{\frac{\tau_a\tau_b}{\tau^{*2}}} \,. \qquad (3.21a,b)$$

Bei der näherungsweisen Festlegung des Punktes c als Schnittpunkt von Kreisbögen ermittelt man c als Schnittpunkt der Kreisbogensehnen (s_a) und (s_b) (Abb. E 3.3). Dabei ist (s_a) die durch den Randpunkt a unter dem Winkel

$$\beta_a = \frac{1}{2}(\vartheta_a + \vartheta_b) = \frac{1}{4}(3\vartheta_a + \vartheta_b) + \frac{\ln(\tau_a/\tau_b)}{8\mathrm{tg}\rho} \qquad (3.21c)$$

gegenüber der festen Richtung $\mathfrak{e}_c$ verlaufende Gerade, während die vom Randpunkte b aus abzutragende Gerade (s_b) gegenüber $\mathfrak{e}_c$ um den Winkel

$$\beta_b = \frac{\pi}{2} + \rho + \frac{1}{2}(\vartheta_b + \vartheta_c) = \frac{\pi}{2} + \rho + \frac{1}{4}(3\vartheta_b + \vartheta_a) + \frac{\ln(\tau_a/\tau_b)}{8\mathrm{tg}\rho} \qquad (3.21d)$$

geneigt ist. Ebenso wie zuvor dient dann die im Sinne von (3.21) festgelegte Schar randnaher Punkte c mit den zugehörigen Werten (τ_c, ϑ_c) dazu, weiter im Innern liegende Gleitlinienschnittpunkte näherungsweise festzulegen. Weitere Ausführungen hierüber gehören in die Spezialliteratur [39].

Einfachste Coulombsche Gleitliniennetze für massenkraftfreie Grenzgleichgewichtsprobleme sind

a) Scharen sich unter den Winkeln $\frac{\pi}{2} \pm \rho$ schneidender paralleler Geraden (Abb. E 3.4a) mit ϑ = const und damit nach (3.17c,d) global konstanten Gleitlinien-Schubspannungen und

b) Scharen durch einen Punkt verlaufender Graden mit den dualen Scharen logarithmischer Spiralen in der Polarkoordinatendarstellung

$$r(a,\varphi) = a e^{\pm\varphi \mathrm{tg}\rho} \ , \qquad (3.22a)$$

wobei in Abb. E 3.4b der Fall

$$r(a,\vartheta) = a e^{\varphi \mathrm{tg}\rho} = a e^{(\pi-\vartheta)\mathrm{tg}\rho} \qquad (3.22b)$$

dargestellt wurde, der mit $q_1 = a$, $q_2 = \vartheta$ und daher (nach (3.14c)) mit

$$\beta = f_1(a) - f_2(\beta) \ , \quad \text{d. h.} \quad f_1(a) = \text{const} = \vartheta^x/2 \qquad (3.22c)$$

schließlich zu den (in den Spiralen-Gleitflächen übertragenen) Schubspannungen

---

[18] Diese Ergebnisse gelten auch dann, wenn der Schnittpunkt c zweier durch endlich voneinander entfernte Randpunkte a bzw. b verlaufenden q_1- bzw. q_2-Gleitlinienbögen vom Rande einen endlichen Abstand hat.

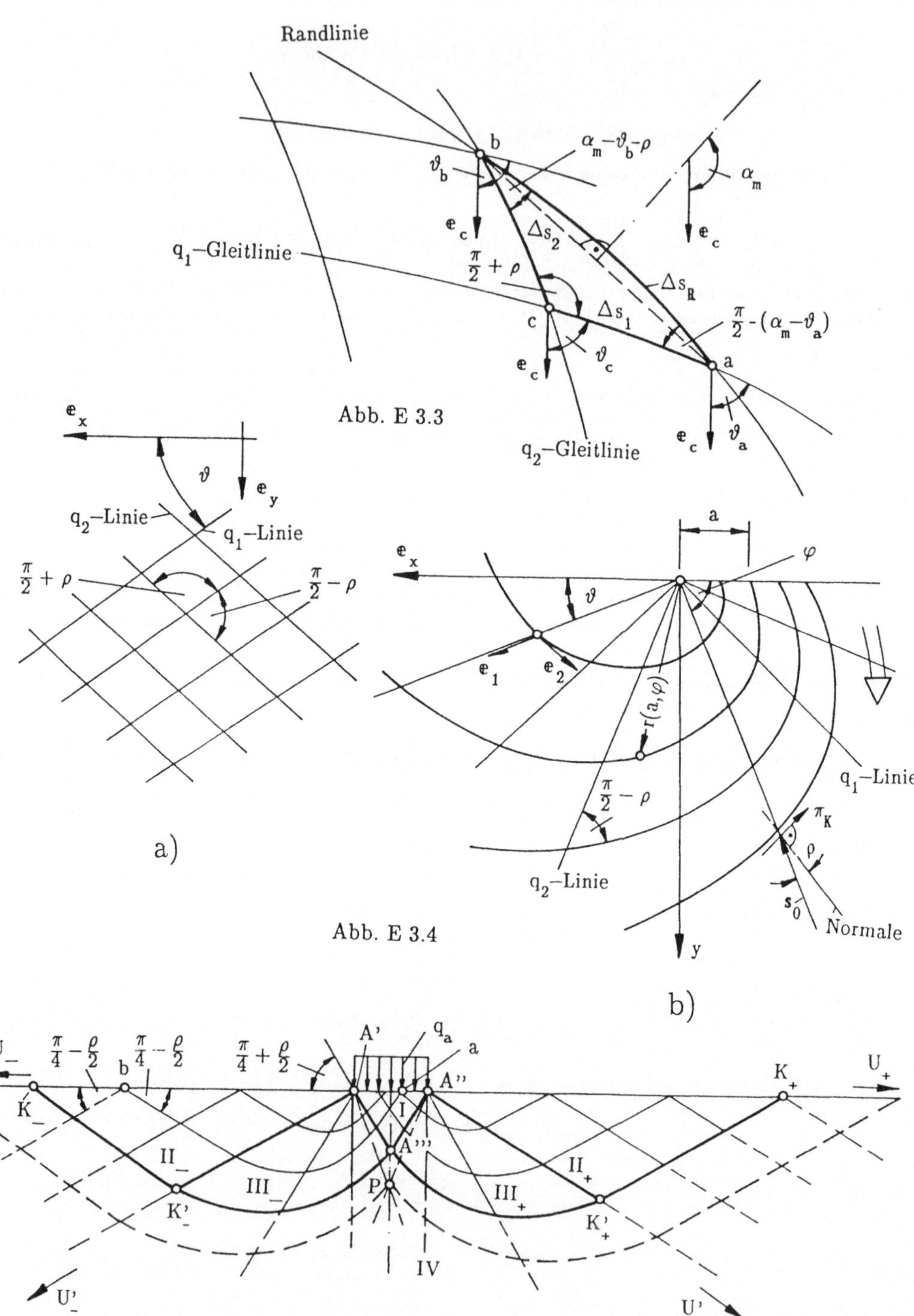

Abb. E 3.3

Abb. E 3.4

Abb. E 3.5

$$\frac{\tau_0}{\tau^*} = e^{2(\vartheta-\vartheta^x)\operatorname{tg}\rho}\ , \quad \frac{\tau_{0a}}{\tau_{0b}} = e^{2(\vartheta_a-\vartheta_b)\operatorname{tg}\rho} \tag{3.22d}$$

führt, und der einer Grenzsituation entspricht, als deren Folge ein Abgleiten im Sinne einer durch den Doppelpfeil in Abb. E 3.4b angedeuteten drehenden Bewegung zu erwarten ist, wie an der Wirkungsweise der in Abb. E 3.4b freigelegten Spannungen, bestehend aus dem Kohäsionsschubspannungsvektor τ_k und dem aus Normalspannungen σ_0 und Coulombschen Reibungsschubspannungen $\tau_0 = \sigma_0 \operatorname{tg} \rho$ zusammengesetzten Vektor $\mathfrak{s}_0$ zu erkennen ist. Sowohl im Falle a) wie auch im Falle b) sind, wie man leicht prüft, die Coulomb-Henkyschen Gleitliniensätze befriedigt.

Ein Beispiel für eine Kombination der Scharen a) und b) ist die in Abb. E 3.5 dargestellte Grenzgleichgewichtssituation des Halbraumes als Folge einer in z–Richtung unendlich–erstreckten Streifenbelastung q_a.

Zunächst sind, wenn man längs des Randes $\overline{A'A''}$ die lotrechten Hauptspannungen $\sigma_{yy} = q_a$ größer als die waagerechten Hauptspannungen σ_{xx} voraussetzt, die vom Rande $\overline{A'A''}$ aus konstruierbaren Gleitlinien innerhalb des dem Rande $\overline{A'A''}$ zugehörigen Einflußbereiches I(Dreieck A'A"A"') Geraden, die gegenüber der Horizontalen um ± $[(\pi/4) + (\rho/2)]$ geneigt sind. Längs der Randbereiche $\overline{U_-A'}$ bzw. $\overline{A''U_+}$, die vor der Situation des "Angehobenwerdens" stehen, liegt der Fall $\sigma_{yy} =$[19] 0, $\sigma_{yy} < \sigma_{xx}$ vor, womit in den entsprechenden Einflußbereichen II_- bzw. II_+ (jeweils nach links bzw. rechts von A' bzw. A" aus erstreckte Dreiecke $U_-A'U'_-$ bzw. $U_+A''U'_+$) unter den Winkeln ± $[(\pi/4) - (\rho/2)]$ gegen die Horizontale geneigte Geraden erhältlich sind. Setzen wir stetigen Übergang der Spannungen längs der Grenzgleitlinien $\overline{A'U'_-}$, $\overline{A'A'''}$, $\overline{A''A'''}$ bzw. $\overline{A''U'_+}$ voraus, so müssen sich die Gleitlinien der jeweils anderen Schar mit stetiger Tangente über die Grenzgleitlinien fortsetzen, was — mit Ausnahme der singulären Punkte A' bzw. A" — von logarithmischen Spiralen erfüllt wird. In den Bereichen III_- bzw. III_+ (Bogendreiecke $A'A'''K'_-$ bzw. $A''A'''K'_+$) besteht das Gleitliniennetz dementsprechend aus einem durch A' bzw. A" verlaufenden Geradenbüschel und entsprechenden logarithmischen Spiralen. Von den Punkten K'_- bzw. K'_+ ausgehend, stellt man nun mit Hilfe des ersten bzw. zweiten Gleitliniensatzes (3.15a,b, 16a,b) leicht fest, daß die von A' bzw. A" ausgehenden Geradenbüschel über die Grenzlinien $\overline{K'_-A'''}$ bzw. $\overline{A'''K'_+}$ hinaus in den Bereich IV fortzusetzen wären. Dementsprechend müßten die korrespondierenden Gleitlinien auch im Bereich IV logarithmische Spiralen sein. Sie erfüllen zwar die Bedingung stetigen Überganges der Tangente längs der Grenzgleitlinien $\overline{K'_-U'_-}$ bzw. $\overline{K'_+U'_+}$, gehen jedoch längs des von A"' gefällten Lotes mit einem Knick in ihre Fortsetzungen $\overline{PA''}$ bzw. $\overline{PA'}$ über. Hiernach müßten in sämtlichen Punkten P unterhalb A"' mehr als zwei Gleitlinienrichtungen möglich sein, was offenbar nur dann der Fall sein könnte, wenn man unstetigen Übergang der Schubspannungen in der Lotrechten unterhalb A"' zuließe. Punkte P unterhalb A"' liegen also nicht mehr im Grenzgleichgewichtsbereich, wenn man stetigen Fließspannungszustand annimmt. Man kommt zu dem Schluß, daß der durch q_a bewirkte Grenzgleichgewichtszustand und damit eine einsetzende Bewegung allein die

19) Massenkraftwirkungen sollten hier außer Betracht bleiben.

Bereiche I, $II_{+,-}$ und $III_{+,-}$ erfaßt. Die Grenzgleitlinien $K_-K_-' A''$ bzw. $A'' K_+' K_+$ trennen in diesem Falle den in Ruhe bleibenden Rest von der Fließzone. Wendet man längs einer q_2–Gleitlinie ba Gleichung (3.17d) an, so bekommt man

$$\ln(\tau_{0a}/\tau^*) - 2\vartheta_a \mathrm{tg}\rho = \ln(\tau_{0b}/\tau^*) - 2\vartheta_b \mathrm{tg}\rho \tag{3.23a}$$

bzw.

$$\tau_{0a}/\tau_{0b} = e^{2(\vartheta_a - \vartheta_b)\mathrm{tg}\rho} \tag{3.23b}$$

und mit den von der positiven x_1–Achse (in Richtung U_-) aus gemessenen Winkeln (der jeweiligen q_1–Linienrichtungen!)

$$\vartheta_b = \frac{\pi}{4} - \frac{\rho}{2}\,, \quad \vartheta_a = \frac{3}{4}\pi - \frac{\rho}{2} = \frac{\pi}{2} + \vartheta_b \tag{3.23c}$$

weiter

$$\tau_{0a}/\tau_{0b} = e^{\pi \mathrm{tg}\rho}\,, \tag{3.23d}$$

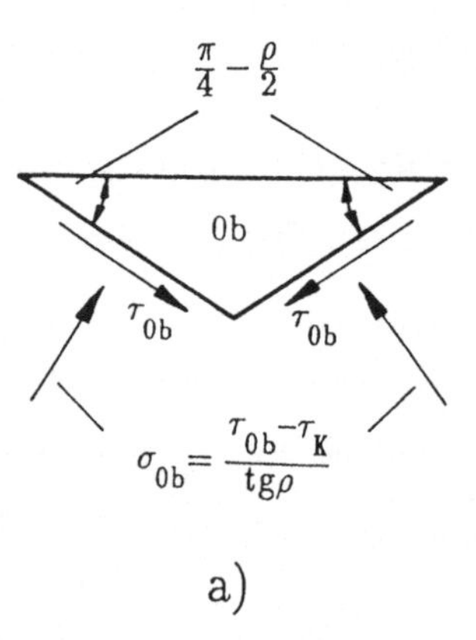

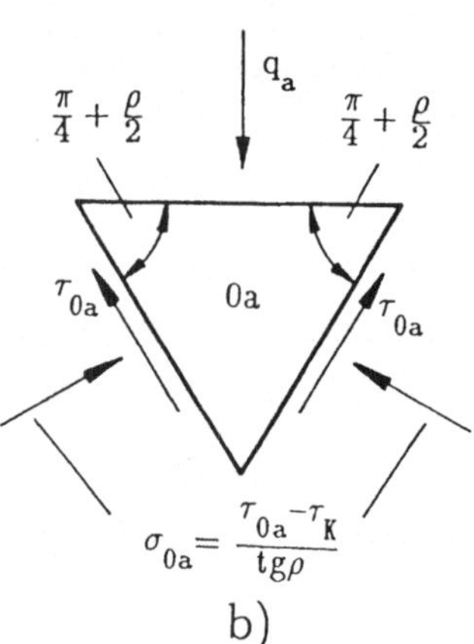

Abb. E 3.6

wobei aus den lotrechten Gleichgewichtsbedingungen der an die Oberfläche grenzenden Volumenelemente nach Abb. E 3.6a,b

$$\tau_{0b} = \tau_k(1 + \sin\rho)\,, \quad \tau_{0a} = (\tau_k \cos\rho + q_a \sin\rho)(1 - \sin\rho) \tag{3.24a,b}$$

festgestellt wird. Kombination von (3.23d) mit (3.24a,b) ergibt dann schließlich als Fließ–Grenzbelastung

$$q_a = \tau_k \left[\frac{\mathrm{ctg}^2(\frac{\pi}{4} - \frac{\rho}{2})}{\sin\rho} e^{\pi \mathrm{tg}\rho} - \mathrm{ctg}\rho \right], \tag{3.24c}$$

wonach hier Fließen nur bei Vorhandensein von Materialkohäsion $(\tau_k \neq 0)$ unterbunden werden kann. Für die Mechanik "rolliger Böden" mit geringer Materialkohäsion ist dieses Resultat nicht brauchbar, da hier die durch das Bodengewicht erhöhte Wirkung der inneren Reibung die entscheidende Rolle für die Standsicherheit spielt.

Exakte Lösungen für Grenzgleichgewichtsaufgaben unter Einschluß des Bodengewichtes sind wiederum Scharen paralleler Geraden, und zwar auch solche, die nicht (wie in § 6.9.2.a untersucht) zur Gewichts-Richtung symmetrisch sind (vgl. Abb. E 3.4a), jedoch lösen in diesem Falle - wie man mit (3.13) zeigt - Netze aus Geradenbüscheln und logarithmischen Spiralen das Grenzgleichgewichtsproblem nicht exakt, so daß die Verwendung der letzteren

s_2
$\frac{\pi}{4} + \frac{\rho}{2} - \delta$
$\frac{\pi}{4} + \frac{\rho}{2} + \delta$
$\frac{\pi}{2} + \delta$
e_x
δ
$\frac{\pi}{4} - \frac{\rho}{2} - \delta$
$\frac{3}{4}\pi - (\delta + \frac{\rho}{2})$
q_2–Linie
e_2
$\frac{\pi}{4} - (\delta - \frac{\pi}{2})$
e_y
$\sigma^H_{22(\delta)}$
e_1
q_1–Linie
$\frac{\pi}{2} - \rho$
s_1
$\sigma^H_{11(\delta)}$
σ_0
τ_0
$\frac{\pi}{2} + \rho$
$\sigma^H_{22(\delta)} = \sigma^H_{11(\delta)}\lambda_a - 2\tau_K\sqrt{\lambda_a}$
δ
σ_0
$\frac{\pi}{2} - \rho$
τ_0
σ_0
τ_0
τ_0
e_x
σ_0
$\sigma^H_{11(\delta)}$
δ
e_y

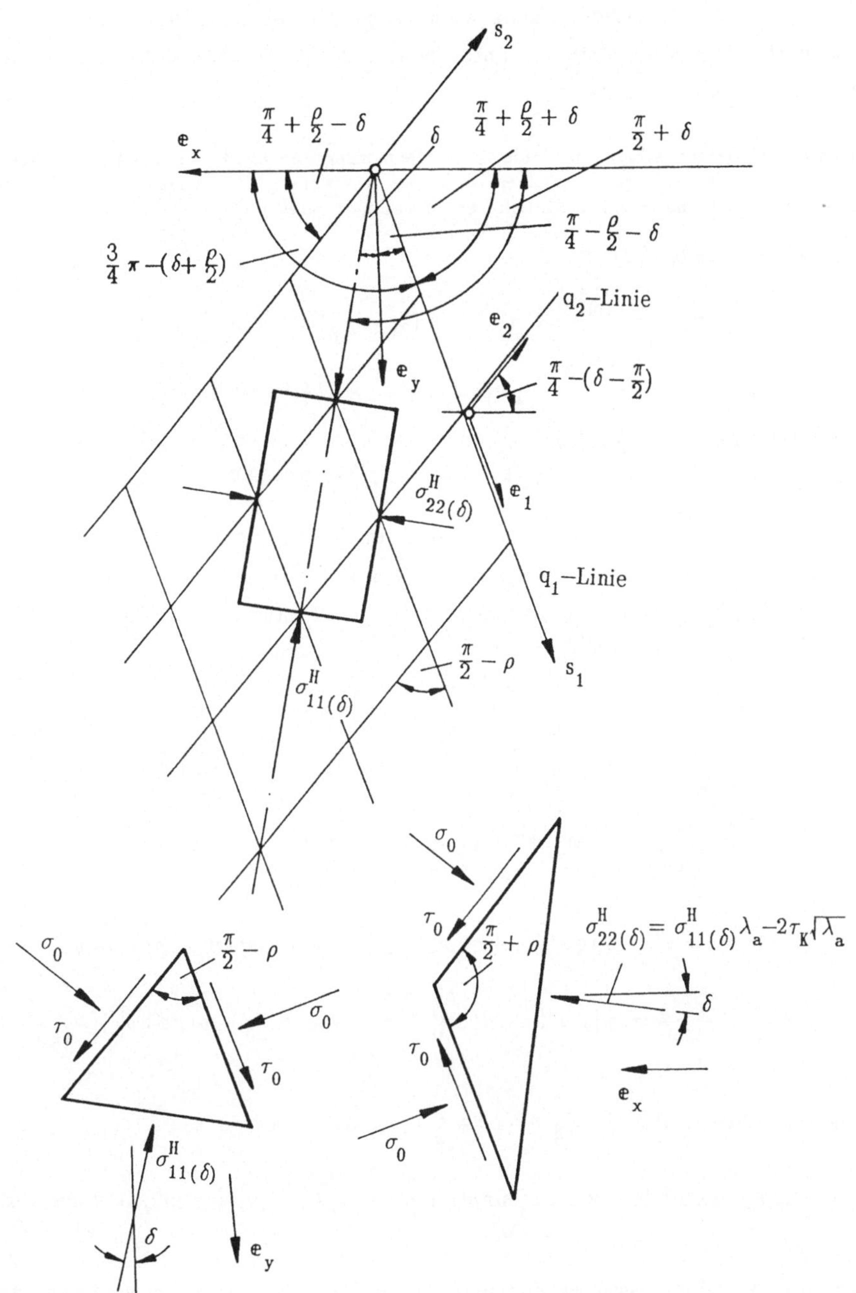

Abb. E 3.7

Netze bei der Lösung von Grenzgleichgewichtsaufgaben nur eine, wenn auch in der Praxis häufig benutzte, Näherung darstellt unter dem Gesichtspunkt, obere Abschätzungen für kritische Belastungen herzustellen.

Der Fall paralleler Geradenscharen wird hier unter Benutzung von (3.13) für das Beispiel nach Abb. E 3.7 aufgegriffen, das als Element zur näherungsweisen Behandlung des aktiven Erddruck—Falles unter Einschluß der Wandreibung zwischen Stützmauer und Füllgut verwendet werden kann.

Mit $\vartheta = \text{const} = \vartheta_0$ verlangt (3.13)

$$\begin{aligned}\tau_0 &= e^{-2\vartheta_0 \operatorname{tg}\rho}\, C_2(s_2) + \gamma\,(s_1 - s_{10})\sin\rho\,\sin(\vartheta_0 + \rho)\\ &= e^{2\vartheta_0 \operatorname{tg}\rho}\, C_1(s_1) + \gamma\,(s_2 - s_{20})\sin\rho\,\cos\vartheta_0\,,\end{aligned} \tag{3.25a}$$

d. h.

$$\begin{aligned}&e^{-2\vartheta_0 \operatorname{tg}\rho}\, C_2(s_2) - (s_2 - s_{20})\gamma\sin\rho\,\cos\vartheta_0 =\\ &= e^{2\vartheta_0 \operatorname{tg}\rho}\, C_1(s_1) - (s_1 - s_{10})\gamma\sin\rho\,\sin(\vartheta_0 + \rho) = \text{const} =^{20)} C^x\,,\end{aligned} \tag{3.25b}$$

womit man für den Spannungszustand — man setze (3.25b) in (3.25a) ein —

$$\tau_0(s_1,s_2) = \tau^x + \gamma[s_1 \sin(\vartheta_0 + \rho) + s_2 \cos\vartheta_0]\sin\rho\,,\quad \tau^x = \text{const}\,, \tag{3.25c}$$

und mit

$$\mathbb{r}_2 = x\mathbb{e}_x + y\mathbb{e}_y \equiv s_1\mathbb{e}_1 + s_2\mathbb{e}_2$$

d. h.

$$\begin{aligned}s_1(x,y) &= \frac{x\mathbb{e}_x\cdot\mathbb{e}^1 + y\mathbb{e}_y\cdot\mathbb{e}^1}{\cos\rho} = x\,\frac{\cos(\vartheta_0+\rho)}{\cos\rho} + y\,\frac{\sin(\vartheta_0+\rho)}{\cos\rho}\\ s_2(x,y) &= \frac{x\mathbb{e}_x\cdot\mathbb{e}^2 + y\mathbb{e}_y\cdot\mathbb{e}^2}{\cos\rho} = -\,x\,\frac{\sin\vartheta_0}{\cos\rho} + y\,\frac{\cos\vartheta_0}{\cos\rho}\end{aligned}$$

schließlich die Lösung

$$\begin{aligned}\tau_0(x,y) &= \tau^x + \gamma\operatorname{tg}\rho\,[y + \big(x\cos(2\vartheta_0 + \rho) + y\sin(2\vartheta_0 + \rho)\big)\sin\rho]\,,\\ \sigma_0(x,y) &= \frac{\tau_0 - \tau_k}{\operatorname{tg}\rho} = \gamma\,[y + \big(x\cos(2\vartheta_0 + \rho) + y\sin(2\vartheta_0 + \rho)\big)\sin\rho] + \frac{\tau^x - \tau_k}{\operatorname{tg}\rho}\end{aligned} \tag{3.25d}$$

folgert. Sie beschreibt mit $\vartheta = \vartheta_0 = \frac{3}{4}\pi - (\delta + \frac{\rho}{2})$ (vgl. Abb. E 3.7), d. h.

$$\tau_0 = \tau^x + \gamma\operatorname{tg}\rho[y - (x\sin2\delta + y\cos2\delta)\sin\rho]\,,\ \sigma_0 = \frac{\tau^x - \tau_k}{\operatorname{tg}\rho} + \gamma[y - (x\sin2\delta + y\cos2\delta)\sin\rho] \tag{3.26a,b}$$

einen um den Winkel δ gegenüber der Horizontalen bzw. der Vertikalen geneigten Hauptspan-

---

20) Man beachte, daß links eine reine Funktion von s_2, rechts hingegen eine reine Funktion von s_1 steht, weswegen die linke bzw. die rechte Seite allenfalls einer gemeinsamen Konstanten (C^x) gleich sein können.

nungszustand[21]

$$\sigma^{H}_{11(\delta)} = \sigma_0 + \tau_0 \operatorname{ctg}(\tfrac{\pi}{4} - \tfrac{\rho}{2}) = \tau_k\sqrt{\lambda_p} + \frac{\sigma_0}{1-\sin\rho}$$

$$= \gamma\left[y\,\frac{1-\cos2\delta\sin\rho}{1-\sin\rho} - x\,\frac{\sin2\delta\sin\rho}{1-\sin\rho}\right] + \tau_k\sqrt{\lambda_p} + \frac{\tau^x-\tau_k}{\operatorname{tg}\rho}\,\frac{1}{1-\sin\rho}\,, \tag{3.26d}$$

$$\sigma^{H}_{22(\delta)} = \sigma_0 - \tau_0 \operatorname{ctg}(\tfrac{\pi}{4} + \tfrac{\rho}{2}) = -\tau_k\sqrt{\lambda_a} + \frac{\sigma_0\,\lambda_a}{1-\sin\rho}$$

$$= \gamma\,\lambda_a\left[y\,\frac{1-\cos2\delta\sin\rho}{1-\sin\rho} - x\,\frac{\sin2\delta\sin\rho}{1-\sin\rho}\right] - \tau_k\sqrt{\lambda_a} + \frac{\tau^x-\tau_k}{\operatorname{tg}\rho}\,\frac{\lambda_a}{1-\sin\rho} \tag{3.26e}$$

mit[22]

$$\lambda_a = \operatorname{tg}^2(\tfrac{\pi}{4} - \tfrac{\rho}{2})\,, \quad \lambda_p = \operatorname{tg}^2(\tfrac{\pi}{4} + \tfrac{\rho}{2}) = 1/\lambda_a \tag{3.26f}$$

und den für $\tau_k = 0$ und $\tau^x = 0$, nach den kartesischen Koordinaten orientierten Spannungskomponenten

$$\sigma_{xx} = \sigma^{H}_{11(\delta)}\sin^2\delta + \sigma^{H}_{22(\delta)}\cos^2\delta = \gamma\left[y\,\frac{1-\cos2\delta\sin\rho}{1-\sin\rho} - x\,\frac{\sin2\delta\sin\rho}{1-\sin\rho}\right](\sin^2\delta + \lambda_a\cos^2\delta)\,, \tag{3.27a}$$

$$\sigma_{yy} = \sigma^{H}_{11(\delta)}\cos^2\delta + \sigma^{H}_{22(\delta)}\sin^2\delta = \gamma\left[y\,\frac{1-\cos2\delta\sin\rho}{1-\sin\rho} - x\,\frac{\sin2\delta\sin\rho}{1-\sin\rho}\right](\cos^2\delta + \lambda_a\sin^2\delta)\,, \tag{3.27b}$$

$$\sigma_{xy} = (\sigma^{H}_{11(\delta)} - \sigma^{H}_{22(\delta)})\sin\delta\cos\delta = \gamma\left[y\,\frac{1-\cos2\delta\sin\rho}{1-\sin\rho} - x\,\frac{\sin2\delta\sin\rho}{1-\sin\rho}\right](1-\lambda_a)\sin\delta\cos\delta\,. \tag{3.27c}$$

---

21) der insbesondere längs der durch den Koordinatenursprung verlaufenden s_1—Linie, d. h. mit $s_2 = 0$ nach (3.25c) durch

$$\tau_0 = \tau^x + \gamma\,s_1\sin\rho\sin(\vartheta_0 + \rho) = \tau^x + \gamma\,s_1\sin\rho\sin(\tfrac{\pi}{4} - \tfrac{\rho}{2} + \delta) \tag{3.26c}$$

gekennzeichnet ist.

22) Häufig benutzte Identitäten sind desweiteren

$$1-\sin\rho = 1-\cos(\tfrac{\pi}{2} - \rho) = 2\sin^2(\tfrac{\pi}{4} - \tfrac{\rho}{2}) = \frac{2\lambda_a}{1+\lambda_a}$$

$$= 1+\cos(\tfrac{\pi}{2} + \rho) = 2\cos^2(\tfrac{\pi}{4} + \tfrac{\rho}{2}) = \frac{2}{1+\lambda p}\,,$$

$$\frac{1+\sin\rho}{1-\sin\rho} = \frac{1+\cos(\frac{\pi}{2} - \rho)}{1+\cos(\frac{\pi}{2} + \rho)} = \frac{\cos^2(\frac{\pi}{4} - \frac{\rho}{2})}{\cos^2(\frac{\pi}{4} + \frac{\rho}{2})} = \frac{1+\lambda_p}{1+\lambda_a} = \lambda_p = \frac{1}{\lambda_a} = \frac{(1+\operatorname{tg}\frac{\rho}{2})^2}{(1-\operatorname{tg}\frac{\rho}{2})^2}\,, \frac{1+\lambda_a}{1-\lambda_a} = \frac{1}{\sin\rho}$$

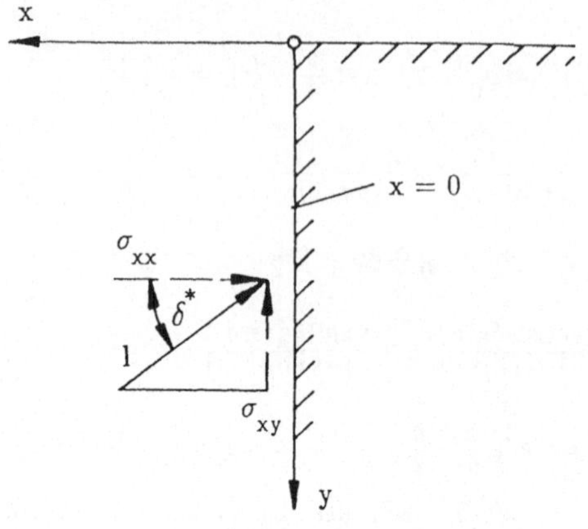

Abb. E 3.8

Für $x = 0$ ergeben sich hieraus

$$\sigma_{xx} = \gamma y \frac{1-\cos 2\delta \sin\rho}{1-\sin\rho} (\sin^2\delta + \lambda_a \cos^2\delta) \, , \; \sigma_{xy} = \gamma y \frac{1-\cos 2\delta \sin\rho}{1-\sin\rho} (1-\lambda_a) \sin\delta \cos\delta \, , \qquad (3.28a,b)$$

also mit der Tiefe linear zunehmende Randspannungen, wie sie von einer lotrechten Stützmauer im "aktiven Erddruckfalle" unter Berücksichtigung von Wandreibungseffekten auf ein Schüttgut ausgeübt werden (Abb. E 3.8), wobei

$$\mathrm{tg}\delta^* = \frac{\sigma_{xy}}{\sigma_{xx}} = \frac{(1-\lambda_a)\sin\delta\cos\delta}{\sin^2\delta\lambda_a\cos^2\delta} = \frac{(1-\lambda_a)\sin 2\delta}{(1+\lambda_a)-(1-\lambda_a)\cos 2\delta} \qquad (3.28c)$$

den Wand–Reibungswinkel δ^* definiert. Andere Versionen von (3.28c) sind

$$\sin\delta^* =^{23)} \sin\rho \sin(2\delta + \delta^*) \qquad (3.28d)$$

bzw. die in den Hauptspannungsneigungen explizite Form

$$\mathrm{tg}\, 2\delta = \frac{\mathrm{tg}\,\delta^*}{\frac{\mathrm{tg}^2\delta^*}{\sin^2\rho} - 1} \left[1 \pm \frac{1}{\sin\rho} \sqrt{1-\sin^2\rho \cos^2\rho \,\mathrm{tg}^2\delta^*} \right] \qquad (3.28e)$$

mit der für kleine Winkel δ, δ^* geltenden Näherung

$$\delta \approx \frac{1-\sin\rho}{2\sin\rho} \delta^* = \frac{\delta^*}{\lambda p-1} = \frac{\lambda_a}{1-\lambda_a} \delta^* \, , \qquad (3.28f)$$

was z. B. für $\rho = 30^0$

$$\delta \approx \delta^*/2 \qquad (3.28g)$$

ergibt. Einsetzen von $\delta = \delta(\delta^*)$ nach (3.28e–g) in (3.28a,b) ergibt schließlich die unter Einschluß von Wandreibungseffekten verfeinerten Formeln für die von einer Stützmauer auf Schüttgut ausgeübten Spannungen.

Das zugehörige Gleitlinienbild in der Gesamtansicht zeigt Abb. E 3.9, wo als Ergebnis der vorangegangenen Analyse korrekt der Gleitlinienbereich I anfällt, desgl. korrekt der Gleitlinienbereich II als von der Horizontalen $\overline{OA}$ her "nach innen" entwickelte Lösung nach § 6.9.2a (mit $\delta = 0$).

---

23) woraus wegen $|\sin(2\delta + \delta^*)| \leq 1$, d. h. $-\sin\rho \leq \sin\delta^* \leq \sin\rho$ die Eingrenzung $-\rho \leq \delta^* \leq \rho$ hervorgeht, und die beiden Grenzfälle die Situation markieren, daß die Stützmaueroberfläche selbst Gleitfläche wäre.

Beide Bereiche werden durch einen "Übergangsbereich III" verbunden, den man näherungsweise als, aus durch 0 verlaufende Geradenbüschel und logarithmische Spiralen bestehend, ansehen kann. Für $\delta = 0$, d. h. fehlende Wandreibung wachsen die Bereiche I und II (bei gleichzeitiger entsprechender Drehung des Netzes I um die $\mathfrak{e}_z$–Achse) zusammen, für maximale Wandreibung $\delta^* = \rho$, d. h. $\delta = \frac{\pi}{4} - \frac{\pi}{2}$, schrumpft der Bereich I zusammen, weil nun die Stützmauer selbst Gleitfläche wird. Der Bereich III, in dem die Gleitlinienneigungen ρ (gegen die Horizontale) an der Mauer auf die Werte $\frac{\pi}{4} + \frac{\pi}{2}$ gebracht werden müssen, erreicht hier seine größte Ausdehnung. Die von der Mauer auf das

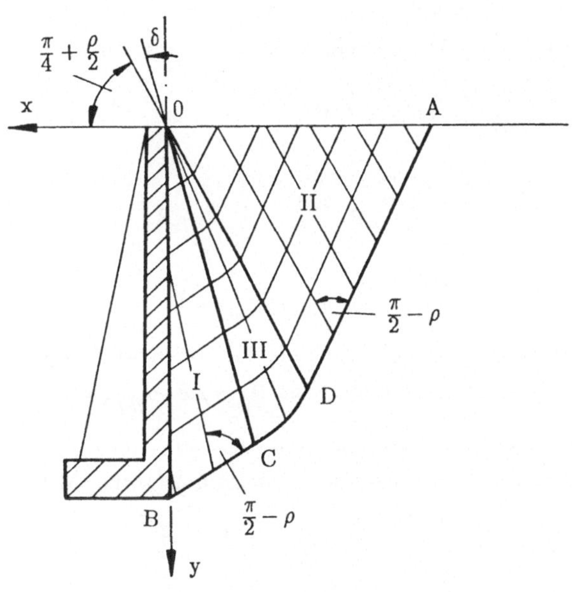

Abb. E 3.9

Schüttgut ausgeübten Spannungen werden von (3.28a,b) mit $\delta = \frac{\pi}{4} - \frac{\rho}{2}$ in der Form

$$\sigma_{xx} = \gamma y \cos^2 \rho \ , \quad \sigma_{xy} = \sigma_{xx} \operatorname{tg} \rho = \gamma y \sin \rho \cos \rho \tag{3.29a,b}$$

noch richtig dargestellt als Grenzfall des mit $\delta = \frac{\pi}{4} - \frac{\rho}{2}$ nach (3.27a–c) erhältlichen Fließ–Spannungszustandes[24])

$$\sigma_{xx} = \gamma[y - x \operatorname{tg}\rho]\cos^2\rho \ , \quad \sigma_{xy} = \gamma[y - x \operatorname{tg}\rho]\sin\rho \cos\rho \equiv \sigma_{xx} \operatorname{tg}\rho \ ,$$

$$\sigma_{yy} = \gamma[y - x \operatorname{tg}\rho]\,(1 + \sin^2\rho) \ . \tag{3.30a-c}$$

24) der übrigens, wie man leicht verifiziert, die Gleichgewichtsbedingungen

$$\frac{\partial\sigma_{xx}}{\partial x} + \frac{\partial\sigma_{xy}}{\partial y} = 0, \quad \frac{\partial\sigma_{xy}}{\partial x} + \frac{\partial\sigma_{yy}}{\partial y} = \gamma$$

identisch befriedigt.

3.2 Kugelsymmetrische elastisch-idealplastische Probleme[25)]

hinsichtlich eines als Koordinatenursprung gewählten Punktes werden zweckmäßig in Kompontentendarstellung hinsichtlich der im Sinne der Kugelkoordinaten-Parameterlinien orientierten Basisvektoren $< \mathbb{e}_r, \mathbb{e}_\vartheta, \mathbb{e}_\varphi >$ formuliert. Da in diesem Falle sämtliche Schubspannungen $\sigma_{r\vartheta}, \sigma_{\vartheta\varphi}, \sigma_{\varphi r}$ verschwinden und die Normalspannungen $\sigma_{rr}, \sigma_{\vartheta\vartheta}, \sigma_{\varphi\varphi}$ vom Breitenkreis- bzw. vom Meridianwinkel ϑ bzw. φ unabhängig sind, erhält man aus den Gleichgewichtsbedingungen bei Abwesenheit von Massenkräften

$$\nabla \cdot \mathbb{S} \overset{26)}{=} \mathbb{e}_r \left[\frac{1}{r^2} \frac{\partial}{\partial r}(r^2 \sigma_{rr}) - \frac{1}{r}(\sigma_{\vartheta\vartheta} + \sigma_{\varphi\varphi}) \right] + \frac{\mathbb{e}_\vartheta}{r}(\sigma_{\vartheta\vartheta} - \sigma_{\varphi\varphi})\mathrm{ctg}\vartheta = 0 \ ,$$

d. h.

$$\sigma_{\varphi\varphi} = \sigma_{\vartheta\vartheta} \tag{3.31a}$$

sowie

$$\frac{1}{r^2} \frac{\partial}{\partial r}(r^2 \sigma_{rr}) - \frac{\sigma_{\vartheta\vartheta} + \sigma_{\varphi\varphi}}{r} \overset{(3.31a)}{=} \frac{1}{r^2} \frac{\partial}{\partial r}(r^2 \sigma_{rr}) - \frac{2}{r}\sigma_{\vartheta\vartheta} = 0$$

bzw.

$$\frac{\partial \sigma_{rr}}{\partial r} + \frac{2}{r}(\sigma_{rr} - \sigma_{\vartheta\vartheta}) = 0 \ . \tag{3.31b}$$

Die zweite, zu (3.31b) hinzutretende Gleichung für die Ermittlung der beiden noch verbliebenen unbekannten Spannungskomponenten σ_{rr} bzw. $\sigma_{\vartheta\vartheta}$ ($= \sigma_{\varphi\varphi}$) ist für den Fließbereich die Fließbedingung, wobei im vorliegenden Falle sowohl die v. Misessche als auch die Trescasche Bedingung zum selben Eingrenzungskriterium führen. Mit

$$\mathbb{S} \mathrel{\hat{=}} \begin{bmatrix} \sigma_{rr} & 0 & 0 \\ 0 & \sigma_{\vartheta\vartheta} & 0 \\ 0 & 0 & \sigma_{\varphi\varphi} \end{bmatrix} \equiv \begin{bmatrix} \sigma_{rr} & 0 & 0 \\ 0 & \sigma_{\vartheta\vartheta} & 0 \\ 0 & 0 & \sigma_{\vartheta\vartheta} \end{bmatrix} , \quad \mathbb{E} \cdot\cdot \mathbb{S} = \sigma_{rr} + 2\sigma_{\vartheta\vartheta} \ ,$$

also

$$\mathbb{S}' = \mathbb{S} - \frac{\mathbb{E} \cdot\cdot \mathbb{S}}{3} \mathbb{E} \mathrel{\hat{=}} \frac{\sigma_{rr} - \sigma_{\vartheta\vartheta}}{3} \begin{bmatrix} 2 & 0 & 0 \\ 0 & -1 & 0 \\ 0 & 0 & -1 \end{bmatrix} , \ \langle \mathbb{e}_r, \mathbb{e}_\vartheta, \mathbb{e}_\varphi \rangle \ , \tag{3.32a-c}$$

ergibt z. B. die v. Misessche Fließbedingung

$$\mathbb{S}'_F \cdot\cdot \mathbb{S}'_F = \frac{2}{3}(\sigma_{rr} - \sigma_{\vartheta\vartheta})^2_F = \frac{2}{3}\sigma_F^2 \ , \quad \text{d.h.} \ (\sigma_{rr} - \sigma_{\vartheta\vartheta})_F = \pm \sigma_F \ , \tag{3.32d}$$

was, in (3.31b) eingesetzt, zu

$$\frac{\partial \sigma_{rrF}}{\partial r} = \mp \frac{2\sigma_F}{r} \ , \quad \text{d.h.} \ \sigma_{rrF} = \mp 2\sigma_F \ln r + C_1 \tag{3.33a}$$

und nach (3.32d) desweiteren zu

$$\sigma_{\vartheta\vartheta F} = \sigma_{\varphi\varphi F} = \sigma_{rrF} \mp \sigma_F = C_1 \mp \sigma_F(1 + 2\ln r) \tag{3.33b}$$

führt mit einer, im Zusammenhang mit der Integration (3.33a) in Betracht zu nehmenden

---

25) als ein weiteres Beispiel (funktional—)einfach statisch unbestimmter Probleme

26) Positive Spannungskomponenten sollen nun wieder als Zugspannungen verstanden werden.

(ggfs. von der Zeit abhängigen) Freigröße C_1, die hier mit Hilfe einer, sich auf σ_{rrF} beziehenden Randwertaussage konkretisiert werden wird. Der Fließ-Spannungstensor des kugelsymmetrischen Problems ist also durch

$$\mathbb{S}_F \hat{=} (C_1 \mp 2\sigma_F \ln r)\mathbb{E} \mp \sigma_F \begin{bmatrix} 0 & 0 & 0 \\ 0 & 1 & 0 \\ 0 & 0 & 1 \end{bmatrix}, \quad \langle \mathbb{e}_r, \mathbb{e}_\vartheta, \mathbb{e}_\varphi \rangle , \tag{3.33c}$$

festgelegt, und da der Spannungsdeviator

$$\mathbb{S}'_F \hat{=} \pm \frac{\sigma_F}{3} \begin{bmatrix} 2 & 0 & 0 \\ 0 & -1 & 0 \\ 0 & 0 & -1 \end{bmatrix} , \quad \langle \mathbb{e}_r, \mathbb{e}_\vartheta, \mathbb{e}_\varphi \rangle , \tag{3.33d}$$

d. h. konstant, also von Fließverzerrungen unabhängig ist und dementsprechend während eines kugelsymmetrischen Fließprozesses unveränderlich bleibt, läßt sich die Prandtl-Reußsche Stoffgleichung hier stets zu einer "finiten Henky-Gleichung" aufintegrieren. Allerdings liefert deren "deviatorischer Anteil" (vgl. (6.38c) mit $H_0 = \sigma_F\sqrt{2/3}$)

$$\mathbb{S}'_F = \sqrt{\tfrac{2}{3}}\, \sigma_F \frac{\mathbb{D}'}{\sqrt{\mathbb{D}' \cdot\cdot \mathbb{D}'}} \tag{3.34}$$

für den vorliegenden Fall keine Aussage für die Berechnung der (Gesamt-) Verformungen, weil aufgrund des (im isotropen Falle ebenfalls) kugelsymmetrisch zu erwartenden Verformungszustandes mit $\mathbb{u} = u_r(r)\mathbb{e}_r$, d. h.

$$\mathbb{D} \hat{=} \begin{bmatrix} \epsilon_{rr} & 0 & 0 \\ 0 & \epsilon_{\vartheta\vartheta} & 0 \\ 0 & 0 & \epsilon_{\varphi\varphi} \end{bmatrix} = \begin{bmatrix} \partial u_r/\partial r & 0 & 0 \\ 0 & u_r/r & 0 \\ 0 & 0 & u_r/r \end{bmatrix}, \mathbb{E} \cdot\cdot \mathbb{D} = \frac{\partial u_r}{\partial r} + 2\frac{u_r}{r} = \frac{1}{r^2}\frac{\partial}{\partial r}(r^2 u_r) \tag{3.35a,b}$$

für den Deviator mit $\pm |\mathbb{u}|$ anstelle von u_r

$$\mathbb{D}' = \mathbb{D} - \tfrac{1}{3}(\mathbb{E} \cdot\cdot \mathbb{D})\mathbb{E} = \pm \frac{r}{3}\frac{\partial}{\partial r}\left[\frac{|\mathbb{u}|}{r}\right] \begin{bmatrix} 2 & 0 & 0 \\ 0 & -1 & 0 \\ 0 & 0 & -1 \end{bmatrix} \tag{3.35c}$$

und damit für die in der Stoffgleichung (3.34) aufscheinende "Einheitsverzerrungsgröße"

$$\frac{\mathbb{D}'}{\sqrt{\mathbb{D}' \cdot\cdot \mathbb{D}'}} = \pm \frac{1}{\sqrt{6}} \begin{bmatrix} 2 & 0 & 0 \\ 0 & -1 & 0 \\ 0 & 0 & -1 \end{bmatrix} , \tag{3.35d}$$

also eine, keine Verschiebungskomponente enthaltende, Struktur [27] entsteht. Als einzige

---

[27] mit der man nach Einsetzen in (3.34) übrigens wieder selbstverständlich

$$\mathbb{S}' = \pm \frac{\sigma_F}{3} \begin{bmatrix} 2 & 0 & 0 \\ 0 & -1 & 0 \\ 0 & 0 & -1 \end{bmatrix}$$

(vgl. (3.33d)) identifiziert

Aussage über den Verschiebungszustand verbleibt dementsprechend hier die (rein elastische) "Kompressionsgleichung"

$$(p =)\ \frac{1}{3}(\mathbb{E}\cdot\cdot\ \$)_F = \frac{1}{3}(\sigma_{rr}+\sigma_{\vartheta\vartheta}+\sigma_{\varphi\varphi})_F = \frac{1}{3}(\sigma_{rr}+2\sigma_{\vartheta\vartheta})_F =$$

$$\overset{(3.33\,a,b)}{=} C_1 \mp \frac{2}{3}\sigma_F(1+3\ln r) = K\epsilon = \frac{2G(1+\nu)}{3(1-2\nu)}\mathbb{E}\cdot\cdot\ \mathbb{D} \overset{(3.35b)}{=} \frac{2G(1+\nu)}{3(1-2\nu)}\frac{1}{r^2}\frac{\partial}{\partial r}(r^2u_r)\ ,$$

nach deren Integration mit der weiteren Freigröße C_2 für die Radialverschiebungen

$$u_r = \frac{1-2\nu}{2G(1+\nu)}(C_1 r \mp 2\sigma_F r\ln r) + \frac{C_2}{r^2} \tag{3.36a}$$

festgestellt werden kann. Im Falle der Inkompressibilität wird hieraus mit $\nu = 1/2$

$$u_{r_{\nu=1/2}} = C_2/r^2 \tag{3.36b}$$

gefolgert. Liegen keine Verschiebungs-Randbedingungen vor (z. B., wenn an der gesamten Oberfläche die Spannungen vorgegeben sind), so bleiben C_2 und damit der Verschiebungszustand im Fließbereich unbestimmt. Dieser Fall liegt bei ungehindertem Fließen unter dem Einfluß vorgegebener Oberflächenbelastungen vor. Bei Teilplastierung lassen sich die Verschiebungen auch im plastischen Bereich aus der Forderung nach Stetigkeit des Verschiebungszustandes längs der elastisch-plastischen Trenn(-Kugel-)fläche hingegen stets eindeutig festlegen.

Als Beispiel wird eine Hohlkugel (Innen— bzw. Außenradius r_i bzw. r_a) behandelt, die an ihrer inneren bzw. äußeren Oberfläche den Druckbelastungen p_i bzw. p_a ausgesetzt sei.

Man untersucht zunächst den (sich für mäßige Belastungen einstellenden) elastischen Spannungszustand der Hohlkugel, der im Sinne von

$$\$ \mathrel{\hat{=}} \begin{bmatrix} \sigma_{rr}(r) & 0 & 0 \\ 0 & \sigma_{\vartheta\vartheta}(r) & 0 \\ 0 & 0 & \sigma_{\varphi\varphi}(r)=\sigma_{\vartheta\vartheta}(r) \end{bmatrix}\ ,\quad \langle \mathbb{e}_r, \mathbb{e}_\vartheta, \mathbb{e}_\varphi \rangle\ , \tag{3.37a}$$

ebenfalls kugelsymmetrisch sein muß und einfach funktional statisch unbestimmt ist, da von den Gleichgewichtsbedingungen, ebenso wie zuvor, allein eine Gleichung, nämlich Gl. (3.31b) verbleibt. Das Problem wird daher auf "Verschiebungsgleichungen" reduziert, im vorliegenden Falle auf die Verschiebungsgleichung für die hier allein verbleibende Radialkomponente $u_r(r)$ des Verschiebungszustandes $\mathbb{u} = u_r(r)\mathbb{e}_r$, indem man unter Benutzung der Hookeschen Materialgleichung, d. h. mittels

$$\sigma_{rr} = 2G\left[\epsilon_{rr} + \frac{\nu}{1-2\nu}(\mathbb{E}\cdot\cdot\mathbb{D})\right] \overset{(3.35\,a,b)}{=} 2G\left[\frac{\partial u_r}{\partial r} + \frac{\nu}{1-2\nu}\frac{1}{r^2}\frac{\partial}{\partial r}(r^2u_r)\right]\ ,$$

$$\sigma_{\vartheta\vartheta} = \sigma_{\varphi\varphi} = 2G\left[\epsilon_{\vartheta\vartheta} + \frac{\nu}{1-2\nu}(\mathbb{E}\cdot\cdot\mathbb{D})\right] \overset{(3.35\,a,b)}{=} 2G\left[\frac{u_r}{r} + \frac{\nu}{1-2\nu}\frac{1}{r^2}\frac{\partial}{\partial r}(r^2u_r)\right] \tag{3.37b,c}$$

die Spannungen zunächst durch die Radialverschiebungen ausdrückt und letztere Beziehungen in die Gleichgewichtsbedingung (3.31b) einsetzt. Für die Radialverschiebungen entsteht so schließlich die Feldgleichung

$$\frac{1-\nu}{1-2\nu}\left[\frac{\partial^2 u_r}{\partial r^2} + \frac{2}{r}\frac{\partial u_r}{\partial r} - 2\frac{u_r}{r^2}\right] = \frac{1-\nu}{1-2\nu}\frac{\partial}{\partial r}\left[\frac{1}{r^2}\frac{\partial}{\partial r}(r^2u_r)\right] = 0\ , \tag{3.38a}$$

mit deren allgemeiner Lösung $$u_r = A_1 \frac{r}{3} + \frac{A_2}{r^2} \, , \qquad (3.38b)$$

nach (3.37b,c) dann auch die Lösungen für die Spannungen festliegen:

$$\sigma_{rr} = E\left[\frac{A_1}{3(1-2\nu)} - \frac{2A_2}{(1+\nu)r^3}\right], \ \sigma_{\vartheta\vartheta} = \sigma_{\varphi\varphi} = E\left[\frac{A_1}{3(1-2\nu)} - \frac{A_2}{(1+\nu)r^3}\right], \ E = 2G(1+\nu)\, . \qquad (3.38c\text{-}e)$$

Darin bedeuten A_1, A_2 Integrationskonstanten, die mit Hilfe der (Spannungs–)Randbedingungen $\sigma_{rr}(r_i) = -p_i$, $\sigma_{rr}(r_a) = -p_a$ als

$$\frac{EA_1}{3(1-2\nu)} = -\frac{p_a r_a^3 - p_i r_i^3}{r_a^3 - r_i^3} \, , \quad \frac{2EA_2}{1+\nu} = -\frac{(p_a - p_i) r_i^3 r_a^3}{r_a^3 - r_i^3}$$

bestimmt werden können, womit der elastische Spannungs– bzw. Verschiebungszustand der Hohlkugel ermittelt ist:

$$\sigma_{rr} = -p_i - \frac{p_a - p_i}{1-(r_i/r_a)^3}\left[1 - \left[\frac{r_i}{r}\right]^3\right], \ \sigma_{\vartheta\vartheta} = \sigma_{\varphi\varphi} = -p_i - \frac{p_a - p_i}{1-(r_i/r_a)^3}\left[1 + \frac{1}{2}\left[\frac{r_i}{r}\right]^3\right],$$
$$u_r = -\frac{p_i(1-2\nu)}{E} r - \frac{p_a - p_i}{E[1-(r_i/r_a)^3]}\left[(1-2\nu)r + \frac{1+\nu}{2}\frac{r_i^3}{r^3}\right] . \qquad (3.39a\text{-}c)$$

Unter Benutzung des zugehörigen Spannungsdeviators

$$\mathfrak{S}' \hat{=} \frac{\sigma_{rr} - \sigma_{\vartheta\vartheta}}{3}\begin{bmatrix} 2 & 0 & 0 \\ 0 & -1 & 0 \\ 0 & 0 & -1 \end{bmatrix} = \frac{p_a - p_i}{1-(r_i/r_a)^3}\left[\frac{r_i}{r}\right]^3 \begin{bmatrix} 1 & 0 & 0 \\ 0 & -1/2 & 0 \\ 0 & 0 & -1/2 \end{bmatrix} \qquad (3,40a)$$

berechnet man nun die in der v. Mises– (bzw. Tresca–)Fließbedingung aufscheinende Größe

$$\mathfrak{S}' \cdot\cdot \mathfrak{S}' = \frac{3}{2}\frac{(p_a - p_i)^2}{[1-(r_i/r_a)^3]^2}\left[\frac{r_i}{r}\right]^6 , \qquad (3.40b)$$

die für $r = r_i$ ihren Größtwert annimmt. Fließen wird dementsprechend mit zunehmender Belastungsdifferenz $p_a^* = p_a - p_i$ erstmals an der inneren Hohlkugeloberfläche eintreten, und zwar für diejenige Belastungsgröße p_{aP}^*, die man aus

$$(\mathfrak{S}' \cdot\cdot \mathfrak{S}')_{r=r_i} = \frac{3}{2}\frac{p_{aP}^{*2}}{[1-(r_i/r_a)^3]^2} = \frac{2}{3}\sigma_F^2$$

als $$p_{aP}^* = (p_a - p_i)_P = \frac{2}{3}\sigma_F[1 - (r_i/r_a)^3] \qquad (3.40c)$$

bestimmen kann. Sie markiert die Grenzbelastung, bis zu der zwischen Verschiebungen (etwa der Kugeloberfläche) und Beanspruchung ein linearer (proportionaler) Zusammenhang besteht. Mit wachsenden Werten $p_a^* > p_{aP}$ bildet sich, vom Innenrande ausgehend, eine plastizierte Zone, die immer weitere Bereiche der Hohlkugel erfaßt, bis schließlich (bei einer Grenzbelastung $p_a^* = p_{aF}^*$) die gesamte Hohlkugel vollständig plastiziert ist.

Es soll nun ein beliebiger Zwischenzustand p_a^* mit $p_{aP}^* \le p_a^* \le p_{aF}^*$ untersucht werden, der dadurch gekennzeichnet ist, daß die den äußeren (noch) elastischen Bereich $r_F \le r \le r_a$ vom bereits pla–

stizierten inneren Bereich $r_i \leq r \leq r_F$ trennende elastisch–plastische Trenn(–Kugel–)fläche $r = r_F$ noch nicht die äußere Oberfläche $r = r_a$ erreicht hat.

Hierzu hat man die nach (3.33c,36a) für den plastischen Bereich $r_i \leq r \leq r_F$ für $p_a^* > 0$ gültige Lösung[28)]

$$\mathbb{S}^{(pl)} = \mathbb{S}_F \stackrel{\wedge}{=} (C_1 - 2\sigma_F \ln r)\mathbb{E} - \sigma_F \begin{bmatrix} 0 & 0 & 0 \\ 0 & 1 & 0 \\ 0 & 0 & 1 \end{bmatrix}, \quad \langle \mathbb{e}_r, \mathbb{e}_\vartheta, \mathbb{e}_\varphi \rangle ,$$

$$u_r^{(pl)} = \frac{1-2\nu}{2G(1+\nu)}(C_1 r - 2\sigma_F r \ln r) + \frac{C_2}{r^2}, \quad r_i \leq r \leq r_F , \tag{3.41a,b}$$

und die allgemeine Lösung (3.39a–c) innerhalb des elastischen Bereiches $r_F \leq r \leq r_a$

$$\mathbb{S}^{(el)} \stackrel{\wedge}{=} \left[\frac{EA_1}{3(1-2\nu)} - \frac{2A_2 E}{(1+\nu)r^3}\right]\mathbb{E} + \frac{3EA_2}{(1+\nu)r^3}\begin{bmatrix} 0 & 0 & 0 \\ 0 & 1 & 0 \\ 0 & 0 & 1 \end{bmatrix}, \tag{3.42a}$$

$$\mathbb{S}^{(el)}{}' = -\frac{EA_2}{(1+\nu)r^3}\begin{bmatrix} 2 & 0 & 0 \\ 0 & -1 & 0 \\ 0 & 0 & -1 \end{bmatrix}, \quad u_r^{(el)} = A_1 \frac{r}{3} + \frac{A_2}{r^2}, \quad r_F \leq r \leq r_a \tag{3.42b,c}$$

zu benutzen und die Integrationskonstanten A_1, A_2 C_1, C_2 sowie den Trennflächenradius r_F mit Hilfe der Randbedingungen sowie der Übergangsbedingungen in der elastisch–plastischen Trennfläche schließlich durch die Systemabmessungen bzw. die Randbelastung festzulegen. Als Randbedingungen hat man, wie zuvor, allerdings mit der Variante, daß die beiden Kugeloberflächen jetzt zu verschiedenen Bereichen gehören,

$$\sigma_{rr}^{(pl)}(r_i) = -p_i \ , \quad \sigma_{rr}^{(el)}(r_a) = -p_a \ , \tag{3.43a,b}$$

während von den in der Trennfläche allgemein zu erfüllenden Übergangsbedingungen

1) stetiger Übergang des in der Trennfläche wirkenden Spannungsvektors (Reaktionsprinzip)
2) stetiger Übergang der Verschiebungen (etwa bei Modellierung der Trennfläche als Kontakt–Unstetigkeitsfläche),
3) Erfüllung der Fließbedingung für den elastischen Spannungszustand an der Trennfläche

im vorliegenden Falle lediglich folgende drei Aussagen verbleiben

1) Stetigkeit der Radialspannungen[29)], d. h.

$$\sigma_{rr}^{(el)}(r_F) = \sigma_{rr}^{(pl)}(r_F) \ , \tag{3.43c}$$

---

28) Nimmt man vorerst den "elastischen Wert"

$$\sigma_{rr} - \sigma_{\vartheta\vartheta} = \frac{3}{2}\frac{p_i - p_a}{1-(r_i/r_a)^3}\left[\frac{r_i}{r}\right]^3 > 0 \ \text{für}\ p_a - p_i = p_a^* > 0$$

zum Anlaß, zu vermuten, daß (in dem für das Folgende vorausgesetzten Fall $p_a^* > 0$) auch im plastischen Bereich $\sigma_{rr} - \sigma_{\vartheta\vartheta} > 0$ ist, so muß von (3.32d) ab von den beiden möglichen Vorzeichen stets jeweils das Obere gewählt werden. Diese Vermutung wird sich, wie wir sehen werden, als richtig herausstellen.

29) Man beachte, daß Schubspannungen nicht übertragen werden

2) Stetigkeit der Radialverschiebungen[30)]

$$u_r^{(el)}(r_F) = u_r^{(pl)}(r_F) \ , \tag{3.43d}$$

3) Erfüllung der Fließbedingung

$$(\$'^{(el)} \cdot\cdot \$'^{(el)})_{r=r_F} = \frac{2}{3}\sigma_F^2 \ . \tag{3.43e}$$

Man erhält

aus (3.43a) $C_1 = -p_i + \sigma_F \ln r_i$,

aus (3.43b,e) $\dfrac{EA_1}{3(1-2\nu)} = -p_a - \frac{2}{3}\sigma_F\left[\frac{r_F}{a}\right]^3 , \quad \dfrac{2EA_2}{1+\nu} = -\frac{2}{3}\sigma_F r_F^3$

und aus (3.43d)

$$C_2 = -\frac{1-2\nu}{E}\left[p_a - p_i + \frac{2}{3}\sigma_F\left[\frac{r_F}{r_a}\right]^3 - 2\sigma_F \ln\frac{r_F}{r_i}\right]r_F^3 - \frac{1+\nu}{3E}\sigma_F r_F^3 \ ,$$

so daß insgesamt für den Spannungs— und Verformungszustand der Hohlkugel

a) im elatischen Bereich $r_F \le r \le r_a$

$$\$^{(el)} \hat{=} -p_a \mathbb{E} - \frac{2}{3}\sigma_F\left[\frac{r_F}{r_a}\right]^3 \begin{bmatrix} 1-(r_a/r)^3 & 0 & 0 \\ 0 & 1+\frac{1}{2}(r_a/r)^3 & 0 \\ 0 & 0 & 1+\frac{1}{2}(r_a/r)^3 \end{bmatrix} ,$$

$$u_r^{(el)} = -\frac{1-2\nu}{E}\left[p_a + \frac{2}{3}\sigma_F\left[\frac{r_F}{r_a}\right]^3\right]r - \frac{1+\nu}{3E}\sigma_F\frac{r_F^3}{r^2} \ , \tag{3.44}$$

b) im plastischen Bereich $r_i \le r \le r_F$

$$\$^{(pl)} \hat{=} -p_i \mathbb{E} - \frac{2}{3}\sigma_F \begin{bmatrix} 2\ln(r/r_i) & 0 & 0 \\ 0 & 1+2\ln(r/r_i) & 0 \\ 0 & 0 & 1+2\ln(r/r_i) \end{bmatrix} ,$$

$$u_r^{(pl)} = -\frac{1-2\nu}{E}\left\{\left[p_i + 2\sigma_F\ln(r/r_i)\right]r + \left[p_a - p_i + \frac{2}{3}\sigma_F\left[\frac{r_F}{r_a}\right]^3 - 2\sigma_F\ln(r_F/r_i)\right]\frac{r_F^3}{r^2}\right\} - \\ - \frac{1+\nu}{3E}\sigma_F r_F^3/r^2 \tag{3.45a,b}$$

aufgefunden wird. Der hierin noch enthaltene Radius r_F der Trennflächen—Kugel wird schließlich mittels der noch nicht ausgeschöpften Übergangsbedingung (3.43c) festgelegt. Man findet zwischen r_F, Belastung und Systemabmessungen den Zusammenhang (Abb. E.3.10)

30) weil keine weiteren Verschiebungskomponenten auftreten. Insofern ist es hier bedeutungslos, ob man die Trennfläche als Kontaktunstetigkeitsfläche oder als eingeschränkte Kontaktunstetigkeitsfläche im Sinne einer "Wirbelschicht" modelliert.

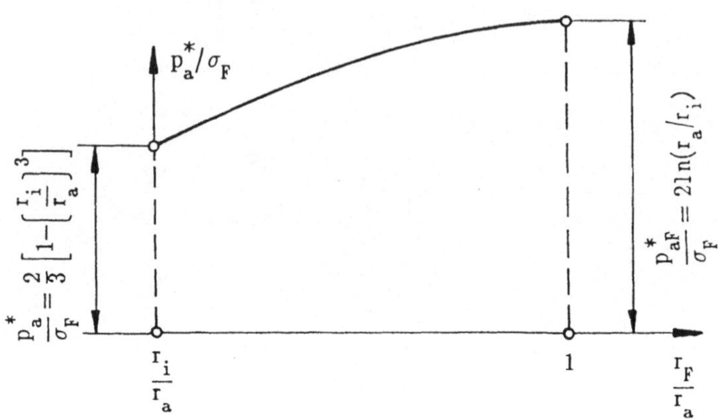

Abb. E 3.10

$$\frac{p_a^*}{2\sigma_F} = \frac{p_a - p_i}{2\sigma_F} = \ln\frac{r_F}{r_i} + \frac{1}{3}\left[1 - \left[\frac{r_F}{r_a}\right]^3\right] = \ln\frac{r_a}{r_i} + \ln\frac{r_F}{r_a} + \frac{1}{3}\left[1 - \left[\frac{r_F}{r_a}\right]^3\right] , \quad (3.46)$$

woraus einerseits insbesondere mit $r_F = r_i$ wieder die für den Beginn des "eingeschränkten plastischen Fließens"[31] notwendige Belastung

$$p_{aP}^* = (p_a - p_i)_P = p_a^*(r_i) = \frac{2}{3}\,\sigma_F\left[1 - \left[\frac{r_i}{r_a}\right]^3\right]$$

(vgl. (3.40c)) aufgefunden wird und andererseits für $r_F = r_a$ die nicht überschreitbare Belastung

$$p_{aF}^* = (p_a - p_i)_F = p_a^*(r_a) = 2\sigma_F \ln(r_a/r_i) \ , \quad (3.46a)$$

die in die Phase des uneingeschränkten plastischen Fließens der Hohlkugel überleitet. Mit (3.44 – 46) ist die formale Problembeschreibung vollständig: Die einer bestimmten Belastung p_i, p_a^* (mit $p_{aP}^* \le p_a^* \le p_{aF}^*$) zugehörigen Spannungen bzw. Verformungen sind durch (3.44, 45) festgelegt, sofern man aus (3.46) bzw. Abb. E 3.10 den der Belastung p_a^* entsprechenden Trennflächenradius $r_F\,(p_a^*)$ entnommen und in (3.44, 45) eingeführt hat.

[31] im Sinne einer "erstmaligen Plastizierung" der Hohlkugel–Innenfläche $r = r_i$

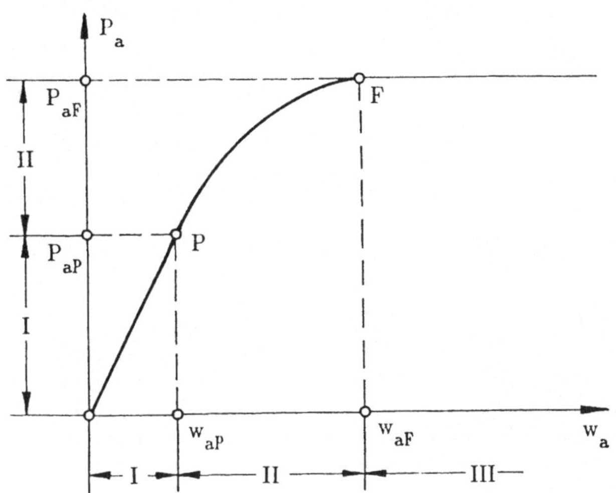

Abb. E 3.11

Zwecks konkreter Realisierung des in § 6.7 (Abb. 6.24) beschriebenen "Phänomens der zunehmenden Plastizierung" betrachten wir abschließend den Fall reiner Außendruckbelastung, also $p_i = 0$, $p_a^* = p_a$ und untersuchen den Zusammenhang zwischen der Radialverschiebung $|u_r(r_a)| = w_a$ des Kugel–Außenrandes und der Belastung p_a (Abb. E 3.11):

Zunächst hat man für

$$p_a \leq p_{aP} = \frac{2}{3}\sigma_F \left[1 - \left[\frac{r_i}{r_a} \right]^3 \right] \tag{3.47a}$$

nach (3.39c) in der "Anfangsphase" I für die rein elastischen Verschiebungen mit der Belastung den Zusammenhang

$$w_a = w_{aI}(p_a) = \frac{r_a[2(1-2\nu)+(1+\nu)(r_i/r_a)^3]}{2E[1-(r_i/r_a)^3]}\, p_a \ . \tag{3.47b}$$

Die Verschiebungen vergrößern sich in der Phase II des eingeschränkten plastischen Fließens, vom "Anfangswert"

$$w_{ap} = w_{aI}(p_{aP}) \overset{(3.40\,c\,,47b)}{=} \frac{2(1-2\nu)+(1+\nu)(r_i/r_a)^3]}{3E}\, r_a\, \sigma_F \tag{3.48a}$$

ausgehend, nach dem (3.44b) entnehmbaren Gesetz

$$|u_r^{(el)}(r_a)| = w_{aII}(r_a) = w_{aII}^x(p_a,r_F) = \frac{r_a}{E}\left\{(1-2\nu)\left[p_a + \frac{2}{3}\sigma_F\left[\frac{r_F}{r_a}\right]^3\right] + \frac{1+\nu}{3}\sigma_F\left[\frac{r_F}{r_a}\right]^3\right\} , \tag{3.48b}$$

worin $r_F = r_F(p_a)$ nach (3.46) einzuführen ist. Wegen[32]

$$\left[\frac{dw_{aI}}{dp_a}\right]_{p_a=p_{aP}} = \left[\frac{dw_{aII}}{dp_a}\right]_{p_a=p_{aP}} \equiv \left[\frac{\partial w^x_{aII}}{\partial p_a} + \frac{\partial w^x_{aII}}{\partial r_F}\frac{dr_F}{dp_a}\right]_{\substack{p_a=p_{aP}\\ r_F=r_i}} =$$

$$= \frac{r_a[2(1-2\nu)+(1+\nu)(r_i/r_a)^3]}{2E[1-(r_i/r_a)^3]}$$

und

$$\left[\frac{dw_{aII}}{dp_a}\right]_{p_a=p_{aF}} = \left[\frac{dw^x_{aII}}{dp_a} + \frac{dw^x_{aII}}{dr_F}\frac{dr_F}{dp_a}\right]_{\substack{p_a=p_{aF}\\ r_F=r_a}} = \infty$$

gehen die Oberflächenverschiebungen mit wachsender Belastung jeweils mit stetiger Tangente sowohl von Phase I in Phase II als auch von Phase II in die Phase III des uneingeschränkten plastischen Fließens (mit $dw_a/dp_a = \infty$) über. Die zu Beginn des uneingeschränkten plastischen Fließens vorhandenen Oberflächenverschiebungen sind noch angebbar und betragen

---

32) Man benutze einerseits nach (3.48b)

$$\frac{\partial w^x_{aII}}{\partial p_a} = \frac{(1-2\nu)r_a}{E}, \quad \frac{\partial w^x_{aII}}{\partial r_F} = \frac{3(1-\nu)}{E}\,\sigma_F\left[\frac{r_F}{r_a}\right]^2, \text{ d. h.}$$

$$\left[\frac{\partial w^x_{aII}}{\partial p_a}\right]_{\substack{p_a=p_{aP}\\ r_F=r_i}} = \left[\frac{\partial w^x_{aII}}{\partial p_a}\right]_{\substack{p_a=p_{aF}\\ r_F=r_a}} = \frac{1-2\nu}{E}\,r_a,\; \left[\frac{\partial w^x_{aII}}{\partial r_F}\right]_{\substack{p_a=p_{aP}\\ r_F=r_i}} = \frac{3(1-\nu)}{E}\,\sigma_F\left[\frac{r_i}{r_a}\right]^2,$$

$$\left[\frac{\partial w^x_{aII}}{\partial r_F}\right]_{\substack{p_a=p_{aF}\\ r_F=r_a}} = \frac{3(1-\nu)}{E}\,\sigma_F$$

und andererseits die aus (3.46) mit p_a anstelle von p_a^* durch Differentiation nach p_a erhältlichen Relationen

$$\frac{dr_F}{dp_a} = \left[\frac{r_F}{2\sigma_F}\right]\left[1-\left[\frac{r_F}{r_a}\right]^3\right]^{-1}, \text{ d. h. } \left[\frac{dr_F}{dp_a}\right]_{\substack{p_a=p_{aP}\\ r_F=r_i}} = \left[\frac{r_i}{2\sigma_F}\right]\left[1-\left[\frac{r_i}{r_a}\right]^3\right]^{-1},$$

$$\left[\frac{dr_F}{dp_a}\right]_{\substack{p_a=p_{aP}\\ r_F=r_a}} = \infty$$

$$w_{aF} = w^{x}_{aII}\Big|_{\substack{p_a=p_{aF}\\ r_F=r_a}} \overset{(3.46c,48b)}{=} \frac{\sigma_F r_a}{E}\left[2(1-2\nu)\left[\ln\frac{r_a}{r_i}+\frac{1}{3}\right]+\frac{1+\nu}{3}\right], \qquad (3.48c)$$

während der Spannungszustand in dieser Situation nach (3.45a) mit $p_i = 0$ durch

$$\mathbb{S} = \mathbb{S}^{(pl)} \mathrel{\hat{=}} -\sigma_F \begin{bmatrix} 2\ln(r/r_i) & 0 & 0 \\ 0 & 1+2\ln(r/r_i) & 0 \\ 0 & 0 & 1+2\ln(r/r_i) \end{bmatrix},$$

$$\mathbb{S}^{(pl),} \mathrel{\hat{=}} -\frac{\sigma_F}{3}\begin{bmatrix} 2 & 0 & 0 \\ 0 & -1 & 0 \\ 0 & 0 & -1 \end{bmatrix}, \quad \langle \mathbb{e}_r, \mathbb{e}_\vartheta, \mathbb{e}_\varphi \rangle, \qquad (3,48d,e)$$

gekennzeichnet ist. Während Spannungen und Belastung unverändert bleiben, nehmen die Verschiebungen über w_{aF} hinaus unbegrenzt zu (Phase III des uneingeschränkten plastischen Fließens), nachdem die in Phase II noch vorhanden gewesene "elastische Außenschale" $r_F \leq r \leq r_a$, die uneingeschränktes Fließen verhinderte, verschwunden ist.

Des Aufwandes wegen unterbleibt an dieser Stelle eine Interpretation des Bauschinger–Effektes mittels des in dieser Ziffer erarbeiteten formalen Instrumentariums.[33] Hier soll nur noch der Fall der vollständigen Entlastung aus der durch (3.48c) beschriebenen Endsituation heraus kurz recherchiert werden:

Da Entlastungsphänomene in der Theorie fest–idealplastischer Medien nach Maßgabe der jeweiligen Festkörper–Materialgleichung verlaufen, entsteht im Entlastungsfalle ein zusätzlicher Spannungszustand $\Delta\mathbb{S}$, der im vorliegenden Falle auf der Basis der linearen Elastizitätstheorie, d. h. mittels der Formeln (3.39a,b), als Folge der Kugel–Oberflächenbelastungen

$$p_i = 0\ , \quad p_a = -p_{aF} = -2\sigma_F \ln(r_a/r_i) \qquad (3.49a,b)$$

identifiziert werden muß. Man bekommt

$$\Delta\mathbb{S} \mathrel{\hat{=}} \frac{2\sigma_F \ln(r_a/r_i)}{1-(r_i/r_a)^3}\begin{bmatrix} 1-(r_i/r)^3 & 0 & 0 \\ 0 & 1+\frac{1}{2}(r_i/r)^3 & 0 \\ 0 & 0 & 1+\frac{1}{2}(r_i/r)^3 \end{bmatrix} \qquad (3.49c)$$

und demgemäß als Restspannungszustand nach vollständiger Entlastung aus dem Zustand des uneingeschränkten plastischen Fließens

$$\mathbb{S}^{(R)} = \mathbb{S}^{(pl)} + \Delta\mathbb{S} \mathrel{\hat{=}} \begin{bmatrix} \sigma^{(R)}_{rr} & 0 & 0 \\ 0 & \sigma^{(R)}_{\vartheta\vartheta} & 0 \\ 0 & 0 & \sigma^{(R)}_{\varphi\varphi}=\sigma^{(R)}_{\vartheta\vartheta} \end{bmatrix} \qquad (3.50a)$$

mit

$$\sigma^{(R)}_{rr} = 2\sigma_F\left[\frac{[1-(r_i/r)^3]\ln(r_a/r_i)}{1-(r_i/r_a)^3} - \ln(r/r_i)\right]$$

$$\sigma^{(R)}_{\vartheta\vartheta} = \sigma^{(R)}_{\varphi\varphi} = \sigma_F\left[\frac{[2+(r_i/r)^3]\ln(r_a/r_i)}{1-(r_i/r_a)^3} - 1 - 2\ln(r/r_i)\right]. \qquad (3.50b,c)$$

Man prüft übrigens mit

33) vgl. h. die nächste Ziffer § E 3.3

$$\mathbf{S}^{(R)},\ \hat{=}\ \sigma_F\left[\frac{1}{3}-\frac{\ln(r_a/r_i)}{1-(r_i/r_a)^3}\left[\frac{r_i}{r}\right]^3\right]\begin{bmatrix}2 & 0 & 0\\ 0 & -1 & 0\\ 0 & 0 & -1\end{bmatrix} \tag{3.50d}$$

und damit

$$(\mathbf{S}^{(R)},\cdot\cdot\,\mathbf{S}^{(R)},)_{max} = (\mathbf{S}^{(R)},\cdot\cdot\,\mathbf{S}^{(R)},)_{r=r_a} = \sigma_F^2\left[\left[\frac{r_i}{r_a}\right]^3\frac{\ln(r_a/r_i)}{1-(r_i/r_a)^3}-\frac{1}{3}\right]^2$$

leicht nach, daß die aus

$$(\mathbf{S}^{(R)},\cdot\cdot\,\mathbf{S}^{(R)},)_{max} \leq \frac{2}{3}\sigma_F^2$$

erhältliche Restriktion, die sicherstellt, daß bei Entlastung an keiner Stelle der Kugel erneut die Fließgrenze erreicht wird,[34] stets erfüllt ist.

Einfachste Strukturmodelle zur Simulation elastisch-plastisch-verfestigenden Verhaltens, die zumindest bereits den Bauschinger-Effekt[35] und Restspannungseffekte[36] abbilden, sind die beiden nachfolgend referierten Beispiele des Henky-Fachwerks bzw. der Balkenbiegung, wobei für die Fachwerkstäbe bzw. das Biegestab-Element selbst wieder elastisch-idealplastisches Material vorausgesetzt wird. Obwohl man mit dem

3.3 Henky-Fachwerk

lediglich in der Lage ist, abschnittsweise differenzierbare (aus "Geradenstücken" bestehende) Verfestigungskurven zu modellieren, wird es, der formal einfachen Interpretationsmöglichkeiten der o. g. Effekte wegen, in der Literatur häufig zitiert.[37]

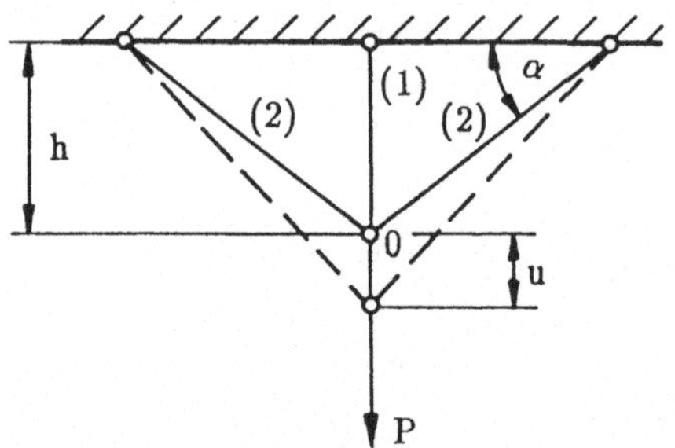

Abb. E 3.12

34) ansonsten man auch bei der Behandlung des Entlastungsfalles wieder in elastische bzw. teilplastische Zonen zu unterteilen hätte

35) worunter man das Phänomen der Änderung der Fließ–Spannungsbeträge bei Lastumkehr versteht, das man in allgemeineren dreidimensionalen Theorien elastisch–plastisch–verfestigender Medien durch die Betrachtnahme sog. "kinematischer Verfestigungeffekte" abzugelten sucht.

36) Die nach Entlastung einer Probe (aus einem Fließzustande heraus) zu beobachtenden "Verkeilungen" von Kristalliten belassen Letztere unter Mikrospannungszuständen, die — hinsichtlich der entlasteten Probe — Selbstspannungszustände darstellen.

37) vgl. [1]. In [3], [25] finden sich Beschreibungen äquivalenter Ersatzmodelle, die allerdings— im Gegensatz zum Henky—Fachwerk — grundsätzlich "einachsige Modelle" sind.

Beim Henky—Fachwerk nach Abb. E 3.12 handelt es sich um einen einfach—statisch unbestimmten symmetrischen "ebenen Dreibock", dessen drei Stäbe (aus elastisch idealplastischem Material) – zwecks formaler Vereinfachung – gleiche Stabquerschnitte (F) und gleichen Elastizitätsmodul (E) haben sollen. Das Modell wird hier nur "einachsig", d. h. hinsichtlich seines Verhaltens unter "lotrechter Belastung P" untersucht.

Für mäßige Belastung P werden sämtliche Stäbe elastisch verformt, und man erhält als Ergebnis einer "statisch unbestimmten Rechnung" für Stabkräfte und Verschiebung des Kraftangriffspunktes[38]

$$N_1 = \frac{P}{1+2\sin^3\alpha}, \quad N_2 = \frac{P\sin^2\alpha}{1+2\sin^3\alpha}, \quad u = \frac{h/(EF)}{1+2\sin^3\alpha} P = \frac{P}{tg\varphi_1}. \tag{3.51a-c}$$

Wegen $N_1 > N_2$ wird mit wachsender Belastung P zunächst der Mittelstab (1) plastiziert, und zwar für eine Belastung $P = P_p$, die aus der Gleichung $N_1 = N_F = \sigma_F F$ als

$$P_p = N_F\,(1 + 2\sin^3\alpha) \tag{3.52a}$$

mit der zugehörigen Verschiebung

$$u_p = \frac{P_p}{tg\varphi_1} = \frac{N_F h}{EF} \tag{3.52b}$$

festgestellt wird. Da der Mittelstab (1) – im Hinblick auf die Fixierung des Knotenpunktes 0 – "kinematisch überzählig" ist[39], kann das System weiter belastet werden[40], wobei jedoch in dieser "Phase des eingeschränkten plastischen Fließens" die Stabkraft des Mittelstabes über N_F hinaus nicht gesteigert werden kann. Das statische Verhalten des Systems entspricht nun Demjenigen eines (von den Seitenstäben (2) gebildeten) "statisch bestimmten Zweibocks", der im Knoten 0 lotrecht durch eine Belastung $P_Q > P_p$ und eine entgegengesetzt gerichtete "Totlast" $N_1 = N_F$ belastet wird. Man bekommt für diese Belastungsphase als Stabkräfte bzw. Knotenverschiebung

$$N_{1Q} = N_F, \quad N_{2Q} = \frac{P_Q - N_F}{2\sin\alpha} = \frac{P_Q\sin^2\alpha}{1+2\sin^3\alpha} + \frac{P_Q - P_p}{2\sin\alpha(1+2\sin^3\alpha)},$$

$$u_Q = \frac{\Delta l_2}{\sin\alpha} = \frac{l_2}{\sin\alpha}\,\frac{\Delta l_2}{l_2} = \frac{h\epsilon_2}{\sin^2\alpha} = \frac{N_{2Q}h}{EF\sin^2\alpha} =$$

$$= u_p + \frac{P_Q - P_p}{tg\varphi_2}, \quad tg\varphi_2 = \frac{EF}{h}\,2\sin^3\alpha = tg\varphi_1 - \frac{EF}{h} < tg\varphi_1, \tag{3.53a-c}$$

wobei eine Laststeigerung bis unmittelbar an den Wert

$$P_G =^{41)} N_F\,(1 + 2\sin\alpha) > P_p \tag{3.54a}$$

heran vorgenommen werden kann; als Folge dessen schließlich auch die Seitenstäbe plastiziert sind, also das System in die Phase (III) des uneingeschränkten plastischen Fließens übergeht. Die unmittelbar zuvor erreichte Knotenpunktverschiebung ist

---

[38] In diesen mit der Voraussetzung kleiner Systemverformungen erzeugten Beziehungen bedeuten $h = l_2\sin\alpha$ die Höhe des Dreibocks und α die Neigungen der Seitenstäbe (gegenüber der Horizontalen) in der "Ausgangskonfiguration".

[39] der Knotenpunkt 0 also auch ohne den Mittelstab (1), der beiden Seitenstäbe wegen, nicht ohne deren Dehnung verschoben werden könnte

[40] weil die Seitenstäbe noch elastisch, d. h. zu vermehrter Lastübernahme fähig sind.

[41] Man setze in (3.53b) $N_2 = N_F$

$$u_G = \frac{N_F h}{EF \sin^2\alpha} . \tag{3.54b}$$

In Abb. E 3.13 zeigen die stark markierten (sog. jungfräulichen[42]) Last–Verschiebungsverläufe die Beziehungen (3.51c, 53c), und zwar sowohl für (von der unverformten Ausgangskonfiguration aus beginnende) positive als auch negative Laststeigerungen, wobei gleiche Werte für Zug– bzw. Druck-Fließgrenzenspannungen der Fachwerkstäbe vorausgesetzt wurde. Die "kontinuierliche Abflachung" der Last–Dehnungskurve im Bereich II von Abb. E 3.11 findet hier in dem flacheren Anstieg der Geraden $\overline{PG}$ ihre Entsprechung und ist — analog zum Hohlkugel–Beispiel — Ausdruck der Tatsache des "zunehmenden Erlöschens der Elastizität" der Gesamtanordnung, hier repräsentiert durch den "Ausfall" des Mittelstabes, wodurch bei Mehrbelastung $P_Q > P_P$ die effektive elastische Steifigkeit des Systems um Diejenige des Mittelstabes verringert ist.

Bei der Untersuchung zyklischer Belastungsprozesse (d. h. Abfolgen von Ent– bzw. Belastungen) werden — abgesehen von rein elastischen Zustandsänderungen — zwei Fälle unterschieden, je nachdem ob Vorgänge eingeschränkten oder uneingeschränkten plastischen Fließens in Betracht genommen werden.

Im Falle eingeschränkten plastischen Fließens spielen sich zyklische Belastungsprozesse, wie etwa die Abfolge Q - Q'- Q''- R''- R'- R in Abb. E 3.13 andeutet, stets innerhalb des Parallelogramms $G^xGG''G^{x''}$ ab[43], womit die jeweiligen Fließbelastungen (P_Q, P_R) bzw. $(P_{Q''}, P_{R''})$ limitiert werden durch die Äste $\overline{G^{x''}G}$ bzw. $\overline{G''G^x}$ der (jeweils verlängerten) jungfräulichen Last–DehnungsKurve. Die Summen $|P_Q| + |P_{Q''}|$ bzw. $|P_R| + |P_{R''}|$ der Zug–(Druck–)Fließgrenzen–Lastbeträge und der jeweiligen zugehörigen nach Lastumkehr erreichbaren Druck–(Zug–)Fließgrenzen–Lastbeträge sind konstant $(= 2P_P)$, und der durch

$$P_{MQ} = (P_Q + P_{Q''})/2 = (P_Q - |P_{Q''}|)/2 \quad \text{bzw.} \quad P_{MR} = (P_R + P_{R''})/2 \tag{3.55}$$

definierte Mittelwert zweier "zusammengehöriger" Fließ–Grenzlasten ist — vgl. die strichpunktierte Grade — eine lineare(Zustands–)Funktion der jeweiligen "plastischen Verformung" $(u_{Q'}, u_{R'})$[44].

Der energetische Status in einer beliebigen durch den Zustandspunkt X in Abb. E 3.13 gekennzeichneten Zustandssituation[45] ist durch potentielle Energie der Formänderung beschrieben, die sich gemäß

$$\mathcal{W} = \Delta\mathcal{W}_{EL}(u_E) + \mathcal{W}_L(u_F) ,$$

$$u_F = u_{Q'} , u_{R'}, \quad u_E = u_{XE} = u_X - u_{Q'} \tag{3.56}$$

in zwei (positiv–definite quadratische) Anteile zerlegen läßt, die jeweils allein von den "elastischen"

---

42) so bezeichnet, weil sie vom "spannungs– und verzerrungslosen" Ausgangszustande des Systems heraus vorgenommene Belastungsprozesse beschreiben

43) wobei die zur "Hookeschen Anfangsgraden" $\overline{P^xP}$ parallelen Last–Verschiebungs–Pfade $\overrightarrow{QQ''}$, $\overrightarrow{R''R}$ jeweils "elastisch" verlaufende Ent– bzw. Wieder–Belastungen aus bzw. bis zu entsprechenden Fließzuständen und die Pfade $\overrightarrow{Q''R''}$ bzw. $\overrightarrow{RQ}$ mit Energiedissipation einhergehende (elastisch-plastische) Fließzustandsänderungen kennzeichnen.

44) wobei man unter den plastischen Verformungen $(u_{Q'}, u_{R'})$ Diejenigen versteht, die nach jeweiliger Entlastung aus dem Fließzustande zurückbleiben, unter den elastischen Verformungen Diejenigen, die bei Belastungsabbau $(P_X = 0)$ verschwinden.

45) die erreicht wird z. B. durch Lastreduktion (Pfad $\overrightarrow{QX}$) aus einer Fließ–Situation (Q), durch Wiederbelastung aus einem "Entlastungszustande" (Q') heraus (Pfad Q'X) usw.

bzw. den "plastischen" Verschiebungen[44] abhängen und – vgl. (3.63a,86a–c) – per

$$P_X = \left[\frac{\partial \Delta \mathscr{W}_{EL}}{\partial u_E}\right]_{u_{XE}=u_X-u_{Q'}}, \quad P_{MQ} = \left[\frac{\partial \mathscr{W}_L}{\partial u_F}\right]_{u_F=u_{Q'}} \tag{3.57a,b}$$

die jeweilige Momentanbelastung P_X bzw. den Fließgrenzen–Mittelwert P_{MQ} definieren. Dabei hat die nach einem Vorschlag von Thomson [1] als latente Energie bezeichnete Größe $\mathscr{W}_L$ die Bedeutung derjenigen (Formänderungs–)Energie, die im Fachwerk aufgrund der nach Entlastung (Pfad $\overrightarrow{QQ'}$) verbliebenen Restspannungen zu konstatieren ist[46], $\Delta\mathscr{W}_{EL}$ die Bedeutung der entsprechenden "Zusatzenergie", die im System infolge Belastung P_X elastisch gespeichert wird. Dissipationsleistung wird bei Fließzustandsänderungen erbracht und durch

$$\dot{\mathscr{D}} = P_p\,\dot{u}_F \equiv \left[\frac{P_Q + |P_{Q''}|}{2}\right]\dot{u}_F \equiv \left[P_Q - \frac{P_Q - |P_{Q''}|}{2}\right]\dot{u}_F \equiv (P_Q - P_{MQ})\,\dot{u}_F \tag{3.58}$$

beschrieben (vgl. (3.68d)).

Im Falle der Betrachtnahme auch <u>uneingeschränkter Fließeffekte</u> am Fachwerk sind die jungfräuliche Last–Dehnungskurve bzw. deren entsprechende Verlängerungen im Falle zyklischer Belastungsprozesse nicht mehr brauchbar zur Festlegung der jeweiligen Fließbelastungen, da diese nicht mehr (nach Maßgabe der jungfräulichen Last–Verschiebungskurve) eindeutig von der Fließverformung (des Lastangriffs–Knotenpunktes) abhängen, wie Abb. E 3.14 zeigt. Für eine bestimmte Fließverformung $(u_{Q'})$ bekommt man als zugehörige "obere" (Zug–)Fließgrenzbelastung die Werte P_Q bzw. etwa $P_{\hat{Q}}$, je nachdem, ob Fließen bei Erstbelastung (Pfad OPQ) oder aber nach zusätzlicher Abfolge des Zyklus $QHH''H'''H^xH^{x}{}''H^{x}{}'''\hat{Q}$ stattfindet. Für zyklische Zustände gleichen Amplitudenbetrages[47] werden bereits nach der ersten Entlastung (HH'') stationäre Fließgrenzen erreicht (vgl. Die Äste $H^{x}{}''H^{x}{}'''H$ bzw. $H''H'''H^x$ im Falle zyklischer Prozesse $HH''H'''H^xH^{x}{}''H^{x}{}'''H$), im Falle betragsmäßig ungleicher Amplituden können Fließgrenz–Kurven auch unterhalb der jungfräulichen Last–Verschiebungs–Kurve liegen (vgl. Pkt. Q_Y als Folge eines Prozesses $HH''H'''Y''Y'Y^x$).

Die formale Realisierung der aufgelisteten Befunde ergibt im Einzelnen:

a) zyklische Vorgänge im Bereich eingeschränkten plastischen Fließens (Bereiche I, II von Abb. E 3.13).
Auf Entlastungen des Fachwerks aus einer Fließ–Situation (Q) heraus "reagieren" sämtliche (als elastisch–idealpastisch vorausgesetzten) Fachwerkstäbe sogleich wieder "elastisch", was bedeutet, daß "Zusatz–Lastzustände"

$$\Delta P_{QX} = P_X - P_Q < 0 \tag{3.59}$$

auf die einzelnen Fachwerkstäbe wieder im Sinne der Formeln (3.51a,b) – mit ΔP_{QX} anstelle von P – verteilt werden:

---

46) und die man aus der in Stabkräften N_j ausgedrückten Version $\mathscr{W} = \frac{1}{2}\sum N_j^2 \frac{l_j}{E_jF_j}$ der Formänderungsenergie mit den nach Entlastung (Zustandspunkt Q'in Abb. E 3.13) verbleibenden Stabkräften berechnet, wobei Letztere einen Selbstspannungszustand des Fachwerks definieren.

47) Im vorliegenden Falle gleichen <u>Verschiebungsamplituden</u>–Betrages, da in den Bereichen uneingeschränkten Fließens keine eindeutige Zuordnung zwischen Last und Verschiebung mehr besteht

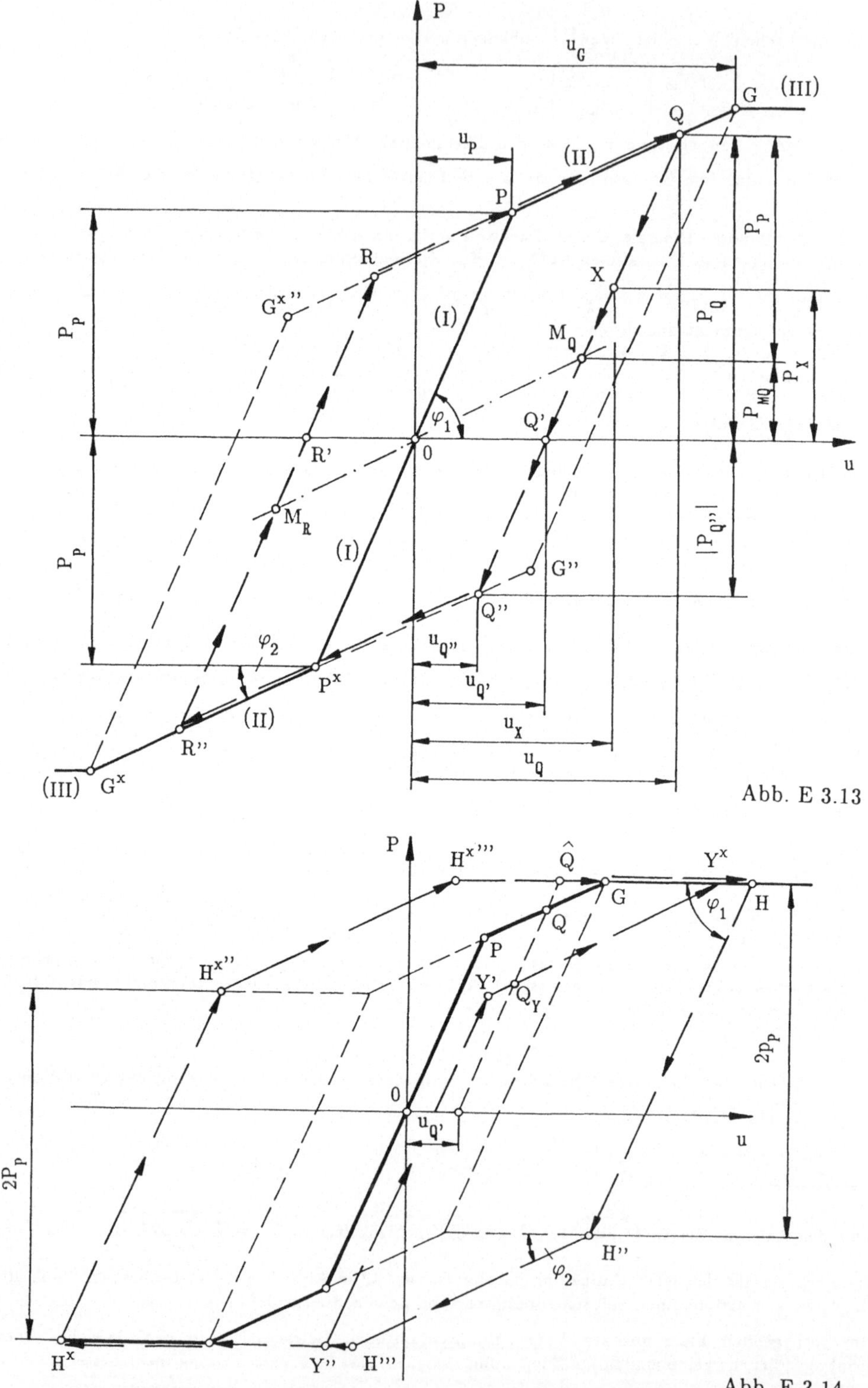

Abb. E 3.13

Abb. E 3.14

$$\Delta N_{1QX} = \frac{\Delta P_{QX}}{1+2\sin^3\alpha}, \quad \Delta N_{2QX} = \frac{\Delta P_{QX}\sin^2\alpha}{1+2\sin^3\alpha}. \tag{3.59a,b}$$

Auch die entsprechende Zusatz–Knotenverschiebung ist hier rein elastisch (vgl. 3.51c),

$$\Delta u_{QX} = \frac{\Delta P_{QX}}{tg\varphi_1}, \tag{3.59c}$$

womit der zur "Hookeschen Anfangsgeraden" $\overline{P^xP}$ parallele "Entlastungspfad" in Abb. E 3.13 verifiziert ist. Mit

a1) $\Delta P_{QX} = - P_Q$, d. h. $P_X = 0$

erhält man als entsprechende Änderungsgrößen bei völliger Entlastung (Zustand Q' in Abb. E 3.13)

$$\Delta N_{1QQ'} = - \frac{P_Q}{1+2\sin^3\alpha}, \quad \Delta N_{2QQ'} = - \frac{P_Q\sin^2\alpha}{1+2\sin^3\alpha}, \quad \Delta u_{QQ'} = - \frac{P_Q}{tg\varphi_1} \tag{3.60a-c}$$

und damit als Restgrößen

$$u_{Q'} = u_Q + \Delta u_{QQ'} = \frac{P_p}{tg\varphi_1} + \frac{P_Q-P_p}{tg\varphi_2} - \frac{P_Q}{tg\varphi_1} = \left[P_Q - P_p\right]\left[ctg\varphi_2 - ctg\varphi_1\right],$$

$$N_{1Q'} = N_{1Q} + \Delta N_{1QQ'} \overset{48)}{=} - \frac{P_Q-P_p}{1+2\sin^3\alpha} \overset{(3.61a)}{=} - \frac{u_{Q'}}{(1+2\sin^3\alpha)\,(ctg\varphi_2 - ctg\varphi_1)}$$

$$= - \frac{EF}{h}\,\frac{tg\varphi_2 \,/\, tg\varphi_1}{1-(tg\varphi_2/tg\varphi_1)}\,u_{Q'} \overset{49)}{=} - u_{Q'}\,tg\varphi_2\,,$$

$$N_{2Q'} = N_{2Q} + \Delta N_{2QQ'} = \frac{P_Q - P_p}{2\sin\alpha\,(1+2\sin^3\alpha)} \overset{(3.61b)}{=} \frac{u_{Q'}\,tg\varphi_2}{2\sin\alpha}, \tag{3.61a-c}$$

wobei betr. die Qualität der in (3.60c, 61a) angegebenen Verschiebungswerte die "Rück–verschiebung $\Delta u_{QQ'}$ nach Entlastung" als Ausdruck einer "elastischen Entspannung" und der Wert $u_{Q'}$ als "plastische (Rest–)Verformung anzusehen sind[50)].

a2) Die gegenüber dem Zustande Q erforderliche Laständerung $\Delta P_{QQ''}$ zum Erreichen der Druck–Fließgrenze des Stabes 1, die den erneuten (diesesmal Druck–)Fließbeginn des Systems kennzeichnet, berechnet man aus

---

48) Man benutze z. B. $N_F = \frac{EF}{h}\frac{P_p}{tg\varphi_1} = \frac{P_p}{1+2\sin^3\alpha}$ nach (3.52b, 51c)

49) Man benutze $tg\varphi_1 = \frac{EF}{h}(1+2\sin^3\alpha)$, $tg\varphi_2 = tg\varphi_1 - \frac{EF}{h}$ nach (3.51, 53)

50) Mit $u_Q = - \Delta u_{QQ'} + u_{Q'} = u_{El}(P_Q) + u_F(P_Q)$
im Sinne von (3.61a) ist damit die "Gesamtverformung des Systems" physikalisch aufgeschlüsselt in zwei additive Anteile der o. a. Bedeutung

$$N_{1Q''} = N_{1Q} + \Delta N_{1QQ''} \overset{51)}{=} \frac{P_p}{1+2\sin^3\alpha} + \frac{\Delta P_{QQ''}}{1+2\sin^3\alpha} = -N_F \overset{(3.52a)}{=} -\frac{P_p}{1+2\sin^3\alpha}$$

als

$$\Delta P_{QQ''} = -2P_p\,, \tag{3.62a}$$

womit per

$$P_{Q''} = P_Q + \Delta P_{QQ''} = -(2P_p - P_Q) = -\left[(P_Q - 2(P_Q - P_p)\right] \geq -P_Q \tag{3.62b}$$

der Wert der "unteren Fließgrenze" festliegt, den man unter Benutzung von (3.61a) übrigens ebenfalls vollständig durch die plastische Verschiebung festlegen kann[52]:

$$P_{Q''} = -P_Q(u_{Q'}) + \frac{2u_{Q'}}{\mathrm{ctg}\varphi_2 - \mathrm{ctg}\varphi_1} = -\left[P_p - \frac{u_{Q'}}{\mathrm{ctg}\varphi_2 - \mathrm{ctg}\varphi_1}\right]. \tag{3.62c}$$

Daher ist der Mittelwert

$$P_{MQ} = \frac{1}{2}(P_Q + P_{Q''}) = \frac{u_{Q'}}{\mathrm{ctg}\varphi_2 - \mathrm{ctg}\varphi_1} = \frac{u_{Q'}\ \mathrm{tg}\varphi_1 \mathrm{tg}\varphi_2}{\mathrm{tg}\varphi_1 - \mathrm{tg}\varphi_2} \overset{53)}{=} u_{Q'} \frac{h}{EF} \mathrm{tg}\varphi_1 \mathrm{tg}\varphi_2 \tag{3.63a}$$

(Zustandspunkt M_Q auf der "Entlastungsgraden QQ''") in der Tat eine Zustandsfunktion der plastischen Verschiebungen $(u_{Q'})$, von dem aus (im Falle antimetrischer jungfräulicher Kraft—Verschiebungsdiagramme, wie hier vorliegend[54]) durch Laststeigerungen ($\overline{M_Q Q}$ bzw. $\overline{M_Q Q''}$) die jeweiligen Fließgrenzen mit betragsmäßig gleichen Laststeigerungswerten

$$P_Q - P_M (= P_p) \equiv |P_{Q''} - P_M| \tag{3.63b}$$

erreicht werden.

a3) Mit den Ausgangswerten zu Beginn des "Druckfließens"

$$N_{1Q''} = N_{1Q} + \Delta N_{1QQ''}\,,\ N_{2Q''} = N_{2Q} + \Delta N_{2QQ''}\,,\ u_{Q''} = u_Q + \Delta u_{QQ''}\,,$$

die man mit N_{1Q}, N_{2Q}, u_Q nach (3.53a—c) sowie mit

$$\Delta N_{1QQ''} \overset{55)}{=} -\frac{2P_p}{1+2\sin^3\alpha}\,,\quad \Delta N_{2QQ''} \overset{52)}{=} -\frac{2P_p \sin^2\alpha}{1+2\sin^3\alpha}\,,\quad \Delta u_{QQ''} \overset{52)}{=} -\frac{2P_p}{\mathrm{tg}\varphi_1} \tag{3.64a-c}$$

als

$$N_{1Q''} = -\frac{P_p}{1+2\sin^3\alpha} = -N_F\,,$$

---

51) Man benutze für $\Delta N_{QQ''}$ Formel (3.51a) mit $\Delta P_{QQ''}$ anstelle von P

52) Man beachte die nach (3.61a) mögliche Darstellung

$$P_Q = P_Q(u_{Q'}) = P_p + \frac{u_{Q'}}{\mathrm{ctg}\varphi_2 - \mathrm{ctg}\varphi_1}\,. \tag{3.62d}$$

53) Man beachte $\mathrm{tg}\varphi_1 - \mathrm{tg}\varphi_2 = EF/h$

54) weil das Fachwerk aus elastisch—idealplastischen Einzelstäben mit betragsmäßig gleicher Fließ—Zug— bzw. Druckgrenze konzipiert wurde.

55) Man benutze (3.51) mit $\Delta P_{QQ''} = P_{Q''} - P_Q = -2P_p$ anstelle von P

$$N_{2Q''} = \frac{P_{Q''}}{2\sin\alpha} + \frac{P_p}{2\sin\alpha(1+2\sin^3\alpha)}\,, \quad P_{Q''} = -(2P_p - P_Q)\,, \qquad (3.65a,b)\,,$$

$$u_{Q''} \equiv u_Q + \Delta u_{QQ''} \overset{(3.59c,64c)}{=} \frac{P_p}{tg\varphi_1} + \frac{P_Q - P_p}{tg\varphi_2} - \frac{2P_p}{tg\varphi_1}$$

$$\equiv \frac{P_p}{tg\varphi_1} + \frac{P_Q - P_p}{tg\varphi_2} - \frac{P_Q}{tg\varphi_1} + \frac{P_Q - 2P_p}{tg\varphi_1} \overset{(3.61a)}{=} u_{Q'} + \frac{P_Q - 2P_p}{tg\varphi_1} = u_{Q'} + \frac{P_{Q''}}{tg\varphi_1}$$

$$\equiv u_{Q'} + \Delta u_{Q'Q''} \qquad (3.65c)$$

auffindet, bekommt man schließlich für weitere (negative) Laststeigerungen $P_{Q''} \geq P_{R''} \geq -P_G$ mit

$$\Delta N_{1Q''R''} = 0\,, \quad \Delta N_{2Q''R''} \overset{56)}{=} \frac{P_{R''} - P_{Q''}}{2\sin\alpha}\,, \quad \Delta u_{Q''Y} \overset{53)}{=} \frac{\Delta N_{2Q''R''}h}{EF\sin^2\alpha} =$$

$$= \frac{(P_{R''} - P_{Q''})h}{2EF\sin^3\alpha} = \frac{P_{R''} - P_{Q''}}{tg\varphi_2}$$

die Stabkräfte bzw. Knotenverschiebungen

$$N_{1R''} = -N_F\,, \; N_{2R''} = N_{2Q''} + \Delta N_{2Q''R''} = \frac{P_{R''}}{2\sin\alpha} + \frac{P_p}{2\sin\alpha\,(1+2\sin^3\alpha)}\,,$$

$$u_{R''} = u_{Q''} + \frac{P_{R''} - P_{Q''}}{tg\varphi_2}\,, \qquad (3.65d\text{-}f)$$

wobei sich insbesondere die letztere Beziehung in Abb. E 3.13 im "Pfad Q''→ R''abbildet. Letzterer kann bis zum Zustande G^x mit

$$P_{R''} = -P_G \overset{(3.54a)}{=} -N_F\,(1+2\sin\alpha)\,, \quad P_p = N_F\,(1+2\sin^3\alpha)$$

und damit

$$N_{2G^x} \overset{(3.65b)}{=} -\frac{N_F(1+2\sin\alpha)}{2\sin\alpha} + \frac{N_F}{2\sin\alpha} = -N_F$$

im Zustande eingeschränkten plastischen Fließens durchlaufen werden; durchläuft man ihn nur bis zum Zustandspunkte P^x mit $P_{p^x} = -P_p = -N_F\,(1+2\sin^3\alpha)$, so entstehen

$$N_{1P^x} = -N_F\,, \quad N_{2R^x} = -\frac{P_p\,\sin^2\alpha}{1+2\sin^3\alpha}\,, \quad u_{P^x} \overset{(3.65c)}{=} -\frac{P_p}{tg\varphi_1}\,, \qquad (3.66a\text{-}c)$$

d. h. dieselben Werte, die man im Zusammenhang mit einer "jungfräulichen" Belastung $O \geq P \geq P_{p^x} = -P_p$ erhielte. Eine "Entlastung" $\overline{P^xO}$ führt dementsprechend das Henky-Fachwerk in seinen Ursprungszustand zurück. Positive ("Wieder"–)Belastungen aus einer

---

56) Man benutze im Sinne von (3.53c) $\Delta u = \Delta N_2 h\,/\,(EF\sin^2\alpha)$ sowie die am statisch bestimmten Zweibock aufgrund der Knotenpunkt–Gleichgewichtsbedingungen erhältliche Beziehung $\Delta N_2 = \Delta P\,/\,(2\sin\alpha)$.

Situation R'' heraus, finden, wie man mit entsprechender Rechnung zeigt, längs des in Abb. E 3.13 skizzierten Pfades $\overrightarrow{R''R'R\ P\ Q}$ statt, führen also wieder auf die jungfräuliche Last–Verschiebungskurve und damit auf denselben Zusammenhang $P_{MQ} = f(u_{Q'})$ unabhängig von den zwischenzeitlich eingetretenen Zustandsänderungen.

a4) Als Formänderungsenergie des Fachwerks bezeichnet man die in Stabkräften ausgedrückte Version

$$\mathscr{W} = \frac{N_1^{\,2} h}{2EF} + 2\,\frac{N_2^{\,2} h}{2EF\sin\alpha} \tag{3.67}$$

mit der Bedeutung derjenigen Energiegröße, die nach elastischer Entspannung aller Einzelstäbe freigesetzt werden könnte. Für die Zustandssituation X von Abb. E 3.13 mit

$$N_{1X} = N_{1Q'} + \Delta N_{1Q'X} = -\,u_{Q'}\,tg\varphi_2 + \frac{P_X}{1+2\sin^3\alpha}$$

$$N_{2X} = N_{2Q'} + \Delta N_{2Q'X} = \frac{u_{Q'}\,tg\varphi_2}{2\sin\alpha} + \frac{P_X\sin^2\alpha}{1+2\sin^3\alpha} \tag{3.67a,b}$$

nach (3.61b,c) bzw. (3.51a,b) mit P_X anstelle von P erhält man

$$\mathscr{W}_X = \frac{h}{2EF}\left\{(u_{Q'}\,tg\varphi_2)^2 + \frac{2}{\sin\alpha}\left[\frac{u_{Q'}tg\varphi_2}{2\sin\alpha}\right]^2\right\} + \frac{h}{2EF}\left\{\left[\frac{P_X}{1+2\sin^3\alpha}\right]^2 + \frac{2}{\sin\alpha}\left[\frac{P_X\,\sin^2\alpha}{1+2\sin^3\alpha}\right]^2\right\} = \frac{u_{Q'}^2\,h}{2EF}\,tg\varphi_1\,tg\varphi_2 + \frac{P_X^{\,2}}{2\,tg\varphi_1} = \mathscr{W}_L(u_{Q'}) + \Delta\mathscr{W}_{EL} \tag{3.68}$$

mit dem für $P_X = 0$ (Entlastung) verbleibenden Wert

$$\mathscr{W}_L(u_{Q'}) = \frac{u_{Q'}^{\,2}\,h}{2EF}\,tg\varphi_1\,tg\varphi_2 \tag{3.68a}$$

der latenten Energie[57] und dem Anteil

$$\Delta\mathscr{W}_{EL} = \frac{P_X^{\,2}}{2\,tg\varphi_1} = \frac{u_{XEL}^2}{2}\,tg\varphi_1\,,\quad u_{XEL} = P_X\,/\,tg\varphi_1\,, \tag{3.68b,c}$$

der nach Entlastung "elastisch zurückgewonnen" wird. Aus (3.68a) fließt schließlich angesichts (3.63a) die in (3.57b) angegebene Potentialeigenschaft der latenten Energie hinsichtlich des Mittelwerts $P_{MQ}(u_{Q'})$, aus (3.68b, c) die entsprechende Potentialeigenschaft von $\Delta\mathscr{W}_{EL}$ hinsichtlich der (Momentan–)Belastung P_X. Aus der isentropen Leistungsbilanz während einer Fließzustandsänderung,

$$P_Q\,du_Q = d\mathscr{W}_L + d\Delta\mathscr{W}_{EL} + d\mathscr{D},$$

wonach der Gesamt–Arbeitszuwachs der äußeren Belastung in Zuwachs an Formänderungsenergie und mechanischem Energieverlust umgesetzt wird, folgt mit

$$du_Q = du_{Q'} + (du_Q - du_{Q'}) = du_{Q'} + du_{QEL}$$

[57] die allerdings nur nach "Herauslösen" der Einzelstäbe aus dem Fachwerkverband freigesetzt werden könnte. Letztere Prozedur läßt sich übrigens als eine primitive Modellierung des "Ausglühens von Restspannungen" aus unlegierten Stählen interpretieren, als dessen Folge in [25] von einer Beseitigung von Verfestigungseffekten berichtet wird.

$$d\mathscr{W}_L \overset{(3.68a,63d)}{=} \frac{\partial \mathscr{W}_L}{\partial u_{Q'}} du_{Q'} = P_{MQ} du_{Q'}\,,\quad d\Delta\mathscr{W}_{EL} = \left[\frac{\partial \Delta\mathscr{W}_{EL}}{\partial u_{QEL}}\right]_{P_X=P_Q} du_{QEL} \overset{(3.68b,c)}{=} P_Q du_{QEL}$$

schließlich das in (3.58) notierte Resultat $d\mathscr{D} = (P_Q - P_{MQ})du_{Q'} \equiv P_p du_{Q'}$. (3.68d)

Einfachstes Beispiel zur Modellierung elastisch–plastischen Verhaltens mit stetig–differenzierbaren Verfestigungskurven ist wohl die

3.4 ebene Balkenbiegung,

wofür – als einfachste Variante – ein Stab mit Rechteckquerschnitt (Breite b, Höhe h) aus elastisch–idealplastischem Material betrachtet (Abb. E 3.15) und hinsichtlich der Deformation des Stabkontinuums die Bernoullische Hypothese d. h. als Spannungszustand ein längs der Stabhöhe variabler einachsiger (Biege–)Normalspannungszustand $\sigma_{xx}(x, z)$ vorausgesetzt werden. Aufgrund der Bernoullischen Hypothese hängen die Axialdehnungen $\epsilon_{xx}(x, z)$ mit der Stabkrümmung $\kappa(x)$ per

$$\epsilon_{xx} = z\kappa \tag{3.69}$$

zusammen, womit für die

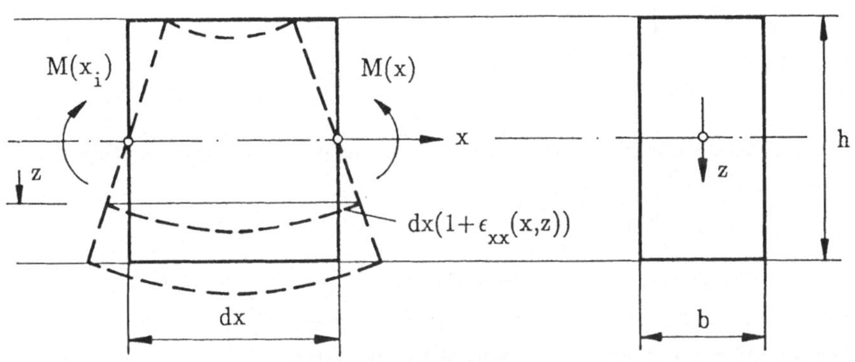

Abb. E 3.15

elastische Anfangsphase (I) mit dem Hookeschen Gesetz

$$\sigma_{xx} = E\epsilon_{xx} = Ez\kappa \tag{3.70}$$

aus der Äquivalenzbedingung für das Biegemoment die bekannte Beziehung

$$M = \int_{-h/2}^{h/2} \sigma_{xx}\, zbdz = E\frac{bh^3}{12}\kappa \tag{3.71}$$

und damit

$$\sigma_{xx} = \frac{M}{bh^2/6}\, 2\frac{z}{h} = \frac{M}{W}\zeta\,,\quad W = bh^2/6,\quad \zeta = \frac{2z}{h} \tag{3.71a-c}$$

identifiziert wird. Die elastische Anfangsphase endet, wenn die Biegemomentenbelastung (auf $M = M_P$) gestiegen ist, wofür die extremalen Querschnittsspannungen am Querschnittsrande $\zeta = \pm 1$ die Fließspannung erreichen, d. h. für

$$\sigma_{xx}|_{\zeta=1} = \sigma_F = M_P/W\,,\quad \text{also } M_P = \sigma_F W = \sigma_F \frac{bh^2}{6} \tag{3.72a,b}$$

mit dem zugehörigen Krümmungswert

$$\kappa_P = \frac{M_P}{E\,\frac{bh^3}{12}} = \frac{2}{h}\frac{\sigma_F}{E}\,. \tag{3.72c}$$

In die elastisch–plastische Zustandsphase II kommt man bei weiterer Laststeigerung M_Q ($> M_P$) und damit Krümmungssteigerung κ_Q ($> \kappa_P$), als deren Folge sich die Fließbereiche – vom Rande her – zur Stabmitte hin ausweiten (Abb. E 3.16).

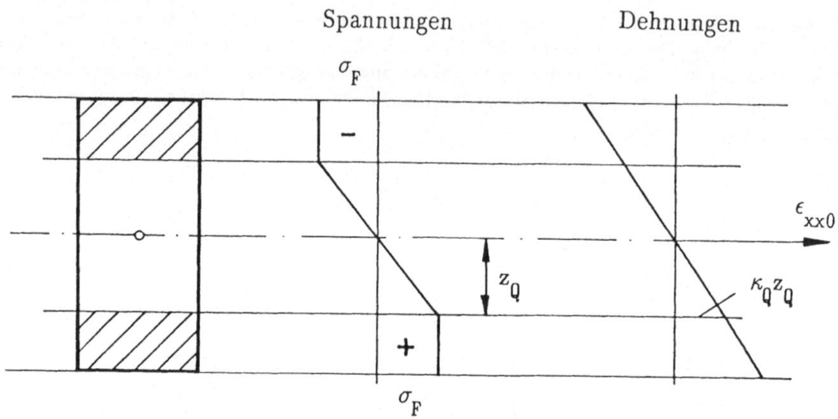

Abb. E 3.16

Bezeichnet $\pm\, z_Q$ die plastizierten Randbereiche, so ergibt die Äquivalenzbedingung der Momente

$$M_Q = 2\sigma_F b\,(\tfrac{h}{2} - z_Q)\,(z_Q + \tfrac{1}{2}(\tfrac{h}{2} - z_Q)) + 2\sigma_F b\,\frac{z_Q}{2}\,\frac{2}{3}\,z_Q$$

$$= \sigma_F b\,\frac{h^2}{4}\left[1 - \frac{1}{3}\zeta_Q^2\right] = \frac{3}{2}M_P\left[1 - \frac{1}{3}\zeta_Q^2\right],\quad \zeta_Q = 2\,z_Q/h\,, \tag{3.73a,b}$$

wobei an der elastisch–plastischen Übergangsfaser die Fließ–Spannung σ_F noch nach dem Hookeschen Gesetz mit der zugehörigen Dehnung $\epsilon_{xxQ} = \kappa_Q z_Q$ verknüpft ist, also

$$\sigma_F = E\,\epsilon_{xxQ} = E\,\kappa_Q\,z_Q = E\,\frac{h}{2}\,\kappa_Q\,\zeta_Q \tag{3.74a}$$

gilt, und dementsprechend per

$$\zeta_Q = \frac{\sigma_F}{E}\,\frac{2}{h}\,\frac{1}{\kappa_Q} \tag{3.74b}$$

in (3.73a) die Stabkrümmung eingeführt werden kann. Es entsteht für die Phase II als Zusammenhang zwischen Biegemoment und Stabkrümmung

$$M_Q = \frac{3}{2}M_P\left[1 - \frac{1}{3}\left[\frac{\sigma_F}{E}\frac{2}{h}\right]^2\frac{1}{\kappa_Q^2}\right], \tag{3.75a}$$

woraus für $\kappa_Q \to \infty$, $z_Q \to 0$

$$M_\infty \equiv M_F = \frac{3}{2}M_P = \sigma_F\,\frac{bh^2}{4} \tag{3.75b}$$

als asymptotischer Belastungs–Grenzwert hervorgeht. Setzt man abkürzend

$$\kappa_Q^* = \frac{h}{2}\,\kappa_Q \quad \text{mit} \quad \zeta_Q = \sigma_F/(E\kappa_Q^*), \tag{3.76a}$$

so entsteht die für den Bereich $1 \geq \zeta_Q \geq 0$, d. h. $\frac{\sigma_F}{E} \leq \overset{*}{\kappa}_Q \leq \infty$ mit $M_P = \frac{2}{3} M_F \leq M_Q \leq M_F$ gültige Darstellung der "jungfräulichen Last—Dehnungskurve"

$$\frac{M_Q}{M_F} = 1 - \frac{1}{3}\left[\frac{\sigma_F/E}{\overset{*}{\kappa}_Q}\right]^2 = 1 - \frac{1}{3}\zeta_Q^2 \quad \text{bzw.} \quad \overset{*}{\kappa}_Q = \frac{\sigma_F/E}{\sqrt{3(1 - \frac{M_Q}{M_F})}}, \tag{3.76b,c}$$

die für Phase I durch den linear—elastischen Zusammenhang (3.71), d. h. durch

$$\frac{M}{M_F} = \frac{E\,\frac{bh^3}{12}}{\sigma_F\,\frac{bh^2}{4}}\kappa = \frac{2}{3}\frac{E}{\sigma_F}\frac{h}{2}\kappa = \frac{2}{3}\frac{E}{\sigma_F}\overset{*}{\kappa} \quad \text{für} \quad 0 \leq \frac{M}{M_F} \leq \frac{M_P}{M_F} = \frac{2}{3} \quad \text{und} \quad 0 \leq \overset{*}{\kappa} \leq \frac{\sigma_F}{E} \tag{3.76d}$$

zu komplettieren ist (Abb. E 3.17). Lastsenkungen

$$\Delta M_{QX} = M_X - M_Q < 0 \tag{3.77a}$$

aus einer Fließ—Situation Q erfolgen zunächst "rein elastisch", womit Spannungs— und Krümmungsänderungen in der Form

$$\Delta\sigma_{QX} \overset{(3.71)}{=} \frac{\Delta M_{QX}}{b\,h^3/12} z = \frac{\Delta M_{QX}}{W}\zeta \overset{(3.75b,71b)}{=} \frac{3}{2}\sigma_F \frac{\Delta M_{QX}}{M_F}\zeta,$$

$$\Delta\kappa_{QX} \overset{(3.71)}{=} \frac{\Delta M_{QX}}{E\,b\,h^3/12}, \quad \Delta\overset{*}{\kappa}_{QX} = \frac{3}{2}\frac{\sigma_F}{E}\frac{\Delta M_{QX}}{M_F} \tag{3.77b,c}$$

und als resultierende Werte in der Beanspruchungssituation "M_X"

$$\overset{*}{\kappa}_X = \overset{*}{\kappa}_Q + \Delta\overset{*}{\kappa}_{QX} = \overset{*}{\kappa}_Q + \frac{3}{2}\frac{M_X - M_Q}{M_F}\frac{\sigma_F}{E} =$$

$$\overset{(3.76b)}{=} \frac{\sigma_F}{E}\left\{\left[\frac{1}{\sqrt{3(1 - \frac{M_Q}{M_F})}} - \frac{3}{2}\frac{M_Q}{M_F}\right] + \frac{3}{2}\frac{M_X}{M_F}\right\} \tag{3.77d}$$

bzw.[58]

$$\sigma_X = \sigma_Q + \Delta\sigma_{QX} = \frac{3}{2}\sigma_F\frac{M_X - M_Q}{M_F}\zeta + \begin{cases} \sigma_F & \text{für } \zeta \geq \zeta_Q \\ \sigma_F\zeta/\zeta_Q & \text{für } 0 \leq \zeta \leq \zeta_Q \end{cases} \tag{3.77e}$$

erhalten werden. Gleichung (3.77d) beschreibt die in Abb. E 3.17 durch Q gelegte "Entlastungsgerade" QQ'' parallel zum "elastischen Anstieg" (I).

Für den

reinen Entlastungsfall mit $M_X = 0$, d. h., $\Delta M_{QX} = - M_Q$ ergeben sich daraus

$$\overset{*}{\kappa}_{Q'} = \frac{\sigma_F}{E}\left\{\frac{1}{\sqrt{3(1 - \frac{M_Q}{M_F})}} - \frac{3}{2}\frac{M_Q}{M_F}\right\} \tag{3.78a}$$

---

58) die hier für $0 \leq \zeta \leq 1$ aufgelisteten Spannungen setzen sich für $\zeta < 0$ antimetrisch fort.

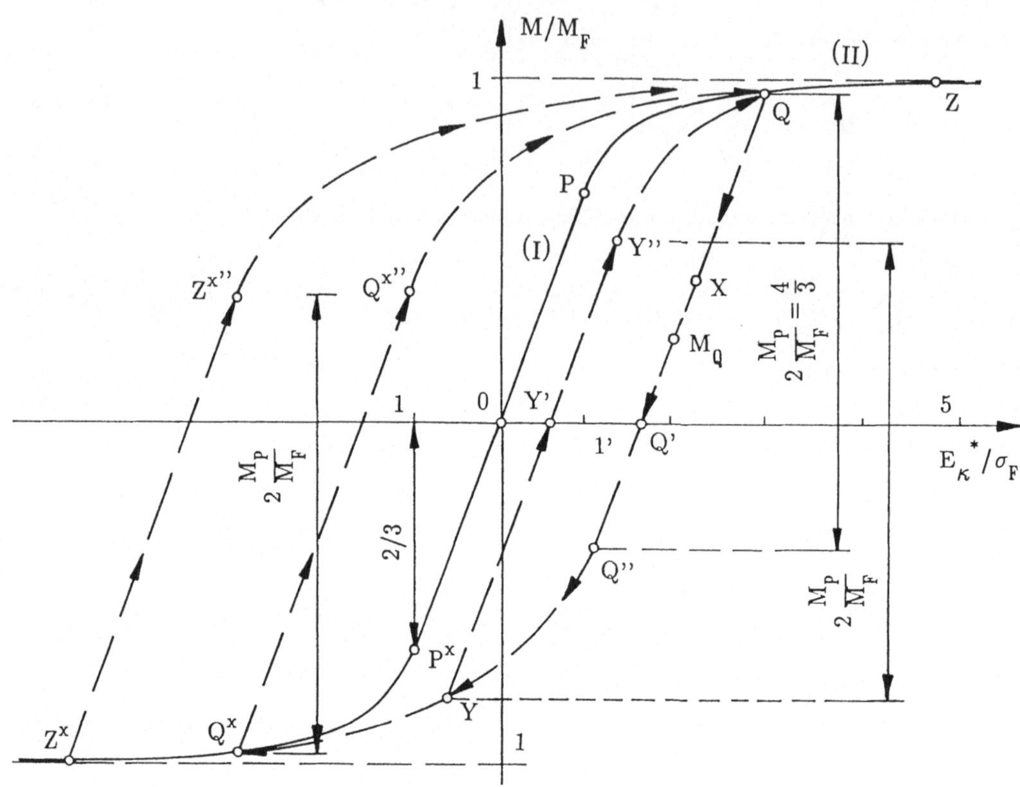

Abb. E 3.17

als "plastische" (Rest—)Verformung (vgl. Abb. E 3.17) sowie

$$\sigma_{Q'} = -\frac{3}{2}\,\sigma_F\,\frac{M_Q}{M_F}\,\zeta + \begin{cases} \sigma_F \\ \sigma_F\zeta/\zeta_Q \end{cases} = -\frac{3}{2}\,\sigma_F\,\zeta\left(1 - \frac{\zeta_Q^2}{3}\right) + \begin{cases} \sigma_F & \text{für } \zeta \geq \zeta_Q \\ \sigma_F\zeta/\zeta_Q & \text{für } \zeta_Q \leq \zeta \leq 0 \end{cases} \qquad (3.78b)$$

als Restspannungszustand[59], der im Sinne von

$$\int_{(F)} \sigma_{Q'}\,z\mathrm{d}F = \frac{bh^2}{4}\int_{-1}^{1} \sigma_{Q'}\,\zeta\,\mathrm{d}\zeta = 0\,, \quad \int_{(F)} \sigma_{Q'}\mathrm{d}F = \frac{bh}{2}\int_{-1}^{1} \sigma_{Q'}\,\mathrm{d}\zeta = 0 \qquad (3.78c,d)$$

einen Stabquerschnitts—Selbstspannungszustand darstellt (vgl. Abb. E 3.18)[59], dessen zugehörige "latente Ergänzungsenergie" (je Stab—Längeneinheit)[60]

---

[59] In Abb. E 3.18 sind nur die entsprechenden Spannungsverläufe für $\zeta > 0$ aufgetragen, desgleichen in (3.78b) nur die Formalien für $\zeta > 0$ notiert worden, da die entsprechenden Verläufe für $\zeta < 0$ zu Ersteren antimetrisch sind.

[60] die man bei gesonderter Entspannung jeder einzelnen Stabfaser zurückgewinnen würde.

$$\mathscr{W}_L^{\,*} = \int_{(F)} \frac{\sigma_{Q'}^2}{2E}\,dF = \frac{bh}{4E}\int_{-1}^{1}\sigma_{Q'}^2\,d\zeta = \frac{bh}{2E}\int_{0}^{1}\sigma_{Q'}^2\,d\zeta$$

nach einiger Rechnung[61] als

$$\frac{\mathscr{W}_L^{\,*}}{\frac{\sigma_F bh}{2}\,\frac{\sigma_F}{E}} = 1 - \frac{2}{3}\sqrt{3\left[1 - \frac{M_Q}{M_F}\right]} - \frac{3}{4}\left[\frac{M_Q}{M_F}\right]^2 \tag{3.78e}$$

festgestellt werden kann. Mit

$$\sigma_X = \frac{3}{2}\,\sigma_F\,\frac{M_X}{M_F}\,\zeta + \sigma_{Q'} = \Delta\sigma_{Q'X} + \sigma_{Q'} \tag{3.79a}$$

und dementsprechend wegen (3.78c)

$$\int_{(F)} \sigma_{Q'}\,\Delta\sigma_{Q'X}\,dF = 0 \tag{3.79b}$$

gilt desweiteren für die Ergänzungsenergie bei beliebiger Belastungssituation X auch

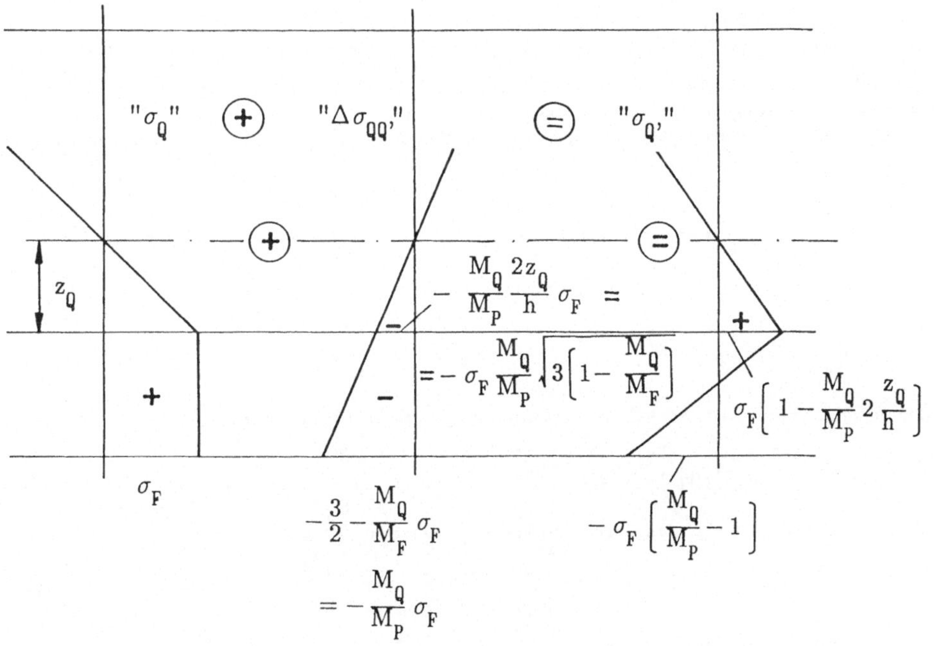

Abb. E 3.18

in diesem Beispiel das Additionsgesetz

61) Man setze (3.78b) ein

$$\mathscr{W}_X^* = \int_{(F)} \frac{\sigma_X^2}{2E} dF = \frac{1}{2E} \int_{(F)} \left[\sigma_{Q'} + \Delta\sigma_{Q'X} \right]^2 dF =$$

$$= \frac{1}{2E} \int_{(F)} \sigma_{Q'}^2 dF + \frac{1}{2E} \int_{(F)} \Delta\sigma_{Q'X}^2 dF \equiv \mathscr{W}_L^* + \Delta\mathscr{W}_{Q'X}^* , \qquad (3.79c)$$

die sich danach aus einem von M_Q/M_F bzw. von der plastischen Verformung $\kappa_{Q'}$ abhängigen Anteil $\mathscr{W}_L^*$ und einem elastisch–rückgewinnbaren Anteil

$$\Delta\mathscr{W}_{Q'X}^* = \frac{1}{2E} \int_{(F)} \Delta\sigma_{Q'X}^2 dF \overset{(3.79a)}{=} \frac{3}{8} \frac{\sigma_F^2}{E} bh \left[\frac{M_X}{M_F} \right]^2 \equiv \frac{Ebh}{6} \Delta\kappa_{Q'X}^{*2} \equiv \Delta\mathscr{W}_{Q'X} \qquad (3.80a)$$

zusammensetzt, der, — vgl. die beiden letzteren Versionen von (3.80a) —, sofern er in Abhängigkeit von den (infolge Belastung M_X entstehenden) elastischen Verformungen

$$\Delta\kappa_{Q'X}^* = \kappa_X^* - \kappa_{Q'}^* = \frac{3}{2} \frac{\sigma_F}{E} \frac{M_X}{M_F} \qquad (3.80b)$$

dargestellt wird, im Sinne von

$$\frac{\partial\Delta\mathscr{W}_{Q'X}}{\partial\Delta\kappa_{Q'X}} = \frac{h}{2} \frac{\partial\Delta\mathscr{W}_{Q'X}}{\partial\Delta\kappa_{Q'X}^*} = \frac{Ebh^2}{6} \Delta\kappa_{Q'X}^* = \frac{Ebh^3}{12} \Delta\kappa_{Q'X} = M_X \qquad (3.80c)$$

auch die Eigenschaft eines Formänderungsenergie–Potentials hat. Lastwechsel $(M_X < 0)$ aus der Entlastungssituation Q' heraus führen schließlich an die (von der Fließ–Situation Q her gesehenen) untere Fließgrenze Q'' (vgl. Abb. E 3.17), die man erreicht, wenn die Biegespannungen an der unteren Stabfaser $\zeta = 1$ die negative Fließgrenzenspannung $-\sigma_F$ angenommen haben. Dementsprechend berechnet man aus

$$\sigma_{Q''}\big|_{\zeta=1} = \sigma_Q\big|_{\zeta=1} + \Delta\sigma_{QQ''}\big|_{\zeta=1} \overset{(3.77b)}{=} \sigma_F + \frac{\Delta M_{QQ''}}{W} = -\sigma_F$$

die zum Erreichen der unteren Fließgrenze erforderliche Zusatz–Belastung als

$$\Delta M_{QQ''} = M_{Q''} - M_Q = -2\sigma_F W , \quad \frac{\Delta M_{QQ''}}{M_F} \overset{(3.75b)}{=} -\frac{4}{3} , \qquad (3.81a)$$

die entsprechende (noch elastische) Zusatzverformung nach (3.77c) in der Form

$$\Delta\kappa_{QQ''}^* = \kappa_{Q''}^* - \kappa_Q^* = \frac{3}{2} \frac{\sigma_F}{E} \frac{\Delta M_{QQ''}}{M_F} = -2 \frac{\sigma_F}{E} \qquad (3.81b)$$

und schließlich den Zusatz–Spannungszustand längs des Querschnitts aus

$$\Delta\sigma_{QQ''} = \sigma_{Q''} - \sigma_Q = \frac{\Delta M_{QQ''}}{bh^2/6} \zeta = \frac{3}{2} \sigma_F \frac{\Delta M_{QQ''}}{M_F} \zeta = -2\sigma_F \zeta , \qquad (3.81c)$$

womit als Gesamtwerte in der Situation Q''

$$\frac{M_{Q''}}{M_F} \equiv \frac{M_Q}{M_F} + \frac{\Delta M_{QQ''}}{M_F} \overset{(3.76b,c)}{=} 1 - \frac{1}{3}\zeta_Q^2 - \frac{4}{3} = -\frac{1}{3}\left[1 + \zeta_Q^2 \right] = -\frac{1}{3}\left[1 + \frac{\sigma_F/E}{\kappa_Q^{*2}} \right] ,$$

$$\kappa_{Q''}^* = \kappa_Q^* + \Delta\kappa_{QQ''}^* = \kappa_Q^* - 2\frac{\sigma_F}{E} , \quad \sigma_{Q''} = \sigma_Q + \Delta\sigma_{QQ''} \qquad (3.82a\text{–}c)$$

verbleiben (vgl. Abb. E 3.19). Berechnet man

Spannungszustand an der "unteren Fließgrenze" Q''

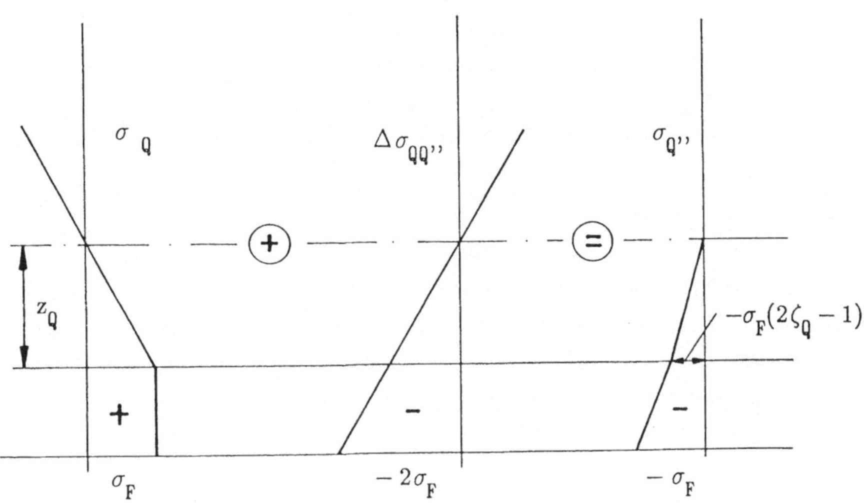

Abb. E 3.19

unter Benutzung von (3.81a) den mittleren Fließgrenzen–Momentenwert (Zustandspunkt M_Q in Abb. 3.17)

$$\frac{M_{MQ}}{M_F}=\frac{1}{2}\left[\frac{M_Q}{M_F}+\frac{M_{Q''}}{M_F}\right]=\frac{M_Q}{M_F}+\frac{\Delta M_{QQ''}}{2\,M_F}=\frac{M_Q}{M_F}-\frac{2}{3}\;, \tag{3.83a}$$

den man mittels (3.78a) mit den zugehörigen plastischen Verformungen $\overset{*}{\kappa}_{Q'}$ in der Form

$$\overset{*}{\kappa}_{Q'}=\frac{\sigma_F}{E}\left\{\frac{1}{\sqrt{1-3\,\dfrac{M_{MQ}}{M_F}}}-\frac{3}{2}\,\frac{M_{MQ}}{M_F}-1\right\} \tag{3.83b}$$

korrelieren kann[62], so erkennt man eine entsprechende Potentialeigenschaft einer als latente Ergänzungsenergie zu bezeichnenden Größe, indem man Letztere gemäß

$$\mathscr{W}_L^{\,*}=\frac{\sigma_F bh}{2}\,\frac{\sigma_F}{E}\left[1-\frac{2}{3}\sqrt{1-3\,\frac{M_{MQ}}{M_F}}-\frac{3}{4}\left[\frac{M_{MQ}}{M_F}+\frac{2}{3}\right]^2\right] \tag{3.83c}$$

in Abhängigkeit vom mittleren FLießgrenzenmoment ausdrückt[63], und solchermaßen

$$\frac{\partial\mathscr{W}_L^{\,*}}{\partial M_{MQ}}\equiv\frac{2}{h}\,\overset{*}{\kappa}_{Q'}(M_{MQ})=\kappa_{Q'}(M_{MQ})\;, \tag{3.84}$$

feststellt. Eine zu (3.75b) analoge Potentialbeziehung

---

62) Man setze in (3.78a) $\dfrac{M_Q}{M_F}=\dfrac{M_{MQ}}{M_F}+\dfrac{2}{3}$ ein

63) Man benutze (3.78e) mit $\dfrac{M_Q}{M_F}=\dfrac{M_{MQ}}{M_F}+\dfrac{2}{3}$

$$\frac{\partial \mathscr{W}_L(\kappa_{Q'})}{\partial \kappa_{Q'}} = M_{MQ}(\kappa'_Q) \tag{3.85a}$$

erreicht man hingegen schließlich unter Benutzung des in der Form

$$\mathscr{W}_L = M_{MQ}\,\kappa_{Q'} - \mathscr{W}_L^{\,*} = M_{MQ}(\kappa'_Q)\kappa'_Q - \mathscr{W}_L^{\,*}\big(M_{MQ}(\kappa'_Q)\big) \equiv \mathscr{W}_L(\kappa'_Q) \tag{3.85b}$$

zu definierenden (Formänderungsenergie—)Potentials der Thomsonschen latenten Energie, wie man anhand von

$$d\mathscr{W}_L = dM_{MQ}\,\kappa_{Q'} + M_{MQ}\,d\kappa_{Q'} - \frac{\partial \mathscr{W}_L^{\,*}}{\partial M_{MQ}}\,dM_{MQ} \overset{(3.84)}{=} M_{MQ}\,d\kappa_{Q'} \equiv \frac{d\mathscr{W}_L}{d\kappa_{Q'}}\,d\kappa_{Q'}$$

nach Koeffizientenvergleich hinsichtlich $d\kappa_Q'$ verifiziert.

Weitere Belastungen $\Delta M_{Q''Y} = M_Y - M_{Q''} < 0$ längs der unteren Fließgrenze (Pfad Q''Y in Abb. E3.17) sind mit erneuter Ausdehnung plastische Bereiche (Begrenzung z_Y bzw. $\zeta_Y = 2\,z_Y/h$) von den Randfasern her verbunden. In Abb. E3.20 ist der dabei

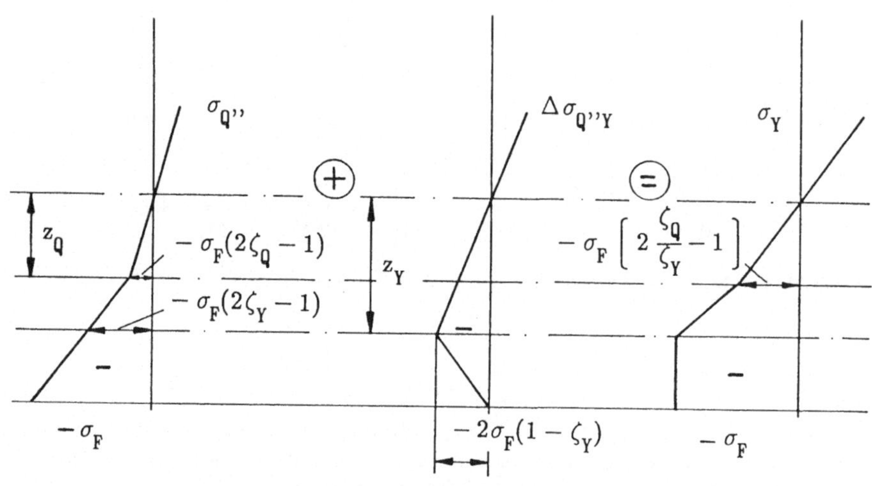

Abb. E 3.20

vom Rande her eintretende "Auffülleffekt" der Fließspannungen für den Fall $z_y \geq z_Q$ graphisch dargestellt[64]. Da die Spannungsänderungen $\Delta\sigma_{Q''Y}$ im Bereich $\zeta^2 < \zeta_Y^2$ nirgends die Fließgrenze erreichen, sind die Zusatzdehnungen in den Fasern $\zeta^2 = \zeta_Y^2$ noch mittels des Hookeschen Gesetzes als

$$\Delta\epsilon_{xx}\big|_{\zeta_Y} = -\frac{2\sigma_F}{E}(1-\zeta_Y) \tag{3.86a}$$

identifizierbar und damit per

$$\Delta\kappa_{Q''Y} = \frac{\Delta\epsilon_{xx}(\zeta_Y)}{z_Y} \quad \text{bzw.} \quad \frac{h}{2}\,\Delta\kappa_{Q''Y} = \Delta\kappa^*_{Q''Y} = \frac{\Delta\epsilon_{xx}(\zeta_Y)}{\zeta_Y} = -\frac{2\sigma_F}{E}\left[\frac{1}{\zeta_Y}-1\right] \tag{3.86b}$$

---

64) wobei der Grenzfall $\zeta_Y = \zeta_Q$ bis aufs Vorzeichen dem Zustande Q entspricht

die zugehörigen Krümmungsänderungen. Aus der Äquivalenzbedingung für das Zusatz-Biegemoment bekommt man

$$\frac{\Delta M_{Q''Y}}{M_F} = \int_{-h/2}^{h/2} z\Delta\sigma_{Q''Y} \frac{b\,dz}{M_F} = -\frac{2}{3}\left[1 - \zeta_Y^2\right] \tag{3.86c}$$

und nach Einsetzen von (3.86b) schließlich den Zusammenhang zwischen Momenten– und Krümmungsänderungen

$$\Delta\overset{*}{\kappa}_{Q''Y} = \overset{*}{\kappa}_Y - \overset{*}{\kappa}_{Q''} = \frac{2\sigma_F}{E}\left[1 - \frac{1}{\sqrt{\frac{3}{2}\frac{\Delta M_{Q''Y}}{M_F} + 1}}\right] \tag{3.87a}$$

bzw.

$$\frac{\Delta M_{Q''Y}}{M_F} = \frac{M_Y - M_{Q''}}{M_F} = -\frac{2}{3}\left[1 - \frac{1}{\left[1 - \frac{E}{2\sigma_F}\Delta\overset{*}{\kappa}_{Q''Y}\right]^2}\right] \tag{3.87b}$$

(vgl. Pfad Q''Y in Abb. E 3.17). Für den Grenzfall $\zeta_Y = \zeta_Q$ wird der auf der jungfräulichen Last-dehnungskurve antimetrisch zu Q liegende Zustandspunkt Q^x erreicht, denn mit $\zeta_Y = \zeta_Q$ wird nach (3.86b)

$$\Delta\overset{*}{\kappa}_{Q''Y}\Big|_{\zeta_Y=\zeta_Q} = -\frac{2\sigma_F}{E}\left[\frac{1}{\zeta_Q} - 1\right] \overset{(3.74b)}{=} -2\left[\overset{*}{\kappa}_Q - \frac{\sigma_F}{E}\right] \tag{3.88a}$$

und damit

$$\overset{*}{\kappa}_Y\Big|_{\zeta_Y=\zeta_Q} \equiv \overset{*}{\kappa}_{Q^x} = \overset{*}{\kappa}_{Q''} + \Delta\overset{*}{\kappa}_{Q''Y}\Big|_{\zeta_Y=\zeta_Q} = \overset{*}{\kappa}_Q + \Delta\overset{*}{\kappa}_{QQ''} + \Delta\overset{*}{\kappa}_{Q''Y}\Big|_{\zeta_Y=\zeta_Q} \overset{(3.81b,\,87c)}{=} -\overset{*}{\kappa}_Q \tag{3.88b}$$

sowie nach (3.87b) mit $\Delta\overset{*}{\kappa}_{Q''Y}$ nach (3.88a)

$$\frac{\Delta M_{Q''Y}}{M_F}\Big|_{\zeta_Y=\zeta_Q} \equiv \frac{\Delta M_{Q''Q^x}}{M_F} = -\frac{2}{3}\left[1 - \frac{1}{(\frac{E}{\sigma_F}\overset{*}{\kappa}_Q)^2}\right] \tag{3.89a}$$

und folglich

$$\frac{M_Y}{M_F}\Big|_{\zeta_Y=\zeta_Q} \equiv \frac{M_{Q^x}}{M_F} = \frac{M_Q}{M_F} + \frac{\Delta M_{QQ''}}{M_F} + \frac{\Delta M_{Q''Y}}{M_F}\Big|_{\zeta_Y=\zeta_Q} \overset{(3.81a,\,89a)}{=} \frac{M_Q}{M_F} - 2 + \frac{2}{3}\frac{1}{(\frac{E}{\sigma_F}\overset{*}{\kappa}_Q)^2} =$$

$$\overset{(3.76b)}{=} -\frac{M_Q}{M_F}\,, \tag{3.89b}$$

wobei übrigens, wie man durch Differenzieren leicht nachweist, der Kurvenast Q''Y in die jungfräuliche Kurve im Zustandspunkte Q^x tangential einmündet und dementsprechend weitere Fließzustandsänderungen auf dem negativen Ast der jungfräulichen Last–Dehnungskurve stattfinden. Im Falle zyklischer Belastungszustände gleicher Amplitude findet schließlich die Rückführung aus der Situation Q^x in die Situation Q längs des zu Q Q''Q^x kongruenten Pfades Q^xQ^{x}''Q statt. Wiederbelastungen aus allgemeinen Zustandssituationen Y führen ebenfalls wieder zum Zustandspunkte Q auf der jungfräulichen Kurve, und zwar längs des zu Q Q''Y kongruenten Pfades Y Y''Q. Die Wiederbelastungspfade münden dann allerdings — mit Ausnahme einer Wiederbelastung von Q^x aus — in die jungfräuliche Kurve nicht tangential ein. Für Wiederbelastungen aus Zustandssituationen Z^x "jenseits von Q^x" wird der Zustandspunkt Q nicht mehr erreicht, sondern der auf dem positiven Ast der jungfräulichen Kurve liegende entsprechende zu Z^x "antimetrische liegende" Punkt Z usw..

Eine Rückführung in den spannungsfreien "natürlichen Ausgangszustand" (0) ist bei dieser Modellvariante, sofern Fließverformungen eingetreten sind, grundsätzlich nicht möglich. Vergleicht man übrigens Gl. (3.87b) mit der aus (3.76b) unter Benutzung von

$$\overset{*}{\kappa}_Q \equiv \overset{*}{\kappa}_P + (\overset{*}{\kappa}_Q - \overset{*}{\kappa}_P) = \overset{*}{\kappa}_P + \Delta\overset{*}{\kappa}_{PQ} \overset{(3.72c)}{=} \frac{\sigma_F}{E} + \Delta\overset{*}{\kappa}_{PQ}$$

erhältlichen Beziehung

$$\frac{\Delta M_{PQ}}{M_F} = \frac{M_Q - M_P}{M_F} \overset{(3.75b)}{=} \frac{M_Q}{M_F} - \frac{2}{3} = \frac{1}{3}\left[1 - \frac{1}{\left[\frac{E\overset{*}{\kappa}_Q}{\sigma_F}\right]^2}\right] = \frac{1}{3}\left[1 - \frac{1}{\left[1 + \frac{E\Delta\overset{*}{\kappa}_{PQ}}{\sigma_F}\right]^2}\right] \equiv \varphi(\Delta\overset{*}{\kappa}_{PQ}) , \tag{3.90a}$$

so erkennt man im Sinne einer Vermutung von Masing [25] die Gültigkeit von

$$\frac{\Delta M_{Q''Y}}{M_F} \overset{65)}{=} - \frac{\Delta M_{YQ''}}{M_F} \overset{(3.87b,90a)}{=} -2\,\varphi\left[\frac{-\Delta\overset{*}{\kappa}_{Q''Y}}{2}\right] \overset{65)}{=} -2\,\varphi\left[\frac{\Delta\overset{*}{\kappa}_{YQ''}}{2}\right] ,$$

d. h.

$$\frac{\Delta M_{YQ''}}{M_F} = 2\varphi\left[\frac{\Delta\overset{*}{\kappa}_{YQ''}}{2}\right] \tag{3.90b}$$

aber auch (vgl. das Ende dieser Ziffer)

$$\frac{\Delta M_{Y''Q}}{M_F} = 2\varphi\left[\frac{\Delta\overset{*}{\kappa}_{Y''Q}}{2}\right] , \tag{3.90c}$$

also — bei mehrfacher Proportionalitätsgrenzen—Überschreitung — zwischen Lastzuwachs (ΔM) gegenüber einer Proportionalitätsgrenze (Q'', Y'' usw.) und entsprechendem Dehnungszuwachs $(\Delta\kappa)$ die durch die entsprechende jungfräuliche Last—Dehnungskurve $\varphi(\Delta\kappa)$ festgelegte Relation

$$\frac{\Delta M}{M_F} = 2\,\varphi\left(\frac{\Delta\overset{*}{\kappa}}{2}\right) . \tag{3.90d}$$

Für die Festlegung eines allgemeinen Zusammenhanges zwischen Lasten (M/M_F) und zugehörigen Verzerrungen $(\overset{*}{\kappa})$ bedarf es also neben (3.90d) der Angaben der Werte M_{P0}/M_F, κ_{P0} der jeweils "letzten vorangehend eingenommenen Proportionalitätsgrenze" P_0, mit denen die jeweils aktuellen Last—Dehnungspfade zu parametrisieren sind. Für den Fall zyklischer Prozesse gleichen Amplitudenbetrages ist eine Parametrisierung allein mit der Verzerrungsamplitude ($\overset{*}{\kappa}_Q > 0$) bzw. $\Delta\overset{*}{\kappa}_{PQ} = \overset{*}{\kappa}_Q - \overset{*}{\kappa}_P > 0$ möglich;

---

65) mit $$\frac{\Delta M_{Q''Y}}{M_F} \equiv \frac{M_Y - M_{Q''}}{M_F} = - \frac{M_{Q''} - M_Y}{M_F} \equiv - \frac{\Delta M_{YQ''}}{M_F}$$ und
$$\Delta\overset{*}{\kappa}_{Q''Y} = \overset{*}{\kappa}_Y - \overset{*}{\kappa}_{Q''} = -(\overset{*}{\kappa}_{Q''} - \overset{*}{\kappa}_Y) \equiv -\Delta\overset{*}{\kappa}_{YQ''}$$

denn es sind dann

$$\frac{M_{Q}x,,}{M_F} = \frac{2M_P}{M_F} - \frac{|M_Q x|}{M_F} = \frac{2M_P}{M_F} - \frac{M_Q}{M_F} = \frac{M_P}{M_F} - \frac{(M_Q - M_P)}{M_F} = \frac{M_P}{M_F} - \varphi(\Delta\overset{*}{\kappa}_{PQ})$$

sowie

$$\overset{*}{\kappa}_{Q}x,, = -|\overset{*}{\kappa}_Q*| + 2\,\overset{*}{\kappa}_p = 2\,\overset{*}{\kappa}_p - \overset{*}{\kappa}_Q = \overset{*}{\kappa}_p - \Delta\,\overset{*}{\kappa}_{PQ}\,,$$

d. h. die jeweiligen "Proportionalitätsgrenzen–Anfangswerte" in der Tat allein durch eine Verzerrungsgröße (nämlich $\Delta\overset{*}{\kappa}_{PQ}$) auszudrücken.

Betr. die Version (3.90d) beachte man einerseits

$$\frac{M_{Y''}}{M_F} = \frac{M_Y}{M_F} + \frac{\Delta M_{YY''}}{M_F} = \frac{M_Q}{M_F} + \frac{\Delta M_{QQ''}}{M_F} + \frac{\Delta M_{Q''Y}}{M_F} + \frac{\Delta M_{YY''}}{M_F} = \frac{M_Q}{M_F} + \frac{\Delta M_{Q''Y}}{M_F}$$

weil $-\Delta M_{QQ''}/M_F = \Delta M_{YY''}/M_F = 4/3$ ist, womit

$$\frac{\Delta M_{Y''Q}}{M_F} = \frac{M_Q - M_{Y''}}{M_F} = -\frac{\Delta M_{Q''Y}}{M_F} = \frac{M_{Q''} - M_Y}{M_F} = \frac{\Delta M_{YQ''}}{M_F}$$

festgestellt wird, während andererseits aus Abb. E3.17

$$\Delta\overset{*}{\kappa}_{QQ''} + \Delta\overset{*}{\kappa}_{Q''Y} + \Delta\overset{*}{\kappa}_{YY''} + \Delta\overset{*}{\kappa}_{Y''Q} = 0 \quad \text{wegen} \quad -\Delta\overset{*}{\kappa}_{QQ''} = \Delta\overset{*}{\kappa}_{YY''} = 2\sigma_F/E \text{ -}$$

schließlich unter Beachtung von Fußn. 65

$$\Delta\overset{*}{\kappa}_{Y''Q} \equiv \overset{*}{\kappa}_Q - \overset{*}{\kappa}_{Y''} = -\Delta\overset{*}{\kappa}_{Q''Y} = \Delta\overset{*}{\kappa}_{YQ''} \equiv \overset{*}{\kappa}_{Y''} - \overset{*}{\kappa}_Q$$

abzulesen ist. Daher gilt in der Tat wegen (3.90b) auch (3.90c).

Komplettiert werden soll dieses Beispiel schließlich noch durch Angabe der zu (3.58) analogen Struktur

$$\dot{\mathscr{D}} = (M_Q - M_{MQ})\dot{\kappa}_{Q'}, \tag{3.91a}$$

für die Dissipationsleistung. Man erhält Letztere aus der (isothermen) Leistungsbilanz

$$M_Q\dot{\kappa}_Q = \Delta\dot{\mathscr{W}}_{Q'Q} + \dot{W}_L + \dot{\mathscr{D}} \tag{3.91b}$$

nachdem man

$$\Delta\dot{W}_{Q'Q} = \frac{\partial\Delta W_{Q'Q}}{\partial\Delta\,\kappa_{Q'Q}}\,\Delta\dot{\kappa}_{Q'Q} \overset{(3.80c)}{=} M_Q\Delta\dot{\kappa}_{Q'Q}\,, \quad \dot{W}_L = \frac{\partial W_L}{\partial\,\kappa_{Q'}} \overset{(3.85a)}{=} M_{MQ}\dot{\kappa}_{Q'},$$

sowie $\kappa_Q = \kappa_{Q'} + \Delta\kappa_{Q'Q}$ eingesetzt hat.

E § 4 Einfachste Ansätze für elastisch–plastische Theorien mit Verfestigungseffekten

4.1 Allgemeine Bemerkungen

Einfachste Theorien mit Verfestigungseffekten sind Solche, bei denen die Fließbedingungen und die plastischen Verzerrungsgeschwindigkeiten nicht mehr allein durch die Beanspruchungsgröße $\mathfrak{B}$ dargestellt, sondern die plastischen Deformationen als Zustandsvariable hinzugenommen werden. Die Hinzunahme (auch hier als "volumenerhaltend" unterstellter) plastischer Verformungen als Zustandsvariable macht es strenggenommen erforderlich, deren Einfluß auf jeden Teilbereich der Theorie zu prüfen, insbesondere auch deren Einfluß auf die in § 6.2 definierten Festkörper–Funktionale $\mathbb{G}$, die ja die Stoffbeziehungen für die Festkörper–Verzerrungsgeschwindigkeiten infolge angelegter Beanspruchung $\mathfrak{B}(\tau)$ repräsentierten. Sie müssen durch Fließdeformationsterme sicherlich modifiziert werden aus zweierlei Gründen, weil nämlich

1. Kraftübertragungen in (nunmehr durch plastische Verformungen) in ihrer Größe zusätzlich veränderten Flächenelementen in Betracht zu nehmen sind, was die die Festkörperverzerrungsgeschwindigkeiten $\mathbb{G}$ bewirkenden Beanspruchungsgrößen, im Gegensatz zur bisherigen Handhabung, in ihrer Intensität durchaus verändern können und

2. plastische Verformungen größeren Ausmaßes bewirken können, daß die im Festkörperbereich übertragenen Spannungen im Sinne relativer Spannungen (die in Stoffbeziehungen $\dot{\mathbb{D}}_S = \mathbb{G}\,\langle\mathfrak{B}(\tau)\rangle$ mit den Festkörperverzerrungsgeschwindigkeiten $\dot{\mathbb{D}}_S$ verknüpft worden waren) infolge "plastischer mittlerer Elementendrehungen" vom Element nicht mehr als das "richtige Beanspruchungsmaß" empfunden werden[1].
   So müßte also anstelle von (6.4b) richtiger zumindest
   $$\dot{\mathbb{D}}_S = \underset{\tau = t_c}{\overset{t}{\mathbb{G}^x}} \langle\mathfrak{B}(\tau)\,,\ \mathbb{F}_F(\tau)\rangle = \begin{cases} \mathbb{G}\,\langle\mathfrak{B}(\tau)\rangle & \text{für } t \leq t_0(\mathbb{r}) \\ \mathbb{G}^x & \text{für } t \geq t_0(\mathbb{r}) \end{cases}$$
   gesetzt werden, wenn $t_0(\mathbb{r})$ den Fließbeginn–Zeitpunkt markiert, und
   $$\mathbb{F}_F = \mathbb{D}_F^{(s)} \cdot \mathbb{R}_F$$
   einen entsprechenden lokalen plastischen Konfigurationstensor bedeutet.[2]

Es sind solcherart Überlegungen, die, wie einleitend in § 1 referiert, u. a. die Frage nach dem "richtigen kinematischen Hintereinanderschaltungs–Gesetz" aufgeworfen haben.

---

[1] wäre z. B. belastungsbedingt an einem Massenelement eine bestimmte Spannung σ_{11} zu übertragen, wobei etwa infolge plastischer Verformung eine — in der bisherigen Analyse nirgends in Erscheinung getretene — mittlere Elementendrehung $(\mathbb{R}_F)$ einträte, so würde trotz räumlich konstanter Spannung (auch) die Festkörperkomponente ein gegenüber $(\sigma_{11}\ e_1 \circ e_1)$ verändertes (relatives) Beanspruchungsmaß "empfinden", was entsprechende Auswirkungen auf das Festkörperfunktional $\mathbb{G}$ hätte. (Abb. E 4.1)

[2] der die gesamte plastische Konfigurationsänderung $d\mathfrak{s}_F = d\mathfrak{s} \cdot \mathbb{F}_F = d\mathfrak{s} \cdot \mathbb{D}_F^{(s)} \cdot \mathbb{R}_F$ als Aufeinanderfolge von (Streckungs–)Verzerrung $(\mathbb{D}_F^{(s)})$ mit anschließender Drehung $(\mathbb{R}_F)$ zusammenfaßt (vgl. a. § 1).

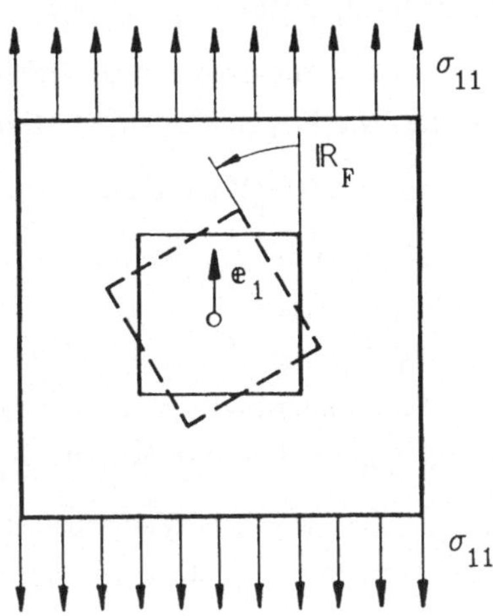

Abb. E 4.1

Im Hinblick auf den Erhalt vergleichsweise einfacher (noch rechenbarer) Theorien werden in der Praxis mit unverändert aus §§ 2 — 6 übernommenen Funktionalen der Beanspruchungsgrößen eine (deviatorische) Fließverzerrung $\mathbb{D}'_F$ so definiert, daß sie per

$$\mathbb{D} = \mathbb{D}_F + \mathbb{D}_S \equiv \mathbb{D}'_F + \mathbb{D}_S \tag{4.1}$$

die resultierende Massenelementenverzerrung $\mathbb{D}$ ergibt, was nur für kleine Verformungen (d. h. auch mittlere Verdrehungen) nicht kontrovers ist. Der nachfolgende Abriß beschränkt sich auf diesen Fall, wobei auf elastisch–plastische Probleme und jungfräuliche Belastungsprozesse eingeschränkt wird. Zur Strukturierung einer Materialgleichungsanalyse dienen dabei die folgenden durch die Beispiele nach § E 3.3,4 motivierten

4.2 Voraussetzungen

V1: Fließbedingungen, die allgemein bei Betrachtnahme zweier Zustandsvariabler $(\mathfrak{B}_F, \mathbb{D}'_F)$ in der Form

$$F(\mathfrak{B}_F, \mathbb{D}'_F) = 0 \tag{4.2}$$

darzustellen sein müssen, werden - im Hinblick auf eine Analogie zu $F(P_{MQ}, u_Q,) = 0$ nach (E.3.6.3a) bzw. zu $F(M_{MQ}/M_F, \overset{*}{\kappa}_Q,)$ nach (E3.83b) - in der Version

$$F(\mathfrak{B}_F, \mathbb{D}'_F) = |\overset{\times}{\mathbb{Y}}'_F| - \overset{\times}{H}(\overset{\times}{p}_F, T_F, \mathbb{D}'_F\ ;\ \mathfrak{E}'_{YF}) = 0 \tag{4.2a}$$

formuliert, worin

$$\overset{\times}{\mathbb{Y}}'_F = (\$'_F - \$'_M) / \hat{\rho} \tag{4.2b}$$

die Differenz-Spannungen gegenüber einem "mittleren Fließspannungsdeviator $\$'_M$ "

bedeuten sollen[3]. Letzterer hängt von den jeweils erreichten plastischen Deformationen ($\mathbb{D}_F'$) und der Temperatur (T_F) ab und hat die Bedeutung einer "Nullpunkts-Verschiebung" der im "deviatorischen Spannungsraum" festgelegten Fließgrenzfläche, die einerseits, wie in der idealen Plastizität (vgl. § 6), mit p_F, T_F aber darüberhinaus jetzt auch mit ($\mathbb{D}_F'$) parametrisiert zu denken ist. Gl. (4.2a) repräsentiert die Kombination zweier als "kinematische Verfestigung" bzw. "isotrope Verfestigung" bezeichneter Effekte.[4]

V2: Durch die Beispiele nach §E3.3.4 motiviert, wonach sich

a) die (isotherme) Formänderungsenergie aus einem von der plastischen Verformung ($\mathbb{D}_F'$) abhängigen latenten Anteil ($\mathscr{W}_L$) und einem Anteil ΔW_{EL} zusammensetzt, der von den bei Wiederbelastung eintretenden (elastischen) Deformationen ($\mathbb{D}_E = \mathbb{D} - \mathbb{D}_F'$) abhängt (vgl. die Zustandspfade $\overline{Q'Q}$ in Abb. E.3.13,17) und

b) W_L bzw. ΔW_{EL} Potentialeigenschaften hinsichtlich $\mathbb{S}_M$ bzw. $\mathbb{S}$ aufweisen (vgl. E.3.57a,b) bzw. (E3.80c,85a) wird

c) die Existenz eines von $\mathbb{D}_E$, $\mathbb{D}_F'$, T abhängigen (freien Energie)-Potentials $\mathscr{F} = \mathscr{F}(\mathbb{D}_E, \mathbb{D}_F, T)$ mit den Eigenschaften

$$\frac{\partial \mathscr{F}}{\partial \mathbb{D}_E} = \overset{\times}{\mathbb{S}} \;,\quad \frac{\partial \mathscr{F}}{\partial \mathbb{D}_E} = \overset{\times}{\mathbb{S}}_M \equiv \overset{\times}{\mathbb{S}}{}_M' \;,\quad \frac{\partial \mathscr{F}}{\partial T} = - \mathscr{S} \tag{4.3a-c}$$

postuliert und schließlich auch hier

V3: die Fließ-Dissipationsleistung $\dot{\mathscr{D}}_F$ als positiv-definite lineare Funktion der Fließverzerrungsgeschwindigkeit ($\dot{\mathbb{D}}_F'$) vorausgesetzt.

Einsetzen von (4.3) in die thermodynamische Hauptgleichung

$$\dot{\mathscr{F}} = \overset{\times}{\mathbb{S}} \cdot\cdot\, \dot{\mathbb{D}} - \dot{\mathscr{D}} - \mathscr{S}\dot{T} \tag{4.4}$$

ergibt dann mit $\dot{\mathscr{D}} = \dot{\mathscr{D}}_F$, $\mathbb{S} = \mathbb{S}_F$, $\dot{\mathbb{D}} - \dot{\mathbb{D}}_E = \dot{\mathbb{D}}_F \equiv \dot{\mathbb{D}}_F'$

$$\dot{\mathscr{D}} \equiv \dot{\mathscr{D}}_F = (\overset{\times}{\mathbb{S}}_F - \overset{\times}{\mathbb{S}}_M) \cdot\cdot\, \dot{\mathbb{D}}_F' \overset{5)}{\equiv} (\overset{\times}{\mathbb{S}}{}_F' - \overset{\times}{\mathbb{S}}{}_M') \cdot\cdot\, \dot{\mathbb{D}}_F' = \overset{\times}{\mathbb{Y}}{}_F' \cdot\cdot\, \dot{\mathbb{D}}_F' = |\overset{\times}{\mathbb{Y}}{}'|\,|\dot{\mathbb{D}}_F'|\; \mathfrak{E}_{YF}' \cdot\cdot\, \mathfrak{E}_{CF}' \geq 0 \tag{4.5}$$

---

[3] Analog §6 bedeutet hier $\mathfrak{E}_{YF}'$ die Richtungsgröße

$$\mathfrak{E}_{YF}' = (\mathbb{S}_F' - \mathbb{S}_M')/|\mathbb{S}_F' - \mathbb{S}_M'| \tag{4.2c}$$

[4] wobei man die "Nullpunkts—Verschiebung" als Ausdruck einer sog. "kinematischen", die Abhängigkeit der Fließfunktion H auch vom plastischen Verzerrungstensor $\mathbb{D}_F'$ als Ausdruck einer sog. "isotropen" Verfestigung bezeichnet.

[5] Man beachte die Analogie dieser Version zu (E.3.58,91a)

mit den entsprechenden Einheitsdeviatoren $\mathfrak{E}'_{YF}$, $\mathfrak{E}'_{CF}$ der Differenzspannungen $\mathbb{Y}' = \$'_F - \$'_M$ bzw. der plastischen Verzerrungsgeschwindigkeiten, und demgemäß analog (6.19c) als allgemeinen Zusammenhang zwischen den beiden Letzteren die Fließ-Stoffgleichung

$$\mathfrak{E}'_{CF} = \mathfrak{E}'_{YF} \cdot\cdot \overset{<4>}{\mathbb{R}} (\mathfrak{B}_F, \mathbb{D}'_F) \tag{4.6}$$

mit einem entsprechenden vierstufigen Operator $\overset{<4>}{\mathbb{R}}$, der hier als von der Beanspruchungsgröße $\mathfrak{B}_F$ sowie den plastischen Verzerungen $\mathbb{D}'_F$ abhängig angesehen werden muß.[6]

Als einfachste Version einer Fließ-Stoffgleichung bietet sich auch hier wieder die Levy-v. Mises-Fließregel an, nunmehr in der gegenüber (6.23b) variierten Version

$$\mathfrak{E}'_{CF} = \left[\frac{\partial F / \partial \overset{\times}{\mathbb{Y}}'}{|\partial F / \overset{\times}{\mathbb{Y}}'|} \right]_{\mathfrak{B}_F, \mathbb{D}'_F} , \tag{4.7}$$

wofür (4.5) und eine analog (6.9a) Haupttext, zu fordernde "globale Konvexitätsforderung"

$$\overset{\times}{\mathbb{Y}}'_F \cdot\cdot \left[\frac{\partial F}{\partial \overset{\times}{\mathbb{Y}}'} \right]_{\mathfrak{B}_F, \mathbb{D}'_F} > 0$$

Anlaß geben. Einsetzen von

$$F = |\overset{\times}{\mathbb{Y}}'| - \overset{\times}{H} (\overset{\times}{p}, T, \mathbb{D}_F, \mathfrak{E}'_Y) \tag{4.7}$$

ergibt mit

$$\frac{\partial |\overset{\times}{\mathbb{Y}}'|}{\partial \overset{\times}{\mathbb{Y}}'} \equiv \frac{\partial |\mathbb{Y}'|}{\partial \mathbb{Y}'} = \frac{\partial Y'}{\partial \mathbb{Y}'} = \mathfrak{E}'_Y \tag{4.7a}$$

und für den (im Folgenden nur noch referierten) isotropen Fall mit der vereinfachten Version[7] $\hat{\rho}\overset{\times}{H} = H = H\ (p, T, |\mathbb{D}'_F|), I'_3)$ und $I'_3 = \mathbb{E} \cdot\cdot \mathfrak{E}'^3_Y / 3$ analog den Überlegungen, die zu (6.27a,b) geführt haben, d. h. mit

---

[6] Zu (4.5) gelangt man gleichermaßen, wenn man anstelle von (4.3) von einem per

$$\mathscr{F} = \overset{\times}{\$} \cdot\cdot \mathbb{D}_E + \overset{\times}{\$}'_M \cdot\cdot \mathbb{D}'_F - \mathscr{F}^*$$

definierten freien Ergänzungsenergie—Potential mit den Eigenschaften

$$\mathbb{D}_E = \partial \mathscr{F}^* / \partial \overset{\times}{\$} \ , \quad \mathscr{S} = \partial \mathscr{F}^* / \partial T \ , \quad \mathbb{D}_F = \mathbb{D}'_F = \partial \mathscr{F}^* / \partial \overset{\times}{\$}'_M$$

ausgeht.

[7] Die mit $\mathfrak{E}'_{DF} = \mathbb{D}'_F / |\mathbb{D}'_F|$ in einer allgemeinen isotropen Zuordnung noch vorzusehenden Abhängigkeiten von $\mathbb{E} \cdot\cdot \mathfrak{E}'^3_{DF}$, $\mathfrak{E}'_{DF} \cdot\cdot \mathfrak{E}'_{Y}$, $\mathfrak{E}'^2_{DF} \cdot\cdot \mathfrak{E}'_{Y}$, , $\mathfrak{E}'_{DF} \cdot\cdot \mathfrak{E}'^2_{Y}$, , sind hier nicht mehr in Betracht gezogen worden.

$$\frac{\partial H}{\partial \mathbb{Y}'} = \frac{\partial H}{\partial I'_3}\,\frac{dI'_3}{d\mathbb{Y}'} = \left[- 3I'_3\, \mathfrak{E}'_Y + (\mathfrak{E}'^2_Y - \tfrac{1}{3}\mathbb{E})\right] / \, Y' \ , \tag{4.8a}$$

also

$$\frac{\partial(\hat{\rho}F)}{\partial \mathbb{Y}'} = \left[1 + 3\,\frac{I'_3}{Y'}\,\frac{\partial H}{\partial I'_3}\right] \mathfrak{E}'_Y - \frac{1}{Y'}\frac{\partial H}{\partial I'_3}\,(\mathfrak{E}'^2_Y - \tfrac{1}{3}\mathbb{E}) \tag{4.8b}$$

schließlich analog (6.27a)

$$\mathfrak{E}'_{CF} = \left\{ \frac{\left[1 + 3\,\frac{I'_3}{H}\,\frac{\partial H}{\partial I'_3}\right] \mathfrak{E}'_{YF} - \frac{1}{H}\frac{\partial H}{\partial I'_3}\left[\mathfrak{E}'^2_{YF} - \frac{1}{3}\mathbb{E}\right]}{\sqrt{1 + \frac{1 - 54 I'^2_3}{6}\left[\frac{1}{H}\frac{\partial H}{\partial I'_3}\right]^2}} \right\}_{\mathfrak{B}_F,\,|\mathbb{D}'_F|} \tag{4.8c}$$

und insbesondere die danach auch im Verfestigungsfalle mögliche tensorlineare Levy-v. Mises-Variante

$$\mathfrak{E}'_{CF} = \mathfrak{E}'_{YF} \ , \tag{4.8d}$$

sofern man H als von I'_3 unabhängig ansehen kann. Im Falle einer verallgemeinerten v. Mises-Bedingung, d. h.

$$\hat{\rho}\overset{\times}{H} = H = H\,(|\mathbb{D}'_F|, T_F) \tag{4.9a}$$

läßt sich die Struktur von H vollständig durch Scherversuche (etwa Torsion dünnwandiger Rohre) bzw. einachsige Zugversuche aufklären.

Im Falle z. B. des Scherversuches mit experimentell ermittelten Zusammenhängen zwischen Scherspannungen (τ_F) und plastischen Gleitwinkeln (γ_F)

$$\sqrt{2}\,\tau_F = \varphi_\tau\,(\gamma_F / \sqrt{2}, T_F\,),\ \sqrt{2}\,\tau_M = \varphi_{M\tau}\,(\gamma_F / \sqrt{2}, T_F) \ ,$$

d. h.

$$Y_{\tau F} = \sqrt{2}\,(\tau_F - \tau_M) = \varphi_\tau - \varphi_{M\tau} \equiv \varphi_{Y\tau}\,(\gamma_F / \sqrt{2}, T_F) \tag{4.9b-d}$$

bekommt man wegen

$$\mathbb{S}_F \equiv \mathbb{S}'_F \mathrel{\hat{=}} \begin{pmatrix} 0 & \tau_F & 0 \\ \tau_F & 0 & 0 \\ 0 & 0 & 0 \end{pmatrix},\ \mathbb{S}_M = \mathbb{S}'_M \mathrel{\hat{=}} \begin{pmatrix} 0 & \tau_M & 0 \\ \tau_M & 0 & 0 \\ 0 & 0 & 0 \end{pmatrix},\ \mathbb{Y}_F \mathrel{\hat{=}} (\tau_F - \tau_M) \begin{bmatrix} 0 & 1 & 0 \\ 1 & 0 & 0 \\ 0 & 0 & 0 \end{bmatrix},$$

$$|\mathbb{Y}_F| = \sqrt{2}\,|\tau_F - \tau_M| = \sqrt{2}\,(\tau_F - \tau_M) \ \text{für}\ \tau_F - \tau_M > 0\ ,\ p_F = 0\ ,\ I'_{3F} = 0\ ,$$

$$|\mathbb{D}'_F| = \left| \gamma_F/2 \begin{bmatrix} 0 & 1 & 0 \\ 1 & 0 & 0 \\ 0 & 0 & 0 \end{bmatrix} \right| = |\gamma_F/\sqrt{2}| = \gamma_F/\sqrt{2}\ \text{für}\ \gamma_F > 0$$

als Fließbedingung die Version

$$\sqrt{2}\,(\tau_F - \tau_M) = Y_{\tau F} = H\,(\gamma_F / \sqrt{2}, T_F) \ , \tag{4.10a}$$

was man mit (4.9d) gleichsetzt:

$$H\,(T_F, \gamma_F/\sqrt{2}) = \varphi_{Y\tau}\,(\gamma_F / \sqrt{2}, T_F) \ . \tag{4.10b}$$

Soll auch der den Bauschinger–Effekt beschreibende Zusammenhang $\mathbb{S}_M\,(\mathbb{D}'_F,\, T_F)$ allein mit Scher–

bzw. einachsigen Zugversuchen aufgeklärt werden können, muß die freie Energie derart strukturiert sein, daß ihre partielle Ableitung nach $\mathbb{D}_F'$ letztlich allein durch <u>eine</u> skalare Funktion von $\mathbb{D}_F'$ zu kennzeichnen ist, wozu für $\mathcal{F}$ einerseits eine Struktur von der Form

$$\mathcal{F} = \mathcal{F}_E(\mathbb{D}_E, T_F) + W_L(\mathbb{D}_F', T_F) \tag{4.11a}$$

erforderlich ist und überdies W_L allein durch eine einzige skalare Kenngröße der plastischen Verformungen $(\mathbb{D}_F')$ auszudrücken sein muß. Wählt man den einfachsten Ansatz

$$W_L(\mathbb{D}_F', T_F) = \bar{W}_L(|\mathbb{D}_F'|, T_F)/\hat{\rho} \ ,$$

so beschreibt im Sinne von (4.3b)

$$\hat{\rho}\frac{\partial W_L}{\partial \mathbb{D}_F'} = \frac{\partial \bar{W}_L}{\partial|\mathbb{D}_F'|}\frac{\partial|\mathbb{D}_F'|}{\partial \mathbb{D}_F'} = \frac{\partial \bar{W}_L}{\partial|\mathbb{D}_F'|}\frac{\mathbb{D}_F'}{|\mathbb{D}_F'|} = \hat{\rho}\overset{\times}{\$}_M \equiv \$_M \tag{4.11b}$$

den Zusammenhang zwischen mittlerer Fließ–Spannung $\$_M$ und zugehöriger Fließverzerrung, was z. B. für Scherungen mit

$$\mathbb{D}_F' = \frac{\gamma_F}{2}\begin{pmatrix}0&1&0\\1&0&0\\0&0&0\end{pmatrix}, \ |\mathbb{D}_F'| = \gamma_F/\sqrt{2}\ , \ \frac{\mathbb{D}_F'}{|\mathbb{D}_F'|} = \frac{1}{\sqrt{2}}\begin{pmatrix}0&1&0\\1&0&0\\0&0&0\end{pmatrix}, \ \$_M' = \tau_M\begin{pmatrix}0&1&0\\1&0&0\\0&0&0\end{pmatrix}, \tag{4.12a-d}$$

schließlich auf

$$\sqrt{2}\,\tau_M \overset{(4.9c)}{=} \varphi_{M\tau}(\gamma_F/\sqrt{2}, T_F) \overset{(4.11,12)}{=} \frac{\partial \bar{W}_L}{\partial(\gamma_F/\sqrt{2})} \tag{4.13a}$$

reduziert wird und demgemäß die latente Energie als

$$\bar{W}_L(\gamma_F/\sqrt{2}, T_F) = \int_0^{\gamma_F/\sqrt{2}} \varphi_{M\tau}(x, T_F)dx \tag{4.13b}$$

darzustellen erlaubt.

Sollen die Experimentalfunktionen $\varphi_{Y\tau}$, $\varphi_{M\tau}$ auch für die Beschreibung allgemeiner Phänomene hinreichen, sind in (4.10b,13b) das Argument $\gamma_F/\sqrt{2}$ durch $|\mathbb{D}_F'|$ zu ersetzen. Mit

$$H(|\mathbb{D}_F'|, T_F) = \varphi_{Y\tau}(|\mathbb{D}_F'|, T_F), \ \bar{W}_L = \int_0^{|\mathbb{D}_F'|} \varphi_{M\tau}(x, T_F)dx \equiv \bar{W}_L(|\mathbb{D}_F'|, T_F) \tag{4.14a,b}$$

und daher

$$\$_M' \overset{(4.11)}{=} \frac{\partial \bar{W}}{\partial|\mathbb{D}_F'|}\frac{\mathbb{D}_F'}{|\mathbb{D}_F'|} \overset{(4.14b)}{=} \varphi_{M\tau}(|\mathbb{D}_F'|, T_F)\frac{\mathbb{D}_F'}{|\mathbb{D}_F'|}\ , \tag{4.14c}$$

$$\mathbb{Y}' = \$_F' - \$_M' = \$_F' - \varphi_{M\tau}(|\mathbb{D}_F'|, T_F)\frac{\mathbb{D}_F'}{|\mathbb{D}_F'|}\ , \tag{4.14d}$$

hat man dann als Fließbedingung im Sinne von (4.2a)

$$\hat{\rho}\mathrm{F} = \left| \$'_{\mathrm{F}} - \varphi_{M\mathcal{T}}\,(|\mathbb{D}'_{\mathrm{F}}|,\mathrm{T}_{\mathrm{F}})\,\frac{\mathbb{D}'_{\mathrm{F}}}{|\mathbb{D}'_{\mathrm{F}}|} \right| - \varphi_{Y\mathcal{T}}\,(|\mathbb{D}'_{\mathrm{F}}|,\mathrm{T}_{\mathrm{F}}) = 0\ . \qquad (4.15a)$$

Letztere sowie die Levy - v. Mises-Variante (4.8d) der Fließ-Materialgleichung

$$\frac{\dot{\mathbb{D}}'_{\mathrm{F}}}{|\dot{\mathbb{D}}'_{\mathrm{F}}|} = \mathfrak{E}'_{\mathrm{CF}} = \mathfrak{E}'_{\mathrm{YF}} = \frac{\$'_{\mathrm{F}} - \varphi_{M\mathcal{T}}(|\mathbb{D}'_{\mathrm{F}}|,\mathrm{T}_{\mathrm{F}})\,\dfrac{\mathbb{D}'_{\mathrm{F}}}{|\mathbb{D}'_{\mathrm{F}}|}}{\varphi_{Y\mathcal{T}}(|\mathbb{D}'_{\mathrm{F}}|,\mathrm{T}_{\mathrm{F}})}\ , \qquad (4.15b)$$

also die Gesamt-Materialgleichung

$$\dot{\mathbb{D}}' = \dot{\mathbb{D}}'_{\mathrm{E}} + \dot{\mathbb{D}}'_{\mathrm{F}} = \left[\left[\frac{\partial \mathscr{F}_{\mathrm{E}}}{\partial \mathbb{D}_{\mathrm{E}}}\right]'_{\mathbb{D}_{\mathrm{E}}(\$,\mathrm{T})}\right]^{\cdot} + |\dot{\mathbb{D}}'_{\mathrm{F}}|\,\mathfrak{E}'_{\mathrm{CF}} \overset{8)}{=} (\dot{\$}'/2\mathrm{G}) + |\dot{\mathbb{D}}'_{\mathrm{F}}|\,\mathfrak{E}'_{\mathrm{CF}} \qquad (4.16)$$

repräsentieren dann das einfachste elastisch-plastisch-verfestigende Materialgleichungssystem. Weitere Detaillierungen zu diesem inzwischen umfangreich angewachsenen Fachgebiet erschließt man aus [3], [25], [26], [27].

---

8) im Falle linear–isotroper Elastizität

E § 5 Grundsätzliche Erwägungen betr. die Strukturierung von Materialbeziehungen

stehen im Zusammenhang mit der Frage, welcherart thermisch-kinematische Prozesse als physikalisch möglich zugelassen werden und welche Konsequenzen dann daraus betr. die strukturellen Abhängigkeiten insbesondere von durch o. g. Prozesse determinierte Energiegrößen gezogen werden müssen unter dem Gesichtspunkt, daß es real unmöglich sein soll, in der Zeiteinheit beliebig große Energietransfers vorzunehmen, womit innere bzw. freie Energie (und auch die Entropie) als stetige Zeitfunktionen gefordert werden.

Hinsichtlich der Frage nach den physikalisch möglichen thermisch-kinematischen Prozessen ist wohl die Annahme, daß Verzerrungen und Temperaturen als lediglich stetige Zeitfunktionen angenommen werden, also Unstetigkeit ihrer Zeitableitungen
$\langle \dot{\mathbb{D}}^{(G)}(P,t), \dot{T}(P,t)\rangle$ durchaus zugelassen werden dürfen, unumstritten[1].
Daß hiernach insbesondere durch

$$\left(\mathbb{D}_t^{\diamond}(\tau), T_t^{\diamond}(\tau)\right) =^{2)} \begin{cases} \left(\mathbb{D}(\tau), T(\tau)\right) & \text{für} \quad \tau \leq t \\ \left(\mathbb{D}(t), T(t)\right) & \text{für} \quad \tau \geq t \end{cases} \tag{5.1}$$

bzw. durch

$$\left(\mathbb{D}_t^{+}(\tau), T_t^{+}(\tau)\right) = \begin{cases} \left(\mathbb{D}(\tau), T(\tau)\right) & \text{für} \quad \tau \leq t \\ \left(\mathbb{D}(t)+\dot{\mathbb{D}}(t+0)(\tau-t), T(t)+\dot{T}(t+0)(\tau-t)\right) & \text{für} \quad \tau \geq t \end{cases} \tag{5.2}$$

(vgl. Abb. E 5.1) definierte (ab $\tau = t$) konstante bzw. lineare Prozeßfortsetzungen als physikalisch möglich vorgesehen werden[2], ist dann schließlich, zusammen mit Differenzierbarkeitsvoraussetzungen hinsichtlich der Variablengeschwindigkeiten Schlüssel zu Erzeugung einer (wohl erstmals in [32] speziell für maxwellartige Medien dargestellten) Ableitungs-

---

1) Betr. die Betrachtnahme lediglich stetiger Zeitfunktionen $\mathbb{D}^{(G)}(P,t)$, womit singuläre Verzerrungsbeschleunigungen als "physikalisch denkbar" toleriert werden, argumentiert man, daß Relativbeschleunigungen der ein Massenelement dm_P bildenden "Subelemente" gegenüber dem Massenelementen–Konvergenzpunkt (P) generell von höherer Ordnung klein sind und damit das Newtonsche Grundgesetz (etwa mit dem Argument, nur endlich–große Kräfte übertragen zu können) singulären Verzerrungsbeschleunigungen nicht entgegensteht, (selbstverständlich wohl aber der Betrachtnahme singulärer Massenelementen–Konvergenzpunkt–Beschleunigungen, wovon hier aber nicht die Rede ist!). Betr. die Forderung lediglich nach Stetigkeit der thermischen Prozeßvariablen ist dies mit der Forderung nach Stetigkeit der im Massenelement speicherbaren Wärmemenge abzustützen, bzw. mit der Aussage, daß es real unmöglich sei, in der Zeiteinheit unbegrenzt Wärme zu– oder abführen zu können.

2) Hier und im Folgenden werden anstelle der Bezeichnungen $\mathbb{D}^{(G)}(P,t)$, $T(P,t)$, kürzer $\mathbb{D}(t)$, $T(t)$, geschrieben und die Auflistung des Temperaturgradienten im Variablensatz außer Betracht gelassen. $\dot{\mathbb{D}}(t+0)$, $\dot{T}(T+0)$, $\dot{E}(t+0)$, bedeuten die jeweiligen rechtsseitigen Geschwindigkeitsgrößen.

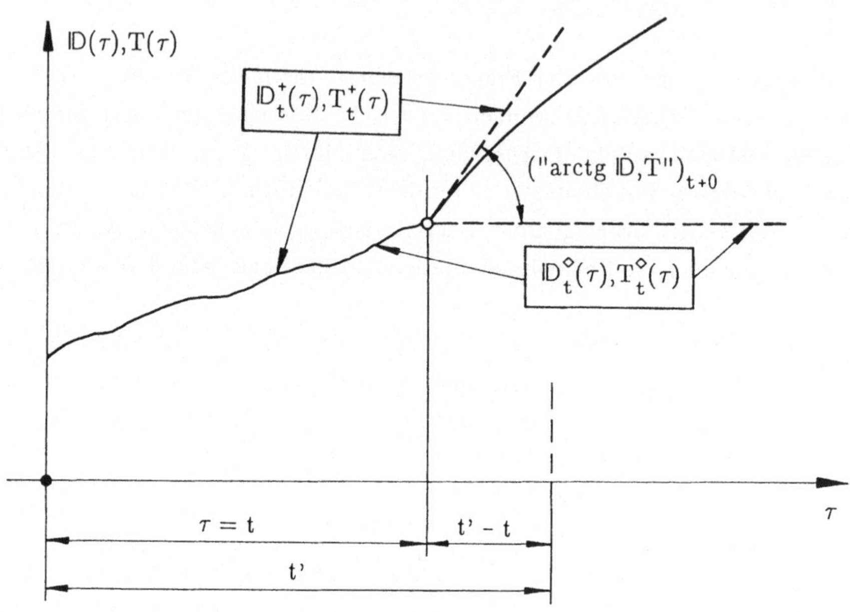

Abb. E 5.1

regel für deterministisch, hier in der Form

$$E(t) =^{2)} \underset{t_A}{\overset{t}{\mathbf{E}}} \langle \, \mathbb{D}(t),T(\tau) \, \rangle \tag{5.3a}$$

beschriebene Zuordnungen für Energiegrößen $\big(E(P,t) \longrightarrow E(t)\big)$, wofür man letztlich

$$\dot{E}(t+0) = \dot{E}|_{\dot{\mathbb{D}}=\dot{T}=0} + \dot{\mathbb{D}}(t+0)\cdot\cdot\,\mathbf{E}_D + \dot{T}(t+0)\mathbf{E}_T \tag{5.3b}$$

auffindet mit zwei deterministischen Zuordnungen

$$\mathbf{E}_D = \underset{t_A}{\overset{t+0}{\mathbf{F}}} \langle \, \mathbb{D}_t^\diamond(\tau),T_t^\diamond(\tau);\dot{\mathbb{D}}(t+0),\dot{T}(t+0)\rangle \ ,$$

$$\mathbf{E}_T = \underset{t_A}{\overset{t+0}{\mathbf{f}}} \langle \, \mathbb{D}_t^\diamond(\tau),T_t^\diamond(\tau);\dot{\mathbb{D}}(t+0),\dot{T}(t+0)\rangle \ , \tag{5.3c,d}$$

die von dem bis zur Zeit $\tau = t$ aufgelaufenen und ab $\tau = t$ konstant fortgesetzten Prozeß abhängen, und die überdies Funktionen der rechtsseitigen Geschwindigkeiten sind.

Zur Verifizierung von (5.3b) benötigt man einerseits die (hier als Prinzip der linearen Prozeßfortsetzung bezeichnete) Verfügung, daß sich

V1) die Zeitableitung $\dot{E}(P,t+0)$ von Derjenigen Änderungsgröße $\left(\dot{E}_t^+(P,t+0)\right)$, die man bei Betrachtnahme einer $(\text{ab } \tau=t)$ linearen Prozeßfortsetzung erhielte, nicht unterscheiden, und andererseits

V2) die Voraussetzung, daß die Differenzgröße

$$E_t^\Delta(t') = E^+(t') - E^\diamond(t') = \mathop{\mathbb{E}}_{t_A}^{t'} \langle \mathbb{D}_t^+(\tau), T_t^+(\tau)\rangle - \mathop{\mathbb{E}}_{t_A}^{t'} \langle \mathbb{D}_t^\diamond(\tau), T_t^\diamond(\tau)\rangle =$$

$$= \mathop{\mathbb{E}}_{t_A}^{t'} \langle \mathbb{D}_t^\diamond(\tau) + \dot{\mathbb{D}}(t+0)(t'-t), T_t^\diamond(\tau) + \dot{T}(t+0)(t'-t)\rangle - \mathop{\mathbb{E}}_{t_A}^{t'} \langle \mathbb{D}_t^\diamond(\tau), T_t^\diamond(\tau)\rangle =$$

$$\equiv \mathop{\mathbb{E}^\Delta}_{t_A}^{t'} \langle \mathbb{D}_t^\diamond(\tau); T_t^\diamond(\tau); \dot{\mathbb{D}}(t+0), \dot{T}(t+0)\rangle \tag{5.4a}$$

nach den rechtsseitigen Geschwindigkeiten Taylor–entwickelbar sein und für $t' = t + 0$ eine rechtsseitige Zeitableitung besitzen soll. So folgert man für $E_t^\Delta(t')$ wegen $E_t^\Delta(t')|_{\dot{\mathbb{D}}(t+0)=\dot{T}(t+0)=0} = 0$[3] zunächst eine Struktur von der Form

$$E_t^\Delta(t') = \dot{\mathbb{D}}(t+0)\cdot\cdot \mathop{\mathbf{A}_t}_{t_A}^{t'} \langle \mathbb{D}^\diamond(\tau), T^\diamond(\tau), \dot{\mathbb{D}}(t+0), \dot{T}(t+0)\rangle$$

$$+ \dot{T}(t+0) \mathop{\mathbf{a}_t}_{t_A}^{t'} \langle \mathbb{D}^\diamond(\tau), T^\diamond(\tau), \dot{\mathbb{D}}(t+0), \dot{T}(t+0)\rangle \tag{5.4b}$$

mit zwei Koeffizienten $\left(\mathop{\mathbf{A}_t}_{t_A}^{t'}, \mathop{\mathbf{a}_t}_{t_A}^{t'}\right)$, die durch den "bis zur Zeit $\tau = t$ aufgelaufenen" und ab $\tau = t$ konstant fortgesetzten Prozeß $\langle \mathbb{D}_t^\diamond(\tau); T_t^\diamond(\tau)\rangle$ sowie durch die rechtsseitigen Variablengeschwindigkeiten $\left(\dot{\mathbb{D}}(t+0), \dot{T}(t+0)\right)$ determiniert sind, wobei noch anzumerken ist, daß die Zerlegung (5.4b) hinsichtlich der Produkte

$\underbrace{\dot{\mathbb{D}}(t+0)\circ\cdots\circ\dot{\mathbb{D}}(t+0)}_{\alpha\text{-mal}} \; \dot{T}^\beta(t+0)$, $\alpha,\beta \geq 1$ durchaus nicht eindeutig ist und

$$\mathop{\mathbf{A}_t}_{t_A}^{t} \langle \quad \rangle = 0 \quad \mathop{\mathbf{a}_t}_{t_A}^{t} \langle \quad \rangle = 0 \;, \quad \text{d. h.} \quad E_t^\Delta(t) = 0 \tag{5.5a-c}$$

gelten muß, weil es betreffend $E(t)$ momentan noch keine Rolle spielen darf, wie ein Prozeß anschließend fortgesetzt wird. Von den für $t' > t$ von Null verschiedenen Größen $\mathop{\mathbf{A}_t}_{t_A}^{t'}, \mathop{\mathbf{a}_t}_{t_A}^{t'}$ und $E_t^\Delta(t')$ werden nun für $t' = t + 0$ die Existenz wenigstens erster rechtsseitiger Zeitableitungen und damit für $t' = t + dt'$ mit $dt' \longrightarrow 0$ die Notationsmöglichkeiten

$$E_t^\Delta(t+dt') = \left[\frac{dE_t^\Delta}{dt'}\right]_{t'=t+0} dt' = \dot{E}_t^\Delta(t+0)dt' \;, \tag{5.5d}$$

d. h.

---

3) Weil $E_t^+(t')|_{\dot{\mathbb{D}}(t+0)=\dot{T}(t+0)=0} = E_t^\diamond(t')$ sein muß.

$$\underset{t_A}{\overset{t+dt'}{\mathbf{A}_t}} \langle \mathbb{D}_t^{\diamond}(\tau), T_t^{\diamond}(\tau); \dot{\mathbb{D}}(t+0), \dot{T}(t+0)\rangle \equiv \mathbf{E}_D dt' \tag{5.5e}$$

$$\underset{t_A}{\overset{t+dt'}{\mathbf{a}_t}} \langle \mathbb{D}_t^{\diamond}(\tau), T_t^{\diamond}(\tau); \dot{\mathbb{D}}(t+0), \dot{T}(t+0)\rangle \equiv \mathbf{E}_T dt' \tag{5.5f}$$

vorausgesetzt, wobei $\mathbf{E}_D$, $\mathbf{E}_T$ von dem bis zur Zeit $\tau = t$ aufgelaufenen und danach konstant fortgesetzten Prozeß sowie von den rechtsseitigen Variablengeschwindigkeiten abhängen, solchermaßen aus (5.4b)

$$\dot{E}_t^{\Delta}(t+0) = \dot{\mathbb{D}}(t+0)\cdot\cdot\mathbf{E}_D + \dot{T}(t+0)\mathbf{E}_T$$

und demgemäß weiter mit den als rechtsseitige Zeitableitungen zu verstehenden Größen $(dE_t^{\diamond}/dt')_{t'=t+0} = \dot{E}|_{\dot{\mathbb{D}}=\dot{T}=0}$ und $(dE_t^{+}/dt')_{t'=t+0} = \dot{E}_t^{+}(t+0)$ aus (5.4a)

$$\dot{E}_t^{+}(t+0) = \dot{E}|_{\dot{\mathbb{D}}=\dot{T}=0} + \dot{\mathbb{D}}(t+0)\cdot\cdot\mathbf{E}_D + \dot{T}(t+0)\mathbf{E}_T$$

festgestellt und schließlich in der Tat die Darstellungsmöglichkeit (5.3b) erhalten, nachdem man noch die Setzung $\dot{E}(t+0) = \dot{E}_t^{+}(t+0)$ im Sinne von V1) vollzogen hat.

Die Anwendung der - wie hier dargestellt - verallgemeinerten "Colemanschen Chainrule" (5.3b) auf die zweite Hauptgleichung (1.1a) bzw. die thermodynamische Hauptgleichung (1.1) gibt grundsätzliche Einblicke betr. Materialgleichungs-Strukturierungen, von denen hier Einige referiert seien. Als

5.1 Folgerungen aus der zweiten Hauptgleichung

fällt aus der Forderung, daß die in der Zeiteinheit umgesetzte Energie ($\hat{Q}$) endlich sein soll, der Befund an, daß generell auch

$$\dot{\mathscr{S}} = \hat{Q}/T \tag{5.6a}$$

endlich sein und daher die Entropie eine stetige Zeitfunktion sein muß. Daher sind in der deterministischen Zuordnung

$$\mathscr{S} = \underset{t_A}{\overset{t}{\mathscr{S}}} \langle \mathbb{D}(\tau), T(\tau)\rangle \tag{5.6b}$$

die als unstetig veränderlich zugelassenen Geschwindigkeiten $(\dot{\mathbb{D}}, \dot{T})$ als explizit aufscheinende Argumente nicht möglich.

Unter Benutzung der Zerlegung (5.3b) für $\dot{\mathscr{S}}$ hat man

$$\hat{Q} = T\dot{\mathscr{S}} = T\left(\dot{\mathscr{S}}|_{\dot{\mathbb{D}}=\dot{T}=0} + \underline{\dot{\mathbb{D}}\cdot\cdot\mathscr{S}_D + \dot{T}\mathscr{S}_T}\right) \tag{5.7a}$$

mit den entsprechenden "rechtsseitigen Geschwindigkeiten", wobei die unterstrichelte Zerlegung eindeutig sein soll in dem Sinne, daß alle gemischten Glieder $\dot{\mathbb{D}}^{\alpha}\dot{T}^{\beta}$ ($\alpha > 0$,

$\beta > 0$) im Term $\dot{\mathbb{D}} \cdot\cdot \mathcal{S}_D$ versammelt zu denken sind, also

$$\partial \mathcal{S}_T / \partial \dot{\mathbb{D}} = 0 \tag{5.7b}$$

gelten solle. Zunächst folgert man aber aus (5.7a)

$$\hat{\dot{Q}}|_{\dot{\mathbb{D}}=\dot{T}=0} \overset{(1.1a)}{\equiv} \dot{Q}_a|_{\dot{\mathbb{D}}=\dot{T}=0} + \dot{\mathcal{D}}|_{\dot{\mathbb{D}}=\dot{T}=0} = T\dot{\mathcal{S}}|_{\dot{\mathbb{D}}=\dot{T}=0} , \tag{5.8a}$$

was wohl nur für

$$\dot{Q}_a|_{\dot{\mathbb{D}}=\dot{T}=0} < 0 , \tag{5.8b}$$

als eine sinnvolle Aussage zu qualifizieren ist, wonach die - ggfs. "intern dissipierte" mechanische Energie[4] - a̲b̲g̲e̲f̲ü̲h̲r̲t̲ werden muß, um bei gleichbleibender Verzerrung die Temperatur der Masseneinheit konstant zu halten; wobei der hiernach zu erschließende Befund

$$(\dot{\mathcal{D}} - T\dot{\mathcal{S}})|_{\dot{\mathbb{D}}=\dot{T}=0} \geq 0 \tag{5.8c}$$

übrigens dem Relaxationssatz (5.10a) für die innere Energie äquivalent ist.
Desweiteren folgert man

$$\hat{\dot{Q}} - \hat{\dot{Q}}|_{\dot{\mathbb{D}}=\dot{T}=0} \overset{(5.7a)}{=} T(\dot{\mathbb{D}} \cdot\cdot \mathcal{S}_D + \dot{T}\mathcal{S}_T) \equiv \mathbb{C}_d \cdot\cdot \dot{\mathbb{D}} + c_d \dot{T} ,$$

wobei man die Größen c_d bzw. $\mathbb{C}_d$ als verallgemeinerte Versionen der spezifischen Wärme bei konstanter Deformation bzw. der latenten Wärme (vgl. §2) aufzufassen hat. Entsprechend (5.5e,f), (5.7b) sind dann für Letztere Abhängigkeiten von der Form

$$c_d = T\mathcal{S}_T = \underset{\tau=t_A}{\overset{t}{\mathfrak{c}_d}} \langle \mathbb{D}^{\diamond}_t(\tau), T^{\diamond}_t(\tau); \dot{T}(t) \rangle \equiv \frac{\hat{\dot{Q}}|_{\dot{\mathbb{D}}=0} - \hat{\dot{Q}}|_{\dot{\mathbb{D}}=\dot{T}=0}}{\dot{T}} \tag{5.9a}$$

$$\mathbb{C}_d = T\mathcal{S}_D = \underset{\tau=t_A}{\overset{t}{\mathfrak{C}_d}} \langle \mathbb{D}^{\diamond}_t(\tau), T^{\diamond}_t(\tau); \dot{\mathbb{D}}(t), \dot{T}(t) \rangle \tag{5.9b}$$

mit

$$\hat{\dot{Q}}|_{\dot{T}=0} - \hat{\dot{Q}}|_{\dot{\mathbb{D}}=\dot{T}=0} = \mathbb{C}_d \cdot\cdot \dot{\mathbb{D}} \tag{5.9c}$$

vorzusehen, so daß - im Gegensatz zu thermodynamisch-perfekten Medien - als Zusammenhänge zwischen (auf die Zeiteinheit bezogenen) Wärmemengen und (rechtsseitigen) Freiheitsgrad-Geschwindigkeiten $(\dot{\mathbb{D}}, \dot{T})$ durchaus auch nichtlineare Beziehungen denkbar

[4] Man denke etwa an das Strukturmodell des Maxwellkörpers (Abb. 1.2a), wo die Relaxationsbewegung des Kolbens mit Reibungsarbeit verbunden ist.

sind[5)].

5.2 Folgerungen aus der ersten Hauptgleichung

sind

a) zunächst die Relaxationssätze für innere und freie Energie

$$\dot{\mathscr{U}}\,|_{\dot{\mathbb{D}}=\dot{T}=0} \leq 0 \;, \quad \dot{\mathscr{F}}\,|_{\dot{\mathbb{D}}=\dot{T}=0} = -\,\dot{\mathscr{D}}\,|_{\dot{\mathbb{D}}=\dot{T}=0} \leq 0 \;, \tag{5.10a,b}$$

die für konstante Prozeßfortsetzungen nicht zunehmen können, wobei (5.10a) aus der ersten Version von (1.1), Haupttext, unter Beachtung der Restriktion (5.8c), der auf Sommerfeld [41] zurückgehende Relaxationssatz (5.10b) mit der zweiten Version von (1.2), Haupttext, als Folge des Dissipationspostulates $\dot{\mathscr{D}}\,|_{\dot{\mathbb{D}}=\dot{T}=0} \geq 0$ erreicht werden, sowie

b) die aus der zweiten Version von (1.1), Haupttext, für $\dot{\mathbb{D}} = 0$ erhältliche Aussage

$$\mathscr{S}\,|_{\dot{\mathbb{D}}=0} = -\,(\dot{\mathscr{F}} + \dot{\mathscr{D}})_{\dot{\mathbb{D}}=0}/\dot{T} \equiv -\,\dot{\Phi}\,|_{\dot{\mathbb{D}}=0}/\dot{T} \;, \tag{5.11}$$

aus der, weil $\mathscr{S}$ als stetige Zeitfunktion Variablengeschwindigkeiten $(\dot{\mathbb{D}},\dot{T})$ explizit nicht enthalten darf, also $\partial\mathscr{S}/\partial\dot{T} = 0$ gelten muß, der Befund folgt, daß die zeitliche Änderung der Summe (Φ) von freier Energie $(\mathscr{F})$ und Dissipationsarbeit $(\mathscr{D})$ im Falle konstanter Deformation allenfalls linear von der Temperaturgeschwindigkeit abhängen darf, und schließlich

c) der von (1.1), Haupttext, in Anbetracht von (5.11) verbleibende Rest

$$\overset{\times}{\$}\cdot\cdot\dot{\mathbb{D}} = \dot{\mathscr{F}} + \dot{\mathscr{D}} - (\dot{\mathscr{F}} + \dot{\mathscr{D}})_{\dot{\mathbb{D}}=0} \equiv \dot{\Phi} - \dot{\Phi}\,|_{\dot{\mathbb{D}}=0} \;, \tag{5.12a}$$

der nur noch mit der Zerlegungsformel (5.3b) für Φ, d. h. mit

$$\dot{\Phi} = \dot{\Phi}\,|_{\dot{\mathbb{D}}=\dot{T}=0} + \dot{\mathbb{D}}\cdot\cdot\boldsymbol{\Phi}_D + \dot{T}\boldsymbol{\Phi}_T \overset{6)}{=} \dot{\mathbb{D}}\cdot\cdot\boldsymbol{\Phi}_D + \dot{T}\boldsymbol{\Phi}_T \tag{5.12b}$$

weiter reduziert werden kann. Deren Gültigkeit vorausgesetzt ist einerseits

---

5) Denn es erfüllte auch die — etwa für ab $t = t_1$ "konstanten Verzerrungsprozeß" — in der Form

$$\mathscr{S} = \mathscr{S}(t_1) + \int_{t_1}^{t} \dot{\mathscr{S}}\,|_{\dot{\mathbb{D}}=0}dt = \mathscr{S}(t_1) + \int_{t_1}^{t} \frac{c_d(T,\dot{T})}{T}\,dt$$

erhältliche Entropie auch für zeitlich unstetig — veränderliche Werte $\dot{T}$ (mit der Folge, daß auch $c_d(T,\dot{T})$ als unstetige Zeitfunktion angesehen werden müßte), aufgrund der "glättenden Wirkung" der Integration die Forderung nach Stetigkeit der Entropie—Zeitfunktion.

6) man beachte $(\dot{\Phi})_{\dot{\mathbb{D}}=\dot{T}=0} = 0$ nach (5.10b)

$$\dot{\Phi}|_{\dot{\mathbb{D}}=0} \overset{(5.12b)}{=} \dot{T}\boldsymbol{\Phi}_T \overset{(5.11)}{=} -\dot{T}\mathscr{S}|_{\dot{\mathbb{D}}=0} \equiv^{7)} -\dot{T}\mathscr{S} \qquad (5.12c)$$

und daher für die Entropie

$$\mathscr{S} = -\boldsymbol{\Phi}_T \quad \text{mit} \quad \partial\boldsymbol{\Phi}_T/\partial\dot{\mathbb{D}} =^{7)} 0 \ , \quad \partial\boldsymbol{\Phi}_T/\partial\dot{T} =^{7)} 0 \qquad (5.12d\text{-}f)$$

zu folgern und desweiteren

$$\overset{\times}{\$}\cdot\cdot\dot{\mathbb{D}} \overset{(5.12a)}{=} \dot{\Phi} - \dot{\Phi}|_{\dot{\mathbb{D}}=0} \overset{(5.12b)}{=} \dot{\mathbb{D}}\cdot\cdot\boldsymbol{\Phi}_D + \dot{T}\boldsymbol{\Phi}_T - \dot{\Phi}|_{\dot{\mathbb{D}}=0} \overset{(5.12c)}{=} \dot{\mathbb{D}}\cdot\cdot\boldsymbol{\Phi}_D$$

bzw.

$$(\overset{\times}{\$} - \boldsymbol{\Phi}_D)\cdot\cdot\dot{\mathbb{D}} = 0 \ , \qquad (5.12g)$$

woraus - unter Verzicht auf produktneutrale Terme[8] -

$$\overset{\times}{\$} \equiv \overset{\times}{\$}(t+0) = \underset{t_A}{\overset{t}{\boldsymbol{\Phi}_D}}\langle \mathbb{D}_t^\diamond(\tau), T_t^\diamond(\tau); \dot{\mathbb{D}}(t+0), \dot{T}(t+0)\rangle \qquad (5.12h)$$

als Stoffgleichungsstruktur für die Spannungen zu erschließen ist.

Mit der dargestellten Systematik implementiert man die in §§2'/.5 recherchierten Materialgleichungen durch entsprechende Vorgabe der Prozeßgröße $\Phi = \mathscr{F} + \mathscr{D} = \underset{t_A}{\overset{t}{\boldsymbol{\Phi}}} \langle \mathbb{D}_t^\diamond(\tau), T_t^\diamond(\tau)\rangle$, die nunmehr an die Stelle der freien Energie $\mathscr{F}$ in der Analyse der Hyperelastizität tritt.

Im hyperelastischen Falle sind $\mathscr{D} = \int_{t_A}^{t} \dot{\mathscr{D}}\, dt = 0$ und

$\mathscr{F} = \mathscr{F}_{DT}(\mathbb{D}, T)$ also $\Phi = \mathscr{F} + \mathscr{D} = \mathscr{F}_{DT}$, d. h.

$$\dot{\Phi} = \dot{\Phi}|_{\dot{\mathbb{D}}=\dot{T}=0} + \dot{\mathbb{D}}\cdot\cdot\boldsymbol{\Phi}_D + \boldsymbol{\Phi}_T = \dot{\mathbb{D}}\cdot\cdot\frac{\partial\mathscr{F}_{DT}}{\partial\mathbb{D}} + \dot{T}\frac{\partial\mathscr{F}_{DT}}{\partial T} \ ,$$

also

$$\boldsymbol{\Phi}_D = \partial\mathscr{F}_{DT}/\partial\mathbb{D} \ , \quad \boldsymbol{\Phi}_T = \partial\mathscr{F}_{DT}/\partial T$$

und damit

$$\overset{\times}{\$} = \boldsymbol{\Phi}_D \overset{(5.12h)}{=} \partial\mathscr{F}_{DT}/\partial\mathbb{D} \ , \quad \mathscr{S} \overset{(5.12d)}{=} -\boldsymbol{\Phi}_T = -\partial\mathscr{F}_{DT}/\partial T$$

(vgl. 2.10b,c), Haupttext, für den — in §5 behandelten — Kelvin–Fall hat man $\mathscr{F} = \mathscr{F}_{DT}(\mathbb{D}, T)$ sowie

---

7) Man berücksichtige, daß die Entropie — als stetige Zeitfunktion — von den Geschwindigkeiten $(\dot{\mathbb{D}}, \dot{T})$ explizit ohnehin nicht abhängen darf. Dies bedeutet, daß die Zerlegung (5.12b) grundsätzlich so vorgenommen werden können muß, daß $\boldsymbol{\Phi}_T$ allein vom Prozeß $(\mathbb{D}^\diamond(\tau), T^\diamond(\tau))$, jedoch von Variablengeschwindigkeiten nicht abhängt.

8) Ansonsten noch ein zu $\dot{\mathbb{D}}(t+0)$ im Sinne von $\overset{\times}{\$}_0\cdot\cdot\dot{\mathbb{D}} = 0$ orthogonaler Anteil $\overset{\times}{\$}_0$ hinzugefügt werden muß, den man dann aber im Sinne des Prinzips der Äquipräsenz als vom selben thermisch–kinematischen Variablensatz abhängig ansehen dürfte.

$$\mathscr{D} = \int_{t_A}^{t} \dot{\mathscr{D}}\, dt = \int_{t_A}^{t} \dot{\mathbb{D}} \cdot\cdot \overset{\langle 4 \rangle}{\mathbb{C}}{}_V^{\times} \cdot\cdot \dot{\mathbb{D}} dt \text{ , d. h.}$$

$$\Phi = \mathscr{F}_{DT} + \int_{t_A}^{t} \dot{\mathbb{D}} \cdot\cdot \overset{\langle 4 \rangle}{\mathbb{C}}{}_V^{\times} \cdot\cdot \dot{\mathbb{D}} dt$$

und demgemäß

$$\dot{\Phi} = \dot{\mathbb{D}} \cdot\cdot \left[\frac{\partial \mathscr{F}_{DT}}{\partial \mathbb{D}} + \overset{\langle 4 \rangle}{\mathbb{C}}{}_V^{\times} \cdot\cdot \dot{\mathbb{D}} \right] + \dot{T} \frac{\partial \mathscr{F}_{DT}}{\partial T} \equiv \dot{\Phi}|_{\dot{\mathbb{D}}=\dot{T}=0} + \dot{\mathbb{D}} \cdot\cdot \mathbf{\Phi}_D + \dot{T} \mathbf{\Phi}_T \text{ ,}$$

also

$$\dot{\Phi}|_{\dot{\mathbb{D}}=\dot{T}=0} = 0 \text{ , } \mathbf{\Phi}_D = \frac{\partial \mathscr{F}_{DT}}{\partial \mathbb{D}} + \overset{\langle 4 \rangle}{\mathbb{C}}{}_V^{\times} \cdot\cdot \dot{\mathbb{D}} \overset{(5.12h)}{=} \overset{\times}{\mathbb{S}}$$

und $\mathbf{\Phi}_T = \partial \mathscr{F}_{DT} / \partial T \overset{(5.12d)}{=} - \mathscr{S}$

(vgl. (5.5,1b), Haupttext) zu setzen.

Etwas aufwendiger ist die Strukturierung des Maxwell–Falles, wofür man die zusätzliche Voraussetzung benötigt, daß die Spannungen im Sinne von

$$\overset{\times}{\mathbb{S}} = \underset{t_A}{\overset{t}{\mathrm{S}}} \langle \mathbb{D}_t^{\diamond}(\tau), T_t^{\diamond}(\tau) \rangle \tag{5.13}$$

stetige Zeitfunktionen sein sollen[9]. Aus

$$\dot{\Phi} = \dot{\mathscr{F}} + \dot{\mathscr{D}} = \overset{\times}{\mathbb{S}} \cdot\cdot \dot{\mathbb{D}} - \mathscr{S} \dot{T} \equiv \dot{\Phi}|_{\dot{\mathbb{D}}=\dot{T}=0} + \dot{\mathbb{D}} \cdot\cdot \mathbf{\Phi}_D + \dot{T} \mathbf{\Phi}_T \tag{5.14}$$

folgen

$$\dot{\Phi}|_{\dot{\mathbb{D}}=\dot{T}=0} = 0 \text{ , d. h. } \dot{\mathscr{F}}|_{\dot{\mathbb{D}}=\dot{T}=0} = - \dot{\mathscr{D}}|_{\dot{\mathbb{D}}=\dot{T}=0} \tag{5.14a}$$

und – bei eindeutiger Zerlegung in (5.14) im Sinne von $\partial \mathbf{\Phi}_T / \partial \dot{\mathbb{D}} = 0$

$$\mathscr{S} = - \mathbf{\Phi}_T = - \mathbf{\Phi}_T \langle \mathbb{D}_t^{\diamond}(\tau), T_t^{\diamond}(\tau), \dot{T}(t) \rangle \longrightarrow - \underset{\tau = t_A}{\overset{t}{\mathbf{\Phi}_T}} \langle \mathbb{D}_t^{\diamond}(\tau), T_t^{\diamond}(\tau) \rangle \text{ ,} \tag{5.14b}$$

indem man beachtet, daß die Entropie eine stetige Zeitfunktion sein soll, und schließlich – nach Einsetzen von (5.14a,b), in (5.14) und Koeffizientenvergleich hinsichtlich $\dot{\mathbb{D}}$

$$\mathbf{\Phi}_D = \overset{\times}{\mathbb{S}} = \underset{t_A}{\overset{t}{\mathrm{S}}} \langle \mathbb{D}_t^{\diamond}(\tau), T_t^{\diamond}(\tau) \rangle \text{ ,} \tag{5.14c}$$

wonach auch der Zerlegungskoeffizient $\mathbf{\Phi}_D$ geschwindigkeitsunabhängig sein muß. Denkt man sich (5.14c) in der Form

$$\mathbb{D}(t) = \underset{\tau = t_A}{\overset{t}{\mathbf{D}_t}} \langle \overset{\times}{\mathbb{S}}(\tau), T_t^{\diamond}(\tau) \rangle \tag{5.15a}$$

invertierbar insofern, als die Momentanverzerrung durch den Spannungs– und Temperaturprozeß fest

---

[9] Indem man, von der Maxwell–Modellvorstellung ausgehend, die freie Energie als Zustandsfunktion der Spannungen und der Temperatur darstellbar unterstellt und daher unter dem Gesichtspunkt, daß freie Energie und Temperatur stetige Zeitfunktionen sein sollen, dies dann auch für die Spannungen erschließt.

zulegen sei, so folgt

$$\mathscr{S} \overset{(5.14b)}{=} - \underset{\tau=t_A}{\overset{t}{\Phi_T}} \left\langle \underset{\tau'=t_A}{\overset{\tau}{\mathbb{D}_\tau}} \langle \overset{\times}{\$}(\tau'), T^{\diamond}_{\tau}(\tau'), T^{\diamond}_{t}(\tau') \rangle \right\rangle \equiv \underset{\tau=t_A}{\overset{t}{\mathscr{S}^{\times}}} \langle \overset{\times}{\$}_t(\tau), T^{\diamond}_{t}(\tau) \rangle \quad . \qquad (5.15b)$$

Durch Vergleich erkennt man, daß (4.19a,20c), Haupttext, in den Schemata (5.15a,b) implementiert sind. Auch (5.14a) wird von den in §4 behandelten Maxwell–Medien befriedigt. Denn aus (4.20b), Haupttext, folgt zunächst für $\dot{\mathbb{D}} = \dot{T} = 0$

$$\left[\frac{\partial \mathscr{F}^{*}_{ST}}{\partial \overset{\times}{\$}} \right]^{\cdot}_{\dot{\mathbb{D}}=\dot{T}=0} + (\overset{\langle 4 \rangle}{\$_V}{}^{\times} \cdot\cdot \overset{\times}{\$})_{\dot{\mathbb{D}}=\dot{T}=0} = 0 \ ,$$

d. h.

$$\overset{\times}{\$} \cdot\cdot \left[\frac{\partial \mathscr{F}^{*}}{\partial \overset{\times}{\$}} \right]^{\cdot}_{\dot{\mathbb{D}}=\dot{T}=0} = - (\overset{\times}{\$} \cdot\cdot \overset{\langle 4 \rangle}{\$_V}{}^{\times} \cdot\cdot \overset{\times}{\$})_{\dot{\mathbb{D}}=\dot{T}=0} \overset{(4.2c)}{=} - \dot{\mathscr{D}} \,\big|_{\dot{\mathbb{D}}=\dot{T}=0}$$

und angesichts von (4.1c), Haupttext, mit $\mathscr{F}^{+} = \mathscr{F}^{*}$, d. h.

$$(\mathscr{F}_{ST})^{\cdot}_{\dot{\mathbb{D}}=\dot{T}=0} = \overset{\times}{\$} \cdot\cdot \left[\frac{\partial \mathscr{F}^{*}}{\partial \overset{\times}{\$}} \right]_{\dot{\mathbb{D}}=\dot{T}=0} ,$$

in der Tat (5.14a).

Literatur

[1] Freudenthal, Inelastisches Verhalten von Werkstoffen, VEB-Verlag Technik, Berlin 1955

[2] Handbuch der Physik, Bd. III/3, Nichtlineare Feldtheorien der Mechanik, Verlag Springer Berlin-Heidelberg-New York 1965

[3] Krawietz, A., Materialtheorie, Verlag Springer, Berlin 1986

[4] Bertram, A., Axiomatische Einführung in die Kontinuumsmechanik, B. I. Wissenschaftsverlag Mannheim, Wien, Zürich 1989

[5a] Trostel, R., Vektor- und Tensoralgebra, Verlag F. Vieweg & Sohn, Braunschweig/Wiesbaden 1993

[5b] Trostel, R., Vektor- und Tensoranalysis, Verlag F. Vieweg & Sohn, Braunschweig/Wiesbaden 1997

[6] Trostel, R., Mechanik IV, 1, Strömungsmechanik, Schriftenreihe Phys. Ing.-Wissenschaften. Bd. 4, 2. Inst. f. Mech., TUB, 1985, ISBN 3 7983 04033

[7] J.U. Keller, Thermodynamik der irreversiblen Prozesse, Teil 1, Verl. Walter de Gruyter, Berlin-New-York 1977

[8] Szabo, I., Höhere Techn. Mechanik, Verlag Springer Berlin-Göttingen-Heidelberg, New-York

[9] Trostel, R., Energieprinzipien der Mechanik, Schriftenreihe Phys. Ing.- Wiss. Bd. 3, 2. Inst. f. Mechanik, TUB 1979, ISBN 3 7983 04025

[10] Päsler, Zur Theorie der thermischen Dämpfung in festen Körpern, ZAMP, 1944, S. 5357 ff.

[11] Trostel, R., Genäherte Berechnung von "Wärmespannungen mit Hilfe der Variationsprinzipien der Elastostatik, Ing. Arch. Bd. 29, Heft 6, 1960

[12] Andersen, Experiments with concrete in torsion, Proc. ASCE 61, 1935, S. 247

[13] Schleicher, Taschenbuch für Bauingenieure Bd. 1, S. 766, 2. Aufl., Verlag Springer Berlin-Göttingen-Heidelberg 1955

[14] Betonkalender, Verlag von Wilhelm Ernst & Sohn, Berlin-München-Düsseldorf 1980

[15] Hirschfeld, Temperaturverteilung im Beton, Verlag Springer Berlin 1948

[16] Dischinger, F., Die Ursachen des Einsturzes der Baugrube der Berliner Nord-Süd-S-Bahn in der Hermann-Göring-Straße und Untersuchungen über die Knicksicherheit, die elastische Verformung und das Kriechen bei Bogenbrücken, in: Der Bauingenieur 1937, S. 107 ff., 487 ff., 538 ff., 595 ff.

[17] Trostel, R., Biegung mit Längskraft in Stahlbetonbalken bei Berücksichtigung des Kriechens, Österreichisches Ingenieur-Archiv, Bd. 15, 1961, S. 236 ff.

[18] Sattler, K., Theorie der Verbundkonstruktionen I, II, Verlag Wilhelm Ernst & Sohn, Berlin 1959

[19] Milne-Thomson, Antiplane elastic systems, Verlag Springer Berlin-Göttingen-Heidelberg 1962

[20] Sattler, K., Lehrbuch der Statik, Bd. II A, Verlag Springer Berlin-Heidelberg-New York 1974

[21] Trostel, R., Statische Stabilität elastischer Systeme, in Vorbereitung

[21a] Trostel, R., Eine Strukturanalyse der Materialgleichungen in der Stabtheorie auf der Basis der Cosserat-Modellvorstellung, Beiträge zur Bautechnik (v. Halász-Festschrift), Verlag Wilh. Ernst & Sohn, 1980

[22] Trostel, R., Zur Frage einer möglichen Verallgemeinerung der in der klassischen Strömungsmechanik verwendeten Randbedingungen, Festschrift-Beitrag zum 60. Geburtstag von Prof. P. Haupt, Ber. d. Inst. für Mech. Kassel 1998

[23] Reuss, Berücksichtigung der elastischen Formänderung in der Plastizitätstheorie, ZAMM Bd. 10, 1930

[24] Sievert, R., Eine Systematik für elastisch-plastische Stoffgleichungen, Diss. TU, 2. Inst. f. Mechanik 1992, Schriftenreihe Phys.Ing.-Wiss. Bd.23, ISBN 3 7983 151174

[25] Backhaus, Deformationsgesetze, Akademie-Verlag Berlin 1983

[26] Lemaitre, Chaboche, Mecanique des materiaux solides, Berdas, Paris, 1985

[27] Olschewski, Scholz, BAM-Forschungsbericht 139, 1987

[28] Proc. IUTAM-Symposium of Deformation and Failure of Granular Materials, Delft 1982

[29] Hilliges, D., Materialgesetz für einen Verbundkörper vom Typ des Stahlbetons, Diss. TUB 1965

[29a] Trostel, R., Die Grundgleichungen für den Verbund bei Stahlbeton-Rechteckplatten, Ing. Arch. Bd. 30, 1961.
In dieser Arbeit wurde allerdings leider ein falsches Schubspannungsgesetz verwendet. Die ersten Arbeiten über Plattenverbund sind wohl die Publikationen des Verfassers über vorgespannte Kreisplatten ohne und mit nachträglichem Verbund in "Die Bautechnik" 1957, Heft 6 und 1959, Heft 7.

[30] Stickforth, J., Grundlagen der Kontinuumsmechanik, unveröffentlichtes Vorlesungsmanuskript des Mechanikzentrums der TU Braunschweig, 1981

[31] W. Noll, A new mathematical Theorie of simple materials, Arch. Rat. Mech. Anal. 48 (1972)

[32] Coleman, B., Thermodynamics of Materials with Memory, Arch. Rat. Mech. Anal. 17/1964

[33] C. Truesdell, Six Lectures on Modern Natural Philosophy, Verl. Springer Berlin-Heidelberg-New York 1966

[34] Voigt, W., Lehrbuch der Kristallphysik (mit Ausschluß der Kristalloptik), B. G. Teubner Verlag Stuttgart, Reprint 1966 des Nachdrucks von 1928

[35] Silber, G., Eine Systematik nichtlokaler kelvinhafter Fluide vom Grade drei auf der Basis eines klassischen Kontinuumsmodells (Diss. TUB 1984), VDI-Fortschrittsbericht, Reihe 18, Nr. 26, Düsseldorf 1986

[36] Alexandru, C., Zur Theorie der aus rheologischen Materialien bestehenden Faserverbundwerkstoffe (Hab.-Schrift, TUB 1996), VDI-Fortschrittsbericht, Reihe 18, Nr. 209, Düsseldorf 1997

[37] Latvian Academie of Sciences, 1992, Heft 1, ISSN 0203-1272

[38] Reckling, K. A., Plastizitätstheorie und Anwendung auf Festigkeitsprobleme, Verlag Springer Berlin-Heidelberg-New-York 1967

[39] Terzaghi-Jelinek, Theoretische Bodenmechanik, Verlag Springer Berlin-Göttingen-Heidelberg 1954

[40] Chwalla, E., Einführung in die Baustatik, Stahlbau-Verlagsgesellschaft Köln 1954

[41] Sommerfeld, A., Verl. über Theoret. Physik, Bd. V, Thermodynamik und Statistik, Akad. Verl. Ges., Leipzig 1962

Stichwortverzeichnis